THE PYRAZINES

Supplement I

This is the Fifty-Eighth Volume in the Series
THE CHEMISTRY OF HETEROCYCLIC COMPOUNDS

THE CHEMISTRY OF HETEROCYCLIC COMPOUNDS

A SERIES OF MONOGRAPHS

EDWARD C. TAYLOR and PETER WIPF, *Editors*

ARNOLD WEISSBERGER, *Founding Editor*

THE PYRAZINES

Supplement I

D. J. Brown

Research School of Chemistry
Australian National University
Canberra

AN INTERSCIENCE® PUBLICATION
JOHN WILEY & SONS INC.

This book is printed on acid-free paper. ∞

Copyright © 2002 by John Wiley & Sons, Inc., New York. All rights reserved.

Published simultaneously in Canada.

No part of this publication may be reproduced, stored in a retrieval system or transmitted in any form or by any means, electronic, mechanical, photocopying, recording, scanning or otherwise, except as permitted under Sections 107 or 108 of the 1976 United States Copyright Act, without either the prior written permissions of the Publisher, or authorization through payment of the appropriate per-copy fee to the Copyright Clearance Center, 222 Rosewood Drive, Danvers, MA 01923, (978) 750-8400, fax (978) 750-4744. Requests to the Publisher for permission should be addressed to the Permissions Department, John Wiley & Sons, Inc., 605 Third Avenue, New York, NY 10158-0012, (212) 850-6011, fax (212) 850-6008, E-Mail: PERMREQ@WILEY.COM.

For ordering and customer service, call 1-800-CALL-WILEY.

Library of Congress Cataloging in Publication Data is available.

Brown, D. J.
   The Pyrazines: Supplement I

ISBN 0-471-40382-2

Printed in the United States of America.

10 9 8 7 6 5 4 3 2 1

To
Professor Emeritus Felix Bergmann[†]
(heterocyclic chemist and pharmacologist)
now in his ninety-fifth year

[†] Felix Bergmann was born in Frankfurt an der Oder in 1908 and graduated with doctorates in chemistry and medicine from Berlin in 1933. He then joined his brother Ernst at the Weizmann Institute, Rehovot, until he was elected in 1950 to the chair of Pharmacology within the Hebrew University of Jerusalem. During retirement, he has remained active in research until quite recently.

The Chemistry of Heterocyclic Compounds
Introduction to the Series

The chemistry of heterocyclic compounds is one of the most complex and intriguing branches of organic chemistry, of equal interest for its theoretical implications, for the diversity of its synthetic procedures, and for the physiological and industrial significance of heterocycles.

The Chemistry of Heterocyclic Compounds, has been published since 1950 under the initial editorship of Arnold Weissberger, and later, until his death in 1984, under the joint editorship of Arnold Weissberger and Edward C. Taylor. In 1997, Peter Wipf joined Prof. Taylor as editor. This series attempts to make the extraordinarily complex and diverse filed of heterocyclic chemistry as organized and readily accessible as possible. Each volume has traditionally dealt with syntheses, reactions, properties, structure, physical chemistry, and utility of compounds belonging to a specific ring system or class (e.g., pyridines, thiophenes, pyrimidines, three-membered ring systems). This series has become the basic reference collection for information on heterocyclic compounds.

Many broader aspects of heterocyclic chemistry are recognized as disciplines of general significance that impinge on almost all aspects of modern organic chemistry, medicinal chemistry, and biochemistry, and for this reason we initiated several years ago a parallel series entitled General Heterocyclic Chemistry, which treated such topics as nuclear magnetic resonance, mass spectra, and photochemistry of heterocyclic compounds, the utility of heterocycles in organic synthesis, and the synthesis of heterocycles by means of 1,3-dipolar cycloaddition reactions. These volumes were intended to be of interest to all organic, medicinal, and biochemically oriented chemists, as well as to those whose particular concern is heterocyclic chemistry. It has, however, become increasingly clear that the above distinction between the two series was unnecessary and somewhat confusing, and we have therefore elected to discontinue *General Heterocyclic Chemistry* and to publish all forthcoming volumes in this general area in *The Chemistry of Heterocyclic Compounds* series.

It is a major challenge to keep our coverage of this immense field up to date. One strategy is to publish Supplements or new Parts when merited by the amount of new material, as has been done, *Inter alia*, with pyridines, purines, pyrimidines, quinazolines and isoxazoles. This strategy was also the case recently with *Pyrazines*, (published in 2000) which had last been covered in this series in 1982. We acknowledge once again the extraordinary contributions of Dr. D. J. Brown, whose previous classics in heterocyclic chemistry in this series (*The Pyrimidines, The Pyrimidines Supplement I, The Pyrimidines Supplement II, Pteridines, Quinazolines Supplement I, The Pyrazines, Supplement I*) are now joined by the present exhaustive treatment of the last twenty years of pyrazine chemistry.

We extend once again our congratulations and our thanks to Dr. Brown for a further outstanding contribution to the literature of heterocyclic chemistry.

Department of Chemistry
Princeton University
Princeton, New Jersey

EDWARD C. TAYLOR

Department of Chemistry
University of Pittsburgh
Pittsburgh, Pennsylvania

PETER WIPF

Preface

This supplement seeks to build on the solid foundation established by Dr. G. B. Barlin's original volume, *The Pyrazines*, that appeared within this series in 1982. That original book presented the first comprehensive review of pyrazines, embracing a mass of important historical material as well as a modern systematic treatment of pyrazine chemistry. Not surprisingly, it stimulated a great deal of research in all aspects of the field, resulting in the need for a supplementary volume to cover literature published between 1979 and 2000, inclusive.

In undertaking this task, the present author thought it wise to make certain changes in format to conform with recent trends. Thus pyrazine *N*-oxides and reduced pyrazines are no longer separated out from regular pyrazine derivatives; primary syntheses are now divided between two chapters, one involving aliphatic or carbocyclic substrates and the other involving heterocyclic substrates; and the many classified tables of pyrazine derivatives are replaced by a single alphabetical table of simple pyrazines that aims to list *all* such pyrazines (including those in the earlier tables). In view of these and other necessary changes, the essential status of the present volume as a *supplement* has been maintained by many sectional cross-references (e.g., *H* 28) to pages in the original volume (*Hauptwerk*), where earlier relevant information may be found; such cross-references are used also in the Table of Simple Pyrazines.

Chemical nomenclature used in this supplement follows current IUPAC recommendations [*Nomenclature of Organic Chemistry, Sections A–F, H* (eds. J. Rigaudy and S. P. Klesney, Pergamon Press, Oxford, 1970)] with one important exception: in order to keep "pyrazine" as the principal part of each name, those groups that would normally qualify as principal suffixes, but that are not attached directly to the nucleus, are rendered as prefixes. For example, 3-carboxymethyl-2(1*H*)-pyrazinone is used instead of 2-(3-oxo-3, 4-dihydropyrazin-2-yl) acetic acid. Secondary and tertiary amino groups are rendered as prefixes. Ring systems are named according to Chemical Abstracts Service recommendations [*Ring Systems Handbook* (eds. anon., American Chemical Society, Columbus OH, 1998 edition)]. Many trivial names for pyrazines are listed in Section 5.6. In preparing this supplement, the patent literature has been largely ignored in the belief that useful factual information therein usually appears subsequently in the regular literature.

I am greatly indebted to my good friend and author of the original volume, Dr. Gordon Barlin, for invaluable consultation and advice; to the Dean of the Research School of Chemistry, Professor Denis Evans, for the provision of postretirement facilities within the School; to the branch Librarian, Mrs Joan Smith, for continual assistance in library matters; and to my wife, Jan, for much needed encouragement and her mighty help during indexing, proofreading, and the like.

Research School of Chemistry DES BROWN
Australian National University, Canberra

Contents

**CHAPTER 1   PRIMARY SYNTHESES FROM ALIPHATIC
                OR CARBOCYCLIC SYNTHONS**   1

1.1   From a Single Six-Atom Synthon   1
    1.1.1   By Completion of the N—C2 Bond   1
        1.1.1.1   From Appropriate ω-Unsaturated Azaalkylamines   1
        1.1.1.2   From Appropriate ω-Halogeno(azaalkylamines)   2
        1.1.1.3   From Appropriate α,ω-Diamino(azaalkanes)   2
        1.1.1.4   From Appropriate ω-Amino(azaalkanols)   3
        1.1.1.5   From Appropriate ω-Amino(azaalkanals)   3
        1.1.1.6   From Appropriate ω-Amino(azaalkanones)   4
        1.1.1.7   From Appropriate ω-Amino(azaalkanoic Acids)   6
        1.1.1.8   From Appropriate ω-Amino(azaalkanoic Esters)   6
        1.1.1.9   From Appropriate ω-Amino(azaalkanamides)   8
        1.1.1.10 From Appropriate ω-Amino(azaalkanenitriles)   8
    1.1.2   By Completion of the C2—C3 Bond   9
1.2   From Two Synthons   10
    1.2.1   By Using a One-Atom and a Five-Atom Synthon   11
        1.2.1.1   Where the One-Atom Synthon Supplies N1   11
        1.2.1.2   Where the One-Atom Synthon Supplies C2   14
    1.2.2   By Using a Two-Atom and a Four-Atom Synthon   15
        1.2.2.1   Where the Two-Atom Synthon Supplies N1 + C2   15
        1.2.2.2   Where the Two-Atom Synthon Supplies C2 + C3   16
    1.2.3   By Using Two Three-Atom Synthons   29
        1.2.3.1   Where Identical Synthons Provide
                              N1 + C2 + C3 and N4 + C5 + C6   29
        1.2.3.2   Where Different Synthons Provide
                              N1 + C2 + C3 and N4 + C5 + C6   34
        1.2.3.3   Where the Synthons Provide
                              N1 + C2 + C6 and C3 + N4 + C5   37
1.3   From Three Synthons   39
1.4   From Four or More Synthons   39
    1.4.1   Where Synthons Provide N1, C2 + C3, N4, C5 + C6   40
    1.4.2   Where Synthons Provide N1 + C2, C3 + N4, C5, C6   41
    1.4.3   Where Synthons Provide N1 + C2, C3, N4 + C5, C6   42
1.5   Appendix: Glance Index to Typical Pyrazine Derivatives Available
      from Aliphatic or Carbocyclic Synthons   42

CHAPTER 2 PRIMARY SYNTHESES FROM OTHER HETEROCYCLIC SYSTEMS   47

2.1 Pyrazines from Other Heteromonocyclic Systems   47
    2.1.1   Azepines as Substrates   47
    2.1.2   Azetes as Substrates   48
    2.1.3   Azirines as Substrates   48
    2.1.4   Azocines as Substrates   51
    2.1.5   1,2-Diazepines as Substrates   52
    2.1.6   1,4-Diazepines as Substrates   52
    2.1.7   Furans as Substrates   52
    2.1.8   Imidazoles as Substrates   53
    2.1.9   Isoxazoles as Substrates   55
    2.1.10 Oxazoles as Substrates   56
    2.1.11 Oxirenes as Substrates   56
    2.1.12 Pyridazines as Substrates   57
    2.1.13 Pyridines as Substrates   57
    2.1.14 Pyrroles as Substrates   58
    2.1.15 1,2,5-Selenadiazoles as Substrates   58
    2.1.16 1,2,5-Thiadiazoles as Substrates   59
    2.1.17 Thiirenes as Substrates   59
2.2 Pyrazines from Heterobicyclic Systems   59
    2.2.1   1, 2-Diazabicyclo[2.2.0]hexanes as Substrates   60
    2.2.2   2,4,-Diazabicyclo[3.1.0]hexanes as Substrates   60
    2.2.3   2,3-Dioxa-5,7-diazabicyclo-
            [2.2.2] octanes as Substrates   60
    2.2.4   Furo[2,3-b]pyrazines as Substrates   60
    2.2.5   Imidazo[1,2-a]pyrazines as Substrates   61
    2.2.6   Indoles as Substrates   61
    2.2.7   Isoxazolo[2,3-a]pyrazines as Substrates   62
    2.2.8   Isoxazolo[4,5-b]pyrazines as Substrates   63
    2.2.9   Pteridines as Substrates   63
    2.2.10 Pyrazino[2,3-d][1,3]oxazines as Substrates   66
    2.2.11 Pyrazino[2,3-e][1,3,4]thiadiazines as Substrates   66
    2.2.12 Quinoxalines as Substrates   66
    2.2.13 4-Thia-1-azabicyclo[3.2.0]heptanes as Substrates   67
    2.2.14 [1,2,5]Thiadiazolo[3,4-b]pyrazines
            as Substrates   68
    2.2.15 Thiazolo[3,2-a]pyrazines as Substrates   68
    2.2.16 Thiazolo[3,4-a]pyrazines as Substrates   69
2.3 Pyrazines from Heterotricyclic Systems   69
2.4 Pyrazines from Spiro Heterocycles   70
2.5 Appendix: Glance Index to Typical
    Pyrazine Derivatives Available from
    Other Heterocyclic Systems   71

Contents xiii

CHAPTER 3 PYRAZINE, ALKYLPYRAZINES, AND ARYLPYRAZINES 75

3.1 Pyrazine 76
   3.1.1 Preparation of Pyrazine 76
   3.1.2 Properties of Pyrazine 76
   3.1.3 Reactions of Pyrazine 77
3.2 C-Alkyl- and C-Arylpyrazines 79
   3.2.1 Preparation of C-Alkyl- and C-Arylpyrazines 80
      3.2.1.1 By Direct C-Alkylation 80
         3.2.1.1.1 General Procedures for C-Alkylation 80
         3.2.1.1.2 C-Alkylation in the Schöllkopf Synthesis 86
      3.2.1.2 By Replacement of Halogeno Substituents 93
      3.2.1.3 By Replacement of Alkoxy, Cyano, Nitro, or Oxo Substituents 100
      3.2.1.4 By Interconversion of Simple Alkyl Substituents 101
      3.2.1.5 By Elimination of Functionality from Existing Substituents 102
      3.2.1.6 By *Ipso*-Substitution of Trimethylsiloxycarbonyl Substituents 105
   3.2.2 Preparation of N-Alkyl- and N-Arylpiperazines 105
      3.2.2.1 By N-Alkylation Processes 106
      3.2.2.2 By Reduction of N-Acyl or N-Alkoxycarbonylpiperazines 112
      3.2.2.3 By Miscellaneous Routes 113
   3.2.3 Properties of Alkyl- and Arylpyrazines 114
   3.2.4 Reactions of Alkyl- and Arylpyrazines 117
      3.2.4.1 Oxidative Reactions 117
      3.2.4.2 Reductive Reactions 119
      3.2.4.3 Extranuclear Halogenation 120
      3.2.4.4 Extranuclear Alkylation 122
      3.2.4.5 Extranuclear Alkylidenation 123
      3.2.4.6 Extranuclear Acylation or Carboxylation 125
      3.2.4.7 Cyclization 126
      3.2.4.8 "Ammoxidation" of Methyl to Cyano Groups 128
      3.2.4.9 Addition Reactions at Alkenyl or Alkynyl Substituents 128
      3.2.4.10 Miscellaneous Reactions 130
3.3 N-Alkylpyrazinium Salts and Related Ylides 131
   3.3.1 Preparation of N-Alkylpyrazinium Salts 131
   3.3.2 Reactions of N-Alkylpyrazinium Salts 132

CHAPTER 4 HALOGENOPYRAZINES 137

4.1 Preparation of Nuclear Halogenopyrazines 137
   4.1.1 Nuclear Halogenopyrazines from Pyrazinones 137

	4.1.2	Nuclear Halogenopyrazines by Direct Halogenation	141
	4.1.3	Nuclear Halogenopyrazines by Deoxidative Halogenation of Pyrazine *N*-Oxides	145
	4.1.4	Nuclear Halogenopyrazines from Pyrazinamines	146
	4.1.5	Nuclear Halogenopyrazines by Transhalogenation	148
	4.1.6	Nuclear Halogenopyrazines via Trimethylsiloxypyrazines	149
4.2	Reactions of Nuclear Halogenopyrazines	149
	4.2.1	Aminolysis of Nuclear Halogenopyrazines	150
	4.2.2	Hydrolysis of Nuclear Halogenopyrazines	158
	4.2.3	Alcoholysis or Phenolysis of Nuclear Halogenopyrazines	159
	4.2.4	Thiolysis of Nuclear Halogenopyrazines	164
	4.2.5	Alkanethiolysis or Arenethiolysis of Nuclear Halogenopyrazines	166
	4.2.6	Azidolysis of Nuclear Halogenopyrazines	170
	4.2.7	Hydrogenolysis of Nuclear Halogenopyrazines	171
	4.2.8	Cyanolysis of Nuclear Halogenopyrazines	173
	4.2.9	Miscellaneous Displacement Reactions of Nuclear Halogenopyrazines	174
	4.2.10	Fission, Rearrangement, or Cyclocondensation of Nuclear Halogenopyrazines	176
4.3	Preparation of Extranuclear Halogenopyrazines	178
	4.3.1	Extranuclear Halogenopyrazines from Corresponding Hydroxypyrazines	178
	4.3.2	Extranuclear Halogenopyrazines by Minor Procedures	180
4.4	Reactions of Extranuclear Halogenopyrazines	181

CHAPTER 5 OXYPYRAZINES 191

5.1	Tautomeric Pyrazinones			191
	5.1.1	Preparation of Tautomeric Pyrazinones		191
	5.1.2	Reactions of Tautomeric Pyrazinones		196
		5.1.2.1	Conversion into Pyrazinethiones	196
		5.1.2.2	Conversion into *O*- and/or *N*- Alkylated Derivatives	198
		5.1.2.3	Conversion into *O*- and/or *N*-Acylated Derivatives	203
		5.1.2.4	Miscellaneous Reactions	205
5.2	Extranuclear Hydroxypyrazines			208
	5.2.1	Preparation of Extranuclear Hydroxypyrazines		208
	5.2.2	Reactions of Extranuclear Hydroxypyrazines		212
5.3	Nuclear and Extranuclear Alkoxy- or Aryloxypyrazines			217
	5.3.1	Preparation of Alkoxy- or Aryloxypyrazines		217
	5.3.2	Reactions of Alkoxy- or Aryloxypyrazines		219
5.4	Nontautomeric Pyrazinones and *N*-Alkylpyraziniumolates			221

	5.4.1	Preparation of Nontautomeric Pyrazinones		221
	5.4.2	Reactions of Nontautomeric Pyrazinones		222
5.5	Pyrazine *N*-Oxides			225
	5.5.1	Preparation of Pyrazine *N*-Oxides		226
		5.5.1.1	From *N*-Alkoxypyrazinones	226
		5.5.1.2	By Direct *N*-Oxidation	226
	5.5.2	Reactions of Pyrazine *N*-Oxides		230
		5.5.2.1	Deoxygenation	231
		5.5.2.2	*O*-Alkylation or *O*-Acylation	233
		5.5.2.3	Conversion into *C*-Acyloxypyrazines	234
		5.5.2.4	Conversion into *C*-Amino-, *C*-Azido-, *C*-Cyano-, or *C*-Alkylthiopyrazines	237
		5.5.2.5	Miscellaneous Reactions	238
5.6	Appendix: Trivial Names for Pyrazine Derivatives			240

CHAPTER 6 THIOPYRAZINES 245

6.1	Pyrazinethiones and Pyrazinethiols		245
	6.1.1	Preparation of Pyrazinethiones and Pyrazinethiols	245
	6.1.2	Reactions of Pyrazinethiones and Pyrazinethiols	248
6.2	Alkylthiopyrazines and Dipyrazinyl Sulfides		251
	6.2.1	Preparation of Alkylthiopyrazines	251
	6.2.2	Reactions of Alkylthiopyrazines	252
		6.2.2.1 Oxidation to Sulfoxides or Sulfones	252
		6.2.2.2 Miscellaneous Reactions	254
6.3	Dipyrazinyl Disulfides and Pyrazinesulfonic Acid Derivatives		255
6.4	Pyrazine Sulfoxides and Sulfones		255

CHAPTER 7 NITRO-, AMINO-, AND RELATED PYRAZINES 259

7.1	Nitropyrazines			259
	7.1.1	Preparation of Nitropyrazines		259
	7.1.2	Reactions of Nitropyrazines		261
7.2	Nitrosopyrazines			262
	7.2.1	*C*-Nitrosopyrazines		262
	7.2.2	*N*-Nitrosopiperazines and Related Compounds		262
7.3	Regular Aminopyrazines			265
	7.3.1	Preparation of Regular Aminopyrazines		265
	7.3.2	Reactions of Regular Aminopyrazines		273
		7.3.2.1	*N*-Acylation of Aminopyrazines and Subsequent Cyclizations	273
		7.3.2.2	*N*-Alkylidenation of Aminopyrazines and Subsequent Cyclizations	277
		7.3.2.3	*N*-Alkylation of Aminopyrazines and Subsequent Cyclizations	280

		7.3.2.4	Conversion into Ureidopyrazines or Related Products	282

         7.3.2.4 Conversion into Ureidopyrazines or
                  Related Products   282
         7.3.2.5 Conversion into Trialkylsilylamino-,
                  Triphenylphosphoranylideneamino-,
                  or Dimethylsulfimidopyrazines   285
         7.3.2.6 Miscellaneous Minor Reactions   287
7.4 Preparation and Reactions of Hydrazinopyrazines   290
7.5 Preparation, Structure, and Reactions of Azidopyrazines   294
7.6 Nontautomeric Iminopyrazines   297
7.7 Arylazopyrazines   298

CHAPTER 8 PYRAZINECARBOXYLIC ACIDS AND RELATED DERIVATIVES   299

8.1 Pyrazinecarboxylic Acids   299
     8.1.1 Preparation of Pyrazinecarboxylic Acids   299
     8.1.2 Reactions of Pyrazinecarboxylic Acids   302
8.2 Pyrazinecarboxylic Esters   308
     8.2.1 Preparation of Pyrazinecarboxylic Esters   308
     8.2.2 Reactions of Pyrazinecarboxylic Esters   311
8.3 Pyrazinecarbonyl Halides   317
     8.3.1 Preparation of Pyrazinecarbonyl Halides   317
     8.3.2 Reactions of Pyrazinecarbonyl Halides   318
8.4 Pyrazinecarboxamides, Pyrazinecarboxamidines,
     and Related Derivatives   321
     8.4.1 Preparation of Pyrazinecarboxamides and the Like   321
     8.4.2 Reactions of Pyrazinecarboxamides and the Like   324
8.5 Pyrazinecarbohydrazides and Pyrazinecarbonyl Azides   328
8.6 Pyrazinecarbonitriles   330
     8.6.1 Preparation of Pyrazinecarbonitriles   330
     8.6.2 Reactions of Pyrazinecarbonitriles   331
8.7 Pyrazinecarbaldehydes   336
     8.7.1 Preparation of Pyrazinecarbaldehydes   336
     8.7.2 Reactions of Pyrazinecarbaldehydes   338
8.8 Pyrazine Ketones   340
     8.8.1 Preparation of Pyrazine Ketones   341
     8.8.2 Reactions of Pyrazine Ketones   343
8.9 Pyrazine Cyanates, Isocyanates, Thiocyanates,
     Isothiocyanates, and Carbonitrile Oxides   346

APPENDIX : Table of Simple Pyrazines   349

REFERENCES   461

INDEX   515

THE PYRAZINES

Supplement I

This is the Fifty-Eighth Volume in the Series
THE CHEMISTRY OF HETEROCYCLIC COMPOUNDS

CHAPTER 1

Primary Syntheses from Aliphatic or Carbocyclic Synthons

Primary synthetic routes to pyrazines or hydropyrazines from aliphatic or carbocyclic synthons are so numerous and diverse that any system of classification cannot be satisfactory in all respects. The approach adopted here is based on the ways in which the six ring atoms of pyrazine can be supplied by synthons, as indicated in the Contents headings.

In each subsection, any examples of syntheses that lead directly to pyrazines usually precede any that afford di-, tetra-, or hexahydropyrazines (piperazines) in that order. Examples of any pre-1978 syntheses in each broad category may be located from the cross-references (e.g., *H* 49) to appropriate subsections in Barlin's parent volume.[1686] Less comprehensive reviews of primary syntheses in the pyrazine series have appeared in recent years.[743, 1287, 1426, 1677]

1.1. FROM A SINGLE SIX-ATOM SYNTHON

Because of symmetry in the pyrazine ring, there are only two ways in which a pyrazine can be formed from a six-atom synthon: by completion of the N1—C2 bond or the C2—C3 bond. In most examples, the synthon has been isolated but not necessarily characterized prior to ring closure.

1.1.1. By Completion of the N1—C2 Bond

The cyclization of an N—C—C—N—C—C synthon has been used widely to make pyrazines and hydropyrazines. Because the terminal nitrogen atom is usually an amino or related group, examples are classified according to the substituent (or unsaturation) at the terminal carbon atom of the synthon: The nature of the synthon naturally determines the degree of aromaticity in the product.

1.1.1.1.   From Appropriate ω-Unsaturated Azaalkylamines (H 358)

This unusual synthesis is exemplified by the cyclization of methyl [1-methyl-2-(prop-2-enylimino)propylideneamino]carbonate (**1**) to 2,3,5-trimethylpyrazine

(2) in 63% yield by brief thermolysis in toluene at 300°C;[839] several analogues were prepared from comparable substrates.[839, 1534]

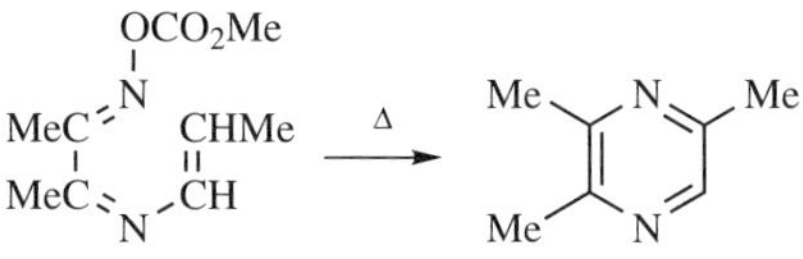

1.1.1.2. From Appropriate ω-Halogeno(azaalkylamines)

Such cyclizations are illustrated in the following examples:

1-(2-Chloroacetamido)-1-phenylacetone oxime (3) gave 5-methyl-6-phenyl-2(1H)-pyrazinone (5) via the N-oxide (4) (NaOH, dioxane, 20°C, 20 h: 86%); several analogues of (4) and (5) were made similarly.[544]

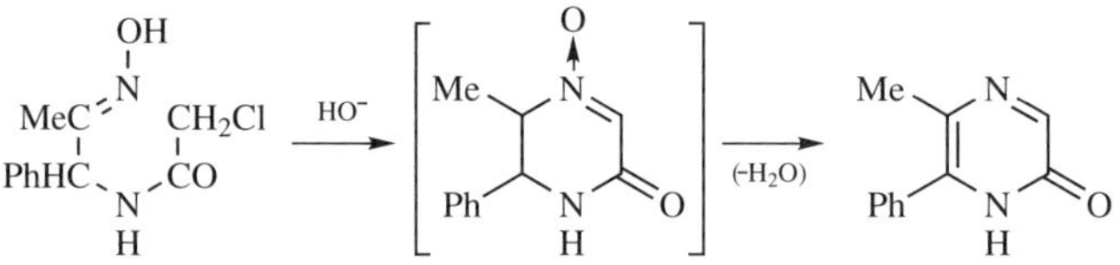

Methyl 2-{2-[N-(2-bromoethyl)-o-nitrobenzenesulfonamido]propionamido}-2-phenylacetate (6) gave 1-(α-methoxycarbonylbenzyl)-3-methyl-4-o-nitrobenzenesulfonyl-3.4.5.6-tetrahydro-2(1H)-pyrazinone (7) [1,8-diazabicyclo[5,4,0]undec-7-ene, tetrahydrofuran(THF): > 95%].[1622]
Also other examples.[863, 1493, 1772]

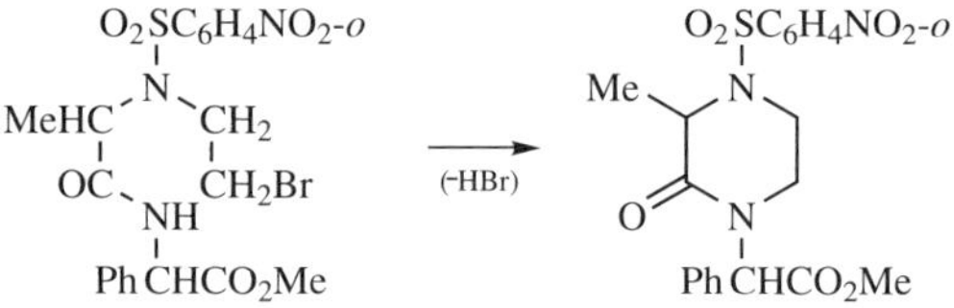

1.1.1.3. From Appropriate α,ω-Diamino(azaalkanes)

This rare synthesis has been used to advantage in the conversion of N,N-bis(2-amino-1-methoxycarbonylvinyl)aniline (8) into dimethyl 1-phenyl-1,4-dihydro-

2,6-pyrazinedicarboxylate (9) (74%) by simply boiling in acetic acid for 20 min; analogues were made similarly.[810] Related examples have been reported.[1767]

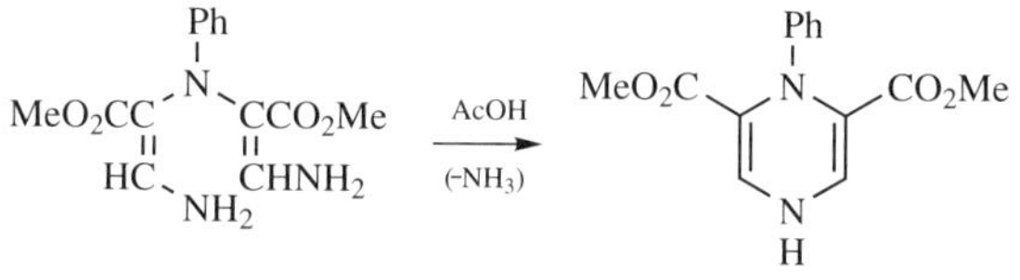

(8) → (9)

1.1.1.4. From Appropriate ω-Amino(azaalkanols) (H 372)

This synthesis usually gives hydropyrazines but appropriate substituents in the substrate can ensure autooxidation to pyrazines, as illustrated in the first of the following examples:

2-Amino-3-(2,3-dihydroxypropylideneamino)maleonitrile (10) gave 5-methyl-2,3-pyrazinedicarbonitrile (11) (HgCl$_2$, Me$_2$SO, 25°C, 3 h: 60%).[76]

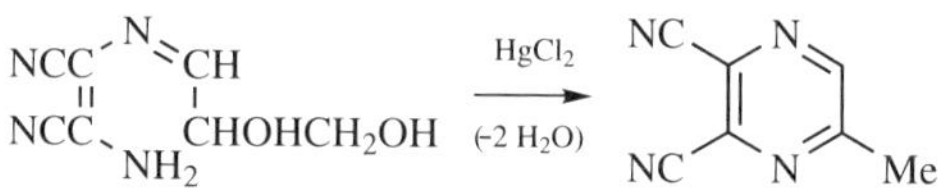

(10) → (11)

2-[2-(Benzyloxycarbonylamino)acetamido]-3-hydroxypropionaldehyde hydrate (12) gave 6-hydroxymethyl-3,4,5,6-tetrahydro-2(1H)-pyrazinone (13) (Pd/C, MeOH, H$_2$, 50 atm, 20°C, 24 h: 96%).[1061]

2-(2-Aminoethylamino)ethanol gave piperazine (14) (Cu—Al$_2$O$_3$ catalyst, continuous flow, 200°C: 95%).[1064]

Also other examples.[1330, 1641]

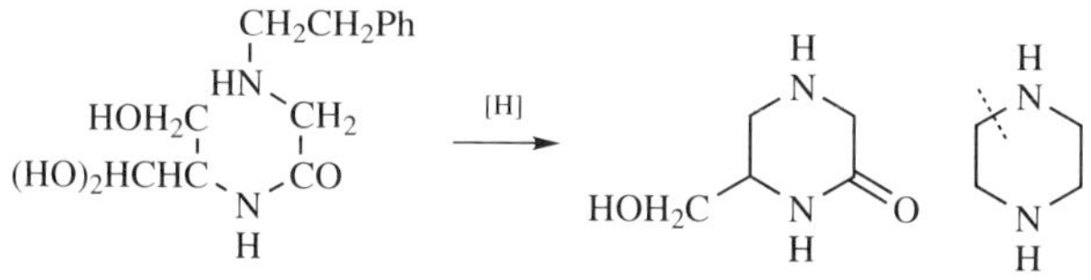

(12) → (13) (14)

1.1.1.5. From Appropriate ω-Amino(azaalkanals) (H 49)

In this type of synthesis, the substrate's aldehydo group is usually present as an acetal and its amino group may sometimes form part of a terminal amido group. Such possibilities are illustrated in some of the following examples:

N-(2,2-Diethoxyethyl)oxamide (**15**) gave 2,3(1H,4H)-pyrazinedione (**16**, R = H) (AcOH, reflux: 68%);[1562] 5-methyl-2,3 (1H, 4H)-pyrazinedione (**16**, R = Me) was made somewhat similarly.[812]

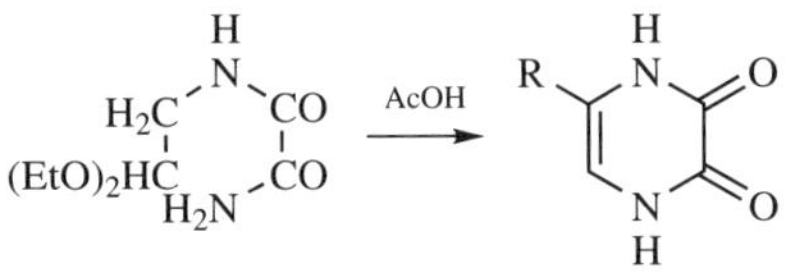

Ethyl N-{1-[(N-(2,2-diethoxyethyl)-N-methylcarbamoyl]-2-phenylethyl}aminoformate (**17**) gave ethyl 2-benzyl-4-methyl-3-oxo-1,2,3,4-tetrahydropyrazinecarboxylate (**18**) [HCl, MeCN, 20°C, 1 h: yield unstated (?%)]; analogues likewise.[248]

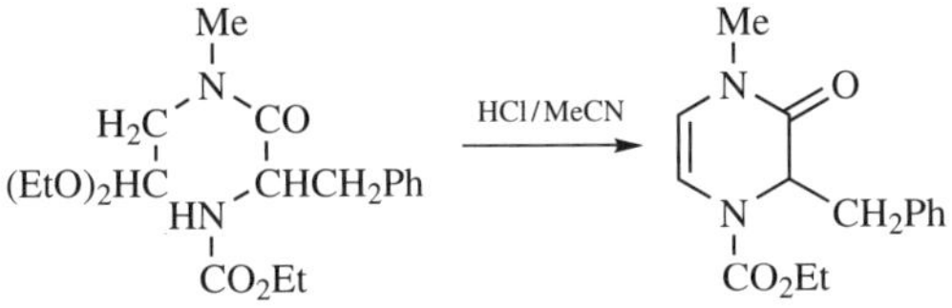

2-{2-[N-(2,2-Dimethoxyethyl)-N-methylamino]ethylamino}pyridine (**19**) gave 1-methyl-4-(pyridin-2-yl)-1,2,3,4-tetrahydropyrazine (**20**) (3 M HCl, 80°C, 2 h: 65%).[1404]

Also other examples.[36, 122, 123, 339, 665, 822, 1095, 1774]

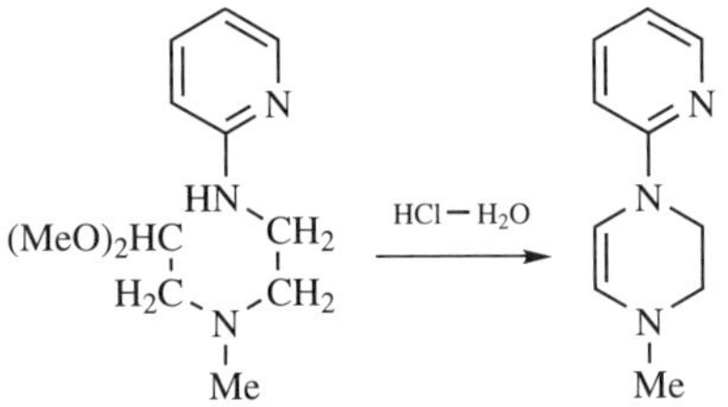

1.1.1.6. From Appropriate ω-Amino(azaalkanones) (H 64, 358)

In some of the following examples, the terminal amino group of the substrate is initially protected or even replaced by an azido group:

N-(1-Acetylethyl)-2-phthamimidopropionamide (**21**) gave 2,5,6-trimethyl-2(1H)-pyrazinone (**22**) (KOH—H$_2$O, 20°C, 30 min; then AcOH ↓, pH 4–5, reflux, 10 h: 65%); also homologues.[1099]

[Scheme: compound (21) → (22) via HO⁻ then H⁺ reflux]

2-Azido-*N*-phenacyl-*N*-phenylacetamide (**23**) gave 1,5-diphenyl-2(1*H*)-pyrazinone (**24**) (Ph₃P, PhMe, 20°C, 20 h: 35%; the evident oxidation was not aerial); analogues likewise.[555]

[Scheme: compound (23) → (24) via Ph₃P, PhMe (−N₂, −Ph₃PO, [O])]

2-Amino-*N*-(1-chloroacetyl-3-methylbutyl)butyramide (**25**, R = H), prepared *in situ* as hydrochloride by treatment of its *N*-*tert*-butoxycarbonyl derivative (**25**, R = CO₂Buᵗ) in HCl–dioxane, gave 3-ethyl-6-isobutyl-5-methyl-2(1*H*)-pyrazinone (**26**) (MeOH, reflux, 2 h: 90%);[389] many analogues were made similarly.[118, 121, 175, 389, 1452, 1491]

[Scheme: compound (25) → (26) via MeOH, reflux]

N-(1-Acetyl-1-methylethyl)-2-azido-*N*-hydroxyacetamide (**27**) gave 1-hydroxy-5,6,6-trimethyl-3,6-dihydro-2(1*H*)-pyrazinone (**28**) (Ph₃P, THF, 20°C, 24 h: 79%).[424]

Also other examples.[416, 1031, 1101, 1386, 1628, 1743]

[Scheme: compound (27) → (28) via Ph₃P/THF (−N₂, −Ph₃PO)]

1.1.1.7. From Appropriate ω-Amino(azaalkanoic) Acids

Such substrates have been used occasionally, as illustrated in the following examples:

N-Benzyl-N-[(N-o-methoxyphenylcarbamoyl)methyl]glycine (**29**) underwent dehydrative cyclization to 4-benzyl-6-hydroxy-1-o-methoxyphenyl-3,4-dihydro-2(1H)- pyrazinone (**30**) (1,1′-carbonyldiimidazole, THF, −30 → 65°C, 17 h: 83%; other reagents gave lower yields).[487]

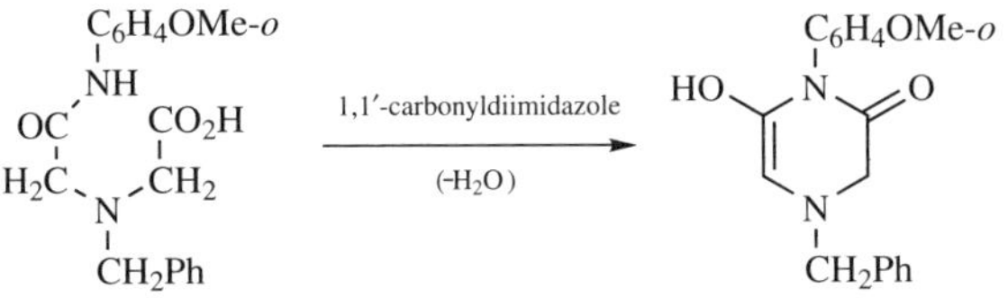

N-(2-Aminoethyl)-N-carboxymethylglycine (**31**) gave 4-carboxymethyl-3,4,5,6-tetrahydro-2(1H)-pyrazinone (**32**) (Me$_2$NCHO, reflux: ?%).[820]

Also the formation of bis(3,6-dioxopiperazin-2-ylmethyl)disulfide (**33**)[1440] and other examples.[671, 1748, 1759, 1770]

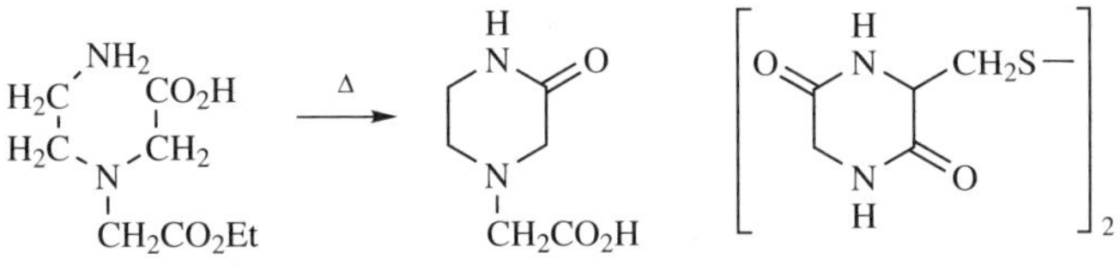

1.1.1.8. From Appropriate ω-Amino (azaalkanoic) Esters (H 363, 369)

Such cyclizations have been used extensively, especially to prepare hydropyrazines. The amino group of the substrate may be replaced by an azido group or it may be used (especially for chiral syntheses) in a protected form: In the latter case, deprotection is usually done prior to cyclization albeit in a one-pot sequence; the ester group of the substrate may be replaced by a terminal lactonic grouping.[813] The following examples illustrate some such possibilities:

Ethyl N-(2-amino-3-methylbutyryl)glycinate (**34**, R = Pr^i) gave 3-isopropyl-3,6-dihydro-2,5(1H,4H)-pyrazinedione (**35**, R = Pr^i) (PhMe, reflux, 24 h: 79%);[1351] similar procedures afforded the 3-isobutyl homologue (**35**, R = Bu^i) (71%)[193] and 3-(3,4-dimethoxybenzyl)-3-methyl-3,6-dihydro-2,5(1H,4H)-pyrazinedione (**36**) (81%).[188]

Ethyl *N*-(2-azido-1-ethoxycarbonylethyl)-*N*-benzylglycinate (**37**) gave ethyl 1-benzyl-5-ethoxy-1,2,3,6-tetrahydro-2-pyrazinecarboxylate (**38**) (Ph$_3$P, PhMe, 100°C, 9 h: 58%).[1468]

Ethyl *N*-[2-(*tert*-butoxycarbonylamino)propionyl]glycinate (**39**) gave 3-methyl-3,6-dihydro-2,5(1*H*,4*H*)-pyrazinedione (**40**) (200°C, A, 30 min: > 95%; mechanism?);[1616] an homologous product, 3-isopropyl-3,6-dihydro-2,5(1*H*,4*H*)-pyrazinedione (**41**) was made somewhat similarly but in two stages (Pd/C, MeOH—CH$_2$Cl$_2$, H$_2$, 24 h; then PhMe, reflux, 12 h: 65%).[50]

Methyl *N*-(2-diallylamino-3-hydroxyhexyl)-2-isopropylglycinate (**42**) gave 6-(1-hydroxybutyl)-3-isopropyl-3,4,5,6-tetrahydro-2(1*H*)-pyrazinone (**43**) [(Ph$_3$P)$_3$RhCl, MeCN—H$_2$O, distillation (see original for details), 5 h: 47%].[404]

Also other examples.[182, 189, 229, 703, 813, 843, 1347, 1465, 1495, 1498, 1535, 1750]

1.1.1.9. *From Appropriate ω-Amino(azaalkanamides)*

Such substrates are seldom used but *tert*-butyl {1-[1-(*N*-methoxy-*N*-methylcarbamoyl)-3-methylbutyl]carbamoyl -2-phenylethyl}aminoformate (**44**) gave 3-benzyl-6-isobutyl-2(1*H*)-pyrazinone (**45**) (21%) by two deprotections (LiAlH$_4$; and HCl—dioxane) and a final cyclization in acetonitrile during 13 h.[1510]

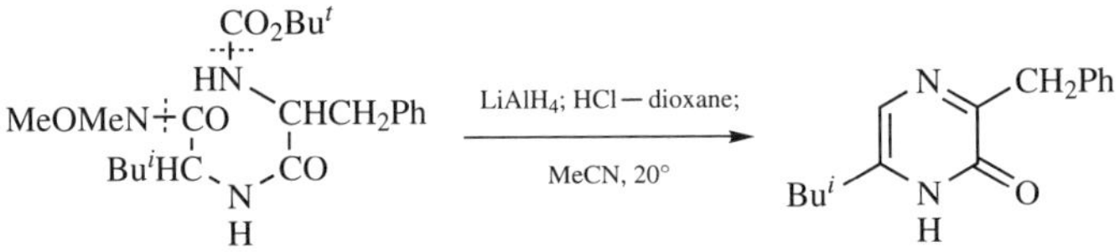

1.1.1.10. *From Appropriate ω-Amino (azaalkanenitriles) (H 49, 344)*

These nitriles are usually employed to afford aromatic pyrazinamines but they can be used to produce hydropyrazinamines, chloropyrazinamines, or even pyrazines without an amino substituent. The following cyclizations illustrate some of these uses:

Methyl 2-cyano-*N*-(2-hydroxyimino-4-methylvaleryl)glycinate (**46**, R = Me) gave methyl 3-amino-5-isobutyl-6-oxo-1, 6-dihdyro-2-pyrazinecarboxylate 4-oxide (**47**, R = Me) (AcOH, 70°C, 3 h: >32%);[337] the ethyl ester (**47**, R = Et) (>62%) was made similarly.[848]

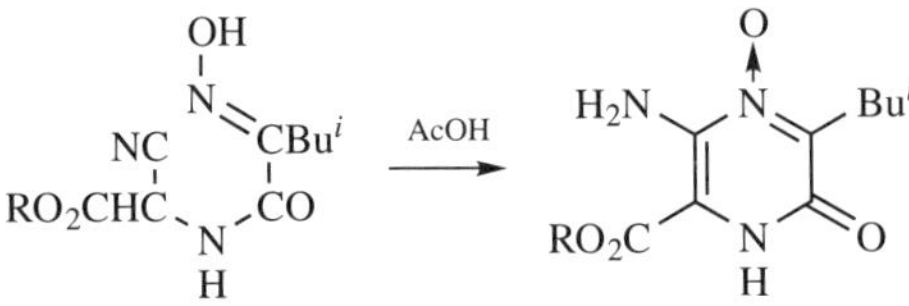

Methyl 2-(β-aminostyrylimino)-2-cyanoacetate (**48**) gave methyl 3-amino-5-phenyl-2-pyrazinecarboxylate (**49**) (MeONa, MeOH—CH$_2$Cl$_2$, 20°C, 15 min: 70%).[941]

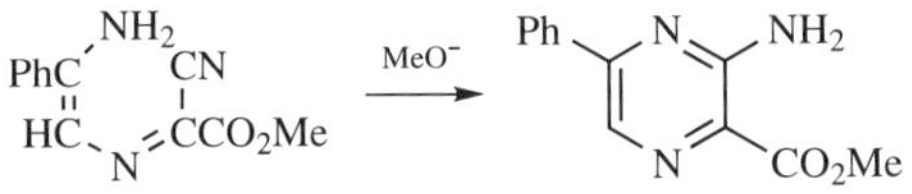

α-(Dicyanomethyleneamino)malononitrile (**50**) underwent addition of hydrogen chloride to afford the unisolated iminonitrile (**51**) and thence 3-amino-5-chloro-2,6-pyrazinedicarbonitrile (**52**) (HCl—AcMe, reflux, 10 min: 43%).[447]

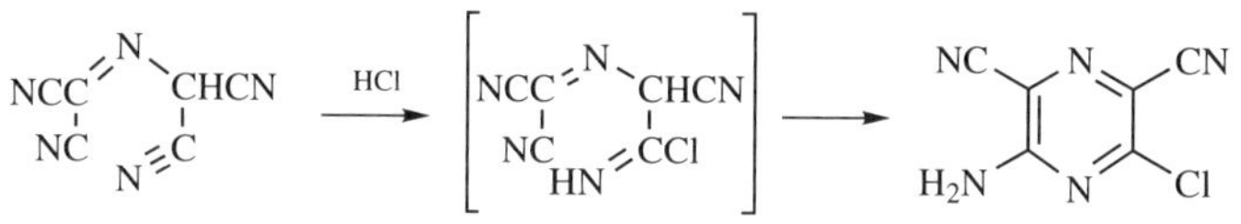

2,2′-Iminodipropiononitrile (**53**) gave 6-hydroxy-3,5-dimethyl-3,4-dihydro-2(1*H*)-pyrazinone (**54**) (HCl/EtOH, 0°C, 12 h; then Na_2CO_3—H_2O: 18%; by a yet unconfirmed mechanism).[577]
Also other examples.[436, 747, 749, 1180, 1284]

1.1.2. By Completion of the C2-C3 Bond

Not unnaturally, the synthesis of a pyrazine or hydropyrazine from a single C—N—C—C—N—C synthon is rare. However, the cyclization of *N,N*′-dibenzylidene or *N,N*′-diacyl derivatives of ethylenediamines has proven possible, as indicated in the following examples:

1,2-Bis (benzylideneamino)-1,2-diphenylethane (**55**) gave 2,3,5,6-tetraphenylpyrazine (**57**), via the unisolated 2,3-dihydro derivative (**56**) (Na—Et_2O, reflux, N_2, 6 h; then O_2↓, 20°C, 10 min: 90%).[138]

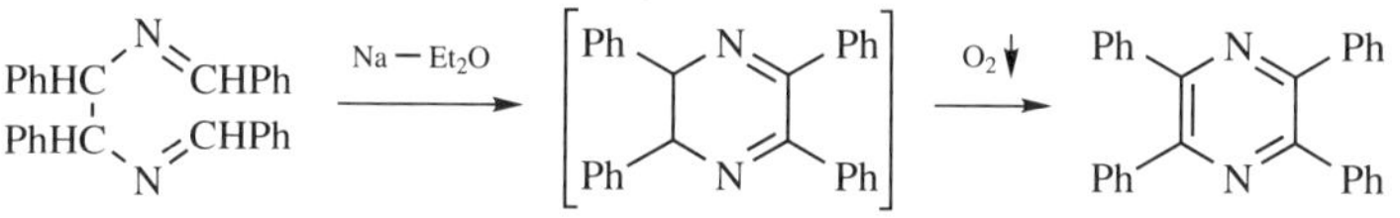

2,3-Bis(benzylideneamino)-2-cyanoacrylamide (**58**) gave a separable mixture of 3-cyano-5,6-diphenyl-4,5-dihydro- (**59a**) and 3-cyano-5,6-diphenyl-1,6-dihydro-2-pyrazinecarboxamide (**59b**) (Me_2SO, 80°C, 10 min: 10 and 68%, respectively);

oxidation of either product gave 3-cyano-5,6-diphenyl-2-pyrazinecarboxamide (**60**) (MnO$_2$, Me$_2$NCHO, 60°C, 12 h: 80%; or H$_2$O$_2$, MeOH, 55°C, 8 h: 30%); several substituted-phenyl derivatives were made likewise.[752]

1,2-Bis(benzylideneamino)ethane (**61**) afforded 2,3-diphenylpiperazine (**62**) (TsONEt$_4$, MsOH, Me$_2$NCHO, Pb cathode, 0.5 amp: 95%); analogues likewise.[845]

1,2-Bis(*N*-methylbenzamido)ethane (**63**) gave 1,4-dimethyl-2,3-diphenyl-1,4,5,6-tetrahydropyrazine (**64**) (Sm—SmI$_2$, THF, 67°C, 3 h: 62%).[463]

1.2. FROM TWO SYNTHONS

Most of the primary syntheses from aliphatic or carbocyclic substrates fall into this category, which is subdivided successively according to the number and the type of ring atoms supplied by each synthon.

1.2.1. By Using a One-Atom and a Five-Atom Synthon

The one-atom synthon may supply either N1 or C2 but nearly all known examples fall into the first of these subcategories.

1.2.1.1. Where the One-Atom Synthon Supplies N1 (H 49)

Such one-atom synthons are normally ammonia or a primary or secondary amine. The following examples are therefore classified according to the type of five-atom cosynthon used:

With 1,5-Dialkylidene-3-azapentanes

N-Ethyl-N,N-bis(3-methoxycarbonylallyl)amine (**65**) gave 1-ethyl-3,5-bis(methoxycarbonylmethyl)-4-methylpiperazine (**66**) (MeNH$_2$, MeOH, 0 → 25°C, ? h: 69%); homologues likewisa.[1494]

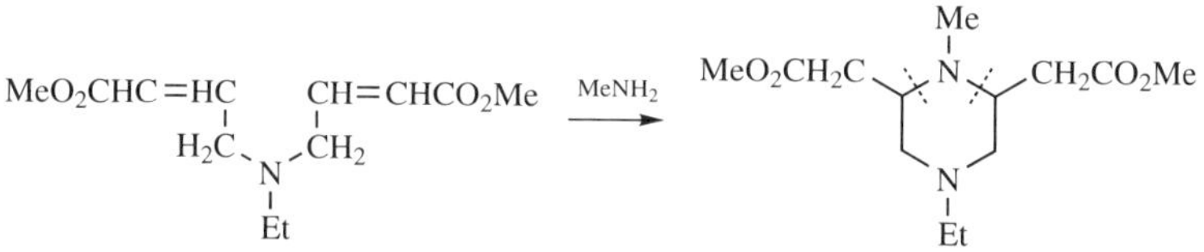

With 1,5-Dihalogeno-3-azapentanes

Bis(2-chloroethyl)amine (**67**) and 2,5-dimethoxyaniline gave 1-(2,5-dimethoxyphenyl)piperazine (**68**) (K$_2$CO$_3$, MeOCH$_2$CH$_2$OCH$_2$CH$_2$OMe, reflux, 48 h: 62%).[610]

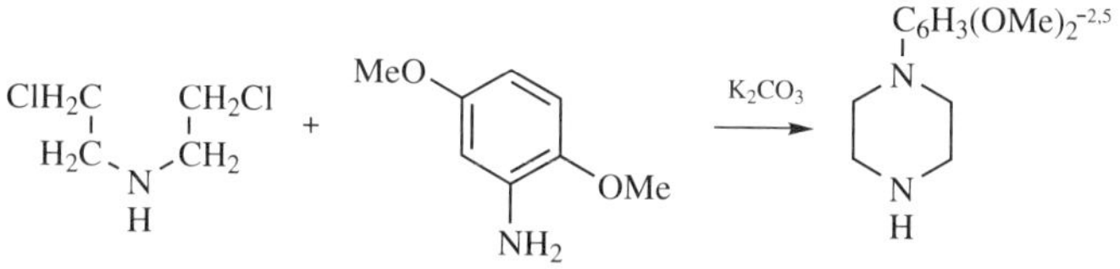

With 5-Halogeno-3-azapentanyl Ketones or Aldehydes

N-(1-Acetyl-1-methylethyl)-2-chloro-N-hydroxyacetamide (**69**) gave 1-hydroxy-5,6,6-trimethyl-3,6-dihydro-2(1H)-pyrazinone (**70**) (NH$_4$OH—EtOH—dioxane, 20°C, 3 days: 8%); likewise one homologue.[424] Aldehydes gave better results under reductive conditions.[1768]

With 5-Halogeno-3-azapentanoic Acids or Esters

2-(2-Bromopropionamido)-3-methylvaleric acid (**71**) gave 3-*sec*-butyl-6-methyl-3,6-dihydro-2,5 (1*H*,4*H*)-pyrazinedione (**72**) (NH$_4$OH, 20°C, 7 days, volatiles ↑; PhOH, 145°C, 2 h: 73%).[317]

Ethyl 2-[2-chloro-*N*-(1-phenylethyl)acetamido]propionamide (**73**) gave 3-methyl-4-(1-phenylethyl)-3,6-dihydro-2,5 (1*H*,4*H*)-pyrazinedione (**74**) (7 M NH$_3$/EtOH, 20°C, 24 h: ?%).[1349]

Also other examples.[890]

With 3-Aza-1,5-pentanediols

A neat mixture of diethanolamine hydrochloride and aniline hydrochloride gave 1-phenylpiperazine (**75**) (microwave irradiation, Dean–Stark, 12 min: 50%);[1197] also related examples.[1066, 1197]

Diethanolamine and *m*-(trifluoromethylthio)aniline gave 1-[*m*-(trifluoromethylthio)phenyl]piperazine (**76**) (HCl gas ↓, ~190°C, 1 h; then 240°C, 90 min: 33%); analogues likewise.[592]

Also other examples.[814, 894]

Note: It seems relevant that aqueous solutions of *N*-methyldiethanolamine (**77**), employed to remove H$_2$S from hydrocarbon gases, gradually accumulate *inter alia* 1,4-dimethyl-, 1-(2-hydroxyethyl)-4-methyl-, and 1,4-bis(2-hydroxyethyl)piperazine.[1583]

With 3-Aza-1,5-pentanediyl Diketones

1-Isovaleryl-*N*-phenacylformamide (**78**) gave 3-isobutyl-5-phenyl-2(1*H*)-pyrazinone (**79**) (AcONH$_2$, EtOH, reflux, 3.5 h: 67%).[311, 632]

N,*N*-Diphenacyl-*p*-toluidine and *p*-toluidine gave 2,6-diphenyl-1,4-di-*p*-tolyl-1,4-dihydropyrazine (**80**) (TsOH, PhMe, reflux, Dean–Stark H$_2$O removal, 5 h: 35%).[31]

Also other procedures.[1627, 1760]

With 3-Aza-5-oxopentanoic Acids or Esters

Benzyl 4-methyl-2-(*N*-methyl-1-propionylformamido)valerate (**81**) gave 3-ethylidene-6-isobutyl-1-methyl-3,6-dihydro-2,5(1*H*,4*H*)-pyrazinedione (**82**) (AcONH$_4$, AcOH—PhMe, heat: >73%; this and related products were prepared on a solid resin support).[1621]

Also other examples under conventional conditions.[1757]

With 3-Aza-1,5-pentanedioic Acids or Derivatives

Bis(carboxymethyl)amine (**84**, R = H) gave 4-formyl-6-hydroxy-3,4-dihydro-2(1*H*)-pyrazinone (**83**, Q = CHO) [HCO$_2$NH$_4$, Me$_2$NCHO—PhMe, Dean–Stark H$_2$O removal, 150–170°C (bath?), 4 h: 58%], and thence

6-hydroxy-3,4-dihydro-2(1H)-pyrazinone (**83**, Q = H) (HCl, EtOH, reflux, 3 h: 98%, as hydrochloride).[441]

Tris(carboxymethyl)amine (nitrilotriacetic acid: **84**, R = CH$_2$CO$_2$H) gave 6-hydroxy-1-methyl-4-(methylcarbamoyl)methyl-3,4-dihydro-2(1H)-pyrazinone (**85**) (HCHNHMe, 150–160°C, ? h: 59%).[1470]

Also other examples.[274, 487, 1041]

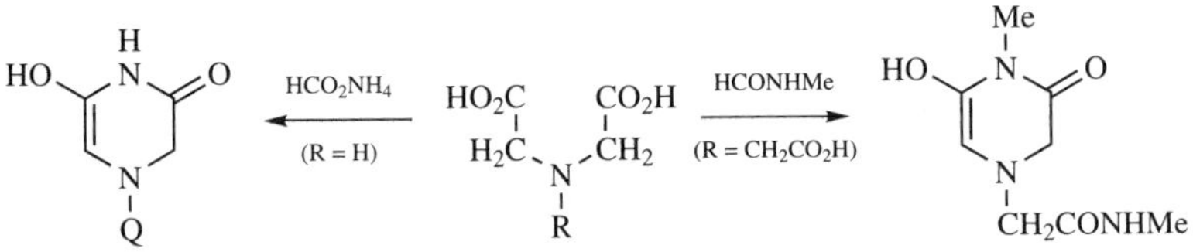

(83)   (84)   (85)

With 3-Aza-5-dialkylaminopentanenitriles

α-(3,3-Dimethoxy-2-pyrrolidinoprop-2-enylimino)malononitrile (**86**) gave 3-amino-5-dimethoxymethyl-2-pyrazinecarbonitrile (**87**) (NH$_3$/MeOH, 20°C, 45 min: 85%).[767]

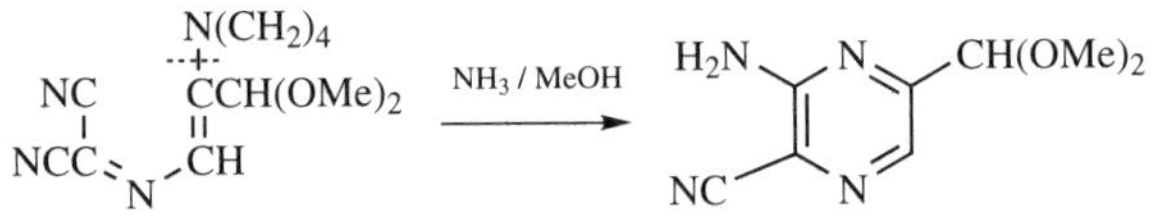

(86)   (87)

α-(α-Methyl-β-morpholinostyrylimino)malononitrile (**88**) gave 3-imino-4,6-dimethyl-5-phenyl-3,4-dihydro-2-pyrazinecarbonitrile (**89**) (MeNH$_2$, EtOH—CHCl$_3$, 20°C, 12 h: 97%); analogues likewise.[942]

Also other examples.[1419]

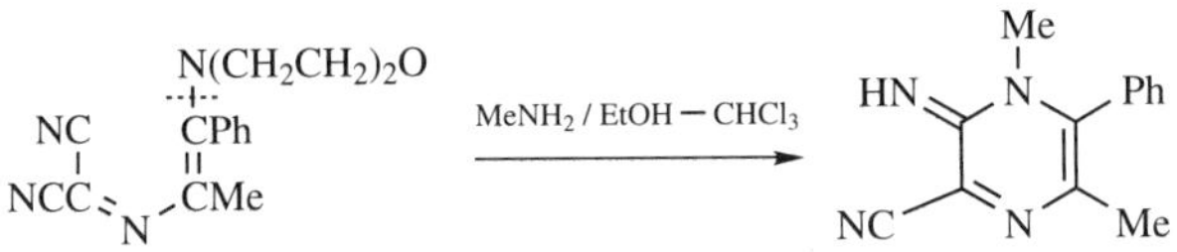

(88)   (89)

1.2.1.2. Where the One-Atom Synthon Supplies C2

This type of cyclization appears to have been used recently with only one substrate, as illustrated in the following examples:

3-Amino-2-benzylideneamino-3-methoxyacrylonitrile (**91**) and 2-methoxypropene gave 3-methoxy-5,5-dimethyl-6-phenyl-4,5-dihydro-2-pyrazinecarbonitrile (**90**) (pyridinium. TsOH, PhMe, N$_2$, reflux, 48 h: 82%);[857] substrate (**91**) and triethyl orthoformate likewise gave 3-methoxy-6-phenyl-2-pyrazinecarbonitrile (**92**) in 91% yield.[857]

The same substrate (**91**) and triethyl orthoacetate, however, gave a separable mixture of 5-ethoxy-3-methoxy-5-methyl-6-phenyl-4,5-dihydro-2-pyrazinecarbonitrile (**93**) and 3-methoxy-5-methyl-6-phenyl-2-pyrazinecarbonitrile (**94**) (likewise: 35 and 43%, respectively); the dihydro product (**93**) gave its aromatic counterpart (**94**) quantitatively by loss of ethanol on treatment with pyridine or triethylamine.[857]

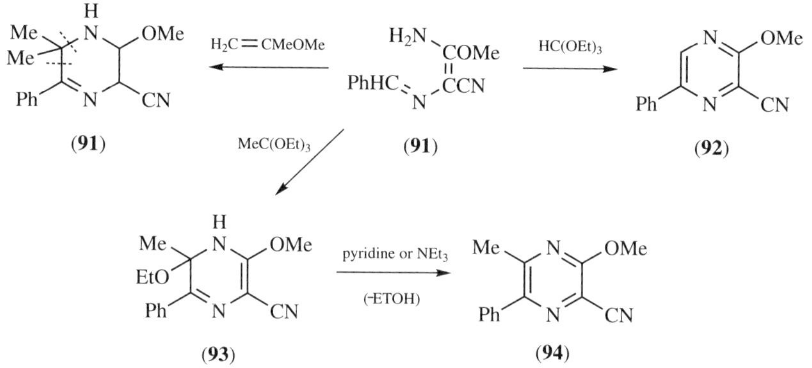

1.2.2. By Using a Two-Atom and a Four-Atom Synthon

The two-atom synthon may supply N1 + C2 or C2 + C3 but most of these syntheses fall into the latter category. When both synthons are unsymmetrical, two products are possible.

1.2.2.1. Where the Two-Atom Synthon Supplies N1 + C2

This category appears to be represented in recent literature only by a single esoteric type of cyclocondensation, as illustrated with the following example:

2-Benzamidopropionic acid (**95**) underwent unsymmetrical self-condensation and aminolysis to give 1-benzoyl-2,5-dimethyl-6-methylimino-3-phenyl-1,2,5,6-tetrahydro-2-pyrazinecarboxylic acid (**97**), possibly via intermediate (**96**) (MeNH$_2$-POCl$_3$, CHCl$_3$, reflux, 5 h: 43%); several analogues were made similarly.[1098]

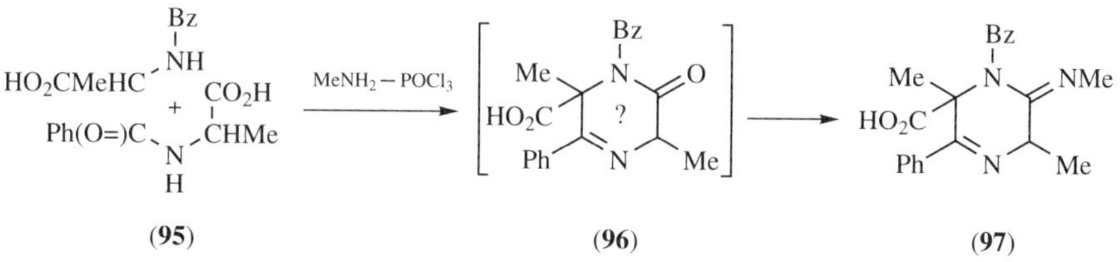

1.2.2.2. Where the Two-Atom Synthon Supplies C2 + C3 (H 28, 35, 62, 63, 348, 358)

This category of synthesis has been used extensively. Since there is little variation in the N—C—C—N synthon (usually ethylenediamine, 2-aminoacetamide, oxamide, cyanogen, or a derivative thereof), these syntheses are classified according to the two-atom (C—C) synthon, which does vary considerably. The following examples, with occasional explanatory notes, illustrate possibilities that have been reported in recent literature:

With Prop-2-ynols

Ethylenediamine (**98**) and 1-methylprop-2-ynol (**99**) gave 2,3-dimethyl-5,6-dihydropyrazine (**100**) [Hg(OAc)$_2$, CHCl$_3$, reflux, 7 h: 51%]; homologues likewise.[210]

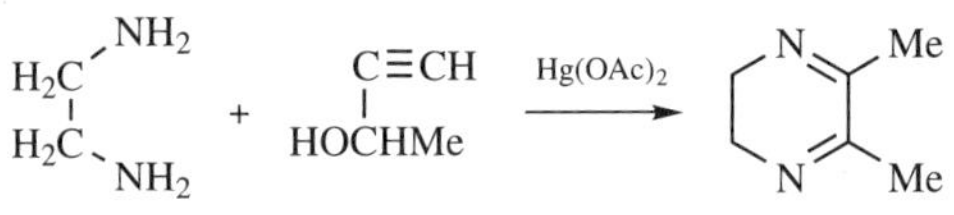

With α-Methylene Ketones

Bis(p-tolylimino)ethane (**101**) and acetylacetone (**102**) gave 2-acetyl-3-methyl-1,4-di-p-tolyl-1,4-dihydropyrazine (**103**) (neat EtONa, 145°C, 3 h: 68%); also analogues likewise.[141]

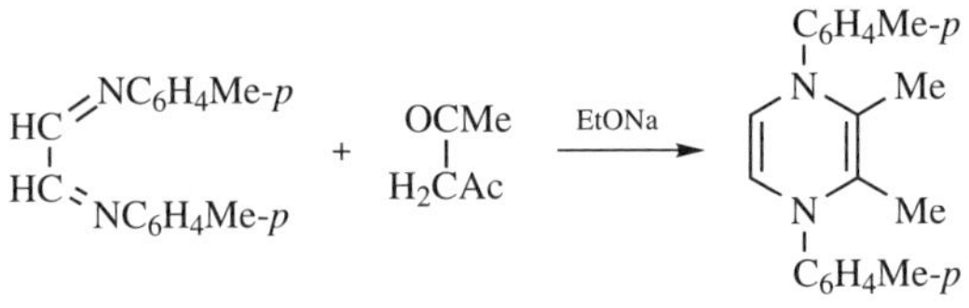

With Acrylic Acids or Esters

1,2-Diamino-2-methylpropane (**104**) and diethyl maleate (**105**) gave 3-ethoxycarbonylmethyl-6,6-dimethyl-3,4,5,6-tetrahydro-2(1H)-pyrazinone (**106**) (Pr^{i}OH, 60°C, 6 h: 53%; structure confirmed by nuclear magnetic resonance (NMR) and no isomer could be detected); also analogues likewise.[722]

With 1,2-Dihalogenoethanes, Chloroacetyl Chloride, Oxalyl Chloride, and so on

1,2-Bis(2,2,2-trifluoroacetamido)ethane (**107**) and methyl 2,3-dibromopropionate (**108**) gave methyl 1,4-bis(trifluoroacetyl)-2-piperazinecarboxylate (**109**) (NaH, Me$_2$NCHO, 5 → 20°C, 3 h: 59%).[418]

Ethylenediamine and octafluoro-2,3-epoxybutane (**110**) gave 2,3-bistrifluoromethyl-1,2,5,6-tetrahydro-2-pyrazinol (**111**) (MeOCH$_2$CH$_2$OCH$_2$CH$_2$OMe, 20°C, 2–5 h: 20%); also analogues.[1105]

1,2-Diamino-1,2-diphenylethane (**112**) and 1,2-dichloro-1,2-bis(*p*-tolylimino)ethane (**113**) gave 2,3-diphenyl-5,6-di-*p*-toluidino-2,3-dihydropyrazine (**114**) (Et$_3$N, PhMe, 20°C, until thin-layer chromatography (TLC) shows no dichloro synthon: 80%); also analogues.[979]

N-(2-Benzylaminoethyl)cyclohexanecarboxamide (**115**) and chloroacetyl chloride (**116**) gave 1-benzyl-4-cyclohexylformyl-3,4,5,6-tetrahydro-2(1*H*)-pyrazinone (**117**) (NaOH, PhCH$_2$Et$_3$NCl, H$_2$O—PhH, 20 → 55°C, 2 h: 80%;[433] Bu^{t}OK, Bu^{t}OH, 20°C, 40 min: 65%);[58] also analogues by both procedures.[58, 433]

2,3-Di-*p*-toluidinoacrylonitrile (**118**, Q = H, R = C$_6$H$_4$Me-*p*) and oxalyl chloride (**119**) gave 5,6-dioxo-1,4-di-*p*-tolyl-1,4,5,6-tetrahydro-2-pyrazinecarbonitrile (**120**, Q = H, R = C$_6$H$_4$Me-*p*) CHCl$_3$, 20°C → reflux, >2 h: 65%); also analogues.[296]

2,3-Diaminomaleonitrile (**118**, Q = CN, R = H) and oxalyl chloride (**119**) gave 5,6-dioxo-1,4,5,6-tetrahydro-2,3-pyrazinedicarbonitrile (**120**, Q = CN, R = H) (dioxane, 0 → 50°C, 4 h: 90%).[1390]

N,N'-Diethyloxamide (**121**) and oxalyl chloride gave 1,4-diethyl-5,6-dihydro-2,3,5,6(1*H*, 4*H*)-pyrazinetetrone (**122**) (neat, 120°C, sealed, 4 h: ?%); also homologues similarly.[796]

Also other examples.[480, 482, 825, 1622, 1647]

Note: In the foregoing syntheses, acyl halides react at their halogeno entity to afford pyrazinones; however, sometimes they appear to react at their carbonyl entity (at least with primary amino cosynthons) to afford halogenopyrazines (see examples later in this subsection).

With 2-Halogenoacetaldehydes

Note: The only available examples in this subcategory employ a complicated one-pot procedure that has been used effectively to make several related products: a mechanism has been suggested.[1533]

2-Benzylaminoethylamine (**123**), 2-chloroacetaldehyde, *tert*-butyl isocyanate, and formic acid gave 4-benzyl-*N*-*tert*-butyl-1-formyl-2-piperazinecarboxamide (**124**) (MeOH—H$_2$O, 23°C, 3 days: 60%).[1533]

With α-Halogeno Ketones

Ethylenediamine and 3-bromo-2-octanone (**125**) gave 2-methyl-3-pentyl-1,4,5,6-tetrahydropyrazine (**126**) (EtOH, 20°C → reflux, 3 h: 47%).[1103]
Also other examples.[718, 1394]

With 2-Halogenoacetic Acids or Derivatives

Note: Most of the available examples in this subcategory involve the somewhat specialized condensation of α-aminonitriles (as four-atom synthons) with oxalyl chloride, operating not as a dihalogenoethane derivative (as exemplified previously) but as an α-chloro carboxylic acid derivative.

1,2-Bis(benzylamino)ethane (**127**) and diethyl α-bromomalonate (**128**) gave ethyl 1,4-dibenzyl-3-oxo-2-piperazinecarboxylate (**129**) (MeCN, N_2, reflux, 6 h: 75%);[644] also analogous examples.[149]

(**127**) (**128**) (**129**)

2-Methylaminoacetonitrile hydrobromide (**130**, X = Br) and an excess of oxalyl bromide (**131**, X = Br) gave 3,5-dibromo-1-methyl-2(1H)-pyrazinone (**132**, X = Br) ($C_6H_3Cl_2$-o, 20 → 80°C, 5 h: 49%); the dichloro analogue (**132**, X = Cl) was made similarly from (**130**, X = Cl) and (**131**, X = Cl) in 55% yield and two possible mechanisms have been suggested.[1309] The reaction has been used to make many analogous products.[1309, 1381, 1496, 1672]

(**130**) (**131**) (**132**)

With 1,2-Ethanediols or Related Synthons

Ethylenediamine undergoes vapor-phase cyclocondensation with 1,2-ethanediol (**133**, R = H) or 1,2-propanediol (**133**, R = Me) over heavy metal catalysts at 400–500°C to afford pyrazine (**135**, R = H) or 2-methylpyrazine (**135**, R = Me), respectively, via intermediates (**134**).[155, 438, 1038, 1167, 1191, 1203, 1207, 1229, 1258]

(**133**) (**134**) (**135**)

2,3-Diiminosuccinonitrile (**136**) with 1,2-dimethoxyethylene (**137**) gave 5,6-dimethoxy-1,4,5,6-tetrahydro-2,3-pyrazinedicarbonitrile (**138**) (MeCN, $10 \rightarrow 20°C$, 7 h: 76%), and hence 2,3-pyrazinedicarbonitrile (**139**) (thermally or on silica gel);[789] the same diimine (**136**) with 1-diethylaminopropyne (**140**) gave directly 5-diethylamino-6-methyl-2,3-pyrazinedicarbonitrile (**141**) (THF, $-70 \rightarrow 20°C$: 62%).[789]

1,2-Bis(tosylamino)ethane (**142**) and 1,4-bis(methoxycarbonyloxy)-2-butene (**143**) gave 1,4-ditosyl-2-vinylpiperazine (**144**) [Pd catalyst, P(OPr)$_3$, THF—CHCl$_3$, N$_2$, 20°C, 4 h: 69%); also analogues.[829]

Ethylenediamine undergoes catalytic self-condensation (with loss of 2 NH$_3$) to give piperazine and subsequently (by dehydrogenation) pyrazine (Pt—Al$_2$O$_3$, 400°C: ~38% pyrazine).[438]

With 2-Hydroxyacetaldehydes

1,2-Dianilinoethane (**145**) and mandelaldehyde (2-hydroxy-2-phenylacetaldehyde: **146**) gave 1,2,4-triphenyl-1,4,5,6-tetrahydropyrazine (**147**) (TsOH, PhMe, reflux, Dean–Stark H$_2$O removal, 6 h: 70%).[701]

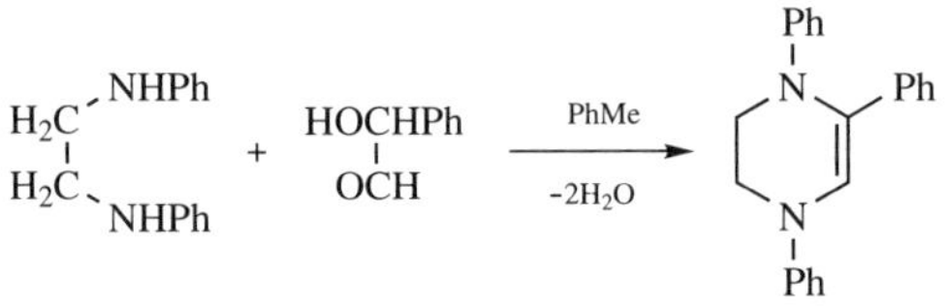

(145) (146) (147)

With 2-Hydroxyacetic Acid Derivatives

2-Amino-2-methyl-1-propylaminopropane (**148**) and acetone cyanohydrin (2-hydroxy-2-methylpropionoitrile: **149**) gave 3,3,5,5-tetramethyl-1-propyl-3,4,5,6-tetrahydro-2(1*H*)-pyrazinone (**150**, X = 0), presumably via the imine (**150**, X = NH) (PhCH$_2$Et$_3$NCl, NaOH, CHCl$_3$—H$_2$O, 5°C, >5 h: 70%); also analogues.[187]

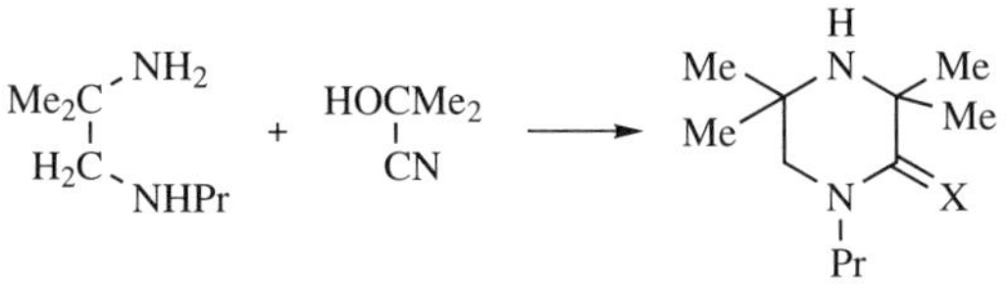

(148) (149) (150)

With Ethanedial (Glyoxal)

2,3-Diamino-3-phenylthioacrylonitrile (**151**) and glyoxal (**152**) gave 3-phenylthio-2-pyrazinecarbonitrile (**153**) (TsOH, H$_2$O—MeOH, reflux, 5 h: 77%).[1507]

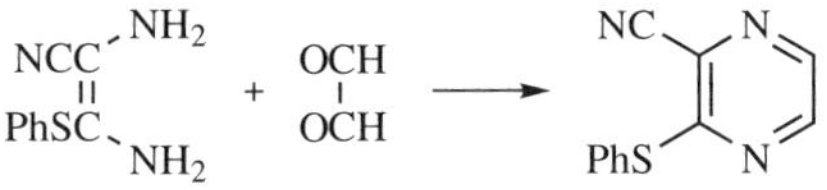

(151) (152) (153)

α-Aminomalonamide (**154**) and glyoxal gave 3-oxo-3,4-dihydro-2-pyrazinecarboxamide (**155**) (OHCCHO.NaHSO$_3$, H$_2$O, 80°C, 3 h; then NaOH, H$_2$O$_2$: 84%; note requirement for oxidation);[598, cf 1119] likewise, α,β-diaminosuccinic acid gave 2,3-pyrazinedicarboxylic acid (OHCCHO, NaOH, H$_2$O—MeOH, air ↓, 50° → reflux, 3.5 h: 70%).[143]

(154) (155)

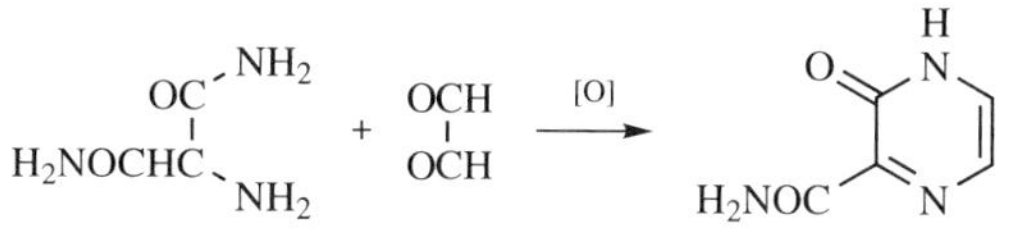

2-Amino-*N*-hydroxyacetamide (**156**) and glyoxal gave 1-hydroxy-2(1*H*)-pyrazinone (**157**) (NaOH, MeOH—H_2O, $-30 \rightarrow 45$°C, 3 h: 85%);[1382] an analogous cyclocondensation gave the isomeric 2(1*H*)-pyrazinone 4-oxide (**159**) from 2-hydroxyaminoacetamide (**158**), made *in situ* (OHCCHO, H_2O, N_2, 5°C, 20 min: 91%).[97, cf. 88]

(156) (157)

(158) (159)

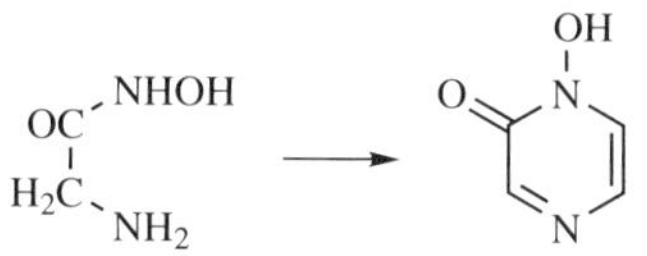

2,3-Bis(hydroxyamino)-2,3-dimethylbutane (**160**) and glyoxal gave 2,2,3,3-tetramethyl-2,3-dihydropyrazine 1,4-dioxide (**161**) (H_2O—EtOH, reflux, 10 min: 83%; naturally not subject to facile oxidation).[702]

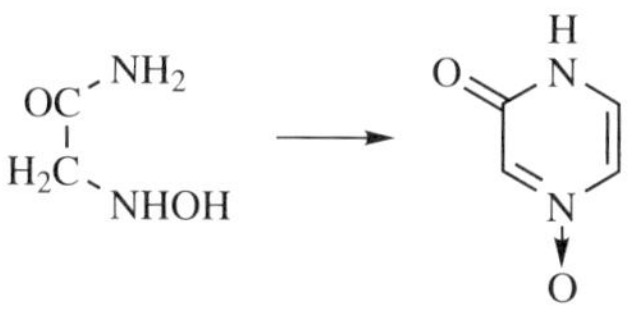

Also other examples.[1, 86, 237, 414, 466, 483, 588, 988, 1108]

(160) (161)

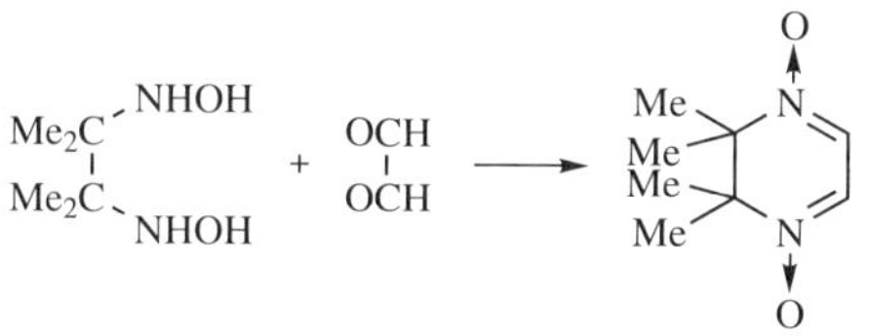

With Monoalkyl- or Monoarylglyoxals or Schiff Bases

2,3-Diaminomaleonitrile (**162**) and methylglyoxal (**163**) gave 5-methyl-2,3-pyrazinedicarbonitrile (**164**) (EtOH, reflux, 3 h: 61%).[1599] 1,2-Diaminopropane (**165**) and phenylglyoxal gave a separable mixture of 2-methyl-5-phenyl- (**166**) and 2-methyl-6-phenylpyrazine (**167**) (EtOH, $5 \rightarrow 20$°C, 2 h; then KOH, reflux, 9 h: 21 and 19%, respectively).[1307, cf. 80]

Ethylenediamine (**168**) and 5-methyl-3-phenylimino-2-hexanone (**169**) (liberated in situ) gave 2-isobutyl-3-methylpyrazine (**170**) (Me NCHO, 80°C, 24 h; then NaOH/MeOH, O₂ ↓, 60°C, 3 h: >64%).[753, 754]

Ethylenediamine and phenyl-or thien-2-ylglyoxal gave the respective unisolated dihydropyrazines (**172**, R = Ph or thien-2-yl). The first was oxidized to 2-phenylpyrazine (**171**) (KOH, H₂O, 95°C, 5 h in air: 34%);[1290] the second was reduced to 2-(thien-2-yl)piperazine (**173**) (NaBH₄, EtOH, 18 h: 52%).[601]

Note: The following examples employ a 2-aminoacetamide as the N—C—C—N synthon with an alkyl- or arylglyoxal as the C—C synthon. In every case only one product was isolated, usually that arising from condensation of the free amino group with the ketonic carbonyl and the amidic amino group with the aldehydic carbonyl.

2-Aminoacetamide (**174**) and phenylglyoxal gave 5-phenyl-2(1*H*)-pyrazinone (**175**, R = Ph) (NaOH, MeOH-H₂O, −30 → 20°C, 18 h: 67%);[734]

likewise, *p*-bromophenylglyoxal gave 5-*p*-bromophenyl-2(1*H*)- pyrazinone (**175**, R = C$_6$H$_4$Br-*p*) (57%),[735] furan-2-ylglyoxal gave 5-(furan-2-yl)-2(1*H*)-pyrazinone (**175**, R = furan-2-yl) (28%),[1271] and analogous cyclocondensations gave 3-(2-methylthioethyl) -5-phenyl- (41%),[315] 3-allyl-5-phenyl-(36%),[311] and 1-benzyloxy-5-methyl-2(1*H*)-pyrazinone (53%).[346]

Exceptionally, 2-aminoacetamide (**174**) and methylglyoxal NaHSO$_3$ complex gave 6-methyl-2(1H)-pyrazinone (**176**) (H$_2$O, pH 8, 70°C, 2 h: 32%).[1461]

Also other miscellaneous examples.[88, 162, 314, 524, 758, 835, 1015, 1125, 1264, 1746, 1753]

With Dialkyl-, Alkyl Aryl-, or Diarylglyoxals

2,3-Diaminomaleonitrile (**178**) and 1-phenyl-6-(triisopropylsilyl)-hexa-1,5-diyne-3,4-dione (PhC≡CCOCOC≡CSiPr$^i{}_3$) gave 5- phenylethynyl-6-(triisopropylsilyl)ethynyl-2,3-pyrazinedicarbonitrile (**177**) (AcOH, 20°C, 5 min: 72%)[403] the same diamine (**178**) and 3,3,3-trifluoro-1-*p*-tolyl-1,2-propanedione (F$_3$CCOCOC$_6$H$_4$Me-*p*) gave 5-*p*-tolyl-6-trifluoromethyl-2,3-pyrazinedicarbonitrile (**179**) (no details: 74%);[807] and the same diamine (**178**) with *p,p*′-bis(bromomethyl)benzil (*p*-BrH$_2$CC$_6$H$_4$COCOC$_6$H$_4$CH$_2$Br-*p*) gave 5,6-bis[*p*-(bromomethyl)phenyl]-2,3-pyrazinedicarbonitrile (**180**) (AcOH, reflux, 4 h: 67%).[1502]

Ethylenediamine and *p, p'*-dimethoxybenzil gave 2,3-bis(*p*-methoxyphenyl)-5,6-dihydropyrazine (**181**) (EtOH, 20° → reflux, 30 min: 88%)[1065, cf. 1582] and thence 2,3-bis(*p*-methoxyphenyl)pyrazine (**182**) (KMnO$_4$, AcMe: 93%;[1582] neat S, 140°C, 30 min: 87%);[1365] several dihydro and aromatic analogues were made similarly.[561, 852, 1272, 1376, 1582]

Ethylenediamine and diacetyl gave 2,3-dimethyl-5,6-dihydropyrazine (**183**) (Et$_2$O, 5 → 20°C, 15 h: 67%); homologues likewise.[1282, cf. 473] However, when KOH was included in the condensation medium, the main product was the tricyclic spiro entity (**184**), formed by a rational mechanism and confirmed in structure by X-ray analysis.[120]

3-Hydroxyamino-2-butanone oxime (**185**) and diacetyl (**186**) gave 2,3,5,6-tetramethylpyrazine 1,4-dioxide (**187**) (MeOH, 20°C, 8 h: 72%).[423] Variations in the substitution pattern of synthon (**185**) led to dihydro- or even tetrahydropyrazine oxides.[414, 437, 1163]

2-Amino-*N*-(benzyloxy)acetamide (**188**, R = H) and diacetyl gave 1-benzyloxy-5,6-dimethyl-2(1*H*)-pyrazinone (**189**, R = H) (5 M NaOH, −30 → 20°C, 12 h: 53%);[1085] likewise, methyl 4-amino-4-(*N*-benzyloxycarbamoyl)butyrate (**188**, R = CH$_2$CH$_2$CO$_2$Me) gave 1-benzyloxy-3-(2-methoxycarbonylethyl)-5,6-dimethyl-2(1*H*)-pyrazinone (**189**, R = CH$_2$CH$_2$CO$_2$Me) (MeOH-H$_2$O, pH 8, −30 → 20°C, 2 h: 43%).[897]

Ethyl 2-amidino-2-aminoacetate (**190**) and diacetyl gave ethyl 3-amino-5,6-dimethyl-2-pyrazinecarboxylate (**191**) (AcONa, H$_2$O, 10°C, 12 h: 61%).[1] Also other examples.[101, 153, 653, 971, 976, 984, 996, 1202, 1291, 1305, 1332, 1560, 1624, 1654]

With Glyoxylic, Pyruvic, or Similar Acids

2-Amino-2-phenylacetamide (**192**) and ethyl benzoylformate (**193**) gave 5-hydroxy-3,6-diphenyl-2(1*H*)-pyrazinone (**194**) (EtONa, EtOH, reflux, 5 h: 19%).[1386]

Ethylenediamine and benzoyl cyanide (**195**) gave 3-phenyl-2-pyrazinamine (**196**) (PhH, 20°C → reflux, 4 h: 60%).[216]

1,2-Diamino-2-methylpropane (**197**) and ethyl pyruvate gave a separable mixture of 3,5,5-trimethyl- (**198**) and 3,6,6-trimethyl-5,6-dihydro-2(1*H*)-pyrazinone (**199**) (PhMe, N_2, reflux, Dean–Stark H_2O removal, 12 h: 40 and ~10%, respectively, after separation).[779, 780]

2,3-Diamino-2,3-dimethylbutane (**200**) and diethyl α-oxomalonate (**201**) gave ethyl 5,5,6,6-tetramethyl-3-oxo-3,4,5,6-tetrahydro-2-pyrazinecarboxylate (**202**) (EtOH, 20°C, 45 h; then reflux, 7.5 h: 83%).[455]

Also other examples.[956, 1269, 1752]

With Oxalic Acid Derivatives

2-Amino-3-phenylpropionamide (203) and diethyl oxalate (204) gave 5-benzyl-6-hydroxy-2,3(1H, 4H)-pyrazinedione (205) (EtOH, reflux, 10 min; then MeONa/MeOH ↓, reflux, 20 min: 60%); likewise the phenyl homologue (61%).[969]

Cyanogen (206) and oxalyl dibromide (2 mol) gave 2,3,5,6-tetrabromopyrazine (209) [HBr gas, Bu$_4$NCl, CH$_2$Cl$_2$, sealed, 70 → 140°C, 3 days: 73%; the mechanism was said to involve the intermediates (207 and 208)].[922]

1,2-Bis(methylamino)ethane (210) and diethyl oxalate gave 1,4-dimethyl-5,6-dihydro-2,3(1H, 4H)-pyrazinedione (211) (Et$_2$O, 20°C, 12 h: 90%);[895, 1471] also the 1,4-didecyl homologue.[895] Also other examples.[1049, 1423, 1450, 1578]

With Oxalonitrile Dioxide (Cyanogen Dioxide)

1,2-Dianilinoethane (212) and oxalonitrile dioxide (213) gave 2,3-bis(hydroxyimino)-1,4-diphenylpiperazine (214).[975]

(212)   (213)   (214)

1.2.3. By Using Two Three-Atom Synthons

The three-atom synthons can supply either (N1 + C2 + C3 and N4 + C5 + C6) (**215**) or (N1 + C2 + C6 and C3 + N4 + C5) (**216**) but most known examples fall within the first of these categories. Moreover, in each category, the two synthons may be the same or different. This type of cyclocondensation is therefore divided into four subsections along the foregoing lines.

1.2.3.1. Where Identical Synthons Provide N1 + C2 + C3 and N4 + C5 + C6 (H 11, 344, 355, 366, 372)

This listing is a major subcategory of condensations, not only from a synthetic point of view, but also in respect of the occurrence of many alkylpyrazines in foodstuffs by the self-condensation of natural α-aminoacids from protein with subsequent elaboration (*H*4). The following synthetic examples illustrate the types of N—C—C synthons that may be used.

Using Alkenylamines, Alkynylamines, or Related Azides

Ethyl (allylamino) formate (**217**) gave diethyl 2,5-dimethyl-1,4-piperazinedicarboxylate (**218**) [Hg(NO$_3$)$_2$, CH$_2$Cl$_2$, reflux, 24 h: 98%].[1368]

(215)   (216)   (217)   (218)

1,1-Dimethylprop-2-ynylamine (**219**) gave 2,2,3,5,5,6-hexamethyl-2,5-dihydropyrazine (**221**), probably via the aminoketone (**220**) (red HgO, 28% H$_2$SO$_4$, 70 → 20°C, 12 h: 32%; structure confirmed by X-ray analysis).[790, 1479]

Also other examples.[24, 145, 207]

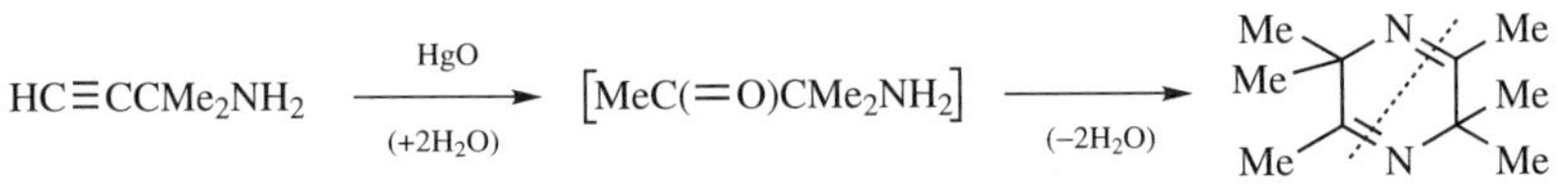

$HC\equiv CCMe_2NH_2$ $\xrightarrow[(+2H_2O)]{HgO}$ $[MeC(=O)CMe_2NH_2]$ $\xrightarrow{(-2H_2O)}$ [structure]

(219) (220) (221)

Using 2-Aminoethanol or 2-Arylthioethylamines

2-Aminoethanol (**222**) gave pyrazine (**223**) [2CuO.Cr$_2$O$_3$, 320°C: 31%; note dehydrogenation]; also analogous reactions.[440]

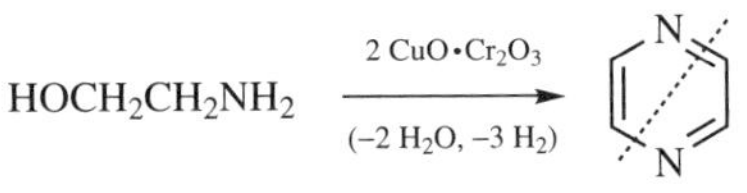

$HOCH_2CH_2NH_2$ $\xrightarrow[(-2H_2O, -3H_2)]{2\ CuO\cdot Cr_2O_3}$ [pyrazine]

(222) (223)

2,3-Diamino-3-phenylthioacrylonitrile (**224**) gave 3,6-diamino-2,5-pyrazinedicarbonitrile (**225**) by oxidative coupling.[1629]
Also related self-condensations.[518]

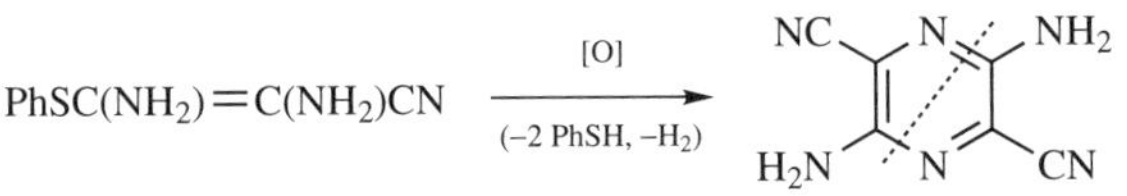

$PhSC(NH_2)=C(NH_2)CN$ $\xrightarrow[(-2\ PhSH, -H_2)]{[O]}$ [structure]

(224) (225)

Using α-Aminoalkanals

2-Amino-2-deoxy-D-glucose (**226**) gave 2,5-bis(1,2,3,4-tetrahydroxybutyl)pyrazine (**227**) (H$_2$O, 37°C, air: "major product").[1169]
Also other examples.[1109]

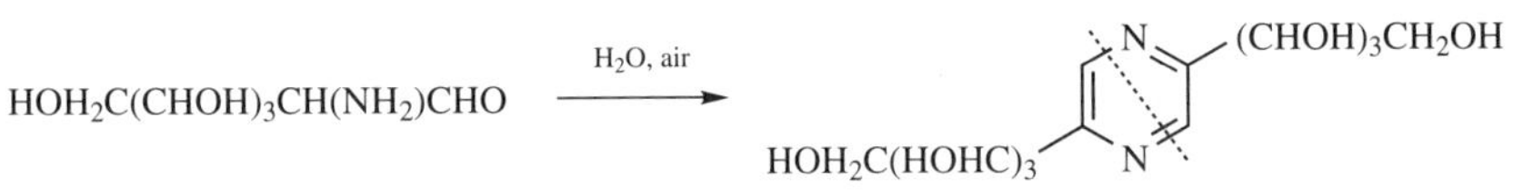

$HOH_2C(CHOH)_3CH(NH_2)CHO$ $\xrightarrow{H_2O,\ air}$ [structure]

(226) (227)

Using α-Aminoalkanones

3-Amino-2-butanone (**228**) gave 2,3,5,6-tetramethylpyrazine (**230**) via the unisolated dihydropyrazine (**229**) (AcONa, MeOH, air ↓, 60°C, 1 h: 73%); homologues likewise.[901]

Ethyl 2-acetyl-2-aminoacetate hydrochloride (**231**) gave diethyl 3,6-dimethyl-2,5-pyrazinedicarboxylate (**232**) (Et$_3$N, EtOH, air, 20°C, 6 h: 90%).[39]

5-Aminolevulinic acid hydrobromide (**233**) gave 2,5-bis(2-carboxyethyl)pyrazine (**235**) (Et$_2$N, 3-Å molecularsieve, air ↓, 20°C, 3 days: 50%);[542] the intermediate 3,6-dihydro derivative (**234**) could be isolated as its HgCl$_2$ complex.[244]

N-Phenacyl-*p*-toluidine (**236**) has been reported to give 2,5-diphenyl-1,6-di-*p*-tolyl-1,2-dihydropyrazine (**238**) (neat, N$_2$, 140°C, 16 h: 18%), probably by rearrangement of the isolable intermediate, 2,5-diphenyl-1,4-di-*p*-tolyl-1,4-dihydropyrazine (**237**).[31]

Also other examples.[23, 26, 399, 580, 870, 1275, 1441, 1586]

Using α-Hydroxyimino- or α-Hydrazonoalkanones

Note: Reduction of such an oxime gives the corresponding aminoketone that spontaneously self-condenses under appropriate conditions to afford a hydropyrazine, and thence a pyrazine, The use of analogous hydrazones has not been developed satisfactorily yet.[479, 1170]

α-Hydroxyiminoacetone (**239**) gave 2,5-dimethylpyrazine (**241**) via the dihydropyrazine (**240**) [SnCl$_2$, HCl; then NaOH, (NH$_4$)$_2$S$_2$O$_8$, 20°C, 2 h: 56% (one pot)].[425]

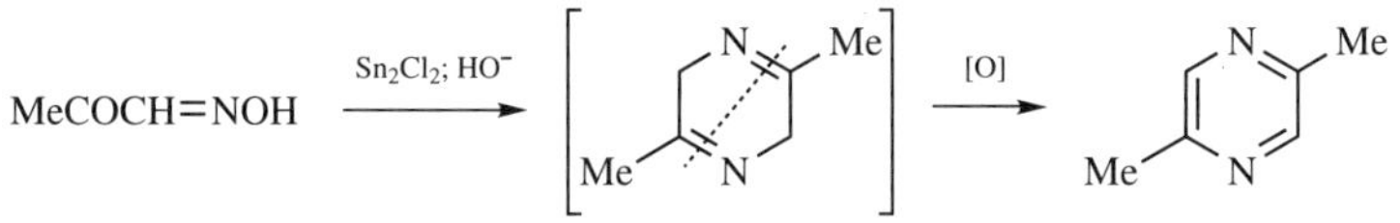

MeCOCH=NOH $\xrightarrow{\text{Sn}_2\text{Cl}_2;\ \text{HO}^-}$ [(240)] $\xrightarrow{[\text{O}]}$ (241)

(**239**)   (**240**)   (**241**)

Methyl 2-hydroxyimino-3-oxobutyrate (**242**) gave dimethyl 3,6-dimethyl-2,5-pyrazinedicarboxylate (**243**) (TiCl$_3$, H$_2$O—MeOH, AcONa, pH 7, A, 20°C, 3 h; then air ↓ until white: 30%).[300]

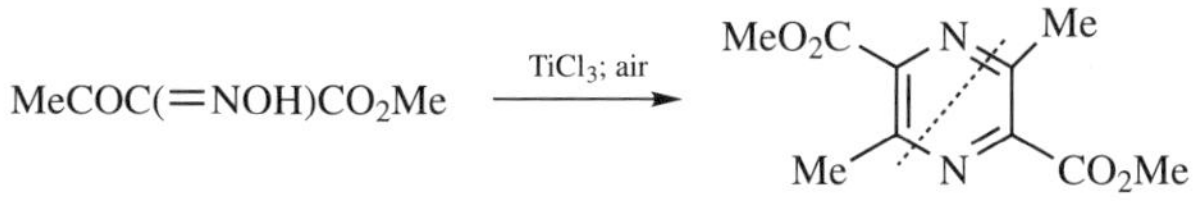

MeCOC(=NOH)CO$_2$Me $\xrightarrow{\text{TiCl}_3;\ \text{air}}$ (243)

(**242**)   (**243**)

2-(2-Hydroxyimino-3-oxobutyramido)-6-methylpyridine gave 3, 6-dimethyl-*N*, *N*′-bis(6-methylpyridin-2-yl)-2,5-pyrazinedicarboxamide (**244**) (Pd/C, HCl/EtOH, H$_2$, 20°C, 2 h, oxidation during workup: 43%).[1568]

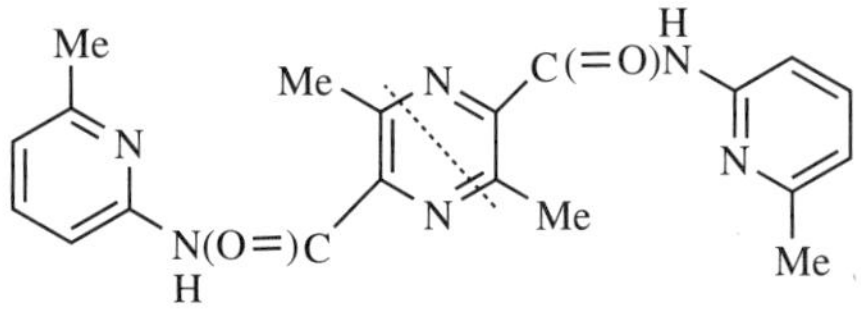

(**244**)

3,4-Bis(hydroxyimino)hexane (diethylglyoxime: **245**) gave 2,3,5,6-tetraethylpyrazine (**246**) (Zn, 4 M NaOH, 95°C, 1 h: 57%; mechanism unsure).[1000]
Also other examples.[7, 541, 557, 830]

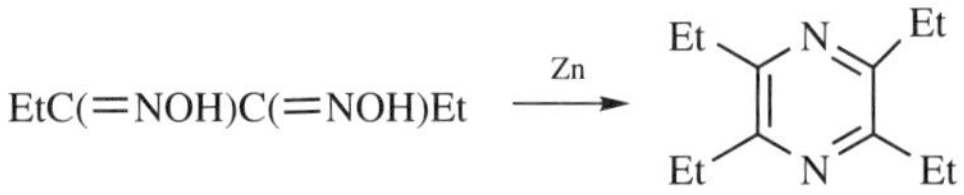

EtC(=NOH)C(=NOH)Et $\xrightarrow{\text{Zn}}$ (246)

(**245**)   (**246**)

Using α-(Substituted Amino)alkanones

N-Phenacyl-2,4-thiazolidinedione (**247**) gave 2,5-diphenylpyrazine (**248**), presumably by dideacylation of the substrate followed by self-condensation (MeNH$_2$, H$_2$O—MeOH, reflux, 4 h: 60%); also an analogue likewise.[930] Also other examples.[1505]

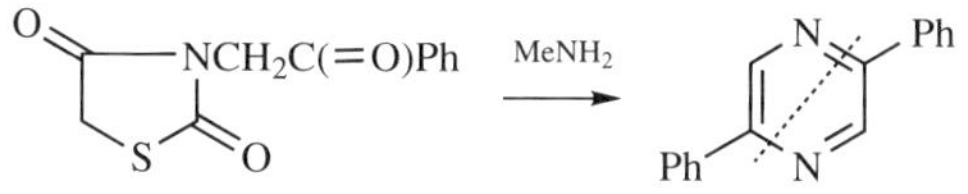

(**247**) → (**248**)

Using α-Azidoalkanones

Phenacyl azide (**249**) gave 2,5-diphenylpyrazine (**250**) (Pd/C, EtOH, trace AcOH, H$_2$, 3 atm, 24 h: >85%;[1352] or Ph$_3$P, CH$_2$Cl$_2$, 20°C, 12 h: ?%);[1363] also 2,5-di-*tert*-butylpyrazine and homologues (by the foregoing reductive route with a final air ↓, 12 h: ?%).[1352]
Also other examples.[1288]

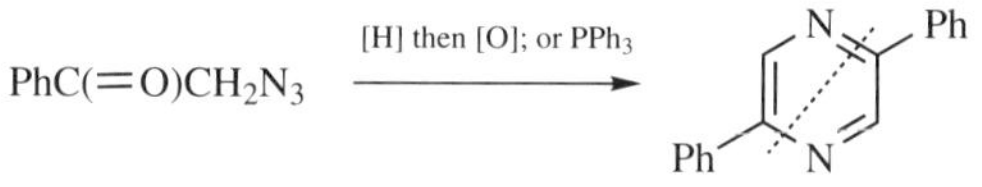

PhC(=O)CH$_2$N$_3$ —[H] then [O]; or PPh$_3$→ (**250**)

(**249**)

Using α-Aminoalkanoic Acids

Phenylalanine (**251**, R = H) gave 3,6-dibenzyl-3,6-dihydro-2,5(1*H*, 4*H*)-pyrazinedione (**252**, R = H) (HOCH$_2$CH$_2$OH, reflux, 24 h: 80%);[1028] 3-(*o*-hydroxyphenyl)alanine (**251**, R = OH) gave 3,6-bis(*o*-hydroxy-benzyl)-3,6-dihydro-2,5(1*H*, 4*H*)-pyrazinedione (**252**) (HOCH$_2$CH$_2$OH, reflux, 18 h: 20%).[16]
Also other examples.[1472, 1631]

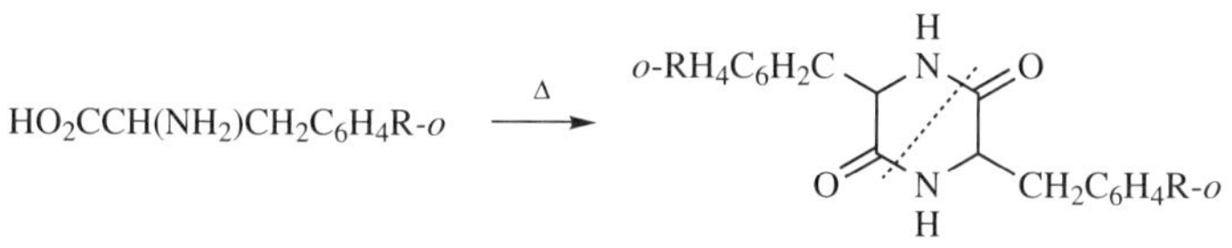

HO$_2$CCH(NH$_2$)CH$_2$C$_6$H$_4$R-*o* —Δ→ (**252**)

(**251**)

Using α-Aminoalkanoic Esters or Related Substrates

Dimethyl aspartate (**253**) gave 3,6-bis(methoxycarbonylmethyl)-3,6-dihydro-2,5(1*H*,4*H*)-pyrazinedione (**254**) (NH$_3$/CHCl$_3$, 65°C, sealed, 5 days: 25%).[1535]

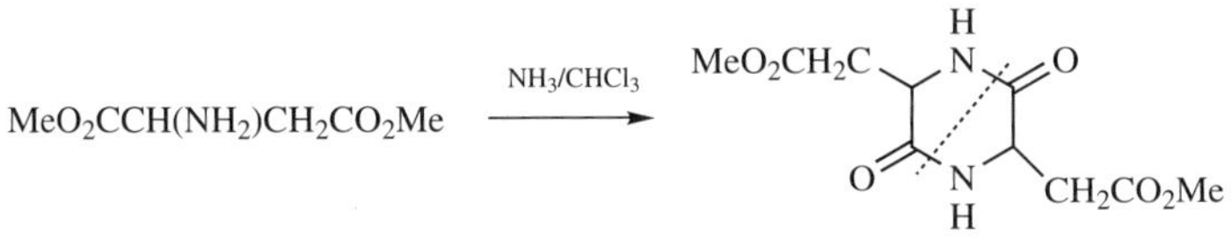

MeO₂CCH(NH₂)CH₂CO₂Me —NH₃/CHCl₃→ [structure of 1,4-dihydro-2,5-pyrazinedione with MeO₂CH₂C and CH₂CO₂Me substituents]

(253)   (254)

Bis(methoxycarbonylmethyl)amine (**255**) gave 1,4-bis(methoxycarbonylmethyl)-3,6-dihydro-2,5(1*H*, 4*H*)-pyrazinedione (**256**) (Et₃B or Ph₃HSi, PhMe, reflux, 48 h: 54%); also analogues.[347]

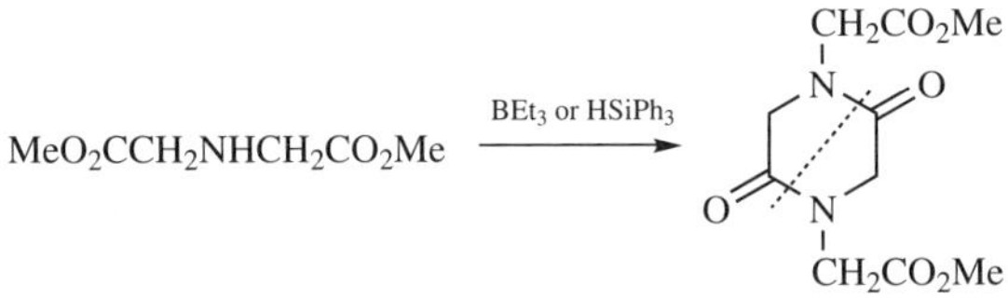

MeO₂CCH₂NHCH₂CO₂Me —BEt₃ or HSiPh₃→ [structure 256]

(255)   (256)

Sodium α-butoxycarbonyl-α-nitromethanesulfonate (**257**) gave 3,6-dihydro-2,5(1*H*, 4*H*)-pyrazinedione (**260**) [Pd/C, EtOH—H₂O, H₂, 20°C, 24 h: 60%; the mechanism involved disproportionation of the initial amino intermediate (**258**) into disodium α-amino-α-butoxycarbonylmethanedisulfonate (**259**) (isolated in 72% yield) and butyl glycinate, which self-condensed spontaneously to give the product (**260**)].[1111]

Also other examples.[21, 204, 464, 512, 539]

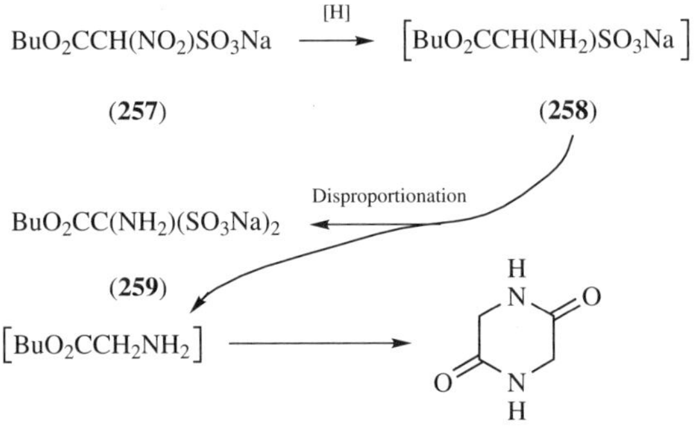

BuO₂CCH(NO₂)SO₃Na —[H]→ [BuO₂CCH(NH₂)SO₃Na]

(257)   (258)

BuO₂CC(NH₂)(SO₃Na)₂ ←Disproportionation—

(259)

[BuO₂CCH₂NH₂] → [structure 260]

(260)

1.2.3.2. Where Different Synthons Provide N1 + C2 + C3 and N4 + C5 + C6 (H 59, 64)

Two different types of N—C—C synthon can be combined in many ways to afford pyrazines. However, only about a dozen such combinations have been employed recently, as illustrated in the following examples:

Using an Alk-1-enylamine and an α-Hydroxyiminoalkanoic Ester

Ethyl 2-cyano-2-(tosyloxyimino)acetate (**261**) and diethyl 3-amino-4-cyanopent-2-enedioate (**262**) gave ethyl 6-cyano-3-(α-cyano-α-ethoxycarbonylmethyl)-5-oxo-4,5-dihydro-2-pyrazinecarboxylate (**263**) (Et$_3$N, MeCN, 20°C, 2 days: 70%);[1315] also analogues.[301, 1315]

Using an α-Aminoalkanal and an α-Hydroxyiminoalkanal

2-Hydroxyiminopropionaldehyde dimethyl acetal (**264**) and ethyl 2-formamido-2-formylacetate (**265**) gave ethyl 5-methyl-2-pyrazinecarboxylate 4-oxide (**266**) (HCl/AcMe, reflux: ?%).[1167]

Using an α-Aminoalkanal and an α-Aminoalkanone

3-Aminopyruvic acid (**267**) and 2-amino-2-formylacetic acid (**268**) gave 2,6-pyrazinedicarboxylic acid (**269**) (no details).[1586]

Using an α-Aminoalkanone and an α-Aminoalkanoic Ester

3-Amino-3-methyl-2-butanone (**270**) and ethyl glycinate (**271**) gave 5,6,6-trimethyl-3,6-dihydro-2(1H)-pyrazinone (**272**) (Et$_3$N, PhH, reflux, 5 days: 64%).[790]

Using an α-Aminoalkanoic Acid and an α-Aminoalkanoic Ester

N-Benzyloxycarbonylleucine (**273**) and ethyl glycinate (**274**) gave 3-isobutyl-3,6-dihydro-2,5(1*H*, 4*H*)-pyrazinedione (**275**) [(EtO)$_2$POCN, Et$_3$N, CH$_2$Cl$_2$, 20°C, 4 h; crude product, HCO$_2$H, 20°C, 21 h: 92%].[45, cf. 517] Also other examples.[371, 522, 652, 837]

Using an α-Aminoalkanenitrile and an α-Hydroxyiminoalkanone

Note: This type of synthesis has been used extensively to furnish a variety of aminopyrazine N-oxides that may be deoxygenated to the corresponding aminopyrazines

2-Amino-3-phenylpropiononitrile (**276**) and α-hydroxyiminoacetone (**277**, R = Me) gave 3-benzyl-5-methyl-2-pyrazinamine 1-oxide (**278**, R = Me) [MeN(CH$_2$CH$_2$)$_2$O, CHCl$_3$, reflux, 4 h: 63%];[883] the same nitrile (**276**) and α-hydroxyiminoacetophenone (**277**, R = Ph) gave 3-benzyl-5-phenyl-2-pyrazinamine 1-oxide (**278**, R = Ph) (TiCl$_4$, pyridine, N$_2$, 0 → 82°C, 3 h: 33%);[73] broadly similar procedures gave 3-benzyl-5-*p*-methoxyphenyl-2-pyrazinamine 1-oxide (**278**, R = C$_6$H$_4$OMe-*p*)[397] and other such analogues.[397, 585, 586]

α-Aminomalononitrile (**279**) (as TsOH salt) and α-hydroxyimino-α', α'-dimethoxyacetone [**280**, R = CH(OMe)$_2$] gave 3-amino-6-dimethoxymethyl-2-pyrazinecarbonitril 4-oxide [**281**, R = CH(OMe)$_2$] (MeOH, 5°C, until homogeneous: 57%);[767] the same nitrile (**279**) and 2-[2-(hydroxyimino)acetyl]furan (**280**, R = furan-2-yl) gave 3-amino-6-(furan-2-yl)-2-pyrazinecarbonitrile 4-oxide (**281**, R = furan-2-yl) (PrOH, 20°C, 8 h: 68%);[1530] the same nitrile (**279**) and α-hydroxyiminoacetophenone (**280**, R = Ph) gave 3-amino-6-phenyl-2-pyrazinecarbonitrile 4-oxide (**281**, R = Ph) (TsOH, Pr^{i}OH, 20°C, 5 h: 82%; the added TsOH proved essential for a good yield);[1524] and use of other appropriate oximes afforded ethyl 6-amino-3-chloromethyl-5-cyano-2-pyrazinecarboxylate 1-oxide (53%),[773] 3-amino-5,6-diphenyl-2-pyrazinecarbonitrile 1-oxide (28%),[258] and the like.[759]

Also other examples.[587, 728, 772, 960, 1335, 1339, 1517]

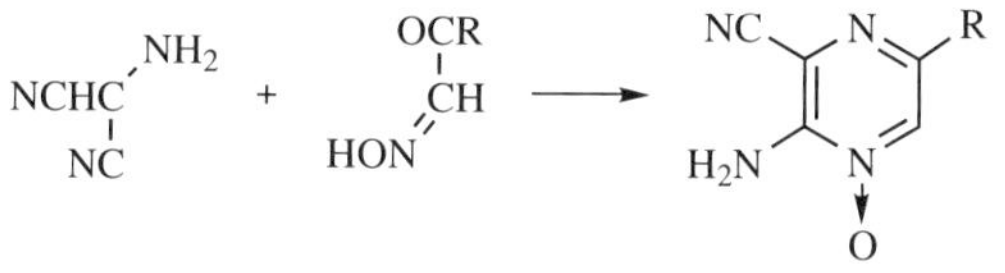

(279)   (280)   (281)

Using an α-Aminoalkanenitrile and an α-Hydroxyiminoalkanoic Acid

Ethyl 2-amino-2-cyanoacetate (282) and 2-hydroxyimino-4-methylvaleric acid (283) gave ethyl 3-amino-5-isobutyl-6-oxo-1,6-dihydro-2-pyrazinecarboxylate 4-oxide (284) (N,N′-dicyclohexylcarbodiimide: ?%).[1259]

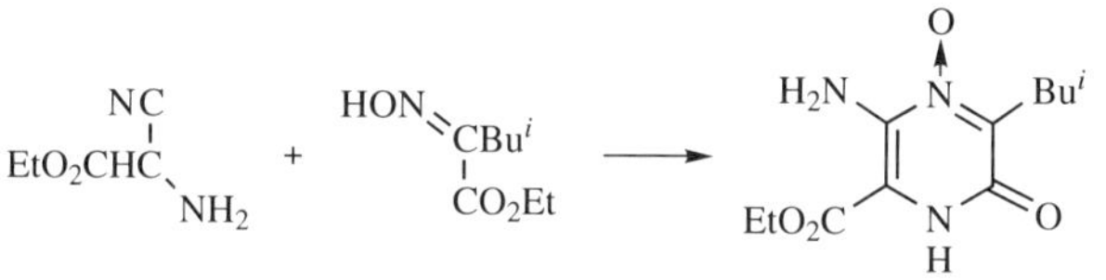

(282)   (283)   (284)

Using an α-Methylenealkanamide and an α-Hydroxyiminoalkanenitrile

2-Cyano(thioacetamide) (285) and 2-cyano-2-(tosyloxyimino)acetamide (286, R = CONH$_2$) gave 3-amino-6-cyano-5-thioxo-4,5-dihydro-2-pyrazinecarboxamide (287) (pyridine—Et$_2$O, 20°C, 12 h: 85%);[1401] the same thioamide (285) and α-(tosyloxyimino)malononitrile (286, R = CN) likewise gave 3-amino-5-thioxo-4,5-dihydro-2,6-pyrazinedicarbonitrile (287, R = CN) (90%).[1401]

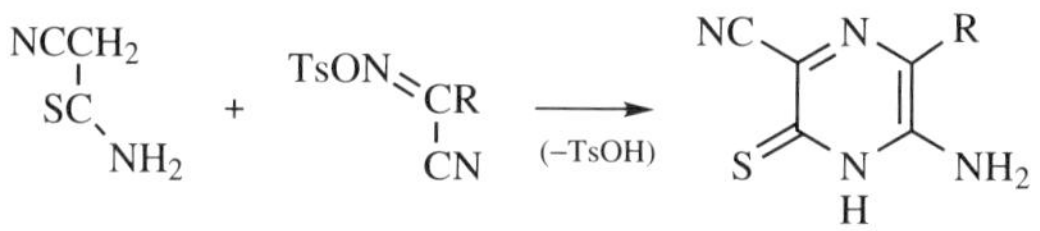

(285)   (286)   (287)

1.2.3.3. Where the Synthons Provide N1 + C2 + C6 and C3 + N4 + C5

In comparison with the foregoing types, this synthesis (whether from identical or differing synthons) has scarcely been used, probably because it involves the formation of two C—C bonds rather than two C—N bonds. The paucity of examples that follow indicates its present state of neglect, despite some potential utility.

N-Benzylidene-N-(diphenylmethyl)amine N-oxide (**288**) gave 2,2,3,3,5,6-hexaphenyl-2,3-dihydropyrazine (**290**) via the isomeric anions (**289**) (LiPh, Et$_2$O, A, 20°C, 10 min: 30%).[1112]

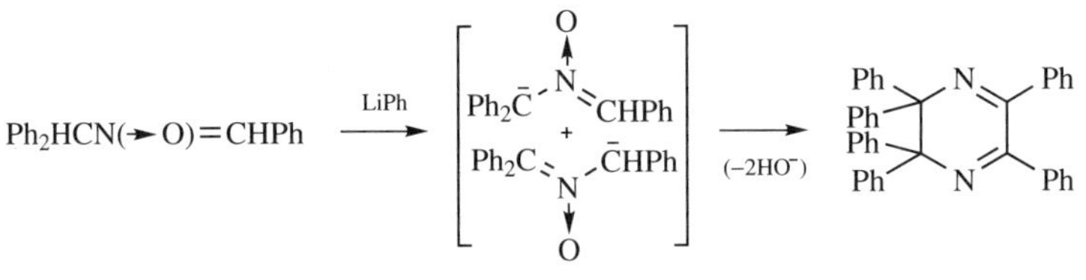

$$Ph_2HCN(\rightarrow O)=CHPh \xrightarrow{LiPh} \begin{bmatrix} Ph_2\bar{C}-\overset{O}{\overset{\uparrow}{N}}=CHPh \\ + \\ Ph_2C=\underset{\underset{O}{\downarrow}}{N}-\bar{C}HPh \end{bmatrix} \xrightarrow{(-2HO^-)} \text{(290)}$$

(**288**)   (**289**)   (**290**)

N-[1-Chloro-2,2,2-trifluoro-1-(trifluoromethyl)ethyl]-N-(dimethylaminomethylene)amine (**291**) gave 2,3-bisdimethylamino-5,5,6,6-tetrakis (trifluoromethyl)-5,6-dihydropyrazine (**292**) (Et$_3$N, MeCN, 20°C, 3 h: 50%; structure confirmed by X-ray analysis).[1323]

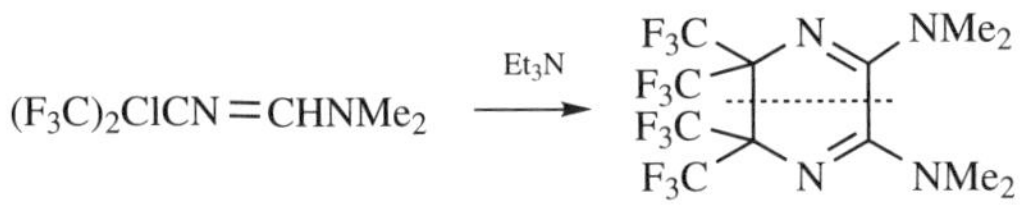

(F$_3$C)$_2$ClCN=CHNMe$_2$ →[Et$_3$N] (**292**)

(**291**)   (**292**)

N-{α-Chloro-α-[bis(trifluoromethyl)amino]methylene}-N-{α,α-dichloro-α-[bis-(trifluoromethyl)amino]methyl}amine (**293**) gave 2,3,5,6-tetraks[bis(trifluoromethyl)amino] pyrazine (**294**) (Ph$_3$P, 120°C, 6 h: 6% as a distillate/sublimate; a mechanism was suggested).[1321]

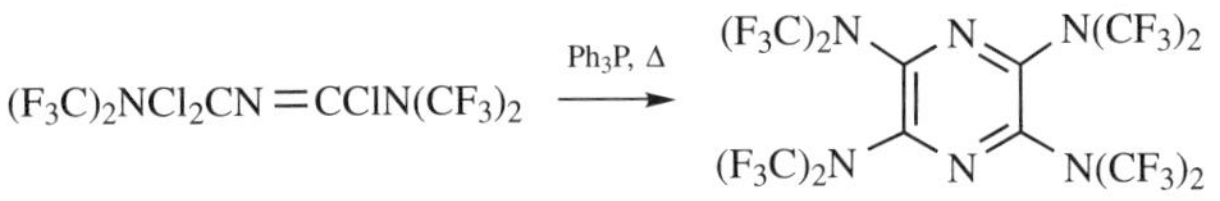

(F$_3$C)$_2$NCl$_2$CN=CClN(CF$_3$)$_2$ →[Ph$_3$P, Δ] (**294**)

(**293**)   (**294**)

N-Benzyl-N,N-bis(tosylmethyl)amine gave 1,4-dibenzylpiperazine (SmI$_2$, THF—(Me$_2$N)$_3$PO, 5 min; Et$_2$CO ↓: ~65%; minimal detail).[1620]

Note: One postulated cyclocondensation with dissimilar C—N—C synthons to give a pyrazine has been reported without details.[1129]

1.3. FROM THREE SYNTHONS (*H* 25)

Of all the possibilities for producing a pyrazine ring from three synthons, only one type of cyclocondensation has emerged from the present survey: it involves the reaction of a C—C synthon with two identical N—C synthons, as indicated in the following examples:

Benzil (**295**) and (di-*p*-tolylmethyl)amine (**296**) gave 2,3-diphenyl-5,6-di-*p*-tolylpyrazine (**297**) (neat $ZnCl_2$, 180°C, 5 h: 12%; presumably with loss of $2H_2O$ and 2 PhMe but the mechanism remains unclarified).[134]

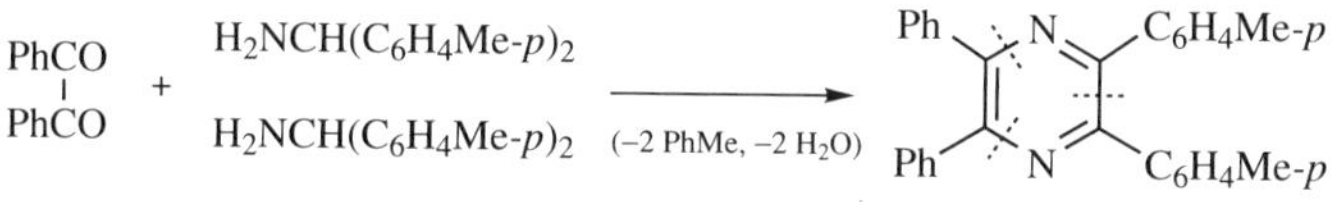

(**295**) (**296**) (**297**)

Benzil (**298**) and benzylamine (**299**) gave a separable mixture of three products including 2,3,5,6-tetraphenylpyrazine (**300**) (N_2, 150°C, 30 min: ?%; mechanism not studied).[1364]

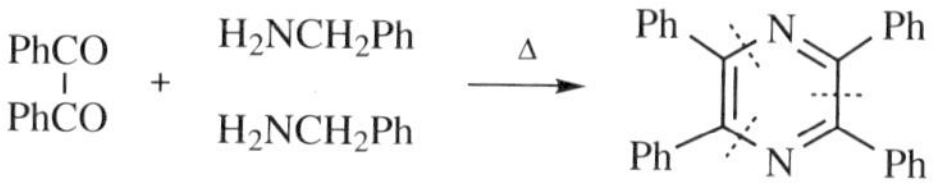

(**298**) (**299**) (**300**)

2-Butanone (**301**) and nitroethane (**302**) gave 2,3,5,6-tetramethylpyrazine (**303**) (Zn, NH_4Cl, H_2O, 85°C, 30 min: 30%; minimal details).[875]

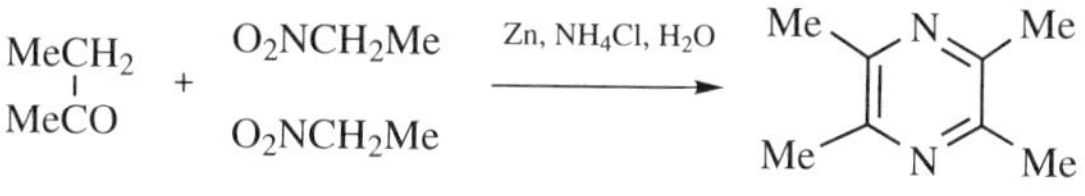

(**301**) (**302**) (**303**)

1.4. FROM FOUR OR MORE SYNTHONS

Of the several ways to combine four synthons to build the pyrazine ring, only three appear to have been used recently: (Nl + C2—C3 + N4 + C5—C6), (Nl—C2 + C3—N4 + C5 + C6), and (Nl—C2 + C3 + N4—C5 + C6). No examples for the use of five or six synthons have been reported.

1.4.1. Where Synthons Provide N1, C2 + C3, N4, C5 + C6 (*H* 18, 20)

Since N1 and N4 are always provided by ammonia or an amine, examples in this small but significant category are classified according to the nature of the C—C synthons (which are identical in all examples reported recently).

Using α-Diketones

Bis(benzofuran-2-yl)glyoxal (**304**) and ammonium chloride gave 2,3,5,6-tetrakis(benzofuran-2-yl)pyrazine (**305**) (MeOH, sealed, 210°C, 2 h: ?%).[546]

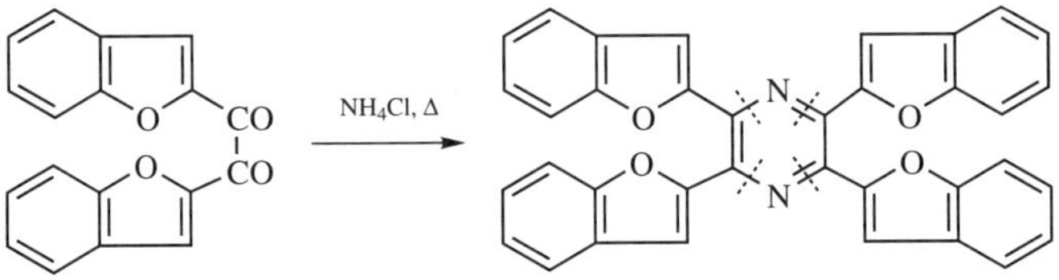

(**304**)   (**305**)

Using α-Hydroxyketones

4-Hydroxy-3-hexanone (propionoin: **306**, R = Et) and ammonium acetate gave 2,3,5,6-tetraethylpyrazine (**307**, R = Et) (neat, reflux, 16 h: 50%; presumably an aerial oxidation was involved);[1000] 4-hydroxy-2,5-dimethyl-3-hexanone (**306**, R = Pr^i) likewise gave 2,3,5,6-tetraisopropylpyrazine (**307**, R = Pr^i) (44%).[1000]

Benzoin (**306**, R = Ph) and ammonium acetate gave 2,3,5,6-tetraphenylpyrazine (**307**, R = Ph) (neat, 120°C, 24 h: ~30% after separation from a byproduct);[1120, cf. 934] 2,3,5,6-tetrakis (2,2'-bipyridin-6-yl)pyrazine (30%) was made somewhat similarly and its structure was confirmed by X-ray analysis.[540]

Note: The formation of alkyl- and hydroxyalkylpyrazines from glucose or glyceraldehyde and ammonium hydroxide at ~150°C has been studied.[1425]

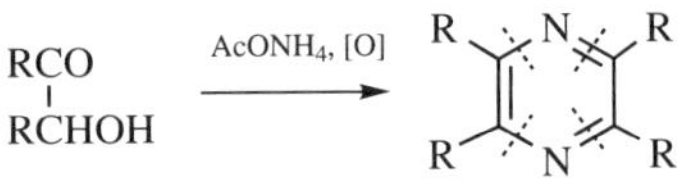

(**306**)   (**307**)

Using α-Halogenoketones

Phenacyl bromide (**308**) and ammonia gave a separable mixture of 2,5- (**309**) and 2,6-diphenylpyrazine (**310**) [NH$_4$OH (or NH$_3$?), 100°C, 90 min: 40 and

30%, respectively];[131] replacement of ammonia by ethoxycarbonylhydrazine (H$_2$NNHCO$_2$Et) gave mainly 2,5-diphenylpyrazine (**309**) (Me$_2$NCHO, reflux, 5 h: 50%; mechanism complicated) and analogues were made similarly.[131]

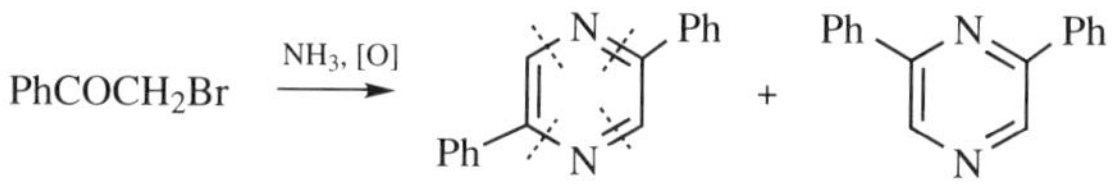

PhCOCH$_2$Br $\xrightarrow{\text{NH}_3, [\text{O}]}$ (**309**) + (**310**)

(**308**)   (**309**)   (**310**)

Using α-Dibromoalkanes

1,2-Dibromoethane (**311**) and neopentylamine gave 1,4-dineopentylpiperazine (**312**) (MeOH—H$_2$O, reflux, 40 h; then NaOH ↓, reflux, 12 h: 13%).[266]

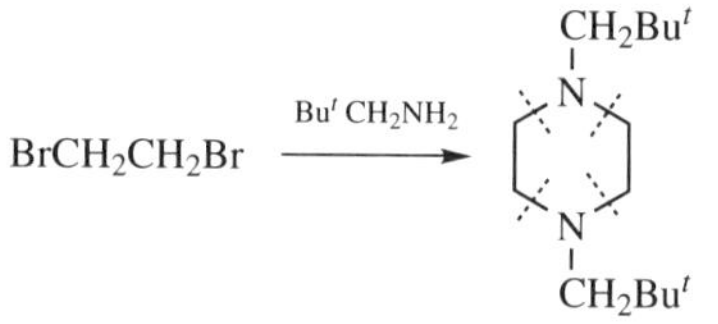

BrCH$_2$CH$_2$Br $\xrightarrow{\text{Bu}^t \text{CH}_2\text{NH}_2}$ (**312**)

(**311**)   (**312**)

1.4.2. Where Synthons Provide N1 + C2, C3 + N4, C5, C6

The only examples of these cyclocondensations employ four identical synthons in each case: Mechanisms have been postulated but remain unconfirmed for the following examples:

Acetonitrile (**313**, R = Me) gave 2,3,5,6-tetramethylpyrazine (**314**, R = Me) (TiCl$_4$, Zn, THF, A, 20°C → reflux, 1 h; then substrate ↓ reflux, 4 h: 44%); appropriate nitriles (**313**) likewise gave tetraethyl-(**314**, R = Et) (63%), tetrabenzyl- (**314**, R = CH$_2$Ph) (46%), and other homologous pyrazines.[223]

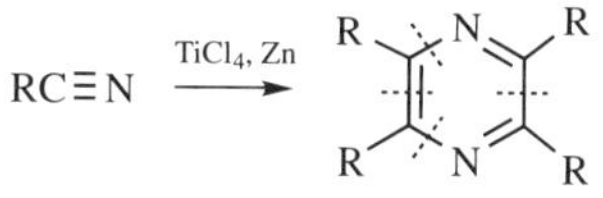

RC≡N $\xrightarrow{\text{TiCl}_4, \text{Zn}}$ (**314**)

(**313**)   (**314**)

2-Aminomethylpyridine (**315**) gave 2,3,5,6-tetra(pyridin-2-yl)pyrazine (**316**) (CoCl$_2$, H$_2$O, 95°C, 3 h: 48%).[267]

1.4.3. Where Synthons Provide Nl + C2, C3, N4 + C5, C6

This rare combination is represented by only one type of example. Thus α-tosylaminomalononitrile (**317**) and benzaldehyde (**318**), in methanolic sodium acetate at 20–25°C for 20 h, gave 3,6-diphenyl-2,2,5,5-piperazinetetracarbonitrile (**319**) as the major product (48% yield);[834] several *para*-substituted phenyl and other analogs were made similarly, most in comparable yields.[834]

1.5. APPENDIX: GLANCE INDEX TO TYPICAL PYRAZINE DERIVATIVES AVAILABLE FROM ALIPHATIC OR CARBOCYCLIC SYNTHONS

This glance index may assist in the choice of a primary synthesis for a required type of pyrazine derivative. In using the index, it should be borne in mind that products broadly analogous to those formulated can often be obtained by minor changes to the synthon(s) employed: for example, by change, addition, or deletion of alkyl or aryl groups; by interchange of halogeno substituents; by modification or interchange of acid, ester, amide, nitrile, or similar groups; by interchange of oxo, thioxo, selenoxo, or imino groups; by interchange of alkoxy, aryloxy, alkylthio, arylthio, or related groups; and so on.

Section	Typical Products
1.1.1.1	Me, Me, Me pyrazine

1.1.1.2

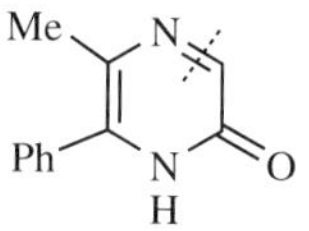

1.1.1.3

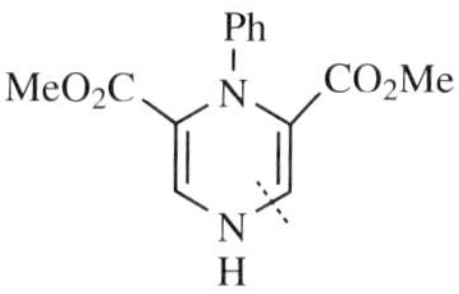

1.1.1.4

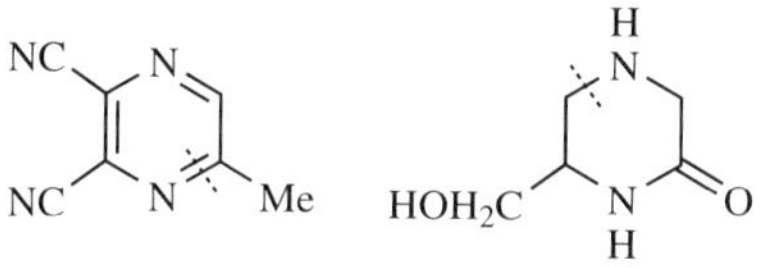

1.1.1.5

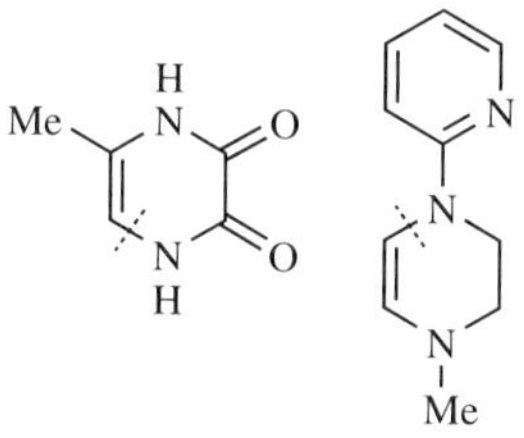

1.1.1.6

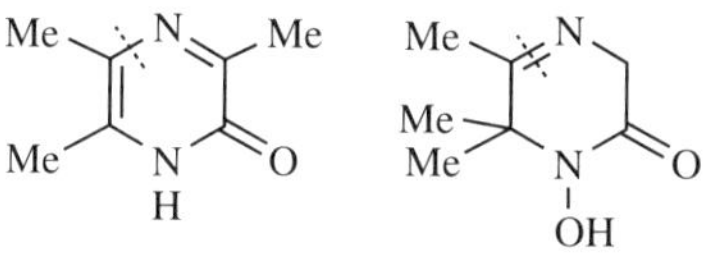

1.1.1.7

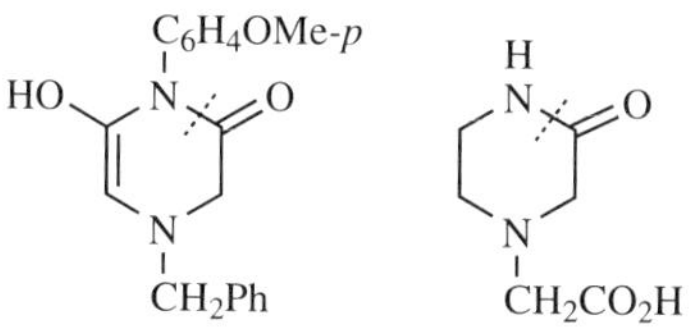

1.1.1.8

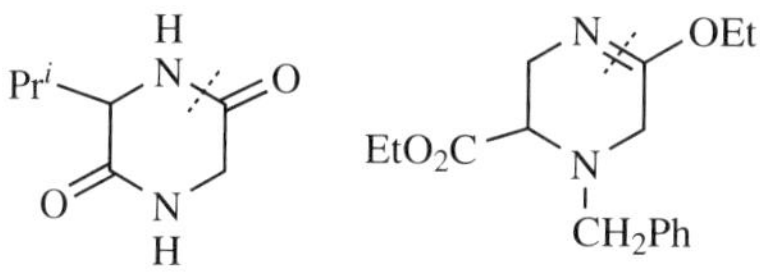

1.1.1.10

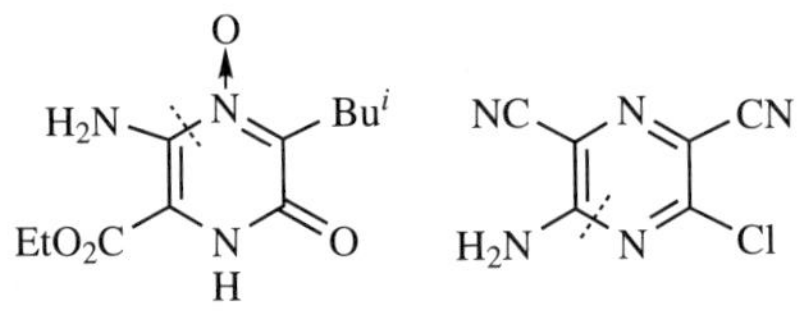

1.1.2

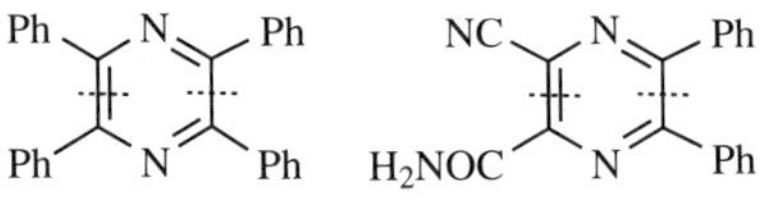

1.2.1.1

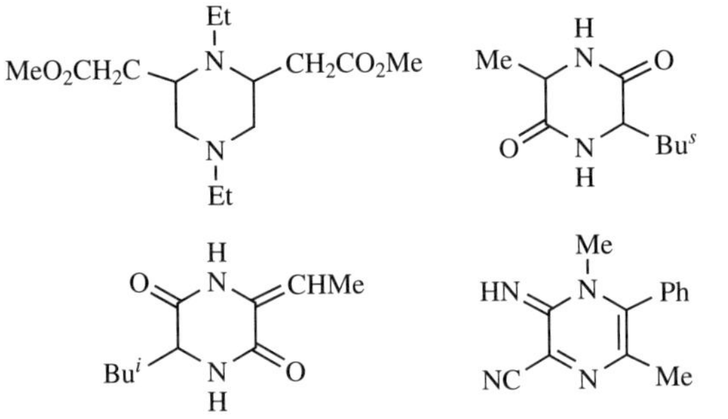

1.2.1.2

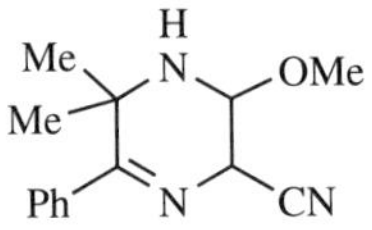

1.2.2.1

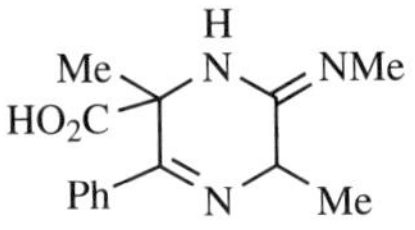

1.2.2.2

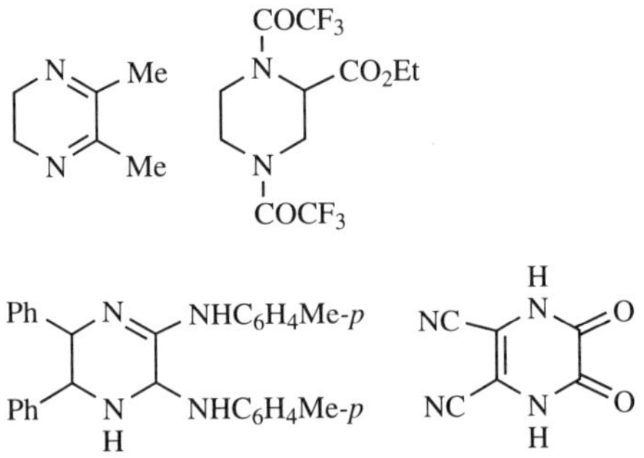

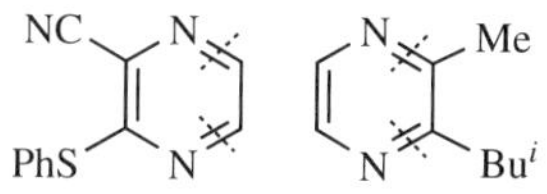

Appendix

1.2.3.1

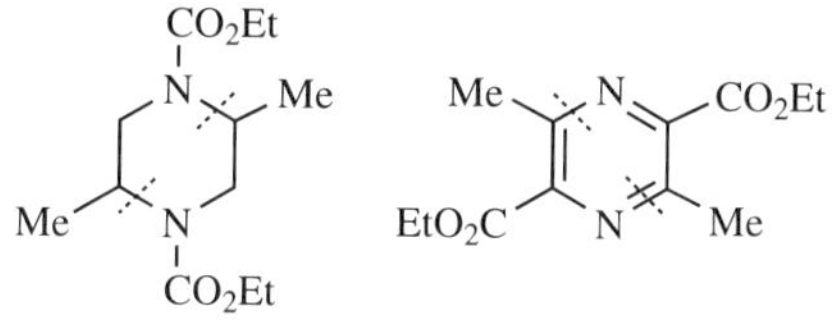

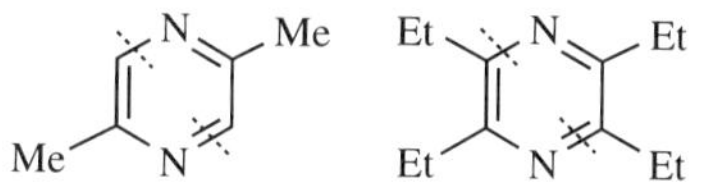

1.2.3.2

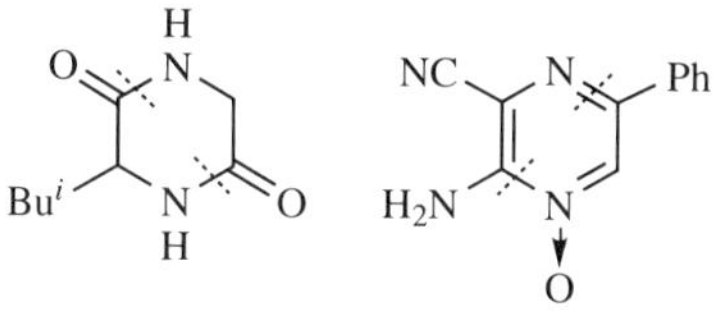

1.2.3.3

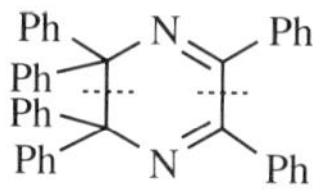

1.3

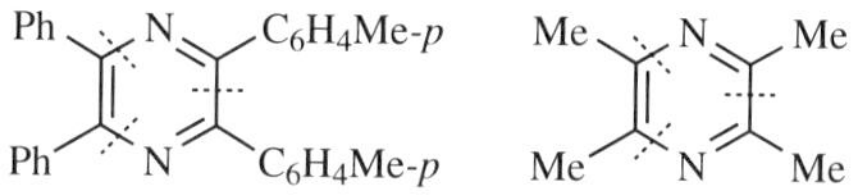

1.4.1

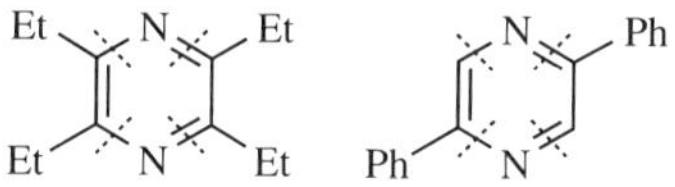

1.4.2

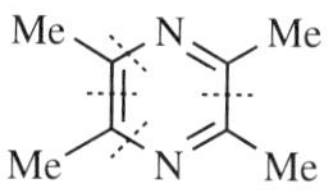

1.4.3

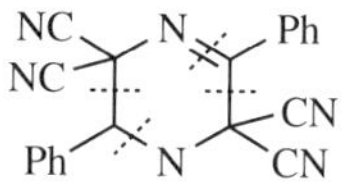

CHAPTER 2

Primary Syntheses from Other Heterocyclic Systems

The primary synthesis of pyrazines from other heterocyclic systems has a body of literature that is quite modest by comparison with those for pyridazines[1687] and pyrimidines.[1688] Earlier information on such syntheses has been summarized in Barlin's original book[1686] and some more recent data have been reviewed thoughtfully from time to time.[1677, 1689]

The present treatment of post-1978 literature is divided according to the nature of the heterocyclic substrate (monocyclic, bicyclic, tricyclic, or spiro); each of these broad categories is then subdivided alphabetically, with reduced substrates included with their aromatic counterparts. Cyclic anhydrides, cyclic imides, lactones, and the like are classified as the appropriate heterocyclic derivatives. A glance index to the main product types is appended as Section 2.5.

2.1. PYRAZINES FROM OTHER HETEROMONOCYCLIC SYSTEMS (*H* 53)

Such syntheses can occur by ring expansion, ring contraction, rearrangement, ring fission (with or without subsequent elaboration), fragmentation with subsequent elaboration, or combination with a second synthon followed by other reactions.

2.1.1. Azepines as Substrates (*H* 53)

Catalytic hydrogenation of 2-nitromethylenehexahydro-1*H*-azepine (**1**, R = H) over palladized charcoal in acidic methanol afforded 2,5-bis(5-aminopentyl)pyrazine (**2**, R = H) (67%, as hydrochloride) by reduction of the nitro group, 1,2-fission, and self-condensation of the unsaturated product;[145, 467] the 1-methylated substrate (**1**, R = Me) likewise gave 2,5-bis(5-methylaminopentyl)pyrazine (**2**, R = Me) but only in 10% yield.[145]

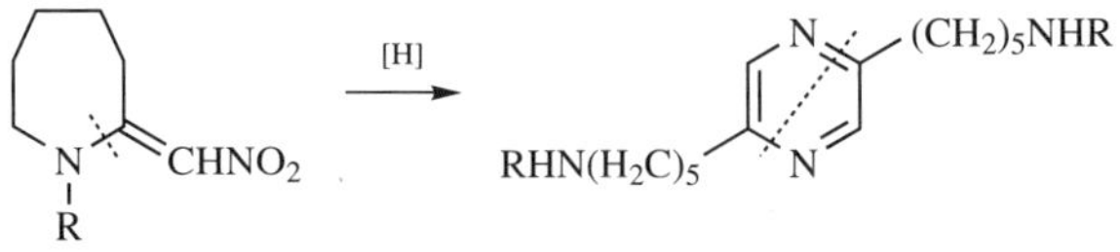

2.1.2. Azetes as Substrates

Treatment of the β-lactam, 3,3-dimethoxy-1-p-methoxyphenyl-4-p-methoxyphenyliminomethyl-2-azetidinone (**3**, R = H), with stannous chloride in dichloromethane for 20 h gave 1,4-bis(p-methoxyphenyl)-2,3(1H,4H)-pyrazinedione (**5**, R = H) in 95% yield by ring expansion via the acetal (**4**);[874] the 4-methylated substrate (**3**, R = Me) likewise gave 1,4-bis(p-methoxyphenyl)-5,6-dimethyl-2,3(1H,4H)-pyrazinedione (**5**, R = Me) (99%).[874, cf. 1740]

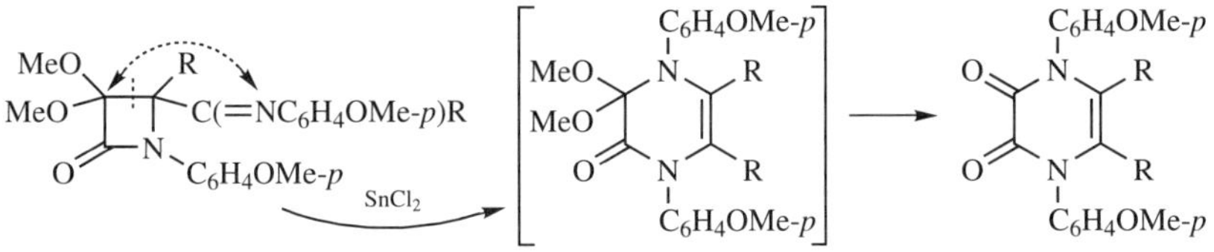

2.1.3. Azirines as Substrates (*H* 22, 344, 352)

This type of synthesis has been investigated extensively. It can occur by several general routes that are illustrated in the following examples:

By Ring Fission and Dimerization

3-Dimethylamino-2,2-dimethyl-2H-azirine (**6**) gave 2,5-bis(dimethylamino)-3,3,6,6-tetramethyl-3,6-dihydropyrazine (**7**) [PhCH(NO$_2$)CO$_2$Me, MeCN, reflux, 6 h: 85%; it is not clear whether the nitroester plays any role].[948]

Methyl 3,3-diethoxycarbonyl-1-methyl-2-azididinecarboxylate gave dimethyl 3,3,6,6-tetraethoxycarbonyl-1,4-dimethyl-2,5-piperazinedicarboxylate (**8**) as an inseparable 4:6 mixture of diastereoisomers (PhH, N$_2$, reflux, 60 h: ?%).[950]

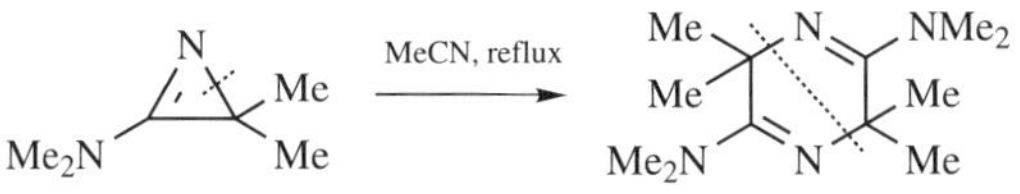

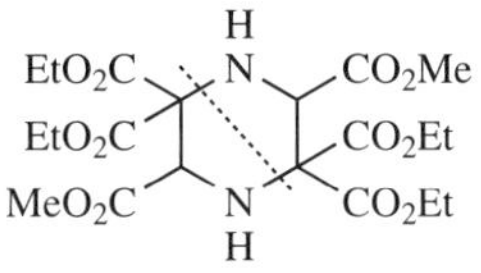

2,2-Dimethyl-3-phenyl-2H-azirine (**9**) and ammonia gave 3,3,6,6-tetramethyl-2,5-diphenyl-1,2,3,6-tetrahydro-2-pyrazinamine (**11**, R = NH$_2$) [NH$_3$, MeOH, 20°C, 30 min: 73%; the mechanism appears to involve condensation of the NH$_3$ adduct (**10**) with original substrate (**9**)];[408] the same substrate (**9**) and 2-chloroethanethiol likewise gave 2-(2-chloroethylthio)-3,3,6,6-tetramethyl-2,5-diphenyl-1,2,3,6-tetrahydropyrazine (**11**, R = SCH$_2$CH$_2$Cl) (13%) by an analogous route.[422]

Also other examples.[159]

By Ring Fission and Oxidative Dimerization

Note: Oxidation may occur by addition of an oxidant, loss of hydrogen halide, and so on, or incidentally during work up; ineffective dehydrogenation, especially by the last mentioned method, may perhaps account for some of the poor yields reported.

2,3-Diphenyl-2H-azirine (**12**, R = Ph) gave 2,3,5,6-tetraphenylpyrazine (**13**, R = Ph) [Mo(CO)$_6$, PhH, N$_2$, 50°C, 3 days: 18%];[937, 1414] likewise, 3-phenyl-2H-azirine (**12**, R = H) gave 2,5-diphenylpyrazine (**13**, R = H) in poor yield;[1333] and 2,2-dimethyl-3-phenyl-2H-azirine (**9**) gave 2,2,5,5-tetramethyl-3,6-diphenyl-2,5-dihydropyrazine (**14**) (5 days: 25%).[937, 1414]

3-Phenyl-2H-azirine (**12**, R = H) gave a separable mixture including 2,5-diphenylpyrazine (**13**, R = H) (O=C=NSO$_2$Cl, CH$_2$Cl$_2$, −78°C, 40 min: 9% after separation;[1174] the yield was improved to 24% by isolation of an intermediate).[1178]

2-Methyl-3-phenyl-2H-azirine (**12**, R = Me) gave 2,5-dimethyl-3,6-diphenylpyrazine (**13**, R = Me) [Bu^{t}OOH, PhH, PhCH$_2$Me$_3$NOH, MeOH, 20°C, 24 h: 9%;[249] HF/pyridine (70:30; Olah's reagent), THF, −20 → 20°C, N$_2$, 2 h: 81%;[358, 1416] HF/pyridine, PhH, 5 → 20°C, 1 h: 54%].[764]

2-Benzoyl-3-phenylaziridine (**15**) gave a separable mixture of 2,5-dibenzoyl-3,6-diphenylpyrazine (**16**) and 2,5-diphenylpyrazine (**17**) (*hv*, PhH, 45 h: 11 and 8%, respectively; rational mechanisms were suggested).[903]

Also other examples.[554, 1416, 1422]

By Rearrangement

1-Ethoxycarbonylmethyl-2-isobutylaziridine (**18**) gave 1-ethyl-5-isobutyl-3,4,5,6-tetrahydro-2(1*H*)-pyrazinone (**20**) by rearrangement of the isolable intermediate, 1-(*N*-ethoxycarbamoylmethyl)-2-isobutylaziridine (**19**) (excess EtNH$_2$, BF$_3$.Et$_2$O, −15 → 19°C, sealed, 3 days: 76%); two homologues were made similarly.[578]

By Condensation with a Second Synthon

2-Methyl-3-phenyl-2*H*-azirine (**21**, R = Me) and ethyl glycinate hydrochloride gave 6-methyl-5-phenyl-2(1*H*)-pyrazinone (**22**, R = Me) (Et$_3$N, MeCN, reflux, 48 h: 43%; oxidation by air during work up);[1432] 2,3-diphenyl-2*H*-azirine (**21**, R = Ph) likewise gave 5,6-diphenyl-2(1*H*)-pyrazinone (**22**, R = Ph) (90%).[1432]

3-Dimethylamino-2,2-dimethyl-2*H*-azirine (**23**) and methyl 2-amino-3-phenylpropionate gave 3-benzyl-5-dimethylamino-6,6-dimethyl-3,6-dihydro-2(1*H*)-

pyrazinone (**24**) [ester.HCl, CH$_2$Cl$_2$, 20°C, 24 h: 95%; or ester (base), BF$_3$.Et$_2$O, CH$_2$Cl$_2$, −45 → 20°C, 20 h: 94%];[949] likewise analogous dihydropyrazinones.[407, 949, 1432]

Aziridine, as its Ni complex (**25**), and acrylonitrile gave 1,4-bis(2-cyanoethyl)piperazine (**26**) (EtOH, reflux, 2 h: > 60%, initially as dihydrobromide).[1345]

3-Dimethylamino-2,2-dimethyl-2H-azirine (**27**) and 4-isopropyl-2-trifluoromethyl-5-oxazolinone (**28**) gave 5-dimethylamino-3-isopropyl-6,6-dimethyl-3,6-dihydro-2(1H)-pyrazinone (**29**) (MeCN, reflux, N$_2$, 1 h: 60%; a rational mechanism was suggested);[944] analogues, like 3-allyl-5-dimethylamino-6,6-dimethyl-3-phenyl-3,6-dihydro-2(1H)-pyrazinone (44%),[958] were made similarly.[944, 958]

2.1.4. Azocines as Substrates

In a manner analogous to the corresponding azepine (Section 2.1.1), 2-nitromethyleneoctahydroazocine (**30**) gave 2,5-bis(6-aminohexyl)pyrazine (**31**) in 58% yield as hydrochloride.[145, 467]

2.1.5 1,2-Diazepines as Substrates

Treatment of 1,3-diphenyl-4,5,6,7-tetrahydro-1H-1,2-diazepine (**32**) with polyphosphoric acid at 110°C for a few minutes gave three products, of which one proved to be 2,5-bis(3-anilinopropyl)-3,6-diphenylpyrazine (**33**) (10% yield after separation);[37] a rational mechanism involving N—N fission and subsequent dimerization has been proposed.[37] No other examples appear to have been reported.

2.1.6. 1,4-Diazepines as Substrates

Flash pyrolysis of 5,7-diphenyl-2,3-dihydro-1H-1,4-diazepine (**34**, R = H) at 700°C in a vacuum afforded 2-phenylpyrazine (**35**) in 21% yield, after separation from a pyrimidine; the methyl substrate (**34**, R = Me) also gave a small yield of the same product (**35**); and 6-phenyl-2,3-dihydro-1H-1,4-diazepine gave some unsubstituted pyrazine.[176, 1698]

2.1.7. Furans as Substrates (*H* 53)

5-Phenyl-2,3-dihydro-2,3-furandione (**36**) reacted with α,α'-diaminomaleonitrile in refluxing dioxane during 1 h to give 5-oxo-6-phenacyl-4,5-dihydro-2,3-pyrazinedicarbonitrile (**37**) in 68% yield; several *p*-substituted-phenacyl analogues were made similarly in comparable yields.[935]

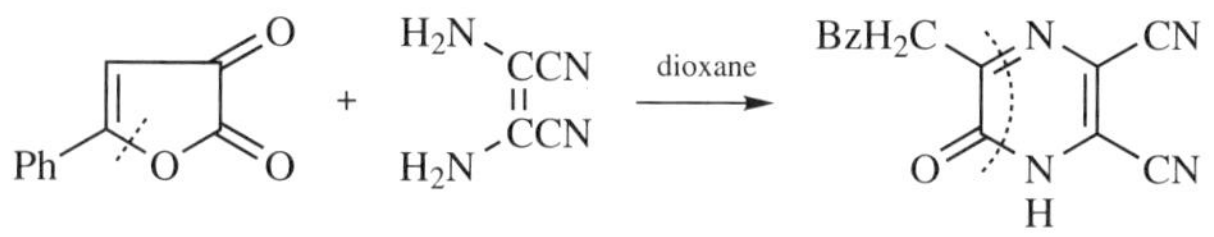

2.1.8. Imidazoles as Substrates (*H* 53)

Imidazoles have proved to be quite useful as substrates for the preparation of pyrazines. Various routes are illustrated in the following examples:

By Rearrangement

1-[α-Methoxycarbonyl-α-(phenylhydrazono)methyl]-3-methylimidazolium chloride (**38**) gave 4-methyl-3-oxo-2-phenylhydrazono-1,2,3,4-tetrahydro-1-pyrazinecarbaldehyde (**40**) by rearrangement of the isolable intermediate ylide (**39**) (NaOH, H_2O—EtOH, 20°C, 12 h: 55%);[2] likewise, 4-amino-5-carbamoyl-3-diphenylmethyl-1-phenacylimidazolium bromide gave 3-[*N*-(diphenylmethyl)amidino]-6-phenyl-2(1*H*)-pyrazinone (**41**) (NaOH, MeOH, reflux, 10 h: 65%).[151]

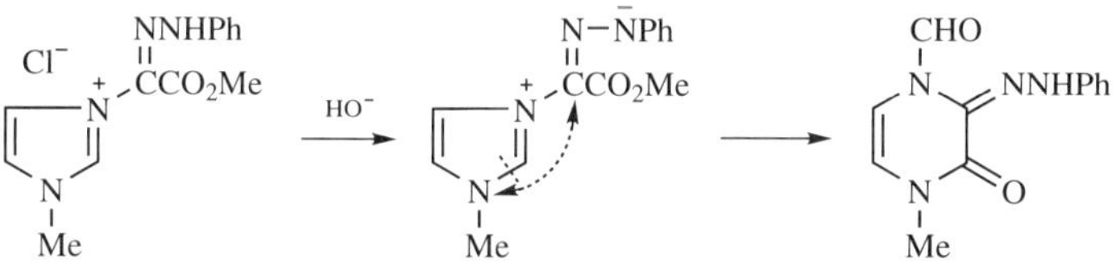

2-(α-Diazo-α-ethoxycarbonylmethyl)-1,3-diphenylimidazolidine (**42**, R = Et) gave among other products ethyl 1,4-diphenyl-1,4,5,6-tetrahydro-2-pyrazinecarboxylate (**43**, R = Et) (2-methylnaphthalene, 160°C, 90 min: 40%);[478] the substrate methyl ester (**42**, R = Me) gave methyl 1,4-diphenyl-1,4,5,6-tetrahydro-2-pyrazinecarboxylate (**43**, R = Me) by irradiation (*hν*, Et_2O, 20°C, 12 h: 11% after separation from other products).[478]
Also other examples.[164, 466]

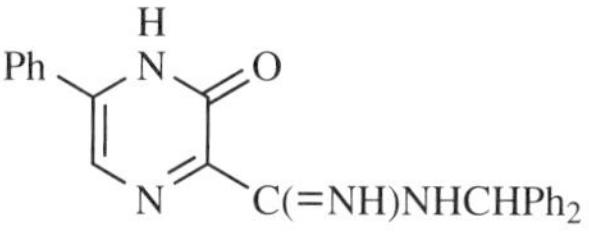

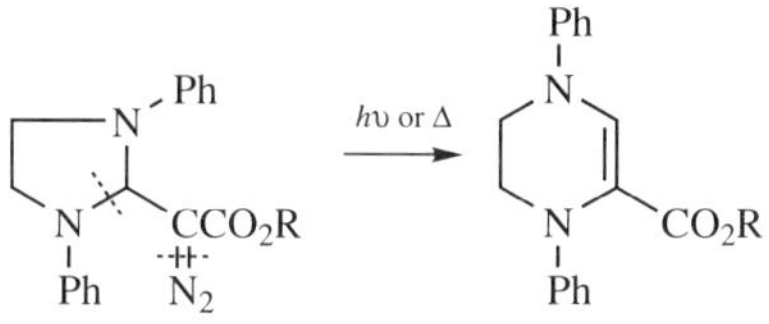

By Fragmentation and Recombination

1,2,2-Trimethyl-4,5-diphenyl-3-imidazoline (**44**) gave 2,3,5,6-tetraphenylpyrazine (**45**) (2 M HCl, 25°C, 8 days: 8%; mechanism not studied).[19]

By Dimerization and Subsequent Reactions

4-(2-Ethoxycarbonylethyl-2-isopropyl-3-imidazoline (**46**) gave a separable mixture of 2,5-bis(2-ethoxycarbonylethyl)pyrazine (**48**, Q = H) and its 3-isopropyl derivative (**48**, Q = Pr^i) [trace TsOH, xylene, reflux, 1 h: 21 and 38%, respectively; postulated mechanism: formation of dimer (**47**) and loss of Pr^{i}C(=NH)H to give a dihydropyrazine that in part undergoes oxidation to product (**48**, R = H) and in part adds one of the foregoing fragments with subsequent oxidation to product (**48**, R = Pr^i)].[542]

By Condensation with a Second Synthon

1,3-Dimethyl-2-phenylimidazolidine (**49**) gave 1,4-dimethyl-2-phenyl-1,4,5,6-tetrahydropyrazine (**50**) {Et$_2$MeSiH, [RhCl(CO)$_2$]$_2$, CO, PhH, 50 atm, 140°C, 4 days: 51%}; when the Ph substituent was replaced by an alkyl group, no such reaction occurred.[1403]

2-Methylimidazole (**51**) with chloroform in the vapor phase gave, among other products, 2-chloro-3-methylpyrazine (**52**) (550°C, flow system: ~17%);[11] other such reactions with imidazole, methylimidazoles, and methylimidazo-

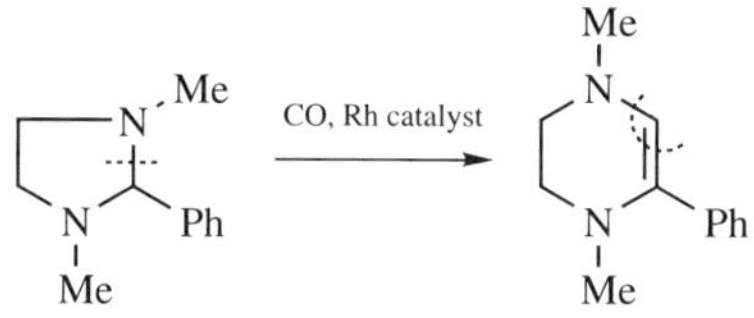

Pyrazines from Other Heteromonocyclic Systems (*H* 53) 55

(49) → (50)

lines also gave pyrazines but the procedures are probably of little preparative value.[11, 12, 1230]

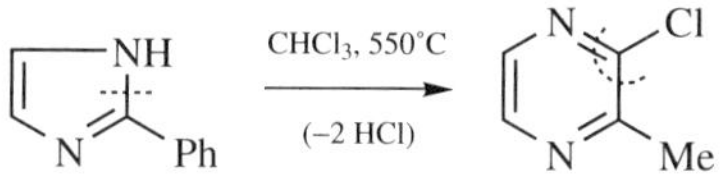

(51) → (52)

2.1.9. Isoxazoles as Substrates (*H* 53)

Although not widely used, at least three procedures have been employed to convert isoxazoles into pyrazines, as illustrated in the following examples:

3-Phenyl-5-isoxazolol (**53**) gave 2,5-diphenylpyrazine (**54**) ($h\nu$, MeOH, ~ 5°C, 7 h: 67%; oxidation during work up).[449]

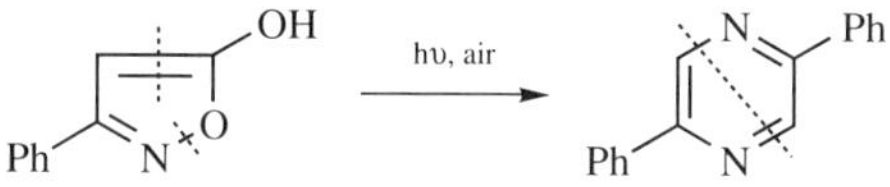

(53) → (54)

4-(*C*-Acetylformamido)-4-isopropyl-3-methyl-4,5-dihydro-5-isoxazolone (**55**) gave 6-isopropyl-3,5-dimethyl-2 (1 *H*)-pyrazinone (**56**) [Lindlar catalyst (Pd/CaCO$_3$/trace Pb), H$_2$, EtOH, 20°C, 10 h: 90%]; also several homologues likewise and in comparable yields.[227]

4-Amino-4,5-dihydro-3 (2*H*)-isoxazolone (**57**) gave 3,6-bis(aminooxymethyl)-3,6-dihydro-2,5 (1*H*, 4*H*)-pyrazinedione (**58**) (AcOH—EtOH, reflux, 45 min: 55%).[700]

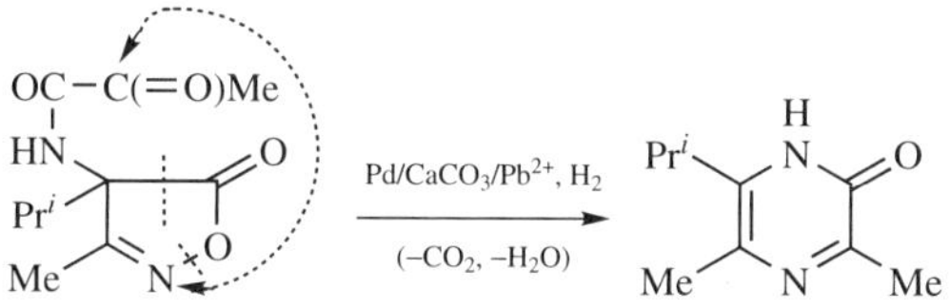

(55) → (56)

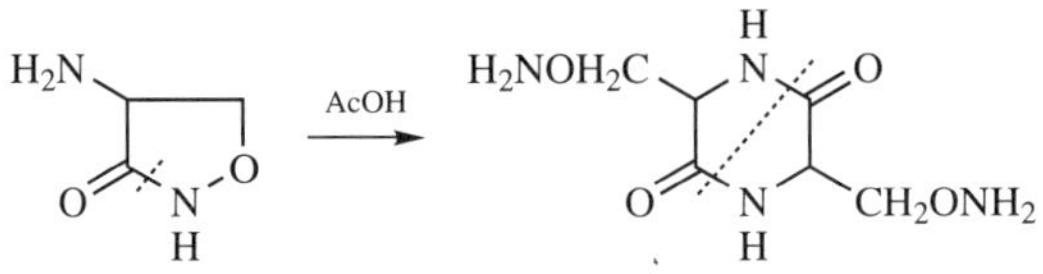

2.1.10. Oxazoles as Substrates (*H* 53)

There are several recent reports of this transformation but only that affording 1-arylpyrazines appears to be of practical utility, as illustrated in the following examples:

2-*p*-Methoxyphenyl-4-phenyl-4,5-dihydro-5-oxazolone (**59**) gave, among other separable products, 2,3-bis(*p*-methoxyphenyl)-5,6-diphenylpyrazine (**60**) (2,5-diphenyl-2*H*-tetrazole, PhOMe, reflux, 5 h: 31%; the formation of this byproduct did not involve the tetrazole, of which an equivalent amount was recovered).[325]

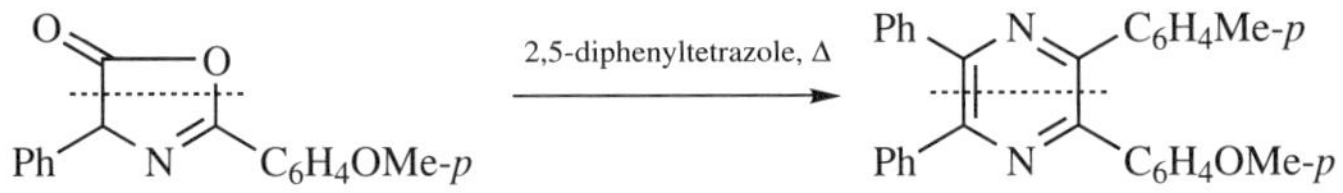

3-(2-Anilinoethyl)-2-oxazolidinone hydrochloride (**61**) gave 1-phenylpiperazine hydrochloride (**63**) directly (neat, N_2, 170°C, ~4 h: 88%) or via *N*-(2-anilinoethyl)-*N*-(2-bromoethyl)amine (**62**) [AcOH—30% HBr, 20°C, <4 days; crude (**62**), EtOH, reflux, <4 days: 85%]; other 1-aryl- and 1-alkylpiperazines were made by both methods.[1493]

Also other examples.[1439]

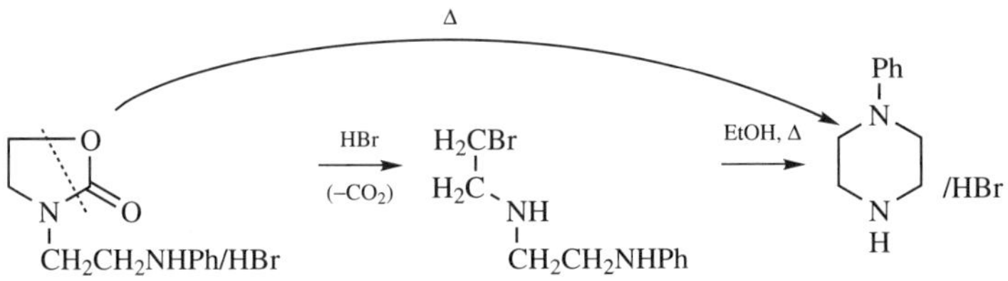

2.1.11. Oxirenes as Substrates

Such epoxides naturally require a nitrogenous cosynthon to afford pyrazines. Such a rarely used condensation is illustrated by the reaction of octafluoro-2,

3-epoxybutane [2,3-difluoro-2,3-bis(trifluoromethyl)oxirane: **64**] with ethylenediamine in bis(2-methoxyethyl) ether at 20°C during 90 min to give 2,3-bis(trifluoromethyl)-1,2,5,6-tetrahydro-2-pyrazinol (**65**) in 20% yield.[936]

2.1.12. Pyridazines as Substrates (*H* 53)

Earlier work on the photolytic or thermal rearrangement of polyhalogenated pyridazines to corresponding pyrazines has been continued,[14, 161, 774, 1690] but the fascinating results offer little of preparative value. It has been reported that 300-nm irradiation of 3,4,5,6-tetra-*tert*-butylpyridazine (**66**) gave a quantitative yield of the Dewar isomer (3,4,5,6-tetra-*tert*-butyl-1,2-diazabicyclo [2.2.0]hexa-2,5-diene: **67**) that subsequently afforded 2,3,5,6-tetra-*tert*-butylpyrazine (**68**) in 18% yield on 254-nm irradiation.[1464]

2.1.13. Pyridines as Substrates

Thermolytic conversions of aromatic pyridines into pyrazines have been reported, albeit in minute yield. Thus vacuum pyrolysis of 4-dichloroamino-2,3,5,6-tetrafluoropyridine (**69**) at 550°C gave at least 12 products in which 2,3,5,6-tetrafluoropyrazine (**70**) could be identified;[1320] and flow thermolysis of 4-azido-2,3,5,6-tetrafluoropyridine in nitrogen at ~ 300°C gave 1,2-difluoro-1,2-bis(3,5,6-trifluoropyrazin-2-yl)ethylene (**71**), isolated in 0.1% yield.[1322]

Hydrogenation of 2-nitromethylenepiperidine (**72**) gave 2,5-bis(4-aminobutyl)-pyrazine (**73**) in only 8% yield (cf. Sections 2.1.1, 2.1.4, 2.1.14).[145, 467]

2.1.14. Pyrroles as Substrates

Pyrrole derivatives are of little use as substrates for making pyrazines. However, treatment of 2,3,4,5-tetraphenylpyrrole (**74**) with potassium in THF for 6 h gave, among other products, 2,3,5,6-tetraphenylpyrazine (**75**) in 7% yield;[564] 3-amino-2,5-pyrrolidinedione (**76**) in phosphate buffer of pH 7.1 at 20°C for 2 days gave 3,6-bis(carbamoylmethyl)-3,6-dihydro-2,5(1H, 4H)-pyrazinedione (**77**) in ~10% yield;[21] and hydrogenation of 2-nitromethylenepyrrolidine gave 2,5-bis(3-aminopropyl)pyrazine (26%) (cf. Section 2.1.3).[145, 467]

2.1.15. 1,2,5-Selenadiazoles as Substrates

The sole example of this transformation involved treatment of 3,4-diphenyl-1,2,5-selenadiazole (**78**) with dimethyl acetylenedicarboxylate in benzene at 150°C (sealed) for 20 h to afford dimethyl 5,6-diphenyl-2,3-pyrazinedicarboxylate (**79**) in 16% yield.[1084]

2.1.16. 1,2,5-Thiadiazoles as Substrates

Like their selena analogues (Section 2.1.15), these thiadiazoles have been neglected as substrates for pyrazines. However, 4-*p*-anisidino-2-(3-ethoxycarbonylacetonyl)-2,3-dihydro-1,2,5-thiadiazol-3-one 1-oxide (**80**) afforded 3-*p*-anisidino-5-ethoxycarbonylmethyl-2(1*H*)-pyrazinone (**81**) in 30% yield by standing with *N*,*N*-diethyl-*N*-isopropylamine at 20°C for 3 days.[289]

2.1.17. Thiirenes as Substrates

Although thiirenes have not been used recently to make pyrazines, the ring-reduced 2-chloromethylthiirane (**82**) reacted with 1,2-bis(methylamino)ethane in refluxing toluene to furnish 2-mercaptomethyl-1,4-dimethylpiperazine (**83**) as the major product.[1655]

2.2. PYRAZINES FROM HETEROBICYCLIC SYSTEMS (*H* 37, 38, 53, 348)

Most such heterobicyclic substrates are fused pyrazines from which the second ring must be removed completely or in part by oxidation, hydrolysis, or some other means to afford the desired monocyclic pyrazine derivatives. However, some such bicyclic substrates do not already incorporate a pyrazine ring, so that more profound processes (like rearrangement, ring expansion, or use of a cosynthon) must be employed to furnish pyrazines.

The various syntheses are classified simply according to the bicyclic substrate systems in alphabetical order.

2.2.1. 1,2-Diazabicyclo[2.2.0]hexanes as Substrates

The photolytic rearrangement of 3,4,5,6-tetra-*tert*-butyl-1,2-diazabicyclo[2.2.0]-hexa-2,5-diene into 2,3,5,6-tetra-*tert*-butylpyrazine has been covered in Section 2.1.12.

2.2.2. 2,4-Diazabicyclo[3.1.0]hexanes as Substrates (*H* 53)

The only reported example of this synthesis involved the treatment of 1,5-dimethyl-2,4-diazabicyclo[3.1.0]hexan-3-one (**84**) with aqueous barium hydroxide at 140°C (sealed) for 60 h, followed by an acidic work up, to give 2,2,3,5,5,6-hexamethyl-2,5-dihydropyrazine (**85**) in 42% yield, presumably via the cyclopropane derivative shown.[1190]

2.2.3. 2,3-Dioxa-5,7-diazabicyclo[2.2.2]octanes as Substrates

One such epidioxypiperazinedione has been reduced to a regular pyrazine. Thus 1,4-dibenzyl-2,3-dioxa-5,7-diazabicyclo[2.2.2]octane-6,8-dione (**86**) underwent reduction by sodium borohydride in ethanol at 20°C during 1 h to afford 3,6-dibenzyl-3,6-dihydroxy-3,6-dihydro-2,5(1*H*, 4*H*)-pyrazinedione (**86a**) in ~ 65% yield, confirmed in structure by dehydration to 3,6-dibenzylidene-3,6-dihydro-2,5(1*H*, 4*H*)-pyrazinedione (**86b**).[5]

2.2.4. Furo[2,3-*b*]pyrazines as Substrates

The furan ring of such substrates may be opened by reduction or hydrolytic processes to afford pyrazines, as illustrated in the following examples:

7-Bromo-6-phenylfuro[2,3-*b*]pyrazine (**87**) gave 3-phenylethynyl-2(1*H*)-pyrazinone (**88**) (BuLi, THF—C_6H_{14}, −60°C, 30 min: 70%).[484]

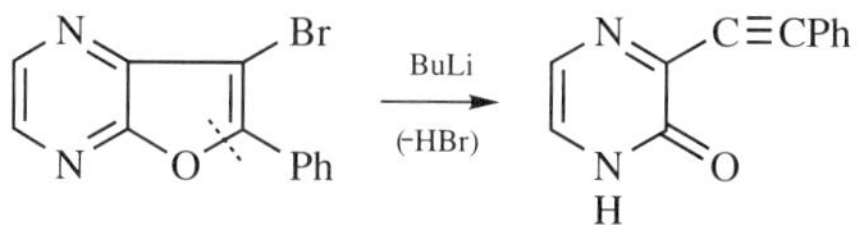

(**87**)   (**88**)

Ethyl 2,3-dichloro-6-methylfuro[2,3-*b*]pyrazine-7-carboxylate (**89**) gave 5,6-dichloro-3-ethoxycarbonylmethyl-2(1*H*)-pyrazinone (**90**) (NH_4OH, NH_4Cl, EtOH—THF, 50°C, 12 h: 29%).[1308]

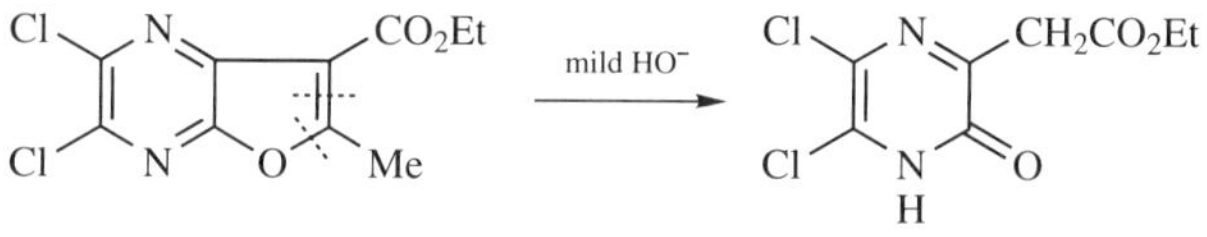

(**89**)   (**90**)

2.2.5. Imidazo[1,2-*a*]pyrazines as Substrates

The sole recent example of this synthesis involved treatment of 2-phenylimidazo[1,2-*a*]pyrazin-3(7*H*)-one (**91**) briefly with warm alkaline hydrogen peroxide (Radziszewski's reagent) to afford 2-benzamidopyrazine (**92**).[738]

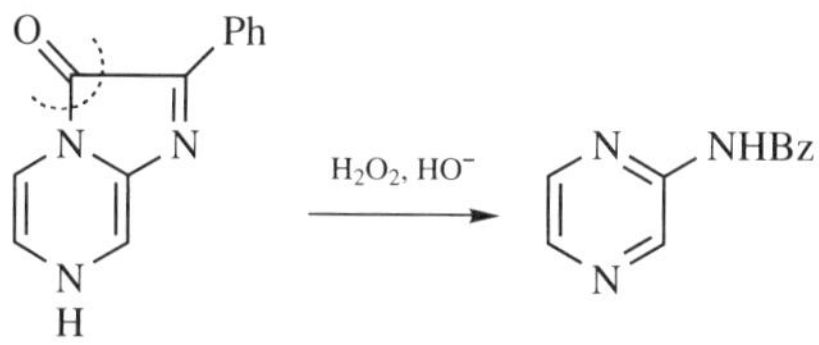

(**91**)   (**92**)

2.2.6. Indoles as Substrates

A number of partly reduced arylpyrazines has been made from *N*-acetyl-5-arylisatins (1-acetyl-5-aryl-2,3-indolinediones), as illustrated in the following examples:

N-Acetylisatin (**93**, R = H) was converted into a solution of the ketoester (**94**, R = H) (EtOH, reflux, 3 h) and thence with ethylenediamine into 3-*o*-acetamidophenyl-5,6-dihydro-2(1*H*)-pyrazinone (**95**, R = H) (5 → 20°C, ~1 h: 85%

overall); 3-(2-acetamido-5-bromophenyl)-5,6-dihydro-2(1*H*)-pyrazinone (**95**, R = Br) (88%) and other derivatives were made similarly.[1054]

N-Acetylisatin (**97**) with 1,2-diamino-2-methylpropane gave either 3-*o*-acetamidophenyl-5,5-dimethyl-5,6-dihydro-2(1*H*)-pyrazinone (**96**) (two-stage process as in the foregoing examples: 74%) or its 6,6-dimethyl isomer (**98**) (THF, 5°C, 3 h; then 20°C, 1 h: 60%); other pairs of isomers were made similarly.[1054]

2.2.7. Isoxazolo[2,3-a]pyrazines as Substrates

The only examples of this synthesis employed isoxazolopyrazine substrates that were themselves made from pyrazines. Thus 1-benzyl-5,6-dihydro-2(1*H*)-pyrazinone 4-oxide (**99**) underwent addition by ethynylbenzene to give 5-benzyl-2-phenyl-6,7-dihydro-3*aH*-isoxazolo[2,3-*a*]pyrazin-4(5*H*)-one (**100**) (60%), which subsequently underwent ring cleavage by molybdenum hexacarbonyl in wet acetonitrile to afford 1-benzyl-3-phenacyl-3,4,5,6-tetrahydro-2(1*H*)-pyrazinone (**101**) in 54% yield; several analogues were made similarly.[1539]

2.2.8. Isoxazolo[4,5-b]pyrazines as Substrates

Like the foregoing isomeric substrates (Section 2.2.7), these isoxazolopyrazines were frequently made from pyrazines. Thus 3-(N-hydroxyamidino)-2(1H)-pyrazinone (**102**) was converted in two stages into isoxazolo[4,5-b]pyrazin-3-amine (**103**), which on vigorous treatment with acetic anhydride afforded 2-acetoxy-3-(5-methyl-1,2,4-oxadiazol-3-yl)pyrazine (**104**) in 78% yield; the same substrate (**103**) in hot formic acid for 5 min gave mainly 3-(1,2,4-oxadiazol-3-yl)-2(1H)-pyrazinone (**105**) (50%) but if heating was prolonged for 3 h only 3-oxo-3,4-dihydro-2-pyrazinecarbonitrile (**106**) was obtained, presumably via the oxadiazolopyrazine (**105**).[1115]

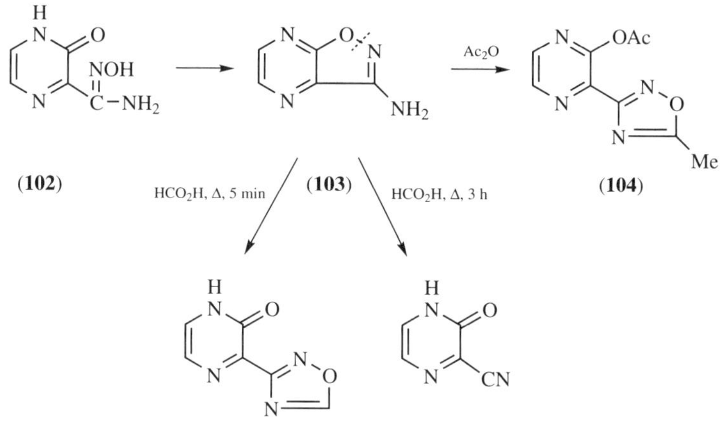

2.2.9. Pteridines as Substrates (H 38)

Although pteridines can be made from pyrazines, it is usually much easier to prepare them from 4,5-pyrimidinediamines or the like.[1689] Since many pteridines can be easily degraded to pyrazines, this process offers a practical primary synthetic route to a variety of pyrazine derivatives. However, in comparison with more than 150 examples cited by Barlin from pre-1978 literature,[1686] recent use of the method has been modest. Typical examples follow:

By Alkaline Hydrolytic Fission

7-Methyl-2,4(1H, 3H)-pteridinedione (**107**) gave 3-amino-5-methyl-2-pyrazinecarboxylic acid (**108**) (4M NaOH, reflux, 20 h: 30%).[693]

2-Amino-6-*p*-[(1,3-dicarboxypropyl)carbamoyl]anilinomethyl-4(3*H*)-pteridinone (folic acid: **109**) gave 3-amino-6-*p*-carboxyanilinomethyl-2-pyrazinecarboxylic acid (**110**) (2.5 M KOH, reflux, N$_2$, 96 h: 87%).[769]

1,3-Dimethyl-6-thioxo-5,6-dihydro-2,4(1*H*,3*H*)-pteridinedione (**111**) gave bis(5-methylamino-6-methylcarbamoylpyrazin-2-yl) disulfide (**112**) (1 M NaOH, 20°C, 12 h; then I + KI + NaHCO$_3$ ↓, 20°C, 10 min: 69%).[940, cf. 943]
Also other examples.[28, 713, 732]

By Aminolytic Fission

6,7-Di(thien-2-yl)-2,4(1*H*, 3*H*)-pteridinedione (**113**) gave 3-amino-5,6-di(thien-2-yl)-2-pyrazinecarboxamide (**114**, R = H) (NH$_4$OH, 150°C, sealed, 26 h: 65%) or 3-amino-*N*-butyl-5,6-di(thien-2-yl)-2-pyrazinecarboxamide (**114**, R = Bu) (BuNH$_2$, H$_2$O, 150°C, sealed, 16 h: 84%).[699]

4-Pteridinamine 3-oxide (**115**, R = H) gave 3-(hydrazonomethyl)amino-2-pyrazinecarboxamide oxime (**116**, R = H) (H$_2$NNH$_2$.H$_2$O, MeOH, 20°C, 4 h: 85%); the 2-phenylated substrate (**115**, R = Ph) likewise gave 3-(α-hydrazonobenzyl)amino-2-pyrazinecarboxamide oxime (**116**, R = Ph) (20°C, 2 h; then reflux, 30 min: 66%).³⁵³

7-Phenylpteridine (**117**) gave 3-ethyliminomethyl-6-phenyl-2-pyrazinamine (**119**) (neat EtNH$_2$, 20°C, 4 h: 78%; via the adduct (**118**)] or a separable mixture of 4-ethylamino-7-phenylpteridine (**120**) and 3-amino-5-phenyl-2-pyrazinecarbaldehyde (**121**) [neat EtNH$_2$, KMnO$_4$ (1 mol), 17°C, 5 h: 26 and 38%, respectively, after separation; the second, presumably via the Schiff base (**119**)]; the aldehyde (**121**) was oxidized further to 3-amino-5-phenyl-2-pyrazinecarboxylic acid (**122**) (KMnO$_4$, H$_2$O, 20°C, 1 h: 28%).¹³⁸⁵

By Reductive Fission

6-(2-Hydroxyethyl-1,3-dimethyl-2,4(1H, 3H)-pteridinedione gave 6-(2-hydroxyethyl)-N-methyl-3-methylamino-2-pyrazinecarboxamide (NaBH$_4$ NaOH, H$_2$O, 20°C, 1 h: 73%).[1765]

2.2.10. Pyrazino[2,3-d][1,3]oxazines as Substrates (H 38)

Only one recent example of this synthesis has been reported. 2-Methyl-4H-pyrazino[2,3-d][1,3]oxazin-4-one (**123**) and methylhydrazine at 5 → 20°C during 1 h afforded 3-acetamido-N-methyl-2-pyrazinecarbohydrazide (**124**) in 45% yield.[1265]

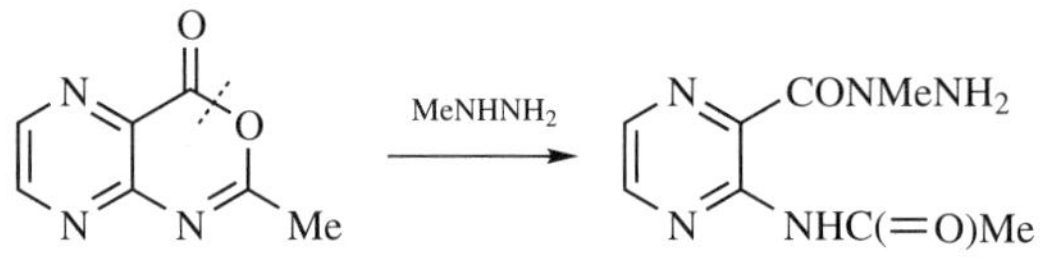

2.2.11. Pyrazino[2,3-e][1,3,4]thiadiazines as Substrates

This synthesis is also represented by only one example. 3-Ethoxycarbonylamino-1H-pyrazino[2,3-e][1,3,4]thiadiazine (**125**) in methanolic hydrogen chloride under reflux during 2 h furnished 3-(4-ethoxycarbonylsemicarbazido)-2(1H)-pyrazinethione (**126**) in 32% yield.[284]

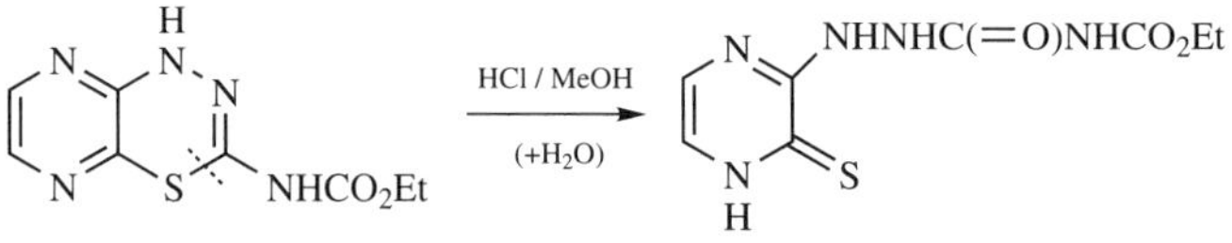

2.2.12. Quinoxalines as Substrates (*H* 37)

The oxidation of quinoxalines to pyrazine derivatives has been used for almost a century. Some typical examples from recent literature follow:

Quinoxaline (**127**) gave 2,3-pyrazinedicarboxylic acid (**128**) [KMnO$_4$ (6 mol), H$_2$O, 95°C, 3 h: 71%;[947] other oxidative procedures were reported[840, 846, 1057, 1215] to give up to 79% yield], and hence 2-pyrazinecarboxylic acid (**129**) by thermal decarboxylation (sublimation at 210°C/4 mmHg: 81%).[846, cf. 1057]

(127) → [O] → (128) → Δ → (129)

2,3-Dimethylquinoxaline (**130**, Q = R = Me) gave the dicarboxylic acid (**131**, Q = R = Me) [KMnO$_4$ (3 mol), KOH, H$_2$O: crude product], which was didecarboxylated to give 2,3-dimethylpyrazine (**132**, Q = R = Me) (AcOH, 200°C, autoclave, 1 h: 46% overall);[543] 2-butyl-3-methylquinoxaline (**130**, Q = Bu, R = Me) gave 2-butyl-3-methylpyrazine (**132**, Q = Bu, R = Me) (similarly: 21%) or 2-methylpyrazine (**132**, Q = H, R = Me) [similarly but KMnO$_4$ (10 mol): 55%; presumably by additional oxidation of the Bu group to give the (uncharacterized) tricarboxylic acid (**131**, Q = CO$_2$H, R = Me) and tridecarboxylation].[543]

(130) → [O] → (131) → Δ → (132)

2-Chloro- (**130**, Q = Cl, R = H) or 2,3-dichloroquinoxaline (**130**, Q = R = Cl) gave 5-chloro-2,3-pyrazinedicarboxylic acid (**131**, Q = Cl, R = H) (KMnO$_4$, H$_2$O, 95°C 3 h: 70%, as hydrochloride)[947] or 5,6-dichloro-2,3-pyrazinedicarboxylic acid (**131**, Q = R = Cl) (likewise: 73% as hydrochloride or 41–49% as base),[462, 947] respectively.

2,3(1H,4H)-Quinoxalinedione (**133**) gave 5,6-dihydro-2,3,5,6(1H,4H)-pyrazinetetrone (**134**) [Co(OAc)$_2$, AcOH, O$_3$ ↓, (4 mol), 20°C: 45%]; 2,3-dichloroquinoxaline (**135**) gave the same product (**134**) (similarly: 70%; clearly involving a hydrolytic step); the mechanisms were discussed.[1463]

Also other examples.[348, 543]

(133) → O$_3$ → (134) ← O$_3$ ← (135)

2.2.13. 4-Thia-1-azabicyclo[3.2.0]heptanes as Substrates

The sole example of this synthesis appears to be more of interest than utility. Thus 6-(2-amino-2-phenylacetamido)-3,3-dimethyl-7-oxo-4-thia-1-azabicyclo[3.2.0]-heptane-2-carboxylic acid (ampicillin: **136**), in aqueous glucose maintained at pH 9.2

for 24 h at room temperature, gave 3-(4-carboxy-5,5-dimethyl-1,3-thiazolidin-2-yl)-6-phenyl-3,6-dihydro-2,5(1H, 4H)-pyrazinedione (**137**) as a mixture of epimers in 43% yield.[483]

2.2.14. [1,2,5]Thiadiazolo[3,4-b]pyrazines as Substrates (H 38)

This synthesis appears to have considerable potential for making 2,3-pyrazinediamines. It is typified in the reductive fission and desulfurization of the parent [1,2,5]thiadiazolo[3,4-b]pyrazine (**138**, Q = R = H) by stannous chloride and methanolic hydrochloric acid at 20°C during 1 h to furnish 2,3-pyrazinediamine (**139**, Q = R = H) in 83% yield;[1451] also in the preparation of several homologues, for example, 5-methyl-6-phenyl-2,3-pyrazinediamine (**139**, Q = Me, R = Ph) (similarly but at 60°C for 2.5 h: 84%).[1451]

2.2.15. Thiazolo[3,2-a]pyrazines as Substrates

Fission and desulfurization of 2,2-dimethyl-5,8-dioxo-2,3,6,7,8,8a-hexahydro-5H-thiazolo[3,2-a]pyrazine-3-carboxylic acid (**140**), by treatment with Raney nickel in aqueous ethanolic sodium bicarbonate at 20°C during 12 h, gave 1-(1-carboxy-2-methylpropyl)-3,6-dihydro-2,5(1H,4H)-pyrazinedione (**141**) in 58% yield.[1255]

2.2.16. Thiazolo[3,4-*a*]pyrazines as Substrates

Again, only one example of this synthesis has been reported. Like the analogous substrate (**140**), isobutyl 1,1-dimethyl-5,8-dioxo-1,5,6,7,8,8a-hexahydro-3*H*-thiazolo[3,4-*a*]pyrazine-3-carboxylic acid (**142**) underwent fission and desulfurization (on stirring with ethanolic Raney nickel at 20°C for 12 h) to afford an hydropyrazine, this time 1-isobutoxycarbonylmethyl-6-isopropyl-3,6-dihydro-2,5(1*H*, 4*H*)-pyrazinedione (**143**) in 89% yield.[1255]

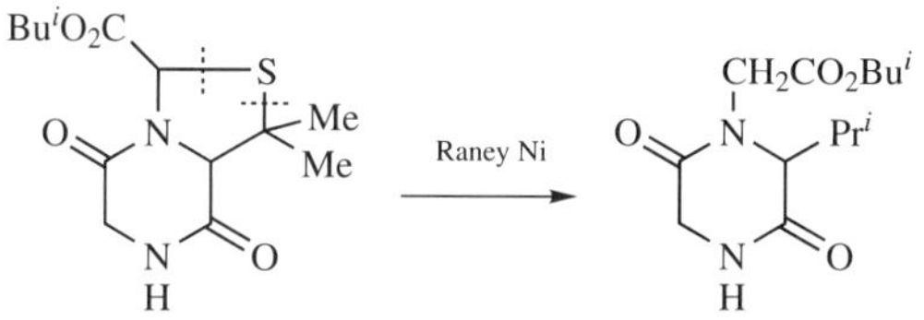

2.3. PYRAZINES FROM HETEROTRICYCLIC SYSTEMS (*H* 37, 38)

The conversion of heterotricyclic systems into pyrazines has been largely neglected recently. However, two reported examples of useful syntheses follow:

From Phenazines

1,6-Phenazinediol (**144**) gave 2,3,5,6-pyrazinetetracarboxylic acid (**145**) [RuO$_4$ (made *in situ* from RuCl$_3$ + NaOCl), H$_2$O—CCl$_4$, 20°C, 3.5 h: 46%].[7]

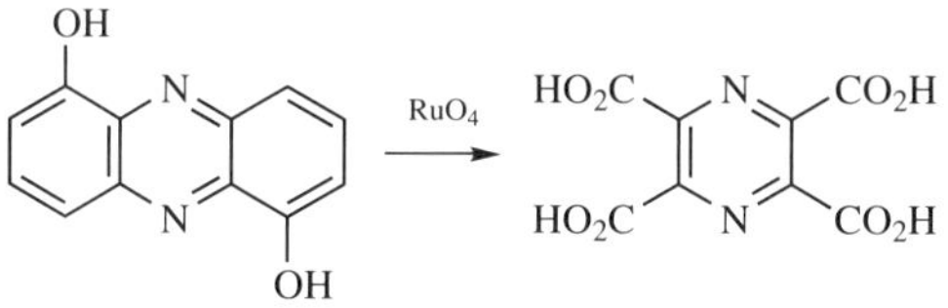

From Pyrazino[2,3-*b*][1,4]benzoselenazines

10*H*-Pyrazino[2,3-*b*][1,4]benzoselenazine (**146**) gave 2,5-dichloro-3-[3-chloro-6-(chloroseleno)anilino]pyrazine (**147**) (MeCN, Cl$_2$ ↓: ~75%; characterized but structure not fully confirmed), and thence bis[4-chloro-2-(3,6-dichloropyrazin-2-ylamino)phenyl] diselenide (**148**) (Me$_2$SO, 20°C, 15 min: ?%; ClCH$_2$SMe formed; structure confirmed).[351]

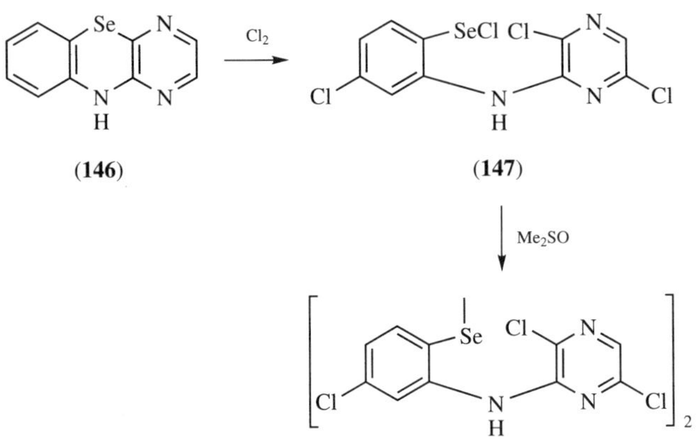

(146) (147) (148)

2.4. PYRAZINES FROM SPIRO HETEROCYCLES

The only spiro systems used as substrates for preparing pyrazines appear to be those involved in the following examples:

1-Oxa-4-azaspiro[4.5]decanes

4-Benzyl-1-oxa-4-azaspiro[4.5]decane (**149**, R = CH_2Ph) gave 1,4-dibenzylpiperazine (**150**, R = CH_2Ph) and cyclohexanone (polyphosphoric acid, 200°C, 10 h: ~ 40%);[413] 1,4-bis(2-hydroxyethyl)- (**150**, R = CH_2CH_2OH) and 1,4-diphenylpiperazine (**150**, R = Ph) were made similarly and in comparable yields.[413]

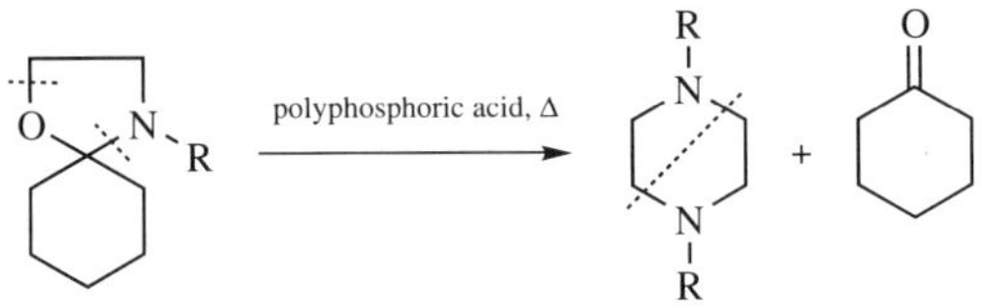

(149) (150)

1-Oxa-4,7-diazaspiro[2.5]octanes

6-Benzylidene-4,7-dimethyl-2-phenyl-1-oxa-4,7-diazaspiro[2.5]octane-5,8-dione (**151**) gave 3-benzoyl-6-benzylidene-1,4-dimethyl-3,6-dihydro-2,5(1*H*, 4*H*)-pyrazinedione (**152**) (TsOH, PhMe, reflux, water removal (?), 18 h; 73%).[1030]

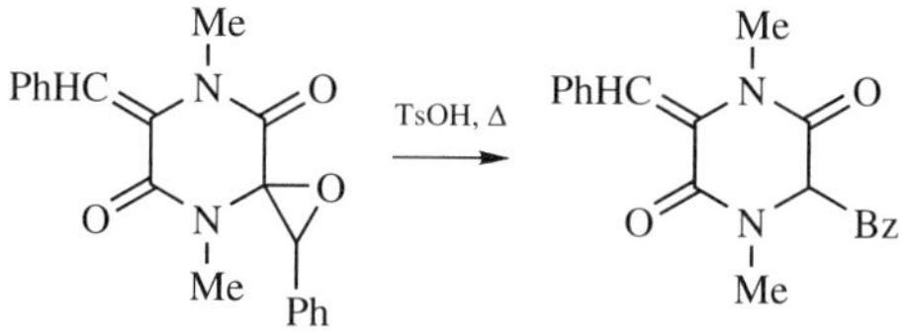

(151) → (152) [TsOH, Δ]

2.5. APPENDIX: GLANCE INDEX TO TYPICAL PYRAZINE DERIVATIVES AVAILABLE FROM OTHER HETEROCYCLIC SYSTEMS

This glance index is provided to assist in the choice of a primary synthesis that may provide a required type of pyrazine derivative from another heterocyclic system. Procedures that afford very poor yields or employ substrates that are difficult of access are omitted; so too are those methods that appear to lack general applicability in their present state of development. However, such syntheses are often of great interest and may prove invaluable in the right context.

Section	Typical Products
2.1.1	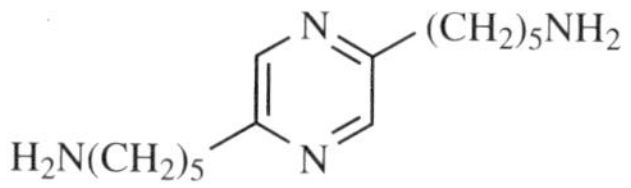 H₂N(CH₂)₅–pyrazine–(CH₂)₅NH₂
2.1.2	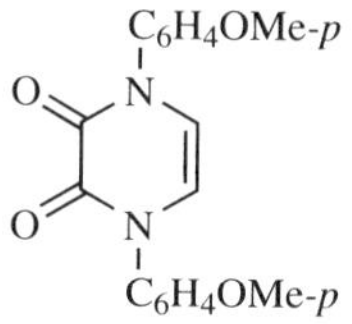 N,N′-bis(p-methoxyphenyl) dioxopiperazine
2.1.3	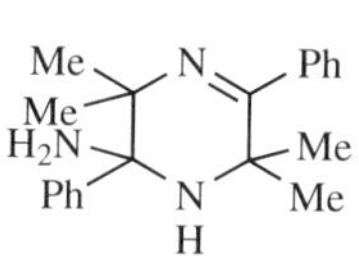 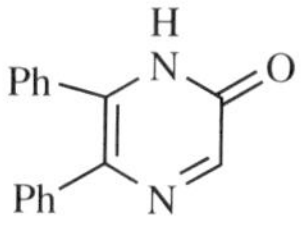 (two structures shown)
2.1.7	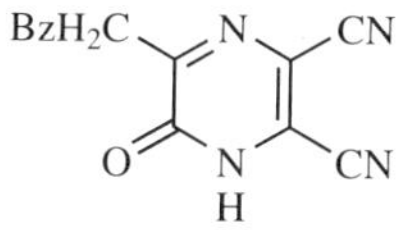 BzH₂C–substituted dicyanopyrazinone

2.1.8

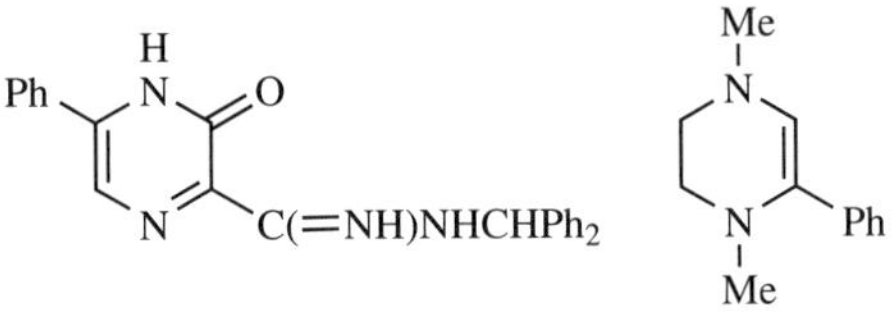

6-Ph, 1-H, 2-oxo, 3-C(=NH)NHCHPh₂ dihydropyrazine

1,4-diMe-2-Ph-1,2,3,4-tetrahydropyrazine (with N–Me groups)

2.1.9

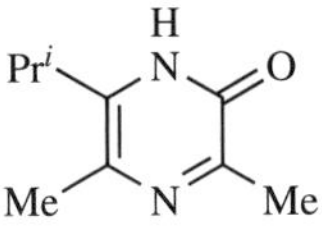

5-Pr^i, 6-Me, 3-Me, 1-H, 2-oxo dihydropyrazine

2.1.10

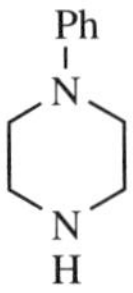

1-Ph, 4-H piperazine

2.1.16

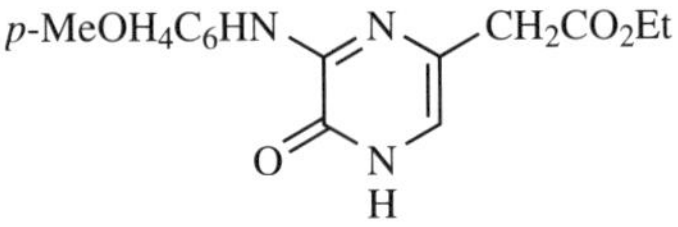

3-(p-MeOH₄C₆HN), 5-CH₂CO₂Et, 2-oxo, 1-H dihydropyrazine

2.2.3

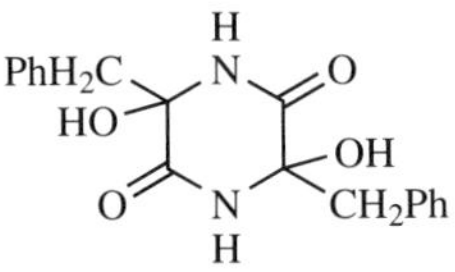

3,6-bis(CH₂Ph), 3,6-bis(OH), 2,5-dioxopiperazine

2.2.4

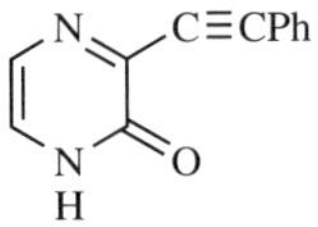

3-(C≡CPh), 2-oxo-1H-dihydropyrazine

2.2.6

3-[o-(AcHN)H₄C₆], 2-oxo-1H-tetrahydropyrazine

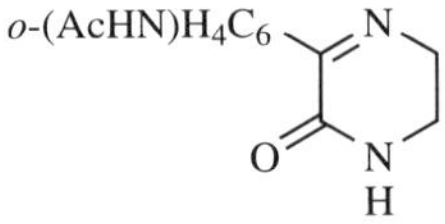

Appendix: Glance Index to Typical Pyrazine Derivatives

2.2.9

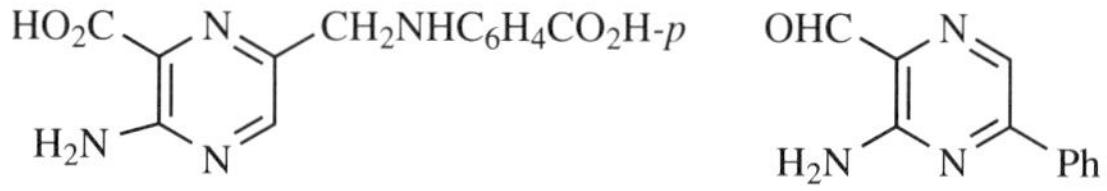

3-amino-6-[(4-carboxyphenylaminomethyl)]pyrazine-2-carboxylic acid: 3-amino-6-Ph-pyrazine-2-carbaldehyde

2.2.12

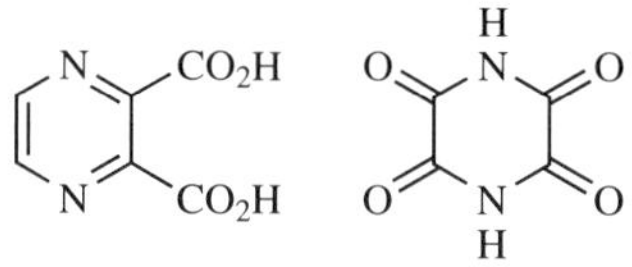

pyrazine-2,3-dicarboxylic acid; 1,4-dihydropyrazine-2,3,5,6-tetraone

2.2.14

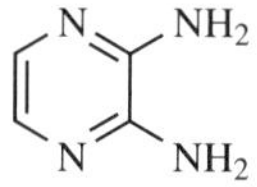

3-aminopyrazin-2-amine (2,3-diaminopyrazine)

2.2.16

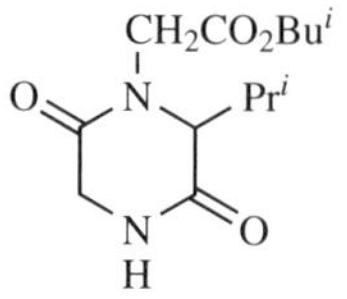

1-(isobutoxycarbonylmethyl)-6-isopropyl-piperazine-2,5-dione

2.3

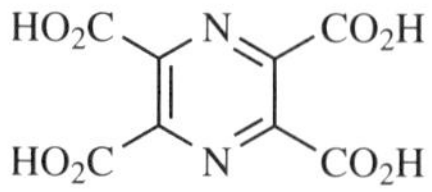

pyrazine-2,3,5,6-tetracarboxylic acid

2.4

1,4-dibenzylpiperazine; 1,4-dimethyl-3-benzoyl-6-benzylidene-piperazine-2,5-dione

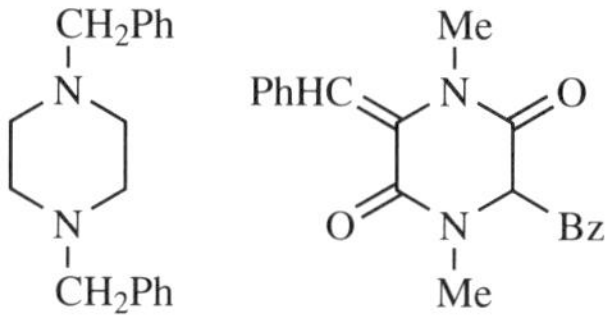

CHAPTER 3

Pyrazine, Alkylpyrazines, and Arylpyrazines (*H* 68, 344)

This chapter covers the preparations, physical properties, and reactions of pyrazine and its *C*-alkyl, *C*-aryl, *N*-alkyl, or *N*-aryl derivatives as well as their respective di-, tetra-, and hexahydro derivatives (the last usually known as piperazines). In addition, it includes methods for introducing alkyl or aryl groups (substituted or otherwise) into pyrazines and hydropyrazines already bearing substituents and the reactions specific to the alkyl or aryl groups in such products. For simplicity, the term *alkylpyrazine* in this chapter is intended to include alkyl-, alkenyl-, alkynyl-, cycloalkyl-, and aralkylpyrazines; likewise, the term *arylpyrazine* includes both aryl- and heteroarylpyrazines.

It seems appropriate here to mention some general studies or reviews of broad areas in pyrazine chemistry that do not fit comfortably into other chapters. Thus an excellent review of most aspects of pyrazine chemistry, including experimental details, appeared in 1998;[1677] summaries of progress in pyrazine chemistry appeared in 1995,[1775] and also annually since 1989;[1540-1550, 1714] brief Japanese-language reviews of general pyrazine chemistry and the synthesis of naturally occurring pyrazines were published in 1989.[1600, 1601] A comprehensive review of the direct metalation of π-deficient nitrogenous heterocycles (including pyrazines) appeared in 1991.[1433] Review papers on the occurrence,[1274, 1724] structure–odor relationships,[690, 1306, 1719] and biosynthesis[1426] of a great many alkyl- and alkoxypyrazines (that occur naturally or as artifacts in processed foods) have appeared since 1990. In addition, the partition coefficients (octanol/water) for many mono- and disubstituted pyrazines (bearing alkyl, halogeno, alkoxy, amino, or carboxy groups) have been measured, analyzed, and compared with those for corresponding pyridines.[723, 724] An attempt has been made to rationalize the dipole moments of a number of monosubstituted pyrazines by comparing them with those of correspondingly substituted benzene derivatives.[1081, cf. 1001]

3.1. PYRAZINE (*H* 1, 68)

3.1.1. Preparation of Pyrazine (*H* 68, 372)

Apart from the pyrolysis of 2-*tert*-butylsulfonylpyrazine to afford pyrazine (**1**) [in 49% yield with loss of sulfur dioxide and unsaturated (?) hydrocarbon][239] and the reduction of pyrazine to piperazine (**2**) (in 76% yield by treatment of an alkaline solution with Ni—Al alloy),[479] no new or improved routes to pyrazine or piperazine appear to have been reported in recent years; nor has any di- or tetrahydropyrazine been prepared. Both pyrazine and piperazine are now available commercially at modest cost.

3.1.2. Properties of Pyrazine (*H* 69, 376)

Recently reported physical data for pyrazine (and its salts or simple derivatives) are collected with references under "pyrazine" in the Appendix (Table of Simple Pyrazines). More extensive studies on such aspects of pyrazine (and some hydro or putative dehydro derivatives) are here indicated briefly with references.

Aromaticity. An aromaticity index, based on deviation of peripheral bond orders,[1691] has been applied to pyrazine (89% of that for benzene) and some derivatives.[257, 376, 379, 383] The aromaticity of 1,s4-dihydropyrazines has been studied.[565, 1734]

Conformations. Calculations have been made of the preferred conformations for 1,4-dihydropyrazine,[456, 1080] 1,2,3,4-tetrahydropyrazine,[100] piperazine (and several alkyl derivatives),[1079] and the (reduced) pyrazine ring in several biologically important di- and tetrahydropteridines.[100]

Crystal phases. The measured heat capacities for crystalline pyrazine in the range 20–40°C suggest that, in each of the phases involved, ~50% of the molecules must be disordered.[556]

Electron distribution. The π- and σ-electron distributions in pyrazine and other azines have been studied theoretically :[458, 562] there appears to be a reasonable correlation between the net charges on nitrogen atoms and the measured ^{15}N NMR shifts.[562]

Fine structures. Di- and tetradehydropyrazines (as their derivatives) are sometimes implicated as transient intermediates in proposed reaction mechanisms. Some theoretical studies have suggested that didehydropyrazine would exist as the diradical structure (**3**),[454] whereas others seem to suggest more normal formulations for di- (**4**) and tetradehydropyrazine (**5**).[235]

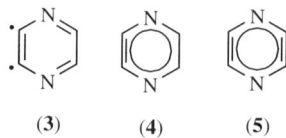

(3)   (4)   (5)

Ionization. Ionization constants for pyrazine and several C-methylated derivatives have been redetermined for possible correlation with the polarographic half-wave potentials of the same compounds and their 1-alkyl iodides.[1373]

Nuclear magnetic resonance spectra. The ^{13}C- and ^{15}N NMR spectra of pyrazine and a variety of alkyl, other monosubstituted, and dialkylpyrazines (as well as some of their N-oxides) have been reported and the substituent effects compared with those in other π-deficient systems.[77, 256, 545, 1405, 1409, 1410]

Nonbonded complexes. The equilibrium constants, enthalpies, and entropies for the weak complexation of pyrazine with dichloromethane, chloroform, or carbon tetrachloride have been determined from changes in the $n \rightarrow \pi^*$ absorptions of solutions at various concentrations (in cyclohexane) and temperatures;[568] similar data for pyrazine–aromatic hydrocarbon complexes were obtained from variations in the ^{1}H NMR chemical shift values.[1037] The spectral effects of complexation with borane have been studied in the pyrazine diborane adduct and its methyl derivatives.[254]

Vibration spectra. Revised assignments for all observed bands in the IR and Raman spectra of pyrazine have been proposed after appropriate measurements of pyrazine and tetradeuteropyrazine in the vapor, liquid, and solid states as well as in carbon disulfide and carbon tetrachloride solutions.[584, 1483] Other aspects have been studied.[1722, 1732]

3.1.3. Reactions of Pyrazine (*H* 70, 377)

Some typical examples of recently reported reactions of unsubstituted pyrazine are mentioned here but, for pragmatic reasons, those of piperazine are simply covered piecemeal in appropriate sections and may be accessed through the Index.

Quaternization and Ylide Formation

Pyrazine gave 1-dodecylpyrazinium iodide (**6**) ($C_{12}H_{23}I$, AcMe, reflux, 8 h: 4%, owing to losses in purification)[1475] or 1,4-diethylpyrazinediium bistetrafluoroborate (Et_3OBF_4, $ClCH_2CH_2Cl$, reflux, N_2, 45 min: 75%).[1667]

Pyrazine gave 1-methylpyrazinium bromide (**7**), and thence 1-methylpiperazine (**8**) (MeBr, CH_2Cl_2, 25°C, sealed, 50 h: 44%; then H_2, Rh/Al_2O_3, EtOH—H_2O: ~ 30%).[1337]

Pyrazine gave 1,4-pyrazinediium bis(dicyanomethylide) (**9**) (tetracyanoethylene oxide, PhMe, reflux, 6 h: 45%; X-ray confirmation of structure).[62, cf. 573]

Also other examples.[273, 551, 1177]

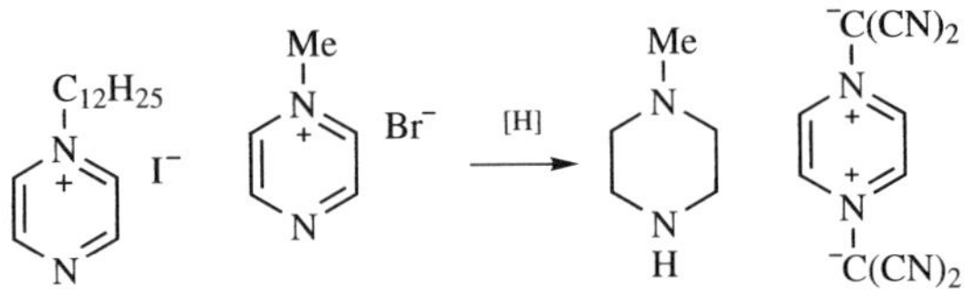

C-Alkylation

Note: Pyrazine may be C-alkylated directly, e.g., by alkyl radicals; also by addition to give an alkylated hydropyrazine, sometimes amenable to subsequent oxidation. Typical procedures are illustrated here.

Pyrazine gave 2-(1-hydroxyethyl)pyrazine (**10**) [MeCHO, lithium tetramethylpiperidide (made *in situ*), THF, −75°C, 2 h: 65%]; also anaolgous products likewise.[899]

Pyrazine gave 2-butylpyrazine (**11**) [F_3CO_2H, $AgNO_3$, $(NH_4)_2S_2O_8$, H_2O—PhCl, reflux, 2 h: 65%; replacement of the organic acid by H_2SO_4 gave some dialkylation]; also analogues likewise.[368]

Pyrazine gave 2-*o*-tolylpyrazine (**12**) [LiC_6H_4Me-*o* (made *in situ*), Et_2O, <10 → 20°C, 2 h: 20%].[929]

Pyrazine gave bis(2,2,2-trichloroethyl) 2,3-diallyl-1,2,3,4-tetrahydro-1,4-pyrazinedicarboxylate (**13**) ($Bu_3SnCH_2CH=CH_2$, $ClCO_2CH_2CCl_3$, CH_2Cl_2, 0°C, 1 h: 52% after separation from a byproduct).[114, 336]

Also other examples.[373, 821, 1325, 1388, 1579, 1606]

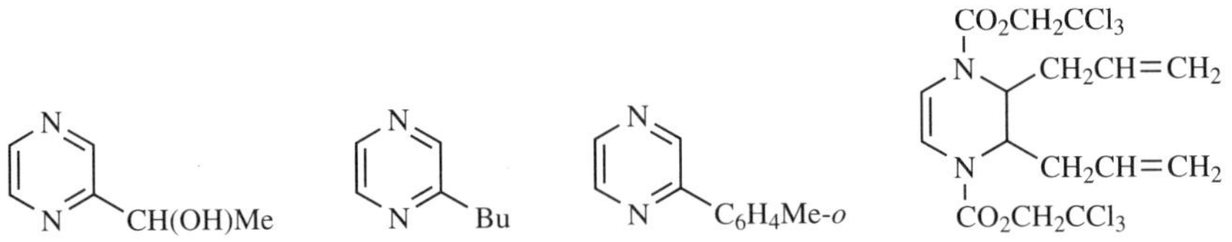

Addition Reactions

Pyrazine gave 1,4-bis(dimethylphosphinothioyl)-1,4-dihydropyrazine (**14**) [Li, $Me_2P(=S)Cl$, THF, 20°C, 24 h: 20%],[549] 1,4-bis(trimethylsilyl)-1,4-dihydropyrazine (**15**) (somewhat similarly),[908, 909] and some interesting derived metal complexes.[907, 913, 914, 1663] In addition, the silylated product (**15**) underwent insertion of two molecules of CO_2 to afford the ester-like entity, bistrimethylsilyl 1,4-dihydro-1,4-pyrazinedicarboxylate (**16**) (CO_2, 20°C, 24 h: 33%).[549]

Halogenation

Pyrazine gave 2-iodopyrazine (**17**, R = I) [I_2, lithium tetramethylpiperidide (made *in situ*), THF, −75°C, 2 h: 44%];[899] compare the vigorous conditions needed for classical halogenation of pyrazine (*H* 70).

N-Oxidation

Pyrazine gave pyrazine 1,4-dioxide (Na_2WO_4, H_2O_2: no details).[995]

C-Acetoxylation

Pyrazine gave 2-acetoxypyrazine (**17**, R = OAc) (AcOF,[1701]$CHCl_3$, −75 → −40°C, 1 h: 80%).[304]

C-Acylation

Pyrazine gave 2-benzoylpyrazine (**17**, R = Bz) (substrate, PhCHO, AcOH—H_2SO_4—H_2O, N_2; then Bu^tOOH/H_2O ↓, $FeSO_4/H_2O$ ↓, <15°C, 1 h: 30%).[181]

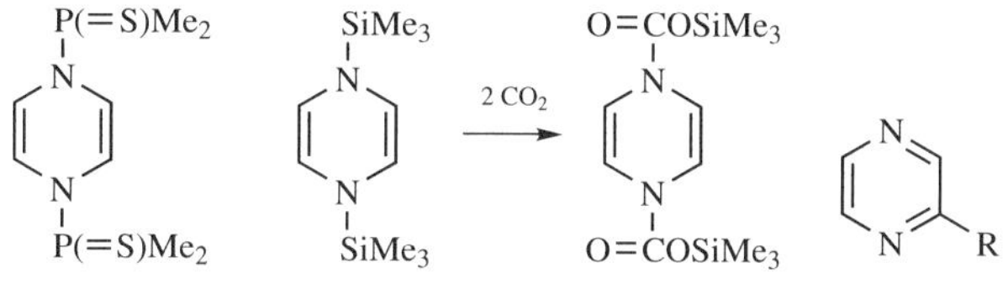

Metal Complexation

Pyrazine reacts with triethylborane and other such gallium or indium alkyls in the presence of sodium to afford persistent radical complexes;[260] also somewhat similar aluminum and silicon complexes.[457]

3.2. *C*-ALKYL- AND *C*-ARYLPYRAZINES (*H* 72, 344)

It is now widely accepted that alkyl groups attached to heterocycles are not mere nonfunctional appendages but do undergo many reactions and do have important steric and electronic effects on the reactivity of the molecule as a whole. In the pyrazine series, alkyl groups have an additional interest because even quite simple alkylpyrazines occur as natural products or as artifacts in processed foods: These alkylpyrazines often impart characteristic odors and tastes to such foods.

3.2.1. Preparation of *C*-Alkyl- and *C*-Arylpyrazines (*H* 72)

The following coverage is not confined to methods for making simple alkylpyrazines. It does include methods leading to products with one or more functional passenger groups that have survived the procedure(s) involved. The many *primary syntheses* of alkylpyrazines have been covered in Chapters 1 and 2.

3.2.1.1. By Direct C-Alkylation (H 73)

This process has been performed in many way to convert pyrazines or hydropyrazines into their C-alkylated derivatives. One particular form of such alkylation has been used extensively as the first step in making optically active α-amino acids by the Schöllkopf synthesis.[47, 48, 354, 743, 906, 1270, 1649, 1693, 1694, 1720] This involves, for example, lithiation/benzylation of the chiral "pyrazine bis lactam ether" (**18**) to give (with high asymmetric induction) the C-benzylated product (**19**), bearing its benzyl group trans to the methyl group across the ring; subsequent hydrolytic ring fission then affords a new optically active benzylated α-amino acid (as its ester: **20b**) accompanied by the original optically active alanine used for synthesis of the substrate (**18**) (again as its ester: **20a**).[906]

For convenience, this alkylation section is subdivided into two subsections, the first covering various regular C-alkylation processes and the second outlining some typical C-alkylations as used in the Schöllkopf synthesis.

3.2.1.1.1. General Procedures for C-Alkylation (*H* 73)

The following classified examples illustrate the methods that have been used recently for C-alkylation of pyrazines and hydropyrazines (see also Section 3.1.3 for the alkylation of unsubstituted pyrazine).

By Homolytic Alkylation

Note: It is probably fortuitous that nearly all recent examples of such nuclear C-alkylation have employed substrates bearing electron-withdrawing substituents.

2,3-Dimethylpyrazine (**21**, R = H) gave 2,3-dimethyl-5-phenethylpyrazine (**21**, R = CH$_2$CH$_2$Ph) [PhCH$_2$CH$_2$CO$_2$H, H$_2$SO$_4$, AgNO$_2$, (NH$_4$)$_2$S$_2$O$_8$, H$_2$O, 95°C, no further details: 45%].[1462]

2-Pyrazinecarboxamide (**22**, R = H) gave 5-*tert*-butyl-2-pyrazinecarboxamide (**22**, R = Bu^t) [Bu^{t}CO$_2$H, AgNO$_3$, (NH$_4$)$_2$S$_2$O$_8$, H$_2$O, 80°C, 1 h: 50%];[509] 2-pyrazinecarbonitrile (**23**, R = H) likewise gave 5-*tert*-butyl-2-pyrazinecarbonitrile (**23**, R = Bu^t) (69%);[509] and analogues were made similarly.[509, 511, 669]

2,3-Pyrazinedicarbonitrile (**24**) gave a separable mixture of 5-ethyl- (**25**, R = H) and 5,6-diethyl-2,3-pyrazinedicarbonitrile (**26**, R = Et) [EtCO$_2$H (3 mol), AgNO$_3$ (0.5 mol), (NH$_4$)$_2$S$_2$O$_8$ (4 mol), MeCN—H$_2$O, reflux, N$_2$, 7 h: 45 and 41%, respectively];[1395] analogues likewise.[1395]

5-Methyl-2,3-pyrazinedicarbonitrile (**26**, R = H) gave 5-hydroxymethyl-6-methyl-2,3-pyrazinedicarbonitrile (**26**, R = CH$_2$OH) [HOCH$_2$CO$_2$H, AgNO$_3$, (NH$_4$)$_2$S$_2$O$_8$, MeCN—H$_2$O, 75°C → reflux, 5 h: 74%; note incorrect name in original experimental section].[1599]

Also other examples.[338, 1378, 1528, 1723]

By Organometallic Reagents

Note: Such alkylations appear to proceed by initial addition of the reagent to afford an alkyl dihydro product that may or may not undergo subsequent oxidation to an alkylpyrazine.

2-Pyrazinamine (**27**, R = H) gave 3-benzyl-2-pyrazinamine (**27**, R = CH$_2$Ph) (preformed PhCH$_2$Li, THF, 0°C, N$_2$, 1 h: 32%); 2-acetamidopyrazine (**28**, R = H) gave 2-acetamido-3-benzylpyrazine (**28**, R = CH$_2$Ph) (37%); and other analogues were made similarly without added oxidant.[1096]

2-Acetonylpyrazine (**29**, R = H) gave 2-acetonyl-3-phenylpyrazine (**29**, R = Ph) (preformed PhLi, Et$_2$O, 20°C, 2 h: 8%; see original for more detail).[1388]

2-Chloro-3,6-dimethylpyrazine 4-oxide (**30**, R = H) gave 2-chloro-5-isopentyl-3,6-dimethylpyrazine 4-oxide (**30**, R = CH$_2$Bu^i) (Bu^{i}CH$_2$MgBr, THF, A, 0 → 20°C, 45 h: 16%).[1594]

Also other examples.[384, 833, 1108]

(**27**) (**28**) (**29**) (**30**)

By C-Lithiation and Subsequent Treatment with an Alkyl Halide

2,6-Dimethoxypyrazine (**31**, R = H) gave 2,6-dimethoxy-3-methylpyrazine (**31**, R = Me) [preformed LiMe$_4$ piperidide, THF, −78°C, 15 min; then MeI ↓, 20°C, 12 h: 92%];[832] likewise 2-methoxy-3-methylpyrazine (57%).[832]

2,5-Diethoxy-3,6-dihydropyrazine (**32**, R = H) gave 2-allyl-3,6-diethoxy-2,5-dihydropyrazine (**32**, R = CH$_2$CH═CH$_2$) (preformed LiNPr$^i_2$, THF, −78°C, 90 min; then BrCH$_2$CH═CH$_2$ ↓, −78°C, 3 h; then 20°C, 16 h: 52%); analogues likewise.[6]

1,4-Dimethyl-3,6-dihydro-2,5(1H, 4H)-pyrazinedione (**33**, R = H) gave 3-[3-(*tert*-butyldimethylsiloxy)propyl]-1,4-dimethyl-3,6-dihydro-2,5(1H,4H)-pyrazinedione (**33**, R = Bu^{t}Me$_2$SiOCH$_2$CH$_2$CH$_2$) [preformed LiNPr$^i_2$, THF, −78°C, 2 min; then (Me$_2$N)$_3$PO ↓, ICH$_2$CH$_2$CH$_2$OSiMe$_2$Bu^t ↓, −78 → 20°C, 5 h: 55% net].[451]

2-Chloropyrazine (**34**, R = H) gave 2-chloro-phenylpyrazine (**34**, R = Ph) [preformed LiMe$_4$ piperidide, THF; then ZnCl$_2$ ↓, −70 → 20°C, giving (**34**, R = ZnCl$_2$) by transmetalation; then PhI ↓, Pd (PPh$_3$)$_4$ ↓, THF, reflux, 20 h: 85%];[1637] in making some analogues similarly, sonication improved yields.[1637]

(**31**) (**32**) (**33**) (**34**)

Also other examples.[470, 486, 904, 1252, 1418]

Note: For many more examples, see Section 3. 2. 1. 1. 2

By C-Lithiation and Subsequent Treatment with Ethylene Oxide

1,4-Dimethyl-3,6-dihydro-2,5(1H, 4H)-pyrazinedione (**33**, R = H) gave 3-(2-hydroxyethyl)-1,4-dimethyl-3,6-dihydro-2,5(1H, 4H)-pyrazinedione (**33**, R = CH$_2$CH$_2$OH) [preformed LiNPr$^i_2$, THF, $-78°$C, 10 min; then (CH$_2$)$_2$O ↓, $-78 \to 20°$C, 4 h: 79% net].[453]

By Lithiation and Subsequent Treatment with an Alkene

2-Isopropyl-3,6-dimethoxy-2,5-dihydropyrazine (**35**, R = H) gave 2-isopropyl-3,6-dimethoxy-5-(2-methoxycarbonyl-1-phenylethyl)-2,5-dihydropyrazine (**35**, R = CHPhCH$_2$CO$_2$Me) (LiBu, THF—C$_6$H$_{14}$, $-70°$C, 10 min; then MeCH=CHCO$_2$Me ↓, $-70 \to -20°$C, 1 h: 88%; see original for chiral implications).[803]

By C-Lithiation and Subsequent Treatment with an Aldehyde or Ketone

Note: This type of alkylation affords only *C*-(1-hydroxyalkyl)pyrazines.

2-Chloropyrazine (**36**, R = H) gave 2-chloro-3-(1-hydroxyethyl) pyrazine [**36**, R = CH (OH) Me] (preformed LiMe$_4$ piperidine, $-70°$C, 30 min; then MeCHO ↓, $-70°$C, 90 min: 90%); the same substrate (**26**, R = H) gave 2-chloro-3-(α-hydroxydiphenylmethyl)pyrazine [**36**, R = C (OH) Ph$_2$] (Ph$_2$CO, likewise: 82%); also other analogues.[220]

2,5-Di-*s*-butylpyrazine 1-oxide (**37**, R = H) gave 2,5-di-*s*-butyl-3-(1-hydroxypropyl) pyrazine 1-oxide [**37**, R = CH (OH) Et] [preformed LiMe$_4$ piperidide, THF, $-78°$C, A, 20 min; then (Me$_2$NCH$_2$)$_2$ ↓, $-78°$C, 20 min; then EtCHO ↓, $-78 \to 0°$C, 17 h: 74%]; also several analogues likewise.[316]

2,5-Diethoxy-3,6-dihydropyrazine (**38**, R = H) gave 2,5-diethoxy-3-(1-hydroxy-1-methylethyl) $-$3,6-dihydropyrazine [**38**, R = C (OH)Me$_2$] [preformed LiNPr$_2^i$, THF, $-78°$C, 90 min; then AcMe ↓, $-78 \to 20°$C, 24 h: 51%], and thence 2,5-diethoxy-3-(1-hydroxy-1-methylethyl)pyrazine (dichlorodicyanobenzoquinone, PhH, reflux, 1 h: 52%).[6]

Also other examples.[406, 459, 642, 832, 912, 1092, 1455, 1504, 1519, 1588, 1597, 1602, 1613]

Note: The lithio intermediate for this process may be generated alternatively by reductive dechlorolithiation of a chloropyrazine with Li metal.[1751]

By Aldehydes or Ketones with a Strong Base (Alkylidenation?)

Note: This type of alkylation is applicable only to hydropyrazines and the products are frequently considered as alkylidene derivatives, despite the fact that they can usually be formulated as the tautomeric alkylpyrazines (with the extra double bond within the pyrazine ring).

2,3-Dimethyl-5,6-dihydropyrazine (**39**) gave 2,3-dimethyl-5-propylidene-5,6-dihydropyrazine (**40**, Q = Et, R = H) and/or the tautomeric 2,3-dimethyl-5-propylpyrazine (**41**, Q = Et, R = H) (EtCHO, EtONa, EtOH, N_2, reflux, 1 h: 37%);[473] the same substrate (**39**) gave 2-*sec*-butyl-5,6-dimethylpyrazine (**41**, Q = Me, R = Et) (AcEt, similarly: 46%);[473] also many analogues likewise.[473, 849, 1246]

1,4-Diacetyl-3,6-dihydro-2,5-(1*H*, 4*H*)-pyrazinedione (**43**) gave 1-acetyl-3-benzylidene-3,6-dihydro-2,5-(1*H*, 3*H*)-pyrazinedione (**42**) [PhCHO (1 mol), Et_2N, Me_2NCHO, 25°C, 4 h: 66%][1525] or 3,6-dibenzylidene-3,6-dihydro-2,5 (1*H*, 4*H*)-pyrazinedione (**44**) [PhCHO (2 mol), Et_3N, Me_2NCHO, reflux, 4 h: 93%; note deacetylation in both cases];[1021] also analogues of both products.[1021, 1525] Reduction of the dibenzylidene derivative (**44**) gave 3,6-dibenzyl-3,6-dihydro-2,5 (1*H*, 4*H*)-pyrazinedione (Zn, AcOH—HCl, reflux, 9 h: 40%).[1021]

The same substrate (**43**) gave 1-acetyl-3-*m*-methoxybenzylidene-3,6-dihydro-2,5 (1*H*, 4*H*)-pyrazinedione (**45**) with monodeacetylation ($MeOC_6H_4$ CHO-*m*, Bu^tOK, Me_2NCHO, N_2, 0 → 20°C, 6 h: 63%).[44]

1,4-Diacetyl-3-methyl-3,6-dihydro-2,5 (1*H*,4*H*)-pyrazinedione (**46**) gave 1-acetyl-3-*p*-methoxybenzylidene-6-methyl-3,6-dihydro-2,5 (1*H*, 4*H*)-pyrazinedione (**47**) (MeOC$_6$H$_4$ CHO-*p*, Bu^{t}OK, Me$_2$ NCHO—Bu^{t}OH, 0 → 20°C, 22 h: ?%; or MeOC$_6$H$_4$ CHO-*p*, KF/Al$_2$O$_3$, Me$_2$ NCHO, 20°C, 16 h: 48%; note lack of base in the second procedure).[1616]

Also other examples.[56, 98, 1002, 1075, 1158, 1415, 1744, 1762]

By Other Reactions

2,5-Dimethylpyrazine (**48**) and the cationic bis(cyclopentadienyl) zirconium complex (**49**) gave an isolable intermediate formulated as the complex (**50**) and thence 2,5-dimethyl-3-(pent-1-enyl) pyrazine (**51**) [one pot procedure: complex (**49**), CH$_2$Cl$_2$, 23°C, 15 min; then HC≡CPr ↓, 23°C, 2.5 h: 88%];[868] several analogues, like 2,5-dimethyl-3,6-bis[1-methyl-2-(trimethylsilyl)-vinyl] pyrazine (**51a**) (61%), were made similarly.[868]

2,3,5-Trimethylpyrazine gave 2,3,5-trimethylpiperazine (Ni—Al, KOH, H$_2$ O, 19 h: 74%); likewise analogues.[799] Contrarywise, 2,3-diphenyl-5,6-dihydropyrazine gave 2,3-diphenylpyrazine (NiO$_2$, PhH, reflux, 4 h: 92%).[746]

3,5-Dichloro-1-phenyl-2 (1H)-pyrazinone underwent 3,6-bridging alkylation (by a Diels–Alder mechanism) to give 4,6-dichloro-2-phenyl-2,5-diazabicyclo [2.2.2] oct-5-en-3-one (**52**) {H$_2$ C=CH$_2$ (25 atm), PhMe, 110°C, sealed, 16 h: >86% [as somewhat unstable crude material, characterized by mass spectrometry (MS) and NMR]};[374] also many analogues and derived products.[374,375]

(**52**)

3.2.1.1.2 C-Alkylation in the Schöllkopf Synthesis

As indicated in the introduction to Section 3.2.1.1, the crucial step in Schöllkopf's synthesis of optically active α-amino acids is the C-alkylation of a chiral 2,5-dialkoxy-3-alkyl-3,6-dihydropyrazine with high asymmetric induction in respect of the entering 6-alkyl group: This is almost always achieved by lithiation[1764] of the substrate and subsequent treatment with an alkyl halide or other such reagent.[1693,1694] The huge recent literature on this process (indicative of existing demand for optically pure α-amino acids) is covered briefly by the following typical examples, classified according to the type of electrophilic reagent employed to supply the entering alkyl group. For practical reasons, chirality designations are not included in the names of substrates and products mentioned in these examples; the diastereoisomeric efficiency (de) is seldom <75% and usually >90%. A typical lithiated substrate has been isolated and submitted to X-ray analysis;[166] also several unlithiated substrates.[1735,1737]

Using Alkyl Halides

2-Isopropyl-3,6-dimethoxy-2,5-dihydropyrazine (**53**) gave 2-p-bromobenzyl-5-isopropyl-3,6-dimethoxy-3,6-dihydropyrazine (**54**) (BuLi, THF—C$_6$H$_{14}$, −78°C, 15 min; then BrH$_2$CC$_6$H$_4$Br-p ↓, −78°C, 2 h: 88%).[1630]

The same substrate (**53**) gave 2-(but-3-enyl)-5-isopropyl-3,6-dimethoxy-2, 5-dihydropyrazine (**55**) (BuLi, THF—C$_6$H$_{14}$, A, −78°C, 30 min; then BrCH$_2$CH$_2$C=CH$_2$ ↓, −78 → 20°C, 15 h: 93%), and hence 2-(but-3-enyl)-5-isopropyl-3,6-dimethoxy-2-(prop-2-ynyl)-2,5-dihydropyrazine (**56**) (BuLi, THF—C$_6$H$_{14}$, −78°C, 1 h; then BrCH$_2$C≡CH ↓, −70 → 20°C, 15 h: 88%).[1610]

Also many other examples.[41, 109, 115, 157, 174, 188, 189, 193, 195, 198, 200, 204, 228, 233, 263, 322, 344, 387, 394, 398, 400–402, 489, 491, 512, 516, 519, 522, 525, 527, 529, 536, 538, 798, 804, 819, 906, 910, 918, 945, 981, 998, 1051, 1056, 1058, 1150, 1253, 1341, 1346, 1348, 1350, 1442, 1453, 1466, 1469, 1477, 1486, 1489, 1512, 1552, 1608, 1628, 1632, 1676, 1680, 1727, 1731, 1755]

Using Copper-Assisted Alkyl Halides

Note: Treatment of the lithiated substrate with cuprous cyanide prior to addition of the alkyl halide has been found to improve yield and/or stereoselectivity in some cases.

2,5-Diethoxy-3-isopropyl-3,6-dihydropyrazine (**57**) gave 2-[7-(*tert*-butyl-dimethylsiloxycarbonyl)heptyl]-3,6-diethoxy-5-isopropyl-2,5-dihydropyrazine (**58**, R = Si Bu^{t}Me$_2$) (BuLi, THF, −78°C; then CuCN ↓, 0°C, 2 min; then I(CH$_2$)$_7$CO$_2$Si Bu^{t}Me$_2$ ↓, −25°C, 18 h: crude ester), and thence 2-(7-carboxy-heptyl)-3,6-diethoxy-5-isopropyl-2,5-dihydropyrazine (**58**, R = H) (Bu$_4$ NF, THF, 20°C?, 1 h: 90%, overall).[1532]

Also other examples.[902, 987]

Using Ethylene Oxide(s)

2-Allyl-5-isopropyl-3,6-dimethoxy-2,5-dihydropyrazine (**59**) gave 2-allyl-2-(2-hydroxyethyl)-5-isopropyl-3,6-dimethoxy-2,5-dihydropyrazine (**60**) (BuLi, THF—C$_6$H$_{14}$, −78°C, A, 45 min; then (CH$_2$)$_2$O ↓, BF$_3$.Et$_2$O ↓, −78°C, 1 h: 60%).[1615]

Also other examples using substituted ethylene oxides.[211]

Using Alkenes

2-Isopropyl-3,6-dimethoxy-2,5-dihydropyrazine (**53**) gave 2-isopropyl-3,6-dimethoxy-5-(2-methoxycarbonyl-1-methylethyl)-2,5-dihydropyrazine (**61**) (BuLi, THF—C_6H_{14}, N_2, $-78°C$, 15 min; then MeCH=CHCO$_2$Me ↓, $-78°C$, 3 h: 62%);[49] the same substrate (**53**) gave 2-(4-ethoxycarbonyl-1-methylbut-2-enyl)-5-isopropyl-3,6-dimethoxy-2,5-dihydropyrazine (**62**) (similarly, using MeCH=CHCH=CHCO$_2$Et: >52%).[218]

Also other examples.[213,658,900,1492,1521]

Using Heavy Metal-Assisted Alkenes or Arenes

Note: Some alkylations are improved by conversion of the lithiated substrate into a Cu or Ti complex prior to addition of an alkene; alternatively, the Mn complex of an arene may be used.

2-Isopropyl-3,6-dimethoxy-2,5-dihydropyrazine (**64**) gave 2-(2-acetyl-1-phenylethyl)-5-isopropyl-3,6-dimethoxy-2,5-dihydropyrazine (**63**) (BuLi, THF, $-78°C$; CuBr.SMe$_2$ ↓, SMe$_2$ ↓, $-30°C$, 2 h: then PhCH=CHAc ↓, $-70°C$, >4 h: 62%)[921] or 2-isopropyl-3,6-dimethoxy-5-[(4-oxocyclohex-1-enyl)methyl]-2,5-dihydropyrazine (**65**) (likewise, using 4-methylenecyclohex-2-enone: 48% after separation from an isomeric byproduct).[892,924]

The same substrate (**64**) gave 2-isopropyl-3,6-dimethoxy-5-(1-methyl-2-nitroethyl)-2,5-dihydropyrazine (**66**) [BuLi, THF—C_6H_{14}, $-78°C$, 15 min; then ClTi(NEt$_2$)$_3$ ↓, 1 h; then MeCH=CHNO$_2$ ↓, 12 h: 51%; this yield was lower than that (81%) obtained without titanation but the stereoselectivity was much better]; also analogues.[377,919]

The same substrate (**64**) gave the complex (**67**) (BuLi, THF, $-78°C$; then PhMn$^+$(CO)$_3$.BF$_4^-$ ↓, $-78°C$, 30 min: 80%), and thence, by oxidative demetalation, 2-isopropyl-3,6-dimethoxy-5-phenyl-2,5-dihydropyrazine (**68**) [*N*-bromosuccinimide (NBS), Et$_2$O, 20°C, 15 min: 60%); also substituted-phenyl analogues likewise.[169]

Using Alkyl *p*-Toluenesulfonates, Methanesulfonates, or the Like

2-Isopropyl-3,6-dimethoxy-2,5-dihydropyrazine (**64**) gave 2-isopropyl-3,6-dimethoxy-5-methylenecyclopropylmethyl-2,5-dihydropyrazine (**69**) [BuLi, THF—C_6H_{14}, −78°C, 30 min; then methylenecyclopropylmethyl *p*-toluenesulfonate ↓, A, −78 → 20°C, 4.5 h: 90%].[173,386]

2,5-Diethoxy-3-isopropyl-3,6-dihydropyrazine gave 2,5-diethoxy-3-isopropyl-6-(3-trimethylsilylprop-2-ynyl)-3,6-dihydropyrazine (**70**) (BuLi, −78°C; then MsOCH$_2$C≡CSiMe$_3$: 72%).[1666]

Also other examoles employing phosphate or other sulfonate esters;[1069,1666] one of the latter, 2-bromoethyl trifluoromethanesulfonate, afforded a product stereochemically contrary to that expected from a Schöllkopf procedure.[1069]

Using Aldehydes or Ketones

Note: Both aldehydes and ketones afford hydroxyalkylated products but it appears that aldehydes give better results in Ti-assisted reactions (see the next subsection).

2-Isopropyl-3,6-dimethoxy-2,5-dihydropyrazine (**71**) and 1,4-dioxaspiro[4.5]-decane-2-carbaldehyde (**72**) gave 2-(1,4-dioxaspiro[4.5]dec-2-yl)hydroxymethyl-5-isopropyl-3,6-dimethoxy-2,5-dihydropyrazine (**73**) [BuLi, THF, −70°C, 15 min; then aldehyde (**72**) ↓, −70°C, 12 h: 69%].[521]

The same substrate (**71**) gave 2-(1-hydroxy-1-methylethyl)-5-isopropyl-3,6-dimethoxy-2,5-dihydropyrazine (**74**) (BuLi, THF—C_6H_{14}, −70°C, 10 min; the AcMe ↓, −70°C, 1 h: 98%);[196] 2-(1-hydroxy-1-methylethyl)-5-isopropyl-3,6-dimethoxy-2- methyl-2,5-dihydropyrazine[194] and other homologues[517,905,911] were made similarly.

The same substrate (**71**) gave the 2-(1-ethyl-1-mercaptopropyl) derivative (**75**), isolated as its more stable thioether, 2-[1-ethyl-1-(methylthio)propyl]-5-isopropyl-3,6-dimethoxy-2,5- dihydropyrazine (**76**) (BuLi, THF—C_6H_{14}, −70°C, 10 min; then $Et_2C=S$ ↓, −70°C, 12 h; then MeI ↓, 20°C, 40 h : 76%).[355]

Also other examples.[197,459,471,515,520,531,537,1023,1097,1435,1497,1498,1520,1670]

Using Titanium- or Aluminum-Assisted Aldehydes

2-Isopropyl-3,6-dimethoxy-2,5-dihydropyrazine (**71**) gave 2-(1-hydroxyethyl)-5-isopropyl-3,6-dimethoxy-2,5-dihydropyrazine (**77**, R = Me) [BuLi, THF—C_6H_{14}, −70°C, 15 min; then ClTi(NMe$_2$)$_3$ ↓, −70°C, 45 min; then MeCHO ↓, −70°C, 12 h: 79%];[206] in a similar way, appropriate aldehydes gave 2-(α-hydroxybenzyl)- (**77**, R = Ph) (84%), 2-(1-hydroxybut-2-enyl)- (**77**, R = CH:CHMe) (91%), and 2-(1-hydroxybutyl)-5-isopropyl-3,6-dimethoxy-2,5-dihydropyrazine (**77**, R = Pr) (84%).[535]

2,5-Diethoxy-3-isopropyl-3,6-dihydropyrazine gave 2,5-diethoxy-3-isopropyl-6-(2,3,4,5-tetraacetoxy-1-hydroxypentyl)-3,6-dihydropyrazine (**78**) [BuLi, THF, −50°C; then Et$_2$AlCl ↓, −78°C; then AcOCH$_2$(CHOAc)$_3$CHO ↓, −78°C, 3 h: 58%].[1107]

Also other examples.[372,521,526,532,1213]

Using Variant Procedures for C-Alkylation

Note: There are several ways to prepare Schöllkopf's alkylated lactam ether substrates (for the preparation of α-amino acids) that do not imvolve the foregoing standard lithiation/alkylation procedures. Such variants are exemplified here.

2-Isopropyl-3,6-dimethoxy-2,5-dihydropyrazine (**79**) gave 2-chloro-5-isopropyl-3,6-dimethoxy-2,5-dihydropyrazine (**80**) (BuLi, THF, −78°C, 15 min; then C$_2$Cl$_6$ ↓, −78°C,? min: 90%; isolable but unstable and best used *in situ*), and thence 2-(dimethoxycarbonylmethyl)-5-isopropyl-3,6-dimethoxy-2,5-dihydropyrazine (**81**) [NaHC(CO$_2$Me)$_2$, [18]crown-6-ether, THF, 0°C: ~ 65%].[916]

The foregoing chloro intermediate (**80**) gave a tin complex (**83**) that reacted with *p*-diethoxybenzene to afford 2-(2,5-diethoxyphenyl)-5-isopropyl-3,6-dimethoxy-2,5-dihydropyrazine (**84**) (EtOC$_6$H$_4$OEt-*p*, SnCl$_4$, CH$_2$Cl$_2$; then (**80**) ↓, −78°C, 6 h: 65%).[920]

The substrate (**79**) gave 2-cyclohexyl-5-isopropyl-3,6-dimethoxy-2,5-dihydropyrazine (**82**) (BuLi, THF, −70°C, 15 min; then TsN$_3$ ↓, −70°C, 30 min; then cyclohexene ↓, 20°C, 18 h: 71%; see original for postulated mechanism involving attack by a pyrazine radical on cyclohexene).[917]

Ethyl 3,6-diethoxy-5-isopropyl-2,5-dihydro-2-pyrazinecarboxylate (**85**) gave ethyl 2-[α-(*tert*-butyldimethylsiloxy)benzyl]-3,6-diethoxy-5-isopropyl -2,5-dihydro-2-pyrazinecarboxylate (**86**) [Sn(OSO$_2$CF$_3$)$_2$, EtN(CH$_2$)$_5$, THF, $-78°$C; or MgBr$_2$, Et$_3$N, MeCN, $-20°$C; in both cases followed by Bu^{t}Me$_2$SiOSO$_2$CF$_3$, lutidine, CH$_2$Cl$_2$, $-45°$C: ~85%; note lack of a lithiation step];[1634] also analogous examples.[1739]

2,5-Diethoxypyrazine (**87**) gave the unisolated dihydro adduct (**88**), and thence *racemic*-2-butyl-3,6-diethoxy-2,5-dihydropyrazine (**89**) (BuLi, Et$_2$NCH$_2$CH$_2$NEt$_2$, THF, $-70°$C, 3 h; then pH 7 buffer ↓: 75%); this underwent normal Schöllkopf lithiation/alkylation at the 5-position but the product and derived amino acid were naturally both racemic.[539]

3.2.1.2. By Replacement of Halogeno Substituents (H 142)

The replacement of (mainly nuclear) halogeno substituents by alkyl or aryl groups has been used extensively in recent years. Such replacement can be achieved with a variety of reagents, as illustrated in the following classified examples:

Using Alkynes (Pd or Pd—Cu Catalyzed)

2-Chloro-3,6-diisobutylpyrazine (**90**) gave 2,5-diisobutyl-3-trimethylsilylethynyl-pyrazine (**91**) [HC≡CSiMe$_3$, Pd (PPh$_3$)$_4$, Et$_3$N, 100°C, sealed, 6 h: 93%].[1527]

3-Amino-6-bromo-2-pyrazinecarbonitrile (**92**, R = Br) gave 3-amino-6-phenylethynyl-2-pyrazinecarbonitrile (**92**, R = C⋮CPh) (PhC≡CH, PdCl$_2$, CuI, Ph$_3$P, Et$_3$N, MeCN, 20°C, 18 h: 75%);[802] analogues likewise.[802,806]

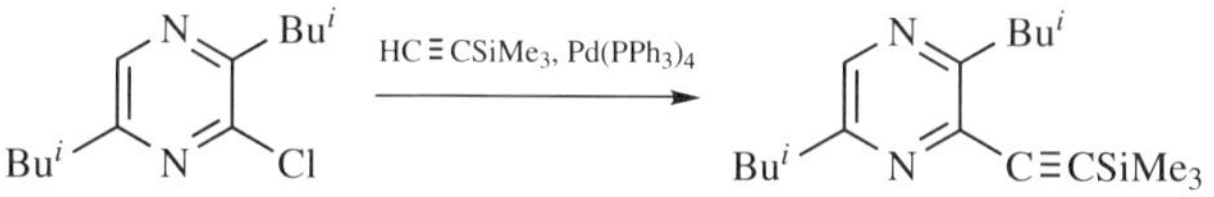

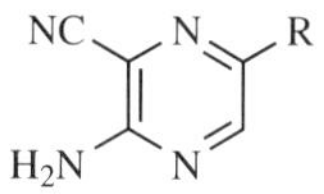

2,6-Dichloro-3-iodopyrazine (**93**) gave only 2,6-dichloro-3-phenylethynylpyrazine (**94**) [PhC≡CH, CuI, PdCl$_2$ (PPh$_3$)$_2$, Et$_3$N, 20°C, 1 h: 87%; note preferential displacement of the iodo substituent].[1455]

Also other examples.[10,93,96,201,234,252,817,838,1114,1537,1559,1588,1607,1747]

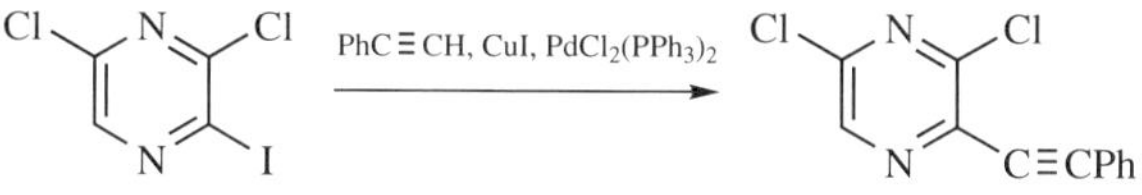

Using Alkenes (Pd Catalyzed)

2-Chloro-3,6-diethylpyrazine (**95**) gave 2,5-diethyl-3-styrylpyrazine (**96**, R = Ph) [PhCH=CH$_2$, Pd(PPh$_3$)$_4$, AcOK, AcNMe$_2$, reflux, 2 h: 71%], 2-(2-ethoxycarbonylvinyl)-3,6-diethylpyrazine (**96**, R = CO$_2$Et) [EtO$_2$CCH=CH$_2$, Pd(PPh$_3$)$_4$, AcOK, AcNMe$_2$, 130°C, 15 h: 44%], or 2-(2-cyanovinyl)-3,6-diethylpyrazine (**96**, R = CN) [CH$_2$=CHCN, Pd(PPh$_3$)$_4$, AcOK, Me$_2$NCHO, 100°C, 15 h: 50%];[1391] also several analogues likewise.[252,1391]

Also other examples.[1570,1588]

Using Heteroaromatics (Pd Catalyzed)

Note: Replacement of halogeno substituents with heteroaromatics appears to be confined to the use of π-excessive systems; a few sugars have also been used.

2-Chloro-3,6-dimethylpyrazine (**97**) and furan (**98**, X = O) gave 2-(furan-2-yl)-3,6-dimethylpyrazine (**99**, X = O) [Pd(PPh$_3$)$_4$, AcOK, AcNMe$_2$, reflux, 6 h: 75%]; the same substrate (**97**) with thiophene (**98**, X = S) likewise gave 2,5-dimethyl-3-(thien-2-yl)pyrazine (**99**, X = S) (77%); and appropriate heterocycles, in a broadly similar way, afforded products such as 2,5-dimethyl-3-(pyrrol-2-yl)pyrazine (**99**, X = NH) (25%), 2,5-dimethyl-3-(oxazol-5-yl)pyrazine (**100**, X = O), 2,5-dimethyl-3-(thiazol-5-yl)pyrazine (**100**, R = S) (61%), and 2-(3,6-dimethylpyrazin-2-yl)benzothiazole (**101**) (43%).[323]

2-Chloro-3,6-dimethylpyrazine (**97**) with indole gave 2-(3,6-dimethylpyrazin-2-yl)indole (**102**, Q = Me, R = H) [Pd(PPh$_3$)$_4$, AcOK, Me$_2$NAc, reflux, A, 12 h: 54%],[287] 2-chloro-3,6-diphenylpyrazine likewise gave 2-(3,6-diphenylpyrazin-2-yl)indole (**102**, Q = Ph, R = H) [Pd(PPh$_3$)$_4$, K$_2$CO$_3$, CuI, Me$_2$NAc, reflux, A, 12 h: 70%];[287] but 2-chloro-3,6-dimethylpyrazine (**97**) with 1-tosylindole gave, not the expected product (**102**, Q = Me, R = Ts), but the isomeric 3-(3,6-dimethylpyrazin-2-yl)-1-tosylindole [Pd(PPh$_3$)$_4$, AcOK, AcNMe$_2$, reflux, 12 h: ~40%; other N-substituted indoles behaved similarly].[102]

Also other examples, including the use of sugars.[113,1302,1503]

Using Carbanions

2,3,5,6-Tetrachloropyrazine (**103**, R = Cl) gave 2,3,5-trichloro-6-dicyanomethylpyrazine [**103**, R = CH(CN)$_2$] [H$_2$C(CN)$_2$, NaH, THF, reflux, 20 h: 85%].[1308]

2-Chloropyrazine gave 2-(2-oxocyclopentyl)pyrazine (**104**) [(CH$_2$)$_4$C=O, KH, Me$_2$NCHO, 0°C; substrate ↓, 0°C 2 h: 34%].[793]

2-Chloropyrazine gave 2-(α-cyanobenzyl)pyrazine (**105**) [PhCH$_2$CN, NaNH$_2$, THF, N$_2$, <20°C, 15 min; substrate ↓, 20°C, 2 h: 73%][69] or 2-acetonylpyrazine (**106**) [AcMe, KNH$_2$, NH$_3$ (liquid)—Et$_2$O; then substrate ↓, N$_2$, dark, 5 min: 98%; for more precise details, see original].[766]

5,6-Dichloro-3-nitro-2-pyrazinamine and ethyl 3-aminocrotonate gave 5-(2-amino-1-ethoxycarbonylprop-1-enyl)-6-chloro-3-nitro-2-pyrazinamine (**107**) (Et$_3$N, Pr^{i}OH, 20°C, 16 h: 62%).[788]

2,3-Dichloropyrazine and tosylacetonitrile gave 2-chloro-3-(α-cyano-α-tosylmethyl)pyrazine (**108**) (Me$_2$SO, anhydrous Cs$_2$CO$_3$, 60°C, 6 h: 48%).[434]

Also other examples,[51,361,783,808,1180,1195,1412,1518] some using extranuclear halogenopyrazines as substrates.[938, 1402]

Using Radicals

5,6-Dichloro-2,3-pyrazinedicarbonitrile (**110**) gave 5-*tert*-butyl-6-chloro-2,3-pyrazinedicarbonitrile (**109**) [Bu^{t}CO$_2$H, AgNO$_3$, (NH$_4$)$_2$S$_2$O$_8$, H$_2$O—MeCN, 80°C, A, 130 min: 31%],[335] several analogues likewise,[335] or 5-chloro-6-(*N*-formylanilino)methyl-2,3-pyrazinedicarbonitrile (**111**) [PhN(CHO)CH$_2$SiMe$_3$, MeCN, hν: <20%; radical mechanism postulated].[338]

Also other examples.[55]

[Structures (109), (110), (111) shown with reagents: Bu^{t}CO$_2$H, AgNO$_3$, (NH$_4$)$_2$S$_2$O$_8$ converting (110) to (109); and $h\nu$, PhN(CHO)CH$_2$SiMe$_3$ converting (110) to (111).]

Using Alkyl Halides (Cu Catalyzed)

Note: This replacement appears to have been used recently only with perfluoroalkyl halides.

2,6-Dichloropyrazine (**112**) gave 2,6-bis(perfluorooctyl)pyrazine (**113**) [C$_8$F$_{17}$I, Cu, 2,2′-bipyridine, Me$_2$SO, C$_6$F$_6$ (solvent), reflux, 53 h: 89%].[1326]

2-Iodo-3-phenylthiopyrazine (**114**, R = I) gave 2-phenylthio-3-trifluoromethylpyrazine (**114**, R = CF$_3$) (MeO$_2$CF$_2$Cl, KF, CuI, Me$_2$NCHO, A, 115°C, 3 h: 63%; MeI and CO$_2$ lost);[1596] 2-chloro-3-trifluoromethylpyrazine (50%) was made similarly.[1596]

[Structures (112), (113), (114) shown with C$_8$F$_{17}$I, Cu converting (112) to (113).]

Using Aryl- or Heteroarylboronic Acids (Pd Catalyzed)

2-Chloropyrazine (**115**, R = Cl) gave 2-phenylpyrazine (**115**, R = Ph) [PhB(OH)$_2$, PdCl$_2$(PPh$_3$)$_2$, Na$_2$CO$_2$, PhMe—EtOH—H$_2$O, reflux 24 h: 78%; product named incorrectly in the experimental section of the original paper].[380]

3-Benzoyl-5-bromo-2-pyrazinamine (**116**, R = Br) gave 3-benzoyl-5-phenyl-2-pyrazinamine (**116**, R = Ph) [PhB(OH)$_2$, PdCl$_2$(PhCN)$_2$, Ph$_2$PCHMeCH-MePPh$_2$, PhMe, A, 20°C, 30 min; the substrate ↓, Na$_2$CO$_3$, EtOH—H$_2$O, reflux, 7 h: 92%];[1092] likewise, the 5-(naphthalen-2-yl) (**116**, R = C$_{10}$H$_7$-β) (96%), some 5-(substituted-phenyl), and the 5-(thien-2-yl) analogues.[1092]

2-Chloropyrazine (**115**, R = Cl) gave 5-(pyrazin-2-yl)indole (**117**) [5-indole-boronic acid, Pd(PPh$_3$)$_4$ NaHCO$_3$, MeOCH$_2$CH$_2$OMe—H$_2$O, N$_2$, reflux, 4 h: 55%].[326]

Also other examples.[735,808,1617,1619]

Using Trialkylaluminums (Pd Catalyzed)

2-Chloro-3,6-diethylpyrazine (**119**, R = H) gave 2,5-diethyl-3-methylpyrazine (**118**) [Me$_3$Al, Pd(PPh$_3$)$_4$, dioxane—C$_6$H$_{14}$, A, reflux, 2 h: 88%];[280] 2,5-dichloro-3,6-diethylpyrazine (**119**, R = Cl) gave 2,5-diethyl-3,6-dimethylpyrazine (**120**) (likewise but reflux, 4 h: 93%);[280] and many homologues and their *N*-oxides were made similarly.[280,282]

The use of triethylaluminum under similar conditions proved less satisfactory.[293]

Using Trialkylboranes (Pd Catalyzed)

2-Chloro-3,6-diisopropylpyrazine (**121**) gave 2,5-diisopropyl-3-phenylpyrazine (**122**) [Ph$_3$B (made *in situ* from BF$_3$.Et$_2$O, PhBr, Mg, Et$_2$O), K$_2$CO$_3$, Me$_2$NCHO, reflux, A, 12 h: 47% (with 32% substrate recovery)];[307] the same substrate (**121**) gave 2-ethyl-3,6-diisopropylpyrazine (**123**) (Et$_3$B, likewise: 89%);[293] and analogues were made somewhat similarly.[293, 307]

Using Diethylzinc (Ni or Pd Catalyzed)

2-Chloro-3,6-dimethylpyrazine (**124**) gave 2-ethyl-3,6-dimethylpyrazine (**125**) [Et_2Zn, $NiCl_2.(Ph_2PCH_2)_2CH_2$, THF, A, 20°C, 3 h: 71%];[55] 2-ethyl-3,6-dimethylpyrazine 1-oxide (**126**) (46%) was made similarly;[1594] and analogues likewise.[55,1594]

The same substrate (**124**) gave a separable mixture of 2-ethyl-3,6-dimethylpyrazine (**125**) and 2,5-dimethylpyrazine [Et_2Zn, $Pd(PPh_3)_4$, K_2CO_3, Me_2NCHO, reflux, A, <12 h: 25 and 49%, respectively: the main reaction was therefore hydrogenolysis].[293]

Using Tetraalkyl- or Tetraaryltin (Pd Catalyzed)

Note: These tin compounds might well be the reagents of choice (from among their metal/metalloid analogues) for the replacement of halogeno by alkyl/aryl substituents in the pyrazine series.

1-Benzyl-3,6-dichloro-2(1*H*)-pyrazinone (**127**, R = Cl) gave 1-benzyl-5-chloro-3-methyl-2(1*H*)-pyrazinone (**127**, R = Me) [Me_4Sn, $Pd(PPh_3)_4$, PhMe, reflux, <5 days; residue from evaporation, KF, AcOEt, 20°C, 12 h: 81%) or its 3-ethyl homologues (**127**, R = Et) (Et_4Sn, likewise: 95%);[391] analogues similarly.[391]

2-Bromo-5-formamidopyrazine (**128**, R = Br) gave 2-formamido-5-phenylpyrazine (**128**, R = Ph) [Ph_4Sn, $Pd(PPh_3)_4$, Me_2NCHO, N_2, 120°C, <24 h; then KF/H_2O ↓, 20°C, 12 h: 58%] or its 5-(thien-2-yl) analogues (**128**, R = thien-2-yl) (tetrathien-2-yltin; likewise: 99%).[1093]

Note: In some cases, the addition of LiCl and $EtPr^i_2N$ to the reaction mixture improved rates and yields.[1093]

2-Chloropyrazine with 3-(tributylstannyl)pyridine 1-oxide (**129**) gave 2-(1-oxidopyridin-3-yl)pyrazine (**130**) [$Pd(PPh_3)_4$, THF, reflux, 10 h: 98%; see original for procedural details].[898]

Also many other examples.[288,305,469,649,990,1488]

Using Grignard Reagents

Note: The paucity of examples in this category is surprising. 1-Benzyl-3,5-dichloro-2(1*H*)-pyrazinone (**131**) gave 1-benzyl-5-chloro-3-phenyl-2(1*H*)-pyrazinone (**132**) [PhMgBr/Et$_2$O (made *in situ*), THF, −30°C, 10 min: 90%].[374]

Using Copper Alkynides

5-Iodo-3,6-diisobutyl-2(1*H*)-pyrazinone (**133**) gave 3,6-diisobutyl-5-phenylethynyl-2 (1*H*)-pyrazinone (**134**) (CuC≡CPh, pyridine, reflux, 6 h: 67% after separation from unchanged substrate (23%); the corresponding chloro and bromo substrates gave much lower yields under comparable conditions.[321]

Methyl 3,5-diamino-6-iodo-2-pyrazinecarboxylate (**135**, R = I) gave methyl 3,5-diamino-6-phenylethynyl-2-pyrazinecarboxylate (**135**, R = C⋮CPh) [CuC≡CPh, (Me$_2$N)$_3$PO, N$_2$, 100°C, 30 min: 29%].[713]

Using Sulfonium or Phosphonium Reagents

2-Chloro-5,6-diphenylpyrazine (**136**) gave successively dimethyloxosulfonium 5,6-diphenylpyrazin-2-ylmethylide (**137**) [H$_2$CS(=O)Me$_2$, THF, N$_2$, reflux, 5 h: 93%], acetyl dimethyloxosulfonium 5,6-diphenylpyrazin-2-ylmethylide (**138**) (Ac$_2$O, dioxane, 0°C, 90 min: 91%), and 2-acetonyl-5,6-diphenylpyrazine (**139**) (Raney Ni, MeOH, reflux, 30 min: 60%).[91]

3,5-Dichloro-1-phenethyl-2(1*H*)-pyrazinone (**140**) gave 5-chloro-3-methyl-1-phenethyl-2(1*H*)-pyrazinone (**141**), via an unisolated phosphonium ylide (MePh$_2$P$^+$ Br$^-$, BuLi, THF, −30°C, 15 min; substrate ↓, 20°C, 6 h; 0.5 M Na$_2$CO$_3$ ↓, reflux, 6 h: 82%).[374]

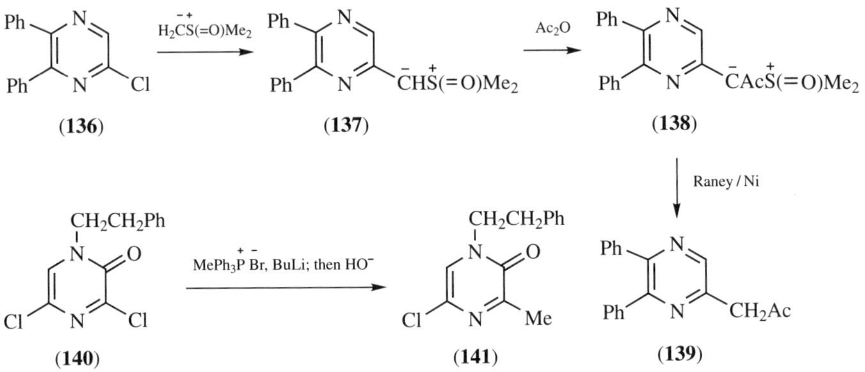

[Scheme showing conversion of (136) → (137) → (138) → (139), and (140) → (141)]

3.2.1.3. By Replacement of Alkoxy, Cyano, Nitro, or Oxo Substituents

There have been few recent reports on the introduction of an alkyl group into the pyrazine nucleus by displacement of a non-halogeno substituent. However, the following examples indicate that this possibility should not be ignored:

2-Methoxypyrazine (**142**) gave 2-(α-cyanobenzyl)pyrazine (**143**) (PhCH$_2$CN, NaH, THF, reflux, 30 min; then substrate ↓, reflux, N$_2$, TLC monitored: 46%).[309] other carbanions seem to have been less successful.[309]

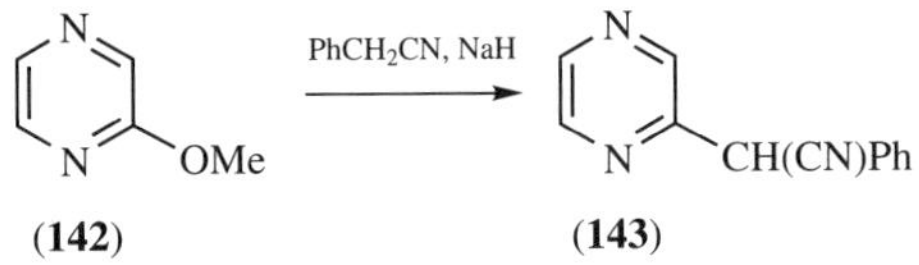

[Scheme: (142) → (143) with PhCH$_2$CN, NaH]

5,6-Diphenyl-2,3-pyrazinedicarbonitrile (**145**) gave 3-allyl-5,6-diphenyl-2-pyrazinecarbonitrile (**144**) (Me$_2$SiCH$_2$CH=CH$_2$, MeCN, $h\nu$, A, 70 h: 98%; with a trace of phenanthrene as sensitizer, only 25 h was required) or 3-benzyl-5,6-diphenyl-2-pyrazinecarbonitrile (**146**) (Me$_3$SiCH$_2$Ph, trace phenanthrene, MeCN, $h\nu$, A, 25 h: 98%).[1087]

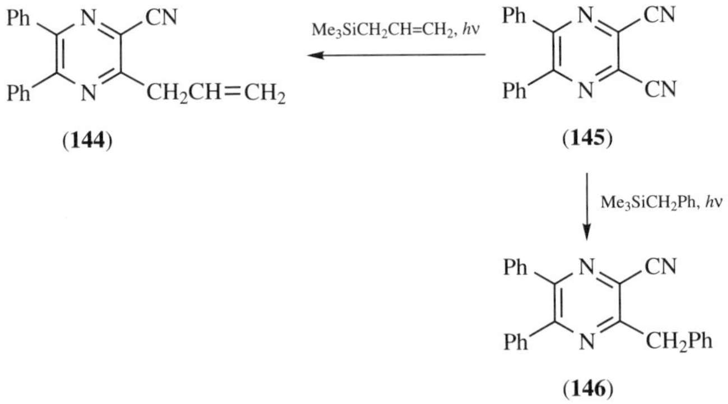

[Scheme: (145) → (144) with Me$_3$SiCH$_2$CH=CH$_2$, $h\nu$; (145) → (146) with Me$_3$SiCH$_2$Ph, $h\nu$]

2-Bromo-5-nitropyrazine (**147**) gave 2,5-bis(1,1-dicyanopent-4-ynyl)pyrazine (**148**) [HC≡CCH$_2$CH$_2$CH(CN)$_2$, NaH, THF, N$_2$, 20°C, 20 min; substrate ↓, 20°C, 2 h: 48%].[361]

6-Benzyl-2,3,5-piperazinetrione (**149**, X = O) gave 3-benzyl-6-methoxycarbonyl-methylene-2,5-piperazinedione (**149**, X = CHCO$_2$Me) (Ph$_3$P=CHCO$_2$Me, PhMe, reflux, 19 h: 60%); also analogues.[969]

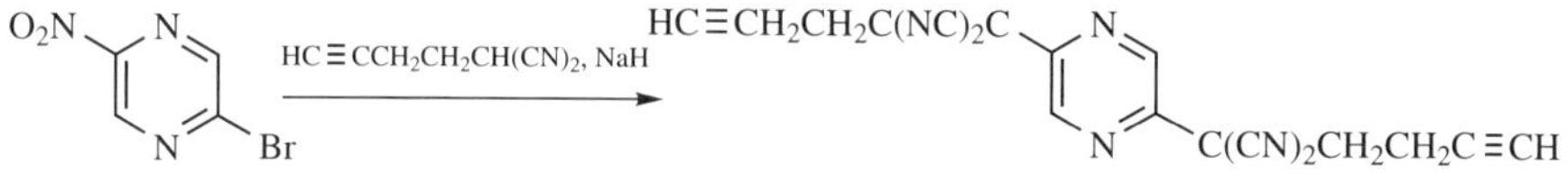

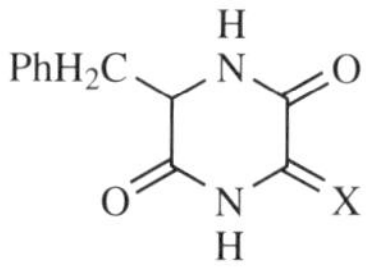

3.2.1.4. By Interconversion of Simple Alkyl Substituents (*H* 74, 92)

Alkyl-, alkenyl-, or alkynylpyrazines [usually with no functional groups attached to the alkyl substituent(s)] may be converted into other such pyrazines in several ways, as illustrated in the following examples:

Using Reduction

2,5-Dimethyl-3-phenylethynylpyrazine (**150**) gave 2,5-dimethyl-3-styrylpyrazine (**150a**) [H$_2$, Lindlar catalyst (Pd/CaCO$_3$, Pb-deactivated), C$_6$H$_{14}$, 20°C: 97%; or LiAlH$_4$, THF, reflux, 4 h: ~20%].[96]

In contrast, methyl 5-(pent-1-ynyl)-2-pyrazinecarboxylate (**151**, R = C:CPr) gave methyl 5-pentyl-2-pyrazinecarboxylate (**151**, R = CH$_2$Bu) (H$_2$, Pd/C, MeOH, 20°C: 94%).[93]

Also other examples.[969,1588]

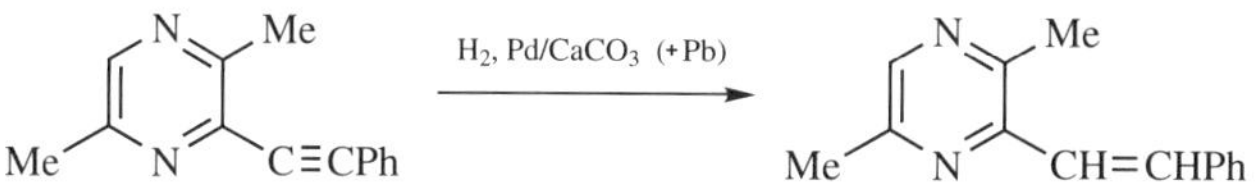

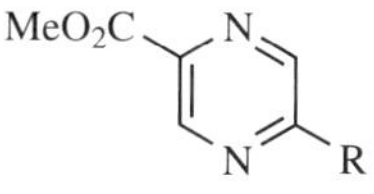

Using Extranuclear Alkylation

2-Methylpyrazine (**152**) gave 2-benzylpyrazine (**153**) [NaNH$_2$, NH$_3$ (liquid), trace Fe(NO$_3$)$_3$, -78°C; then PhBr ↓ 15 min: 53%][199] or several other 2-alkylpyrazines likewise.[886]

2,3,5,6-Tetramethylpyrazine gave 1,2-bis(3,5,6-trimethylpyrazine-2-yl)ethane (**154**) (Pr$^i_2$NLi, Et$_2$O—C$_6$H$_{14}$, 0°C, 1 h: then I$_2$ ↓, 0°C, 30 min: 31%); also homologues likewise.[1128]

Also other examples.[340,1560]

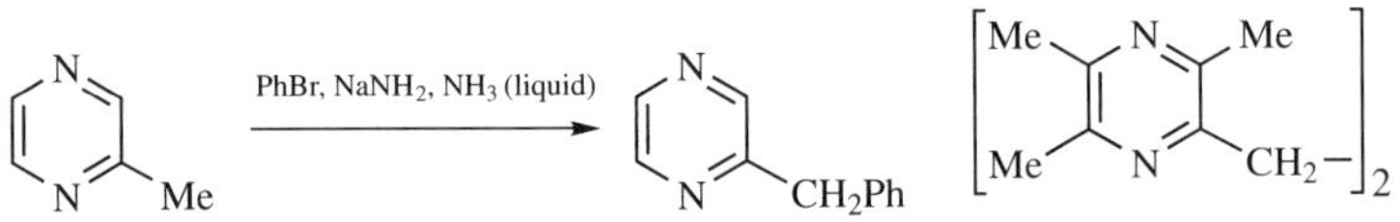

Using Extranuclear Alkylidenation

2,5-Dimethylpyrazine gave 2,5-distyrylpyrazine (PhCHO, Bz$_2$O, reflux, no further details).[1077]

2-Methylpyrazine 1-oxide gave 2-styrylpyrazine 1-oxide (PhCHO, MeONa, MeOH, reflux, 2 h: 96%).[1300]

By Prototropy

Some esoteric examples of the acid-catalyzed migration of extranuclear double bonds have been reported.[1756,1763]

3.2.1.5. By Elimination of Functionality from Existing Substituents (H 77)

Substituents bearing a functional group may be converted into simple alkyl substituents in a variety of ways, illustrated in the following examples:

From (Hydroxyalkyl)pyrazines

2,5-Diethoxy-3-(1-hydroxy-1-methylethyl)pyrazine (**155**) gave 2,5-diethoxy-3-isopropenylpyrazine (**156**) (TsOH, PhH, molecular sieves, reflux: 80%);[6] 2-(1-hydroxy-2-methylpropyl)-6-iodo-3-methoxypyrazine gave 2-iodo-5-methoxy-6-(2-methylprop-1-enyl)pyrazine (**157**) (TsOH, PhMe, reflux with H$_2$O removal, 6 h: 65%).[1588]

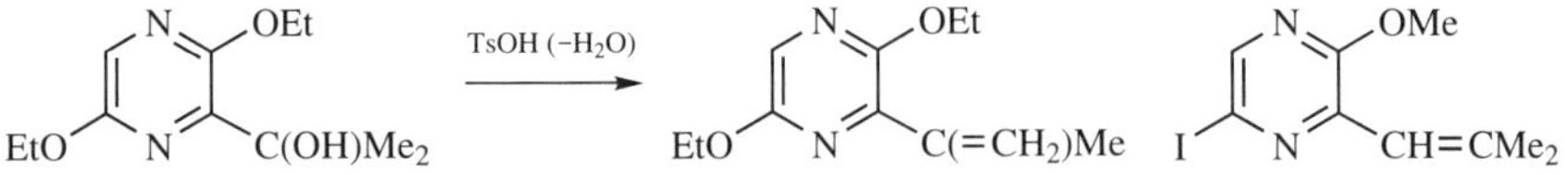

2-(2-Hydroxyheptyl)-3-methylpyrazine gave 2-(hept-1-enyl)-3-methylpyrazine (TsCl, pyridine, 10°C → reflux, 12 h: 45%); also homologues and isomers likewise.[352]

Also examples of extranuclear dehydroxylation by other dehydrative methods[194, 1239,1377] or by reduction[384] have been reported.

From (Halogenoalkyl)pyrazines

Note: Hydrogenolysis and other reductive methods appear to be almost unrepresented in recent literature (however, see Section 4.4).

2-(2,2-Dibromovinyl)- (**158**) gave 2-ethynyl-5-isopropyl-3,6-dimethoxy-2-methyl-2,5-dihydropyrazine (**159**) (BuLi, THF—C_6H_{14}, −78°C, 90 min: 83%; mechanism?).[528]

2-Chloromethyl-5-methylpyrazine (**160**) gave 2-methyl-5-triphenylphosphoniomethylpyrazine chloride (**161**) (PPh$_3$, Me$_2$NCHO, 75°C, 6 h: 81%), and thence 2-methyl-5-vinylpyrazine (**162**) (HCHO, Na$_2$CO$_3$, H$_2$O—CH$_2$Cl$_2$, 20°C, 2 h: 37%).[1446]

Also other examples.[811,1239]

From Acylpyrazines

Note: The reduction of *C*-acyl- to *C*-alkylpyrazines has been used occasionally;[1022,1567] in addition, pyrazinecarbaldehydes react with methylene reagents to afford alkenylpyrazines, providing one or other reactant is preconverted into a Wittig reagent, as here illustrated.

3-Methylthio-2-pyrazinecarbaldehyde (**163**, X = O) and the Witting reagent, (ethoxycarbonylmethylene)triphenylphosphorane, gave 2-(2-ethoxycarbonylvinyl)-3-methylthiopyrazine (**163**, R = CH$_2$CO$_2$Et) (neat reactants, N$_2$, 135°C, 8 h: 87%).[1126]

Also analogous reactions.[1152]

From Trialkylsilylalkylpyrazines

2,5-Dimethyl-3-(trimethylsilylethynyl)pyrazine (**164**, R = SiMe$_3$) gave 2-ethynyl-3,6-dimethylpyrazine (**164**, R = H) (KOH, MeOH—H$_2$O, 20°C, 1 h: >68%).[201] Displacement of SiMe$_3$ by aryl is also possible.[1527]

From Tosyloxypyrazines

2-Methyl-6-tosyloxypyrazine gave 6,6′-dimethyl-2,2′-bipyrazine (**165**) (formally an arylpyrazine!) (PPh$_3$, NiCl$_3$, Zn, Me$_2$NCHO, 20°C, 15 min; then substrate ↓, 50°C, 4 h: 50%).[1461]

2-Methyl-5-tosyloxymethylpyrazine and indol-3-ylmagnesium bromide (made *in situ*) gave 3-[(5-methylpyrazin-2-yl)methyl]indole (THF, −23 → 20°C, 12 h: 30%).[324]

From Pyrazinyl Sulfones or Sulfoxides

2-Methylsulfonylpyrazine (**166**, R = Me) gave 2-methylpyrazine (**167**, R = Me) and pyrazine with loss of SO$_2$ (pyrolysis, ~270°C, 760 mmHg, 30 min: 25% and a trace, respectively); as the size/bulk of the alkyl group was increased, so the yield of pyrazine increased at the expense of the alkylpyrazine (**167**): for example, 2-*tert*-butylsulfonylpyrazine (**166**, R = Bu^t) gave 2-*tert*-butylpyrazine (**167**, R = Bu^t) and pyrazine (~170°C: trace and 49%, respectively).[239]

2-(6-Methylpyridin-2-ylsulfinyl)pyrazine gave 2-(6-methylpyridin-2-yl)pyrazine (MeMgBr, THF, −50°C, 15 min: 36%).[871]

From Heteroarylpyrazines

2-(5-Amino-3-phenylisoxazol-4-yl)pyrazine (**168**) gave 2-phenylethynylpyrazine (**169**) (NaNO$_2$, AcOH—H$_2$O, 20°C, 1 h: 80%; mechanism suggested).[795]

2-(Benzo[*b*]thien-2-yl)-3,6-dimethylpyrazine (**170**) underwent desulfurization to 2,5-dimethyl-3-phenacylpyrazine (**171**) (Raney Ni, EtOH, reflux, 8 h:

72%);[323] likewise 2,5-diisobutyl-3-(thien-2-yl)pyrazine (**172**) gave 2-butyl-3,6-diisobutylpyrazine (92%).[323]

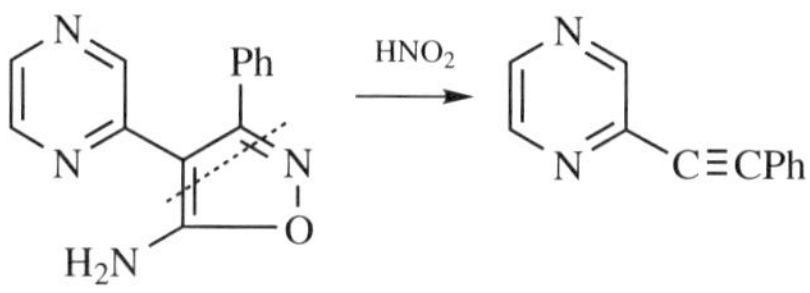

(**168**)　(**169**)

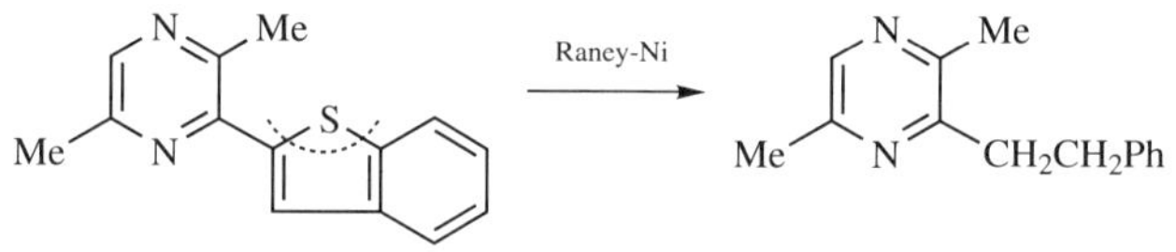

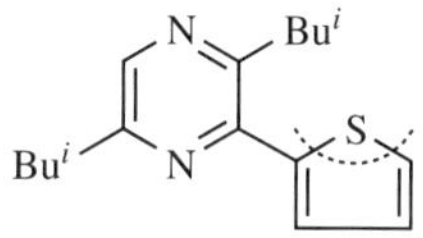

(**170**)　(**171**)　(**172**)

3.2.1.6. By Ipso-Substitution of Trimethylsiloxycarbonyl Substituents

Trimethylsilyl 2-pyrazinecarboxylate (**174**) gave 2-[α-(trimethylsiloxy)benzyl]pyrazine (**173**) (neat PhCHO, N_2, 200°C, 4 days: 50%) or 2-[α-phenyl-α-(trimethylsiloxy)benzyl]pyrazine (**175**) (BzPh, 240°C, 13 days: 23%); a rational mechanism was suggested.[362]

Note: The foregoing products are clearly of potential use as intermediates because analogous (trimethylsiloxyalkyl)pyridines readily underwent hydrolysis to the corresponding alcohols.[362]

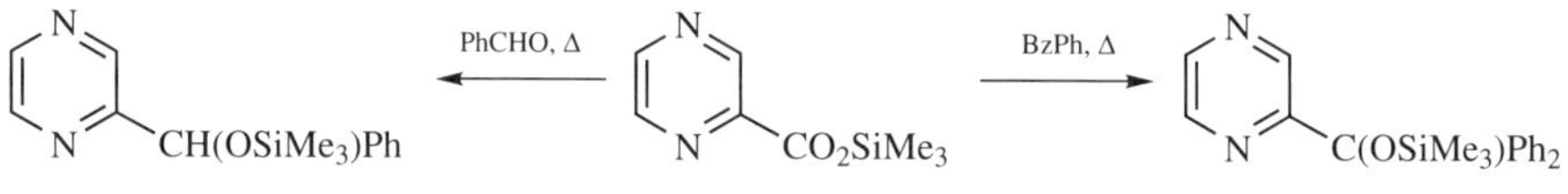

(**173**)　(**174**)　(**175**)

3.2.2. Preparation of N-Alkyl- and N-Arylpiperazines (H 377)

The N-alkylation, N-arylation, and in particular N-heteroarylation of piperazines is an important process because of the common propensity (justified or not) for introducing a piperazino grouping into structures perceived as potentially bioactive in a variety of drug-related areas. The various routes to such N-alkylated piperazines are outlined in this section, which also includes examples of the N-alkylation of di- or tetrahydropyrazines; the N-alkylation of (tautomeric) pyrazinones and the like is covered in Section 5.1.2.2.

3.2.2.1. By N-Alkylation Processes (H 377)

Most such processes have involved treatment with an alkyl halide or with an (activated) aryl or heteroaryl halide in the presence of a base but many other reagents have been used as well. Naturally, piperazines can undergo mono- or dialkylation, broadly according to the amount of reagent, but sometimes prior protection of one NH grouping may be necessary to avoid any dialkylation. The following classified examples illustrate recently reported alkylation processes:

N-Monoalkylation with Alkyl Halides

- *tert*-Butyl 1-piperazinecarboxylate (**176**) gave *tert*-butyl 4-*p*-chlorobenzyl-1-piperazinecarboxylate (**177**) (ClH$_2$CC$_6$H$_4$Cl-*p*, K$_2$CO$_3$, EtOH, reflux, 12 h), and thence 1-*p*-chlorobenzylpiperazine (**178**) (F$_3$CCO$_2$H, CH$_2$Cl$_2$, 20°C, 12 h: 91% overall); note protection from dialkylation.[1644]

- 2-Piperazinecarboxamide (**179**, R = H) gave 4-(3-cyanopropyl)-2-pyrazinecarboxamide (**179**, R = CH$_2$CH$_2$CH$_2$CN) (BrCH$_2$CH$_2$CH$_2$CN, K$_2$CO$_3$, Me$_2$NCHO, 50°C, 3 h: 67%) or 4-[3-(diethoxyphosphinyl)propyl]-2-piperazinecarboxamide (**179**, R = CH$_2$CH$_2$CH$_2$PO(OEt)$_2$, Me$_2$NCHO, 50°C, N$_2$, 6 h: 80%]; note regioselectivity in both cases.[1355]

- 1-Benzylpiperazine (**180**, R = H) gave 1-benzyl-4-cyanomethylpiperazine (**180**, R = CH$_2$CN) (ClCH$_2$CN, Na$_2$CO$_3$, 0 → 20°C, 2 h: 93%;[635] or BrCH$_2$CN, K$_2$CO$_3$, Me$_2$NCHO, 35 → 20°C, 24 h: 85%).[660]

- 3-Methyl-3,4,5,6-tetrahydro-2(1*H*)-pyrazinone (**181**, R = H) gave 4-benzyl-3-methyl-3,4,5,6-tetrahydro-2(1*H*)-pyrazinone (**181**, R = Ch$_2$Ph) (PhCH$_2$Cl, MeOH, reflux, 24 h: 60% as hydrochloride; note regioselectivity).[149]

Also other examples.[42,292,443,493,495,606,677,679,685,692,694,697,715,781,814,841,873,951,953,992,1014, 1155,1176,1189,1342,1514,1554,1682]

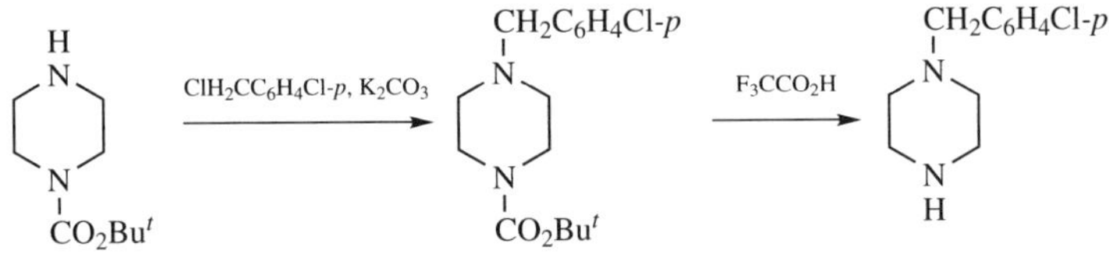

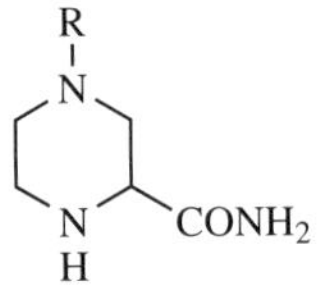

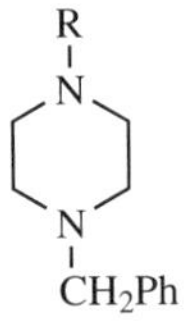

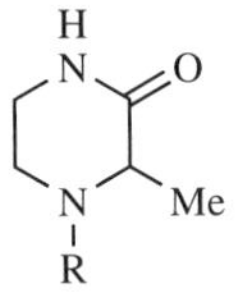

N,N'-Dialkylation with the Same Alkyl Halide

Piperazine gave 1,4-diallylpiperazine (**182**, R = H) [BrCH$_2$CH=CH$_2$, (2 mol), NaOH, PhCH$_2$Et$_3$NCl, H$_2$O—CH$_2$Cl$_2$, 45°C, 3 h: 55%][498] or 1,4-bis(2,3,3-trichloroallyl)piperazine (**182**, R = Cl) (ClCH$_2$CCl=CCl$_2$, Pr^{i}OH, 95°C, 4 h: 87%).[1344]

Also other examples.[266,596,720]

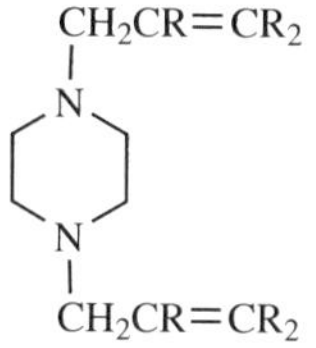

(**182**)

N,N'-Dialkylation with Different Alkyl Halides

1-Piperazinecarbaldehyde (1-formylpyrazine) gave successively 1-cinnamyl-4-piperazinecarbaldehyde (**183**) (PhCH=CHCH$_2$Br, K$_2$CO$_3$, PhMe, 110°C, 23 h: 45%; note protection from dialkylation), 1-cinnamylpiperazine (**184**) (HCl, 95°C, 3 h: 55%; deprotection), and 1-cinnamyl-4-[2-(2,6-dimethoxyphenoxy)ethyl]piperazine (**185**) [BrCH$_2$CH$_2$OC$_6$H$_3$(OMe)$_2$-2,6, K$_2$CO$_3$, AcOEt, reflux, 6 h: 35%].[707]

Also other examples.[712]

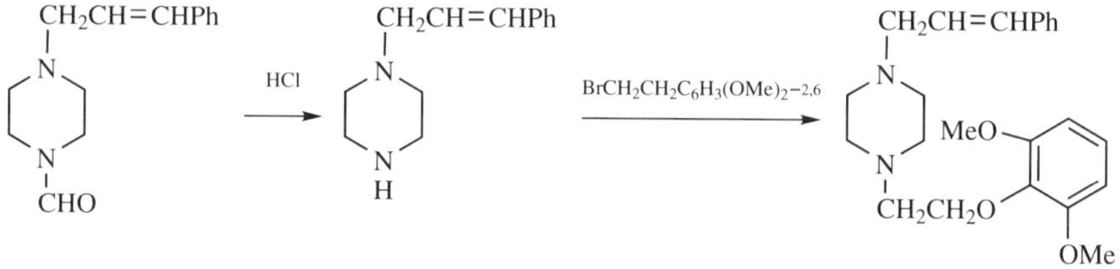

(**183**)   (**184**)   (**185**)

N-Arylation with Activated Aryl Halides

Piperazine gave 1-(*p*-nitrophenyl)piperazine (**186**) (O$_2$NC$_6$H$_4$Cl-*p*, K$_2$CO$_3$, AcMe, 125°C, sealed, 20 h: 54%; note sluggish reaction, even with activation of aryl halide by a nitro group).[142]

Also other examples.[856,885,1553,1643]

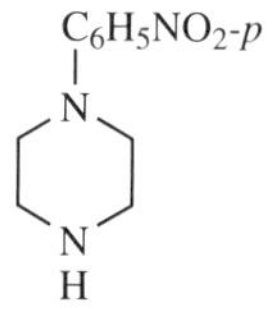

(**186**)

N-Heteroarylation with Activated Heteroaryl Halides

Piperazine (**187**) (in excess) and 5-chloro-6-phenyl-3(2*H*)-pyridazinone (**188**) gave 6-phenyl-5-(piperazin-1-yl)-3(2*H*)-pyridazinone (**189**) (BuOH, reflux, 16 h: 63%).[313]

Piperazine (**187**) (in excess) and 3,7-dibromo-1,2-benzisothiazole (**190**) gave 7-bromo-3-(piperazin-1-yl)-1,2-benzisothiazole (**191**) [MeOCH$_2$CH$_2$OCH$_2$CH$_2$OMe, reflux, 20 h: 68%; note selective aminolysis of the more activated bromo substituent in the reagent (**190**)].[1338]

Also other examples.[146,602,615,617,655,670,696,978,985,1226,1366,1553]

N-Alkylation with Alkenes

1-(*p*-Fluorophenyl)piperazine (**192**) gave 1-(*p*-fluorophenyl)-4-phenethylpiperazine (**193**) (BuLi, THF, A, −78 → 20°C; then PhCH=CH$_2$ ↓, 120°C, sealed, 20 h: 99%); also analogues.[1611]

1-Phenylpiperazine gave 1-(2-cyanoethyl)-4-phenylpiperazine (**194**) (neat H$_2$C=CHCN, 95°C, 1 h: 67%).[446]

1-Piperazinecarbaldehyde gave 4-(2-ethoxycarbonylethyl)-1-piperazinecarbaldehyde (**195**) (EtO$_2$CCH=CH$_2$, CHCl$_3$, 20°C, 3 days: ~90%).[1538]

Also other examples.[497,933,1147,1342]

N-Alkylation with Ethylene Oxides (Oxiranes) or Aziridines

Piperazine (**196**) gave 1-(2-hydroxyethyl)piperazine (**197**) [(CH$_2$)$_2$O, Me$_2$NCHO, reflux: >75%); homologues likewise.[861, cf. 1043]

1-(8-Chlorodibenzo[*b*,*f*]thiepin-10-yl)piperazine (**198**, R = H) and 1,2-epoxybutane gave 1-(8-chlorodibenzo[*b*, *f*]thiepin-10-yl)-4-(2-hydroxybutyl)piperazine [**198**, R = CH$_2$CH(OH)Et] (MeOH, reflux, 5 h: >95%).[494]

Piperazine (**196**) and 2-methylaziridine (**199**) gave a mixture of 1-(2-aminopropyl)piperazine (**200**), 1-(2-amino-1-methylethyl)piperazine (**201**), and a trace of dialkylated material (a kinetic study with products identified spectrally; H$_2$O, trace HCl, 35–80°C).[1343]

Also other examples.[977,1143,1490,1642]

N-Alkylation or N-Arylation with Alcohols, Ethers, or Esters

Piperazine (**203**, Q = H) gave a mixture of 1-methyl- (**202**, R = H) and 1,4-dimethylpiperazine (**202**, R = Me) [MeOH, IrCl$_3$·3 H$_2$O—PPh$_3$, reflux, 7 days: 52 and 13%, respectively, as determined by gas–liquid chromatography (GLC)].[163]

1-Methylpiperazine (**203**, Q = Me) gave 1-(1-amino-2-nitrovinyl)-4-methylpiperazine (**204**) [MeOC(NH$_2$)=CHNO$_2$, EtOH, reflux, 90 min: 84%; or (MeS)$_2$C=CHNO$_2$, NH$_3$↓, EtOH, reflux, 1 h: 64%].[704]

1-Methylpiperazine (**203**, Q = Me) gave 1-*o*-methoxyphenyl-4-methylpiperazine (**205**) [BuLi, THF—C$_6$H$_{14}$, 0 → 20°C, 2 h; then C$_6$H$_4$(OMe)$_2$-*o* ↓, reflux, 12 h: 75%].[876]

1-Benzylpiperazine (**203**, Q = CH$_2$Ph) and 2-ethylthio-4(3*H*)-quinazolinone gave 2-(4-benzylpiperazin-1-yl)-4(3*H*)-quinazolinone (**206**) (neat reactants, 155°C, 3 h: 87%).[105]

1-Methylpiperazine (**203**, Q = Me) and 2-(trifluoromethanesulfonyloxy)-5,6,7,8-tetrahydroquinoline (made *in situ*) gave 2-(4-methylpiperazin-1-yl)-5,6,7,8-tetrahydroquinoline (**207**) (neat reactants, 135°C, A, <2 h: 79%).[666] Also other examples.[154,1603]

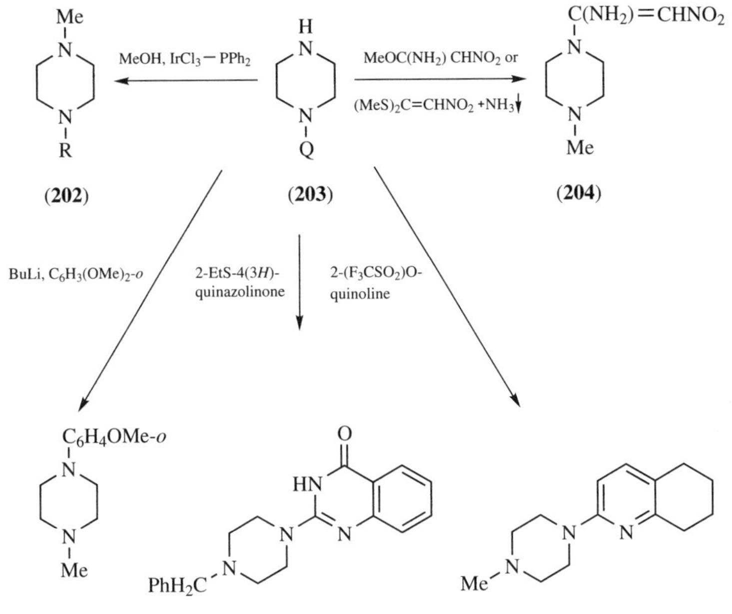

N-Alkylation with Aldehydes or Ketones

Note: These Mannich-like reactions have been used extensively, as illustrated here.

1-Phenylpiperazine (**208**) gave 1-methyl-4-phenylpiperazine (**209**) (CH_2O, HCO_2H, EtOH—H_2O, reflux, 3 h: 93%);[1647] also analogous methylations.[149, 493, 1278]

tert-Butyl 2,5-diphenyl-1-piperazinecarboxylate (**210**, Q = CO_2Bu^t, R = H) gave *tert*-butyl 4-benzyl-2,5-diphenyl-1-piperazinecarboxylate (**210**, Q = CO_2Bu^t, R = CH_2Ph) (PhCHO, $NaBH_3CN$, MeOH, 0 → 20°C, 2 h: crude), and thence 1-benzyl-2,5-diphenylpiperazine (**210**, Q = H, R = CH_2Ph) (deprotected by F_3CCO_2H, CH_2Cl_2, 20°C, 1 h: 73% overall, as dihydrochloride);[112] analogues likewise.[1025]

1-(Diphenylacetyl)piperazine (**211**) and 3-acetylpyridine (**212**) gave 1-(diphenylacetyl)-4-[1-(pyridin-3-yl)ethyl]piperazine (**213**) (NaBH$_3$CN, MeOH, 25°C, 24 h; more NaBH$_3$CN ↓, 48 h: 16%).[643]

1-Methylpiperazine (**214**) gave 1-(3-chloro-6-hydroxybenzyl)-4-methylpiperazine (**215**) (ClC$_6$H$_4$OH-*p*, CH$_2$O, EtOH—H$_2$O, 5 → 20°C, 24 h, then reflux, 8 h: 67%).[1025]

1-Phenylpiperazine gave 4,6-diphenyl-2-(4-phenylpiperazin-1-yl) methyl-3(2*H*)-pyridazinone (**216**) [CH$_2$O, 4,6-diphenyl-3(2*H*)-pyridazinone, EtOH—H$_2$O, reflux, 12 h: 79%].[106]

Also other examples.[84,125,444,445,659,826,878,962,1648]

N-Alkylation with Miscellaneous Reagents

1-Methylpiperazine (**217**) and tris[spiro(1,3-benzodioxole-2,1′-cyclohexan)-4-yl]bismuthine (**218**), prepared from the parent heterocycle by 4-lithiation and transmetalation (BuLi, Et_2O—THF, 24 h; then $BiCl_3$ ↓, 24 h: 70%), gave 1-methyl-4-[spiro(1,3-benzodioxole-2,1′-cyclohexan)-4-yl]piperazine (**219**) [$Cu(OAc)_2$, CH_2Cl_2, A, 20°C, 45 h: 25%]; several analogues likewise.[1194]

1-Methylpiperazine (**217**) gave a mixture of 1-(1,2-dihyrophenyl)- (**220**) and 1-(1,4-dihydrophenyl)-4-methylpiperazine (**221**) (PhH, *hν*; for details see original).[1135]

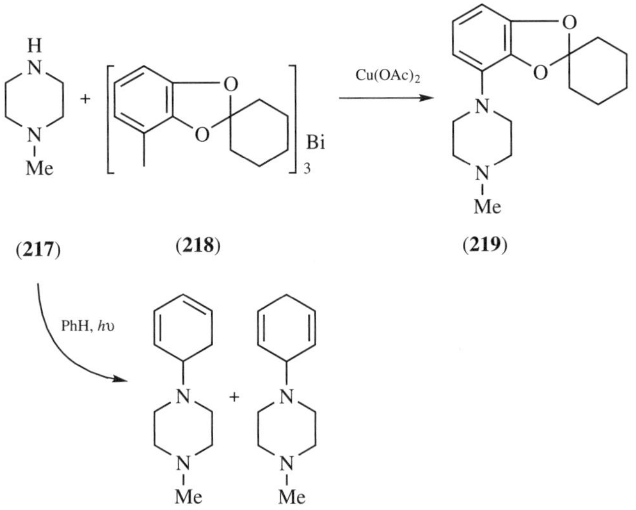

(**217**) (**218**) (**219**)

(**220**) (**221**)

3.2.2.2. By Reduction of N-Acyl- or N-Alkoxycarbonylpiperazines

This route to *N*-alkyl-, *N*-aryl- or *N*-heteroarylpiperazines is illustrated in the following examples:

1-Methyl-4-pivaloylpiperazine (**222**) gave 1-methyl-4-neopentylpiperazine (**223**) ($LiAlH_4$, Et_2O, 20°C, 24 h: ~60%).[1342]

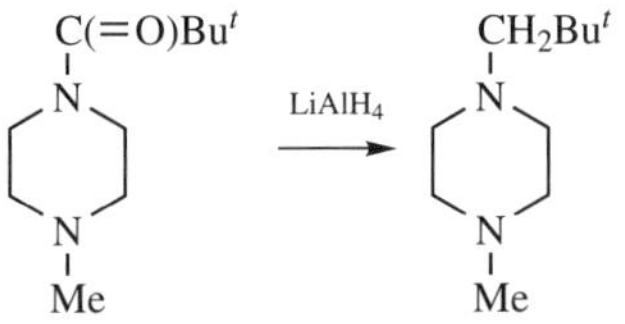

(**222**) (**223**)

1-(3,5-Dimethoxybenzoyl)- gave 1-(3,5-dimethoxybenzyl)piperazine (**224**) ($LiAlH_4$, THF, 20°C, 12 h: 82%).[1514]

Ethyl 3-(thien-2-yl)-1-piperazinecarboxylate (**225**) gave 1-methyl-3-(thien-2-yl)piperazine (**226**) ($LiAlH_4$, Et_2O, reflux, 12 h: 89%).[601]

Also other examples.[637,1444,1684]

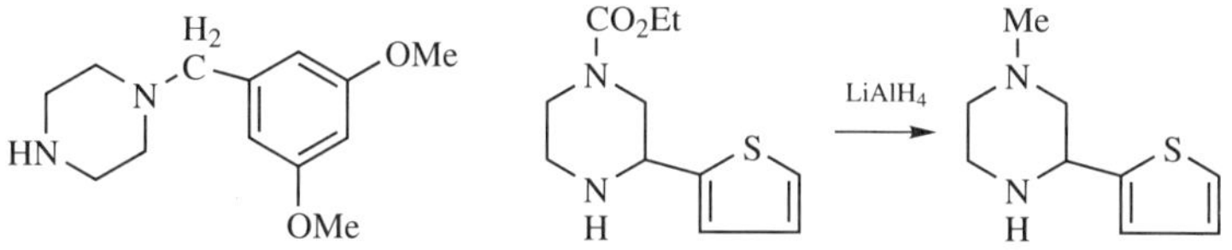

(**224**) (**225**) (**226**)

3.2.2.3. *By Miscellaneous Routes*

Several minor routes to *N*-alkylpiperazines are illustrated in the following examples:

4-Methylpiperazin-1-ylmagnesium bromide (made *in situ*) and crude 3-chloro-4-methylthio-1,1-diphenylsilolane (**228**) [made *in situ* from the 2,5-dihydrosilole (**227**), Me_2S_2, and SO_2Cl_2] gave 1-methyl-4-(4-methylthio-1,1-diphenylsilolan-3-yl)piperazine (**229**) (THF, 20°C, 12 h: 50%, as oxalate salt).[1182]

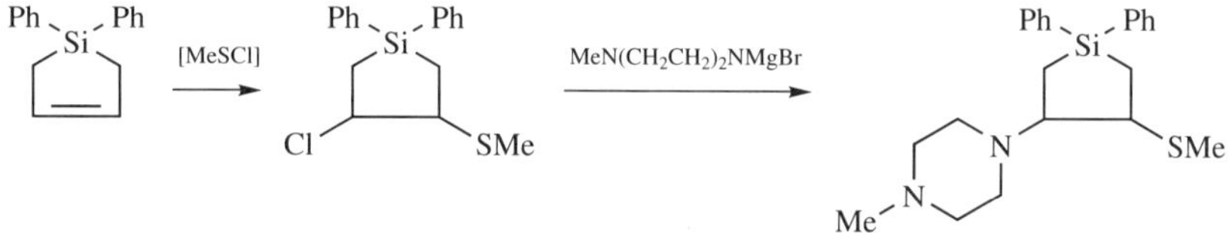

(**227**) (**228**) (**229**)

1,4-Dibromo-3,6-dihydro-2,5(1*H*, 4*H*)-pyrazinedione (**230**) gave a separable mixture of 1-(2-bromo-2-methylpentyl)- (**231**) and 1,4-bis(2-bromo-2-methylpentyl)-3,6-dihydro-2,5(1*H*, 4*H*)-pyrazinedione (**232**) [$MePrC{=}CH_2$, 1,2-epoxybutane (HBr scavenger), MeCN, $h\nu$, 20°C, 4 h: 5 and 45%, respectively];[572] analogues likewise.[567,572,579]

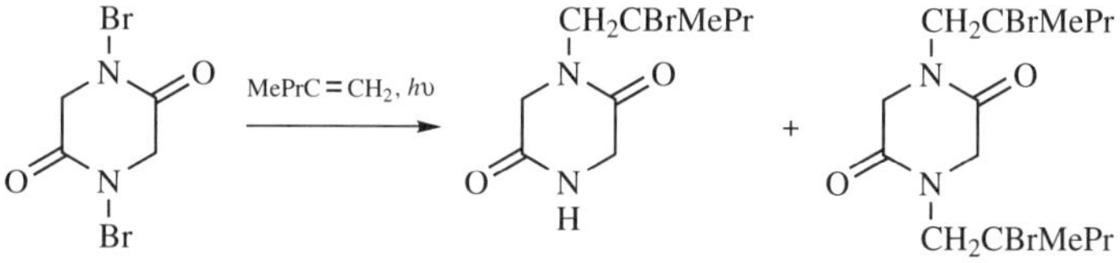

(**230**) (**231**) (**232**)

2,3,5,6-Tetraphenylpyrazine gave an (unformulated) disodium dianionic adduct (**233**) (excess Na, THF, 20°C, A, 24 h: solution filtered) that reacted with MeI to give a separable mixture of 1,2-dimethyl-2,3,5,6-tetraphenyl-1,2-dihydropyrazine (**234**, R = Me), 1,2,4,5-tetramethyl-2,3,5,6-tetraphenylpiperazine (**235**), and 2-methyl-2,3,5,6-tetraphenyl-1,2-dihydropyrazine (**234**, R = H) [MeI (2 mol), −78 → 20°C, 4 h: 45,18, and 23% respectively].[492]

1-Acetyl-4-methylpiperazine dimethyl acetal (**237**) (made *in situ*) and 5-benzoyl-4-pyridazinamine (**236**) gave 2-(4-methylpiperazin-1-yl)-4-phenylpyrido[2,3-*d*]pyridazine (**238**) (neat reactants, 130°C, 15 h : 56%).[1526]

3.2.3. Properties of Alkyl- and Arylpyrazines (*H* 77)

Some papers on the physical or biological properties of alkyl- or arylpyrazines include data on unsubstituted pyrazine: References to such reports will be found in Section 3.1.2. Other sources of relevant information are covered briefly here.

Crystal structures. Crystal structures have been determined by X-ray analysis for the following alkyl- or arylpyrazines: 2-methyl-,[1766] 2,3-dimethyl-,[1766] 2,5-dimethyl-,[1766] 2,6-dimethyl-,[1303,1766] 2,3,5-trimethyl-,[1766] 2,3,5,6-tetramethyl- (also the trihydrate and several polyiodides),[1200,1208,1235] 2,3-diphenyl-,[1209] 2,3-diphenyl-5,6-dihydro- (and its AgNO₃ complex),[1153,1273] 2,3,5,6-tetraphenyl-,[1736] 2,3-di(pyridin-2-yl)- (and salts),[1214,1665] 2,5-di(pyridin-2-yl)- (and some Mn, Fe, and Cr complexes),[1254] 2,3,5,6-

tetra(pyridin-2-yl)- (and its tetrahydrochloride),[1228,1247] 1,4-bis(trimethyl-germyl)-1,4-dihydro- (**239**, X = Ge),[1431] and 1,4-bis(trimethylsilyl)-1,4-dihydropyrazine (**239**, X = Si);[1431] also 1,4-bis (2-hydroxyethyl)piperazine.[1223]

Photoisomerization. Studies have been reported for the photoisomerization of *cis*- to *trans*-2,3-diphenylpiperazine,[250] *cis*- to *trans*-1,4-dimethyl-2,3-diphenylpiperazine,[250] and between possible geometric forms of 2-[2-(naphthalen-2-yl)vinyl]pyrazine (**240**)[66] or related compounds.[1236]

Conformations. Conformational analyses have been reported for 2-methyl-, 2,3-dimethyl-, 2,5-dimethyl-, and 2,6-dimethylpyrazine;[1070] for 1,4-dihydropyrazine;[1459] for 1-phenyl-, 1-(*o*-, *m*-, or *p*-monosubstituted phenyl)-, 1-(2,3-dihydro-1,4-benzodioxin-5-yl)- (**241**), and 1-(pyridin-4-yl)piperazine;[490] and for 2-(piperazin-1-ylpyrimidine (**242**).[490] Alkyl–alkylidene tautomerism has been discussed theoretically.[932]

Nuclear magnetic resonance spectra. As well as numerous routine reports of NMR spectra (see individual entries in the Appendix Table of Simple Pyrazines), a brief correlation of ^{1}H NMR spectra for 2-alkyl-3,5,6-triphenylpyrazines (**243**) and the corresponding 2,3-dihydro derivatives (**244**) has appeared;[137] in addition, a comparative ^{13}C NMR study of 2-styrylpyrazine (**245**) with other styryldiazines and some styrylazines has been reported.[1428]

Other spectral studies. Ultraviolet (UV) spectral studies have been reported for 2-methylpyrazine (vapor),[999,1429] 2,5-dimethylpyrazine (solution),[1005] the charge-transfer complexes of 2,5-dialkylpyrazines (with styphnic acid, picryl chloride, 2,4,6-trinitrotoluene, and 2,4,6-trinitrophenetole),[127] and reduced states (generated *in situ*) of 2,2′-bipyrazine.[71]

Infrared(IR)/Raman spectral investigation of 2-methyl-, 2,5-dimethyl-, and 2,6-dimethylpyrazine has permitted the assignment of all fundamental vibrational modes for such derivatives.[989,999,1005]

The mass spectral fragmentation pathways for a series of eight 2-(E- and Z-) alkenyl-3-alkyl-5-methylpyrazines (representing some of the most complex pyrazines isolated from the ant, *Rhytidoponera metallica*,[961] or indeed any natural source) have been elucidated with the help of specifically placed deuterium labels within the alkenyl group: these paths are influenced significantly by the stereochemistry of each alkenyl group.[1407]

The fluorescence spectra of 2,5-diarylpyrazines have been studied: the presence of electron-donating substituents on each aryl group, as in 2,5-bis(*p*-methoxyphenyl)pyrazine (**246**), strengthened fluorescence on photoexcitation; the fluorescence of 2,5-di(naphthalen-2-yl)pyrazine (**247**) proved stronger than that of the isomeric 2,5-di(naphthalen-1-yl)pyrazine due to reduced planarity in the latter structure.[1288] *p*-Bis[2-(pyrazin-2-yl)vinyl]benzene (**248**) proved to be an efficient blue laser dye (emission λ_{max} 438 nm in Me$_2$SO solution) on excitation by a nitrogen laser at 337 nm.[1484]

Ionization constants. Known pK_a values for pyrazine and six methylated derivatives showed good correlation with newly calculated electron densities on the nitrogen atoms;[1052] such a correlation was also observed for 1,4-dimethylpiperazine and a series of (distantly) related *m*- and *p*-bis(dimethylaminomethyl)benzene derivatives.[1039]

Solvent efficacy. 1-Acetyl-4-methylpiperazine proved to be a reasonably good solvent for reactions requiring a polar aprotic medium, such as the conversion of alkyl tosylates into the corresponding halides with lithium halides.[750]

3.2.4. Reactions of Alkyl- and Arylpyrazines (*H 79*)

Alkyl and aryl groups attached to pyrazine undergo a variety of reactions. Of these, *the interconversion of one simple alkyl group into another* has been covered in Section 3.2.1.4 and most reactions that affect only the nucleus of alkyl- or arylpyrazines (except nuclear reduction and some cyclizations) will be found in appropriate chapters. The remaining reactions, including some in which the alkyl/aryl groups may bear passenger functional substituents, are discussed in the following subsections.

3.2.4.1. Oxidative Reactions (H 79)

Alkylpyrazines may be oxidized to pyrazine aldehydes, ketones, or carboxylic acids. They may also undergo nuclear oxidation (covered piecemeal in most other chapters), oxidative hydroxylation, epoxidation, and so on. Such reactions are illustrated in the following examples:

Oxidation to Pyrazinecarbaldehydes

2-Methyl-3-methylthiopyrazine (**249**) gave 3-methylthio-2-pyrazinecarbaldehyde (**250**) (SeO_2, dioxane, reflux, 4 h: 62%).[1126]

2-*sec*-Butyl-6-methoxy-5-methylpyrazine (**251**, R = Me) gave 5-*sec*-butyl-3-methoxy-2-pyrazinecarbaldehyde (**251**, R = CHO) [PhSe(=O)OH, PhCl, reflux, 6 h: 43% with 39% substrate recovered].[317]

Also other examples.[425,432]

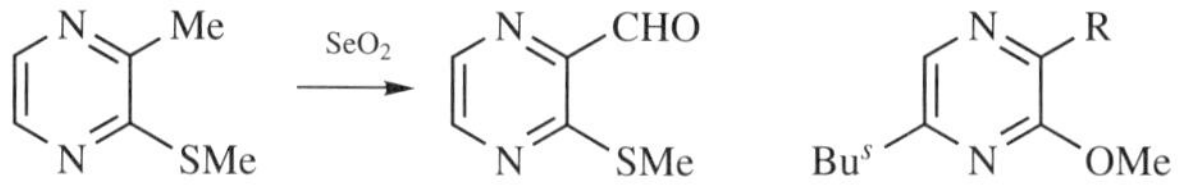

Oxidation to Pyrazinecarboxylic Acids

2,3-Diethyl-5,6-dimethylpyrazine (**252**) gave 2,3,5,6-pyrazinetetracarboxylic acid (**253**) ($KMnO_4$, KOH, H_2O, reflux, 3 h: 50%).[7]

2-Styrylpyrazine 1-oxide (**254**, R = CH:CHPh) gave 2-pyrazinecarboxylic acid 1-oxide (**254**, R = CO_2H) ($KMnO_4$, dicyclohexyl-18-crown-6, PhH, 20°C, 3 h: 49%).[1300]

Also other examples,[80,758,1271,1293] including the use of catalyzed oxygen,[432,1244] anodic oxidation,[442] and enzymatic oxidation.[926]

Oxidation to Other Products

Monolithiated 2,3,5,6-tetramethylpyrazine (**256**) gave 1,2-bis(3,5,6-trimethylpyrazin-2-yl)ethane (**255**) (I$_2$, Et$_2$O, 0°C, 30 min: 31%) or a separable mixture of the same product (**255**) and 2-hydroxymethyl-2,5,6-trimethylpyrazine (**257**) (Et$_2$O, O$_2$↓, 0°C, 1 h: 12 and 21%, respectively);[1128] also analogues likewise.[247]

2,5-Dimethylpyrazine gave successively its 1-oxide (**258**) (H$_2$O$_2$), 2-acetoxymethyl-5-methylpyrazine (**259**, R = Ac), 2-hydroxymethyl-5-methylpyrazine (**259**, R = H) (HO$^-$), and 5-methyl-2-pyrazinecarboxylic acid (**260**) (KMnO$_4$: for details of all stages in this indirect route, see original paper).[432]

2-(1-Hydroxybut-2-enyl)- (**261**) gave 2-(1-hydroxy-2,3-epoxybutyl)-5-isopropyl-3,6-dimethoxy-2,5-dihydropyrazine (**262**) [Ti(OPr^i)$_4$, CH$_2$Cl$_2$, −20°C, 20 min; then Bu^{t}O$_2$H↓, −20°C, 4 days: 74%]; analogues likewise.[365]

2,5-Dimethyl-3-(pent-1-enyl)pyrazine gave 2-(1,2-epoxypentyl)-3,6-dimethyl-pyrazine (ClC$_6$H$_4$CO$_3$H-m, CH$_2$Cl$_2$, 45°C, 4 h: 81%).[868]

3,6-Dibenzyl-1,4-dimethyl-2,5-piperazinedione (**263**) gave 6-benzyl-1,4-dimethyl-2,3,5-piperazinetrione (**263a**) (FeCl$_3$, AcMe—H$_2$O, $h\upsilon$ (sunlight), TLC controlled: 30%].[939]

2,3-Diphenyl-5,6-dihydropyrazine gave N,N'-dibenzoylurea [BzHNC(=O)-NHBz] (O$_2$ ↓ , PhH, $h\upsilon$, 30 min: 22%; the complicated mechanism appears to be well established).[751]

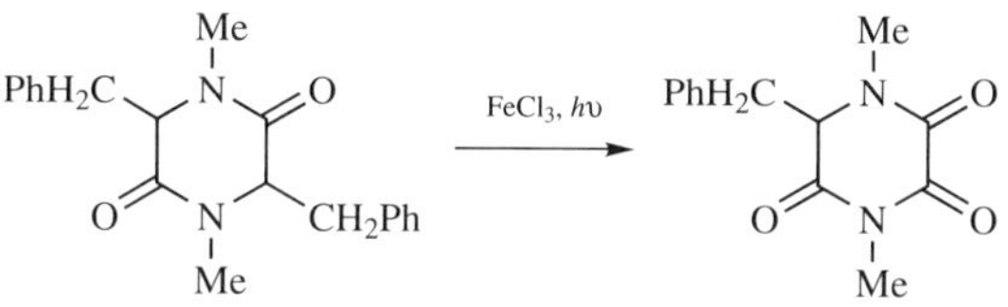

3.2.4.2. Reductive Reactions (H 80)

The *reduction of alkenyl- or alkynylpyrazines to alkylpyrazines* has been covered in Section 3.2.1.4. The remaining reactions in this category comprise nuclear reduction or N-debenzylation, as illustrated in the following examples:

2,5-Dibenzylpyrazine (**264**) gave 2,5-dibenzylpiperazine (**265**) [H$_2$ (135 atm), PtO$_2$, EtOH, 20°C, 18 h: 77%, consisting or three separable stereoisomers].[294]

2,3,5,6-Tetramethylpyrazine gave the corresponding piperazine (**266**, R = H), characterized as 2,3,5,6-tetramethyl-1,4-dinitrosopiperazine (**266**, R = NO) [NaBH$_4$, H$_2$O, $h\upsilon$, 20°C, 40 h; then separation and nitrosation (NaNO$_2$, HCl): two isomers, 13 and 10%].[1000]

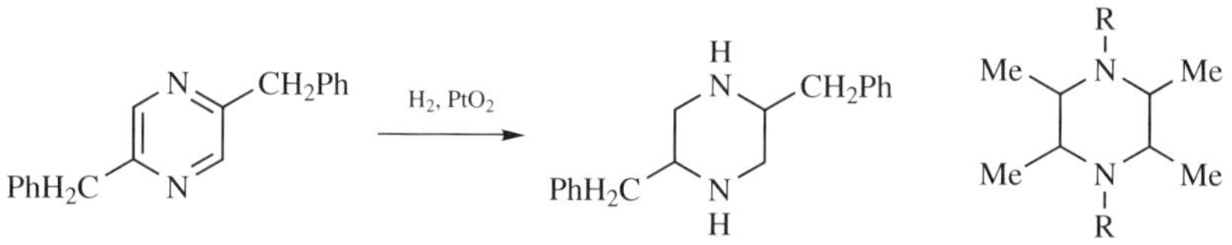

1-Benzyl-2-carboxymethyl-4-methylpiperazine (**267**) gave 2-carboxymethyl-4-methylpiperazine (**268**) [H$_2$ (4 atm), Pd/C, EtOH, 20°C, 18 h: 92%].[1647]

4-Benzyl-1-phenyl-2,6-piperazinedione (**269**, R = CH$_2$Ph) gave 1-phenyl-2,6-piperazinedione (**269**, R = H) [H$_2$ (<5 atm), Pd/C, MeOH, 20°C, 60%].[636]

Also other examples.[215,644,799,1171,1328]

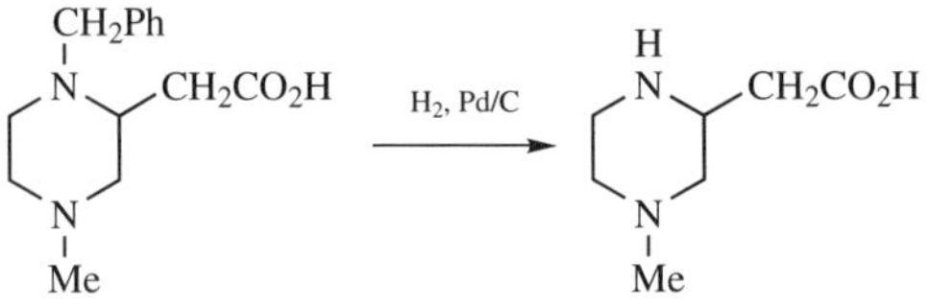

3.2.4.3. Extranuclear Halogenation (H 79)

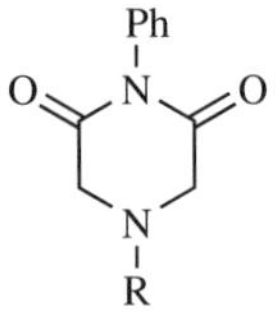

Such halogenation can be done by regular replacement of one or more hydrogen atoms of the alkyl/aryl group or by addition of a halogen or hydrogen halide to an alkenyl or alkynyl group. The following examples illustrate typical reagents and conditions that have been used recently:

Using Elemental Halogen

Note: This process is seldom satisfactory for alkylpyrazines but it can be useful for arylpyrazines.

2,5-Dimethylpyrazine (**270**, R = H) gave 2,5-bis(bromoethyl)pyrazine (**270**, R = Br) (Br_2, K_2CO_3, Bz_2O_2, $h\nu$, CCl_4, reflux, ? h: 7.5% after separation from several other products).[513]

1-(2,5-Dimethoxyphenyl)piperazine (**271**, R = H) gave 1-(3-bromo −2,5-dimethoxyphenyl)piperazine (**271**, R = Br) (Br_2, AcOH—HBr, 0 → 20°C, 4 h: reasonable yield as dihydrochloride).[610] Analogues likewise.[1066]

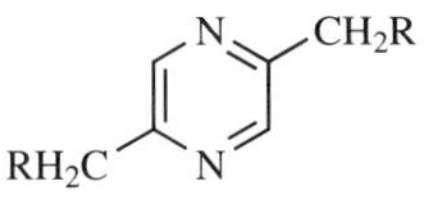

Using N-Halogenosuccinimide (and Dibenzoyl Peroxide or Irradiation)

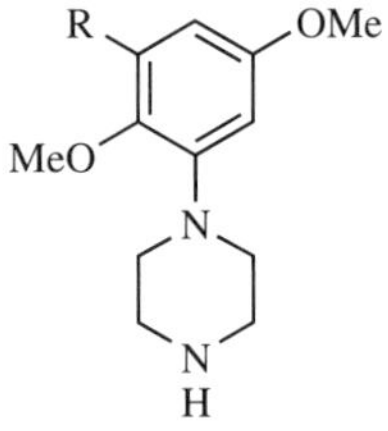

Note: Even with careful control of reactant ratios and conditions, this route invariably gives two or more products that involve chromatographic or other separatory processes.[513]

2-Methylpyrazine gave 2-chloromethylpyrazine (**272**) (*N*-chlorosuccinimide, Bz$_2$O$_2$, A, CCl$_4$, reflux, 24 h: 89% after purification by TLC).[205;cf.428,674,938,1353,1664]

2-Benzylpyrazine gave 2-(α-bromobenzyl)pyrazine (**273**) (NBS, Bz$_2$O$_2$, CCl$_4$, 20°C, ? h: 32% after chromatography).[366]

2,3,5,6-Tetramethylpyrazine gave 2,3,5,6-tetrakis(dibromomethyl)pyrazine (**274**) (NBS, CCl$_4$, $h\nu$, ? h: 70%).[33]

1-Benzyl-5-chloro-3-ethyl-2(1*H*)-pyrazinone gave 1-benzyl-3-(1-bromoethyl)-5-chloro-2(1*H*)-pyrazinone (**275**) (NBS, Bz$_2$O$_2$, CCl$_4$, reflux, <6 h: 89%).[391]

Also other examples.[29,395,431,513,547,550,676,957,1059,1094,1446,1481]

(**272**) (**273**) (**274**) (**275**)

Using Miscellaneous Halogenation Reagents

2,5-Dimethylpyrazine gave 2,5-bis(trichloromethyl)pyrazine (**276**) (PCl$_5$, POCl$_3$, 5°C → reflux, 90 min: 26%)[52] or 2-chloromethyl-5-methylpyrazine (**277**) (SO$_2$Cl$_2$, dilauroyl peroxide, CCl$_3$, reflux, 1 h: 38% as hydrochloride).[221]

1,3,5,5-Tetramethyl-5,6-dihydro-2(1*H*)-pyrazinone gave 3-chloromethyl-1,5,-5-trimethyl-5,6-dihydro-2(1*H*)-pyrazinone (**278**) (Bu^{t}OCl, CH$_2$Cl$_2$, N$_2$, 0°C, dark, 90 min: 99% (crude and unstable).[158]

2-(Dichloromethyl)pyrazine (**279**, R = H) gave 2-(trichloromethyl)pyrazine (**279**, R = Cl) (18-crown-6, KOH, CCl$_4$, 25°C, 4 h: 50%; note abstraction of required chlorine from CCl$_4$).[431]

4-Phenyl- gave 4-*p*-iodophenylpiperazine (ICl, AcOH—H$_2$O, 60°C, 1 h: 70%).[1369]

(**276**) (**277**) (**278**) (**279**)

Using Halogen-Addition Reactions

2-(2-Ethoxycarbonylvinyl)-3-methylthiopyrazine (**280**) gave 2-(1, 2-dibromo-2-ethoxycarbonylethyl)-3-methylthiopyrazine (**281**) (Br$_2$, CCl$_4$, 15°C, 2 h: >95%).[1126]

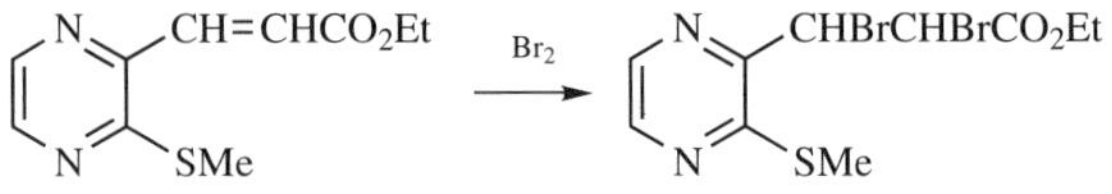

2,5-Dimethyl-3-(pent-1-enyl)pyrazine (283) gave 2-(1,2-dibromopentyl)-3,6-dimethylpyrazine (282) (Br$_2$, CHCl$_3$, 0 → 23°C, 5 min: >95%)[868] or 2-(2-bromopentyl)-3,6-dimethylpyrazine (284) [Et$_2$O, HBr (gas) ↓ 0°C, 10 min: 89%; also a trace of the 1-bromopentyl isomer].[868]

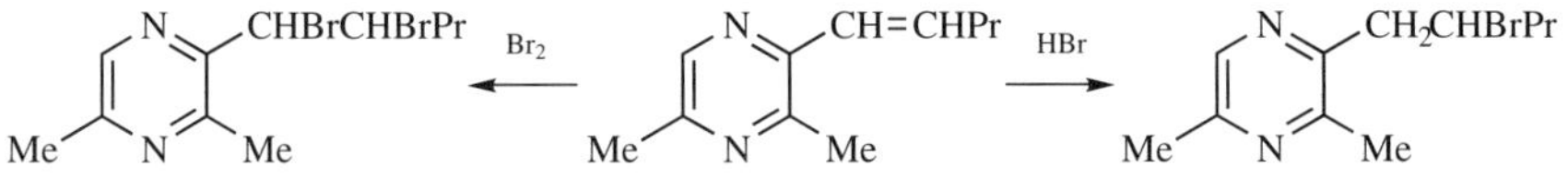

3,6-Dibenzylidene-1,4-dimethyl-3,6-dihydro-2,5(1H,4H)-pyrazinedione (285) gave 3-benzylidene-6-(α-bromobenzyl)-6-hydroxy-1,4-dimethyl-1,4-dimethyl-3,6-dihydro-2,5(1H, 4H)-pyrazinedione (286) [NBS/H$_2$O—dioxane (≃ HOBr), 20°C, 12 h: erythro and threo isomer, 50 and 33%, respectively, after separation],[1030] also analogous reactions.[1036]

Also other examples.[811,1239] Also an extranuclear N-I-I charge-transfer complex of confirmed structure.[74,75]

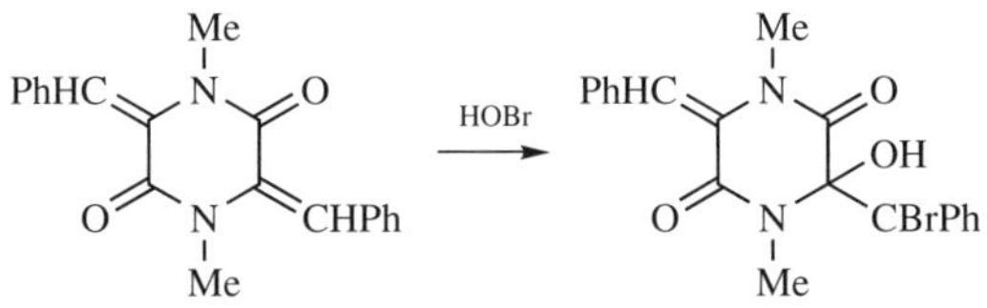

3.2.4.4. Extranuclear Alkylation (H 74)

The conversion of one (unsubstituted-alkyl) pyrazine into another such pyrazine by extranuclear alkylation has been covered in Section 3.2.1.4. The similar formation of (substituted-alkyl)pyrazines is illustrated here.

2,3-Dimethylpyrazine (287) gave 2-(3,3-diethoxypropyl)-3-methylpyrazine (288) [BrCH$_2$CH(OEt)$_2$, Pr$^i_2$NLi (made in situ), Et$_2$O—C$_6$H$_{14}$, 20°C, 4 h: 30%].[1249]

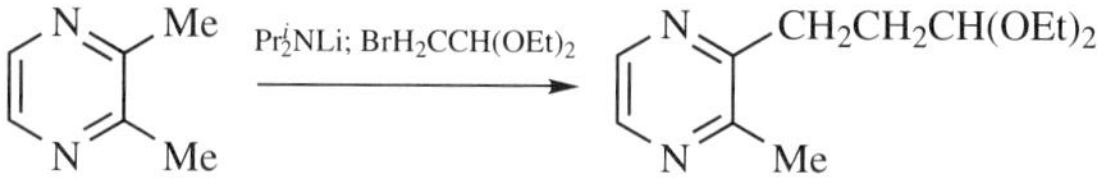

C-Alkyl- and *C*-Arylpyrazines (*H* 72, 344)   123

2-Isopropyl-3-methoxy-5-methylpyrazine gave 2-isopropyl-3-methoxy-5-[3-(pyran-2-yloxy)propyl]pyrazine (**289**) [2-(3-bromopropoxy)pyran, Pr$^i_2$NK (made *in situ*), THF, A, −78°C, 3 h: 83%];[298] also analogues likewise.[295,298]

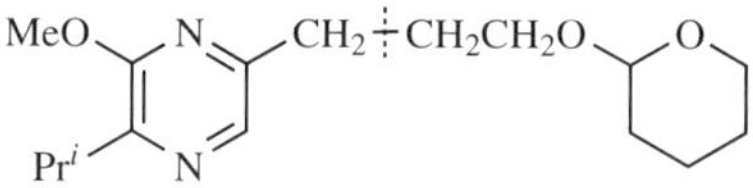

2-(1-Hydroxybut-2-enyl)-5-isopropyl-3,6-dimethoxy-2,5-dihydropyrazine (**290**) gave 2-[(2,3-dimethylcycloprop-1-yl)hydroxymethyl]-5-isopropyl-3,6-dimethoxy-2,5-dihydropyrazine (**291**) (MeCHI$_2$, Et$_2$Zn, C$_6$H$_{14}$, 0 → 20°C, <3 days: 80%);[534] analogues likewise.[365,534]
Also other examples.[1140]

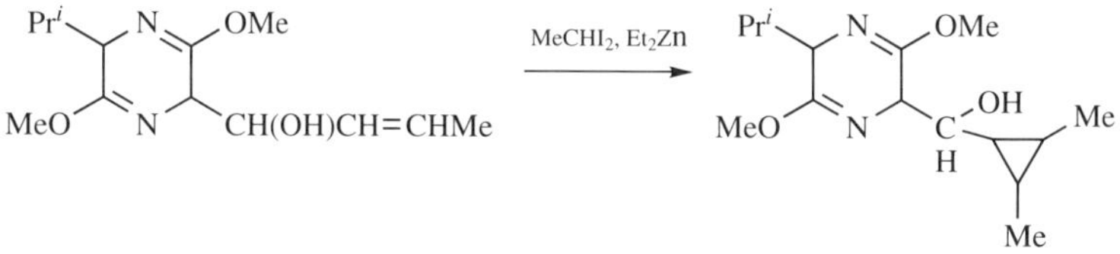

3.2.4.5. Extranuclear Alkylidenation (*H* 74)

C-Alkylpyrazines undergo extranuclear alkylidenation by aldehydes (or ketones,) with or without isolation of the intermediate (hydroxyalkyl)pyrazines. Several procedures are illustrated in the following examples:

Two-Stage Alkylidenation

2-Methylpyrazine (**292**) gave 2-(β-hydroxy-*p*-methoxyphenethyl)pyrazine (**293**) (Pr$^i_2$NLi, THF, −40°C, N$_2$, 50 min; then MeOC$_6$H$_4$CHO-*p* ↓, −20 → 20°C, 5 h: 98%), and thence 2-*p*-methoxystyrylpyrazine (**294**) (HCl, MeOH—H$_2$O, reflux, 7 h; 98%).[388]

(292) → (293): pyrazine-Me + Pr$^i_2$NLi; MeOC$_6$H$_4$CHO-p → pyrazine-CH$_2$CH(OH)C$_6$H$_4$OMe-p

(293) → (294): (−H$_2$O), H$^+$ → pyrazine-CH=CHC$_6$H$_4$OMe-p

2-Isopropylpyrazine (295) likewise gave 2-(β-hydroxy-α, α-dimethylphenethyl)-pyrazine (296) (Pr$^i_2$NLi, PhCHO, and so on: 21%,[801] clearly precluded from dehydration to a styrylpyrazine.[801]

Also other examples.[755,784,801] *Note:* The first stage is sometimes reversable on thermolysis.

(295) pyrazine-CHMe$_2$ → Pr$^i_2$NLi; PhCHO → (296) pyrazine-CMe$_2$CH(OH)Ph

Alkylidenation Under Strongly Basic Conditions

2-Methylpyrazine 1,4-dioxide (297) gave 2-[2-(pyridin-2-yl)vinyl]pyrazine 1,4-dioxide (298) [2-pyridinecarbaldehyde, NaOH, MeOH—H$_2$O, N$_2$, 80°C, 5 min: 96%]; isomers and analogues likewise.[81]

(297) pyrazine 1,4-dioxide-Me → 2-pyridine-CHO, HO$^−$ → (298) pyrazine 1,4-dioxide-CH=CH-(2-pyridyl)

2-Methylpyrazine (300) gave 2-[2-(1-methylpyrrol-2-yl)vinyl]pyrazine (299) [NaH, Me$_2$NCHO, 60°C, N$_2$, 1 h: then 1-methyl-2-pyrrolecarbaldehyde ↓, 50°C, 5 h: 40%; compare conditions with those required for alkylidenation of the more activated methyl group in substrate (297)].[1485]

The same substrate (**300**) gave 2-(β-aminostyryl)pyrazine (**301**) [Pr$^i_2$NLi (made in situ), THF, −40°C, 1 h; then PhCN ↓, 140 → 20°C, 1 h: 25%];[1188] also analogues.[1188,1421]

Also other examples.[225,591]

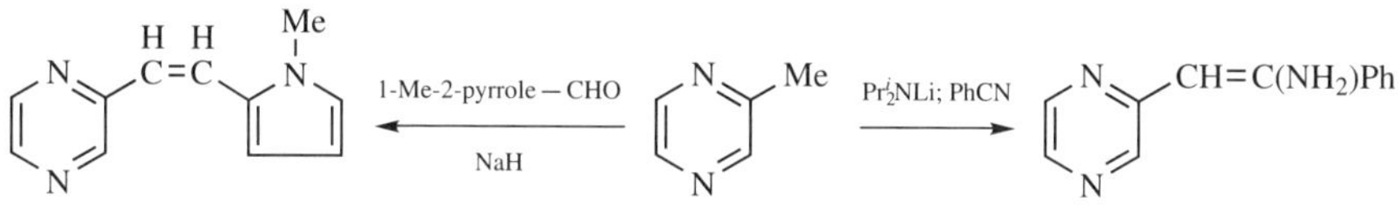

(**299**) ← 1-Me-2-pyrrole—CHO / NaH ← (**300**) → Pr$^i_2$NLi; PhCN → (**301**)

Alkylidenation in the Presence of Anhydrides

2,3-Dimethylpyrazine gave 2,3-distyrylpyrazine (**302**, Q = R = H) [PhCHO, (PrCO)$_2$O, reflux, H$_2$, 37 h: 21%], 2,3-bis(*p*-chlorostyryl)pyrazine (**302**, Q = R = Cl) (ClC$_6$H$_4$CHO-*p*, likewise: 36%), or 2-(*p*-methoxystyryl)-3-methylpyrazine [MeOC$_6$H$_4$CHO-*p* (0.5 mol), Ac$_2$O, reflux, N$_2$, 43 h: 21%] and thence 2-(*p*-cyanostyryl)-3-(*p*-methoxystyryl)pyrazine (**302**, Q = OMe, R = CN) NCC$_6$H$_4$CHO-*p* (excess), Ac$_2$O, reflux, N$_2$, 6 h: ?%].[590]

2-Methylpyrazine gave 2-[2-(pyridin-3-yl)vinyl]pyrazine (**303**) [3-pyridinecarbaldehyde, Bz$_2$O (neat), no details].[756]

Also other examples.[678,695,1279]

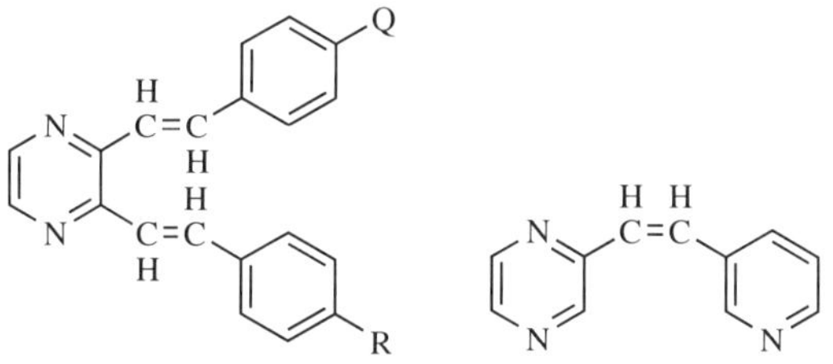

(**302**) (**303**)

3.2.4.6. Extranuclear Acylation or Carboxylation (H 74)

This reaction is a useful way to make some alkyl pyrazinyl ketones or carboxyalkylpyrazines, as illustrated in the following examples:

2,3-Dimethylpyrazine gave 2-hexanoylmethyl-3-methylpyrazine (**304**) (Pr$^i_2$NLi, Et$_2$O, 175°C, 30 min; EtO$_2$C(CH$_2$)$_4$Me ↓, −78°C, 30 min: 70%); analogues likewise.[352]

2-Methylpyrazine gave 2-ethoxalylmethylpyrazine (**305**) [$(EtO_2C)_2$, Bu^tOK, Et_2O, 20°C, <5 h: 65%].[1175]

2,3,5,6-Tetramethylpyrazine gave 2-carboxymethyl-3,5,6-trimethylpyrazine (monolithiation *in situ*; then CO_2 ↓, Et_2O, 0°C, 39 min: >95%, as the Li salt).[1384]

2,6-Dimethylpyrazine gave 2-acetonyl-6-methylpyrazine (**306**) (Pr^i_2NLi, Et_2O, 0°C, 10 min; Me_2NAc ↓, 20°C, ? min: 34%).[1567]

Also other examples.[860,1249]

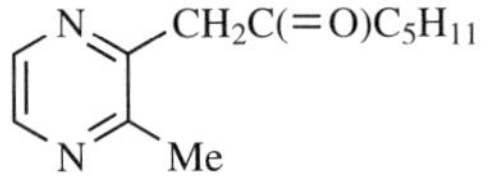

(**304**) 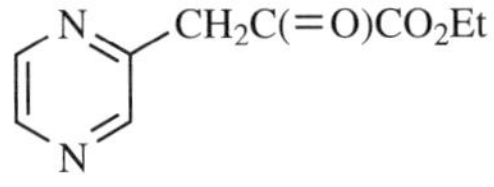 (**305**) 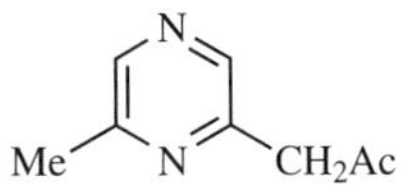 (**306**)

3.2.4.7. Cyclization

Alkyl-, alkenyl-, and alkynylpyrazines can undergo fascinating cyclization reactions, the diversity of which is indicated in the following examples:

3-Phenylethynyl-2(1*H*)-pyrazinone (**307**) gave 6-phenylfuro[2,3-*b*]pyrazine (**308**) (KOH, H_2O, reflux, 15 min: 80%).[484]

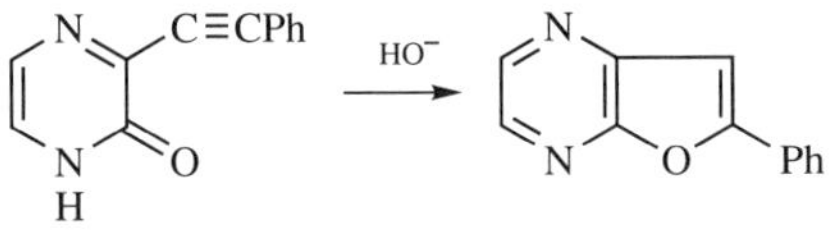

(**307**) (**308**)

1,2-Di(pyrazin-2-yl)ethylene (**309**) gave pyrazino[2,3-*f*]quinoxaline (**311**) via the unisolated dihydro intermediate (**310**) [PhH, $h\nu$ (350 nm), air, 8 h: 82%];[186] 2-styrylpyrazine likewise gave benzo[*f*]quinoxaline.[877]

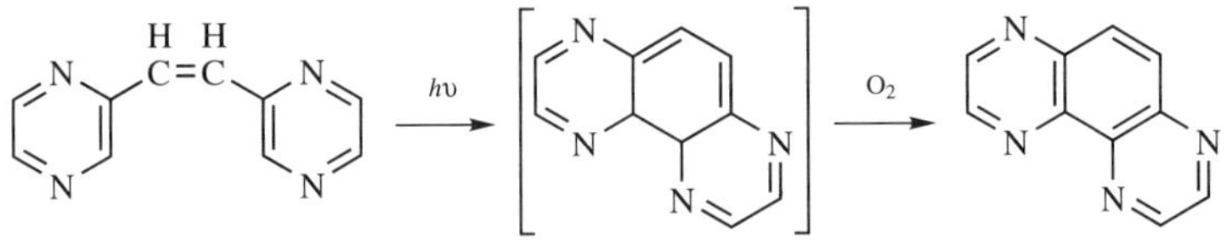

(**309**) (**310**) (**311**)

2-Methylpyrazine (**312**) and diethyl phthalate (**313**) gave 2-(1,3-dioxoindan-2-yl)pyrazine (**314**) (NaOH, MeOCH$_2$CH$_2$OMe, reflux, 12 h: 92%); also analogues similarly.[682]

(**312**) (**313**) (**314**)

2-Allyl-5-isopropyl-3,6-dimethoxy-2-(prop-2-ynyl)-2,5-dihydropyrazine (**315**) gave a separable mixture of 8-isopropyl-7,10-dimethoxy-2,3-dimethylene-6,9-diazaspiro[4.5]deca-6,9-diene (**316**) and 3-isopropyl-2,5-dimethoxy-10-methylene-1,4-diazaspiro[5.5]undeca-1,4,8-triene (**317**) [Pd(OAc)$_2$, PPh$_3$, PhH, A, 20°C, 24 h: 32 and 24%, respectively, after separation]; also analogous reactions.[1610]

(**315**) (**316**) (**317**)

2,3-Diphenyl-5,6-dihydropyrazine (**318**) and diphenylcyclopropenone (**319**) gave 1,6,7,8a-tetraphenyl-3,4,8,8a-tetrahydropyrrolo[1,2-*a*]pyrazin-8-one (**320**) (PhMe, reflux, ? h: 92%).[268]

(**318**) (**319**) (**320**)

2,3-Bis(*p*-chlorostyryl)pyrazine (**321**) underwent self-condensation to the dicyclobutane dimer (**322**) in which (as shown by X-ray analysis) the pyrazine rings lay parallel on one side of the nearly coplanar cyclobutane rings and the benzene rings lay on the other side thereof [solid substrate suspended in H$_2$O, *hv* (<300 nm), 20°C, N$_2$: 76%, after separation from another dimer]; irradiation in solution gave yet other dimeric materials.[590,1083]

Also other examples of such cyclizations.[757,847,1160,1371,1626,1758]

(321) → (322)

3.2.4.8. "Ammoxidation" of Methyl to Cyano Groups

This process was undoubtedly developed for the manufacture of pyrazinamide (Zinamide, etc.),[1696] a second-line drug for *Mycobacterium tuberculosis* infections, resistant to more effective and less toxic agents. Thus a mixture of 2-methylpyrazine (323), ammonia, oxygen, and steam is passed (at ~400°C) over an alumina- or pumice-supported catalyst comprising one to three oxides of Ce, Cr, Mo, Mn, P, Sb, Ti, or (most importantly) V: the main product (in up to 90% yield) is 2-pyrazinecarbonitrile (324), easily converted into 2-pyrazinecarboxamide (325).[1062,1206,1258,1261,1285,1292,1294,1297,1577]

2,5-Dimethylpyrazine has been converted similarly into 2,5-pyrazinedicarbonitrile[1263, 1299] and a rapid high-performance liquid chromatographic (HPLC) procedure has been developed to monitor products emerging from such catalytic processes.[1384]

(323) —NH$_3$, O$_2$, H$_2$O, catalyst, ~400°C→ (324) —H$_2$O→ (325)

3.2.4.9. Addition Reactions at Alkenyl or Alkynyl Substituents

The addition of halogens or hydrogen halides to alkenyl- or alkynylpyrazines has been discussed in Section 3.2.4.3. However, such unsaturated substrates also undergo useful additions by water, alcohols, amines, and so on, as illustrated in the following examples:

- 2-Ethynyl-3,6-dimethylpyrazine (**326**) gave 2-acetyl-3,6-dimethylpyrazine (**328**) [HgSO$_4$, H$_2$SO$_4$, H$_2$O—AcMe, reflux, 2 h: 27%; presumably via the intermediate (**327**)] or 2-(2,2-dimethoxyethyl)-3,6-dimethylpyrazine (**329**) [MeONa, MeOH, reflux, 5 h: 65%; note reverse addition to that with H$_2$O].[202]
- 3-Chloro-5-(hept-1-ynyl)-2,6-pyrazinediamine (**330**) gave 3-chloro-5-heptanoyl-2,6-pyrazinediamine (**331**) [Na$_2$S, HCl, H$_2$O—MeOH, reflux, 30 min: 89%; perhaps via a dimercapto intermediate akin to (**327**)].[817]

2-Methyl-5-vinylpyrazine (**333**, R = Me) gave 2-(1,2-dihydroxyethyl)-5-methylpyrazine (**332**) (KMnO$_4$, MgSO$_4$, H$_2$O—EtOH, −10°C, 15 min: 65%).[1446]

2-Vinylpyrazine (**333**, R = H) gave 2-[2-(ethylamino)ethyl]pyrazine (**334**) (EtNH$_2$, MeOH, AcOH, 60°C, 24 h: >90%).[1662]

Also other examples.[847]

3.2.4.10. *Miscellaneous Reactions*

Several minor reactions of alkylpyrazines are illustrated in the following examples:

2,6-Dimethylpyrazine gave 2-methyl-6-trimethylsilylmethylpyrazine (**335**) [Pr^i_2NLi (made *in situ*), THF, −78°C; then Me_3SlCl ↓, −78°C, 3 h: 70%]; somewhat similarly, 2-[(but-3-ynyl)oxymethyl]pyrazine (**336**, R = H) gave 2-[(4-trimethylsilylbut-3-ynyl)oxymethyl]pyrazine (**336**, R = $SiMe_3$) (lithiation with PhLi etc.: 74%).[366]

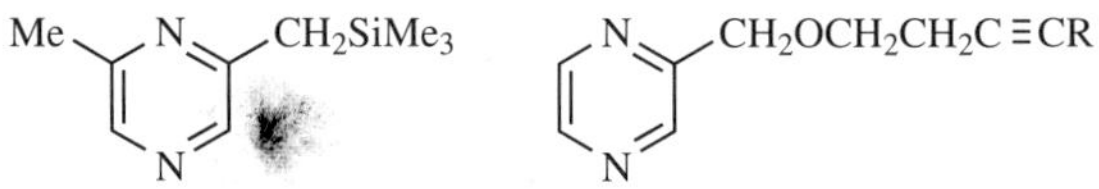

(**335**) (**336**)

1,4-Dimethylpiperazine (**337**) gave piperazine dihydrochloride (**339**) [ClC(=O)OCHClMe, $ClCH_2CH_2Cl$, reflux, 1 h; residue from evaporation, MeOH, 50°C, 30 min: 96%; proceeds via the diquaternary intermediate (**338**) by loss of 2 MeCl, 2 CO_2, and 2 $MeCH(OMe)_2$].[791] In a somewhat similar way, 1-benzyl-2,4-dimethylpiperazine (**340**) gave ethyl 2,4-dimethyl-1-piperazinecarboxylate (**341**) ($ClCO_2Et$, PhH, reflux, 48 h: 25%; via a monoquaternary intermediate), and thence 1,3-dimethylpiperazine (**342**) (6 M HCl, 48 h: 67%; by hydrolysis and decarboxylation);[149] also other related examples.[1618]

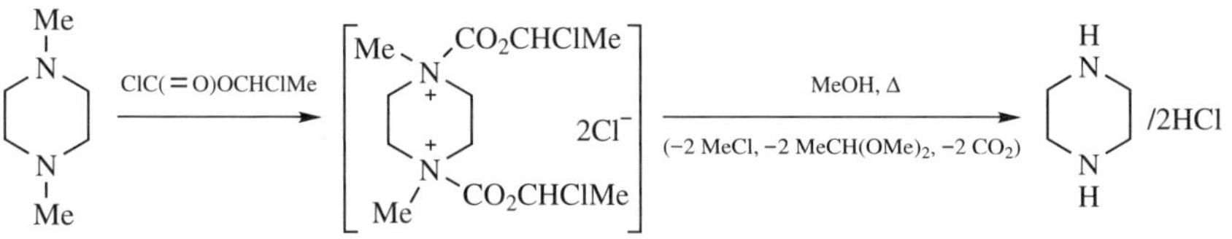

(**337**) (**338**) (**339**)

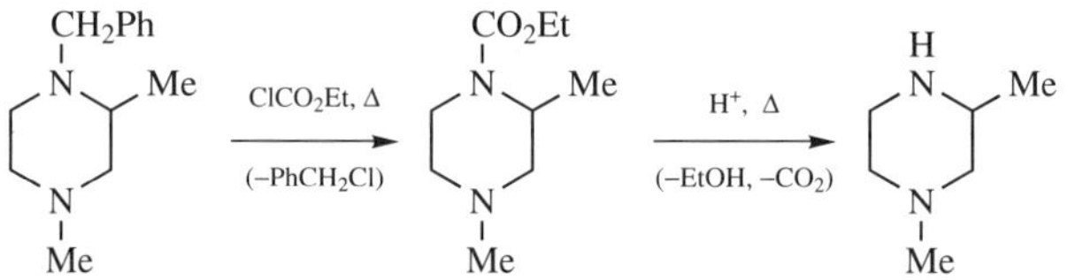

(**340**) (**341**) (**342**)

1,4-Diacetyl-2,3-bis(indol-3-yl)-1,2,3,4-tetrahydropyrazine (**343**) gave 1,4-diacetylpyrazinediium diperchlorate (**344**) (too unstable for chromatography) and 3-triphenylmethyl-3H-indole (**345**) (83%) (Ph₃CClO₄, MeCN, 10°C, 20 min).[417]

For an interesting Diels–Alder reaction, see Section 8.4.2.

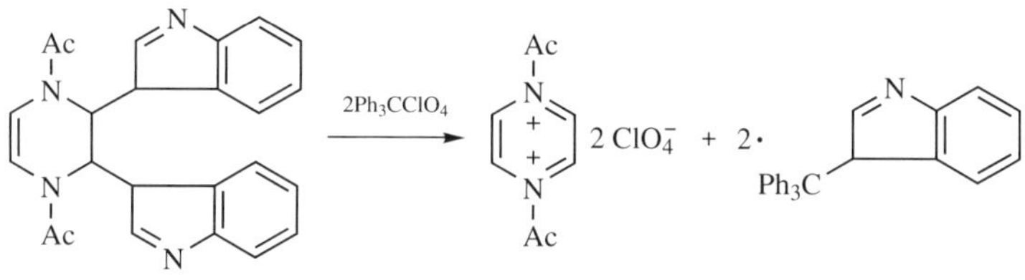

3.3. N-ALKYLPYRAZINIUM SALTS AND RELATED YLIDES

Pyrazine (see Section 3.1.3) and many of its derivatives may be converted into N-alkylpyrazinium or even N, N'-dialkylpyrazinediium salts by treatment with alkyl halides or similar reagents. When such N-alkyl groups bear an electron-withdrawing substituent (such as carbonyl), the salts may sometimes be deprived of their gegenion by treatment with a base to afford pyrazinium ylides in which the negative charge resides on a carbon atom of the substituent (see Section 3.1.3 for an example). Quaternary salts and ylides undergo only a few reactions specifically associated with their ionic nature: indeed, any systematic treatment along the usual lines (preparation, properties, reactions) is severely restricted for lack of recent data.

3.3.1. Preparation of N-Alkylpyrazinium Salts (*H* 81, 94)

The quaternization of pyrazines has been done under a wide variety of conditions, as illustrated in Section 3.1.3 and in the following recent examples:

2,3-Dimethylpyrazine gave 1,2,3-trimethylpyrazinium iodide (**346**, R = H, X = I) (neat MeI, reflux, 2 h: 63%),[1373] 1-ethyl-2,3-dimethylpyrazinium iodide (**346**, R = Me, X = I) (EtI, likewise: 53%),[1373] or 2,3-dimethyl-1-phenacylpyrazinium bromide (**346**, R = Bz, X = Br) (BzCH₂Br, EtOH, reflux, 3 h: ?%).[1571]

Dimethyl 2,3-pyrazinedicarboxylate gave 1-ethyl-2,3-dimethoxycarbonylpyrazinium tetrafluoroborate (**347**) (Et₃OBF₄, ClCH₂CH₂Cl, reflux, 2 h: 80%);[415] methyl 2-pyrazinecarboxylate gave 3-methoxycarbonyl-1-methylpyrazinium iodide (**348**)

(MeI, Me$_2$SO, 20°C, 12 h: 94%; note regioselectivity);[427] and 2-pyrazinecarboxamide gave 3-carbamoyl-1-methylpyrazinium iodide (**349**, R = H) (MeI, Me$_2$SO, 50°C, 24 h: 98%; note regioselectivity)[426] or 3-carbamoyl-1-(4-carboxybutyl)pyrazinium iodide (**349**, R = CH$_2$CH$_2$CH$_2$CO$_2$H) [I(CH$_2$)$_4$CO$_2$H, MeCN, 80°C, <24 h: 55%).[716]

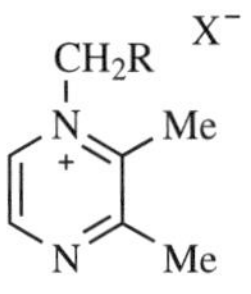

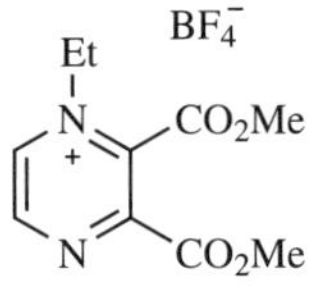

2-Pyrazinamine gave 3-amino-1-(*p*-bromophenacyl)pyrazinium bromide (**350**) [BrCH$_2$C(=O)C$_6$H$_4$Br-*p*, EtOH, reflux, 1 h: 86%; quaternization at the ring-N adjacent to the NH$_2$ group might have been expected on electronic grounds].[331]

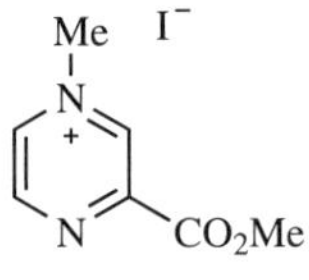

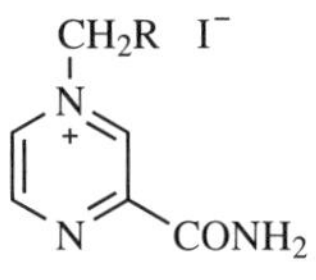

2-Methylpyrazine 1-oxide gave 1,3-dimethylpyrazinium iodide 4-oxide (**351**) (MeI, AcMe, or EtOH?, sealed, 100°C, 4 h: 95%);[286] homologues were made likewise;[286] and similar treatment of pyrazine 1,4-dioxide gave a separable (?) mixture of 1-methylpyrazinium iodide and its 4-oxide in approximately equal amounts.[286]

Also other examples.[563, 629, 631, 1003, 1262, 1329]

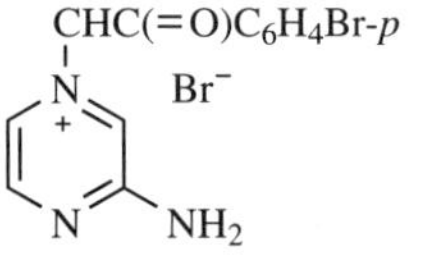

3.3.2. Reactions of *N*-Alkylpyrazinium Salts

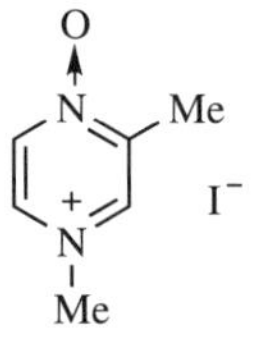

The few recently described reactions of *N*-alkylpyrazinuim salts are typified in the following examples:

Reduction

1-Benzyl-3-carbamoylpyrazinium bromide (**352**) was reduced by 1-benzyl-1,2-dihydro-4-pyridinecarboxamide (**353**) to afford 4-benzyl-3,4-dihydro-2-

pyrazinecarboxamide (**354**) and 1-benzyl-4-carbamoylpyridinium bromide (**355**) [MeOH, N$_2$, 20°C (?), 5 min: 75% of the pyrazine].[1447]

(**352**)   (**353**)   (**354**)   (**355**)

3-Cyano-5-(3,4-dimethoxyphenyl)-1-methylpyrazinium iodide (**356**) gave 6-(3,4-dimethoxyphenyl)-4-methyl-4,5-dihydro-2-pyrazinecarbonitrile (**357**) ["Hantzsch ester" (diethyl 2,6-dimethyl-1,4-dihydro-3,5-pyridinedicarboxylate) (1 mol), MeCN, 20°C, 3 h: 80%; or NaBH$_4$, MeCN, 20°C, 30 min: 83%], and thence 6-(3,4-dimethoxyphenyl)-4-methyl-1,4,5,6-tetrahydro-2-pyrazinocarbonitrile (**357a**) (repeat procedures for 24 and 3 h, respectively, both affording ~72%).[1262]

Also an unsuccessful attempt to reduce 1-benzyl-2,3-diphenylpyrazinium bromide with TiCl$_3$.[1136]

Cyclizations

Note: Alkylpyrazinium salts (or corresponding ylides) lend themselves to cyclization or cycloaddition, as typified in these examples.

1-Acetonyl-2,3-dimethylpyrazinium bromide (**358**) (made *in situ*) gave 1,8-dimethylpyrrolo[1,2-*a*]pyrazine (**359**) (NaHCO$_3$, H$_2$O, reflux, 30 min: 41%);[794] also analogues likewise.[328,794,1571]

Pyrazinium-1-dicyanomethylide (**360**) gave 7,8-bis(trimethylsilyl)pyrrolo[1,2-*a*]pyrazine-6-carbonitrile (**362**) via the dicarbonitrile intermediate (**361**) (Me$_3$SiC≡CSiMe$_3$, PhMe, reflux, ? h: 92%).[271]

1-Ethyl-2,3-dimethoxycarbonylpyrazinium tetrafluoroborate (**363**) gave 7-ethyl-5,6-dimethoxycarbonyl-3-phenyl-3a, 4,7,7a-tetrahydro-1*H*-imidazo[4,5-*b*]pyrazine-2(3*H*)-thione (**364**) [H$_2$NC(=S)NHPh, Et$_2$NH, EtOH, 50 → 20°C, 2 h: 70%);[415] also analogous cyclizations with thiosemicarbazides.[420]

Generation of Radical Cations

2,3,5,6-Tetramethylpyrazine (**365**) generated the hexamethylpyrazine radical cation (**366**), sufficiently persistent to yield an excellent electron paramagnetic resonance (EPR) spectrum (mixed within the EPR cavity: substrate, Me$_2$SO$_4$, Zn or Bu$'_4$NBH$_4$, PhH); homologues likewise.[184]

Pyrazine (**367**) was converted into 1,4-diethylpyrazinediium bis(tetrafluoroborate) (**368**), the 1,4-diethylpyrazine radical cation iodide (**369**, X = I) (electrolytic reduction; NaI ↓), and finally the corresponding tetraphenylborate (**369**, X = BPh$_4$) (NaBPh$_4$: 18%) which was sufficiently stable for elemental and X-ray analysis.[548]

Also other examples.[61,285]

Other Reactions

The rates for deuteration of the 2-methyl groups of 2,3-dimethylpyrazinium chloride (**370**) and 1,2,3-trimethylpyrazinium chloride (**371**) have been determined in DCl/D$_2$O: the quaternary substrate (**371**) reacted ~30 times faster; a similar factor applied to other such pairs of alkylated pyrazines.[563]

Quaternary salts of 1,2-bis(pyrazin-2-yl)ethylene (**372**) underwent (E → Z) photoisomerization; the quantum yield for the chloride salt was better than that for the iodide salt.[1165]

CHAPTER 4

Halogenopyrazines (*H* 95)

Whether a halogeno substituent occupies the 2-,3-,4-,or 5-position on the pyrazine ring, it is activated by one adjacent ring nitrogen atom: hence, its reactivity will resemble that in *o*-chloronitrobenzene unless it is affected substantially by any electron-releasing, electron-withdrawing, or sterically bulky substituent(s) present. An extranuclear halogeno substituent is only marginally affected by the pyrazine ring and its reactivity will approximate that in benzyl chloride, unless it is affected in an electronic or steric way by another substituent on the same side chain. Both types of halogenopyrazine continue to be used extensively as convenient intermediates in the preparation of all sorts of other pyrazines. In this respect, the more easily available chloropyrazines are usually employed in preference to other halogenopyrazines, since there is little difference in their relative reactivities.

4.1. PREPARATION OF NUCLEAR HALOGENOPYRAZINES (*H* 95)

With the exception of those halogenopyrazines made by *primary synthesis* (see Chapters 1 and 2), most chloropyrazines have been made recently by the reaction of tautomeric pyrazinones with a phosphorus chloride or by the reaction of pyrazine *N*-oxides with phosphoryl chloride; in contrast, most other halogenopyrazines have been made by direct halogenation or by transhalogenation of chloropyrazines. A single interesting example of the conversion of a methoxy- into a chloropyrazine is included at the end of Section 4.1.1.

4.1.1. Nuclear Halogenopyrazines from Pyrazinones (*H* 99)

Although such transformations have usually been done with neat phosphoryl chloride (or bromide), it appears that related reagents or a combination of reagents have proven more effective in individual cases. Recently used procedures are typified in the following classified examples:

Using Neat Phosphoryl Halide

Ethyl 5-oxo-4,5-dihydro-2-pyrazinecarboxylate (**1**) gave ethyl 5-chloro-2-pyrazinecarboxylate (**2**) (POCl$_3$, reflux, 90 min: 88%).[1681]

2(1H)-Pyrazinone gave 2-chloropyrazine (POCl$_3$, reflux, 50 min: 84%).[64]
5-(Furan-2-yl)-2(1H)-pyrazinone gave 2-chloro-5-(furan-2-yl)pyrazine (**3**) (POCl$_3$, reflux, 3 h: 66%).[1271]

3-Methyl-5-phenyl-2(1H)-pyrazinone (**4**) gave 2-chloro-3-methyl-5-phenylpyrazine (**5**) (POCl$_3$, 175°C, sealed, 18 h: 92%; beware of pressure within the tube even when cooled!);[57] such a sealed reaction also converted 5-chloro-3-phenyl-2(1H)-pyrazinone into 2,5-dichloro-3-phenylpyrazine (**6**) (185°C, 5 h: 92%).[1382]

3-Amino-5,6-dimethyl-2(1H)-pyrazinone (**7**) gave 3-bromo-5,6-dimethyl-2-pyrazinamine (**8**) (neat POBr$_3$, open vessel, 145°C, 20 min: ∼ 40%);[1012] 3-bromo-2-pyrazinamine was made similarly.[1008]

Also other examples.[80,86,295,825,956,1033,1290,1386,1396]

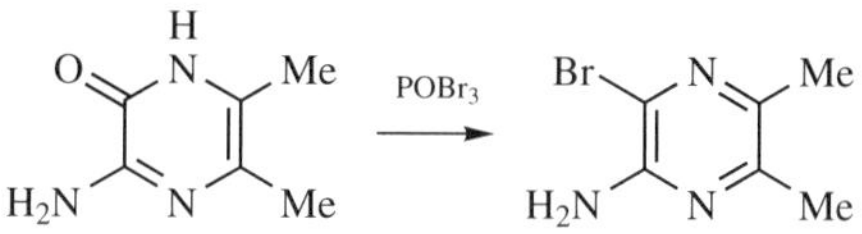

Using Phosphorus Pentachloride in Phosphoryl Chloride

Note: This combination of reagents is usually employed when phosphoryl chloride alone proves too slow or when additional C-chlorination is required. Its recent use in the pyrazine series has been mainly for the conversion of 3,6-dihydro-2,5(1H, 4H)-pyrazinediones into mono- or dichloropyrazines, as illustrated here.

3-*sec*-Butyl-6-isobutyl-3,6-dihydro-2,5(1H,4H)-pyrazinedione (**9**, R = Bu^s) gave a separable mixture of 2-*sec*-butyl-6-chloro-5-isobutyl pyrazine (**10**, R = Bu^s), 2-*sec*-butyl-3-chloro-5-isobutylpyrazine (**11**, R = Bu^s), and 2-*sec*-butyl-3,6-dichloro-5-isobutylpyrazine (**12**, R = Bu^s) (PCl$_5$, POCl$_3$, 135°C, sealed, 1 h: 21, 32, and ?%, respectively: mechanism unclear).[92]

In a similar manner, 3-isobutyl-6-methyl-3,6-dihydro-2,5(1H,4H)-pyrazinedione (**9**, R = Me) gave 2-chloro-3-isobutyl-6-methylpyrazine (**10**, R = Me), 2-chloro-6-isobutyl-3-methylpyrazine (**11**, R = Me), and 2,5-dichloro-3-isobutyl-6-methylpyrazine (**12**, R = Me) (27, 21, and 4%, respectively).[295]

Also other closely related examples[80,298,312,317,1314] as well as some more regular cases.[1091]

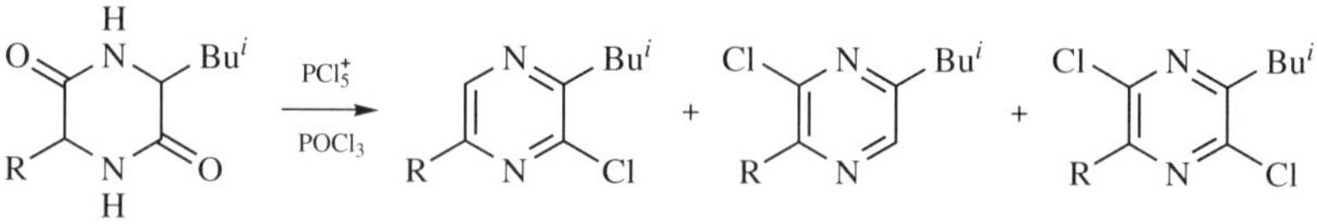

Using Phosphoryl Chloride and a Tertiary Base

Note: This useful procedure has been almost ignored recently in the pyrazine series.

3-Oxo-3, 4-dihydro-2-pyrazinecarboxamide (**13**) gave 3-chloro-2-pyrazinecarboxamide (**14**) (POCl$_3$, pyridine, 40 → 80°C, 4 h: 86%);[1119] also corresponding acid.[275]

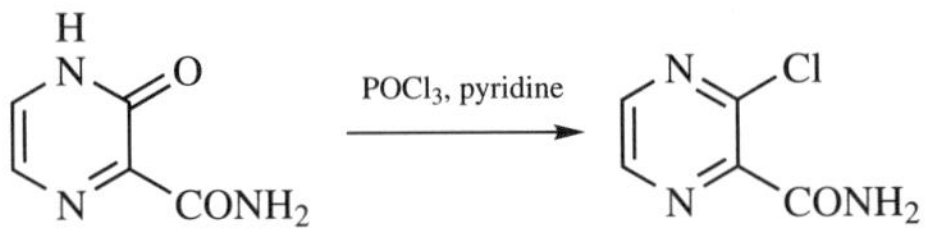

[Structure (13) → (14) with POCl₃, pyridine]

Using Phosphoryl Chloride and Sulfur Monochloride

1,4-Dimethyl-3,6-dihydro-2,5(1H,4H)-pyrazinedione (**15**) gave a separable mixture of 5,6-dichloro-1,4-dimethyl-2,3(1H,4H)-pyrazinedione (**16**) and 3,5,6-trichloro-1-methyl-2(1H)-pyrazinone (**17**) (POCl₃, PhH—CH₂Cl₂, 20°C, 30 min; then S₂Cl₂↓, 20 → 70°C, 12 h: 19 and <1%, respectively);[745] the mechanism remains obscure.[164]

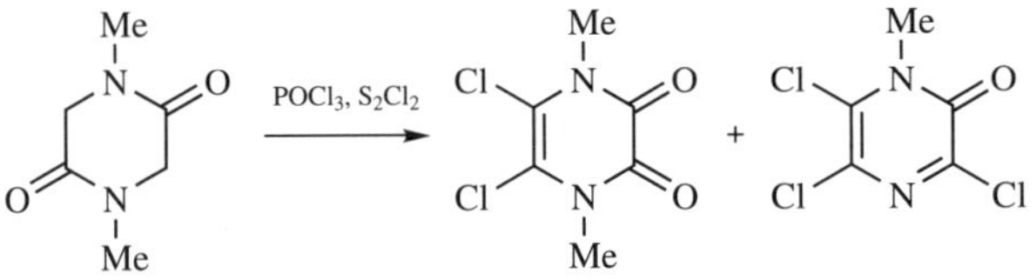

[Structures (15), (16), (17)]

Using Phenylphosphonic Dichloride

2,3(1H,4H)-Pyrazinedione (**18**) gave 2,3-dichloropyrazine (**19**) [neat PhP(=O)Cl₂, ~160°C, 2 h: >95%; the use of POCl₃ was less satisfactory].[1117]

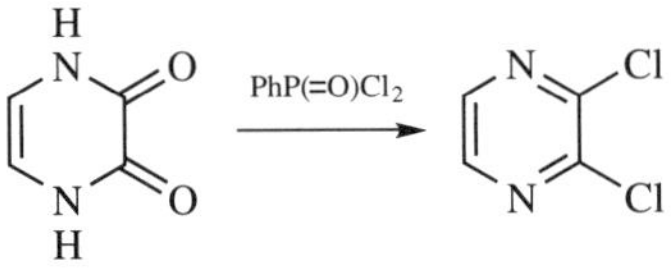

[Structures (18), (19)]

Using Phosgene

3-(2-Methylthioethyl)-5-phenyl-2(1H)-pyrazinone (**20**) gave 2-chloro-3-(2-methylthioethyl)-5-phenylpyrazine (**21**) (COCl₂, PhMe—THF, reflux, 4 h: >95%);[315] 2-chloro-3-isobutyl-5-phenylpyrazine (>80%) similarly.[632]

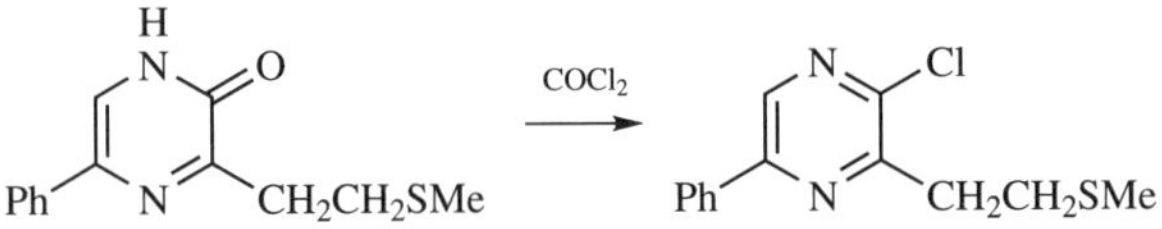

[Structures (20), (21)]

Using a Vilsmeier Reagent

Note: The most common Vilsmeier reagent, chloromethylenedimethylammonium chloride (ClCH=N$^+$Me$_2$ Cl$^-$), may be generated *in situ* from dimethylformamide (DMF) with an acid chloride like phosphoryl, thionyl, oxalyl chloride, and so on.

Methyl 3-oxo-3,4-dihydro-2-pyrazinecarboxylate (**22**) gave methyl 3-chloro-2-pyrazinecarboxylate (**23**) (SO$_2$Cl, trace Me$_2$NCHO, PhMe, 80°C, N$_2$, 3 h: 80%);[54] the isomeric substrate, methyl 5-oxo-4,5-dihydro-2-pyrazinecarboxylate, gave methyl 5-chloro-2-pyrazinecarboxylate (**24**, R = H) (neat POCl$_3$, trace Me$_2$NCHO, reflux, 2 h: 68%);[85] and the homologous methyl 5-chloro-6-methyl-2-pyrazinecarboxylate (**24**, R = Me) (77%) was made similarly.[85]

5,6-Dioxo-1,4,5,6-tetrahydro-2,3-pyrazinedicarbonitrile gave 5,6-dichloro-2,3-pyrazinedicarbonitrile (**25**) (SOCl$_2$, Me$_2$NCHO, dioxane, 100°C, 5 h: 90%;[1390] likewise but 60°C, 2.5 h: 68%).[1049]

3-Methoxy-1-phenyl-2(1*H*)-pyrazinone (**26**, R = OMe) gave 3-chloro-1-phenyl-2(1*H*)-pyrazinone (**26**, R = Cl) (POCl$_3$, Me$_2$NCHO, 0 → 80°C, 3 h: 85%).[370]

4.1.2. Nuclear Halogenopyrazines by Direct Halogenation (*H* 95)

The direct nuclear chlorination, bromination, or iodination of pyrazines is usually done with elemental halogen or *N*-halogeno succinimide but direct fluorination requires a more vigorous approach. All recently used procedures are typified in the following examples, classified according to the entering halogen substituent:

Chlorination

2-Pyrazinamine gave 5-chloro-2-pyrazinamine (**27**) [substrate, CHCl$_3$—pyridine, Cl$_2$(1.2 mol)/CHCl$_3$ ↓ slowly, 20°C, dark, 3 h: 26% after purification].[1280]

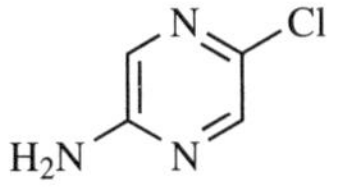

(**27**)

2-Chloromethyl-3-methoxy-5-methylpyrazine 1-oxide (**28**, R = H) gave 2-chloro-6-chloromethyl-5-methoxy-3-methylpyrazine 1-oxide (**28**, R = Cl) (*N*-chlorosuccinimide, Me$_2$NCHO, 20°C, 12 h: 90%).[333]

Also other examples.[321,599,1460]

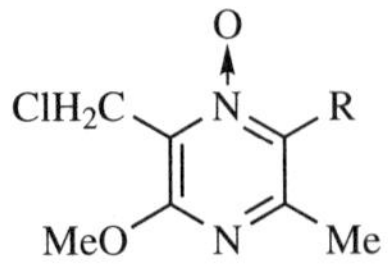

(**28**)

Bromination

3-Amino-2-pyrazinecarbonitrile (**29**, R = H) gave regioselectively 3-amino-6-bromo-2-pyrazinecarbonitrile (**29**, R = Br) (substrate, AcOH, Br$_2$/AcOH-↓ slowly, 60°C, 4 h: 85%).[802]

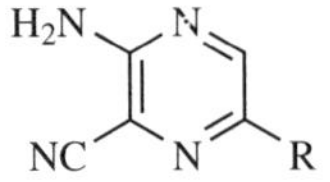

(**29**)

2-Azidopyrazine (**30**, R = H) gave 2-azido-6-bromopyrazine (**30**, R = Br) (substrate, CHCl$_3$, Br$_2$/CHCl$_3$ ↓ slowly, 0 → 20°C, 2 h: 49%).[891]

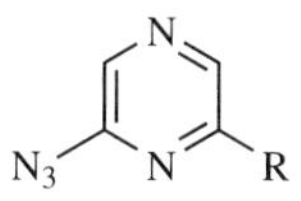

(30)

2-Pyrazinamine gave regioselectively 5-bromo-2-pyrazinamine (31, R = H) [substrate, pyridine—CHCl$_3$, Br$_2$(1.2 mol)/CHCl$_3$ ↓ slowly, 20°C, dark, 1 h: 42%;[1280] NBS, CH$_2$Cl$_2$, 0°C, 24 h: 55%;[361] or 3-bromo-6-chloroimidazo[1, 2b]-pyrazine.HBr.Br$_2$ complex (32) (1.1 mol), CHCl$_3$, 20°C, 90 min: 36%];[191] or 3,5-dibromo-2-pyrazinamine (31, R = Br) [as before but Br$_2$ (2.1 mol): 54%;[1280] NBS, CHCl$_3$, 20°C, 12 h, then reflux, 1 h: ~ 45%;[1012] or complex (32) (2.2 mol), as before: 31%].[191]

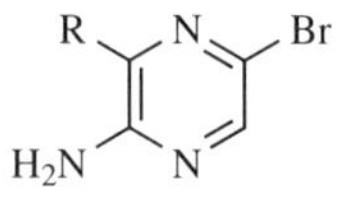

(31) 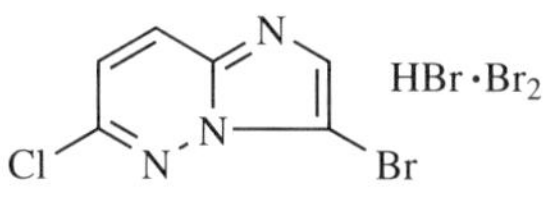   (32)

5-Methyl-2-pyrazinamine 4-oxide (33, R = H) gave 3-bromo-5-methyl-2-pyrazinamine 4-oxide (33, R = Br) (NBS, Me$_2$SO—H$_2$O, 15°C, 4 h: 79%, initially as a complex).[1508]

3,6-Dihydro-2,5(1H, 4H)-pyrazinedione underwent N, N'-dibromination to give 1,4-dibromo-3,6-dihydro-2,5(1H,4H)-pyrazinedione (Br$_2$, Na$_2$CO$_3$, H$_2$O, 20°C, 2 h: ~90%);[567] like other N-halogeno amides, this can be used as a brominating agent.[567,569,579]

Also other examples.[99]

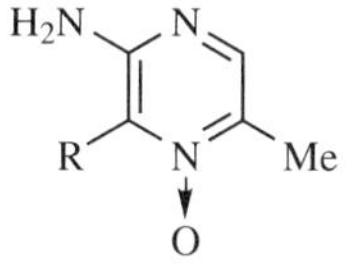

(33)

Iodination

2-Pyrazinamine 4-oxide (34, R = H) gave 3,5-diiodo-2-pyrazinamine 4-oxide (34, R = I) (I$_2$, Et$_3$N, MeCN, reflux, 2 h: 18%; or I$_2$, Me$_2$SO, 80°C, 30 min: 97%);[278] also analogues.[278]

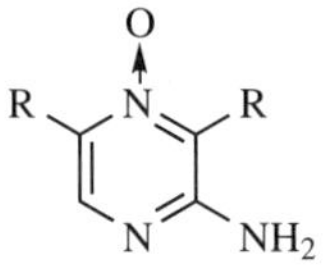

(34)

3,6-Diethyl-2(1*H*)-pyrazinone (**35**, R = H) gave 3,6-diethyl-5-iodo-2(1*H*)-pyrazinone (**35**, R = I) (*N*-iodosuccinimide, Me$_2$NCHO, 20°C, 12 h: 83%);[321] analogues likewise.[321]

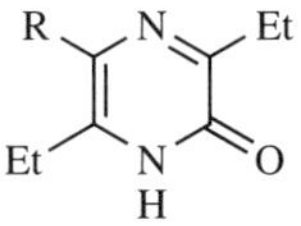

(35)

2-*tert*-Butylsulfonylpyrazine (**36**, R = H) gave its 3-lithio derivative (**36**, R = Li) [Me$_4$-piperidine-Li (made *in situ*), THF, 0°C, 20 min], and thence 2-*tert*-butylsulfonyl-3-iodopyrazine (**36**, R = I) (I$_2$, −75°C, 2 h: 16%);[1602] 2,6-dichloro-3-iodo- and 2,6-dichloro-3,5-diiodopyrazine were made somewhat similarly;[1455] also 2-fluoro-3-iodopyrazine (54%).[406]
Also other examples.[817,1613]

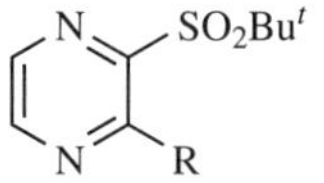

(36)

Fluorination

Note: Several perfluorinations of pyrazine or piperazine derivatives have been reported: The methods do not lend themselves to limited fluorination.

Perfluoro(2,5-diisopropylpyrazine) (**37**) underwent further (additive) fluorination to give perfluoro(2,5-diisopropyl-3,6-dihydropyrazine) (**38**) (CoF$_3$ + CaF$_2$, 156°C, substrate ↓ dropwise, N$_2$: 87%; mechanism discussed).[15]

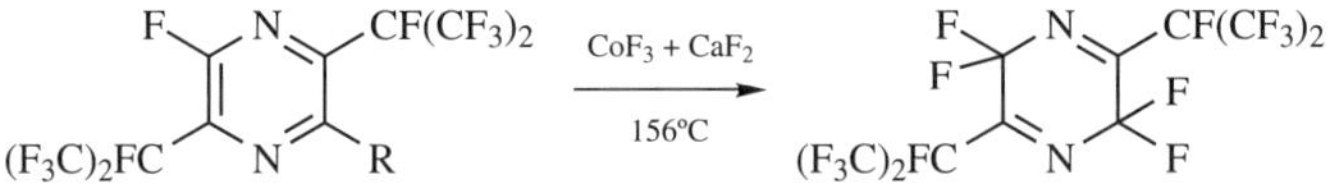

(37)　　CoF$_3$ + CaF$_2$, 156°C　　(38)

1,4-Dimethylpiperazine (**39**) gave perfluoro (1,4-dimethylpiperazine) (**40**) (substrate + NaF, F$_2$ ↓, He, −78 → 25°C: 85%); and piperazine gave perfluoropiperazine (**41**) (similarly but −50 → −10°C: 86%; for details, see original and references cited therein).[1324]

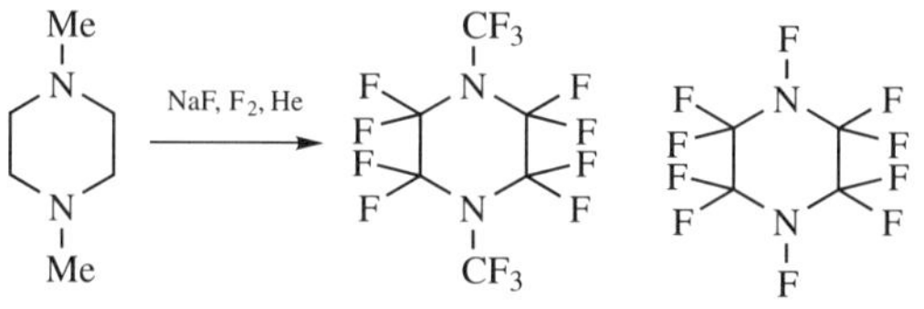

4.1.3. Nuclear Halogenopyrazines by Deoxidative Halogenation of Pyrazine *N*-Oxides (*H* 105)

The conversion of pyrazine *N*-oxides into *C*-chloropyrazines by phosphoryl chloride, and so on has continued to be widely used recently. It should be noted that the entering chloro substituent does not always become attached to a ring carbon adjacent to the oxide entity: it sometimes enters at another ring carbon or even at the α-position on an alkyl substituent. Typical regular and irregular examples from recent literature follow:

Pyrazine 1-oxide (**42**) gave 2-chloropyrazine (**43**) (neat POCl$_3$, 70°C, substrate ↓ portionwise, 2 h: 37%).[1529,cf.64]

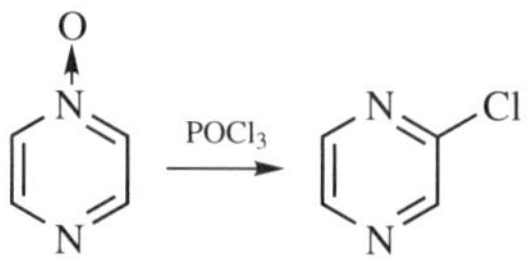

2-Chloro-3-methyl-5-phenylpyrazine 1-oxide (**44**) gave 2,6-dichloro-3-methyl-5-phenylpyrazine (**45**) (POCl$_3$, 80°C, 30 min: 93%); analogues likewise.[57]

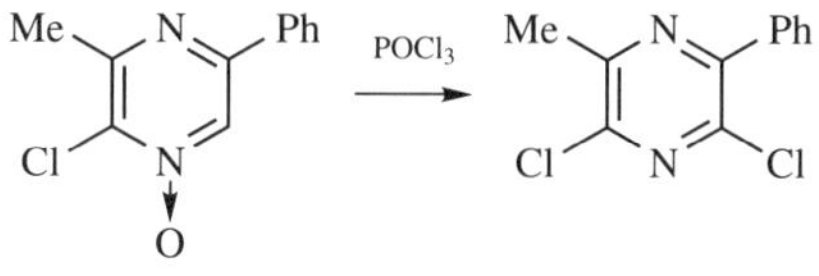

2,3-Diphenylpyrazine 1,4-dioxide (**46**) gave a separable mixture of 2,3-dichloro-5,6-diphenylpyrazine (**47**) and (unexpectedly) 2-chloro-5,6-diphenylpyrazine 1-oxide (**48**) (POCl$_3$, reflux, 1 h: 55 and 36%, respectively);[1250] several p, p'-disubstituted substrates behaved similarly.[1561]

2-Chloro-5,6-dimethylpyrazine 4-oxide (**49**) gave a mixture of 2,3-dichloro-5,6-dimethylpyrazine (**50**) and 2-chloro-5-chloromethyl-6-methylpyrazine (**51**) (POCl$_3$, reflux, 30 min: 38 and 19%, respectively, after separation).[1272]

2-Phenylpyrazine 4-oxide (**52**) gave a separable mixture of 2-chloro-3-phenylpyrazine (**53**), 2-chloro-5-phenylpyrazine (**54**), and 2-chloro-6-phenylpyrazine (**55**) (POCl$_3$, reflux, 1 h: 39, 8, and 38%, respectively).[1290,1448,1574]

Also other examples.[80,82,324,503,811,891,1260,1307,1311,1377,1382,1524,1574,1582]

4.1.4. Nuclear Halogenopyrazines from Pyrazinamines (*H* 112)

The conversion of (primary) pyrazinamines into the corresponding halogenopyrazines by one-pot diazotization and treatment with halides has proven reasonably satisfactory for making some chloro-, bromo-, or fluoropyrazines; to date, iodopyrazines have not been so made, although examples may be found in other diazine series.[1687, 1688] The actual procedures vary considerably, as evident in the following examples:

3-Amino-2-pyrazinecarbonitrile (**56**, R = NH$_2$) gave 3-chloro-2-pyrazinecarbonitrile (**56**, R = Cl) (NaNO$_2$, HCl. NaCl, 0 → 20°C, 3 h: 29%).[262]

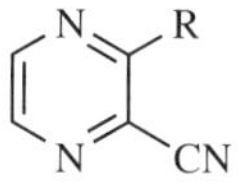

(**56**)

5-Benzyloxy-3-hydroxymethyl-6-isobutyl-2-pyrazinamine 1-oxide (**57**, R = CH$_2$OH) gave 2-benzyloxy-5-chloro-6-hydroxymethyl-3-isobutylpyrazine 4-oxide (**58**, R = CH$_2$OH) (Bu^{i}CH$_2$ONO, CuCl—CuCl$_2$, N$_2$, MeCN, 20°C, 30 min: 75%);[848] and methyl 3-amino-6-benzyloxy-5-isobutyl-2-pyrazinecarboxylate 4-oxide (**57**, R = CO$_2$Me) gave methyl 6-benzyloxy-3-chloro-5-isobutyl-2-pyrazinecarboxylate 4-oxide (**58**, R = CO$_2$Me) (likewise but 90 min: 61%).[337]

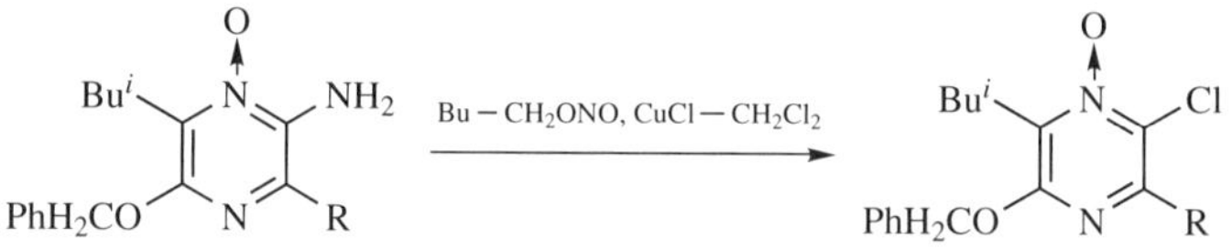

(**57**) → (**58**)

Methyl 3-amino- (**59**, R = NH$_2$) gave methyl 3-bromo-6-chloro-5-(4-methylpiperazin-1-yl)-2-pyrazinecarboxylate (**59**, R = Br) (NaNO$_2$, Br$_2$—HBr—AcOH—H$_2$O, 5°C, 30 min: 47%).[645]

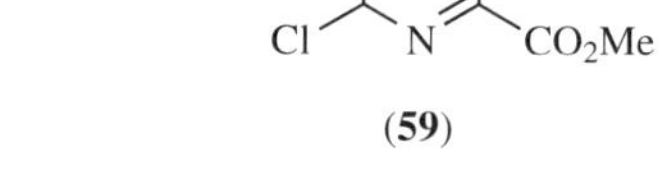

(**59**)

5,6-Dichloro-3-nitro-2-pyrazinamine (**60**, R = NH$_2$) gave 2-bromo-5,6-dichloro-3-nitropyrazine (**60**, R = Br) (Bu^{i}CH$_2$ONO, excess CHBr$_3$, reflux, 8 h; then more Bu^{i}CH$_2$ONO ↓, reflux, 10 h: ~50%, crude product; mechanism?).[1313]

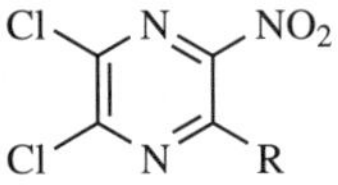

(60)

5-Phenyl-2-pyrazinamine (**61**, R = NH$_2$) gave 2-fluoro-5-phenylpyrazine (**61**, R = F) (NaNO$_2$, HBF$_4$, H$_2$O, −5 → 20°C, 2.5 h: ?%);[1457] 2-fluoropyrazine 1-oxide (17%) was made somewhat similarly.[276]

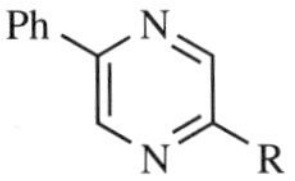

(61)

4.1.5. Nuclear Halogenopyrazines by Transhalogenation (*H* 111)

This procedure is especially useful for converting easily available chloro- or bromopyrazines into less easily available iodo- or fluoropyrazines. Although neglected of recent years, there are several examples of the transhalogenation of chloro- into iodopyrazines.

2-Chloropyrazine gave 2-iodopyrazine (NaI, AcOH, H$_2$SO$_4$, MeCN, reflux, 5 h: 80%).[1613]

2,6-Dichloropyrazine (**62**) gave 2,6-diiodopyrazine (**63**) (I$_2$, TsOH, 15-crown-5, (CH)$_4$SO$_2$, 150°C, 2 h: 38%;[1588] or HI, NaI, AcEt—H$_2$O, 15-crown-5, reflux, 4 days: 34%).[638]

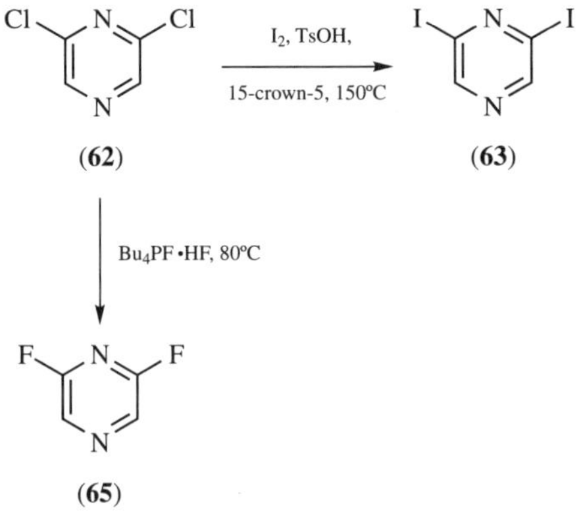

(62) → (63)

I$_2$, TsOH,
15-crown-5, 150°C

Bu$_4$PF·HF, 80°C

(65)

2-Chloropyrazine (**64**, X = Cl) gave 2-fluoropyrazine (**64**, X = F) [HF (solution?), 100°C, more HF ↓ continuously, 1 h: 61 with 34% of substrate recovered;[1086] neat Bu$_4$PF.HF, 100°C, 2 h: 93%;[327] neat Bu$_4$PF.2 HF, 140°C, 23 h: 81%;[327] or KF, *N*-Me-pyrrolidinone, reflux, 2.5 h: 80%].[406]

2,6-Dichloropyrazine (**62**) gave 2,6-difluoropyrazine (**65**) (neat Bu$_4$PF.HF, 80°C, 1 h: 85%).[327]

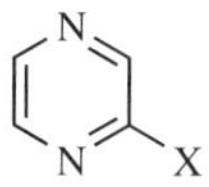

(**64**)

2-Chloropyrazine 1-oxide (**66**) gave 2-fluoropyrazine 1-oxide (**67**) (KF, Me$_2$SO, reflux, 2 days: 32%).[276]

Also other examples.[1307]

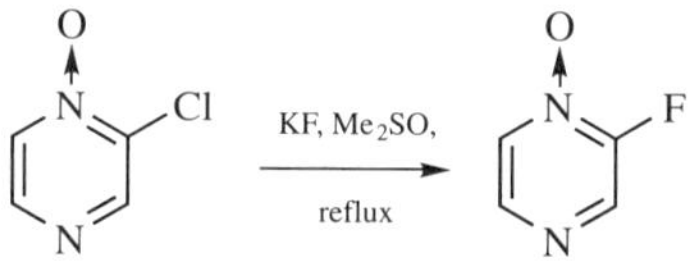

(**66**) → (**67**)

4.1.6. Nuclear Halogenopyrazines via Trimethylsiloxypyrazines

This convenient indirect process involves conversion of a pyrazinone into the corresponding trimethylsiloxypyrazine, and thence (with phosphorus halide) into the required halogenopyrazine. For example, 5-phenyl-2(1*H*)-pyrazinone afforded crude 2-phenyl-5-trimethylsiloxypyrazine (neat Me$_3$SiNHSiMe$_3$, ClSiMe$_3$, reflux, 30 min) that reacted with an appropriate phosphorus halide to furnish 2-bromo- (neat PBr$_3$, 150°C, 1 h: 77% overall), 2-chloro- (neat PCl$_5$, 200°C, 1 h: 40%), or 2-iodo-5-phenylpyrazine (PI$_3$, Cl$_2$CHCH$_2$Cl, reflux, 24 h: 12%); homologues were made similarly.[1726]

4.2. REACTIONS OF NUCLEAR HALOGENOPYRAZINES (*H* 121)

Most halogenopyrazines undergo facile nucleophilic displacement of their halogeno substituent (s),[1286] thus making them ideal substrates for the preparation of other pyrazines.

The conversion of *halogeno-* into *alkyl-* or *arylpyrazines* has been discussed in Section 3.2.1.2. The other important reactions of halogenopyrazines are summarized in the following subsections.

4.2.1. Aminolysis of Nuclear Halogenopyrazines (*H* 123, 149)

Aminolysis is the most employed reaction of halogenopyrazines. The reactivity of a halogeno substituent is unaffected by its position on the pyrazine ring and there is little difference in the reactivity of a chloro, bromo, iodo, or even a fluoro substituent. Accordingly, the nature of the attacking amine (e.g., hydrazine > alkylamines > ammonia > arylamines in aminolytic power) and the nature, number, and disposition of other substituents in the substrate are the determing factors in the ease (or otherwise) of an aminolysis. This finding is illustrated, albeit qualitatively, in the following examples that are classified initially according to the passenger substituents in the halogenopyrazines used as substrates:

From Halogenopyrazines without Other Substituents

2-Chloropyrazine (**69**) gave 2-ethylaminopyrazine (**68**, R = Et) (EtNH$_2$, EtOH, 125°C, sealed, 11 h: 75%),[409] 2-(but-3-ynylamino)pyrazine (**68**, R = CH$_2$CH$_2$C≡CH) (HC≡CHCH$_2$CH$_2$NH$_2$, Et$_3$N, 130°C, sealed, 24 h: 21%),[361] or 2-(*o*-bromoanilino)pyrazine (**68**, R = C$_6$H$_4$Br-*o*) (neat *o*-BrC$_6$H$_4$NH$_2$, 150°C, N$_2$, 24 h: 27%).[369]

2-Chloropyrazine (**69**) gave 2-hydrazinopyrazine (**68**, R = NH$_2$) (neat H$_2$NNH$_2$.H$_2$O, reflux, 40 min; then 4°C, 2 days: 70%;[593] or H$_2$NNH$_2$, EtOH, reflux, 4 h: ~65%).[622]

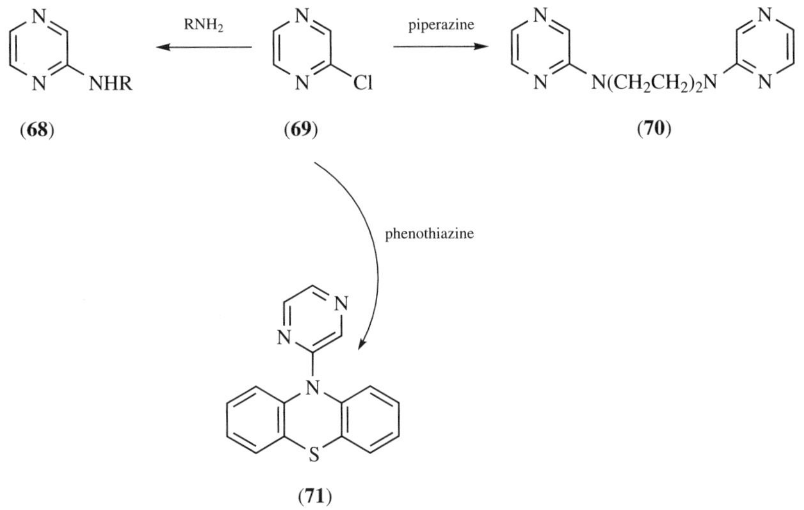

2-Chloropyrazine (**69**) gave 1,4-di(pyrazin-2-yl)piperazine (**70**) [piperazine (0.4 mol), Et$_3$N, THF, 8000 atm!, 100°C, 4 days: 96%].[855]

2-Chloropyrazine (**69**) and phenothiazine gave 10-(pyrazin-2-yl)phenothiazine (**71**) (KI, K$_2$CO$_3$, Cu, no solvent, 240°C, 4 days: 80%).[1316]

2,6-Dichloropyrazine (**73**, X = Cl) gave 2-chloro-6-hydroxyaminopyrazine (**72**) (H$_2$NOH, EtOH, reflux, 2 h: 35%).[1121]

2,6-Diiodopyrazine (**73**, X = I) gave 2-dimethylamino-6-iodopyrazine (**74**) (Me$_2$NH, MeOH, reflux, 1 h: 89%).[638]

2,6-Dibromopyrazine (**73**, X = Br) and ethyl 3-pyrazolecarboxylate gave 2,6-bis(3-ethoxycarbonylpyrazol-1-yl)pyrazine (**75**) [K, THF; then substrate ↓, reflux, 2 days: 60%, after separation from 2-bromo-6-(3-ethoxycarbonylpyrazol-1-yl)pyrazine (7%)].[963]

2,3-Dichloropyrazine (**76**) gave 2,3-dihydrazinopyrazine (**77**) (95% H$_2$NNH$_2$, EtOH, warm: 66%;[1117] or H$_2$NNH$_2$.H$_2$O, EtOH, reflux, 90 min: 87%).[748]

3,4,5,6-Tetrachloropyrazine (**78**) gave 2,5-dichloro-3,6-diphthalimidopyrazine (**79**) (K-phthalimide, Me$_2$NCHO, 50°C, 16 h: ?%), and thence 3,6-dichloro-2,5-pyrazinediamine (**80**) (H$_2$NNH$_2$, H$_2$O, no details but structure confirmed by X-ray analysis; note that regular aminolysis of the same substrate gave a mixture of 5,6-dichloro-2,3- and 3,5-dichloro-2,6- but no trace of 3,6-dichloro-2,5-pyrazinediamine).[1656]

Also other examples.[172,599,625,627,628,680,1034,1445,1513,1562,1569]

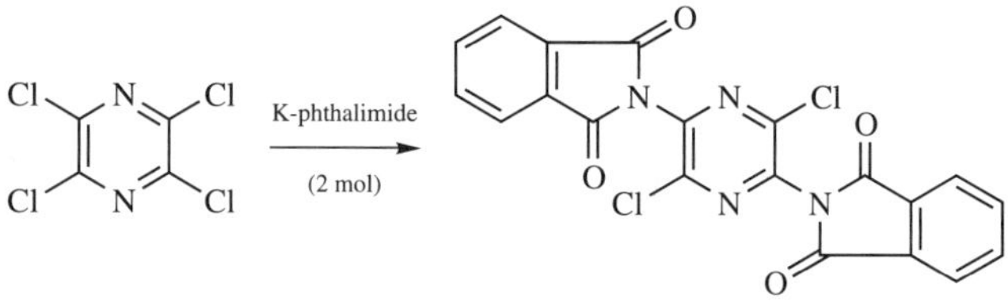

(78) (79) 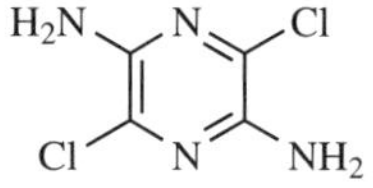 (80)

From Alkyl- or Arylhalogenopyrazines

2-Chloro- (**81**, R = Cl) gave 2-hydrazino-3-(2-methylthioethyl)-5-phenylpyrazine (**81**, R = NHNH$_2$) (55% H$_2$NNH$_2$—H$_2$O, BuOH, reflux, 4 h: 92%).[315]

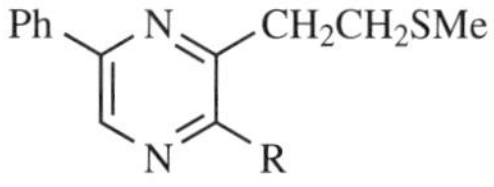

(81)

2-Chloro-3,6-dimethylpyrazine (**82**, R = Cl) gave 2,5-dimethyl-3-(*N*-methylhydrazino)pyrazine (**82**, R = NMeNH$_2$) (MeHNNH$_2$, K$_2$CO$_3$, BuOH, reflux, 4 h: 51%),[72] 2-dimethylamino-3,6-dimethylpyrazine (**82**, R = NMe$_2$) [neat O=P(NMe$_2$)$_3$, N$_2$, 150°C, 15 h: 49%),[786] or 1-(3,6-dimethylpyrazin-2-yl) indole (**83**) (indole, K$_2$CO$_3$, CuI, AcNMe$_2$, reflux, 12 h: 37%).[102]

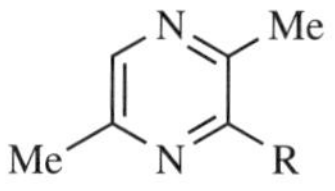

(82) 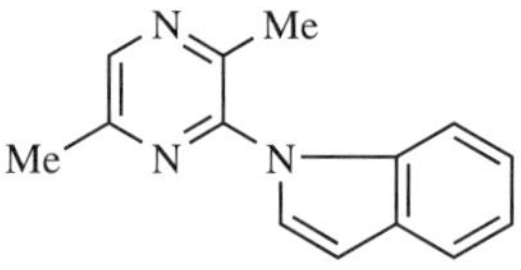 (83)

2-Chloro-3,6-diphenylpyrazine (**84**, R = Cl) gave 3,6-diphenyl-2-pyrazinamine (**84**, R = NH$_2$) (neat PhCONH$_2$, K$_2$CO$_3$, ~200°C, 1 h: 70%) or 2-acetamido-3,6-diphenylpyrazine (**84**, R = NHAc) (neat AcNH$_2$, K$_2$CO$_3$, reflux, 14 h: 75%; the reasons for loss or retention of the acyl group are discussed);[241] analogous substrates behaved similarly.[241]

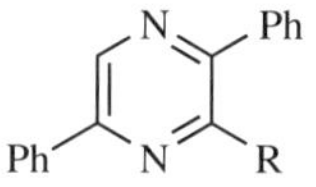

(84)

2-Chloro-5,6-diphenylpyrazine (**85**, R = Cl) gave 2-dimethylamino- (**85**, R = NMe$_2$) (Me$_2$NCHO, KOH, 185°C, 14 h: 78%) or 2-methylamino-5,6-diphenylpyrazine (**85**, R = NHMe) (MeHNCHO, KOH, 155°C, 7 h: 88%).[185]

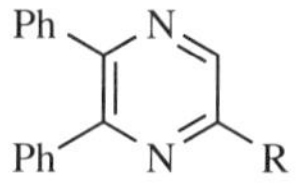

(85)

2,3-Dibromo-5,6-diphenylpyrazine (**86**, R = Br) gave 5,6-diphenyl-2,3-pyrazinediamine (**86**, R = NH$_2$) (NH$_4$OH, MeOH, Cu, 140°C, sealed, 24 h: 77%).[558]

Also other examples in the foregoing references and elsewhere.[632, 650]

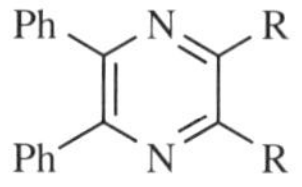

(86)

From Halogenopyrazinamines

Note: The deactivating effect of an electron-releasing amino group upon the halogeno leaving group is evident in the conditions needed for even these monoaminolyses.

3,5-Dibromo-2-pyrazinamine (**87**) gave 5-bromo-3-methylamino-2-pyrazinamine (**88**, R = Me) (MeNH$_2$, EtOH, 100°C, sealed, 17 h: ?%;[1017] or MeNH$_2$, H$_2$O, 130°C, sealed, 17 h: 73%),[640] 5-bromo-3-hydrazino-2-pyrazinamine (**88**, R = NH$_2$) (H$_2$NNH$_2$.H$_2$O, H$_2$O, 95°C, 90 min: ~ 20%),[1017] or analogous products.[1730]

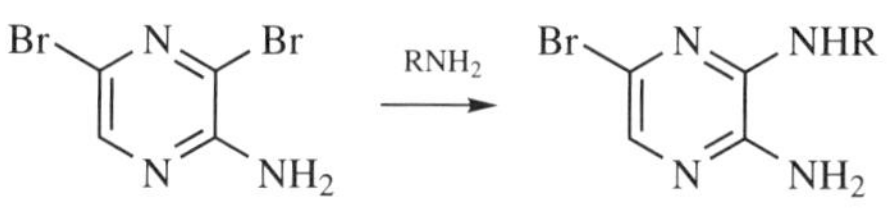

(87) → (88)

3-Bromo-2-pyrazinamine (**89**, R = Br) gave 2,3-pyrazinediamine (**89**, R = NH$_2$) (NH$_3$, EtOH, Cu, 140°C, sealed, 20 h: ~45%), 3-methylamino-2-pyrazinamine (**89**, R = NHMe) (MeNH$_2$, EtOH, Cu, 140°C, sealed, 25 h: ~50%), or 3-hydrazino-2-pyrazinamine (**89**, R = NHNH$_2$) (100% H$_2$NNH$_2$, 20°C, 3 days: ~20%).[1008]

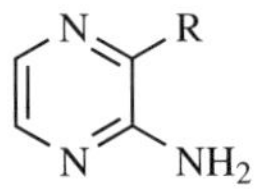

(**89**)

From Halogenopyrazinones

3,5-Dichloro-1-methyl-2(1H)-pyrazinone (**90**, R = Cl) gave 5-chloro-3-diethylamino- (**90**, R = NEt$_2$) (Et$_2$NH, dioxane, 50°C, 2 h: 95%),[865] 5-chloro-3-hydrazino- (**90**, R = NHNH$_2$) (H$_2$NNH$_2$, dioxane, 20°C, N$_2$, 3 h: 65%),[1370] or 3-amino-5-chloro-1-methyl-2(1H)-pyrazinone (**90**, R = NH$_2$) [25% NH$_4$OH, dioxane, 20°C, long standing (?): 83%];[1309] also analogues likewise.[865, 1370]

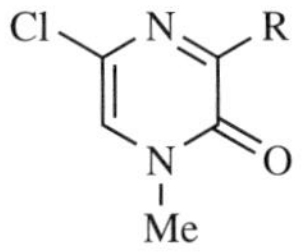

(**90**)

1-Benzyl-3,5-dichloro-6-phenyl-2(1H)-pyrazinone (**91**, R = Cl) gave 1-benzyl-5-chloro-3-(o-iodoanilino)-6-phenyl-2(1H)-pyrazinone (**91**, R = NHC$_6$H$_4$I-o) (H$_2$NC$_6$H$_4$I-o, NaH, THF, N$_2$, 20°C, 30 min; substrate ↓, reflux, <5 h: 78%);[1607] analogues likewise.[1607]
Also other examples.[481, 1063]

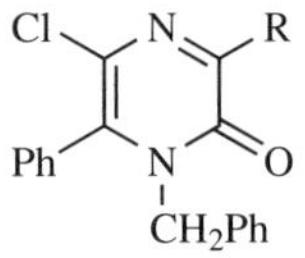

(**91**)

From Halogenopyrazine N-Oxides

2-Chloropyrazine 4-oxide (**92**, R = Cl) gave 2-hydrazinopyrazine 4-oxide (**92**, R = NHNH$_2$) (H$_2$NNH$_2$·H$_2$O, EtOH, reflux, 90 min: 77%).[9]

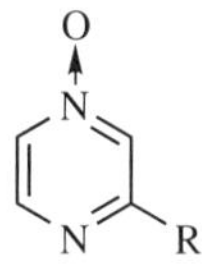

(92)

2,6-Dichloropyrazine 4-oxide (**93**, R = Cl) gave 2-chloro-6-hydrazinopyrazine 4-oxide (**93**, R = NHNH$_2$) (H$_2$NNH$_2$.H$_2$O, EtOH, 20°C, 24 h: 69%).[891] Also other examples.[78,80,276]

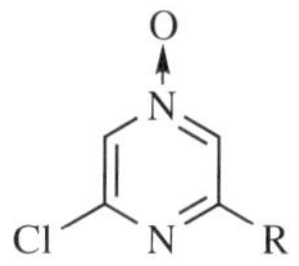

(93)

From Halogenonitropyrazines

Note: The powerful activation of a halogeno substituent by an appropriately placed nitro group is evident in these examples.

2-Chloro-3-nitropyrazine (**94**, R = Cl) gave 2-(2,3-dihydroxypropylamino)-3-nitropyrazine [**94**, R = NHCH$_2$CH(OH)CH$_2$OH] [H$_2$NCH$_2$CH(OH)CH$_2$OH, Et$_3$N, Pr^{i}OH, 20°C, ? h: 83%];[1310] 2-chloro-5-nitropyrazine gave the isomeric product, 2-(2,3-dihydroxypropylamino)-5-nitropyrazine (likewise but 18 h: 79%).[1310]

2-Bromo-5,6-dichloro-3-nitropyrazine (**95**) gave 2-chloro-3,5-bis(2-hydroxyethylamino)-6-nitropyrazine (**96**) (HOCH$_2$CH$_2$NH$_2$, Et$_3$N, PrOH, <10 → 20°C, 1 h: 30%).[1313]

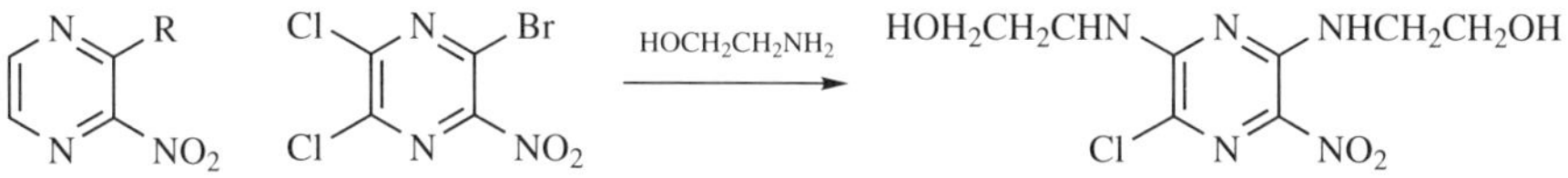

(94)   (95)   (96)

From Halogenopyrazinecarbonitriles

3-Chloro-2-pyrazinecarbonitrile (**97**, R = Cl) gave a separable mixture of 3-amino- (**97**, R = Cl) and 3-methoxy-2-pyrazinecarbonitrile (**97**, R = OMe) (NH$_3$, MeOH, <4°C, 4 h; then 20°C, 25 h: 16 and 67%, respectively).[1556]

3-Amino-5-chloro-2,6-pyrazinedicarbonitrile (99) gave 3-amino-5-hydrazino-2,6-pyrazinedicarbonitrile (98) (H$_2$NNH$_2$.H$_2$O, EtOH, reflux, 5 min: 62%), and thence 3,6-diamino-1H-pyrazolo[3,4-b]pyrazine-5-carbonitrile (100) reflux prolonged to 1 h: 74%).[1180]

5,6-Dichloro-2,3-pyrazinedicarbonitrile (101) gave 5-amino-6-chloro- (102, Q = NH$_2$, R = Cl) [NH$_3$↓, Me$_2$NCHO, −10°C, 15 min: 61%;[1393] (NH$_4$)$_2$CO$_3$, Me$_2$NCHO, 20°, 8 h: 56%;[1393] or NH$_3$, THF, <5 → 20°C, until substrate gone (TLC): 93%],[1598] 5-chloro-6-methylamino- (102, Q = Cl, R = NHMe) [MeNH$_2$, THF, <5 → 20°C, until substrate gone (TLC): 81%],[1598] 5-anilino-6-chloro- (102, Q = NHPh, R = Cl) (PhNH$_2$, likewise: 98%),[1598] or 5,6-dimorpholino-2,3-pyrazinedicarbonitrile [102, Q = R = N(CH$_2$CH$_2$)$_2$O] [HN(CH$_2$CH$_2$)$_2$O (excess), dioxane, 5 → 20°C, 5 h: 69%];[530] also analogues likewise.[530,1289,1301,1598,1639,1745]

From Halogenopyrazinecarboxylic Acids or Related Substrates

5,6-Dichloro-2,3-pyrazinedicarboxylic acid (**103**, R = Cl) gave 5-amino-6-chloro-2,3-pyrazinedicarboxylic acid (**103**, R = NH$_2$) [NH$_3$ (liquid), 130°C, autoclave, 24 h: 88%; dangerously close to the critical temperature of ammonia?].[947]

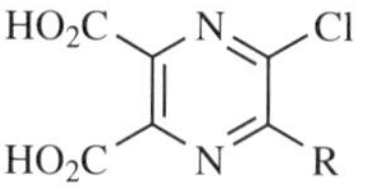

(**103**)

Methyl 3-amino-6-bromo-5-chloro-2-pyrazinecarboxylate (**104**, R = Cl) gave methyl 3-amino-6-bromo-5-(2-dimethylaminoethylamino)-2-pyrazinecarboxylate (**104**, R = NHCH$_2$CH$_2$NMe$_2$) (H$_2$NCH$_2$CH$_2$NMe$_2$, Pr^{i}OH, reflux, 24 h: 87%, as hydrochloride; it is interesting that the ester grouping survived such vigorous aminolytic conditions).[808]

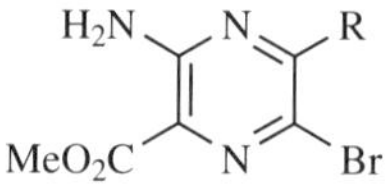

(**104**)

3-Chloro-5-cyano-2-pyrazinecarboxamide (**105**, R = Cl) gave 5-cyano-3-diethylamino- (**105**, R = NEt$_2$) (Et$_2$NH, PhH, reflux, 1 h: 74%; also homologes),[507] 5-cyano-3-cycloheptylamino- [**105**, R = NHCH(CH$_2$)$_6$)] [H$_2$NCH(CH$_2$)$_6$, PhMe, reflux, 1 h: 84%],[510] or 3-anilino-5-cyano-2-pyrazinecarboxamide (**105**, R = NHPh) (PhNH$_2$, PhH, reflux, 1 h: 84%; also substituted-anilino analogues).[508]

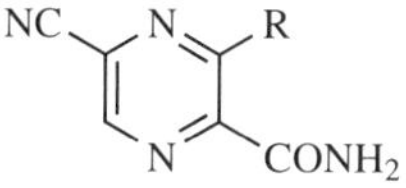

(**105**)

2-Benzoyl-3-chloropyrazine (**106**, R = Cl) gave 3-benzoyl-2-pyrazinamine (**106**, R = NH$_2$) (NH$_3$, EtOH, 120°C, sealed: 63%).[1092]
Also other examples.[645,1091]

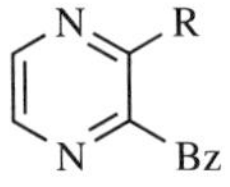

(106)

4.2.2. Hydrolysis of Nuclear Halogenopyrazines (*H* 138, 150)

The hydrolysis of halogenopyrazines to pyrazinones has never been used much, perhaps because most halogenopyrazines are themselves made from pyrazinones. Such hydrolysis can be done under acidic or basic conditions but sometimes it seems to be more rewarding to proceed in two stages via an alkoxy intermediate. The following examples illustrate all three hydrolytic procedures:

By Acidic Hydrolysis

2-Chloro-3,6-dipropylpyrazine (**107**, R = Pr) gave 3,6-dipropyl-2(1*H*)-pyrazinone (**108**, R = Pr) (6 M HCl, reflux, 90 min: 94%;[1311] in contrast, 2-chloro-3,6-dimethylpyrazine (**107**, R = Me) gave 3,6-dimethyl-2(1*H*)-pyrazinone (**108**, R = Me) (likewise: only 9%).[1272]

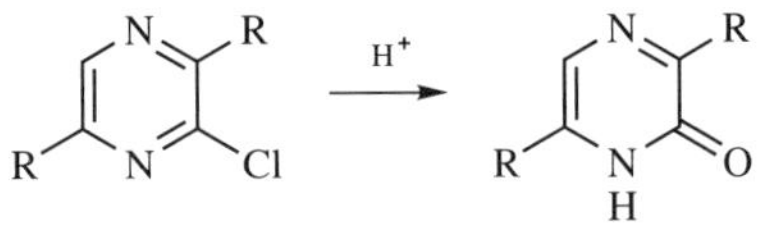

(107) (108)

By Alkaline Hydrolysis

2-Chloro-3-isobutyl-6-isopropylpyrazine 1-oxide (**109**) gave 1-hydroxy-3-isobutyl-6-isopropyl-2(1*H*)-pyrazinone (**110**) (KOH, H_2O—MeOH, reflux, 2 h: 84%);[92] homologues likewise.[1250]

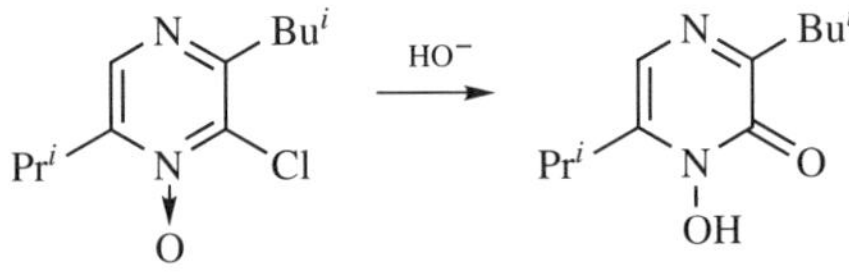

(109) (110)

2-Chloro-3-isobutylpyrazine 4-oxide gave 3-isobutyl-2(1*H*)-pyrazinone 4-oxide (**111**, R = Bu^i) (5 M NaOH, reflux, 2 h: 39%);[86] 2-chloro-3-phenylpyrazine 4-oxide gave 3-phenyl-2(1*H*)-pyrazinone 4-oxide (**111**, R = Ph) (KOH, H_2O—EtOH, reflux, 1 h: 30%);[1290] also analogues likewise.[1290]

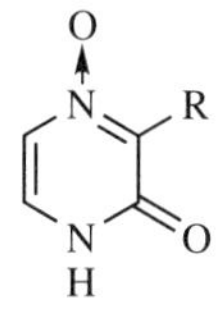

(111)

3-Chloro-2-pyrazinecarboxylic acid gave 3-oxo-3,4-dihydro-2-pyrazinecarboxylic acid (0.5 M NaOH, reflux, 1 h: >95%).[1271]
Also other examples.[80, 1309, 1565]

By Alcoholysis and Subsequent Hydrolysis

2,5-Dichloro-3,6-diethylpyrazine 1,4-dioxide (112) gave 3,6-diethyl-1,4-dihydroxy-3,6-dihydro-2,5(1H, 4H)-pyrazinedione (114), presumably via the dimethoxy intermediate (113) (MeONa, dioxane, 110°C (reflux?), 4 h; then 10 M HCl ↓,: 52%).[1283]

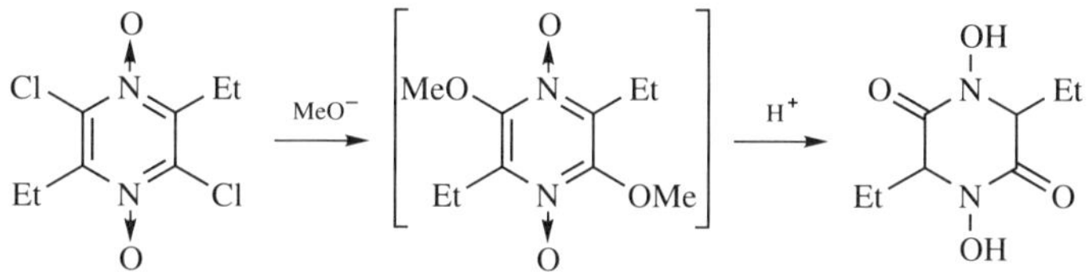

(112)   (113)   (114)

2-Chloro-3,6-diisopropylpyrazine gave 3,6-diisopropyl-2-methoxypyrazine [MeONa, MeOH (?), 120°C, sealed, 3 h: 99%], and hence 3,6-diisopropyl-2(1H)-pyrazinone (10 M HCl, reflux, 90 min: 97%).[1311]

4.2.3. Alcoholysis or Phenolysis of Nuclear Halogenopyrazines (H 133)

Alcoholysis of halogenopyrazines is the usual way to make alkoxypyrazines. The alkoxide ion is such a good nucleophile that it tends to replace all halogeno substituents in the substrate, irrespective of their state of activation. However, reasonable selectivity is usually possible by judicious control of the molecular ratio of reactants and of the conditions employed. Phenolysis is often less facile. The following examples illustrate typical conditions required and the relatively small effects of activating or deactivating passenger groups in the halogeno substrate:

From Halogenopyrazines without Other Substituents

2-Chloropyrazine (**115**) afforded 2-methoxypyrazine (**116**, R = OMe) (MeONa, MeOH, reflux, 2 h: 92%),[232] 2-*tert*-butoxypyrazine (**116**, R = Bu^t) (Bu^{t}OK, Me$_2$NCHO, 0 → 20°C, ~1 h: 80%),[64] 2-(but-3-ynyloxy)pyrazine (**116**, R = CH$_2$CH$_2$C≡CH (NaOCH$_2$CH$_2$C≡CH, HOCH$_2$CH$_2$C≡CH, 80°C, 2 h: 52%),[361] or 2-(*o*-bromophenoxy)pyrazine (**116**, R = C$_6$H$_4$Br-*o*) (NaOC$_6$H$_4$Br-*o*, 140°C, 24 h: 47%).[369]

2,6-Diiodopyrazine (**117**, R = I) gave 2-iodo-6-methoxypyrazine (**117**, R = OMe) (MeONa, MeOH, 20°C, 15 h: 98%;[1588] or MeONa, MeOH, reflux, 3.5 h: 98%).[638]

Also other examples.[360,867,1068,1186,1199,1587]

From Alkyl- or Arylhalogenopyrazines

2-Chloro-3,5-diphenylpyrazine (**118**, R = Cl) gave 2-methoxy-3,5-diphenylpyrazine (**118**, R = OMe) (MeONa, MeOH, reflux, 3 h: 97%); homologues likewise.[1307]

2-Chloro-3,6-diphenylpyrazine (**119**, R = Cl) gave 2-ethoxy-3,6-diphenylpyrazine (**119**, R = OEt) (EtONa, EtOH, reflux, 4 h: 89%)[82] or 2-phenoxy-3,6-diphenylpyrazine (**119**, R = OPh) [(PhO)$_3$PO, KOH, Me$_2$NCHO, reflux, 1 h: 81%; substituted-phenoxy analogues were made likewise].[192]

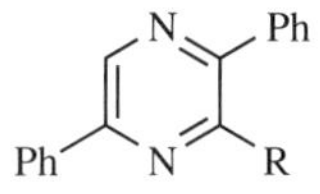

(119)

2-Chloro-3,6-dimethylpyrazine gave 2,5-dimethyl-3-(2,2,2-trifluoroethoxy)pyrazine [NaOCH$_2$CF$_3$ (prepared *in situ*), (Me$_2$N)$_3$PO, 150°C, 12 h: 54%].[787]

2,5-Dichloro-3,6-dimethylpyrazine (**120**, R = Cl) gave 2,5-dimethoxy-(**120**, R = OMe) (MeONa, MeOH, 120°C, sealed, 14 h: 73%)[1392] or 2,5-dibenzyloxy-3,6-dimethylpyrazine (**120**, R = OCH$_2$Ph) (PhCH$_2$ONa, PhCH$_2$OH, 160°C, sealed, 7 h: 51%).[80]

Also other examples.[295,298,310,312,812,1260,1334,1437,1448,1564,1582,1645]

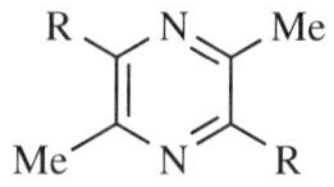

(120)

From Halogenopyrazinamines

3-Chloro-2-pyrazinamine (**121**, R = Cl) gave 3-benzyloxy-2-pyrazinamine (**121**, R = OCH$_2$Ph) (PhCH$_2$ONa, PhCH$_2$OH, "warmed", 72 h: 58%; sometimes accompanied by a separable byproduct, 2-benzylamino-3-benzyloxypyrazine (**122**), in small amount.[1567, cf. 616]

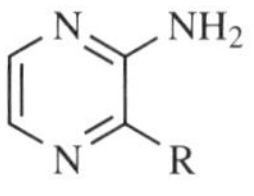

(121) 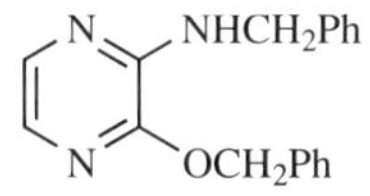   (122)

3,5-Dibromo-2-pyrazinamine (**123**, R = Br) gave 3-benzyloxy-5-bromo-2-pyrazinamine (**123**, R = OCH$_2$Ph) (PHCH$_2$ONa, PhCH$_2$OH, reflux, 4 h: 51%);[661] also analogues likewise.[661]

Also other examples.[1012,1198]

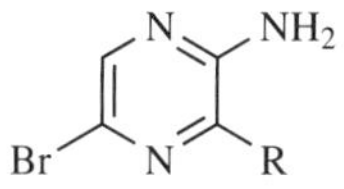

(123)

From Halogenopyrazinones

3,5-Dichloro-1-methyl-2(1*H*)-pyrazinone (**124**) gave 5-chloro-3-ethoxy- (**125**, R = Et) (EtONa, EtOH, 20°C, 2 h: 79%)[1309] or 5-chloro-3-methoxy-1-methyl-2(1*H*)-pyrazinone (**125**, R = Me) (MeONa, MeOH, 20°C, 10 min: >95%);[370] analogues likewise.[370]

3,6-Dibromo-1,4-dimethyl-3,6-dihydro-2,5(1*H*,4*H*)-pyrazinedione (**126**, R = Br) gave 3,6-dimethoxy-1,4-dimethyl-3,6-dihydro-2,5(1*H*,4*H*)-pyrazinedione (**126**, R = OMe) (MeOH, Et₃N, 0°C, ? h: 85%).[1071]

Also other examples.[395, 481, 956]

From Halogenopyrazine N-Oxides

2-Chloro- (**127**, R = Cl) or 2-fluoropyrazine 1-oxide (**127**, X = F) gave 2-methoxypyrazine 1-oxide (**128**) [MeONa, MeOH, reflux 45 min: 85% (from chloro substrate); or MeONa, MeOH, 20°C, 10 min: 91% (from fluoro substrate)].[276]

2-Chloro-6-phenylpyrazine 4-oxide (**129**, R = Cl) gave 2-methoxy-6-phenylpyrazine 4-oxide (**129**, R = OMe) (MeONa, MeOH, reflux, 20 h: 86%).[46]

Also other examples.[329, 848, 1272]

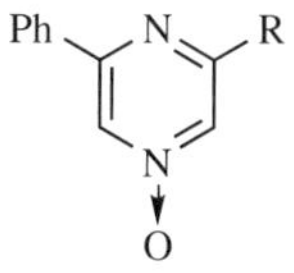

(129)

From Halogenopyrazinecarbonitriles

3-Chloro-2-pyrazinecarbonitrile (**130**) gave 3-(3-*tert*-butylamino-2-hydroxypropoxy)-2-pyrazinecarbonitrile (**131**) [NaOCH$_2$CH(OH)CH$_2$NHBu^t (made *in situ*), Me$_2$NCHO, 70°C, 18 h: 83%][594] or analogous substituted-phenoxy derivatives.[1010]

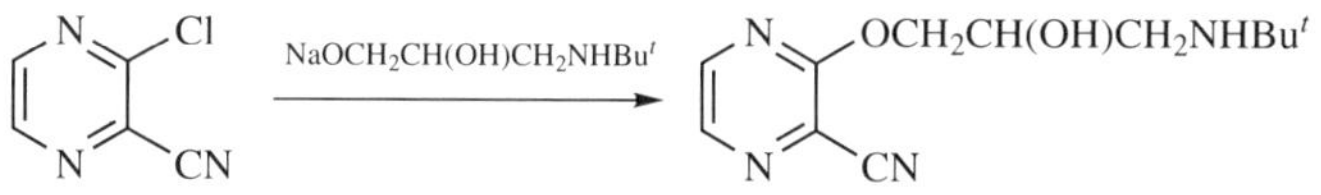

(130) → (131)

3-Amino-5-chloro-2-pyrazinecarbonitrile (**132**, R = Cl) gave 3-amino-5-methoxy-2-pyrazinecarbonitrile (**132**, R = OMe) (MeONa, MeOH, reflux, 6 h: 77%).[683]
Also other examples.[608,1256]

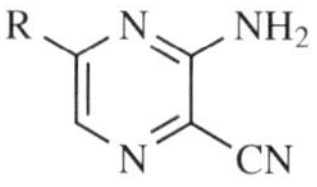

(132)

From Halogenopyrazinecarboxylic Esters or Amides

Ethyl 5-chloro-2-pyrazinecarboxylate (**133**, R = Cl) gave ethyl 5-methoxy-2-pyrazinecarboxylate (**133**, R = OMe) (MeONa, MeOH, reflux, 20 min: 40%).[1681]

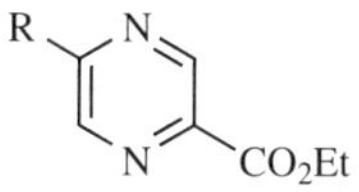

(133)

Methyl 6-benzyloxy-3-chloro-5-isobutyl-2-pyrazinecarboxylate 4-oxide (**134**, R = Cl) gave methyl 6-benzyloxy-5-isobutyl-3-methoxy-2-pyrazinecarboxylate 4-oxide (**134**, R = OMe) (MeONa, MeOH, 20°C, 30 min: 71%).[337]

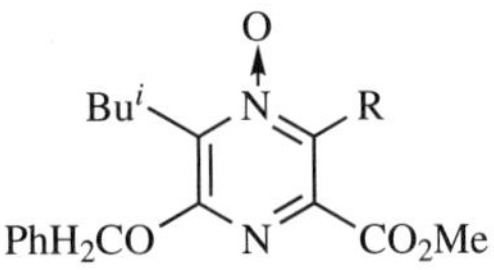

(**134**)

5-Chloro-2-pyrazinecarboxamide (**135**, R = Cl) gave 5-methoxy-2-pyrazinecarboxamide (**135**, R = OMe) (MeONa, MeOH, reflux, 2 h: 94%).[1681]
Also other examples.[1271]

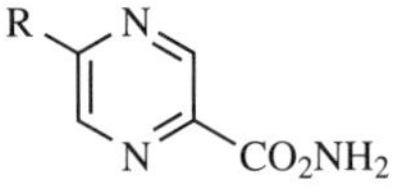

(**135**)

4.2.4. Thiolysis of Nuclear Halogenopyrazines (*H* 141)

The conversion of halogenopyrazines into pyrazinethiones is usually done either with sodium hydrogen sulfide solution or by initial treatment with thiourea and subsequent hydrolysis of the intermediate isothiouronium salt (frequently unisolated). A third method, involving treatment of the halogeno substrate with thiosulfate, has proven promising in some heterocyclic series but not so far in the pyrazines: 2-chloropyrazine did so give 2(1*H*)-pyrazinethione but only in 20% yield.[1358]

Using Sodium Hydrogen Sulfide

3-Chloro-2-pyrazinecarboxamide (**136**) gave 3-thioxo-3,4-dihydro-2-pyrazinecarboxamide (**137**) (NaHS, EtOH—Me$_2$NCHO, 100°C, 5 h: 85%);[503] the isomeric 6-thioxo-1,6-dihydro-2-pyrazinecarboxamide (84%) was made in a similar way.[503]

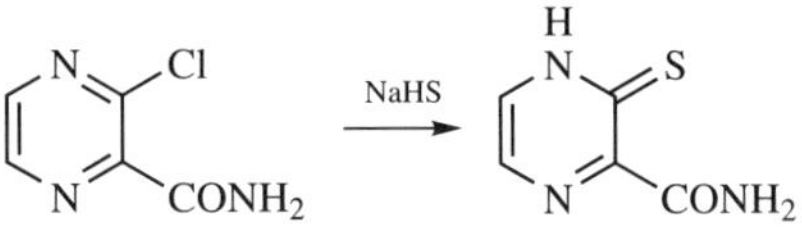

(**136**) → (**137**)

Methyl 6-chloro-2-pyrazinecarboxylate 4-oxide gave methyl 6-thioxo-1,6-dihydro-2-pyrazinecarboxylate 4-oxide (**138**) (NaHS, EtOH, 20°C, 3 h: 46%).[89]

2-Chloropyrazine gave 2(1H)-pyrazinethione [NaHS/MeOH (made *in situ*), reflux, 1 h: 91%].[1602]

2-Chloropyrazine 1-oxide (**139**) gave a separable mixture of 1-hydroxy-2(1H)-pyrazinethione (**140**) and bis (pyrazin-2-yl) sulfide (**141**) (Na$_2$S ↓ gradually, dioxane, 20°C, ? h: 21 and 33%, respectively).[276]

Also other examples.[262,811,858,1076,1211]

Using Thiourea

3,5-Dichloro-1-methyl-2(1H)-pyrazinone (**142**) gave 5-chloro-3-isothiouronio-1-methyl-2(1H)-pyrazinone hydrochloride (**143**) [H$_2$NC(=S)NH$_2$, EtOH, 20°C, 3 h: 71%], and thence 5-chloro-1-methyl-3-thioxo-3,4-dihydro-2(1H)-pyrazinone (**144**) (2.5 M NaOH, reflux, 1 h: 75%);[1381] analogues likewise.[1381]

3-Amino-5-chloro-2,6-pyrazinedicarbonitrile gave an uncharacterized isothiouronium compound [H$_2$NC(=S)NH$_2$, EtOH, reflux, 1 h], and thence 3-amino-5-thioxo-4,5-dihydro-2,6-pyrazinedicarbonitrile (**145**) (10% Na$_2$CO$_3$, reflux, 1 h: 50% overall).[1180]

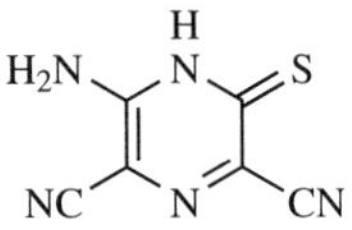

(145)

2-Chloro-3-phenylpyrazine (**146**) gave 3-phenyl-2(1H)-pyrazinethione (**147**) [H$_2$NC(=S)NH$_2$, H$_2$SO$_4$, EtOH—H$_2$O, 95°C, 75 min; 10 M NaOH ↓ to pH 2.5: 80%].[1033]
Also other examples.[1126]

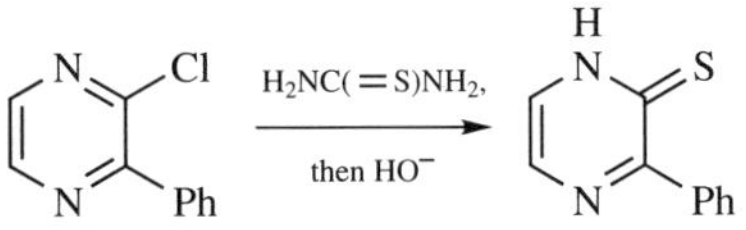

(146) → **(147)**

4.2.5. Alkanethiolysis or Arenethiolysis of Nuclear Halogenopyrazines (H 139)

Like alcoholysis, alkanethiolysis of halogenopyrazines occurs readily but it is usually possible to achieve regioselectivity from di- or polyhalogenopyrazines. The following examples illustrate typical conditions employed and yields to be expected in the presence of various types of passenger groups:

From Halogenopyrazines without Other Substituents

2-Chloropyrazine (**149**) gave 2-hexadecylthiopyrazine (**148**, R = C$_{16}$H$_{33}$) [C$_{16}$H$_{33}$SNa (made *in situ*), Me(OCH$_2$CH$_2$)$_4$OMe, 108°C, 3 h: 69%],[1360] 2-cyclohexylthiopyrazine [**148**, R = HC(CH$_2$)$_5$] [(CH$_2$)$_5$CHSNa, MeOH, reflux, 5 h: 86%],[318] or 2-(o-aminophenylthio)pyrazine (**148**, R = C$_6$H$_4$NH$_2$-o) (o-HSC$_6$H$_4$NH$_2$, EtONa, EtOH, reflux, 16 h: 90%).[369]

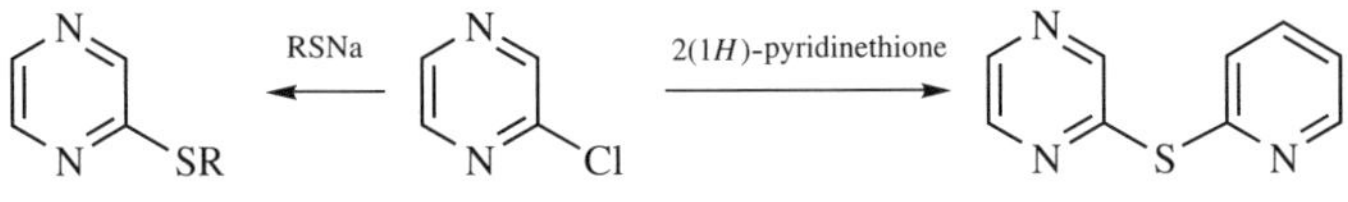

(148) ← RSNa — **(149)** — 2(1H)-pyridinethione → **(150)**

2-Chloropyrazine (**149**) gave 2-(pyridin-2-ylthio)pyrazine (**150**) [2(1H)-pyridinethione, K$_2$CO$_3$, Me$_2$NCHO, reflux, 4 h: 60%];[126] several other (heteroarylthio)pyrazines were made by essentially similar reactions.[111, 684, 698, 871]

2,3-Dichloropyrazine gave 2-(o-aminophenylseleno)-3-chloropyrazine (151) [(o-H$_2$NC$_6$H$_4$Se)$_2$Zn, HCl ↓ to pH 3, EtOH, reflux, 5 min: ?%],[351] 2,3-bis(2-dimethylaminoethylthio)pyrazine (152) (Me$_2$NCH$_2$CH$_2$SH.HCl, Bu^{t}OK, Bu^{t}OH, reflux, 22 h: ~6% as dihydrobromide, after purification),[1033] or other such products.[600]

2,3,5-Trichloropyrazine gave 2-chloro-5,6-bis(4,6-diaminopyrimidin-5-ylthio)-pyrazine (153) [4,6-diamino-5-pyrimidinethiol, KOH, AcNMe$_2$—H$_2$O, reflux, 4 h: 93% (based on the pyrimidinethiol?)].[1312]

Also other examples,[1602] including use of K-Selectride + alkanethiol.[1738]

From Alkylhalogenopyrazines

2-Chloro-3-methylpyrazine (154, R = Cl) gave 2-methyl-3-methylthiopyrazine (154, R = SMe) MeSNa, EtOH, 20°C → reflux, 2 h: 92%), 2-ethoxycarbonylmethylthio-3-methylpyrazine (154, R = SCH$_2$CO$_2$Et) [NaSCH$_2$CO$_2$Et (made *in situ*), likewise: 91%), or analogues.[1126]

2-Chloro-3,6-dimethylpyrazine (**155**, R = Cl) gave 2,5-dimethyl-3-phenylthiopyrazine (**155**, R = SPh) [PhSNa (made *in situ*), Me$_2$SO, reflux, 5 h: 54%].[318]

Also other examples.[956, 1260]

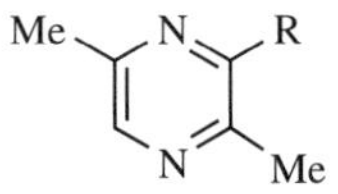

(**155**)

From Halogenopyrazinamines

5-Bromo-2-pyrazinamine (**156**) gave 5-benzylthio-2-pyrazinamine (**157**) [PhCH$_2$SNa (made *in situ*), Me$_2$NCHO, 20°C, 48 h: 93%];[1565] the same substrate (**156**) gave bis(5-aminopyrazin-2-yl) sulfide (NaHS, Me$_2$NCHO, reflux, 24 h: ~ 40%).[1565]

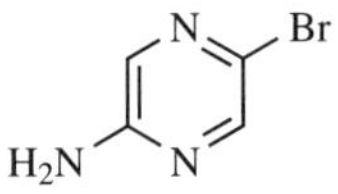

(**156**) 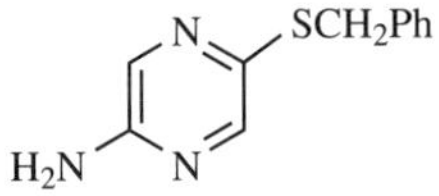   (**157**)

3,5-Dibromo-2-pyrazinamine (**158**, R = Br) gave 5-bromo-3-methylthio-2-pyrazinamine (**158**, R = SMe) (MeSNa, MeOH, 20°C, 3 h: ~ 60%).[1012]

Also other examples.[605]

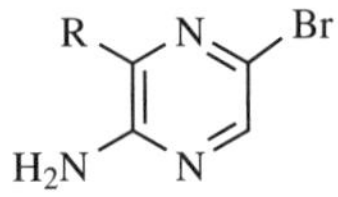

(**158**)

From Halogenopyrazine N-Oxides

2-Chloro- (**159**, X = Cl) or 2-fluoropyrazine 1-oxide (**159**, X = F) gave 2-ethylthiopyrazine 1-oxide (**160**) (EtSH, Na, THF, 25°C, 10 h: 83%; or EtSH, Na, THF, 25°C, 30 min: 89%; respectively).[276]

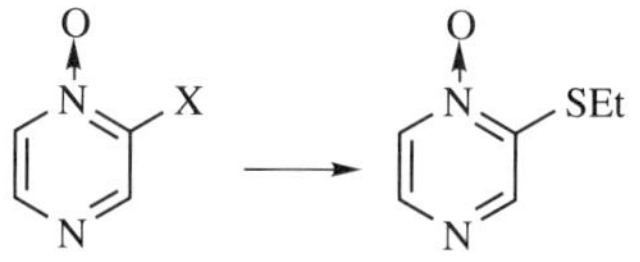

(159) → (160)

2,5-Dichloropyrazine 1-oxide gave a separable mixture of 2-benzylthio-5-chloropyrazine 1-oxide (161, R = Cl) and 2,5-bisbenzylthiopyrazine 1-oxide (161, R = SCH$_2$Ph) (PhCH$_2$SH, EtONa, Me$_2$NCHO, 20°C, 1 h: 75% and ~ 5%, respectively).[1565]

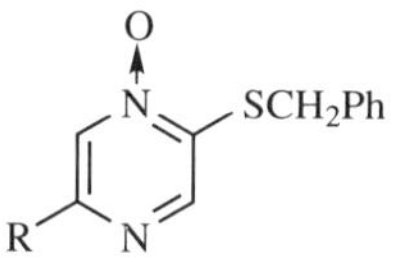

(161)

From Halogenopyrazinecarboxylic Acid Derivatives

3-Chloro-5-cyano-2-pyrazinecarboxamide (162) gave 5-cyano-3-ethylthio- (163, R = Et) (EtSH, Et$_3$N, Et$_2$O, reflux, <7 h: 43%) or 5-cyano-3-phenylthio-2-pyrazinecarboxamide (163, R = Ph) (PhSH, Et$_3$N, PhH, reflux, <7 h: 78%);[503] also related products similarly.[503, 505]

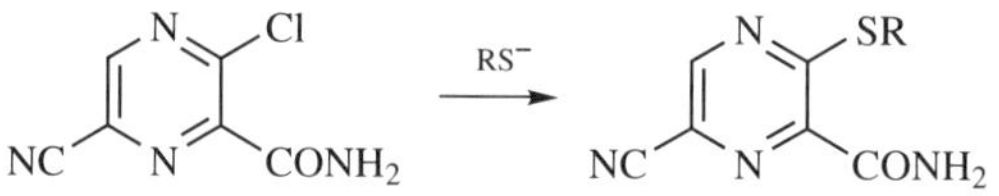

(162) → (163)

2-Chloro-3-propionylpyrazine (164, R = Cl) gave 2-ethylthio-3-propionyl-pyrazine (164, R = SEt) (EtSH, EtONa, EtOH, 20°C, 4 h: 87%).[815]

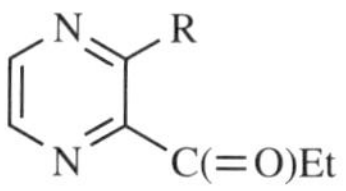

(164)

5,6-Dichloro-2,3-pyrazinedicarbonitrile (**165**) gave 5,6-bisethylthio- (**166**, R = Et) (EtSH, pyridine, AcMe, 20°C, 18 h: 75%) or 5,6-bisbenzylthio-2,3-pyrazinedicarbonitrile (**166**, R = CH$_2$Ph) (PhCH$_2$SH, pyridine, AcMe, 20°C, 2 h: 85%).[1049]

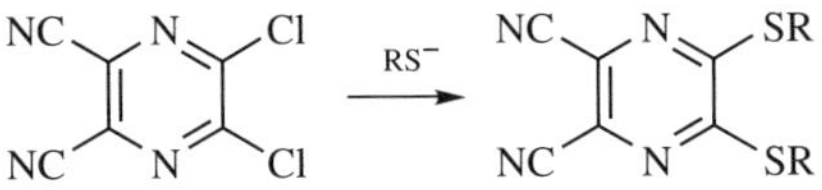

3-Chloro-5-dimethylaminomethyleneamino- (**167**, R = Cl) gave 3-dimethylaminomethyleneamino-5-ethoxycarbonylmethylthio-2,6-pyrazinedicarbonitrile (**167**, R = SCH$_2$CO$_2$Et) (HSCH$_2$CO$_2$Et, EtONa, MeOH—Me$_2$NCHO, −70°C, 1 h: 85%).[775]
Also other examples.[858, 1180, 1205, 1211]

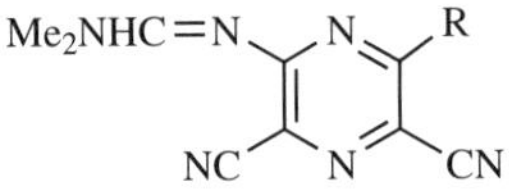

4.2.6 Azidolysis of Nuclear Halogenopyrazines (*H* 132)

It should be remembered that nearly all azidopyrazines exist in equilibrium with their tetrazolo[1,5-*e*]pyrazine forms (**168**): however, all such compounds are called azidopyrazines here. The following examples show the conditions and yields for typical transformations of halogeno- into azidopyrazines:

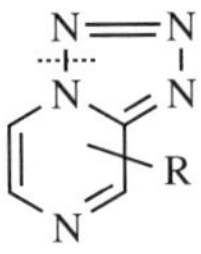

2-Chloro-3,6-dimethylpyrazine (**169**) gave 2-azido-3,6-dimethylpyrazine (**170**) (NaN$_3$, Me$_2$NCHO, reflux, 10 h: 83%;[1314] or NaN$_3$, Me$_2$NCHO, 100°C, 24 h: 80%);[231] also analogous products.[232, 242, 1314]

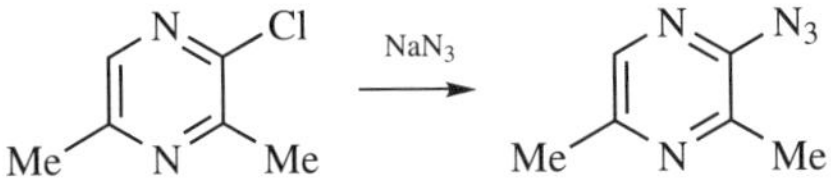

2,6-Dichloro- (**171**, R = Cl) gave 2,6-diazidopyrazine (**171**, R = N_3) (NaN_3, Me_2SO, 60°C, 3 h: 84%; impact/heat explosive);[1124] 2,3-dichloro- gave 2,3-diazido-5,6-diphenylpyrazine (NaN_3, Me_2NCHO, 20°C, 48 h: 82%;[1561] or 80°C, 2.5 h: 92%);[231] also other analogues likewise.[231, 1561]

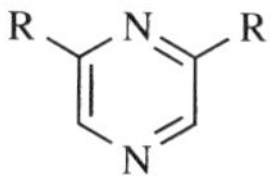

(**171**)

2-Chloro- (**172**, R = Cl) or 2-fluoropyrazine 1-oxide (**172**, R = F) gave 2-azidopyrazine 1-oxide (**172** R = N_3) (NaN_3, H_2O—AcMe, 20°C, 48 h: 72 or 80%, respectively).[277]

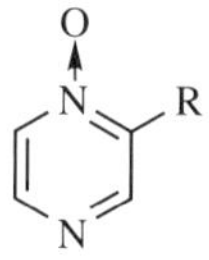

(**172**)

Methyl 3-chloro-2-pyrazinecarboxylate (**173**, R = Cl) gave methyl 3-azido-2-pyrazinecarboxylate (**173**, R = N_3) (NaN_3, Me_2NCHO, 120°C, N_2, 1 h: 68%).[54]

Also other examples.[1180, 1678]

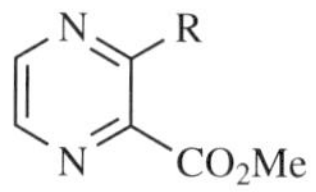

(**173**)

4.2.7. Hydrogenolysis of Nuclear Halogenopyrazines (*H* 121, 152)

The displacement of nuclear halogeno substituents in favor of hydrogen is usually done by catalytic hydrogenation in the presence of a base under a variety of conditions. However, it can be done in other ways, notably by treatment with sodium formate in the presence of tetrakis(triphenylphosphino)palladium (the Helquist method[1697] for hydrogenolysis of halogenoarenes). The following examples typify the various procedures used recently in the pyrazine series.

3-Bromo-5-methyl-2-pyrazinamine (**174**) gave 5-methyl-2-pyrazinamine (**175**) (H$_2$, Pd/C, Et$_3$N, MeCN, 20°C, <20 min; or in AcOEt; or in MeOH/KOH; yields all >97%).[1125]

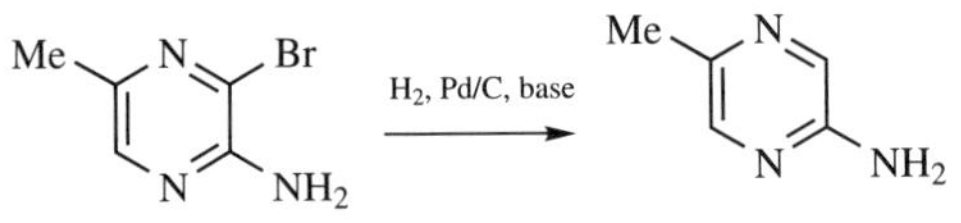

(**174**) → (**175**)

5-Chloro-3-methoxy-1-phenyl-2(1*H*)-pyrazinone (**176**, R = Cl) gave 3-methoxy-1-phenyl-2(1*H*)-pyrazinone (**176**, R = H) (H$_2$, Pd/C, K$_2$CO$_3$, MeOH, 20°C, 90 min: >95%).[370]

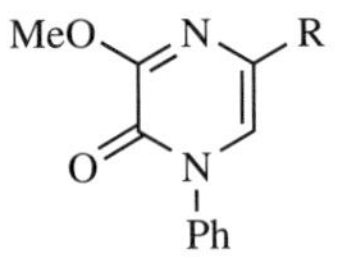

(**176**)

Methyl 3-bromo-6-chloro-5-(4-methylpiperazin-1-yl)-2-pyrazinecarboxylate (**177**) gave methyl 6-chloro-5-(4-methylpiperazin-1-yl)-2-pyrazinecarboxylate (**178**) (H$_2$, Pd/C, THF, 20°C, 2 days: 70%; note selective debromination and intramolecular supply of the base).[645]

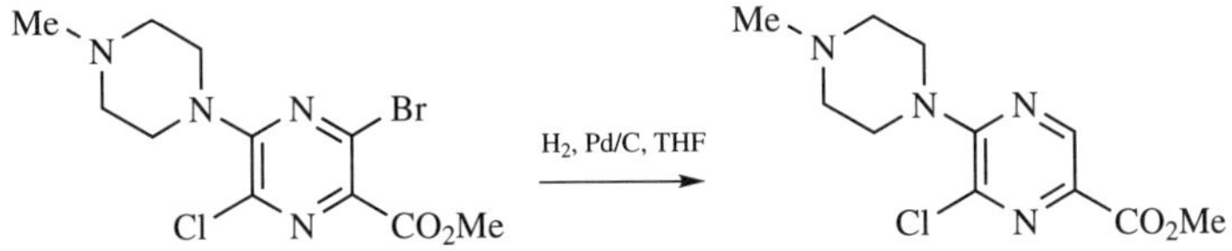

(**177**) → (**178**)

2-Chloro-3,6-diisobutylpyrazine (**179**) gave 2,5-diisobutylpyrazine (**180**) [Pd(PPh$_3$)$_4$, HCO$_2$Na, Me$_2$NCHO, 100°C, A, 2 h: 89%; note lack of H$_2$]; analogues likewise.[245]

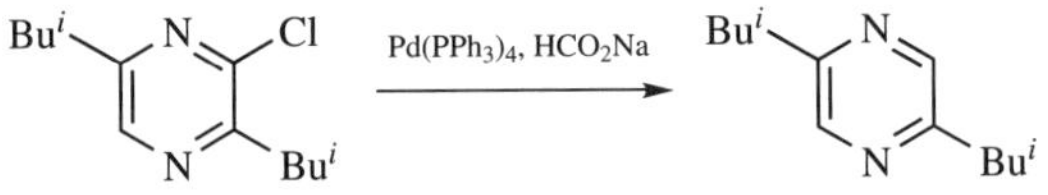

(**179**) → (**180**)

Both 2-chloro-3,6-diisobutylpyrazine 1-oxide (**181**) and the isomeric 4-oxide (**183**) gave 2,5-diisobutylpyrazine 1-oxide (**182**) [Pd(PPh$_3$)$_4$, HCO$_2$Na, Me$_2$NCHO, 100°C, A, 2 h: 90 and 87%, respectively; note survival of the oxide entity);[245] also analogous dechlorinations.[245, 317, 1377] However, if HCO$_2$Na was replaced by MeCO$_2$Na, hydrogen appeared to be necessary for dehalogenation.[290]

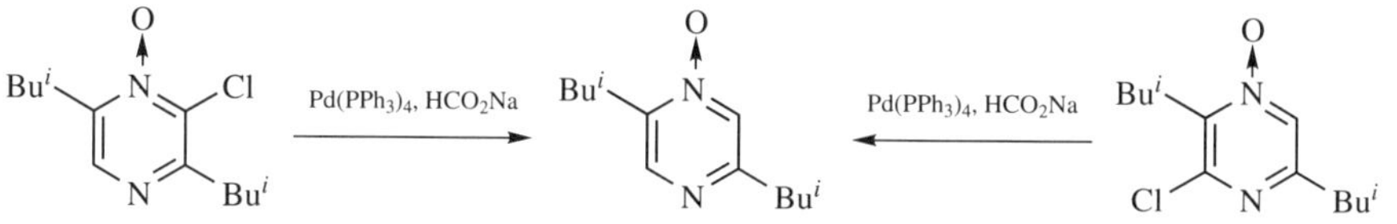

2-Chloropyrazine gave piperazine (Ca, excess of MeOH, reflux, briefly; then 20°C, 12 h: ?%; note additional ring reduction).[1413]

Also other examples.[80, 288, 395, 808, 1286, 1290, 1307, 1396, 1506]

4.2.8. Cyanolysis of Nuclear Halogenopyrazines (*H* 144)

The displacement of a nuclear halogeno substituent by a cyano group can be done fairly readily in the pyrazine series, usually by treatment with cuprous cyanide, potassium cyanide plus cuprous iodide, or potassium cyanide in the presence of a palladium catalyst. The following examples illustrate these procedures:

2-Chloro-3-dimethylamino-6-nitropyrazine (**184**) gave 3-dimethylamino-6-nitro-2-pyrazinecarbonitrile (**185**) (CuCN, Me$_2$NCHO, 155°C, 18 h: 62%).[1313]

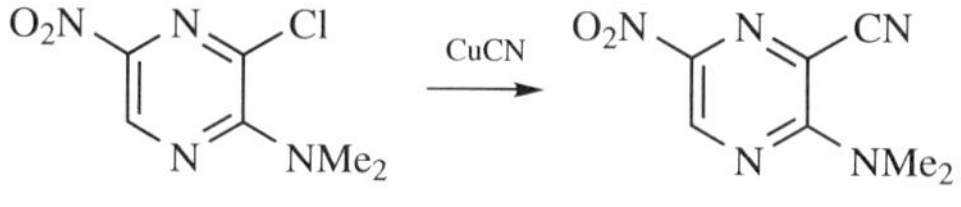

3,5-Dibromo-2-pyrazinamine (**186**, R = Br) gave selectively 3-amino-6-bromo-2-pyrazinecarbonitrile (**186**, R = CN) (CuCN, NaCN, Me$_2$NCHO, 120°C, 2.5 h: 64%).[222]

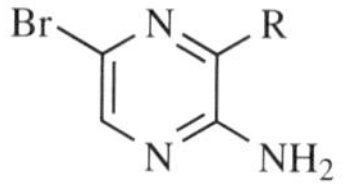

3-Bromo-5-methyl-2-pyrazinamine 4-oxide (**187**, R = Br) gave 3-amino-6-methyl-2-pyrazinecarbonitrile 1-oxide (**187**, R = CN) (CuCN, NaCN, Me$_2$NCHO, 110°C, ↓ reflux, 4 h: 59%).[1508]

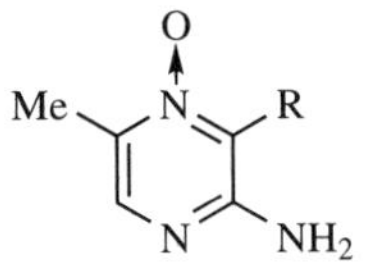

(**187**)

3,5-Dichloro-1-methyl-2(1*H*)-pyrazinone (**188**, R = Cl) gave selectively 6-chloro-4-methyl-3-oxo-3,4-dihydro-2-pyrazinecarbonitrile (**188**, R = CN) [CuCN, 1-methyl-2-pyrrolidinone (solvent), 150°C, 6 h: 68%].[370]

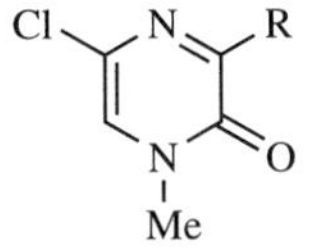

(**188**)

5-Chloro-2-pyrazinamine (**189**, R = Cl) gave 5-amino-2-pyrazinecarbonitrile (**189**, R = CN) (KCN, CuI, 18-crown-6, Me$_2$NCHO, 20°C, ↓ reflux, 2 h: 88%).[1523]

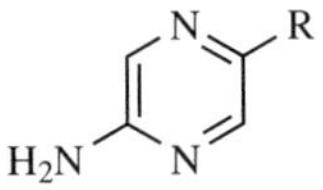

(**189**)

2-Chloro-3,6-diisobutylpyrazine (**190**) gave 3,6-diisobutyl-2-pyrazinecarbonitrile (**191**) [KCN, Pd(PPh$_3$)$_4$, Me$_2$NCHO, reflux, A, 2.5 h: 77%]; homologues likewise.[190]

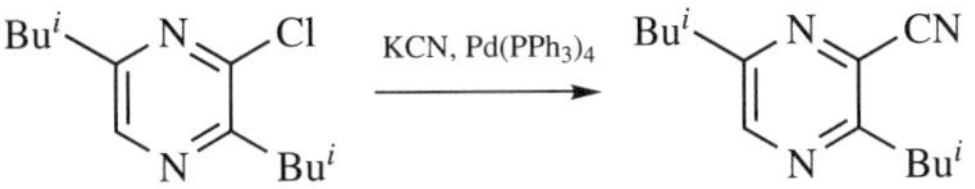

(**190**) → (**191**)

4.2.9. Miscellaneous Displacement Reactions of Nuclear Halogenopyrazines (*H* 142)

Several little-used but potentially useful displacement reactions are typified in the following examples:

2-Chloro-3,6-dimethylpyrazine (**192**) gave methyl 3,6-dimethyl-2-pyrazinecarboxylate (**193**) {CO (40 kg/cm^2), MeOH, Et$_3$N, Pd[PhCH=CHC(=O)CH=CHPh]$_2$, Ph$_3$P, 150°C, autoclave, 16 h: 85%}.[224, cf. 1222]

2-Chloropyrazine (**194**, R = Cl) gave a separable mixture of *N*,*N*-diethyl-2-pyrazinecarboxamide (**194**, R = CONEt$_2$) and 2-diethylaminopyrazine (**194**, R = NEt$_2$) (as in preceding example but Et$_2$NH, 120°C: 85 and 8%, respectively).[224, cf. 1222]

2-Chloropyrazine gave 2-bis(trifluoromethyl)aminooxypyrazine (**195**) {Hg-[ON(CF$_3$)$_2$]$_2$ (made *in situ*), Cl$_2$FCCClF$_2$ (solvent), 50°C, sealed, 3 days: 22%}.[1319]

2,6-Dichloropyrazine gave 2-chloro-6-[*m*-methoxy-α, α-(trimethylenedithio)-benzyl]pyrazine (**196**), the acetal of an acylpyrazine [2-(*m*-methoxyphenyl)-1,3-dithiane anion (made *in situ*), 2-Me—THF, −100 → 20°C: 14%].[1482]
2-Chloropyrazine gave several Ni or Pd complexes.[566, 581]
Also other examples.[374, 882]

4.2.10. Fission, Rearrangement, or Cyclocondensation of Nuclear Halogenopyrazines

Halogenopyrazines undergo the occasional ring fission or rearrangement as well as a variety of useful cyclocondensations to afford annelated derivatives. Such reactions are typified in the following examples:

Fission

2,2,5,5-Tetrafluoro-3,6-bis(heptafluoroisopropyl)-2,5-dihydropyrazine (**197**) gave a separable mixture of perfluoro-[3-methyl-2-(methyleneamino)but-1-ene] (**198**) and the gas, perfluoroisobutylronitrile (**199**) [$h\nu$ (254 nm), 2 weeks: 38 and 35%, respectively].[17]

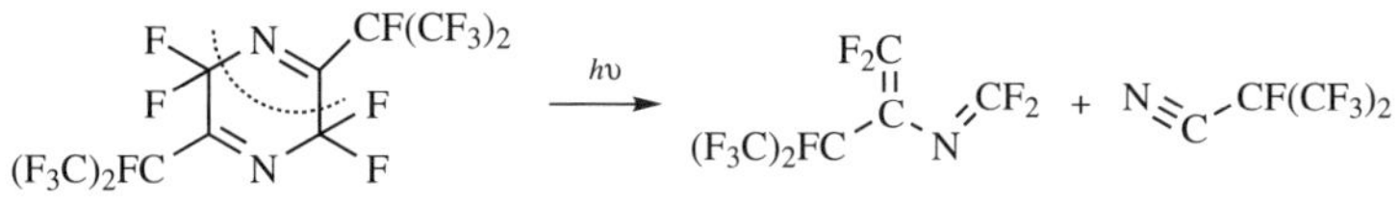

Rearrangement

1,4-Dibromo-3,6-dihydro-2,5(1H,4H)-pyrazinedione (**200**) gave crude 3,6-dibromo-3,6-dihydro-2,5(1H,4H)-pyrazinedione (**201**), characterized by ethanolysis to 3,6-diethoxy-3,6-dihydro-2,5(1H,4H)-pyrazinedione (**202**) [$h\nu$, CH$_2$Cl$_2$, 20°C, 8 h: unstable crude solid (identified by NMR and Br analysis); then EtOH, 20°C, 12 h: 3%, after separation from several products of ring fission].[569]

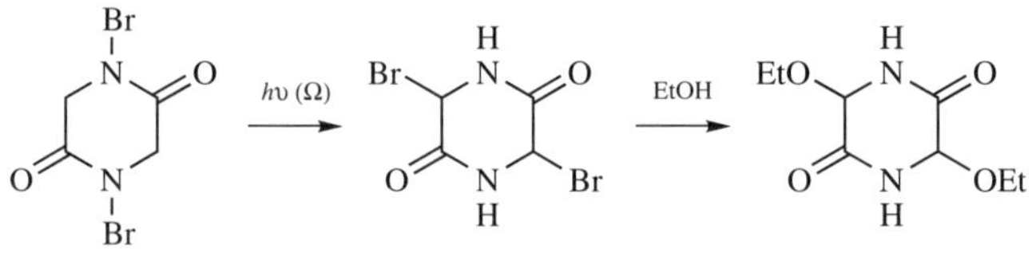

Cyclocondensations

2,3-Dichloropyrazine (**204**, R = H) gave 1,3-dithiolo[4,5-b]pyrazine-2-thione (**203**) [(KS)$_2$C=S (made *in situ*), Me$_2$NCHO, 45°C, 3 days: 60%]; analogues likewise.[264]

2,3-Dichloropyrazine (**204**, R = H) gave 8-chloro-10H-pyrazino[2,3-b][1, 4]benzothiazine (**205**) [2-amino-4-chloro(thiophenol), Et$_3$N, Me$_2$NCHO, 20°C, 5 h, then 150°C, 6 h: intermediate 2-(2-amino-4-chlorophenylthio)-

3-chloropyrazine (57%); then neat intermediate, 220°C, 2 h: 47%];[600] also some aza and oxa analogues likewise but without isolation of intermediates.[777, 1268]

5,6-Dichloro-2,3-pyrazinedicarbonitrile (**204**, R = CN) gave 1,3-diphenyl-1*H*-pyrazino[2,3-*e*][1,3,4]oxadiazine-6,7-dicarbonitrile (**206**) (BzHNNHPh, Et$_3$N, Me$_2$NCHO, 20°C, 3 h: 53%),[761] pyrazino[2,3-*b*]pyrazine-2,3,6,7-tetracarbonitrile (**207**) via oxidation of its unisolated 1,4-dihydro derivative [NCC(NH$_2$)=C(NH$_2$)CN: 90% (dihydro); then dichlorodicyanobenzoquinone oxidation (for details, see original)],[825] or pyrido[1',2':1,2]imidazo[4,5-*b*]pyrazine-2,3-dicarbonitrile (**208**) (2-pyridinamine, dioxane, 20°C, 24 h: 79%; analogues likewise).[1390]

5-Amino-6-chloro-2,3-pyrazinedicarbonitrile (**210**, R = H) also gave the foregoing product (**208**) [pyridine, 20°C, 24 h: 73%; perhaps via aerial oxidation of the intermediate (**211**)][1393] or 5,10-dihydrodipyrazino[2,3-*b*:2',3'-*e*]pyrazine (**209**, R = H) (Et$_3$N, Me$_2$NCHO, reflux, 10 h: 78%);[1598] several 5,10-dialkyl analogues (**209**, R = alkyl) were made similarly.[1598]

3,5-Dibromo-2-pyrazinamine (**212**) and ethyl acetoacetate gave ethyl 2-bromo-6-methyl-5*H*-pyrrolo[2,3-*b*]pyrazine-7-carboxylate (**213**) (EtONa, Me$_2$NCHO, 90°C, 2 h: 45% net).[965]

Also other examples.[349, 530, 1277]

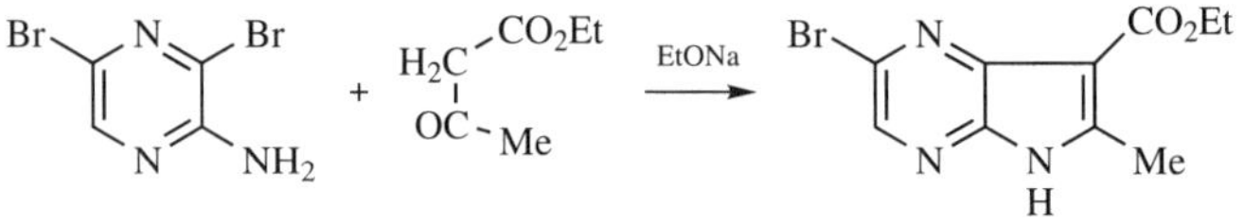

(212) + (213)

4.3. PREPARATION OF EXTRANUCLEAR HALOGENOPYRAZINES (*H* 114)

The formation of halogenoalkyl- or halogenoarylpyrazines by *direct halogenation of alkyl- or arylpyrazines* (Section 3.2.4.3), by *chlorodeoxygenation of pyrazine N-oxides* (Section 4.1.3), by *primary synthesis* (Chapters 1 and 2), or by other *passenger processes* (such as halogenoalkylation: Chapters 3–8) have been discussed elsewhere as indicated. Most other extranuclear halogenopyrazines have been made from the corresponding hydroxy (or acetoxy) derivatives or by minor procedures as detailed in the following subsections.

4.3.1. Extranuclear Halogenopyrazines from Corresponding Hydroxypyrazines

A variety of reagents have been used to achieve this transformation, as illustrated in the following classified examples:

Using Halogen and Triphenylphosphine

3-(2-Hydroxyethyl)- (**214**) gave 3-(2-bromoethyl)-3,6-dihydro-2,5(1*H*,4*H*)-pyrazinedione (**215**) (Br$_2$, PPh$_3$, Me$_2$NCHO, 0 → 5°C, 12 h: 87%);[792] 3-benzyl-6-(2-bromoethyl)-3-methyl-3,6-dihydro-2,5(1*H*, 4*H*)-pyrazinedione (**216**) (84%) was made similarly.[813]

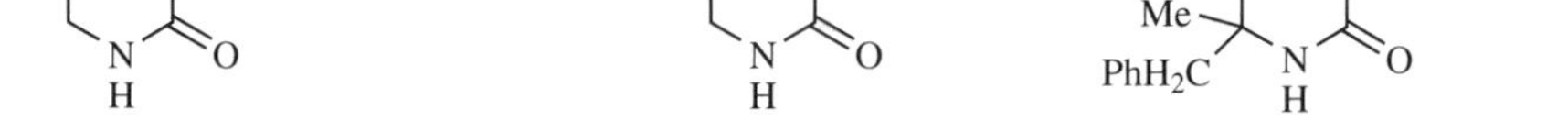

(214) (215) (216)

Using Halide Ion (on an Acyloxy Substrate)

2-Benzyloxy-3-isobutyl-6-mesyloxymethyl- (**217**) gave 2-benzyloxy-6-iodomethyl-3-isobutyl-5-methoxypyrazine 4-oxide (**218**) (Bu$_4$NI, PhH, 20°C, dark, 90 min: >95%).[848]

2-Isopropyl-3,6-dimethoxy-5-(2-tosyloxyethyl)-2,5-dihydropyrazine (**219**, R = OTs) gave 2-(2-iodoethyl)-5-isopropyl-3,6-dimethoxy-2,5-dihydropyrazine (**219**, R = I) (NaI, AcMe, reflux, 2 h: 95%).[1614]
Also other examples.[1259]

Using Thionyl Halide

2-(α-Hydroxybenzyl)pyrazine (**220**) gave 2-(α-chlorobenzyl)pyrazine (**221**) (SOCl$_2$, CHCl$_3$, 0°C, 3 h: 82%).[181]

1,4-Bis(hydroxymethyl)-(**222**, R = OH) gave 1,4-bis(chloromethyl)-3,6-dihydro-2,5(1*H*, 4*H*)-pyrazinedione (**222**, R = Cl) (SOCl$_2$, CHCl$_3$, 20° → reflux, 3.5 h: 86%).[1102]
Also other examples.[606, 816]

Using Other Reagents

2,6-Bis(3-hydroxymethylpyrazol-1-yl)pyrazine (**223**, R = OH) gave 2,6-bis(3-bromomethylpyrazol-1-yl)pyrazine (**223**, R = Br) PBr$_3$, MeCN, reflux, 90 min: 85%).[963]

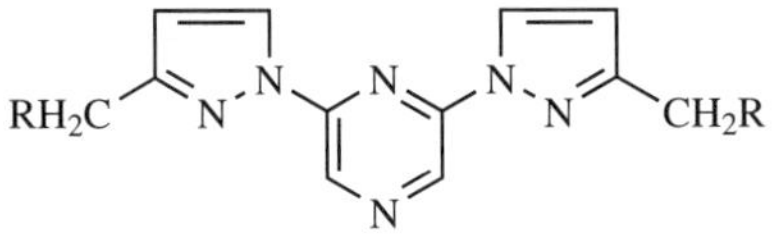

(223)

- 2-(1-Hydroxy-2-methylethyl)- gave 2-(1-fluoro-2-methylethyl)-5-isopropyl-3,6-dimethoxy-2,5-dihydropyrazine [lithiation; then Et_2NSF_3, CH_2Cl_2, −70 → 20°C, 1 h: good yield (crude)];[197] 1,4-dibenzyl-2-fluoromethylpiperazine (70%) was made similarly but without initial lithiation[630]
- 2-(6-Hydroxymethylpyridin-2-yl)pyrazine (224, R = OH) gave 2-(6-bromomethylpyridin-2-yl)pyrazine (224, R = Br) (CBr_4, PPh_3, CH_2Cl_2, 0°C, ~90 min: 95%; this procedure surely deserves wider use).[871]

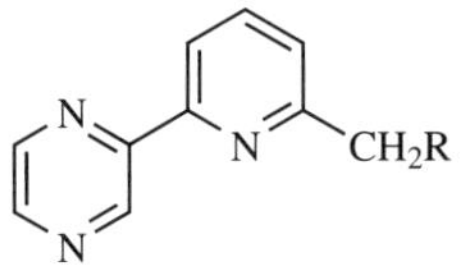

(224)

- 2-Benzyloxy-6-hydroxymethyl- (225, R = OH) gave 2-benzyloxy-6-chloromethyl-3-isobutyl-5-methoxypyrazine (225, R = Cl) ($MeSO_2Cl$, Et_3N, CH_2Cl_2, 0°C, 12 h: 76%);[329] also an analogous examples using TsCl/BuLi.[333]

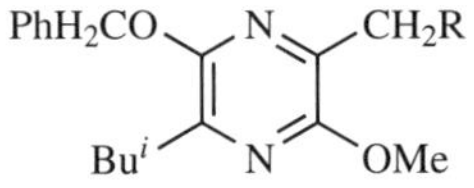

(225)

4.3.2. Extranuclear Halogenopyrazines by Minor Procedures (H 115)

Although little used in recent years, these minor procedures have considerable potential, as evident from the few examples that follow:

From Extranuclear Aminopyrazines

- 2-(*o*-Aminophenylthio)pyrazine (226, R = NH_2) gave 2-(*o*-iodophenylthio)pyrazine (226, R = I) ($NaNO_2$, HCl, H_2O, 0°C, 2 h: then KI/H_2O ↓, ? min: 56%).[369]

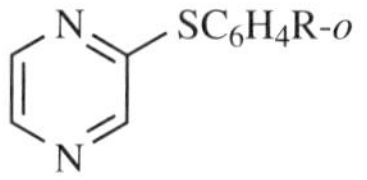

(226)

From Pyrazine Aldehydes or Ketones

2-Pyrazinecarbaldehyde gave 2-(difluoromethyl)pyrazine (Et_2NSF_3, $CFCl_3$, A, 0 → 20°C, 12 h: 39%; unstable).[630]

1,4-Diisobutyrylpiperazine gave 1,4-bis(1-chloro-2-methylprop-1-enyl)piperazine ($POCl_3$, Me_2NCHO, CH_2Cl_2, reflux, 30 h: 78%; presumably via the enolic form of the substrate).[1612]

By Transhalogenation

2-Benzyloxy-6-chloromethyl- (**227**, X = Cl) gave 2-benzyloxy-6-iodomethyl-3-isobutyl-5-methoxypyrazine 4-oxide (**227**, X = I) (NaI, MeOH, reflux, 4 h: 61%).[329]

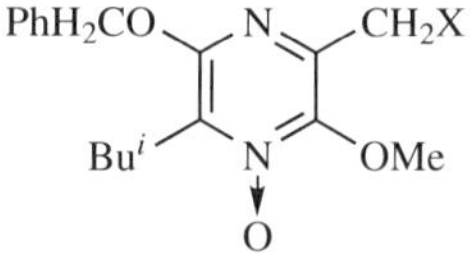

(227)

2-(2-Chloroethyl)- gave 2-(2-bromoethyl)- (NaBr, Me_2NCHO, 70°C, 12 h: 88%) or 2-(2-iodoethyl)-5-isopropyl-3,6-dimethoxy-2-methyl-2,5-dihydropyrazine (likewise but NaI: 88%).[1608]

4.4. REACTIONS OF EXTRANUCLEAR HALOGENOPYRAZINES (*H* 145, 154)

These halogenopyrazines undergo all the reactions that would be expected of their carbocyclic analogues such as benzyl chloride. Moreover, the reactivity of the halogeno group is hardly affected by the electron-withdrawing nature of the pyrazine ring but it is affected appreciably by any adjacent carbonyl or other grouping on the side chain. Reactions are typified by the classified examples that follow:

Hydrogenolysis

1,4-Bis(6-bromohexyl)-3,6-dihydro-2,5(1*H*, 4*H*)-pyrazinedione (**228**) gave 1,4-dihexyl-3,6-dihydro-2,5(1*H*, 4*H*)-pyrazinedione (**229**) [Bu_3SnH, ($=NC_3H_6CN)_2$, PhH, 80°C, N_2, 3 h: 95%].[572]

See also Section 3.2.1.5

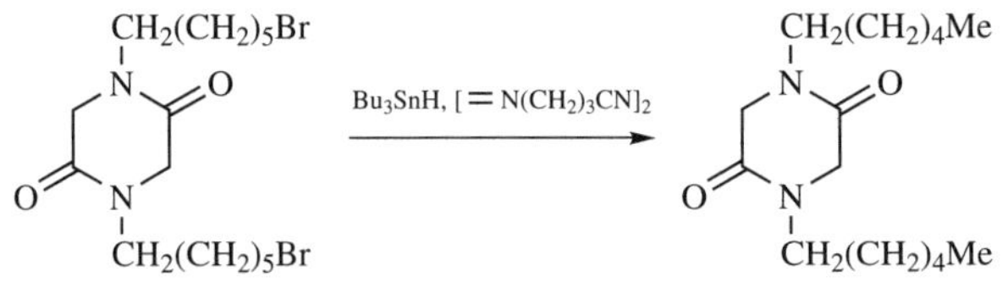

(**228**) (**229**)

Alkanelysis or Arenelysis

2-*o*-Bromophenoxypyrazine (**230**) gave 2-[*o*-(trimethylsilylethynyl)phenoxy]-pyrazine (**231**) [$Me_2SiC{\equiv}CH$, Et_3N, $Pd(PPh_3)_2Cl_2$, CuI, 80°C, sealed, 24 h: 54%].[369]

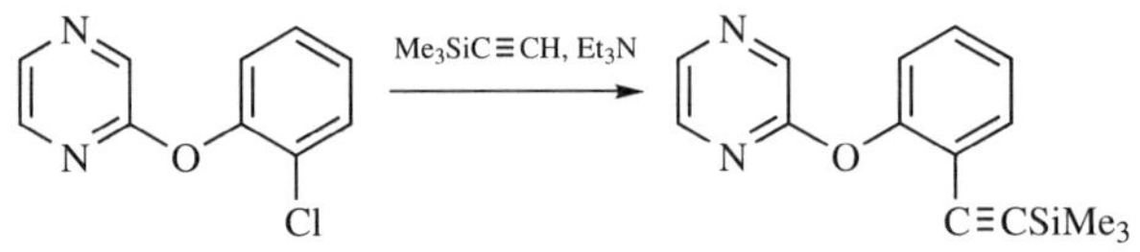

(**230**) (**231**)

2-Chloromethyl-3-methoxy-5-methylpyrazine 1-oxide (**232**) and indole-1(?)-yl-magnesium bromide (**233**) (made *in situ*) gave 3-(3-methoxy-5-methyl-1-oxidopyrazin-2-ylmethyl)indole (**234**) (Et_2O—PhMe, 0 → 20°C, 12 h: 77%).[333]
Also other examples.[1614]

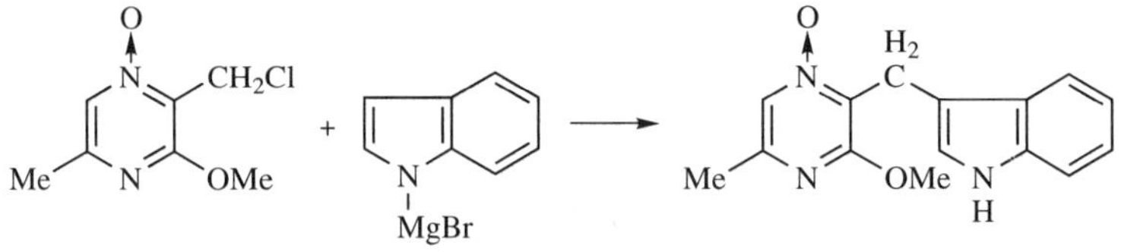

(**232**) (**233**) (**234**)

Aminolysis

1-Benzyl-6-bromomethyl-5-chloro-3-methoxy-2(1*H*)-pyrazinone (**235**) gave 1-benzyl-5-chloro-3-methoxy-6-(prop-2-ynylamino)methyl-2(1*H*)-pyrazinone (**236**) ($H_2NCH_2C{\equiv}CH$, Et_3N, THF, 20°C, ~2 h: 87%; note preferential attack on the extranuclear halogeno substituent);[395] also many analogues likewise.[395]

6-Bromomethyl-5-chloro- (**237**, R = Br) gave 5-chloro-6-(diethylamino)methyl-3-methoxy-1-phenyl-2(1H)-pyrazinone (**237**, R = NEt$_2$) (Et$_2$NH, THF, 20°C, 1 h: 95%).[53]

2-Chloromethyl-5-methylpyrazine (**238**, R = H) gave 2-methyl-5-(trimethylammoniomethyl)pyrazine chloride (**239**, R = H) (Me$_2$NCHO, Me$_3$N ↓, 0°C; then substrate ↓, 20°C, 12 h: 36%);[550, 1481] likewise 2,3,6-trimethyl-5-(trimethylammoniomethyl)pyrazine chloride (**239**, R = Me) (93%).[550] Also other examples.[259,606,613,726,773,957,963,984,1142,1664]

Hydrolysis

Note: Hydrolysis may be done directly or via an acetoxy intermediate, often unisolated. The kinetics for hydrolysis of 2-bromomethyl-3,5,6-trimethylpyrazine have been investigated within the range pH 1–11.[1266]

1-Benzyl-3-bromomethyl-5-chloro-6-phenyl-2(1H)-pyrazinone (**240**) gave 1-benzyl-5-chloro-3-hydroxymethyl-6-phenyl-2(1H)-pyrazinone (**241**) (K$_2$CO$_3$, H$_2$O—dioxane, reflux, 2 h: 68%; note survival of the chloro substituent).[39]

2-Chloromethyl-5-methylpyrazine (**242**) gave either 2-acetoxymethyl- (**243**) (AcOK, EtOH, reflux, 6 h: 65%) or 2-hydroxymethyl-5-methylpyrazine (**224**) (AcOK, KHCO$_3$, EtOH, reflux, 6 h: 74%);[221] the acetoxymethyl intermediate was confirmed as such by alkaline hydrolysis to the product (**244**) (NaOH, no details: 85%).[1353]

Alcoholysis

Note: This reaction is usually done with alcoholic alkoxide but an alcohol alone may be used (over a much longer period) if some alkoxide-sensitive passenger group is present.

2-Chloromethyl-5-methylpyrazine (**245**, R = Cl) gave 2-methoxymethyl-5-methylpyrazine (**245**, R = OMe) (MeONa, MeOH, reflux, 1 h: >71%).[676]

2-Chloromethylpyrazine gave 2-(prop-2-ynyloxymethyl)pyrazine (**246**, $n = 1$) [NaOCH$_2$C≡CH (made *in situ*), THF, reflux, 3 h: 47%][367] or 2-(but-3-ynyloxymethyl)pyrazine (**246**, $n = 2$) [NaOCH$_2$CH$_2$C≡CH (made *in situ*), THF, 40°C, 2 h: 53%].[366]

5,6-Bis(bromomethyl)-2,3-pyrazinedicarbonitrile (**247**, R = Br) gave 5,6-bis(propoxymethyl)-2,3-pyrazinedicarbonitrile (**247**, R = OPr) (PrOH, reflux, 3 days: 53%).[984]

3-Amino-6-chloromethyl- (**248**) gave 3-amino-6-butoxymethyl-2-pyrazinecarbonitrile (**249**) (BuOH, reflux, 12 days: 77%; or likewise, 2 days: 58%).[612] Also other examples;[53, 391, 871, 957, 1059, 1139] for examples of intramolecular alcoholysis (epoxide formation) see end of this section.

Thiolysis

Note: There appear to be no recent examples of the direct thiolysis of extranuclear halogenopyrazines: All such transformations have been done indirectly via an isothiouronium intermediate (cf. Section 4.2.4).

2-Chloromethylpyrazine (**250**) gave 2-(isothiouroniomethyl)pyrazine chloride (**251**) [S=C(NH$_2$)$_2$, MeOH, 1 h; crude solid), and thence 2-(mercaptomethyl)pyrazine (**252**) (1.3 M NaOH, reflux, N$_2$, 1 h: >20% overall);[674] 2-bromomethyl- gave 2-mercaptomethyl-3,5,6-trimethylpyrazine (85%) in a similar way.[1551]

2,3-Bis(chloromethyl)pyrazine gave 2,3-bis(isothiouroniomethyl)pyrazine dichloride [S=C(NH$_2$)$_2$, EtOH, reflux, 12 h], and thence 2,3-bis(mercaptomethyl)pyrazine (0.3 M NaOH, reflux, A, 6 h: ~25% overall);[547] the isomeric 2,5- and 2,6-bis(isothiouroniomethyl)pyrazine dichlorides were similarly made from their bischloromethyl analogues [S=C(NH$_2$)$_2$, BuOH, 100°C, 10 min: 81 and 84%, respectively] but were not subsequently treated with alkali.[550]

Alkane- or Arenethiolysis

5,6-Bis(bromomethyl)-2,3-pyrazinedicarbonitrile (**253**) gave 5,6-bis(phenylthiomethyl)-2,3-pyrazinedicarbinitrile (**254**) (PhSH, pyridine, AcMe, 20°C, 90 min: 89%).[984]

5,6-Bis[*p*-(bromomethyl)phenyl]-2,3-pyrazinedicarbonitrile gave 5,6-bis[*p*-(5-methylthio-2-thioxo-1,3-dithiol-4-ylthiomethyl)phenyl]-2,3-pyrazinedicarbonitrile (**255**) [4-benzoylthio-5-methylthio-1,3-dithiole-2-thione, MeONa,MeOH, 40°C, until clear (debenzoylation); then substrate ↓ , 40°C, 1 h: 52%].[1502]
Also other examples.[200, 470, 496, 1248]

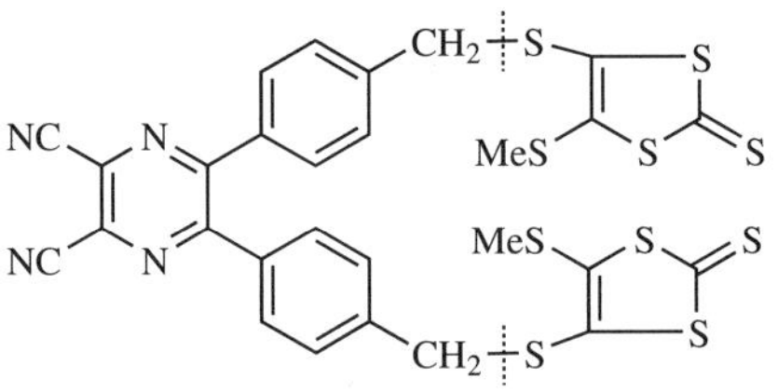

(**255**)

Azidolysis

1-Benzyl-6-(1-bromo-2-methylpropyl)-5-chloro-3-phenyl-2(1*H*)-pyrazinone (**256**, R = Br) gave 6-(1-azido-2-methylpropyl)-1-benzyl-5-chloro-3-phenyl-2(1*H*)-pyrazinone (**256**, R = N$_3$) (NaN$_3$, Me$_2$NCHO, 60°C, 5 h: 62%).[53]

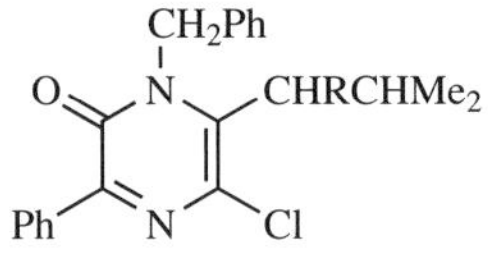

(**256**)

2-(4-Bromobutyl)-(**257**, R = Br) gave 2-(4-azidobutyl)-3,6-diethoxy-5-isopropyl-2-methyl-2,5-dihydropyrazine (**257**, R = N$_3$) (NaN$_3$, Me$_2$NCHO, 90°C, 13 h: 78%);[1609] homologues likewise.[1609]
Also other examples.[152, 228, 1106, 1348]

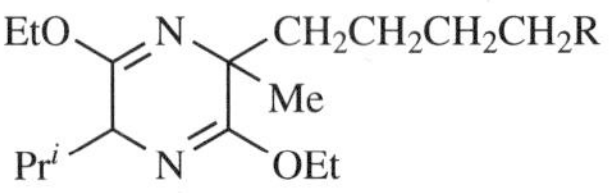

(**257**)

Cyanolysis

2-Chloromethyl-3-phenylpyrazine (**258**) gave 2-cyanomethyl-3-phenylpyrazine (**258**) gave 2-cyanomethyl-3-phenylpyrazine (**259**) (KCN, EtOH, reflux, 4 h: 91%).[1272]

6-Bromomethyl-5-chloro- (**260**, R = Br) gave 6-chloro-5-cyanomethyl-3-methoxy-1-phenyl-2(1H)-pyrazinone (**260**, R = CN) (KCN, 18-crown-6, THF, 20°C, 4 h: 57%).[53]

Miscellaneous Displacement Reactions

5,6-Bis(bromomethyl)-2,3-pyrazinedicarbonitrile gave 5,6-bis(thiocyanatomethyl)-2,3-pyrazinedicarbonitrile (**261**) (KSCNsAcMe, 20°C, 10 min: 95%).[984]

2-Chloromethylpyrazine gave S-pyrazin-2-ylmethyl disodium phosphorothioate (**262**) [(NaO)$_2$PSNa, H$_2$O, pH 9, 20°C, 40 min: ~15%].[674]

4-Bromoacetyl-3-ethoxycarbonylmethyl-2-piperazinone gave a product formulated as 3-ethoxycarbonylmethyl-4-phosphonoacetyl-2-piperazinone (**263**) [P(OEt)$_3$, PhH, reflux, 4 h; then NaOH—H$_2$O, 20°C, 3 days: 70%].[722]

Cyclization or Ring Expansion Reactions

2,3-Bis(dibromomethyl)pyrazine (**264**) gave *trans*-7,8-dibromo-2,5-diazabicyclo[4.2.0]octa-1,3,5-triene (**265a**) via the bis(bromomethylene) intermediate (**265**) (detectable but not isolable as such) (NaI, Me$_2$NCHO, 60°C, 1 h: 15%).[29]

3-Chloromethyl-1,5,5-trimethyl-5,6-dihydro-2(1*H*)-pyrazinpne (**266**) underwent self-condensation to give 2,4,4,8,10,10-hexamethyl-3,4,9,10-tetrahydropyrazino[1,2-*a*:1′,2′-*d*]pyrazine-1,7(2*H*,8*H*)-dione (**267**) (EtPr$^i_2$N, Me$_2$NCHO, 90°C, N$_2$, 15 h: 16%; structure confirmed by X-ray analysis).[158]

5,6-Bis(bromomethyl)-2,3-pyrazinedicarbonitrile (**268**) gave 6,7-diphenyl-2,3-quinoxalinedicarbonitrile (**269**) [PPh$_3$, PhMe, no details: diphosphonio intermediate; then Bz$_2$, NaH↓, Me$_2$NCHO, 20 → 120°C, 9 h: 58% (second step)].[1624]

2-(Chloroacetyl)pyrazine (**270**) gave 2-(2-thioxo-2,3-dihydrothiazol-4-yl)-pyrazine (**271**) (H$_2$NCS$_2$NH$_4$, EtOH, 20°C, 15 h: ~15%);[1015] Analogues likewise.[1015]

2-Bromomethyl-5-isopropyl-3,6-dimethoxy-2-methyl-2,5-dihydropyrazine (**272**) gave 2-isopropyl-3,7-dimethoxy-6-methyl-2H-diazepine (**273**) and/or the isomeric 2-isopropylidene-3,7-dimethoxy-6-methyl-5,6-dihydro-2H-diazepine (**274**) [Bu^{t}OK, Me$_2$SO, 50°C, 1 h: 0 and 75%, respectively; KOH, Me$_2$SO, 25°C, 24 h: 73% and 6%, respectively; KOH, Me$_2$SO, 50°C, 5 h: 93% and trace, respectively; the kinetics and mechanism have been studied].[923]

2-(4-Chlorobut-2-enyl)-5-isopropyl-3,6-dimethoxy-2,5-dihydropyrazine (**275**) gave 6-isopropyl-5,8-dimethoxy-1-vinyl-4,7-diazaspiro[2.5]octa-4,7-diene (**276**) (BuLi, C$_6$H$_{14}$—THF, −70°C, 6 h: 84%).[536]

6-Benzylidene-3-(α-bromobenzyl)-3-hydroxy-1,4-dimethyl-3,6-dihydro-2,5(1H,4H)-pyrazinedione (**277**) gave the epoxide, 6-benzylidene-4,7-dimethyl-2-phenyl-1-oxa-4,7-diazaspiro[2.5]octane-5,8-dione (**278**) (Et$_3$N, AcOEt, reflux, 2 h: 78%).[1030]

2-(2-Chloro-1-hydroxy-1-methylethyl)-5-isopropyl-3,6-dimethoxy-2,5-dihydropyrazine (**279**) gave 2-isopropyl-3,6-dimethoxy-5-(1-methyl-1,2-epoxyethyl)-2,5-dihydropyrazine (**280**) (NaOH, H_2O—THF, 20°C, 3 h: 92%).[520]

2-(2-Bromoethyl)-3,6-diethoxy-2,5-dihydropyrazine (**281**) gave 3,6-diethoxy-2,5-diazabicyclo[2.2.2]octa-2,5-diene (**282**) (BuLI, THF—C_6H_{14}, −78°C, 3 h: 91%).[792]

Also other examples.[993]

Oxidation

2-Chloromethyl-5-methylpyrazine (**283**) gave 5-methyl-2-pyrazinecarboxylic acid (**284**) [K_2CO_3, H_2O—Bu^{t}OH, 60°C, electrolysis (freshly made "nickel hydroxide" anode; Ni alloy cathode): 82%; possibly via the hydroxymethyl intermediate but mechanism not elucidated].[221]

CHAPTER 5

Oxypyrazines (*H* 156, 363)

The general term *oxypyrazine* is used here to include derivatives such as the cycloamidic tautomeric pyrazinones (**1**), the alcoholic hydroxyalkylpyrazines (**2**), the etherial alkoxypyrazines (**3–5**), the cycloamidic nontautomeric pyrazinones (**6**), and pyrazine *N*-oxides (**7, 8**); in addition, related types like diketopiperazines, acyloxypyrazines, pyrazine quinones, and endoperoxypyrazines are covered as appropriate. Some brief ancillary information on trivial names, natural occurrence, and biological activities of pyrazines (mainly oxy derivatives) is collected in a final Appendix section.

There are no recent general reviews specifically on oxypyrazines but most aspects of 2,5-piperazinediones [3,6-dihydro-2,5(1*H*,4*H*)-pyrazinediones] have been covered in some detail.[472,743]

5.1. TAUTOMERIC PYRAZINONES (*H* 156, 363)

There is no longer any real doubt that simple tautomeric pyrazinones like 2(1*H*)-pyrazinone (**1**) exist predominantly in their oxo forms. However, largely confirmatory theoretical,[1042,1430,1623,1675] NMR,[1424] and IR studies[1398] on such pyrazinones have appeared recently; in addition, 2,3(1*H*,4*H*)-pyrazinedione (**9**) appears to exist substantially as such,[1623,1675] whereas the 2,5-isomer [2,5(1*H*,6*H*)-pyrazinedione ?] appears to prefer an equilibrium mixture (**10**) of 2,5-dihydroxypyrazine and 5-hydroxy-2(1*H*)-pyrazinone on theoretical grounds.[1430] Related studies on tautomerism have also appeared.[57,465,931,932] An X-ray analysis of 3-carboxymethyl-6-methyl-3,6-dihydro-2,5(1*H*,4*H*)-pyrazinedione (**11**) has confirmed its fine structure in the solid state.[1045]

5.1.1. Preparation of Tautomeric Pyrazinones (*H* 156, 363, 366, 369)

Many such pyrazinones have been made by *primary synthesis* (see Chapters 1 and 2) or by *hydrolysis of halogenopyrazines* (Section 4.2.2). Other methods of preparation are illustrated in the following examples, classified according to the type of substrate:

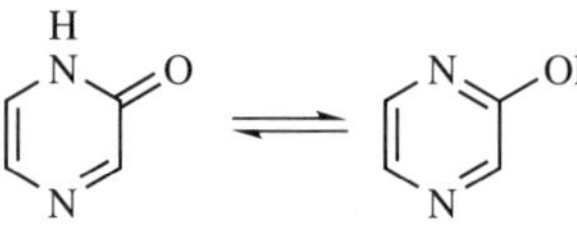

Oxypyrazines (*H* 156, 363)

(1) 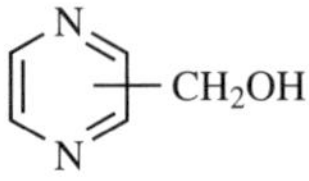 (2) 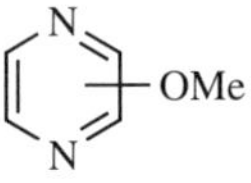 (3) 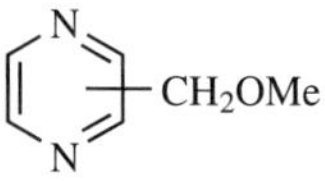 (4) 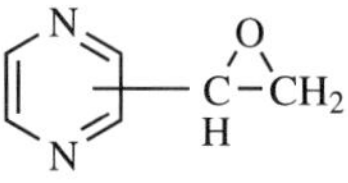 (5) 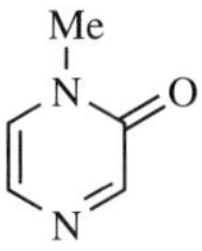 (6) 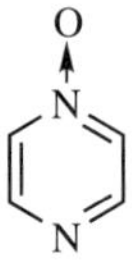 (7) 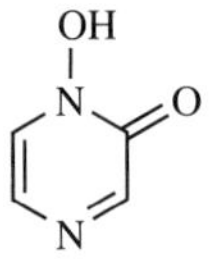 (8) 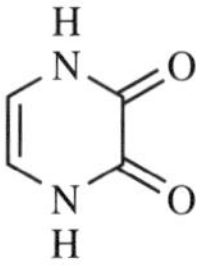 (9) 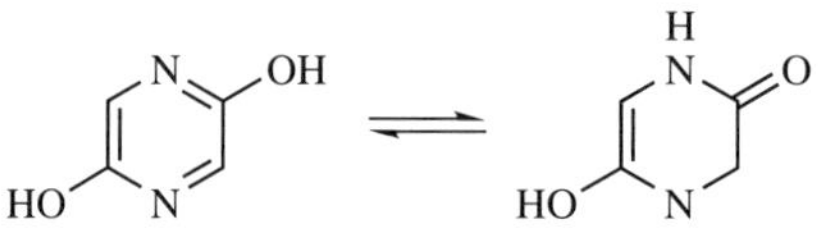 (10) 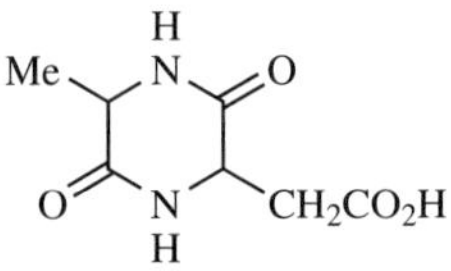 (11)

From Primary Pyrazinamines

Ethyl 5-amino-2-pyrazinecarboxylate (**12**) gave ethyl 5-oxo-4,5-dihydro-2-pyrazinecarboxylate (**13**) (NaNO$_2$, H$_2$SO$_4$, 3 → 45°C, 7 min: 80%; the use of concentrated H$_2$SO$_4$ ensured minimal hydrolysis of the ester grouping).[1681]

3-Amino-2-pyrazinecarbonitrile gave 3-oxo-3,4-dihydro-2-pyrazinecarbonitrile (**14**) (NaNO$_2$, dilute H$_2$SO$_4$, 0 → 20°C, 3 h: 58%).[1296]

5-Benzylthio-2-pyrazinamine gave 5-benzylthio-2(1*H*)-pyrazinone (**15**) (NaNO$_2$, AcOH—H$_2$O—dioxane, 5°C, 15 min: 46%).[1565]

Also other examples.[54,64,397]

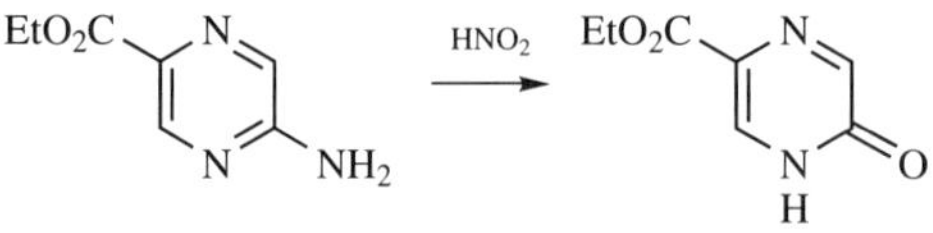

(12) (13) 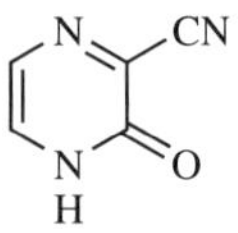 (14) 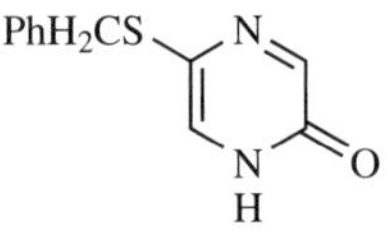 (15)

From Alkoxypyrazines

Note: This reaction can be done in several ways, as shown in these examples.

Hydrolysis. 2-Methoxy-3-methyl-5-phenylpyrazine (**16**) gave 3-methyl-5-phenyl-2(1*H*)-pyrazinone (**17**) (6 M HCl, reflux, 3 h: 97%);[1307] other products like 3,6-diisopropyl-2(1*H*)-pyrazinone (**18**, R = Pr^i) (97%)[1311] and 3,6-diphenyl-2(1*H*)-pyrazinone (**18**, R = Ph) (84%)[82] were made similarly. Hydriodic acid may also be used.[1307]

Trimethylsilyl iodide method. 2,5-Dimethoxy-3,6-dimethylpyrazine (**19**) gave 5-hydroxy-3,6-dimethyl-2(1*H*)-pyrazinone (**20**) (Me$_3$SiI, (CH$_2$)$_4$SO$_2$, N$_2$, 40°C, 2 h; then H$_2$O ↓, 0 → 70°C, 30 min: 84%);[1392] also other examples.[57]

Reductive debenzylation. 2-Benzyloxy-3,6-diisobutyl-5-methoxypyrazine 4-oxide (**21**) gave 3,6-diisobutyl-5-methoxy-2(1*H*)-pyrazinone 4-oxide (**22**) (H$_2$, Pd/C, EtOH, ? h: 90%; structure confirmed by X-ray analysis);[310] 2,5-dibenzyloxy-3,6-diphenylpyrazine likewise gave 5-hydroxy-3,6-diphenyl-2(1*H*)-pyrazinone (**23**) (43%).[82]

Thermolysis. Note: The observation that an alkoxypyrazine can undergo thermolytic conversion into a pyrazinone plus an alkene[1699] has been studied kinetically[59,64,238] but does not appear to have been developed as a preparative procedure. For example, 2-ethoxypyrazine (**24**) gave 2(1*H*)-pyrazinone (**25**) plus ethylene (**26**).[238]

$$\text{(24)} \xrightarrow{\Delta} \text{(25)} + H_2C=CH_2 \text{ (26)}$$

From Acyloxypyrazines

2-Acetoxy-6-isopropenyl-3-isopropylpyrazine (**27**) gave 6-isopropenyl-3-isopropyl-2(1*H*)-pyrazinone (**28**) (KOH, MeOH—H$_2$O, 20°C, 4 h: 94%); also analogues.[1377]

$$\text{(27)} \xrightarrow{HO^-} \text{(28)}$$

2-Acetoxy-3,6-dibenzyl-5-methoxypyrazine gave 3,6-dibenzyl-5-methoxy-2(1*H*)-pyrazinone (**29**) (K$_2$CO$_3$, MeOH—H$_2$O, reflux, 30 min: > 95%);[312] 2,5-diacetoxy-3,6-dimethylpyrazine gave 5-hydroxy-3,6-dimethyl-2(1*H*)-pyrazinone (**30**) (KHCO$_3$, MeOH, reflux, 50 min: 53%).[1386]

(29)   (30)

2-Acetoxy-5-benzyl-6-diacetylamino-3-methylpyrazine (**31**) gave 6-amino-5-benzyl-3-methyl-2(1*H*)-pyrazinone (**32**) (neat H$_2$NNH$_2$, 20°C, 13 h: 67%; note additional *N*-deacetylation).[883]
Also other examples.[304,809,960,1565,1575]

From Other Substrates

The dioxime, 1-cyclohexylcarbonyl-3,5-bis(hydroxyimino)piperazine (**33**) gave 4-cyclohexylcarbonyl-2,6-piperazinedione (**34**) (NaNO$_2$, AcOH—H$_2$O, 0°C, 24 h: 83%);[1700] analogues like 1-benzoyl-2,6-piperazinedione (**35**) were made similarly.[274]

2-Pyrazinecarboxylic acid underwent microbiological "hydroxylation" to give 3-oxo-3,4-dihydro- (**36**, R = H) (*Alcaligenes eutrophus*: 70%), 5-oxo-4,5-dihydro- (**37**) (*Pseudomonas acidovorans*: 96%), or 6-oxo-1,6-dihydro-2-pyrazinecarboxylic acid (**38**) (*Alcaligenes faecalis*: 85%);[1091] Similar procedures afforded 5-chloro-3-oxo-3,4-dihydro-2-pyrazinecarboxylic acid (*Alcaligenes eutrophus*: 50%) and 5-oxo-4,5-dihydro-2-pyrazinecarbonitrile (*Agrobacterium* sp: 78%).[1091]

2-Pyrazinecarboxamide in humans gave 5-oxo-4,5-dihydro-2-pyrazinecarbox-amide and subsequent catabolic products;[1183] also with rat liver *in vitro*.[952]

2-Methylpyrazine (**39**) gave 3-methyl-2(1*H*)-pyrazinone (**40**) (PhCN → O, PhH, reflux, 3 h: <5% after purification).[390]

The kinetics and mechanism for photochemical rearrangement of pyrazine 1,4-dioxide (**41**) into 5-hydroxy-2(1*H*)-pyrazinone (**42**) have been studied.[869]

5.1.2. Reactions of Tautomeric Pyrazinones (*H* 175, 365, 367, 371)

The important conversion of *pyrazinones into halogenopyrazines* has been covered in Section 4.1.1. An unusual aminolytic cyclization has been reported[709] and other reactions are discussed in the subsections that follow.

5.1.2.1. Conversion into Pyrazinethiones (*H* 175)

This conversion is often done indirectly via an halogenopyrazine although direct thiation of pyrazinones has usually been successful when Lawesson's reagent (**43**) or good quality phosphorus pentasulfide has been employed. The following examples indicate typical conditions used and yields to be expected:

3-Amino-2(1H)-pyrazinone (**44**, X = O) gave 3-amino-2(1H)-pyrazinethione (**44**, X = S) (P_2S_5, β-picoline, reflux, 4.5 h: > 80%).[1012]

3-Phenyl-2(1H)-pyrazinone (**45**, X = O) gave 3-phenyl-2(1H)-pyrazinethione (**45**, X = S) (P_2S_5, pyridine, reflux, 2 h: ~ 65%; the 5-phenyl isomer was made similarly.[1033]

3,6-Diethyl-2(1H)-pyrazinone (**46**, X = O) gave 3,6-diethyl-2(1H)-pyrazinethione (**46**, X = S) (Lawesson's reagent, PhMe, reflux, 2 h: 97%);[270] the 3,6-dipropyl (94%), 3,6-diisopropyl (98%), and other homologues were made similarly.[270]

1-Methyl-3-(2,4,5-trimethoxy-3-methylbenzyl)-3, 6-dihydro-2,5(1H,4H)-pyrazine-dione (**47**, X = O) gave only 1-methyl-3-(2,4,5-trimethoxy-3-methylbenzyl)-5-thioxo-3,4,5,6-tetrahydro-2(1H)-pyrazinone (**47**, X = S) (Lawesson's reagent, MeOCH$_2$CH$_2$OMe, 20°C, 12 h: 92%; note selective thiation of tautomeric oxo substituent under these conditions).[103]

Also other examples.[1450]

5.1.2.2. Conversion into O- and/or N-Alkylated Derivatives (H 175, 193)

Irrespective of the type of reagent or the conditions used, alkylation of a tautomeric 2(1H)-pyrazinone usually gives an N-alkylated pyrazinone, sometimes accompanied by a smaller amount of the isomeric alkoxypyrazine. Occasionally, the alkoxypyrazine may predominate when a diazoalkane or trialkyloxonium tertafluoroborate is used, when the steric and/or electronic factors associated with the reagent or substrate are favorable, or when the substrate's ring is partially reduced.

The following alkylations illustrate the results to be expected from various types of tautomeric pyrazinones and a variety of reagents and conditions. The examples are grouped according to the type of substrate and the given percentages represent isolate yields except when stated otherwise.

From Simple 2(1H)-Pyrazinones: O-Alkylation

5-p-Bromophenyl-2(1H)-pyrazinone (**48**) gave a separable mixture of 2-p-bromophenyl-5-pentyloxypyrazine (**49**) and 5-p-bromophenyl-1-pentyl-2(1H)-pyrazinone (**50**) ($C_5H_{11}Br$, K_2CO_3, Me_2NCHO, 100°C, 15 min: 23 and 66%, respectively); likewise homologues.[735]

3-Methyl-2(1H)-pyrazinone (**51**) gave a separable mixture of 2-methyl-3-(tetrahydrofuran-2-yloxy)pyrazine (**52**) and 3-methyl-1-(tetrahydrofuran-2-yl)-2(1H)-pyrazinone (**53**) [tetrahydrofuran-2-yl chloride (made *in situ*), Et_3N, THF—MeCN, 20°C, 1 h: 86% (of a 2:1-mixture prior to separation)].[485]

Also other examples.[16,1452]

From Simple 2(1H)-Pyrazinones: N-Alkylation

3-Ethyl-2(1H)-pyrazinone gave only 3-ethyl-1-(pyridin-2-ylmethyl)-2(1H)-pyrazinone (**54**) (NaH, Me$_2$NCHO, 25°C, 2 h; then 2-chloromethylpyridine ↓, 25°C, 18 h: 62%).[32]

3,5,5-Trimethyl-5,6-dihydro-2(1H)-pyrazinone (**55**, R = H) gave only 1,3,5,5-tetramethyl-5,6-dihdyro-2(1H)-pyrazinone (**55**, R = Me) (NaH, THF, 0°C, N$_2$, 10 min; then MeI ↓, 20°C, 12 h: >95%).[779]

5,6-Diphenyl-2(1H)-pyrazinone (**56**, R = H) gave 1-ethyl-5,6-diphenyl-2(1H)-pyrazinone (**56**, R = Et) and a separable trace of the ethoxy isomer (Et$_2$SO$_4$, MeONa, MeOH, 20°C → reflux, 1 h: ?%);[22] homologues likewise.[22,35]

6-Methyl-2(1H)-pyrazinone (**57**) underwent quaternization to 1-benzyl-3-methyl-5-oxo-4,5-dihydropyrazinium bromide (**58**) (PhCH$_2$Br, EtOH, reflux, N$_2$, 24 h: 80%) that then gave the zwitterionic base, 1-benzyl-5-methylpyrazin-1-ium-3-olate (**59**) [H$_2$O—MeOH, (Amberlite IRA-400, HO$^-$) column: 97%; this indirect route offers a procedure for N-alkylation on a ring-N that is not adjacent to the oxo substituent];[341] 1,5-dimethylpyrazin-1-ium-3-olate was made somewhat similarly.[1478]

Also other examples,[1219,585] including an indirect process involving N-silylmethylation followed by desilylation by cesium fluoride.[1769]

From Functionally Substituted 2(1H)-Pyrazinones: O-Alkylation

3,6-Dibenzyl-5-methoxy-2(1H)-pyrazinone (**60**, R = CH$_2$Ph) gave only 2,5-dibenzyl-3-benzyloxy-6-methoxypyrazine (**61**, R = CH$_2$Ph) (PhCH$_2$Br,

KOH, trace Me$_4$NBr, H$_2$O—CHCl$_3$, ultrasonication, 30°C, 36 h: 80%);[312] 3,6-diisobutyl-5-methoxy-2(1*H*)-pyrazinone (**60**, R = Bu^i) gave 2-benzyloxy-3,6-diisobutyl-5-methoxypyrazine (**61**, R = Bu^i) (likewise: 80%).[310]

Methyl 3-amino-5-isobutyl-6-oxo-1,6-dihydro-2-pyrazinecarboxylate 4-oxide gave methyl 3-amino-6-benzyloxy-5-isobutyl-2-pyrazine carboxylate 4-oxide (**62**) (PhCH$_2$Br, KHCO$_3$, Me$_2$NCHO, 20°C, 16 h: 74%).[337]

5-Chloro-1-methyl-2,3(1*H*,4*H*)-pyrazinedione (**63**) gave a separable mixture of 5-chloro-3-methoxy-1-methyl-2(1*H*)-pyrazinone (**64**) and 5-chloro-1,4-dimethyl-2,3(1*H*,4*H*)-pyrazinedione (**65**) (H$_2$CN$_2$, Et$_2$O, ? h: 47 and 34%, respectively).[1309]

Also other examples.[414,455,848,883,1036]

From Functionally Substituted 2(1H)-Pyrazinones: N-Alkylation

3-Oxo-3,4-dihydro-2-pyrazinecarbonitrile (**66**, R = H) gave 4-methyl-3-oxo-3,4-dihydro-2-pyrazinecarbonitrile (**66**, R = Me) [Me$_2$NCH(OMe)$_2$, CHCl$_3$, 20°C, 2 h, then reflux, 5 min: 72%; or MeI, MeONa, Me$_2$NCHO, 20°C, 45 min: 55%].[1296]

2(1H)-Pyrazinone 4-oxide (**67**, R = H) gave 1-benzyl-2(1H)-pyrazinone 4-oxide (**67**, R = CH$_2$Ph) (NaH, Me$_2$NCHO, 5°C, 1 h; then PhCH$_2$Cl ↓, 80°C, 2 h: 33%); also many analogues somewhat similarly.[86]

Ethyl 2-ethoxycarbonylmethyl-3-oxo-1-piperazinecarboxylate (**68**, R = H) gave ethyl 2-ethoxycarbonylmethyl-4-methyl-3-oxo-1-piperazinecarboxylate (**68**, R = Me) (MeI, Bu$_2$NI, KOH, THF, 0 → 20°C, 8 h; then reflux, 1 h: 55%).[144]

Also other examples.[598,809,1075]

From Simple Pyrazinediones: O- and/or N-Alkylation

Note: It appears that all available recent examples in this category have used 3,6-dihydro-2,5(1H,4H)-pyrazinediones as substrates, simply because most of the products were required for use in the Schöllkopf reaction (see Section 3.2.1.1).

3,6-Dihydro-2,5(1H,4H)-pyrazinedione (**69**) gave 2,5-diethoxy-3,6-dihydropyrazine (**70**) (Et$_3$OBF$_4$, CH$_2$Cl$_2$, 20°C, 5 days: 88%), and thence 2,5-diethoxypyrazine (**71**) [N-chlorosuccinimide, trace Me$_2$C(CN)N=NC(CN)Me$_2$ (?), CCl$_4$, 80°C,→reflux, 12 h: 91%];[539] also homologues of the dihydro product (**70**), somewhat similarly.[70,512,798]

3-Isopropyl-3,6-dihydro-2,5(1H,4H)-pyrazinedione (**74**) gave a separable 1:2 mixture of 6-isopropyl-5-methoxy- (**72**) and 3-isopropyl-5-methoxy-3,6-dihydro-2(1H)-pyrazinone (**73**) [Me$_3$OBF$_4$ (1 mol), CH$_2$Cl$_2$, 20°C, N$_2$, 6 h: ~ 60% (mixture)] or 2-isopropyl-3,6-dimethoxy-2,5-dihydro pyrazine (**75**) [Me$_3$OBF$_4$ (excess), CH$_2$Cl$_2$, 20°C, N$_2$, 4 days: ~ 85%].[1351]

3,6-Dibenzylidene-3,6-dihydro-2,5(1H,4H)-pyrazinedione (**76**, R = H) gave a chromatographically separable mixture of 3,6-dibenzylidene-1,4-dimethyl-3,6-dihydro-2,5(1H,4H)-pyrazinedione (**76**, R = Me), 3,6-dibenzylidene-5-methoxy-1-methyl-3,6-dihydro-2(1H)-pyrazinone (**77**), and 2,5-dibenzylidene-3,6-dimethoxy-2,5-dihydropyrazine (**78**) (Me$_2$SO$_4$, NaOH, EtOH—H$_2$O, 20°C, 3 h: 80, 10, and 1% respectively).[1028]

Also many other examples.[50,180,204,371,517,522,609,614,792,906,1107,1158,1349]

From Functionally Substituted Pyrazinediones: 0- and/or N-Alkylation

Note: The only examples available from recent literature appear to be 0-alkylations.

Ethyl 5-isopropyl-3,6-dioxo-2-piperazinecarboxylate (**79**) gave ethyl 3,6-diethoxy-5-isopropyl-2,5-dihydro-2-pyrazinecarboxylate (**80**) (Et_3OBF_4, CH_2Cl_2, 20°C, 40 h: > 80%);[703,1498] also homologous dialkoxy products likewise.[703]
Also other examples.[1036,1217]

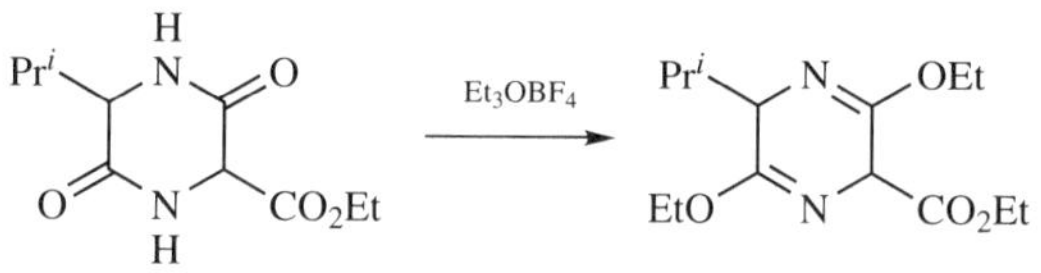

5.1.2.3. Conversion into 0- and/or N-Acylated Derivatives (H 180, 367)

Unllike alkylation, acylation of 2(1H)-pyrazinones usually occurs exclusively at oxygen to afford an acyloxy derivative; only occasionally is an N-acylpyrazinone formed. The following examples will indicate the conditions, facility, and yields to be expected of such reactions:

Formation of Regular Acyloxypyrazines

3,6-Diethyl-2(1H)-pyrazinone (**81**) gave 2-acetoxy-3,6-diethylpyrazine (**82**, R = Me) (neat Ac_2O, reflux, 90 min:80%)[1311] or 2-benzoyloxy-3, 6-diethylpyrazine (**82**, R = Ph) [BzCl, pyridine, 0 → 20°C, 3 h: 61%;[1311] or BzOH, Et_3N, $(EtO)_2P(=O)Cl$, 20°C, 3 h; then substrate ↓, 20°C, 12 h: 75%];[281] also homologues likewise.[1311]

Note: Some of the foregoing acyloxypyrazines proved to be selective acylating agents for primary aromatic amines.[1311]

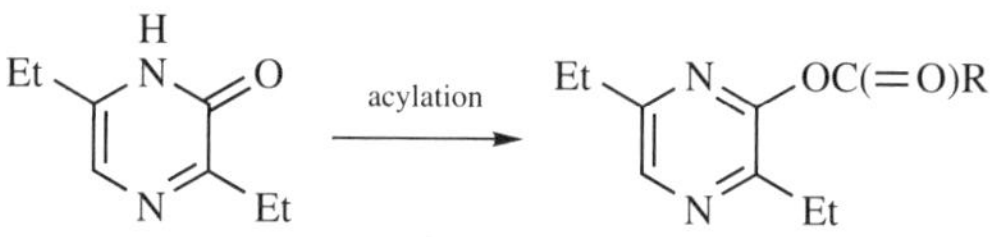

6-Methyl-2(1H)-pyrazinone gave 2-methyl-6-tosyloxypyrazine (**83**) (TsCl, pyridine, 20°C, 15 h: 52%).[1461]

5-Hydroxy-3,6-diphenyl-2(1H)-pyrazinone (**84**) gave 2,5-diacetoxy-3,6-diphenylpyrazine (**85**) (Ac$_2$O, AcOH, reflux, 4 h: 65%).[1386]

Also other examples.[118,734,1347,1392,1695]

Formation of Alkoxycarbonyloxypyrazines

3,6-Diisopropyl-2(1H)-pyrazinone (**86**) gave 2-isobutoxycarbonyloxy-3,6-diisopropylpyrazine (**87**) [ClC(=O)OBu^i, pyridine, 0 → 20°C, 1 h: >95%; the method of choice when the alkyl chloroformate is readily available].[1375]

The same substrate (**86**) gave 2-*tert*-butoxycarbonyloxy-3,6-diisopropylpyrazine (**89**), indirectly via the unisolated chloroformyloxy, intermediate (**88**) [NaH, dioxane, 20°C, until H$_2$ ↑ ceased; then Cl$_2$COC(=O)Cl ↓, 0 → 20°C, 12 h; then Bu^{t}OH/pyridine ↓, 0 → 20°C, 15 h: 53%. This method may be used when the required alkyl chloroformate is not readily available].[1375, 1380]

Also a variety of analogous examples.[1375,1380]

Note: The foregoing products can be used to alkoxycarbonylate aliphatic amines and amino acids.[1375,1380]

Formation of N-Acylpyrazinones

3,6-Dibenzyl-3,6-dihydro-2,5(1H,4H)-pyrazinedione (**90**) gave a separable mixture of cis- and trans-1,4-diacetyl-3,6-dibenzyl-3, 6-dihydro-2,5(1H,4H)-pyrazinedione (**91**) (neat Ac$_2$O, reflux, 5 h: 46 and 6%, respectively).[1028]

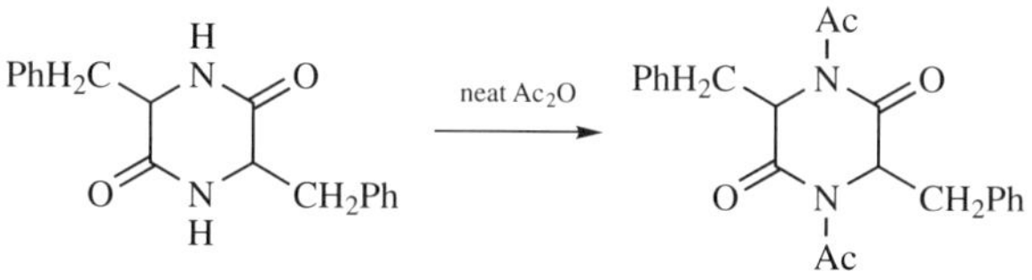

3,6-Dihydro-2,5(1H,4H)-pyrazinedione (**92**) gave a separable mixture of methyl 2,5-dioxo-1-piperazinecarbodithioate (**93**) and dimethyl 2,5-dioxo-1,4-piperazinebiscarbodithioate (**94**) [NaH, CS$_2$, AcNMe$_2$, reflux, 5 h; then MeI ↓ (no further detail): 12 and 19%, respectively].[3]
Also other examples.[44,1773, (cf. 1761)]

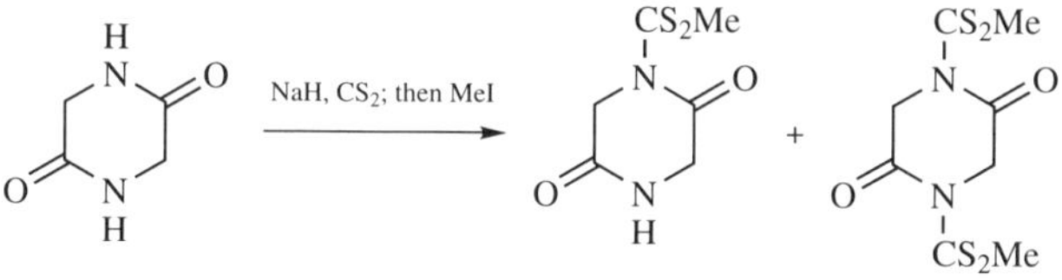

5.1.2.4. Miscellaneous Reactions

Several rarely used but quite important reactions of tautomeric pyrazinones are typified in the following examples:

O-Silylation

5-Benzylthio-2(1H)-pyrazinone (**95**) gave 2-benzylthio-5-trimethylsiloxypyrazine (**96**) [neat Me$_3$SiNHSiMe$_3$, trace (NH$_4$)$_2$SO$_4$, reflux, 90 min: 93%], and thence, by a modified Hilbert–Johnson reaction, 5-benzylthio-1-(2-deoxy-α-D-ribofuranosyl)-2(1H)-pyrazinone (**97**).[1565]

Dimerization and/or Ring Contraction

3,5,5-Trimethyl-5,6-dihydro-2(1H)-pyrazinone (**98**) gave a separable mixture of meso- and dl-2,2′,6,6,6′,6′-hexamethyl-1,1′,2,2′,5,5′,6,6′-octahydro-bipyrazine-3,3′(4H, 4′H)-dione (**99**) [hv, Pr^{i}OH, −25°C, N$_2$, 3 weeks: ~20% each; also recovered substrate (**98**) (44%) and a ring-contraction byproduct, 1,2,2,4-tetramethyl-3-imidazolin-5-one (**100**) (9%)].[780]

In contrast, the same substrate (**98**) gave only 1,2,2,4-tetramethyl-3-imidazolin-5-one (**100**) (hv, H$_2$O, 32 h: 62%).[779]

Reductive Deoxygenation

6-Hydroxy-4-methyl-3,4-dihydro-2(1H)-pyrazinone (**101**) gave 1-methylpiperazine (**102**) (LiAlH$_4$, THF, 20°C,→ reflux, 4 h: 70%).[1336]

3-Hydroxymethyl-6-isobutyl-3, 6-dihydro-2,5(1H,4H)-pyrazinedione (**103**) gave 2-hydroxymethyl-5-isobutylpiperazine (**104**) (LiAlH$_4$, THF, 0 → 65°C, 3 days: 65%; note survival of the extranuclear hydroxy group); also analogues likewise.[229]

The polarographic reduction of 6-methyl-3-phenyl-2(1H)-pyrazinone (**105**) has been studied.[983]

Also other examples.[149,843,1653,1726]

Addition Reactions

3,6-Dibenzyl-5-hydroxy-2(1H)-pyrazinone (**106**) gave the endoperoxide, 1,4-dibenzyl-2,3-dioxa-5,7-diazabicyclo[2.2.2]octane-6,8-dione (**107**) (hv, O$_2$↓, Me$_2$SO—CH$_2$Cl$_2$, trace eosin, 20°C, 45 h: ~80%);[5] analogues were made similarly[27] and such processes have been reviewed.[1159]

6-Hydroxy-3,5-diphenyl-2(1H)-pyrazinone (**108**) gave 1,5,6-triphenyl-3,8-diazabicyclo[3.2.1]oct-6-ene-2,4-dione (**109**, Q = Ph, R = H) (PhC≡CH, AcOEt, reflux, N$_2$, 1 h: 65%), the 1,5,6,7-tetraphenyl homologue (**109**, Q = R = Ph) (PhC≡CPh, AcOEt, reflux, N$_2$, 9 h: 44%), or dimethyl 2,4-dioxo-1,5-diphenyl-3,8-diazabicyclo[3.2.1]oct-6-ene-6,7-dicarboxylate (**109**, Q = R = CO$_2$Me) (MeO$_2$CC≡CCO$_2$Me, AcOEt, 20°C, N$_2$, 1 h: 60%).[13]

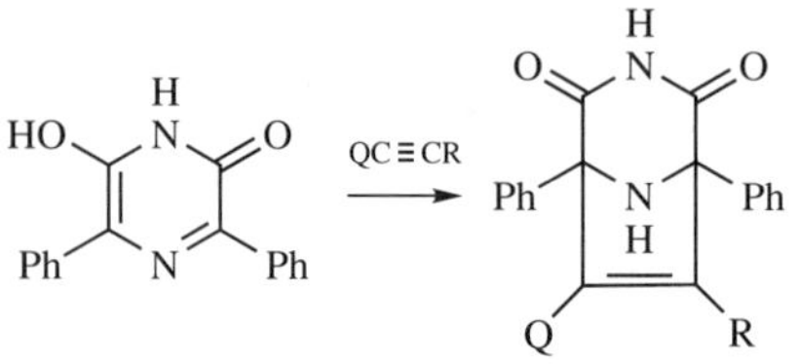

1,4-Dimethyl-5,6-dihydro-2,3,5,6(1H,4H)-pyrazinetetrone (**110**) gave 6-(2,3-dimethylbut-2-enyl)-6-hydroxy-1,4-dimethyl-5,6-dihydro-2,3, 5(1H,4H)-pyrazinetrione (**111**) (Me$_2$C=CMe$_2$, hυ, MeCN, 3 h: 64%).[796]
Also other examples.[959]

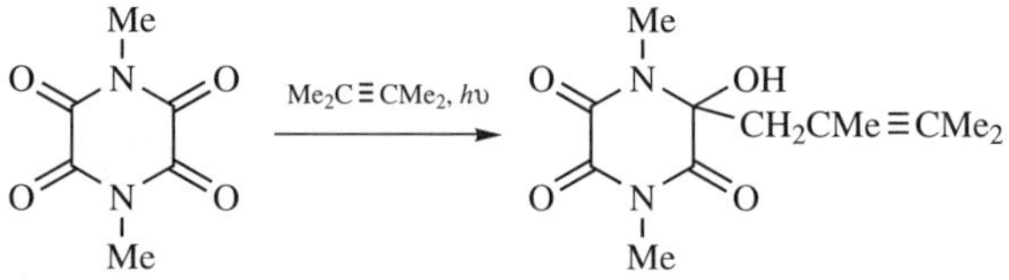

5.2. EXTRANUCLEAR HYDROXYPYRAZINES (H 164, 181)

These important hydroxyalkyl- and hydroxyarylpyrazines should be considered as regular alcohols or phenols simply because their methods of preparation and their reactions are only minimally affected by the attached pyrazine ring.

5.2.1. Preparation of Extranuclear Hydroxypyrazines (H 164)

Many such hydroxypyrazines have been made by *primary synthesis* (see Chapters 1 and 2), some by *C- or N-hydroxyalkylation procedures* (see Sections 3.1.1.1 and 3.2.2.1), and a few by *hydrolysis of extranuclear halogenopyrazines* (see Section 4.4). Other preparative routes are illustrated in the following classified examples:

By Reduction of Pyrazine Aldehydes or Ketones (H 167)

Note: Such reduction is usually done with sodium borohydride but related agents, for example, AlHBu$^i_2$, can sometimes be used to advantage.[1107]

1,4-Dimethyl-2-methylthio-3,6-dioxo-2-piperazinecarbaldehyde (**112**) gave 3-hydroxymethyl-1,4-dimethyl-3-methylthio-3, 6-dihydro-2,5(1H,4H)-pyrazinedione (**113**) [LiAlH(OBu^t)$_3$, THF, −78 → 20°C, 4 h: 92%].[760]

2-Benzoylpyrazine gave 2-(α-hydroxybenzyl)pyrazine (**114**) (NaBH$_4$, MeOH, 0 → 10°C, 3 h: 93%);[181] analogues likewise.[217]

2-Isobutyryl-3-methoxypyrazine (**115**) gave 2-(1-hydroxy-2-methylpropyl)-3-methoxypyrazine (**116**) (NaBH$_4$, EtOH, 20°C, 2 h: >95%).[815]
3-Amino-5-propionyl-2-pyrazinecarbonitrile gave 3-amino-5-(1-hydroxypropyl)-2-pyrazinecarbonitrile (**117**) (Et$_3$SiH, BF$_3$·Et$_2$O, A, 20°C, 48 h: 44%).[1506]
Also other examples.[178,226,306,352,364,396,443,586,896,1030,1107,1123,1506,1564]

By Reduction of Pyrazinecarboxylic Acids or Esters

5-Methyl-2-pyrazinecarboxylic acid 4-oxide (**118**, R = H) gave 2-hydroxymethyl-5-methyl pyrazine 4-oxide (**119**) [BH$_3$·THF, (MeOCH$_2$CH$_2$)$_2$O, 0 → 20°C, N$_2$, 4 h: 86%];[676] methyl 5-methyl-2-pyrazinecarboxylate 4-oxide (**118**, R = Me) gave the same product (**119**) (NaBH$_4$, MeOH—H$_2$O, 5 → 20°C, 2 h: 77%).[676]
Ethyl 3-amino-6-benzyloxy-5-isobutyl-2-pyrazinecarboxylate 4-oxide (**120**, R = CO$_2$Et) gave 5-benzyloxy-3-hydroxymethyl-6-isobutyl-2-pyrazinamine 1-oxide (**120**, R = CH$_2$OH) (Bu$^i_2$AlH, CHCl$_3$—C$_6$H$_{14}$, −3°C, 45 min: 65%).[848]

Methyl 6-benzyloxy-5-isobutyl-3-methoxy-2-pyrazinecarboxylate 4-oxide (**121**, R = CO$_2$Me) gave 2-benzyloxy-6-hydroxymethyl-3-isobutyl-5-methoxypyrazine 4-oxide (**121**, R = CH$_2$OH) [LiAl(OBu^t)$_3$H, THF, 0 → 7°C, 18 h: 38%].[337]

2,6-Bis(3-ethoxycarbonylpyrazol-1-yl)pyrazine (**122**, R = CO$_2$Et) gave 2,6-bis(3-hydroxymethylpyrazol-1-yl)pyrazine (**122**, R = CH$_2$OH) (LiAlH$_4$, THF, 0 → 20°C, 90 min: 85%).[963]

Also other examples.[513,619,644,854,1091,1259,1634]

By Extranuclear Oxidative Hydroxylation

2-Isobutyl-3-methoxypyrazine (**123**, R = H) gave 2-(1-hydroxy-2-methylpropyl)-3-methoxypyrazine (**123**, R = OH) (Pr$^i_2$NLi, Et$_2$O—C$_6$H$_{14}$, N$_2$, −78 → 20°C, 2 h; then O$_2$ ↓, 5 min: 58%).[815]

2-Acetylpyrazine (**124**) gave 2-(2-hydroxy-1, 1-dimethoxyethyl)pyrazine (**125**) [substrate, KOH, MeOH, 0°C, 30 min; then PhI(OAc)$_2$ ↓, 20°C, 12 h: 62%].[283]

By Hydrolysis of Acetoxyalkylpyrazines

Note: The commonly used 2-(1-acetoxyalkyl)pyrazine substrates are usually available by treatment of 2-alkylpyrazine 1-oxides with acetic anhydride (see Section 5.5.2.3).

2-Acetoxymethyl- (**126**) gave 2-hydroxymethyl-3-methoxy-5-methylpyrazine (**127**) (K$_2$CO$_3$, MeOH—H$_2$O, 20°C, 24 h: 89%).[324]

2-(1-Acetoxy-2-methylpropyl)-3-chloro-5-isobutylpyrazine (**128**, R = Ac) gave 2-chloro-3-(1-hydroxy-2-methylpropyl)-6-isobutylpyrazine (**128**, R = H) (K$_2$CO$_3$, EtOH—H$_2$O, reflux, 30 min: 93%; note survival of the chloro substituent).[78]

2,5-Bis(acetoxymethyl)-3,6-dichloropyrazine (**129**, R = Ac) gave 2,5-dichloro-3,6-bis(hydroxymethyl)pyrazine (**129**, R = H) (KHCO$_3$, MeOH, 45°C, 3 h: 67%).[82]

2-Acetoxy-6-acetoxymethyl-3-isobutyl-5-methoxypyrazine (**130**) gave 6-hydroxymethyl-3-isobutyl-5-methoxy-2(1*H*)-pyrazinone (**131**) (K$_2$CO$_3$, MeOH—H$_2$O, 20°C, 30 min: 97%; note hydrolysis of both nuclear and extranuclear acetoxy groupings).[329]

Also other examples.[16,333,1290]

By Splitting Alkoxyalkyl- or Aryloxyalkylpyrazines

2-Isobutyl-3-methoxy-5-[3-(tetrahydropyran-2-yloxy)propyl]pyrazine (**132**) gave 2-(3-hydroxypropyl)-5-isobutyl-6-methoxypyrazine (**133**) (TsOH, MeOH, 20°C, ultrasonication, 2 h: >95%);[295] analogues likewise.[298]

2-(*p*-Methoxystyryl)pyrazine (**134**, R = Me) gave 2-(*p*-hydroxystyryl)pyrazine (**134**, R = H) (BF$_3$.Me$_2$S, N$_2$, 0 → 20°C, 36 h: 93%).[388]
Also other examples.[848]

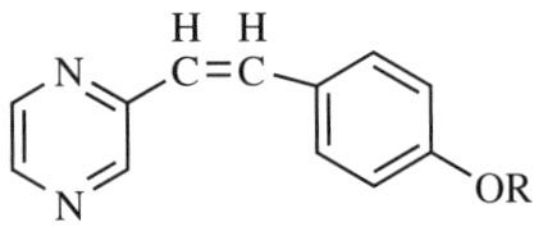

(**134**)

5.2.2. Reactions of Extranuclear Hydroxypyrazines (*H* 181)

Extranuclear hydroxypyrazines react as alcohols or phenols according to the type of substituent that bears the hydroxy group. Already covered are their *conversion into alkenylpyrazines by dehydration* (Section 3.2.1.5) or *into extranuclear halogenopyrazines* (Section 4.3.1).

The remaining reactions are illustrated by the following classified examples:

Oxidation to Pyrazine Aldehydes

5-Hydroxymethyl-6-methyl-2,3-pyrazinedicarbonitrile (**135**) gave 5,6-dicyano-3-methyl-2-pyrazinecarbaldehyde (**136**) (activated MnO$_2$, CH$_2$Cl$_2$, 20°C, 22 h: 45%).[1599]

2-Allyl-2-(2-hydroxyethyl)- (**137**, R = CH$_2$OH) gave 2-allyl-2-formylmethyl-5-isopropyl-3,6-dimethoxy-2,5-dihydropyrazine (**137**, R = CHO) [Me$_2$SO, (COCl)$_2$, CH$_2$Cl$_2$, −60°C, A, 5 min; then substrate ↓, −60 → −15°C, 20 min; then Et$_3$N ↓, −60 → 20°C, ~1 h (?): 77%; Swern oxidation].[1615]
Also other examples.[476]

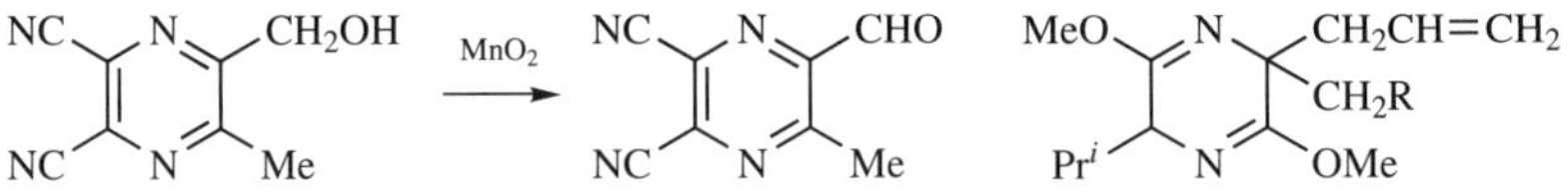

(**135**)   (**136**)   (**137**)

Oxidation to Pyrazine Ketones

2,6-Dichloro-3-(1-hydroxyethyl)pyrazine (**138**, R = Me) gave 2-acetyl-3,5-dichloropyrazine (**139**, R = Me) (fresh MnO$_2$, PhMe, reflux with H$_2$O removal, 1 h: 67%);[1455] 2,6-dichloro-3-(α-hydroxybenzyl)pyrazine (**138**, R = Ph) gave 2-benzoyl-3,5-dichloropyrazine (**139**, R = Ph) (likewise: 84%).[1455]

2-(β-Hydroxy-α,α-dimethylphenethyl)pyrazine (**140**) gave 2-(α,α-dimethylphenacyl)pyrazine (**141**) (CrO$_3$—H$_2$SO$_4$, AcMe, 0°C, 10 min: 71%).[801] Also other examples.[364,854,1092,1354,1395]

Oxidation to Pyrazinecarboxylic Acids

6-Hydroxymethyl-2(1H)-pyrazinone 4-oxide (**142**) gave 6-oxo-1,6-dihydro-2-pyrazinecarboxylic acid 4-oxide (**143**) ("Ni peroxide", NaOH, H$_2$O, 20°C, 4 h: 40%).[89]

2-Hydroxymethyl-5-methylpyrazine (**144**, R = CH$_2$OH) gave 5-methyl-2-pyrazinecarboxylic acid (**144**, R = CO$_2$H) (KMnO$_4$, H$_2$O, <25°C, 1 h: >50%).[1353]
Also other examples.[988,1340]

O-Alkylation

2-Hydroxymethyl-5-methylpyrazine 4-oxide (**145**, R = H) gave 2-methoxymethyl-5-methylpyrazine 4-oxide (**145**, R = Me) (NaH, Me$_2$NCHO, 20°C, until H$_2$ ↑ ceased, ; then MeI ↓, 20°C, 2 h: 77%).[676]

2-(2-Hydroxyethyl)pyrazine (**146**) gave 2-[2-(prop-2-ynyloxy)ethyl]pyrazine (**147**) (Na, THF, 20°C, 3 h; then BrCH$_2$C≡CH ↓, 50°C, 1 h: 21%).[366]

(**145**) Me-pyrazine-N-oxide with CH$_2$OR

(**146**) pyrazine-CH$_2$CH$_2$OH

Na; BrCH$_2$C≡CH →

(**147**) pyrazine-CH$_2$CH$_2$OCH$_2$C≡CH

1-(β-Hydroxy-p-nitrophenethyl)-4-methylpiperazine (**148**, R = H) gave 1-[β-(ethoxycarbonylmethoxy)-p-nitrophenethyl]-4-methylpyrazine (**148**, R = CH$_2$CO$_2$Et) (ClCH$_2$CO$_2$Et, PhH, reflux, 10 h: 62%; substrate is sufficiently basic to obviate any need for added base).[443]

2-(1-Hydroxybutyl) (**149**, R = H) gave 2-[1-(benzyloxy)butyl]-5-isobutyl-3,6-dimethoxy-2,5-dihydropyrazine (**149**, R = CH$_2$Ph) [Cl$_3$CC(=NH)OCH$_2$Ph, CH$_2$Cl$_2$, F$_3$CSO$_3$SiMe$_3$, 0 → 20°C, 24 h: 67%].[381]

(**148**) piperazine with CH$_2$CH(OR)C$_6$H$_4$NO$_2$-p and Me

(**149**) dihydropyrazine with MeO, Pr^i, CH(OR)Pr, OMe

2-Benzyloxy-5-chloro-6-hydroxymethyl-3-isobutylpyrazine 4-oxide gave 2-benzyloxy-5-chloro-3-isobutyl-6-[(tetrahydropyran-2-yloxy)methyl]pyrazine 4-oxide (**150**) (3,4-dihydro-2H-pyran, TsOH·H$_2$O, CH$_2$Cl$_2$, 20°C, 1 h: 95%).[848]

Also other examples.[329,340,717,896,1551]

(**150**) pyrazine-N-oxide with PhH$_2$CO, Bu^i, CH$_2$O-THP, Cl

O-Acylation

2-(1-Hydroxy-2-methylpropyl)- (**151**, R = H) gave 2-(1-acetoxy-2-methylpropyl)-5-isobutylpyrazine 1-oxide (**151**, R = Ac) (Ac$_2$O, AcONa, 95°C, 90 min: 75%).[78]

2-(1,2-Dihydroxyethyl)-5-methylpyrazine (**152**, R = H) gave 2-(1,2-diacetoxyethyl)-5-methylpyrazine (**152**, R = Ac) (Ac$_2$O, pyridine, 20°C, 20 h: 71%).[1446]

2-Benzyloxy-6-hydroxymethyl-3-isobutyl-5-methoxypyrazine 4-oxide (**153**) gave 2-benzyloxy-3-isobutyl-6-(mesyloxymethyl)-5-methoxypyrazine 4-oxide (**154**) (MsCl, Et$_3$N, CH$_2$Cl$_2$, 0°C, N$_2$, 30 min: >95%).[848]

Also other examples.[16,324,609,1614]

O-Trialkylsilylation

2-Fluoro-3-(hydroxydiphenylmethyl)pyrazine (**155**, R = H) gave 2-[diphenyl-(trimethylsiloxy)methyl]-3-fluoro pyrazine (**155**, R = SiMe$_3$) [O-lithiation of substrate (*in situ*), then Me$_3$SiCl ↓ , THF, −78°C, 60 min: 95%].[406]

3-(2-Hydroxyethyl)-1,4-dimethyl-3,6-dihydro-2,5(1*H*,4*H*)-pyrazinedione (**156**, R = H) gave 3-[2-(*tert*-butyldimethylsiloxy)ethyl]-1,4-dimethyl-3,6-dihydro-2,5(1*H*,4*H*)-pyrazinedione (**156**, R = SiBu^{t}Me$_2$) (Bu^{t}Me$_2$SiCl, trace 4-Me$_2$N-pyridine, Et$_3$N, CH$_2$Cl$_2$, 0 → 20°C, 3 days: 98%).[453]

Indirect Aminolysis

2-(3-Hydroxypropyl)-5-isobutyl-6-methoxypyrazine (**157**, R = Bu^i) gave 2-isobutyl-3-methoxy-5-(3-phthalimidopropyl)pyrazine (**158**, R = Bu^i) (phthalimide, EtO$_2$CN=NCO$_2$Et, Ph$_3$P, A, 20°C, 12 h: 93%), and thence 2-(3-aminopropyl)-5-isobutyl-6-methoxypyrazine (**159**, R = Bu^i) (H$_2$NNH$_2$.H$_2$O, EtOH, reflux, 4 h: 83%);[295] 2-(3-aminopropyl)-5-isopropyl-6-methoxypyrazine (**159**, R = Pr^i)[298] and other homologues[295,298] were made similarly.

A similar sequence of reactions using *N*-hydroxyphthalimide converted 2-hydroxymethylpyrazine (**160**) into 2-(phthalimidooxymethyl)pyrazine (**161**) (65%), and thence 2-(aminooxymethyl)pyrazine (**162**) (uncharacterized material used for further reactions).[1164]

Cyclization

1-Benzyl-3-(3-hydroxypropyl)-5-methoxy-2(1H)-pyrazinone (**163**) gave 9-benzyl-8-methoxy-2-oxa-7,9-diazabicyclo[4.2.2]dec-7-en-10-one (**164**) (dichlorodicyanobenzoquinone, PhH, reflux, N_2, 90 min: 47%);[34] also related cyclizations.[168]

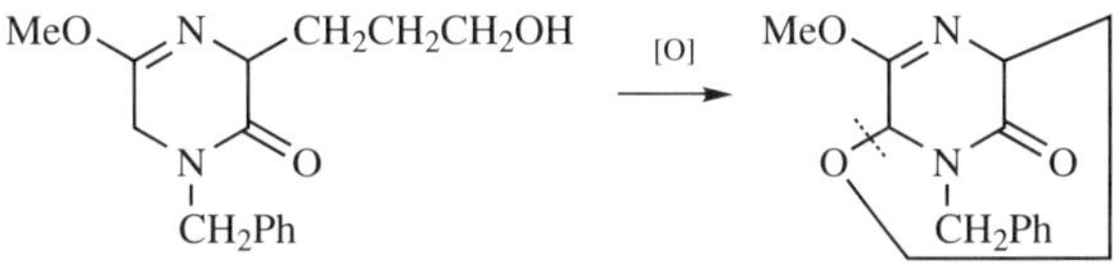

(**163**) → [O] → (**164**)

5.3. NUCLEAR AND EXTRANUCLEAR ALKOXY- OR ARYLOXYPYRAZINES (H 168, 182)

Although both types of pyrazine ethers are easily made, only the nuclear alkoxypyrazines can be used as substrates for nucleophilic displacement reactions. Some epoxides are included in the present discussion. Shape details of *cis-* and *trans-*2,5-dimethoxy-3,6-diphenyl-3,6-dihydropyrazine have been elucidated by X-ray analysis.[1243]

5.3.1 Preparation of Alkoxy- or Aryloxypyrazines (H 168, 189)

Most alkoxy- or aryloxypyrazines have been made by *primary synthesis* (see Chapters 1 and 2), by *addition of alcohols to alkynylpyrazines* (see Section 3.2.4.9), by *alcoholysis or phenolysis of halogenopyrazines* (see Sections 4.2.3 and 4.4), by *O-alkylation of tautomeric pyrazinones or extranuclear hydroxypyrazines* (see Sections 5.1.2.2 and 5.2.2), or by *epoxidation of alkenylpyrazines* (see Section 3.2.4.1). Some of the few remaining routes (presently of minor preparative value) are illustrated briefly in the following recent examples:

By Alcoholysis of Alkylsulfonylpyrazines

5,6-Dimethyl-3-methylsulfonyl-2-pyrazinamine (**165**) gave 3-methoxy-5,6-dimethyl-2-pyrazinamine (**166**) (MeONa, MeOH, reflux, 27 h: ~60%).[1012]

2-Benzoyl-3-methylsulfonylpyrazine (**167**, R = SO_2Me) gave 2-benzoyl-3-methoxypyrazine (**167**, R = OMe) (MeONa, MeOH, 20°C (?), 3 h: 43%].[1564]

Also other examples.[1507]

By Alcoholysis of Pyrazinecarbonitriles

Note: Treatment of a pyrazinecarbonitrile with alkoxide ion may result in addition to afford the corresponding alkyl pyrazinecarboximidate (see Section 8.2.1) or in displacement to give an alkoxypyrazine (as here illustrated).

2,3-Pyrazinedicarbonitrile (**169**) gave 3-methoxy-2-pyrazinecarbonitrile (**168**) (MeOH, Et$_3$N, Me$_2$NCHO, reflux, 16 h: 30%) or dimethyl 2,3-pyrazinedicarboximidate (**170**) (MeOH, MeONa, 20°C, 18 h: 64%).[1127]

5-(3,4-Dimethoxyphenyl)-2,3-pyrazinedicarbonitrile behaved somewhat similarly under a variety of conditions but the factors, that determine whether the addition or displacement reaction predominates, remain unclear.[1379]

By Alcoholysis of Alkoxypyrazines (Transalkoxylation)

Note: This potentially useful process is poorly represented in recent papers.

2,5-Dibenzyloxy-3-isobutyl-6-(tetrahydropyran-2-yloxymethyl)pyrazine 4-oxide (**171**) gave 2-benzyloxy-3-isobutyl-5-methoxy-6-(tetrahydropyran-2-yloxymethyl)pyrazine 4-oxide (**172**) (NaH, Bu$_4$NBr, MeOH, Me$_2$NCHO, 20°C, N$_2$, 40 min: 91%; the selective transalkoxylation of the 5-benzyloxy group may be due to activation by the adjacent *N*-oxide entity).[848]

5.3.2 Reactions of Alkoxy- or Aryloxypyrazines (*H* 182, 194)

These pyrazine ethers, both nuclear and extranuclear, undergo several useful reactions. Their *hydrolysis to tautomeric pyrazinones or hydroxyalkylpyrazines* has been covered in Sections 5.1.1 and 5.2.1. Other reactions are illustrated in the following examples:

Dehydrogenation

2,5-Dimethoxy-3,6-dihydropyrazine (**173**) gave 2,5-dimethoxypyrazine (**174**) [dichlorodicyanobenzoquinone, PhMe, reflux, 2 h: 43%;[70] or Bu^{t}Me$_2$-SiOCH$_2$CH$_2$C(SiMe$_3$)=CHTs, LiN(C$_6$H$_{11}$)$_2$ (made *in situ*), HF, $-40°$C, N$_2$, 2 days: 21%].[34]
Also other examples.[16]

C-Deuteration

2-Isopropyl-3,6-dimethoxy-2,5-dihydropyrazine (**175**, R = H) gave 5,5-dideutero-2-isopropyl-3,6-dimethoxy-2,5-dihydropyrazine (**175**, R = D) (MeOD—D$_2$O, KOH, reflux, 3 h: 84%; with no upset to chirality).[41]

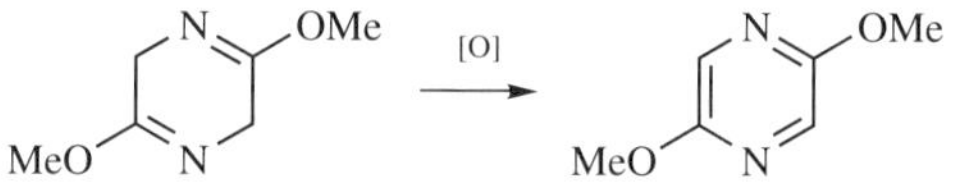

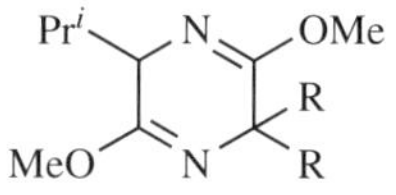

Quaternization

2-Methoxypyrazine gave 3-methoxy-1-methylpyrazinium iodide (**176**) (MeI, no details but confirmed in structure by ^{13}C- and ^{15}N NMR spectra).[1224]
Also other examples.[367]

Aminolysis

2,5-Diethoxy-3,6-dihydropyrazine (**177**) gave 2,5-bisdimethylamino-3,6-dihydropyrazine (**178**) (neat Me$_2$NH, 60°C, sealed, 6 h: 77%).[70]

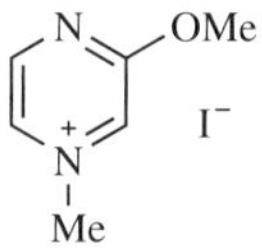

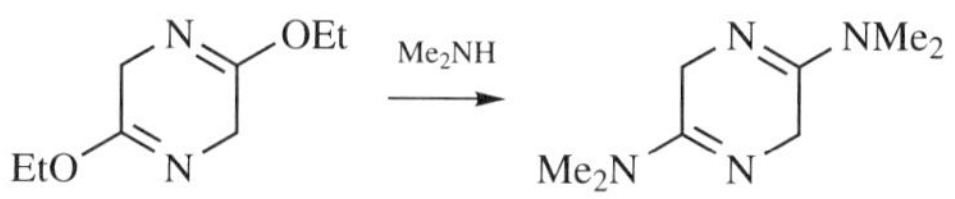

Ethyl 1-benzyl-5-ethoxy-2-piperazinecarboxylate (**179**) gave ethyl 7-benzyl-3-methyl-5,6,7,8-tetrahydroimidazo [1,2-*a*] pyrazine-6-carboxylate (**181**) (H$_2$NCH$_2$C≡CH, PhMe, 100°C, 7 h: ?%), presumably via the primary aminolytic product (**180**); analogues likewise.[1468]

Also other examples.[129]

Addition/Cyclization Reactions

2,5-Dimethoxy-3,6-dimethylpyrazine (**182**) gave 6,8-dimethoxy-1,4-dimethyl-2,3-dioxa-5,7-diazabicyclo[2.2.2]octa-5,7-diene (**183**) (*h*υ, O$_2$↓, CH$_2$Cl$_2$, methylene blue, ? h: ?%), and thence methyl 5-methoxy-2,4-dimethyl-1-imidazolecarboxylate (**184**) or its isomer (Ph$_3$P, THF—H$_2$O, 20°C, 5 days: 47%; mechanism suggested).[165]

2-(But-3-ynyloxymethyl)pyrazine (**185**) gave 3,4-dihydro-1*H*-pyrano[3,4-*c*]pyridine (**187**), presumably by loss of HCN from an intramolecular Diels–Alder adduct (**186**) (F$_3$CCO$_2$H, reflux, 45 h: 85%); also analogues likewise.[367]

2,5-Diethoxy-3,6-dihydropyrazine (**188**) and 3,6-bis(trifluoromethyl)-1,2,4,5-tetrazine (**189**) gave 2-ethoxy-5,8-bis(trifluoromethyl)-3,4-dihydropyrazino[2,3-d]pyridazine (**190**) by loss of N_2 and EtOH from an intermediate Diels–Alder adduct (CCl$_4$, reflux, 1 h: 72%).[708]

Also other examples.[130,715]

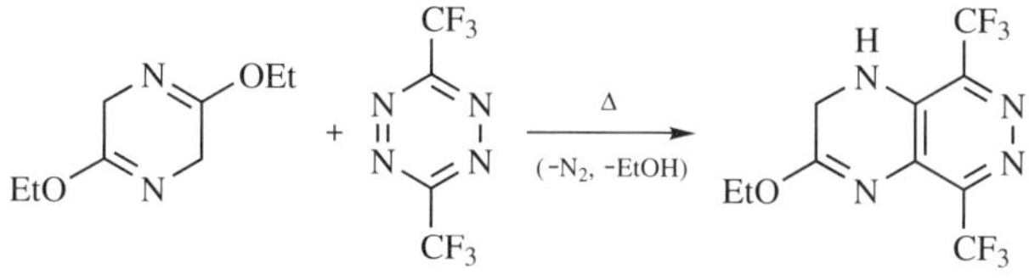

(**188**)   (**189**)   (**190**)

5.4. NONTAUTOMERIC PYRAZINONES AND N-ALKYLPYRAZINIUMOLATES (H 184)

Tautomeric pyrazinones may be rendered nontautomeric by O-alkylation to afford alkoxypyrazines (see Section 5.3.1) or by N-alkylation to furnish 1-alkyl-2(1H)-pyrazinones or 1-alkylpyrazinium-3-olates (see Section 5.1.2.2).

5.4.1 Preparation of Nontautomeric Pyrazinones (H 184)

Most such pyrazinones have been made by *primary synthesis* (Chapters 1 and 2) or *N-alkylation of tautomeric pyrazinones* (Section 5.1.2.2). The minor route by *rearrangement of alkoxypyrazines* (H 184) appears to be unpresented in recent literature, but there are examples of the *hydrolysis of nontautomeric iminopyrazines to corresponding pyrazinones*. Thus 3-imino-4-methyl-3,4-dihydro-2-pyrazinamine hydriodide (**191**, R = H) (i.e., 2,3-diamino-1-methylpyrazinium iodide) underwent hydrolysis in 2 M sodium hydroxide during 1 h at 100°C to afford 3-amino-1-methyl-2(1H)-pyrazinone (**192**, R = H) (~40%) without any evidence of Dimroth rearrangement to 3-methylamino-2-pyrazinamine;[1008] 1-methyl-3-methylamino-2(1H)-pyrazinimine (**191**, R = Me) likewise gave 1-methyl-3-methylamino-2(1H)-pyrazinone (**192**, R = Me) (~50%);[1008] and other examples have been reported.[598]

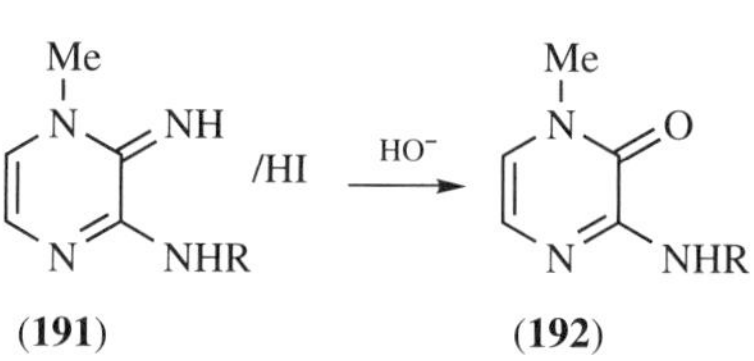

(**191**)   (**192**)

5.4.2 Reactions of Nontautomeric Pyrazinones (*H 185*)

Only a few of the recently reported reactions of fixed pyrazinones directly affect the oxo substituent. These and other reactions are illustrated in the following examples:

Oxidative or Reductive N-Debenzylation

1-Benzyl-6-isobutyl-4-*p*-methoxybenzyl-3,6-dihydro-2,5(1*H*,4*H*)-pyrazinedione (**193**) gave 1-benzyl-6-isobutyl-3,6-dihydro-2,5(1*H*,4*H*)-pyrazinedione (**194**) [$(NH_4)_2Ce(NO_3)_6$, MeCN—H_2O, 20°C, 2 h: 96%; note selective removal of the *p*-methoxybenzyl group, leaving the *N*-benzyl (or in other examples, an *N*-methyl) group intact.[576]

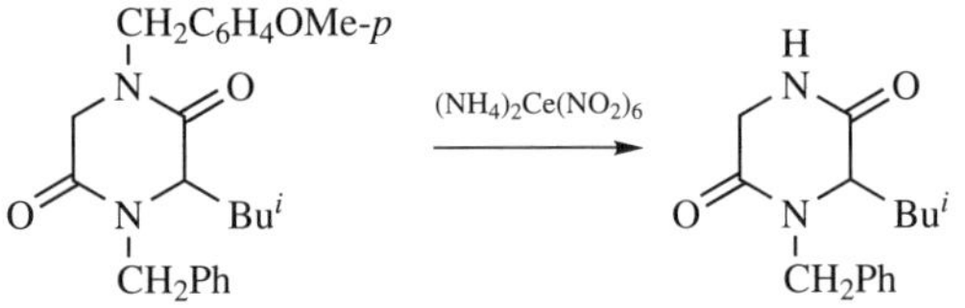

In contrast, 1-benzyl-6-*m*-methoxybenzyl-2(1*H*)-pyrazinone gave only 6-*m*-methoxybenzyl-2(1*H*)-pyrazinone on reductive debenzylation (liquid NH_3—THF, Na: 49%).[44]

Reduction of Oxo to Hydroxy Substituents

Isopropyl 4-benzyl-2,5-dioxo-6-(2,4,5-trimethoxy-3-methylbenzyl)-3-(2,4,5-trimethoxy-3-methylbenzylidene)-1-piperazinecarboxylate (**195**) gave isopropyl 4-benzyl-2-hydroxy-5-oxo-6-(2,4,5-trimethoxy-3-methylbezyl)-3-(2,5-trimethoxy-3-methylbenzylidene)-1-piperazinecarboxylate (**196**) [$LiAl(OBu^t)_3H$, THF, 0°C, 1 h: 69%]; also related esters likewise.[292]

Thiation

Note: Like tautomeric pyrazinones (Section 5.1.2.1), nontautomeric pyrazinones undergo thiation easily.

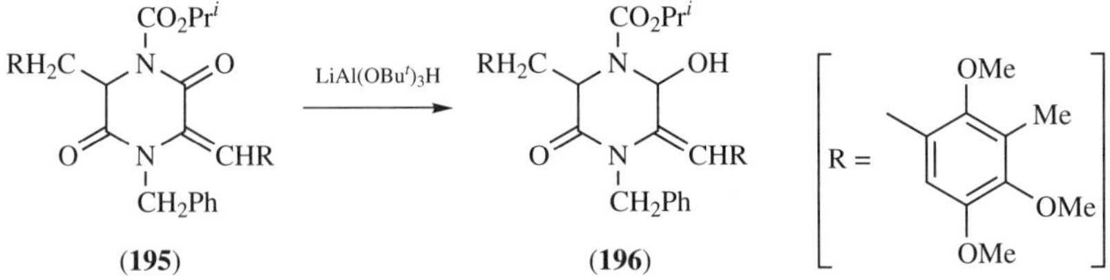

1-Methyl-5,6-diphenyl-2(1H)-pyrazinone (**197**, X = O gave 1-methyl-5,6-diphenyl-2(1H)-pyrazinethione (**197**, X = S) (Lawesson's reagent, PhH, reflux, 1 h: 91%).[269]

Ring Contraction

1,3,5,5-Tetramethyl-5,6-dihydro-2(1H)-pyrazinone (**198**) gave 3,5-dimethylimidazolidin-4-one (**199**) (hυ, H_2O, N_2, 4 days: 58%).[779]

Intramolecular Cyclization

1,4-Diethyl-5,6-dihydro-2,3,5,6(1H,4H)-pyrazinetetrone (**200**) gave 7-ethyl-2,3,8,8a-tetrahydro-5H-oxazolo[3,2-a]pyrazine-5,6,8(7H)-trione (**201**) (hυ, MeCN, A, <4 h: 55%); homologues likewise.[796]

Dimerization

Irradiation of the light-sensitive crystal form of 1-methyl-5,6-diphenyl-2(1H)-pyrazinone (**202**) in the solid state gave the *syn-trans*-cyclodimer (**203**) (20°C, <4 h: >86%);[1417] The anti-trans structure first proposed[1417] was revised[575] in light of an X-ray analysis.[60]
Also other examples.[1327]

Formation of Endoperoxy Derivatives

1-Methyl-5,6-diphenyl-2(1H)-pyrazinone (**204**) gave 5-methyl-4,8-diphenyl-2,3-dioxa-5,7-diazabicyclo[2.2.2]oct-7-en-6-one (**205**) (hv, O_2, Rose Bengal, CH_2Cl_2, −50°C: 52%), and thence the MeOH adduct, 8-methoxy-5-methyl-4,8-diphenyl-2,3-dioxa-5,7-diazabicyclo[2.2.2]octan-6-one (**206**) (MeOH, 20°C, dark: >95%; or by conducting the irradiation in MeOH).[1420] The subsequent catabolic reactions of these and related endoperoxides have been studied.[22,35,1073,1443]

Diels–Alder Reactions

3,5-Dichloro-1-phenyl-2(1H)-pyrazinone (**207**) and dimethyl acetylenedicarboxylate gave an unisolated adduct (**208**) that immediately underwent competitive retro-Diels–Alder reactions to afford dimethyl 2,6-dichloro-3,4-pyridinedicarboxylate (**209**) and dimethyl 5-chloro-6-oxo-1-phenyl-1,6-dihydro-2,

3-pyridinedicarboxylate (**210**) (neat MeO$_2$CC≡CCO$_2$Me, 140°C, A, 30 min: 78 and 5%, respectively);[370] also many analogous reactions, some in solvents and some using unsymmetrical dienophiles.[370,1476]

1,5-Dimethylpyrazin-1-ium-3-olate (**211**) with methyl acrylate gave methyl 8-methyl-4-methylene-2-oxa-3,8-diazabicyclo[3.2.1]octane-6-carboxylate (**212**) and the isomeric 7-carboxylate (**213**)[reactants, MeCN, reflux, 2 h: Chromatography afforded 6-*exo*-(**212**): 42%; 6-*endo*-(**212**): 13%; and (**213**): 1%];[341] analogues behaved in a broadly similar way.[341,1478]

Formation of Radicals

Radicals derived from 1,4-di-*tert*-butyl-5,6-dihydro-2,3(1*H*, 4*H*)-pyrazine-dione (**214**),[1454] 1,4-di-*tert*-butyl-5,6-dihydro-2,3,5,6(1*H*,4*H*)-pyrazine-tetrone (**215**),[1454] and 1,4-dimethyl-3,6-dihydro-2,5(1*H*, 4*H*)-pyrazinedione (**216**) (or related diones)[67] have been studied in some detail.

5.5. PYRAZINE *N*-OXIDES (*H* 59, 116, 149, 186, 239, 302)

Pyrazine *N*-oxides have continued to attract much attention in recent years, perhaps because the presence of an *N*-oxide entity can substantially modify the properties of the whole system, especially in respect of activities at other positions on the ring. For example, the aromaticity index for 2-methoxypyrazine is decreased by 23% on formation of its 4-oxide;[383] and formation of an *N*-oxide activates adjacent positions toward direct bromination,[782] deuteration,[1457] and other electrophilic attack.[1078]

5.5.1. Preparation of Pyrazine *N*-Oxides (*H* 59, 86, 116, 186, 239, 302)

Some pyrazine *N*-oxides have been made by *primary synthesis* (see Chapters 1 and 2). Other preparative routes are discussed in the following subsections.

5.5.1.1. From N-Alkoxypyrazinones

This minor route to pyrazine *N*-oxides involves either reductive or hydrolytic debenzylation of 1-benzyloxy-2(1*H*)-pyrazinones, often available by primary synthesis.

For example, 1-benzyloxy-2(1*H*)-pyrazinone (**217**, R = H) afforded 70% of 1-hydroxy-2(1*H*)-pyrazinone (**218**, R = H) [sometimes written as its tautomer, 2-pyrazinol 1-oxide (**218a**, R = H) on catalytic hydrogenation over palladium-on-charcoal in methanol for 20 min.[588] The homologous 1-benzyloxy-5,6-dimethyl-2(1*H*)-pyrazinone (**217**, R = Me) gave 1-hydroxy-5,6-dimethyl-2(1*H*)-pyrazinone (**218**, R = Me), either by a similar hydrogenation (76%) or by hydrolysis in acetic acid–hydrogen bromide under reflux for 10 min (81%, as hydrobromide).[588,1085]

5.5.1.2. By Direct N-Oxidation

This reaction is the most used route to pyrazine *N*-oxides. The choice of oxidant is not always clear[208] but the following classified examples may afford some help. In each case, the substrate was the corresponding *N*-deoxypyrazine, unless stated otherwise.

Using Potassium Persulfate–Sulfuric Acid

2-Chloro-5,6-diethylpyrazine 1-oxide (**219**) ($K_2S_2O_8$, H_2SO_4, 20°C, 24 h: 84%);[1250] 2-chloro-3-isobutyl-6-methylpyrazine 1-oxide (**220**) (likewise: 78%);[295] and 2-fluoropyrazine 1-oxide (likewise: 40%).[276]

Methyl 2-pyrazinecarboxylate 1-oxide (**221**) and the isomeric 4-oxide ($K_2S_2O_8$, H_2SO_4, 10 → 20°C, 24 h, chromatographic separation: substrate (37%), 1-oxide (15%), 4-oxide (7%)].[1300]
Also other examples.[92,298,1283]

Using Sodium Perborate–Acetic Acid

2,5-Diisopropylpyrazine 1-oxide (**222**) and 2,5-diisopropylpyrazine 1,4-dioxide (**223**) ($NaBO_3$, AcOH, AcOH, 80°C, 5 h: 79 and 15%, respectively);[208] homologues likewise.[208]

2-Chloro-3,6-dimethylpyrazine 4-oxide (**224**) and the 1,4-dioxide [$NaBO_3$, AcOH, 80°C, 24 h: 56% and a trace, respectively; note the difference in orientation of the product (**224**) from that (**220**) obtained from an homologous substrate using persulfate].[208]

(**222**)   (**223**)   (**224**)

Using Sodium Tungstate–Hydrogen Peroxide

1-Benzyl-2-piperazinone (**225**) gave 1-benzyl-5, 6-dihydro-2(1*H*)-pyrazinone 4-oxide (**226**), perhaps by dehydrogenation of the intermediate shown ($Na_2WO_4 \cdot 2 H_2O$, H_2O_2, EtOH—H_2O, 20°C, 24 h: 63%).[1539, cf. 156]

Pyrazine 1,4-dioxide (Na_2WO_4, H_2O_2, no details).[995]

(**225**)   (**226**)

Using Hydrogen Peroxide–Formic Acid

2-Pyrazinecarboxamide 4-oxide (**227**, R = H) (30% H_2O_2, 90% HCO_2H, ~45°C, 5 h: 66%);[1556] 5-methyl-2-pyrazinecarboxamide 4-oxide (**227**, R = Me) (likewise: 87%).[1508]

Using Hydrogen Peroxide–Acetic Acid

2,3-Dimethylpyrazine 1-oxide (**228**) and the 1,4-dioxide (**229**) (30% H_2O_2, AcOH, 55°C, 16 h: 46 and 38%, respectively).[1272]

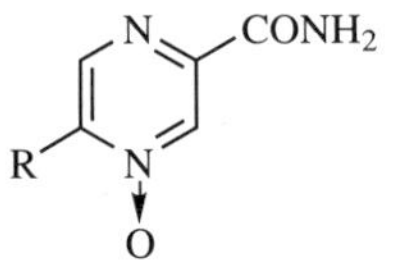

(227) 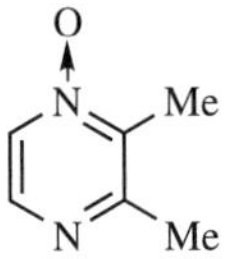   (228) 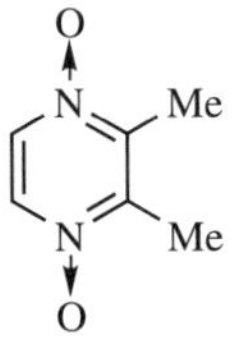   (229)

2-*sec*-Butyl-3-methoxypyrazine 1-oxide (**230**) (30% H_2O_2, AcOH, 75°C, 18 h: 87%).[736]

2-Azido-6-bromopyrazine 4-oxide (**231**) (30% H_2O_2, AcOH, 20°C, 48 h: 19%).[891] Also other examples.[1059,1180,1237,1457]

Using Hydrogen Peroxide–Trifluoroacetic Acid

2-*p*-Acetoxybenzyl-3,6-dichloro-5-methylpyrazine 1,4-dioxide (**232**) and an inseparable mixture of the (mono) 1- and 4-oxide [80% H_2O_2, F_3CCO_2H, 2,6-Bu^t_2-4-Me-phenol (radical inhibitor), 0°C, 30 min; then substrate ↓, 0°C, 24 h: 36% (dioxide) initially but 74% after reoxidation of the mono-*N*-oxides).[18]

See also the last example in the *m*-chloroperoxybenzoic acid group below.

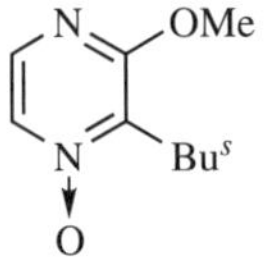

(230) 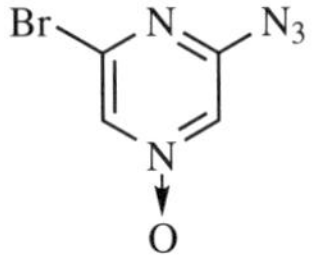   (231) 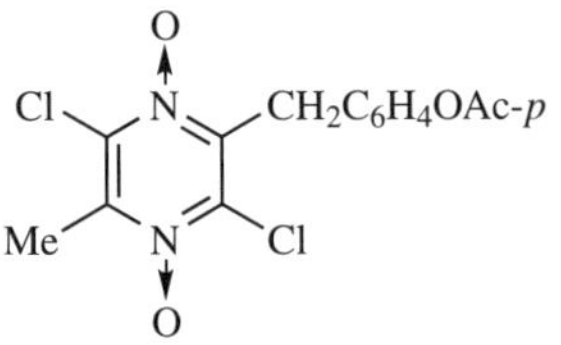   (232)

Using Hydrogen Peroxide–Maleic Anhydride

2,5-Dibenzyl-3-methoxypyrazine 1-oxide (**233**) (60% H_2O_2, maleic anhydride, $CHCl_3$, 20°C, 12 h: 95%);[312] 3-acetoxymethyl-5-isobutyl-3-methoxypyrazine 1-oxide (**234**) (likewise: 89%).[329]

2-Chloro-3,5,6-trimethylpyrazine 4-oxide (**235**) (60% H_2O_2, maleic anhydride, $CHCl_3$, 20°C, 12 h: 74%).[1340]

2,3-Diphenylpyrazine 1-oxide (**236**) and the 1,4-dioxide (**237**) (90% H_2O_2, maleic anhydride, $CHCl_3$, reflux, 2 h: 73 and 23%, respectively).[1272] several analogues likewise.[1065, 1272]

Also other examples.[78,82,295,310,317,324,1307]

Using m-Chloroperoxybenzoic Acid

Note: This reagent appears to be convenient, reliable, and widely applicable for the *N*-oxidation of pyrazines.

2-Pyrazinamine 1-oxide (**238**, R = H) (*m*-ClC$_6$H$_4$CO$_3$H, HF, Me$_2$NCHO—MeOH, 25°C, 30 min: >95%;[342] or *m*-ClC$_6$H$_4$CO$_3$H, AcMe, 20°C, 24 h: 63%);[1374] 3-phenyl-2-pyrazinamine 1-oxide (**238**, R = Ph) (*m*-ClC$_6$H$_4$CO$_3$H, AcMe, 20°C, 24 h: 87%).[1374]

2-Methoxypyrazine 4-oxide (**239**, R = H) (*m*-ClC$_6$H$_4$CO$_3$H, CH_2Cl_2, 20°C, ? h: 81%);[1221] 2-methoxy-6-methylpyrazine 4-oxide (**239**, R = Me) (likewise: 68%);[1221] both structures were checked by X-ray analysis.[1221]

2-Chloro-3,6-dimethylpyrazine 4-oxide (**240**) (*m*-ClC$_6$H$_4$CO$_3$H, ClCH$_2$CH$_2$Cl, 75°C, 30 min: 83%).[1594]

2-Methoxymethyl-5-methylpyrazine (**242**) gave its 1-oxide (**241**) (36% H_2O_2, F_3CCO_2H, 20°C, 7 h: 67%);[676] in contrast, the same substrate (**242**) gave either 2-methoxymethyl-5-methylpyrazine 4-oxide (**243**) [m-$ClC_6H_4CO_3H$ (1 mol), $CHCl_3$, reflux, 3 h: 72%] or 2-methoxymethyl-5-methylpyrazine 1,4-dioxide (**244**) [m-$ClC_6H_4CO_3H$, (2.2 mol), reflux, 4 h: 92%].[676]

Also other examples.[46,89,147,199,231,574,669,1565,1582]

Using Dibenzoyl Peroxide (Indirect Procedure)

Piperazine (**245**) gave 1,4-dibenzoyloxypiperazine (**246**) (Bz_2O_2, CH_2Cl_2, reflux, 4 h: 93%), and thence a mixture of *cis*- and *trans*-1,4-dimethylpiperazine 1,4-dioxide (**247**) ($MeOSO_2F$, CH_2Cl_2, 20°C, 10 h: >95%).[768]

5.5.2. Reactions of Pyrazine *N*-Oxides (*H* 88, 149, 191, 242, 303)

Pyrazine *N*-oxides undergo a variety of reactions. Of these, *deoxydative chlorination to C-chloropyrazines* has been covered in Section 4.1.3; other reactions are discussed in the following subsections.

5.5.2.1. Deoxygenation

Because pyrazines are often converted into their *N*-oxides in order to facilitate other reactions, subsequent removal of the oxide entity without untoward effects has become quite important. The choice of a procedure from several possibilities is clearly governed by the type(s) of passenger groups present. The following examples, classified according to reagent, may assist in this choice:

Using Phosphorus Trichloride

2-Isobutyl-5-methylpyrazine from its 4-oxide (**248**) (neat PCl_3, 100°C, sealed, 30 min: 56%);[295] homologues likewise.[298]

2,5-Distyrylpyrazine from its 1,4-dioxide (**249**) (neat PCl_3, reflux, 1 h: 81%).[81]

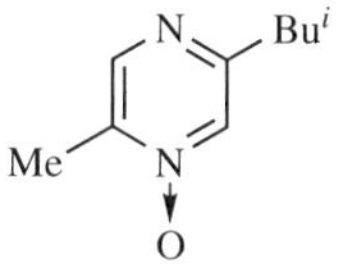

(248) 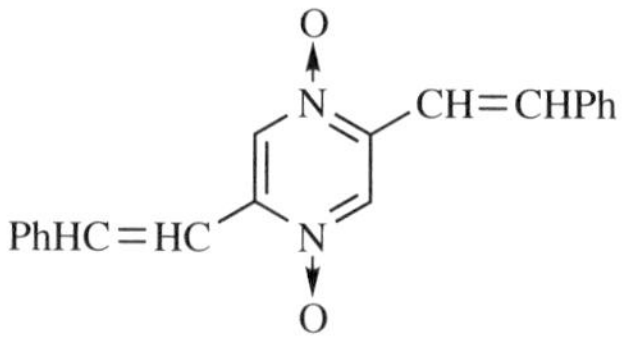   (249)

3-Amino-5,6-diphenyl-2-pyrazinecarbonitrile from its 4-oxide (**250**) (PCl_3, THF, 0 → 20°C, 45 min: 85%).[258]

Ethyl 3-amino-6-phenyl-2-pyrazinecarboxylate from its 4-oxide (**251**) (PCl_3, THF, 0 → 20°C, 40 min: 79%).[1522]

Also other examples.[544,1339,1517,1530]

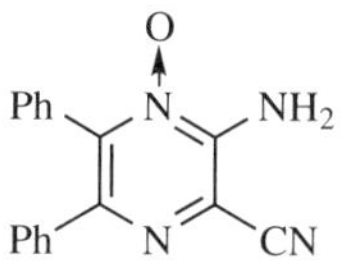

(250) 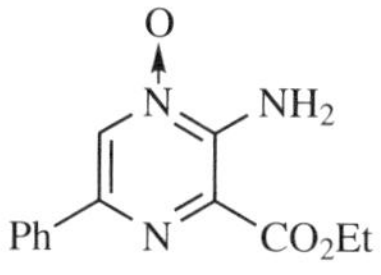   (251)

Using Phosphorus Tribromide

2,5-Di-*sec*-butyl-3-*p*-toluoylpyrazine from its 4-oxide (**252**) (PBr_3, AcOEt, reflux, 1 h: 94%).[316]

2-*sec*-Butyl-6-methoxy-5-methylpyrazine from its 4-oxide (**253**) (PBr_3, $CHCl_3$, 0 → 20°C, 2 h: 97%).[317]

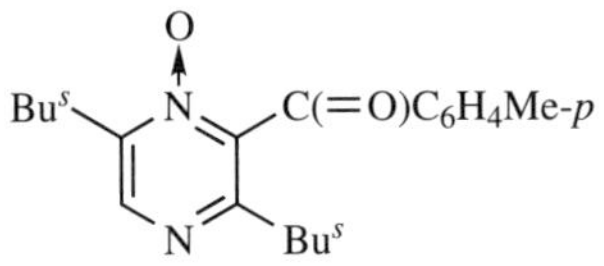

(252) and (253) structures

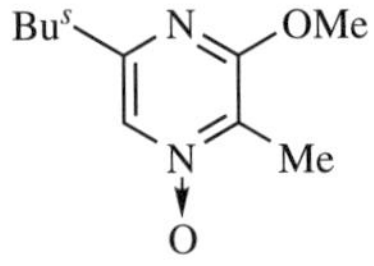

Using Trimethyl Phosphite

3-Amino-6-dimethoxymethyl-2-pyrazinecarbonitrile from its 4-oxide (254) [neat (MeO)$_3$P, reflux, N$_2$, 4 h: 68%].[759,767]

Ethyl 6-amino-2-chloromethyl-5-cyano-2-pyrazinecarboxylate from its 1-oxide (255) [(MeO)$_3$P, PrOH, 20 → 5°C, 12 h: 77%].[773]

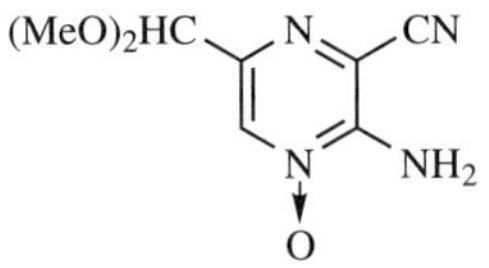

(254) and (255) structures

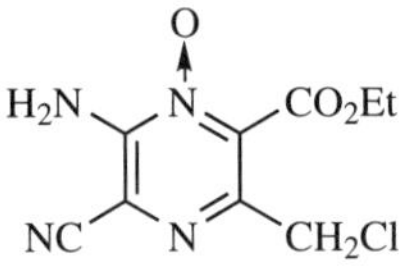

Using Raney Nickel

3-Benzyl-5-p-(trifluoromethyl)phenyl-2-pyrazinamine from its 1-oxide (256, R = CF$_3$) [Raney Ni catalyst (20 X wt of substrate), EtOH, reflux, H$_2$ (atm), 90 min: 83%; it seems doubtful if the H$_2$ plays any role other than that of an inert atmosphere];[73] also 3-benzyl-5-p-methoxyphenyl-2-pyrazinamine from its 1-oxide (256, R = OMe) (likewise but at 20°C, 4 days: >90%).[397]

Also other examples.[728,1283]

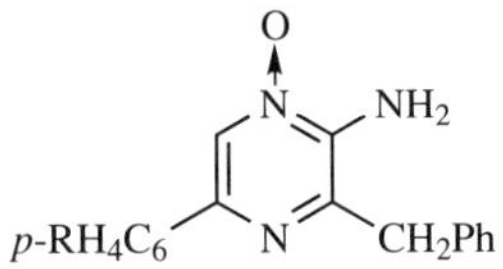

(256) structure

Using Sodium Dithionite

3-Amino-6-phenyl-2-pyrazinecarboxamide from its 4-oxide (257) (Na$_2$S$_2$O$_4$, H$_2$O, reflux, 24 h: 97%);[1517] also substituted-phenyl analogues likewise.[1517]

6-Phenyl-2(1H)-pyrazinone from its 4-oxide (258) (Na$_2$S$_2$O$_4$, EtOH—H$_2$O, reflux, 30 min; then more Na$_2$S$_2$O$_4$, reflux, 30 min: 59%).[88]

Also other examples.[1457]

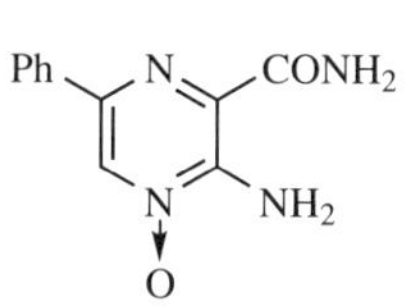

(257) 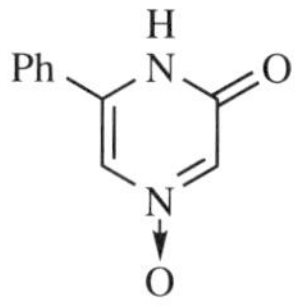 (258)

Using Other Reducing Agents

1-Hydroxy-6-methyl-3-phenyl-2(1H)-pyrazinone from its 4-oxide (**259**) (TiCl$_3$, THF, ~40°C, N$_2$, 2 h: 57%);[1250] also analogues likewise in mediocre yields.[1250]

5-Bromo-3,6-diisobutyl-2(1H)-pyrazinone from its 4-oxide (**260**) (Zn, NH$_4$Cl, H$_2$O—THF, 20°C, 20 min: >95%);[234] also analogues.[234]

2-Dimethylaminopyrazine from its 1-oxide (**261**) (47% HI, CHCl$_3$, 20°C, 45 min: 78%; also a separable byproduct, 2-dimethylamino-5-iodopyrazine: 19%).[278]

Also other examples.[1594]

Note: It should be remembered that deoxygenation of pyrazine *N*-oxides is *not* usually achieved by treatment with hydrogen or formate ion in the presence of palladium or platinum catalysts.[290,1283]

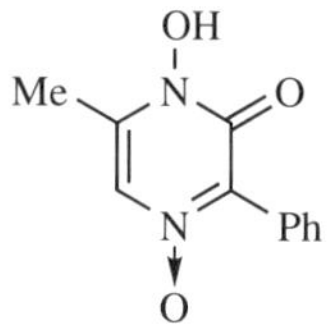

(259) 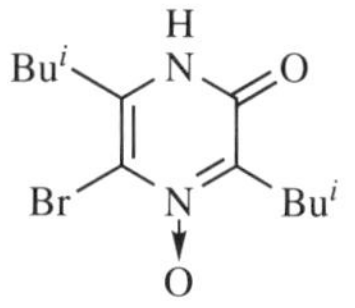 (260) 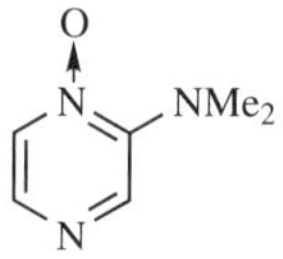 (261)

5.5.2.2. O-Alkylation or O-Acylation (H 193)

It is obvious that simple pyrazine *N*-oxides cannot undergo *O*-alkylation or acylation. However, tautomeric *N*-oxides, for example, (**262**), can do so. The following examples will illustrate conditions required and results to be expected:

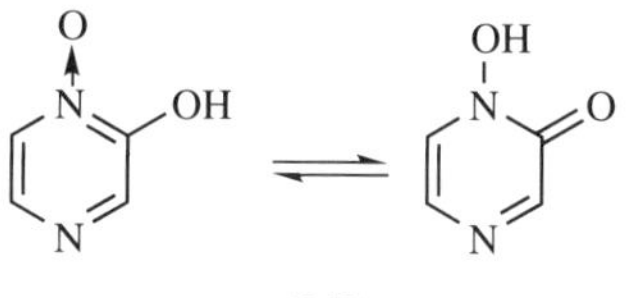

(262)

1-Hydroxy-5,6-dimethyl-2(1H)-pyrazinone (**263**, R = H) gave 1-benzyloxy-5,6-dimethyl-2(1H)-pyrazinone (**263**, R = CH$_2$Ph) (PhCH$_2$Cl, Et$_3$N, Me$_2$SO, 20°C, 24 h: 98%).[346]

1-Hydroxy-5,6-diisopropyl-2(1H)-pyrazinone (**264**, R = H) gave 1-benzoyloxy-5,6-diisopropyl-2(1H)-pyrazinone (**264**, R = Bz) (BzCl, pyridine, CH$_2$Cl$_2$, 5 → 20°C, 12 h: 64%);[1515] several analogues like 5-chloro-1-(p-chlorobenzoyloxy)-6-ethyl-2(1H)-pyrazinone (**265**), were made similarly.[101,1515]

Note: N-Hyroxypiperazines can also undergo O-acylation.[814]

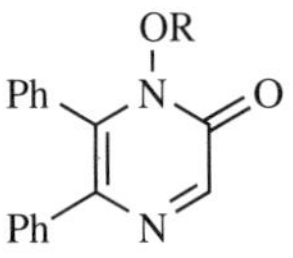

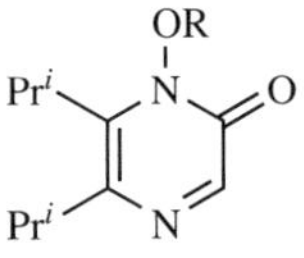

5.5.2.3. Conversion into C-Acyloxypyrazines (H 90, 192)

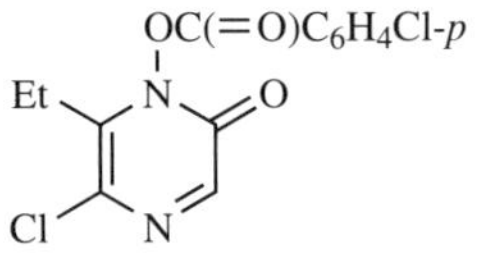

Unlike the tautomeric pyrazine N-oxides considered in the foregoing subsection (5.5.2.2), regular pyrazine N-oxides undergo rearrangement with acylating agents to afford C-acyloxypyrazines: The new acyloxy group may be attached at any nuclear carbon not already bearing a substituent or at the α-position of a suitably placed alkyl susbtituent. These possibilities are illustrated in the following examples but it is clearly impossible at present to forecast accurately the position of attachment:

Formation of Nuclear C-Acyloxypyrazines

2-Chloro-3,5-diphenylpyrazine 1-oxide (**266**) gave 2-acetoxy-6-chloro-3,5-diphenylpyrazine (**267**) (neat Ac$_2$O, reflux, 1 h: 81%).[1307]

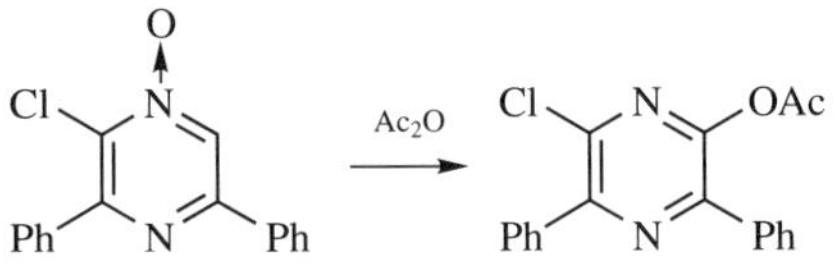

2-Phenylpyrazine 4-oxide (**268**) gave a separable mixture of 2-acetoxy-6-phenylpyrazine (**269**), 2-acetoxy-3-phenylpyrazine (**270**), and 2-acetoxy-5-phenylpyrazine (**271**) [Ac$_2$O, Et$_3$N, reflux, A, 6 h: 68, 11, 8% respectively (by NMR), isolated in much lower yields].[1575]

Pyrazine *N*-Oxides (H 59, 116, 149, 186, 239, 302)

(268) → Ac₂O — Et₃N → (269), (270), (271)

Structures:
- (268): 2-phenylpyrazine 1-oxide
- (269): 6-acetoxy-2-phenylpyrazine (AcO–N=C–N–Ph)
- (270): 3-acetoxy-2-phenylpyrazine
- (271): 5-acetoxy-2-phenylpyrazine

2-Methoxypyrazine 4-oxide (**273**) gave 2-acetoxy-6-methoxypyrazine (**272**) (neat Ac₂O, reflux, A, 2 h: 60%) or 2-acetoxy-3-methoxypyrazine (**274**) (Ac₂O, Et₃N, reflux, A, 2 h: 63%).[1575]

(272) ← Ac₂O ← (273) → Ac₂O — Et₃N → (274)

3-Benzyl-5-methyl-2-pyrazinamine 1-oxide (**275**) gave 2-acetoxy-5-benzyl-6-di-acetylamino-3-methylpyrazine (**276**) (Ac₂O—AcOK, reflux, 10 min: 67%).[883]

(275) → Ac₂O — AcOK → (276)

2,5-Diisobutyl-3-methoxypyrazine 1-oxide (**277**) gave a separable mixture of 2-acetoxy-3,6-diisobutyl-5-methoxypyrazine (**278**) and 2-(1-acetoxy-2-methyl-propyl)-5-isobutyl-3-methoxypyrazine (**279**) (neat Ac₂O, reflux, 90 min: 73 and 12%, respectively).[310]

Also other examples.[1065]

Formation of Extranuclear C-Acyloxypyrazines

2,3-Dimethylpyrazine 1-oxide (**280**) gave 2-acetoxymethyl-3-methylpyrazine (**281**) (neat Ac$_2$O, reflux, 30 min: 77%);[1272] the isomeric 2,6-dimethylpyrazine 1-oxide gave a separable mixture of 2-acetoxymethyl-6-methylpyrazine (**282**, R = Ac) and 2-hydroxymethyl-6-methylpyrazine (**282**, R = H), the latter arising presumably by hydrolysis during the work up (neat Ac$_2$O, reflux, 1 h: 40 and 12%, respectively).[1307]

2-Methoxy-3,6-dimethylpyrazine 4-oxide (**283**) gave only 2-acetoxymethyl-3-methoxy-5-methylpyrazine (**284**) (neat Ac$_2$O, reflux, 1 h: 88%);[324] in contrast, the homologous substrate, 2,5-dibenzyl-3-methoxypyrazine 1-oxide (**285**), gave a separable mixture of 2-(α-acetoxybenzyl)-5-benzyl-3-methoxypyrazine (**286**) and 2-acetoxy-3,6-dibenzyl-5-methoxypyrazine (**287**) (neat Ac$_2$O, reflux, 90 min: 55 and 20%, respectively).[312]

Also other examples.[78,329,1047,1340]

5.5.2.4. Conversion into C-Amino-, C-Azido-, C-Cyano-, or C-Alkylthiopyrazines

Just as pyrazine N-oxides may be converted into C-halogeno- (Section 4.1.3) or C-acyloxypyrazines (Section 5.5.2.3), so they can afford C-amino-, C-azido-, C-cyano-, or C-alkylthiopyrazines, although such reactions are not well developed yet. The following examples will illustrate such procedures as used in recent literature:

Pyrazine 1-oxide (**288**) gave a 1:1 mixture of 2-chloropyrazine (**289**) and the 1-(pyrazin-2-yl)pyrazinium salt (**290**), of which the second afforded 2-pyrazinamine (**291**) during mildly alkaline work up [POCl$_3$, 70°C, 2 h; removal of (**289**); residue to pH 10: 11% of amine (**291**)]; the intermediate salt (**290**) was subsequently isolated and purified (POCl$_3$, 20°C, 10 min: ~70%).[574]

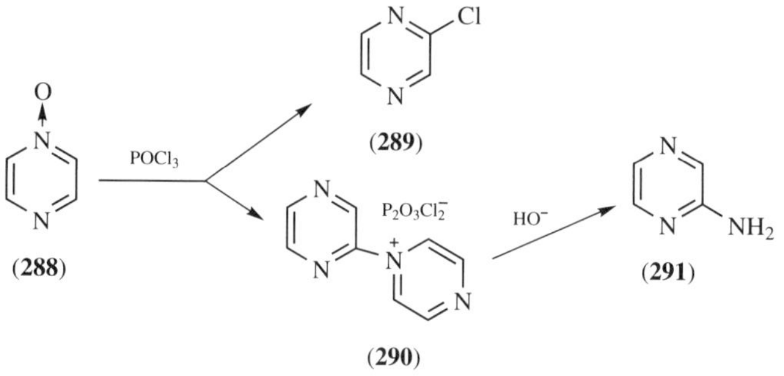

2-Pyrazinamine 4-oxide (**292**) gave 3-azido-2-pyrazinamine (**293**) (Me$_3$SiN$_3$, Et$_2$NCOCl, MeCN, reflux, A, 18 h: >95%);[46] analogues such as 2-azido-3,5- (>95%),[46] 2-azido-5,6- (85%),[46] and 2-azido-3,6-diphenylpyrazine (**294**) (67%)[231] were made similarly.

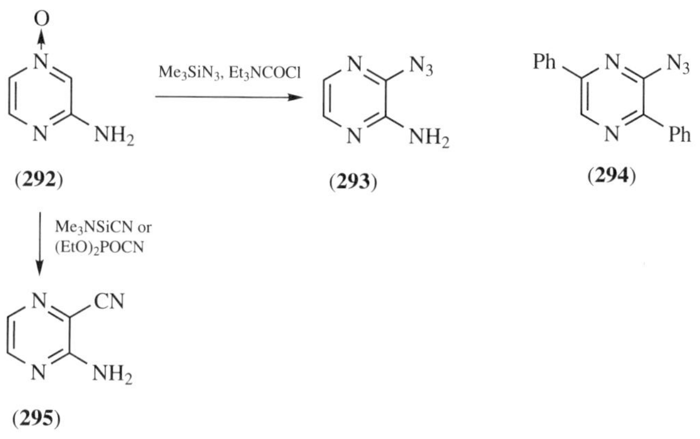

The same substrate (**292**) gave 3-amino-2-pyrazinecarbonitrile (**295**) [Me$_3$SiCl, NaCN, Et$_3$N, Me$_2$NCHO, 100°C, 6 h: 98%; Me$_3$SiCN, Et$_3$N, MeCN, reflux, 6 h: 93%; or (EtO)$_2$POCN, Et$_3$N, MeCN, reflux, 18 h: 49%];[38,1556] also analogues, like 3-phenyl- (**296**, R = CN) (76%) or 3-chloro-2-pyrazinecarbonitrile (**297**) (68%), using slightly modified procedures with ZnBr$_2$ added.[38] The variations of this reaction have been analyzed in terms of mechanism.[589]

2-Phenylpyrazine 4-oxide gave a mixture of 2-*p*-methoxybenzylthio-3-phenylpyrazine (**296**, R = SCH$_2$C$_6$H$_4$OMe-*p*), its 5-phenyl isomer, and its 6-phenyl isomer [HSCH$_2$C$_6$H$_4$OMe-*p*, Et$_2$NCOCl, MeCN, reflux, 6 h: 63, 43, 0% (isolated); or likewise with the addition of ZnBr$_2$: 21, 38, 41% (estimated by NMR)];[43] also other examples, all with the same thiol.[43]

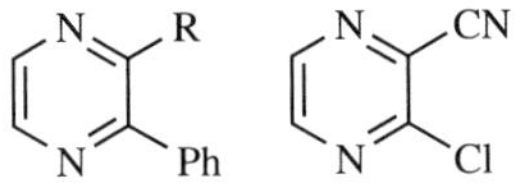

(**296**)   (**297**)

5.5.2.5. Miscellaneous Reactions

Pyrazine *N*-oxides undergo several minor reactions, illustrated in the following examples:

Ring Fission

2,2,3,3,5,6-Hexamethyl-2,3-dihydropyrazine 1,4-dioxide (**298**) gave 2,3-dimethyl-2,3-dinitrobutane (**299**) [O$_2$ + O$_3$ ↓, CDCl$_3$, −78°C, 15 min: 93%; diacetyl (**300**) was also identified in the reaction mixture (by NMR)].[880]

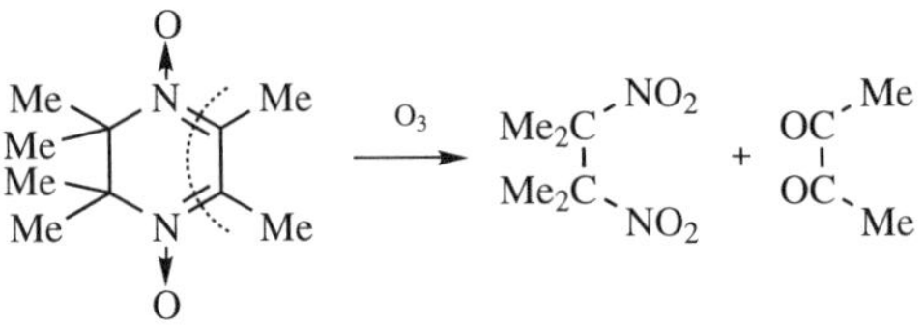

(**298**)   (**299**)   (**300**)

Cyclocondensation

6,6-Diethyl-5-methyl-3,6-dihydro-2(1*H*)-pyrazinone 4-oxide (**301**) gave dimethyl 4,4-diethyl-3a-methyl-6-oxo-4,5,6,7-tetrahydro-3a*H*-isoxazolo[2,3-*a*]pyrazine-2,3-dicarboxylate (**302**) (MeO$_2$CC≡CCO$_2$Me, CHCl$_3$, reflux, 3 h: 64%);[544] homologues likewise.[544]

Reduction

2,2,3,3-Tetramethyl-2,3-dihydropyrazine 1,4-dioxide (**303**) gave 2,2,3,3-tetramethyl-1,4-piperazinediol (**304**) (NaBH$_4$, H$_2$O, 20°C, 24 h: 81%; homologues likewise).[702] Also analogous reductions.[702]

1,5-Dihydroxy-3,6-dimethyl-2(1H)-pyrazinone 4-oxide (**305**) gave 1,4-dihydroxy-3,6-dimethyl-2,5-piperazinedione (**306**) (H$_2$, PtO$_2$, MeOH, 40°C, ~3 atm, until colorless: 38%; homologues likewise).[1283]

Rearrangement

3,3-Dimethyl-2,3-dihydro-2-pyrazinol 1,4-dioxide (**307**) gave 2,3-dimethylpyrazine 1,4-dioxide (**308**) (neat HSO$_2$F—SbF$_5$, 140°C, 30 min: 87%).[439]

Metal Complexation

Pyrazine 1-oxide gave 4-oxidopyrazinium chlorochromate (**309**) (CrO$_3$, HCl, 20°C: 70%); for comparison, pyrazine gave the 1:1 complex (**310**) (CrO$_3$, CH$_2$Cl$_2$, N$_2$, 20 → 0°C, 4 h: 55%). Both products proved to be mild oxidizing agents for alcohols.[279]

3-[2-(5-Aminopentanoyl)ethyl]-1-benzyloxy-5,6-dimethyl-2(1*H*)-pyrazinone (**311**) and a coligand afforded a gallium complex that showed promise for extraction of primary ammonium ions.[179]

5.6. APPENDIX: TRIVIAL NAMES FOR PYRAZINE DERIVATIVES (*H* 1, 6, 8)

Because most pharmaceutical, agrochemical, and naturally occurring pyrazines are in fact oxypyrazines of one sort or another,[1218,1281] an alphabetical list of many such recently mentioned pyrazines (under their trivial names, if any) is presented at this point. Each entry includes a chemical name or indication of structure, the type of bioactivity and/or natural source (as appropriate), and the CAS Registry number and/or leading reference(s) (to facilitate any search for detailed information).

Acipimox, 5-methyl-2-pyrazinecarboxylic acid 4-oxide, antihyperlipidaemic [51037-30-0].

Albonoursin, 3-benzylidene-6-isobutylidene-3,6-dihydro-2,5(1*H*,4*H*)-pyrazinedione, antibacterial and antineoplastic [1222-90-8].[1710]

Amiloride (*H* 9, 279), *N*-amidino-3,5-diamino-6-chloro-2-pyrazinecarboxamide (hydrochloride), K-sparing diuretic and antihypertensive [2906-46-3].[124,450,879,970,986,1245,1281]

Appendix: Trivial Names for Pyrazine Derivatives (*H* 1, 6, 8)   241

Amperozide, 4-[4,4-bis(*p*-fluorophenyl)butyl]-*N*-ethyl-1-piperazinecarboxamide, analgesic and tranquilizer [75558-90-6].[1711]

Arglecin (*H* 7), 6-(3-guanidinopropyl)-3-isobutyl-2(1*H*)-pyrazinone, a *Streptomyces* sp metabolite [34098-41-4].[295]

Argvalin, 6-(3-guanidinopropyl)-3-isopropyl-2(1*H*)-pyrazinone, a *Streptomyces* sp metabolite [52159-72-5].[298]

Aspergillic acid (*H* 65, 195), 6-*sec*-butyl-1-hydroxy-3-isobutyl-2(1*H*)-pyrazinone, a mycotoxic *Aspergillus* sp metabolite [490-02-8].[1024]

Astechrome, 3-(1-hydroxy-3-methoxy-5-methyl-6-oxo-1,6-dihydropyrazin-2-ylmethyl)-7-(3-methylbut-2-enyl)indole Fe complex, an *Aspergillus* sp metabolite [75310-10-0].[90]

Atevirdine, 2-[4-(3-ethylaminopyridin-2-yl)piperazin-1-yl]-5-methoxyindole (mesylate), reverse transcriptase inhibitor: anti-HIV [136816-75-6].

1,2-Bis(3,5,6-trimethylpyrazin-2-yl)propene, platelet aggregation inhibitor.[1242]

Cairomycin A, 3-carboxymethyl-6-isopropyl-3,6-dihydro-2,5(1*H*,4*H*)-pyrazinedione, a *Streptomyces* sp metabolite: antibacterial and antifungal [78859-46-8].

Cinepazet, 1-ethoxycarbonylmethyl-4-[2-(3,4,5-trimethoxyphenyl)acryloyl]piperazine (and maleate), coronary vasodilator: antianginal [23887-41-4].

Coelenteramide, 2-benzyl-3-[2-(*p*-hydroxyphenyl)acetamido]-6-*p*-hydroxyphenylpyrazine, light emitter from a jelly fish [50611-86-4].[73]

Cryptoechinulin A (also C, G), polysubstituted piperazine–indole structures, *Aspergillus* sps metabolites [55179-54-9, 57944-03-3, 68836-03-3].

Cyclizine, 1-(diphenylmethyl)-4-methylpiperazine (hydrochloride or tartrate), histamine H_1-receptor antagonist: sedative and antiemetic [82-92-8].

Deoxyaspergillic acid (*H* 50, 158), 6-*sec*-butyl-3-isobutyl-2(1*H*)-pyrazinone, an *Aspergillus* sp metabolite [21641-71-4].[122,980]

Deoxymutaaspergillic acid (*H* 158, 193), 3-isobutyl-6-isopropyl-2(1*H*)-pyrazinone, an *Aspergillus* sp metabolite [22318-05-4].[122]

Dexrazoxane: See Razoxane

2,5-Dibenzyl-1,4-dimethylpiperazine, a *Rutaceae* sp metabolite.[778]

3,6-Dibenzyl-5-methoxy-2(1*H*)-pyrazinone, an *Albatrellus* sp mushroom metabolite.[742]

3,6-Di-*sec*-butyl-2(1*H*)-pyrazinone, an *Aspergillus* sp metabolite.[980]

Diethylcarbamazine, *N*,*N*-diethyl-4-methyl-1-piperazinecarboxamide, antihelmintic [90-89-1].

Draflazine, 1-[*N*-(4-amino-2,6-dichlorophenyl)carbamoylmethyl]-4-[5,5-bis(*p*-fluorophenyl)pentyl]-2-piperazinecarboxamide, purine uptake inhibitor: vasodilator and antiarrhythmic [120720-34-3].

Dragmacidine (dragmacidon) (also A, B, D), 2,5-bis(6-bromoindol-3-yl)-1-methylpiperazine (A), *Dragmacidon* or *Hexadela* sp sponge metabolites [114582-72-8, 128364-31-8, 128629-37-8, 142979-34-8].[1704]

Oxypyrazines (H 156, 363)

Dysamide A-T, 1,4-dimethyl-3,6-bis[2-(trichloromethyl)propyl]-3,6-dihydro-2,5(1H,4H)-pyrazinedione (A) and analogues (B-T: for structures, see reference), *Dysidea* sp metabolites [149377-31-1 (A), etc.].[1658]

Echinulin, a polysubstituted piperazine–indole structure, an *Aspergillus* sp metabolite [1859-87-61].

Emeheterone, 3,6-dibenzyl-5-methoxy-2(1H)-pyrazinone 4-oxide, an *Emericella* sp fungus metabolite [117333-12-7].[310,312,cf.1397,1725]

Emimycin (H 6, 191), 2(1H)-pyrazinone 4-oxide, a *Streptomyces* sp metabolite [3735-46-4].

Esaprazole, 1-(N-cyclohexylcarbamoylmethyl)piperazine, gastric secretion inhibitor: antiucerogenic [64204-55-3].

Etioluciferamine, 3-[5-amino-6-(3-aminopropyl)pyrazin-2-yl]indole, light emitter from a *Cypridine* sp sponge [7256-95-3].[1707]

Flavacol (H 6), 3,6-diisobutyl-2(1H)-pyrazinone, an *Aspergillus* sp metabolite [495-98-7].[122,980]

Flunarizine, 1-[bis(p-fluorophenyl)methyl]-4-(3-phenylallyl)piperazine (and hydrochloride), histamine H_1-receptor antagonist and Ca-channel blocker: vasodilator and antimigraine agent [52468-60-7].

Flutamide, 1-hydroxy-3,5-diisobutyl-3,6-dihydro-2,6-dihydro-2,6(1H)-pyrazine-dione (or tautomer), antiandogenic: for prostate cancer [162666-34-3].

Glipizide (H 9), N-{p-[(cyclohexylcarbamoyl)sulfamoyl]phenethyl}-5-methyl-2-pyrazinecarboxamide, antihyperglycaemic [29094-61-9].[851,893,964,1576]

Hydroechinulin, a polysubstituted piperazine–indole structure, an *Aspergillus* sp metabolite [22839-28-7].

Hydroxyaspergillic acid (H 6), 1-hydroxy-6-(1-hydroxy-1-methylpropyl)-3-isobutyl-2(1H)-pyrazinone, an *Aspergillus* sp metabolite.[727]

Impacarzine, N,N-diethyl-4-[2-(2-oxo-3-tetradecylimidazolidin-1-yl)ethyl]piperazine-1-carboxamide, virostatic [41340-31-0].[1708]

Isoechinulin A-C, complicated piperazine–indole structures, *Aspergillus* sp metabolites [60422-87-9, 60422-88-0, 60422-89-1].

Lifarizine, 1-diphenylmethyl-4-[(5-methyl-2-p-tolylimidazol-3-yl)methyl]piperazine, Na- and Ca-channel blocker: vasodilator [119514-66-8].

Ligustrazine (H 4), 2,3,5,6-tetramethylpyrazine from processed cocoa beans [1124-11-4].[1242]

N-Methoxyseptorine, 3-*sec*-butyl-6-p-hydroxybenzoyl-1,5-dimethoxy-2(1H)-pyrazinone, a *Septoria* sp fungus metabolite.[740,1354,1695]

N-Methoxyseptorinol, 3-*sec*-butyl-6-(α, p-dihydroxybenzyl)-1,5-dimethoxy-2(1H)-pyrazinone, a *Septoria* sp fungus metabolite.[740,741,1354]

Mutaaspergillic acid (H 66), 1-hydroxy-6-(1-hydroxy-1-methylethyl)-3-isobutyl-2(1H)-pyrazinone, an *Aspergillus* sp metabolite [15272-17-0].

Neihumicin, 3,6-dibenzylidene-5-methoxy-3,6-dihydro-2(1H)-pyrazinone, a *Micromenospora* sp fungus metabolite: a cytotoxic antibiotic [111451-12-8].[1156, 1158,1161,1201]

Neoaspergillic acid (H 187), 1-hydroxy-3,5-diisobutyl-2(1H)-pyrazinone, an *Aspergillus* sp metabolite [5021-35-2].

Neoechinulin (also A-D), complicated piperazine–indole structures, *Aspergillus* sps metabolites [25644-25-1, 51551-29-2, 55179-53-8, 55179-54-9 (see Cryptoechinulin A); 55765-86-3].

Neohydroxyaspergillic acid (H 6,193), 1-hydroxy-6-(1-hydroxy-2-methylpropyl)-3-isobutyl-2(1H)-pyrazinone, an *Aspergillus* sp metabolite.[78, 727]

OPC-15161, 3-[(5-isobutyl-3-methoxy-4-oxido-6-oxo-1,6-dihydropyrazine-2-yl)methyl]indole (X-ray confirmation), a *Thielavia* sp fungus metabolite: inhibitor of superoxide anion generation [121071-92-9].[1166]

Perfenazine (perphenazine), 2-chloro-10-{3-[4-(2-hydroxyethyl)piperazin-1-yl]propyl}phenothiazine, antipsychotic and antiemetic [58-39-9].

Phevalin, 6-benzyl-3-isopropyl-2(1H)-pyrazinone, a *Streptomyces* sp metabolite: antineurodegenerative agent [170713-71-0].[1168]

Picroroccellin, 3, 6-dibenzyl-3-hydroxy-6-methoxy-1(or 4)-methyl-3, 6-dihydro-2, 5(1H, 4H)-pyrazinedione (revised structure), a *Roccella* sp lichen metabolite [87291-18-7].[1036,1702]

Piperafizine A and B, 3, 6-dibenzylidene-1-methyl-3,6-dihydro-2,5(1H, 4H)-piperazinedione (A), a *Streptoverticillium* sp metabolite [130603-59-7, 74720-33-5].[1705]

Piperazine (salts, etc.), hexahydropyrazine, antihelmintic.

Prazosin (hydrochloride), 2-[4-(fur-2-oyl)piperazin-1-yl]-6,7-dimethoxy-4-quinazolinamine, α-adrenoreceptor antagonist: antihypertensive [19216-56-9].

Preechinulin, a polysubstituted piperazine–indole structure, an *Aspergillus* sp metabolite [21008-43-5].

Pulcherriminic acid (H 6), 1, 5-dihydroxy-3, 6-diisobutyl-2(1H)-pyrazinone 4-oxide, a *Candida* sp yeast metabolite, initially as an Fe complex (pulcherrimin) [957-86-8].

Pyrazinamide (H 8), 2-pyrazinecarboxamide [98-96-4], antibacterial and antitubercular.

Pyrazinoic acid, 2-pyrazinecarboxylic acid [98-97-5].

Razoxane (dexrazoxane), 1, 2-bis(3, 5-dioxopiperazin-1-yl)propane [21416-87-5], chelating agent: decreases toxicity of some antineoplastic agents by removal of Fe.

Septorine, 3-*sec*-butyl-6-*p*-hydroxybenzoyl-5-methoxy-2(1H)-pyrazinone, a *Septoria* sp fungus metabolite: phytotoxic agent [67332-36-9].[310,317,740, 1354,1438,1695]

Sildenafil (citrate), a complicated piperazine–pyrazolopyrimidine structure, vasodilator and small muscle relaxant: for erectile dysfunction [139755-83-2].

Suriclone, a piperidine–1,8-naphthyridine–dithiinopyrazole structure, anxiolytic and hypnotic [53813-83-5].

Teflutixol, a polysubstituted piperazine–thioxanthene structure, neuroleptic and antipsychotic [55837-23-5].[1709]

Tenilsetam, 3-(thien-2-yl)-2-piperazinone, nootropic [86696-86-8].[1706]

Terazosin (hydrochloride), 6,7-dimethoxy-2-[4-tetrahydrofuran-2-carbonyl)piperazin-1-yl]-4-quinazolinamine, α-adrenoreceptor antagonist: antihypertensive [63074-08-8].

Terezine A-D, 6-(α-hydroxybenzyl)-3-isopropyl-5-methoxy-2(1H)-pyrazinone (A) and analogues B-D (for structures, see reference) (A), *Sporormiella* sp fungus metabolites [165133-88-0].[1434]

Tiaramide (hydrochloride), a polysubstituted piperazine–benzothiazole structure, cyclooxygenase inhibitor: analgesic, antiinflammatory, and antipyretic [32527-55-2].

Trimazosin (hydrochloride), 2-[4-(2-hydroxy-2-methylpropoxy)carbonylpiperazin-1-yl]-6,7,8-trimethoxy-2-quinazolinamine, α-adrenoreceptor antagonist: antihypertensive [35795-16-5].

Trimetazidine (hydrochloride), 1-(2,3,4-trimethoxybenzyl)piperazine, antiischaemic: antianginal [5011-34-7].

Zopiclone, a polysubstituted piperazine–pyridine–pyrrolopyrazine structure, a benzodiazepam binding-site antagonist: sedative and anticonvulsant [43200-80-2].

Zuclopenthixol, a polysubstituted piperazine–thioxanthene structure, antipsychotic [53772-83-1].

CHAPTER 6

Thiopyrazines (*H* 196)

The general term *thiopyrazines* is used here to cover any pyrazine with a sulfur-containing substituent that is attached directly or indirectly to the pyrazine ring through its sulfur atom. Relationships with the extended family of thiopyrazines are simple. Thus the parent tautomeric pyrazinethione or pyrazinethiol (both nuclear and extranuclear) may undergo S-alkylation to afford an alkylthiopyrazine (thioether: RSR′) that may then undergo oxidation to an alkylsulfinyl- [sulfoxide: RS(=O)R′] or alkylsulfonylpyrazine [sulfone: RS(=O)$_2$R′]; alternatively, the parent may suffer oxidation directly to furnish a dipyrazinyl disulfide (RSSR), pyrazinesulfenic acid (RSOH), pyrazinesulfinic acid (RSO$_2$H), or pyrazinesulfonic acid (RSO$_3$H). Any recently described nontautomeric pyrazinethiones and dipyrazinyl sulfides are included in appropriate sections of this chapter but thiocyanatopyrazines (RSC≡N) are relegated to Chapter 8, wherein the isomeric isothiocyanatopyrazines (RN=C=S) are covered also. In fact, there is little or no recent information on several of the foregoing categories of thiopyrazine.

6.1. PYRAZINETHIONES AND PYRAZINETHIOLS (*H* 196, 198)

This section is mainly about tautomeric pyrazinethiones but the meagre available information on nontautomeric pyrazinethiones and pyrazinethiols is also included.

Aspects of the tautomerism of tautomeric pyrazinethiones have been studied[931, 1398, 1424] and the acute toxicities of 2-mercaptomethylpyrazine and bis(pyrazin-2-ylmethyl) disulfide have been determined.[674,1204]

6.1.1. Preparation of Pyrazinethiones and Pyrazinethiols (*H* 196)

Most tautomeric pyrazinethiones have been made by *primary synthesis* (see Chapters 1 and 2), *thiolysis of halogenopyrazines* (see Section 4.2.4), or *thiation of tautomeric pyrazinones* (see Section 5.1.2.1); a few nontautomeric pyrazinethiones by *primary synthesis* (see Chapters 1 and 2) or *thiation of nontautomeric pyrazinones* (see Section 5.4.2); and nearly all extranuclear pyrazinethiols by *thiolysis of extranuclear halogenopyrazines* (see Section 4.4). Other routes to such pyrazinethiones and pyrazinethiols are illustrated in the following examples:

From Alkylthiopyrazines

5-Benzylthio-2(1H)-pyrazinone (1) gave 5-thioxo-3,4,5,6-tetrahydro-2(1H)-pyrazinone (3) (Na, liquid NH_3, −76°C, 1 h: ∼ 70%); a small yield of the intermediate 5-mercapto-2(1H)-pyrazinone (2) was obtained when the proportion of sodium to substrate was decreased.[1565]

2,5-Bismethylthio-3,6-dihydropyrazine (4) gave 3,6-dihydro-2,5(1H,4H)-pyrazinedithione (6) by addition of H_2S and subsequent loss of MeSH from the intermediate (5) ($H_2S \downarrow$, pyridine–THF, 0°C, 3 h: 64%).[714]

3-(p-Methoxybenzylthio)-2-pyrazinamine (8, R = NH_2) gave 3-amino-2(1H)-pyrazinethione (7) (6 M HCl, reflux, 1 h: 38%).[43]

2-Methoxy-3-(p-methoxybenzylthio)pyrazine (8, R = OMe) gave 3-methoxy-2(1H)-pyrazinethione (9) [Hg(OAc)$_2$, trace anisole, F_3CCO_2H, 0°C, 15 min; residue from evaporation, $NaBH_4$, H_2O, 20°C, 90 min: 87%; also other examples).[43]

From Dipyrazinyl Disulfides

Bis(3,6-dioxopiperazin-2-ylmethyl) disulfide (10) gave 3-mercaptomethyl-3,6-dihydro-2,5(1H,4H)-pyrazinedione (11) ($HSCH_2CH_2OH$, no details).[1440]

Bis(5-methylamino-6-methylcarbamoylpyrazin-2-yl) disulfide (**12**) gave 6-acetylthio-*N*-methyl-3-methylamino-2-pyrazinecarboxamide (**13**) (NaBH$_4$, CHCl$_3$—EtOH, 20°C, 4 h; residue from evaporation, AcCl, CHCl$_3$, 20°C, 15 min: 72%), and thence *N*-methyl-3-methylamino-6-thioxo-1,6-dihydro-2-pyrazinecarboxamide (**14**), isolated and characterized as the Na salt (EtONa, EtOH—CHCl$_3$, 20°C, 15 min: ~ 90%).[940]

From Acylthiopyrazines (see also the preceding example)

2-Benzoylthio-3,6-diethylpyrazine (**15**) (prepared *in situ*) and benzylamine gave 3,6-diethyl-2(1*H*)-pyrazinethione (**16**) and *N*-benzylbenzamide (**17**) (MeOCH$_2$CH$_2$OMe, 20°C, 10 min: ~ 90 and >95%, respectively);[270] also other examples of the use of such acylthiopyrazines as acylating agents for amines, alcohols, and the like.[270]

6.1.2. Reactions of Pyrazinethiones and Pyrazinethiols (*H* 200)

The *hydrolysis* and *desulfurization* of these thiones and thiols appear to have escaped attention recently. Other reactions are illustrated in the following examples:

Oxidative Reactions

2-Mercaptomethylpyrazine (**18**) gave bis(pyrazin-2-ylmethyl) disulfide (**19**) (I$_2$, CHCl$_3$, warm, briefly: ?%);[674] also other such oxidations.[1211]

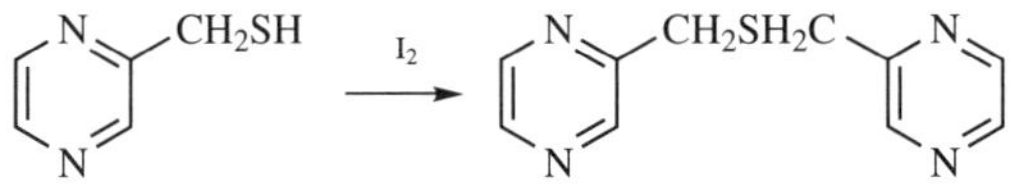

2(1*H*)-Pyrazinethione (**20**) gave *N,N*-diethyl-2-pyrazinesulfonamide (**21**) (KHF$_2$, Et$_2$NH, MeOH, Cl$_2$ ↓, 10°C, 45 min: 68%);[1602] also analogous examples.[1381]

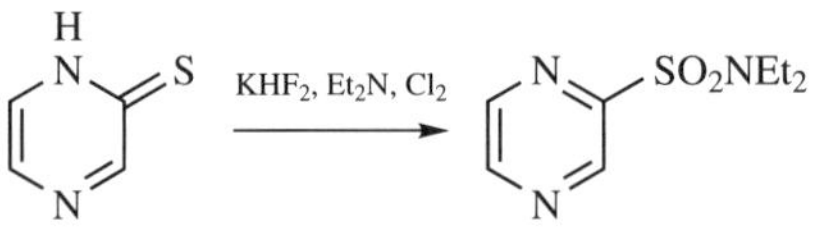

S-Alkylation

3-Amino-6-bromo-2(1*H*)-pyrazinethione (**22**) gave 5-bromo-3-methylthio-2-pyrazinamine (**23**) (1 M NaOH, MeI, 20°C, 20 min: ~ 80%).[1012]

2(1*H*)-Pyrazinethione gave 2-(but-3-ynylthio)pyrazine (**24**) (ICH$_2$CH$_2$C≡CH, Et$_3$N, H$_2$O, 70°C, 3 h: 44%).[361]

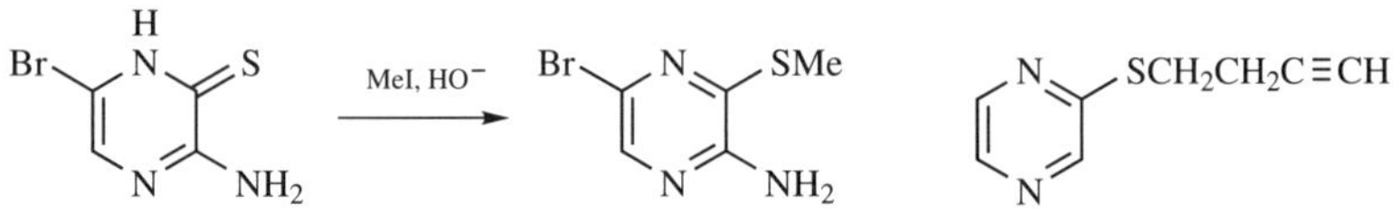

3,6-Diisopropyl-2(1*H*)-pyrazinethione gave 2-ethoxycarbonylmethylthio-3,6-diisopropylpyrazine (**25**) (EtO$_2$CCH$_2$Cl, Na$_2$CO$_3$, AcMe, 20°C, 15 h: > 95%).[308]

5-Chloro-1-methyl-3-thioxo-3,4-dihydro-2(1H)-pyrazinone gave 5-chloro-1-methyl-3-{N-[N-phenyl(thiocarbamoyl)]carbamoylmethylthio}-2(1H)-pyrazinone (**26**) [PhHNC(=S)NHC(=O)CH$_2$Cl, K$_2$CO$_3$, EtOH, reflux, 4 h: 70%].[1381]

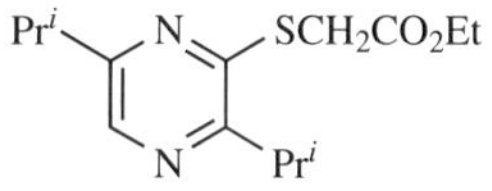

(25) 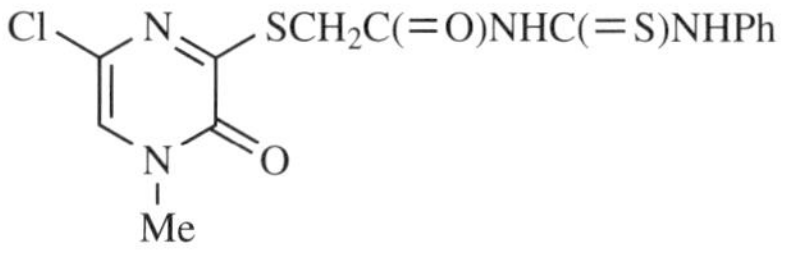 (26)

2-Mercaptomethyl-3,5,6-trimethylpyrazine gave 2-allylthiomethyl-3.5,6-trimethylpyrazine (**27**) (BrCH$_2$CH=CH$_2$, Bu$_4$NBr, 50% NaOH, 20°C, ? h: 85%).[1551]

Also other examples.[103,297,302,319,547,1015,1033,1138,1180,1233]

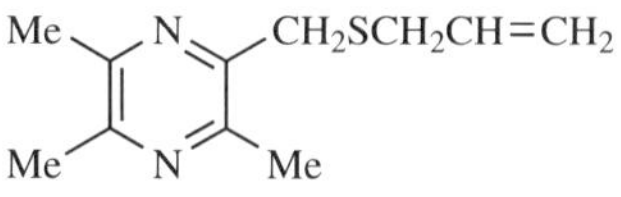

(27)

S-Acylation

3,6-Diisopropyl-2(1H)-pyrazinethione (**28**) gave 2-isobutoxycarbonylthio-3,6-diisopropylpyrazine (**29**) (ClCO$_2$Bu^i, pyridine, 0 → 20°C, 1 h: >95%);[1375] also the 2-methoxycarbonylthio analogue (likewise but only 35% yield).[1375]

The same substrate (**28**) gave 2-benzyloxycarbonylthio-3,6-diisopropylpyrazine (**31**) by a modified three-stage one-pot procedure, said to involve the intermediate (**30**) (NaH, dioxane, 20°C, until H$_2$↑ ceased; then ClCO$_2$CCl$_3$↓, 0 → 20°C, 12 h; then PhCH$_2$OH↓, pyridine↓, 0 → 20°C, 15 h: 55%);[1380] also analogues likewise.[1375,1380]

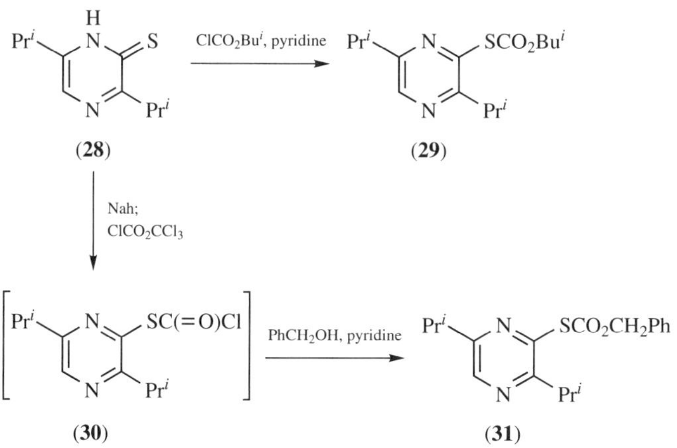

(28) (29)

(30) (31)

Note: The foregoing acylthiopyrazines may be used as N-acylating agents for amino acids, and so on.[1375]

Aminolysis

Note: There appear to be no regular aminolyses in recent literature but the example here amounts to a *de facto* aminolysis of a nontautomeric pyrazinethione.

1,4-Dimethyl-3,6-dihydro-2,5(1*H*,4*H*)-pyrazinedithione (**32**) and *p*-toluenesulfonyl azide gave a separable mixture of 1,4-dimethyl-5-tosylimino-3,4,5,6-tetrahydro-2(1*H*)-pyrazinethione (**33**) and 1,4-dimethyl-2,5-bistosyliminopiperazine (**34**) [xylene, 130°C → reflux, 12 h (?): 35 and 13%, respectively).[1362]

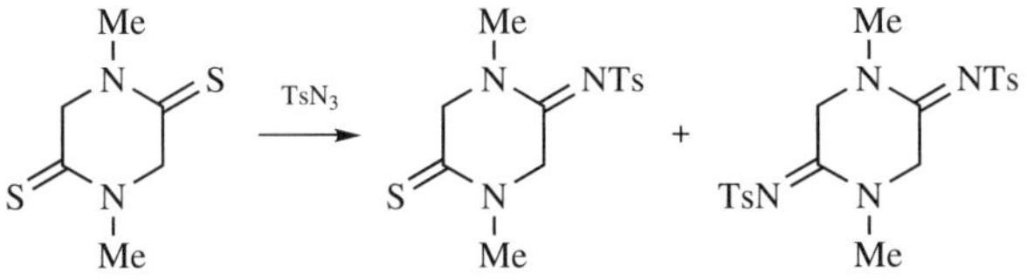

Cyclization Reactions

3-Amino-2(1*H*)-pyrazinethione (**36**) gave thiazolo[4,5-*b*]pyrazine (**35**, R = H) [neat (EtO)$_3$CH, reflux, 3 h: ~ 45%], its 2-methyl derivative (**35**, R = Me) [(EtO)$_3$CMe, likewise: ~ 30%], or thiazolo[4,5-*b*]pyrazine-2(3*H*)-thione (**37**) (EtOCS$_2$K, pyridine, reflux, 21 h: ~ 90%);[1012] also analogous examples.[1019]

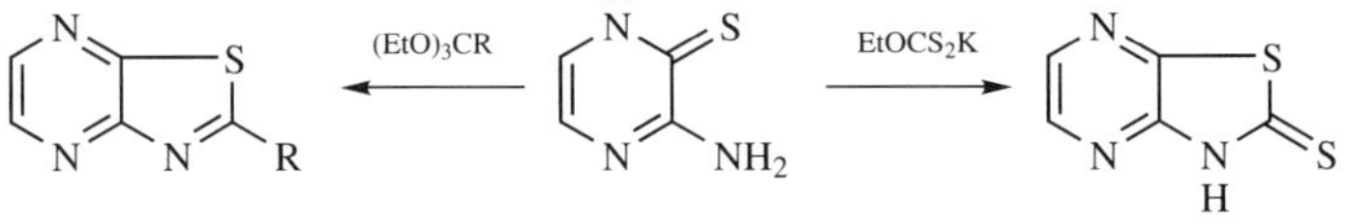

2,3(1*H*,4*H*)-Pyrazinediselone (**38**) gave 1,3-diselenolo[4,5-*b*]pyrazine-2-thione (**39**) (O=SCl$_2$, H$_2$O, 0 → 20°C, 90 min: 29%, based on the dichloro precursor of the substrate);[1076] 1,3-dithiolo[4,5-*b*]pyrazine-2-thione (**40**) was made similarly.[1046]

Also other examples.[225]

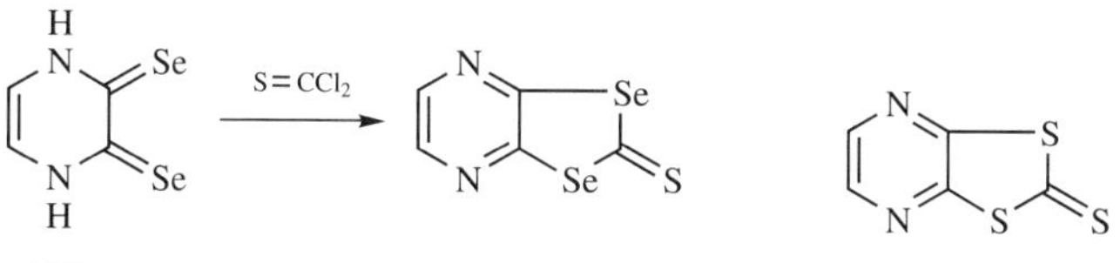

6.2. ALKYLTHIOPYRAZINES AND DIPYRAZINYL SULFIDES (*H* 197)

Since dipyrazinyl sulfides are simply alkylthiopyrazines in which the alkyl group is replaced with another pyrazinyl group, information on such sulfides is included here. Alkylthiopyrazines are the most frequently encountered thiopyrazines, both as end products and as useful intermediates for other types of pyrazine.

6.2.1. Preparation of Alkylthiopyrazines (*H* 197)

All the important routes to alkylthiopyrazines have been discussed already: by *primary synthesis* (Chapters 1 and 2), by *alkanethiolysis of halogenopyrazines* (Sections 4.2.5 and 4.4), or by *S-alkylation of pyrazinethiones* (Section 6.1.2). The remaining minor routes are either unrepresented in recent literature or are illustrated in the following examples:

By C-Alkylthiation

2-Iodopyrazine (**41**) was converted into its lithio derivative (**42**) (BuLi, Me$_4$-piperidine, THF, $-50 \rightarrow -20°C$, 20 min; substrate ↓, $-78°C$, 5 min), and thence into 2-iodo-3-phenylthiopyrazine (**43**) (PhSPh ↓, $-78°C$, 1 h: 82%);[1613] also analogous examples.[451,760]

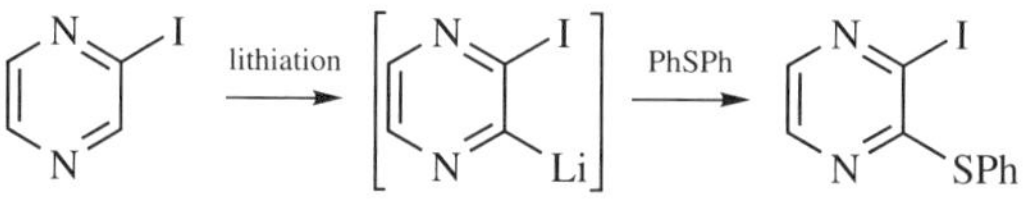

By Nuclear Dehydrogenation

2,5-Bismethylthio-3,6-dihydropyrazine gave 2,5-bismethylthiopyrazine (ClCO$_2$Me, CH$_2$Cl$_2$, $0 \rightarrow 20°C$, 12 h: 65%).[714]

By Introduction as a Passenger Group

2-Isopropyl-3,6-dimethoxy-5-methyl-2,5-dihydropyrazine (**44**) gave 2-(2-benzylthioethyl)-5-isopropyl-3,6-dimethoxy-2-methyl-2,5-dihydropyrazine (**45**) (lithiation *in situ*, THF; then ICH$_2$CH$_2$SCH$_2$Ph ↓, −70°C, 24 h: 80%).[198]

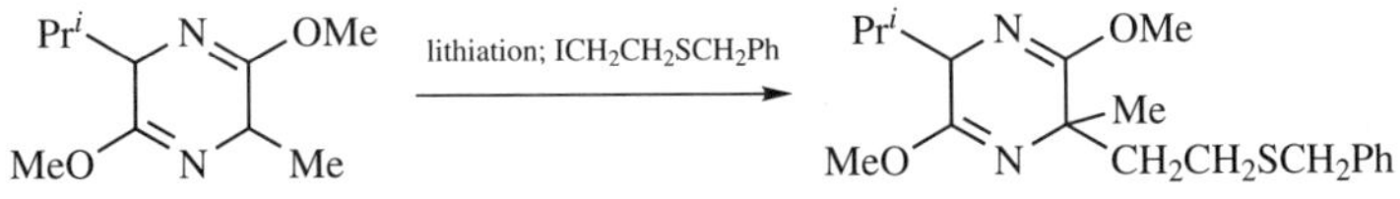

By Intramolecular Dehydration of Sulfoxides

2-Cyclohexylsulfinylpyrazine gave 2-(cyclohex-1-enylthio)pyrazine [(F$_3$CCO)$_2$O, MeCN, 20°C, 12 h: 74%];[318] see also Section 6.2.2.1.

6.2.2. Reactions of Alkylthiopyrazines (*H* 200)

The *dealkylation of alkylthiopyrazines to pyrazinethiones* has been covered already (Section 6.1.1). Of the other possible reactions of alkylthiopyrazines, those represented in recent literature are discussed in the following subsections.

6.2.2.1. Oxidation to Sulfoxides or Sulfones (H 200)

Several peroxyacids or related oxidants have been used to convert alkylthio- into alkylsulfinyl- or alkylsulfonylpyrazines; the choice of reagent appears to be unimportant but the amount of reagent determines whether the major (or only) product is a sulfoxide or a sulfone. The following examples illustrate typical oxidation procedures:

Using m-Chloroperoxybenzoic Acid

2-*tert*-Butylthiopyrazine (**47**) gave 2-*tert*-butylsulfinylpyrazine (**46**) [*m*-ClC$_6$H$_4$CO$_3$H (1.5 mol), THF, −20°C, 45 min: 70%] or 2-*tert*-butylsulfonylpyrazine (**48**) [*m*-ClC$_6$H$_4$CO$_3$H (3 mol), 20°C, 90 min: 74%];[1602] and 2-(but-3-ynylthio)- gave 2-(but-3-ynylsulfonyl)pyrazine (likewise: 63%).[361]

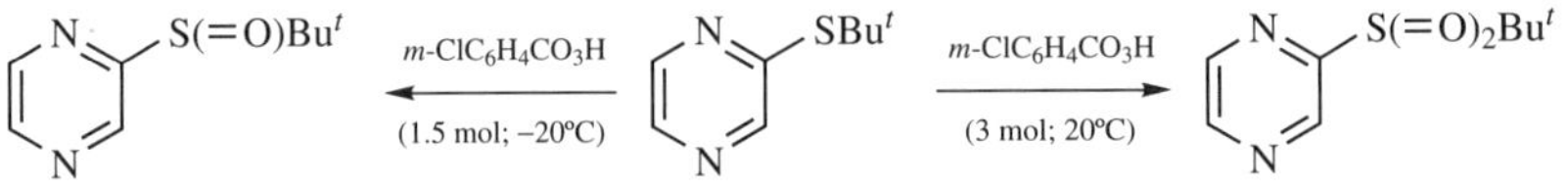

3-Phenylthio-2-pyrazinecarbonitrile gave 3-phenylsulfonyl-2-pyrazinecarbonitrile (**49**) (*m*-ClC$_6$H$_4$CO$_3$, CHCl$_3$, 10 → 20°C, 3 h: 91%);[1507] and 5-bromo-3-methylthio- gave 5-bromo-3-methylsulfonyl-2-pyrazinamine (**50**) (likewise, 4 days: ~ 70%).[1012]

Also other examples.[1551]

Using Hydrogen Peroxide–Maleic Anhydride (Peroxymaleic Acid)

2-Cyanomethylthio-3,6-diethylpyrazine (**51**, R = Et) gave 2-cyanomethylsulfinyl-3,6-diethylpyrazine (**52**, R = Et) (maleic anhydride, 90% H$_2$O$_2$, CHCl$_3$, 20°C, 12 h; then reflux, 2 h: 81%);[297] the 3,6-diisopropyl (**52**, R = Pr^i) (78%) and other homologues were made similarly.[297]

2-Cyclohexylthiopyrazine gave 2-cyclohexylsulfinylpyrazine (**53**, R = C$_6$H$_{11}$) (as preceding examples: 66%);[318] 2-phenylsulfinylpyrazine (**53**, R = Ph) (75%),[318] and many other analogues were made similarly.[302,308,318,319]

Using Sodium Periodate

2-Allylthiomethyl- (**54**) gave 2-allylsulfinylmethyl-3,5,6-trimethylpyrazine (**55**) (NaIO$_4$, MeOH, <5°C, 12 h: 81%).[1551]

2-(But-3-ynylthio)pyrazine gave 2-(but-3-ynylsulfinyl)pyrazine (**56**) (NaIO$_4$, H$_2$O, 20°C, 24 h: 62%).[361]

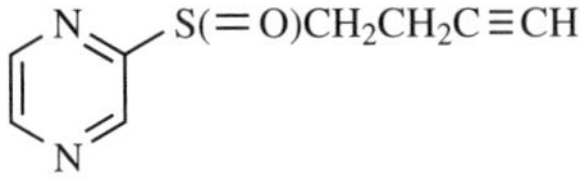

(56)

Using Other Oxidants

2-Benzoyl-3-methylthiopyrazine gave 2-benzoyl-3-methylsulfonylpyrazine (57) [Oxone (2 KHSO$_5$.KHSO$_4$.K$_2$SO$_4$ complex; 2 mol), H$_2$O—MeOH, 20°C, 3 days: 75%].[1564]

2-(6-Methylpyridin-2-ylthio)pyrazine gave 2-(6-methylpyridin-2-ylsulfonyl)-pyrazine (58) [Mg(o-HO$_2$CC$_6$H$_4$CO$_3$)$_2$.6 H$_2$O, MeOH, 0°C, 45 min: >76%].[871]

3-Ethylthio-2-pyrazinecarbonitrile afforded 3-ethylsulfonyl-2-pyrazinecarbonitrile (59) (H$_2$O$_2$—AcOH: for details see original);[858] also many analogous oxidations.[681,858,1211]

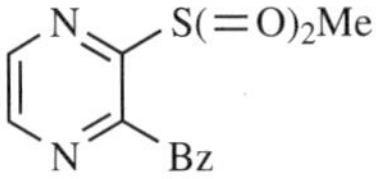

(57) 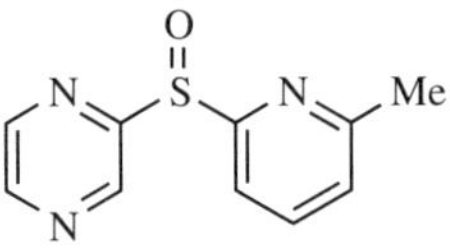   (58) 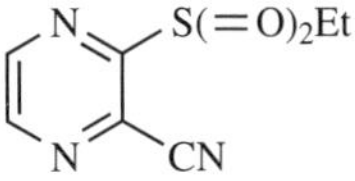   (59)

6.2.2.2. Miscellaneous Reactions

Minor reactions of alkylthiopyrazines are illustrated by the following examples:

Desulfurization

5-Ethylthio-1-methyl-3-(2,4,5-trimethoxy-3-methylbenzyl)-3,6-dihydro-2(1H)-pyrazinone (60) gave 1-methyl-3-(2,4,5-trimethoxy-3-methylbenzyl)-2-piperazinone (61) (Al—Hg, THF—H$_2$O, 0°C, 4 h: 59%; note concomitant nuclear reduction).[103]

Metal Complexation

2-(Pyridin-2-ylthio)pyrazine (62) with coligand (s) formed several Ru complexes.[126]

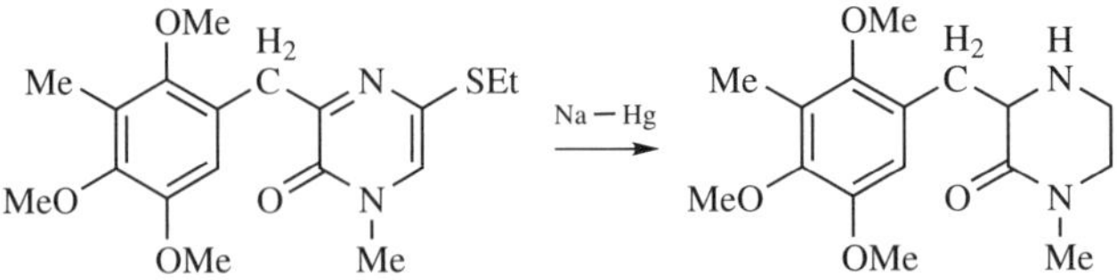

(60)   (61) 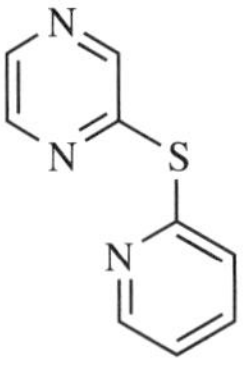   (62)

6.3. DIPYRAZINYL DISULFIDES AND PYRAZINESULFONIC ACID DERIVATIVES (*H* 202)

The formation of such pyrazines by *primary synthesis* has been covered in Chapters 1 and 2; the meagre literature on their formation *by oxidation of pyrazinethiones or pyrazinethiols* is mentioned in Section 6.1.2.

Treatment of 2(1*H*)-pyrazinone (**63**) with thionyl chloride and triethylamine appears to give both 2-oxo-1,2-dihydro-1-pyrazinesulfinyl chloride (**64**) and 5-oxo-4,5-dihydro-2-pyrazinesulfinyl chloride (**65**) (no details).[1400] In contrast, 2,3-diphenylpyrazine (**66**, R = H) with chlorosulfonic acid at 170°C, for ~ 1 h underwent chlorosulfonation to afford 2,3-bis[*m*-(chlorosulfonyl)phenyl]pyrazine (**66**, R = SO$_2$Cl) (83%);[20,1376] this reacted subsequently with methanolic dimethylamine under reflux for 6 h (or with aqueous methanolic dimethylamine at 20°C for 2 h) to furnish 2,3-bis[*m*-(dimethylsulfamoyl)phenyl]pyrazine (**66**, R = SO$_2$NMe$_2$) (85%),[20,1376] with methanolic hydrazine hydrate at 20°C for 5 h to give 2,3-bis[*m*-(*N*-aminosulfamoyl)phenyl]pyrazine (**66**, R = SO$_2$NHNH$_2$) (56%),[1376] or with sodium azide in aqueous acetone at 20°C for 4 h to give 2,3-bis[*m*-(azidosulfonyl)phenyl]pyrazine (**66**, R = SO$_2$N$_3$) (92%).[1376] Other extranuclear pyrazinesulfonamides have been prepared as antihyperglycaemics.[859,888]

6.4. PYRAZINE SULFOXIDES AND SULFONES (*H* 202)

A few such pyrazine derivatives have been made by *primary synthesis* (see Chapters 1 and 2) but the main preparative route is by *oxidation of alkylthiopyrazines*, discussed in Section 6.2.2.1.

The remaining minor routes appear to be represented in recent literature only by the reaction of ethyl 2-pyrazinecarboxylate (**67**) with prelithiated dimethyl sulfoxide (DMSO) in THF at 20°C during 3 h to afford 2-(methylsulfinylacetyl)pyrazine (**68**) (30%);[896] and by the reaction of chloropyrazines (**69**) with sodium *p*-acetamidobenzenesulfinate to give the corresponding *p*-acetamidophenylsulfonylpyrazines (**70**).[882]

Reactions of alkylsulfinyl- and alkylsulfonylpyrazines also have limited representation in recent literature. Their *alcoholysis or phenolysis* is covered in Section 5.3.1; other reactions are illustrated in the following examples:

[Scheme: (67) pyrazine-CO₂Et → LiCH₂(S=O)Me → (68) pyrazine-C(=O)CH₂S(=O)Me]

[Scheme: (69) R-pyrazine-Cl → AcHNC₆H₄SO₂Na → (70) R-pyrazine-S(=O)₂C₆H₄NHAc-*p*]

Aminolysis

3-Phenylsulfonyl-2-pyrazinecarbonitrile (**71**) gave 3-amino- (**72**, R = H), 3-methylamino- (**72**, R = Me), or 3-benzylamino-2-pyrazinecarbonitrile (**72**, R = CH₂Ph) (amine, Et₃N, THF—H₂O, 20°C, for 1–24 h: 82, 84%, or 70% respectively);[1507] homologues like 5,6-diphenyl-3-*p*-tolylamino-2-pyrazinecarbonitrile (**73**) (40 h: 34%) were made similarly.[1507]

[Scheme: (71) pyrazine with S(=O)₂Ph and CN → RNH₂ → (72) pyrazine with NHR and CN; (73) 5,6-diphenyl pyrazine with NHC₆H₄Me-*p* and CN]

ω-Alkylation

2-Methylsulfonylpyrazine (**74**) gave 2-(2-hydroxypropylsulfonyl)pyrazine (**75**) (lithiation *in situ*, MeCHO ↓, THF, −75°C, 30 min: 32%).[1597]

[Scheme: (74) pyrazine-S(=O)₂CH₃ → lithiation; MeCHO → (75) pyrazine-S(=O)₂CH₂CH(OH)Me]

Intramolecular Dehydration or C-Hydroxylation

Note: Appropriate 2-cyclohexylsulfinylpyrazines, in the presence of trifluoroacetic anhydride, undergo concomitant intramolecular dehydration to 2-

(cyclohex-1-enylthio)pyrazines and C-hydroxylation to 5-cyclohexylthio-2(1H)-pyrazinones.[318]

2-Cyclohexylsulfinylpyrazine (**76**, R = H) gave mainly 2-(cyclohex-1-enylthio)pyrazine (**77**, R = H) with a little 5-cyclohexylthio-2(1H)-pyrazinone (**78**, R = H) [(F$_3$CCO)$_2$O, MeCN, 20°C, 12 h: 74% and a trace, respectively]; in contrast, 2-cyclohexylsulfinyl-3,6-dimethylpyrazine (**76**, R = Me) gave comparable yields 2-(cyclohex-1-enylthio)-3,6-dimethylpyrazine (**77**, R = Me) and 5-cyclohexylthio-3,6-dimethyl-2(1H)-pyrazinone (**78**, R = Me) (likewise: 55:45 mixture but lower isolated yields).[318] When the 5-position was occupied, only dehydration took place.[318]

Pyrazine Sulfoxides as Reagents

Note: The pyrazinylsulfonyl grouping has been employed as a leaving group in the formation of unsaturated aliphatic compounds and aliphatic or aromatic aldehydes.[297,302,308,319]

2-Cyanomethylsulfonyl-3,6-diisopropylpyrazine (**79**) gave cinnamonitrile (**81**) via the unisolated intermediate (**80**) (NaH, MeOCH$_2$CH$_2$OMe, 10 min; then PhCH$_2$Br ↓, reflux, 15 min: 67%);[297] the formation of other such products required significant variations on this procedure.[297,302,308,319]

The *dipole moments* of six alkylsulfonylpyrazines have been measured in benzene. Their values (4.56–4.63 D) are significantly lower than corresponding alkylsulfonylbenzenes (∼ 4.75) despite the fact that pyrazine (like benzene) is nonpolar.[1088]

CHAPTER 7

Nitro-, Amino-, and Related Pyrazines (*H* 265)

This chapter covers pyrazines bearing nitrogenous substituents that are joined directly or indirectly to the nucleus through their nitrogen atom; exceptionally, any isocyanato- or isothiocyanatopyrazines are relegated to Chapter 8 in order to be close to pyrazinecarbonitriles and the like.

7.1 NITROPYRAZINES (*H* 237)

Neither nuclear nor extranuclear nitropyrazines are commonly encountered in the pyrazine literature[1638] but some have been made, usually with no subsequent use evident.

7.1.1 Preparation of Nitropyrazines (*H* 237)

A few nitropyrazines have been prepared by *primary synthesis* (see Chapters 1 and 2). Other routes to nitropyrazines are illustrated in the following examples:

By Direct Nitration

3-Amino-5,6-dichloro-2-pyrazinecarboxylic acid (**1**) gave 5,6-dichloro-3-nitro-2-pyrazinamine (**2**) (H_2SO_4—HNO_3, 15 → 20°C, 4 h: 46%; CO_2 ↑ during the reaction).[607,1313]

2,5-Diethoxy-3,6-dihydropyrazine (**3**) gave 2,5-diethoxy-3,6-dinitropyrazine (**4**) [N_2O_4, MeCN, 20 → 50°C, ? h: ~30%; or KNO_3, $(F_3CCO)_2O$, 20°C, ? h: ~30%; if nuclear dehydrogenation was done before nitration, yields were even lower].[1460]

2-(Thien-2-yl)pyrazine (**5**) gave a mixture of 2-(5-nitrothien-2-yl)- (**6**) and 2-(4-nitrothien-2-yl)pyrazine (**7**) (H_2SO_4—HNO_3, 70°C, 4 h: good yield of mixture).[560,1134]

Also other examples.[1458,1636]

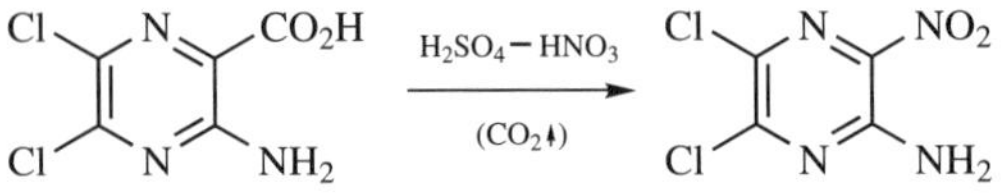

From Dimethylsulfimidopyrazines via Nitrosopyrazines

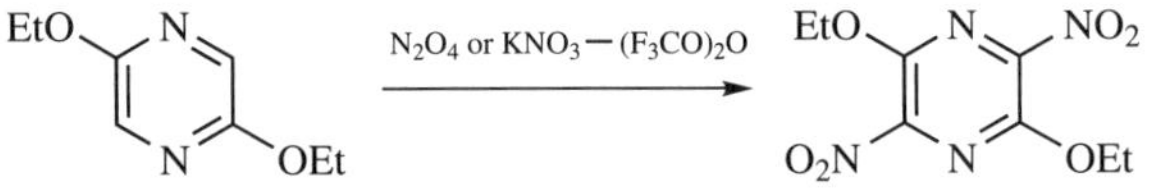

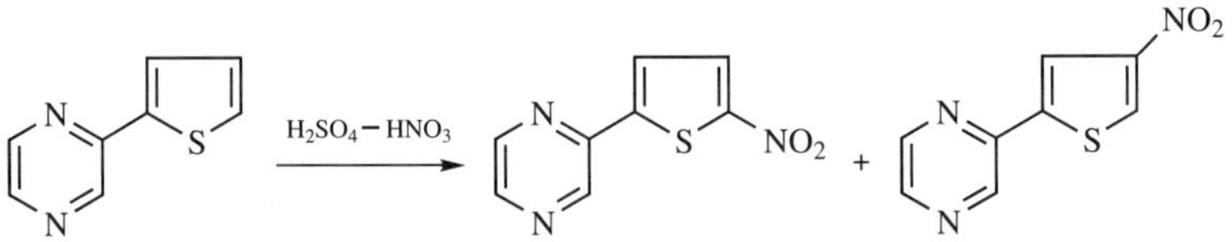

Note: Pyrazinamines may be converted into the corresponding dimethylsulfimidopyrazines (sometimes called dimethylsulfiliminopyrazines: neither name is satisfactory!) as outlined in Section 7.3.2.5; these derivatives may be oxidized successively to unstable *C*-nitrosopyrazines and forthwith to nitropyrazines, as illustrated here.

2-Dimethylsulfimidopyrazine (**8**, X = H) gave 2-nitropyrazine (**10**, X = H) via unisolated 2-nitrosopyrazine (**9**) (*m*-ClC$_3$H$_4$CO$_3$H, CH$_2$Cl$_2$, 0°C, 45 min; then O$_2$ + O$_3$ ↓, 2 h: 70%).[776]

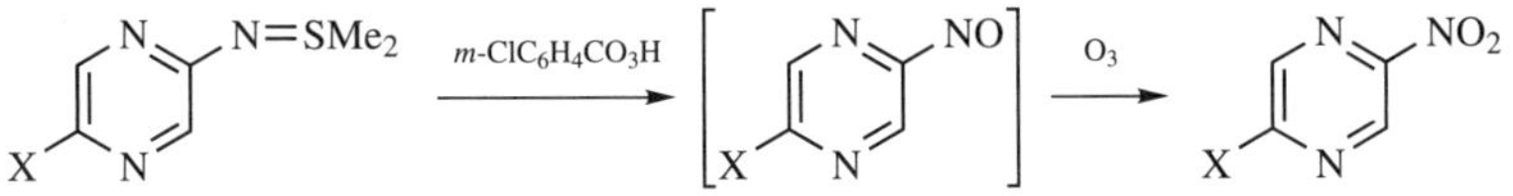

2-Chloro-5-dimethylsulfimidopyrazine (**8**, X = Cl) likewise gave 2-chloro-5-nitropyrazine (**10**, X = Cl) (*m*-ClC$_6$H$_4$CO$_3$H, CH$_2$Cl$_2$, −5 → 0°C, 40 min; then Me$_2$S ↓, 10 min; then O$_3$ ↓ until colorless: 60°C);[607,1310] similar procedures gave 2-chloro-3-nitropyrazine (**11**, Q = H, R = Cl) (56%),[607,1310] 2-bromo-5-nitropyrazine (**10**, X = Br) (82%),[361] methyl 3-nitro-2-pyrazinecarboxylate (**11**, Q = H, R = CO$_2$Me) (55%),[1310] and methyl 6-chloro-3-nitro-2-pyrazinecarboxylate (**11**, Q = Cl, R = CO$_2$Me) (51%).[607]

By Passenger Introduction of a Nitro Group

Note: This reaction has been done in many ways, such as that indicated here.

Piperazine (**12**) gave 1,4-bis(nitroacetyl)piperazine (**13**) [MeO$_2$CCH$_2$NO$_2$, imidazole (catalyst), EtOH, reflux, 90 min: 46%].[1113]

7.1.2 Reactions of Nitropyrazines (*H* 237)

There is little recent information in this area. The fine structure of 3-acetoxy-1,4-dinitro-2-piperazinol (**14**) has been elucidated by X-ray analysis.[1212] Treatment of 5,6-dichloro-3-nitro-2-pyrazinamine (**15**) with refluxing ethanolic sodium cyanide for 4 days induced displacement of the nitro by a cyano group as well as ethanolysis of one chloro substituent to afford 3-amino-6-chloro-5-ethoxy-2-pyrazinecarbonitrile (**16**) in 55% yield.[1313] 1-Methyl-4-(*p*-nitrobenzoyl)piperazine (**17**) gave 1-(*p*-aminobenzoyl)-4-methylpiperazine (**18**) (75%) on refluxing in ethanolic hydrazine hydrate with a little Raney nickel catalyst for 6 h;[135, cf. 1032] other reduction procedures have been reported.[496,1741]

7.2 NITROSOPYRAZINES

Although nuclear C-nitrosopyrazines can be made, they appear to be too unstable for isolation and characterization as such; in contrast, many N-nitrosated derivatives of piperazine or other partially reduced pyrazines are quite stable.

7.2.1 C-Nitrosopyrazines

Despite being inisolable, C-nitrosopyrazines have been made in solution by the peroxyacid oxidation of dimethylsulfimidopyrazines for subsequent further oxidation to nitropyrazines (see Section 7.1.1). Such unisolated nitrosopyrazines can also be converted into other derivatives. Thus 2-nitrosopyrazine (**20**) with *p*-chloroaniline in methylene chloride–acetic acid at 20°C, for 12 h gave 2-*p*-chlorophenylazopyrazine (**19**, R = Cl) (63%, including the initial oxidation step);[776] with *p*-anisidine, it likewise gave 2-*p*-methoxyphenylazopyrazine (**19**, R = OMe) (64%);[776] and with 2,3-dimethylbuta-1,3-diene in methylene chloride at 20°C for 30 min it gave 4,5-dimethyl-2-(pyrazin-2-yl)-3,6-dihydro-1,2-oxazine (**21**) (40%).[776]

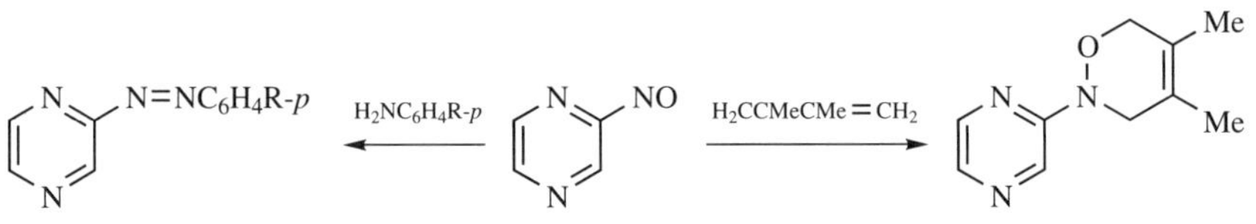

7.2.2 *N*-Nitrosopiperazines and Related Compounds

There are several *preparative routes* to *N*-nitrosopiperazines, illustrated by the following examples:

By Regular Nitrosation

2-Piperazinecarboxylic acid (**22**, R = H) gave 1,4-dinitroso-2-piperazinecarboxylic acid (**23**, R = H) (substrate. 2 HCl, NaNO$_2$, H$_2$O, 20 → 45°C, 90 min; then 20°C, 12 h: 69%); the methyl ester (**22**, R = Me) likewise gave methyl 1,4-dinitroso-2-piperazinecarboxylate (**23**, R = Me) (substrate. 2HCl, NaNO$_2$, H$_2$O, 5°C, 90 min; then to pH 4, 20°C, 12 h: 79%).[418]
Also other examples.[955,1016,1029]

Note: The mechanism of such nitrosations has been studied.[65]

Using Hydroxylamine and Fremy's Salt

Piperazine (**25**) gave 1-nitrosopiperazine (**26**) [substrate, $(KSO_3)_2NO$, Na_2CO_3, H_2O—pyridine; $H_2NOH \cdot HCl \downarrow$, 20°C, 15 min: 98%; the mechanism appears to involve the unisolated complex (**24**)].[1074]

By Oxidation of N-Aminopiperazines

Note: Although such a procedure was successful in related series, 4-methyl-1-piperazinamine (**27**) failed to give 1-methyl-4-nitrosopiperazine (**28**) on treatment with tri-*tert*-butylamine oxide in tetranitromethane.[1082]

By Nitrosolysis of 1,4-Dialkylpiperazine

1,4-Dimethyl- (**29**, R = Me), 1-ethyl-4-methyl- (**29**, R = Et), 1-isopropyl-4-methyl- (**29**, R = Pr^i), or 1-*tert*-butyl-4-methylpiperazine (**29**, R = Bu^t) gave 1,4-dinitrosopiperazine (**30**) (N_2O_4, CCl_4, 0 → 50 → 20°C, 15 h: 90, 81, 55, or 8%, respectively).[25,30] The conformational structure of the carcinogenic product (**30**) has been determined by X-ray analysis.[1210]

A few *reactions* of *N*-nitrosopiperazines have been reported recently. At least some such piperazines undergo facile transnitrosation and may be used to nitrosate other secondary bases or the like. For example, 2,6-dimethyl-1,4-dinitrosopiperazine (**31**) with piperidine (**32**), at pH 1.7 in the presence of sodium thiocyanate as catalyst, gave 2,6-dimethyl-4-nitrosopiperazine (**33**) and 1-nitrosopiperidine (**34**).[763, cf. 954]

The reduction of *N*-nitroso- to *N*-aminopiperazines is sometimes useful. Thus 1-methyl-4-nitrosopiperazine (**35**) afforded 4-methyl-1-piperazinamine (**36**) by refluxing with aluminum hydride in ether for 10 h (88% yield)[449] or by treatment with zinc in acetic acid (>30% yield).[1016, cf. 982]

The rodential metabolism of 1,4-dinitrosopiperazine (**37**) gave *N*-nitrosodiethanolamine (**38**) (7%) and *N*-(2-hydroxyethyl)-*N*-nitrosoglycine (**39**) (30%), as well as other minor products.[1225]

7.3 REGULAR AMINOPYRAZINES (*H* 205)

This section covers primary, secondary, tertiary, and quaternary aminopyrazines (both nuclear and extranuclear) but not (functionally substituted amino)pyrazines such as hydrazino-, hydroxyamino-, or azidopyrazines. General discussions have appeared on the spectra of 2-pyrazinamine,[255,257,991] the proton-sponge properties of 2,3,5,6-tetra(pyridin-2-yl)pyrazine in relation to its fine structure,[925] the fluorescene properties of 3,6-diamino-2,5-pyrazinedicarboxylic acid derivatives in relation to their fine structures,[1646,1659] the basic properties of aminopyrazines and other such azines in relation to their electronic structures,[412,928] and the fine structures of 3-amino-2-pyrazinecarboxylic acid[1340] and 1,4-diacetyl-2,3-diphenylpiperazine.[559]

7.3.1 Preparation of Regular Aminopyrazines (*H* 205)

Of the many synthetic routes to aminopyrazines, those already discussed are indicated in the following list that includes the potential scope of each method:

By *primary synthesis* (nuclear, extranuclear: primary, secondary, tertiary): Chapters 1 and 2.

By *aminolysis of halogenopyrazines* (nuclear, extranuclear: primary, secondary, tertiary, quaternary): Sections 4.2.1 and 4.4.

By *aminolysis of alkoxypyrazines* (nuclear: primary, secondary, tertiary): Section 5.3.2.

By *aminolysis of tautomeric pyrazinethiones* (nuclear: primary, secondary, tertiary): Section 6.1.2.

By *aminolysis of pyrazine sulfoxides or sulfones* (nuclear: primary, secondary, tertiary): Section 6.4.

By *reduction of nitropyrazines* (nuclear, extranuclear: primary): Section 7.1.2.

By *reduction of nitrosopyrazines* (nuclear: primary): Section 7.2.2.

The remaining routes to regular aminopyrazines are illustrated in the following classified examples, where necessary with explanatory notes:

By C-Amination

Note: For nuclear primary, secondary, or tertiary (?) amines.

Pyrazine (**40**) gave 2-pyrazinamine (**42**) via the anionic ammonia adduct (**41**) (KNH$_2$, liquid NH$_3$, 10 min; then KMnO$_4$ ↓, 10 min: 65%).[1295]

2-Phenylpyrazine (**44**) gave a separable mixture of 5-phenyl- (**43**) and 3-phenyl-2-pyrazinamine (**43a**) (KNH$_2$, liquid NH$_3$, −33°C, 24 h: ~40 and ~10%, respectively); the same substrate (**44**) gave only 2-methylamino-5-phenylpyrazine (**45**) (KNHMe, MeNH$_2$, −6°C, 3 h: 60%).[1457]

By N-Amination

Note: For nuclear *N*-aminopyrazinium salts only; the zwitterionic bases have not been isolated.

Pyrazine (**46**) gave 1-aminopyrazinium nitrate (**47**) [H$_2$NOSO$_3$H, BaO, Ba(NO$_3$)$_2$, H$_2$O, 100 → 20°C, 2 h: 38%].[862]

1-(β-D-Ribofuranosyl)-2(1H)-pyrazinone gave 1-amino-3-oxo-4-(β-D-ribofuranosyl)-3,4-dihydropyrazinium mesitylenesulfonate (**48**) (O-mesitylenesulfonylhydroxylamine: for details, see original).[1231]

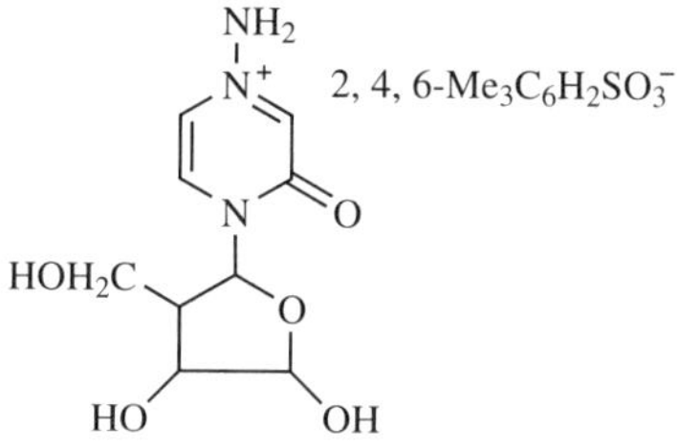

(**48**)

By Deacylation of Acylaminopyrazines

Note: Such deacylation may be done by hydrolysis or treatment with hydrazine to afford primary or secondary nuclear or extranuclear aminopyrazines.

3-Acetamido-N-methyl-2-pyrazinecarbohydrazide (**49**, R = Ac) gave 3-amino-N-methyl-2-pyrazinecarbohydrazide (**49**, R = H) (5% HCl, 95°C, 30 min: 16%).[1265]

2-Acetoxy-5-benzyl-6-diacetylamino-3-methylpyrazine (**50**) gave 6-amino-5-benzyl-3-methyl-2(1H)-pyrazinone (**51**) neat $H_2NNH_2 \cdot H_2O$, 20°C, 12 h: 67%; note additional O-deacylation).[883]

Also other examples.[960]

Note: 1/4-Acylpiperazines can give piperazines likewise.[1538]

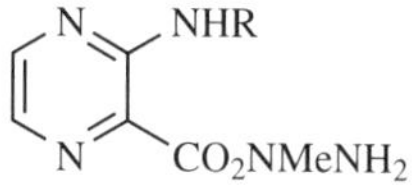

(**49**) 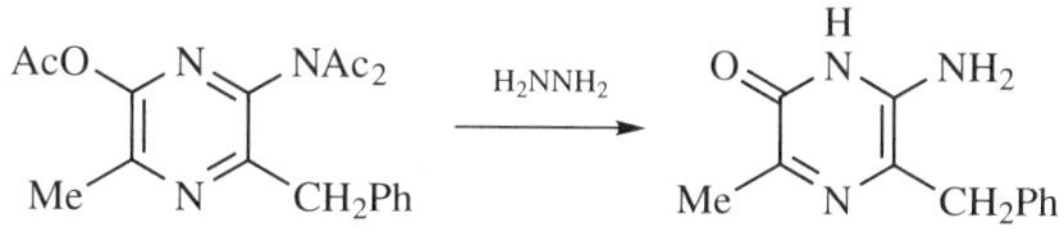   (**50**)   (**51**)

From Alkylideneaminopyrazines

Note: Hydrolysis removes the alkylidene group as an aldehyde or ketone to afford a nuclear or extranuclear primary aminopyrazine; reduction could afford a secondary aminopyrazine of either type, but there appear to be no recent examples.

6-Dimethoxymethyl-3-dimethylaminomethyleneamino-2-pyrazinecarbonitrile 4-oxide (**52**) gave 3-amino-6-dimethoxymethyl-2-pyrazinecarbonitrile 4-oxide (**53**) [TsOH, $(MeO)_3CH$, $MeOH—H_2O$, 20°C, 7 days: 55%].[759]

By Reduction of Anils or Oximes of Pyrazine Aldehydes or Ketones

Note: For the production of extranuclear primary or secondary aminopyrazines.

5-Methyl-3-methylamino-6-phenyliminomethyl-2-pyrazinecarbonitrile (**54**) gave 6-anilinomethyl-5-methyl-3-methylamino-2-pyrazinecarbonitrile (**55**) (Et_3SiH, F_3CCO_2H, CH_2Cl_2, 20°C, 4 h: >95%).[1599]

Methyl 3-amino-6-chloro-5-ethoxalyl-2-pyrazinecarboxylate oxime (**56**) gave 3-amino-5-(α-amino-α-ethoxycarbonylmethyl)-6-chloro-2-pyrazinecarboxylate (**57**) [Rh/C, H_2 (2 atm), $AcONH_4$, AcOH—EtOH, 20°C, 2.5 h: 70%].[808]
Also other examples.[683]

By Hydrolysis of Triphenylphosphoranylideneaminopyrazines

Note: For making nuclear or extranuclear primary aminopyrazines; these substrates are easily made from azidopyrazines (see Section 7.5).

2-Methoxy-3-(triphenylphosphoranylideneamino)pyrazine (**58**) gave 3-methoxy-2-pyrazinamine (**59**) (THF—H_2O, reflux, 3 days: 79%).[232]

2-Isopropyl-3,6-dimethoxy-5-[4-(triphenylphosphoranylideneamino)but-2-ynyl]-2,5-dihydropyrazine (**60**, R = N:PPh$_3$) (made *in situ*) gave 2-[4-(benzyloxycarbonylamino)but-2-ynyl]-5-isopropyl-3,6-dimethoxy-2,5-dihydropyrazine (**60**, R = NHCO$_2$CH$_2$Ph) (ClCO$_2$CH$_2$Ph, NaHCO$_3$, H$_2$O—dioxane, 0 → 20°C, 5 h: > 79%);[1348] also analogous reactions.[228]

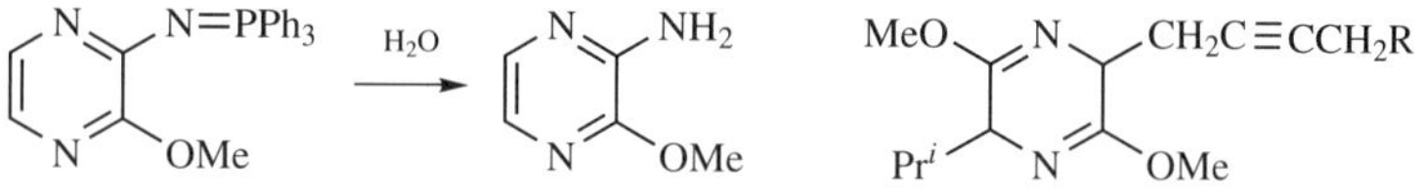

(**58**)   (**59**)   (**60**)

By Reduction of Cyanopyrazines

Note: For the preparation of extranuclear primary aminopyrazines only.

1-Benzyl-4-cyanomethylpiperazine (**61**) gave 1-(2-aminoethyl)-4-benzylpiperazine (**62**) (LiAlH$_4$, THF, N$_2$, 20°C → reflux, 24 h: 91%;[635] LiAlH$_4$, THF, N$_2$, 10°C → reflux, 6 h: 80%).[660]

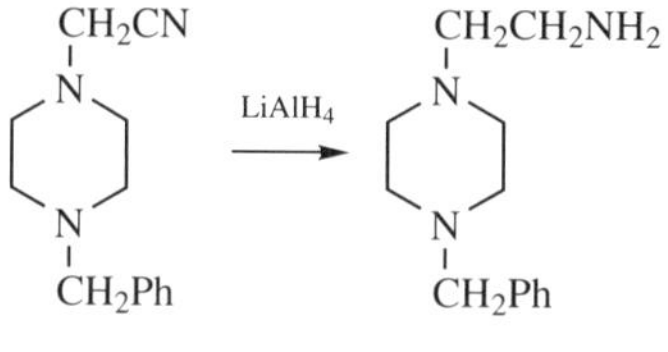

(**61**)   (**62**)

4-Benzyl-1-methyl-2-piperazinecarbonitrile (**63**) gave 2-acetamidomethyl-4-benzyl-1-methylpiperazine (**64**) (H$_2$, Raney Ni, Ac$_2$O, 20°C, until finished: 49%).[117]

Also other examples.[446]

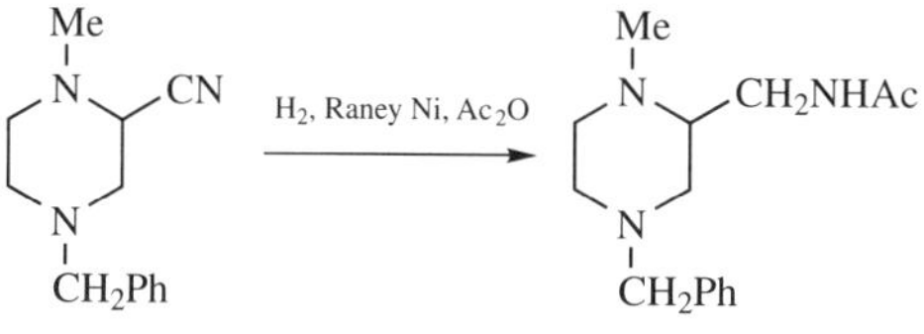

(**63**)   (**64**)

By Aminolysis of Nuclear Cyanopyrazines

Note: For the formation of nuclear primary, secondary, or tertiary aminopyrazines.

2,3-Pyrazinedicarbonitrile (**65**, R = CN) gave 3-methylamino-2-pyrazinecarbonitrile (**65**, R = NHMe) (MeNH$_2$, Et$_3$N, THF—H$_2$O, 20°C, 5 h: 74%).[1389]

5-Methyl-6-phenyliminomethyl-2,3-pyrazinedicarbonitrile (**66**) gave selectively 5-methyl-3-methylamino-6-phenyliminomethyl-2-pyrazinecarbonitrile (**67**) (MeNH$_2$, Et$_3$N, Et$_2$O—THF, 20°C, 7 h: 65%).[1599]

In contrast, 5-(3,4-dimethoxyphenyl)-2,3-pyrazinedicarbonitrile (**68**) gave a separable mixture of 3-butylamino-6-(3,4-dimethoxyphenyl)-(**69**) and 3-butylamino-5-(3,4-dimethoxyphenyl)-2-pyrazinecarbonitrile (**70**) (BuNH$_2$, MeCN, 20°C, 5 h: 35 and 52%, respectively).[1298]

Also other examples.[1013,1298]

By Reduction of Pyrazinecarboxamides

Note: For the formation of extranuclear primary, secondary, or tetrtiary aminopyrazines; the only available examples gave a primary amine.

4-Methyl-2-piperazinecarboxamide (**71**) gave 2-aminomethyl-4-methylpiperazine (**72**) (LiAlH$_4$, THF, reflux, 12 h: ~65%).[128]

By Hofmann Degradation of Pyrazinecarboxamides

Note: For the preparation of nuclear or extranuclear primary aminopyrazines.

3-Chloro-2-pyrazinecarboxamide (**73**) gave 3-chloro-2-pyrazinamine (**74**) [NaOBr (made *in situ*), H_2O, 80°C, 2 h: 83%].[1681]

2-Pyrazinecarboxamide 1-oxide (**75**, R = $CONH_2$) gave 2-pyrazinamine 1-oxide (**75**, R = NH_2) (NaOCl, H_2O, 70°C, 1 h: 78%);[1556] also 5-methyl-2-pyrazinamine 4-oxide (likewise: 75%).[1508]

3-Oxo-6-(pyridin-4-yl)-3,4-dihydro-2-pyrazinecarboxamide (**76**, R = $CONH_2$) gave 3-amino-5-(pyridin-4-yl)-2(1*H*)-pyrazinone (**76**, R = NH_2) [NaOBr (made *in situ*), H_2O, <5°C, 4 h: 63%].[314]

Ammonium 3-carbamoyl-2-pyrazinecarboxylate (**77**) gave 3-amino-2-pyrazinecarboxylic acid (**78**) (NaOCl, H_2O, 20 → 80°C, 10 min: 67%).[1318]

Also other examples.[598,1008,1119,1125]

By the Curtius Reaction on Pyrazinecarbonyl Azides

Note: Could be used for the preparation of nuclear or extranuclear primary aminopyrazines.

A benzene solution of methyl 3-azidoformyl-2-pyrazinecarboxylate (**80**), obtained by treatment of the chloroformyl ester (**79**) with sodium azide, gave methyl 3-amino-2-pyrazinecarboxylate (**81**) (reflux, 24 h: >86% overall).[1185] Also other examples.[1671]

By Reduction of Azidopyrazines

Note: The reduction of azido- to aminopyrazines appears to be somewhat unpredictable but a reasonably good yield can usually be obtained with one or other of the reducing agents mentioned in these examples. For nuclear or extranuclear primary aminopyrazines only.

2-Azido-3,5-diphenylpyrazine (**82**) gave 3,5-diphenyl-2-pyrazinamine (**83**) ($SnCl_2 \cdot 2\,H_2O$, HCl, MeOH—H_2O, 60°C, 4 h: 86%; H_2, Pd/C, NH_4OH, $MeOCH_2CH_2OMe$—H_2O: 0%);[231] in contrast, 2-azido-5,6-diphenylpyrazine (**84**, R = N_3) gave 5,6-diphenyl-2-pyrazinamine (**84**, R = NH_2) (H_2, Pd/C, NH_4OH, $MeOCH_2CH_2OMe$—H_2O, 20°C, 1 h: >95%).[231]

2,3-Diazidopyrazine (**85**) gave 3-azido-2-pyrazinamine (**86**) ($NaBH_4$, EtOH, 20–55°C, 30 min: 90%), and thence 2,3-pyrazinediamine (**87**) (H_2, Pd/C, NH_4OH, $MeoCH_2CH_2OMe$, 20°C, 4 h: 58%).[1124]
Also other examples.[228,891,1609]

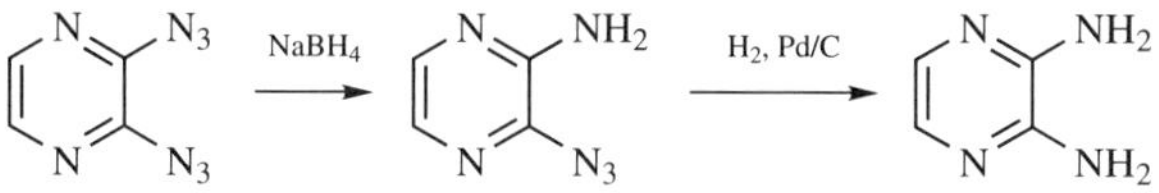

Regular Aminopyrazines (H 205)

(85) →[NaBH₄] (86) →[H₂, Pd/C] (87)

7.3.2 Reactions of Regular Aminopyrazines (H 215)

Some reactions of aminopyrazines have been discussed already: the *conversion of primary amino- into halogenopyrazines* (Sections 4.1.4 and 4.3.2) and the *conversion of aminopyrazines into pyrazinones* (Section 5.1.1). The many remaining reactions are covered in the subsections that follow.

7.3.2.1 N-Acylation of Aminopyrazines and Subsequent Cyclizations (H 215, 377)

The N-acylation of a primary or secondary aminopyrazine or of a piperazine (at ring-NH) may be carried out for a variety of reasons, one of which is for subsequent intramolecular cyclization. The following examples illustrate the process of acylation (in the widest sense) and a few typical cyclizations:

N-Acylation of Aminopyrazines

3-Amino-6-bromo-2-pyrazinecarboxamide (**88**) gave 3-benzamido-6-bromo-2-pyrazinecarboxamide (**89**) (BzCl, pyridine, 20°C, 10 h: 91%), and thence 6-bromo-2-phenyl-4(3*H*)-pteridinone (**90**) (0.1 M NaOH, reflux, 20 min: 80%).[4]

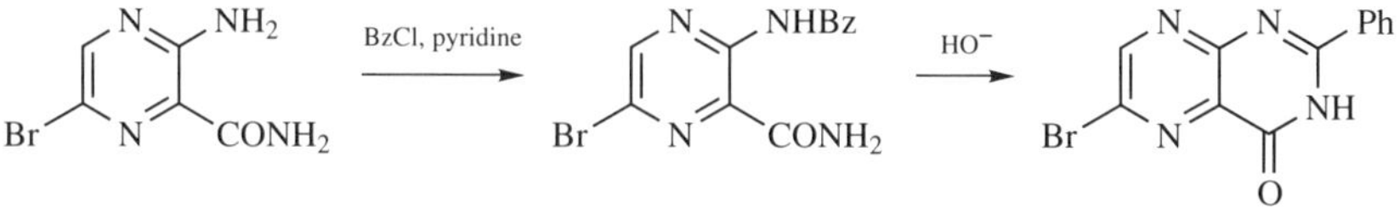

(88) →[BzCl, pyridine] (89) →[HO⁻] (90)

2-Pyrazinamine (**91**, R = H) gave 2-formamidopyrazine (**91**, R = CHO) [neat HC(NHCHO)₃, 165°C, sealed, 25 min: 59%][246] or 2-benzamidopyrazine (**91**, R = Bz) (BzCl, pyridine—CHCl₃, 20°C, 2 h: 61%).[152]

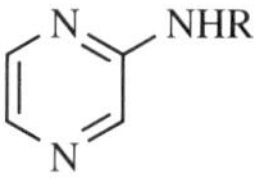

(91)

5-*p*-Methoxyphenyl-2-pyrazinamine (**92**, R = H) gave 2-acetamido-5-*p*-methoxyphenylpyrazine (**92**, R = Ac) (Ac$_2$O, pyridine, 20 → 50°C, 4 h: 81%;[587] 3-benzyl-5-*p*-methoxyphenyl-2-pyrazinamine (**93**, R = H) gave 2-benzyl-6-*p*-methoxyphenyl-3-pivalamidopyrazine [**93**, R = C(:O)Bu^t] (Bu^{t}COCl, pyridine—CH$_2$Cl$_2$, 20°C, 7 h: 90%).[397]

1-(2-Aminoethyl)-4-benzylpiperazine (**94**, R = H) gave 1-(2-benzamidoethyl)-4-benzylpiperazine (**94**, R = Bz) (BzCl, Et$_3$N, THF, 0°C, 5 h: 45%, isolated as dihydrochloride).[635]

2,3-Pyrazinediamine (**95**) and 2-methoxy-4-methylthiobenzoyl chloride (made *in situ*) gave 2-(2-methoxy-4-methylthiophenyl)-1*H*-imidazo[4,5-*b*]pyrazine (**96**) by loss of water from an unisolated 3-acylamino-2-pyrazinamine [substrate, 2-MeO-4-MeSC$_6$H$_3$CO$_2$H, neat POCl$_3$, 20°C → reflux, 4 h: 45%].[681]
Also other examples.[87,261,369,448,648,884,960,1026,1124,1132,1296,1313,1517,1522,1580,1589,1662]

1/4-Acylation of Piperazines

Note: This procedure is very common, especially for introducing a piperazinyl or substituted-piperazinyl grouping into parent molecules showing promise of bioactivity.

Piperazine (**98**) gave 1-(3-hydroxybutyryl)piperazine (**97**) [MeCH(OH)CH$_2$CO$_2$Et, 110°C, 10 h: 90%],[1651] 1,4-diisobutyrylpiperazine (**99**) [Pr^{i}COCl, pyridine, 1 h, then PhH ↓, reflux, 15 min: 65%;[1612] or Pr^{i}I, CO (20 atm), Et$_3$N, MeOH, 80°C, 10 h: 57%],[1660] a 3:4 mixture of 1-piperazinecarbothioaldehyde (**100**, R = H) and 1,4-piperazinedicarbothioaldehyde [**100**, R = C(:S)H] (for details see original),[800] 1,4-piperazinedicarbaldehyde (**101**) [neat (HO$_2$C)$_2$, 300°C, rapidly: 60°C with loss of CO$_2$ and H$_2$O],[419] or diethyl 1,4-piperazinebis(carbodithioate) (**102**) (substrate, K$_3$PO$_4$, Me$_2$NCHO, 20°C, 20 min; then CS$_2$ ↓, 20°C, 20 min; then EtBr ↓, 20°C, until complete by TLC: 84%).[1674, cf. 430]

1-Methylpiperazine (**104**) gave 1-*o*-iodobenzoyl-4-methylpiperazine (**103**) (*o*-IC$_6$H$_4$COCl, CHCl$_3$, 20°C → reflux, 2 h: 78%, as hydrochloride),[496] 5-(4-methylpiperazin-1-ylsulfonyl)isoquinoline (**105**) (5-isoquinolinesulfonyl chloride, CH$_2$Cl$_2$, 20°C, 1 h: 71%),[110] 1-chloroacetyl-4-methylpiperazine (**106**) (ClCH$_2$COCl, Et$_3$N, PhH, 20°C, 12 h: 62%),[149] or 1-*tert*-butoxycarbonyl-4-methylpiperazine (**107**) [Bu^{t}OC(:O)N$_3$, THF—H$_2$O, 35°C, 30 min; then NaOH ↓, 20°C, 2 h: >90%].[147]

1-Phenylpiperazine (**108**, R = H) gave 1-difluoronitroacetyl-4-phenylpiperazine [**108**, R = C(:O)CF$_2$NO$_2$] (O$_2$NF$_2$CCO$_2$Me, 20°C, 12 h: 60%);[1104] likewise the 4-*p*-fluorophenyl analogues (70%), confirmed in structure by X-ray analysis.[1104]

Pyrazine (**109**) gave 1,4-diacetyl-1,4-dihydropyrazine (**110**, R = H) (Ac$_2$O, Zn dust, reflux, 75 min: 38%; or Ac$_2$O, Et$_4$NBr, Me$_2$NCHO, N$_2$, cathodic reduction, 30°C: 44%;[514] 2,5-bismethylthio-3,6-dihydropyrazine (**111**) gave 1,4-diacetyl-2,5-bismethylthio-1,4-dihydropyrazine (**110**, R = SMe) (Ac$_2$O, CHCl$_3$, reflux, 2 h: 75%; note prototropy prior to acetylation).[714]

5,N-Dimethyl-2-piperazinecarboxamide (**112**, R = H) gave 1,4-diacetyl-5,N-dimethyl-2-piperazinecarboxamide (**112**, R = Ac) (H$_2$O, NaOH to pH 7, H$_2$C=CO ↓, 20°C, 30 min; or Ac$_2$O, NaHCO$_3$, 80°C, 1 h: ?%).[477]

1-Methylpiperazine (**113**) gave tris(4-methylpiperazin-1-yl)methane (**115**), presumably via the diethoxymethyl intermediate (**114**) [excess substrate, (EtO)$_3$CH, trace AcOH, boiled under a short condenser to lose EtOH, 2 h: 71%],[762]

Also other examples.[83,95,132,135,142,146,154,209,265,334,393,430,492,498,499,501,502,613,618,621,626, 647,663,672,805,818,824,872,890,982,1018,1020,1053,1066,1100,1113,1133,1149,1154,1176,1179,1189,1342,1356, 1499,1516,1581,1590,1647,1661,1683–1685,1749,1754]

7.3.2.2 N-Alkylidenation of Aminopyrazines and Subsequent Cyclizations (H 215)

The N-alkylidenation of a primary aminopyrazine is usually done with an eye to a subsequent cyclization of one sort or another: indeed, more often than not, the intermediate Schiff base is unisolated in such a sequence. The following examples indicate typical procedures:

With Isolation of the Schiff Base

3-Amino-2-pyrazinecarbonitrile (**116**) gave 3-dimethylaminomethyleneamino-2-pyrazinecarbonitrile (**117**) [Me$_2$NCH(OMe)$_2$, neat (?), 20°C, ? h: 89%], and thence 4-pteridinamine (**118**) (NH$_3$, MeOH, 20°C, 7 days: 58%).[243]

2-Pyrazinamine gave 2-(α-amino-p-chlorobenzylideneamino)pyrazine (**119**) (ClC$_6$H$_4$CN-p, Pr^{i}NLi, THF—Me$_2$SO, 140 → 20°C, 2 days: 51%; confirmed in structure by X-ray analysis).[378]

2-Pyrazinamine gave 2-(hexafluoroisopropylideneamino)pyrazine (**120**) (hexafluoroacetone; no details), and thence 3-fluoro-2-(trifluoromethyl)imidazo[1,2-a]pyrazine (**121**) (SnCl$_2$, THF, 110°C, <48 h: 17%).[219]

Also other examples.[253,668,775,982,1592,1657]

Without Isolation of the Schiff Base

2-Pyrazinamine (**122**) gave imidazo[1,2-a]pyrazine (**123**, Q = R = H) (ClCH$_2$CH(OEt)$_2$, HCl, dioxane—H$_2$O, reflux, 1 h: 40%),[1449, cf. 1712] 2-trifluoromethylimidazo[1,2-a]pyrazine (**123**, Q = CF$_3$, R = H) (BrCH$_2$COCF$_3$, EtOH, reflux, 5 h: ~10%),[1387] 3-methoxy-2-methylimidazo[1,2-a]pyrazine (**123**, Q = Me, R = OMe) [MeCOCH(OMe)$_2$, HCl—MeOH, 20°C, 3 days: ~10%],[737, cf. 827] 3-(1-hydroxyethyl)imidazo[1,2-a]pyrazine [**123**, Q = H, R = CH(OH)Me]{2,3-epoxybutyraldehyde, Al$_2$O$_3$, CH$_2$Cl$_2$, N$_2$, 20°C, 12 h:

26%; orientation checked by oxidation to 3-acetylimidazo[1,2-*a*]pyrazine (**123**, Q = Ac, R = H) (MnO$_2$, AcMe, 20°C, 7 days: 81%) and X-ray analysis thereof},[770] or other such derivatives.[673,675,688]

3-Ethoxy-2-pyrazinamine (**125**, R = Me) gave 8-ethoxy-2-phenylimidazo[1,2-*a*]pyrazine (**124**) (PhCOCH$_2$Br, EtOH, reflux, 6 h: 29%);[1146] in contrast, 3-methoxy-2-pyrazinamine (**125**, R = Et) gave 8-methoxy-2-phenylimidazo-[1,2-*a*] pyrazin-3-ol (**126**) (PhCOCHO, trace BF$_3$.Et$_2$O, CH$_2$Cl$_2$, 20°C, 25 h: 72%);[330] and many other imidazo[1,2-*a*]pyrazines were made by broadly similar reactions.[203 620,641,739,1146,1313,1361,1367]

5,6-Diphenyl-2,3-pyrazinediamine (**128**, Q = R = Ph) gave 2,3-dimethyl-6,7-diphenylpyrazino[2,3-*b*]pyrazine (**127**) (Ac$_2$, EtOH, reflux, N$_2$, 30 min: 34%);[558] 5-bromo-2,3-pyrazinediamine (**128**, Q = Br, R = H) gave 5-bromo-1*H*-imidazo[4,5-*b*]pyrazine (**129**) [neat AcOCH(OEt)$_2$, 143°C, 3 h: ~90%];[1017] and 2,3-pyrazinediamine (**128**, Q = R = H) gave 7,16-diethyl-5,14-dihydrodipyrazino[2,3-*b*: 2′,3′-*i*][1,4,8,11]tetraazacyclotetradecine (**130**) (EtOHC=CEtCHO, Me$_2$NCHO—C$_6$H$_{11}$OH, reflux, N$_2$, 4 h: 3% after chromatographic purification).[1529]

3-Amino-2-pyrazinecarboxamide (**131**) gave 2-ethoxymethyl-4(3*H*)-pteridinone (**132**) [EtOCH$_2$C(OEt)$_3$, Ac$_2$O, reflux, N$_2$, 3 h: 44%].[691]
Also a variety of other examples.[504,583,585,604,634,640,1035,1044,1474,1508,1511]

(**131**)   (**132**)

7.3.2.3 *N*-Alkylation of Aminopyrazines and Subsequent Cyclizations (*H* 220)

Nuclear primary or secondary aminopyrazines can undergo alkylation on exocyclic nitrogen to give products of the type (**133**) or on ring nitrogen to give products like the imine (**134**); indeed some products (**133**) may be formed by Dimroth rearrangement[657] of the corresponding imines (**134**). Extranuclear aminopyrazines usually undergo exocyclic alkylation to give products of the type (**135**).

Such processes are illustrated in the following examples (the analogous 1/4-alkylation of piperazines has been covered fully in Section 3.2.2.1):

(**133**)   (**134**)   (**135**)

Alkylation at the Amino Group

2-Pyrazinamine (**137**) gave 2-(2,2-dicyanovinylamino)pyrazine (**136**) [EtOCH═C(CN)$_2$, EtOH, 25°C, 24 h: 28%; or H$_2$C(CN)$_2$, HC(OEt)$_3$, 110°C, 10 min: 62%][797] or 2-[1-(phenylhydrazono)acetonylamino]pyrazine (**138**) (AcCCl═NNHPh, Et$_3$N, EtOH, reflux, 3 h: 40%).[571]

3-Methoxy-2-pyrazinamine (**139**) gave 2-(2,2-diethoxycarbonylvinyl)amino-3-methoxypyrazine (**140**) [neat EtOCH═C(CO$_2$Et)$_2$, 110°C, 40 min: 75%], and thence ethyl 9-methoxy-4-oxo-4*H*-pyrazino[1,2-*a*]pyrimidine-3-carboxylate (**141**) (Dowtherm A, 250°C, 15 min: 65%).[1562]

2-Pyrazinamine (**142**) gave 3-benzamido-4*H*-pyrazino[1,2-*a*]pyrimidin-4-one (**144**) without isolation of the intermediate (**143**) [Me₂NCH=C(CO₂Me)-NHBz, AcOH, reflux, 7 h: 30%].[1557]
Also other examples.[360,395,853,1193,1251,1562,1573]

Alkylation at Ring Nitrogen

2,3-Pyrazinediamine (**145**, R = H) gave 3-imino-4-methyl-3,4-dihydro-2-pyrazinamine hydriodide (**146**, R = H) (MeI, MeNO₂, 20°C, 6 days: ~90%), which in alkali underwent hydrolysis to 3-amino-1-methyl-2(1*H*)-pyrazinone (**148**, R = H) rather than Dimroth rearrangement into 3-methylamino-

2-pyrazinamine (**147**, R = H) (2 M NaOH, 95°C, 1 h: ~40%);[1008] 3-methylamino-2-pyrazinamine (**145**, R = Me) behaved similarly to give 1-methyl-3-methylamino-2(1*H*)-pyrazinimine hydriodide (**146**, R = Me), and thence with alkali, 1-methyl-3-methylamino-2(1*H*)-pyrazinone (**148**, R = Me).[1008]

2-Pyrazinamine (**149**) gave only 3-phenylimino-3*H*-[1,2,4]thiadiazolo[4,3-*a*]pyrazine (**150**) (PhN=CClSCl, Et₃N, CHCl₃, 0 → 20°C, 3 H: 44%).[214] Also other examples.[598]

7.3.2.4 Conversion into Ureidopyrazines or Related Products (H 234)

Primary or secondary aminopyrazines may be converted directly into ureido- or thioureidopyrazines by treatment with isocyanates or isothiocyanates; primary aminopyrazines may also be converted into such products indirectly via the corresponding isocyanato- or isothiocyanatopyrazines; piperazines may be converted into 1/4-carbamoyl- or thiocarbamoylpiperazines by treatment with isocyanates, *N*-nitrourea, or isothiocyanates; and aminopyrazines may be converted into guanidinopyrazines by treatment with *S*-methylisothioureas or cyanamide. These processes (and some subsequent intramolecular cyclizations or other reactions) are illustrated in the following examples:

2-Pyrazinamine (151) gave 2-N'-tert-butyl(thioureido)pyrazine (152) (Bu^{t}NCS, NaH, Me$_2$NCHO, 0 → 20°C, 4 h: 79%), and thence N-tert-butyl-N'-(pyrazin-2-yl)carbodiimide (153) (MeI, Bu$_4$NBr, ClCH$_2$CH$_2$Cl; then 8 M NaOH ↓, reflux, 3 h: 67%; via the S-methyl derivative).[1591]

The same substrate (151) gave pyrazino[1,2-b][1,2,4,6]thiatriazin-3(2H)-one S,S-dioxide (155) via the unisolated chlorosulfonylureidopyrazine (154) (ClO$_2$SNCO, NeCN, 0°C; the Et$_3$N ↓, conditions?: 50%).[240]

3-Methylamino-2-pyrazinecarbonitrile gave 4-imino-1,3-dimethyl-3,4-dihydro-2(1H)-pteridinone (156) without isolation of an intermediate ureido derivative (NaH, THF, N$_2$, 20°C, 20 min; then MeNCO ↓, 20°C, 19 h: 75%).[1389]

Methyl 3-amino-2-pyrazinecarboxylate (157) gave methyl 3-isothiocyanato-2-pyrazinecarboxylate (158) (SCCl$_2$, CaCO$_3$, CH$_2$Cl$_2$, 5 → 20°C, 48 h: 53%), and thence methyl 3-[N'-phenyl(thioureido)]-2-pyrazinecarboxylate (159) (PhNH$_2$, EtOH, reflux, 4 h: 74%); analogues likewise.[1558]

[Scheme: (157) pyrazine with NH₂ and CO₂Me → CSCl₂ → (158) pyrazine with NCS and CO₂Me → PhNH₂ → (159) pyrazine with NHCSNHPh and CO₂Me]

1-Methylpiperazine (**160**) gave 1-methyl-N-p-nitrophenyl-4-piperazinecarbothioamide (**161**) (p-O$_2$NC$_6$H$_4$NCS, PhH, 20°C, 3 h: 82%); also analogues likewise.[133]

1-Phenylpiperazine gave 4-phenyl-1-piperazinecarboxamide (H$_2$NCONHNO$_2$, H$_2$O, 20°C, until gas ↑ ceased, then 60°C, 30 min: 55%).[972]

[Scheme: (160) 1-methylpiperazine + p-O$_2$NC$_6$H$_4$NCS → (161) 4-(p-nitrophenylthiocarbamoyl)-1-methylpiperazine]

1-p-Iodophenylpiperazine (**162**) gave 4-p-iodophenyl-1-piperazinecarboxamidine (**163**) [2MeSC(=NH)NH$_2$·H$_2$SO$_4$, Me$_2$SO, 120°C, 120°C, 1 h: 61%, as sulfate].[1369, cf. 1066]

[Scheme: (162) 1-p-iodophenylpiperazine + MeSC(=NH)NH$_2$ → (163) 4-p-iodophenyl-1-piperazinecarboxamidine]

2-(3-Aminopropyl)-5-isobutyl-6-methoxypyrazine (**164**) gave 2-isobutyl-3-methoxy-5-[3-(3-nitroguanidino)propyl]pyrazine (**165**) [MeSC(=NH)NHNO$_2$, EtOH, 40°C, 5 min, then 20°C, 24 h: 85%].[295]

Also other examples.[144,291,332,448,633,662,689,721,828,966,968,994,1007,1032,1131,1148,1173,1189,1198,1304,1742]

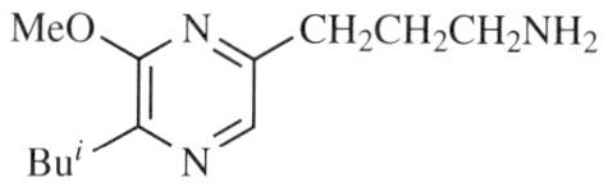

(164)

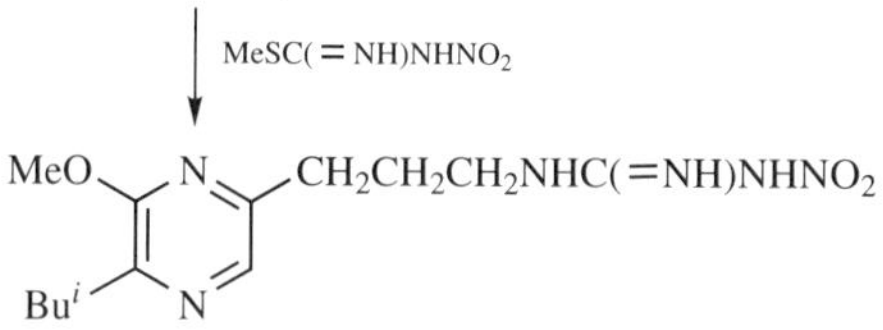

$\downarrow$ MeSC(=NH)NHNO$_2$

(165)

7.3.2.5 Conversion into Trialkylsilylamino-, Triphenylphosphoranylideneamino-, or Dimethylsulfimidopyrazines

These (substituted-amino)pyrazines and piperazines have proved to be useful intermediates for subsequent cyclizations and other reactions. Their formation from aminopyrazines and a few cyclizations are illustrated in the following examples:

Trialkylsilylaminopyrazines and 1/4-Trialkylsilylpiperazines

Methyl 3-amino-2-pyrazinecarboxylate (166) gave methyl 3-trimethylsilylamino-2-pyrazinecarboxylate (167) (BuLi, THF, −78°C; then Me$_3$SiCl $\downarrow$, −78°C: 98%), and thence 9-methoxypyrazino[2,3-b]quinolin-9(5H)-one (168) [3-methoxybenzyne (generated from m-bromoanisole in situ), lithiated (167), −40°C, 10 min: 31%].[320]

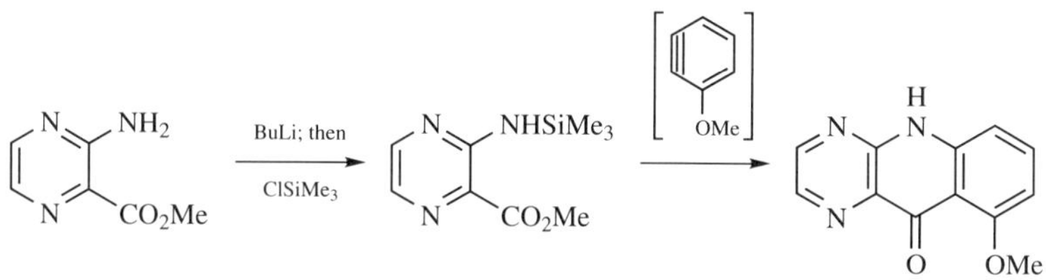

(166)   (167)   (168)

2,5-Dimethylpyrazine (169) gave 2,5-dimethyl-1,4-bis(triisopropylsilyl)-1,4-dihydropyrazine (170) (ClSiPr$^i_3$, K, 20°C, 2 days: 43%; confirmed in structure by X-ray analysis);[552] analogues likewise or by transtrialkylsilylation.[552]

1-Methylpiperazine gave methyltris(4-methylpyrazin-1-yl)silane (**171**) [Cl$_3$SiMe, Et$_2$O, 20°C, 6.5 h; then LiN(CH$_2$CH$_2$)$_2$NMe ↓, 20°C 10 h: 65%; for more detail see original].[553]

Also other examples.[140,452]

Triphenylphosphoranylideneaminopyrazines

2-Pyrazinamine (**172**, R = H) gave 2-triphenylphosphoranylideneaminopyrazine (**173**, R = H) (PPh$_3$, Et$_3$N, C$_2$Cl$_6$, MeCN, 20°C, 12 h, then reflux, 6 h: 64%;[230] PPh$_2$, Et$_3$N, C$_2$Cl$_6$, PhH, reflux, N$_2$, 3.5 h: 64%;[405] or PPh$_3$, Et$_3$N, CCl$_4$, MeCN, 40 → 20°C, 12 h: 79%).[927]

Methyl 3-amino-2-pyrazinecarboxylate (**172**, R = CO$_2$Me) gave methyl 3-triphenylphosphoranylideneamino-2-pyrazinecarboxylate (**173**, R = CO$_2$Me) (PPh$_3$, Et$_3$N, C$_2$Cl$_6$, PhH, reflux, 5 h: 96%), and thence 2-methoxy-3-phenyl-4(3H)-pteridinone (**174**) (PhNCO, PhH, 20°C, 12 h; then MeOH ↓, reflux, 3 h: 70%; without isolation of intermediates).[54,1089]

Also other examples.[974,1652]

Dimethylsulfimidopyrazines

Note: These entities have been used almost exclusively to make nitroso- or nitropyrazines bearing halogeno or other hydrolysis-sensitive passenger groups (see Sections 7.1.1 and 7.2.1).

3-Chloro-2-pyrazinamine (**175**) gave 2-chloro-3-dimethylsulfimidopyrazine (**176**) [Me$_2$SO, P$_2$O$_5$, 25°C, 1 h; then substrate ↓, 25°C, 3 h: 76%;[429] or Me$_2$SO, (F$_3$CSO$_2$)$_2$O, CH$_2$Cl$_2$, −78°C, N$_2$, then substrate ↓, −78 → −55°C, 3 h: 79%].[607,1427]

5-Bromo-2-pyrazinamine gave 2-bromo-5-dimethylsulfimidopyrazine (**177**, X = Br) [Me$_2$SO, (F$_3$CSO$_2$)$_2$O, MeCN, −75°C, N$_2$, 30 min; then substrate ↓, −75 → −40°C, 4 h: 85%];[361] 2-chloro-5-dimethylsulfimidopyrazine (**177**, R = Cl) was made similarly in 79% yield.[1310]

Also other examples.[212,776]

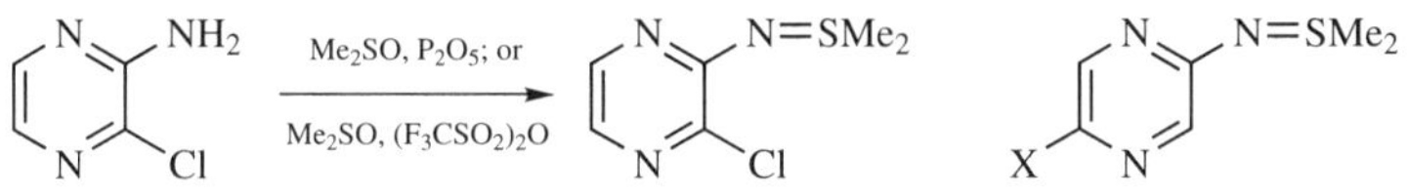

7.3.2.6 Miscellaneous Minor Reactions

Aminopyrazines undergo a variety of reactions that must be considered as minor when judged by recent usage. The following classified examples illustrate such reactions:

Transamination

2-(2-Dimethylaminovinyl)pyrazine (**178**) gave 2-formylmethylpyrazine oxime (**179**) (H$_2$NOH.HCl, MeOH, 20°C, 15 min: 78%).[1276,1593]

Also other examples.[1771]

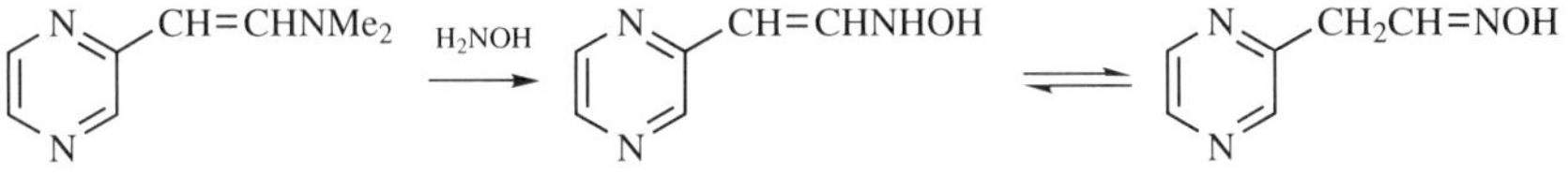

Unusual Displacement Reactions

2-Dimethylaminomethyleneaminopyrazine (**180**) and 2-phenyl-Δ^2-oxazolin-5-one (**181**) gave 2-phenyl-4-[*N*-(pyrazin-2-yl)iminomethyl]-Δ^2-oxazolin-5-one that (according to NMR data) exists as the tautomeric 2-phenyl-4-[*N*-(pyrazin-2-yl)aminomethylene]-Δ^2-oxazolin-5-one (**182**) (Ac$_2$O, 70°C, 2 h: 46%).[299]

2-Methyl-5-(trimethylammoniomethyl)pyrazine hydroxide (**183**) (made *in situ* from the corresponding chloride and silver oxide) gave among other products two separable dimeric isomers of the general formula (**184**) (PhMe, trace of phenothiazine, reflux with water removal, 8 h: low yields; for details and related products, see originals).[550,1481]

Reactions with Dienophiles

5-Chloro-3-diethylamino-1-phenyl-2(1*H*)-pyrazinone (**185**) and dimethyl acetylenedicarboxylate gave dimethyl 2-cyano-5-diethylamino-6-oxo-1-phenyl-1,6-dihydro-3,4-pyridinedicarboxylate (**187**) by loss of HCl from the unisolated Diels–Alder adduct (**186**) (PhMe, 60°C, 3 h: 95%); analogues likewise.[865]

1-Benzyl-3-(but-3-ynylamino)-5-chloropyrazine (**188**) gave 6-benzyl-7-oxo-2,3,6,7-tetrahydro-1*H*-pyrrolo[2,3-*c*]pyridine-5-carbonitrile (**190**) by loss of HCl from the unisolated intramolecular Diels–Alder adduct (**189**) (PhBr, reflux, 2 days: 93%).[481]

Ring Fission

1,4-Diacetyl-2,3-di(indol-3-yl)-1,2,3,4-tetrahydropyrazine (**191**) isomerized into 1-[*N*-(2-acetamidovinyl)acetamido]-1,2-di(indol-3-yl)ethylene (**192**) (KOH, EtOH, reflux, 10 min: 66%).[421]

Metal Complexation

2,3-Bis(4-amino-6-anilino-1,3,5-triazin-2-yl)pyrazine (**193**) formed a Pd_2Br_4 complex.[177]

1,4-Dimethyl-2-phenyl-3-(pyridin-4-yl)piperazine (**194**) with coligands produced some interesting Re complexes.[468]

Diazotization

2-Pyrazinamine 1-oxide gave 1,3-bis(1-oxidopyrazin-2-yl)triazene (NaNO$_2$, 40% HF, 0°C, 48 h: structure of unstable product postulated on spectral grounds).[277]

7.4 PREPARATION AND REACTIONS OF HYDRAZINOPYRAZINES (*H* 205)

The major preparative routes to hydrazinopyrazines have been covered already: by *primary synthesis* (see Chapters 1 and 2) and by *hydrazinolysis of halogenopyrazines* (see Sections 4.2.1 and 4.4). Minor routes (like the hydrazinolysis of alkylthio-, alkylsulfinyl-, alkylsulfonyl-, or mercaptopyrazines) appear to be unrepresented in the recent literature.

The reactions of hydrazinopyrazines often lead to intermediates for subsequent cyclization to heterobicyclic products. The reactions and some resulting cyclizations are illustrated in the following classified examples:

Acylation

2-Hydrazinopyrazine 4-oxide (**196**) gave 2-(N'-formylhydrazino)pyrazine 4-oxide (**195**) (neat HCO$_2$H, 60°C, 30 min: 56%) or 1,2,4-triazolo[4,3-*a*]-pyrazine 7-oxide (**197**) [neat HCO$_2$H, reflux, 4 h: 27%; or HC(OEt)$_3$, xylene, 100–110°C, until EtOH ↑ ceased: 63%; presumably via the formyl intermediate (**195**)].[9]

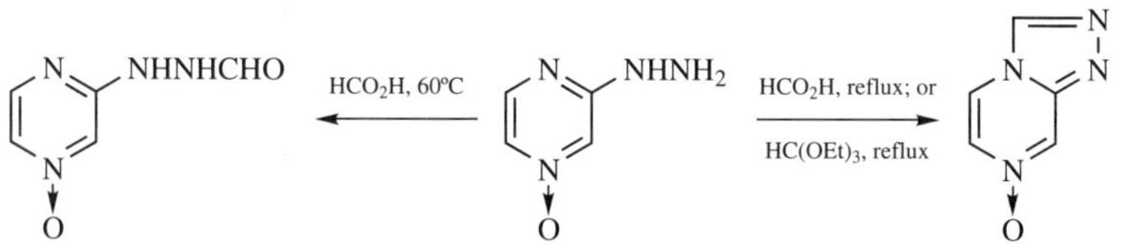

2-Hydrazino-(**198**) gave 2-[N'-(ethoxycarbonylacetyl)hydrazino]-3-(2-methylthioethyl)-5-phenylpyrazine (**199**) (EtO$_2$CCH$_2$COCl, AcOEt, 0°C, 1 h: 87%), and thence ethyl 8-(2-methylthioethyl)-6-phenyl-1,2,4-triazolo[4,3-*a*]pyrazine-3-carboxylate (**200**) (TsOH, PhMe, reflux, 3 h: 74%).[315]

Also other examples.[303,605,748,1117,1640]

Alkylidenation

2-Hydrazino- (**201**) gave 2-benzylidenehydrazino- (**202**) (PhCHO, EtOH, reflux, 2.5 h: 58%), and thence 2-(*N*-benzyl-*N'*-benzylidenehydrazino)-3,6-dimethylpyrazine (**203**) (NaH, THF, 15 min; then PhCH$_2$Br ↓ , reflux, 2 h: 66%).[72]

2-Hydrazinopyrazine 4-oxide (**204**) gave 1,2,4-triazolo[4,3-*a*]pyrazine 7-oxide (**206**) by loss of AcOH from the unisolated intermediate (**205**) [neat AcOCH(OEt)$_2$, 20°C, 24 h: 43%].[765]

2-Chloro-6-hydrazinopyrazine (**207**) gave 2-(2-benzamidoethylidene)hydrazino-6-chloropyrazine (**208**) [ClCH=C(NHBz)CO$_2$H, Et$_3$N, EtOH, reflux, 11 h: 52%].[1192]

2-Hydrazinopyrazine (**209**) gave 2-(4-ethoxycarbonylpyrazol-1-yl)pyrazine (**211**) by loss of H$_2$O from the unisolated intermediate (**210**) [(OHC)$_2$CHCO$_2$Et, EtOH, 0 → 20°C, 24 h: 66%].[1509]
Also other examples.[385,664,733,1090,1370]

Alkylation

2-Hydrazinopyrazine (**212**) gave 2-[N-(2-cyanoethyl)hydrazino]pyrazine (**213**) (H$_2$C=CHCN, 2 M NaOH, THF, 30 → 60 → 20°C, 30 min: 38%).[622]

Conversion into Semicarbazidopyrazines

Note: All recent examples appear to be thiosemicarbazidopyrazines.

2,5-Dimethyl-3-(*N*-methylhydrazino)pyrazine (**214**) gave 2,5-dimethyl-3-[1-methyl-4-phenyl(thiosemicarbazido)]pyrazine (**215**) (PhNCS, Et$_2$O, 20°C, 24 h: 69%), and thence the zwitterionic bicyclic product, 1,5,8-trimethyl-1,2,4-triazolo[4,3-*a*]pyrazinium-3-phenylaminide (**216**) (H$_{11}$C$_6$N=C=NC$_6$H$_{11}$, AcMe, 20°C, 2 days: 75%); analogues likewise.[72]

2-Chloro-3-hydrazinopyrazine (**217**) gave 2-chloro-3-[4-(ethoxycarbonylmethyl)-(thiosemicarbazido)]pyrazine (**218**) (EtO$_2$CCH$_2$NCS, CHCl$_3$, reflux, 1 h: 63%), which underwent cyclization with loss of HCl to afford 3-ethoxycarbonylmethylamino- (**219**, R = Et) or 3-methoxycarbonylmethylamino-1*H*-pyrazino[2,3-*e*]-1,3,4-thiadiazine (**219**, R = Me) [EtOH, reflux, 30 min: 44%; or MeOH, reflux, 1 h: 40% (including a transesterification step), respectively] or cyclization with loss of H$_2$NCH$_2$CO$_2$Et to afford 3-thioxo-2,3-dihydro-1,2,4-triazolo[4,3-*a*]pyrazin-8(7*H*)-one (**220**) (MeOH, reflux, 3 h: 37%; note hydrolysis of the Cl substituent);[284] also analogous reactions.[284,1144]

Conversion into Azidopyrazines

2-Chloro-3-hydrazinopyrazine (**221**) gave 2-azido-3-chloropyrazine (**222**) (5 M HCl, NaNO$_2$, <5°C, 30 min: 60%); analogues likewise.[891]

3-Amino-5-hydrazino-2,6-pyrazinedicarbonitrile (**223**, R = NHNH$_2$) gave 3-amino-5-azido-2,6-pyrazinedicarbonitrile (**223**, R = N$_3$) (4 M HCl, NaNO$_2$, 0°C, ? min: 53%).[1180]

Also other examples.[272]

Oxidative Removal of the Hydrazino Group

2-Hydrazino-6-methyl-3-phenylpyrazine 4-oxide gave 2-methyl-5-phenylpyrazine 4-oxide (CuSO$_4$, AcOH—H$_2$O, 95°C, 1 h: >42%).[80]

7.5 PREPARATION, STRUCTURE, AND REACTIONS OF AZIDOPYRAZINES

The major and recently used preparative routes to azidopyrazines have been covered already: by *azidolysis of halogenopyrazines* (Sections 4.2.6 and 4.4) and by *treatment of hydrazinopyrazines with nitrous acid* (Section 7.4). In addition, *direct C-azidation of pyrazines* has been used: for example, the lithio intermediate (**225**), generated in THF by treatment of 2-methoxypyrazine (**224**) with lithium 2,2,6,6-tetramethylpiperidine, gave 2-azido-3-methoxypyrazine (**226**) (87%) on subsequent treatment with *p*-toluenesulfonyl azide.[232]

Since the excellent 1973 summary of azido—tetrazolo valence-tautomerism in nitrogenous heterocycles,[1713] little has been added to our knowledge of factors governing such tautomerism (**227** ⇌ **228**) in the pyrazine series. However, it has been shown by NMR studies that 2-azidopyrazine 4-oxide (**229**) exists as such in chloroform, as tetrazolo[1,5-*a*]pyrazine 7-oxide (**230**) in dimethyl sulfoxide, and as a mixture in acetone.[272] For obvious pragmatic reasons, all such compounds are named as azidopyrazines in this book, irrespective of their predominant structures.

The direct and indirect *conversion of azido- into aminopyrazines* has been covered in Section 7.3.1. The remaining reactions of azidopyrazines are illustrated in the following examples:

(**227**)   (**228**)   (**229**)   (**230**)

Conversion into Triphenylphosphoranylideneaminopyrazines

2-Azido-3-methoxypyrazine (**231**) gave 2-methoxy-3-triphenylphosphoranylideneaminopyrazine (**232**) (PPh$_3$, PhH, reflux, 65 h: 90%).[232]

(**231**)   (**232**)

2-(4-Azidobut-2-ynyl)-5-isopropyl-3,6-dimethoxy-2,5-dihydropyrazine (**233**) gave 2-isopropyl-3,6-dimethoxy-5-[4-(triphenylphosphoranylideneamino)but-2-ynyl]-2,5-dihydropyrazine (**234**) (PPh$_3$, THF—H$_2$O, 20°C, 19 h: product isolated but not characterized), and thence 2-[4-(benzyloxycarbonylamino)but-2-ynyl]-5-isopropyl-3,6-dimethoxy-2,5-dihydropyrazine (**235**) (ClCO$_2$CH$_2$Ph, NaHCO$_3$, H$_2$O, 0 → 20°C, 4.5 h: 79% overall).[1348]

Conversion into Triazolylpyrazines

2,6-Diazidopyrazine (**236**) gave a separable mixture of 2-azido-6-(4,5-dimethoxycarbonyl-1,2,3-triazol-1-yl)pyrazine (**237**) and 2,6-bis(4,5-dimethoxycarbonyl-1,2,3-triazol-1-yl)pyrazine (**237a**) [$MeO_2CC{\equiv}CCO_2Me$, $MeOCH_2OCH_2OMe$(?), reflux, 19 h: 18 and 15%, respectively].[1124]

Ring Contraction to Imidazoles

2-Azido-3,6-dimethylpyrazine (**238**) gave 2,5-dimethyl-1-imidazolecarbonitrile (**239**) with loss of N_2 (neat, 230°C, in preheated metal bath, 1 min: 89%);[1314] the same substrate (**238**) gave a separable mixture of product (**239**) and 2,

5-dimethylimidazole (**240**) (*hv*, EtOH, 20°C, 2 h: 13 and 73%, respectively; the ratio (**240**:**239**) increased with irradiation time];[1314] and many homologous products were made similarly.[242,1314]

Also other examples of pyrolysis.[1561]

Ring Expansion to 1,3,5-Triazepines

2-Azido-6-methoxypyrazine (**242**) gave 2,7-dimethoxy-1,3,5-triazepine (**241**) (*hv*, MeO⁻, MeOH—dioxane, 25 min: >40%) or 2-diethylamino-7-methoxy-1,3,5-triazepine (**243**) (*hv*, Et₂NH, MeOH—dioxane, 25 min: >40%); it appears that the substrate must bear an electron-donating group for this reaction to occur.[171]

7.6 NONTAUTOMERIC IMINOPYRAZINES

Nontautomeric imino derivatives are only rarely encountered in the pyrazine series.

A few such imines have been made by *primary synthesis* (see, e.g., Section 1.2.1.1) or by *alkylation of aminopyrazines on ring-N* (see Section 7.3.2.3); in addition, 2-formylmethylpyrazine oxime (**244**) gave a little 2-cyanoimino-1-methyl-1,2-dihydropyrazine (**245**) by heating with dimethylformamide dimethyl acetal in refluxing toluene.[1276] Products somewhat analogous to these imines, have also been made: for example, treatment of pyrazine with *O*-(mesitylenesulfonyl)hydroxylamine afforded successively the quaternary product, 1-aminopyrazinium mesitylenesulfonate (**246**) (CHCl₃, 0 → 20°C, 30 min: 85%); the zwitterionic derivative, pyrazinium-1-ethoxycarbonylimide (**247**) (ClCO₂Et, K₂CO₃, EtOH, 20°C, 15 h:

65%); and the ring-contracted entity, ethyl 1-pyrazolecarboxylate (**248**) (*hv*, AcMe, 3 h: 45%; a rational mechanism for this step was proposed).[87]

The fine structure of 2,6-bis(hydroxyimino)piperazine has been elucidated by X-ray analysis.[866]

The only reported reaction of nontautomeric iminopyrazines is *hydrolysis to corresponding pyrazinones*, already covered in Section 5.4.1.

7.7 ARYLAZOPYRAZINES

In contrast to the situation in the pyrimidine series,[1688] few arylazopyrazines have been reported. However, some have been made easily, either by *condensation of nitrosopyrazines with aromatic amines* (see Section 7.2.1) or by *azo coupling*, as represented in the reaction of 2,6-pyrazinediamine (**249**) with diazotized *p*-anisidine, *p*-toluidine, or aniline to afford 3-*p*-methoxyphenylazo- (**250**, R = OMe) (96%), 3-*p*-tolylazo- (**250**, R = Me) (96%), or 3-phenylazo-2,6-pyrazinediamine (**250**, R = H) (97%), respectively.[1124]

No examples of the reduction or other reactions of arylazopyrazines appear to have been reported recently.

CHAPTER 8

Pyrazinecarboxylic Acids and Related Derivatives (*H* 247)

This chapter includes not only nuclear and extranuclear pyrazinecarboxylic acids and anhydrides, but also the related esters, acyl halides, amides, hydrazides, nitriles, aldehydes, ketones, and any of their thio analogues; a few rare isothiocyanatopyrazines and pyrazinecarbonitrile oxides are also included. To avoid repetition, interconversions of these pyrazine derivatives are discussed only at the first opportunity: for example, the esterification of carboxylic acids is discussed as a reaction of carboxylic acids rather than as a preparative route to carboxylic esters, simply because the section on carboxylic acids precedes that on carboxylic esters. To minimize any confusion, many cross-references have been inserted.

8.1. PYRAZINECARBOXYLIC ACIDS (*H* 247)

As well as the extensive recent literature on the preparation and reactions of pyrazinecarboxylic acids (see following subsections), their ionization constants, vibrational spectra, and electronic spectra have been revisited.[63,1067,1241]

8.1.1. Preparation of Pyrazinecarboxylic Acids (*H* 247)

Several important preparative routes to pyrazinecarboxylic acids have been discussed already: by *primary synthesis* (Chapters 1 and 2), by *oxidation of alkylpyrazines* (Section 3.2.4.1), by the *indirect (?) oxidation of halogenoalkylpyrazines* (end of Section 4.4), and by *oxidation of hydroxyalkylpyrazines* (Section 5.2.2). The remaining methods of preparation are indicated in the following classified examples:

By Direct Carboxylation

2-Chloropyrazine (**1**, X = Cl) gave 3-chloro-2-pyrazinecarboxylic acid (**3**, X = Cl) via the lithio intermediate (**2**, X = Cl) [LiN(CMe$_2$CH$_2$)$_2$CH$_2$, THF, $-70 \to 0°$C, 30 min; then CO$_2\downarrow$, $-70°$C, 30 min: 30%];[220] 2-iodopyrazine (**1**, X = I) likewise gave 3-iodo-2-pyrazinecarboxylic acid (**3**, X = I) (24%).[1613]

2-Propionylpyrazine (**4**) gave 2-[2-(dithiocarboxy)propionyl]pyrazine (**5**) (Bu^{t}OK, CS$_2$, THF, 20°C, 2 h: ?%, crude material).[1487]

Piperazine gave disodium 1,4-piperazinebis(carbodithioate) (**6**) (CS$_2$, NaOH, MeOH, 20°C, 96%).[430]

By Hydrolysis of Pyrazinecarboxylic Esters

Methyl 3-amino-6-phenyl-2-pyrazinecarboxylate (**7**, R = Me) gave 3-amino-6-phenyl-2-pyrazinecarboxylic acid (**7**, R = H) (NaOH, MeOH—H$_2$O, 20°C, 1 h: 88%).[599]

Methyl 6-chloro-5-(4-methylpiperazin-1-yl)-2-pyrazinecarboxylate (**8**, R = Me) gave 6-chloro-5-(4-methylpiperazin-1-yl)-2-pyrazinecarboxylic acid (**8**, R = H) (NaOH, EtOH—H$_2$O, 20°C, 12 h: 96%, isolated as hydrochloride).[645]

1-Benzyloxy-3-(2-methoxycarbonylethyl)- (**9**, R = Me) gave 1-benzyloxy-3-(2-carboxyethyl)-5,6-dimethyl-2(1H)-pyrazinone (**9**, R = H) (NaOH, MeOH—H$_2$O, 0 → 20°C, 6.5 h: 89%).[897]

Kinetic parameters for the alkaline hydrolysis of methyl[68] and ethyl 2-pyrazinecarboxylate[136] have been reported.

Also other examples.[89,418,850,1123]

By Hydrolysis of Pyrazinecarboxamides

5-Methyl-2-pyrazinecarboxamide 4-oxide (**10**, R = NH$_2$) gave 5-methyl-2-pyrazinecarboxylic acid 4-oxide (**10**, R = OH) (2.5 M NaOH, reflux, 30 min: 70%).[669]

6-Chloro-2-pyrazinecarboxamide 4-oxide (**11**) gave 6-chloro-2-pyrazinecarboxylic acid 4-oxide (**12**) (NaNO$_2$, 50% H$_2$SO$_4$, 20°C, 1 h, then 60°C, 1 h: 75%; presumably this indirect method was adopted to avoid hydrolysis of the chloro substituent).[669]

Also other examples.[1765]

By Hydrolysis of Pyrazinecarbonitriles

Note: Such hydrolyses can be done in acidic or alkaline media: the use of acid tends to increase the risk of subsequent decarboxylation.

5-Methyl-2,3-pyrazinedicarbonitrile (**13**) gave 5-methyl-2,3-pyrazinedicarboxylic acid (**14**) (NaOH, H$_2$O—EtOH, reflux, 2 h: 60%; a little HCN ↑ due to a side reaction).[477]

1,4-Bis(2-cyanoethyl)piperazine (**15**, R = CN) gave 1,4-bis(2-carboxyethyl)piperazine (**15**, R = CO$_2$H) (48% HBr, reflux, 30 min: >85%, isolated as dihydrochloride);[1345] 1-(2-aminoethyl)-4-(2-cyanoethyl)piperazine gave 1-(2-aminoethyl)-4-(2-carboxyethyl)piperazine (10 M HCl, 100°C, 6 h: 87%, as dihydrochloride).[933]

2-Cyanomethyl-3-phenylpyrazine (**16**) gave 2-methyl-3-phenylpyrazine (**18**) via the unisolated carboxylic acid (**17**) (6 M HCl, reflux, 3 h: 66%).[1272] Also other examples.[971,1015,1027]

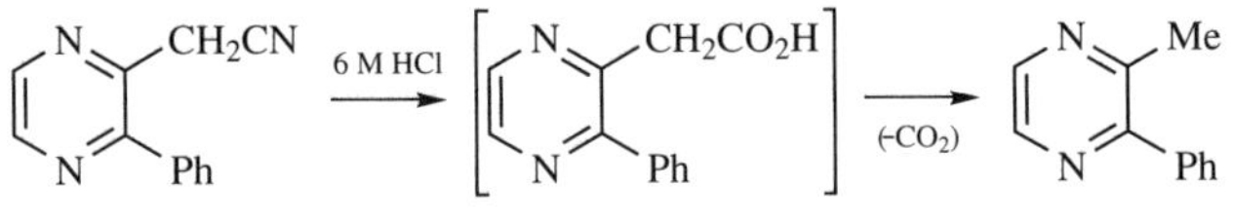

By Oxidation of Pyrazine Aldehydes or Ketones

3-Amino-5-phenyl-2-pyrazinecarbaldehyde (**19**, R = H) gave 3-amino-5-phenyl-2-pyrazinecarboxylic acid (**19**, R = OH) (KMnO$_4$, H$_2$O, 20°C, 1 h: 28%).[1385]

2-Acetyl-3,6-diethoxy-5-isopropyl-2-methyl-2,5-dihydropyrazine (**20**) gave potassium 3,6-diethoxy-5-isopropyl-2-methyl-2,5-dihydro-2-pyrazinecarboxylate (**21**, R = K) (KOCl, dioxane—H$_2$O, 4 → 20°C, 1 h: crude) that was characterized as the corresponding ester, methyl 3,6-diethoxy-5-isopropyl-2-methyl-2,5-dihydro-2-pyrazinecarboxylate (**21**, R = Me) (MeI, THF, 0°C, 48 h: 46% overall).[170,371]

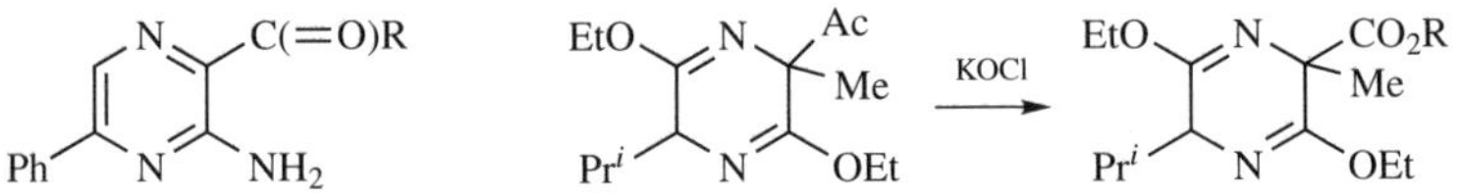

8.1.2. Reactions of Pyrazinecarboxylic Acids (*H* 253)

The *reduction of pyrazinecarboxylic acids to extranuclear hydroxypyrazines* has been covered in Section 5.2.1. Other reactions are illustrated by the following classified examples:

Decarboxylation

3-Amino-5-methyl-2-pyrazinecarboxylic acid (**22**, R = CO$_2$H) gave 6-methyl-2-pyrazinamine (**22**, R = H) (tetralin, 202°C, 1 h: 64%;[1125] or tetralin, reflux, 30 min: 73%).[693]

2,3-Pyrazinedicarboxylic acid (**23**, R = CO$_2$H) gave 2-pyrazinecarboxylic acid (**23**, R = H) (AcOH—H$_2$SO$_4$, reflux, 2 h: 85%).[143]

5-Methyl-2,3-pyrazinedicarboxylic acid (**24**, Q = R = CO$_2$H) gave a mixture of 5-methyl-2-pyrazinecarboxylic acid (**24**, Q = H, R = CO$_2$H) and 6-methyl-2-pyrazinecarboxylic acid (**24**, Q = CO$_2$H, R = H), in which the former predominated (sublimed at 185°C under reduced pressure: 72% before separation as derivatives).[477]

5-Benzoyl-2-pyrazinecarboxylic acid gave 2-benzoylpyrazine (dry distillation of a mixture with Cu powder at 150°C under reduced pressure: 84%).[217]

Also other examples.[7,170,711,739,759,1057,1765]

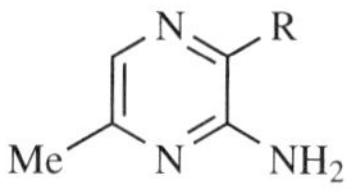

(22) 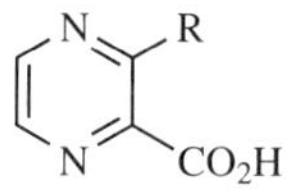   (23) 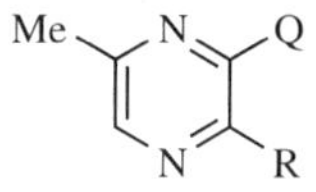   (24)

Conversion into Anhydrides

Note: Cyclic anhydrides are made easily by dehydration of 2,3-pyrazinedicarboxylic acids but linear anhydrides are rare in the pyrazine series.

2,3-Pyrazinedicarboxylic acid (**25**, R = H) gave 2,3-pyrazinedicarboxylic anhydride (**26**, R = H) (neat Ac$_2$O, reflux, 5–10 min: 83–94%;[1185,1318,1572] or C$_6$H$_4$N=C=NC$_6$H$_4$, THF, 20°C, 12 h: 92%).[1572]

5,6-Dichloro-2,3-pyrazinedicarboxylic acid (**25**, R = Cl) gave the corresponding anhydride (**26**, R = Cl) (neat SOCl$_2$, reflux, 30 min: 62%).[462]

3,5-Diamino-6-chloro-2-pyrazinecarboxylic acid gave 3,5-diamino-6-chloro-2-pyrazinecarboxylic *N,N*-diphenylcarbamic anhydride (**27**) (Ph$_2$NCOCl, Et$_3$N, Me$_2$NCHO, 20°C, 24 h: ~30%; or Ph$_2$NCO N$^+$(CH)$_5$ Cl$^-$, Et$_3$N, EtOH, 20°C, 1 h: ~40%).[1317]

Also other examples.[85,104,107]

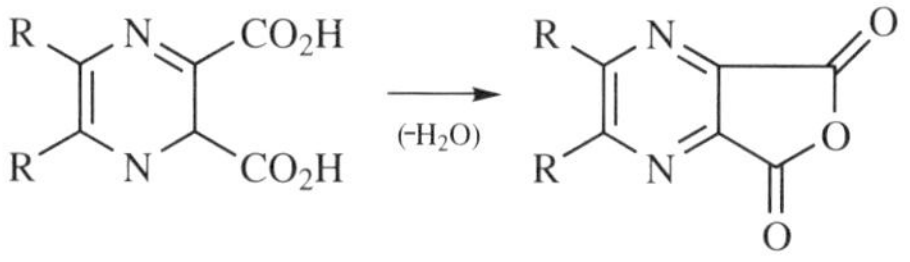

(25)   (26) 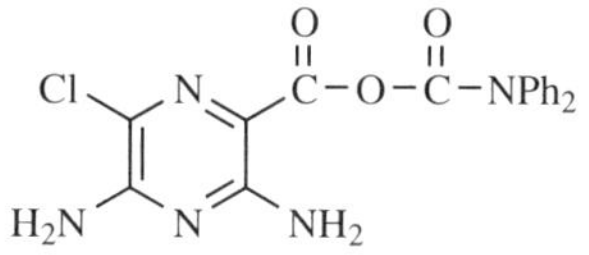   (27)

Conversion into Acyl Halides

Note: Pyrazinecarbonyl chlorides are often used as reactive intermediates but they are not always characterized as such.

2-Pyrazinecarboxylic acid (**28**, R = H) gave 2-pyrazinecarbonyl chloride (**29**, R = H) (SOCl$_2$, PhH, reflux, 2 h: 74%).[639,651]

6-Chloro-2-pyrazinecarboxylic acid (**28**, R = Cl) gave 6-chloro-2-pyrazinecarbonyl chloride (**29**, R = Cl) (SOCl$_2$, PhH, reflux, 90 min: 73%);[505] and 6-phenyl-2-pyrazinecarboxylic acid (**28**, R = Ph) gave 6-phenyl-2-pyrazinecarbonyl chloride (**29**, R = Ph) (neat SOCl$_2$, reflux, 2 h: uncharacterized product).[1015]

Also other examples.[275,477,1091]

Esterification

Note: Most of the classical methods for esterification have been used recently in the pyrazine series. The choice of a suitable procedure is often restricted by the passenger group(s) present, as illustrated in these examples.

3,6-Dichloro-5-methyl-2-pyrazinecarboxylic acid (**30**, R = H) gave methyl 3,6-dichloro-5-methyl-2-pyrazinecarboxylate (**30**, R = Me) (CH$_2$N$_2$, Et$_2$O, 20°C, 30 min: 84%).[80]

3,5-Diamino-6-chloro-2-pyrazinecarboxylic acid (**31**, R = H) gave cyanomethyl 3,5-diamino-6-chloro-2-pyrazinecarboxylate (**31**, R = CH$_2$CN) (ClCH$_2$CN, Et$_3$N, Me$_2$NCHO, 20°C, 24 h: ~90%).[1317]

2-Pyrazinecarboxylic acid (**32**, R = H) gave methyl 2-pyrazinecarboxylate (**32**, R = Me) (MeOH, trace H$_2$SO$_4$, reflux, 48 h: 85–95%)[236,460] or the corresponding ethyl ester (**82**, R = Et) (EtOH, H$_2$SO$_4$, reflux, 7 h: 74%);[896] 3-amino-2-pyrazinecarboxylic acid gave methyl 3-amino-2-pyrazinecarboxylate (MeOH, H$_2$SO$_4$, 65°C, 2 h: 57%).[332]

5-Methyl-3-oxo-3,4-dihydro-2-pyrazinecarboxylic acid (**33**, R = H) gave ethyl 5-methyl-3-oxo-3,4-dihydro-2-pyrazinecarboxylate (**33**, R = Et) (EtOH, HCl gas ↓, 0°C; then 20°C, 12 h; then reflux 2 h: 58%).[646]

N-Carboxymethyl-2-pyrazinecarboxamide (**34**, R = H) gave *N*-methoxycarbonylmethyl-2-pyrazinecarboxamide (**34**, R = Me) (MeOH, HCl gas ↓, 0°C, 25 min; then 20°C, 15 h: 68%).[488]

5-Methyl-2-pyrazinecarboxylic acid 4-oxide (**35**, R = H) gave methyl 5-methyl-2-pyrazinecarboxylate 4-oxide (**35**, R = Me) (BF$_3$.Et$_2$O, MeOH, reflux, 6 h: ~75%).[669]

(33)   (34)   (35)

2-Pyrazinecarboxylic acid (**32**, R = H) gave methyl 2-pyrazinecarboxylate (**32**, R = Me) (ClSiMe$_3$, MeOH, 65°C, 1 h: 82%);[139] in contrast, the same substrate (**32**, R = H) gave trimethylsilyl 2-pyrazinecarboxylate (**32**, R = SiMe$_3$) [neat (?) Me$_3$SiNHSiMe$_3$, 20°C, then warmed until violent gas ↑ ceased: 92%; note that such products are usually considered as esters, although some may disagree].[362]

2-Carboxymethyl-3,5,6-trimethylpyrazine (**36**, R = H) gave 2,3,5-trimethyl-6-[(1-methylallyloxy)carbonylmethyl]pyrazine (**36**, R = CHMeCH : CH$_2$) [substrate Li salt, HOCHMeCH=CH$_2$, pyridine, PhOP(=O)Cl$_2$, MeOCH$_2$CH$_2$OMe, 20°C, N$_2$, 18 h: 33%].[1384]

2,3-Pyrazinedicarboxylic anhydride (**37**) gave 3-methoxycarbonyl-2-pyrazinecarboxylic acid (**38**) [MeOH, 20°C, 13 h: >95%; *Note:* Since the anhydride was made from the corresponding dicarboxylic acid (see the first category in this subsection), this procedure provides a good way to monoesterify such a dicarboxylic acid].[1185]

Also other examples.[7,85,89,353,619,713,729,846,854,971,1047,1057,1060,1091,1271,1298,1500,1668]

(36)   (37)   (38)

Conversion into Pyrazinecarboxamides

Note: The conversion of pyrazinecarboxylic acids into pyrazinecarboxamides is usually done via a more reactive ester (Section 8.2.2), carbonyl chloride (Section 8.3.2), or anhydride (exemplified here). However, direct aminolysis is possible providing it is done in the presence of a suitable condensing agent to facilitate (directly or indirectly) the required aminolysis.

3,5-Diamino-6-chloro-2-pyrazinecarboxylic acid (**39**, R = OH) gave 3,5-diamino-6-chloro-*N*-phenyl-2-pyrazinecarboxamide (**39**, R = NHPh) [PhNH$_2$, ethyl 2-ethoxy-1,2-dihydro-1-quinolinecarboxylate, Me$_2$SO, 30°C, 24 h: 84%; probably via a mixed anhydride].[1317]

3-Amino-2-pyrazinecarboxylic acid (**40**, R = H) gave 3-amino-*N*-(methoxycarbonylmethyl)-2-pyrazinecarboxamide (**40**, R = NHCH$_2$CO$_2$Me) [H$_2$N-CH$_2$CO$_2$Me, (EtO)$_2$POCN, MeOCH$_2$CH$_2$OMe, Et$_3$N, 0 → 20°C, 2 h: 76–78%].[1331, 1652]

2-Pyrazinecarboxylic acid gave 1-benzyl-4-methyl-6-[*C*-(pyrazin-2-yl)formamido]perhydro-1,4-diazepine (**41**) (1-benzyl-4-methylperhydro-1,4-diazepin-6-amine, *N*,*N*′-carbonyldiimidazole, Me$_2$NCHO, 0 → 20°C, 18 h: 71%).[119]

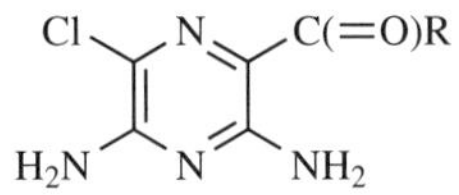

(**39**) 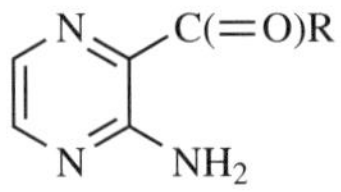 (**40**) 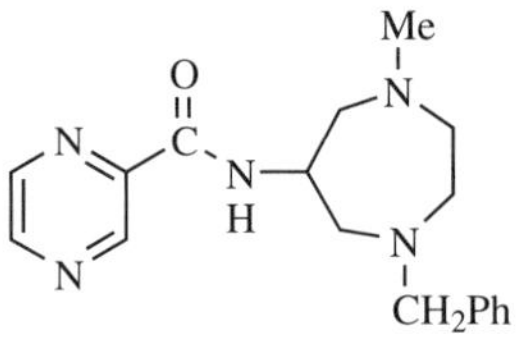 (**41**)

1-Benzyl-3-(2-carboxyethyl)- gave 1-benzyl-3-{2-[*N*-(1-methoxycarbonylethyl)carbamoyl]ethyl}-5,6-dimethyl-2(1*H*)-pyrazinone (**42**) [H$_2$NCHMeCO$_2$-Me.HCl, Me$_2$NCH$_2$CH$_2$CH$_2$N=C=NEt.HCl, 1-hydroxybenzotriazole, MeN-(CH$_2$CH$_2$)$_2$O, Me$_2$NCHO, −10 → 20°C, 12 h: 71%].[897]

2,3-Pyrazinedicarboxylic anhydride gave 3-carbamoyl-2-pyrazinecarboxylic acid (**43**, R = H) (NH$_3$ ↓, THF, 20°C, 10 min: 95%, as NH$_4$ salt)[1318] or 3-*o*-aminophenylcarbamoyl-2-pyrazinecarboxylic acid (**43**, R = NHC$_6$H$_4$NH$_2$-*o*) [C$_6$H$_4$(NH$_2$)$_2$-*o*, PhH, 20°C, ? min: 88%].[711]

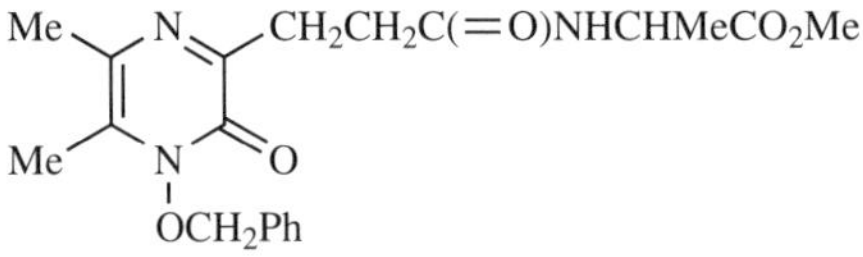

(**42**) 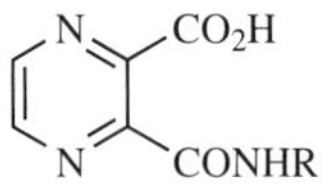 (**43**)

5-Methyl-2-pyrazinecarboxylic acid (**44**, R = OH) gave *N*,*N*-diethyl-5-methyl-2-pyrazinecarboxamide (**44**, R = NEt$_2$) (ClCO$_2$Et, Et$_3$N, CH$_2$Cl$_2$, 15°C, 10 min; then Et$_2$NH ↓ 20°C, 12 h: ~55%; via a mixed anhydride).[669]

5,6-Dichloro-2,3-pyrazinedicarboxylic anhydride (**45**, X = O) gave 5,6-dichloro-*N*-methyl-2,3-pyrazinedicarboximide (**45**, X = NMe) (MeNH$_2$.HCl, Ac$_2$O, 120°C, sealed, 20 min: 94%).[462]

Also other examples.[104,107,392,462,1650,1679,1721]

Conversion into Pyrazine Ketones

2,3-Pyrazinedicarboxylic anhydride (**46**) gave 3-(2,5-difluorobenzoyl)-2-pyrazinecarboxylic acid (**47**) (AlCl$_3$, C$_6$H$_4$F$_2$-*p*, reflux, 16 h: 75%).[1572]

Cyclizations

2,3-pyrazinedicarboxylic anhydride (**46**) gave pyrazino[2,3-*d*]pyrazine-5,8-(6*H*,7*H*)-dione (**48**, R = H) (H$_2$NNH$_2$: for details, see original) or its 6-methyl derivative (**48**, R = Me) (MeHNNH$_2$, likewise).[844]

N-(Carboxymethyl)-2-pyrazinecarboxamide (**49**) gave *N*-(4,6-dimethyl-2-oxo-2*H*-pyran-3-yl)-2-pyrazinecarboxamide (**50**) [Me$_2$NCMe=CHAc (made *in situ*), Ac$_2$O, 90°C, 4 h: 11%]; also analogues similarly.[1635]

Formation of Salts and Complexes

Note: Some interesting examples of recently described pyrazinecarboxylic acid salts and complexes are listed here.

Bis(*o*-carboxyanilinium) 2,3-pyrazinedicarboxylate (**51**): X-ray analysis.[1238]

m-Carboxyanilinium hydrogen 2,3-pyrazinedicarboxylate dihydrate (**52**): X-ray structure.[1238]

p-Carboxyanilinium hydrogen 2,3-pyrazinedicarboxylate (**53**): X-ray structure;[1040] also analogous adducts with 3-pyridinol, 1,2,4-triazol-3-amine, and so on.[1040]

The system, 2-pyrazinecarboxylic acid (**54**) + tetrabutylammonium metavanadate [(Bu$_4$N)VO$_3$] + hydrogen peroxide, in acetonitrile at ~0°C induced effective oxidation of alkanes or cyclohexane to hydroperoxides, alcohols to aldehydes or ketones, and aromatic hydrocarbons to phenols.[1110,1715]

8.2. PYRAZINECARBOXYLIC ESTERS (*H* 264, 303)

This section covers the preparation and reactions of nuclear or extranuclear pyrazinecarboxylic esters, pyrazinecarboximidates, and the like. Pyrazinecarboxylic esters exhibit antimycobacterial activities akin to those of pyrazinecarboxamides;[651] the structure–activity relationship of such esters has been studied.[656]

8.2.1. Preparation of Pyrazinecarboxylic Esters (*H* 264)

Many such esters have been made *by primary synthesis* (see Chapters 1 and 2), *from halogenopyrazines by displacement* (see Section 4.2.9), or *by esterification of pyrazinecarboxylic acids* (see Section 8.1.2). The remaining methods are illustrated in the following examples:

From Pyrazinecarbonyl Halides

2-Pyrazinecarbonyl chloride (**55**) gave propyl 2-pyrazinecarboxylate (**56**, R = Pr) (PrOH, pyridine, CH_2Cl_2, 0 → 20°C, 12 h: 46%);[639] a similar procedure with appropriate alcohols gave benzyl (**56**, R = CH_2Ph) (84%),[651] 2,2,2-trifluoroethyl (**56**, R = CH_2CF_3) (79%), allyl (**56**, R = $CH_2CH=CH_2$) (58%), biphenyl-4-yl (**56**, R = C_6H_4Ph-p) (39%),[639] and other alkyl or aryl 2-pyrazinecarboxylates.[639, 651]

1,4-Piperazinedicarbonyl dichloride (**57**, R = Cl) gave S,S'-diethyl-1,4-piperazinedicarbothioate (**57**, R = SEt) [EtSNa (made *in situ*), EtOH, reflux, 3 h: 96%].[1359]

From Pyrazinecarbonitriles

Note: The addition of alcohols to pyrazinecarbonitriles gives pyrazinecarboximidic esters ('imino esters'): these undergo facile hydrolysis[864,1068,1127,1256] to regular esters and/or amides.

2,3-Pyrazinedicarbonitrile (**59**, R = H) gave dimethyl 2,3-pyrazinedicarboximidate (**58**) (MeONa, MeOH, 20°C, 18 h: 64%); in contrast, 5,6-diphenyl-2,3-pyrazinedicarbonitrile (**59**, R = Ph) gave methyl 3-cyano-5,6-diphenyl-2-pyrazinecarboximidate (**60**) (MeONa, MeOH, <5°C, 4 h: 75%).[1127]

3,5-Diamino-6-chloro-2-pyrazinecarbonotrile (**61**) gave ethyl 3,5-diamino-6-chloro-2-pyrazinecarboximidate hydrochloride (**62**) (HCl gas, EtOH, 0 → 20°C, 3 days: >95%).[595]

Also other examples.[116,719,864,1068,1186,1256,1379]

By Homolytic Alkoxycarbonylation

Pyrazine (**63**) gave ethyl 2-pyrazinecarboxylate (**64**) (EtO$_2$CAc, 30% H$_2$O$_2$, −5°C, then substrate ↓, H$_2$SO$_4$, FeSO$_4$, H$_2$O—CH$_2$Cl$_2$, 0°C, 15 min: 89%)[359] or EtO$_2$CCO$_2$H, H$_2$SO$_4$, Na$_2$S$_2$O$_8$, AgNO$_3$, H$_2$O—CH$_2$Cl$_2$, reflux, 90 min: 86%)[1467] or methyl 2-pyrazinecarboxylate (using MeO$_2$CCO$_2$H in the second procedure: 93%).[1467]

2-Pyrazinamine gave ethyl 3-amino-2-pyrazinecarboxylate (**65**, R = Et) (EtO$_2$CAc, H$_2$SO$_4$, FeSO$_4$, 30% H$_2$O$_2$, −10 → 20°C, 1 h: 71%)[500] or methyl 3-amino-2-pyrazinecarboxylate (**65**, R = Me) (MeO$_2$CAc, likewise: 72%).[500]

By Other Alkoxycarbonylation Procedures

2,6-Dichloro-3-(3,4-dibenzyloxy-5-benzyloxymethyltetrahydrofuran-2-yl)pyrazine (**66**, R = H) gave ethyl 3,5-dichloro-6-(3,4-dibenzyloxy-5-benzyloxymethyltetrahydrofuran-2-yl)-2-pyrazinecarboxylate (**66**, R = CO$_2$Et) [lithiated substrate (generated *in situ*), THF; then EtO$_2$CCN ↓, 1 h: 78%].[667]

tert-Butyl 2-*tert*-butoxycarbamoyl-1,4,5,6-tetrahydro-1-pyrazinecarboxylate (**67**, R = H) gave *tert*-butyl 2-*tert*-butoxycarbamoyl-4-phenoxycarbonyl-1,4,5,6-tetrahydro-1-pyrazinecarboxylate (**67**, R = CO$_2$Ph) (PhO$_2$CCl, NaHCO$_3$, AcOEt, MeCN, 50°C, 30 min: 79%).[1673]

2,3-Diphenylpyrazine gave dimethyl 2,3-diphenyl-1,4-dihydro-1,4-pyrazinedicarboxylate (**68**) (MeO$_2$CCl, electrolytic reduction: 15%; for details see original).[785]

1-Methylpiperazine (**70**) gave butyl 4-methyl-1-piperazinecarboxylate (**69**) (BuCl, Bu$_2$NSO$_4$H, K$_2$CO$_3$, *n*-C$_7$H$_{16}$, reflux, ~4 h: 75%; note the incorporation of CO$_2$) but only 1-butyl-4-methylpiperazine (**71**) in the absence of a phase-transfer catalyst (BuBr, K$_2$CO$_3$, MeCN, reflux, ~2.5 h: 86%).[209] Also other examples.[40,831,1728]

By Insertion of Carbon Dioxide into *N*-Trimethylsilylpyrazines

1,4-Bistrimethylsilyl-1,4-dihydroppyrazine (**72**) gave trimethylsilyl 4-trimethylsilyl-1,4-dihydro-1-pyrazinecarboxylate (**73**) [CO_2 (1 atm), 20°C, 2 days: ~30%, unstable] or bistrimethylsilyl 1,4-dihydro-1,4-pyrazinedicarboxylate (**74**) [CO_2 (50 atm), 20°C, 3 days: ~60% (cis + trans), sufficiently stable for analysis];[456] the same substrate (**72**) gave only *O*-trimethylsilyl 4-trimethylsilyl-1,4-dihydro-1-pyrazinecarbothioate (**75**) [COS (1 atm), 20°C, 1 h: ~30%, isolable and analyzed) or trimethylsilyl 4-trimethylsilyl-1,4-dihydro-1-pyrazinecarbodithioate (**76**) (CS_2, 20°C, 24 h: crude only).[1456]

8.2.2. Reactions of Pyrazinecarboxylic Esters (*H* 266)

Several reactions of pyrazinecarboxylic esters have been discussed already: *reduction to N-alkylpiperazines* (Section 3.2.2.2), *reduction to extranuclear hydroxypyrazines* (Section 5.2.1), and *hydrolysis to pyrazinecarboxylic acids* (Section 8.1.1). Other reactions to be expected of carboxylic or carboximidic esters are typified in the following classified examples:

Conversion into Pyrazinecarboxamides or Pyrazinecarboxamidines

Note: Carboxylic esters give amides by aminolysis; carboximidic esters give amides and/or esters by hydrolysis but amidines by aminolysis.

Ethyl 5-methoxy-2-pyrazinecarboxylate (**77**) gave 5-methoxy-2-pyrazinecarboxamide (**78**) (NH_3—EtOH, 20°C, sealed, 12 h: >95%);[1681] ethyl 5-oxo-4,5-dihydro-2-pyrazinecarboxylate (**79**, R = OEt) gave 5-oxo-4,5-dihydro-2-pyrazinecarboxamide (**79**, R = NH_2) (NH_4OH, 100°C, sealed, 3.5 h: >95%).[1681]

Ethyl 3-amino-6-phenyl-2-pyrazinecarboxylate (**80**, R = OEt) gave 3-amino-*N*-methyl-6-phenyl-2-pyrazinecarboxamide (**80**, R = NHMe) [$MeNH_2$, H_2O, 80°C, sealed (?), 2 h: 85%];[1522] also many analogues and homologues likewise].[1339,1517,1522,1604]

Ethyl 4-methyl-2-piperazinecarboxylate (**81**, R = OEt) gave 4-methyl-2-piperazinecarboxamide (**81**, R = NH_2) (NH_3—MeOH, 30°C, 9 days: ~80%).[128]

N-Methoxycarbonylmethyl-2-pyrazinecarboxamide (**82**, R = OMe) gave *N*-carbamoylmethyl-2-pyrazinecarboxamide (**82**, R = NH_2) (NH_3—MeOH, 0°C, 2 h: 48%).[488]

Methyl 3-amino-2-pyrazinecarboxylate (**83**, R = OMe) gave 3-amino-*N*-hydroxy-2-pyrazinecarboxamide (**83**, R = NHOH) (H_2NOH, EtOH, reflux, 5 h: 24%).[1121]

Ethyl 3,5-diamino-6-chloro-2-pyrazinecarboximidate hydrochloride (**84**) gave 3,5-diamino-6-chloro-*N*-cyano-2-pyrazinecarboxamidine (**85**) (H$_2$NCN, K$_2$CO$_3$, MeOH, 20°C, 30 h: > 64%).[595]

Dimethyl 2,3-pyrazinedicarboximidate (**86**) gave a mixture of 2,3-pyrazinedicarboxamide (**87**) and methyl 3-carbamoyl-2-pyrazinecarboxylate (**88**) (10 M HCl, 20°C, 8 h: 16 and 15%, respectively, after separation).[1127]

Also other examples.[38,89,116,144,488,597,611,648,713,846,971,1011,1047,1068,1256,1555,1668]

Conversion into Pyrazinecarbohydrazides or Pyrazinecarboxamidrazones

Methyl 2-pyrazinecarboxylate (**90**) gave *N'*-methyl-2-pyrazinecarbohydrazide (**89**) without any of the *N*-methyl isomer (**91**) [MeHNNH$_2$, EtOH, reflux, 12 h: 81%; the isomer (**91**) can be made from 2-pyrazinecarbonyl chloride: see Section 8.3.2]; analogous esters behaved similarly to give, for example, 3-amino-*N'*-methyl-2-pyrazinecarbohydrazide (71%).[1265]

Methyl 3-(pyrrol-1-yl)-2-pyrazinecarboxylate (**92**, R = OMe) gave 3-(pyrrol-1-yl)-2-pyrazinecarbohydrazide (**92**, R = NHNH$_2$) (H$_2$NNH$_2$·H$_2$O, EtOH, reflux, 1 h: 54%).[94]

Methyl 2-pyrazinecarboximidate (**93**) gave *N*-(pyridin-2-yl)-2-pyrazinecarboxamidrazone (**94**) [2-hydrazinopyridine, dioxane, rapidly (no details): 62%]; analogues likewise.[719]

Also other examples.[488,603,858,941]

Conversion into Guanidinocarbonylpyrazines or Related Derivatives

Note: Guanidinocarbonyl, ureidocarbonyl, and related derivatives might be known more logically as guanidinoformyl or the like. However, in view of established usage (e.g., H 270), the carbonyl nomenclature is retained in this book.

Methyl 2-amino-6-phenoxy-2-pyrazinecarboxylate (**95**) gave 3-guanidinocarbonyl-5-phenoxy-2-pyrazinamine (**96**) [HN=C(NH$_2$)$_2$, MeOH, 40°C, 5 min: 90%].[713]

Methyl 3-amino-6-methyl-5-phenyl-2-pyrazinecarboxylate gave 3-guanidinocarbonyl-5-methyl-6-phenyl-2-pyrazinamine (**97**) [HN=C(NH$_2$)$_2$, boiling MeOH, 1 min: 83%].[941]

Methyl 2-pyrazinecarboxylate (**98**) gave 2-ureidocarbonylpyrazine (**99**) (H$_2$NCONH$_2$, KH, THF; then substrate ↓, 0 → 20°C, 2 h: 78%).[1625]

Also other examples.[725]

Reduction to Pyrazinecarbaldehydes

Methyl 2-pyrazinecarboxylate (**100**) gave 2-pyrazinecarbaldehyde (**101**) (LiAlH$_4$, THF, −70°C, 45 min: 67%;[236,476] HAlBu$^i_2$, CH$_2$Cl$_2$, no details: 26%).[460]

Claisen Conversion into Pyrazine Ketones

Note: Reactions of the mixed-Claisen type afford a convenient route from pyrazinecarboxylic esters to some pyrazine ketones.

Methyl 2-pyrazinecarboxylate (**103**, R = Me) gave 2-(methoxycarbonylacetyl)pyrazine (**102**) (AcOMe, NaH, trace MeOH, MeOCH$_2$CH$_2$OMe, Δ, reflux, <6 h: 33%).[410]

Ethyl 2-pyrazinecarboxylate (**103**, R = Et) gave 2-(methylsulfonylacetyl)pyrazine (**104**) [Me$_2$SO$_2$, NaH, Me$_2$SO (solvent), 65°C, N$_2$, 30 min; then substrate ↓, THF, 65°C, 1 h: 30%].[396]

Methyl 2-pyrazinecarboxylate (**103**, R = Me) gave 2-(*m*-trifluoromethylbenzoyl)pyrazine (**105**) [*m*-BrC$_6$H$_4$CF$_3$, BuLi, Et$_2$O—THF, −80°C, N$_2$, 2 h; then substrate ↓, −80 → 20°C (slowly): 80%].[345]

Ethyl 2-pyrazinecarboxylate (**103**, R = Et) gave 2-acetoacetylpyrazine (**106**) (AcMe, EtOK, THF, reflux, 6 h: crude), characterized by cyclocondensation with H$_2$NNH$_2$ to give 2-(5-methylpyrazol-3-yl)pyrazine (**107**) (EtOH—H$_2$O, reflux, 5 h: 44% overall).[1501]

Also other examples.[729,837,1022,1057,1122,1563]

Typical Cyclocondensations

Methyl 2-pyrazinecarboxylate (**108**) and 3-aminocrotonamide gave 6-methyl-2-(pyrazin-2-yl)-4(3*H*)-pyrimidinone (**109**) (EtONa, EtOH, reflux, 3 h: 25%).[1006]

Methyl 3-isothiocyanato-2-pyrazinecarboxylate (**110**) and 1,1-dimethylprop-2-ynylamine gave an inseparable 5:6 mixture of the isomers, 8,8-dimethyl-7-methylene-7,8-dihydro-10*H*-thiazolo[2,3-*b*]pteridin-10-one (**111**) and 9,9-dimethyl-9*H*,11*H*-[1,3]thiazino[2,3-*b*]pteridin-11-one (**112**) (MeOH, reflux, 6 h: 62% of mixture).[946]

1-Ethyl-2,3-dimethoxycarbonylpyrazinium tetrafluoroborate (**113**) and *N*-phenyl(thiourea) gave 7-ethyl-5,6-dimethoxycarbonyl-3-phenyl-3a,4,7,7a-tetrahydro-1*H*-imidazo[4,5-*b*]pyrazine-2(3*H*)-thione (**114**) (Et$_3$N, EtOH, 50°C, 2 h: 70%).[415]

Miscellaneous Reactions

2,3,5-Trimethyl-6-(1-methylallyl)oxycarbonylmethylpyrazine (**115**) underwent a Carrol type[1716] rearrangement with loss of CO_2 to give 2,3,5-trimethyl-6-(pent-3-enyl)pyrazine (**116**) [Ph$_2$O, 2,6-di-*tert*-butyl-4-methylphenol (radical inhibitor), 200°C, 18 h: 46%].[1384]

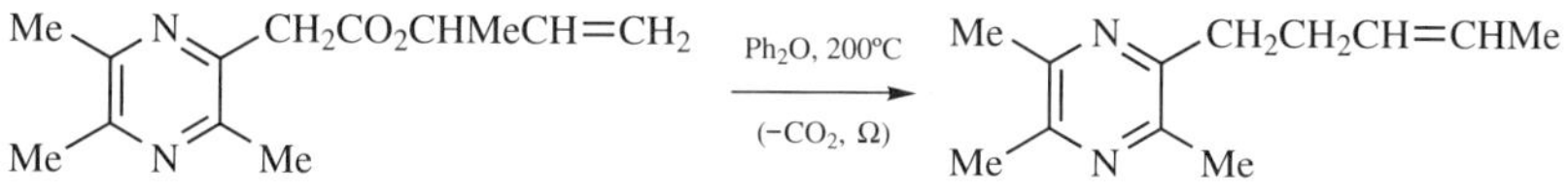

1-Ethyl-3,5-bis(methoxycarbonylmethyl)-4-methylpiperazine (**117**) gave 3-ethyl-9-methyl-3,9-diazabicyclo[3.3.1]nonan-7-one (**118**) (Bu^{t}OK, PhH, reflux, ? min; then dilute HCl, reflux, ? min: 64%).[1494]

S,S'-Diethyl 1,4-piperazinedicarbothioate (**119**) underwent oxidation to 1,4-bis(ethylsulfonylformyl)piperazine (**120**) (m-ClC$_6$H$_4$CO$_3$H, CH$_2$Cl$_2$, $-16 \rightarrow 20°$C, 5 h: 97%).[1359]

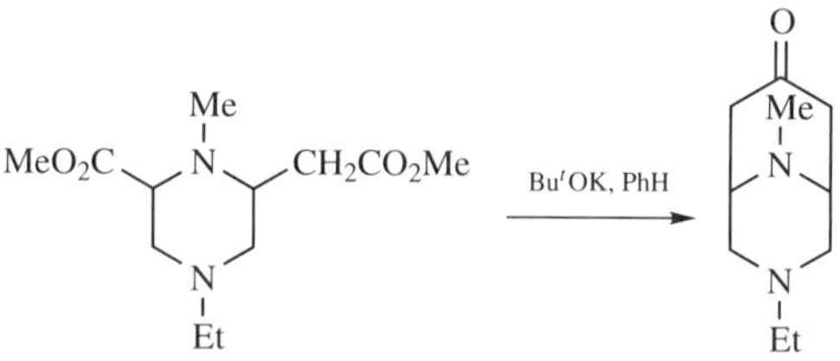

8.3. PYRAZINECARBONYL HALIDES (*H* 260, 264)

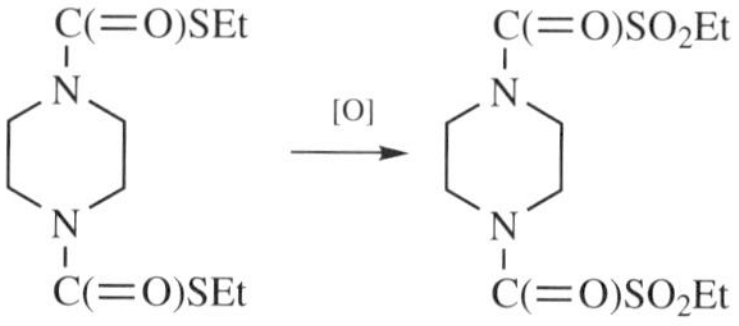

These useful intermediates are often used crude without characterization as such. This section also includes some phosphorus analogues.

8.3.1. Preparation of Pyrazinecarbonyl Halides (*H* 260)

In this category, only the chlorides have been used recently. Their usual preparative route *from pyrazinecarboxylic acids* has been discussed in Section 8.1.2. However, some 1/4-piperazinecarbonyl chlorides have been made by direct introduction or displacement, as illustrated in the following examples:

1-Methylpiperazine (**121**) gave 4-methyl-1-piperazinecarbonyl chloride (**122**) (COCl$_2$, CHCl$_3$, <5°C, 2 h: 78% as hydrochloride).[148]

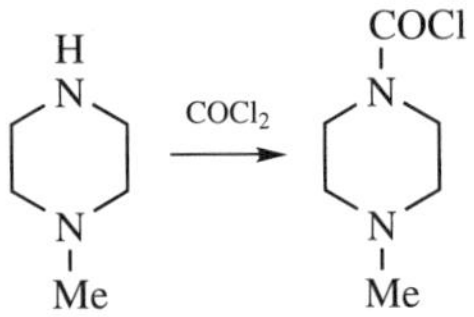

(121) **(122)**

1,4-Bis(trimethylsilyl)piperazine (**123**) gave 1,4-piperazinedi(thiocarbonyl) dichloride (**124**) ($CSCl_2$, CCl_4, $-23 \rightarrow 20°C$: >95%).[350]

Piperazine gave 1,4-bis(dichlorophosphinyl)piperazine (**125**) ($POCl_3$, Et_3N, Et_2O, $-20 \rightarrow 0°C$, 3 h; then 20°C, 30 min: 60%).[1357]

Also other examples.[623,1055]

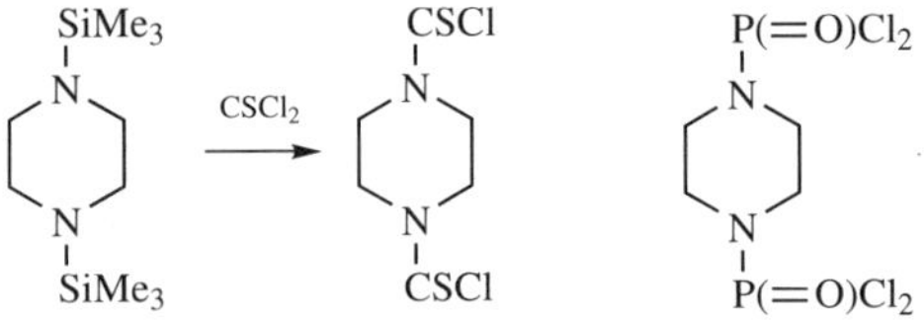

(123) **(124)** **(125)**

8.3.2. Reactions of Pyrazinecarbonyl Halides (*H* 264, 275)

The conversion of such *acyl halides into esters* has been covered in Section 8.2.1. They also undergo other important reactions, illustrated in the following examples:

Conversion into Pyrazinecarboxamides or Pyrazinecarbohydrazides

6-Chloro-2-pyrazinecarbonyl chloride (**126**) and 2-pyrazinamine gave 6-chloro-*N*-(pyrazin-2-yl)-2-pyrazinecarboxamide (**127**) (Et_3N, PhH, 20°C, 30 min: 85%).[505]

2-Pyrazinecarbonyl chloride gave 2-(aziridin-1-ylformyl)pyrazine (**128**) [$HN(CH_2)_2$, Et_3N, PhH—PhMe, $0 \rightarrow 20°C$, 2 h: 66%; analogues likewise).[8]

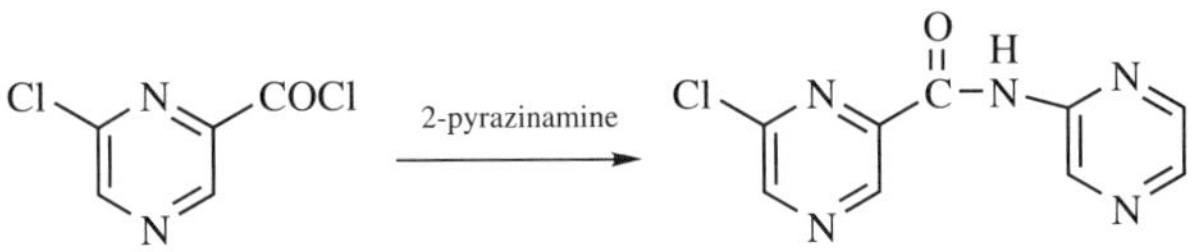

(126) **(127)**

Methyl 3-chloroformyl-2-pyrazinecarboxylate (**129**) gave methyl 3-carbamoyl-2-pyrazinecarboxylate (**130**) [HN(SiMe$_3$)$_2$, CHCl$_3$, 0°C → reflux, 90 min; then residue from evaporation, H$_2$O, reflux, 30 min: 75%. Note survival of the ester grouping under these conditions].[1185]

1,4-Piperazinedi(thiocarbonyl) dichloride (**131**) gave 1,4-bis[morpholino(thioformyl)]piperazine (**132**) [neat O(CH$_2$CH$_2$)NH, warmed briefly: >95%].[350]

2-Pyrazinecarbonyl chloride gave N-methyl-2-pyrazinecarbohydrazide (**133**) [MeHNNH$_2$, Et$_2$O, −35 → 20°C, slowly: 36%; the N′-methyl isomer (**134**) can be obtained from methyl 2-pyrazinecarboxylate (see Section 8.2.2)].[1265]

1,4-Bis(dichlorophosphinyl)piperazine (**135**) gave 1,4-bis[P-chloro-P-(cyclohexylamino)phosphinyl]piperazine (**136**, R = Cl) [C$_6$H$_{11}$NH$_2$(4 mol), MeCN,

0 → 20°C, 1 h: 88%] or 1,4-bis[bis(cyclohexylamino)phosphinyl]piperazine (**136**, R = NHC$_6$H$_{11}$) [C$_6$H$_{11}$NH$_2$ (8 mol), MeCN, 20°C, 12 h: 70%].[1357]

Also other examples.[148,477,506,973,1055,1094,1196]

Conversion into Pyrazine Ketones

Note: Several different methods are exemplified here.

2-Pyrazinecarbonyl chloride (**137**, R = H) gave 2-chloroacetylpyrazine (**139**, R = H) via the uncharacterized Arndt–Eistert type[1717] intermediate (**138**, R = H) (CH$_2$N$_2$, Et$_2$O—PhH, <5 → 20°C, 12 h; then HCl gas ↓ until N$_2$ ↑ ceased: 87%);[150] 6-phenyl-2-pyrazinecarbonyl chloride (**137**, R = Ph) likewise gave 2-chloroacetyl-6-phenylpyrazine (**139**, R = Ph) (>80%).[1015]

3-Chloro-2-pyrazinecarbonyl chloride (**140**, R = Cl) and *N*-(cyclopent-1-en-1-yl)pyrrolidine gave 2-chloro-3-[2-(pyrrolidin-1-yl)cyclopent-1-en-1-ylcarbonyl]pyrazine (**141**) (Et$_3$N, CH$_2$Cl$_2$, ~−40°C, N$_2$, 2 h: 63%).[382]

Methyl 3-chloroformyl-2-pyrazinecarboxylate (**140**, R = CO$_2$Me) and *p*-dimethoxybenzene gave methyl 3-(2,5-dimethoxybenzoyl)-2-pyrazinecarboxylate (**142**) (SnCl$_4$, CH$_2$Cl$_2$, 5°C → reflux, 22 h: 41%).[1123]

2-Pyrazinecarbonyl chloride (**140**, R = H) gave 2-(ethoxycarbonylacetyl)pyrazine (**143**) [HO$_2$CCH$_2$CO$_2$Et, BuLi, 2,2′-bipyridine (bpy) (catalyst), THF, −70 → −10°C; substrate ↓, −70°C: 91%].[1399]

2,3-Pyrazinedicarbonyl dichloride (**144**) and cyclohexyl isocyanate gave 3-[α-chloro-α-(cyclohexylimino)acetyl]-2-pyrazinecarbonyl chloride (**145**) (PhH, 20°C, 1 h; then 60°C, 45 min: 54%).[523]

Also other examples.[275,1091]

Miscellaneous Reactions

2-Pyrazinecarbonyl chloride (**146**) with benzophenone oxime gave the ester-like intermediate (**147**) (pyridine, no details: >75%) and thence, by irradiation in benzene, 2-phenylpyrazine (**148**) (*hν* but no details: 73%);[1436] irradiation in pyridine gave a mixture of 2-(pyridin-2-yl)-, 2-(pyridin-3-yl)-, and 2-pyridin-4-yl)pyrazine.[1436]

3-(Pyrrol-1-yl)-2-pyrazinecarbonyl chloride gave the corresponding azide [substrate (made *in situ*), NaN$_3$, H$_2$O—AcMe, 0°C, 2 h: 21% overall].[94]

8.4. PYRAZINECARBOXAMIDES, PYRAZINECARBOXAMIDINES, AND RELATED DERIVATIVES (*H* 275, 305)

Although they are important in their own right, such derivatives of pyrazine have assumed added interest on account of the antitubercular activity of 2-pyrazincarboxamide (pyrazinamide) and the antihyperglycemic activity of glipizide (see Section 5.6). Thus the X-ray structure of 2-pyrazinecarboxamide has been redetermined in several laboratories,[887,1004,1157] the X-ray analyses of several other quite complicated pyrazinecarboxamides have been reported,[1232,1733] and a variety of glipizide analogues has been prepared.[705,706,1050]

8.4.1. Preparation of Pyrazinecarboxamides and the Like (*H* 275, 305)

Several routes to such derivatives have been covered already: *by primary synthesis* (Chapters 1 and 2), *from halogenopyrazines by displacement* (Section 4.2.9), *from pyrazinecarboxylic acids* (Section 8.1.2), *from pyrazinecarboxylic esters* (Section 8.2.2), and *from pyrazinecarbonyl halides* (Section 8.3.2). The remaining methods of preparation are illustrated in the following examples:

By Homolytic Carbamoylation

Pyrazine gave 2-pyrazinecarboxamide (**149**) (HCONH$_2$, H$_2$O$_2$, FeSO$_4$, H$_2$SO$_4$, H$_2$O, 60°C, 4 h: 96%, allowing for some recovered substrate).[356]

2-Benzyl-5,6-dimethylpyrazine (**150**) gave 3-benzyl-5,6-dimethyl-2-pyrazinecarboxamide (**151**) (HCONH$_2$, Bu^{t}O$_2$H, FeSO$_4$, H$_2$SO$_4$, H$_2$O, 10°C, ? h: 31%).[1462] Also other examples.[503]

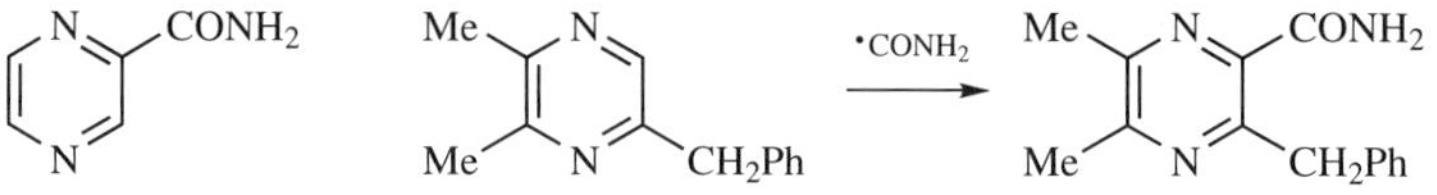

(**149**)　(**150**)　(**151**)

From Pyrazinecarbonitriles

Note: Pyrazinecarbonitriles give pyrazinecarboxamides by H$_2$O addition, pyrazinecarbothioamides by H$_2$S addition, and pyrazinecarboxamidines directly (or indirectly via carboxamidic esters) by the addition of ammonia or amines.

5-Oxo-4,5-dihydro-2,3-pyrazinedicarbonitrile (**153**) gave 5-oxo-4,5-dihydro-2,3-pyrazinedicarboxamide (**152**) (10 M HCl, 20°C, 3 h: 30%) or 3-carbamoyl-6-oxo-1,6-dihydro-2-pyrazinecarboxylic acid (**154**) (2.5 M NaOH, reflux, 10 min: 58%; or 10% Na$_2$CO$_3$, reflux, 8 h: 26%).[85]

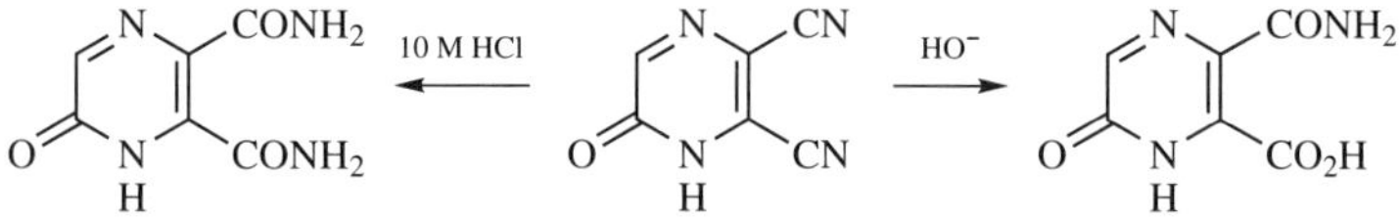

(**152**)　(**153**)　(**154**)

5,6-Diphenyl-2,3-pyrazinedicarbonitrile (**155**) gave 3-cyano-5,6-diphenyl-2-pyrazinecarboxamide (**156**) (H$_2$O$_2$, Na$_2$MoO$_4$, H$_2$O—EtOH—AcMe, 60°C, 4 days: 80%);[752] 3-amino-6-methyl-5-phenyl-2-pyrazinecarbonitrile gave the corresponding carboxamide (H$_2$O$_2$, Na$_2$CO$_3$, H$_2$O—AcMe, 20°C, 12 h: 81%, a classical Radziszewski reaction).[941]

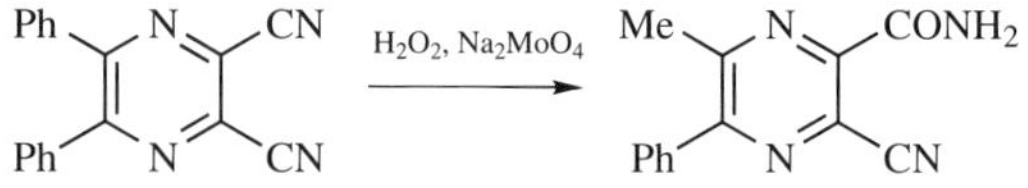

(**155**)　(**156**)

3-Butylamino-6-(3,4-dimethoxyphenyl)-2-pyrazinecarbonitrile (**157**, R = CN) gave the corresponding carboxamide (**157**, R = CONH$_2$) (Al$_2$O$_3$, CHCl$_3$, 20°C, 24 h: >95%).[1298]

5-Cyano-3-diethylamino-2-pyrazinecarboxamide (**158**) gave 3-diethylamino-5-thiocarbamoyl-2-pyrazinecarboxamide (**159**) (NH$_4$SH, MeOH—H$_2$O, 5°C, 12 h: 75%; homologues likewise).[510]

3-Oxo-3,4-dihydro-2-pyrazinecarbonitrile (**160**) gave 3-oxo-3,4-dihydro-2-pyrazinecarboxamide oxime (**161**) (H$_2$NOH, MeOH, 0 → 20°C, 1 h: 86%).[1296]

3-Amino-6-chloro-5-dimethylamino-2-pyrazinecarbonitrile (**162**) gave the unisolated carboximidate (**163**) (MeONa, MeOH, 20°C, 30 h), and thence 3-amino-6-chloro-*N*-cyano-5-dimethylamino-2-pyrazinecarboxamidine (**164**) (H$_2$NCN, 20°C, 5 h: ~40% overall).[611]

Also other examples.[243,262,503,608,747,811,858,1010,1068,1669]

By Miscellaneous Methods

2-Pyrazinecarbonyl azide (**165**) gave 2-pyrazinecarboxanilide (**166**) (PhNH$_2$, MeOCH$_2$CH$_2$OMe, 20°C, <12 days: 86%).[1130]

1-Methylpiperazine (**167**) gave 4-methyl-1-piperazinecarboxamide (**168**) (KOCN, AcOH—H$_2$O, 20°C, 4 days: ~40%, characterized as its methiodide).[624]

2,2,3,3-Tetramethyl-1,4-piperazinediol (**169**, R = H) gave 2,2,3,3-tetramethyl-1,4-bis(phenylcarbamoyloxy)piperazine (**169**, R = CONHPh) (PhNCO, PhH, reflux, 15 min: 94%).[702]

Also other examples.[488]

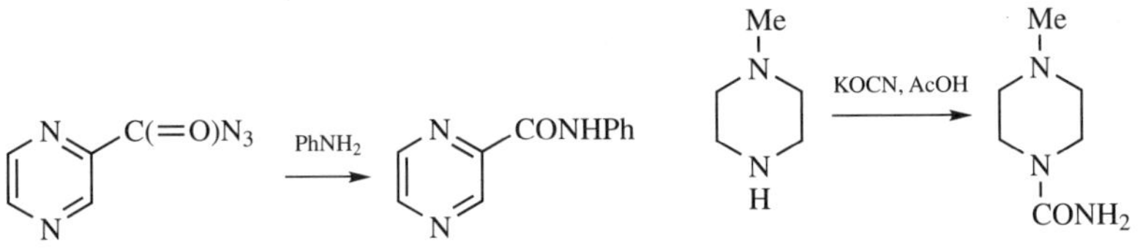

8.4.2. Reactions of Pyrazinecarboxamides and the Like (*H* 279, 306)

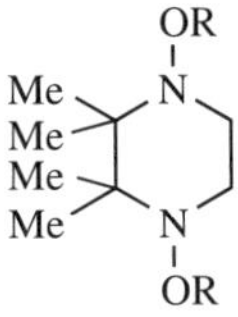

Two important reactions in this category have been covered already: *Hofmann degradation to pyrazinamines* (Section 7.3.1) and *hydrolysis to pyrazinecarboxylic acids* (Section 8.1.1). The remaining reactions of pyrazinecarboxamides and related derivatives are illustrated in the following examples:

Thiation to Pyrazinecarbothioamides

6-Chloro-5-propyl-2-pyrazinecarboxamide (**170**) gave 6-chloro-5-propyl-2-pyrazinecarbothioamide (**171**) [Lawesson's reagent (Chapter 5: formula 43), PhMe, 110°C, 4 h: 79%]; homologues likewise.[511]

3-Amino-*N*-methyl-2-pyrazinecarboxamide (**172**) gave 3-amino-*N*-methyl-2-pyrazinecarbothioamide (**173**) (Lawesson's reagent, OP(NMe$_2$)$_3$, 120°C, 12 h: 15%).[654]

Note: Phosphorus pentasulfide has also been used for such thiations.[1137]

Dehydration to Pyrazinecarbonitriles

Note: The dehydration of pyrazinecarboxamides may be accomplished with a variety of reagents as exemplified here.

2,3-pyrazinedicarboxamide (**175**) gave 3-cyano-2-pyrazinecarboxamide (**174**) [SOCl$_2$ (1 mol), Me$_2$NCHO, 45°C, 3 h: 51%][474] or 2,3-pyrazinedicarbonitrile (**176**) [SO$_2$Cl (excess?), Me$_2$NCHO, <0 → 20°C, (?), 2 days: 32%;[1668] or MeO$_2$CNSO$_2$NEt$_3$ (Burgess reagent), THF, reflux, A, 3 h: 90%].[889]

2-Pyrazinecarboxamide (**177**) gave 2-pyrazinecarbonitrile (**178**) (neat POCl$_3$, 100°C, 90 min: 85%);[509] 5-oxo-4,5-dihydro-2-pyrazinecarboxamide gave 5-chloro-2-pyrazinecarbonitrile (**179**) (likewise: 72%; note additional conversion of the oxo into a chloro substutuent);[1681] and 6-amino-2-pyrazinecarboxamide gave 6-amino-2-pyrazinecarbonitrile (POCl$_3$, Me$_2$NCHO, 50°C, 45 min: 55%).[38]

4-Benzyl-1-piperazinecarboxamide (**180**) gave 4-benzyl-1-piperazinecarbonitrile (**181**) (Et$_3$N, NaOH, H$_2$O—CH$_2$Cl$_2$, 20°C, then CHCl$_3$ ↓ slowly, 20 → 35 → 20°C: 31%).[972]

Miscellaneous Minor Reactions

5-Propyl-2-pyrazinecarboxamide (**182**, R = H) gave 5-propyl-2-pyrazinecarbohydrazide (**182**, R = NH$_2$) (H$_2$NNH$_2$.H$_2$O; for details see original).[1137]

2,3-Pyrazinecarboxamide gave 2,3-pyrazinedicarboximide (**183**) (SOCl$_2$, Me$_2$N-CHO, 75°C, 3 h: 30%; minimal detail).[474]

2-Pyrazinecarboxamide underwent nuclear reduction to 2-piperazinecarboxamide (**184**) (H$_2$, Pd/C, H$_2$O—EtOH, 50°C, ~3 atm, 2 h: 64%).[1355]

2-Pyrazinecarboxamide underwent Mannich alkylation to afford N-(dibenzylaminomethyl)-2-pyrazinecarboxamide (**185**) [HN(CH$_2$Ph)$_2$, CH$_2$O; for details see original][967] or N-acylation to give N-acetyl-2-pyrazinecarboxamide (**186**) (Ac$_2$O: for further details, see original).[1234]

3-Oxo-3,4-dihydro-2-pyrazinecarboxamide oxime (**187**, R = H) gave N-acetoxy-3-oxo-3,4-dihydro-2-pyrazinecarboxamidine (**187**, R = Ac) (neat Ac$_2$O, 20°C, 4 h: 70%).[1115]

The N-heteroarylation of 2-pyrazinecarboxamide has been reported briefly.[1729]

Typical Cyclizations

3-Amino-*N*-methyl-6-phenyl-2-pyrazinecarboxamide (**188**) gave 3-methyl-6-phenyl-4(3*H*)-pteridinone (**189**) [neat HC(OEt)$_3$, 145°C, open flask, 6 h: 78%; homologues likewise].[1522]

N-Acetoxy-3-amino-2-pyrazinecarboxamidine (**190**) gave 3-(5-methyl-1,2,4-oxadiazol-3-yl)-2-pyrazinamine (**191**) (AcOH, reflux, 90 min: 72%) that underwent isomerization to 3-acetamido-1*H*-pyrazolo[3,4-*b*]pyrazine (**192**) (EtONa, Me$_2$NCHO, reflux, 1 h: 60%).[1115]

2-Pyrazinecarbothioamide (**193**) and α-bromo-*p,p'*-dimethoxydeoxybenzoin (**194**) gave 2-(4,5-bis-*p*-methoxyphenylthiazol-2-yl)pyrazine (**195**) (MeCN, 60°C, 50 min: 42%).[108]

Also other examples.[144,343,823,978,997,1141,1151,1595]

8.5. PYRAZINECARBOHYDRAZIDES AND PYRAZINECARBONYL AZIDES (*H* 243)

Satisfactory treatment of these pyrazine derivatives is precluded by paucity of recent data. However, the brief notes that follow may prove of some use.

PREPARATION. Pyrazinecarbohydrazides have been made *by primary synthesis* (see Chapters 1 and 2), *from pyrazinecarboxylic esters* (see Section 8.2.2), *from pyrazinecarbonyl halides* (see Section 8.2.3), and *by transamination of pyrazinecarboxamides* (see Section 8.4.2).

Pyrazinecarbonyl azides have been made *from pyrazinecarbonyl halides* (see Section 8.3.2) but more usually *from pyrazinecarbohydrazides with nitrous acid* as exemplified here.

2-Pyrazinecarbohydrazide (**196**) gave 2-pyrazinecarbonyl azide (**197**) (dilute HCl, NaNO$_2$, 0 → 20°C, 2 h: ?%).[1130]

3-(Pyrrol-1-yl)-2-pyrazinecarbohydrazide (**198**) gave 3-(pyrrol-1-yl)-2-pyrazinecarbonyl azide (**199**) (AcOH—H$_2$O, NaNO$_2$, 20°C, 20 min: 32%).[94]

N-(Hydrazinocarbonylmethyl)- (**200**) gave *N*-(azidoformylmethyl)-2-pyrazinecarboxamide (**201**) (dilute HCl, NaNO$_2$, 0°C, 1 h: 775).[488]

REACTIONS. Pyrazinecarbohydrazides have been *converted into pyrazinecarbonyl azides* (see preceding paragraph). They also undergo minor reactions illustrated by the following examples:

3-Amino-6-methyl-5-phenyl-2-pyrazinecarbohydrazide (**202**) gave 3-amino-N'-isopropylidene-6-methyl-5-phenyl-2-pyrazinecarbohydrazide (**203**) (AcMe, reflux, 4 h: > 73%).[941]

2-Pyrazinecarbohydrazide (**204**) gave N'-[N-phenyl(thiocarbamoyl)]-2-pyrazinecarbohydrazide (**205**) (PhNCS, for details see original: > 35%; also analogues likewise).[1145]

2-Pyrazinecarbohydrazide (**204**) and 4-ethoxymethylene-2-phenyloxazolin-5-one (**206**) gave N,N'-bis(2-pyrazinecarbonyl)hydrazine (**207**) and 4-benzamidopyrazolin-3-one (**208**) (dioxane, reflux, 30 min: 90%; the mechanism of hydrogen removal is discussed).[1605]

3-Amino-2-pyrazinecarbohydrazide (**209**) and benzamidine gave 3-(1,2,4-triazol-3-yl)-2-pyrazinamine (**210**) [PhCl, reflux, 48 h (?): 66%].[1480]
Also other examples.[1009,1184,1187,1227,1257,1265,1633]

Pyrazinecarbonyl azides may be *converted into pyrazinamines* (see Section 7.3.1) or *into pyrazinecarboxamides or pyrazinecarboxanilides* (see Section 8.4.1). In addition, two molecules of 3-(pyrrol-1-yl)-2-pyrazinecarbonyl azide (**211**) in warm water for 15 min have been reported to give N,N'-bis[3-(pyrrol-1-yl)pyrazin-2-yl]urea (**212**) in 32% yield.[94]

(**211**)   (**212**)

8.6. PYRAZINECARBONITRILES (*H* 288)

Pyrazinecarbonitriles are important, especially as convenient intermediates for a variety of other pyrazine derivatives.

Recent general spectral studies of such nitriles include the vibration spectra of 2-pyrazinecarbonitrile and a ($>99\%$) ^{15}N-isotopic version;[1172] the mass spectra of 2,3-pyrazinedicarbonitrile, its 5,6-diphenyl derivative, and 2,3,5,6-pyrazinetetracarbonitrile for comparison with those of analogous heterocyclic nitriles;[1406] and the ^{13}C NMR spectra of 2-pyrazinecarbonitrile and the like for correlation with their reactivities toward acetone enolate anions.[251] The structure–activity relationship of pyrazinecarbonitriles as herbicides has been reported.[1048]

8.6.1. Preparation of Pyrazinecarbonitriles (*H* 288, 308)

All the major routes to pyrazinecarbonitriles have been discussed already: *by primary synthesis* in Chapters 1 and 2; *by cyanolysis of halogenopyrazines* in Sections 4.2.8 and 4.4; *by deoxidative cyanation of pyrazine N-oxides* in Section 5.5.2.4; *by the rare cyanolysis of nitropyrazines* in Section 7.1.2; *by cyanolysis of trimethylammoniopyrazine salts*: no recent examples; *by dehydration of pyrazinecarboxamides* in Section 8.4.2; and *by passenger introduction of a cyano group* in a variety of ways, for example, by cyanoalkylation.

In addition, 1-benzyl-4-methyl-2-piperazinol (**213**) reacted with trimethylsilyl cyanide and boron trifluoride etherate to give 1-benzyl-4-methyl-2-piperazinecarbonitrile (**214**) (72% after separation from an isomer), which underwent partial dehydrogenation by *m*-chloroperoxybenzoic acid to afford 1-benzyl-4-methyl-1,4,5,6-tetrahydro-2-pyrazinecarbonitrile (**214a**) in 53% yield;[822] also, the oxime, 3-amino-6-hydroxyiminomethyl-2-pyrazinecarbonitrile 4-oxide (**215**) underwent dehydration (and other reactions) on treatment in phosphoryl chloride-dimethylformamide at $0 \rightarrow 20°C$ during 12 h to afford 3-chloro-5-dimethylaminomethyleneamino-2,6-pyrazinedicarbonitrile (**215a**) in 46% yield.[775]

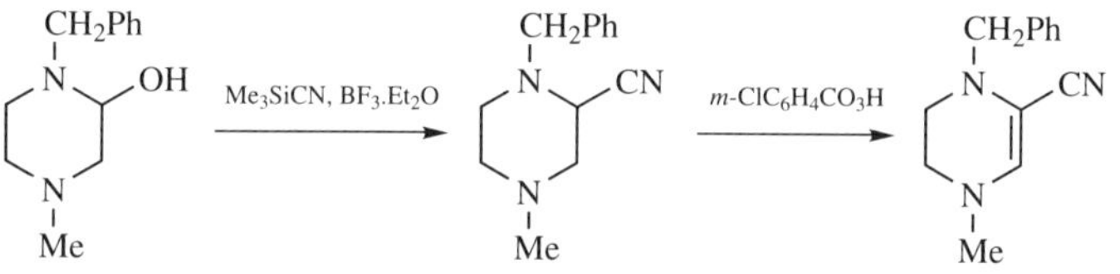

(**213**) (**214**) (**214**a)

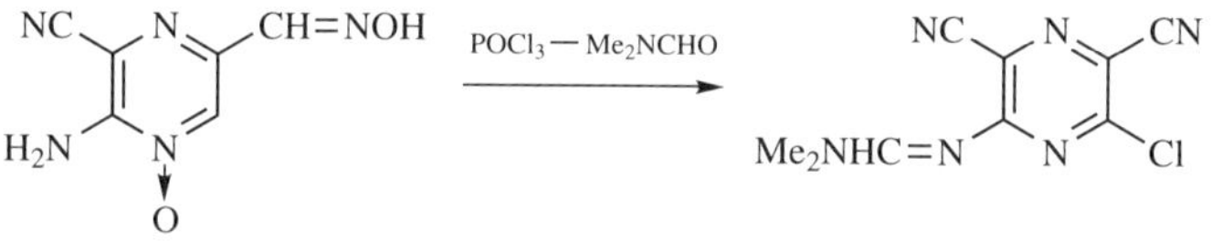

(**215**) (**215a**)

8.6.2. Reactions of Pyrazinecarbonitriles (*H* 290, 308)

Reactions of pyrazinecarbonitriles already discussed include *photochemical alkanelysis* (Section 3.2.1.3), *reduction to aminomethylpyrazines* (Section 7.3.1), *hydrolysis to pyrazinecarboxylic acids* (Section 8.1.1), *alcohol addition to afford pyrazinecarboximidic esters* (and thence hydrolysis to regular esters) (Section 8.2.1), and *conversion into pyrazinecarboxamides or the like* (Section 8.4.1).

Other reactions of pyrazinecarbonitriles are illustrated in the following classified examples:

Hydrogenolysis

Note: This reaction is usually done by one-pot hydrolysis to the corresponding carboxylic acid and decarboxylation thereof.

2-(α-Cyanobenzyl)pyrazine (**216**) gave 2-benzylpyrazine (**217**) (60% H_2SO_4, reflux, 3 h: 64%).[69]

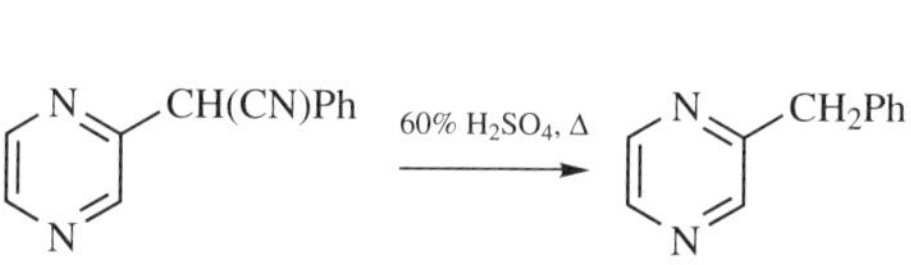

(**216**) (**217**)

5-(3,4-Dimethoxyphenyl)-2,3-pyrazinedicarbonitrile (**218**) gave a separable mixture of 5-(3,4-dimethoxyphenyl)- (**219**) and 6-(3,4-dimethoxyphenyl)-2-pyrazineecarbonitrile (**220**) (hυ, Et₃N, MeCN: 80% of a 6:1 mixture);[1372] also analogous reactions.[570,1072,1372,1703]

Conversion into Pyrazine Ketones

Note: This reaction is usually done with a Grignard or lithium reagent but oxidative displacement of extranuclear cyano groups may be used in appropriate cases.

2-Pyrazinecarbonitrile (**222**) gave 2-acetylpyrazine (**221**) [MeMgI (made *in situ*), Et₂O, 0°C, 1 h: 40%; homologues likewise],[509,1220] 2-benzolypyrazine (**223**) [PhMgBr (made *in situ*), Et₂O—PhH, 5–10°C, N₂, 12 h: 70%],[181] or 2-cyclopropylformylpyrazine (**224**) [LiCH(CH₂)₂ (made *in situ*), Et₂O, −30°C, A, 3 h, then 20°C, 12 h: 60%].[1566]

2-(α-Cyanobenzyl)pyrazine (**225**) gave 2-benzoylpyrazine (**223**) (NaH, THF, 20°C, 5 min, then O₂↓ until colorless: 93%;[309] or NaOH, PhCH₂Et₃NCl, PhMe—H₂O, open to air, 20°C, 3 h: 93%].[1518]

Formation of Complexes

Association constants have been measured for the 1:1 complexes formed from 2,3,5,6-pyrazinetetracarbonitrile and 15-crown-5, 18-crown-6, benzo-15-crown-5, dibenzo-18-crown-6, or dibenzo-24-crown-8 ethers.[475]

Spectral data have been reported for the charge-transfer complexes formed from 2,3,5,6-pyrazinetetracarbonitrile and each of 29 benzene derivatives bearing alkyl, alkenyl, halogeno, or alkoxy substituents.[771]

Typical Cyclizations

3-Amino-2-pyrazinecarbonitrile (**226**) gave 3-(5-phenyl-2H-1,2,4-triazol-3-yl)-2-pyrazinamine (**227**) [BzHNNH$_2$, Ph$_2$O, reflux, <6 h (TLC monitored): 35%], and thence 2-phenyl[1,2,4]triazolo[1,5-c]pteridin-5(6H)-one (**228**) (neat EtO$_2$CNH$_2$, reflux, 24 h: 50%).[1589]

5,6-Diethyl-2,3-pyrazinedicarbonitrile (**229**) gave 2,3-diethyl-5,6-bis(tetrazol-5-yl)pyrazine (**230**) (NaN$_3$, NH$_4$Cl, LiCl, Me$_2$NCHO, 110°C, 3 days: 76%);[533] several analogues and homologues were made similarly.[363,533,1181]

2-Pyrazinecarbonitrile was converted into crude methyl 2-pyrazinecarboximidate (**231**), and thence with 3,4-pyridinediamine (**232**) into 2-(pyrazin-2-yl)imidazo[4,5-c]pyridine (**233**) [MeONa, MeOH, 20°C, 5 h: intermediate; then (**232**) ↓, MeOCH$_2$CH$_2$OMe, reflux, 6 h: 15%, as hydrochloride].[710]

2,3-Pyrazinedicarbonitrile (**235**, R = CN) gave pyrazino[2,3-*d*]pyridazine-5,8-diamine (**234**) (H$_2$NNH$_2$.H$_2$O, AcOH, 75°C, 3.5 h: 56%);[1118] 3-chloro-2-pyrazinecarbonitrile (**235**, R = Cl) gave 1*H*-imidazo[3,4-*b*]pyrazin-3-amine (**236**) (H$_2$NNH$_2$.H$_2$O, EtOH, reflux, 90 min: 53%).[1115]

Pyrazinium-1-dicyanomethylide (**237**) with benzyne (generated *in situ*) gave pyrazino[2.1-*a*]isoindole-6-carbonitrile (**238**) ("diphenyliodonium-2-carboxylate monohydrate", MeOCH$_2$CH$_2$OCH$_2$CH$_2$OCH$_2$CH$_2$OMe, 210°C, <2 h: 19%);[1531] also analogous reactions.[582]

5,6-Diphenyl-2,3-pyrazinedicarbonitrile (**239**) gave a cyclic dihydrotetramer, formulated as (**240**) [Mg, MgSO$_4$, OC(NH$_2$)$_2$, trace (NH$_4$)$_2$MoO$_4$, 270°C, 5 h; then demetalation of crude Mg complex by reprecipitation from 96% H$_2$SO$_4$: 47%].[435]

2,5-Bis(1,1-dicyanopent-4-ynyl)pyrazine (**241**) gave a separable mixture of 3-(1,1-dicyanopent-4-ynyl)-5,6-dihydro-7H-cyclopenta[b]pyridine-7,7-dicarbonitrile (**242**) and 3-(1,1-dicyanopent-4-ynyl)-5,6-dihydro-7H-cyclopenta[c]pyridine-7,7-dicarbonitrile (**243**) (PhNO$_2$, 120°C, N$_2$, 2 h: 53 and 35%, respectively) or 1,2,3,5,6,7-hexahydro-s-indacene-1,1,5,5-tetracarbonitrile (**244**) (PhNO$_2$, 210°C, 25 h: 60%); each bicyclic product (**242, 243**) also gave the tricyclic product (**244**) (PhNO$_2$, 210°C, 25 h: 68% from each). These reactions occurred via appropriate Diels–Alder adducts.[361]

Miscellaneous Reactions

2-Cyanoaminopyrazine (**245**) gave 2-(2-hydroxyguanidino)pyrazine (**246**) (H$_2$NOH, MeOH, 20°C, 54 h: 43%).[1116]

4-(2-Hydroxyethyl)-1-piperazinecarbonitrile (**247**) gave 4-(2-hydroxyethyl)-*N*-phenyl-1-piperazinecarboxamidrazone (**248**) (*o*-MeC$_6$H$_4$NHNH$_2$.HCl, PrOH, 110°C, N$_2$, 4 h: 75%).[687]

8.7. PYRAZINECARBALDEHYDES (*H* 294)

Although most pyrazinecarbaldehydes are reasonably stable toward aerial oxidation, they are often stored or characterized only as their acetals, oximes, hydrazones, or semicarbazones.

8.7.1. Preparation of Pyrazinecarbaldehydes (*H* 294)

Most of the usual routes to such aldehydes have been covered already: *by primary synthesis* in Chapters 1 and 2, *by oxidation of alkylpyrazines* in Section 3.2.4.1, *by oxidation of hydroxymethylpyrazines*, in Section 5.2.2, and *by reduction of pyrazinecarboxylic esters* in Section 8.2.2.

Pyrazinecarbaldehydes can of course be *recovered from their derivatives*: for example, the acetal, methyl 6-amino-5-cyano-3-diethoxymethyl- (**249**), gave methyl 6-amino-5-cyano-3-formyl-2-pyrazinecarboxylate (**250**) in 85% yield by selective hydrolysis in dilute hydrochloric acid at 20°C during 12 h;[773] likewise, the extranuclear acetal, 2-(3,3-diethoxypropyl)-3-ethoxycarbonylmethylpyrazine, gave 2-ethoxycarbonylmethyl-3-(2-formylethyl)pyrazine in 92% yield on hydrolysis in aqueous alcoholic hydrochloric acid at 35°C during 2 h.[1249]

The only other preparative method used recently involved *direct C-formylation* by one means or another, as illustrated in the following examples:

By Homolytic Formylation

2-Methoxypyrazine (**251**) gave 3-methoxy-2-pyrazinecarbaldehyde (**252**) (1,3,5-trioxane, 3% H_2SO_4, $FeSO_4$, 30% H_2O_2,: 13%), confirmed in structure by X-ray analysis of its 2,4-dinitrophenylhydrazone (**253**).[1216]

By Formylation of C-Metalated Substrates

2-Fluoropyrazine (**254**, X = F) gave 3-fluoro-2-pyrazinecarbaldehyde (**255**, X = F) [BuLi, $HN(CMe_2CH_2)_2CH_2$, THF, $-50 \rightarrow 0°C$, A, 20 min; then substrate ↓, $-78°C$, 5 min; then HCO_2Et ↓, $-78°C$, 1 h: 90%];[406] 2-chloropyrazine (**254**, X = Cl) gave 3-chloro-2-pyrazinecarbaldehyde (**255**, X = Cl) (broadly as before: 73%);[220] and 2-iodopyrazine (**254**, X = I) gave 3-iodo-2-pyrazinecarbaldehyde (**255**, X = I) [lithiation as before; then HCO_2Et ↓, or Me_2NCHO ↓, $(CH_2)_5NCHO$ ↓ : 19, 26, or 30%, respectively].[1613]

1,4-Dimethyl-3,6-dihydro-2,5(1*H*, 4*H*)-pyrazinedione (**256**, R = H) gave 1,4-dimethyl-3,6-dioxo-2-piperazinecarbaldehyde (**256**, R = CHO) (MeONa, THF, 0°C, 5 min; then HCO_2Et ↓, $0 \rightarrow 20°C$, 1 h, then reflux, 3 h: 96%).[760]
Also other examples.[1455]

By Formylation with a Vilsmeier Reagent

2-(Pyrrol-1-yl)pyrazine (**257**) gave 2-(2-formylpyrrol-1-yl)pyrazine (**258**) (POCl$_3$, Me$_2$NCHO, 0 → 20 → 100°C, 1 h: 56%).[94]

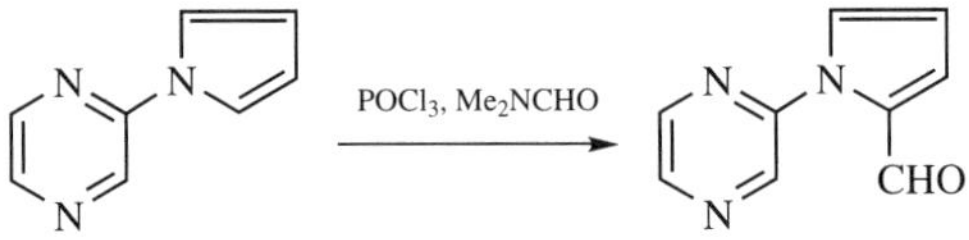

(**257**) → (**258**)

8.7.2. Reactions of Pyrazinecarbaldehydes (*H* 296)

Reactions of pyrazinecarbaldehydes already discussed include *reduction to hydroxyalkylpyrazines* (Section 5.2.1) and *oxidation to pyrazinecarboxylic acids* (Section 8.1.1); no *Cannizzaro disproportionations* appear to have been reported recently.

Other reactions are typified by the following classified examples:

Formation of Functional Derivatives

Note: Some categories of these derivatives are not well represented in the recent pyrazine literature.

5,6-Dicyano-3-methyl-2-pyrazinecarbaldehyde (**259**) gave the Schiff base, 5-methyl-6-phenyliminomethyl-2,3-pyrazinedicarbonitrile (**260**) (PhNH$_2$, A4 molecular sieves, AcOH, EtOH, 20°C, 4 h: ?%).[1599]

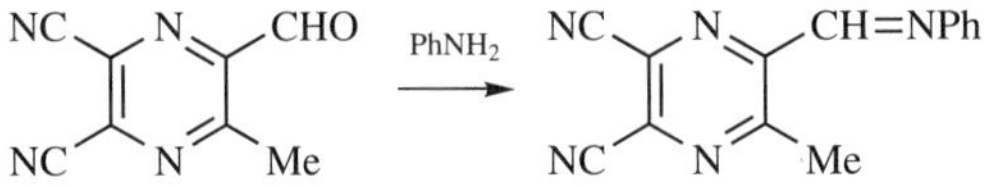

(**259**) → (**260**)

Methyl 6-amino-5-cyano-3-formyl-2-pyrazinecarboxylate 1-oxide (**261**, X = O) gave the Schiff base, methyl 6-amino-5-cyano-3-(*p*-ethoxycarbonylphenyliminomethyl)-2-pyrazinecarboxylate 1-oxide (**261**, X = *p*-EtO$_2$CC$_6$H$_4$N:) (EtO$_2$CC$_6$H$_4$NH$_2$-*p*, trace TsOH, PhMe, reflux, 1 h: 95%).[773]

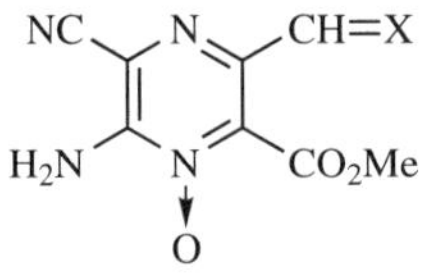

(**261**)

2-Pyrazinecarbaldehyde (**263**) gave the thiosemicarbazone, 2-thiosemicarbazonomethylpyrazine (**262**) [$H_2NHNC(=S)NH_2$, H_2O—EtOH: 78%].[593]

2-Pyrazinecarbaldehyde (**263**) gave the hydrazone, 2-hydrazonomethylpyrazine (**264**) (excess $H_2NNH_2 \cdot H_2O$, trace H_2SO_4, EtOH, 60°C, 3 h: ~80%).[476] Also other examples.[236,460,1216]

Conversion into Pyrazinecarboselen- and Pyrazinecarbotelluraldehydes

4-Methyl-1-piperazinecarbaldehyde (**266**) gave 4-methyl-1-piperazinecarboselenaldehyde (**265**) (Bu^i_2AlH, Se, PhMe, reflux, A, 1 h: then substrate ↓, 65°C, 3 h: 64%) or 4-methyl-1-piperazinecarbotelluraldehyde (**267**) (Bu^i_2AlH, Te, PhMe, reflux, A, 1 h; then substrate ↓, 25°C, 3 h: 49%); the active reagent appears to be a mixture of several compounds akin to $(Bu^i_2AlSe)_2$ or the Te equivalent.[160]

Alkylation to Pyrazine Ketones

2-Pyrazinecarbaldehyde (**268**) gave 2-acetylpyrazine (**269**) [CH_2N_2, Et_2O, 20°C, until no substrate (TLC): 10%].[1220]

Typical Cyclocondensations or Cyclizations

2-Pyrazinecarbaldehyde (**270**) and 6-(2,3-diaminophenyl)-5-methyl-4,5-dihydro-3(2H)-pyridazinone (**271**) gave 4-(4-methyl-6-oxo-1,4,5, 6-tetrahydropyridazin-3-yl)-2-(pyrazin-2-yl)benzimidazole (**272**) (33%).[686, cf. 1718]

3-Ethoxycarbonylmethylthio-2-pyrazinecarbaldehyde (**273**) gave ethyl thieno-[2,3-b]pyrazine-6-carboxylate (**274**) (Na_2CO_3, EtOH, reflux, 2 h: 94%).[1126]

Conversion into (2,2-Dibromovinyl)pyrazines

5-Isopropyl-3,6-dimethoxy-2-methyl-2,5-dihydro-2-pyrazinecarbaldehyde (**275**) gave 2-(2,2-dibromovinyl)-5-isopropyl-3,6-dimethoxy-2-methyl-2,5-dihydropyrazine (**276**) (CBr_4, PPh_3, CH_2Cl_2, 0°C, A, 30 min; then substrate ↓, 4 h: 81%).[528]

8.8 PYRAZINE KETONES (H 297)

Ketones are well represented in the pyrazine literature, both as final products and as intermediates.

A theoretical/NMR study of keto–enol tautomerism in 2-(2-methoxycarbonylacetyl)pyrazine (**277/278**) and other similarly substituted azines has been undertaken: the foregoing pyrazine exists in its enolic form (**278**) to the extent of 35% in deuterochloroform.[411] 1,4-Diacetyl-1,4-dihydropyrazine (**279**) gave the persistent radical cation (**279**)$^{\cdot+}$ on one-electron oxidation (cyclic voltammetry in MeCN—Bu$_4$NClO$_4$).[167]

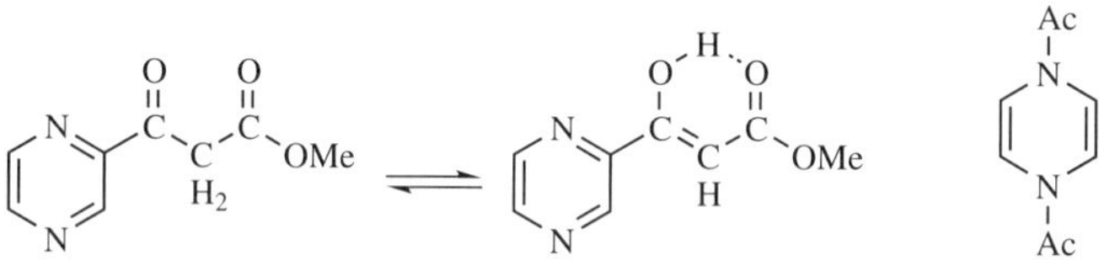

8.8.1 Preparation of Pyrazine Ketones (*H* 297)

Several major routes to pyrazine ketones have been covered already: *by primary synthesis* in Chapters 1 and 2, *by oxidation of aralkylpyrazines* in Section 3.2.4.1, *by oxidation of secondary hydroxyalkylpyrazines* in Section 5.2.2, *from pyrazinecarboxylic esters by the Claisen reaction* in Section 8.2.2, *from pyrazinecarbonyl halides* (using several methods) in Section 8.3.2, and *from pyrazinecarbonitriles with a Grignard* (or similar reagent) in Section 8.6.2.

The remaining routes to such ketones are illustrated in the following examples:

By Homolytic Acylation

Note: This method is prone to a lack of regioselectivity and individual yields can be poor, especially when two or more isomers can be formed.

Pyrazine (**281**) gave 2-propionylpyrazine (**280**) (EtCHO, Bu^{t}O$_2$H, H$_2$SO$_4$, FeSO$_4$, H$_2$O, 5–15°C, 75 min: 29%)[1383] or 2-acetylpyrazine (**282**) [MeCOCH$_2$CO$_2$H, AgNO$_3$, (NH$_4$)$_2$S$_2$O$_8$, F$_3$CCO$_2$H, H$_2$O—CH$_2$Cl$_2$, 40°C, 2 h: 54%].[842]

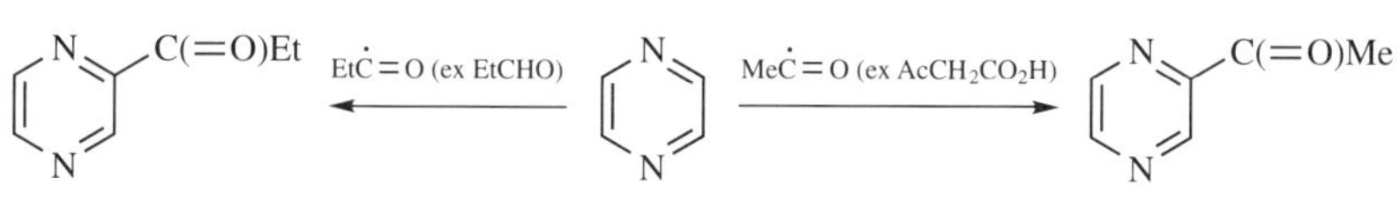

2-Pyrazinecarboxylic acid (**283**) gave 5-benzoyl-2-pyrazinecarboxylic acid (**284**) (PhCHO, Bu^{t}O$_2$H, FeSO$_4$, H$_2$SO$_4$—AcOH—H$_2$O, 50 → 20°C, 1 h: 14%); also homologues likewise.[217]

(**283**)   (**284**)   (**285**)

3-Amino-2-pyrazinecarbonitrile gave 6-acetyl-3-amino-2-pyrazinecarbonitrile (**285**) [MeCOCH$_2$CO$_2$H, AgNO$_3$, (NH$_4$)$_2$S$_2$O$_8$, H$_2$SO$_4$, H$_2$O—CH$_2$Cl$_2$, 40°C, 2 h: 74%]; analogues likewise.[1506]
Also other examples.[55,226,1383]

By Acylation of C-Lithiated Substrates

2-Chloropyrazine (**286**) gave 2-benzoyl-3-chloropyrazine (**288**) via the lithiated substrate (**287**) [LiN(CMe$_2$CH$_2$)$_2$CH$_2$ (made *in situ*), substrate ↓, THF, −78°C, 20 min; then BzNMeOMe ↓, −78°C (?), 90 min: 51%]; analogues likewise.[1564]

(**286**)   (**287**)   (**288**)

2,5-Diethoxy-3-isopropyl-6-methyl-3,6-dihydropyrazine (**289**) gave 2-acetyl-3,6-diethoxy-5-isopropyl-2-methyl-2,5-dihydropyrazine (**290**) (BuLi, THF, −80°C, 20 min; then AcCl ↓, −80°C, 2 h: 87%).[371]

(**289**)   (**290**)

2,5-Di-*sec*-butylpyrazine 1-oxide gave 2,5-di-*sec*-butyl-3-*p*-toluoylpyrazine 4-oxide (**291**) [LiN(CMe$_2$CH$_2$)$_2$CH$_2$ (prepared *in situ*), THF, −78°C, A, 20 min; then Me$_2$NCH$_2$CH$_2$NMe$_2$ ↓, −78°C, 20 min; then MeC$_6$H$_4$CO$_2$Me-*p* or

MeC$_6$H$_4$COCl↓, −78 → 0°C, 17 h: 72 or 59%, respectively; several other procedures gave lower yields].^{316}
Also other examples.^{832,1107,1388}

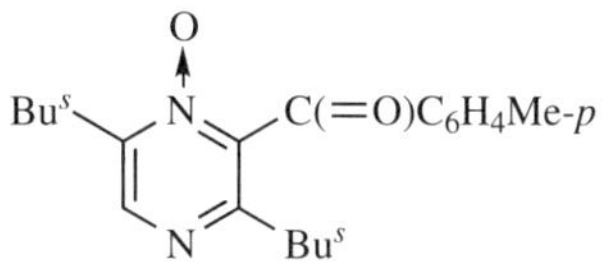

(291)

By Acylation with Carbon Monoxide and Ethylene

Note: The Rh-catalyzed C-acylation of reduced pyrazines with carbon monoxide and ethylene appears to offer considerable potential for further development.

1-Methyl-4-(pyridin-2-yl)piperazine (**292**) gave 1-methyl-3-propionyl-4-(pyridin-2-yl)-1,4,5,6-tetrahydropyrazine (**293**) [Rh$_4$(CO)$_{12}$, PhMe, H$_2$C=CH$_2$ ↓ to 10 atm, CO ↓ to 15 atm, 25°C, autoclave; then 160°C, 20 h: 85%]; several *N*-alkyl/aryl homologues were made similarly.^{1404}

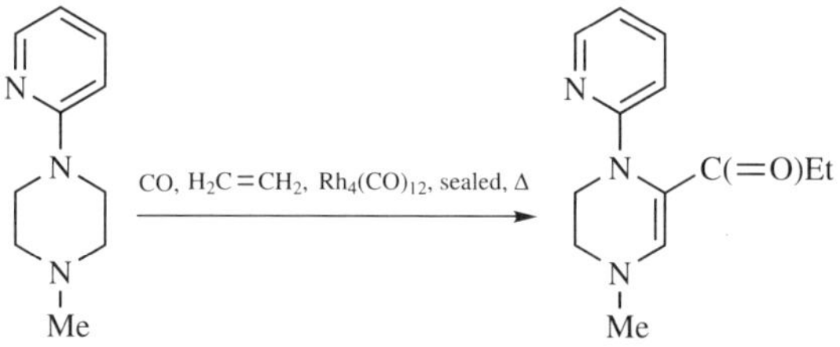

(292)   (293)

1-Acetyl (or benzoyl)-4-methylpiperazine (**294**) gave 1-acetyl (or benzoyl)-4-methyl-2-propionyl-1,4,5,6-tetrahydropyrazine (**295**) (as in foregoing example: 71 or 89%, respectively).^{1536}

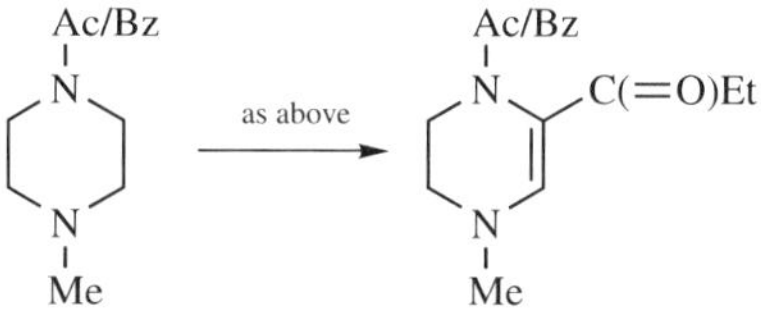

(294)   (295)

8.8.2 Reactions of Pyrazine Ketones (*H* 300)

Reactions of pyrazine ketones, that have been covered already, include *reductive deoxygenation to alkylpyrazines* (Section 3.2.1.5), *reduction to extranuclear hydroxypyrazines* (Section 5.2.1), and *oxidation to pyrazinecarboxylic acids* (Section 8.1.1).

Other reactions that have been used recently are illustrated in the following examples:

Formation of Functional Derivatives

2-Benzoylpyrazine (**296**) gave its oxime, 2-(α-hydroxyiminobenzyl)pyrazine (**297**) ($H_2NOH.HCl$, AcONa, EtOH, 20°C, 24 h: 94%).[345]

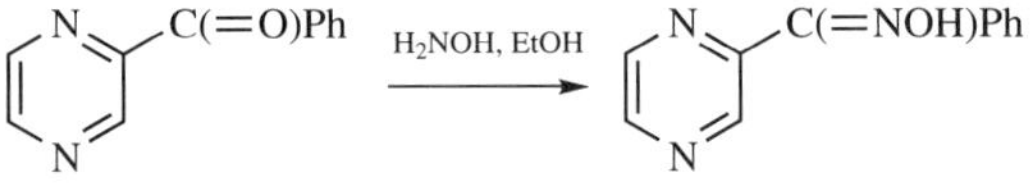

(**296**) (**297**)

2-Acetylpyrazine gave its semicarbazone, 2-(1-semicarbazonoethyl)pyrazine (**298**) ($H_2NHNCONH_2.HCl$, AcONa, EtOH—H_2O, 95°C, 15 min: 90%).[1220]

2-[2-(Pyrazin-2-yl)acetyl]pyrazine (**299**) and 2-hydrazinopyrazine (**300**) gave 2-[2-(pyrazin-2-yl)-1-(pyrazin-2-ylhydrazono)ethyl]pyrazine (**301**) (EtOH, reflux, 3 h: ?%);[730] analogues likewise.[730,731]

Also other examples.[283,866]

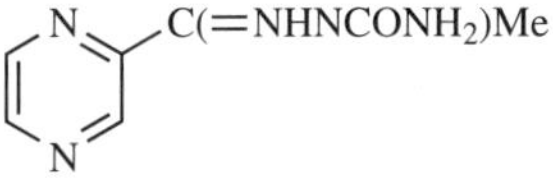

(**298**)

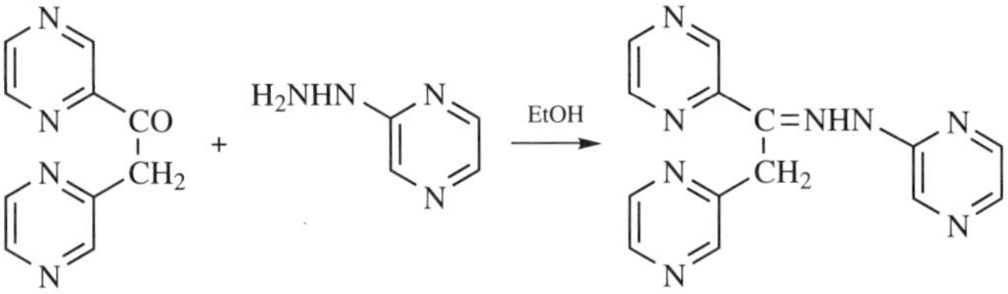

(**299**) (**300**) (**301**)

Conversion into Pyrazine Thioketones

1-Benzyl-4-*p*-nitrobenzoylpiperazine (**302**) gave 1-benzyl-4-[*p*-nitro(thiobenzoyl)]piperazine (**303**) (P_2S_5, pyridine, reflux, 2 h: 93%).[502]

Note: No thiations of regular *C*-acylpyrazines have been reported recently: The foregoing example may be viewed as the thiation of an amide that is a more commonly used procedure (see Section 8.4.2).

Photochemical Isomerizations

2-Propionylpyrazine (**304**, R = H) gave 2-(1-hydroxycyclopropyl)pyrazine (**305**, R = H) (*hv*, BuOH—PhH, 4 h: 80%); 2-(3-methylbutyryl)pyrazine (**304**, R = Me) gave 2-(1-hydroxy-2,2-dimethylcyclopropyl)pyrazine (**305**, R = Me) (likewise: ~90%).[461]

Cyclocondensations

2-Cyclopropylformylpyrazine (**306**) gave 2-(1-methylpyrroliden-2-yl)pyrazine (**308**), by a mechanism said to involve rearrangement of the intermediate (**307**) at some stage (MeHNCHO, MgCl$_2$, 160°C, A, 18 h: ~1% after a lengthy purification).[1566]

2-(3-*o*-Bromophenylacryloyl)pyrazine (**309**) gave 2-(5-*o*-bromophenyl-1-phenyl-2-pyrazolin-3-yl)pyrazine (**310**) (PhNHNH$_2$, Me$_4$NOH, EtOH—H$_2$O, ?°C, ? h: 90%); also analogues likewise.[881,1473]

8.9 PYRAZINE CYANATES, ISOCYANATES, THIOCYANATES, ISOTHIOCYANATES, AND CARBONITRILE OXIDES (*H* 301)

With two exceptions, these categories of pyrazine derivative have been almost entirely neglected in recent years.

Examples have been given already of the *preparation of isothiocyanatopyrazines from halogenopyrazines* (Section 4.4) or *from pyrazinamines* (Section 7.3.2.4); also of the *reaction of isothiocyanatopyrazines with amines to give thioureidopyrazines* (Section 7.3.2.4).

Pyrazinecarbonitrile Oxides are unstable but they can be generated from pyrazinecarbaldehyde oximes with *N*-chlorosuccinimide and then trapped immediately by appropriate dipolarophiles to afford cyclic adducts, as illustrated in the following examples:

Ethyl 3-amino-6-hydroxyiminomethyl-2-pyrazinecarboxylate (**311**) gave a solution of the carbonitrile oxide (**312**), and thence the cycloadduct, 3-(5-amino-6-ethoxycarbonylpyrazin-2-yl)-3a,4,5,6a-tetrahydrofuro[3,2-*d*]isoxazole (**313**) [*N*-chlorosuccinimide, Me$_2$NCHO, 60°C, N$_2$, 3 h; then 2,3-dihydrofuran ↓, Et$_3$N ↓, 2 → 20°C, 3 h: 55%).[836]

In a similar way, ethyl 3-amino-6-hydroxyiminomethyl-2-pyrazinecarboxylate 4-oxide (**314**) gave ethyl 3-amino-6-(5-phenylisoxazol-3-yl)-2-pyrazinecarboxylate 4-oxide (**315**) (as before but using PhC≡CH: 55%);[836] also many analogues for elaboration to pteridines.[836]

APPENDIX

Table of Simple Pyrazines

This table is intended as a comprehensive alphabetical list of simple pyrazines described up to the end of 2000. For each compound are recorded (1) melting and/or boiling point(s); (2) an indication of reported spectra or other physical properties; (3) any reported salts or simple derivatives, especially when the parent compound was un- or ill-characterized; (4) an indication of any complexes reported; and (5) direct reference(s) to the original literature from 1978 onward, preceded by any page(s) in parentheses, for example, (*H* 440), on which earlier published data have been reported in Barlin's *Hauptwerk*.[1686]

To keep the table within manageable proportions, the following categories of pyrazines have been *excluded* on the grounds that they are not simple.

- Fused or nuclear-reduced pyrazines.
- Pyrazines with a cyclic substituent other than an unsubstituted cycloalkyl, morpholino, phenyl, or piperidino group.
- Pyrazines bearing a substituent with more than six carbon atoms, except for an unsubstituted benzoyl or benzyl group.
- Pyrazines with two or more independent functional groups on a single substituent.

The following conventions and abbreviations have been used in the table:

MELTING POINT This term covers not only a regular melting point or melting range but also such variations as "decomposing at" or "melting with decomposition at". The use of the symbol $>$ before a melting point indicates that the substance melts or decomposes above that temperature or that it does not melt or decompose below that temperature. When two differing melting points/ranges are given in the literature, they appear in the table as, for example, "89–92 or 98–100"; when more than two melting points/ranges are given, they are recorded in a form such as "193 to 205".

BOILING POINT Boiling points/ranges are distinguished from melting points/ranges by the presence of a pressure in millimeters of mercury (mmHg) after the temperature: for example, 100–104/1.5.

ABBREVIATIONS FOR PHYSICAL DATA

anal	Analytical data (usually assumed)
crude	Compound not purified
dip	Dipole moment
fl sp	Fluorescence spectrum
IR	Infrared spectrum
liq	Liquid at room temperature
MS	Mass spectrometry
NMR	Nuclear magnetic spectrum (any nucleus)
pol	Polarographic data
st	Fine structure, for example, tautomerism, discussed
th	Theoretical calculations reported
UV	Ultraviolet spectrum
xl st	Crystal structure (X-ray data)

ABBREVIATIONS FOR SALTS, ASSOCIATED ANIONS, OR SOLVATES

AcOH	Acetate salt
HBr, etc.	Appropriate hydrohalide salt
H_2O	Hydrate
HSO_4^-	Sulfate anion
H_2SO_4	Sulfate salt
I^-, etc.	Appropriate halide anion
MeI	Quaternary methiodide
NH_4	Ammonium salt
Na, etc.	Appropriate alkali metal salt
pic	Picrate salt or anion
TsOH	*p*-Toluenesulfonate salt

ABBREVIATIONS FOR DERIVATIVES

dnp	2,4-Dinitrophenylhydrazone
Et_2 acetal	Diethyl acetal
$H_2NN=$	Hydrazone
MeCH=	Appropriate alkylidene derivative
PhHNN=	Phenylhydrazone
PhN=	Anil (Schiff base)
sc	Semicarbazone
tsc	Thiosemicarbazone

OTHER NOTES The use of "cf." before a reference usually indicates some inconsistent or mildly relevant information therein. A query mark (?) indicates some reasonable doubt associated with a datum or reference. A dash (–) in the data column indicates that no new physical data were obtained from original references covered for this supplement.

ALPHABETICAL LIST OF SIMPLE PYRAZINES, REPORTED TO THE END OF 2000

Pyrazine	Melting point (°C), etc.	Reference(s)
2-Acetamido-3-acetoxymethylpyrazine	–	(H 420)
2-Acetamido-6-azidopyrazine	173–174, IR, NMR	1124
2-Acetamido-5-benzylamino-3-guanidinocarbonylpyrazine	–	(H 410)
2-Acetamido-3-benzyl-5-phenylpyrazine	206–207, IR, MS, NMR	73
2-Acetamido-3-benzylpyrazine	139–141, IR, NMR	1096
3-Acetamido-6-bromo-2-pyrazinecarbonitrile	192–193, IR, NMR	1747
3-Acetamido-6-bromo-2-pyrazinecarboxamide	216, IR, NMR	(H 424) 4
6-Acetamido-5-bromo-2-pyrazinecarboxylic acid	–	(H 424)
2-Acetamido-5-chloro-3-guanidinocarbonylpyrazine	–	(H 424)
2-Acetamido-5,6-dichloro-3-nitropyrazine	129–131, NMR	607, 1313
2-Acetamido-3,6-diethylpyrazine	103	241
2-Acetamido-3,6-diisobutylpyrazine	102–103	241
2-Acetamido-3,6-diisopropylpyrazine-	82–83	241
2-Acetamido-5-dimethylamino-3-guanidinocarbonylpyrazine	–	(H 410)
3-Acetamido-5,6-dimethyl-2-pyrazinamine	–	(H 387)
2-Acetamido-3,5-diphenylpyrazine	190–192	241
2-Acetamido-3,6-diphenylpyrazine	198–199	241
2-Acetamido-5,6-diphenylpyrazine	219–220	241
3-Acetamido-5,6-diphenyl-2-pyrazinecarboxamide	–	(H 410)
2-(2-Acetamidoethyl)pyrazine	–	(H 387)
2-Acetamido-5-ethylpyrazine	–	(H 387)
2-Acetamido-6-ethylpyrazine	–	(H 387)
2-Acetamido-3-guanidinocarbonyl-5-isopropylaminopyrazine	–	(H 410)
2-Acetamido-3-guanidinocarbonyl-5-methoxyaminopyrazine	–	(H 410)
2-Acetamido-3-guanidinocarbonyl-5-methoxypyrazine	–	(H 435)
2-Acetamido-3-guanidinocarbonyl-5-methylithiopyrazine	–	(H 436)
3-Acetamido-N'-isopropylidene-N-methyl-2-pyrazinecarbohydrazide	159–160, NMR	1265
3-Acetamido-6-methyl-5-oxo-4,5-dihydro-2-pyrazinecarbonitrile 1-oxide	–	(H 448)
3-Acetamido-6-methyl-5-oxo-4,5-dihydro-2-pyrazinecarboxamide	–	(H 435)
2-Acetamidomethylpyrazine	–	(H 387)
2-Acetamido-5-methylpyrazine	–	(H 387)
2-Acetamido-6-methylpyrazine	–	(H 388)
3-Acetamido-N-methyl-2-pyrazinecarbohydrazide	150–152, NMR	1265
3-Acetamido-6-methyl-2-pyrazinecarbonitrile	–	(H 410)

ALPHABETICAL LIST Continued

Pyrazine	Melting point (°C), etc.	Reference(s)
3-Acetamido-6-methyl-2-pyrazinecarbonitrile 1,4-dioxide	–	(H 448)
3-Acetamido-6-methyl-2-pyrazinecarbonitrile 4-oxide	–	(H 448)
3-Acetamido-5-oxo-4,5-dihydro-2-pyrazinecarboxamide	–	(H 435)
2-Acetamido-5-phenylpyrazine	–	(H 388)
2-Acetamidopyrazine	Oxime: 180–182, NMR	(H 387) 1276
3-Acetamido-2-pyrazinecarbaldehyde	–	(H 410)
3-Acetamido-2-pyrazinecarbohydrazide	–	(H 410)
3-Acetamido-2-pyrazinecarboxamide	NMR	(H 410) 4
6-Acetamido-2-pyrazinecarboxamide	–	(H 410)
6-Acetamido-2-pyrazinecarboxylic acid	–	(H 410)
5-Acetamido-2,3-pyrazinedicarboxylic acid	–	(H 410)
2-Acetamidopyrazine 1,4-dioxide	–	(H 448)
2-Acetamidopyrazine 1-oxide	–	(H 448)
2-Acetamidopyrazine 4-oxide	NMR	(H 448) 278
3-Acetamido-2(1H)-pyrazinethione	205, IR, NMR	43
3-Acetamido-2(1H)-pyrazinone	–	(H 422)
2-Acetonyl-5,6-diphenylpyrazine	115–117, IR, NMR	91
2-Acetonyl-6-methylpyrazine	62–68/0.4, NMR	(H 392) 1567
2-Acetonyl-3-phenylpyrazine	133–135/0.5, IR, NMR	1388
2-Acetonyl-6-phenylpyrazine	–	(H 392)
2-Acetonylpyrazine	liq, IR, NMR	(H 392) 766
1-Acetonyl-2(1H)-pyrazinone 4-oxide	143	86
2-Acetoxy-6-(1-acetoxy-1-methylethyl)-5-chloro-3-isopropylpyrazine	87–88, IR, NMR, UV	1377
2-Acetoxy-6-acetoxymethyl-3-isobutyl-5-methoxypyrazine	155–165/1, IR, NMR	329
2-Acetoxy-5-acetoxymethyl-3-phenylpyrazine	187, NMR	57, cf. 744
2-Acetoxy-5-benzyl-6-diacetylamino-3-methylpyrazine	liq, IR, MS, NMR	883
6-Amino-5-benzyl-1,3-dimethyl-2(1H)-pyrazinone	IR, MS, NMR, UV	883
2-Acetoxy-3-benzyl-6-isobutyl-5-methylpyrazine	37–38, MS, NMR	118
2-Acetoxy-6-benzylthiopyrazine	Crude, NMR	1565
2-Acetoxy-5-chloro-3,6-diisopropylpyrazine	85–90/5, IR, MS, NMR	1311
2-Acetoxy-6-chloro-3,5-dimethylpyrazine	38–41, 85/32, NMR	57
2-Acetoxy-6-chloro-3,5-diphenylpyrazine	102–103, IR, NMR, UV	1307
2-Acetoxy-5-chloro-6-isopropenyl-3-isopropylpyrazine	107/2, IR, MS, NMR, UV	1377
2-Acetoxy-6-chloro-3-methyl-5-phenylpyrazine	92–93, NMR, UV	1307
2-Acetoxy-6-chloro-5-methyl-3-phenylpyrazine	88–89, NMR, UV	1307
2-Acetoxy-6-chloropyrazine	90/2, IR, NMR	1575
2-Acetoxy-3,6-dibenzyl-5-methoxypyrazine	liq, IR, MS, NMR	312
2-Acetoxy-3,6-di-*sec*-butylpyrazine	85–87/05, IR, NMR, UV	1377
2-Acetoxy-3,6-diethylpyrazine	78–85/3 or 108–112/2, IR, MS, NMR, UV	80, 1311
2-Acetoxy-3,6-diisobutyl-5-methoxypyrazine	liq, MS, NMR	310

ALPHABETICAL LIST *Continued*

Pyrazine	Melting point (°C), etc.	Reference(s)
2-Acetoxy-3,6-diisobutylpyrazine	93–98/3, IR, MS, NMR	1311
2-Acetoxy-3,6-diisopropylpyrazine	101–102/1, IR, MS, NMR	1311
2-Acetoxy-3,5-dimethylpyrazine	85–89/70, IR, NMR, UV	1307
2-Acetoxy-3,5-diphenylpyrazine	121–122, IR, NMR, UV	1307
2-Acetoxy-3,6-diphenylpyrazine	120–121, IR, MS, NMR, UV	82, 1677y
2-Acetoxy-5,6-diphenylpyrazine	77–78, NMR, UV	1272
2-Acetoxy-3,6-dipropylpyrazine	72–73/3, IR, MS, NMR	1311
2-(1-Acetoxyethyl)-3-ethylpyrazine	–	(*H* 404)
2-(1-Acetoxyethyl)-5-ethylpyrazine	94–100/3, IR, MS, NMR, UV	80
2-Acetoxy-6-isobutyl-3,5-dimethylpyrazine	liq, MS, NMR	118
2-Acetoxy-3-isopropenyl-6-isopropylpyrazine	121–124/2, IR, NMR, UV	1377
2-Acetoxy-6-isopropenyl-3-isopropylpyrazine	90/1, IR, NMR, UV	1377
2-Acetoxy-6-methoxy-3,5-dimethylpyrazine	56–57, 130-133/53, NMR	57
2-Acetoxy-6-methoxy-5-methyl-2-phenylpyrazine	66–67, NMR	57
2-Acetoxy-3-methoxy-6-methylpyrazine	–	(*H* 404)
2-Acetoxy-5-methoxy-3-phenylpyrazine	150–152, IR, NMR	1392
2-Acetoxy-5-methoxy-6-phenylpyrazine	138–140/2, IR, NMR	1392
2-Acetoxy-3-methoxypyrazine	40, 90/2, IR, NMR	1575
2-Acetoxy-6-methoxypyrazine	33–35, 90/2, IR, NMR	1575
6-Acetoxymethyl-3-amino-5-chloro-2-pyrazinecarbonitrile	–	(*H* 437)
6-Acetoxymethyl-3-amino-2-pyrazinecarbonitrile	–	(*H* 435)
2-Acetoxymethyl-6-chloro-3-methoxy-5-methylpyrazine	47–48, 100–110/1, IR, NMR	324
2-Acetoxymethyl-?-chloropyrazine	–	(*H* 443)
2-Acetoxymethyl-3,6-dichloro-5-methylpyrazine	88–89, IR, MS, NMR, UV	80
2-Acetoxymethyl-3,6-dichloro-5-methylpyrazine 1-oxide	119–120, IR, MS, NMR, UV	80
2-Acetoxymethyl-3-ethoxypyrazine	–	(*H* 402)
2-Acetoxymethyl-5-isobutyl-3-methoxypyrazine	145–147/3, IR, NMR	329
2-Acetoxymethyl-5-isobutyl-3-methoxypyrazine 1-oxide	150–160/1, IR, NMR	329
2-Acetoxymethyl-3-methoxy-5-methylpyrazine	70–80/3, IR, NMR	324
2-Acetoxymethyl-5-methoxy-6-methylpyrazine	50–51, 100/3, NMR	57
2-Acetoxymethyl-3-methoxy-5-methylpyrazine 1-oxide	92–94, IR, NMR	324
2-Acetoxymethyl-3-methylpyrazine	97–98/6, MS, NMR, UV	1272, 1425
2-Acetoxymethyl-5-methylpyrazine	76–77/0.5, MS, NMR	(*H* 404)221, 432,1425
2-Acetoxymethyl-6-methylpyrazine	55–58/60, IR, NMR, UV	(*H* 404) 1307
2-Acetoxymethyl-5-methylpyrazine 1,4-dioxide	–	(*H* 453)
2-Acetoxymethyl-5-methylpyrazine 1-oxide	–	(*H* 453)
2-Acetoxymethyl-5-methylpyrazine 4-oxide	–	(*H* 453)
2-Acetoxymethyl-5-phenylpyrazine	85–87, IR, MS, NMR, UV	80
2-Acetoxymethyl-6-phenylpyrazine	145–149/4, IR, NMR, UV	1307

ALPHABETICAL LIST *Continued*

Pyrazine	Melting point (°C), etc.	Reference(s)
2-Acetoxy-3-methyl-5-phenylpyrazine	70–71, IR, NMR, UV	1307
2-Acetoxy-5-methyl-3-phenylpyrazine	110–112, 134–138/1, IR, NMR, UV	57, 1307
3-Acetoxymethyl-5-phenyl-2(1*H*)-pyrazinone	–	(*H* 404)
5-Acetoxymethyl-3-phenyl-2(1*H*)-pyrazinone	–	(*H* 404)
2-(1-Acetoxy-2-methylpropyl)-3-chloro-5-isobutylpyrazine	113–123/2, NMR, UV	(*H* 443) 78
2-(1-Acetoxy-2-methylpropyl)-6-chloro-5-isobutylpyrazine	125–135/8 or 149/3, IR, NMR, UV	(*H* 443) 78, 79
2-(1-Acetoxy-2-methylpropyl)-6-chloro-5-isobutylpyrazine 1,4-dioxide	111–112, IR, NMR, UV	(H 452) 78
2-(1-Acetoxy-2-methylpropyl)-3-chloro-5-isobutylpyrazine 1-oxide	145–150/3, IR, NMR, UV	(*H* 452) 78
2-(1-Acetoxy-2-methylpropyl)-6-chloro-5-isobutylpyrazine 4-oxide	175–180/3, IR, NMR, UV	(*H* 452) 78
2-(1-Acetoxy-2-methylpropyl)-5-isobutyl-3-methoxypyrazine	liq, IR, MS, NMR	310
2-(1-Acetoxy-2-methylpropyl)-5-isobutylpyrazine 1-oxide	42–43, IR, NMR, UV	(*H* 453) 78
3-Acetoxymethyl-2-pyrazinamine	–	(*H* 422)
2-Acetoxymethylpyrazine	MS	(*H* 402) 1425
2-Acetoxy-3-methylpyrazine	Crude, NMR	1575
2-Acetoxy-6-methylpyrazine	80/2, IR, NMR	1575
5-Acetoxymethyl-2-pyrazinecarboxylic acid	–	(*H* 439)
2-Acetoxymethylpyrazine 1,4-dioxide	–	(*H* 453)
2-Acetoxymethylpyrazine 1-oxide	–	(*H* 453)
2-Acetoxymethylpyrazine 4-oxide	–	(*H* 453)
2-Acetoxymethyl-3,5,6-trimethylpyrazine	120–125/3	(*H* 404) 1293, 1340
2-Acetoxy-3-phenylpyrazine	Crude, NMR	1575
2-Acetoxy-5-phenylpyrazine	Crude, NMR	1575
2-Acetoxy-6-phenylpyrazine	135/2, IR, NMR	1575
5-Acetoxy-3-phenyl-2(1*H*)-pyrazinone	175–178, NMR	1386, 1392
2-Acetoxypyrazine	liq, IR	(*H* 402) 304
5-Acetyl-3-amino-2-pyrazinecarbonitrile	214, IR, NMR	1506
5-Acetyl-3-amino-2-pyrazinecarboxamide	231–232, IR, NMR	1506
1-Acetyl-3-benzyl-5-hydroxy-2(1*H*)-pyrazinone	195–197 or 197–198, IR, NMR	1158, 1525
2-Acetyl-5-butylpyrazine	125–130/13, IR, NMR	509
2-Acetyl-5-*tert*-butylpyrazine	45–47, 108–110/10, IR, NMR	509
2-Acetyl-3-chloropyrazine	46, NMR	220
2-Acetyl-5-chloropyrazine	–	1091
2-Acetyl-3,5-dichloropyrazine	liq, IR, NMR	1455
2-Acetyl-3,6-dimethoxy-5-methylpyrazine	–	(*H* 439)
2-Acetyl-3-dimethylaminopyrazine	liq, NMR	406
2-Acetyl-3,5-dimethylpyrazine	–	(*H* 392)
2-Acetyl-3,6-dimethylpyrazine	85–87/16, IR, NMR	(*H* 392) 202
5-Acetyl-3,6-dimethyl-2(1*H*)-pyrazinone	–	(*H* 439)
2-Acetyl-5,6-diphenylpyrazine	–	(*H* 392)

ALPHABETICAL LIST *Continued*

Pyrazine	Melting point (°C), etc.	Reference(s)
6-(2-Acetylethyl)-3-amino-2-pyrazinecarbonitrile	–	(H 412)
1-Acetyl-3-ethyl-5-hydroxy-6-methyl-2(1H)-pyrazinone	–	1415
2-Acetyl-3-ethylpyrazine	–	(H 392)
2-Acetyl-3-fluoropyrazine	35–36, NMR	406
2-Acetyl-5-isobutylpyrazine	115–120/10, IR, NMR	509
2-Acetyl-3-methoxy-5-methylpyrazine	–	(H 439)
2-Acetyl-3-methoxypyrazine	46–48, IR, MS, NMR	(H 439) 815
2-Acetyl-3-methylpyrazine	–	(H 392)
2-Acetyl-5-methylpyrazine	–	(H 392)
2-Acetyl-6-methylpyrazine	–	(H 392)
5-Acetyl-6-methyl-2,3-pyrazinedicarbonitrile	–	1654
2-Acetyl-5-propylpyrazine	118–122/13, IR, NMR	509
3-Acetyl-2-pyrazinamine	124, NMR	220
2-Acetylpyrazine	74–76, 79/11, IR, NMR, pK_a; sc: 218–220	(H 392) 509, 545, 842, 928, 1057, 1220
5-Acetyl-2-pyrazinecarboxamide	253, IR, NMR	1506
N-Acetyl-2-pyrazinecarboxamide 4-oxide	–	(H 451)
5-Acetyl-2-pyrazinecarboxylic acid	IR, MS, NMR	217
5-Acetyl-2,3-pyrazinedicarbonitrile	liq, IR, NMR	889, 1395
2-Acetylpyrazine 4-oxide	–	(H 451)
6-Acetylthio-N-methyl-3-methylamino-2-pyrazinecarboxamide	156–157, NMR	940
Allyl 6-allyloxy-2-pyrazinecarboximidate	–	1068
Allyl 6-allyloxy-3-pyrazinecarboxylate	–	1068
5-Allylamino-3-amino-6-chloro-2-pyrazinecarbohydrazide	–	(H 424)
5-Allylamino-3-amino-6-chloro-2-pyrazinecarbonitrile	–	(H 424)
2-Allylamino-5-chloro-6-ethylamino-3-guanidinocarbonylpyrazine	–	(H 424)
2-Allylamino-6-chloropyrazine	–	(H 420)
5-Allylamino-6-chloro-2,3-pyrazinedicarbonitrile	112–113, NMR, UV	1745
3-Allylamino-5-cyano-2-pyrazinecarboxamide	148–150, IR, NMR	507
N-Allyl-3-amino-2-pyrazinecarboxamide	63–66, IR, MS, NMR	1604, 1652
3-Allylamino-5-thiocarbamoyl-2-pyrazinecarboxamide	204–207, IR, NMR	510
Allyl 5-chloro-2-pyrazinecarboxylate	88–90/0.1	651
3-Allyl-5,6-dimethyl-2-pyrazinecarbonitrile	–	1087
3-Allyl-5,6-diphenyl-2-pyrazinecarbonitrile	92–94, IR, NMR	1087
2-(N-Allyl-N-ethylamino)-6-amino-3-chloro-5-guanidinocarbonylpyrazine	–	(H 424)
6-(N-Allyl-N-ethylamino)-5-chloro-3-guanidinocarbonyl-2-pyrazinamine	–	(H 424)
2-Allyl-5-formamidopyrazine	–	1093
6-(N-Allyl-N-methylamino)-5-chloro-3-guanidinocarbonyl-2-pyrazinamine	–	(H 424)

ALPHABETICAL LIST Continued

Pyrazine	Melting point (°C), etc.	Reference(s)
N-Allyl-N'-methyl-3,5-bismethylamino-2,6-pyrazinedicarboxamide	–	(H 411)
2-Allyloxycarbonylamino-3,5,6-trichloropyrazine	–	(H 420)
2-Allyloxy-3-chloropyrazine	–	1068
2-Allyloxy-6-chloropyrazine	–	1068
2-Allyloxy-6-iodopyrazine	liq (?), NMR	638
2-Allyloxy-3-isopropyl-5,6-dimethylpyrazine	–	1260
2-Allyloxy-3-methylpyrazine	–	(H 404)
2-Allyloxypyrazine	–	1068
6-Allyloxy-2-pyrazinecarbothioamide	–	1068
6-Allyloxy-2-pyrazinecarboxamide	–	1068
Allyl 5-methyl-2-pyrazinecarboxylate 4-oxide	100	669
3-Allyl-5-phenyl-2(1H)-pyrazinone	168–169, NMR	311
2-Allylpyrazine	–	(H 384)
Allyl 2-pyrazinecarboxylate	72–74/0.25, NMR	639
2-Allylsulfinylmethyl-3,5,6-trimethylpyrazine	83–84, NMR	1551
2-Allylsulfonylmethyl-3,5,6-trimethylpyrazine	102–103, NMR	1551
2-Allylthiomethyl-3,5,6-trimethylpyrazine	liq, NMR	1551
3-Amino-5-anilino-6-chloro-2-pyrazinecarbohydrazide	–	(H 424)
3-Amino-5-azido-2,6-pyrazinedicarbonitrile	170, IR, NMR	1180
3-Amino-5-benzoyl-6-bromo-2-pyrazinecarbonitrile	159–160, IR, NMR	1506
3-Amino-5-benzoyl-2-pyrazinecarbonitrile	185–186, IR, NMR	1506
3-Amino-5-benzoyl-2-pyrazinecarboxamide	173–174, IR, NMR	1506
3-Amino-6-benzylamino-2-pyrazinecarboxylic acid	–	(H 411)
6-Amino-5-benzyl-3-methyl-2(1H)-pyrazinone	208, MS, NMR, UV	883
3-Amino-6-benzylsulfinyl-2-pyrazinecarboxylic acid	–	(H 436)
3-Amino-6-benzylthio-2-pyrazinecarboxylic acid	–	(H 436)
2-Amino-5-bromo-3-guanidinocarbonyl-6-methylpyrazine	–	(H 425)
2-Amino-5-bromo-3-guanidinocarbonyl-6-phenylpyrazine	–	(H 425)
2-Amino-5-bromo-3-guanidinocarbonylpyrazine	–	(H 425)
3-Amino-6-bromo-5-methyl-2-pyrazinecarbohydrazide	–	(H 425)
3-Amino-6-bromomethyl-2-pyrazinecarbonitrile	–	(H 425)
3-Amino-6-bromo-2-pyrazinecarbonitrile	180 to 184, IR, NMR	(H 425)222, 802,1523
3-Amino-6-bromo-2-pyrazinecarboxamide	–	(H 425)
3-Amino-6-bromo-2-pyrazinecarboxylic acid	–	(H 425)
6-Amino-5-bromo-2-pyrazinecarboxylic acid	–	(H 425)
3-Amino-5-bromo-2,6-pyrazinedicarbonitrile	–	(H 425)
3-Amino-6-bromo-2(1H)-pyrazinethione	–	(H 436)

ALPHABETICAL LIST *Continued*

Pyrazine	Melting point (°C), etc.	Reference(s)
3-Amino-6-bromo-2(1*H*)-pyrazinone	–	(*H* 436)
3-Amino-6-butoxymethyl-2-pyrazinecarbonitrile	82–83	612
3-Amino-6-*tert*-butoxymethyl-2-pyrazinecarbonitrile	125–126	612
3-Amino-6-butoxymethyl-2-pyrazinecarbonitrile 4-oxide	77–79	612
3-Amino-5-butylamino-6-chloro-2-pyrazinecarbohydrazide	–	(*H* 425)
3-Amino-*N*-butyl-5,6-diphenyl-2-pyrazinecarbothioamide	–	(*H* 411)
3-Amino-*N*-butyl-5,6-diphenyl-2-pyrazinecarboxamide	–	(*H* 411)
2-(4-Aminobutyl)-5-isobutyl-6-methoxypyrazine	125/2, MS, NMR	298
3-Amino-*N*-butyl-6-phenyl-2-pyrazinecarboxamide	84–85, NMR	1522
3-Amino-*N*-*sec*-butyl-6-phenyl-2-pyrazinecarboxamide	88–89, NMR	1522
3-Amino-*N*-*tert*-butyl-6-phenyl-2-pyrazinecarboxamide	159–161, NMR	1522
3-Amino-*N*-butyl-6-phenyl-2-pyrazinecarboxamide 4-oxide	122–123, NMR	1522
3-Amino-*N*-*sec*-butyl-6-phenyl-2-pyrazinecarboxamide 4-oxide	118–120, NMR	1522
3-Amino-*N*-*tert*-butyl-6-phenyl-2-pyrazinecarboxamide 4-oxide	214–215, NMR	1522
3-Amino-*N*-*sec*-butyl-2-pyrazinecarboxamide	28, IR, MS, NMR	1604, 1652
3-Amino-*N*-*tert*-butyl-2-pyrazinecarboxamide	84–85, IR, MS, NMR	1604, 1652
3-Amino-*N*-carbamoyl-2-pyrazinecarboxamide	–	(*H* 415)
3-Amino-5-(2-carboxyvinyl)-2-pyrazinecarbonitrile 4-oxide	–	(*H* 449)
3-Amino-5-(1-chlorobutyl)-2-pyrazinecarbonitrile 4-oxide	–	(*H* 449)
3-Amino-5-chloro-6-chloromethyl-2-pyrazinecarbonitrile	190, IR, NMR	(*H* 426) 811
3-Amino-6-chloro-5-cyclopentylamino-2-pyrazinecarbohydrazide	–	(*H* 427)
3-Amino-6-chloro-5-diethylamino-2-pyrazinecarbohydrazide	–	(*H* 427)
3-Amino-6-chloro-5-diethylamino-2-pyrazinecarbonitrile	–	(*H* 426)
3-Amino-6-chloro-5-dimethylamino-2-pyrazinecarbohydrazide	–	(*H* 428)
3-Amino-6-chloro-5-dimethylamino-2-pyrazinecarbonitrile	–	(*H* 426)
3-Amino-6-chloro-5-dimethylamino-2-pyrazinecarboxamide	–	(*H* 426)

ALPHABETICAL LIST Continued

Pyrazine	Melting point (°C), etc.	Reference(s)
3-Amino-6-chloro-5-ethoxy-2-pyrazinecarbonitrile	139–140	1313
3-Amino-6-chloro-5-ethylamino-N-hydroxy-2-pyrazinecarboxamide	–	(H 428)
3-Amino-6-chloro-5-ethylamino-2-pyrazinecarbohydrazide	–	(H 428)
3-Amino-6-chloro-5-ethylamino-2-pyrazinecarbonitrile	–	(H 426)
5-Amino-6-chloro-5-ethylamino-2-pyrazinecarboxamide	–	(H 426)
3-Amino-6-chloro-5-(N-ethyl-N-methylamino)-2-pyrazinecarbohydrazide	–	(H 429)
3-Amino-5-(1-chloroethyl)-2-pyrazinecarbonitrile 1-oxide	–	(H 449)
3-Amino-6-chloro-5-ethylthio-2-pyrazinecarbohydrazide	–	(H 437)
6-Amino-3-chloro-5-guanidinocarbonyl-2(1H)-pyrazinethione	–	(H 437)
6-Amino-3-chloro-5-guanidinocarbonyl-2(1H)-pyrazinone	–	(H 437)
3-Amino-6-chloro-5-guanidino-2-pyrazinecarbohydrazide	–	(H 430)
3-Amino-6-chloro-5-hydrazino-2-pyrazinecarbohydrazide	–	(H 430)
3-Amino-6-chloro-5-isopropylamino-2-pyrazinecarbohydrazide	–	(H 430)
3-Amino-6-chloro-5-isopropylamino-2-pyrazinecarbonitrile	–	(H 426)
3-Amino-6-chloro-5-isopropylamino-2-pyrazinecarboxamide	–	(H 426)
3-Amino-6-chloro-5-methoxy-2-pyrazinecarbohydrazide	–	(H 438)
3-Amino-6-chloro-5-methoxy-2-pyrazinecarboxamide	–	(H 437)
3-Amino-6-chloro-N-methoxy-2-pyrazinecarboxamide 4-oxide	–	(H 449)
3-Amino-6-chloro-5-methoxy-2-pyrazinecarboxylic acid	–	(H 437)
3-Amino-6-chloro-5-methylamino-2-pyrazinecarbohydrazide	–	(H 430)
3-Amino-5-chloro-6-(3-methylbut-1-enyl)-2-pyrazinecarbonitrile	177–178, IR, MS, NMR	811
3-Amino-6-chloromethyl-5-methyl-pyrazinecarbonitrile 4-oxide	–	(H 449)
3-Amino-6-chloro-5-(N-methyl-(N-propyl amino)-2-pyrazinecarbohydrazide	–	(H 430)
3-Amino-5-chloro-6-methyl-2-pyrazinecarbonitrile	–	(H 427)
3-Amino-6-chloromethyl-2-pyrazinecarbonitrile	–	(H 431)

ALPHABETICAL LIST *Continued*

Pyrazine	Melting point (°C), etc.	Reference(s)
3-Amino-5-chloromethyl-2-pyrazine-carbonitrile 4-oxide	–	(*H* 449)
3-Amino-5-chloro-6-methyl-2-pyrazinecarbonitrile 4-oxide	–	(*H* 449)
3-Amino-6-chloromethyl-2-pyrazinecarbonitrile 4-oxide	–	(*H* 449)
3-Amino-5-chloromethyl-2-pyrazinecarboxamide	–	(*H* 431)
3-Amino-5-chloro-6-methyl-2-pyrazinecarboxamide	–	(*H* 426)
3-Amino-6-chloro-*N*-methyl-2-pyrazinecarboxamide	–	(*H* 431)
3-Amino-5-chloro-6-methyl-2-pyrazinecarboxamide 4-oxide	–	(*H* 449)
3-Amino-5-chloro-1-methyl-2-(1*H*)-pyrazinone	265, IR, NMR, UV	1309
3-Amino-6-chloro-5-methylthio-2-pyrazinecarbohydrazide	–	(*H* 438)
3-Amino-6-chloro-5-oxo-4,5-dihydro-2-pyrazinecarbohydrazide	–	(*H* 437)
3-Amino-6-chloro-5-oxo-4,5-dihydro-2-pyrazinecarboxylic acid	–	(*H* 437)
3-Amino-6-chloro-5-pentylamino-2-pyrazinecarbohydrazide	–	(*H* 430)
3-Amino-6-chloro-5-pentylthio-2-pyrazinecarbohydrazide	–	(*H* 438)
3-Amino-5-chloro-6-(prop-1-enyl)-2-pyrazine-carbonitrile	242–243, IR, NMR	811
3-Amino-6-chloro-5-propylamino-2-pyrazinecarbohydrazide	–	(*H* 430)
3-Amino-6-chloro-5-propylthio-2-pyrazinecarbohydrazide	–	(*H* 438)
3-Amino-6-chloro-5-(prop-2-ynylamino)-2-pyrazinecarboxylic acid	–	(*H* 426)
3-Amino-5-chloro-2-pyrazinecarbaldehyde	–	(*H* 429)
3-Amino-6-chloro-2-pyrazinecarbaldehyde	–	(*H* 429)
3-Amino-6-chloro-2-pyrazinecarbohydrazide	–	(*H* 430)
3-Amino-6-chloro-2-pyrazinecarbohydrazide 4-oxide	–	(*H* 449)
3-Amino-5-chloro-2-pyrazinecarbonitrile	–	(*H* 426)
3-Amino-6-chloro-2-pyrazinecarbonitrile	–	(*H* 426)
3-Amino-6-chloro-2-pyrazine-carbonyl azide	–	(*H* 425)
3-Amino-6-chloro-2-pyrazinecarbothioamide	–	(*H* 432)
3-Amino-6-chloro-2-pyrazine-carboxamide	–	(*H* 426)

ALPHABETICAL LIST Continued

Pyrazine	Melting point (°C), etc.	Reference(s)
3-Amino-6-chloro-2-pyrazine-carboxamidrazone	–	(H 430)
3-Amino-6-chloro-2-pyrazinecarboxylic acid	–	(H 426)
3-Amino-6-chloro-2-pyrazinecarboxylic acid 4-oxide	–	(H 449)
3-Amino-5-chloro-2,6-pyrazinedicarbonitrile	234 or 245, IR, MS, NMR	(H 427) 447, 1284
5-Amino-6-chloro-2,3-pyrazinedicarbonitrile	202–203 or 205–207, IR, NMR	1393, 1598
3-Amino-5-chloro-2,6-pyrazinedicarbonitrile 4-oxide	199, IR, NMR	1180
5-Amino-6-chloro-2,3-pyrazinedicarboxamide	–	(H 432)
5-Amino-6-chloro-2,3-pyrazinedicarboxylic acid	300, IR, MS, NMR	947
3-Amino-5-chloro-6-thioxo-1,6-dihydro-2-pyrazinecarbohydrazide	–	(H 438)
3-Amino-6-chloro-5-thioxo-4,5-dihydro-2-pyrazinecarbohydrazide	–	(H 438)
3-Amino-6-cyano-5-methoxy-2-pyrazinecarboxamide	–	(H 435)
3-Amino-6-cyano-5-methoxy-2-pyrazinecarboxylic acid	255, IR, NMR	1180
3-Amino-6-cyanomethyl-2-pyrazinecarbonitrile	–	(H 412)
6-Amino-3-cyano-5-methyl-2-pyrazinecarboxamide	>300, IR, MS	747
3-Amino-6-cyano-5-oxo-4,5-dihydro-2-pyrazinecarboxamide	–	(H 435)
6-Amino-3-cyano-5-phenyl-2-pyrazinecarboxamide	>300, IR, MS	747
3-Amino-6-cyano-5-thioxo-4,5-dihydro-2-pyrazinecarboxamide	>300	1401
3-Amino-6-cyclohexyl-2-pyrazinecarboxamide	–	(H 411)
3-Amino-5-cyclohexyl-2-pyrazinecarboxylic acid	–	(H 411)
3-Amino-6-cyclohexyl-2-pyrazinecarboxylic acid	–	(H 411)
3-Amino-N-cyclopentyl-2-pyrazinecarboxamide	–	(H 413)
3-Amino-6-cyclopropyl-2-pyrazinecarbonitrile	–	(H 412)
3-Amino-6-cyclopropyl-2-pyrazinecarboxamide	–	(H 411)
3-Amino-6-cyclopropyl-2-pyrazinecarboxylic acid	–	(H 411)
3-Amino-5,6-dichloro-2-pyrazinecarbaldehyde	–	(H 432)
3-Amino-5,6-dichloro-2-pyrazinecarbonitrile	–	(H 432)
3-Amino-5,6-dichloro-2-pyrazinecarboxamide	–	(H 426)
3-Amino-5,6-dichloro-2-pyrazinecarboxylic acid	–	(H 426)
3-Amino-6-diethylaminomethyl-2-pyrazinecarbonitrile	–	(H 412)
3-Amino-5-diethylamino-2,6-pyrazinedicarbonitrile	–	(H 413)
5-Amino-3-dimethylamino-6-nitro-2-pyrazinecarbonitrile	202–206, NMR	1313
3-Amino-5-dimethylamino-6-phenyl-2-pyrazinecarbohydrazide	–	(H 413)

ALPHABETICAL LIST *Continued*

Pyrazine	Melting point (°C), etc.	Reference(s)
3-Amino-5-dimethylamino-2-pyrazinecarboxylic acid	–	(H 411)
3-Amino-6-dimethylamino-2-pyrazinecarboxylic acid	–	(H 411)
3-Amino-5-dimethylamino-2,6-pyrazinedicarbonitrile	–	(H 413)
5-Amino-6-dimethylamino-2,3-pyrazinedicarboxamide	–	(H 411)
3-Amino-6-(3,3-dimethylbut-1-ynyl)-2-pyrazinecarbonitrile	169–170, IR, NMR	802
3-Amino-N',N'-dimethyl-2-pyrazine-carbohydrazide	–	(H 413)
3-Amino-5,N'-dimethyl-2-pyrazine-carbohydrazide	–	(H 415)
3-Amino-5,6-dimethyl-2-pyrazinecarbohydrazide	–	(H 414)
3-Amino-5,N-dimethyl-2-pyrazinecarboxamide	–	(H 415)
3-Amino-5,6-dimethyl-2-pyrazinecarboxamide	255	(H 411) 1
3-Amino-5,6-dimethyl-2-pyrazinecarboxylic acid	–	(H 411)
3-Amino-5,6-dimethyl-2(1H)-pyrazinethione	–	(H 423)
1-Amino-2,5-dimethylpyrazinium (+anion)	Mesitylenesulfonate: 122–123	(H 388) 87
1-Amino-3,5-dimethylpyrazinium (+anion)	Mesitylenesulfonate: 163–164	87
1-Amino-2,5-dimethylpyrazinium iodide 4-oxide	–	(H 450)
3-Amino-5,6-dimethyl-2(1H)-pyrazinone	–	(H 422)
5-Amino-3,6-dimethyl-2(1H)-pyrazinone	–	(H 422)
3-Amino-5,6-diphenyl-2-pyrazinecarbaldehyde	182–184, IR, NMR	1385
3-Amino-5,6-diphenyl-2-pyrazinecarbohydrazide	–	(H 414)
3-Amino-5,6-diphenyl-2-pyrazinecarbonitrile	158 or 172–173, IR, NMR	(H 412) 258, 1507
3-Amino-5,6-diphenyl-2-pyrazinecarbonitrile 4-oxide	345–250, IR, NMR	258
3-Amino-5,6-diphenyl-2-pyrazinecarbothioamide	–	(H 413)
3-Amino-5,6-diphenyl-2-pyrazinecarboxamide	203–205	(H 411) 1677$\ell\ell$
3-Amino-5,6-diphenyl-2-pyrazinecarboxylic acid	–	(H 411)
3-Amino-5,6-diphenyl-2(1H)-pyrazinethione	–	(H 423)
1-Amino-3,5-diphenylpyrazinium (+anion)	Mesitylenesulfonate: 208–210	87
3-Amino-5,6-diphenyl-2(1H)-pyrazinone	298–302, IR, NMR	(H 422) 231
2-Amino-3-ethoxycarbonylaminomethylpyrazine	–	(H 413)
3-Amino-6-(2-ethoxycarbonylethyl)-2-pyrazinecarbonitrile	–	(H 412)
3-Amino-6-ethoxymethyl-2-pyrazinecarbonitrile	108–109	612
3-Amino-6-ethoxymethyl-2-pyrazine-carbonitrile 4-oxide	117–118	612
3-Amino-5-ethoxy-2,6-pyrazinedicarbonitrile	–	(H 435)
3-Amino-5-ethylamino-2-pyrazinecarbohydrazide	–	(H 414)
3-Amino-5-ethyl-6-methyl-2-pyrazinecarbonitrile	138, IR, NMR, UV	941

ALPHABETICAL LIST *Continued*

Pyrazine	Melting point (°C), etc.	Reference(s)
3-Amino-*N*-ethyl-6-phenyl-2-pyrazinecarboxamide	122–123, NMR	1522
3-Amino-*N*-ethyl-6-phenyl-2-pyrazinecarboxamide 4-oxide	170–171, NMR	1522
2-(2-Aminoethyl)pyrazine	–	(*H* 388)
3-Amino-6-ethyl-2-pyrazinecarbonitrile 4-oxide	–	(*H* 449)
3-Amino-6-ethyl-2-pyrazinecarboxamide	–	(*H* 411)
3-Amino-6-ethyl-2-pyrazinecarboxylic acid	–	(*H* 411)
3-Amino-5-formyl-2-pyrazinecarbonitrile	Me$_2$ acetal: 122–123, IR, NMR	767
3-Amino-6-formyl-2-pyrazinecarbonitrile	Me$_2$ acetal: 92–93 or 94–95; Et$_2$ acetal: 126–127, IR, NMR, UV	(*H* 412) 759, 767, 1419
3-Amino-5-formyl-2-pyrazinecarbonitrile 4-oxide	Me$_2$ acetal: 176–177, IR, NMR	767
3-Amino-6-formyl-2-pyrazinecarbonitrile 4-oxide	Me$_2$ acetal: 93–94, IR, NMR; oxime: –	(*H* 449) 759, 767
6-Amino-5-guanidinocarbonyl-2(1*H*)-pyrazinone	–	(*H* 435)
3-Amino-5-guanidino-6-methyl-2-pyrazinecarbonitrile 1-oxide	–	(*H* 449)
3-Amino-6-(hex-1-ynyl)-2-pyrazinecarbinitrile	141–142, IR, NMR	802
3-Amino-5-hydrazino-2,6-pyrazinedicarbonitrile-	266, IR, NMR	1180
3-Amino-6-(3-hydroxybutyl)-2-pyrazinecarbonitrile	–	(*H* 435)
3-Amino-*N*-hydroxy-5-methyl-2-pyrazinecarboxamide	–	(*H* 414)
3-Amino-4-hydroxy-5-oxo-4,5-dihydro-2-pyrazinecarbonitrile	–	(*H* 449)
3-Amino-5-(3-hydroxyprop-1-enyl)-2-pyrazinecarbonitrile 4-oxide	–	(*H* 449)
3-Amino-5-(1-hydroxypropyl)-2-pyrazinecarbonitrile	109–110, IR, NMR	1506
3-Amino-*N*-hydroxy-2-pyrazinecarboxamide	199–201, NMR	(*H* 414) 1121
3-Amino-6-isobutoxymethyl-2-pyrazinecarbonitrile 4-oxide	94–95	612
3-Amino-6-isobutyl-2-pyrazinecarbonitrile 4-oxide	–	(*H* 449)
3-Amino-6-isopropoxymethyl-2-pyrazinecarbonitrile	92–94	612
3-Amino-*N*-isopropyl-6-phenyl-2-pyrazinecarboxamide	125–126, NMR	1522
3-Amino-*N*-isopropyl-6-phenyl-2-pyrazinecarboxamide 4-oxide	122–123, NMR	1522
3-Amino-6-isopropyl-2-pyrazinecarbonitrile 4-oxide	–	(*H* 449)
3-Amino-*N*-isopropyl-2-pyrazinecarboxamide	61–62, IR, MS, NMR	(*H* 414) 1604, 1652
3-Amino-*N*-methoxy-5,6-dimethyl-2-pyrazinecarboxamide	–	(*H* 415)

ALPHABETICAL LIST Continued

Pyrazine	Melting point (°C), etc.	Reference(s)
3-Amino-6-methoxymethyl-2-pyrazine-carbonitrile	–	(H 435) 612
3-Amino-5-methoxy-6-methyl-2-pyrazine-carbonitrile 1-oxide	–	(H 449)
3-Amino-6-methoxymethyl-2-pyrazine-carbonitrile 4-oxide	133–135	(H 449) 612
3-Amino-N-methoxy-5-methyl-2-pyrazine-carboxamide	–	(H 415)
3-Amino-5-methoxy-2-pyrazinecarbonitrile	222–223, NMR	683
3-Amino-N-methoxy-2-pyrazinecarboxamide	–	(H 415)
3-Amino-5-methoxy-2,6-pyrazinedicarbonitrile	–	(H 435)
5-Amino-6-methoxy-2,3-pyrazinedicarbonitrile	–	(H 435)
3-Amino-6-methoxy-2(1H)-pyrazinethione	–	(H 437)
5-Amino-3-methylamino-2-pyrazinecarboxamide	–	(H 411)
3-Amino-N-(1-methylbut-3-enyl)-2-pyrazine-carboxamide	liq, IR, MS, NMR	1604, 1652
3-Amino-N-methyl-5,6-diphenyl-2-pyrazine-carboxamide	–	(H 415)
3-Aminomethyl-6-methoxy-2-pyrazinamine	Crude, NMR	683
3-Aminomethyl-5-methyl-2-pyrazinamine	–	(H 388)
3-Amino-6-methyl-5-oxo-4,5-dihydro-2-pyrazinecarboxamide	–	(H 435)
3-Amino-6-methyl-5-phenyl-2-pyrazine-carbonitrile	168, IR, NMR, UV	(H 412) 941
3-Amino-N-methyl-5-phenyl-2-pyrazine-carboxamide	160–161	1
3-Amino-N-methyl-6-phenyl-2-pyrazine-carboxamide	130–131, NMR	1522
3-Amino-6-methyl-5-phenyl-2-pyrazine-carboxamide	181, IR, NMR, UV	941
3-Amino-N-methyl-6-phenyl-2-pyrazine-carboxamide 4-oxide	190–191, NMR	1522
3-Amino-5-methyl-6-phenyl-2-pyrazine-carboxylic acid	–	(H 412)
3-Amino-6-methyl-5-phenyl-2-pyrazine carboxylic acid	–	(H 412)
3-Amino-N-(1-methylprop-2-enyl)-2-pyrazinecarboxamide	35–37, IR, MS, NMR	1604
3-Aminomethyl-2-pyrazinamine	–	(H 388)
2-Aminomethylpyrazine	liq, NMR	(H 388) 1664
3-Amino-N-methyl-2-pyrazinecarbohydrazide	155–157, NMR	1265
3-Amino-N'-methyl-2-pyrazine-carbohydrazide	105–107, NMR	(H 415) 1265
3-Amino-5-methyl-2-pyrazinecarbohydrazide	–	(H 414)
3-Amino-6-methyl-2-pyrazinecarbohydrazide	–	(H 414)
3-Amino-5-methyl-2-pyrazinecarbonitrile	–	(H 412)
3-Amino-6-methyl-2-pyrazinecarbonitrile	167–171 or 172–173, NMR	(H 412) 222, 759
3-Amino-6-methyl-2-pyrazinecarbonitrile 1,4-dioxide	–	(H 449)

ALPHABETICAL LIST Continued

Pyrazine	Melting point (°C), etc.	Reference(s)
3-Amino-5-methyl-2-pyrazinecarbonitrile 4-oxide	–	(H 449)
3-Amino-6-methyl-2-pyrazinecarbonitrile 1-oxide	235, IR, NMR	1508
3-Amino-6-methyl-2-pyrazinecarbonitrile 4-oxide	177–180 or 187–188	(H 449) 759,1677m
3-Amino-N-methyl-2-pyrazinecarbothioamide	104–105, NMR	654
3-Amino-N-methyl-2-pyrazinecarboxamide	134–135	(H 415), 1
3-Amino-5-methyl-2-pyrazinecarboxamide	–	(H 411)
3-Amino-6-methyl-2-pyrazinecarboxamide	–	(H 411)
3-Amino-6-methyl-2-pyrazinecarboxamide 4-oxide	–	(H 449)
3-Amino-5-methyl-2-pyrazinecarboxylic acid	Crude	(H 412) 693, 1125
3-Amino-6-methyl-2-pyrazinecarboxylic acid	–	(H 411)
3-Amino-6-methyl-2-pyrazinecarboxylic acid 4-oxide	–	(H 449)
3-Amino-6-methyl-2(1H)-pyrazinethione	–	(H 423)
1-Amino-3-methylpyrazinium iodide	–	(H 389)
3-Amino-1-methyl-2(1H)-pyrazinone	167–168	(H 423) 1008
3-Amino-5-methyl-2(1H)-pyrazinone	–	(H 422)
3-Amino-6-methyl-2(1H)-pyrazinone	299, IR, NMR	(H 422) 231
5-Amino-6-methyl-2(1H)-pyrazinone	–	(H 422)
3-Amino-6-methylsulfonyl-2-pyrazinecarboxylic acid	–	(H 436)
3-Amino-6-methylthio-2-pyrazinecarboxylic acid	–	(H 436)
3-Amino-5-oxo-4,5-dihydro-2-pyrazinecarbaldehyde	–	(H 435)
3-Amino-6-oxo-1,6-dihydro-2-pyrazinecarboxamide	–	(H 435)
5-Amino-6-oxo-1,6-dihydro-2,3-pyrazinedicarbonitrile	–	1423
3-Amino-6-pentyloxy-2-pyrazinecarbonitrile 4-oxide	65–66	612
3-Amino-6-pentyl-2-pyrazinecarbonitrile 4-oxide	–	(H 449)
3-Amino-6-phenoxy-2-pyrazinecarboxylic acid	138–140	713
3-Amino-5-phenylhydrazino-2,6-pyrazinedicarbonitrile	>300, IR, NMR	1180
3-Amino-6-phenyl-N-propyl-2-pyrazinecarboxamide	130–131, NMR	1522
3-Amino-6-phenyl-N-propyl-2-pyrazinecarboxamide 4-oxide	150–151, NMR	1522
3-Amino-5-phenyl-2-pyrazinecarbaldehyde	200–202, IR, NMR	1385
3-Amino-5-phenyl-2-pyrazinecarbonitrile	227, IR, NMR, UV	941
3-Amino-6-phenyl-2-pyrazinecarbonitrile	182, NMR	(H 412) 222
3-Amino-6-phenyl-2-pyrazinecarbonitrile 4-oxide	216–218, NMR, UN	(H 449) 1524
3-Amino-N-phenyl-2-pyrazinecarboxamide	–	(H 415)
3-Amino-5-phenyl-2-pyrazinecarboxamide	178–179	1
3-Amino-6-phenyl-2-pyrazinecarboxamide	239–241, NMR	(H 411) 1517
3-Amino-6-phenyl-2-pyrazinecarboxamide 4-oxide	281–283, MS, NMR	(H 449) 1517

ALPHABETICAL LIST *Continued*

Pyrazine	Melting point (°C), etc.	Reference(s)
3-Amino-6-(prop-l-enyl)-2-pyrazinecarbonitrile 4-oxide	–	(*H* 450)
3-Amino-5-phenyl-2-pyrazinecarboxylic acid	234–236, IR	(*H* 412) 1, 1385
3-Amino-6-phenyl-2-pyrazinecarboxylic acid	189–191	(*H* 412) 599
5-Amino-6-phenyl-2,3-pyrazinedicarbonitrile	166–167	(*H* 413) 1677n
3-Amino-5-phenyl-2(1*H*)-pyrazinone	–	(*H* 422)
3-Amino-5-(prop-l-enyl)-2-pyrazinecarbonitrile	–	(*H* 412)
3-Amino-6-(prop-l-enyl)-2-pyrazinecarbonitrile	–	(*H* 412)
3-Amino-5-(prop-l-enyl)-2-pyrazinecarbonitrile 4-oxide	–	(*H* 450)
3-Amino-6-(prop-l-enyl)-2-pyrazine-carbothioamide 4-oxide	191–192, IR, NMR	811
3-Amino-6-(prop-l-enyl)-5-thioxo-4,5-dihydro-2-pyrazinecarbonitrile	217, IR, MS, NMR	811
3-Amino-5-propionyl-2-pyrazinecarbonitrile	195–196, IR, NMR	1506
3-Amino-5-propionyl-2-pyrazinecarboxamide	191–192, IR, NMR	1506
3-Amino-6-propoxymethyl-2-pyrazine-carbonitrile	79–80	612
2-(3-Aminopropyl)-5-isobutyl-6-methoxypyrazine	109–110/2, MS, NMR	295
6-(3-Aminopropyl)-3-isopropyl-2(1*H*)-pyrazinone	HCl: 225–227, NMR	295
2-(3-Aminopropyl)-5-isopropyl-6-methoxypyrazine	105–107/1, MS, NMR	298
3-Amino-5-propyl-2-pyrazinecarbonitrile	–	(*H* 412)
3-Amino-6-propyl-2-pyrazinecarbonitrile	–	(*H* 412)
3-Amino-6-propyl-2-pyrazinecarbonitrile 4-oxide	–	(*H* 450)
3-Amino-*N*-propyl-2-pyrazinecarboxamide	liq, IR, MS, NMR	1604, 1652
3-Amino-2-pyrazinecarbaldehyde	118–119	(*H* 413, 414) 1677kk
3-Amino-2-pyrazinecarbohydrazide	–	(*H* 414, 415)
3-Amino-2-pyrazinecarbonitrile	186 to 207, IR, NMR	(*H* 412) 38, 1507, 1523, 1556, 1677m
6-Amino-2-pyrazinecarbonitrile	201–203, IR, NMR	38
3-Amino-2-pyrazinecarbonitrile 1,4-dioxide	–	(*H* 449)
3-Amino-2-pyrazinecarbonitrile 1-oxide	–	(*H* 449)
3-Amino-2-pyrazinecarbonitrile 4-oxide	267	(*H* 449) 1677m
3-Amino-2-pyrazinecarbothioamide	–	(*H* 415)
3-Amino-2-pyrazinecarboxamide	234–236 or 239–240, NMR	(*H* 411) 1, 4, 500
5-Amino-2-pyrazinecarboxamide	Crude, 232–235	(*H* 411) 597
6-Amino-2-pyrazinecarboxamide	–	(*H* 411)
3-Amino-2-pyrazinecarboxamide methyloxime	108–110, NMR	
3-Amino-2-pyrazinecarboxamide 1-oxide	–	(*H* 449)
5-Amino-2-pyrazinecarboxamide 4-oxide	270	669
3-Amino-2-pyrazinecarboxamide oxime	185–187, NMR	243
3-Amino-2-pyrazinecarboxamidrazone	–	(*H* 414)
3-Amino-2-pyrazinecarboxylic acid	IR, pK_a, Raman, xl st	(*H* 411) 63, 235, 1240
5-Amino-2-pyrazinecarboxylic acid	200, IR, NMR	(*H* 411) 1091, 1318
6-Amino-2-pyrazinecarboxylic acid	–	(*H* 411)

ALPHABETICAL LIST Continued

Pyrazine	Melting point (°C), etc.	Reference(s)
5-Amino-2-pyrazinecarboxylic acid 4-oxide	261–263	669
3-Amino-2,6-pyrazinedicarbonitrile	221–222 or 223–225, NMR	222, 1523
5-Amino-2,3-pyrazinedicarboxylic acid	–	(H 413)
3-Amino-2(1H)-pyrazinethione	245–248	(H 423) 1012
6-Amino-2,3,5-pyrazinetricarbonitrile	–	(H 415)
1-Aminopyrazinium (+anion)	Mesitylenesulfonate: 147–149; NO_3^- : NMR	(H 388) 87, 862
1-Aminopyrazinium iodide 4-oxide	–	(H 448)
3-Amino-2(1H)-pyrazinone	285–295 or 291–293, IR, NMR, UV	(H 422) 231, 598, 1008
3-Amino-5,6,N',N'-tetramethyl-2-pyrazinecarbohydrazide	–	(H 413)
3-Amino-5-thioxo-4,5-dihydro-2,6-pyrazinedicarbonitrile	298 or > 300, IR, NMR	1180, 1401
3-Amino-5,N',N'-trimethyl-2-pyrazine-carbohydrazide	–	(H 413)
3-Amino-6,N',N'-trimethyl-2-pyrazine-carbohydrazide	–	(H 413)
3-Amino-5,6,N-trimethyl-2-pyrazine-carboxamide	167–169	1
3-Amino-6-vinyl-2-pyrazinecarbonitrile	–	(H 412)
6-Anilino-5-chloro-3-guanidinocarbonyl-2-pyrazinamine	–	(H 424)
5-Anilino-6-chloro-2,3-pyrazine-dicarbonitrile	175–176, MS, NMR	1289, 1598
3-Anilino-5-cyano-2-pyrazinecarboxamide-	193–195, IR, NMR, UV	508
5-Anilino-3-guanidinocarbonyl-2-isopropylideneaminopyrazine	–	(H 415)
2-Anilino-3-methylpyrazine	–	(H 389)
2-Anilinopyrazine	–	(H 389)
3-Anilino-2-pyrazinecarboxamide	–	(H 415)
2-Anilinopyrazine 4-oxide	–	(H 450)
3-Anilino-5-thiocarbamoyl-2-pyrazine-carboxamide	254–255, IR, NMR	510
2-Azido-6-bromopyrazine	80–90/4, IR, NMR	891
2-Azido-6-bromopyrazine 4-oxide	107, IR, NMR	891
5-Azidocarbonyl-2-pyrazinecarboxamide	–	(H 392)
2-Azido-5-chloro-3,6-diethylpyrazine	118–123/3, IR, NMR	1561
2-Azido-5-chloro-3,6-dimethylpyrazine	136–137, IR, NMR	1561
2-Azido-5-chloro-3,6-dipropylpyrazine	127–134/2, IR, NMR	1561
2-Azido-5-chloro-6-phenylpyrazine	169, IR, NMR	231
2-Azido-3-chloropyrazine	101–104, NMR	891
2-Azido-6-chloropyrazine	70–80/4, IR, NMR	891
2-Azido-6-chloropyrazine 4-oxide	80, NMR	891
2-Azido-3,6-dibutylpyrazine	128–131/1, NMR, UV	1314
2-Azido-3,6-di-sec-butylpyrazine	124–126/1, NMR, UV	1314
2-Azido-3,6-diethylpyrazine	70–71, NMR, UV	1314
2-Azido-3,6-diisobutylpyrazine	101–103, NMR, UV	1314
2-Azido-3,6-diisopropylpyrazine	59–61, NMR, UV	1314

ALPHABETICAL LIST *Continued*

Pyrazine	Melting point (°C), etc.	Reference(s)
2-Azido-3,6-dimethylpyrazine	130–131 or 132, IR, NMR, UV,	231, 1314
3-Azido-5,6-diphenyl-2-pyrazinamine	208–210, IR, NMR	231
2-Azido-3,5-diphenylpyrazine	159–160 or 162–163 (or 170–171?), IR, NMR, UV	46, 242, 1314
2-Azido-3,6-diphenylpyrazine	167–168 or 170–172 (or 159–160?), IR, NMR, UV	231, 242, 1314
2-Azido-5,6-diphenylpyrazine	156–157 or 166–167, IR, NMR	46, 242
2-Azido-3,6-dipropylpyrazine	120/1, NMR, UV	1314
2-Azido-3-methoxy-5-phenylpyrazine	208–209, IR, NMR	46
2-Azido-3-methoxypyrazine	140 or 143–144, IR, NMR	46, 232, 1677bb
2-Azido-3-methyl-5-phenylpyrazine	205–206, NMR, UV	1314
2-Azido-3-methyl-6-phenylpyrazine	130–131, NMR, UV	1314
2-Azido-5-methyl-3-phenylpyrazine	142–143, NMR, UV	1314
2-Azido-6-methyl-3-phenylpyrazine	199–200, NMR, UV	1314
2-Azido-6-methyl-5-phenylpyrazine	124–125, NMR, UV	1314
6-(1-Azido-2-methylpropyl)-1-benzyl-5-chloro-3-phenyl-2(1H)-pyrazinone	liq, IR, NMR	53
3-Azido-5-methyl-2-pyrazinamine	225, IR, NMR	46
2-Azidomethylpyrazine	–	(H 389)
2-Azido-3-methylpyrazine	86–87, IR, NMR	231
2-Azido-3-phenylpyrazine	221–222, IR, NMR	46, 231
2-Azido-5-phenylpyrazine	178–179, IR, NMR	46, 231
3-Azido-2-pyrazinamine	225 or 235–237, IR, NMR	46, 891
6-Azido-2-pyrazinamine	220, IR, NMR	1124
2-Azidopyrazine	90–91, UV	(H 132) 891, 1678
2-Azidopyrazine 1-oxide	84–85, NMR	(H 450) 277
2-Azidopyrazine 4-oxide	139–140 or 141–143, NMR	272, 891
2-Benzamido-5-bromopyrazine	–	(H 421)
3-Benzamido-6-bromo-2-pyrazinecarboxamide	anal	(H 432) 4
2-Benzamido-3-phenylpyrazine	61, IR	216
2-Benzamidopyrazine	170	(H 389) 152, 738
3-Benzamido-2-pyrazinecarbonitrile	177–178, NMR	1296
3-Benzamido-2-pyrazinecarboxamide	235	4
3-Benzoyl-5-bromo-2-pyrazinamine	–	1092
2-Benzoyl-5-chloro-3-dimethylaminopyrazine	145, IR, NMR	1455
2-Benzoyl-3-chloropyrazine	80–81 or 82, NMR	220, 1092, 1564
2-Benzoyl-3,5-dichloropyrazine	89–90 or 91, NMR	1455, 1564
2-Benzoyl-3,6-diethoxypyrazine	liq, IR, NMR, UV	6
2-Benzoyl-3,5-dimethoxypyrazine	64 or 66–67, IR, NMR	1455, 1564
2-Benzoyl-3-dimethylaminopyrazine	104–105, NMR	406
2-Benzoyl-3,6-dimethylpyrazine	liq, IR, MS, NMR	1751

ALPHABETICAL LIST Continued

Pyrazine	Melting point (°C), etc.	Reference(s)
5-Benzoyl-3,6-dimethyl-2-(1H)-pyrazinone	–	(H 439)
2-Benzoyl-3-fluoropyrazine	99–100, NMR	406
2-Benzoyl-3-methoxypyrazine	liq, NMR	1564
1-Benzoyl-3-methoxy-2-(1H)-pyrazinone	oxime: 190–192, IR, NMR	1773
2-Benzoyl-6-methyl-5-phenylpyrazine	82–83, MS, NMR	1388
1-Benzoyl-4-methyl-2,3(1H,4H)-pyrazinedione	oxime: 189–191, IR, NMR	1773
2-Benzoyl-3-methylsulfonylpyrazine	141–143, NMR	1564
2-Benzoyl-3-methylthiopyrazine	103–104, NMR	1564
1-Benzoyloxy-5-chloro-3,6-diethyl-2(1H)-pyrazinone	84–85, IR, NMR	1515
2-Benzoyloxy-5-chloro-3,6-diisopropylpyrazine	117–122/1, IR, MS, NMR	1311
2-Benzoyloxy-3,6-diethylpyrazine	124–126/1, IR, MS, NMR	281, 1311
2-Benzoyloxy-3,6-diisobutyl-pyrazine	136–143/1, IR, MS, NMR	1311
2-Benzoyloxy-3,6-diisopropylpyrazine	136–139/1, IR, MS, NMR	1311
1-Benzoyloxy-3,6-diisopropyl-2(1H)-pyrazinone	66–68, IR, NMR, UV	1515
2-Benzoyloxy-3,6-dipropylpyrazine	112–117/2, IR, MS, NMR	1311
2-Benzoyloxy-5-methylpyrazine 4-oxide	–	(H 453)
2-Benzoyloxy-6-methylpyrazine 4-oxide	–	(H 453)
2-Benzoyloxypyrazine 4-oxide	–	(H 453)
3-Benzoyl-5-phenyl-2-pyrazinamine	–	1092
2-Benzoyl-5-phenylpyrazine	120, MS, NMR	1388
3-Benzoyl-2-pyrazinamine	160, NMR	220, 1092
2-Benzoylpyrazine	50–52, 102–105/0.1, 115–120/0.2, 130/0.3, IR, NMR; (E)-oxime: 162, MS, NMR; (Z)-oxime: 138, MS NMR	(H 392) 181, 217, 345, 842, 1518
5-Benzoyl-2-pyrazinecarboxamide	205, IR, NMR	1506
5-Benzoyl-2-pyrazinecarboxylic acid	IR, MS, NMR	217
1-Benzoyl-2(1H)-pyrazinone	oxime: 190–191, IR, NMR	1773
2-Benzylamino-3-benzyloxypyrazine	109–110, IR, MS, NMR	1567
6-Benzylamino-5-chloro-3-guanidino-carbonyl-2-pyrazinamine	–	(H 425)
5-Benzylamino-6-chloro-2,3-pyrazinedicarbonitrile	130–132, MS, NMR	1598
3-Benzylamino-5,6-dimethyl-2-pyrazinamine	–	(H 388)
2-Benzylamino-3,6-dimethylpyrazine	–	(H 389)
3-Benzylamino-5,6-dimethyl-2-pyrazinecarboxamide	186–187	(H 416) 1677f
2-Benzylamino-3,6-dimethyl pyrazine 4-oxide	–	(H 450)
3-Benzylamino-5,6-dimethyl-2(1H)-pyrazinone	–	(H 423)
3-Benzylamino-5,6-diphenyl-2-pyrazine-carbonitrile	160–161, IR	1127

ALPHABETICAL LIST Continued

Pyrazine	Melting point (°C), etc.	Reference(s)
3-Benzylamino-5,6-diphenyl-2-pyrazine-carboxamide	–	(H 416)
6-Benzylamino-3-guanidinocarbonyl-2-pyrazinamine	–	(H 411)
2-Benzylaminopyrazine	–	(H 389)
3-Benzylamino-2-pyrazinecarbonitrile	102–103, IR, NMR	1507
3-Benzylamino-2-pyrazinecarboxamide	–	(H 415)
3-Benzylamino-2-pyrazinecarboxylic acid	–	(H 416)
2-Benzylaminopyrazine 4-oxide	–	(H 450)
2-Benzyl-3,6-bismethylthiopyrazine	56–58	912
1-Benzyl-3-(1-bromoethyl)-5-chloro-6-phenyl-2(1H)-pyrazinone	liq, IR, NMR	391
1-Benzyl-3-(1-bromoethyl)-5-chloro-2(1H)-pyrazinone	94–95, IR, NMR	391
1-Benzyl-6-bromomethyl-5-chloro-2-methoxy-2(1H)-pyrazinone	171, IR, MS, NMR	395
1-Benzyl-3-bromomethyl-5-chloro-6-pheny-2(1H)-pyrazinone	89–90, IR, NMR	391
1-Benzyl-6-bromomethyl-5-chloro-3-phenyl-2(1H)-pyrazinone	135–136, IR, MS, NMR	395
3-Benzyl-6-bromomethyl-5-chloro-1-phenyl-2(1H)-pyrazinone	liq, IR, MS, NMR	53
1-Benzyl-3-bromomethyl-5-chloro-2(1H)-pyrazinone	92–93, IR, NMR	391
1-Benzyl-6-bromomethyl-5-chloro-2(1H)-pyrazinone	liq(?), IR, MS, NMR	395
1-Benzyl-6-bromomethyl-3-methoxy-2(1H)-pyrazinone	64–65, IR, MS, NMR	395
1-Benzyl-6-bromomethyl-3-phenyl-2(1H)-pyrazinone	150–151, IR, MS, NMR	395
1-Benzyl-6-(1-bromo-2-methyl-propyl)-5-chloro-3-phenyl-2(1H)-pyrazinone	139–140, IR, MS, NMR	53
1-Benzyl-3-*tert*-butyl-5-chloro-2(1H)-pyrazinone	133, IR, MS, NMR	374
6-Benzyl-3-butyl-5-methyl-2(1H)-pyrazinone	145–146, NMR	389
6-Benzyl-3-*sec*-butyl-5-methyl-2(1H)-pyrazinone	177–178, NMR	389
3-Benzyl-5-*tert*-butyl-2-pivalamidopyrazine	110, IR, NMR	1504
2-Benzyl-3-butylthio-5,6-dimethylpyrazine	–	1260
1-Benzyl-3-[*N*-(but-3-ynyl)acetamido]-5-chloro-2(1H)-pyrazinone	–	481
1-Benzyl-3-(but-3-ynyl)amino)-5-chloro-2(1H)-pyrazinone	–	481
1-Benzyl-6-(but-3-ynyl)aminomethyl-5-chloro-3-methoxy-2(1H)-pyrazinone	liq, IR, MS, NMR	395
1-Benzyl-6-(but-3-ynyl)aminomethyl-5-chloro-3-phenyl-2(1H)-pyrazinone	liq, IR, MS, NMR	395
1-Benzyl-3-(but-3-ynyl)oxy-5-chloro-6-methyl-2(1H)-pyrazinone	80–82, IR, NMR	391

ALPHABETICAL LIST *Continued*

Pyrazine	Melting point (°C), etc.	Reference(s)
1-Benzyl-3-(but-3-ynyl)oxy-5-chloro-6-phenyl-2(1H)-pyrazinone	121–122, IR, NMR	391
1-Benzyl-3-(but-3-ynyl)oxy-5-chloro-2(1H)-pyrazinone	95–96, IR, NMR	391, 481
1-Benzyl-3-[1-(but-3-ynyloxy) ethyl]-5-chloro-6-phenyl-2(1H)-pyrazinone	liq, IR, NMR	391
6-Benzyl-3-(2-carboxyethyl)-5-methyl-2(1H)-pyrazinone	192–196, NMR	121
3-Benzyl-6-carboxymethyl-5-methyl-2(1H)-pyrazinone	135–140, NMR	121
2-Benzyl-3-chloro-5,6-dimethylpyrazine	–	1260
1-Benzyl-5-chloro-3-ethyl-6-2(1H)-pyrazinone	83–84, IR, NMR	391
1-Benzyl-5-chloro-3-ethyl-2(1H)-pyrazinone	81–83, IR, NMR	391
1-Benzyl-5-chloro-3-hydrazino-2(1H)-pyrazinone	135, IR, NMR	1370
1-Benzyl-5-chloro-3-hydroxymethyl-6-phenyl-2(1H)-pyrazinone	liq(?), IR, NMR	391
1-Benzyl-5-chloro-6-isobutyl-3-phenyl-2(1H)-pyrazinone	112, IR, MS, NMR	53
1-Benzyl-5-chloro-3-methoxy-6-[N-methyl-N-(prop-2-ynyl)amino]-methyl-2(1H)-pyrazinone	118–119, IR, MS, NMR	395
1-Benzyl-5-chloro-3-methoxy-6-methyl-2(1H)-pyrazinone	84–85, IR, MS, NMR	395
1-Benzyl-5-chloro-3-methoxy-6-(prop-2-ynyl)aminomethyl-2(1H)-pyrazinone	95–96, IR, MS, NMR	395
1-Benzyl-5-chloro-6-methyl-3-(pent-3-ynyl)oxy-2(1H)-pyrazinone	133–134, IR, NMR	391
1-Benzyl-5-chloro-6-methyl-3-(pent-4-ynyl)oxy-2(1H)-pyrazinone	137–138, IR, NMR	391
1-Benzyl-5-chloro-3-methyl-6-phenyl-2(1H)-pyrazinone	116–117, IR, NMR	391
1-Benzyl-5-chloro-6-methyl-3-phenyl-2(1H)-pyrazinone	144, IR, MS, NMR	395
3-Benzyl-5-chloro-6-methyl-1-phenyl-2(1H)-pyrazinone	97–98, IR, MS, NMR	53
1-Benzyl-5-chloro-6-[N-methyl-N-(prop-2-ynyl)amino]methyl-3-phenyl-2(1H)-pyrazinone	Unstable solid, IR, MS, NMR	395
1-Benzyl-5-chloro-6-methyl-3-(prop-2-ynyl)amino-2(1H)-pyrazinone	178–179, IR, MS, NMR	395
1-Benzyl-5-chloro-3-methyl-2(1H)-pyrazinone	98–99, IR, NMR	391
1-Benzyl-5-chloro-6-methyl-2(1H)-pyrazinone	93–94, IR, MS, NMR	395
1-Benzyl-5-chloro-3-(pent-3-ynyl)-oxy-2(1H)-pyrazinone	liq, IR, NMR	391
1-Benzyl-5-chloro-3-(pent-4-ynyl)-oxy-2(1H)-pyrazinone	113–114, IR, NMR	391
1-Benzyl-5-chloro-3-phenyl-6-(prop-2-ynyl)aminomethyl-2(1H)-pyrazinone	90–91, IR, MS, NMR	395
1-Benzyl-5-chloro-6-phenyl-3-[1-(prop-2-ynyl)oxyethyl]-2(1H)-pyrazinone	liq, IR, NMR	391

ALPHABETICAL LIST Continued

Pyrazine	Melting point (°C), etc.	Reference(s)
1-Benzyl-5-chloro-6-phenyl-3-(prop-2-ynyl)-oxymethyl-2(1H)-pyrazinone	liq, IR, NMR	391
1-Benzyl-5-chloro-3-phenyl-2(1H)-pyrazinone	86, IR, NMR	374
2-Benzyl-3-chloropyrazine	–	(H 399)
Benzyl 5-chloro-2-pyrazinecarboxylate	133–135/0.2	651
2-Benzyl-3-chloropyrazine 1-oxide	117–118, NMR	86
1-Benzyl-3,5-dichloro-6-ethyl-2(1H)-pyrazinone	80, IR, NMR	374
1-Benzyl-3,5-dichloro-6-isobutyl-2(1H)-pyrazinone	114, IR, MS, NMR	53
1-Benzyl-3,5-dichloro-6-phenyl-2(1H)-pyrazinone	149–150, IR, NMR	374
1-Benzyl-3,5-dichloro-2(1H)-pyrazinone	80, IR, NMR	1309
2-Benzyl-3,6-diethoxy-5-methylpyrazine	–	(H 404)
2-Benzyl-3,6-diethoxypyrazine	–	(H 404)
2-Benzyl-5,6-diethylpyrazine	86/0.005, MS, NMR	473
2-Benzyl-5,6-dimethyl-3-propylthiopyrazine	–	1260
2-Benzyl-3,6-dimethylpyrazine	liq(?), MS, NMR 57–59,	473
2-Benzyl-5,6-dimethylpyrazine	95–100/0.001	473
3-Benzyl-5,6-dimethyl-2-pyrazinecarbonitrile	–	1087
3-Benzyl-1,5-dimethyl-2(1H)-pyrazinone	liq, NMR	1452
3-Benzyl-5,6-dimethyl-2(1H)-pyrazinone	161–162, NMR	389, 1452, 1491
6-Benzyl-1,5-dimethyl-2(1H)-pyrazinone	liq, NMR	1452
6-Benzyl-3,5-dimethyl-2(1H)-pyrazinone	153 to 157, IR, NMR	121, 227, 389
2-Benzyl-3,5-diphenylpyrazine	–	(H 384)
2-Benzyl-3,6-diphenylpyrazine	–	(H 384)
3-Benzyl-5,6-diphenyl-2-pyrazine-carbonitrile	–	1087
6-Benzyl-3,5-diphenyl-2(1H)-pyrazinone	258–260, IR, NMR	227
3-Benzyl-5-ethoxy-6-methyl-2(1H)-pyrazinone	–	(H 404)
6-Benzyl-3-ethyl-1-hydroxy-2(1H)-pyrazinone	–	(H 453)
6-Benzyl-3-ethyl-5-methyl-2(1H)-pyrazinone	169–170, NMR	389
2-(N-Benzylhydrazino)-3,6-dimethylpyrazine	Crude, IR, NMR	72
5-Benzyl-6-hydroxy-1,4-dimethyl-2,3(1H,4H)-pyrazinedione	170–174, NMR	939
3-Benzyl-1-hydroxy-5,6-dimethyl-2(1H)-pyrazinone	110–113, NMR	101
3-Benzyl-5-hydroxy-6-methyl-2(1H)-pyrazinone	–	(H 404)
3-Benzyl-1-hydroxy-5-phenyl-2(1H)-pyrazinone	–	(H 453)
5-Benzyl-6-hydroxy-2,3(1H,4H)-pyrazinedione	264, NMR	969
3-Benzyl-5-hydroxy-2(1H)-pyrazinone	266–268, IR, NMR	1158
6-Benzyl-1-hydroxy-2(1H)-pyrazinone	–	(H 453)
2-Benzylidenehydrazino-6-chloropyrazine	–	(H 421)
2-Benzylidenehydrazino pyrazine	206–207	409
3-Benzyl-6-isobutyl-1,5-dimethyl-2(1H)-pyrazinone	liq, NMR	175, 1452
2-Benzyl-5-isobutyl-3-methoxy-6-methylpyrazine	liq, NMR	175, 1452
3-Benzyl-6-isobutyl-5-methyl-2(1H)-pyrazinone	133–135, MS, NMR	118, 175,389, 1452,1491

ALPHABETICAL LIST *Continued*

Pyrazine	Melting point (°C), etc.	Reference(s)
6-Benzyl-3-isobutyl-5-methyl-2(1H)-pyrazinone	161–163, NMR	389
3-Benzyl-6-isobutyl-2(1H)-pyrazinone	105–107, NMR	122, 1510
6-Benzyl-3-isopropyl-5-methyl-2(1H)-pyrazinone	214–215	389
6-Benzyl-3-isopropyl-2(1H)-pyrazinone	IR, NMR, UV	1168
6-Benzyl-3-methoxycarbonylmethyl-5-methyl-2(1H)-pyrazinine	131–132, NMR	121
2-Benzyl-3-methoxy-5,6-dimethylpyrazine	liq, NMR	1452
3-Benzyl-5-methoxy-1,6-dimethyl-2(1H)-pyrazinone	–	(H 408)
3-Benzyl-6-methoxy-5-methyl-2-pyrazinamine	75–76, IR, MS, NMR, UV	883
2-Benzyl-3-methoxy-6-methyl pyrazine	liq, NMR	1452
2-Benzyl-6-methoxy-3-methylpyrazine	liq, NMR	1452
1-Benzyl-3-methoxy-6-methyl-2(1H)-pyrazinone	69–70, IR, MS, NMR	395
1-Benzyl-3-methoxy-6-(prop-2-ynyl)-aminomethyl-2(1H)-pyrazinone	97–98, IR, MS, NMR	395
2-Benzyl-3-methoxypyrazine	–	(H 404)
6-Benzyl-5-methoxy-2(1H)-pyrazinone	119–120, IR, NMR	1158
1-Benzyl-3-methyl-5-oxo-4,5-dihydro-pyrazinium (+ anion)	Br⁻: 222–223, IR, NMR	341
1-Benzyl-6-methyl-3-phenyl-2(1H)-pyrazinone	146–147, IR, MS, NMR	395
6-Benzyl-3-methyl-5-phenyl-2(1H)-pyrazinone	193–194, IR, NMR	227
6-Benzyl-5-methyl-3-phenyl-2(1H)-pyrazinone	203–204, IR, NMR	227
6-Benzyl-5-methyl-3-propyl-2(1H)-pyrazinone	152–154, NMR	389
3-Benzyl-5-methyl-2-pyrazinamine 1-oxide	144–145, MS, NMR	883
1-Benzyl-5-methylpyrazin-1-ium-3-olate	120, MS, NMR	341
1-Benzyl-6-methyl-2(1H)-pyrazinone	86–87, IR, MS, NMR	395
3-Benzyl-5-methyl-2(1H)-pyrazinone	189–190, NMR	1452, 1491
6-Benzyl-5-methyl-2(1H)-pyrazinone	142–143, NMR	1452
1-Benzyl-6-oxo-1,6-dihydro-2-pyrazine-carboxylic acid 4-oxide	180–182, IR, NMR	89
2-Benzyloxy-6-benzyloxymethyl-3-isobutyl-5-methoxypyrazine	liq, NMR	329
2-Benzyloxy-6-benzyloxymethyl-3-isobutyl-5-methoxypyrazine 1-oxide	liq(?), NMR	329
2-Benzyloxy-6-benzyloxymethyl-3-isobutyl-5-methoxypyrazine 4-oxide	liq, NMR	329
3-Benzyloxy-6-bromomethyl-5-chloro-1-phenyl-2(1H)-pyrazinone	165–166, IR, MS, NMR	395
3-Benzyloxy-5-bromo-2-pyrazinamine	89–90, NMR	661
1-Benzyloxy-3-(2-carboxyethyl)-5,6-dimethyl-2(1H)-pyrazinone	Solid, NMR	897
2-Benzyloxy-5-chloro-6-hydroxymethyl-3-isobutylpyrazine 4-oxide	85–88, IR, NMR	848
2-Benzyloxy-6-chloromethyl-3-isobutyl-5-methoxypyrazine	52–53, NMR	329
2-Benzyloxy-6-chloromethyl-3-isobutyl-5-methoxypyrazine 1-oxide	liq, NMR	329
2-Benzyloxy-6-chloromethyl-3-isobutyl-5-methoxypyrazine 4-oxide	61–63, NMR	329

ALPHABETICAL LIST Continued

Pyrazine	Melting point (°C), etc.	Reference(s)
3-Benzyloxy-5-chloro-6-methyl-1-phenyl-3(1H)-pyrazinone	158–159, IR, MS, NMR	395
3-Benzyloxy-5-chloro-6-[N-methyl-N-(prop-2-ynyl)amino]methyl-1-phenyl-2(1H)-pyrazinone	141–142, IR, MS, NMR	395
2-Benzyloxy-6-chloropyrazine	–	(H 444)
2-Benzyloxy-3,6-diisobutyl-5-methoxypyrazine	160/1, NMR	310
2-Benzyloxy-3,6-diisobutyl-5-methoxypyrazine 1-oxide	170/1, MS, NMR	310
2-Benzyloxy-3,6-diisobutyl-5-methoxypyrazine 4-oxide	175/1, MS, NMR	310
1-Benzyloxy-5,6-dimethyl-2(1H)-pyrazinone	118–121, IR, NMR	588, 1085
1-Benzyloxy-5,6-diphenyl-2(1H)-pyrazinone	160–162, NMR	346
5-Benzyloxy-1-hydroxy3,6-dimethyl-2(1H)-pyrazinone 4-oxide	–	(H 453)
2-Benzyloxy-6-hydroxymethyl-3-isobutyl-5-methoxypyrazine	55–57, IR, NMR	329
2-Benzyloxy-6-hydroxymethyl-3-isobutyl-5-methoxypyrazine 1-oxide	liq, NMR	329
2-Benzyloxy-6-hydroxymethyl-3-isobutyl-5-methoxypyrazine 4-oxide	65–66 or 68–69, IR, NMR	329, 337, 848
5-Benzyloxy-3-hydroxymethyl-6-isobutyl-2-pyrazinamine 1-oxide	129–131, IR, NMR	848, 1259
2-Benzyloxy-6-hydroxymethyl-3-isobutylpyrazine 4-oxide	116–117, IR, NMR	337
2-Benzyloxy-6-iodomethyl-3-isobutyl-5-methoxypyrazine 4-oxide	75–77 or 78–79, IR, NMR	329, 848, 1259
2-Benzyloxy-3-isobutyl-6-mesyloxymethyl-5-methoxypyrazine-4-oxide	IR, NMR	848
1-Benzyloxy-3-(2-methoxycarbonylethyl)-5,6-dimethyl-2(1H)-pyrazinone	118–121, IR, NMR	897
2-Benzyloxy-6-methoxypyrazine	–	(H 402)
1-Benzyloxy-6-methyl-5-phenyl-2-(1H)-pyrazinone	159–161, NMR	101
1-Benzyloxy-5-methyl-2(1H)-pyrazinone	111–113, NMR	346
3-Benzyloxy-2-pyrazinamine	68–74(?) or 183–184, IR, MS, NMR	616, 1198, 1567
6-Benzyloxy-2-pyrazinamine	–	1198
6-Benzyloxy-2-pyrazinecarbonitrile	–	1256
6-Benzyloxy-2-pyrazinecarboxylic acid 4-oxide	190–193, IR, NMR	89
1-Benzyloxy-2(1H)-pyrazinone	88–90, IR, NMR	588
6-Benzyloxy-2(1H)-pyrazinone	–	(H 402)
3-Benzyl-5-phenyl-2-pyrazinamine	138–139, IR, MS, NMR	73
3-Benzyl-5-phenyl-2-pyrazinamine 1-oxide	164–165, IR, MS, NMR	73
1-Benzyl-3-phenyl-6-(prop-2-ynyl)-aminomethyl-2(1H)-pyrazinone	85–86, IR, MS, NMR	395
2-Benzyl-3-pivalamidopyrazine	141–142, IR, NMR	1096
2-Benzyl-2-pyrazinamine	114–116, IR, NMR	1096

ALPHABETICAL LIST *Continued*

Pyrazine	Melting point (°C), etc.	Reference(s)
2-Benzylpyrazine	107–108/1.3 or 150/0.07, NMR	69, 199
5-Benzyl-2-pyrazinecarboxamide	137–138	669
5-Benzyl-2-pyrazinecarboxamide 4-oxide	185–187	669
Benzyl 2-pyrazinecarboxylate	38–40	651
5-Benzyl-2-pyrazinecarboxylic acid 4-oxide	165–167	669
1-Benzyl-2,3(1H,4H)-pyrazinedione	–	(H 408)
2-Benzylpyrazine 1-oxide	89–90	199
3-Benzyl-2(1H)-pyrazinone	–	(H 404)
1-Benzyl-2(1H)-pyrazinone 4-oxide	93–95, IR, NMR, UV	86
3-Benzyl-2(1H)-pyrazinone 4-oxide	231–234, NMR	86
2-Benzylsulfinyl-3,6-diisopropylpyrazine	148/0.08, IR, NMR	302, 308
2-Benzylsulfonyl-6-chloropyrazine	–	(H 446)
3-Benzylsulfonyl-2-pyrazinecarbonitrile	–	858
6-Benzylsulfonyl-2-pyrazinecarbonitrile	–	(H 442)
3-Benzylsulfonyl-2-pyrazinecarboxamide	–	(H 442) 858
2-Benzylthio-6-chloropyrazine	–	(H 446)
2-Benzylthio-5-chloropyrazine 1-oxide	141–143, IR, NMR, UV	1565
3-Benzylthio-5-cyano-2-pyrazinecarboxamide	179–182, NMR	503
2-Benzylthio-3,6-diisopropylpyrazine	105–112/0.04, NMR	302, 308
2-Benzylthio-3-(2-ethoxycarbonylvinyl)pyrazine	214–220/4, IR, NMR	1126
5-Benzylthio-3-guanidinocarbonyl-2-pyrazinamine	–	(H 436)
6-Benzylthio-N-hydroxy-2-pyrazinecarboxamide	–	(H 442)
6-Benzylthio-N-hydroxy-2-pyrazinecarboxamidine	–	(H 442)
2-Butylthio-3-isopropyl-5,6-dimethylpyrazine	–	1260
2-Benzylthio-3-methylpyrazine	133–138/3, NMR	1126
5-Benzylthio-2-pyrazinamine	72–74, IR, NMR, UV	1565
2-Benzylthiopyrazine	–	(H 409)
3-Benzylthio-2-pyrazinecarbaldehyde	97–98, IR, NMR	1126
6-Benzylthio-2-pyrazinecarbohydrazide	–	(H 442)
3-Benzylthio-2-pyrazinecarbonitrile	–	858
6-Benzylthio-2-pyrazinecarbonitrile	–	(H 442)
6-Benzylthio-2-pyrazinecarbothioamide	–	(H 442)
3-Benzylthio-2-pyrazinecarboxamide	–	858
6-Benzylthio-2-pyrazinecarboxamide	–	(H 442)
3-Benzylthio-2-pyrazinecarboxylic acid	–	858
6-Benzylthio-2-pyrazinecarboxylic acid	–	(H 442)
3-Benzylthio-2,5-pyrazinedicarboxamide	–	1233
2-Benzylthiopyrazine 4-oxide	114–115, IR, NMR, UV	1565
5-Benzylthio-2(1H)-pyrazinone	125–126, IR, NMR, UV	1565
6-Benzylthio-2(1H)-pyrazinone	161–162, IR, NMR, UV	1565
5-Benzylthio-2(1H)-pyrazinone 4-oxide	229–231, IR, NMR, UV	1565
2-Benzylthio-5-trimethylsiloxypyrazine	143/0.05, NMR	1565
2-Benzyl-3,5,6-trimethylpyrazine	91–93/0.04, MS, NMR	473
3-Benzyl-1,5,6-trimethyl-2(1H)-pyrazinone	liq, NMR	1452

ALPHABETICAL LIST *Continued*

Pyrazine	Melting point (°C), etc.	Reference(s)
1-Benzyl-3-trimethylsiloxy-2(1*H*)-pyrazinone	–	(*H* 508)
2,5-Bis(acetoxymethyl)-3-chloropyrazine	128–138/1, IR, MS, NMR, UV	82
2,5-Bis(acetoxymethyl)-3-chloro-pyrazine 1-oxide	114–116, IR, NMR, UV	82
2,5-Bis(acetoxymethyl)-3,6-dichloropyrazine	109–110, IR, NMR, UV	82
2,3-Bis(acetoxymethyl)pyrazine	–	(*H* 402)
2,5-Bis(acetoxymethyl)pyrazine	–	(*H* 402)
2,3-Bis(acetoxymethyl)pyrazine 1,4-dioxide	–	(*H* 453)
2,5-Bis(acetoxymethyl)pyrazine 1,4-dioxide	237–238, IR,NMR, UV	82
2,5-Bis(acetoxymethyl)pyrazine 1-oxide	108–111, IR, NMR, UV	(*H* 454) 82
2,5-Bis(4-aminobutyl)pyrazine	2 HCl: 305–309	145
2,5-Bis(6-aminohexyl)pyrazine	2 HCl: 288–289	145
2,5-Bis(5-aminopentyl)pyrazine	58–61; 2 HCl: 305	145
2,5-Bis(3-aminopropyl)pyrazine	2 HCl: 265–270	145
2,6-Bisbenzylsulfonylpyrazine	–	(*H* 409)
2,6-Bisbenzylthiopyrazine	–	(*H* 409)
5,6-Bisbenzylthio-2,3-pyrazinedicarbonitrile	160–161, IR, MS, NMR	1049
2,5-Bisbenzylthiopyrazine 1-oxide	164–166, IR, NMR, UV	1565
2,3-Bis(bromomethyl)-5,6-dimethylpyrazine	–	1059
2,5-Bis(bromomethyl)pyrazine	100, NMR	513
5,6-Bis(bromomethyl)-2,3-pyrazinedicarbonitrile	106–108, IR, MS, NMR	984, 1291, 1624
2,3-Bis(bromomethyl)pyrazine 1,4-dioxide	–	(*H* 452, 453)
2,5-Bis(2-carboxyethyl)-3,6-dimethylpyrazine	–	(*H* 395)
2,5-Bis(2-carboxyethyl)pyrazine-	219–221, IR, MS	244
2,5-Bis(chloromethyl)-3,6-diethoxypyrazine	–	(*H* 444)
2,5-Bis(chloromethyl)-3,6-dimethoxypyrazine	–	(*H* 444)
2,3-Bis(chloromethyl)-5,6-dimethylpyrazine(?)	NMR	550
2,5/2,6-Bis(chloromethyl)-3,6/3,5-dimethylpyrazine	94–95, MS, NMR	550
2,5-Bis(chloromethyl)-3,6-diphenylpyrazine	–	(*H* 399)
2,3-Bis(chloromethyl)pyrazine	NMR	(*H* 399) 205
2,5-Bis(chloromethyl)pyrazine	65–66, MS, NMR	(*H* 399) 550
2,6-Bis(chloromethyl)pyrazine	liq, MS, NMR	(*H* 399) 205, 547,550
5,6-Bisdiethylamino-2,3-pyrazinedicarbonitrile	94, IR	530
2,3-Bisdimethylamino-5,6-difluoropyrazine	–	(*H* 421)
2,5-Bisdimethylamino-3,6-difluoropyrazine	–	(*H* 421)
2,6-Bisdimethylamino-3,5-difluoropyrazine	–	(*H* 421)
2,5-Bisdimethylamino-3,6-dimethylpyrazine	–	(*H* 389)
2,6-Bisdimethylamino-3,5-diphenylpyrazine	–	(*H* 389)
2,5-Bis(2-dimethylaminoethyl)pyrazine	–	(*H* 389)
2,5-Bisdimethylaminopyrazine	87–88, NMR	70
5,6-Bisdimethylamino-2,3-pyrazine-dicarbonitrile	169	530
2,6-Bisdimethylaminopyrazine 4-oxide	–	(*H* 450)
2,5-Bis(ethoxycarbonylamino)pyrazine	–	(*H* 390)
2,5-Bis(2-ethoxycarbonylethyl)-3-isobutylpyrazine	IR, NMR	542

ALPHABETICAL LIST Continued

Pyrazine	Melting point (°C), etc.	Reference(s)
2,5-Bis(ethoxycarbonylmethyl)-3,6-diphenylpyrazine	–	(H 396)
2,3-Bis(ethoxymethyl)pyrazine	–	(H 402)
2,6-Bis(ethoxymethyl)pyrazine	–	(H 402)
3,5-Bisethylamino-6-ethylcarbamoyl-2-pyrazinecarboxylic acid	–	(H 417)
5,6-Bis(1-ethylpropyl)-2,3-pyrazinedicarbonitrile	55, 144/10, IR, NMR	1395
5,6-Bisethylthio-2,3-pyrazinedicarbonitrile	128–129, IR, MS, NMR	1049
2,5-Bis(5-guanidinopentyl)pyrazine	H_2SO_4: 296–299	145
2,5-Bis(2-hydroxy-1,1-dimethylethyl)pyrazine	–	(H 403)
2,5-Bis(2-hydroxyethyl)pyrazine	90–92, IR, MS, NMR, UV	23
2,5-Bis(1-hydroxy-3-methylbutyl)-3,6-dimethylpyrazine	α: 129–130, IR, MS, NMR; β: 99–100, IR, MS, NMR	364
2,5-Bis(hydroxymethyl)pyrazine	86	513
2,3-Bis(hydroxymethyl)pyrazine 1,4-dioxide	–	(H 454)
2,5-Bis(3-hydroxyprop-1-ynyl)-3,6-diisobutylpyrazine	156–158, IR, NMR	96
2,5-Bis(3-hydroxyprop-1-ynyl)-3,6-diisopropylpyrazine	199–201, IR, NMR	96
2,5-Bis(3-hydroxyprop-1-ynyl)-3,6-dimethylpyrazine	254–256, IR, NMR	96
2,5-Bis(3-hydroxyprop-1-ynyl)-3,6-diphenylpyrazine	221–222, IR, NMR	96
2,6-Bis(3-hydroxyprop-1-ynyl)-3,5-diphenylpyrazine	210–211, IR, NMR	96
2,6-Bis(isobutyrylmethyl)-3,5-dimethylpyrazine	–	(H 396)
2,6-Bis(isobutyrylmethyl)pyrazine	–	(H 393)
2,6-Bis(mercaptomethyl)pyrazine-	66–67, MS, NMR	547
2,3-Bis(methoxymethyl)-5,6-dimethylpyrazine	–	1059
2,3-Bis(methoxymethyl)-5,6-dimethylpyrazine 1-oxide	–	1059
3,5-Bismethylamino-6-methylcarbamoyl-2-pyrazinecarboxylic acid	–	(H 417)
3,5-Bismethylamino-6-methylcarbamoyl-2-pyrazinecarboxylic acid 1-oxide	–	(H 450)
2,5-Bis(methylaminopentyl)pyrazine	2 HCl: >250	145
2,6-Bismethylsulfonylpyrazine	–	(H 409)
2,5-Bismethylthiopyrazine	103 or 105–107, MS, NMR	714, 912
5,6-Bis(morpholinomethyl)-2,3-pyrazinedicarbonitrile	142–144, IR, MS, NMR	984
2,3-Bisphenylthiopyrazine	Crude, NMR	406
2,6-Bis(pivaloylmethyl)pyrazine	–	(H 393)
2,6-Bis(propionylmethyl)pyrazine	–	(H 393)
5,6-Bis(propoxymethyl)-2,3-pyrazinedicarbonitrile	liq, IR, MS, NMR	984
5,6-Bis(thiocyanatomethyl)-2,3-pyrazinedicarbonitrile	96–98, IR, MS, NMR	984
2,3-Bis(trimethylsiloxy)pyrazine	–	(H 403)

ALPHABETICAL LIST Continued

Pyrazine	Melting point (°C), etc.	Reference(s)
6-(*N*-Bromoanilino)-5-chloro-3-guanidinocarbonyl-2-pyrazinamine	–	(*H* 425)
5-Bromo-6-*sec*-butyl-1-hydroxy-3-isobutyl-2(1*H*)-pyrazinone	–	(*H* 452)
5-Bromo-3-*sec*-butyl-6-isobutyl-2(1*H*)-pyrazinone	–	(*H* 444)
5-Bromo-6-*sec*-butyl-3-isobutyl-2(1*H*)-pyrazinone	–	(*H* 444)
2-Bromo-5-chloro-6-methoxypyrazine	–	(*H* 444)
3-Bromo-5-chloro-6-phenyl-2(1*H*)-pyrazinone	–	(*H* 444)
3-Bromo-5-chloro-2-pyrazinamine	102–105, NMR	661
5-Bromo-3-chloro-2-pyrazinamine	–	(*H* 421)
5-Bromo-3-chloro-2(1*H*)-pyrazinone	–	(*H* 444)
2-Bromo-5-cyclopropylamino-6-guanidinocarbonylpyrazine	–	(*H* 432)
5-Bromo-3,6-di-*sec*-butyl-2(1*H*)-pyrazinone	114–115, IR, NMR	321
3-Bromo-5,6-dichloro-2-pyrazinamine	Crude, liq, MS	1313
3-Bromo-5,6-dichloro-2(1*H*)-pyrazinone	–	1460
5-Bromo-3,6-diethyl-2(*H*)-pyrazinone	134–135, IR, NMR	321
5-Bromo-3,6-diisobutyl-2(1*H*)-pyrazinone	138–139, IR, NMR	234, 321
5-Bromo-3,6-diisobutyl-2(1*H*)-pyrazinone 4-oxide	212–213, IR, MS, NMR	234
5-Bromo-3,6-diisopropyl-2(1*H*)-pyrazinone	184–185, IR, NMR	321
2-Bromo-5,6-dimethoxypyrazine	–	(*H* 444)
2-Bromo-5-dimethylamino-5,6-difluoropyrazine	–	(*H* 421)
2-Bromo-5-dimethylamino-6-guanidinocarbonylpyrazine	–	(*H* 432)
5-Bromo-3-dimethylamino-2-pyrazinamine	–	(*H* 421)
3-Bromo-5,6-dimethyl-2-pyrazinamine	109–110, NMR	(*H* 421) 1012
3-Bromo-5,6-dimethyl-2-pyrazinamine 1-oxide	–	(*H* 448)
2-Bromo-3,5-dimethylpyrazine	–	(*H* 399)
2-Bromo-5,6-dimethylpyrazine	–	(*H* 399)
3-Bromo-5,6-dimethyl-2(1*H*)-pyrazinone	–	(*H* 444) 321
5-Bromo-3,6-dimethyl-2(1*H*)-pyrazinone	–	(*H* 444)
5-Bromo-2-dimethylsulfimidopyrazine	122–123, NMR	361
2-Bromo-5,6-diphenyl-3-propylpyrazine	–	(*H* 399)
2-Bromo-3,5-diphenylpyrazine	130–131, NMR	1726
2-Bromo-3,6-diphenylpyrazine	–	(*H* 399)
2-Bromo-5,6-diphenylpyrazine	149–150, NMR	(*H* 399) 1726
3-Bromo-5,6-diphenyl-2-pyrazinecarbonitrile	–	(*H* 438)
3-Bromo-5,6-diphenyl-2(1*H*)-pyrazinone	–	(*H* 444) 321
5-Bromo-3,6-diphenyl-2(1*H*)-pyrazinone	–	(*H* 444)
2-Bromo-5-ethoxy-3,6-diphenylpyrazine	–	(*H* 444)
5-Bromo-3-ethylamino-2-pyrazinamine	NMR	1730
2-Bromo-3-ethyl-5,6-diphenylpyrazine	–	(*H* 399)
2-(1-Bromoethyl)-3-ethylpyrazine	–	(*H* 399)
2-(1-Bromoethyl)-3-methylpyrazine	–	(*H* 399)
5-Bromo-3-ethyl-6-methyl-2(1*H*)-pyrazinone	–	(*H* 444)
5-Bromo-3-ethyl-2-pyrazinamine	75–76, NMR	661
2-Bromo-3-ethylpyrazine	–	(*H* 399)
5-Bromo-3-ethyl-2(1*H*)-pyrazinone	–	(*H* 444)
2-Bromo-3-fluoropyrazine	liq, NMR	406

ALPHABETICAL LIST *Continued*

Pyrazine	Melting point (°C), etc.	Reference(s)
2-Bromo-6-guanidinocarbonyl-5-methylaminopyrazine	–	(*H* 432)
2-Bromo-6-guanidinocarbonyl-5-methylthiopyrazine	–	(*H* 443)
3-Bromo-5-guanidinocarbonyl-2,6-pyrazinediamine	NMR	(*H* 433) 450
5-Bromo-3-guanidinocarbonyl-2(1*H*)-pyrazinone	–	(*H* 443)
5-Bromo-3-hydrazino-2-pyrazinamine	Solid, anal	1017
5-Bromo-3-isobutyl-6-isopropyl-2(1*H*)-pyrazinone	–	(*H* 444)
2-Bromo-3-isopropyl-5,6-diphenylpyrazine	–	(*H* 399)
5-Bromo-3-isopropyl-2(1*H*)-pyrazinone	–	(*H* 444)
2-Bromo-3-methoxy-5,6-dimethylpyrazine	–	(*H* 444)
2-Bromo-3-methoxy-5,6-diphenylpyrazine	–	(*H* 444)
2-Bromo-5-methoxy-3,6-diphenylpyrazine	–	(*H* 444)
5-Bromo-3-methoxy-2-pyrazinamine	137–138, NMR	(*H* 436) 1012
2-Bromo-5-methoxypyrazine 1-oxide	74–76, NMR	782
5-Bromo-3-methoxy-2(1*H*)-pyrazinone	–	(*H* 444)
6-(*N*-Bromo-*N*-methylamino)-5-chloro-3-guanidinocarbonyl-2-pyrazinamine	–	(*H* 425)
5-Bromo-3-methylamino-2-pyrazinamine	193	640, 1017
6-Bromo-3-methylamino-2-pyrazinecarbonitrile	140–141, IR, NMR	1747
2-Bromo-3-methylaminopyrazine 4-oxide	125–129, NMR	782
6-Bromomethyl-5-chloro-1,3-diphenyl-2(1*H*)-pyrazinone	161, IR, MS, NMR	53
6-Bromomethyl-5-chloro-3-methoxy-v-1-phenyl-2(1*H*)-pyrazinone	175, IR, MS, NMR	53
6-Bromomethyl-5-chloro-1-phenyl-2(1*H*)-pyrazinone	147–148, IR, MS, NMR	53
2-Bromo-3-methyl-5,6-diphenylpyrazine	–	(*H* 399)
6-Bromomethyl-1,3-diphenyl-2(1*H*)-pyrazinone	210, IR, MS, NMR	53, 395
6-Bromomethyl-3-methoxy-1-phenyl-2(1*H*)-pyrazinone	184, IR, MS, NMR	395
2-Bromomethyl-3-methylpyrazine 1,4-dioxide	–	(*H* 452)
2-Bromo-3-methyl-5-phenylpyrazine	86–87, NMR	1726
5-Bromomethyl-6-phenyl-2,3-pyrazinedicarbonitrile	–	1305
3-Bromo-5-methyl-6-phenyl-2(1*H*)-pyrazinone	194–195, IR, NMR	321
5-Bromo-6-methyl-3-phenyl-2(1*H*)-pyrazinone	–	(*H* 444)
3-Bromo-5-methyl-2-pyrazinamine	64–65, IR, MS, NMR	1125
5-Bromo-3-methyl-2-pyrazinamine	106–108, IR, MS, NMR	1125
5-Bromo-6-methyl-2-pyrazinamine	144–145, IR, MS, NMR	1125
6-Bromo-5-methyl-2-pyrazinamine	156–157, IR, MS, NMR	1125
3-Bromo-5-methyl-2-pyrazinamine 4-oxide	162, IR, NMR	1508
2-Bromo-3-methylpyrazine	–	(*H* 399)
2-Bromomethylpyrazine 1,4-dioxide	–	(*H* 452)
5-Bromo-3-methyl-2(1*H*)-pyrazinone	–	(*H* 444)
5-Bromo-3-methylsulfonyl-2-pyrazinamine	169–171, NMR	1012
5-Bromo-3-methylthio-2-pyrazinamine	142–144, NMR	1012

ALPHABETICAL LIST *Continued*

Pyrazine	Melting point (°C), etc.	Reference(s)
2-Bromomethyl-3,5,6-trimethylpyrazine	–	957
2-Bromo-5-morpholinopyrazine 4-oxide	1.5 H_2O: 138–140,NMR	782
2-Bromo-5-nitropyrazine	114, NMR	361
2-(2-Bromopentyl)-3,6-dimethylpyrazine	Unstable, MS, NMR	868
3-Bromo-5-phenyl-2-pyrazinamine	146–147	(*H* 421) 599
2-Bromo-3-phenylpyrazine	89–91, NMR	(*H* 399) 1726
2-Bromo-5-phenylpyrazine	107–108, NMR	1726
3-Bromo-5-phenyl-2(1*H*)-pyrazinone	–	(*H* 444)
5-Bromo-3-phenyl-2(1*H*)-pyrazinone	–	(*H* 444)
5-Bromo-3-piperidino-2-pyrazinamine	–	(*H* 421)
2-Bromo-5-piperidinopyrazine 4-oxide	H_2O: 148–150, NMR	278, 782
2-Bromo-3-propylpyrazine	–	(*H* 399)
3-Bromo-2-pyrazinamine	128–129	(*H* 420) 1008
5-Bromo-2-pyrazinamine	112–114, NMR	(*H* 420) 191, 361, 1280, 1677x
6-Bromo-2-pyrazinamine	136–140, NMR	891
3-Bromo-2-pyrazinamine 1-oxide	169–170, NMR	782
2-Bromopyrazine	NMR	(*H* 399) 545
6-Bromo-2-pyrazinecarbonitrile	–	(*H* 438)
5-Bromo-2-pyrazinecarboxamide	–	(*H* 438)
5-Bromo-2,3-pyrazinediamine	NMR	(*H* 421) 1730
6-Bromo-2(1*H*)-pyrazinone	–	(*H* 444)
2-Bromo-3,5,6-trichloropyrazine	–	(*H* 399) 1460
2-Bromo-3,5,6-trifluoropyrazine	–	(*H* 399)
2-Bromo-3,5,6-trimethylpyrazine	–	(*H* 399)
2-Bromo-3,5,6-triphenylpyrazine	179–180, NMR	(*H* 399) 1726
2-(But-1-enyl)-5,6-dimethylpyrazine	liq, MS, NMR	473
2-(But-2-enyl)-5,6-dimethylpyrazine	liq, MS, NMR	473
2-(But-1-enyl)-5-methyl-3-propylpyrazine	MS	1407
2-(But-1-enyl)-3-methylpyrazine	MS, NMR	352
2-(But-1-enyl)-5-methylpyrazine	MS, NMR	352
2-(But-1-enyl)pyrazine	–	(*H* 384)
3-Butoxy-5,6-diphenyl-2-pyrazinecarbonitrile	134–136, IR	1127
2-Butoxy-3-methylpyrazine	–	(*H* 404)
5-Butoxy-3-phenyl-2(1*H*)-pyrazinone	–	(*H* 404)
2-*sec*-Butoxypyrazine	90/24, IR, UV	59
2-*tert*-Butoxypyrazine	76/19 or 125/150, IR, n_D^{20}, NMR, UV	59, 64
3-Butoxy-2-pyrazinecarbonitrile	liq, IR, NMR	1127
3-*sec*-Butoxy-2-pyrazinecarbonitrile	85/3, IR, NMR	1507
3-*tert*-Bitoxy-2-pyrazinecarbonitrile	80/3, IR, NMR	1507
2-*tert*-Butoxy-3,5,6-trifluoropyrazine	–	(*H* 444)
6-Butylamino-5-chloro-3-guanidino-carbonyl-2-pyrazinamine	–	(*H* 425)
6-*sec*-Butylamino-5-chloro-3-guanidino-carbonyl-2-pyrazinamine	–	(*H* 425, 428)
6-*tert*-Butylamino-5-chloro-3-guanidino-carbonyl-2-pyrazinamine	–	(*H* 425)
5-Butylamino-6-chloro-2,3-pyrazinedicarbonitrile	108–109, MS, NMR	1598
tert-Butyl 6-amino-5-cyano-3-formyl-2-pyrazinecarboxylate 1-oxide	Me_2 acetal: 107–108, NMR	759

ALPHABETICAL LIST Continued

Pyrazine	Melting point (°C), etc.	Reference(s)
3-Butylamino-5-cyano-2-pyrazinecarboxamide	126–127, IR, NMR	507
2-Butylamino-3,6-dimethylpyrazine	–	(H 389)
2-Butylamino-3,6-dimethylpyrazine 4-oxide	–	(H 450)
2-Butylaminomethylpyrazine	–	(H 389)
2-Butylaminopyrazine	liq, IR, NMR	(H 389) 224
6-Butylamino-2-pyrazinecarbothioamide	–	(H 416)
2-Butylaminopyrazine 4-oxide	–	(H 450)
3-Butylamino-5-thiocarbamoyl-2-pyrazinecarboxamide	195–197, IR, NMR	510
N-tert-Butyl-3,5-bistrimethylsilyl-2-pyrazinecarboxamide	liq, IR, NMR	1504
N-Butyl-3-butylamino-5,6-diphenyl-2-pyrazinecarboxamidine	76–77, IR, NMR	1127
2-sec-Butyl-3/6-chloro-6/3-ethoxy-5-isobutylpyrazine	–	(H 444)
2-sec-Butyl-3-chloro-5-(1-hydroxy-1-methylpropyl)pyrazine	–	242
2-sec-Butyl-3-chloro-5-(1-hydroxy-1-methylpropyl)pyrazine 4-oxide	–	242
2-sec-Butyl-3-chloro-5-isobutylpyrazine	165–166/4	(H 399) 92
2-sec-Butyl-6-chloro-5-isobutylpyrazine	110–111/4	(H 399) 92
2-sec-Butyl-3-chloro-5-isobutylpyrazine 1-oxide	–	(H 452)
2-sec-Butyl-6-chloro-5-isobutylpyrazine 1-oxide	130–131/4, NMR, UV	92
2-sec-Butyl-6-chloro-5-isobutylpyrazine 4-oxide	–	(H 452)
3/6-sec-Butyl-5-chloro-6/3-isobutyl-2(1H)-pyrazinone	–	(H 444)
2-sec-Butyl-3-chloro-5-methylpyrazine	93/8, MS, NMR	317
2-sec-Butyl-6-chloro-5-methylpyrazine	70–75/6, MS, NMR	317
2-sec-Butyl-6-chloro-5-methylpyrazine 4-oxide	37–38, MS, NMR	317
2-sec-Butyl-3-chloropyrazine	100–101/18	(H 399) 86
5-Butyl-6-chloro-2-pyrazinecarbothioamide	80–82, IR, NMR	511
5-tert-Butyl-6-chloro-2-pyrazinecarbothioamide	149–151, IR, NMR	511
5-Butyl-6-chloro-2-pyrazinecarboxamide	123–125, IR, NMR	511
5-tert-Butyl-6-chloro-2-pyrazinecarboxamide	148–150, IR, NMR	511
Butyl 5-chloro-2-pyrazinecarboxylate	87–89/0.2	651
tert-Butyl 5-chloro-2-pyrazinecarboxylate	95/0.1	651
5-tert-Butyl-6-chloro-2-pyrazinecarboxylic acid	–	1723
5-tert-Butyl-6-chloro-2,3-pyrazinedicarbonitrile	106–107, IR, MS, NMR	335
N-Butyl-3-cyano-2-pyrazinecarboxamide	100–101, IR, NMR	38
N-Butyl-5-cyano-2-pyrazinecarboxamide	71–72, IR, NMR	38
S-Butyl 3,5-diamino-6-chloro-2-pyrazinecarbothioate	–	(H 433)
2-sec-Butyl-3,6-dichloro-5-isobutylpyrazine	115–116/4, MS, NMR, UV	92
2-sec-Butyl-3,6-dichloro-5-methylpyrazine	78/2, MS, NMR	317
2-Butyl-5,6-diethylpyrazine	92–95/2, MS, NMR	305, 473
2-Butyl-3,6-diisobutylpyrazine	104–108/2, NMR	323
2-Butyl-3,6-diisopropylpyrazine	87–89/2, MS, NMR	305
2-Butyl-3,5-dimethylpyrazine	–	(H 384)
2-Butyl-3,6-dimethylpyrazine	101/12, MS, NMR	(H 384) 473
2-Butyl-5,6-dimethylpyrazine	–	(H 384)
2-sec-Butyl-5,6-dimethylpyrazine	87–90/10, MS, NMR	473
2-Butyl-3,6-dimethylpyrazine 1,4-dioxide	–	(H 447)

ALPHABETICAL LIST *Continued*

Pyrazine	Melting point (°C), etc.	Reference(s)
2-Butyl-5,6-diphenylpyrazine	169–171/2, MS, NMR	305
N-Butyl-3-ethoxycarbonylamino-5,6-diphenyl-2-pyrazinecarboxamide	–	(H 416)
6-(N-Butyl-N-ethylamino)-5-chloro-3-guanidinocarbonyl-2-pyrazinamine	–	(H 425)
N-sec-Butyl-3-formamido-6-phenyl-2-pyrazinecarboxamide	Solid, NMR	1522
2-Butyl-5-formamidopyrazine	–	1093
6-(N'-Butylhydrazinocarbonyl)-N-methyl-3,5-bismethylamino-2-pyrazinecarboxamide	–	(H 416)
6-(N'-sec-Butylhydrazinocarbonyl)-N-methyl-3,5-bismethylamino-2-pyrazinecarboxamide	–	(H 416)
6-(N'-tert-Butylhydrazinocarbonyl)-N-methyl-3,5-bismethylamino-2-pyrazinecarboxamide	–	(H 416)
3-sec-Butyl-1-hydroxy-5,6-dimethyl-2(1H)-pyrazinone	80–85, IR, NMR	(H 454) 101
N-tert-Butyl-3-(1-hydroxyethyl)-2-pyrazinecarboxamide	70, IR, NMR	1504
3-sec-Butyl-1-hydroxy-6-(1-hydroxy-1-methylpropyl)-2(1H)-pyrazinone	–	(H 454) 247, 727
6-sec-Butyl-1-hydroxy-3-isobutyl-2(1H)-pyrazinone	92–94	(H 454) 92, 1024
6-sec-Butyl-1-hydroxy-3-isobutyl-2(1H)-pyrazinone 4-oxide	–	(H 454)
3-sec-Butyl-1-hydroxy-6-isopropyl-2(1H)-pyrazinone	–	(H 454)
3-sec-Butyl-6-(1-hydroxy-1-methylpropyl)-2(1H)-pyrazinone	–	(H 404)
6-sec-Butyl-1-hydroxy-3-(2-methylthioethyl)-2(1H)-pyrazinone	–	(H 450)
6-sec-Butyl-1-hydroxy-3-propyl-2(1H)-pyrazinone	–	(H 454)
2-sec-Butylidenehydrazinopyrazine	–	(H 389)
6-sec-Butyl-3-isobutyl-1-methoxy-2(1H)-pyrazinone	–	(H 454)
3-Butyl-6-isobutyl-5-methyl-2(1H)-pyrazinone	92–93, NMR	389
3-sec-Butyl-6-isobutyl-5-methyl-2(1H)-pyrazinone	111–112, NMR	389
3-sec-Butyl-6-isobutyl-5-phenylazo-2(1H)-pyrazinone	–	(H 446)
6-sec-Butyl-3-isobutyl-5-phenylazo-2(1H)-pyrazinone	–	(H 446)
3-sec-Butyl-6-isobutyl-2-pyrazinamine	–	(H 388)
6-sec-Butyl-3-isobutyl-2-pyrazinamine	–	(H 388)
3-sec-Butyl-6-isobutyl-2-pyrazinamine 1-oxide	–	(H 449)
6-sec-Butyl-3-isobutyl-2-pyrazinamine 1-oxide	–	(H 449)
2-sec-Butyl-5-isobutylpyrazine 1-oxide	–	(H 447)
3-sec-Butyl-6-isobutyl-2(1H)pyrazinone	–	(H 404)

ALPHABETICAL LIST Continued

Pyrazine	Melting point (°C), etc.	Reference(s)
6-sec-Butyl-3-isobutyl-2(1H)-pyrazinone	98–100, MS; (R): 80–81, NMR; (S): 80–81, NMR	122, 754, 1510
2-sec-Butyl-6-methoxy-5-methylpyrazine	100/2, MS, NMR	317
2-sec-Butyl-6-methoxy-5-methylpyrazine 4-oxide	115/3, MS, NMR	317
2-sec-Butyl-3-methoxypyrazine	–	(H 404) 736
2-sec-Butyl-6-methoxypyrazine	–	(H 404)
5-sec-Butyl-3-methoxy-2-pyrazinecarbaldehyde	92/0.005, MS, NMR	317
2-sec-Butyl-3-methoxypyrazine 1-oxide	MS, NMR	736
6-(N-Butyl-N-methylamino)-5-chloro-3-guanidinocarbonyl-2-pyrazinamine	–	(H 426)
N-Butyl-N'-methyl-3,5-bismethylamino-2,6-pyrazinedicarboxamide	–	(H 416)
N-tert-Butyl-N'-methyl-3,5-bismethylamino-2,6-pyrazinedicarboxamide	–	(H 416)
2-Butyl-3-methylpyrazine	97–99/18, NMR	(H 384) 543, 753
2-sec-Butyl-5-methylpyrazine	IR, MS, NMR	(H 384) 1396
2-Butyl-6-methylpyrazine	–	(H 384)
2-sec-Butyl-6-methylpyrazine	–	(H 384)
2-tert-Butyl-6-methylpyrazine	–	(H 384)
2-sec-Butyl-5-methylpyrazine 4-oxide	155–160/12, MS, NMR	317
6-sec-Butyl-3-methyl-2(1H)-pyrazinone	–	1396, cf. 956
Butyl 6-oxo-1,6-dihydro-2-pyrazinecarboxylate 4-oxide	149–150, IR, NMR	89
2-Butyl-3-pivalamidopyrazine	49–53, IR, NMR	1096
2-sec-Butyl-3-pivalamidopyrazine	69–71, IR, NMR	1096
2-tert-Butyl-3-pivalamidopyrazine	84–86, IR, NMR	1096
3-Butyl-2-pyrazinamine	57–58, IR, NMR	1096
3-sec-Butyl-2-pyrazinamine	liq, IR, NMR	1096
6-sec-Butyl-2-pyrazinamine	–	(H 388)
2-Butylpyrazine	–	(H 384) 239, 368
2-sec-Butylpyrazine	–	(H 384) 239
2-tert-Butylpyrazine	–	(H 384) 239, 368
5-Butyl-2-pyrazinecarbohydrazide	–	1137
5-Butyl-2-pyrazinecarbonitrile	127–128/2.5, IR, NMR	509
5-tert-Butyl-2-pyrazinecarbonitrile	59–61, IR, NMR	509
5-Butyl-2-pyrazinecarbothioamide	–	1137
S-Butyl 2-pyrazinecarbothioate	–	(H 393)
S-tert-Butyl 2-pyrazinecarbothioate	–	(H 393)
N-Butyl-2-pyrazinecarboxamide	40–41, IR, NMR	(H 393) 224
N-sec-Butyl-2-pyrazinecarboxamide	–	8
5-Butyl-2-pyrazinecarboxamide	141–150 or 150–152, IR, NMR	509, 669
5-tert-Butyl-2-pyrazinecarboxamide	155–157, IR, NMR	509, 669
N-Butyl-2-pyrazinecarboxamide 4-oxide	156, IR, NMR	38
5-Butyl-2-pyrazinecarboxamide 4-oxide	185–186	669
5-tert-Butyl-2-pyrazinecarboxylic acid	–	1723
5-Butyl-2-pyrazinecarboxylic acid 4-oxide	–	669

ALPHABETICAL LIST *Continued*

Pyrazine	Melting point (°C), etc.	Reference(s)
5-*tert*-Butyl-2-pyrazinecarboxylic acid 4-oxide	122–123	669
5-*tert*-Butyl-2,3-pyrazinedicarbonitrile	63–64, IR, NMR	1395
3-Butyl-2(1*H*)-pyrazinone	–	(*H* 404)
3-*sec*-Butyl-2(1*H*)-pyrazinone	Crude, liq, NMR	86
1-Butyl-2(1*H*)-pyrazinone 4-oxide	Crude, liq, NMR	88
3-*sec*-Butyl-2(1*H*)-pyrazinone 4-oxide	121–124, NMR	86
2-*tert*-Butylsulfinyl-3-[1(?)-hydroxyethyl]pyrazine	Crude, liq, IR, NMR	1602
2-*tert*-Butylsulfinyl-5-methoxypyrazine	112, IR, NMR	1602
2-*tert*-Butylsulfinylpyrazine	liq, IR, NMR	1602
2-*tert*-Butylsulfonyl-3-[1(?)-hydroxyethyl]pyrazine	liq, IR, NMR	1602
2-*tert*-Butylsulfonyl-3-iodopyrazine	liq, IR, NMR	1602
2-*tert*-Butylsulfonyl-5-methoxypyrazine	118, IR, NMR	1602
2-Butylsulfonylpyrazine	139–140/0.6, dip	239, 1088
2-*sec*-Butylsulfonylpyrazine	127–130/0.6, dip	239, 1088
2-*tert*-Butylsulfonylpyrazine	72–73 or 85, dip, IR, NMR	239, 1088, 1602
3-Butylthio-5-cyano-2-pyrazinecarboxamide	150–153, NMR	503
2-*tert*-Butylthio-5-methoxypyrazine	liq, IR, NMR	1602
2-*tert*-Butylthiopyrazine	liq, NMR	1602
3-Butylthio-2,5-pyrazinedicarboxamide	–	1233
2-Butyl-3,5,6-trifluoropyrazine	–	(*H* 399)
2-Butyl-3,5,6-trimethylpyrazine	–	(*H* 384)
N-*tert*-Butyl-5-trimethylsilyl-2-pyrazinecarboxamide	93, IR, NMR	1504
2-Butyl-3,5,6-triphenylpyrazine	–	(*H* 384)
2-[*N*-(But-3-ynyl)acetamido]pyrazine	liq, NMR	361
6-(But-3-ynyl)aminomethyl-5-chloro-3-methoxy-1-phenyl-2(1*H*)-pyrazinone	liq, IR, MS, NMR	395
2-(But-3-ynyl)aminopyrazine	73–74, NMR	361
2-(But-3-ynyl)-6-methylpyrazine	–	(*H* 384)
3-(But-3-ynyl)oxy-5-chloro-6-methyl-1-phenyl-2(1*H*)-pyrazinone	123, IR, NMR	391
3-(But-3-ynyl)oxy-5-chloro-1-phenyl-2(1*H*)-pyrazinone	94–95, IR, NMR	391
2-(But-3-ynyl)oxypyrazine	34–36, NMR; 4-EtBF$_4$: 96–97, NMR	361, 366, 367
2-(But-3-ynyl)sulfinylpyrazine	71–72, IR, NMR	361
2-(But-3-ynyl)sulfonylpyrazine	liq, IR, NMR	361
2-(But-3-ynyl)thiopyrazine	43–44, NMR; 4-EtBF$_4$: 103–104, NMR	361
6-Butyramido-2-pyrazinamine	158–159, IR, NMR	1124
3-Butyramido-2-pyrazinecarbohydrazide	–	(*H* 416)
2-Butyrylmethyl-6-methylpyrazine	–	(*H* 398)
2-Butyrylmethylpyrazine	–	(*H* 398)
2-Butyrylmethyl-3,5,6-trimethylpyrazine	–	(*H* 399)
2-Butyrylpyrazine	liq, IR, MS, NMR	461, 1383
5-Butyryl-2-pyrazinecarboxylic acid	IR, MS, NMR	217
2-(1-Carbamoylethyl)-5,6-diphenylpyrazine	–	(*H* 393)

ALPHABETICAL LIST Continued

Pyrazine	Melting point (°C), etc.	Reference(s)
2-(1-Carbamoylethyl)-5-phenylpyrazine	–	(H 393)
2-(1-Carbamoylethyl)pyrazine	–	(H 393)
2-(2-Carbamoylethyl)pyrazine	–	(H 393)
3-Carbamoyl-5-methyl-6-oxo-1,6-dihydro-2-pyrazinecarboxylic acid	236–239, IR, NMR, UV	85
3-Carbamoyl-6-oxo-1,6-dihydro-2-pyrazinecarboxylic acid	229–230, NMR, UV	85
3-Carbamoyl-2-pyrazinecarboxylic acid	NH_4: IR, NMR	(H 393) 1318
2-Carboxyaminopyrazine	–	(H 389)
1-(1-Carboxybutyl)-3-methyl-2(1H)-pyrazinone	–	(H 408)
2-(1-Carboxyethyl)-5,6-diphenylpyrazine	–	(H 394)
1-(1-Carboxyethyl)-3-methyl-2(1H)-pyrazinone	–	(H 408)
2-(1-Carboxyethyl)-5-phenylpyrazine	–	(H 394)
2-(1-Carboxyethyl)pyrazine	–	(H 393)
2-(2-Carboxyethyl)pyrazine	–	(H 394)
1-(1-Carboxyethyl)-2(1H)-pyrazinone	–	(H 508)
2-(N'-Carboxyhydrazino)pyrazine	–	(H 389)
1-(1-Carboxy-3-methylbutyl)-3-isobutyl-2(1H)-pyrazinone	–	(H 408)
1-(1-Carboxy-3-methylbutyl)-3-methyl-2(1H)-pyrazinone	–	(H 408)
1-(1-Carboxy-3-methylbutyl)-2(1H)-pyrazinone	–	(H 408)
1-Carboxymethyl-3-isobutyl-2(1H)-pyrazinone	–	(H 408)
1-Carboxymethyl-3-methyl-2(1H)-pyrazinone	–	(H 408)
1-(1-Carboxy-2-methylpropyl)-3-methyl-2(1H)-pyrazinone	–	(H 408)
1-Carboxymethyl-2(1H)-pyrazinone	–	(H 408)
2-Carboxymethyl-3,5,6-trimethylpyrazine	Li: IR, NMR	1384
1-(1-Carboxypentyl)-3-methyl-2(1H)-pyrazinone	–	(H 408)
5-(2-Carboxyprop-1-enyl)-N-methyl-3-methylamino-6-oxo-1,6-dihydro-2-pyrazinecarboxamide	–	(H 435)
2-(1-Carboxypropyl)-5-phenylpyrazine	–	(H 394)
2-(2-Carboxyvinyl)pyrazine	–	(H 394)
2-Chloro-5,6-bisdimethylamino-3-fluoropyrazine	–	(H 421)
5-Chloro-6-(N-chloroanilino)-3-guanidinocarbonyl-2-pyrazinamine	–	(H 426)
2-Chloro-6-chloromethyl-5-methoxy-3-methylpyrazine 1-oxide	109–110, NMR	333
2-Chloro-3-chloromethyl-5-methoxypyrazine	–	(H 444)
2-Chloro-3-chloromethyl-6-methoxypyrazine	–	(H 444)
2-Chloro-5-chloromethyl-3-methoxypyrazine	–	(H 444)
2-Chloro-6-chloromethyl-3-methoxypyrazine	–	(H 444)
2-Chloro-3-chloromethyl-6-methylpyrazine	–	(H 400)
2-Chloro-5-chloromethyl-6-methylpyrazine	60–65/1, NMR	1272
2-Chloro-3-chloromethyl-5-methylthiopyrazine	–	(H 446)
2-Chloro-3-chloromethyl-6-methylthiopyrazine	–	(H 446)
2-Chloro-5-chloromethyl-3-methylthiopyrazine	–	(H 446)
2-Chloro-6-chloromethyl-3-methylthiopyrazine	–	(H 446)

ALPHABETICAL LIST Continued

Pyrazine	Melting point (°C), etc.	Reference(s)
2-Chloro-3-chloromethyl-5-phenylpyrazine	131–133, NMR	1726
2-Chloro-3-chloromethylpyrazine	liq, NMR	1382
2-Chloro-5-chloromethylpyrazine	liq, NMR	1382
5-Chloro-6-cyanomethyl-3-methoxy-1-phenyl-2(1H)-pyrazinone	212, IR, MS, NMR	53
3-Chloro-5-cyano-2-pyrazinecarboxamide	132–134, NMR	503
3-Chloro-6-cyano-2-pyrazinecarboxamide	246–248, NMR	503
5-Chloro-6-cyclohexylamino-3-guanidinocarbonyl-2-pyrazinamine	–	(H 427)
5-Chloro-1-cyclohexyl-3-hydrazino-2(1H)-pyrazinone	145, IR, NMR	1370
5-Chloro-6-cyclopentylamino-3-guanidinocarbonyl-2-pyrazinamine	–	(H 427)
5-Chloro-6-cyclopropylamino-3-guanidinocarbonyl-2-pyrazinamine	–	(H 427)
2-Chloro-5-cyclopropylamino-6-guanidinocarbonylpyrazine	–	(H 433)
5-Chloro-6-(cyclopropylmethyl)amino-3-guanidinocarbonyl-2-pyrazinamine	–	(H 427)
3-Chloro-6-(N-cyclopropyl-N-methylamino)-5-guanidinocarbonyl-2-pyrazinamine	–	(H 427)
2-Chloro-5-(cyclopropylmethyl)amino-6-guanidinocarbonylpyrazine	–	(H 433)
5-Chloro-6-diethylamino-3-guanidinocarbonyl-2-pyrazinamine	–	(H 427)
5-Chloro-6-diethylaminomethyl-3-methoxy-1-phenyl-2(1H)-pyrazinone	134, IR, MS, NMR	53
5-Chloro-3-diethylamino-1-methyl-2(1H)-pyrazinone	87–88, IR, MS, NMR	865
5-Chloro-3-diethylamino-1-phenyl-2(1H)-pyrazinone	63–64, IR, MS, NMR	865
5-Chloro-3,6-diethyl-1-hydroxy-2(1H)-pyrazinone	108–109, IR, NMR, UV	80
5-Chloro-3,6-diethyl-1-hydroxy-2(1H)-pyrazinone 4-oxide	181–182, IR, MS, NMR, UV	80
2-Chloro-3,6-diethyl-5-methylaminopyrazine	145–150, NMR	185
2-Chloro-3,6-diethylpyrazine	80–85/7	(H 400) 80
6-Chloro-N,N-diethyl-2-pyrazinecarboxamide	–	(H 439)
2-Chloro-3,6-diethylpyrazine 1,4-dioxide	125–126 or 127–129, MS, NMR, UV	80, 208
2-Chloro-3,6-diethylpyrazine 1-oxide	135–138, NMR, UV	1250
2-Chloro-3,6-diethylpyrazine 4-oxide	36–38 or 38–39, MS, NMR, UV	80, 208
5-Chloro-3,6-diethyl-2(1H)-pyrazinone	106–107 or 109–110, IR, NMR	185, 321
2-Chloro-3,6-difluoro-5-hydrazinopyrazine	–	(H 421)
2-Chloro-3,6-difluoro-5-methoxypyrazine	–	(H 444)
2-Chloro-3,6-diisobutyl-5-methoxypyrazine	83–85/1, MS, NMR	310
2-Chloro-3,6-diisobutylpyrazine	–	234
2-Chloro-3,6-diisobutylpyrazine 1, 4-dioxide	–	(H 452)

ALPHABETICAL LIST Continued

Pyrazine	Melting point (°C), etc.	Reference(s)
2-Chloro-3,6-diisobutylpyrazine 1-oxide	33–34 or 35–36, MS, NMR, UV	(H 452) 79, 245
2-Chloro-3,6-diisobutylpyrazine 4-oxide	57–58 or 59–60	(H 452) 208, 310
5-Chloro-3,6-diisobutyl-2(1H)-pyrazinone	–	(H 444) 321
2-Chloro-3,6-diisopropyl-5-methylaminopyrazine	159–161/10, NMR	185
2-Chloro-3,6-diisopropylpyrazine	94–95/6, NMR, UV	1250, 1677
5-Chloro-3,6-diisopropyl-2-pyrazinecarbaldehyde 1-oxide	69–70, 60–70/0.001, MS, NMR	316
2-Chloro-3,6-diisopropylpyrazine 1-oxide	146/9, NMR, UV	1250
2-Chloro-3,6-diisopropylpyrazine 4-oxide	76–77, MS, NMR, UV	208
5-Chloro-3,6-diisopropyl-2(1H)-pyrazinone	174–176, IR, NMR, UV	321, 1311
2-Chloro-5-dimethylamino-3,6-diethylpyrazine	96–102/3, NMR	185
2-Chloro-5-dimethylamino-3, 6-difluoropyrazine	–	(H 421)
2-Chloro-6-dimethylamino-3, 5-difluoropyrazine	–	(H 421)
2-Chloro-5-dimethylamino-3, 6-diisobutylpyrazine	–	(H 421)
2-Chloro-5-dimethylamino-3,6-diisopropylpyrazine	–	(H 421)
2-Chloro-5-dimethylamino-3,6-dimethylpyrazine	155–157	(H 421) 1677w
2-Chloro-6-dimethylamino-3,5-diphenylpyrazine	217–218, NMR	185
2-Chloro-5-dimethylamino-3, 6-dipropylpyrazine	–	(H 421)
2-Chloro-3-dimethylamino-5-ethylamino-6-guanidinocarbonylpyrazine	–	(H 433)
6-Chloro-5-dimethylamino-3-ethylamino-2-pyrazinecarbonyl azide	–	(H 432)
2-Chloro-5-(2-dimethylaminoethyl)-6-guanidinocarbonylpyrazine	–	(H 439)
5-Chloro-6-dimethylamino-3-guanidinocarbonyl-2-pyrazinamine	NMR	(H 428) 450
5-Chloro-6-dimethylamino-3-guanidinocarbonyl-2(1H)-pyrazinone	–	(H 438)
5-Chloro-6-dimethylamino-3-nitro-2-pyrazinamine	184–186	1313
2-Chloro-6-dimethylaminopyrazine	–	(H 421)
5-Chloro-6-dimethylamino-2,3-pyrazinedicarbonitrile	55–56, NMR	1745
6-Chloro-1,3-dimethyl-5-phenyl-2(1H)-pyrazinone	–	(H 444)
6-Chloro-1,5-dimethyl-3-phenyl-2(1H)-pyrazinone	–	(H 444)
2-Chloro-5,6-dimethyl-3-propylpyrazine	–	(H 400)
3-Chloro-5,6-dimethyl-2-pyrazinamine	–	(H 421)
2-Chloro-3,5-dimethylpyrazine	NMR	(H 400) 11
2-Chloro-3,6-dimethylpyrazine	84–88/35, NMR	(H 400) 11, 12, 80
2-Chloro-5,6-dimethylpyrazine	81/18, IR, NMR	11, 1272
5-Chloro-3,6-dimethyl-2-pyrazinecarbonitrile	–	(H 439)
5-Chloro-1,4-dimethyl-2,3(1H,4H)-pyrazinedione	202, IR, NMR, UV	1309

ALPHABETICAL LIST Continued

Pyrazine	Melting point (°C), etc.	Reference(s)
2-Chloro-3,6-dimethylpyrazine 1,4-dioxide	193 or 196–199, NMR, UV	(H 452) 80, 208
2-Chloro-5,6-dimethylpyrazine 1,4-dioxide	166–167	1272
2-Chloro-3,5-dimethylpyrazine 1-oxide	82–85, NMR	57
2-Chloro-3,5-dimethylpyrazine 4-oxide	34–36, 80–86/5, NMR, UV	1307
2-Chloro-3,6-dimethylpyrazine 1-oxide	–	(H 452)
2-Chloro-3,6-dimethylpyrazine 4-oxide	110 to 116, IR, NMR	(H 452) 80, 208, 1594
2-Chloro-5,6-dimethylpyrazine 4-oxide	53–54 or 58, NMR, UV	86, 1272
3-Chloro-5,6-dimethyl-2(1H)-pyrazinone	209–212, IR NMR	321
5-Chloro-3,6-dimethyl-2(1H)-pyrazinone	220	(H 444) 80
2-Chloro-3-dimethylsulfimidopyrazine	106–108, NMR	429, 607, 1310, 1427
2-Chloro-5-dimethylsulfimidopyrazine	119–120, NMR	607, 1310
2-Chloro-5,6-diphenyl-3-propylpyrazine	–	(H 400)
3-Chloro-5,6-diphenyl-2-pyrazinamine	–	(H 421)
2-Chloro-3,5-diphenylpyrazine	108–109 or 109–110, NMR	(H 400) 1307, 1726
2-Chloro-3,6-diphenylpyrazine	86–87, MS, NMR, UV	(H 400) 82
2-Chloro-5,6-diphenylpyrazine	119–120 or 126–128, NMR	(H 400) 1272, 1726
3-Chloro-5,6-diphenyl-2-pyrazinecarbohydrazide	–	(H 439)
5-Chloro-3,6-diphenyl-2-pyrazinecarbonitrile	–	(H 439)
3-Chloro-5,6-diphenyl-2-pyrazinecarboxamide	–	(H 438)
2-Chloro-3,5-diphenylpyrazine 1-oxide	187–188, NMR, UV	1307
2-Chloro-3,6-diphenylpyrazine 1-oxide	179–180, NMR, UV	1250
2-Chloro-3,6-diphenylpyrazine 4-oxide	149–150, MS, NMR, UV	82
2-Chloro-5,6-diphenylpyrazine 1-oxide	201–203, NMR, UV	1250
2-Chloro-5,6-diphenylpyrazine 4-oxide	122 to 126, IR, NMR, UV	46, 208, 1272
3-Chloro-5,6-diphenyl-2(1H)-pyrazinone	–	(H 444) 321
5-Chloro-3,6-diphenyl-2(1H)-pyrazinone	265–266, IR, NMR, UV	(H 445) 82
6-Chloro-3,5-diphenyl-2(1H)-pyrazinone	246 to 250, NMR	(H 445) 57, 1307
5-Chloro-6-dipropylamino-3-guanidinocarbonyl-2-pyrazinamine	–	(H 428)
2-Chloro-3,6-dipropylpyrazine	103–105/6, NMR, UV	1250
2-Chloro-3,6-dipropylpyrazine 1-oxide	124/3, NMR, UV	1250
2-Chloro-5-ethoxy-3,6-dimethylpyrazine	–	(H 444)
2-Chloro-5-ethoxy-3,6-diphenylpyrazine	–	(H 444)
5-Chloro-6-ethoxy-3-guanidinocarbonyl-2-pyrazinamine	–	(H 437)
5-Chloro-3-ethoxy-1-methyl-2(1H)-pyrazinone	144, IR, MS, NMR, UV	1309
5-Chloro-6-ethylamino-3-guanidinocarbonyl-2-pyrazinamine	NMR	(H 428) 450
5-Chloro-6-ethylamino-3-nitro-2-pyrazinamine	–	(H 436)
2-Chloro-3-ethyl-5,6-dimethylpyrazine	–	(H 400)
2-Chloro-3-ethyl-5,6-diphenylpyrazine	–	(H 400)
5-Chloro-6-(N-ethyl-N-isopropylamino)-3-guanidinocarbonyl-2-pyrazinamine	–	(H 428)

ALPHABETICAL LIST Continued

Pyrazine	Melting point (°C), etc.	Reference(s)
5-Chloro-6-(N-ethyl-N-methylamino)-3-guanidinocarbonyl-2-pyrazinamine	–	(H 429)
2-Chloro-3-ethyl-5-methylpyrazine	–	(H 400)
5-Chloro-6-(N-ethyl-N-propylamino)-3-guanidinocarbonyl-2-pyrazinamine	–	(H 429)
5-Chloro-6-(1-ethylpropyl)amino-3-guanidinocarbonyl-2-pyrazinamine	–	(H 429)
2-Chloro-3-ethylpyrazine	–	(H 400)
2-Chloro-6-fluoropyrazine	–	(H 400)
5-Chloro-3-formamido-2-pyrazinecarbaldehyde	–	(H 433)
6-Chloro-3-formamido-2-pyrazinecarbaldehyde	–	(H 433)
3-Chloro-5-(5-formylpent-1-ynyl)-2,6-pyrazinediamine	Et_2 acetal: liq, NMR	817
5-Chloro-3-guanidinocarbonyl-6-hexylamino-2-pyrazinamine	–	(H 429)
5-Chloro-3-guanidinocarbonyl-6-sec-hexylamino-2-pyrazinamine	–	(H 429)
5-Chloro-3-guanidinocarbonyl-6-isobutylamino-2-pyrazinamine	–	(H 429)
5-Chloro-3-guanidinocarbonyl-6-isopropylamino-2-pyrazinamine	–	(H 429)
5-Chloro-3-guanidinocarbonyl-6-N-isopropyl-N-methylamino)-2-pyrazinamine	–	(H 429)
5-Chloro-3-guanidinocarbonyl-6-methoxy-2-pyrazinamine	–	(H 437)
2-Chloro-6-guanidinocarbonyl-5-methoxypyrazine	–	(H 443)
3-Chloro-5-guanidinocarbonyl-6-methylamino-2-pyrazinamine	–	(H 429)
5-Chloro-3-guanidinocarbonyl-6-methylamino-2-pyrazinamine	–	(H 429)
5-Chloro-3-guanidinocarbonyl-6-(N-methylhydrazino)-2-pyrazinamine	–	(H 429)
5-Chloro-3-guanidinocarbonyl-6-(N'-methylhydrazino)-2-pyrazinamine	–	(H 429)
5-Chloro-3-guanidinocarbonyl-6-(N-methyl-N-propylamino)-2-pyrazinamine	–	(H 430)
5-Chloro-3-guanidinocarbonyl-6-methylthio-2-pyrazinamine	–	(H 437)
5-Chloro-3-guanidinocarbonyl-6-pentylamino-2-pyrazinamine	–	(H 430)
5-Chloro-3-guanidinocarbonyl-6-sec-pentylamino-2-pyrazinamine	–	(H 429)
6-Chloro-3-guanidinocarbonyl-5-phenyl-2-pyrazinamine	–	(H 430)
5-Chloro-3-guanidinocarbonyl-6-propylamino-2-pyrazinamine	–	(H 430)
5-Chloro-3-guanidinocarbonyl-2-pyrazinamine	–	(H 429)
6-Chloro-3-guanidinocarbonyl-2-pyrazinamine	–	(H 429)

ALPHABETICAL LIST *Continued*

Pyrazine	Melting point (°C), etc.	Reference(s)
5-Chloro-3-guanidinocarbonyl-2-pyrazinamine 1-oxide	–	(H 449)
3-Chloro-5-guanidinocarbonyl-2,6-pyrazinediamine	–	(H 434) 970, 986, 1245, 1281
5-Chloro-3-guanidinocarbonyl-2(1H)-pyrazinethione	–	(H 443)
5-Chloro-3-guanidinocarbonyl-2(1H)-pyrazinone	–	(H 443)
5-Chloro-3-guanidinocarbonyl-6-trimethylhydrazino-2-pyrazinamine	–	(H 430)
5-Chloro-6-guanidino-3-guanidinocarbonyl-2-pyrazinamine	–	(H 430)
5-Chloro-3-hydrazino-1-methyl-2(1H)-pyrazinone	171, IR, NMR	1370
5-Chloro-6-hydrazino-3-nitro-2-pyrazinamine	Crude, 220, MS; $Me_2C{=}$: 245–246	1313
5-Chloro-3-hydrazino-1-phenyl-2(1H)-pyrazinone	168, IR, NMR	1370
2-Chloro-3-hydrazinopyrazine	152–153 or 154, NMR	(H 421) 748, 1117
2-Chloro-6-hydrazinopyrazine	–	(H 421)
2-Chloro-6-hydrazinopyrazine 4-oxide	218–222, NMR	891
2-Chloro-6-hydroxyaminopyrazine	135–137, NMR	1121
5-Chloro-1-hydroxy-3,6-diisobutyl-2(1H)-pyrazinone	121–122 or 124–125, IR, NMR, UV	310, 1250
5-Chloro-1-hydroxy-3,6-diisopropyl-2(1H)-pyrazinone	120–121, IR, NMR, UV	1250
5-Chloro-1-hydroxy-3,6-dimethyl-2(1H)-pyrazinone	165–166, IR, NMR, UV	80
5-Chloro-1-hydroxy-3,6-dipropyl-2(1H)-pyrazinone	97–99, IR, NMR, UV	1250
2-Chloro-3-(1-hydroxyethyl)pyrazine	liq, NMR	220
3-Chloro-5-(6-hydroxyhex-1-ynyl)-2,6-pyrazinediamine	89–90, NMR	817
2-Chloro-6-(1-hydroxy-1-methylethyl)-3-isobutylpyrazine 1-oxide	120–125/3, MS, NMR, UV	92
2-Chloro-6-(1-hydroxy-1-methylethyl)-3-isopropylpyrazine 1-oxide	–	247
5-Chloro-6-(1-hydroxy-1-methylethyl)-3-isopropyl-2(1H)-pyrazinone	131–132, IR, NMR, UV	1377
2-Chloro-6-hydroxymethyl-5-methoxy-3-methylpyrazine	97–99, NMR	324
2-Chloro-6-(1-hydroxy-2-methylpropyl)-3-isobutylpyrazine	140–142/5, IR, NMR	(H 445) 79
2-Chloro-3-(1-hydroxy-2-methylpropyl)-6-isobutylpyrazine 4-oxide	134–135, IR, NMR, UV	78
2-Chloro-6-(1-hydroxy-1-methylpropyl)-3-isobutylpyrazine 1-oxide	120–121/3, MS, NMR, UV	92
2-Chloro-6-(1-hydroxy-2-methylpropyl)-3-isobutylpyrazine 1-oxide	–	247
2-Chloro-3-hydroxymethylpyrazine	–	(H 400)

ALPHABETICAL LIST *Continued*

Pyrazine	Melting point (°C), etc.	Reference(s)
2-Chloro-5-hydroxymethylpyrazine	–	1091
2-Chloro-5-(1-hydroxypropyl)-3,6-diisopropylpyrazine 4-oxide	120–125/0.1, MS, NMR	316
2-Chloro-3-(3-hydroxyprop-1-ynyl)-5,6-diphenylpyrazine	118–120, IR, NMR	96
2-Chloro-5-(3-hydroxyprop-1-ynyl)-3,6-diphenylpyrazine	155–157, IR, NMR	96
2-Chloro-6-(3-hydroxyprop-1-ynyl)-3,5-diphenylpyrazine	142–143, IR, NMR	96
2-Chloro-6-(3-hydroxyprop-1-ynyl)pyrazine	96, NMR	1588
6-Chloro-*N*-hydroxy-2-pyrazinecarboxamidine	–	(*H* 438)
3-Chloro-5-iodo-2,6-pyrazinediamine	130, NMR	817
2-Chloro-3-isobutyl-6-isopropylpyrazine	–	(*H* 400)
2-Chloro-6-isobutyl-3-isopropylpyrazine	–	(*H* 400)
2-Chloro-3-isobutyl-6-isopropylpyrazine 1,4-dioxide	–	(*H* 452)
2-Chloro-6-isobutyl-3-isopropylpyrazine 1,4-dioxide	–	(*H* 452)
2-Chloro-3-isobutyl-6-isopropylpyrazine 1-oxide	115/1, MS, NMR, UV	92
2-Chloro-3-isobutyl-6-isopropylpyrazine 4-oxide	–	(*H* 452)
2-Chloro-6-isobutyl-3-isopropylpyrazine 4-oxide	–	(*H* 452)
2-Chloro-3-isobutyl-6-methylpyrazine	89–90/9, MS, NMR	295
2-Chloro-6-isobutyl-3-methylpyrazine	98–99/12, MS, NMR	295
2-Chloro-3-isobutyl-6-methylpyrazine 1,4-dioxide	129–130, MS, NMR	295
2-Chloro-3-isobutyl-6-methylpyrazine 1-oxide	120/6, MS, NMR	295
2-Chloro-6-isobutyl-3-methylpyrazine 1-oxide	115–118/3, MS, NMR	295
2-Chloro-6-isobutyl-3-methylpyrazine 4-oxide	61–62, NMR	229
2-Chloro-3-isobutyl-5-phenylpyrazine	Crude, liq, NMR	632
2-Chloro-3-isobutylpyrazine	105–106/20, IR, MS, NMR	(*H* 400) 86, 815
2-Chloro-5-isobutylpyrazine	–	(*H* 400)
6-Chloro-5-isobutyl-2-pyrazinecarbothioamide	91–92, IR, NMR	511
6-Chloro-5-isobutyl-2-pyrazinecarboxamide	155–156, IR, NMR	511
2-Chloro-3-isobutylpyrazine 4-oxide	46–47, NMR	86
2-Chloro-5-isopentyl-3,6-dimethylpyrazine	83–85/5, NMR	55
2-Chloro-3-isopropenyl-6-isopropyl-5-methoxypyrazine	75/1.5, NMR, UV	1377
5-Chloro-6-isopropenyl-3-isopropyl-1-methyl-2(1*H*)-pyrazinone	60–61, IR, NMR, UV	1377
5-Chloro-6-isopropenyl-3-isopropyl-2(1*H*)-pyrazinone	189–190, IR, NMR, UV	1377
2-Chloro-3-isopropyl-5,6-dimethylpyrazine	–	(*H* 400) 1260
2-Chloro-3-isopropyl-5,6-diphenylpyrazine	–	(*H* 400)
2-Chloro-3-isopropyl-5-methylpyrazine	–	(*H* 400)
2-Chloro-3-isopropyl-6-methylpyrazine	94–95/14, MS, NMR 68/2	298
2-Chloro-6-isopropyl-3-methylpyrazine	or 94–95/10, MS, NMR	298, 1396
2-Chloro-3-isopropyl-6-methylpyrazine 1-oxide	82–83, MS, NMR	298
2-Chloro-6-isopropyl-3-methylpyrazine 1-oxide	94–95, MS, NMR	298
2-Chloro-3-isopropylpyrazine	–	(*H* 400)
6-Chloro-5-isopropyl-2-pyrazinecarbothioamide	79–80, IR, NMR	511

Table of Simple Pyrazines

ALPHABETICAL LIST *Continued*

Pyrazine	Melting point (°C), etc.	Reference(s)
6-Chloro-5-isopropyl-2-pyrazinecarboxamide	134–135, IR, NMR	511
5-Chloro-6-isopropyl-2,3-pyrazinedicarbonitrile	67–68, IR, MS, NMR	335
2-Chloro-6-(2-methoxycarbonylvinyl)pyrazine	liq, NMR	1588
2-Chloro-5-methoxy-3,6-dimethylpyrazine	–	(H 445)
2-Chloro-6-methoxy-3,5-dimethylpyrazine	54–55, 85–90/45, NMR	57
2-Chloro-5-methoxy-3,6-diphenylpyrazine	–	(H 445)
2-Chloro-6-methoxy-3,5-diphenylpyrazine	79–80 or 98–99, NMR	(H 445) 57, 1307
5-Chloro-3-methoxy-6-methoxymethyl-1-phenyl-2(1H)-pyrazinone	134, IR, MS, NMR	53
5-Chloro-6-methoxymethyl-1,3-diphenyl-2(1H)-pyrazinone	141, IR, MS, NMR	53
2-Chloro-6-methoxy-3-methyl-5-phenylpyrazine	58–59	(H 445) 1307
2-Chloro-6-methoxy-5-methyl-3-phenylpyrazine	79–80 or 81–82, NMR	(H 445) 57, 1307
5-Chloro-3-methoxy-6-methyl-1-phenyl-2(1H)-pyrazinone	174, IR, MS, NMR	53
5-Chloro-3-methoxy-1-methyl-2(1H)-pyrazinone	139 or 140, IR, MS, NMR	370, 1309
5-Chloro-3-methoxy-1-phenyl-6-(prop-2-ynyl)aminomethyl-2(1H)-pyrazinone	150–151, IR, MS, NMR	395
2-Chloro-3-methoxy-5-phenylpyrazine	–	(H 445)
2-Chloro-5-methoxy-3-phenylpyrazine	–	(H 445)
2-Chloro-5-methoxy-6-phenylpyrazine	–	(H 445)
5-Chloro-3-methoxy-1-phenyl-2(1H)-pyrazinone	117, IR, MS, NMR	370
3-Chloro-6-methoxy-2-pyrazinamine	–	(H 436)
5-Chloro-3-methoxy-2-pyrazinamine	132–133, NMR	(H 436) 661
6-Chloro-3-methoxy-2-pyrazinamine	–	(H 436)
2-Chloro-3-methoxypyrazine	–	(H 445)
2-Chloro-5-methoxypyrazine	–	(H 445)
2-Chloro-6-methoxypyrazine	–	(H 445)
6-Chloro-3-methoxy-2-pyrazinecarbonitrile	–	(H 443)
6-Chloro-3-methoxy-2-pyrazinecarboxamide	–	(H 443)
2-Chloro-6-methylamino-3,5-diphenylpyrazine	183–184, NMR	185
2-Chloro-3-methylaminopyrazine	–	(H 421)
6-Chloro-3-methylamino-2-pyrazinecarboxamide	–	(H 432)
5-Chloro-6-methylamino-2,3-pyrazinedicarbonitrile	186–187, MS, NMR	1598
2-Chloro-3-methyl-5,6-diphenylpyrazine	139–140	(H 400) 280
5-Chloro-6-methyl-1,3-diphenyl-2(1H)-pyrazinone	165, IR, MS, NMR	53
6-Chloro-1-methyl-3,5-diphenyl-2(1H)-pyrazinone	–	(H 445)
2-Chloromethyl-3-ethoxy-5-methylpyrazine	–	(H 445)
2-Chloromethyl-3-methoxy-5-methylpyrazine 1-oxide	112–113, NMR	333
2-Chloromethyl-3-methylpyrazine	88/17, NMR, UV	(H 400) 205, 1272
2-Chloromethyl-5-methylpyrazine	liq, IR, MS, NMR; HCl: MS	(H 400) 205, 221, 550, 1353, 1446, 1481
2-Chloromethyl-6-methylpyrazine	liq, IR, NMR	205, 550, 1446
2-Chloromethyl-5-methylpyrazine 4-oxide	–	(H 452)

ALPHABETICAL LIST *Continued*

Pyrazine	Melting point (°C), etc.	Reference(s)
5-Chloro-1-methyl-3-methylthio-2(1H)-pyrazinone	145, IR, NMR	1381
6-Chloro-4-methyl-3-oxo-3,4-dihydro-2-pyrazinecarbonitrile	110, IR, MS, NMR	370
5-Chloro-6-methyl-3-oxo-3,4-dihydro-2-pyrazinecarboxamide	–	(H 443)
6-Chloro-4-methyl-3-oxo-3,4-dihydro-2-pyrazinesulfonamide	175, IR, NMR	1381
5-Chloro-6-methyl-3-(pent-3-ynyl)oxy-1-phenyl-2(1H)-pyrazinone	132–133, IR, NMR	391
5-Chloro-6-methyl-3-(pent-4-ynyl)oxy-1-phenyl-2(1H)-pyrazinone	154–155, IR, NMR	391
5-Chloro-6-methyl-1-phenyl-3-(prop-2-ynyl)amino-2(1H)-pyrazinone	liq, IR, MS, NMR	395
2-Chloromethyl-3-phenylpyrazine	91, NMR, UV	1272
2-Chloro-3-methyl-5-phenylpyrazine	74–75 or 77, NMR, UV	57, 1307
2-Chloro-3-methyl-6-phenylpyrazine	67, NMR, UV	80
2-Chloro-5-methyl-3-phenylpyrazine	69–70, 130/2, NMR, UV	1307
2-Chloro-5-methyl-6-phenylpyrazine	140–150/2, NMR, UV	1272
2-Chloro-6-methyl-3-phenylpyrazine	150–155/5, NMR, UV	80
2-Chloro-6-methyl-5-phenylpyrazine	120/5, NMR, UV	1272
2-Chloro-3-methyl-5-phenylpyrazine 1,4-dioxide	177–178, NMR, UV	1309
2-Chloro-5-methyl-3-phenylpyrazine 1,4-dioxide	204–205, NMR, UV	1307
2-Chloro-5-methyl-6-phenylpyrazine 1,4-dioxide	188–190, NMR, UV	1272
2-Chloro-6-methyl-3-phenylpyrazine 1,4-dioxide	219–220, NMR, UV	80
2-Chloro-6-methyl-5-phenylpyrazine 1,4-dioxide	187–188, NMR, UV	1272
2-Chloromethyl-3-phenylpyrazine 1-oxide	78–79, MS, NMR, UV	1272
2-Chloromethyl-3-phenylpyrazine 4-oxide	142–143, MS, NMR, UV	1272
2-Chloro-3-methyl-5-phenylpyrazine 1-oxide	142–143 or 153–154, NMR, UV, xl st	57, 1307
2-Chloro-3-methyl-5-phenylpyrazine 4-oxide	141–142, NMR, UV	57, 1307
2-Chloro-3-methyl-6-phenylpyrazine 4-oxide	151–152, NMR, UV	80
2-Chloro-5-methyl-3-phenylpyrazine 1-oxide	123–124, NMR, UV	1307
2-Chloro-5-methyl-3-phenylpyrazine 4-oxide	134–135, NMR, UV	1307
2-Chloro-5-methyl-6-phenylpyrazine 4-oxide	64–65, NMR, UV	1272
2-Chloro-6-methyl-3-phenylpyrazine 1-oxide	113–114, NMR, UV	80
2-Chloro-6-methyl-3-phenylpyrazine 4-oxide	119–121, NMR, UV	80
2-Chloro-6-methyl-5-phenylpyrazine 4-oxide	87–88, MS, NMR, UV	1272
3-Chloro-5-methyl-6-phenyl-2(1H)-pyrazinone	185–192, IR, NMR	321
5-Chloro-6-methyl-1-phenyl-2(1H)-pyrazinone	169–170, IR, MS, NMR	53
6-Chloro-3-methyl-5-phenyl-2(1H)-pyrazinone	180–181	(H 445) 1307
6-Chloro-5-methyl-3-phenyl-2(1H)-pyrazinone	189–190	(H 445) 1307
2-Chloro-5-methyl-3-propylpyrazine	–	(H 400)
5-Chloro-6-[N-methyl-N-(prop-2-ynyl)amino]methyl-1,3-diphenyl-2(1H)-pyrazinone	Solid, unstable, IR, MS, NMR	395
3-Chloro-5-methyl-2-pyrazinamine	–	(H 421)
3-Chloro-6-methyl-2-pyrazinamine	–	(H 421)
6-Chloro-5-methyl-2-pyrazinamine	–	(H 421)
2-Chloromethylpyrazine	liq, MS, NMR	(H 400) 205, 428, 1664

ALPHABETICAL LIST *Continued*

Pyrazine	Melting point (°C), etc.	Reference(s)
2-Chloro-3-methylpyrazine	–	(*H* 400) 11, 12
2-Chloro-5-methylpyrazine	NMR	(*H* 400) 11
2-Chloro-6-methylpyrazine	NMR	(*H* 400) 11
6-Chloro-*N*-methyl-2-pyrazinecarboxamidine	–	(*H* 439)
6-Chloro-5-methyl-2-pyrazinecarboxylic acid	–	926
5-Chloro-6-methyl-2-pyrazinecarboxylic acid 1-oxide	118–119, IR, NMR, UV	85
5-Chloro-1-methyl-2,3(1*H*,4*H*)-pyrazinedione	253, IR, NMR	1309
2-Chloro-3-methylpyrazine 1-oxide	–	(*H* 454)
2-Chloro-3-methylpyrazine 4-oxide	–	(*H* 452)
2-Chloro-6-methylpyrazine 4-oxide	109–110, NMR	(*H* 454) 86
3-Chloro-5-methyl-2(1*H*)-pyrazinone	–	(*H* 445)
3-Chloro-6-methyl-2(1*H*)-pyrazinone	–	(*H* 445)
6-Chloro-5-methyl-2(1*H*)-pyrazinone	–	(*H* 445)
2-Chloro-3-(2-methylthioethyl)-5-phenylpyrazine	65–66, NMR	315
5-Chloro-3-methylthio-1-phenyl-2(1*H*)-pyrazinone	145, IR, NMR	1381
2-Chloro-6-methylthiopyrazine	–	(*H* 446)
5-Chloro-1-methyl-3-thioxo-3,4-dihydro-2(1*H*)-pyrazinone	160–162, IR, NMR	1381
2-Chloromethyl-3,5,6-trimethylpyrazine	31–32, MS, NMR	550
2-Chloro-5-nitro-3-phenylpyrazine	–	(*H* 443)
2-Chloro-3-nitropyrazine	liq, anal, NMR	607, 1310
2-Chloro-5-nitropyrazine	88–90, NMR	607, 1310
6-Chloro-3-oxo-4-phenyl-3,4-dihydro-2-pyrazinecarbonitrile	160, IR, NMR	370
6-Chloro-3-oxo-4-phenyl-3,4-dihydro-2-pyrazinesulfonamide	185, IR, NMR	1381
5-Chloro-3-(pent-3-ynyl)oxy-1-phenyl-2(1*H*)-pyrazinone	102, IR, NMR	391
5-Chloro-3-(pent-4-ynyl)oxy-1-phenyl-2(1*H*)-pyrazinone	169–170, IR, NMR	391
3-Chloro-6-phenyl-2-pyrazinamine	–	(*H* 421)
2-Chloro-3-phenylpyrazine	60 to 78, NMR	(*H* 400) 1290, 1637, 1726
2-Chloro-5-phenylpyrazine	97–98, NMR	(*H* 400) 1290, 1727
2-Chloro-6-phenylpyrazine	100–105/1	(*H* 400) 1290
2-Chloro-3-phenylpyrazine 1,4-dioxide	238–239, NMR, UV	1290
2-Chloro-5-phenylpyrazine 1,4-dioxide	248–250, NMR, UV	1290
2-Chloro-3-phenylpyrazine 1-oxide	–	(*H* 452)
2-Chloro-3-phenylpyrazine 4-oxide	150–151	(*H* 453) 1290
2-Chloro-5-phenylpyrazine 1-oxide	148–150	(*H* 453) 1290
2-Chloro-5-phenylpyrazine 4-oxide	139–141	(*H* 453) 1290
2-Chloro-6-phenylpyrazine 1-oxide	–	(*H* 453)
2-Chloro-6-phenylpyrazine 4-oxide	115–116	(*H* 453) 1290
3-Chloro-1-phenyl-2(1*H*)-pyrazinone	225, IR, NMR	370

ALPHABETICAL LIST Continued

Pyrazine	Melting point (°C), etc.	Reference(s)
5-Chloro-3-phenyl-2(1H)-pyrazinone	180–181, NMR	(H 445) 1382
5-Chloro-6-phenyl-2(1H)-pyrazinone	–	(H 445)
6-Chloro-5-phenyl-2(1H)-pyrazinone	–	(H 445)
2-Chloro-6-phenylthiopyrazine	–	(H 446)
5-Chloro-1-phenyl-3-thioxo-3,4-dihydro-2(1H)-pyrazinone	175, IR, NMR	1381
2-Chloro-3-pivaloylmethylpyrazine	liq, anal	783
2-Chloro-6-pivaloylmethylpyrazine	liq, anal	783
2-Chloro-3-propionylpyrazine	liq, IR, NMR	815
2-Chloro-5-propionylpyrazine	NMR	815
5-Chloro-6-propylamino-2,3-pyrazinedicarbonitrile	137–138, NMR, UV	1745
2-Chloro-3-propylpyrazine	85–95/30, NMR, UV	(H 400) 1290
2-Chloro-6-propylpyrazine	95–105/40, NMR, UV	1290
6-Chloro-5-propyl-2-pyrazinecarbothioamide	89–92, IR, NMR	511
6-Chloro-5-propyl-2-pyrazinecarboxamide	145–147, IR, NMR	511
3-Chloro-2-pyrazinamine	–	(H 421)
5-Chloro-2-pyrazinamine	129–131 or 132–134, MS, NMR	(H 421) 739, 1280
6-Chloro-2-pyrazinamine	–	(H 421) 891
3-Chloro-2-pyrazinamine 1-oxide	–	(H 449)
2-Chloropyrazine	67–68/40 or 93/120, dip, NMR, UV	(H 399) 11, 64, 72, 256, 503, 545, 1529
3-Chloro-2-pyrazinecarbaldehyde	anal, NMR	220
3-Chloro-2-pyrazinecarbonitrile	47–48, IR, NMR	(H 439) 38, 262, 503
5-Chloro-2-pyrazinecarbonitrile	46–47, NMR	(H 439) 1681
6-Chloro-2-pyrazinecarbonitrile	–	(H 439)
5-Chloro-2-pyrazinecarbonyl chloride	–	1091
6-Chloro-2-pyrazinecarbonyl chloride	96–97/0.15, IR	(H 439) 275, 505
6-Chloro-2-pyrazinecarbothioamide	–	(H 439)
3-Chloro-2-pyrazinecarboxamide	188–190, MS, NMR	(H 438) 503, 1119, 1677aa
5-Chloro-2-pyrazinecarboxamide	203–204, NMR	(H 438) 503, 1681
6-Chloro-2-pyrazinecarboxamide	170–172, NMR	(H 438) 503, 1256
3-Chloro-2-pyrazinecarboxamide 4-oxide	218–220	669
5-Chloro-2-pyrazinecarboxamide 4-oxide	220–222	669
6-Chloro-2-pyrazinecarboxamide 4-oxide	238–240	669
6-Chloro-2-pyrazinecarboxamidrazone	–	(H 439)
3-Chloro-2-pyrazinecarboxylic acid	118, NMR	(H 438) 220, 275, 1677
5-Chloro-2-pyrazinecarboxylic acid	153, IR, NMR	1271
6-Chloro-2-pyrazinecarboxylic acid	–	(H 439)
5-Chloro-2-pyrazinecarboxylic acid 1-oxide	163–164, IR, NMR, UV	85
6-Chloro-2-pyrazinecarboxylic acid 4-oxide	205–207	669

ALPHABETICAL LIST Continued

Pyrazine	Melting point (°C), etc.	Reference(s)
5-Chloro-2,3-pyrazinedicarboxylic acid	HCl: 199–202, NMR, UV	947
2-Chloropyrazine 1-oxide	95–96, IR, NMR, UV	(H 452) 256, 276, 1529
2-Chloropyrazine 4-oxide	93–94, NMR	(H 452) 256, 272, 278, 1565
5-Chloro-2(1H)-pyrazinone	–	(H 444)
6-Chloro-2(1H)-pyrazinone	–	(H 444)
2-Chloro-3,5,6-trifluoropyrazine	–	(H 401)
2-Chloro-3,5,6-trimethylpyrazine	56–57	(H 401) 11
2-Chloro-3,5,6-trimethylpyrazine 4-oxide	82–84, NMR 187–188,	1340
2-Chloro-3,5,6-triphenylpyrazine	NMR	1726
2-(1-Cyanobutyl)pyrazine	–	(H 394)
3-Cyano-6-cyclohexyl-5-phenyl-2-pyrazinecarboxamide	265–267	752
5-Cyano-3-diallylamino-2-pyrazinecarboxamide	158–159, IR, NMR	507
5-Cyano-3-diethylamino-2-pyrazinecarboxamide	186–188, IR, NMR	507
3-Cyano-5,6-diphenyl-2-pyrazinecarboxamide	178–179	752
5-Cyano-3-dipropylamino-2-pyrazinecarboxamide	125–127, IR, NMR	502
5-Cyano-3-ethylthio-2-pyrazinecarboxamide	165–166, NMR	503
5-Cyano-3-isobutylamino-2-pyrazinecarboxamide	147–148, IR, NMR	507
5-Cyano-3-isopropylthio-2-pyrazinecarboxamide	207–208, NMR	503
2-(1-Cyano-1-methylethyl)pyrazine	–	(H 394) 1272
2-Cyanomethyl-3-phenylpyrazine	126, IR, NMR, UV	
2-(1-Cyano-2-methylpropyl)pyrazine	–	(H 394)
2-Cyanomethylpyrazine	–	(H 394)
1-Cyanomethyl-2(1H)-pyrazinone 4-oxide	135–139	86
5-Cyano-3-morpholino-2-pyrazinecarboxamide	236–238, IR, NMR	507
2-(1-Cyanopentyl)pyrazine	–	(H 394)
5-Cyano-3-phenylthio-2-pyrazinecarboxamide	230–233, NMR	503
5-Cyano-3-piperidino-2-pyrazinecarboxamide	200–202, IR, NMR	507
5-Cyano-3-propylamino-2-pyrazinecarboxamide	147–150, IR, NMR	507
2-(1-Cyanopropyl)pyrazine	–	(H 395)
1-(3-Cyanopropyl)-2(1H)-pyrazinone 4-oxide	125–128	86
5-Cyano-3-propylthio-2-pyrazinecarboxamide	176–178, NMR	503
3-Cyano-2-pyrazinecarboxamide	275–280, IR, MS, NMR	474
2-(2-Cyanovinyl)-3,6-diethylpyrazine	(E): 91–93/1, IR, NMR, UV; (Z): 92–95/1, IR, NMR, UV	1391

ALPHABETICAL LIST Continued

Pyrazine	Melting point (°C), etc.	Reference(s)
2-(2-Cyanovinyl)-3,6-diisobutylpyrazine	(E): 120–125/1, IR, NMR, UV; (Z): 118–123/1, IR, NMR, UV	1391
2-(2-Cyanovinyl)-3,6-diisopropylpyrazine	(E): 108–112/1, IR, NMR, UV; (Z): 82–87/1, IR, NMR, UV	1391
2-(2-Cyanovinyl)-3,6-dimethylpyrazine	103–104, IR, NMR, UV	1391
3-(2-Cyanovinyl)-5,6-diphenyl-2-pyrazinecarbonitrile	trans: 205, IR, NMR; cis: Crude, NMR	348
2-(Cyclohex-1-enyl)thio-3,6-diethylpyrzzine	liq, NMR	318
2-(Cyclohex-1-enyl)thio-3,6-dimethylpyrazine	liq, NMR	318
2-(Cyclohex-1-enyl)thio-3,5-diphenylpyrazine	114–115, NMR	318
2-(Cyclohex-1-enyl)thio-3,6-dipropylpyrazine	liq, NMR	318
2-(Cyclohex-1-enyl)thiopyrazine	liq, NMR	318
3-Cyclohexylamino-5,6-dimethyl-2-pyrazinecarboxamide	–	(H 416)
3-Cyclohexylamino-5,6-diphenyl-2-pyrazinecarboxamide	–	(H 416)
2-Cyclohexyl-5,6-dimethylpyrazine	75/0.001, MS, NMR	473
5-Cyclohexyl-3-guanidinocarbonyl-2-pyrazinamine	–	(H 412)
6-Cyclohexyl-3-guanidinocarbonyl-2-pyrazinamine	–	(H 412)
2-Cyclohexyl-3-isopropyl-5,6-dimethylpyrazine	–	1260
2-Cyclohexylpyrazine	–	821
2-Cyclohexylsulfinyl-3,6-diethylpyrazine	liq, IR, NMR	318
2-Cyclohexylsulfinyl-3,6-dimethylpyrazine	liq, IR, NMR	318
2-Cyclohexylsulfinyl-3,5-diphenylpyrazine	134–135, IR, NMR	318
2-Cyclohexylsulfinyl-3,6-dipropylpyrazine	liq, IR, NMR	318
2-Cyclohexylsulfinylpyrazine	liq, IR, NMR	318
2-Cyclohexylthio-3,6-diethylpyrazine	Crude	318
5-Cyclohexylthio-3,6-diethyl-2(1H)-pyrazinone	116–117, IR, NMR	318
2-Cyclohexylthio-3,6-dimethylpyrazine	125–130/3, NMR	318
5-Cyclohexylthio-3,6-dimethyl-2(1H)-pyrazinone	150–151, IR, NMR	318
2-Cyclohexylthio-3,5-diphenylpyrazine	liq, NMR	318
2-Cyclohexylthio-3,6-dipropylpyrazine	120–123/3, NMR	318
5-Cyclohexylthio-3,6-dipropyl-2(1H)-pyrazinone	137–138, IR, NMR	318
2-Cyclohexylthiopyrazine	115–120/5, MS, NMR	318
2-Cyclopentyl-5,6-dimethylpyrazine	118–121/10, MS, NMR	473

ALPHABETICAL LIST *Continued*

Pyrazine	Melting point (°C), etc.	Reference(s)
2-Cyclopentyl-6-methylpyrazine	–	(H 384)
2-Cyclopropylcarbonylpyrazine	liq, IR, NMR	1566
5-Cyclopropyl-3-guanidinocarbonyl-2-pyrazinamine	–	(H 413)
2,5-Diacetamidopyrazine	–	(H 389)
2,6-Diacetamidopyrazine	–	(H 389)
2,6-Diacetamidopyrazine 1-oxide	–	(H 450)
2,5-Diacetoxy-3,6-di-*sec*-butylpyrazine	103–104, IR, NMR, UV	1377
2,5-Diacetoxy-3,6-diisopropylpyrazine	157–159, IR, NMR, UV	1377
2,5-Diacetoxy-3,6-dimethylpyrazine	140–141, NMR	1386
2,6-Diacetoxy-3,5-dimethylpyrazine	91–94, NMR	57
2,5-Diacetoxy-3,6-diphenylpyrazine	220, NMR	1386
2,6-Diacetoxy-3,5-diphenylpyrazine	–	(H 404)
2,5-Diacetoxy-3-methyl-6-phenylpyrazine	103–105, NMR	1386
2,6-Diacetoxy-3-methyl-5-phenylpyrazine	106, NMR	57
2,5-Diacetoxy-3-methylpyrazine	173–174, NMR	1386
2,5-Diacetoxy-3-phenylpyrazine	74–76 or 76–78, NMR	1386, 1392
2,5-Diacetoxypyrazine	96–97, NMR	1386
2-Diacetylamino-3,6-diphenylpyrazine	–	(H 389)
1,4-Diacetyl-3,6-dibenzylidene-3,6-dihydro-2,5(1*H*,4*H*)-pyrazinedione	238–239, IR, NMR, UV	1161
2,5-Diacetyl-3,6-dimethylpyrazine	–	(H 395)
2,5-Diacetylpyrazine	158–159, IR, MS, NMR	(H 395) 815
3-Diallylamino-5-thiocarbamoyl-2-pyrazinecarboxamide	162–163, IR, NMR	510
2,3-Diallyloxypyrazine	–	1068
2,6-Diallyloxypyrazine	–	1068
3,5-Diamino-*N*-butyl-6-chloro-2-pyrazinecarboxamide	–	(H 433)
3,5-Diamino-6-chloro-*N*,*N*′-dimethyl-2-pyrazinecarbohydrazide	–	(H 434)
3,5-Diamino-6-chloro-*N*-ethyl-2-prazinecarboxamide	–	(H 434)
2,6-Diamino-3-chloro-5-guanidinocarbonylpyrazine	NMR	(H 434) 450
2,5-Diamino-6-chloro-*N*-methyl-2-pyrazinecarbohydrazide	160–161, NMR; Phc=: 205–207, NMR	1265
3,5-Diamino-6-chloro-*N*′-methyl-2-pyrazinecarbohydrazide	166–168, NMR	(H 434) 1265
3,5-Diamino-6-chloro-2-pyrazinecarbohydrazide	–	(H 434)
3,5-Diamino-6-chloro-2-pyrazinecarbonitrile	–	(H 433)

Appendix

ALPHABETICAL LIST *Continued*

Pyrazine	Melting point (°C), etc.	Reference(s)
3,5-Diamino-6-chloro-2-pyrazinecarbonyl azide	–	(*H* 433)
3,5-Diamono-6-chloro-2-pyrazinecarboxamide	NMR	(*H* 433) 450
3,5-Diamino-6-chloro-2-pyrazinecarboxylic acid	NMR	(*H* 433) 450
2,6-Diamino-3-guanidinocarbonyl-5-iodopyrazine	–	(*H* 434)
3,5-Diamino-2-pyrazinecarbaldehyde	–	(*H* 418)
3,5-Diamino-2,6-pyrazinedicarbonitrile	–	(*H* 418)
3,6-Diamino-2,5-pyrazinedicarbonitrile	fl sp	1629, 1646
5,6-Diamino-2,3-pyrazinedicarbonitrile	332	(*H* 418) 825, 1677g
5,6-Diamino-2,3-pyrazinedicarboxamide	–	(*H* 418)
3,5-Diamino-2,6-pyrazinedicarboxylic acid	–	(*H* 418)
3,6-Diamino-2,5-pyrazinecarboxylic acid	–	(*H* 418)
5,6-Diamino-2(1*H*)-pyrazinone	–	(*H* 423)
2,5-Diazido-3,6-difluoropyrazine	–	(*H* 422)
2,3-Diazido-5,6-diphenylpyrazine	231 or 254 –255, IR, NMR	231, 1561
2,6-Diazidopyrazine	61–63, explosive, IR, NMR	1124
2,6-Dibenzoyl-3,5-bisdimethylaminopyrazine	126, IR, NMR	1455
2,5-Dibenzoyl-3,6-dimethylpyrazine	–	(*H* 395)
2,5-Dibenzoyl-3,5-diphenylpyrazine	145–146, IR, NMR	903
2,5-Dibenzoylpyrazine	–	(*H* 395)
2,5-Dibenzyl-3-benzyloxy-6-methoxypyrazine	56–57, NMR	312
2,5-Dibenzyl-3-benzyloxy-6-methoxypyrazine 1-oxide	200/0.01, MS, NMR	312
2,5-Dibenzyl-3-benzyloxy-6-methoxypyrazine 4-oxide	103–104, MS, NMR	312
1,6-Dibenzyl-5-chloro-3-phenyl-2-(1*H*)-pyrazinone	172, IR, MS, NMR	53
2,5-Dibenzyl-3-chloropyrazine	35–37, MS, NMR, UV	82, 312
2,5-Dibenzyl-3-chloropyrazine 1-oxide	100–103, MS, NMR, UV	82
2,5-Dibenzyl-3,6-dibenzyloxypyrazine	100–101, NMR, UV	82
2,5-Dibenzyl-3,6-dichloropyrazine	107–109 or 117–118, MS, NMR, UV	82, 312
1,6-Dibenzyl-3,5-dichloro-2(1*H*)-pyrazinone	151, IR, MS, NMR	53
2,5-Dibenzyl-3,6-diethoxypyrazine	–	(*H* 404)
2,5-Dibenzyl-3,6-dimethylpyrazine	100–102, NMR, UV	(*H* 384) 557
2,6-Dibenzyl-1,5-dimethyl-2(1*H*)-pyrazinone	liq, NMR	1452
2,5-Dibenzyl-3,6-diphenylpyrazine	151–153, NMR, UV	(*H* 384) 557
2,6-Dibenzyl-3,5-diphenylpyrazine	–	(*H* 385)
2,5-Dibenzyl-3-ethoxypyrazine	140–150/0.005, MS, NMR, UV	82
3,6-Dibenzyl-1-hydroxy-5-methoxy-2(1*H*)-pyrazinone	100–101, MS, NMR	312

ALPHABETICAL LIST Continued

Pyrazine	Melting point (°C), etc.	Reference(s)
3,6-Dibenzyl-5-hydroxy-2(1H)-pyrazinone	–	(H 404)
3,6-Dibenzylidene-3,6-dihydro-2,5(1H,4H)-pyrazinedione	293–295, IR, NMR, UV	1161
3,6-Dibenzylidene-5-ethoxy-3,6-dihydro-2(1H)-pyrazinone	158–159, IR, NMR	1161
3,6-Dibenzylidene-5-methoxy-3,6-dihydro-2(1H)-pyrazinone	175–177, IR, NMR, xl st	1156, 1158, 1201
2,5-Dibenzyl-3-methoxy-6-methylpyrazine	liq, NMR	1452
2,5-Dibenzyl-3-methoxypyrazine	150/0.01, NMR	312
2,5-Dibenzyl-3-methoxypyrazine 1-oxide	102–103, MS, NMR	312
3,6-Dibenzyl-5-methoxy-2(1H)-pyrazinone	159–161 or 168, MS, NMR, xl st	312, 742
3,6-Dibenzyl-5-methoxy-2(1H)-pyrazinone 4-oxide	214–215 or 215–217, IR, MS, NMR, UV	312, cf. 1397
3,6-Dibenzyl-5-methyl-2(1H)-pyrazinone	174–175, NMR	1452, 1492
2,5-Dibenzyloxy-3,6-dibromopyrazine	–	1460
2,5-Dibenzyloxy-3,6-dichloropyrazine	–	1460
2,5-Dibenzyloxy-3,6-diethylpyrazine	78, NMR, UV	80
2,5-Dibenzyloxy-3,6-dimethylpyrazine	94–95, NMR, UV	(H 404) 80
2,5-Dibenzyloxy-3,6-dimethylpyrazine 1,4-dioxide	–	(H 454)
2,5-Dibenzyloxy-3,6-dinitropyrazine	–	1460
2,5-Dibenzyloxy-3,6-diphenylpyrazine	160–161, NMR, UV	82
2,3-Dibenzyloxypyrazine	–	(H 403)
2,6-Dibenzyloxypyrazine	–	(H 403)
2,5-Dibenzylpyrazine	68–69	(H 384) 245
1,4-Dibenzyl-2,3(1H,4H)-pyrazinedione	–	(H 408)
2,5-Dibenzylpyrazine 1,4-dioxide	221–225, MS, NMR, UV	82
2,5-Dibenzylpyrazine 1-oxide	102–104, MS, NMR, UV	82
3,6-Dibenzyl-2(1H)-pyrazinone	201–202, IR, NMR	82
3,6-Dibenzyl-2(1H)-pyrazinone 4-oxide	255–257, IR, MS, NMR, UV	82
2,5-Dibromo-3-chloropyrazine	–	(H 401)
2,5-Dibromo-3,6-diethoxypyrazine	133–134, MS, NMR	1460
2,5-Dibromo-3,6-dimethoxypyrazine	–	1460
2,6-Dibromo-3-dimethylaminopyrazine	80–81, NMR	782
2,6-Dibromo-3-dimethylaminopyrazine 1-oxide	111–113, NMR	782
2,6-Dibromo-3-dimethylaminopyrazine 4-oxide	73–74, NMR	782
2,3-Dibromo-3,6-dimethylpyrazine	–	(H 401)
2,3-Dibromo-5,6-diphenylpyrazine	–	(H 401)
2,5-Dibromo-3,6-diphenylpyrazine	–	(H 401)
2,6-Dibromo-3-methylaminopyrazine 1-oxide	116–118, NMR	782
2,6-Dibromo-3-methylaminopyrazine 4-oxide	72–74, NMR	782
3,5-Dibromo-6-methyl-2-pyrazinamine	178–180, IR, MS, NMR	1125
3,5-Dibromo-1-methyl-2(1H)-pyrazinone	98, IR, NMR	1309
2,6-Dibromo-3-morpholinopyrazine	28–30, NMR	782
3,5-Dibromo-6-phenyl-2-pyrazinamine	–	(H 421)
2,3-Dibromo-5-phenylpyrazine	–	(H 401)
2,5-Dibromo-3-phenylpyrazine	–	(H 401)

ALPHABETICAL LIST Continued

Pyrazine	Melting point (°C), etc.	Reference(s)
2,6-Dibromo-3-phenylpyrazine	–	(H 401)
3,5-Dibromo-2-pyrazinamine	109 to 118, MS, NMR	(H 421) 191, 222, 782, 1012, 1280, 1677x
3,5-Dibromo-2-pyrazinamine 1-oxide	135–136, NMR	782
3,5-Dibromo-2-pyrazinamine 4-oxide	215–216, NMR	782
2,3-Dibromopyrazine	–	(H 401)
2,5-Dibromopyrazine	–	(H 401)
2,6-Dibromopyrazine	–	(H 401)
3,5-Dibromo-2,6-pyrazinediamine	–	(H 422)
5,6-Dibromo-2,3-pyrazinediamine	–	(H 421)
3,5-Dibromo-2(1H)-pyrazinone	–	(H 445)
N,N'-Dibutyl-3,5-bisbutylamino-2,6-pyrazinedicarboxamide	–	(H 416)
2,5-Dibutyl-3-chloropyrazine	114–116/4, MS, NMR, UV	1314
2,5-Di-sec-butyl-3-chloropyrazine	–	(H 401) 234
2,5-Di-sec-butyl-3-chloropyrazine 1-oxide	112/3, NMR, UV	1377
3,6-Di-sec-butyl-5-chloro-2(1H)-pyrazinone	–	(H 445) 321
Dibutyl 3,6-diamino-2,5-pyrazinedicarboxylate	xl st	1659
2,5-Dibutyl-3,6-dichloropyrazine	132/4, MS, NMR, UV	1314
2,5-Di-sec-butyl-3,6-dichloropyrazine	–	(H 401)
2,5-Di-sec-butyl-3,6-dichloropyrazine 1-oxide	104–105, NMR, UV	1377
2,5-Dibutyl-3,6-difluoropyrazine	–	(H 401)
2,5-Dibutyl-3,6-dimethylpyrazine	–	(H 385)
Di-test-butyl 3,6-dimethyl-2,5-pyrazinedicarboxylate	133–134, NMR	300
2,5-Di-sec-butyl-3-(1-hydroxypropyl)pyrazine	90/0.07, MS, NMR	316
2,5-Di-sec-butyl-3-(1-hydroxypropyl)-pyrazine 4-oxide	145–150/1, MS, NMR	316
3,6-Disic-butyl-1-hydroxy-2(1H)-pyrazinone	–	(H 454) 247
3,6-Disic-butyl-5-iodo-2(1H)-pyrazinone	91–92,IR, NMR	321
2,5-Di-sec-butyl-3-isovaleryl-6-methylpyrazine	Crude, NMR	55
2,5-Di-sec-butyl-3-methyl-6-propionylpyrazine	Crude, NMR	55
2,5-Di-sec-butyl-3-methylpyrazine	83–86/18, NMR	55
3,6-Di-sec-butyl-5-phenylazo-2(1H)-pyrazinone	–	(H 446)
3,6-Di-sec-butyl-2-pyrazinamine	–	(H 388)
2,5-Dibutylpyrazine	–	(H 385)
2,5-Di-sec-butylpyrazine	–	(H 385)
2,5-Di-tert-butylpyrazine	105–107 or 109–110, IR, NMR; pic: 99–100	(H 385) 580, 1352
2,6-Di-sec-butylpyrazine	–	(H 385)
3,6-Di-sec-butyl-2-pyrazinecarbaldehyde	90–95/1, NMR; dnp: 118–119, NMR	316
3,6-Di-sec-butyl-2-pyrazinecarbaldehyde 1-oxide	150–155/3, NMR	316

ALPHABETICAL LIST *Continued*

Pyrazine	Melting point (°C), etc.	Reference(s)
2,5-Di-*sec*-butylpyrazine 1,4-dioxide	–	(*H* 447)
2,5-Di-*tert*-butylpyrazine 1,4-dioxide	–	(*H* 447)
2,5-Di-*sec*-butylpyrazine 1-oxide	116/3, NMR, UV	1377
2,5-Di-*tert*-butylpyrazine 1-oxide	–	(*H* 447)
3,6-Di-*sec*-butyl-2(1*H*)-pyrazinone	–	(*H* 404) 980
3,6-Di-*sec*-butyl-2(1*H*)-pyrazinone 4-oxide	232, NMR, UV	1377
2,6-Dibutyramidopyrazine	289–291, IR	1124
2,5-Dichloro-3,6-bis(chloromethyl) pyrazine	–	(*H* 401)
2,5-Dichloro-3,6-bisdimethylaminopyrazine	–	(*H* 422)
2,6-Dichloro-3,5-bisdimethylaminopyrazine	–	(*H* 422)
2,5-Dichloro-3,6-bis(hydroxymethyl) pyrazine	173–175, IR, NMR, UV	82
2,6-Dichloro-3,5-bis (trimethylstannyl)pyrazine	68, NMR	1455
2,5-Dichloro-3-chloromethyl-6-methylpyrazine	–	(*H* 401)
2,5-Dichloro-3-chloromethyl-6-methylpyrazine 1-oxide	–	(*H* 453)
5,6-Dichloro-1-cyclohexyl-3-ethoxy-2(1*H*)-pyrazinone	–	(*H* 445)
5,6-Dichloro-1-cyclohexyl-3-ethylamino-2(1*H*)-pyrazinone	–	(*H* 436)
5,6-Dichloro-1-cyclohexyl-3-methoxy-2(1*H*)-pyrazinone	–	(*H* 445)
3,5-Dichloro-1-cyclohexyl-2(1*H*)-pyrazinone	122, IR, NMR	1309
2,5-Dichloro-3,6-diethoxypyrazine	101–102, MS, NMR	1460
2,5-Dichloro-3,6-diethylpyrazine	123–126/25, NMR, UV	80
2,5-Dichloro-3,6-diethylpyrazine 1,4-dioxide	206–207, NMR, UV	80
2,5-Dichloro-3,6-diethylpyrazine 1-oxide	39–41, MS, NMR, UV	80
2,5-Dichloro-3,6-difluoropyrazine	–	(*H* 401)
2,6-Dichloro-1,5-difluoropyrazine	–	(*H* 401)
2,6-Dichloro-3,5-difluoropyrazine 4-oxide	–	(*H* 453)
2,6-Dichloro-3,5-diiodopyrazine	122	1455
2,5-Dichloro-3,6-diisobutylpyrazine	–	(*H* 401)
2,5-Dichloro-3,6-diisobutylpyrazine 1, 4-dioxide	–	(*H* 453)
2,5-Dichloro-3,6-diisobutylpyrazine 1-oxide	–	(*H* 453)
2,5-Dichloro-3,6-diisopropylpyrazine	52–53, NMR, UV	1250, 1677q
2,5-Dichloro-3,6-diisopropylpyrazine 1,4-dioxide	250–253, NMR, UV	1250
2,5-Dichloro-3,6-diisopropylpyrazine 1-oxide	144, NMR, UV	1250
2,3-Dichloro-5,6-dimethoxypyrazine	–	(*H* 445)
2,5-Dichloro-3,6-dimethoxypyrazine	–	(*H* 445) 1460
2,6-Dichloro-3,5-dimethoxypyrazine	–	(*H* 445)
2,5-Dichloro-3-dimethylamino-6-fluoropyrazine	–	(*H* 422)
2,6-Dichloro-3-dimethylamino-5-fluoropyrazine	–	(*H* 422)
2,3-Dichloro-5-dimethylamino-6-methoxypyrazine	–	(*H* 437)
2,6-Dichloro-3-dimethylamino-5-methoxypyrazine	–	(*H* 437)
2,3-Dichloro-5,6-dimethylpyrazine	75–76	(*H* 401) 1272
2,5-Dichloro-3,6-dimethylpyrazine	71–73	(*H* 401) 80, 774
2,6-Dichloro-3,5-dimethylpyrazine	68/40, NMR	57

ALPHABETICAL LIST Continued

Pyrazine	Melting point (°C), etc.	Reference(s)
5,6-Dichloro-1,4-dimethyl-2,3(1H,4H)-pyrazinedione	176–178, MS NMR, phosphorescence	164, 745
2,5-Dichloro-3,6-dimethylpyrazine 1,4-dioxide	224–225	(H 453) 80
2,5-Dichloro-3,6-dimethylpyrazine 1-oxide	116–117, MS, NMR, UV	(H 453) 80
2,3-Dichloro-5,6-diphenylpyrazine	182–183 or 190–191	(H 401) 1250, 1272
2,5-Dichloro-3,6-diphenylpyrazine	159–160, MS, NMR, UV	(H 401) 82
2,6-Dichloro-3,5-diphenylpyrazine	95–97 or 100–101, NMR, UV	57, 1307
5,6-Dichloro-1,4-diphenyl-2,3(1H,4H)-pyrazinedione	–	(H 445)
3,5-Dichloro-1,6-diphenyl-2(1H)-pyrazinone	218–220, IR, NMR	374
2,5-Dichloro-3,6-dipropylpyrazine	34, NMR, UV	1250
2,5-Dichloro-3,6-dipropylpyrazine 1,4-dioxide	147–149, NMR, UV	1250
2,5-Dichloro-3,6-dipropylpyrazine 1-oxide	114–120/8, NMR, UV	1250
5,6-Dichloro-3-ethoxycarbonylmethyl-2(1H)-pyrazinone	109–111, IR, NMR	1308
5,6-Dichloro-3-ethoxy-1-phenyl-2(1H)-pyrazinone	–	(H 445)
2,3-Dichloro-5-ethylamino-6-methoxypyrazine	–	(H 437)
5,6-Dichloro-3-ethylamino-1-phenyl-2(1H)-pyrazinone	–	(H 437)
5,6-Dichloro-1-ethyl-3-ethylamino-2(1H)-pyrazinone	–	(H 437)
3,5-Dichloro-6-ethyl-1-methyl-2(1H)-pyrazinone	100, IR, NMR	1309
3,5-Dichloro-1-ethyl-6-phenyl-2(1H)-pyrazinone	157, IR, NMR	374
5,6-Dichloro-3-formamido-2-pyrazinecarbaldehyde	–	(H 434)
5,6-Dichloro-3-guanidinocarbonyl-2-pyrazinamine	–	(H 432)
2,6-Dichloro-3-(1-hydroxyethyl) pyrazine	liq, NMR	1455
2,6-Dichloro-3-(1-hydroxy-2-methylpropyl)pyrazine	liq, NMR	1588
2,6-Dichloro-3-(1-hydroxypropyl)pyrazine	liq, NMR	1455
3,6-Dichloro-5-hydroxy-2(1H)-pyrazinone	–	(H 445)
2,6-Dichloro-3-iodopyrazine	89, NMR	1455
2,5-Dichloro-3-isobutyl-6-isopropylpyrazine	–	(H 401)
2,5-Dichloro-3-isobutyl-6-methylpyrazine	79–81/17, MS, NMR	295
2,5-Dichloro-3-isopropyl-6-methylpyrazine	67–68/4, MS, NMR	298
2,3-Dichloro-5-methoxy-6-methylaminopyrazine	–	(H 437)
5,6-Dichloro-3-methoxy-2-pyrazinamine	–	(H 436)
2,5-Dichloro-3-methoxypyrazine	–	(H 445)
2,6-Dichloro-3-methoxypyrazine 4-oxide	–	(H 453)
2,3-Dichloro-5-methyl-6-phenylpyrazine	69–70, NMR, UV	(H 401) 1272
2,5-Dichloro-3-methyl-6-phenylpyrazine	76–79, NMR, UV	80

ALPHABETICAL LIST *Continued*

Pyrazine	Melting point (°C), etc.	Reference(s)
2,6-Dichloro-3-methyl-5-phenylpyrazine	58–60, 135–140/3, NMR, UV	57, 1307
2,6-Dichloro-3-methyl-5-phenylpyrazine 4-oxide	109–110, NMR, UV	1307
2,3-Dichloro-5-methylpyrazine	–	(*H* 401)
2,5-Dichloro-3-methylpyrazine	NMR	1386
2,6-Dichloro-3-methylpyrazine	–	(*H* 401)
3,5-Dichloro-6-methyl-2-pyrazinecarbonitrile	–	(*H* 439)
3,6-Dichloro-5-methyl-2-pyrazinecarboxylic acid	122–123, IR, MS, NMR, UV	80
5,6-Dichloro-*N*-methyl-2,3-pyrazinedicarboximide	242–244, NMR	462
3,5-Dichloro-1-methyl-2(1*H*)-pyrazinone	71, IR, NMR	1309
5,6-Dichloro-3-nitro-2-pyrazinamine	169–170	607, 1313
5,6-Dichloro-3-oxo-3,4-dihydro-2-pyrazinecarbaldehyde	Solid, MS	1463
2,3-Dichloro-5-phenylpyrazine	105 or 107–108, NMR, UV	(*H* 401) 1290, 1726
2,5-Dichloro-3-phenylpyrazine	57–58, 122–123/1	(*H* 401) 1382
2,6-Dichloro-3-phenylpyrazine	56, 150–156/2, NMR, UV	(*H* 401) 1290, 1726
5,6-Dichloro-1-phenyl-2,3(1*H*,4*H*)-pyrazinedione	–	(*H* 445)
2,6-Dichloro-3-phenylpyrazine 4-oxide	82–83, NMR, UV	1290
3,5-Dichloro-1-phenyl-2(1*H*)-pyrazinone	157, IR, NMR	1309
2,5-Dichloro-3-propylpyrazine	140–145/160, NMR, UV	1290
3,5-Dichloro-2-pyrazinamine	–	(*H* 421)
3,6-Dichloro-2-pyrazinamine	–	(*H* 421)
2,3-Dichloropyrazine	liq, NMR	(*H* 401) 1033, 1117, 1567
2,5-Dichloropyrazine	liq, NMR	(*H* 401) 774, 1565
2,6-Dichloropyrazine	IR, Raman	(*H* 401) 989
3,5-Dichloro-2-pyrazinecarbaldehyde	liq, IR, NMR	1455
2,5-Dichloro-2,6-pyrazinediamine	–	(*H* 422)
3,6-Dichloro-2,5-pyrazinediamine	180, xl st	1656
5,6-Dichloro-2,3-pyrazinediamine	–	(*H* 422)
5,6-Dichloro-2,3-pyrazinedicarbonitrile	179–180 or 188–190, IR, NMR	825, 1049, 1390
5,6-Dichloro-2,3-pyrazinedicarboxylic acid	> 220, NMR; H$_2$0: 280–282, IR, NMR, UV; HCl: 290–292, MS	462, 947
5,6-Dichloro-2,3-pyrazinedicarboxylic anhydride	250–252, NMR	462
2,3-Dichloropyrazine 1-oxide	99–100, IR, NMR, UV	(*H* 453) 1565
2,6-Dichloropyrazine 1-oxide	–	(*H* 453)
2,6-Dichloropyrazine 4-oxide	–	(*H* 453)
2,5-Diethoxy-3,6-bis(ethoxymethyl) pyrazine	–	(*H* 403)
2,5-Diethoxy-3,6-bis(methoxymethyl) pyrazine	–	(*H* 403)
2,5-Diethoxy-3,6-dimethylpyrazine	77–78	(*H* 404) 1677p

ALPHABETICAL LIST Continued

Pyrazine	Melting point (°C), etc.	Reference(s)
2,5-Diethoxy-3,6-dimethylpyrazine 1,4-dioxide	–	(H 454)
2,5-Diethoxy-3,6-dinitropyrazine	118–120, MS, NMR	1460
2,5-Diethoxy-3-(1-hydroxy-1-methylethyl)pyrazine	liq, IR, MS, NMR	6
2,5-Diethoxy-3-(1-hydroxy-1-methylpropyl)-6-(2-methylallyl)pyrazine	liq, IR, MS, NMR	6
2,5-Diethoxy-3-(3-hydroxypropyl)pyrazine	liq, IR, MS, NMR	6
2,5-Diethoxy-3-isopropenylpyrazine	liq, IR, MS, NMR	6
2,5-Diethoxy-3-(2-methylallyl)pyrazine	liq, IR, MS, NMR	6
2,5-Diethoxypyrazine	110/15, dip, IR, NMR	(H 403) 539, 1081, 1460
2,6-Diethoxypyrazine	–	(H 403)
6-Diethylamino-N,N-diethyl-2-pyrazinecarboxamide	–	(H 418)
2-(2-Diethylaminoethyl)pyrazine	–	(H 390)
6-Diethylamino-N-hydroxy-2-pyrazinecarboxamide	–	(H 418)
6-Diethylamino-N-hydroxy-2-pyrazinecarboxamidine	–	(H 414)
5-Diethylamino-6-methyl-2,3-pyrazinedicarbonitrile	liq, IR, NMR	789
5-Diethylamino-6-phenyl-2,3-pyrazinedicarbonitrile	107–108, IR, NMR, UV	789, 1677j
2-Diethylaminopyrazine	liq, dip, IR, NMR	(H 390) 172, 224, 1081
6-Diethylamino-2-pyrazinecarbohydrazide	–	(H 418)
6-Diethylamino-2-pyrazinecarbonitrile	–	(H 417)
6-Diethylamino-2-pyrazinecarbothioamide	–	(H 418)
6-Diethylamino-2-pyrazinecarboxamide	–	(H 416)
6-Diethylamino-2-pyrazinecarboxylic acid	–	(H 417)
Diethyl 5-amino-2,3-pyrazinedicarboxylate	–	(H 413)
3-Diethylamino-5-thiocarbamoyl-2-pyrazinecarboxamide	169–170, IR, NMR	510
2,5-Diethyl-3,6-bis(3-hydroxyprop-1-ynyl)pyrazine	151–153, IR, NMR	96
Diethyl 5-chloro-6-methoxy-2,3-pyrazinedicarboxylate	–	(H 443)
2,5-Diethyl-3,6-di(hex-1-ynyl)pyrazine	150–155/1, IR, NMR	96
1,4-Diethyl-5,6-dihydro-2,3,5,6(1H,4H)-pyrazinetetrone	210–211, IR, NMR	796
2,5-Diethyl-3,6-diisobutylpyrazine	–	(H 385) 293
2,5-Diethyl-3,6-diisopropylpyrazine	90–100/5, MS, NMR	293
2,5-Diethyl-3,6-dimethylpyrazine	82/7 or 100 –101/15, IR, MS, NMR	(H 385) 7, 280, 580, 901, 1352
2,6-Diethyl-3,5-dimethylpyrazine	–	(H 385)
Diethyl 3,6-dimethyl-2,5-pyrazinedicarboxylate	88, NMR	(H 396) 39, 1677k
2,5-Diethyl-3,6-diphenylpyrazine	–	(H 385) 288

ALPHABETICAL LIST *Continued*

Pyrazine	Melting point (°C), etc.	Reference(s)
Diethyl 3,6-diphenyl-2,5-pyrazinedicarboxylate	–	(*H* 396)
1,3-Diethyl-5,6-diphenyl-2(1*H*)-pyrazinone	134–136, IR, NMR	35
2,5-Diethyl-3,6-dipropylpyrazine	liq, NMR	901
N,*N*′-Diethyl-3-ethylamino-5-methylamino-2,6-pyrazinedicarboxamide	–	(*H* 419)
2,5-Diethyl-3-(hex-1-ynyl)pyrazine	94–99/1, IR, NMR	96
2,5-Diethyl-3-(hex-1-ynyl)pyrazine 1-oxide	130–135/1, IR, NMR	96
6-(*N*′,*N*′-diethylhydrazino)-2-pyrazinecarbothioamide	–	(*H* 418)
2,5-Diethyl-3-(3-hydroxyprop-1-ynyl)pyrazine	140–143/2, IR, NMR	96
2,5-Diethyl-3-(3-hydroxyprop-1-ynyl)-pyrazine 1-oxide	83–85, IR, NMR	96
3,6-Diethyl-1-hydroxy-2(1*H*)-pyrazinone	–	(*H* 454)
3,6-Diethyl-1-hydroxy-2(1*H*)-pyrazinone 4-oxide	243–245, IR, NMR, UV	80
3,6-Diethyl-5-iodo-2(1*H*)-pyrazinone	154, IR, NMR	321
2,3-Diethyl-5-methylpyrazine	–	(*H* 385)
2,5-Diethyl-3-methylpyrazine	83/10, NMR, UV	280
2,6-Diethyl-3-methylpyrazine	–	(*H* 385)
N,*N*-Diethyl-5-methyl-2-pyrazinecarboxamide	liq	669
N,*N*-Diethyl-5-methyl-2-pyrazinecarboxamide 4-oxide	112	669
2,5-Diethyl-3-methylpyrazine 1-oxide	112/4, NMR, UV	282
2,5-Diethyl-3-methylpyrazine 4-oxide	76/1, NMR, UV	282
3,6-Diethyl-5-oxo-4,5-dihydro-2-pyrazinecarbonitrile	–	(*H* 441)
3,6-Diethyl-5-oxo-4,5-dihydro-2-pyrazinecarboxylic acid	–	(*H* 440)
2,5-Diethyl-3-phenylpyrazine	86–90/2, NMR, UV	288
2,5-Diethyl-3-phenylpyrazine 1-oxide	46–47, MS, NMR, UV	288
2,5-Diethyl-3-phenylpyrazine 4-oxide	75–76, MS, NMR, UV	288
2,5-Diethyl-3-piperidinopyrazine	–	(*H* 390)
N,*N*-Diethyl-6-piperidino-2-pyrazinecarboxamidine	–	(*H* 418)
2,5-Diethyl-3-propionamidopyrazine	–	(*H* 390)
3,6-Diethyl-2-pyrazinamine	152/12; pic: 154–155	(*H* 388) 241
2,3-Diethylpyrazine	–	(*H* 385)
2,5-Diethylpyrazine	98–101/36, NMR	(*H* 385) 80, 1410
2,6-Diethylpyrazine	–	(*H* 385)
N,*N*-Diethyl-2-pyrazinecarboxamide	liq, IR, NMR	(*H* 396) 224
3,6-Diethyl-2,5-pyrazinedicarbonitrile	–	(*H* 395)
5,6-Diethyl-2,3-pyrazinedicarbonitrile	69–70 or 75–76, IR, NMR	1332, 1395
Diethyl 2,3-pyrazinedicarboxylate	–	(*H* 396) 1094
Diethyl 2,5-pyrazinedicarboxylate	–	(*H* 395) 831(?), 1677ℓ
2,5-Diethylpyrazine 1,4-dioxide	207–209, NMR, UV	80, 208
2,5-Diethylpyrazine 1-oxide	130–135/10 or 135–140/10, NMR, UV	80, 208, 288, 290, 1410

ALPHABETICAL LIST *Continued*

Pyrazine	Melting point (°C), etc.	Reference(s)
N,N-Diethyl-2-pyrazinesulfonamide	liq, IR, NMR	1602
3,6-Diethyl-2(1H)-pyrazinethione	133–135, NMR, UV	270
3,6-Diethyl-2(1H)-pyrazinone	136–137	(H 404) 80
3,6-Diethyl-2(1H)-pyrazinone 4-oxide	257–259, IR, NMR, UV	80
2,5-Difluoro-3,6-bisphenylthiopyrazine	–	(H 446)
2,3-Difluoro-5,6-dimethoxypyrazine	–	(H 445)
2,5-Difluoro-3,6-dimethoxypyrazine	–	(H 445)
2,3-Difluoro-5-ethoxy-6-methoxypyrazine	–	(H 445)
2,3-Difluoro-5-methoxy-6-methylpyrazine	–	(H 446)
2,5-Difluoro-3-methoxy-6-methylpyrazine	–	(H 446)
5,6-Difluoro-3-methoxy-2-pyrazinamine	–	(H 436)
2,3-Difluoro-5-methoxypyrazine	–	(H 445)
2,5-Difluoro-3-methoxypyrazine	–	(H 445)
3,6-Difluoro-2-pyrazinamine	–	(H 421)
2,6-Difluoropyrazine	–	(H 401) 327
3,5-Difluoro-2,6-pyrazinediamine	–	(H 422)
5,6-Difluoro-2,3-pyrazinediamine	–	(H 422)
2,5-Dihexyl-3,6-dimethylpyrazine	–	(H 385)
2,5-Di(hex-1-ynyl)-3,6-diisobutylpyrazine	56–57, IR, NMR	96
2,5-Di(hex-1-ynyl)-3,6-diisopropylpyrazine	59–61, IR, NMR	96
2,5-Di(hex-1-ynyl)-3,6-dimethylpyrazine	51–52, IR, NMR	96
2,3-Di(hex-1-ynyl)-5,6-diphenylpyrazine	80–81, IR, NMR	96
2,5-Di(hex-1-ynyl)-3,6-diphenylpyrazine	105–107, IR, NMR	96
2,6-Di(hex-1-ynyl)-3,5-diphenylpyrazine	55, IR, NMR	96
1,5-Dihydroxy-3,6-diisobutyl-2(1H)-pyrazinone 4-oxide	–	(H 454)
1,6-Dihydroxy-3,5-diisobutyl-2(1H)-pyrazinone	–	1495
4,N-Dihydroxy-5,6-dimethyl-3-oxo-3,4-dihydro-2-pyrazinecarboxamide	–	(H 451)
1,5-Dihydroxy-3,6-dimethyl-2(1H)-pyrazinone 4-oxide	–	(H 454)
4,N-Dihydroxy-3-oxo-3,4-dihydro-2-pyrazinecarboxamide	–	(H 451)
4,N-Dihydroxy-3-oxo-5,6-diphenyl-3,4-dihydro-2-pyrazinecarboxamide	–	(H 452)
N,N'-Dihydroxypyrazinedicarboxamide	–	(H 393)
2,6-Diiodo-3,5-dimethoxypyrazine	194, NMR	1455
2,6-Diiodo-3-methylaminopyrazine 1-oxide	119–120, NMR	278
3,5-Diiodo-2-pyrazinamine	168–169, NMR	278
3,5-Diiodo-2-pyrazinamine 4-oxide	150–152, NMR	278
2,3-Diiodopyrazine	97–98, NMR	1613
2,6-Diiodopyrazine	120/1, NMR	638, 1588
1,4-Diisobutyl-5,6-dihydro-2,3,5,6(1H,4H)-pyrazinetetrone	174–175, IR, NMR	796
3,6-Diisobutyl-1,5-dimethoxy-2(1H)-pyrazinone	–	(H 454)
2,5-Diisobutyl-3,6-dimethylpyrazine	118/4	(H 385) 280
2,5-Diisobutyl-3,6-diphenylpyrazine	100–101, MS, NMR, UV	288
2,5-Diisobutyl-3-isovaleryl-6-methylpyrazine	Crude, NMR	55
3,6-Diisobutyl-5-isovaleryl-2(1H)-pyrazinone	131–135, IR, NMR	321

ALPHABETICAL LIST *Continued*

Pyrazine	Melting point (°C), etc.	Reference(s)
2,5-Diisobutyl-3-methoxypyrazine	98–105/6 or 105–109/3 or 113–114/7, NMR, UV	(H 405) 245, 310, 1311
2,5-Diisobutyl-3-methoxypyrazine 1,4-dioxide	–	(H 454)
2,5-Diisobutyl-3-methoxypyrazine 1-oxide	46–47, MS, NMR	310
3,6-Diisobutyl-1-methoxy-2(1H)-pyrazinone	–	(H 408)
3,6-Diisobutyl-5-methoxy-2(1H)-pyrazinone	101–102, MS, NMR	310
3,6-Diisobutyl-1-methoxy-2(1H)-pyrazinone 4-oxide	–	(H 454)
3,6-Diisobutyl-5-methoxy-2(1H)-pyrazinone 4-oxide	172–173, MS, NMR, xl st	310
2,5-Diisobutyl-3-methyl-6-propionylpyrazine	Crude, NMR	55
2,5-Diisobutyl-3-methylpyrazine	86–89/5 or 99–100/3, NMR, UV	55, 280
2,5-Diisibutyl-3-methylpyrazine 1-oxide	49–50, NMR, UV	282
2,5-Diisobutyl-3-methylpyrazine 4-oxide	100/2, NMR, UV	282
3,6-Diisobutyl-5-methyl-2(1H)-pyrazinone	132–134, NMR	389
3,6-Diisobutyl-5-oxo-4,5-dihydro-2-pyrazinecarbaldehyde	200–203, IR, NMR	321
2,5-Diisobutyl-3-pentylpyrazine	50–52/0.07, MS, NMR	307
2,5-Diisobutyl-3-pentylpyrazine 1-oxide	126–128/0.15, MS, NMR	307
2,5-Diisobutyl-3-phenoxypyrazine	103–115/1, NMR	192
2,5-Diisobutyl-3-phenylpyrazine	130–140/5, MS, NMR, UV	288
2,5-Diisobutyl-3-phenylpyrazine 1-oxide	68–69, MS, NMR, UV	288
2,5-Diisobutyl-3-phenylpyrazine 4-oxide	47–49, 145–150/3, MS, NMR, UV	288
2,5-Diisobutyl-3-propylpyrazine	65–67/0.06, MS, NMR	307
3,6-Diisobutyl-2-pyrazinamine	140–141	241
2,5-Diisobutylpyrazine	95–98/4, NMR, pK_a, UV	(H 385), 183, 234, 293, 1410
3,6-Diisobutyl-2-pyrazinecarbaldehyde 1-oxide	130–135/2, NMR	316
3,6-Diisobutyl-2-pyrazinecarbonitrile	40–41, IR, NMR	190
3,6-Diisobutyl-2,5-pyrazinedicarbonitrile	104–106, IR, NMR	190
2,5-Diisobutylpyrazine 1,4-dioxide	221–222, MS, NMR, UV	208
2,5-Diisobutylpyrazine 1-oxide	51–52, MS, NMR, UV	208, 245, 288, 290, 1410
3,6-Diisobutyl-2(1H)-pyrazinethione	176–179, NMR, UV	270
2,6-Diisobutyl-2(1H)-pyrazinone	145–146 or 152–153, NMR	(H 405) 122, 1311
3,6-Diisobutyl-2(1H)-pyrazinone 4-oxide	244	(H 454) 310
2,5-Diisobutyl-3-trimethylsilylethynylpyrazine	153–156/?, IR, NMR, UV	234, 1527
2,5-Diisobutyl-3-trimethylsilylethynylpyrazine 1-oxide	71–72, IR, MS, NMR	234
2,5-Diisocyanatopyrazine	–	(H 396)

ALPHABETICAL LIST *Continued*

Pyrazine	Melting point (°C), etc.	Reference(s)
2,5-Diisopentyl-3,6-dimethylpyrazine	131–133/4, MS, NMR	(*H* 385) 55, 364
2,6-Diisopropoxypyrazine	–	(*H* 403)
2,5-Diisopropyl-3,6-dimethoxypyrazine	–	(*H* 405)
2,5-Diisopropyl-3,6-dimethylpyrazine	40–41	(*H* 385) 280
2,5-Diisopropyl-3,6-diphenylpyrazine	189–190, MS, NMR, UV	288
2,5-Diisopropyl-3-isovaleryl-6-methylpyrazine	Crude, NMR	55
2,5-Diisopropyl-3-methoxypyrazine	91–93/8, NMR, UV	1311
2,5-Diisopropyl-3-methyl-6-propionylpyrazine	Crude, NMR	55
2,5-Diisopropyl-3-methylpyrazine	64–67/5 or 90–91/8, NMR, UV	55
2,5-Diisopropyl-3-methylpyrazine 1-oxide	56–57, NMR, UV	282
2,5-Diisopropyl-3-methylpyrazine 4-oxide	96–97/1, NMR, UV	282
2,5-Diisopropyl-3-pentylpyrazine	105–108/3, MS, NMR	305
2,5-Diisopropyl-3-pentylpyrazine 1-oxide	120–124/3, MS, NMR	305
2,5-Diisopropyl-3-phenylpyrazine	115–117/2, MS, NMR, UV	288
2,5-Diisopropyl-3-phenylpyrazine 1-oxide	76–77, MS, NMR, UV	288
2,5-Diisopropyl-3-phenylpyrazine 4-oxide	128–129, MS, NMR, UV	288
2,5-Diisopropyl-3-propylpyrazine	40–42/0.4, MS, NMR	307
3,6-Diisopropyl-2-pyrazinamine	280–281; pic: 182–183	241
2,5-Diisopropylpyrazine	liq, NMR	(*H* 385) 234, 293, 1352, 1410
3,6-Diisopropyl-2-pyrazinecarbonitrile	81–83, IR, NMR	190
5,6-Diisopropyl-2,3-pyrazinedicarbonitrile	117–119, IR, NMR	1395
2,5-Diisopropylpyrazine 1,4-dioxide	210–212, MS, NMR, UV	208, 1410
2,5-Diisopropylpyrazine 1-oxide	113–114/9 or 134–136/10, MS, NMR, UV	208, 245, 288, 290, 1410
3,6-Diisopropyl-2(1*H*)-pyrazinethione	144–146, NMR, UV	270
3,6-Diisopropyl-2(1*H*)-pyrazinone	141–142, NMR, UV	234, 1311
3,6-Diisopropyl-2(1*H*)-pyrazinone 4-oxide	260–262, NMR, UV	1311
2,5-Diisovaleryl-3,6-dimethylpyrazine	39–41, IR, MS, NMR	55, 364
2,5-Dimethoxy-3,6-bis(methoxymethyl) pyrazine	–	(*H* 403)
2,3-Dimethoxy-5,6-dimethylpyrazine	–	(*H* 405)
2,5-Dimethoxy-3,6-dimethylpyrazine	60–61	(*H* 405) 1392
2,6-Dimethoxy-3,5-dimethylpyrazine	76–77, 98–100/46, NMR	57
2,5-Dimethoxy-3,6-dimethylpyrazine 1,4-dioxide	–	(*H* 454)
1,5-Dimethoxy-3,6-dimethyl-2(1*H*)-pyrazinone 4-oxide	–	(*H* 454)
2,5-Dimethoxy-3,5-dinitropyrazine	–	1460
2,5-Dimethoxy-3,6-diphenylpyrazine	147–148	(*H* 405) 1392
2,6-Dimethoxy-3,5-diphenylpyrazine	91–92 or 98–99, NMR	57, 1307
3,5-Dimethoxy-6-methoxymethyl-1-phenyl-2(1*H*)-pyrazinone	liq, IR, MS, NMR	53
5,*N*-Dimethoxy-3-methylamino-2-pyrazinecarboxamide 1-oxide	–	(*H* 451)
2,6-Dimethoxy-3-methyl-5-phenylpyrazine	60–61, NMR	57
3,5-Dimethoxy-6-methyl-2-pyrazinamine	–	(*H* 422)

ALPHABETICAL LIST Continued

Pyrazine	Melting point (°C), etc.	Reference(s)
2,3-Dimethoxy-5-methylpyrazine	–	812
2,6-Dimethoxy-3-methylpyrazine	liq, IR, MS, NMR	(H 405) 832
3,5-Dimethoxy-6-methyl-2-pyrazinecarbonitrile	–	(H 441)
3,5-Dimethoxy-6-methyl-2-pyrazinecarboxamide	–	(H 440)
3,6-Dimethoxy-5-methyl-2-pyrazinecarboxylic acid	–	(H 440)
2,3-Dimethoxy-5-(penta-1,3-dienyl)pyrazine	–	812
2,5-Dimethoxy-3-phenylpyrazine	160/7	(H 405) 1392
3,5-Dimethoxy-2-pyrazinamine	–	(H 422)
3,6-Dimethoxy-2-pyrazinamine	–	(H 422)
5,6-Dimethoxy-2-pyrazinamine	–	(H 422)
2,3-Dimethoxypyrazine	–	(H 403)
2,5-Dimethoxypyrazine	57–58, 102/15, IR, NMR	34, 70, 539
2,6-Dimethoxypyrazine	–	(H 403)
2,6-Dimethoxy-3-pyrazinecarbaldehyde	64, NMR	1455
3,5-Dimethoxy-2-pyrazinecarbohydrazide	–	(H 441)
3,6-Dimethoxy-2-pyrazinecarbohydrazide	–	(H 441)
3,6-Dimethoxy-2-pyrazinecarbonitrile	–	(H 441)
3,6-Dimethoxy-2-pyrazinecarboxamide	–	(H 440)
2,6-Dimethoxy-3-trimethylsilylpyrazine	38–39, IR, MS, NMR	832
3-(1,1-Dimethylallyl)-5,6-diphenyl-2-pyrazinecarbonitrile	–	1087
Dimethyl 5-amino-6-chloro-2,3-pyrazinedicarboxylate	–	(H 427)
2-Dimethylamino-3,6-diethylpyrazine	–	(H 390)
6-Dimethylamino-N,N-diethyl-2-pyrazinecarboxamidine	–	(H 418)
2-Dimethylamino-5,6-difluoro-3-methoxypyrazine	–	(H 437)
2-Dimethylamino-3,6-difluoropyrazine	–	(H 422)
2-Dimethylamino-3,5-diiodopyrazine	86–87	278
2-Dimethylamino-3,5-diiodopyrazine 4-oxide	72–73, NMR	278
2-Dimethylamino-3,6-diisobutylpyrazine	–	(H 390)
Dimethyl 5-amino-6-dimethylamino-2,3-pyrazinedicarboxylate	–	(H 413)
3-Dimethylamino-5,6-dimethyl-2-pyrazinamine	–	(H 388)
2-Dimethylamino-3,6-dimethylpyrazine	52–53/1, IR, NMR	(H 390) 786
2-Dimethylamino-5,6-dimethylpyrazine	132–133, NMR	185
2-Dimethylamino-3,6-dimethylpyrazine 4-oxide	–	(H 450)
5-Dimethylamino-3,6-dimethyl-2(1H)-pyrazinone	–	(H 423)
2-Dimethylamino-3,5-diphenylpyrazine	–	(H 390)
2-Dimethylamino-3,6-diphenylpyrazine	–	(H 390)
2-Dimethylamino-5,6-diphenylpyrazine	–	(H 390)
3-Dimethylamino-5,6-diphenyl-2-pyrazinecarbonitrile	140–141, IR, NMR	1507
6-Dimethylamino-3,5-diphenyl-2(1H)-pyrazinone	233–234, NMR	185

ALPHABETICAL LIST Continued

Pyrazine	Melting point (°C), etc.	Reference(s)
2-(2-Dimethylaminoethyl)pyrazine	98–104/9, NMR; ω-MeI: solid	(H 390) 1446
6-Dimethylamono-3-guanidinocarbonyl-5-methyl-2-pyrazinamine	–	(H 413)
6-Dimethylamino-3-guanidinocarbonyl-5-phenyl-2-pyrazinamine	–	(H 413)
5-Dimethylamino-3-guanidinocarbonyl-2-pyrazinamine	–	(H 413)
6-Dimethylamino-3-guanidinocarbonyl-2-pyrazinamine	–	(H 413)
2-Dimethylamino-3-hydroxymethyl-6-methylpyrazine	–	(H 423)
6-Dimethylamino-N-hydroxy-2-pyrazinecarboxamide	–	(H 418)
6-Dimethylamino-N-hydroxy-2-pyrazinecarboxamidine	–	(H 414)
2-Dimethylamino-5-iodopyrazine	118–119, NMR	278
2-Dimethylamino-6-iodopyrazine	46–48, NMR	638
2-Dimethylamino-5-iodopyrazine 4-oxide	169–170, NMR	278
2-Dimethylamino-3-isobutylpyrazine	–	(H 390)
2-Dimethylamino-6-isobutylpyrazine	–	(H 390)
2-Dimethylamino-5-methoxy-3,6-dimethylpyrazine	–	(H 423)
2-Dimethylaminomethyl-3,6-bismethylthiopyrazine	170/0.01	912
2-Dimethylamino-6-methyl-5-phenylpyrazine 4-oxide	133–134, NMR, UV	1272
2-Dimethylamino-3-methylpyrazine	–	(H 390)
2-Dimethylamino-6-methylpyrazine	–	(H 390)
2-Dimethylamino-3-methylpyrazine 4-oxide	–	(H 450)
Dimethyl 5-amino-6-oxo-1,6-dihydro-2,3-pyrazinedicarboxylate	–	(H 435)
2-Dimethylamino-5-phenylpyrazine	97–99, NMR	(H 390) 185
2-(3-Dimethylaminopropyl)-6-methylpyrazine	–	(H 390)
2-(3-Dimethylaminopropyl)pyrazine	–	(H 390)
3-Dimethylamino-2-pyrazinamine	–	(H 388)
2-Dimethylaminopyrazine	NMR	(H 390) 77, 278, 545, 1424
6-Dimethylamino-2-pyrazinecarbohydrazide	–	(H 418)
3-Dimethylamino-2-pyrazinecarbonitrile	46, IR, NMR	38
6-Dimethylamino-2-pyrazinecarbonitrile	–	(H 417)
6-Dimethylamino-2-pyrazinecarboxamide	–	(H 417)
6-Dimethylamino-2-pyrazinecarboxylic acid	–	(H 417)
2-Dimethylaminopyrazine 1-oxide	142–143, NMR	276, 278
2-Dimethylaminopyrazine 4-oxide	NMR	(H 450) 278
6-Dimethylamino-2,3,5-pyrazinetricarbonitrile	–	(H 420)
2-Dimethylamino-3,5,6-trifluoropyrazine	–	(H 422)
2-Dimethylamino-3,5,6-trimethylpyrazine	–	(H 390)
Dimethyl 3,6-bis(methoxycarbonylmethyl)-2,5-pyrazinedicarboxylate	NMR	399

ALPHABETICAL LIST *Continued*

Pyrazine	Melting point (°C), etc.	Reference(s)
N,N'-Dimethyl-3,5-bismethylamino-2,6-pyrazinedicarboxamide	–	(H 416)
N,N'-Dimethyl-3,6-bismethylamino-2,5-pyrazinedicarboxamide	–	(H 416)
N,N'-Dimethyl-3,5-bismethylamino-2,6-pyrazinedicarboxamide 1-oxide	–	(H 450)
2,5-Dimethyl-3,6-bis(1-methyl-2-trimethylsilylethyl)pyrazine	Stereoisomeric mixture: MS, NMR	868
2,5-Dimethyl-3,6-bis(1-methyl-2-trimethylsilylvinyl)pyrazine	Solid, MS, NMR	868
2,6-Dimethyl-3,5-bis(pivaloylmethyl)pyrazine	–	(H 396)
2,5-Dimethyl-3,6-bispropylthiopyrazine	–	(H 409)
2-(1,3-Dimethylbut-2-enyl)-5,6-dimethylpyrazine	liq(?), MS, NMR	473
2-(2,3-Dimethylbut-1-enyl)-6-methylpyrazine	–	(H 385)
2-(2,3-Dimethylbutyryl)pyrazine	IR, NMR	461
Dimethyl 5-chloro-6-methoxy-2,3-pyrazinedicarboxylate	–	(H 443)
Dimethyl 5,6-diamino-2,3-pyrazinedicarboxylate	–	(H 418)
Dimethyl 5,6-dichloro-2,3-pyrazinedicarboxylate	–	(H 439)
1,4-Dimethyl-5,6-dihydro-2,3,5,6($1H,4H$)-pyrazinetetrone	–	796
Dimethyl 3,6-dimethyl-2,5-pyrazinedicarboxylate	133–134 or 136–137, IR, NMR	(H 396) 224, 300, 399
Dimethyl 5,6-dimethyl-2,3-pyrazinedicarboxylate	–	971
Dimethyl 5,6-dioxo-1,4,5,6-tetrahydro-2,3-pyrazinedicarboxylate	–	(H 441)
2,5-Dimethyl-3,6-di(pent-1-enyl)pyrazine	Solid, MS, NMR	868
2,5-Dimethyl-3,6-dipentylpyrazine 1-oxide	–	(H 447)
2,5-Dimethyl-3,6-diphenylpyrazine	122–124 or 126, IR, MS, NMR	(H 385) 249, 288, 358, 580, 764, 1416
2,6-Dimethyl-3,5-diphenylpyrazine	92–93, NMR, UV	(H 385) 280
Dimethyl 5,6-diphenyl-2,3-pyrazinedicarboxylate	–	971, 1084
2,5-Dimethyl-3,6-diphenylpyrazine 1,4-dioxide	–	(H 448)
2,6-Dimethyl-3,5-diphenylpyrazine 1,4-dioxide	185–186, IR, NMR, UV	423
2,5-Dimethyl-3,6-diphenylpyrazine 1-oxide	–	(H 448)
1,3-Dimethyl-5,6-diphenyl-2($1H$)-pyrazinone	169–-170, IR, NMR	35
2,5-Dimethyl-3,6-dipropylpyrazine	–	(H 385)
2-(N',N'-Dimethylhyrdrazinocarbonyl)-N-methyl-3,5-bismethylamino-2-pyrazinecarboxamide	–	(H 419)
6-(N',N'-Dimethylhydrazino)-N-hydroxy-2-pyrazinecarboxamidine	–	(H 414)
C-(N',N'-Dimethylhydrazino)-2-pyrazinecarbonitrile	–	(H 418)

ALPHABETICAL LIST *Continued*

Pyrazine	Melting point (°C), etc.	Reference(s)
6-(*N'*,*N'*-Dimethylhydrazino)-2-pyrazinecarbothioamide	–	(*H* 419)
6-(*N'*,*N'*-Dimethylhydrazino)-2-pyrazinecarboxamide	–	(*H* 417)
6-(*N'*,*N'*-Dimethylhydrazino)-2-pyrazinecarboxylic acid	–	(*H* 417)
2,3-Dimethyl-5-isovalerylpyrazine	liq, IR, MS, NMR	1383
2,5-Dimethyl-3-isovalerylpyrazine	liq, IR, MS, NMR	1383
6,*N*-Dimethyl-3-methylamino-5-oxo-4,5-dihydro-2-pyrazinecarboxamide	–	(*H* 435)
N,*N'*-Dimethyl-5-methylamino-3-oxo-3,4-dihydro-2,6-pyrazinedicarboxamide	–	(*H* 435)
N,*N'*-Dimethyl-6-methylamino-3-oxo-34-dihydro-2,5-pyrazinedicarboxamide	–	(*H* 435)
5,6-Dimethyl-3-methylamino-2-pyrazinamine	–	(*H* 388)
5,6-Dimethyl-3-methylamino-2-pyrazinamine 1-oxide	–	(*H* 450)
2,5-Dimethyl-3-methylaminopyrazine	–	(*H* 390)
5,6-Dimethyl-3-methylamino-2-pyrazinecarbohydrazide	–	(*H* 419)
5,6-Dimethyl-3-methylamino-2-pyrazinecarboxamide	174–175, IR, NMR	(*H* 417) 1507
5,6-Dimethyl-3-methylamino-2-pyrazinecarboxamidine	–	(*H* 411)
5,6-Dimethyl-3-methylamino-2-pyrazinecarboxylic acid	–	(*H* 417)
5,6-Dimethyl-3-methylamino-2(1*H*)-pyrazinone	–	(*H* 423)
2,5-Dimethyl-3-(*N*-methylhydrazino)pyrazine	46–48, IR, NMR	72
Dimethyl 5-methyl-6-phenyl-2,3-pyrazinedicarboxylate	–	971
Dimethyl 5-methyl-2,3-pyrazinedicarboxylate	137–138/4, IR	(*H* 396) 971, 1125
5,6-Dimethyl-3-methylsulfinyl-2-pyrazinamine	74–76, NMR	1012
5,6-Dimethyl-3-methylsulfonyl-2-pyrazinamine	147–148, NMR	1012
5,6-Dimethyl-3-(2-methylthioethyl)-2(1*H*)-pyrazinone	–	(*H* 447)
5,6-Dimethyl-3-methylthio-2-pyrazinamine	99–100, NMR	1012
2,3-Dimethyl-5-(1-methyl-2-trimethylsilylvinyl)pyrazine	MS, NMR	868
2,5-Dimethyl-3-(1-methyl-2-trimethylsilylvinyl)pyrazine	MS, NMR	868
3,6-Dimethyl-5-oxo-4,5-dihydro-2-pyrazinecarbonitrile	–	(*H* 441)
5,6-Dimethyl-3-oxo-3,4-dihydro-2-pyrazinecarboxamide	–	(*H* 440)
N,*N*-Dimethyl-6-oxo-1,6-dihydro-2-pyrazinecarboxamide 4-oxide	192–193, IR, NMR	89
3,6-Dimethyl-5-oxo-4,5-dihydro-2-pyrazinecarboxylic acid	–	(*H* 440)
5,6-Dimethyl-3-oxo-3,4-dihydro-2-pyrazinecarboxylic acid	–	(*H* 440)

ALPHABETICAL LIST Continued

Pyrazine	Melting point (°C), etc.	Reference(s)
1,3-Dimethyl-5-oxo-4,5-dihydropyrazinium iodide	254–256, IR, NMR	341
Dimethyloxosulfonium 5,6-diphenylpyrazine-2-ylmethylide	172–173 IR, NMR	91
2,3-Dimethyl-5-(pent-1-enyl)pyrazine	liq, MS, NMR	868
2,5-Dimethyl-3-(pent-1-enyl)pyrazine	liq, MS, NMR	868
2,5-Dimethyl-3-(pent-1-enyl)-6-(2-trimethylsilylvinyl)pyrazine	Solid, MS, NMR	868
2,3-Dimethyl-5-pentylpyrazine	Solid, NMR	868
2,5-Dimethyl-3-pentylpyrazine	MS, NMR	(H 385) 868
2,6-Dimethyl-3-pentylpyrazine	–	(H 385)
3,6-Dimethyl-5-pentyl-2-pyrazinecarbaldehyde oxime	–	(H 397)
2,5-Dimethyl-3-pentylpyrazine 1,4-dioxide	–	(H 448)
2,5-Dimethyl-3-pentyl-6-(2-trimethylsilylethyl)pyrazine	MS, NMR	868
3,6-Dimethyl-5-phenylazo-2(1H)-pyrazinone	–	(H 447)
5,6-Dimethyl-3-phenylazo-2(1H)-pyrazinone	–	(H 447)
2,5-Dimethyl-3-phenylpyrazine	–	(H 385) 288
Dimethyl 5-phenyl-2,3-pyrazinedicarboxylate	–	(H 396) 971
2,3-Dimethyl-5-phenylpyrazine 1,4-dioxide	148–149, IR, NMR, UV	423
2,5-Dimethyl-3-phenylpyrazine 1,4-dioxide	169–170, IR NMR, UV	(H 448) 423
2,5-Dimethyl-3-phenylpyrazine 1-oxide	73–74, MS, NMR, UV	288
2,5-Dimethyl-3-phenylpyrazine 4-oxide	86–87, MS, NMR, UV	288
3,6-Dimethyl-5-phenyl-2(1H)-pyrazinone	IR, NMR	1432
5,6-Dimethyl-3-phenyl-2(1H)-pyrazinone	–	(H 406)
2,5-Dimethyl-3-phenylsulfinylpyrazine	76–77, IR, NMR	318
2,5-Dimethyl-3-phenylthiopyrazine	liq, NMR	318
3,6-Dimethyl-5-phenylthio-2(1H)-pyrazinone	162–164, IR, NMR	318
2,5-Dimethyl-3-piperidinopyrazine	–	(H 390)
2,3-Dimethyl-5-(prop-1-enyl)pyrazine	MS, NMR	473
2,5-Dimethyl-3-propionamidopyrazine	–	(H 390)
2,3-Dimethyl-5-propionylpyrazine	liq, IR, MS, NMR	1383
2,6-Dimethyl-3-propionylpyrazine	liq, IR, MS, NMR	1383
2-(1,2-Dimethylpropoxy)pyrazine	104/23, IR, UV	59
2-(1,2-Dimethylpropyl)pyrazine	–	239
2,3-Dimethyl-5-propylpyrazine	78–82/10, MS	473
2,5-Dimethyl-3-propylpyrazine	–	(H 385) 839
2,6-Dimethyl-3-propylpyrazine	–	(H 385)
N-(1,2-Dimethylpropyl)-2-pyrazinecarboxamide	–	8
5,6-Dimethyl-3-propyl-2(1H)-pyrazinone	–	(H 406)
2-(1,2-Dimethylpropyl)sulfonylpyrazine	130–132/0.4	239
2,5-Dimethyl-3-propylthiopyrazine	–	(H 410)
3,5-Dimethyl-2-pyrazinamine	–	(H 388)
3,6-Dimethyl-2-pyrazinamine	115, IR, NMR	(H 388) 231, 693
5,6-Dimethyl-2-pyrazinamine	–	(H 388)
3,5-Dimethyl-2-pyrazinamine 1-oxide	–	(H 450)
3,6-Dimethyl-2-pyrazinamine 1-oxide	–	(H 450)
3,6-Dimethyl-2-pyrazinamine 4-oxide	–	(H 450)

ALPHABETICAL LIST Continued

Pyrazine	Melting point (°C), etc.	Reference(s)
2,3-Dimethylpyrazine	47–51/12 or 156/760, NMR, pK_a, pol, xl st; 2 BH_3: 105, IR, NMR; EtI: 140–141, NMR, pol; MeI: 187–188, NMR, pol; Pr^iI: 215–216, NMR, pol	(H 385) 254, 543, 849, 1052, 1070, 1373, 1409, 1410, 1663, 1766
2,5-Dimethylpyrazine	150/760 to 156/760, IR, MS, NMR, pK_a, pol, xl st, UV; 2 BH_3: 106, IR, NMR; EtI: 200–201, NMR, pol; MeI: 239–240 or 248–250, NMR; Zr complex: anal, NMR	(H 385) 12, 80, 183, 254, 286, 293, 425, 440, 563, 901, 1005, 1052, 1203, 1373, 1405, 1409, 1410, 1692
2,6-Dimethylpyrazine	41–44, 154/760, IR, NMR, pK_a, pol, Raman, xl st; 2 BH_3: 90, IR, NMR; 1-MeI: crude, NMR; 4-MeI: 226–228, NMR	(H 385) 12, 254, 286, 839, 989, 1052, 1203, 1303, 1373, 1405, 1409, 1410, 1663, 1766
3,5-Dimethyl-2-pyrazinecarbonitrile	–	(H 394)
3,6-Dimethyl-2-pyrazinecarbonitrile	51–52, IR, NMR	(H 394) 190
5,6-Dimethyl-2-pyrazinecarbonitrile	–	(H 394)
N,N-Dimethyl-2-pyrazinecarbothioamide	–	(H 396)
N,N-Dimethyl-2-pyrazinecarboxamide	–	(H 396)
5,N-Dimethyl-2-pyrazinecarboxamide	125, NMR	477
5,6-Dimethyl-2-pyrazinecarboxamide 4-oxide	248–249	669
N,N-Dimethyl-2-pyrazinecarboxamidrazone	–	864
3,6-Dimethyl-2-pyrazinecarboxylic acid	114–115	(H 393) 1677ii
5,6-Dimethyl-2-pyrazinecarboxylic acid	180–181	(H 393) 926, 1677b
5,6-Dimethyl-2-pyrazinecarboxylic acid 4-oxide	179	669
3,6-Dimethyl-2,5-pyrazinediamine	–	(H 389)
5,6-Dimethyl-2,3-pyrazinediamine	214–215, NMR	(H 389) 1451
5,6-Dimethyl-2,3-pyrazinediamine 1,4-dioxide	–	(H 450)
3,6-Dimethyl-2,5-pyrazinedicarbonitrile	–	(H 395)
5,6-Dimethyl-2,3-pyrazinedicarbonitrile	MS	(H 395) 971, 1406
N,N'-Dimethyl-2,5-pyrazinedicarbothioamide	–	(H 393)
3,6-Dimethyl-2,5-pyrazinedicarboxamide	–	(H 395)
5,6-Dimethyl-2,3-pyrazinedicarboxamide	–	(H 395)
Dimethyl 2,3-pyrazinedicarboximidate	138–140, IR, NMR	1127
5,6-Dimethyl-2,3-pyrazinedicarboximide	–	971
Dimethyl 2,3-pyrazinedicarboxylate	$EtBF_4$: 98–99	(H 396) 415, 971
Dimethyl 2,5-pyrazinedicarboxylate	–	(H 396)
Dimethyl 2,6-pyrazinedicarboxylate	128–130, IR, NMR	(H 396) 224
3,6-Dimethyl-2,5-pyrazinedicarboxylic acid	–	(H 395)
5,6-Dimethyl-2,3-pyrazinedicarboxylic acid	–	(H 395) 971
5,6-Dimethyl-2,3-pyrazinedicarboxylic anhydride	–	(H 395)
1,4-Dimethyl-2,3(1H,4H)-pyrazinedione	–	(H 408)

ALPHABETICAL LIST *Continued*

Pyrazine	Melting point (°C), etc.	Reference(s)
5,6-Dimethyl-2,3(1H,4H)-pyrazinedione	–	(H 404)
2,3-Dimethylpyrazine 1,4-dioxide	209 to 216, NMR, UV	(H 447) 208, 1405
2,5-Dimethylpyrazine 1,4-dioxide	289 or 360, NMR	(H 447) 208, 1405, 1410
2,6-Dimethylpyrazine 1,4-dioxide	224–225 or 227, NMR	(H 447) 1307, 1405, 1410
5,6-Dimethyl-2,3(1H,2H)-pyrazinedithione	–	(H 409)
2,5-Dimethylpyrazine 1-ethoxycarbonylimide	78–79, IR, NMR	87
2,6-Dimethylpyrazine 4-ethoxycarbonylimide	91–93, IR, NMR	87
2,3-Dimethylpyrazine 1-oxide	83 to 87, MS, NMR, UV	(H 447) 208, 1272, 1405, 1414, 1425
2,5-Dimethylpyrazine 1-oxide	106-107 or 108, MS, NMR; MeI: 240–242, NMR	(H 447) 208, 286, 288, 290, 432, 1405, 1410, 1425
2,6-Dimethylpyrazine 1-oxide	55 or 106–107(?), NMR; MeI: 235–238, NMR	(H 447) 286, 1307, 1405, 1410, 1677v
2,6-Dimethylpyrazine 4-oxide	57–58(?) or 108–110, NMR; MeI: 238–240, NMR	(H 447) 286, 1307, 1405, 1410
3,6-Dimethyl-2(1H)-pyrazinethione	–	(H 410)
3,6-Dimethyl-2(1H)-pyrazinethione 4-oxide	–	(H 456)
1,5-Dimethylpyrazin-1-ium-3-olate	H_2O: 133–135, NMR	341, 1478
1,5-Dimethyl-2(1H)-pyrazinone	NMR	(H 408) 162
3,5-Dimethyl-2(1H)-pyrazinone	149–151	(H 405) 1307
3,6-Dimethyl-2(1H)-pyrazinone	206–207	(H 405) 80
5,6-Dimethyl-2(1H)-pyrazinone	196 or 197, NMR, UV	(H 405) 1099, 1272
3,6-Dimethyl-2(1H)-pyrazinone 4-oxide	261–264	(H 454) 80
5,6-Dimethyl-2(1H)-pyrazinone 4-oxide	236–239	86
2,5-Dimethyl-3-thiocyanatopyrazine	–	(H 396)
2,5-Dimethyl-3-(2-trimethylsilylethyl)pyrazine	liq, MS, NMR	868
2,5-Dimethyl-3-trimethylsilylethynylpyrazine	Crude, NMR	201
2,3-Dimethyl-5-(2-trimethylsilylvinyl)pyrazine	MS, NMR	868
2,5-Dimethyl-3-(2-trimethylsilylvinyl)pyrazine	MS, NMR	868
2,5-Dimorpholinopyrazine	182	912
5,6-Dimorpholino-2,3-pyrazinedicarbonitrile	232, IR	530
3,5-Dinitro-2,6-pyrazinediamine	–	(H 389)
5,6-Dioxo-5,6-dihydro-2,3(1H,4H)-pyrazinedione	Solid, MS	1463
5,6-Dioxo-1,4,5,6-tetrahydro-2-pyrazinecarboxylic acid	>300, IR, NMR, UV	85
5,6-Dioxo-1,4,5,6-tetrahydro-2,3-pyrazinedicarbonitrile	240–280 or 268–270, IR, NMR	(H 441) 825, 1049, 1390
5,6-Dioxo-1,4,5,6-tetrahydro-2,3-pyrazinedicarboxylic acid	>270	(H 441) 1677jj
5,6-Dipentyl-2,3-pyrazinedicarbonitrile	liq, IR, NMR	1332

ALPHABETICAL LIST *Continued*

Pyrazine	Melting point (°C), etc.	Reference(s)
N,N'-Dipentyl-2,3-pyrazinedicarboxamide	–	(H 393)
2,3-Diphenyl-5-piperidinipyrazine	–	(H 390)
2,3-Diphenyl-3-propionamidopyrazine	–	(H 390)
5,6-Diphenyl-3-propyl-2(1H)-pyrazinone	198–200, IR, NMR, UV	(H 406) 27
1,3-Diphenyl-6-(prop-2-ynyl)aminomethyl-2(1H)-pyrazinone	103–104, IR, MS, NMR	395
3,5-Diphenyl-2-pyrazinamine	137–138, IR, NMR	231, 241
3,6-Diphenyl-2-pyrazinamine	187–188 or 192–194, IR, NMR	(H 388) 231, 241
5,6-Diphenyl-2-pyrazinamine	226–227 or 229–230, IR, NMR	(H 388) 231, 241
2,3-Diphenylpyrazine	112 to 120, IR, NMR, xl st	(H 386) 153, 234, 245, 288, 746, 1209, 1272, 1410, 1677o
2,5-Diphenylpyrazine	193 to 202, fl sp, MS, NMR	(H 386) 131, 290, 293, 449, 554, 903, 930, 1178, 1275, 1288, 1363
2,6-Diphenylpyrazine	87–88 or 93, NMR	(H 386) 131, 288, 293, 1275, 1307, 1410, 1627, 1677v
5,6-Diphenyl-2-pyrazinecarbaldehyde 1-oxide	246–248, MS, NMR	316
3,5-Diphenyl-2-pyrazinecarbonitrile	168–170, IR, NMR	190
3,6-Diphenyl-2-pyrazinecarbonitrile	120–121, IR, NMR	(H 394) 190
5,6-Diphenyl-2-pyrazinecarbonitrile	153–156, IR, NMR	(H 394) 190, 1087
5,6-Diphenyl-2-pyrazinecarboxamide	–	(H 393)
5,6-Diphenyl-2-pyrazinecarboxamidine	–	(H 392)
3,6-Diphenyl-2-pyrazinecarboxylic acid	–	(H 393)
5,6-Diphenyl-2-pyrazinecarboxylic acid	–	(H 393)
5,6-Diphenyl-2,3-pyrazinediamine	276–278 or 290, IR, NMR	(H 389) 231, 558, 1451
3,5-Diphenyl-2,6-pyrazinedicarbonitrile	169–170, IR, NMR	190
3,6-Diphenyl-2,5-pyrazinedicarbonitrile	–	(H 396)
5,6-Diphenyl-2,3-pyrazinedicarbonitrile	260–261, IR, MS, NMR	(H 396) 190, 971, 1406
3,6-Diphenyl-2,5-pyrazinedicarbonyl dichloride	–	(H 392)
3,6-Diphenyl-2,5-pyrazinedicarboxamide	–	(H 395)
5,6-Diphenyl-2,3-pyrazinedicarboximide	–	971
3,6-Diphenyl-2,5-pyrazinedicarboxylic acid	–	(H 395)
5,6-Diphenyl-2,3-pyrazinedicarboxylic acid	–	971
1,4-Diphenyl-2,3(1H,4H)-pyrazinedione	–	(H 408)
5,6-Diphenyl-2,3(1H,4H)-pyrazinedione	–	(H 404)
2,3-Diphenylpyrazine 1,4-dioxide	258–259 or 259–261	(H 448) 208, 1272
2,5-Diphenylpyrazine 1,4-dioxide	308–310, MS, NMR, UV	82, 1333

Table of Simple Pyrazines

ALPHABETICAL LIST *Continued*

Pyrazine	Melting point (°C), etc.	Reference(s)
2,6-Diphenylpyrazine 4-ethoxycarbonylimide	156–158, IR, NMR	87
2,3-Diphenylpyrazine 1-oxide	170 to 184, NMR	(H 448) 46, 208, 1272
2,5-Diphenylpyrazine 1-oxide	204–205 or 206, IR, MS, NMR, UV	(H 448) 82, 231, 288, 290
2,6-Diphenylpyrazine 4-oxide	206 or 208–209, IR, NMR, UV	(H 448) 46, 288, 1307, 1410
5,6-Diphenyl-2(1H)-pyrazinethione	–	(H 410)
1,5-Diphenyl-2(1H)-pyrazinone	133–134, MS	555
3,5-Diphenyl-2(1H)-pyrazinone	290–291	1307
3,6-Diphenyl-2(1H)-pyrazinone	206–207, IR, NMR, UV	(H 406) 82
5,6-Diphenyl-2(1H)-pyrazinone	230–240 or 247–248, IR, MS, NMR, UV	(H 406) 27, 1272, 1432
3,6-Diphenyl-2(1H)-pyrazinone 4-oxide	259–260, IR, MS, NMR, UV	82
2,5-Dipiperidinopyrazine	123	912
5,6-Dipiperidino-2,3-pyrazinedicarbonitrile	170, NMR	530
2,5-Dipropionylpyrazine	–	(H 396)
3-Dipropylamino-5-thiocarbamoyl-2-pyrazinecarboxamide	198–199, IR, NMR	510
N,N'-Dipropyl-3,5-bispropylamino-2,6-pyrazinedicarboxamide	–	(H 416)
1,4-Dipropyl-5,6-dihydro-2,3,5,6(1H,4H)-pyrazinetetrone	203–207, IR, NMR	796
2,5-Dipropylpyrazine	NMR	1410
N,N-Dipropyl-2-pyrazinecarboxamide	–	(H 397)
5,6-Dipropyl-2,3-pyrazinedicarbonitrile	67–69, IR, NMR	1332
2,5-Dipropylpyrazine 1-oxide	NMR	1410
3,6-Dipropyl-2(1H)-pyrazinethione	145–146, NMR, UV	270
3,6-Dipropyl-2(1H)-pyrazinone	140–142, NMR, UV	1311
2-(N'-Dithiocarboxyhydrazino)-5,6-diphenylpyrazine	–	(H 390)
2-Ethoxycarbonylamino-3,6-diphenylpyrazine	–	(H 391)
2-Ethoxycarbonylamino-5,6-diphenylpyrazine	–	(H 391)
3-Ethoxycarbonylamino-N-methyl-5,6-diphenyl-2-pyrazinecarboxamide	–	(H 410)
3-Ethoxycarbonylamino-2-pyrazinecarbaldehyde	–	(H 419)
2-(1-Ethoxycarbonylethyl)-5-phenylpyrazine	–	(H 397)
2-(1-Ethoxycarbonylethyl)pyrazine	–	(H 397)
1-(2-Ethoxycarbonylethyl)-2(1H)-pyrazinone 4-oxide	Crude, liq, IR	86
2-(N'-Ethoxycarbonylhydrazine)-5,6-diphenylpyrazine	–	(H 391)
3-(N-Ethoxycarbonyl-N-methylamino)-N-methyl-5,6-diphenyl-2-pyrazinecarboxamide	–	(H 419)

ALPHABETICAL LIST *Continued*

Pyrazine	Melting point (°C), etc.	Reference(s)
3-(*N*-Ethoxycarbonyl-*N*-methylamino)-*N*-methyl-5-oxo-4,5-dihydro-2-pyrazinecarboxamide	–	(*H* 435)
2-Ethoxycarbonylmethyl-5,6-diphenylpyrazine	96–98, IR, NMR	1582
2-(1-Ethoxycarbonyl-1-methylethyl)-5-phenylpyrazine	–	(*H* 397)
2-Ethoxycarbonylmethyl-3-(2-formylethyl)-pyrazine	Et$_2$ acetal: 128–134/0.3, IR, NMR	1249
2-Ethoxycarbonylmethyl-3-methylpyrazine	–	(*H* 397)
2-(2-Ethoxycarbonylvinyl)-3,6-diethylpyrazine	115–120/2, IR, NMR, UV	1391
2-(2-Ethoxycarbonylvinyl)-3,6-diethylpyrazine 4-oxide	(*E*): 110–111, IR, NMR, UV	1391
2-(2-Ethoxycarbonylvinyl)-3,6-diisobutylpyrazine	127/132/1, IR, NMR, UV	1391
2-(2-Ethoxycarbonylvinyl)-3,6-diisobutylpyrazine 4-oxide	(*E*): 116–117, IR, NMR, UV	1391
2-(2-Ethoxycarbonylvinyl)-3,6-diisopropylpyrazine	129–133/2, IR, NMR, UV	1391
2-(2-Ethoxycarbonylvinyl)-3,6-diisopropylpyrazine 4-oxide	(*E*): 119–120, IR, NMR, UV	1391
2-(2-Ethoxycarbonylvinyl)-3,6-dimethylpyrazine	120–123/2, IR, NMR, UV	1391
2-(2-Ethoxycarbonylvinyl)-3,6-dimethylpyrazine 4-oxide	(*E*): 142, IR, NMR, UV	
2-(2-Ethoxycarbonylvinyl)-3, methyl-thiopyrazine	135–140/1, IR, NMR	1126
2-Ethoxy-3,6-dimethylpyrazine	–	(*H* 405)
5-Ethoxy-3,6-dimethyl-2-pyrazinecarbonitrile	–	(*H* 441)
5-Ethoxy-3,6-dimethyl-2-pyrazinecarbonitrile 1/4-oxide	–	(*H* 451)
2-Ethoxy-3,6-dimethylpyrazine 4-oxide	–	(*H* 454)
5-Ethoxy-1,3-dimethyl-2(1*H*)-pyrazinone	–	(*H* 408)
2-Ethoxy-3,6-diphenylpyrazine	78–79, MS, NMR, UV	82
2-Ethoxy-5,6-diphenylpyrazine	90–92, IR, NMR, UV	27
3-Ethoxy-5,6-diphenyl-2-pyrazinecarbonitrile	148–150, IR	1127
2-Ethoxy-3-ethoxymethyl-6-methylpyrazine	–	(*H* 405)
2-(1-Ethoxyethyl)-3-ethylpyrazine	–	(*H* 405)
2-Ethoxy-3-ethylpyrazine	–	(*H* 405)
5-Ethoxy-1-hydroxy-3,6-dimethyl-2(1*H*)-pyrazinone 4-oxide	–	(*H* 454)
2-Ethoxy-3-hydroxymethyl-6-methylpyrazine	–	(*H* 405)
2-Ethoxy-3-hydroxymethylpyrazine	–	(*H* 403)
2-Ethoxy-6-iodopyrazine	36–37, NMR	638
2-Ethoxy-3-isopropyl-5,6-dimethylpyrazine	–	1260
2-Ethoxymethyl-5-methylpyrazine	–	(*H* 405)
2-Ethoxymethylpyrazine	–	(*H* 403)
2-Ethoxy-3-methylpyrazine	–	(*H* 405)
2-Ethoxy-6-methylpyrazine	–	(*H* 405)
6-Ethoxy-*N*-methyl-2-pyrazinecarboxamidine	–	(*H* 439)
2-Ethoxy-3-methylpyrazine 4-oxide	–	(*H* 454)

ALPHABETICAL LIST *Continued*

Pyrazine	Melting point (°C), etc.	Reference(s)
3-Ethoxy-2-pyrazinamine	–	(*H* 422)
6-Ethoxy-2-pyrazinamine	77–79	749
2-Ethoxypyrazine	dip, MS	(*H* 403) 59, 1081
6-Ethoxy-2-pyrazinecarbohydrazide	–	(*H* 441)
3-Ethoxy-2-pyrazinecarbonitrile	43–44, IR, NMR	1127, 1507
6-Ethoxy-2-pyrazinecarbothioamide	–	608
6-Ethoxy-2-pyrazinecarboxamide	–	(*H* 440)
6-Ethoxy-2-pyrazinecarboxylic acid	–	(*H* 440)
2-Ethoxypyrazine 1,4-dioxide	–	(*H* 454)
2-Ethoxypyrazine 4-oxide	–	(*H* 454)
5-Ethoxy-2(1*H*)-pyrazinone	–	(*H* 403)
2-Ethoxy-3,5,6-trifluoropyrazine	–	(*H* 446)
Ethyl 3-acetamido-5-oxo-4,5-dihydro- 2-pyrazinecarboxylate	–	(*H* 435)
Ethyl 3-amino-1-benzyl-5-isobutyl-6-oxo-1,6- dihydro-2-pyrazinecarboxylate 4-oxide	anal, NMR	848
Ethyl 3-amino-6-benzyloxy-5-isobutyl- 2-pyrazinecarboxylate 4-oxide	114–115, IR, NMR	848
Ethyl 3-amino-6-chloro-5-ethoxy- 2-pyrazinecarboxylate	–	(*H* 437)
Ethyl 6-amino-3-chloromethyl-5-cyano- 2-pyrazinecarboxylate	129–130, IR, NMR	773
Ethyl 6-amino-3-chloromethyl-5-cyano- 2-pyrazinecarboxylate 1-oxide	120–121, IR, NMR	773
Ethyl 3-amino-5-chloro-6-methyl- 2-pyrazinecarboxylate	127, IR, NMR, UV	1524
Ethyl 3-amino-5-chloro-6-phenyl- 2-pyrazinecarboxylate	155–156, IR, NMR, UV	1524
Ethyl 5-amino-6-cyano-3-methyl- 2-pyrazinecarboxylate	191, IR, NMR, UV	941
Ethyl 6-amino-5-cyano-3-methyl- 2-pyrazinecarboxylate	115–117, IR, NMR	759
Ethyl 6-amino-5-cyano-3-methyl- 2-pyrazinecarboxylate 1-oxide	129–131, IR, NMR	759
Ethyl 3-amino-5,6-dimethyl- 2-pyrazinecarboxylate	115–116	1
5-Ethylamino-6-ethylcarbamoyl-3- methylamino-2-pyrazinecarboxamide	–	(*H* 417)
5-Ethylamino-6-ethylcarbamoyl-3- methylamino-2-pyrazinecarboxylic acid	–	(*H* 417)
2-(2-Ethylaminoethyl)pyrazine	115–120/3, IR, NMR	(*H* 391) 1667
Ethyl 3-amino-6-formyl- 2-pyrazinecarboxylate	Oxime: 218–219, IR, NMR	(*H* 413) 836
6-Ethylamino-*N*-hydroxy-2- pyrazinecarboxamidine	–	(*H* 414)
Ethyl 3-amino-5-isobutyl-6-oxo-1,6-dihydro- 2-pyrazinecarboxylate 4-oxide	179–181, IR, NMR	848, 1259
Ethyl 3-amino-5-isopropenyl-6-methyl- 2-pyrazinecarboxylate 4-oxide	–	(*H* 450)
Ethyl 3-amino-6-(2-methylprop-1-enyl)- 2-pyrazinecarboxylate 4-oxide	–	(*H* 450)

ALPHABETICAL LIST *Continued*

Pyrazine	Melting point (°C), etc.	Reference(s)
2-(1-Ethylamino-2-methylpropyl)-3-methylpyrazine	–	(H 391)
2-(1-Ethylamino-2-methylpropyl)-6-methylpyrazine	–	(H 391)
Ethyl 3-amino-6-methyl-2-pyrazinecarboxylate 4-oxide	–	(H 450)
Ethyl 3-amino-5-oxo-4,5-dihydro-2-pyrazinecarboxylate	–	(H 435)
Ethyl 3-amino-5-phenyl-2-pyrazinecarboxylate	174–175	1
Ethyl 3-amino-6-phenyl-2-pyrazinecarboxylate	89–90, NMR	1522
Ethyl 3-amino-6-phenyl-2-pyrazinecarboxylate 4-oxide	143–145 or 145–146, IR, NMR	(H 450) 1522, 1524
Ethyl 3-amino-6-propyl-2-pyrazinecarboxylate 4-oxide	–	(H 450)
2-Ethylaminopyrazine	103–104/20, dip, n_D^{20}	(H 391) 409
3-Ethylamino-2-pyrazinecarbonitrile	99–100, IR, NMR	1507
6-Ethylamino-2-pyrazinecarbothioamide	–	(H 419)
Ethyl 3-amino-2-pyrazinecarboximidate	–	(H 414)
Ethyl 3-amino-2-pyrazinecarboxylate	99–100 or 189–191	1, 500
Ethyl 5-amino-2-pyrazinecarboxylate	–	(H 413)
Ethyl 6-amino-2-pyrazinecarboxylate	–	(H 413)
Ethyl 3-amino-3-pyrazinecarboxylate 4-oxide	–	(H 450)
Ethyl 5-azidocarbonyl-2-pyrazinecarboxylate	–	(H 392)
2-Ethyl-3,6-bis(2-hydroxyethyl)pyrazine	60–62, IR, MS, NMR, UV	23
Ethyl 5-bromo-2-pyrazinecarboxylate	–	(H 438)
2-(2-Ethylbut-1-enyl)-6-methylpyrazine	–	(H 386)
Ethyl 5-carbamoyl-2-pyrazinecarboxylate	–	(H 393)
Ethyl 5-chloro-2-pyrazinecarboxylate	liq or 42–44	651, 1681
Ethyl 3-cyano-5,6-dimethyl-2-pyrazinecarboximidate	–	(H 394)
Ethyl 3-cyano-5,6-dimethyl-2-pyrazinecarboxylate	–	(H 394)
Ethyl 3,5-diamino-6-chloro-2-pyrazinecarboximidate	HCl: 240–245, MS	595
Ethyl 6-diethylamino-2-pyrazinecarboxylate	–	(H 418)
2-Ethyl-3,6-diisobutyl-5-methylpyrazine	Crude, NMR	55
2-Ethyl-3,6-diisobutylpyrazine	105–110/5, MS, NMR	293
2-Ethyl-3,6-diisobutylpyrazine 1-oxide	138–145/4, MS, NMR	293
2-Ethyl-3,6-diisobutylpyrazine 4-oxide	140–147/4, MS, NMR	293
2-Ethyl-3,6-diisopropylpyrazine	90–95/10, MS, NMR	293
N-Ethyl-N,N'-dimethyl-3,5-bismethylamino-2,6-pyrazinedicarboxamide	–	(H 419)
Ethyl 3,6-dimethyl-5-oxo-4,5-dihydro-2-pyrazinecarboxylate	–	(H 441)
Ethyl 5,6-dimethyl-3-oxo-3,4-dihydro-2-pyrazinecarboxylate	98–99, IR, NMR, UV	1101
2-Ethyl-3,6-dimethyl-5-propionylpyrazine	22, 78–81/5, IR, NMR	55
2-Ethyl-3,5-dimethylpyrazine	–	(H 386) 839
2-Ethyl-3,6-dimethylpyrazine	78–82/19, MS, NMR	(H 386) 55, 293, 440, 839
2-Ethyl-5,6-dimethylpyrazine	–	(H 386) 839, 849
N-Ethyl-5,6-dimethyl-2-pyrazinecarboxamide	liq	669

ALPHABETICAL LIST *Continued*

Pyrazine	Melting point (°C), etc.	Reference(s)
N-Ethyl-5,6-dimethyl-2-pyrazinecarboxamide 4-oxide	69(?)	669
2-Ethyl-3,6-dimethylpyrazine 4-oxide	41–44, IR, NMR	1594
3-Ethyl-5,6-dimethyl-2-(1H) pyrazinone	140–141, NMR, UV	(H 405) 1099
5-Ethyl-3,6-dimethyl-2(1H)-pyrazinone	–	(H 405)
6-Ethyl-3,5-dimethyl-2(1H)-pyrazinone	120–122, NMR, UV	1099
2-Ethyl-3,5-diphenylpyrazine	86–87, MS, NMR	293
2-Ethyl-5,6-diphenylpyrazine	101–102, MS, NMR	(H 386) 293
Ethyl 5,6-diphenyl-2-pyrazinecarboxylate	–	(H 397)
1-Ethyl-5,6-diphenyl-2(1H)-pyrazinone	159–161, IR, NMR, UV, xl st	22, 60
3-Ethyl-5,6-diphenyl-2(1H)-pyrazinone	205–206, IR, NMR, UV	(H 405) 27
6-Ethyl-3,5-diphenyl-2(1H)-pyrazinone	250–252, IR, NMR	227
Ethyl 6-ethoxy-2-pyrazinecarboximidate	–	(H 441)
Ethyl 6-ethoxy-2-pyrazinecarboxylate	–	(H 441)
N-Ethyl-3-ethylamino-5-methylamino-N'-propyl-2,6-pyrazinedicarboxamide	–	(H 419)
N-Ethyl-3-ethylamino-N'-methyl-5-methylamino-2,6-pyrazinedicarboxamide	–	(H 419)
N-Ethyl-3-ethylamino-N'-propyl-5-propylamino-2,6-pyrazinedicarboxamide	–	(H 419)
Ethyl 5-ethyl-6-methyl-3-oxo-3,4-dihydro-2-pyrazinecarboxylate	69–71, IR, NMR, UV	1101
Ethyl 6-ethylthio-2-pyrazinecarboximidate	–	(H 442)
Ethyl 6-ethylthio-2-pyrazinecarboxylate	–	(H 442)
Ethyl 3-formamido-6-phenyl-2-pyrazinecarboxylate	121–125, NMR	1522
5-Ethyl-3-guanidinocarbonyl-2-pyrazinamine	–	(H 414)
Ethyl 5-hydrazinocarbonyl-2-pyrazinecarboxylate	–	(H 397)
2-(2-Ethyl-2-hydroxybutyl)-6-methylpyrazine	–	(H 403)
2-Ethyl-3-(1-hydroxyethyl)pyrazine	–	(H 405)
3-Ethyl-5-hydroxy-6-methyl-2(1H)-pyrazinone	285–287, NMR	1415
2-(1-Ethyl-1-hydroxypropyl)pyrazine	liq, IR, MS, NMR	1751
2-Ethylidenehydrazinopyridazine	–	(H 391)
3-Ethyliminomethyl-6-phenyl-2-pyrazinamine	120–121, IR, NMR	1385
2-Ethyl-3-iodopyrazine	–	(H 402)
3-Ethyl-6-isobutyl-5-methyl-2(1H)-pyrazinone	109–110, NMR	389
Ethyl 5-isopropyl-6-methyl-3-oxo-3,4-dihydro-2-pyrazinecarboxylate	86–87, IR, NMR, UV	1101
2-Ethyl-5-isovaleryl-3,6-dimethylpyrazine	86–89/5, IR, NMR	55
2-Ethyl-3-methoxy-6-methylpyrazine	–	(H 405)
2-Ethyl-3-methoxypyrazine	–	(H 405)
Ethyl 5-methoxy-2-pyrazinecarboxylate	85–87	1681
N-Ethyl-N'-methyl-3,5-bismethylamino-2,6-pyrazinedicarboxamide	–	(H 419)
3-Ethyl-1-methyl-5,6-diphenyl-2(1H)-pyrazinone	145–146, IR, NMR	35

ALPHABETICAL LIST *Continued*

Pyrazine	Melting point (°C), etc.	Reference(s)
Ethyl 6-methyl-5-(2-methylthioethyl)-3-oxo-3,4-dihydro-2-pyrazinecarboxylate	82–83, IR, NMR, UV	1101
Ethyl 5-methyl-3-oxo-3,4-dihydro-2-pyrazinecarboxylate	153	646
6-Ethyl-3-methyl-5-phenyl-2(1H)-pyrazinone	182–183, IR, NMR	227
5-Ethyl-3-methyl-2-pyrazinamine 1-oxide	–	(H 450)
2-Ethyl-3-methylpyrazine	64/18, NMR; 4-MeI: 186–188	(H 386) 543, 1409
2-Ethyl-5-methylpyrazine	–	(H 386)
2-Ethyl-6-methylpyrazine	–	(H 386)
N-Ethyl-5-methyl-2-pyrazinecarboxamide	78–80	669
N-Ethyl-5-methyl-2-pyrazinecarboxamide 4-oxide	191–196	669
Ethyl 3-methyl-2-pyrazinecarboxylate	–	(H 397)
Ethyl 5-methyl-2-pyrazinecarboxylate 4-oxide	117	669
3-Ethyl-1-methyl-2(1H)-pyrazinone	–	(H 408)
3-Ethyl-5-methyl-2(1H)-pyrazinone	–	(H 405)
Ethyl 5-oxo-4,5-dihydro-2-pyrazinecarboxylate	178	1677gg, 1681
Ethyl 2-oxo-1,2-dihydro-1-pyrazinecarboxylate 4-oxide	107–110	86
Ethyl 3-oxo-5-phenyl-3,4-dihydro-2-pyrazinecarboxylate	–	(H 441)
Ethyl 3-oxo-6-phenyl-3,4-dihydro-2-pyrazinecarboxylate	–	(H 441)
2-Ethyl-3-piperidinopyrazine	–	(H 391)
Ethyl 6-piperidino-2-pyrazinecarboxylate	–	(H 419)
Ethyl 5-propionyl-2-pyrazinecarboxylate	81–82, IR, MS, NMR	815
2-(1-Ethylpropyl)pyrazine	–	(H 386)
2-Ethyl-3-propylpyrazine	66–67/16	543
5-(1-Ethylpropyl)-2,3-pyrazinedicarbonitrile	98/0.3, IR, NMR	1395
3-Ethyl-2-pyrazinamine	liq, IR, NMR	(H 388) 1096
5-Ethyl-2-pyrazinamine	–	(H 388)
6-Ethyl-2-pyrazinamine	–	(H 388)
2-Ethylpyrazine	–	(H 386) 239
3-Ethyl-2-pyrazinecarbonitrile	–	(H 394)
N-Ethyl-2-pyrazinecarbothioamide	–	(H 397)
S-Ethyl 2-pyrazinecarbothioate	–	(H 397)
N-Ethyl-2-pyrazinecarboxamide	51	(H 397) 669
3-Ethyl-2-pyrazinecarboxamide	–	(H 393)
5-Ethyl-2-pyrazinecarboxamide	–	(H 393)
6-Ethyl-2-pyrazinecarboxamide	–	(H 393)
N-Ethyl-2-pyrazinecarboxamide 4-oxide	187–190	669
Ethyl 2-pyrazinecarboximidate	–	(H 397)
Ethyl 2-pyrazinecarboxylate	49–51, IR, NMR	(H 397) 359, 896, 915, 1467, 1677z
Ethyl 2-pyrazinecarboxylate 4-oxide	–	(H 451)
5-Ethyl-2-pyrazinecarboxylic acid	–	(H 394)
6-Ethyl-2-pyrazinecarboxylic acid	–	(H 394)
5-Ethyl-2,3-pyrazinedicarbinitrile	103/0.4, IR, NMR	1395
3-Ethyl-2(1H)-pyrazinone	–	(H 405)

ALPHABETICAL LIST *Continued*

Pyrazine	Melting point (°C), etc.	Reference(s)
6-Ethylsulfinyl-2-pyrazinecarbonitrile	–	(*H* 442)
2-Ethylsulfonylpyrazine	125/0.4	239
3-Ethylsulfonyl-2-pyrazinecarbonitrile	–	858
6-Ethylsulfonyl-2-pyrazinecarbonitrile	–	(*H* 442)
3-Ethylsulfonyl-2-pyrazinecarboxamide	–	858
6-Ethylsulfonyl-2-pyrazinecarboxamide	–	(*H* 442)
6-Ethylthio-*N*-hydroxy-2-pyrazinecarboxamide	–	(*H* 442)
6-Ethylthio-*N*-hydroxy-2-pyrazinecarboxamidine	–	(*H* 442)
2-Ethylthio-3-propionylpyrazine	45–48, MS, NMR	815
6-Ethylthio-2-pyrazinamine	–	(*H* 423)
2-Ethylthiopyrazine	dip	(*H* 410) 1081
6-Ethylthio-2-pyrazinecarbohydrazide	–	(*H* 442)
3-Ethylthio-2-pyrazinecarbonitrile	–	858
6-Ethylthio-2-pyrazinecarbonitrile	–	(*H* 442)
6-Ethylthio-2-pyrazinecarbothioamide	–	(*H* 442)
3-Ethylthio-2-pyrazinecarboxamide	–	858
6-Ethylthio-2-pyrazinecarboxamide	–	(*H* 442)
3-Ethylthio-2-pyrazinecarboxylic acid	–	858
6-Ethylthio-2-pyrazinecarboxylic acid	–	(*H* 442)
3-Ethylthio-2,5-pyrazinedicarboxamide	–	1233
2-Ethylthiopyrazine 1-oxide	106–108, NMR	276
2-Ethyl-3,5,6-trimethylpyrazine	–	(*H* 386)
2-Ethyl-3,5,6-triphenylpyrazine	–	(*H* 386)
2-Ethyl-3-vinylpyrazine	–	(*H* 386)
2-Ethynyl-3,6-dimethylpyrazine	56–57, IR, NMR	201
2-Ethynyl-3-methylpyrazine	–	(*H* 386)
2-Fluoro-5,6-dimethoxy-3-methylpyrazine	–	(*H* 446)
2-Fluoro-5,6-dimethoxypyrazine	–	(*H* 446)
2-Fluoro-3,6-dimethylpyrazine	–	(*H* 402) 327
2-Fluoro-3-(1-hydroxyethyl)pyrazine	liq, NMR	406
2-Fluoro-3-iodopyrazine	45–46, NMR	406
2-Fluoromethyl-5-methyl-3,6-diphenylpyrazine	IR, MS, NMR	1416
2-Fluoro-5-phenylpyrazine	anal	1457
2-Fluoro-3-phenylthiopyrazine	liq(?), NMR	406
2-Fluoropyrazine	liq, NMR	(*H* 402) 276, 327, 406, 545, 1086, 1677cc
3-Fluoro-2-pyrazinecarbaldehyde	liq, NMR	406
3-Fluoro-2-pyrazinecarbonitrile	–	327
2-Fluoropyrazine 1-oxide	72/0.05, NMR	276
6-Fluoro-2(1*H*)-pyrazinone	–	(*H* 446)
3-Formamido-5,*N*-dimethyl-2-pyrazinecarboxamide	–	(*H* 419)
2-Formamidomethylpyrazine	–	(*H* 391)
2-Formamido-3-methylpyrazine	–	(*H* 391)
3-Formamido-5-methyl-2-pyrazinecarboxylic acid	–	(*H* 417)
2-Formamido-5-phenylpyrazine	–	1093
2-Formamidopyrazine	161–162; oxime: 195–200	246, 1276
3-Formamido-2-pyrazinecarbaldehyde	–	(*H* 419)

ALPHABETICAL LIST *Continued*

Pyrazine	Melting point (°C), etc.	Reference(s)
3-Formamido-2-pyrazinecarbonitrile	–	(*H* 418)
2-(2-Formylethyl)-3-methylpyrazine	Et$_2$ acetal: 85–92/0.5, IR, NMR	1249
2-(*N'*-Formylhydrazino)pyrazine 4-oxide	186–188, IR, NMR	9
2-Formylmethyl-3,6-dimethylpyrazine	Me$_2$ acetal: 137–139/4, NMR	202
6-Formyl-5-methyl-3-methylamino-2-pyrazinecarbonitrile	PhN=: 182–185, MS, NMR	1599
2-Formylmethylpyrazine	Oxime: 60–79(?),NMR	1593
5-Formyl-6-methyl-2,3-pyrazinecarbonitrile	115–117, MS, NMR; PhN=: 148–150, MS, NMR	1599
3-Guanidinocarbonyl-5,6-dimethyl-2-pyrazinamine	–	(*H* 414)
3-Guanidinocarbonyl-5,6-diphenyl-2-pyrazinamine	–	(*H* 414)
3-Guanidinocarbonyl-5-iodo-2-pyrazinamine	–	(*H* 432)
3-Guanidinocarbonyl-5-iodo-2,6-pyrazinediamine	NMR	450
3-Guanidinocarbonyl-5-methoxyamino-2-pyrazinamine	–	(*H* 414)
3-Guanidinocarbonyl-6-methoxy-2-pyrazinamine	–	(*H* 435)
3-Guanidinocarbonyl-5-methyl-6-phenyl-2-pyrazinamine	227, IR, NMR, UV	(*H* 414) 941
3-Guanidinocarbonyl-6-methyl-5-phenyl-2-pyrazinamine	–	(*H* 414)
3-Guanidinocarbonyl-5-methyl-2-pyrazinamine	–	(*H* 414)
3-Guanidinocarbonyl-6-methyl-2-pyrazinamine	–	(*H* 414)
3-Guanidinocarbonyl-5-methylsulfonyl-2-pyrazinamine	–	(*H* 436)
3-Guanidinocarbonyl-5-methylthio-2-pyrazinamine	–	(*H* 436)
3-Guanidinocarbonyl-5-phenoxy-2-pyrazinamine	192–193, NMR	713
3-Guanidinocarbonyl-5-phenyl-2-pyrazinamine	–	(*H* 414)
3-Guanidinocarbonyl-6-methyl-2-pyrazinamine	–	(*H* 414)
3-Guanidinocarbonyl-2-pyrazinamine	–	(*H* 414)
3-Guanidinocarbonyl-2-pyrazinamine 1-oxide	–	(*H* 450)
3-Guanidinocarbonyl-2,6-pyrazinediamine	NMR	(*H* 418) 450
3-Guanidinocarbonyl-2(1*H*)-pyrazinethione	–	(*H* 443)
3-Guanidinocarbonyl-6-hydroxymethyl-1-methyl-2(1*H*)-pyrazinone	–	(*H* 423)
3-(*C*-Guanidino-*C*-iminomethyl)-2-pyrazinamine	–	(*H* 414)
3-Guanidinomethyl-2-pyrazinamine	–	(*H* 388)

ALPHABETICAL LIST *Continued*

Pyrazine	Melting point (°C), etc.	Reference(s)
6-(3-Guanidinopropyl)-3-isobutyl-2(1*H*)-pyrazinone	2 HCl: 140; HCl: liq(?), NMR	295
6-(3-Guanidinopropyl)-3-isopropyl-2(1*H*)-pyrazinone	–	298
3,6,*N*,*N*,*N'*,*N'*-Hexamethyl-2,5-pyrazinedicarboxamide	–	(*H* 393)
2-Hexylamino-3,6-dimethylpyrazine	–	(*H* 391)
2-Hexylamino-3,6-dimethylpyrazine 4-oxide	–	(*H* 451)
2-Hexylaminopyrazine	–	(*H* 391)
2-Hexylaminopyrazine 4-oxide	–	(*H* 451)
2-Hexyl-3,6-dimethylpyrazine	–	(*H* 386)
2-Hexyl-5,6-dimethylpyrazine	55–60/0.001, MS, NMR	473
2-Hexyl-3,6-dimethylpyrazine 1,4-dioxide	–	(*H* 448)
2-Hexyl-3-methoxypyrazine	–	(*H* 405)
2-Hexyl-3-methylpyrazine	–	(*H* 386)
2-Hexyl-6-methylpyrazine	–	(*H* 386)
3-Hexyl-1-methyl-2(1*H*)-pyrazinone	–	(*H* 408)
2-Hexylpyrazine	–	(*H* 386)
5-Hexyl-2-pyrazinecarboxamide	148–150	669
5-Hexyl-2-pyrazinecarboxamide 4-oxide	182–185	669
3-Hexyl-2(1*H*)-pyrazinone	–	(*H* 405)
2-Hexyl-3,5,6-trimethylpyrazine	–	(*H* 386)
2-(Hex-1-ynyl)-3,6-diisobutylpyrazine	107–114/1, IR, NMR	96
2-(Hex-1-ynyl)-3,6-diisobutylpyrazine 4-oxide	70–72, IR, NMR	96
2-(Hex-1-ynyl)-3,6-diisopropylpyrazine	96–102/1, IR, NMR	96
2-(Hex-1-ynyl)-3,6-diisopropylpyrazine 4-oxide	115–117/0.1, IR, NMR	96
2-(Hex-1-ynyl)-3,6-dimethylpyrazine	83–86/1, IR, NMR	96
2-(Hex-1-ynyl)-3,6-dimethylpyrazine 4-oxide	76, IR, NMR	96
2-(Hex-1-ynyl)-3,5-diphenylpyrazine	71–73, IR, NMR	96
2-(Hex-1-ynyl)-3,6-diphenylpyrazine	110–111, IR, NMR	96
2-(Hex-1-ynyl)-5,6-diphenylpyrazine	174–178/0.01, IR, NMR	96
2-(Hex-1-ynyl)-3,6-diphenylpyrazine 4-oxide	118–120, IR, NMR	96
2-(Hex-1-ynyl)-5,6-diphenylpyrazine 4-oxide	75–76, IR, NMR	96
2-(Hex-1-ynyl)pyrazine	125/2, IR, NMR	1559
2-(Hex-1-ynyl)pyrazine 4-oxide	40–41, NMR	1559
2-Hydrazinocarbonylamino-5,6-diphenylpyrazine	–	(*H* 391)
6-Hydrazinocarbonyl-*N*-methyl-3,5-bismethylamino- 2-pyrazinecarboxamide	–	(*H* 419)
5-Hydrazinocarbonyl-2-pyrazinecarboxamide	–	(*H* 393)
3-Hydrazinocarbonyl-2-pyrazinecarboxylic acid	–	(*H* 394)
2-Hydrazino-5,6-dimethyl-3-propylpyrazine	–	(*H* 391)
2-Hydrazino-3,5-dimethylpyrazine	–	(*H* 391)
2-Hydrazino-3,6-dimethylpyrazine	PhCH=:157–159, IR, NMR	(*H* 391) 72
2-Hydrazino-5,6-dimethylpyrazine	–	(*H* 391)
2-Hydrazino-5,6-diphenylpyrazine	–	(*H* 391)
3-Hydrazino-5,6-diphenyl-2(1*H*)-pyrazinone	–	(*H* 423)
2-Hydrazino-3-isobutyl-5-phenylpyrazine	109–110, NMR	632
2-Hydrazino-5-methyl-3-propylpyrazine	–	(*H* 391)

ALPHABETICAL LIST Continued

Pyrazine	Melting point (°C), etc.	Reference(s)
2-Hydrazino-6-methyl-3-propylpyrazine	–	(H 391)
2-Hydrazino-3-methylpyrazine	–	(H 391)
2-Hydrazino-6-methylpyrazine	–	(H 391)
2-Hydrazino-3-(2-methylthioethyl)-5-phenylpyrazine	107–109, NMR	315
2-Hydrazino-5-phenyl-3-propylpyrazine	126	632
3-Hydrazino-2-pyrazinamine	204–205	1008
2-Hydrazinopyrazine	107, IR, NMR; PhCH=: 206–207	(H 391) 409, 593, 622
6-Hydrazino-2-pyrazinecarboxamidrazone	–	864
5-Hydrazino-2-pyrazinecarboxylic acid	–	(H 417)
2-Hydrazinopyrazine 4-oxide	192–195 or 196, IR, NMR	9, 891
2-Hydrazino-3,5,6-trimethylpyrazine	–	(H 391)
2-Hydroxyamino-5,6-dimethyl-3-phenylpyrazine	–	(H 391)
3-Hydroxyamino-6-methylthio-2-pyrazinecarboxylic acid	–	(H 436)
6-Hydroxyamino-2-pyrazinamine 1-oxide	–	(H 450)
2-(α-Hydroxybenzyl)-3,6-dimethylpyrazine	liq, IR, MS, NMR	1751
2-(α-Hydroxybenzyl)pyrazine	liq, IR, MS, NMR	1751
1-Hydroxy-3,6-bis (2-methylthioethyl)-2(1H)-pyrazinone	–	(H 454)
4-(4-Hydroxybutyl)-3-imino-6-methyl-5-phenyl-3,4-dihydro-2-pyrazinecarbonitrile	140, IR, NMR, UV	942
2-(4-Hydroxybutyl)-5-isobutyl-6-methoxypyrazine	160/2, MS, NMR	298
3-Hydroxycarbamoyl-2-pyrazinecarboxylic acid	–	(H 394)
1-Hydroxy-3,6-diisobutyl-5-methoxy-2(1H)-pyrazinone	97–98, MS, NMR	310
1-Hydroxy-3,6-diisobutyl-2(1H)-pyrazinone	–	(H 454) 247
5-Hydroxy-3,6-diisobutyl-2(1H)-pyrazinone	–	(H 404)
1-Hydroxy-3,6-diisobutyl-2(1H)-pyrazinone 4-oxide	–	(H 454)
1-Hydroxy-3,6-diisopropyl-2(1H)-pyrazinone	74–76, IR, NMR, UV	(H 454) 247
2-(2-Hydroxy-2,3-dimethylbutyl)-6-methylpyrazine	–	(H 405)
2-(2-Hydroxy-2,3-dimethylbutyl)pyrazine	–	(H 403)
2-(1-Hydroxy-2,2-dimethylcyclopropyl)-3-methylpyrazine	IR, NMR	889
2-(1-Hydroxy-2,2-dimethylcyclopropyl)-5-methylpyrazine	IR, NMR	889
2-(1-Hydroxy-2,2-dimethylcyclopropyl)-6-methylpyrazine	IR, NMR	889
5-(1-Hydroxy-2,2-dimethylcyclopropyl)-2-pyrazinecarbonitrile	IR, NMR	889
1-Hydroxy-5,6-dimethyl-3-(2-methylthiomethyl)-2(1H)-pyrazinone	102–103, NMR; Cu complex:209–212, IR, NMR	101
1-Hydroxy-5,6-dimethyl-3-phenyl-2(1H)-pyrazinone	–	(H 455)

ALPHABETICAL LIST Continued

Pyrazine	Melting point (°C), etc.	Reference(s)
2-(1-Hydroxy-2,2-dimethylpropyl)-3,6-dimethylpyrazine	liq, IR, MS, NMR	1751
2-(1-Hydroxy-2,2-dimethylpropyl)pyrazine	liq, IR, NMR	1751
1-Hydroxy-3,5-dimethyl-2(1H)-pyrazinone	–	(H 454)
1-Hydroxy-3,6-dimethyl-2(1H)-pyrazinone	–	(H 454)
1-Hydroxy-5,6-dimethyl-2(1H)-pyrazinone	145–149, IR, NMR, PK_a; HBr: NMR; Cu complex: > 290, IR	101, 588, 1085
5-Hydroxy-3,6-dimethyl-2(1H)-pyrazinone	> 320, NMR	(H 404) 1386, 1392
1-Hydroxy-3,6-dimethyl-2(1H)-pyrazinone 4-oxide	323–324, IR, MS, NMR, UV	80
1-Hydroxy-3,5-diphenyl-2(1H)-pyrazinone	162–163	(H 455) 1307
1-Hydroxy-5,6-diphenyl-2(1H)-pyrazinone	240–245 or 258, IR, NMR, UV	101, 1250
5-Hydroxy-3,6-diphenyl-2(1H)-pyrazinone	296–300 or 301–303, NMR	(H 404) 1031, 1386, 1392
6-Hydroxy-3,5-diphenyl-2(1H)-pyrazinone	238 or 258–259, NMR	(H 404) 57, 744
1-Hydroxy-3,6-dipropyl-2(1H)-pyrazinone	113–116, IR, NMR, UV	(H 455) 1250
2-(2-Hydroxyethyl)-5,6-diphenyl-2(1H)-pyrazinone	154–155, xl st	1219
3-(1-Hydroxyethyl)-2-iodopyrazine	liq, NMR	1613
2-(2-Hydroxyethyl)-5-methylaminopyrazine	85, NMR	1765
6-(2-Hydroxyethyl)-3-methylamino-2-pyrazinecarboxylic acid	Crude	1765
6-(2-Hydroxyethyl)-N-methyl-3-methylamino-2-pyrazinecarboxamide	NMR	1765
2-(1-Hydroxyethyl)-3-phenylsulfonylpyrazine	liq, NMR	1597
2-(1-Hydroxyethyl)-3-phenylthiopyrazine	81, NMR	1597
2-(1-Hydroxyethyl)pyrazine	liq, IR, NMR	899
2-(2-Hydroxyethyl)pyrazine	–	(H 403)
5-(1-Hydroxyethyl)-2,3-pyrazinedicarbonitrile	liq, IR, NMR	1395
1-(2-Hydroxyethyl)-2(1H)-pyrazinone 4-oxide	100–106	86
1-Hydroxy-6-(1-hydroxy-1-methylethyl)-3-isobutyl-2(1H)-pyrazinone	170–173, MS, NMR, UV	(H 455) 92
1-Hydroxy-6-(1-hydroxy-1-methylethyl)-3-isopropyl-2(1H)-pyrazinone	–	247
1-Hydroxy-6-(1-hydroxy-1-methylpropyl)-3-isobutyl-2(1H)-pyrazinone	148–151, MS, NMR, UV	(H 455) 92, 247, 727
1-Hydroxy-6-(1-hydroxy-2-methylpropyl)-3-isobutyl-2(1H)-pyrazinone	170–172, IR, NMR, UV	(H 455) 78, 727
1-Hydroxy-6-(2-hydroxy-2-methylpropyl)-3-isobutyl-2(1H)-pyrazinone	–	(H 455)
1-Hydroxy-6-(1-hydroxy-2-methylpropyl)-3-isobutyl-2(1H)-pyrazinone 4-oxide	177–178, IR, NMR, UV	(H 455) 78
1-Hydroxy-3-isobutyl-5,6-dimethyl-2(1H)-pyrazinone	–	(H 455)
1-Hydroxy-3-isobutyl-5,6-diphenyl-2(1H)-pyrazinone	–	(H 455)

ALPHABETICAL LIST Continued

Pyrazine	Melting point (°C), etc.	Reference(s)
1-Hydroxy-6-isobutyl-3-isopropyl-2(1H)-pyrazinone	–	(H 455)
1-Hydroxy-3-isobutyl-6-isopropyl-2(1H)-pyrazinone	88–91	(H 453) 92
1-Hydroxy-3-isobutyl-6-isopropyl-2(1H)-pyrazinone 4-oxide	–	(H 453)
1-Hydroxy-6-isobutyl-3-isopropyl-2(1H)-pyrazinone 4-oxide	–	(H 455)
1-Hydroxy-3-isobutyl-6-methyl-5-phenyl-2(1H)-pyrazinone	136–138, IR	101
1-Hydroxy-3-isobutyl-6-(1-methylprop-1-enyl)-2(1H)-pyrazinone	–	(H 455)
1-Hydroxy-3-isobutyl-6-(2-methylthioethyl)-2(1H)-pyrazinone	–	(H 455)
1-Hydroxy-6-isobutyl-3-(2-methylthioethyl)-2(1H)-pyrazinone	–	(H 455)
1-Hydroxy-3-isobutyl-6-propyl-2(1H)-pyrazinone	–	(H 455)
5-Hydroxy-3-isobutyl-2(1H)-pyrazinone	–	(H 405)
N-Hydroxy-6-isopropylamino-2-pyrazinecarboxamidine	–	(H 414)
1-Hydroxy-6-isopropyl-3-(2-methylthioethyl)-2(1H)-pyrazinone	–	(H 455)
1-Hydroxy-5-methoxy-3,6-dimethyl-2(1H)-pyrazinone 4-oxide	–	(H 455)
N-Hydroxy-6-methylamino-2-pyrazinecarboxamide	–	(H 420)
N-Hydroxy-6-methylamino-2-pyrazinecarboxamidine	–	(H 414)
2-(1-Hydroxy-3-methylbutyl)-5-isopentyl-3,6-dimethylpyrazine	94–96/5, IR, MS, NMR	55, 364
2-(1-Hydroxy-3-methylbutyl)-5-isovaleryl-3,6-dimethylpyrazine	MS, NMR	364
2-(2-Hydroxy-2-methylbutyl)-6-methylpyrazine	–	(H 406)
2-(2-Hydroxy-3-methylbutyl)-6-methylpyrazine	–	(H 406)
2-(2-Hydroxy-2-methylbutyl)pyrazine	–	(H 403)
2-(2-Hydroxy-3-methylbutyl)pyrazine	–	(H 403)
2-(2-Hydroxy-3-methylbutyl)-3,5,6-trimethylpyrazine	–	(H 406)
5-(1-Hydroxy-3-methylcyclobutyl)-2,3-pyrazinedicarbonitrile	IR, NMR	889
6-Hydroxy-1-methyl-3,5-diphenyl-2(1H)-pyrazinone	–	(H 409)
2-(1-Hydroxy-1-methylethyl)-5-isopropylpyrazine	–	247
6-(1-Hydroxy-1-methylethyl)-3-isopropyl-2(1H)-pyrazinone	168–169, IR, NMR, UV	1377
2-(1-Hydroxy-1-methylethyl)-3-methoxy-5-methylpyrazine	–	(H 407)

Table of Simple Pyrazines

ALPHABETICAL LIST *Continued*

Pyrazine	Melting point (°C), etc.	Reference(s)
3-(1-Hydroxy-1-methylethyl)-2-methoxy-5-methylpyrazine	–	(H 406)
2-(1-Hydroxy-1-methylethyl)-6-methylpyrazine	–	(H 407)
6-Hydroxymethyl-3-isobutyl-5-methoxy-2(1H)-pyrazinone	110–113, IR, NMR	329
2-Hydroxymethyl-3-methoxy-5-methylpyrazine	50–51, IR, NMR	324
2-Hydroxymethyl-3-methoxy-5-methylpyrazine 1-oxide	95–96, IR, NMR	333
2-Hydroxymethyl-5-methyl-3,6-diphenylpyrazine	IR, MS, NMR	1416
2-Hydroxymethyl-3-methylpyrazine	MS	1425
2-Hydroxymethyl-5-methylpyrazine	33–35, MS, NMR	(H 407) 221, 432, 1047, 1353, 1425
2-Hydroxymethyl-6-methylpyrazine	50–60/60, IR, NMR, UV	(H 407) 1307
5-Hydroxymethyl-6-methyl-2,3-pyrazinedicarbonitrile	107, MS, NMR	1599
5-Hydroxymethyl-4-methyl-2,3(1H,4H)-pyrazinedione	–	(H 408)
2-Hydroxymethyl-5-methylpyrazine 1,4-dioxide	–	(H 455)
2-Hydroxymethyl-5-methylpyrazine 4-oxide	110–111, IR, NMR	676
6-Hydroxymethyl-3-methyl-2(1H)-pyrazinone 4-oxide	235–240, MS, NMR, UV	88
1-Hydroxy-6-methyl-3-(2-methylthioethyl)-5-phenyl-2(1H)-pyrazinone	118–120, IR, NMR	101
6-Hydroxymethyl-1-methyl-3-ureido-2-(1H)-pyrazinone	–	(H 423)
5/6-Hydroxy-6/5-methyl-3-oxo-3,4-dihydro-2-pyrazinecarboxamide	–	(H 439)
2-Hydroxymethyl-3-phenylpyrazine	101–102, NMR, UV	1272
2-Hydroxymethyl-6-phenylpyrazine	71–72, NMR, UV	1307
1-Hydroxy-3-methyl-5-phenyl-2(1H)-pyrazinone	187–188	(H 455) 1307
1-Hydroxy-5-methyl-3-phenyl-2(1H)-pyrazinone	147–148	(H 455) 1307
1-Hydroxy-6-methyl-3-phenyl-2(1H)-pyrazinone	235, IR, MS, NMR, UV	80
1-Hydroxy-6-methyl-5-phenyl-2(1H)-pyrazinone	185–188, IR, NMR	101
5-Hydroxy-6-methyl-5-phenyl-2(1H)-pyrazinone	> 300, NMR	1386
1-Hydroxy-6-methyl-3-phenyl-2(1H)-pyrazinone 4-oxide	270, IR, NMR, UV	1250
2-(1-Hydroxy-2-methylpropyl)-5-(3-hydroxyprop-1-ynyl)-3-methoxypyrazine	liq, NMR	1588
2-(1-Hydroxy-2-methylpropyl)-5-iodo-3-methoxypyrazine	liq, NMR	1588

ALPHABETICAL LIST *Continued*

Pyrazine	Melting point (°C), etc.	Reference(s)
2-(1-Hydroxy-2-methylpropyl)-5-isobutyl-6-methoxypyrazine	133–135/5, IR, MS, NMR	(*H* 407) 79
2-(2-Hydroxy-2-methylpropyl)-5-isobutyl-6-methoxypyrazine	110–120/5, IR, MS, NMR	(*H* 407) 79
2-(2-Hydroxy-2-methylpropyl)-5-isobutyl-6-methoxypyrazine 4-oxide	158–165/4, IR, NMR	(*H* 455) 79
2-(1-Hydroxy-2-methylpropyl)-5-isobutylpyrazine 1-oxide	114–115, IR, NMR, UV	(*H* 455) 78
6-(1-Hydroxy-1-methylpropyl)-3-isobutyl-2(1*H*)-pyrazinone	–	(*H* 406)
6-(2-Hydroxy-2-methylpropyl)-3-isobutyl-2(1*H*)-pyrazinone	118–119	(*H* 406) 79
2-(1-Hydroxy-2-methylpropyl)-3-methoxypyrazine	liq, IR, MS, NMR	815
2-(2-Hydroxy-2-methylpropyl)-6-methylpyrazine	–	(*H* 407)
2-(2-Hydroxy-2-methylpropyl)-3,5,6-trimethylpyrazine	–	(*H* 407)
3-Hydroxymethyl-2-pyrazinamine	–	(*H* 422)
2-Hydroxymethylpyrazine	MS	(*H* 403) 854, 1266, 1425
3-Hydroxymethyl-2-pyrazinecarboxamide	–	(*H* 440)
N-Hydroxy-5-methyl-2-pyrazinecarboxamide 4-oxide	210	669
5-Hydroxymethyl-2-pyrazinecarboxylic acid	–	(*H* 440)
2-Hydroxymethylpyrazine 4-oxide	–	(*H* 455)
1-Hydroxy-3-methyl-2(1*H*)-pyrazinone	198–199, NMR	1382
1-Hydroxy-5-methyl-2(1*H*)-pyrazinone	197, NMR	1382
6-Hydroxymethyl-2(1*H*)-pyrazinone 4-oxide	225–230, NMR, UV	88
1-Hydroxy-3-(2-methylthioethyl)-5,6-diphenyl-2(1*H*)-pyrazinone	209–212, IR, NMR	101
2-Hydroxymethyl-3,5,6-trimethylpyrazine	67–69, IR, MS	(*H* 407) 1128, 1293
2-Hydroxymethyl-3,5,6-trimethylpyrazine 1,4-dioxide	–	(*H* 455)
2-Hydroxymethyl-3,5,6-trimethylpyrazine 1/4-oxide	–	(*H* 455)
4-Hydroxy-3-oxo-3,4-dihydro-2-pyrazinecarboxylic acid	265–267	669
4-Hydroxy-5-oxo-4,5-dihydro-2-pyrazinecarboxylic acid	–	(*H* 451)
N-Hydroxy-6-phenoxy-2-pyrazinecarboxamidine	–	(*H* 439)
5-Hydroxy-6-phenyl-2,3(1*H*,4*H*)-pyrazinedione	245, NMR	969
1-Hydroxy-3-phenyl-2(1*H*)-pyrazinone	161–163, NMR	1382
1-Hydroxy-5-phenyl-2(1*H*)-pyrazinone	182–183 or 194–196, IR, NMR, UV	(*H* 455) 86, 1290, 1382
N-Hydroxy-6-phenylthio-2-pyrazinecarboxamide	–	(*H* 443)

ALPHABETICAL LIST Continued

Pyrazine	Melting point (°C), etc.	Reference(s)
N-Hydroxy-6-phenylthio-2-pyrazinecarboxamidine	–	(H 442)
N-Hydroxy-6-piperidino-pyrazinecarboxamide	–	(H 420)
2-(1-Hydroxypropyl)-3,6-diisobutylpyrazine 1-oxide	120–125/2, MS, NMR	316
2-(1-Hydroxypropyl)-5,6-diphenylpyrazine 1-oxide	134–136, MS, NMR	316
1-(3-Hydroxypropyl)-5,6-diphenyl-2(1H)-pyrazinone	91–92, xl st	1219
4-(3-Hydroxypropyl)-3-imino-6-methyl-5-phenyl-3,4-dihydro-2-pyrazinecarbonitrile	124, IR, NMR, UV	942
2-(3-Hydroxypropyl)-5-isobutyl-6-methoxypyrazine	122–125/2, MS, NMR	295, 1588
2-(3-Hydroxypropyl)-5-isopropyl-6-methoxypyrazine	125–126/1, MS, NMR	298
2-(1-Hydroxypropyl)pyrazine	100–110/1, IR, NMR, UV	1290
N-Hydroxy-6-propylthio-2-pyrazinecarboxamide	–	(H 443)
N-Hydroxy-6-propylthio-2-pyrazinecarboxamidine	–	(H 442)
2-(3-Hydroxyprop-1-ynyl)-3,6-diisobutylpyrazine	154–156/2, IR, NMR	96
2-(3-Hydroxyprop-1-ynyl)-3,6-diisobutylpyrazine 4-oxide	105–106, IR, NMR	96
2-(3-Hydroxyprop-1-ynyl)-3,6-diisopropylpyrazine	150–155/2, IR, NMR	96
2-(3-Hydroxyprop-1-ynyl)-3,6-diisopropylpyrazine 4-oxide	56–57, IR, NMR	96
2-(3-Hydroxyprop-1-ynyl)-3,6-dimethylpyrazine	86, IR, NMR	96
2-(3-Hydroxyprop-1-ynyl)-3,6-dimethylpyrazine 4-oxide	180–181, IR, NMR	96
2-(3-Hydroxyprop-1-ynyl)-3,5-diphenylpyrazine	127–129, IR, NMR	96
2-(3-Hydroxyprop-1-ynyl)-3,6-diphenylpyrazine	118–119, IR, NMR	96
2-(3-Hydroxyprop-1-ynyl)-5,6-diphenylpyrazine	72–74, IR, NMR	96
2-(3-Hydroxyprop-1-ynyl)-5,6-diphenylpyrazine 4-oxide	129, IR, NMR	96
2-(3-Hydroxyprop-1-ynyl)-6-methoxy-5-(2-methylprop-1-enyl)pyrazine	95, NMR	1588
2-(3-Hydroxyprop-1-ynyl)-6-methoxypyrazine	116, NMR	1588
N-Hydroxy-2-pyrazinecarboxamide	–	(H 397)
N-Hydroxy-2-pyrazinecarboxamide 4-oxide	–	(H 451)
5-Hydroxy-2,3(1H,4H)-pyrazinedione	–	(H 403)
1-Hydroxy-2(1H)-pyrazinethione	0.5 H_2O: 71–74, NMR	276

ALPHABETICAL LIST *Continued*

Pyrazine	Melting point (°C), etc.	Reference(s)
1-Hydroxy-2(1H)-pyrazinone	168–170 or 225–226 or 230–232, IR, NMR; Na: NMR	(H 454) 276, 588, 1382
5-Hydroxy-2(1H)-pyrazinone	> 320, IR, NMR, st	869, 1430, 1773
1-Hydroxy-3,5,6-trimethyl-2(1H)-pyrazinone	–	(H 455)
3-Imino-4,6-dimethyl-5-phenyl-3,4-dihydro-2-pyrazinecarbonitrile	157, IR, NMR, UV	942
3-Imino-4-methyl-3,4-dihydro-2-pyrazinamine	HI: 243–244, NMR	1008
5-Iodo-3,6-diisobutyl-2(1H)-pyrazinone	134–135, IR, NMR	321
5-Iodo-3,6-diisopropyl-2(1H)-pyrazinone	195–197, IR, NMR	321
2-Iodo-3,5-dimethoxypyrazine	114, NMR	1455
5-Iodo-3,6-dimethyl-2-pyrazinamine	130–131, NMR	(H 421) 278
2-Iodo-3,5-dimethylpyrazine	–	(H 402)
2-Iodo-3,6-dimethylpyrazine	–	(H 402)
2-Iodo-5,6-dimethylpyrazine	–	(H 402)
3-Iodo-5,6-dimethyl-2(1H)-pyrazinone	148–150, IR, NMR	321
2-Iodo-5,6-diphenylpyrazine	151–152, NMR	(H 402), 1726
3-Iodo-5,6-diphenyl-2(1H)-pyrazinone	218–220, IR, NMR	321
6-Iodo-3,5-diphenyl-2(1H)-pyrazinone	258–259, NMR, UV	1307
2-Iodo-6-isopropoxypyrazine	liq(?), NMR	638
2-Iodo-6-methoxy-5-(2-methylprop-1-enyl)-pyrazine	liq, NMR	1588
2-Iodo-6-methoxypyrazine	solid, < 50, NMR	638, 1588
3-Iodo-5-methyl-6-phenyl-2(1H)-pyrazinone	165–170, IR, NMR	321
5-Iodo-3-methyl-2-pyrazinamine	94–96, NMR	(H 421) 278
2-Iodo-3-methylpyrazine	24–25, NMR	(H 402) 1613
2-Iodo-5-phenylpyrazine	120–121, NMR	1726
2-Iodo-3-phenylthiopyrazine	91–92, NMR	1613
2-Iodopyrazine	90, 65/0.5, NMR	(H 402) 545, 899, 1613
3-Iodo-2-pyrazinecarbaldehyde	liq, NMR	1613
3-Iodo-2-pyrazinecarboxylic acid	> 250, NMR	1613
2-Iodo-3-trimethylsilylpyrazine	liq, NMR	1613
6-Isobutylamino-2-pyrazinecarbothioamide	–	(H 420)
3-Isobutylamino-5-thiocarbamoyl-2-pyrazinecarboxamide	196–198, IR, NMR	510
Isobutyl 5-chloro-2-pyrazinecarboxylate	88–90/0.2	651
3-Isobutyl-5,6-dimethyl-2(1H)-pyrazonone	145–146, NMR, UV	1099
6-Isobutyl-3,5-dimethyl-2(1H)-pyrazinone	109–110, MS, NMR	118, 1491
2-Isobutyl-5-isopropyl-3-methoxypyrazine	–	(H 407)
2-Isobutyl-5-isopropyl-6-methoxypyrazine	–	(H 407)
6-Isobutyl-3-isopropyl-5-methyl-2(1H)-pyrazinone	166–167, NMR	389
3-Isobutyl-6-isopropyl-2-pyrazinamine	–	(H 388)
3-Isobutyl-6-isopropyl-2-pyrazinamine 1-oxide	–	(H 450)
2-Isobutyl-5-isopropylpyrazine	80–85/3	(H 386) 245
2-Isobutyl-5-isopropylpyrazine 1,4-dioxide	–	(H 448)
2-Isobutyl-5-isopropylpyrazine 1-oxide	128–133/2	(H 448) 245
2-Isobutyl-5-isopropylpyrazine 4-oxide	125–130/2	(H 448) 245

ALPHABETICAL LIST *Continued*

Pyrazine	Melting point (°C), etc.	Reference(s)
3-Isobutyl-6-isopropyl-2(1*H*)-pyrazinone	104–105, NMR	(*H* 406) 122
6-Isobutyl-3-isopropyl-2(1*H*)-pyrazinone	–	(*H* 406)
2-Isobutyl-3-methoxy-5,6-dimethylpyrazine	–	(*H* 407)
2-Isobutyl-3-methoxy-5-(2-methylprop-1-enyl)pyrazine	108/3, NMR, UV	(*H* 407) 79
2-Isobutyl-3-methoxy-5-methylpyrazine	–	(*H* 407)
2-Isobutyl-3-methoxy-5-methylpyrazine	97–98/17, MS, NMR	(*H* 407) 295
2-Isobutyl-6-methoxy-5-methylpyrazine 4-oxide	60–62, NMR	329
2-Isobutyl-3-methoxypyrazine	–	(*H* 407)
2-Isobutyl-5-methoxypyrazine	–	(*H* 407)
3-Isobutyl-6-(1-methylprop-1-enyl)-2(1*H*)-pyrazinone	–	(*H* 406)
3-Isobutyl-6-(2-methylprop-1-enyl)-2(1*H*)-pyrazinone	95–96, IR, NMR, UV	(*H* 406) 79
6-Isobutyl-5-methyl-2-propyl-2(1*H*)-pyrazinone	88–89, NMR	389
2-Isobutyl-3-methylpyrazine	90–92/30 or 92–94/20	(*H* 386) 543, 753, 1677i
2-Isobutyl-5-methylpyrazine	47–48/10, IR, MS, NMR	295, 1396
2-Isobutyl-6-methylpyrazine	–	(*H* 386)
2-Isobutyl-5-methylpyrazine 1-oxide	94–95/1, MS, NMR	295
2-Isobutyl-5-methylpyrazine 4-oxide	120/3, MS, NMR	295
3-Isobutyl-1-methyl-2(1*H*)-pyrazinone	–	(*H* 409)
3-Isobutyl-5-methyl-2(1*H*)-pyrazinone	–	(*H* 406)
3-Isobutyl-6-methyl-2(1*H*)-pyrazinone	–	(*H* 406)
6-Isobutyl-3-methyl-2(1*H*)-pyrazinone	–	1396, cf. 956
6-Isobutyl-5-methyl-2(1*H*)-pyrazinone	128–130, NMR	389, 1491
2-Isobutyl-3-methylthiopyrazine	–	(*H* 410)
3-Isobutyl-5-phenyl-2(1*H*)-pyrazinone	205–207, NMR	311, 632
3-Isobutyl-6-phenyl-2(1*H*)-pyrazinone	166–167, NMR	(*H* 406) 311
2-Isobutyl-3-propionylpyrazine	liq, IR, MS, NMR	1383
2-Isobutyl-5-propionylpyrazine	liq, IR, MS, NMR	1383
2-Isobutyl-6-propionylpyrazine	liq, IR, MS, NMR	1383
3-Isobutyl-6-propyl-2(1*H*)-pyrazinone	136–137	(*H* 406) 1677a
2-Isobutylpyrazine	–	(*H* 386) 239, 368
5-Isobutyl-2-pyrazinecarbohydrazide	–	1137
5-Isobutyl-2-pyrazinecarbonitrile	94–96/2, IR, NMR	509
N-Isobutyl-2-pyrazinecarbothioamide	–	(*H* 397)
5-Isobutyl-2-pyrazinecarbothioamide	–	1137
S-Isobutyl 2-pyrazinecarbothioate	–	(*H* 397)
N-Isobutyl-2-pyrazinecarboxamide	–	(*H* 397)
5-Isobutyl-2-pyrazinecarboxamide	158–178(!), IR, NMR	509
Isobutyl 2-pyrazinecarboxylate	83–95/0.1	651
3-Isobutyl-2(1*H*)-pyrazinone	–	(*H* 406)
1-Isobutyl-2(1*H*)-pyrazinone 4-oxide	Crude, liq, NMR	88
3-Isobutyl-2(1*H*)-pyrazinone 4-oxide	207–207, NMR	86
2-Isobutylsulfonylpyrazine	123–124/0.5, dip	239, 1088
2-Isobutyl-3,5,6-trimethylpyrazine	–	(*H* 386)
2-Isobutyryl-3-methoxypyrazine	65–66/0.2, IR, MS, NMR	815
2-Isobutyrylmethyl-6-methylpyrazine	–	(*H* 398)

ALPHABETICAL LIST Continued

Pyrazine	Melting point (°C), etc.	Reference(s)
2-Isobutyrylmethylpyrazine	–	(H 398)
2-Isobutyrylmethyl-3,5,6-trimethylpyrazine	–	(H 398)
2-Isobutyrylpyrazine	liq, IR, MS, NMR	1383
2-Isopentyl-3,6-dimethyl-5-propionylpyrazine	84–87/5, IR, NMR	55
2-Isopentyl-3,6-dimethylpyrazine	90–96/7, IR, NMR	(H 386) 55, 961, 1594
2-Isopentyl-3,6-dimethylpyrazine 4-oxide	146–150/3, IR, NMR	1594
2-Isopentyl-5-isovaleryl-3,6-dimethylpyrazine	105–110/4, IR, NMR	55
2-Isopentyl-6-methyl-3-(3-methylbut-1-enyl)pyrazine	MS	1407
2-Isopentyl-6-methyl-3-(3-methylpent-1-enyl)pyrazine	MS	1407
2-Isopentyl-6-methyl-3-(4-methylpent-1-enyl)pyrazine	MS	1407
2-Isopentyl-6-methylpyrazine	–	(H 386)
6-Isopentyloxy-2-pyrazinecarbothioamide	–	608
2-Isopentylpyrazine	–	(H 386)
2-Isopentyl-3,5,6-trimethylpyrazine	–	(H 386)
2-Isopropenyl-5-isopropyl-6-methoxypyrazine	77–79/1, NMR, UV	1372
3-Isopropenyl-6-isopropyl-2(1H)-pyrazinone	143–144, IR, NMR, UV	1377
6-Isopropenyl-3-isopropyl-2(1H)-pyrazinone	113–115, IR, NMR, UV	1377
2-Isopropenylpyrazine	–	(H 386)
2-Isopropoxypyrazine	42/30, n_D^{20}, NMR	(H 403) 64
6-Isopropoxy-2-pyrazinecarbohydrazide	–	(H 441)
3-Isopropoxy-2-pyrazinecarbonitrile	52–53, IR, NMR	1507
6-Isopropoxy-2-pyrazinecarboxamide	–	(H 440)
6-Isopropoxy-2-pyrazinecarboxylic acid	–	(H 440)
2-(2-Isopropylaminoethyl)pyrazine	–	(H 391)
2-Isopropylaminopyrazine	–	(H 391)
3-Isopropylamino-2-pyrazinecarbonitrile	64–65, 105/3, IR, NMR	1507
2-Isopropyl-3,5-dimethoxy-6-methylpyrazine	–	(H 407)
2-Isopropyl-3,6-dimethoxy-5-methylpyrazine	–	(H 407)
2-Isopropyl-3,6-dimethoxy-5-propionylpyrazine	34–35, MS, NMR	1346
2-Isopropyl-3,6-dimethoxypyrazine	25/0.001	920
2-Isopropyl-5,6-dimethyl-3-propylthiopyrazine	–	1260
2-Isopropyl-5,6-dimethylpyrazine	72–74/10, MS	473, 1246(?)
3-Isopropyl-5,6-dimethyl-2(1H)-pyrazinone	–	(H 406)
6-Isopropyl-3,5-dimethyl-2(1H)-pyrazinone	140–142, IR, NMR	227
3-Isopropyl-5,6-diphenyl-2(1H)-pyrazinone	–	(H 406)
6-(N'-Isopropylhydrazinecarbonyl)-N-methyl-3,5-bismethylamino-2-pyrazinecarboxamide	–	(H 420)
3-Isopropylideneamino-6-methyl-2-pyrazinecarbohydrazide	–	(H 419)
N'-Isopropylidene-2-pyrazinecarbohydrazide	–	(H 397)
Isopropyl 2-isopropoxy-2-pyrazinecarboximidate	–	(H 441)
Isopropyl 6-isopropoxy-2-pyrazinecarboxylate	–	(H 441)
2-Isopropyl-3-methoxy-5-methylpyrazine	72–73/3, MS, NMR	(H 407) 298
2-Isopropyl-3-methoxy-6-methylpyrazine	–	(H 407)

ALPHABETICAL LIST *Continued*

Pyrazine	Melting point (°C), etc.	Reference(s)
2-Isopropyl-5-methoxy-6-methylpyrazine	–	(H 407)
2-Isopropyl-3-methoxypyrazine	–	(H 407) 1426
3-Isopropyl-1-methyl-5,6-diphenyl-2(1H)-pyrazinone	165–166, IR, NMR	35
6-Isopropyl-5-methyl-3-phenyl-2(1H)-pyrazinone	187–188, IR, NMR	227
2-Isopropyl-3-methylpyrazine	60–62/12	(H 386) 543
2-Isopropyl-5-methylpyrazine	54–55/18, MS, NMR	(H 386) 298, 1396
2-Isopropyl-6-methylpyrazine	liq, NMR	(H 386) 1567
Isopropyl 5-methyl-2-pyrazinecarboxylate 4-oxide	76	669
2-Isopropyl-5-methylpyrazine 1-oxide	72–73, MS, NMR	298
2-Isopropyl-5-methylpyrazine 4-oxide	95–96/4, MS, NMR	298
3-Isopropyl-1-methyl-2(1H)-pyrazinone	–	(H 409)
3-Isopropyl-5-methyl-2(1H)-pyrazinone	–	(H 406)
6-Isopropyl-3-methyl-2(1H)-pyrazinone	xl st	1396, cf. 956
2-Isopropylpyrazine	–	(H 386) 239
N'-Isopropyl-2-pyrazinecarbohydrazide	–	(H 397)
5-Isopropyl-2-pyrazinecarbohydrazide	–	1137
N-Isopropyl-2-pyrazinecarbothioamide	–	(H 397)
5-Isopropyl-2-pyrazinecarbothioamide	–	1137
S-Isopropyl 2-pyrazinecarbothioate	–	(H 397)
N-Isopropyl-2-pyrazinecarboxamide	–	(H 397) 8
5-Isopropyl-2,3-pyrazinedicarbonitrile	117/0.5, IR, NMR	1395
3-Isopropyl-2(1H)-pyrazinone	–	(H 406)
1-Isopropyl-2(1H)-pyrazinone 4-oxide	133–135, NMR	88
3-Isopropyl-2(1H)-pyrazinone 4-oxide	148–150, NMR	86
2-Isopropylsulfonylpyrazine	118–121/0.3, dip	239, 1088
2-Isopropylthiopyrazine	–	(H 410)
3-Isopropylthio-2,5-pyrazinedicarboxamide	–	1233
2-Isopropyl-3,5,6-triphenylpyrazine	–	(H 386)
2-Isovaleryl-3-methylpyrazine	IR, NMR	889
2-Isovaleryl-5-methylpyrazine	IR, NMR	889
2-Isovaleryl-6-methylpyrazine	IR, NMR	889
2-Isovalerylpyrazine	liq, IR, MS, NMR	461, 1383
5-Isovaleryl-2-pyrazinecarbonitrile	102/0.5, IR, NMR	889
5-Isovaleryl-2,3-pyrazinedicarbonitrile	IR, NMR	889
2-Isovaleryl-3,5,6-trimethylpyrazine	84–87/5, IR, NMR	55
2-Mercaptomethylpyrazine	50–52/0.15, IR, MS, NMR, toxicity	674, 1204
2-Mercaptomethyl-3,5,6-trimethylpyrazine	liq, NMR	1551
5-Mercapto-2(1H)-pyrazinone	262–264, IR, NMR, UV	1565
3-(2-Methoxycarbonyl-1,1-dimethylethyl)-5,6-diphenyl-2-pyrazinecarbonitrile	–	1087
3-Methoxycarbonyl-5,6-dimethyl-2-pyrazinecarboxylic acid	–	(H 394)
2-(2-Methoxycarbonylethyl)pyrazine	–	(H 397)
3-(1-Methoxycarbonyl-1-methylethyl)-5,6-diphenyl-2-pyrazinecarbonitrile	–	1087

ALPHABETICAL LIST *Continued*

Pyrazine	Melting point (°C), etc.	Reference(s)
1-Methoxycarbonylmethyl-2(1*H*)-pyrazinone 4-oxide	145–148, IR	86
3-Methoxycarbonyl-5-oxo-4,5-dihydro-2-pyrazinecarboxylic acid	198–200, NMR	85
3-Methoxycarbonyl-2-pyrazinecarboxylic acid	114–116, NMR	(*H* 394) 1185
3-Methoxy-*N*, *N'*-dimethyl-5-methylamino-2,6-pyrazinedicarboxamide	–	(*H* 435)
3-Methoxy-5,6-dimethyl-2-pyrazinamine	117–118 or 121–122, NMR	(*H* 423) 1012
2-Methoxy-3,5-dimethylpyrazine	67–68, NMR, UV	(*H* 407) 1307
2-Methoxy-3,6-dimethylpyrazine	–	(*H* 407)
2-Methoxy-3,5-dimethylpyrazine 1-oxide	88–91, NMR	57
3-Methoxy-5,6-dimethyl-2(1*H*)-pyrazinone	–	(*H* 406)
5-Methoxy-3,6-dimethyl-2(1*H*)-pyrazinone	–	(*H* 406)
6-Methoxy-3,5-dimethyl-2(1*H*)-pyrazinone	165–168, NMR	57
2-Methoxy-5,6-diphenylpyrazine	128–129 or 130–131, IR, NMR, UV	(*H* 407) 27, 857
3-Methoxy-5,6-diphenyl-2-pyrazinecarbonitrile	164 to 169, IR, NMR	857, 1127, 1507
2-Methoxy-5,6-diphenylpyrazine 4-oxide	159–162, IR, NMR	46
3-Methoxy-5,6-diphenyl-2(1*H*)-pyrazinone	–	(*H* 406)
5-Methoxy-3,6-diphenyl-2(1*H*)-pyrazinone	–	(*H* 406)
6-Methoxy-3,5-diphenyl-2(1*H*)-pyrazinone	149–150, NMR	57
3-Methoxy-6-methoxymethyl-5-methyl-1-phenyl-2(1*H*)-pyrazinone	liq, IR, MS, NMR	53
5-Methoxy-1-methyl-3,6-diphenyl-2(1*H*)-pyrazinone	–	(*H* 409)
6-Methoxymethyl-1,3-diphenyl-2(1*H*)-pyrazinone	142, IR, MS, NMR	53
2-Methoxymethyl-5-methylpyrazine	88–91/15, NMR	676
2-Methoxymethyl-5-methylpyrazine 1,4-dioxide	155–157, IR, NMR	676
2-Methoxymethyl-5-methylpyrazine 1-oxide	98–100, IR, NMR	676
2-Methoxymethyl-5-methylpyrazine 4-oxide	73–74, IR, NMR	676
2-Methoxy-3-methyl-5-phenylpyrazine	59–60, NMR, UV	1307
2-Methoxy-5-methyl-3-phenylpyrazine	115–116/2, NMR, UV	1307
3-Methoxy-5-methyl-6-phenyl-2-pyrazinecarbonitrile	109–110, IR, NMR	857
2-Methoxy-3-methyl-5-phenylpyrazine 1-oxide	142, NMR	57
2-Methoxy-6-methyl-5-phenylpyrazine 4-oxide	96–97, NMR, UV	1272
3-Methoxy-6-methyl-1-phenyl-2(1*H*)-pyrazinone	171, IR, MS, NMR	395
6-Methoxy-3-methyl-5-phenyl-2(1*H*)-pyrazinone	126–127, NMR	57
6-Methoxy-5-methyl-3-phenyl-2(1*H*)-pyrazinone	191–192, NMR	57
3-Methoxy-5-methyl-2-pyrazinamine	74–75, NMR	(*H* 423) 661
3-Methoxy-6-methyl-2-pyrazinamine	–	(*H* 423)
6-Methoxy-5-methyl-2-pyrazinamine	–	(*H* 423)
2-Methoxy-3-methylpyrazine	liq, IR, MS, NMR	(*H* 408) 832, 1645
2-Methoxy-5-methylpyrazine	46/18, NMR	(*H* 408) 328

ALPHABETICAL LIST *Continued*

Pyrazine	Melting point (°C), etc.	Reference(s)
2-Methoxy-6-methylpyrazine	–	(*H* 408)
3-Methoxy-6-methyl-2-pyrazinecarboxylic acid	–	(*H* 440)
2-Methoxy-6-methylpyrazine 4-oxide	130–132, xl st	383, 1221
3-Methoxy-1-methyl-2(1*H*)-pyrazinone	–	(*H* 409)
6-Methoxy-1-methyl-2(1*H*)-pyrazinone	–	(*H* 409)
5-Methoxy-3-methylthio-2-pyrazinamine	–	(*H* 437)
3-Methoxy-1-phenyl-6-(prop-2-ynylaminomethyl)-2(1*H*)-pyrazinone	123–124, IR, MS, NMR	395
3-Methoxy-5-phenyl-2-pyrazinamine	–	(*H* 423)
2-Methoxy-3-phenylpyrazine	liq, NMR	(*H* 408) 1637
2-Methoxy-6-phenylpyrazine	–	(*H* 403)
3-Methoxy-6-phenyl-2-pyrazinecarbonitrile	154–155, IR, NMR	857
2-Methoxy-3-phenylpyrazine 4-oxide	–	(*H* 455)
2-Methoxy-5-phenylpyrazine 4-oxide	156–157	1448
2-Methoxy-6-phenylpyrazine 4-oxide	147–149, IR, NMR	46, 1448
3-Methoxy-1-phenyl-2(1*H*)-pyrazinone	151, IR, NMR	370
3-Methoxy-5-phenyl-2(1*H*)-pyrazinone	–	(*H* 406)
5-Methoxy-3-phenyl-2(1*H*)-pyrazinone	153–154, IR, NMR	1392
5-Methoxy-6-phenyl-2(1*H*)-pyrazinone	206–207, IR, NMR	(*H* 406) 1392
2-Methoxy-3-propionylpyrazine	liq, MS, NMR	815
2-Methoxy-3-propylpyrazine	–	(*H* 408)
3-Methoxy-2-pyrazinamine	83 to 87, MS, NMR	(*H* 422) 232, 1119, 1567
5-Methoxy-2-pyrazinamine	111, NMR	(*H* 423) 1681
6-Methoxy-2-pyrazinamine	110–112; HCl: 163–165, NMR	(*H* 423) 749
2-Methoxypyrazine	37/28, IR, NMR; 4-MeI: NMR	(*H* 403) 77, 232, 256, 545, 1224, 1424, 1677hh
3-Methoxy-2-pyrazinecarbaldehyde	dnp: 230–232, xl st	1216
6-Methoxy-2-pyrazinecarbohydrazide	–	(*H* 441)
3-Methoxy-2-pyrazinecarbonitrile	54–56, IR, NMR	(*H* 441) 38, 1127, 1507, 1556
6-Methoxy-2-pyrazinecarbonitrile	80, IR, NMR	38
6-Methoxy-2-pyrazinecarbothioamide	–	608
3-Methoxy-2-pyrazinecarboxamide	–	(*H* 440)
5-Methoxy-2-pyrazinecarboxamide	234, NMR	(*H* 440) 1681
6-Methoxy-2-pyrazinecarboxamide	–	(*H* 440)
3-Methoxy-2-pyrazinecarboxamide 4-oxide	215	(*H* 451) 669
6-Methoxy-2-pyrazinecarboxamide 4-oxide	248–250 or 269–272, IR, NMR	89, 669
3-Methoxy-2-pyrazinecarboxylic acid	–	(*H* 440)
5-Methoxy-2-pyrazinecarboxylic acid	–	(*H* 440)
6-Methoxy-2-pyrazinecarboxylic acid	–	(*H* 440)
6-Methoxy-2-pyrazinecarboxylic acid 4-oxide	242–245 or 254–255, IR, NMR	89, 669
2-Methoxypyrazine 1-oxide	143–144, NMR	(*H* 455) 276
2-Methoxypyrazine 4-oxide	77–78, NMR, xl st	(*H* 455) 256, 272, 383, 1221

ALPHABETICAL LIST *Continued*

Pyrazine	Melting point (°C), etc.	Reference(s)
3-Methoxy-2(1*H*)-pyrazinethione	186–187, IR, NMR	43
3-Methoxy-2(1*H*)-pyrazinone	201–203 or 205, IR, NMR	1575, 1773
6-Methoxy-2(1*H*)-pyrazinone	168–170, IR, NMR	(*H* 403) 1773
2-Methoxy-3-trimethylsilylpyrazine	liq, IR, MS, NMR	832
Methyl 6-acetamido-2-pyrazinecarboxylate	–	(*H* 410)
Methyl 3-acetoxy-2-pyrazinecarboxylate	Crude, NMR	1575
Methyl 5-acetoxy-2-pyrazinecarboxylate	Crude, NMR	1575
Methyl 6-acetoxy-2-pyrazinecarboxylate	Crude, NMR	(*H* 439) 1575
Methyl 5-acetyl-3-amino-2-pyrazinecarboxylate	229–231 or 235–236, IR, NMR	226, 1506
Methyl 6-acetyl-3,5-diamino-2-pyrazinecarboxylate	215–216, IR, NMR	226
Methyl 5-allylamino-3-amino-6-chloro-2-pyrazinecarboxylate	–	(*H* 424)
Methyl 3-allylamino-6-chloro-5-ethylamino-2-pyrazinecarboxylate	–	(*H* 424)
3-(2-Methylallyl)-5,6-diphenyl-2-pyrazinecarbonitrile	–	1087
Methyl 5-(*N*-allyl-*N*-ethylamino)-3-amino-6-chloro-2-pyrazinecarboxylate	–	(*H* 424)
Methyl 5-(*N*-allyl-*N*-methylamino)-3-amino-6-chloro-2-pyrazinecarboxylate	–	(*H* 424)
Methyl 3-amino-5-anilino-6-chloro-2-pyrazinecarboxylate	–	(*H* 424, 431)
Methyl 3-amino-5-anilino-2-pyrazinecarboxylate	–	(*H* 411)
Methyl 3-amino-5-benzoyl-6-bromo-2-pyrazinecarboxylate	172–173, IR, NMR	226
Methyl 3-amino-5-benzoyl-2-pyrazinecarboxylate	166–168, IR, NMR	226, 1506
Methyl 3-amino-5-benzylamino-6-chloro-2-pyrazinecarboxylate	–	(*H* 525)
Methyl 3-amino-5-benzylamino-2-pyrazinecarboxylate	–	(*H* 411)
Methyl 3-amino-6-benzyloxy-5-isobutyl-2-pyrazinecarboxylate 4-oxide	139–140, IR, NMR	337
Methyl 3-amino-6-bromo-5-chloro-2-pyrazinecarboxylate	–	(*H* 425)
Methyl 3-amino-6-bromo-5-diethylamino-2-pyrazinecarboxylate	55–56, NMR	808
Methyl 3-amino-6-bromo-5-ethoxycarbonylmethyl-2-pyrazinecarboxylate	110–111, NMR	808
Methyl 3-amino-6-bromo-5-methyl-2-pyrazinecarboxylate	–	(*H* 425)
Methyl 3-amino-6-bromo-5-phenyl-2-pyrazinecarboxylate	–	(*H* 425)
Methyl 3-amino-6-bromo-2-pyrazinecarboxylate	–	(*H* 425)
Methyl 3-amino-6-bromo-2-pyrazinecarboxylate 4-oxide	–	(*H* 448)
Methyl 3-amino-5-butylamino-6-chloro-2-pyrazinecarboxylate	–	(*H* 425)

Table of Simple Pyrazines 439

ALPHABETICAL LIST *Continued*

Pyrazine	Melting point (°C), etc.	Reference(s)
Methyl 3-amino-5-*s*-butylamino-6-chloro-2-pyrazinecarboxylate	–	(*H* 425)
Methyl 3-amino-5-*t*-butylamino-6-chloro-2-pyrazinecarboxylate	–	(*H* 425)
Methyl 3-amino-5-(*N*-butyl-*N*-ethylamino)-6-chloro-2-pyrazinecarboxylate	–	(*H* 426)
Methyl 3-amino-5-(*N*-butyl-*N*-methylamino)-6-chloro-2-pyrazinecarboxylate	–	(*H* 426)
Methyl 3-amino-6-chloro-5-cyclopentylamino-2-pyrazinecarboxylate	–	(*H* 427)
Methyl 3-amino-6-chloro-5-cyclopropylamino-2-pyrazinecarboxylate	–	(*H* 427)
Methyl 3-amino-6-chloro-5-(cyclopropylmethyl)amino-2-pyrazinecarboxylate	–	(*H* 427)
Methyl 5-amino-6-chloro-3-(*N*-cyclopropyl-*N*-methylamino)-2-pyrazinecarboxylate	–	(*H* 427)
Methyl 3-amino-6-chloro-3-diethylamino-2-pyrazinecarboxylate	–	(*H* 427)
Methyl 3-amino-6-chloro-5-dimethylamino-2-pyrazinecarboxylate	–	(*H* 428)
Methyl 3-amino-6-chloro-5-dipropylamino-2-pyrazinecarboxylate	–	(*H* 428)
Methyl 3-amino-6-chloro-5-ethoxycarbonylmethyl-2-pyrazinecarboxylate	115–116, NMR	808
Methyl 3-amino-6-chloro-5-ethoxy-2-pyrazinecarboxylate	–	(*H* 437)
Methyl 3-amino-6-chloro-5-ethylamino-2-pyrazinecarboxylate	–	(*H* 428)
Methyl 3-amino-6-chloro-5-(*N*-ethyl-*N*-isopropylamino)-2-pyrazinecarboxylate	–	(*H* 428)
Methyl 3-amino-6-chloro-5-(*N*-ethyl-*N*-methylamino)-2-pyrazinecarboxylate	–	(*H* 428)
Methyl 3-amino-6-chloro-5-(*N*-ethyl-*N*-propylamino)-2-pyrazinecarboxylate	–	(*H* 429)
Methyl 3-amino-6-chloro-5-(1-ethylpropyl)-amino-2-pyrazinecarboxylate	–	(*H* 429)
Methyl 3-amino-6-chloro-5-hexylamino-2-pyrazinecarboxylate	–	(*H* 430)
Methyl 3-amino-6-chloro-5-isobutylamino-2-pyrazinecarboxylate	–	(*H* 430)
Methyl 3-amino-6-chloro-5-isopropylamino-2-pyrazinecarboxylate	NMR	(*H* 431) 450
Methyl 3-amino-6-chloro-5-(*N*-isopropyl-*N*-methylamino)-2-pyrazinecarboxylate	–	(*H* 431)
Methyl 3-amino-6-chloro-5-methoxy-2-pyrazinecarboxylate	–	(*H* 438)
Methyl 3-amino-6-chloro-5-methylamino-2-pyrazinecarboxylate	–	(*H* 431)

ALPHABETICAL LIST *Continued*

Pyrazine	Melting point (°C), etc.	Reference(s)
Methyl 5-amino-6-chloro-3-methylamino-2-pyrazinecarboxylate	–	(*H* 431)
Methyl 3-amino-6-chloro-5-(*N*-methylhydrazino)-2-pyrazinecarboxylate	–	(*H* 431)
Methyl 3-amino-6-chloro-5-(*N'*-methylhydrazino)-2-pyrazinecarboxylate	–	(*H* 431)
Methyl 3-amino-6-chloro-5-*N*-methyl-*N*-propylamino)-2-pyrazinecarboxylate	–	(*H* 431)
Methyl 3-amino-5-chloro-6-methyl-2-pyrazinecarboxylate	–	(*H* 431)
Methyl 3-amino-6-chloro-5-methylsulfinyl-2-pyrazinecarboxylate	–	(*H* 438)
Methyl 3-amino-6-chloro-5-methylsulfonyl-2-pyrazinecarboxylate	–	(*H* 438)
Methyl 3-amino-6-chloro-5-methylthio-2-pyrazinecarboxylate	–	(*H* 438)
Methyl 3-amino-6-chloro-5-oxo-4,5-dihydro-2-pyrazinecarboxylate	–	(*H* 438)
Methyl 3-amino-6-chloro-5-pentylamino-2-pyrazinecarboxylate	–	(*H* 431)
Methyl 3-amino-6-chloro-5-*sec*-pentyl-2-pyrazinecarboxylate	–	(*H* 331)
Methyl 3-amino-6-chloro-5-phenoxy-2-pyrazinecarboxylate	–	(*H* 438)
Methyl 3-amino-5-chloro-6-phenyl-2-pyrazinecarboxylate	–	(*H* 431)
Methyl 3-amino-6-chloro-5-(prop-2-ynyl)amino-2-pyrazinecarboxylate	–	(*H* 431)
Methyl 3-amino-6-chloro-2-pyrazinecarbothioimidate	–	(*H* 430)
Methyl 3-amino-5-chloro-2-pyrazinecarboxylate	–	(*H* 431)
Methyl 3-amino-6-chloro-2-pyrazinecarboxylate	pK_a	(*H* 431) 63
Methyl 3-amino-6-chloro-2-pyrazinecarboxylate 4-oxide	–	(*H* 249)
Methyl 3-amino-6-chloro-5-thioxo-4,5-dihydro-2-pyrazinecarboxylate	–	(*H* 438)
Methyl 6-amino-5-cyano-3-formyl-2-pyrazinecarboxylate	164–165, IR, NMR; Me$_2$ acetal: 142–143, IR, NMR	759, 773
Methyl 6-amino-5-cyano-3-formyl-2-pyrazinecarboxylate 1-oxide	203–204, IR, NMR; Me$_2$ acetal: 162–163, NMR	759, 773
Methyl 3-amino-6-cyano-5-methoxy-2-pyrazinecarboximidate	–	(*H* 412)
Methyl 3-amino-6-cyano-5-methoxy-2-pyrazinecarboxylate	–	(*H* 435)
Methyl 5-amino-6-cyano-3-methyl-2-pyrazinecarboxylate	–	(*H* 412)
Methyl 6-amino-5-cyano-3-methyl-2-pyrazinecarboxylate	145–146, IR, NMR	759, 1677t

ALPHABETICAL LIST *Continued*

Pyrazine	Melting point (°C), etc.	Reference(s)
Methyl 6-amino-5-cyano-3-methyl-2-pyrazinecarboxylate 1-oxide	163–166, IR, NMR	759
Methyl 3-amino-5-cyclohexyl-2-pyrazinecarboxylate	–	(*H* 413)
Methyl 3-amino-6-cyclohexyl-2-pyrazinecarboxylate	–	(*H* 412)
Methyl 3-amino-6-cyclopropyl-2-pyrazinecarboxylate	–	(*H* 413)
Methyl 3-amino-5,6-dichloro-2-pyrazinecarboxylate	–	(*H* 432)
Methyl 3-amino-5-dimethylamino-6-methyl-2-pyrazinecarboxylate	–	(*H* 413)
Methyl 3-amino-5-dimethylamino-6-phenyl-2-pyrazinecarboxylate	–	(*H* 413)
Methyl 3-amino-5-dimethylamino-2-pyrazinecarboxylate	–	(*H* 413)
Methyl 3-amino-5,6-dimethyl-2-pyrazinecarboxylate	–	(*H* 415)
2-Methylamino-3,5-diphenylpyrazine	120–121, NMR	185
2-Methylamino-3,6-diphenylpyrazine	128–129, NMR	185
2-Methylamino-5,6-diphenylpyrazine	138–139, NMR	185
3-Methylamino-5,6-diphenyl-2-pyrazinecarbonitrile	170–171, IR, NMR	1507
Methyl 3-amino-5,6-diphenyl-2-pyrazinecarboxylate	–	(*H* 415)
Methyl 3-amino-5-ethylamino-2-pyrazinecarboxylate	–	(*H* 414)
Methyl 3-amino-6-ethyl-2-pyrazinecarboxylate	–	(*H* 414)
Methyl 3-amino-6-iodo-2-pyrazinecarboxylate	–	(*H* 432)
Methyl 3-amino-5-isobutyl-6-oxo-1,6-dihydro-2-pyrazinecarboxylate 4-oxide	208–209, IR, NMR	337
Methyl 3-amino-5-isopropyl-2-pyrazinecarboxylate	–	(*H* 415)
Methyl 3-amino-5-methoxy-2-pyrazinecarboxylate	–	(*H* 435)
5-Methylamino-6-methylcarbamoyl-3-oxo-3,4-dihydro-2-pyrazinecarboxylic acid	–	(*H* 435)
6-Methylamino-5-methylcarbamoyl-3-oxo-3,4-dihydro-2-pyrazinecarboxylic acid	–	(*H* 435)
5-Methylamino-6-methylcarbamoyl-2-pyrazinecarboxylic acid	–	(*H* 417)
Methyl 3-amino-5-methyl-6-phenyl-2-pyrazinecarboxylate	–	(*H* 415)
Methyl 3-amino-6-methyl-5-phenyl-2-pyrazinecarboxylate	162, IR, NMR, UV	(*H* 415) 941
3-Methylaminomethyl-2-pyrazinamine	Crude	683
Methyl 3-amino-5-methyl-2-pyrazinecarboxylate	–	(*H* 415)
Methyl 3-amino-6-methyl-2-pyrazinecarboxylate	–	(*H* 415)
Methyl 3-amino-5-methylsulfinyl-2-pyrazinecarboxylate	–	(*H* 436)

ALPHABETICAL LIST *Continued*

Pyrazine	Melting point (°C), etc.	Reference(s)
3-Methylamino-5-oxo-4,5-dihydro-2-pyrazinecarbaldehyde	–	(*H* 435)
3-Methylamino-5-oxo-4,5-dihydro-2-pyrazinecarboxamide	–	(*H* 435)
Methyl 3-amino-5-oxo-4,5-dihydro-2-pyrazinecarboxylate	–	(*H* 435)
Methyl 3-amino-6-phenoxy-2-pyrazinecarboxylate	113–115	713
2-Methylamino-5-phenylpyrazine	89–90, NMR	185, 1457
3-Methylamino-5-phenyl-2-pyrazinecarbohydrazide	–	(*H* 419)
3-Methylamino-5-phenyl-2-pyrazinecarboxamide	–	(*H* 417)
Methyl 3-amino-5-phenyl-2-pyrazinecarboxylate	228, IR, NMR, UV	(*H* 415) 941
Methyl 3-amino-6-phenyl-2-pyrazinecarboxylate	–	(*H* 415)
3-Methylamino-5-phenyl-2-pyrazinecarboxylic acid	–	(*H* 417)
3-Methylamino-6-phenyl-2-pyrazinecarboxylic acid	–	(*H* 417)
Methyl 3-amino-5-propionyl-2-pyrazinecarboxylate	200–205, IR, NMR	226, 1506
3-Methylamino-6-(prop-1-ynyl)-2-pyrazinecarbonitrile	177–178, IR, NMR	1747
3-Methylamino-2-pyrazinamine	147–148	1008
2-Methylaminopyrazine	–	(*H* 391)
6-Methylamino-2-pyrazinecarbohydrazide	–	(*H* 419)
3-Methylamino-2-pyrazinecarbonitrile	142–143 or 149–150, IR, NMR	1389, 1507, 1677ee
6-Methylamino-2-pyrazinecarbonitrile	–	(*H* 418)
3-Methylamino-2-pyrazinecarbothioamide	–	(*H* 420)
S-Methyl 3-amino-2-pyrazinecarbothioate	–	(*H* 415)
S-Methyl 3-amino-2-pyrazinecarbothioimidate	–	(*H* 415)
2-Methylamino-2-pyrazinecarboxamide	–	(*H* 417)
6-Methylamino-2-pyrazinecarboxamide	–	(*H* 417)
3-Methylamino-2-pyrazinecarboxamidine	–	(*H* 411)
Methyl 3-amino-2-pyrazinecarboxylate	169 to 175, IR, NMR, PK_a	(*H* 415) 63, 332, 500, 1185, 1677ff
Methyl 5-amino-2-pyrazinecarboxylate	–	(*H* 415)
Methyl 6-amino-2-pyrazinecarboxylate	–	(*H* 415)
Methyl 3-amino-2-pyrazinecarboxylate 4-oxide	–	(*H* 450)
3-Methylamino-2-pyrazinecarboxylic acid	–	(*H* 417)
6-Methylamino-2-pyrazinecarboxylic acid	–	(*H* 417)
2-Methylaminopyrazine 1-oxide	117–119, NMR	276
2-Methylaminopyrazine 4-oxide	NMR	278
Methyl 6-anilino-3-isopropylideneamino-2-pyrazinecarboxylate	–	(*H* 415)
Methyl 3-azido-2-pyrazinecarboxylate	136–137, IR, MS, NMR	54

Table of Simple Pyrazines

ALPHABETICAL LIST *Continued*

Pyrazine	Melting point (°C), etc.	Reference(s)
Methyl 6-benzoyloxy-2-pyrazinecarboxylate 4-oxide	–	(H 451)
Methyl 3-benzylamino-2-pyrazinecarboxylate	–	(H 416)
Methyl 1-benzyl-6-oxo-1,6-dihydro-2-pyrazinecarboxylate 4-oxide	120–122, IR, NMR	89
Methyl 6-benzyloxy-3-chloro-5-isobutyl-2-pyrazinecarboxylate 4-oxide	79–80, IR, NMR	337
Methyl 6-benzyloxy-5-isobutyl-3-methoxy-2-pyrazinecarboxylate 4-oxide	51–52, IR, NMR	337
Methyl 6-benzyloxy-2-pyrazinecarboxylate 4-oxide	64–65, IR, NMR	89
Methyl 6-benzylthio-2-pyrazinecarboxylate	–	(H 442)
N-Methyl-3,5-bismethylamino-N'-propyl-2,6-pyrazinedicarboxamide	–	(H 416)
N-Methyl-3,5-bismethylamino-2-pyrazinecarboxamide	–	(H 416)
N-Methyl-3,5-bismethylamino-2-pyrazinecarboxamide 1-oxide	–	(H 450)
N-Methyl-3,5-bismethylamino-2,6-pyrazinedicarboxamide	–	(H 416)
Methyl 3-bromo-6-chloro-5-dimethylamino-2-pyrazinecarboxylate	–	(H 432)
Methyl 3-bromo-6-chloro-5-ethylamino-2-pyrazinecarboxylate	–	(H 432)
Methyl 3-bromo-6-chloro-2-pyrazinecarboxylate	–	(H 438)
Methyl 6-bromo-3-cyclopropylamino-2-pyrazinecarboxylate	–	(H 432)
Methyl 6-bromo-3-dimethylamino-2-pyrazinecarboxylate	–	(H 432)
Methyl 6-bromo-3-methylamino-2-pyrazinecarboxylate	–	(H 432)
Methyl 6-bromo-3-methylthio-2-pyrazinecarboxylate	–	(H 443)
Methyl 6-bromo-3-oxo-3,4-dihydro-2-pyrazinecarboxylate	–	(H 443)
Methyl 3-bromo-2-pyrazinecarboxylate	–	(H 438)
Methyl 6-bromo-2-pyrazinecarboxylate	–	(H 438)
1-(3-Methylbut-2-enyl)-2(1H)-pyrazinone 4-oxide	56–60	86
Methyl 3-carbamoyl-2-pyrazinecarboxylate	166–169 or 175–176, IR, NMR	1127, 1185
Methyl 6-chloro-3-chloroamino-2-pyrazinecarboxylate	–	(H 432)
Methyl 6-chloro-3-cyclopropylamino-2-pyrazinecarboxylate	–	(H 432)
Methyl 6-chloro-3-(cyclopropylmethyl)amino-2-pyrazinecarboxylate	–	(H 433)
Methyl 6-chloro-3,5-dimethoxy-2-pyrazinecarboxylate	–	(H 443)

ALPHABETICAL LIST *Continued*

Pyrazine	Melting point (°C), etc.	Reference(s)
Methyl 6-chloro-5-dimethylamino-3-ethylamino-2-pyrazinecarboxylate	–	(*H* 433)
Methyl 6-chloro-5-dimethylamino-3-oxo-3,4-dihydro-2-pyrazinecarboxylate	–	(*H* 438)
Methyl 6-chloro-3-dimethylsulfimido-2-pyrazinecarboxylate	167–169, NMR	607, 1310, 1427
Methyl 3-chloro-5,6-diphenyl-2-pyrazinecarboxylate	–	(*H* 439)
Methyl 6-chloro-5-ethylamino-3-oxo-3,4-dihydro-2-pyrazinecarboxylate	–	(*H* 438)
Methyl 6-chloro-5-ethylamino-3-thioxo-3,4-dihydro-2-pyrazinecarboxylate	–	(*H* 438)
Methyl 3-chloroformyl-2-pyrazinecarboxylate	Crude, liq	(*H* 394) 1185
Methyl 6-chloro-5-methoxy-3-oxo-3,4-dihydro-2-pyrazinecarboxylate	–	(*H* 443)
Methyl 6-chloro-3-methoxy-2-pyrazinecarboxylate	–	(*H* 443)
Methyl 3-chloro-5-methyl-2-pyrazinecarboxylate	–	(*H* 439)
Methyl 5-chloro-6-methyl-2-pyrazinecarboxylate	40–43, IR, NMR, UV	85
Methyl 5-chloro-6-methyl-2-pyrazinecarboxylate 1-oxide	Crude, MS, NMR	85
Methyl 6-chloro-3-nitro-2-pyrazinecarboxylate	liq, NMR	607, 1310
Methyl 6-chloro-3-oxo-3,4-dihydro-2-pyrazinecarboxylate	–	(*H* 443)
Methyl 3-chloro-5-phenyl-2-pyrazinecarboxylate	–	(*H* 439)
Methyl 3-chloro-2-pyrazinecarboxylate	39–40, IR, MS, NMR	(*H* 439) 54
Methyl 5-chloro-2-pyrazinecarboxylate	89 to 94, IR, NMR, UV	(*H* 439) 85, 651, 1091, 1271
Methyl 6-chloro-2-pyrazinecarboxylate	–	(*H* 439)
Methyl 5-chloro-2-pyrazinecarboxylate 1-oxide	52–53, NMR	85
Methyl 6-chloro-2-pyrazinecarboxylate 4-oxide	110–112, NMR	89
Methyl 6-chloro-3-thioxo-3,4-dihydro-2-pyrazinecarboxylate	–	(*H* 443)
Methyl 3-cyano-5,6-diphenyl-2-pyrazinecarboximidate	158–160, IR, NMR	1127
Methyl 3-cyano-2-pyrazinecarboxylate	76, IR, NMR	38
Methyl 5-cyano-2-pyrazinecarboxylate	95, NMR	38
Methyl 3-(*N*-cyclopropyl-*N*-methylamino)-2-pyrazinecarboxylate	–	(*H* 418)
Methyl 3,5-diamino-6-benzoyl-2-pyrazinecarboxylate	201–203, IR, NMR	226
Methyl 3,5-diamino-6-bromo-2-pyrazinecarboxylate	–	(*H* 433)
Methyl 3,5-diamino-6-chloro-2-pyrazinecarboxylate	NMR	(*H* 434) 450
Methyl 3,5-diamino-6-(1-hydroxyethyl)-2-pyrazinecarboxylate	198–200, IR	226
Methyl 3,5-diamino-6-iodo-2-pyrazinecarboxylate	–	(*H* 434)
Methyl 3,5-diamino-2-pyrazinecarboxylate	–	(*H* 418)
Methyl 3,6-dibromo-2-pyrazinecarboxylate	–	(*H* 439)

ALPHABETICAL LIST *Continued*

Pyrazine	Melting point (°C), etc.	Reference(s)
Methyl 5,6-dichloro-3-(*N*-cyclopropyl-*N*-methylamino)-2-pyrazinecarboxylate	–	(*H* 434)
Methyl 5,6-dichloro-3-methylamino-2-pyrazinecarboxylate	–	(*H* 432)
Methyl 3,6-dichloro-5-methyl-2-pyrazinecarboxylate	56–57, IR, MS, NMR, UV	80
Methyl 3,5-dimethoxy-2-pyrazinecarboxylate	–	(*H* 441)
Methyl 6-dimethylamino-2-pyrazinecarboxylate	–	(*H* 418)
Methyl 3,6-dimethyl-5-oxo-4,5-dihydro-2-pyrazinecarboxylate	–	(*H* 441)
Methyl 3,6-dimethyl-2-pyrazinecarboxylate	52–53, IR, NMR	224
Methyl 3-dimethylsulfimido-2-pyrazinecarboxylate	Solid, NMR	1310, 1427
1-Methyl-5,6-diphenyl-3-propyl-2(1*H*)-pyrazinone	124–126, IR, NMR	35
3-Methyl-5,6-diphenyl-2-pyrazinamine	–	(*H* 389)
2-Methyl-3,5-diphenylpyrazine	90–91, NMR, UV	280
2-Methyl-3,6-diphenylpyrazine	91–92	280
2-Methyl-5,6-diphenylpyrazine	88–89	(*H* 386) 280
3-Methyl-5,6-diphenyl-2-pyrazinecarbonitrile	–	(*H* 394)
Methyl 5,6-diphenyl-2-pyrazinecarboxylate	–	(*H* 397)
2-Methyl-5,6-diphenylpyrazine 1-oxide	161–162, NMR, UV	282
2-Methyl-5,6-diphenylpyrazine 4-oxide	158–159, NMR, UV	282
1-Methyl-5,6-diphenyl-2(1*H*)-pyrazinethione	163–165	269
1-Methyl-3,6-diphenyl-2(1*H*)-pyrazinone	–	(*H* 409)
1-Methyl-5,6-diphenyl-2(1*H*)-pyrazinone	165–167, IR, NMR, UV, xl st; photodimer: 148–150, IR, NMR	22, 27, 60, 1417
3-Methyl-5,6-diphenyl-2(1*H*)-pyrazinone	213–214	(*H* 407) 1677d
5-Methyl-3,6-diphenyl-2(1*H*)-pyrazinone	–	(*H* 407)
6-Methyl-3,5-diphenyl-2(1*H*)-pyrazinone	–	(*H* 407)
Methyl 5-fluoro-2-pyrazinecarboxylate	52–54	651
Methyl 4-hydroxy-5-oxo-4,5-dihydro-2-pyrazinecarboxylate	–	(*H* 452)
Methyl 3-isothiocyanato-2-pyrazinecarboxylate	20–23, IR, NMR	1558
Methyl 3-methoxy-5,6-diphenyl-2-pyrazinecarboxylate	–	(*H* 441)
Methyl 3-methoxy-2-pyrazinecarboximidate	–	(*H* 441)
Methyl 3-methoxy-2-pyrazinecarboxylate	–	(*H* 441)
Methyl 5-methoxy-2-pyrazinecarboxylate	100–102, IR, NMR	(*H* 441) 1271
Methyl 6-methoxy-2-pyrazinecarboxylate	–	(*H* 441)
Methyl 6-methoxy-2-pyrazinecarboxylate 4-oxide	132–133, IR, NMR	89
N-Methyl-3-methylamino-5,6-diphenyl-2-pyrazinecarboxamide	–	(*H* 420) 732
N-Methyl-3-methylamino-5-oxo-4,5-dihydro-2-pyrazinecarboxamide	–	(*H* 435)
N-Methyl-3-methylamino-5-phenyl-2-pyrazinecarboxamide	–	(*H* 420)

ALPHABETICAL LIST Continued

Pyrazine	Melting point (°C), etc.	Reference(s)
N-Methyl-3-methylamino-6-phenyl-2-pyrazinecarboxamide	–	(H 420)
Methyl 3-methylamino-5-phenyl-2-pyrazinecarboxylate	–	(H 420)
Methyl 3-methylamijo-6-phenyl-2-pyrazinecarboxylate	–	(H 420)
N-Methyl-3-methylamino-N'-propyl-5-propylamino-2,6-pyrazinedicarboxamide	–	(H 420)
2-Methyl-3-methylaminopyrazine	–	(H 391)
2-Methyl-6-methylaminopyrazine	–	(H 391)
N-Methyl-3-methylamino-2-pyrazinecarboxamide	–	(H 420)
N-Methyl-6-methylamino-2-pyrazinecarboxamide	–	(H 420)
5-Methyl-3-methylamino-2-pyrazinecarboxamide	–	(H 417)
Methyl 3-methylamino-2-pyrazinecarboxylate	–	(H 420)
Methyl 6-methylamino-2-pyrazinecarboxylate	–	(H 420)
1-Methyl-3-methylamino-2(1H)-pyrazinimine	HI: 266–267, NMR	1008
1-Methyl-3-methylamino-2(1H)-pyrazinone	120–121, NMR	1008
N-Methyl-3-methylamino-6-thioxo-1,6-dihydro-2-pyrazinecarboxamide	Na: >250, NMR	940
2-Methyl-5-(3-methylbut-1-enyl)-6-(2-methylbutyl)pyrazine	MS	1407
2-Methyl-6-(2-methylbut-1-enyl)pyrazine	–	(H 386)
2-Methyl-6-(2-methylbutyl)-5-(3-methylpent-1-enyl)pyrazine	MS	1407
2-Methyl-5-(2-methylbutyl)pyrazine	IR, MS, NMR	1396
3-Methyl-6-(2-methylbutyl)-2(1H)-pyrazinone	–	1396, cf. 956
Methyl 5-methyl-3-oxo-3,4-dihydro-2-pyrazinecarboxylate	–	(H 441)
2-Methyl-6-(2-methylprop-1-enyl)pyrazine	–	(H 387)
Methyl 5-methyl-2-pyrazinecarboxylate	91/0.25	(H 397) 651
Methyl 6-methyl-2-pyrazinecarboxylate	–	(H 397) 1060
Methyl 5-methyl-2-pyrazinecarboxylate 4-oxide	143–145, IR	669, 1162
5-Methyl-3-methylthio-2-pyrazinamine	–	(H 423)
2-Methyl-3-methylthiopyrazine	103–104/23, NMR	(H 410) 1126
2-Methyl-5-methylthiopyrazine	–	(H 410)
2-Methyl-6-methylthiopyrazine	–	(H 410)
Methyl 3-nitro-2-pyrazinecarboxylate	73–74, NMR	1310
4-Methyl-3-oxo-3,4-dihydro-2-pyrazinecarbonitrile	173–175, NMR	1296
N-Methyl-3-oxo-3,4-dihydro-2-pyrazinecarboxamide	–	(H 441)
5-Methyl-3-oxo-3,4-dihydro-2-pyrazinecarboxamide	–	(H 440)
6-Methyl-3-oxo-3,4-dihydro-2-pyrazinecarboxamide	–	(H 440)
6-Methyl-5-oxo-4,5-dihydro-2-pyrazinecarboxamide	277–278, IR, NMR	85
N-Methyl-6-oxo-1,6-dihydro-2-pyrazinecarboxamide 4-oxide	220–222, IR, NMR	89
Methyl 3-oxo-3,4-dihydro-2-pyrazinecarboxylate	155–156, IR, MS, NMR	(H 441) 54

ALPHABETICAL LIST *Continued*

Pyrazine	Melting point (°C), etc.	Reference(s)
Methyl 5-oxo-4,5-dihydro-2-pyrazinecarboxylate	180–181, UV	(*H* 441) 85, 1091
Methyl 6-oxo-1,6-dihydro-2-pyrazinecarboxylate	195–197	(*H* 441) 85
Methyl 6-oxo-1,6-dihydro-2-pyrazinecarboxylate 4-oxide	208–212, IR, MS, NMR, UV	(*H* 452)
5-Methyl-3-oxo-3,4-dihydro-2-pyrazinecarboxylic acid	–	(*H* 440)
6-Methyl-3-oxo-3,4-dihydro-2-pyrazinecarboxylic acid	–	(*H* 440)
6-Methyl-5-oxo-4,5-dihydro-2-pyrazinecarboxylic acid	>300, IR, NMR	85
1-Methyl-6-oxo-1,6-dihydro-2-pyrazinecarboxylic acid 4-oxide	177–180, IR, NMR	89
5-Methyl-6-oxo-1,6-dihydro-2-pyrazinecarboxylic acid 4-oxide	>230, IR, MS, NMR	89
6-Methyl-5-oxo-4,5-dihydro-2-pyrazinecarboxylic acid 1-oxide	229–230, IR, NMR	85
3-Methyl-5-oxo-4,5-dihydro-2,6-pyrazinedicarbonitrile	168, IR, NMR	1315
Methyl 3-oxo-5,6-diphenyl-3,4-dihydro-2-pyrazinecarboxylate	–	(*H* 441)
Methyl 3-oxo-5-phenyl-3,4-dihdyro-2-pyrazinecarboxylate	–	(*H* 441)
4-Methyl-3-oxo-2-phenylhydrazono-1,2,3,4-tetrahydro-1-pyrazinecarbaldehyde	163–165, IR, NMR	2
2-Methyl-3-pentylpyrazine	–	(*H* 387)
2-Methyl-6-pentylpyrazine	–	(*H* 387)
Methyl 5-pentyl-2-pyrazinecarboxylate	122–125/2, IR, NMR	93
Methyl 6-(pent-1-ynyl)-2-pyrazinecarboxylate	142–145/1, IR, NMR	93
2-Methyl-3-phenoxypyrazine	–	(*H* 408)
3-Methyl-5-phenyl-2-pyrazinamine 1-oxide	–	(*H* 450)
3-Methyl-6-phenyl-2-pyrazinamine 1-oxide	–	(*H* 450)
5-Methyl-3-phenyl-2-pyrazinamine 1-oxide	–	(*H* 450)
2-Methyl-3-phenylpyrazine	140/7 or 158–160/22, IR, MS, NMR	543, 753, 1272, 1388, 1410
2-Methyl-5-phenylpyrazine	84 to 94, NMR, UV	80, 245, 486, 1307, 1410, 1677c
2-Methyl-6-phenylpyrazine	130/7 or 158–160/21, NMR, UV	1307, 1410, 1677c
3-Methyl-5-phenyl-2-pyrazinecarbonitrile	144–145, IR, NMR	190
6-Methyl-5-phenyl-2-pyrazinecarbonitrile	101–103, IR, NMR	190
Methyl 5-phenyl-2-pyrazinecarboxylate	–	(*H* 398)
Methyl 6-phenyl-2-pyrazinecarboxylate	–	(*H* 398)
5-Methyl-6-phenyl-2,3-pyrazinediamine	168–169, NMR	(*H* 390) 1451
5-Methyl-6-phenyl-2,3-pyrazinedicarbonitrile	MS	(*H* 396) 971, 1406
5-Methyl-6-phenyl-2,3-pyrazinedicarboximide	–	971
5-Methyl-6-phenyl-2,3-pyrazinedicarboxylic acid	–	971
5-Methyl-6-phenyl-2,3(1*H*,4*H*)-pyrazinedione	–	(*H* 405)
2-Methyl-3-phenylpyrazine 1,4-dioxide	203–204, NMR, UV	1272

ALPHABETICAL LIST *Continued*

Pyrazine	Melting point (°C), etc.	Reference(s)
2-Methyl-5-phenylpyrazine 1,4-dioxide	260–262, NMR, UV	80
2-Methyl-6-phenylpyrazine 1,4-dioxide	187–188, NMR, UV	1307
2-Methyl-3-phenylpyrazine 1-oxide	123–124, NMR, UV	1272, 1410
2-Methyl-3-phenylpyrazine 4-oxide	113–115, NMR, UV	1272, 1410
2-Methyl-5-phenylpyrazine 1-oxide	161–162, NMR, UV	80, 1410
2-Methyl-5-phenylpyrazine 4-oxide	128–129 or 131, NMR, UV	80, 245
2-Methyl-6-phenylpyrazine 1-oxide	85–86, NMR, UV	290, 1307, 1410
2-Methyl-6-phenylpyrazine 4-oxide	130–131, NMR, UV	1307, 1410
1-Methyl-5-phenyl-2(1H)-pyrazinone	132–133, IR, NMR, UV	22
3-Methyl-1-phenyl-2(1H)-pyrazinone	110–111, IR, MS, NMR	374
3-Methyl-5-phenyl-2(1H)-pyrazinone	225–226 or 227–228, NMR	(H 407) 57, 1307
5-Methyl-3-phenyl-2(1H)-pyrazinone	149–150, IR, NMR, UV	(H 407) 1307
5-Methyl-6-phenyl-2(1H)-pyrazinone	181–182, IR, MS, NMR, UV	544, 1272
6-Methyl-1-phenyl-2(1H)-pyrazinone	193–194, IR, MS, NMR	395
6-Methyl-3-phenyl-2(1H)-pyrazinone	214, IR, MS, NMR, pK_a, pol, UV	(H 407) 80, 183, 983
6-Methyl-5-phenyl-2(1H)-pyrazinone	252–254, IR, MS, NMR, UV	(H 407) 424, 1432
3-Methyl-6-phenyl-2(1H)-pyrazinone 4-oxide	247, IR, NMR, UV	80
5-Methyl-1-phenyl-2(1H)-pyrazinone 4-oxide	183–184, MS, NMR	88
6-Methyl-3-phenyl-2(1H)-pyrazinone 4-oxide	257, IR, MS, NMR, UV	80
6-Methyl-5-phenyl-2(1H)-pyrazinone 4-oxide	264–265, NMR, UV	1272
2-Methyl-3-phenylthiopyrazine	–	(H 410)
Methyl 6-phenylthio-2-pyrazinecarboxylate	–	(H 443)
2-Methyl-3-piperidinopyrazine	–	(H 391)
2-Methyl-6-piperidinopyrazine	–	(H 391)
2-Methyl-6-pivaloylmethylpyrazine	–	(H 396, 398)
2-(2-Methylprop-1-enyl)pyrazine	–	(H 387)
Methyl 3-propionamido-2-pyrazinecarboxylate	–	(H 420)
2-Methyl-3-propionylmethylpyrazine	MS, NMR	352
2-Methyl-5-propionylmethylpyrazine	MS, NMR	352
2-Methyl-6-propionylmethylpyrazine	–	(H 398)
2-Methyl-3-propylpyrazine	84–86/18	(H 387) 543
2-Methyl-6-propylpyrazine	liq, NMR	(H 387) 1567
1-Methyl-3-propyl-2(1H)-pyrazinone	–	(H 409)
5-Methyl-3-propyl-2(1H)-pyrazinone	–	(H 407)
6-Methyl-3-propyl-2(1H)-pyrazinone	–	(H 407)
Methyl 6-propylthio-2-pyrazinecarboxylate	–	(H 443)
3-Methyl-2-pyrazinamine	169–171 or 174, IR, MS, NMR	(H 388) 231, 1125
5-Methyl-2-pyrazinamine	112–116 or 120–121, IR, MS, NMR	(H 388) 693, 1125, 1677ee
6-Methyl-2-pyraziamine	124–125 or 128–129, IR, MS, NMR	(H 289) 693, 1125, 1677u
3-Methyl-2-pyrazinamine 1-oxide	205–207, NMR	1374
3-Methyl-2-pyrazinamine 4-oxide	175–177, NMR	1374
5-Methyl-2-pyrazinamine 1-oxide	221–223, NMR	(H 450) 1374

Table of Simple Pyrazines

ALPHABETICAL LIST *Continued*

Pyrazine	Melting point (°C), etc.	Reference(s)
5-Methyl-2-pyrazinamine 4-oxide	213–214, IR, NMR	1374, 1508
2-Methylpyrazine	135/760, IR, NMR, pK_a, pol, Raman, UV, xl st; 2 BH_3: 94, IR, NMR; 1-MeI: 130–133, NMR; 4-MeI: 129–130, NMR	(*H* 386) 77, 155, 183, 239, 254, 256, 286, 543, 545, 989, 999, 1052, 1070, 1191, 1207, 1229, 1258, 1261, 1373, 1405, 1409, 1410, 1429, 1579, 1584, 1641, 1663, 1766
3-Methyl-2-pyrazinecarbaldehyde	–	(*H* 397)
5-Methyl-2-pyrazinecarbaldehyde	10–15, MS, n_D^{20}, NMR	425, 432, 1047
N-Methyl-2-pyrazinecarbohydrazide	59–60, NMR	1265
N'-Methyl-2-pyrazinecarbohydrazide	94–96, NMR	(*H* 398) 1265
5-Methyl-2-pyrazinecarbohydrazide	–	(*H* 397)
3-Methyl-2-pyrazinecarbonitrile	105/30, IR, NMR	(*H* 394) 38, 251
5-Methyl-2-pyrazinecarbonitrile	NMR	(*H* 394) 38
6-Methyl-2-pyrazinecarbonitrile	NMR	(*H* 394) 38
N-Methyl-2-pyrazinecarbothioamide	–	(*H* 398)
S-Methyl 2-pyrazinecarbothioate	–	(*H* 398)
3-Methyl-2-pyrazinecarboxamide	–	(*H* 393)
5-Methyl-2-pyrazinecarboxamide	–	(*H* 393) 1047, 1162
6-Methyl-2-pyrazinecarboxamide	–	(*H* 393) 1060
5-Methyl-2-pyrazinecarboxamide 4-oxide	206–208 or 217, IR, NMR	669, 1508
6-Methyl-2-pyrazinecarboxamide 4-oxide	225	669
Methyl 2-pyrazinecarboximidate	–	(*H* 398) 864
Methyl 2-pyrazinecarboxylate	58–59, IR, NMR; 4-MeI: 149–150, NMR	(*H* 397) 77, 139, 224, 236, 460, 545, 651, 846, 854, 864, 1222, 1467
Methyl 2-pyrazinecarboxylate 1-oxide	81–82	1300
Methyl 2-pyrazinecarboxylate 4-oxide	169–171, IR, NMR	(*H* 452) 224, 669, 1300
3-Methyl-2-pyrazinecarboxylic acid	–	(*H* 394)
5-Methyl-2-pyrazinecarboxylic acid	164 to 167, MS, NMR	(*H* 394) 221, 432, 442, 758, 926, 995, 1047, 1353
6-Methyl-2-pyrazinecarboxylic acid	198–201	758
3-Methyl-2-pyrazinecarboxylic acid 4-oxide	164–165	669
5-Methyl-2-pyrazinecarboxylic acid 4-oxide	177–180 or 188–190, IR	669, 1162

Appendix

ALPHABETICAL LIST *Continued*

Pyrazine	Melting point (°C), etc.	Reference(s)
6-Methyl-2-pyrazinecarboxylic acid 4-oxide	194–195	669
5-Methyl-2,3-pyrazinediamine	176–178, IR, NMR	(*H* 389) 231, 1451
5-Methyl-2,3-pyrazinedicarbonitrile	95 or 103, IR, NMR	(*H* 396) 76, 971, 1599
5-Methyl-2,3-pyrazinedicarboxamide	216–218, IR	(*H* 395) 1125
N-Methyl-2,3-pyrazinedicarboximide	–	(*H* 395)
5-Methyl-2,3-pyrazinedicarboximide	–	971
5-Methyl-2,3-pyrazinedicarboxylic acid	–	(*H* 395) 477, 971
1-Methyl-2,3(1*H*,4*H*)-pyrazinedione	229–230, IR, NMR	(*H* 408) 1773
5-Methyl-2,3(1*H*,4*H*)-pyrazinedione	–	(*H* 405) 812
2-Methylpyrazine 1,4-dioxide	242–244, NMR	(*H* 448) 231, 1405
2-Methylpyrazine 1-oxide	45, MS, NMR; MeI: 188–190, NMR	(*H* 448) 256, 286, 1405, 1410, 1425
2-Methylpyrazine 4-oxide	91–92, MS, NMR; MeI: 215–216, NMR	(*H* 448) 256, 278, 286, 1405, 1410, 1425
1-Methyl-2(1*H*)-pyrazinethione	NMR	(*H* 410) 1424
3-Methyl-2(1*H*)-pyrazinethione	140	(*H* 410) 1126
3-Methyl-2(1*H*)-pyrazinethione 4-oxide	–	(*H* 456)
1-Methyl-2(1*H*)-pyrazinone	NMR	(*H* 409) 1424, 1769
3-Methyl-2(1*H*)-pyrazinone	138–139	(*H* 406) 390
5-Methyl-2(1*H*)-pyrazinone	–	(*H* 406)
6-Methyl-2(1*H*)-pyrazinone	220–230, MS, NMR; 4-MeI: 254–256, IR, NMR	(*H* 406) 341, 1461
1-Methyl-2(1*H*)-pyrazinone 4-oxide	182–183	(*H* 456) 86
3-Methyl-2(1*H*)-pyrazinone 4-oxide	–	(*H* 455)
5-Methyl-2(1*H*)-pyrazinone 4-oxide	–	(*H* 455)
6-Methyl-2(1*H*)-pyrazinone 4-oxide	250–253 or 268–270, NMR	(*H* 455) 86, 88
2-Methylsulfinylpyrazine	–	(*H* 409)
3-Methylsulfonyl-2-pyrazinamine	143–144, NMR	1012
2-Methylsulfonylpyrazine	45–46	(*H* 409) 239
3-(2-Methylthioethyl)-5-phenyl-2(1*H*)-pyrazinone	174–176, NMR	311, 315
3-(2-Methylthioethyl)-2(1*H*)-pyrazinone	–	(*H* 447)
2-Methylthio-3-phenylpyrazine	liq, NMR	1033
2-Methylthio-5-phenylpyrazine	118–119, NMR	1033
3-Methylthio-2-pyrazinamine	–	(*H* 423)
6-Methylthio-2-pyrazinamine	–	(*H* 423)
2-Methylthiopyrazine	NMR	(*H* 410) 545, 1424
3-Methylthio-2-pyrazinecarbaldehyde	102–105, IR, NMR	1126
Methyl 3-thioxo-3,4-dihydro-2-pyrazinecarboxylate	–	(*H* 443)
Methyl 5-thioxo-4,5-dihydro-2-pyrazinecarboxylate	165–173, IR, NMR	43
Methyl 6-thioxo-1,6-dihydro-2-pyrazinecarboxylate 4-oxide	163–164, NMR, UV	89

ALPHABETICAL LIST Continued

Pyrazine	Melting point (°C), etc.	Reference(s)
2-Methyl-5-(trimethylammoniomethyl) pyrazine (+anion)	Cl⁻: 223, MS, NMR	550, 1481
2-Methyl-6-(trimethylsilylmethyl) pyrazine	Crude	591
2-Methyl-3,5,6-triphenylpyrazine	–	(H 387)
1-Methyl-3,5,6-triphenyl-2(1H)-pyrazinone	181–182, IR, NMR	35
2-Methyl-5-vinylpyrazine	liq, IR, NMR	(H 387) 1446
2-Methyl-6-vinylpyrazine	liq, NMR	(H 387) 1446
3-Morpholino-5-thiocarbamoyl-2-pyrazinecarboxamide	200–201, IR, NMR	510
2-Neopentyloxypyrazine	101/25, IR, UV	59
3-Nitro-5,6-diphenyl-2(1H)-pyrazinone	–	(H 447)
5-Nitro-3,6-diphenyl-2(1H)-pyrazinone	–	(H 447)
5-Nitro-3-phenyl-2(1H)-pyrazinone	–	(H 447)
2-Nitropyrazine	58–59, NMR	776
6-Nitro-2,3,5-pyrazinetriamine	–	(H 392)
3-Oxo-3,4-dihydro-2-pyrazinecarbonitrile	192–194, NMR	1296
3-Oxo-3,4-dihydro-2-pyrazinecarboxamide	268, NMR, UV	(H 440) 598, 1008, 1119
5-Oxo-4,5-dihydro-2-pyrazinecarboxamide	291–295, NMR	(H 440) 85, 952, 1681
6-Oxo-1,6-dihydro-2-pyrazinecarboxamide	–	(H 440)
6-Oxo-1,6-dihydro-2-pyrazinecarboxamide 4-oxide	272–275, IR, NMR	89
3-Oxo-3,4-dihydro-2-pyrazinecarboxamide oxime	228–230, NMR	1296
3-Oxo-3,4-dihydro-2-pyrazinecarboxylic acid	–	(H 440)
5-Oxo-4,5-dihydro-2-pyrazinecarboxylic acid	270 or 292–295, IR, NMR; Na: >300, IR	(H 440) 85, 952, 1091, 1271, 1677gg
6-Oxo-1,6-dihydro-2-pyrazinecarboxylic acid	NMR	(H 440) 1091
6-Oxo-1,6-dihydro-2-pyrazinecarboxylic acid 4-oxide	>250, IR, MS, NMR, UV; Pr$^i_2$NH salt: 170–175, NMR; C$_6$H$_{11}$NH$_2$ salt: 223–225, NMR	(H 451) 89
5-Oxo-4,5-dihydro-2,3-pyrazinedicarboxamide	257–259, NMR	85
6-Oxo-1,6-dihydro-2,3-pyrazinedicarboxylic acid	Na: 275–280, IR, NMR	85
5-Oxo-4,5-dihydro-2,3-pyrazinedicarboxylic anhydride	175–180, anal, IR	85
2-Oxo-1,2-dihydro-1-pyrazinesulfinyl chloride	–	1400
6-Oxo-1,4-diphenyl-3,5-bisphenylthio-1,6-dihydropyrazinium-2-olate	–	(H 408)
3-Oxo-5,6-diphenyl-3,4-dihydro-2-pyrazinecarbonitrile	–	(H 441)
3-Oxo-5,6-diphenyl-3,4-dihydro-2-pyrazinecarboxamide	–	(H 439)
3-Oxo-5,6-diphenyl-3,4-dihydro-2-pyrazinecarboxylic acid	–	(H 440)
5-Oxo-3,6-diphenyl-4,5-dihydro-2-pyrazinecarboxylic acid	–	(H 440)

ALPHABETICAL LIST Continued

Pyrazine	Melting point (°C), etc.	Reference(s)
3-Oxo-4-phenyl-3,4-dihydro-2-pyrazinecarbonitrile	156, IR, NMR	370
3-Oxo-5-phenyl-3,4-dihydro-2-pyrazinecarboxamide	–	(H 440)
3-Oxo-6-phenyl-3,4-dihydro-2-pyrazinecarboxamide	–	(H 440)
3-Oxo-5-phenyl-3,4-dihydro-2-pyrazinecarboxylic acid	–	(H 440)
3-Oxo-6-phenyl-3,4-dihydro-2-pyrazinecarboxylic acid	–	(H 440)
Pentyl 5-chloro-2-pyrazinecarboxylate	105/0.1	651
2-Pentyl-5,6-diphenylpyrazine	165–170/0.1, MS, NMR	305
2-*tert*-Pentyloxypyrazine	114/22, IR, UV	59
2-Pentylpyrazine	–	(H 387) 239
Pentyl 2-pyrazinecarbothioate	–	(H 398)
5-Pentyl-2-pyrazinecarboxylic acid	Crude, 65–67	93
5-Pentyl-2-pyrazinecarboxylic acid 4-oxide	165	669
2-Pentylsulfonylpyrazine	139–140/0.4	239
2-Phenoxy-3,6-diphenylpyrazine	157–159, NMR	192
2-Phenoxypyrazine	–	(H 403)
3-Phenoxy-2-pyrazinecarbonitrile	–	1010
6-Phenoxy-2-pyrazinecarbonitrile	–	608
3-Phenoxy-2-pyrazinecarbothioamide	–	1010
6-Phenoxy-2-pyrazinecarbothioamide	–	608
3-Phenoxy-2-pyrazinecarboxamide	–	1010
3-Phenoxy-2-pyrazinecarboxamide oxime	–	1010
3-Phenylazo-2,6-pyrazinediamine	210–212, IR	1124
Phenyl 5-methyl-2-pyrazinecarboxylate 4-oxide	110	669
2-Phenyl-3-pivalamidopyrazine	liq, IR, NMR	1096
6-Phenyl-5-propylamino-2-pyrazinecarbonitrile	–	1027
5-Phenyl-3-propyl-2(1H)-pyrazinone	187–188, NMR	311, 632
3-Phenyl-2-pyrazinamine	66–68(?) or 110–111 or 261(?), IR, NMR	(H 389) 216, 231, 1457, 1677i
5-Phenyl-2-pyrazinamine	143, NMR	(H 389) 231, 1457
6-Phenyl-2-pyrazinamine	123–125	(H 389) 1385
3-Phenyl-2-pyrazinamine 1-oxide	154, NMR	1374
5-Phenyl-2-pyrazinamine 1-oxide	224–245(!), NMR	1374
2-Phenylpyrazine	68 to 72, MS, NMR	(H 387) 176, 1264, 1290, 1388, 1410, 1436, 1457, 1726
5-Phenyl-2-pyrazinecarbohydrazide	–	(H 397)
6-Phenyl-2-pyrazinecarbohydrazide	–	(H 397)
3-Phenyl-2-pyrazinecarbonitrile	96–97, IR, NMR	(H 394) 38
5-Phenyl-2-pyrazinecarbonitrile	NMR	38
5-Phenyl-2-pyrazinecarbonyl azide	–	(H 392)
3-Phenyl-2-pyrazinecarbonyl chloride	–	(H 399)
3-Phenyl-2-pyrazinecarboxamide	–	(H 393)
3-Phenyl-2-pyrazinecarboxylic acid	143–144, NMR	1015

ALPHABETICAL LIST *Continued*

Pyrazine	Melting point (°C), etc.	Reference(s)
5-Phenyl-2-pyrazinecarboxylic acid	NMR	(H 394) 1015
6-Phenyl-2-pyrazinecarboxylic acid	NMR	(H 394) 1015
5-Phenyl-2,3-pyrazinediamine	172–173, NMR	(H 390) 1451
5-Phenyl-2,3-pyrazinedicarbonitrile	MS	(H 396) 971, 1406
5-Phenyl-2,3-pyrazinedicarboximide	–	971
5-Phenyl-2,3-pyrazinedicarboxylic acid	–	(H 395) 971
5-Phenyl-2,3(1H,4H)-pyrazinedione	–	(H 405)
2-Phenylpyrazine 1,4-dioxide	NMR	231
2-Phenylpyrazine 1-oxide	125–127 or 127–128	(H 448) 245, 1290
2-Phenylpyrazine 4-oxide	137–139, NMR	(H 448) 46, 290, 1290, 1410, 1457
3-Phenyl-2(1H)-pyrazinethione	150–152	(H 410) 1033
5-Phenyl-2(1H)-pyrazinethione	158–168, anal	1033
1-Phenyl-2(1H)-pyrazinone	140–142, IR, NMR	86, 88
3-Phenyl-2(1H)-pyrazinone	–	(H 407)
5-Phenyl-2(1H)-pyrazinone	172–173(?) or 213–214	(H 407) 185, 734
6-Phenyl-2(1H)-pyrazinone	238–241, NMR	(H 407) 88
1-Phenyl-2(1H)-pyrazinone 4-oxide	206–208, NMR, UV	88
3-Phenyl-2(1H)-pyrazinone 4-oxide	268–269, NMR, UV	1290
5-Phenyl-2(1H)-pyrazinone 4-oxide	245–248 or 265–266, IR, NMR, UV	86, 1290
6-Phenyl-3(1H)-pyrazinone 4-oxide	270–273 or 280–281, IR, NMR, UV	88, 1290
2-Phenylsulfinylpyrazine	76–78, IR, NMR	318
5-Phenylsulfinyl-2-pyrazinecarboxamide	–	(H 442)
6-Phenylsulfinyl-2-pyrazinecarboxamide	–	(H 442)
3-Phenylsulfonyl-2-pyrazinecarbonitrile	126–127, IR, NMR	858, 1507
5-Phenylsulfonyl-2-pyrazinecarbonitrile	–	(H 442)
6-Phenylsulfonyl-2-pyrazinecarbonitrile-	–	(H 442)
3-Phenylsulfonyl-2 pyrazinecarboxamide	–	858
5-Phenylsulfonyl-2-pyrazinecarboxamide	–	(H 442)
2-Phenylthiopyrazine	110–115/2, NMR	318
6-Phenylthio-2-pyrazinecarbohydrazide	–	(H 443)
3-Phenylthio-2-pyrazinecarbonitrile	130–131, IR, NMR	858, 1507, 1677h
5-Phenylthio-2-pyrazinecarbonitrile	–	(H 442)
6-Phenylthio-2-pyrazinecarbonitrile-	–	(H 442)
6-Phenylthio-2 pyrazinecarbothioamide	–	(H 443)
3-Phenylthio-2-pyrazinecarboxamide	–	858
5-Phenylthio-2-pyrazinecarboxamide	–	(H 442)
6-Phenylthio-2-pyrazinecarboxamide	–	(H 442)
3-Phenylthio-2-pyrazinecarboxylic acid	–	858
6-Phenylthio-2-pyrazinecarboxylic acid	–	(H 442)
6-Piperidino-2-pyrazinecarbohydrazide	–	(H 419)
6-Piperidino-2-pyrazinecarbonitrile	–	(H 418)
6-Piperidino-2-pyrazinecarbothioamide	–	(H 420)
6-Piperidino-2-pyrazinecarboxamide	–	(H 417)
6-Piperidino-2-pyrazinecarboxylic acid	–	(H 417)

ALPHABETICAL LIST *Continued*

Pyrazine	Melting point (°C), etc.	Reference(s)
2-Piperidinopyrazine 1-oxide	84–85, NMR	276
3-Piperidino-5-thiocarbamoyl-2-pyrazinecarboxamide	237–239, IR, NMR	510
6-Pivalamido-2-pyrazinamine	151–152, IR, NMR	1124
2-Pivaloylmethyl-6-propionylmethylpyrazine	–	(*H* 398)
2-Pivaloylmethylpyrazine	liq, IR, NMR	(*H* 396) 766
2-Pivaloylpyrazine	liq, IR, MS, NMR	1383
2-(Prop-1-enyl)pyrazine	–	(*H* 387)
3-Propionamido-2-pyrazinecarboxamide	–	(*H* 417)
2-Propionylmethylpyrazine	–	(*H* 398)
2-Propionylpyrazine	46–47, IR, MS, NMR	(*H* 398) 842, 1383
5-Propionyl-2-pyrazinecarboxamide	217–218 or 222, IR, MS, NMR	815, 1506
6-Propoxy-2-pyrazinecarbohydrazide	–	(*H* 441)
6-Propoxy-2-pyrazinecarbothioamide	–	608
6-Propoxy-2-pyrazinecarboxamide	–	(*H* 440)
6-Propoxy-2-pyrazinecarboxylic acid	–	(*H* 441)
2-Propylaminopyrazine	–	(*H* 392)
6-Propylamino-2-pyrazinecarbothioamide	–	(*H* 420)
3-Propylamino-5-thiocarbamoyl-2-pyrazinecarboxamide	218–220, IR, NMR	510
Propyl 5-chloro-2-pyrazinecarboxylate	93–95/0.05	651
Propyl 5-methyl-2-pyrazinecarboxylate	91/0.25	651
Propyl 3-propoxy-2-pyrazinecarboximidate	–	(*H* 441)
Propyl 3-propoxy-2-pyrazinecarboxylate	–	(*H* 441)
2-Propylpyrazine	89–93/~20 (?)	(*H* 387) 239, 1290
5-Propyl-2-pyrazinecarbohydrazide	–	1137
3-Propyl-2-pyrazinecarbonitrile	–	(*H* 395)
5-Propyl-2-pyrazinecarbonitrile	114–115/2, IR, NMR	509
N-Propyl-2-pyrazinecarbothioamide	–	(*H* 398)
5-Propyl-2-pyrazinecarbothioamide	–	1137
S-Propyl 2-pyrazinecarbothioate	–	(*H* 398)
N-Propyl-2-pyrazinecarboxamide	–	(*H* 398)
3-Propyl-2-pyrazinecarboxamide	–	(*H* 393)
5-Propyl-2-pyrazinecarboxamide	152–165(?) or 154–156, IR, NMR	509, 669
5-Propyl-2-pyrazinecarboxamide 4-oxide	176	669
Propyl 2-pyrazinecarboxylate	46–48, NMR	639
5-Propyl-2-pyrazinecarboxylic acid	195–197	669
2-Propylpyrazine 1,4-dioxide	195–196, NMR, UV	1290
2-Propylpyrazine 1-oxide	150–160/37, NMR, UV	1290, 1677r
2-Phenylpyrazine 4-oxide	160–165/36, NMR, UV	1290, 1677r
1-Propyl-2(1*H*)-pyrazinone 4-oxide	Crude, liq, NMR	88
6-Propylsulfinyl-2-pyrazinecarbonitrile	–	(*H* 442)
2-Propylsulfonylpyrazine	123–124/0.4, dip	239, 1088
6-Propylsulfonyl-2-pyrazinecarboxamide	–	(*H* 442)
2-Propylthiopyrazine	NMR	503
6-Propylthio-2-pyrazinecarbohydrazide	–	(*H* 443)

ALPHABETICAL LIST *Continued*

Pyrazine	Melting point (°C), etc.	Reference(s)
6-Propylthio-2-pyrazinecarbonitrile	–	(*H* 442)
6-Propylthio-2-pyrazinecarbothioamide	–	(*H* 443)
6-Propylthio-2-pyrazinecarboxamide	–	(*H* 442)
6-Propylthio-2-pyrazinecarboxylic acid	–	(*H* 442)
3-Propylthio-2,5-pyrazinedicarboxamide	–	1233
2-[2-(Prop-2-ynyloxy)ethyl]pyrazine	anal, NMR	366
2-(Prop-2-ynyloxymethyl)pyrazine	160–175/15, NMR; 4-EtBF$_4$: Crude, NMR	367
2-Pyrazinamine	114 to 120, dip, IR, NMR, pK_a, st, UV	(*H* 388) 77, 256, 257, 412, 500, 545, 574, 928, 991, 1081, 1295, 1424, 1671, 1677e, 1677dd
2-Pyrazinamine 1,4-dioxide	–	(*H* 448)
2-Pyrazinamine 1-oxide	170–174 or 187–188, NMR	(*H* 448) 276, 277, 342, 1374
2-Pyrazinamine 4-oxide	180–181, IR, NMR	(*H* 448) 256, 278, 1556
Pyrazine	54–56, 115–116/760, dip, IR, NMR, PK_a, pol, Raman, UV; 2BH$_3$: 128, IR, NMR; CrO$_3$: >350, IR, NMR; CrO$_3$.HCl: 148–150, IR, UV; MeBr: 174–176; MeI: 139–140, NMR	(*H* 384) 77, 155, 183, 239, 256, 273, 279, 286, 357, 376, 379, 412, 438, 458, 503, 545, 556, 562, 568, 584, 1001, 1038, 1052, 1067, 1230, 1337, 1373, 1409, 1410, 1483, 1663
2-Pyrazinecarbaldehyde	liq, NMR; H$_2$NN=: 92–93, NMR; tsc: 236–237, IR; substituted-tsc: Co complexes	(*H* 397, 398) 236, 460, 476, 854
2-Pyrazinecarbaldehyde 4-oxide	–	(*H* 451)
2-Pyrazinecarbaldehyde oxime	–	(*H* 397)
2-Pyrazinecarbohydrazide	–	(*H* 397)
2-Pyrazinecarbohydrazide 1,4-dioxide	–	(*H* 451)
2-Pyrazinecarbohydrazide 4-oxide	–	(*H* 451)
2-Pyrazinecarbonitrile	90–91/13 or 100–101/17, IR, NMR, Raman	(*H* 394) 38, 509, 545, 1062, 1172, 1206, 1258, 1285, 1292, 1294, 1297, 1577

ALPHABETICAL LIST Continued

Pyrazine	Melting point (°C), etc.	Reference(s)
2-Pyrazinecarbonitrile 1-oxide	157–159, NMR	(H 451) 251, 503, 1300
2-Pyrazinecarbonitrile 4-oxide	153–154	(H 451) 1448
2-Pyrazinecarbonyl azide	Crude, 39–41	1130
2-Pyrazinecarbonyl chloride	Sublimed 50–60/ vacuum	(H 394, 400) 639
2-Pyrazinecarbothioamide	–	(H 398) 864, 1267
2-Pyrazinecarboxamide	Metabolism, NMR, pK_a, xl st; 4-MeI: 194–198, NMR, UV; 4-MeBF$_4$: UV; 4-HO$_2$C(CH$_2$)$_4$I: 205–208, NMR	(H 393) 63, 256, 356, 426, 500, 503, 545, 716, 846, 887, 1004, 1157, 1183, 1300, 1584
2-Pyrazinecarboxamide 1-oxide	–	(H 451)
2-Pyrazinecarboxamide 4-oxide	295 or 305–306, IR, NMR	(H 451) 669, 1556
2-Pyrazinecarboxamidine	–	(H 392)
2-Pyrazinecarboxamidrazone	–	(H 392)
2-Pyrazinecarboxylic acid	223–225, NMR, pK_a	(H 393) 63, 143, 256, 442, 545, 835, 846, 952, 1057, 1067, 1244
2-Pyrazinecarboxylic acid 1, 4-dioxide	–	(H 451)
2-Pyrazinecarboxylic acid 1-oxide	138–139	(H 451) 1300
2-Pyrazinecarboxylic acid 4-oxide	190	(H 451) 669
2,3-Pyrazinediamine	200 to 209, IR, NMR	(H 389) 231, 1008, 1451, 1529
2,5-Pyrazinediamine	–	(H 389)
2,6-Pyrazinediamine	137–138, dip, NMR, pK_a	(H 389) 412, 1124
2,3-Pyrazinediamine 1-oxide	–	(H 450)
2,6-Pyrazinediamine 1-oxide	–	(H 450)
2,5-Pyrazinedicarbaldehyde	96–98, MS, NMR; (PhHNN=)$_2$: 265	425, 432
2,3-Pyrazinedicarbohydrazide	–	(H 396)
2,5-Pyrazinedicarbohydrazide	–	(H 393)
2,3-Pyrazinedicarbonitrile	78–80(?) or 127–128 or 132–134, IR, MS, NMR	(H 395) 789, 889, 971, 1127, 1389, 1406, 1668
2,5-Pyrazinedicarbonitrile	193, IR, NMR	(H 395) 38
2,6-Pyrazinedicarbonitrile	MS	(H 395) 1406
2,5-Pyrazinedicarbonyl diazide	–	(H 395)
2,5-Pyrazinedicarbonyl dichloride	–	(H 392) 1094
2,3-Pyrazinedicarboxamide	198–200(?) or 235, IR, MS, NMR, pK_a, metal complexes	(H 395) 63, 474, 596, 1127, 1668
2,5-Pyrazinedicarboxamide	–	(H 395) 1263, 1299
2,6-Pyrazinedicarboxamide	–	(H 395)

ALPHABETICAL LIST Continued

Pyrazine	Melting point (°C), etc.	Reference(s)
2,3-Pyrazinedicarboximide	243, complexes	(H 395) 474, 971, 1040
2,3-Pyrazinedicarboxylic acid	180 to 194, IR, MS, NMR, pK_a, Raman, UV; (o-HO$_2$CC$_6$H$_4$NH$_3$)$_{1\,\&\,2}$ salts: xl st	(H 395) 63, 68, 143, 840, 846, 850, 947, 971, 1215, 1238, 1241, 1677ii
2,5-Pyrazinedicarboxylic acid	255 or 282, MS, NMR, UV	(H 395) 68, 432, 442, 1586, 1677u
2,6-Pyrazinedicarboxylic acid	225, UV	(H 395) 1586, 1677u
2,3-Pyrazinedicarboxylic anhydride	221 to 224, IR, NMR	(H 395) 1185, 1318, 1572
2,3(1H,4H)-Pyrazinedione	>320 or 350, IR, NMR, st	(H 403) 1567, 1623, 1675, 1773
Pyrazine 1,4-dioxide	300, NMR, th	(H 447) 995, 1078, 1405, 1410
2,3(1H,4H)-pyrazinediselone	Crude	1076
2,3(1H,4H)-Pyrazinedithione	–	(H 409)
Pyrazine 1-ethoxycarbonylimide	105–106, IR, NMR	87
Pyrazine 1-oxide	113–115, IR, NMR, th, UV; MeI: 203–204, NMR; CrO$_3$.HCl: 94, IR, UV	(H 447) 256, 286, 574, 1078, 1405, 1408, 1410, 1529
2-Pyrazinesulfonamide	–	(H 409)
2-Pyrazinesulfonic acid	–	(H 409)
2-Pyrazinesulfonic acid 1-oxide	–	(H 456)
2-Pyrazinesulfonic acid 4-oxide	–	(H 456)
2-Pyrazinesulfonyl chloride	–	(H 409)
2,3,5,6-Pyrazinetetramine	–	(H 392)
2,3,5,6-Pyrazinetetracarbohydrazide	–	(H 398)
2,3,5,6-Pyrazinetetracarbonitrile	Complexes, MS, NMR	(H 398) 475, 771, 1406
2,3,5,6-Pyrazinetetracarboxamide	–	(H 398)
2,3,5,6-Pyrazinetetracarboxylic acid	196–198, IR, UV	(H 398) 7
2,3,5,6-Pyrazinetetracarboxylic dianhydride	–	(H 398)
2(1H)-Pyrazinethione	170 to 220, IR, NMR, st	(H 410) 43, 931, 1033, 1358, 1398, 1424, 1602
2(1H)-Pyrazinethione 4-oxide	–	(H 456)
2,3,5-Pyrazinetricarboxamide	–	(H 398)
2,3,5-Pyrazinetricarboxylic acid	–	(H 398)
Pyrazinium 1-ethoxycarbonylimide	105–106, IR, NMR	87
2(1H)-Pyrazinone	185 to 188, IR, MS, NMR, pK_a, st, UV	(H 403) 64, 183, 237, 238, 390,

ALPHABETICAL LIST Continued

Pyrazine	Melting point (°C), etc.	Reference(s)
2(1*H*)-Pyrazinone 4-oxide	245–252, IR, NMR, UV	931, 1042, 1398, 1424, 1430, 1675 (*H* 454) 88, 97
5-Sulfo-2-pyrazinecarboxylic acid	–	988
2,3,5,6-Tetrabenzylpyrazine	102–104, IR, MS, NMR	223
2,3,5,6-Tetrabromopyrazine	150–151, IR, NMR	(*H* 402) 922, 1460
2,3,5,6-Tetrabromopyrazine 1-oxide	–	(*H* 453)
2,3,5,6-Tetrabutylpyrazine	160/2.5, IR, MS, NMR	223
2,3,5,6-Tetra-*tert*-butylpyrazine	101, IR, NMR	1464
2,3,5,6-Tetrachloropyrazine	NMR	(*H* 402) 774, 1411, 1460
2,3,5,6-Tetrachloropyrazine 1,4-dioxide	–	(*H* 453)
2,3,5,6-Tetrachloropyrazine 1-oxide	–	(*H* 453)
2,3,5,6-Tetraethylpyrazine	89–90/5 or 102/10 or 132–138/28, IR, MS, NMR, UV	223, 293, 1000
Tetraethyl 2,3,5,6-pyrazinetetracarboxylate	–	(*H* 398)
2,4,5,6-Tetrafluoropyrazine	–	(*H* 402) 1320
2,3,5,6-Tetrahexylpyrazine	160/0.3, IR, MS, NMR	223
2,3,5,6-Tetraisobutylpyrazine	130/2.5, IR, MS, NMR	223
2,3,5,6-Tetraisopropylpyrazine	123–124, IR, MS, NMR	1000
2,3,5,6-Tetrakis(chloromethyl) pyrazine	148–150, MS, NMR	550
2,3,5,6-Tetramethylpyrazine	82 to 88, 190/760, IR, MS, NMR, pK_a, pol, xl st, UV; 3 H_2O: xl st; polyiodides: xl st	(*H* 387) 183, 223, 280, 580, 755, 875, 901, 1000, 1052, 1200, 1208, 1242, 1373, 1405
3,6,*N*,*N*′-Tetramethyl-2,5-pyrazinedicarboxamide	–	(*H* 396)
2,3,5,6-Tetramethylpyrazine 1,4-dioxide	224, NMR	(*H* 448) 439, 1405
2,3,5,6-Tetramethylpyrazine 1-oxide	83, NMR	(*H* 448) 1405
Tetramethyl 2,3,5,6-pyrazinetetracarboxylate	183–184, IR, MS, UV	(*H* 398) 7
1,3,5,6-Tetramethyl-2(1*H*)-pyrazinone	74–76, IR, NMR	(*H* 409) 35
2,3,5,6-Tetrapentylpyrazine	130/0.2, IR, MS, NMR	223
2,3,5,6-Tetraphenylpyrazine	240 to 255, IR, NMR, UV, xl sts (dimorphic)	(*H* 387) 19, 138, 288, 325, 479, 518, 564, 934, 937, 1120, 1364, 1414, 1422, 1736
2,3,5,6-Tetraphenylpyrazine 1,4-dioxide	–	(*H* 448)
2,3,5,6-Tetrapropylpyrazine	64/4, IR, MS, NMR	223
2-Thiocarbamoylmethylpyrazine	–	(*H* 398)
2-(1-Thiocarbamoylpropyl)pyrazine	–	(*H* 398)
2-Thioureidopyrazine	236–238	(*H* 392) 291

ALPHABETICAL LIST Continued

Pyrazine	Melting point (°C), etc.	Reference(s)
3-Thioxo-3,4-dihydro-2-pyrazinecarbonitrile	–	858
3-Thioxo-3,4-dihydro-2-pyrazinecarboxamide	202–204	503
6-Thioxo-1,6-dihydro-2-pyrazinecarboxamide	186–189	503
3-Thioxo-3,4-dihydro-2-pyrazinecarboxamide oxime	130, NMR	262
3-Thioxo-3,4-dihydro-2-pyrazinecarboxylic acid	–	(H 442)
6-Thioxo-1,6-dihydro-2-pyrazinecarboxylic acid 4-oxide	210–213, IR, NMR, UV	89
2,3,5-Tribromo-6-methylthiopyrazine	–	(H 446)
2,3,5-Tribromopyrazine	–	(H 402) 1460
2,3,5-Tribromopyrazine 1-oxide	–	(H 453)
2,3,5-Tributyl-6-fluoropyrazine	–	(H 402)
2,3,5-Tri-*tert*-butylpyrazine	–	(H 387)
3,5,6-Tri-*tert*-butyl-2(1*H*)-pyrazinone	–	(H 408)
3,5,6-Trichloro-1-cyclohexyl-2(1*H*)-pyrazinone	–	(H 446)
2,3,5-Trichloro-6-dimethylaminopyrazine	–	(H 422)
2,3,5-Trichloro-6-ethoxypyrazine	–	(H 446)
3,5,6-Trichloro-1-ethyl-2(1*H*)-pyrazinone	–	(H 446)
2,3,5-Trichloro-6-fluoropyrazine	–	(H 407)
2,3,5-Trichloro-6-hydrazinopyrazine	–	(H 422)
2,3,5-Trichloro-6-isocyanatopyrazine	–	(H 439)
2,3,5-Trichloro-6-isopropoxypyrazine	–	(H 446)
2,3,5-Trichloro-6-methoxypyrazine	–	(H 446)
2,3,5-Trichloro-6-methylaminopyrazine	–	(H 422)
2,3,5-Trichloro-6-methylpyrazine	–	(H 402)
3,5,6-Trichloro-1-methyl-2(1*H*)-pyrazinone	75–78, IR, MS	745
2,3,5-Trichloro-6-methylthiopyrazine	–	(H 446)
2,3,5-Trichloro-6-phenoxypyrazine	–	(H 446)
2,3,5-Trichloro-6-phenylpyrazine	–	(H 402)
3,5,6-Trichloro-1-phenyl-2(1*H*)-pyrazinone	–	(H 446)
3,5,6-Trichloro-2-pyrazinamine	–	(H 421)
2,3,5-Trichloropyrazine	–	(H 402) 774, 1460
2,3,5-Trichloropyrazine 1-oxide	–	(H 453)
3,5,6-Trichloro-2(1*H*)-pyrazinone	–	(H 446)
2,3,5-Triethyl-6-methylpyrazine	–	(H 387)
2,3,5-Triethylpyrazine	80–85/5, MS, NMR	293
Triethyl 2,3,5-pyrazinetricarboxylate	–	(H 399)
2,3,5-Trifluoro-6-hydrazinopyrazine	–	(H 422)
2,3,5-Trifluoro-6-methoxypyrazine	–	(H 446)
2,3,5-Trifluoro-6-methylpyrazine	–	(H 402)
3,5,6-Trifluoro-2-pyrazinamine	–	(H 421)
2,3,5-Trifluoropyrazine	–	(H 402)
2,3,5-Triiodo-6-methylthiopyrazine	–	(H 446)
2,3,5-Triisobutyl-6-methylpyrazine	Crude, NMR	55
2-[2-(Trimethylammonio)ethyl] pyrazine iodide	–	(H 420)

ALPHABETICAL LIST Continued

Pyrazine	Melting point (°C), etc.	Reference(s)
N,N,N'-Trimethyl-3,5-bismethylamino-2,6-pyrazinedicarboxamide	–	(H 419)
2,3,5-Trimethyl-6-(1-methylallyl) oxycarbonylmethylpyrazine	liq, IR, NMR	1384
5,6,N-Trimethyl-3-methylamino-2-pyrazinecarboxamide	–	(H 419)
5,6,N-Trimethyl-3-methylamino-2-pyrazinecarboxamide 1-oxide	–	(H 451)
2,3,5-Trimethyl-6-(pent-3-enyl) pyrazine	liq, IR, NMR	1384
2,3,5-Trimethyl-6-pentylpyrazine	–	(H 387)
2,3,5-Trimethyl-6-phenylpyrazine 1,4-dioxide	184–185, IR, NMR, UV	423
2,3,5-Trimethyl-6-pivaloylpyrazine	–	(H 399)
2,3,5-Trimethyl-6-propionylpyrazine	65–68, IR, MS, NMR	55, 1383
2-(1,1,2-Trimethylpropoxy)pyrazine	109/21, IR, UV	59
2-(1,2,2-Trimethylpropoxy)pyrazine	89/7.5, IR, UV	59
3,5,6-Trimethyl-2-pyrazinamine	–	(H 389)
2,3,5-Trimethylpyrazine	90/50 or 171–172/760, MS, NMR, pK_a xl st; 2 BH$_3$: 108, IR, NMR	(H 387) 254, 280, 440, 839, 1052, 1373, 1405, 1663, 1766
3,5,6-Trimethyl-2-pyrazinecarbonitrile	–	(H 395)
3,5,6-Trimethyl-2-pyrazinecarboxamide	–	(H 393)
3,5,6-Trimethyl-2-pyrazinecarboxamidine	–	(H 392)
3,5,6-Trimethyl-2-pyrazinecarboxylic acid	111–112, NMR	1293, 1340
1,4,6-Trimethyl-2,3(1H,4H)-pyrazinedione	–	(H 409)
2,3,5-Trimethylpyrazine 1,4-dioxide	136–137, IR, NMR, UV	423, 1405
2,3,5-Trimethylpyrazine 1-oxide	62–63 or 85–87, NMR, UV; pic: 175–176	282, 1405
2,3,5-Trimethylpyrazine 4-oxide	38–40 or 68–69, NMR, UV; pic: 179–180	282, 1405
3,5,6-Trimethyl-2(1H)-pyrazinethione	–	(H 410)
Trimethyl 2,3,5-pyrazinetricarboxylate	–	(H 399)
1,3,6-Trimethyl-2(1H)-pyrazinone	–	(H 409)
3,5,6-Trimethyl-2(1H)-pyrazinone	193–194, NMR, UV	(H 407) 1099
2-Trimethylsiloxypyrazine 4-oxide	–	(H 456)
Trimethylsilyl 2-pyrazinecarboxylate	112/11	362
2,3,5-Trimethyl-6-(trimethylammoniomethyl)-pyrazine (+anion)	Cl$^-$: 232–233, MS, NMR	550
2,3,5-Triphenylpyrazine	NMR	(H 387) 137, 288
3,5,6-Triphenyl-2-pyrazinecarbonitrile	–	(H 395)
2,3,5-Triphenylpyrazine 1-oxide	211–212, MS, NMR, UV	288
2,3,5-Triphenylpyrazine 4-oxide	163–164, MS, NMR, UV	288
3,5,6-Triphenyl-2(1H)-pyrazinone	281–282, IR, NMR, UV	(H 407) 27
2,3,5-Tris(chloromethyl)-6-methylpyrazine	74–77, MS, NMR	550
6-Ureido-2,3,5-pyrazinetricarboxylic acid	–	(H 420)
2-Valerylmethylpyrazine	–	(H 399)
2-Vinylpyrazine	50/10 or 58–60/30, IR, NMR	(H 387) 1446, 1662

REFERENCES

In each case, information was obtained from the original publication except where an additional reference to *Chemical Abstracts* is included. Except where otherwise indicated, each citation of a Russian journal or of *Angewandte Chemie* refers to the original Russian or German version, not to the subsequent English translation. The abbreviations for journal titles are those recommended in the *Chemical Abstracts Service Source Index* (1994) and supplements.

1. W. F. Keir, A. H. MacLennan, and H. C. S. Wood, *J. Chem. Soc., Perkin Trans. 1*, **1978**, 1002.
2. P. D. Croce, M. Toannisci, and E. Licandro, *J. Chem. Soc., Perkin Trans. 1*, **1979**, 330.
3. T. Takeshima, M. Ikeda, M. Yokoyama, N. Fukada, and M. Muraika, *J. Chem. Soc., Perkin Trans. 1*, **1979**, 692.
4. A. Albert, *J. Chem. Soc., Perkin Trans. 1*, **1979**, 1574.
5. J. L. Markham and P. G. Sammes, *J. Chem. Soc., Perkin Trans. 1*, **1979**, 1885.
6. J. L. Markham and P. G. Sammes, *J. Chem. Soc., Perkin Trans. 1*, **1979**, 1889.
7. R. B. Herbert, F. G. Holliman, P. N. Ibberson, and J. A. Sheridan, *J. Chem. Soc., Perkin Trans. 1*, **1979**, 2411.
8. M. M. El-Abadelah, S. S. Sabri, A. A. Jarrar, and M. H. A. Zarga, *J. Chem. Soc., Perkin Trans. 1*, **1979**, 2881.
9. C. R. Hardy and J. Parrick, *J. Chem. Soc., Perkin Trans. 1*, **1980**, 506.
10. D. E. Ames and M. I. Brohi, *J. Chem. Soc., Perkin Trans. 1*, **1980**, 1384.
11. R. E. Busby, M. A. Khan, M. R. Khan, J. Parrick, C. J. G. Shaw, and M. Iqbal, *J. Chem. Soc., Perkin Trans. 1*, **1980**, 1427.
12. R. E. Busby, M. A. Khan, M. R. Khan, J. Parrick, and C. J. G. Shaw, *J. Chem. Soc., Perkin Trans. 1*, **1980**, 1431.
13. M. E. K. Cartoon, G. W. H. Cheeseman, H. Dowlatshahi, and P. Sharma, *J. Chem. Soc., Perkin Trans. 1*, **1980**, 1603.
14. R. D. Chambers, W. K. R. Musgrave, and C. R. Sargent, *J. Chem. Soc., Perkin Trans. 1*, **1981**, 1071.
15. R. N. Barnes, R. D. Chambers, R. D. Hercliffe, and W. K. R. Musgrave, *J. Chem. Soc., Perkin Trans. 1*, **1981**, 2059.
16. R. O. Cain and A. E. A. Porter, *J. Chem. Soc., Perkin Trans. 1*, **1981**, 3111.
17. R. N. Barnes, R. D. Chambers, R. D. Hercliffe, and R. Middleton, *J. Chem. Soc., Perkin Trans. 1*, **1981**, 3289.
18. A. K. Göktürk, A. A. E. Porter, and P. G. Sammes, *J. Chem. Soc., Perkin Trans. 1*, **1982**, 953.
19. A. R. Katritzky, S. B. Borja, J. Marquet, and M. P. Sammes, *J. Chem. Soc., Perkin Trans. 1*, **1983**, 2065.

20. R. J. Cremlyn, O. O. Shode, and F. J. Swinbourne, *J. Chem. Soc., Perkin Trans. 1*, **1983**, 2181.
21. C. Howes, N. W. Alcock, B. T. Golding, and R. W. McCabe, *J. Chem. Soc., Perkin Trans. 1*, **1983**, 2287.
22. T. Nishio, N. Nakajima, M. Kondo, Y. Omote, and M. Kaftory, *J. Chem. Soc., Perkin Trans. 1*, **1984**, 391.
23. M. J. Finn, M. A. Harris, E. Hunt, and I. I. Zomaya, *J. Chem. Soc., Perkin Trans. 1*, **1984**, 1345.
24. L. Henn, D. M. B. Hickey, C. J. Moody, and C. W. Rees, *J. Chem. Soc., Perkin Trans. 1*, **1984**, 2189.
25. J. H. Boyer and T. P. Pillai, *J. Chem. Soc., Perkin Trans. 1*, **1985**, 1661.
26. R. Cameron, S. H. Nicholson, D. H. Robinson, C. J. Suckling, and H. C. S. Wood, *J. Chem. Soc., Perkin Trans. 1*, **1985**, 2133.
27. T. Nishio, M. Kondo, and Y. Omote, *J. Chem. Soc., Perkin Trans. 1*, **1985**, 2497.
28. M. Cushman, W. C. Wong, and A. Bacher, *J. Chem. Soc., Perkin Trans. 1*, **1986**, 1043.
29. M. K. Shepherd, *J. Chem. Soc., Perkin Trans. 1*, **1986**, 1495.
30. J. H. Boyer, G. Kumar, and T. P. Pillai, *J. Chem. Soc., Perkin Trans. 1*, **1986**, 1751.
31. J.-L. Fourrey, J. Beauhaire, and C. W. Yuan, *J. Chem. Soc., Perkin Trans. 1*, **1987**, 1841.
32. T. R. Jones and F. L. Rose, *J. Chem. Soc., Perkin Trans. 1*, **1987**, 2585.
33. M. K. Shepherd, *J. Chem. Soc., Perkin Trans. 1*, **1988**, 961.
34. I. M. Dawson, J. A. Gregory, R. B. Herbert, and P. G. Sammes, *J. Chem. Soc., Perkin Trans. 1*, 1988, 2585.
35. T. Nishio, N. Tokunaga, M. Kondo, and Y. Omote, *J. Chem. Soc., Perkin Trans. 1*, **1988**, 2921.
36. J. DiMaio and B. Belleau, *J. Chem. Soc., Perkin Trans. 1*, **1989**, 1687.
37. T. Benincori, E. Brenna, and F. Sannicolò, *J. Chem. Soc.,* Perkin Trans. 1, **1991**, 2139.
38. N. Sato, Y. Shimomura, Y. Ohwaki, and R. Tageuchi, *J. Chem. Soc., Perkin Trans. 1*, **1991**, 2877.
39. E. Fabiano and B. T. Golding, *J. Chem. Soc., Perkin Trans. 1*, **1991**, 3371.
40. J. R. Russell, C. D. Garner, and J. A. Loule, *J. Chem. Soc., Perkin Trans. 1*, **1992**, 409.
41. J. E. Rose, P. D. Leeson, and D. Gani, *J. Chem. Soc., Perkin Trans. 1*, **1992**, 1563.
42. T. Kitano, N. Shirai, M. Motoi, and Y. Sato, *J. Chem. Soc., Perkin Trans. 1*, **1992**, 2851.
43. N. Sato, K. Kawahara, and H. Morii, *J. Chem. Soc., Perkin Trans. 1*, **1993**, 15.
44. D. A. Peters, R. L. Beddoes, and J. A. Joule, *J. Chem. Soc., Perkin Trans. 1*, **1993**, 1217.
45. Y. Kita, H. Akai, H. Fujioka, Y. Tamura, H. Tone, and Y. Taniguchi, *J. Chem. Soc., Perkin Trans. 1*, **1994**, 875.
46. N. Sato, N. Miwa, and N. Hirokawa, *J. Chem. Soc., Perkin Trans. 1*, **1994**, 885.
47. U. Schöllkopf, *Pure Appl. Chem.*, **1983**, 55, 1799.
48. L. Lankiewicz, B. Nyasse, B. Fransson, L. Grehn, and U. Ragnarsson, *J. Chem. Soc., Perkin Trans. 1*, **1994**, 2503.
49. B. Hartzoulakis and D. Gani, *J. Chem. Soc., Perkin Trans. 1*, **1994**, 2525.
50. J. E. Rose, P. D. Leeson, and D. Gani, *J. Chem. Soc., Perkin Trans. 1*, **1995**, 157.
51. M. S. Ashwood, A. W. Gibson, P. G. Houghton. G. R. Humphrey, D. C. Roberts, and S. H. B. Wright, *J. Chem. Soc., Perkin Trans. 1*, **1995**, 641.
52. D. Cartwright, J. R. Ferguson, T. Giannopoulos, G. Varvounis, and B. J. Wakefield, *J. Chem. Soc., Perkin Trans. 1*, **1995**, 2595.
53. K. J. Buysens, D. M. Vandenberghe, S. M. Toppet, and G. J. Hoornaert, *J. Chem. Soc., Perkin Trans. 1*, **1996**, 231.
54. T. Okawa, S. Eguchi, and A. Kakehi, *J. Chem. Soc., Perkin Trans. 1*, **1996**, 247.
55. N. Sato and T. Matsuura, *J. Chem. Soc., Perkin Trans. 1*, **1996**, 2345.

56. N. Saito, K. Toshiro, Y. Maru, K. Yamaguchi, and A. Kubo, *J. Chem. Soc., Perkin Trans. 1*, **1997**, 53.
57. N. Sato, K. Matsumoto, M. Takishima, and K. Mochizuka, *J. Chem. Soc., Perkin Trans. 1*, **1997**, 3167.
58. Y. S. Tsizin, N. L. Sergovskaya, and S. A. Chernyak, *Khim. Geterotsikl. Soedin.*, **1986**, 514.
59. T. Konakahara, K. Sato, Y. Takagi, and K. Kuwata, *J. Chem. Soc., Perkin Trans. 2*, **1984**, 641.
60. M. Kaftory, *J. Chem. Soc., Perkin Trans. 2*, **1984**, 757.
61. W. Kaim, *J. Chem. Soc., Perkin Trans. 2*, **1984**, 1357.
62. G. Matsubayashi, Y. Sakamoto, T. Tanaka, and K. Nakatsu, *J. Chem. Soc., Perkin Trans. 2*, **1985**, 947.
63. F. Billes and A. Tóth, *J. Chem. Soc., Perkin Trans. 2*, **1986**, 359.
64. N. Al-Awadi and R. Taylor, *J. Chem. Soc., Perkin Trans. 2*, **1986**, 1585.
65. A. Castro, M. Mosquera, M. F. Rodriguez-Prieto, J. A. Santaballa, and J. Vázquez-Tato, *J. Chem. Soc., Perkin Trans. 2*, **1988**, 1963.
66. S. C. Shim and M. S. Kim, *J. Chem. Soc., Perkin Trans. 2*, **1989**, 1897.
67. O. J. Mieden and C. von Sonntag, *J. Chem. Soc., Perkin Trans. 2*, **1989**, 2071.
68. M. Mišić-Yuković, M. Radojković-Veličković, and V. Jezdić, *J. Chem. Soc., Perkin Trans. 2*, **1990**, 109.
69. A. Abbotto, V. Alanzo, S. Bradamante, and G. A. Pagani, *J. Chem. Soc., Perkin Trans. 2*, **1991**, 481.
70. U. Eiermann, F. A. Neugebauer, H. Chandra, M. C. R. Symons, and J. L. Wyatt, *J. Chem. Soc., Perkin Trans. 2*, **1992**, 85.
71. M. Krejčik, S. Záliš, M. Ladwig, W. Matheis, and W. Kaim, *J. Chem. Soc., Perkin Trans. 2*, **1992**, 2007.
72. D. L. Crabb, D. A. Main, J. O. Morley, P. N. Preston, and S. H. B. Wright, *J. Chem. Soc., Perkin Trans. 2*, **1997**, 49.
73. R. Saito, T. Hirano, H. Niwa, and M. Ohashi, *J. Chem. Soc., Perkin Trans. 2*, **1997**, 1711.
74. R. D. Bailey, G. W. Drake, M. Grabarczyk, T. W. Hanks, L. L. Hook, and W. T. Pennington, *J. Chem. Soc., Perkin Trans. 2*, **1997**, 2773.
75. R. D. Bailey, M. Grabarczyk, T. W. Hanks, and W. T. Pennington, *J. Chem. Soc., Perkin Trans. 2*, **1997**, 2781.
76. M. Sakaguchi, Y. Miyata, H. Ogura, K. Gonda, S. Koga, and T. Okamoto, *Chem. Pharm. Bull.*, **1979**, *27*, 1094.
77. T. Tsujimoto, T. Nomura, M. Iifuru, and Y. Sasaki, *Chem. Pharm. Bull.*, **1979**, *27*, 1169.
78. A. Ohta, Y. Akita, A. Izumida, and I. Suzuki, *Chem. Pharm. Bul.*, **1979**, *27*, 1316.
79. A. Ohta, T. Ohwada, C. Ueno, M. Sumita, S. Masano, Y. Akita, and T. Watanabe, *Chem. Pharm. Bull.*, **1979**, *27*, 1378.
80. A. Ohta, Y. Akita, and M. Hara, *Chem. Pharm. Bull.*, 1979, *27*, 2027.
81. A. Ohta, K. Hasegawa, K. Amano, C. Mori, A. Ohsawa, K. Ikeda, and T. Watanabe, *Chem. Pharm. Bull.*, **1979**, *27*, 2596.
82. A. Ohta, Y. Akita, and Y. Nakane, *Chem. Pharm. Bull.*, **1979**, *27*, 2980.
83. J. Okada and M. Shimabayashi, *Chem. Pharm. Bull.*, **1980**, *28*, 3315.
84. J. Aritomi, S. Ueda, and H. Nishimura, *Chem. Pharm. Bull.*, **1980**, *28*, 3163.
85. M. Mano, T. Seo, and K.-I. Imai, *Chem. Pharm. Bull.*, **1980**, *28*, 3057.
86. M. Mano, T. Seo, T. Hattori, T. Kaneko, and K.-I. Imai, *Chem. Pharm. Bull.*, **1980**, *28*, 2734.
87. T. Tsuchiya, J. Kurita, and K. Takayama, *Chem. Pharm. Bull.*, **1980**, *28*, 2676.
88. M. Mano, T. Seo, and K.-I. Imai, *Chem. Pharm. Bull.*, **1980**, *28*, 2720.

89. K.-I. Imai, M. Mano, T. Seo, and T. Matsuno, *Chem. Pharm. Bull.*, **1981**, *29*, 88.
90. K. Arai, S. Sato, S. Shimizu, K. Nitta, and Y. Yamamoto, *Chem. Pharm. Bull.*, **1981**, *29*, 1510.
91. H. Yamanaka, S. Konno, T. Sakamoto, S. Niitsuma, and S. Noji, *Chem. Pharm. Bull.*, **1981**, *29*, 2837.
92. A. Ohta and M. Ohta, *Chem. Pharm. Bull.*, **1983**, *31*, 20.
93. H. Yamanaka, M. Mizugaki, T. Sakamoto, M. Sagi, Y. Nakagawa, H. Takayama, M. Ishibashi, and H. Miyazaki, *Chem. Pharm. Bull.*, **1983**, *31*, 4549.
94. J. C. Lancelot, D. Ladurée, and M. Bobba, *Chem. Pharm. Bull.*, **1985**, *33*, 3122.
95. K. Meguro, M. Aizawa, T. Sohda, Y. Kawamatsu, and A. Nagaoka, *Chem. Pharm. Bull.*, **1985**, *33*, 3787.
96. Y. Akita, A. Inoue, and A. Ohta, *Chem. Pharm. Bull.*, **1986**, *34*, 1447.
97. G. Goto, K. Kawakita, T. Okutani, and T. Miki, *Chem. Pharm. Bull.*, **1986**, *34*, 3202.
98. A. Kubo, N. Saito, H. Yamato, and Y. Kawakami, *Chem. Pharm. Bull.*, **1987**, *35*, 2525.
99. N. Shimazaki, I. Shima, K. Hemmi, Y. Tsurumi, and M. Hashimoto, *Chem. Pharm. Bull.*, **1987**, *35*, 3527.
100. J. E. Gready, in *Chemistry and Biology of Pteridines* (*Proc. 8th Int. Symp.*), Eds B. A. Cooper and V. M. Whitehead, de Gruyter, Berlin, **1986**, p. 85.
101. K. Tanaka, K. Matsuo, A. Nakanishi, Y. Katoaka, K. Takase, and S. Otsuki, *Chem. Pharm. Bull.*, **1988**, *36*, 2323.
102. Y. Akita, Y. Itagaki, S. Takizawa, and A. Ohta, *Chem. Pharm. Bull.*, **1989**, *37*, 1477.
103. N. Saito, N. Kawakami, E. Yamada, and A. Kubo, *Chem. Pharm. Bull.*, **1989**, *37*, 1493.
104. E. Makino, N. Iwasaki, N. Yagi, T. Ohashi, H. Kato, and H. Azuma, *Chem. Pharm. Bull.*, **1990**, *38*, 201.
105. M. Hori, R. Iemura, H. Hara, A. Ozaki, T. Sukamoto, and H. Ohtaka, *Chem. Pharm. Bull.*, **1990**, *38*, 681.
106. C. Rubat, P. Coudert, P. Tronche, J. Bastide, P. Bastide, and A.-M. Privat, *Chem. Pharm. Bull.*, **1989**, *37*, 2832.
107. E. Makino, K. Mitani, N. Iwasaki, H. Kato, Y. Ito, H. Azuma, and T. Fujita, *Chem. Pharm. Bull.*, **1990**, *38*, 1250.
108. N. Seko, K. Yoshino, K. Yokota, and G. Tsukamoto, *Chem. Pharm. Bull.*, **1991**, *39*, 651.
109. K. Otsubo, S. Motita, M. Uchida, K. Yamasaki, T. Kanbe, and T. Shimizu, *Chem. Pharm. Bull.*, **1991**, *39*, 2906.
110. A. Morikawa, T. Sone, and T. Asano, *Chem. Pharm. Bull.*, **1992**, *40*, 770.
111. J.-F. Lagorce, F. Comby, A. Rousseau, J. Buxeraud, and C. Raby, *Chem. Pharm. Bull.*, **1993**, *41*, 1258.
112. K. Fuji, K. Tanaka, and H. Miyamoto, *Chem. Pharm. Bull.*, **1993**, *41*, 1557.
113. H. Jing, A. Shimada, A. Maesa, Y. Arai, M. Goto, Y. Aoyagi, and A. Ohta, *Chem. Pharm. Bull.*, **1994**, *42*, 277.
114. T. Itoh, H. Hasegawa, K. Nagata, Y. Matsuya, M. Okada, and A. Ohsawa, *Chem. Pharm. Bull.*, **1994**, *42*, 1768.
115. M. Ohba, T. Mukaihira, and T. Fujii, *Chem. Pharm. Bull.*, **1994**, *42*, 1784.
116. T. Nakajima, T. Izawa, T. Kashiwabara, S. Nakajima, and Y. Munezuka, *Chem. Pharm. Bull.*, **1994**, *42*, 2475.
117. T. Morie, S. Kato, H. Harada, N. Yoshida, I. Fujiwara, and J.-I. Matsumoto, *Chem. Pharm. Bull.*, **1995**, *43*, 1137.
118. H. Taguchi, K. Hirano, T. Yokoi, K. Asada, and Y. Okada, *Chem. Pharm. Bull.*, **1995**, *43*, 1336.
119. H. Harada, T. Morie, Y. Hirokawa, H. Terauchi, I. Fujiwara, N. Yoshida, and S. Kato, *Chem. Pharm. Bull.*, **1995**, *43*, 1912.

120. T. Yamaguchi, M. Eto, K. Watanabe, N. Kashige, and H. Harano, *Chem. Pharm. Bull.*, **1996**, *44*, 1977.
121. H. Taguchi, T. Yokoi, and Y. Okada, *Chem. Pharm. Bull.*, **1996**, *44*, 2037.
122. Y. Okada, H. Taguchi, and T. Yokoi, *Chem. Pharm. Bull.*, **1996**, *44*, 2259.
123. H. Uchida, T. Kato, and K. Achiwa, *Chem. Pharm. Bull.*, **1997**, *45*, 1228.
124. T. Yamamoto, M. Hori, I. Watanabe, H. Tsutsui, K. Harada, S. Ikeda, and H. Ohtaka, *Chem. Pharm. Bull.*, **1997**, *45*, 1282.
125. J. D. Crane, D. E. Fenton, J. M. Latour, and A. J. Smith, *J. Chem. Soc., Dalton Trans.*, **1991**, 2979.
126. G. Tresoldi, S. L. Schiavo, P. Piraino, and P. Zanello, *J. Chem. Soc., Dalton Trans.*, **1996**, 885.
127. T. S. Vasunhara and D. B. Parihar, *J. Chromatogr.*, **1980**, *194*, 254.
128. Y. Kandelwal and P. C. Jain, *Indian J. Chem., Sect. B*, **1978**, *16*, 1015.
129. K. Bhandari, V. Virmani, V. A. Murti, P. C. Jain, and N. Anand, *Indian J. Chem., Sect. B*, **1979**, *17*, 104.
130. K. Bhandari, V. Vermani, V. A. Murti, P. C. Jain, and N. Anand, *Indian J. Chem., Sect. B*, **1979**, *17*, 107.
131. P. A. Reddy and V. R. Srinivasan, *Indian J. Chem., Sect. B*, **1979**, *18*, 482.
132. S. Abuzar, S. Sharma, and R. N. Iyer, *Indian J. Chem., Sect. B*, **1980**, *19*, 211.
133. S. Abuzar and S. Sharma, *Indian J. Chem., Sect. B*, **1981**, *20*, 230.
134. B. P. Giri, *Indian J. Chem., Sect. B*, **1981**, *20*, 279.
135. R. Agarwal, M. K. Shukla, R. K. Satsangi, and C. Chaudhary, *Indian J. Chem., Sect. B*, **1981**, *20*, 680.
136. G. V. Rao, M. Balakrishnan, N. Venkatasubramanian, P. V. Subramanian, and V. Subramanian, *Indian J. Chem., Sect. B*, **1981**, *20*, 793.
137. J. Chellappa, K. Pandiarajan, and T. Rangarajan, *Indian J. Chem., Sect. B*, **1982**, *21*, 778.
138. S. C. Joshi and K. N. Mehrotra, *Indian J. Chem., Sect. B*, **1983**, *22*, 396.
139. A. K. Mandal, *Indian J. Chem., Sect. B*, **1983**, *22*, 505.
140. A. Kumar, S. Gurtu, J. N. Sinha, K. P. Bhargava, and K. Shanker, *Indian J. Chem., Sect. B*, **1983**, *22*, 1072.
141. G. H. Sayed and L. M. Abd-Elwahab, *Indian J. Chem., Sect. B*, **1983**, *22*, 1156.
142. V. K. Agrawal and S. Sharma, *Indian J. Chem., Sect. B*, **1984**, *23*, 650.
143. A. V. R. Rao, J. S. Yadav, K. Ravichandran, A. B. Sahasrabudhe, and S. S. Chaurassia, *Indian J. Chem., Sect. B*, **1984**, *23*, 850.
144. S. K. Dubey, V. K. Agrawal, S. Sharma, and N. Anand, *Indian J. Chem., Sect. B*, **1985**, *24*, 787.
145. S. Rajappa and R. Sreenivasan, *Indian J. Chem., Sect. B*, **1987**, *26*, 107.
146. V. K. Agrawal and S. Sharma, *Indian J. Chem., Sect. B*, **1987**, *26*, 550.
147. B. Anjaneyulu, *Indian J. Chem., Sect. B*, **1987**, *26*, 657.
148. S. Sharma, V. K. Agarwal, S. K. Dubey, R. N. Iyer, N. Anand, R. K. Chatterjee, S. Chandra, and A. B. Sen, *Indian J. Chem., Sect. B*, **1987**, *26*, 748.
149. E. S. Charles and S. Sharma, *Indian J. Chem., Sect. B*, **1987**, *26*, 752.
150. B. G. Khadse, S. R. Lokhande, R. P. Bhamaria, and S. R. Prabhu, *Indian J. Chem., Sect. B*, **1987**, *26*, 856.
151. G. Chattopadhyay and M. Chakrabarty, *Indian J. Chem., Sect. B*, **1990**, *29*, 1.
152. T. Sambaiah and K. K. Reddy, *Indian J. Chem., Sect. B*, **1992**, *31*, 444.
153. B. P. Pradhan and P. Ghosh, *Indian J. Chem., Sect. B*, **1993**, *32*, 590.
154. B. M. Khadikar and S. D. Samant, *Indian J. Chem., Sect. B*, **1993**, *32*, 1137.
155. S. I. Kulkarni, M. Subrahmanyan, and A. V. R. Rao, *Indian J. Chem., Sect. A*, **1993**, *32*, 28.

156. B. Hinzen and S. V. Ley, *J. Chem. Soc., Perkin Trans. 1*, **1998**, 1.
157. H. Hasegawa and Y. Shinohara, *J. Chem. Soc., Perkin Trans. 1*, **1998**, 243.
158. D. J. R. Brook, B. C. Noll, and T. H. Koch, *J. Chem. Soc., Perkin Trans. 1*, **1998**, 289.
159. M. J. Alvis and T. L. Gilchrist, *J. Chem. Soc., Perkin Trans. 1*, **1998**, 299.
160. G. M. Li and R. A. Zingaro, *J. Chem. Soc., Perkin Trans. 1*, **1998**, 647.
161. R. D. Chambers, C. R. Sargent, and M. Clark, *J. Chem. Soc., Chem. Commun.*, **1979**, 445.
162. W. L. F. Armarego, P. Waring, and J. W. Williams, *J. Chem. Soc., Chem. Commun.*, **1980**, 334.
163. R. Grigg, T. R. B. Mitchell, S. Sutthivaiyakit, and N. Tongpenyai, *J. Chem. Soc., Chem. Commun.*, **1981**, 611.
164. H. Wamhoff and W. Kleimann, *J. Chem. Soc., Chem. Commun.*, **1981**, 743.
165. A. J. O'Connell, C. J. Peck, and P. G. Sammes, *J. Chem. Soc., Chem. Commun.*, **1983**, 399.
166. D. Seebach, W. Bauer, J. Hansen, T. Laube, W. B. Schweizer, and J. D. Dunitz, *J. Chem. Soc., Chem. Commun.*, **1984**, 853.
167. C. Bessenbacher, R. Gross, and W. Kaim, *J. Chem. Soc., Chem. Commun.*, **1985**, 1369.
168. I. M. Dawson, J. A. Gregory, R. B. Herbert, and P. G. Sammes, *J. Chem. Soc., Chem. Commun.*, **1986**, 620.
169. A. J. Pearson, P. R. Bruhn, F. Gouzoules, and S.-H. Lee, *J. Chem. Soc., Chem. Commun.*, **1989**, 659.
170. N. R. Thomas, V. Sciirch, and D. Gani, *J. Chem. Soc., Chem. Commun.*, **1990**, 400.
171. H. Sawanishi and T. Tsuchiya, *J. Chem. Soc., Chem. Commun.*, **1990**, 723.
172. K. Matsumoto, S. Hashimoto, and S. Otani, *J. Chem. Soc., Chem. Commun.*, **1991**, 306.
173. J. E. Baldwin, R. M. Adlington, B. Bebbington, and A. T. Russell, *J. Chem. Soc., Chem. Commun.*, **1992**, 1249.
174. J. E. Baldwin, R. M. Adlington, and M. B. Mitchell, *J. Chem. Soc., Chem. Commun.*, **1993**, 1332.
175. H. Taguchi, T. Yokoi, F. Kasuya, Y. Nishiyama, M. Fukui, and Y. Okada, *J. Chem. Soc., Chem. Commun.*, **1994**, 247.
176. M. J. Ellis, D. Lloyd, H. McNab, and M. J. Walker, *J. Chem. Soc., Chem. Commun.*, **1995**, 2337.
177. C.-W. Chan, M. P. Mingos, A. J. P. White, and D. J. Williams, *Chem. Commun. (Cambridge)*, **1996**, 81.
178. M. Keenan, K. Jones, and F. Hibbert, *Chem. Commun. (Cambridge)*, **1997**, 323.
179. J. Ohkanda, H. Shibui, and A. Katoh, *Chem. Commun. (Cambridge)*, **1998**, 375.
180. S. D. Bull, S. G. Davies, S. W. Epstein, and J. V. A. Ouzman, *Chem. Commun. (Cambridge)*, **1998**, 659.
181. P. Melloni, A. Della-Torre, S. de Munari, M. Meroni, and R. Tonani, *Gazz. Chim. Ital.*, **1985**, *115*, 159.
182. M. Falorni, G. Giacomelli, and L. Lardicci, *Gazz. Chim. Ital.*, **1990**, *120*, 765.
183. T. Pineda, J. M. Sevilla, M. Blázquez, L. J. Nuñez-Vergara, J. A. Squella, and M. Dominguez, *Gazz. Chim. Ital.* **1993**, *123*, 623.
184. M. Lucarini, G. F. Pedulli, and L. Valgimigli, *Gazz. Chim. Ital.*, **1994**, *124*, 455.
185. T. Watanabe, Y. Tanaka, K. Sekiya, Y. Akita, and A, Ohta, *Synthesis*, **1980**, 39.
186. S. C. Shim and S. K. Lee, *Synthesis*, **1980**, 116.
187. J. T. Lai, *Synthesis*, **1981**, 40.
188. U. Schollköpf, W. Hartwig, K.-H. Pospischil, and H. Kehne, *Synthesis*, **1981**, 966.
189. U. Schollköpf, U. Groth, K.-O. Westphalen, and C. Deng, *Synthesis*, **1981**, 969.
190. Y. Akita, M. Shimazaki, and A, Ohta, *Synthesis*, **1981**, 974.
191. B. Stanovnik, M. Tišler, and I. Drnovšek, *Synthesis*, **1981**, 987.

192. A. Ohta, Y. Iwasaki, and Y. Akita, *Synthesis*, **1982**, 828.
193. U. Schöllkopf and H.-J. Neubauer, *Synthesis*, **1982**, 861.
194. U. Groth, U. Schöllkopf, and Y.-C. Chiang, *Synthesis*, **1982**, 864.
195. J. Nozulak and U. Schöllkopf, *Synthesis*, **1982**, 866.
196. U. Schöllkopf, J. Nozulak, and U. Groth, *Synthesis*, **1982**, 868.
197. U. Groth and U. Schöllkopf, *Synthesis*, **1983**, 673.
198. U. Schöllkopf and R. Lonsky, *Synthesis*, **1983**, 675.
199. A. Ohsawa, T. Kawaguchi, and H. Igeta, *Synthesis*, **1983**, 1037.
200. U. Groth and U. Schöllkopf, *Synthesis*, **1983**, 37.
201. T. Sakamoto, M. Shiraiwa, Y. Kondo, and H. Yamanaka, *Synthesis*, **1983**, 312.
202. T. Sakamoto, Y. Kondo, M. Shiraiwa, and H. Yamanaka, *Synthesis*, **1984**, 245.
203. S. Podergajs, B. Stanovnik, and M. Tišler, *Synthesis*, **1984**, 263.
204. U. Schöllkopf, U. Busse, R. Kilger, and P. Lehr, *Synthesis*, **1984**, 271.
205. G. R. Newkome, G. E. Kiefer, Y.-J. Xia, and V. K. Gupta, *Synthesis*, **1984**, 676.
206. U. Schöllkopf, J. Nozulak, and M. Grauert, *Synthesis*, **1985**, 55.
207. D. Knittel, *Synthesis*, **1985**, 186.
208. A. Ohta and M. Ohta, *Synthesis*, **1985**, 216.
209. V. Gómez-Parra, F. Sánchez, and T. Torres, *Synthesis*, **1985**, 282.
210. J. Barluenga, F. Aznar, R. Liz, and M.-P. Cabal, *Synthesis*, **1985**, 313.
211. R. Gull and U. Schöllkopf, *Synthesis*, **1985**, 1052.
212. M. D. Coburn, H. H. Hayden, C. L. Coon, and A. R. Mitchell, *Synthesis*, **1986**, 490.
213. U. Schöllkopf, D. Pettig, U. Busse, E. Egert, and M. Dyrbusch, *Synthesis*, **1986**, 737.
214. K. T. Potts and J. M. Kane, *Synthesis*, **1986**, 1027.
215. B. M. Adger, C. O'Farrell, N. J. Lewis, and M. B. Mitchell, *Synthesis*, **1987**, 53.
216. R. Lakhan and B. J. Rai, *Synthesis*, **1987**, 914.
217. G. Heinisch and G. Lötsch, *Synthesis*, **1988**, 119.
218. D. Pettig and U. Schöllkopf, *Synthesis*, **1988**, 173.
219. K. Burger, K. Geith, and D. Hübl, *Synthesis*, **1988**, 199.
220. A. Turck, L. Mojovic, and G. Quéguiner, *Synthesis*, **1988**, 881.
221. G. P. Borsotti, M. Foa', and N. Gatti, *Synthesis*, **1990**, 207.
222. N. Sato and R. Takeuchi, *Synthesis*, **1990**, 659.
223. W.-X. Chen, J.-H. Zhang, M.-Y. Hu, and X.-C. Wang, *Synthesis*, **1990**, 701.
224. R. Takeuchi, K. Suzuki, and N. Sato, *Synthesis*, **1990**, 923.
225. J. A. Goodwin, I. M. Y. Kwok, and B. J. Wakefield, *Synthesis*, **1990**, 991.
226. W. Ried and T. Russ, *Synthesis*, **1991**, 581.
227. E. M. Beccalli and A. Marchesini, *Synthesis*, **1991**, 861.
228. W. Hartwig and J. Mittendorf, *Synthesis*, **1991**, 939.
229. M. Falorni, G. Giacomelli, M. Satta, and S. Cossu, *Synthesis*, **1994**, 391.
230. H. Wamhoff and E. Kroth, *Synthesis*, **1994**, 405.
231. N. Sato, T. Matsuura, and N. Miwa, *Synthesis*, **1994**, 931.
232. N. Plé, A. Turck, K. Couture, and G. Quéguiner, *Synthesis*, **1996**, 838.
233. R. Amici, P. Pevarello, M. Colombo, and M. Varasi, *Synthesis*, **1996**, 1177.
234. Y. Aoyagi, T. Abe, and A. Ohta, *Synthesis*, **1997**, 891.
235. L. Radom, R. H. Nobes, D. J. Underwood, and W. K. Li, *Pure Appl. Chem.*, **1986**, *58*, 75.
236. D. X. West, M. A. Lockwood, and A. Castineiras, *Transition Met. Chem.*, **1997**, *22*, 447.

237. T. Konakahara and Y. Takagi, *Heterocycles*, **1978**, *9*, 1733.
238. T. Konakahara, K. Kuwata, and Y. Takagi, *Heterocycles*, **1979**, *12*, 365.
239. T. Konakahara, K. Gokan, M. Iwama, and Y. Takagi, *Heterocycles*, **1979**, *12*, 373.
240. S. Karady, J. S. Amato, D. Dortmund, A. A. Patchett, R. A. Reamer, R. J. Tull, and L. M. Weinstock, *Heterocycles*, **1979**, *12*, 815.
241. T. Watanabe, E. Kikuchi, W. Tamura, Y. Akita, M. Tsutsui, and A. Ohta, *Heterocycles*, **1980**, *14*, 287.
242. A. Ohta, T. Watanabe, J. Nishiyama, K. Uehara, and R. Hirate, *Heterocycles*, **1980**, *14*, 1963.
243. M. Kočevar, B. Stanovnik, and M. Tišler, *Heterocycles*, **1981**, *15*, 293.
244. B. Franck and H. Stratmann, *Heterocycles*, **1981**, *15*, 919.
245. Y. Akita and A. Ohta, *Heterocycles*, **1981**, *16*, 1325.
246. B. Stanovnik, J. Zmitek, and M. Tišler, *Heterocycles*, **1981**, *16*, 2173.
247. A. Ohta and M. Ohta, *Heterocycles*, **1982**, *17*, 151.
248. H. Kurihara and H. Mishima, *Heterocycles*, **1982**, *17*, 191.
249. A. Hassner, B. A. Belinka, and A. S. Steinfeld, *Heterocycles*, **1982**, *18*, 179.
250. L. Benadjila-Iguertsira, J. Chastanet, and G. Roussi, *Heterocycles*, **1982**, *19*, 213.
251. Y. Terui, M. Yamakawa, T. Honma, Y. Tada, and K. Tori, *Heterocycles*, **1982**, *19*, 221.
252. Y. Akita and A. Ohta, *Heterocycles*, **1982**, *19*, 329.
253. M. Kočevar, M. Tišler, and B. Stanovnik, *Heterocycles*, **1982**, *19*, 339.
254. D. R. Martin, C. R. Merkel, J. U. Mondal, and C. R. Rushing, *Inorg. Chim. Acta*, **1985**, *99*, 81.
255. A. K. Kalkar and N. M. Bhosekar, *Spectrochim. Acta, Part A*, **1993**, *49*, 283.
256. M. V. Jovanovic, *Spectrochim. Acta, Part A*, **1984**, *40*, 637.
257. N. H. Ayachit, K. S. Rao, and M. A. Shashidhar, *Spectrochim. Acta, Part A*, **1986**, *42*, 53.
258. H. Junek and M. Mittelbach, *Z. Naturforsch., Teil B*, **1979**, *34*, 280.
259. M. A. Abbady and M. M. Kandeel, *Z. Naturforsch., Teil B*, **1979**, *34*, 1149.
260. W. Kaim, *Z. Naturforsch., Teil B*, **1981**, *36*, 677.
261. R. M. Mohareb and S. M. Fahmy, *Z. Naturforsch., Teil B*, **1985**, *40*, 664.
262. P. Jurič, M. Kočevar, B. Stanovnik, M. Tišler, and B. Verček, *Chem. Scr.*, **1984**, *23*, 209.
263. S. Gronowitz and A. Svensson, *Chem. Scr.*, **1987**, *27*, 249.
264. G. C. Papavassiliou, S. Y. Yiannopoulos, and J. S. Zambounis, *Chem. Scr.*, **1987**, *27*, 265.
265. G. Süss-Fink, M. Langenbahn, and T. Jenke, *J. Organomet. Chem.*, **1989**, *368*, 103.
266. J. A. Marsella, *J. Organomet. Chem.*, **1991**, *407*, 97.
267. Y. Okamoto, K. Ogura, and T. Kinoshita, *Polyhedron*, **1984**, *3*, 635.
268. M. Takahashi, T. Funaki, H. Honda, Y. Yokoyama, and H. Takimoto, *Heterocycles*, **1982**, *19*, 1921.
269. A, Katoh, C. Koshima, and Y. Omote, *Heterocycles*, **1982**, *19*, 2283.
270. A. Ohta, M. Shimazaki, N. Tanekura, and S. Hayashi, *Heterocycles*, **1983**, *20*, 797.
271. Y. Ikemi, K. Matsumoto, and T. Uchida, *Heterocycles*, **1983**, *20*, 1009.
272. M. V. Jovanovic, *Heterocycles*, **1983**, *20*, 1987.
273. H. B. Davis, R. M. Sheets, J. M. Brannfors, and W. W. Paudler, *Heterocycles*, **1983**, *20*, 2029.
274. D. Fréhel and J.-P. Maffrand, *Heterocycles*, **1984**, *22*, 143.
275. D. Ladurée, H. El-Kashef, and M. Robba, *Heterocycles*, **1984**, *22*, 299.
276. M. V. Jovanovic, *Heterocycles*, **1984**, *22*, 1105.
277. M. V. Jovanovic, *Heterocycles*, **1984**, *22*, 1115.
278. M. V. Jovanovic, *Heterocycles*, **1984**, *22*, 1195.
279. H. B. Davis, R. M. Sheets, W. W. Paudler, and G. L. Gard, *Heterocycles*, **1984**, *22*, 2029.

References

280. A. Ohta, A. Inoue, and T. Watanabe, *Heterocycles*, **1984**, *22*, 2317.
281. A. Ohta, Y. Inagawa, Y. Okuwaki, and M. Shimazaki, *Heterocycles*, **1984**, *22*, 2369.
282. A. Ohta, A. Inoue, K. Ohtsuka, and T. Watanabe, *Heterocycles*, **1985**, *23*, 133.
283. R. M. Moriarty, O. Prakash, C. T. Thachet, and H. A. Musallam, *Heterocycles*, **1985**, *23*, 633.
284. B. Koren, B. Stanovnik, and M. Tišler, *Heterocycles*, **1985**, *23*, 913.
285. W. Kaim, *Heterocycles*, **1985**, *23*, 1363.
286. M. V. Jovanovic, *Heterocycles*, **1985**, *23*, 2299.
287. Y. Akita, A. Inoue, K. Yamamoto, A. Ohta, T. Kurihara, and M. Shimizu, *Heterocycles*, **1985**, *23*, 2327.
288. A. Ohta, M. Ohta, and T. Watanabe, *Heterocycles*, **1986**, *24*, 785.
289. S. Karady, J. S. Amato, R. A. Reamer, and L. M. Weinstock, *Heterocycles*, **1986**, *24*, 1193.
290. Y. Akita, A. Inoue, Y. Mori, and A. Ohta, *Heterocycles*, **1986**, *24*, 2093.
291. B. Koren, B. Stanovnik, and M. Tišler, *Heterocycles*, **1987**, *26*, 689.
292. A. Kubo, N. Saito, M. Nakamura, K. Ogata, and S.-I. Sakai, *Heterocycles*, **1987**, *26*, 1765.
293. A. Ohta, M. Ohta, Y. Igarashi, K. Saeki, K. Yuasa, and T. Mori, *Heterocycles*, **1987**, *26*, 2449.
294. A. Ohta, Y. Okuwaki, T. Komaru, M. Hisatome, Y. Yoshida, J. Aizawa, Y. Nakano, H. Shibata, T. Miyazaki, and T. Watanabe, *Heterocycles*, **1987**, *26*, 2691.
295. A. Ohta, Y. Aoyagi, Y. Kurihara, K. Yuasa, M. Shimazaki, T. Kurihara, and H. Miyamae, *Heterocycles*, **1987**, *26*, 3181.
296. M. Takahashi, H. Miyahara, and N. Yoshida, *Heterocycles*, **1988**, *27*, 155.
297. A. Ohta, K. Okimura, Y. Tonomura, M. Ohta, N. Yasumura, R. Fujita, and M. Shimazaki, *Heterocycles*, **1988**, *27*, 261.
298. A. Ohta, Y. Aoyagi, Y. Kurihara, A. Kojima, K. Yuasa, and M. Shimazaki, *Heterocycles*, **1988**, *27*, 437.
299. B. Stanovnik, J. Svete, M. Tišler, L. Žorž, A. Hvala, and I. Simonič, *Heterocycles*, **1988**, *27*, 903.
300. C. K. Zercher and M. J. Miller, *Heterocycles*, 1988, *27*, 1123.
301. M. H. Mohamed, N. S. Ibrahim, M. M. Hussien, and M. H. Elnagdi, *Heterocycles*, **1988**, *27*, 1301.
302. M. Shimazaki, T. Nakanishi, M. Mochizuki, and A. Ohta, *Heterocycles*, **1988**, *27*, 1643.
303. H. S. El-Khadem, J. Kawai, and D. L. Swartz, *Heterocycles*, **1989**, *28*, 239.
304. S. Rozen and D. Hebel, *Heterocycles*, **1989**, *28*, 249.
305. T. Watanabe, K. Hayashi, J. Sakurada, M. Ohki, N. Takamatsu, H. Hirohata, K. Takeuchi, K. Yuasa, and A. Ohta, *Heterocycles*, **1989**, *29*, 123.
306. R. J. Schmiesing and J. R. Matz, *Heterocycles*, **1989**, *29*, 359.
307. A. Ohta, R. Itoh, Y. Kaneko, H. Koike, and K. Yuasa, *Heterocycles*, **1989**, *29*, 939.
308. A. Ohta, Y. Tonomura, H. Odashima, N. Fujiwara, and M. Shimazaki, *Heterocycles*, **1989**, *29*, 1199.
309. H. Yamanaka and S. Ohba, *Heterocycles*, **1990**, *31*, 895.
310. A. Ohta, A. Kojima, C. Sakuma, C. Kurihara, and S. Ogasawara, *Heterocycles*, **1990**, *31*, 1275.
311. R. H. Bradbury, D. Griffiths, and J. E. Rivett, *Heterocycles*, **1990**, *31*, 1647.
312. A. Ohta, A. Kojima, and Y. Aoyagi, *Heterocycles*, **1990**, *31*, 1655.
313. E. Ravina, C. Teran, L. Santana, N. Garcia, and I. Estevez, *Heterocycles*, **1990**, *31*, 1967.
314. B. Singh and G. Y. Lesher, *Heterocycles*, **1990**, *31*, 2163.
315. R. H. Bradbury, *Heterocycles*, **1991**, *32*, 449.
316. Y. Aoyagi, A. Maeda, M. Inoue, M. Shiraishi, Y. Sakakibara, Y. Fukui, A. Ohta, K. Kajii, and Y. Kodama, *Heterocycles*, **1991**, *32*, 735.

317. A. Ohta, A. Kojima, T. Saito, K. Kobayashi, H. Saito, K. Wakabayashi, S. Honma, C. Sakuma, and Y. Aoyagi, *Heterocycles*, **1991**, *32*, 923.
318. M. Shimazaki, M. Hikita, T. Hosoda, and A. Ohta, *Heterocycles*, **1991**, *32*, 937.
319. A. Ohta, Y. Tonomura, J. Sawaki, N. Sato, H. Akiike, M. Ikuta, and M. Shimazaki, *Heterocycles*, **1991**, *32*, 965.
320. S. P. Khanapure, B. M. Bhawal, and E. R. Biehl, *Heterocycles*, **1991**, *32*, 1773.
321. Y. Aoyagi, T. Fujiwara, and A. Ohta, *Heterocycles*, **1991**, *32*, 2407.
322. M. Ohba, T. Mukaihira, and T. Fujii, *Heterocycles*, **1992**, *33*, 21.
323. Y. Aoyagi, A. Inoue, I. Koizumi, R. Hashimoto, K. Tokunaga, K. Gohma, J. Komatsu, K. Sekine, A. Miyagugii, J. Kunoh, R. Honma, Y. Akita, and A. Ohta, *Heterocycles*, **1992**, *33*, 257.
324. A. Ohta, H. Jing, A. Maeda, Y. Arai, M. Goto, and Y. Aoyagi, *Heterocycles*, **1992**, *34*, 111.
325. M. L. Gelmi, D. Pocar, and R. Riva, *Heterocycles*, **1992**, *34*, 315.
326. Y. Yang and A. R. Martin, *Heterocycles*, **1992**, *34*, 1395.
327. Y. Uchibori, M. Umeno, and H. Yoshioka, *Heterocycles*, **1992**, *34*, 1507.
328. D. McHattie, R. Buchan, M. Fraser, and P. V. S. K. T. Lin, *Heterocycles*, **1992**, *34*, 1759.
329. H. Jing, K. Murakami, Y. Aoyagi, and A. Ohta, *Heterocycles*, **1992**, *34*, 1847.
330. M. Doise, D. Blondeau, and H. Sliwa, *Heterocycles*, **1992**, *34*, 2065.
331. G. deStevens, M. Eager, and C. Tarby, *Heterocycles*, **1993**, *35*, 763.
332. A. Katoh, J. Ohkanda, H. Sato, T. Sakamoto, and K. Mitsuhashi, *Heterocycles*, **1993**, *35*, 949.
333. H. Jing, Y. Aoyagi, and A. Ohta, *Heterocycles*, **1993**, *35*, 1279.
334. A. Sera, M. Okada, A. Ohhata, H. Yamada, K. Iyoh, and Y. Kubo, *Heterocycles*, **1993**, *36*, 1039.
335. N. Kanomata, M. Igarashi, and M. Tada, *Heterocycles*, **1993**, *36*, 1127.
336. T. Itoh, H. Hasegawa, K. Nagota, Y. Matsuya, and A. Ohsawa, *Heterocycles*, **1994**, *37*, 709.
337. S. Hashizume, A. Sano, and M. Oka, *Heterocycles*, **1994**, *38*, 1581.
338. M. Igarashi and M. Tada, *Heterocycles*, **1994**, *38*, 2277.
339. Y. S. Lee, C. S. Kim, and H. Park, *Heterocycles*, **1994**, *38*, 2605.
340. M. Engelbach, P. Imming, G. Seitz, and R. Tegethoff, *Heterocycles*, **1995**, *40*, 69.
341. N. D. Yates, D. A. Peters, P. A. Allway, R. L. Beddoes, D. I. C. Scopes, and J. A. Joule, *Heterocycles*, **1995**, *40*, 331.
342. S. Y. Rhie and E. K. Ryu, *Heterocycles*, **1995**, *41*, 323.
343. V. Kepe, M. Kočevar, and S. Polanc, *Heterocycles*, **1995**, *41*, 1299.
344. M. Ohba, M. Imasho, and T. Fujii, *Heterocycles*, **1996**, *42*, 219.
345. G. Heinisch, W. Holzer, T. Langer, and P. Lukavsky, *Heterocycles*, **1996**, *43*, 151.
346. J. Ohkanda, T. Kumasaka, A. Takasu, T. Hasegawa, and A. Katoh, *Heterocycles*, **1996**, *43*, 883.
347. A. R. Tapia-Benavides, H. Tlahuext, and R. Contreras, *Heterocycles*, **1997**, *45*, 1679.
348. J. W. Barton, M. C. Goodland, K. J. Gould, J. F. W. McOmie, W. R. Mould, and S. A. Saleh, *Tetrahedron*, **1979**, *35*, 241.
349. R. K. Anderson, S. D. Carter, and G. W. H. Cheeseman, *Tetrahedron*, **1979**, *35*, 2463.
350. S. Jens-i-Skorini and A. Senning, *Tetrahedron*, **1980**, *36*, 539.
351. G. W. H. Cheeseman and G. Rishman, *Tetrahedron*, **1980**, *36*, 2681.
352. J. W. Wheeler, J. Avery, O. Olubajo, M. T. Shamim, C. B. Storm, and R. M. Duffield, *Tetrahedron*, **1982**, *38*, 1939.
353. M. Kočevar, B. Stanovnik, and M. Tišler, *Tetrahedron*, **1983**, *39*, 823.
354. U. Schöllkopf, *Tetrahedron*, **1983**, *39*, 2085.
355. U. Schöllkopf, J. Nozulak, and U. Groth, *Tetrahedron*, **1984**, *40*, 1409.
356. F. Minisci, A. Citterio, E. Vismara, and C. Giordano, *Tetrahedron*, **1985**, *41*, 4157.

357. C. W. Bird, *Tetrahedron*, **1986**, *42*, 89.
358. R. Flammang, S. Lacombe, A. Laurent, A. Maquestiau, B. Marquet, and S. Novkova, *Tetrahedron*, **1986**, *42*, 315.
359. G. Heinisch and G. Lötsch, *Tetrahedron*, **1986**, *42*, 5973.
360. G. Tarrago, I. Zidane, C. Marzin, and A. Tep, *Tetrahedron*, **1988**, *44*, 91.
361. D. A. de Bie, A. Ostrowicz, G. Geurtsen, and H. C. van der Plas, *Tetrahedron*, **1988**, *44*, 2977.
362. F. Effenberger and J. König, *Tetrahedron*, **1988**, *44*, 3281.
363. W. Ried and S. Aboul-Fetouh, *Tetrahedron*, **1988**, *44*, 3399.
364. H. M. Fales, M. S. Blum, E. W. Southwick, D. L. Williams, P. P. Roller, and A. W. Don, *Tetrahedron*, **1988**, *44*, 5045.
365. U. Schöllkopf, T. Tiller, and J. Bardenhagen, *Tetrahedron*, **1988**, *44*, 5293.
366. M. Biedrzycki, D. A. de Bie, and H. C. van der Plas, *Tetrahedron*, **1989**, *45*, 6211.
367. B. Geurtsen, D. A. de Bie, and H. C. van der Plas, *Tetrahedron*, **1989**, *45*, 6519.
368. F. Fontana, F. Minisci, M. C. N. Barbosa, and E. Vismara, *Tetrahedron*, **1990**, *46*, 2525.
369. N. Haider and H. C. van der Plas, *Tetrahedron*, **1990**, *46*, 3641.
370. N. Tutonda, D. Vanderzande, M. Hendrickx, and G. Hoornaert, *Tetrahedron*, **1990**, *46*, 5715.
371. N. R. Thomas and D. Gani, *Tetrahedron*, **1991**, *47*, 497.
372. U. Groth, U. Schöllkopf, and T. Tiller, *Tetrahedron*, **1991**, *47*, 2835.
373. H. Uno, S.-I. Okada, and H. Suzuki, *Tetrahedron*, **1991**, *47*, 6231.
374. P. K. Loosen, M. G. Tutonda, M. F. Khorasani, F. Compernolle, and G. J. Hoornaert, *Tetrahedron*, **1991**, *47*, 9259.
375. P. K. Loosen, M. F. Khorasani, S. M. Toppet, and G. J. Hoornaert, *Tetrahedron*, **1991**, *47*, 9269.
376. C. W. Bird, *Tetrahedron*, **1992**, *48*, 335.
377. K. Busch, U. M. Groth, W. Kühnle, and U. Schöllkopf, *Tetrahedron*, **1992**, *48*, 5607.
378. A. D. Redhouse, R. J. Thompson, B. J. Wakefield, and J. A. Wardell, *Tetrahedron*, **1992**, *48*, 7619.
379. C. W. Bird, *Tetrahedron*, **1992**, *48*, 7857.
380. N. M. Ali, A. McKillop, M. B. Mitchell, R. A. Rebelo, and P. J. Wellbank, *Tetrahedron*, **1992**, *48*, 8117.
381. P. Eckenberg, U. Groth, T. Huhn, N. Richter, and C. Schmeck, *Tetrahedron*, **1993**, *49*, 1619.
382. R. J. Friary, V. Seidl, J. H. Schwerdt, T.-M. Chan, M. P. Cohen, E. R. Conklin, T. Duelfer, D. Hou, M. Nafissi, R. L. Runkle, T. Pirouz, R. L. Tiberi, and A. T. McPhail, *Tetrahedron*, **1993**, *49*, 7179.
383. C. W. Bird, *Tetrahedron*, **1993**, *49*, 8441.
384. V. Reznikov and L. B. Volodarsky, *Tetrahedron*, **1993**, *49*, 10669.
385. R. Carceller, J. L. Garcia-Navio, M. L. Izquierdo, J. Alvarez-Builla, M. Fajardo, P. Gómez-Sal, and F. Gago, *Tetrahedron*, **1994**, *50*, 4995.
386. J. E. Baldwin, R. M. Adlington, D. Bebbington, and A. T. Russell, *Tetrahedron*, **1994**, *50*, 12015.
387. W. Karnbrock, H.-J. Musiol, and L. Moroder, *Tetrahedron*, **1995**, *51*, 1187.
388. S. A. Haroutounian and J. A. Katzenellenbogen, *Tetrahedron*, **1995**, *51*, 1585.
389. H. Taguchi, T. Yokoi, M. Tsukatani, and Y. Okada, *Tetrahedron*, **1995**, *51*, 7361.
390. G. Grassi, F. Risitano, and F. Foti, *Tetrahedron*, **1995**, *51*, 11855.
391. K. J. Buysens, D. M. Vandenberghe, S. M. Toppet, and G. J. Hoornaert, *Tetrahedron*, **1995**, *51*, 12463.
392. J. Ohkanda and A. Katoh, *Tetrahedron*, **1995**, *51*, 12995.
393. F. Zaragoza and S. V. Petersen, *Tetrahedron*, **1996**, *52*, 5999.
394. B. S. Møller, T. Benneche, and K. Undheim, *Tetrahedron*, **1996**, *52*, 8807.

395. K. J. Buysens, D. M. Vandenberghe, and G. J. Hoornaert, *Tetrahedron*, **1996**, *52*, 9161.
396. C. Alvarez-Ibarra, R. Cuervo-Rodriguez, M. C. Fernández-Monreal, and M. P. Ruiz, *Tetrahedron*, **1996**, *52*, 11239.
397. K. Usami and M. Isobe, *Tetrahedron*, **1996**, *52*, 12061.
398. K. Hammer and K. Undheim, *Tetrahedron*, **1997**, *53*, 2309.
399. H. Baumgartner and A. C. O'Sullivan, *Tetrahedron*, **1997**, *53*, 2775.
400. K. Hammer and K. Undheim, *Tetrahedron*, **1997**, *53*, 5925.
401. P. Kremminger and K. Undheim, *Tetrahedron*, **1997**, *53*, 6925.
402. K. Hammer and K. Undheim, *Tetrahedron*, **1997**, *53*, 10603.
403. R. Faust, C. Weber, V. Fiandanese, G. Marchese, and A. Punzi, *Tetrahedron*, **1997**, *53*, 14655.
404. Q. Liu, A. P. Marchington, and C. M. Rayner, *Tetrahedron*, **1997**, *53*, 15729.
405. T. Okawa, N. Osakada, S. Eguchi, and A. Kakehi, *Tetrahedron*, **1997**, *53*, 16061.
406. N. Plé, A. Turck, A. Heynderickx, and G. Quéguiner, *Tetrahedron*, **1998**, *54*, 4899.
407. A. V. Eremeev, R. S. El'kinson, and V. A. Imuns, *Khim. Geterotsikl. Soedin.*, **1979**, 988.
408. A. V. Eremeev, R. S. El'kinson, M. Y. Myagi, and E. E. Liepin'sh, *Khim. Geterotsikl. Soedin.*, **1979**, 1352.
409. M. F. Marshalkin, V. A. Azimov, L. F. Linberg, and L. N. Yakhontov, *Khim. Geterotsikl. Soedin.*, **1978**, 1120.
410. S. A. Stekhova, O. A. Zagulyaeva, V. V. Lapachev, and V. P. Mamaev, *Khim. Geterotsikl. Soedin.*, **1980**, 822.
411. S. A. Stekhova, V. V. Lapachev, and V. P. Mamaev, *Khim. Geterotsikl. Soedin.*, **1981**, 530.
412. I. V. Sokolova and L. V. Orlovskaya, *Khim. Geterotsikl. Soedin.*, **1981**, 1079.
413. B. F. Kukharev, V. K. Stankevich, and V. A. Kukhareva, *Khim. Geterotsikl. Soedin.*, **1982**, 1560.
414. L. B. Volodarskii, L. N. Grigor'eva, and A. Y. Tikhonov, *Khim. Geterotsikl. Soedin.*, **1983**, 1414.
415. V. N. Charushin, V. G. Baklykov, O. N. Chupakhin, N. N. Vereshchagina, L. M. Naumova, and N. N. Sorokin, *Khim. Geterotsikl. Soedin.*, **1983**, 1684.
416. A. Y. Tikhonov, L. B. Volodarskii, and N. V. Belova, *Khim. Geterotsikl. Soedin.*, **1984**, 115.
417. K. Y. Lopatinskaya, Z. M. Skorobogatova, A. K. Sheinkman, and T. A. Zaritovskaya, *Khim. Geterotsikl. Soedin.*, **1985**, 810.
418. N. N. Kutina, G. P. Zhikhareva, O. S. Anisimova, and L. N. Yakhontov, *Khim. Geterotsikl. Soedin.*, **1985**, 833.
419. O. A. Misyluk, V. I. Shibaev, R. P. Ponomareva, and K. A. V'yunov, *Khim. Geterotsikl. Soedin.*, **1985**, 851.
420. V. G. Baklikov, V. N. Charushin, O. N. Chupakhin, and N. N. Sorokin, *Khim. Geterotsikl. Soedin.*, **1985**, 960.
421. K. Y. Lapatinskaya, N. A. Klyuev, and A. K. Sheinkman, *Khim. Geterotsikl. Soedin.*, **1985**, 1551.
422. R. S. El'kinson, A. V. Eremeev, Y. Y. Bleidelis, A. F. Mishnev, and S. V. Belyakov, *Khim. Geterotsikl. Soedin.*, **1985**, 1633.
423. L. N. Grigor'eva, A. Y. Tikhonov, S. A. Amitina, L. B. Volodarskii, and I. K. Korobeinicheva, *Khim. Geterotsikl. Soedin.*, **1986**, 331.
424. T. I. Reznikova, A. Y. Tikhonov, and L. B. Volodarskii, *Khim. Geterotsikl. Soedin.*, **1986**, 509.
425. V. V. Kastron, I. G. Iovel', I. Skrastyn'sh, Y. S. Gol'dberg, M. V. Shimanskaya, and G. Y. Dubur, *Khim. Geterotsikl. Soedin.*, **1986**, 1124.
426. V. N. Charushin, I. V. Kasantseva, M. G. Ponizovskii, L. G. Egorova, E. O. Sidorov, and O. N. Chupakhin, *Khim. Geterotsikl. Soedin.*, **1986**, 1380.
427. I. M. Sosonkin, G. L. Kalb, I. V. Kazantseva, M. G. Ponizovskii, V. N. Charushin, and O. N. Chupakhin, *Khim. Geterotsikl. Soedin.*, **1987**, 1110.

References

428. K. I. Rubina, I. G. Iovel', Y. S. Gol'dberg, and M. V. Shimanskaya, *Khim. Geterotsikl. Soedin.*, **1989**, 543.
429. I. E. Filatov, Y. V. Kulikov, G. L. Rusinov, and K. I. Pashkevich, *Khim. Geterotsikl. Soedin.*, **1989**, 1423.
430. R. N. Zagidullin, *Khim. Geterotsikl. Soedin.*, **1989**, 1524.
431. K. I. Rubina, I. G. Iovel', Y. S. Gol'dberg, and M. V. Shimanskaya, *Khim. Geterotsikl. Soedin.*, **1990**, 50.
432. I. G. Iovel', I. Yansone, Y. S. Gol'dberg, and M. V. Shimanskaya, *Khim. Geterotsikl. Soedin.*, **1990**, 532.
433. N. L. Sergovskaya, S. A. Chernyak, O. V. Shekhter, and Y. S. Tsizin, *Khim. Geterotsikl. Soedin.*, **1991**, 1107.
434. S. V. Litvinenko, Y. M. Volovenko, V. I. Savich, and F. S. Babichev, *Khim. Geterotsikl. Soedin.*, **1992**, 107.
435. M. G. Gal'pern, S. V. Kudrevich, and I. G. Novozhilova, *Khim. Geterotsikl. Soedin.*, **1993**, 58.
436. O. V. Shekhter, O. B. Kuklenkova, N. L. Sergovskaya, and Y. S. Tsizin, *Khim. Geterotsikl. Soedin.*, **1993**, 197.
437. D. G. Mazhukin, A. Y. Tikhonov, L. B. Volodarskii, and E. P. Konovalova, *Khim. Geterotsikl. Soedin.*, **1993**, 514.
438. K. M. Gitis, G. E. Neumoeva, and G. V. Isagulyants, *Khim. Geterotsikl. Soedin.*, **1993**, 1516.
439. S. V. Morozov, L. B. Volodarskii, and V. G. Shubin, *Khim. Geterotsikl. Soedin.*, **1993**, 1697.
440. P. A. Meksh, A. A. Anderson, and M. V. Shimanska, *Khim. Geterotsikl. Soedin.*, **1994**, 950.
441. I. P. Shvedaite, *Khim. Geterotsikl. Soedin.*, **1995**, 73.
442. D. Feldman, M. Chervenka, J. Stokh, M. Shlmanska, and J. Khaber, *Khim. Geterotsikl. Soedin.*, **1995**, 90.
443. V. S. Misra and V. K. Saxena, *J. Indian Chem. Soc.*, **1978**, *55*, 719.
444. M. C. Bindal, H. R. Batra, and N. S. Sekhon, *J. Indian Chem. Soc.*, **1978**, *55*, 905.
445. S. D. Samant and R. A. Kulkarni, *J. Indian Chem. Soc.*, **1979**, *56*, 1002.
446. S. D. Samant and R. A. Kulkarni, *J. Indian. Chem. Soc.*, **1981**, *58*, 692.
447. J. V. d'Souza, *J. Indian Chem. Soc.*, **1984**, *61*, 885.
448. S. Ahmed, R. Yasmeen, A. K. Saxena, K. Shanker, and K. P. Bhargava, *J. Indian Chem. Soc.*, **1985**, *62*, 241.
449. G. Venkateshwarlu and A. K. Murthy, *J. Indian Chem. Soc.*, **1997**, *74*, 648.
450. R. L. Smith, D. W. Cochran, P. Gund, and E. J. Cragoe, *J. Am. Chem. Soc.*, **1979**, *101*, 191.
451. R. M. Williams, O. P. Anderson, R. W. Armstrong, J. Josey, H. Meyers, and C. Eriksson, *J. Am. Chem. Soc.*, **1982**, *104*, 6092.
452. W. Kaim, *J. Am. Chem. Soc.*, **1983**, *105*, 707.
453. R. M. Williams, J.-S. Dung, J. Josey, R. W. Armstrong, and H. Meyers, *J. Am. Chem. Soc.*, **1983**, *105*, 3214.
454. M. J. S. Dewar and D. R. Kuhn, *J. Am. Chem. Soc.*, **1984**, *106*, 5256.
455. G. Eberlein, T. C. Bruice, R. A. Lazarus, R. Henrie, and S. J. Benkovic, *J. Am. Chem. Soc.*, **1984**, *106*, 7916.
456. D. J. Raber and W. Rodriguez, *J. Am. Chem. Soc.*, **1985**, *107*, 4146.
457. J. Baumgarten, C. Bessenbacher, W. Kaim, and T. Stahl, *J. Am. Chem. Soc.*, **1989**, *111*, 2126.
458. K. B. Wiberg, D. Nakaji, and C. M. Breneman, *J. Am. Chem. Soc.*, **1989**, *111*, 4178.
459. M. H. Gelb, Y. Lin, M. A. Pickard, Y. Song, and J. C. Vederas, *J. Am. Chem. Soc.*, **1990**, *112*, 4932.
460. P. A. Goodson, A. R. Oki, J. Glerup, and D. J. Hodgson, *J. Am. Chem. Soc.*, **1990**, *112*, 6248.
461. S. Prathapan, K. E. Robinson, and W. C. Agosta, *J. Am. Chem. Soc.*, **1992**, *114*, 1838.

462. D. J. Cram, H.-J. Choi, J. A. Bryant, and C. B. Knobler, *J. Am. Chem. Soc.*, **1992**, *114*, 7748.
463. A. Ogawa, N. Takami, M. Sekiguchi, I. Ryu, N. Kambe, and N. Sonoda, *J. Am. Chem. Soc.*, **1992**, *114*, 8729.
464. R. J. Bergeron, O. Phanstiel, G. W. Yao, S. Milstein, and W. R. Weimar, *J. Am. Chem. Soc.*, **1994**, *116*, 8479.
465. U. von Krosigk and S. A. Benner, *J. Am. Chem. Soc.*, **1995**, *117*, 5361.
466. A. Alexakis, J.-P. Tranchier, N. Lensen, and P. Mangeney, *J. Am. Chem. Soc.*, **1995**, *117*, 10767.
467. S. Rajappa and R. Sreenivasan, *Tetrahedron Lett.*, **1978**, 2217.
468. L. A. Lucia, D. G. Witten, and K. S. Schanze, *J. Am. Chem. Soc.*, **1996**, *118*, 3057.
469. D. A. P. Delnoye, R. P. Sijbesma, J. A. J. M. Vekemans, and E. W. Meijer, *J. Am. Chem. Soc.*, **1996**, *118*, 8717.
470. J. C. Phelan, N. J. Skelton, A. C. Braisted, and R. S. McDowell, *J. Am. Chem. Soc.*, **1997**, *119*, 455.
471. S. Kobayashi, T. Furuta, T. Hayashi, M. Nishijima, and K. Hanada, *J. Am. Chem. Soc.*, **1998**, *120*, 908.
472. M. J. O. Anteunis, *Bull. Soc. Chim. Belg.*, **1978**, *87*, 627.
473. I. Flament, P. Sonnay, and G. Ohloff, *Bull. Soc. Chim. Belg.*, **1979**, *88*, 941.
474. L. I. M. Spiessens and M. J. O. Anteunis, *Bull. Soc. Chim. Belg.*, **1980**, *89*, 205.
475. R. Malini and V. Krishnan, *Bull. Soc. Chim. Belg.*, **1980**, *89*, 359.
476. G. Maury, D. Meziane, D. Srairi, J.-P. Paugan, and P. Paugam, *Bull. Soc. Chim. Belg.*, **1982**, *91*, 153.
477. M. J. O. Anteunis, N. G. C. Hosten, F. A. M. Borremans, and D. K. Tavernier, *Bull. Soc. Chim. Belg.*, **1983**, *92*, 999.
478. M. Regitz, G. Weise, B. Lenz, U. Förster, K. Urgast, and G. Maas, *Bull. Soc. Chim. Belg.*, **1985**, *94*, 499.
479. W. L. Collibee and J.-P. Anselme, *Bull. Soc. Chim. Belg.*, **1986**, *95*, 655.
480. M. Gelbcke and D. Tytgat, *Bull. Soc. Chim. Belg.*, **1993**, *102*, 67.
481. D. M. Vandenberghe and G. J. Hoornaert, *Bull. Soc. Chim. Belg.*, **1994**, *103*, 185.
482. G. Hoornaert, *Bull. Soc. Chim. Belg.*, **1994**, *103*, 583.
483. Z. Yongxin, E. Roets, R. Busson, G. Janssen, and J. Hoogmartens, *Bull. Soc. Chim. Belg.*, **1997**, *106*, 67.
484. C. G. Kruse, P. B. M. W. M. Timmermans, C. van der Laken, and A. van der Gen, *Recl. Trav. Chim. Pays-Bas*, **1978**, *97*, 151.
485. C. G. Kruse, F. L. Jonkers, V. Dert, and A. van der Gen, *Recl. Trav. Chim. Pays-Bas*, **1979**, *98*, 371.
486. R. E. van der Stoel, H. C. van der Plas, H. Jongejan, and L. Hoeve, *Recl. Trav. Chim. Pays-Bas*, **1980**, *99*, 234.
487. C. G. Kruse, J. J. Troost, P. Cohen-Fernandes, H. van der Linden, and J. D. van Loon, *Recl. Trav. Chim. Pays-Bas*, **1988**, *107*, 303.
488. M. Kočevar, S. Polanc, B. Verček, and M. Tišler, *Recl. Trav. Chim. Pays-Bas*, **1988**, *107*, 366.
489. J. Raap, C. M. van der Wielen, and J. Lugtenburg, *Recl. Trav. Chim. Pays-Bas*, **1990**, *109*, 277.
490. G. D. H. Dijkstra, *Recl. Trav. Chim. Pays-Bas*, **1993**, *112*, 151.
491. J. J. Cappon, K. D. Witters, J. Baart, P. J. E. Verdegem, A. C. Hoek, R. J. H. Luiten, J. Raap, and J. Lugtenburg, *Recl. Trav. Chim. Pays-Bas*, **1994**, *113*, 318.
492. S. Kaban and N. Öcal, *Recl. Trav. Chim. Pays-Bas*, **1996**, *115*, 377.
493. F. Devinsky, I. Lacko, D. Mlynarčik, and L. Krasnec, *Collect. Czech. Chem. Commun.*, **1982**, *47*, 1130.

494. J. Jilek, J. Pomykáček, Z. Prošek, J. Holubek, E. Svátek, J. Metyšová, A. Dlabač, and M. Protiva, *Collect. Czech. Chem. Commun.*, **1983**, *48*, 906.
495. Z. Polivka, J. Holubek, J. Metyš, Z. Šedivý, and M. Protiva, *Collect. Czech. Chem. Commun.*, **1983**, *48*, 3433.
496. I. Červena and M. Protiva, *Collect. Czech. Chem. Commun.*, **1984**, *49*, 1009.
497. R. Kada, V. Knoppová, J. Kováč, and I. Maleňáková, *Collect. Czech. Chem. Commun.*, **1984**, *49*, 2496.
498. S. Kafka, J. Čermák, T. Novák, F. Pudil, I. Viden, and M. Ferles, *Collect. Czech. Chem. Commun.*, **1985**, *50*, 1201.
499. V. Valenta, J. Holubek, E. Svátek, and M. Protiva, *Collect. Czech. Chem. Commun.*, **1987**, *52*, 3013.
500. T. Vontor, K. Palát, and A. Lyčka, *Collect. Czech. Chem. Commun.*, **1989**, *54*, 1306.
501. V. Valenta, J. Holubek, E. Svátek, O. Matoušová, J. Metyšová, and M. Protiva, *Collect. Czech. Chem. Commun.*, **1990**, *55*, 1297.
502. V. Kmoniček, E. Svátek, J. Holubek, M. Ryska, M. Valchář, and M. Protiva, *Collect. Czech. Chem. Commun.*, **1990**, *55*, 1817.
503. K. Dlabal, K. Palát, A. Lyčka, and Z. Odlerová, *Collect. Czech. Chem. Commun.*, **1990**, *55*, 2493.
504. W. Ried and T. Russ, *Collect. Czech. Chem. Commun.*, **1991**, *56*, 2288.
505. K. Dlabal, M. Doležal, and M. Macháček, *Collect. Czech. Chem. Commun.*, **1993**, *58*, 452.
506. R. Friary, A. T. McPhail, and V. Seidl, *Collect. Czech. Chem. Commun.*, **1993**, *58*, 1133.
507. M. Doležal, J. Hartl, and M. Macháček, *Collect. Czech. Chem. Commun.*, **1994**, *59*, 2562.
508. M. Doležal, J. Hartl, A. Lyčka, V. Buchta, and Z. Odlerová, *Collect. Czech. Chem. Commun.*, **1995**, *60*, 1236.
509. V. Opletalová, A. Patel, M. Boulton, A. Dundrová, E. Lacinová, M. Prevorová, M. Appeltauerová, and M. Coufalová, *Collect. Czech. Chem. Commun.*, **1996**, *61*, 1093.
510. M. Doležal, J. Hartl, A. Lyčka, V. Buchta, and Ž. Odlerová, *Collect. Czech. Chem. Commun.*, **1996**, *61*, 1102.
511. J. Hartl, M. Doležal, J. Krinková, A. Lyčka, and Ž. Odlerová, *Collect. Czech. Chem. Commun.*, **1996**, *61*, 1109.
512. U. Schöllkopf, W. Hartwig, U. Groth, and K.-O. Westphalen, *Liebigs Ann. Chem.*, **1981**, 696.
513. H. A. Staab and W. K. Appel, *Liebigs Ann. Chem.*, **1981**, 1065.
514. R. Gottlieb and W. Pfleiderer, *Liebigs Ann. Chem.*, **1981**, 1451.
515. U. Schöllkopf, U. Groth, and W. Hartwig, *Liebigs Ann. Chem.*, **1981**, 2407.
516. U. Groth, Y.-C. Chiang, and U. Schöllkopf, *Liebigs Ann. Chem.*, **1982**, 1756.
517. U. Schöllkopf, U. Groth, M.-R. Gull, and J. Nozulak, *Liebigs Ann. Chem.*, **1983**, 1133.
518. H. Neunhoeffer, G. Köhler, and H.-J. Degen, *Liebigs Ann. Chem.*, **1985**, 78.
519. U. Schöllkopf, R. Lonsky, and P. Lehr, *Liebigs Ann. Chem.*, **1985**, 413.
520. H.-J. Neubauer, J. Baeza, J. Freer, and U. Schöllkopf, *Liebigs Ann. Chem.*, **1985**, 1508.
521. M. Grauert and U. Schöllkopf, *Liebigs Ann. Chem.*, **1985**, 1817.
522. T. Weihrauch and D. Leibfritz, *Liebigs Ann. Chem.*, **1985**, 1917.
523. L. Capuano, W. Hell, and C. Wamprecht, *Liebigs Ann. Chem.*, **1986**, 132.
524. D. Lloyd, C. Reichardt, and M. Struthers, *Liebigs Ann. Chem.*, **1986**, 1368.
525. U. Schöllkopf, U. Busse, R. Lonsky, and R. Hinrichs, *Liebigs Ann. Chem.*, **1986**, 2150.
526. U. Schöllkopf and J. Bardenhagen, *Liebigs Ann. Chem.*, **1987**, 393.
527. U. Schöllkopf and J. Schröder, *Liebigs Ann. Chem.*, **1988**, 87.
528. U. Schöllkopf, K.-O. Westphalen. J. Schröder, and K. Horn, *Liebigs Ann. Chem.*, **1988**, 781.

529. U. Schöllkopf, R. Wick, R. Hinrichs, and M. Lange, *Liebigs Ann. Chem.*, **1988**, 1025.
530. W. Ried and G. Tsiotis, *Liebigs Ann. Chem.*, **1988**, 1197.
531. J. Mittendoff, *Liebigs Ann. Chem.*, **1988**, 1201.
532. U. Schöllkopf and T. Beulshausen, *Liebigs Ann. Chem.*, **1989**, 223.
533. W. Ried, C.-H. Lee, and J. W. Bats, *Liebigs Ann. Chem.*, **1989**, 497.
534. U. Groth, U. Schöllkopf, and T. Tiller, *Liebigs Ann. Chem.*, **1991**, 857.
535. T. Beulshausen, U. Groth, and U. Schöllkopf, *Liebigs Ann. Chem.*, **1991**, 1207.
536. U. Groth, W. Halfbrodt, and U. Schöllkopf, *Liebigs Ann. Chem.*, **1992**, 351.
537. T. Beulshausen, U. Groth, and U. Schöllkopf, *Liebigs Ann. Chem.*, **1992**, 523.
538. U. Groth, C. Schmeck, and U. Schöllkopf, *Liebigs Ann. Chem.*, **1993**, 321.
539. U. Groth, T. Huhn, B. Porsch, C. Schmeck, and U. Schöllkopf, *Liebigs Ann. Chem.*, **1993**, 715.
540. F. R. Heirtzer, M. Neuburger, M. Zehnder, and E. C. Constable, *Liebigs Ann. Chem.*, **1997**, 297.
541. V. A. Reznikov and L. B. Volodarsky, *Liebigs Ann. Chem.*, **1997**, 1035.
542. G. Schulz and W. Steglich, *Chem. Ber.*, **1980**, *113*, 770.
543. K. Heyns, E. Behse, and W. Francke, *Chem. Ber.*, **1981**, *114*, 240.
544. H. Gnichtel, B. Schmitt, and G. Schunk, *Chem. Ber.*, **1981**, *114*, 2536.
545. S. Tobias, P. Schmitt, and H. Günther, *Chem. Ber.*, **1982**, *115*, 2015.
546. H. Langhals and S. Pust, *Chem. Ber.*, **1985**, *118*, 4674.
547. B. Lintner, D. Schweitzer, R. Benn, A. Rufińska, and F. W. Hänel, *Chem. Ber.*, **1985**, *118*, 4907.
548. H. D. Hausen, A. Schulz, and W. Kaim, *Chem. Ber.*, **1988**, *121*, 2059.
549. C. Bassenbacher, W. Kaim, and T. Stahl, *Chem. Ber.*, **1989**, *122*, 933.
550. U. Eiermann, C. Krieger, F. A. Neugebauer, and H. A. Staab, *Chem. Ber.*, **1990**, *123*, 523.
551. A. Maquestiau, E. Anders, A. Mayence, and J.-J. V. Eynde, *Chem. Ber.*, **1991**, *124*, 2013.
552. A. Lichtblau, A. Ehlend, H.-D. Hausen, and W. Kaim, *Chem. Ber.*, **1995**, *128*, 745.
553. G. Huber, N. W. Mitzel, A. Schier, and H. Schmidbaur, *Chem. Ber.*, **1997**, *130*, 1159.
554. H. Alper and T. Sakakibara, *Can. J. Chem.*, **1979**, *57*, 1541.
555. J. Ackrell, E. Galeazzi, J. M. Muchowski, and L. Tökés, *Can. J. Chem.*, **1979**, *57*, 2696.
556. R. K. Boyd, J. Comper, and G. Ferguson, *Can. J. Chem.*, **1979**, *57*, 3056.
557. B. Marçot, A. Rabaron, C. Viel, C. Bellec, S. Deswarte, and P. Maitte, *Can. J. Chem.*, **1981**, *59*, 1224.
558. J. Armand, L. Boulares, K. Chekir, and V. Bellec, *Can. J. Chem.*, **1981**, *59*, 3237.
559. J. Armand, C. Bois, M. Philoche-Levisalles, M.-J. Pouet, and M.-P. Simonnin, *Can. J. Chem.*, **1982**, *60*, 349.
560. J. Bourguignon, S. Chapelle, A. Granger, and G. Queguiner, *Can. J. Chem.*, **1982**, *60*, 2668.
561. R. Beugelmans, L. Benadjila-Iguertsira, J. Chastanet, G. Negron, and G. Roussi, *Can. J. Chem.*, **1985**, *63*, 725.
562. M. Comeau, M.-T. Béraldin, E. C. Vauthier, and S. Fliszár, *Can. J. Chem.*, **1985**, *63*, 3226.
563. T. W. S. Lee and R. Stewart, *Can. J. Chem.*, **1986**, *64*, 1085.
564. M. Muneer, P. V. Kamat, and M. V. George, *Can. J. Chem.*, **1990**, *68*, 969.
565. P. Politzer, M. E. Grice, J. S. Murray, and J. M. Seminario, *Can. J. Chem.*, **1993**, *71*, 1123.
566. K. Isobe, Y. Nakamura, and S. Kawaguchi, *Bull. Chem. Soc. Jpn.*, **1980**, *53*, 139.
567. A. Sera, H. Yamada, and K. Itoh, *Bull. Chem. Soc. Jpn.*, **1980**, *53*, 219.
568. T. Kuroi, Y. Gondo, M. Kuwabara, R. Shimada, and Y. Kanda, *Bull. Chem. Soc. Jpn.*, **1981**, *54*, 2243.
569. A. Sera, K. Itoh, H. Yamada, and R. Aoki, *Bull. Chem. Soc. Jpn.*, **1981**, *54*, 3453.
570. M. Tada, H. Hamazaki, and H. Hirano, *Bull. Chem. Soc. Jpn.*, **1982**, *55*, 3865.

571. G. E. H. Elgemeie, H. A. Elfahham, S. A. S. Ghozlan, and M. H. Elnagdi, *Bull. Chem. Soc. Jpn.*, **1984**, *57*, 1650.
572. K. Itoh, H. Yamada, and A. Sera, *Bull. Chem. Soc. Jpn.*, **1984**, *57*, 2140.
573. H. Tanaka, G.-E. Matsubayashi, and T. Tanaka, *Bull. Chem. Soc. Jpn.*, **1984**, *57*, 2198.
574. N. Sato and M. Kobayashi, *Bull. Chem. Soc. Jpn.*, **1984**, *57*, 3015.
575. T. Nishio, N. Nakajima, M. Kondo, and Y. Omote, *Bull. Chem. Soc. Jpn.*, **1985**, *58*, 1337.
576. M. Yamaura, T. Suzuki, H. Hashimoto, J. Yoshimura, T. Okamoto, and C.-G. Shin, *Bull. Chem. Soc. Jpn.*, **1985**, *58*, 1413.
577. K. Kawashiro, S. Morimoto, and H. Yoshida, *Bull. Chem. Soc. Jpn.*, **1985**, *58*, 1903.
578. N. Yahiro and S. Ito, *Bull. Chem. Soc. Jpn.*, **1986**, *59*, 321.
579. K. Itoh and A. Sera, *Bull. Chem. Soc. Jpn.*, **1986**, *59*, 479.
580. H. Suzuki, T. Kawaguchi, and K. Takaoka, *Bull. Chem. Soc. Jpn.*, **1986**, *59*, 665.
581. K. Isobe, K. Nanjo, Y. Nakamura, and S. Kawaguchi, *Bull. Chem. Soc. Jpn.*, **1986**, *59*, 2141.
582. K. Matsumoto, T. Uchida, Y. Ikemi, T. Tanaka, M. Asahi, T. Kato, and H. Konishi, *Bull. Chem. Soc. Jpn.*, **1987**, *60*, 3645.
583. H. Nakamura and T. Goto, *Bull. Chem. Soc. Jpn.*, **1988**, *61*, 3776.
584. T. Hieida, M. Maehara, Y. Nibu, H. Shimada, and R. Shimada, *Bull. Chem. Soc. Jpn.*, **1989**, *62*, 925.
585. K. Teranishi and T. Goto, *Bull. Chem. Soc. Jpn.*, **1989**, *62*, 2009.
586. K. Teranishi and T. Goto, *Bull. Chem. Soc. Jpn.*, **1990**, *63*, 3132.
587. Y. Toya, T. Kayano, K. Sato, and T. Goto, *Bull. Chem. Soc. Jpn.*, **1992**, *65*, 2475.
588. J. Ohkanda, T. Tokumitsu, K. Mitsuhashi, and A. Katoh, *Bull. Chem. Soc. Jpn.*, **1993**, *66*, 841.
589. T. Sakakibara, Y. Ohwaki, and N. Sato, *Bull. Chem. Soc. Jpn.*, **1993**, *66*, 1149.
590. A. Takeuchi, H. Komiya, T. Tsutsumi, Y. Hashimoto, M. Hasegawa, Y. Iitaka, and K. Saigo, *Bull. Chem. Soc. Jpn.*, **1993**, *66*, 2987.
591. K. Saigo, M. Sukegawa, Y. Maekawa, and M. Hasegawa, *Bull. Chem. Soc. Jpn.*, **1995**, *68*, 2355.
592. P. M. Manoury, A. P. Dumas, H. Najer, D. Branceni, M. Prouteau, and F. M. Lefevre-Borg, *J. Med. Chem.*, **1979**, *22*, 554.
593. N. E. Springarn and A. C. Sartorelli, *J. Med. Chem.*, **1979**, *22*, 1314.
594. J. J. Baldwin, E. L. Engelhardt, R. Hirschmann, G. S. Ponticello, J. G. Atkinson, B. K. Wasson, C. S. Sweet, and A. Scriabine, *J. Med. Chem.*, **1980**, *23*, 65.
595. J. W. H. Watthey, M. Desai, R. Rutledge, and R. Dotson, *J. Med. Chem.*, **1980**, *23*, 690.
596. D. T. Witiak, B. K. Trivedi, L. B. Campolito, B. S. Zwilling, and N. A. Reiches, *J. Med. Chem.*, **1981**, *24*, 1329.
597. H. A. Parish, R. D. Gilliom, W. P. Purcell, R. K. Browne, R. F. Spirk, and H. D. White, *J. Med. Chem.*, **1982**, *25*, 98.
598. T.-C. Lee, P. L. Chello, T.-C. Chou, M. A. Templeton, and J. C. Parham, *J. Med. Chem.*, **1983**, *26*, 283.
599. W. C. Lumma, R. C. Randall, E. L. Cresson, J. R. Huff, R. D. Hartman, and T. F. Lyon, *J. Med. Chem.*, **1983**, *26*, 357.
600. W. S. Saari, D. W. Cochran, Y. C. Lee, E. L. Cresson, J. P. Springer, M. Williams, J. A. Totaro, and G. G. Yarbrough, *J. Med. Chem.*, **1983**, *26*, 564.
601. J. W. H. Watthey, T. Gavin, M. Desai, B. M. Finn, R. K. Rodebaugh, and S. L. Patt, *J. Med. Chem.*, **1983**, *26*, 1116.
602. W. S. Saari, W. Halczenko, S. W. King, J. R. Huff, J. P. Guare, C. A. Hunt, W. C. Randall, P. S. Anderson, V. J. Lotti, D. A. Taylor, and B. V. Clineschmidt, *J. Med. Chem.*, **1983**, *26*, 1696.

603. J. P. Scovill, D. L. Klayman, C. Lambros, G. E. Childs, and J. D. Notsch, *J. Med. Chem.*, **1984**, *27*, 87.
604. C. Sablayrolles, G. H. Cros, J. C. Milhavet, E. Rechenq, J.-P. Chapat, M. Boucard, J. J. Serrano, and J. H. McNeill, *J. Med. Chem.*, **1984**, *27*, 206.
605. S. W. Schneller, R. D. Thompson, J. G. Cory, R. A. Olsson, E. de Clercq, I.-K. Kim, and P. K. Chiang, *J. Med. Chem.*, **1984**, *27*, 924.
606. M. J. Ashton, A. Ashford, A. H. Loveless, D. Riddell, J. Salmon, and G. V. W. Stevenson, *J. Med. Chem.*, **1984**, *27*, 1245.
607. G. D. Hartman, R. D. Hartman, J. E. Schwering, W. S. Saari, E. L. Engelhardt, N. R. Jones, P. Wardman, M. E. Watts, and M. Woodcock, *J. Med. Chem.*, **1984**, *27*, 1634.
608. H. Foks and M. Janowiec, *Acta Pol. Pharm*, **1978**, *35*, 143; *Chem. Abstr.*, **1979**, *90*, 6352.
609. D. T. Witiak, R. V. Nair, and F. A. Schmid, *J. Med. Chem.*, **1985**, *28*, 1228.
610. R. A. Lyon, M. Titeler, J. D. McKenney, P. S. Magee, and R. A. Glennon, *J. Med. Chem.*, **1986**, *29*, 630.
611. M. G. Bock, R. L. Smith, E. H. Blaine, and E. J. Cragoe, *J. Med. Chem.*, **1986**, *29*, 1540.
612. E. C. Bigham, G. K. Smith, J. F. Reinhard, W. R. Mallory, C. A. Nichol, and R. W. Morrison, *J. Med. Chem.*, **1987**, *30*, 40.
613. W. G. Eberlein, G. Trummlitz, W. W. Engel, G. Schmidt, H. Pelzer, and N. Mayer, *J. Med. Chem.*, **1987**, *30*, 1378.
614. M. Ogata, H. Matsumoto, S. Kida, S. Shimizu, K. Tawara, and Y. Kawamura, *J. Med. Chem.*, **1987**, *30*, 1497.
615. S. F. Campbell and R. M. Plews, *J. Med. Chem.*, **1987**, *30*, 1794.
616. J. J. Kaminski, J. M. Hilbert, B. M. Pramanik, D. M. Solomon, D. J. Conn, R. K. Rizvi, A. J. Elliott, H. Guzik, R. G. Lovey, M. S. Domalski, S.-C. Wong, C. Puchalski, E. H. Gold, J. F. Long, P. J. S. Chiu, and A. T. McPhail, *J. Med. Chem.*, **1987**, *30*, 2031.
617. J. S. New, J. P. Yevich, D. L. Temple, K. B. New, S. M. Gross, R. F. Schlemmer, M. S. Eison, D. P. Taylor, and L. A. Riblet, *J. Med. Chem.*, **1988**, *31*, 618.
618. J. Bordner, S. F. Campbell, M. J. Palmer, and M. S. Tute, *J. Med. Chem.*, **1988**, *31*, 1036.
619. S. Morishita, T. Saito, Y. Hirai, M. Shoji, Y. Mishima, and M. Kawakami, *J. Med. Chem.*, **1988**, *31*, 1205.
620. W. A. Spitzer, F. Victor, G. D. Pollock, and J. S. Hayes, *J. Med. Chem.*, **1988**, *31*, 1590.
621. M. P. Wentland, R. B. Perni, P. H. Dorf, and J. B. Rake, *J. Med. Chem.*, **1988**, *31*, 1694.
622. F. Haviv, J. D. Ratajczyk, R. W. de Net, F. A. Kerdesky, R. L. Walters, S. P. Schmidt, J. H. Holms, P. R. Young, and G. W. Carter, *J. Med. Chem.*, **1988**, *31*, 1719.
623. E. W. Thomas, E. E. Nishizawa, D. C. Zimmermann, and D. J. Williams, *J. Med. Chem.*, **1989**, *32*, 228.
624. C. E. Spivak, Y. S. Yadav, W.-C. Shang, M. Hermsmeier, and T. M. Gund, *J. Med. Chem.*, **1989**, *32*, 305.
625. J. E. Arrowsmith, S. F. Campbell, P. E. Cross, R. A. Burges, and D. G. Gardiner, *J. Med. Chem.*, **1989**, *32*, 562.
626. W. E. Meyer, A. S. Tomcufcik, P. S. Chan, and M. Haug, *J. Med. Chem.*, **1989**, *32*, 593.
627. J. R. Bagley, R. L. Wynn, F. G. Rudo, B. M. Doorley, H. K. Spencer, and T. Spaulding, *J. Med. Chem.*, **1989**, *32*, 663.
628. M. Abou-Gharbia, J. A. Moyer, U. Patel, M. Webb, G. Schiehser, T. Andree, and J. T. Haskins, *J. Med. Chem.*, **1989**, *32*, 1024.
629. S. J. Dominianni and T. T. Yen, *J. Med. Chem.*, **1989**, *32*, 2301.
630. C. B. Ziegler, P. Bitha, N. A. Kuck, T. J. Fenton, P. J. Petersen, and Y. I. Lin, *J. Med. Chem.*, **1990**, *33*, 142.

631. R. F. Brown, M. D. Kinnick, J. M. Morin, R. T. Vasileff, F. T. Counter, E. O. Davidson, P. W. Ensminger, J. A. Eudaly, J. S. Kasher, A. S. Katner, R. E. Koehler, K. D. Kurz, T. D. Lindstrom, W. H. W. Lunn, D. A. Preston, J. L. Ott, J. F. Quay, J. K. Shadle, M. I. Steinberg, J. F. Stucky, J. K. Swartzendruber, J. R. Turner, J. A. Webber, W. E. Wright, and K. M. Zimmerman, *J. Med. Chem.*, **1990**, *33*, 2114.

632. D. A. Roberts, R. H. Bradbury, D. Brown, A. Faull, D. Griffiths, J. S. Major, A. A. Oldham, R. J. Pearce, A. H. Ratcliffe, J. Revill, and D. Waterson, *J. Med. Chem.*, **1990**, *33*, 2326.

633. J. J. Howbert, C. S. Grossman, T. A. Crowell, B. J. Rieder, R. W. Harper, K. E. Kramer, E. V. Tao, J. Aikins, G. A. Poore, S. M. Rinzel, G. B. Grindey, W. N. Shaw, and G. C. Todd, *J. Med. Chem.*, **1990**, *33*, 2393.

634. A. Mertens, W. G. Friebe, B. Müller-Beckmann, W. Kampe, L. Kling, and W. von der Saal, *J. Med. Chem.*, **1990**, *33*, 2870.

635. M. Saxena, S. K. Agarwal, G. K. Patnaik, and A. K. Saxena, *J. Med. Chem.*, **1990**, *33*, 2970.

636. J. C. Jaen, L. D. Wise, T. G. Heffner, T. G. Pugsley, and L. T. Meltzer, *J. Med. Chem.*, **1991**, *34*, 248.

637. R. A. Glennon, M. Y. Yousif, A. D. Ismaiel, M. B. El-Ashmawy, J. L. Herndon, J. B. Fischer, A. C. Server, and K. J. Burke-Howie, *J. Med. Chem.*, *J. Med. Chem.*, **1991**, *34*, 3360.

638. L. J. Street, R. Baker, T. Book, A. J. Reeve, J. Saunders, T. Wilson, R. S. Marwood, S. Patel, and S. B. Freedman, *J. Med. Chem.*, **1992**, *35*, 295.

639. M. H. Cynamon, S. P. Klemens, T.-S. Chou, R. H. Gimi, and J. T. Welch, *J. Med. Chem.*, **1992**, *35*, 1212.

640. P. A. Bonnet, A. Michel, F. Laurent, C. Sablayrolles, E. Rechencq, J. C. Mani, M. Boucard, and J. P. Chapat, *J. Med. Chem.*, **1992**, *35*, 3353.

641. L. C. Meurer, R. L. Tolmam, E. W. Chapin, R. Saperstein, P. P. Vicario, M. M. Zrada, and M. MacCoss, *J. Med. Chem.*, **1992**, *35*, 3845.

642. J. S. Ward, L. Merritt, V. J. Klimkowski, M. L. Lamb, C. H. Mitch, F. B. Bymaster, B. Sawyer, H. E. Shannon, P. H. Oleson, T. Honoré, M. J. Sheardown, and P. Sauerberg, *J. Med. Chem.*, **1992**, *35*, 4011.

643. E. Carceller, C. Almansa, M. Merlos, M. Giral, J. Bartroli, J. Garcia-Rafanell, and J. Forn, *J. Med. Chem.*, **1992**, *35*, 4118.

644. A. Naylor, D. B. Judd, J. E. Lloyd, D. K. Scopes, A. G. Hayes, and P. J. Birch, *J. Med. Chem.*, **1993**, *36*, 2075.

645. A. K. Ghosh, W. J. Thompson, M. K. Holloway, S. P. McKee, T. T. Duong, H. Y. Lee, P. M. Munson, A. M. Smith, J. M. Wai, P. L. Darke, J. A. Zugay, E. A. Emini, W. A. Schleif, J. R. Huff, and P. S. Anderson, *J. Med. Chem.*, **1993**, *36*, 2300.

646. M. Winn, B. De, T. M. Zydowsky, R. J. Altenbach, F. Z. Basha, S. A. Boyd, M. E. Brune, S. A. Buckner, D.-A. Crowell, I. Drizin, A. A. Hancock, H.-S. Jae, J. A. Kester, J. V. Lee, R. A. Nantei, K. C. Marsh, E. I. Novosad, K. W. Oheim, S. H. Rosenberg, K. Shiosaki, B. K. Sorensen, K. Spina, G. M. Sullivan, A. S. Tasker, T. W. von Geldern, R. B. Warner, T. J. Opgenorth, D. J. Kerkman, and J. F. deBernardia, *J. Med. Chem.*, **1993**, *36*, 2676.

647. M. J. Ashton, D. C. Cook, G. Fenton, J.-A. Karlsson, M. N. Palfreyman, D. Raeburn, A. J. Ratcliffe, J. E. Souness, S. Thurairatnam, and N. Vicker, *J. Med. Chem.*, **1994**, *37*, 1696.

648. P. Bardel, A. Bolanos, and H. Kohn, *J. Med. Chem.*, **1994**, *37*, 4567.

649. N. J. S. Harmat, R. Giorgi, F. Bonaccorsi, G. Cerbai, S. M. Colombani, A. R. Renzetti, R. Cirillo, A. Subissi, G. Alogona, C. Ghio, F. Arcamone, A. Giachetti, F. Paleari, and A. Salimbeni, *J. Med. Chem.*, **1995**, *38*, 2925.

650. C. R. Ganellin, S. K. Hosseini, Y. S. Khalaf, W. Tertiuk, J.-M. Arrang, M. Garbarg, X. Ligneau, and J.-C. Schwartz, *J. Med. Chem.*, **1995**, *38*, 3342.

651. M. H. Cynamon, R. Gimi, F. Gyenes, C. A. Sharpe, K. E. Bergmann, H. J. Han, L. V. Gregor, R. Rapoli, G. Luciano, and J. T. Welch, *J. Med. Chem.*, **1995**, *38*, 3902.

652. T. M. Williams, T. M. Ciccarone, S. C. MacTough, R. L. Bock, M. W. Conner, J. P. Davide, K. Hamilton, K. S. Koblan, N. E. Kohl, A. M. Kral, S. D. Mosser, C. A. Omer, D. L. Pumpliano, E. Rands, M. D. Schaber, D. Shah, F. R. Wilson, J. B. Gibbs, S. L. Graham, G. D. Hartman, A. I. Oliff, and R. L. Smith, *J. Med. Chem.*, **1996**, *39*, 1345.

653. J. J. Li, M. B. Norton, E. J. Reinhard, G. D. Anderson, S. A. Gregory, P. C. Isakson, C. M. Koboldt, J. L. Masferrer, W. E. Perkins, K. Seibert, Y. Zhang, B. S. Zweifel, and D. B. Reitz, *J. Med. Chem.*, **1996**, *39*, 1846.

654. Y. Naito, F. Akahoshi, S. Takeda, T. Okada, M. Kajii, H. Nishimura, M. Sugiura, C. Fukaya, and Y. Kagitani, *J. Med. Chem.*, **1996**, *39*, 3019.

655. Q. Li, D. T. W. Chu, A. Claiborne, C. S. Cooper, C. M. Lee, K. Raye, K. B. Berst, P. Donner, W. Wang, L. Hasvold, A. Fung, Z Ma, M. Tufano, R. Flamm, L. L. Shen, J. Baronowski, A. Nilius, J. Alder, J. Meulbroek, K. Marsh, D.-A. Crowell, Y. Hui, L. Seif, L. M. Melcher, R. Henry, S. Spanton, R. Faghih, L. L. Klein, S. K. Tanaka, and J. J. Plattner, *J. Med. Chem.*, **1996**, *39*, 3070.

656. K. E. Bergmann, M. H. Cynamon, and J. T. Welch, *J. Med. Chem.*, **1996**, *39*, 3394.

657. D. J. Brown, in *Mechanisms of Molecular Migrations*, vol. 1 (Editor B. S. Thyagarajan), Wiley, New York, 1968, p. 209.

658. D. E. Jane, D. J. Chalmers, J. A. K. Howard, I. C. Kilpatrick, D. C. Sunter, G. A. Thompson, P. M. Udvarhelyi, C. Wilson, and J. C. Watkins, *J. Med. Chem.*, **1996**, *39*, 4738.

659. A. Thurkauf, J. Yuan, X. Chen, X. S. He, J. W. F. Wasley, A. Hutchison, K. H. Woodruff, R. Meade, D. C. Hoffman, H. Donovan, and D. K. Jones-Hertzog, *J. Med. Chem.*, **1997**, *40*, 1.

660. Y. E. Ahmad, E. Laurent, P. Maillet, A. Talab, J. F. Teste, R. Dokhan, G. Tran, and R. Ollivier, *J. Med. Chem.*, **1997**, *40*, 952.

661. R. H. Bradbury, C. Bath, R. J. Butlin, M. Dennis, C. Heys, S. J. Hunt, R. James, A. A. Mortlock, N. F. Sumner, E. K. Tang, B. Telford, E. Whiting, and C. Wilson, *J. Med. Chem.*, **1997**, *40*, 996.

662. M. Rowley, I. Collins, A. B. Broughton, W. B. Davey, R. Baker, F. Emms, R. Marwood, S. Patel, S. Patel, C. I. Ragan, S. B. Freedman, R. Ball, and P. D. Leeson, *J. Med. Chem.*, **1997**, *40*, 2374.

663. J. Stürzebecher, D. Prasa, J. Hauptmann, H. Vieweg, and P. Wikström, *J. Med. Chem.*, **1997**, *40*, 3091.

664. J. Easmon, G. Heinisch, G. Pürstinger, T. Langer, J. K. Österreicher, H. H. Grunicke, and J. Hofmann, *J. Med. Chem.*, **1997**, *40*, 4420.

665. H. Sugihara, H. Fukushi, T. Miyawaki, Y. Imai, Z.-I. Terashita, M. Kawamura, Y. Fujisawa, and S. Kita, *J. Med. Chem.*, **1998**, *41*, 489.

666. A. Cappelli, M. Anzini, S. Vomero, L. Mennuni, F. Makovec, E. Doucet, M. Hamon, G. Bruni, M. R. Romeo, M. C. Menziani, P. G. de Benedetti, and T. Langer, *J. Med. Chem.*, **1998**, *41*, 728.

667. J. A. Walker, H. W. Liu, D. S. Wise, J. C. Drach, and L. B. Townsend, *J. Med. Chem.*, **1998**, *41*, 1236.

668. C. Corral, J. Lissavetsky, and R. Madronero, *Eur. J. Med. Chem.*, **1978**, *13*, 389.

669. V. Ambrogi, P. Cozzi, P. Sanjust, L. Bertone, P. P. Lovisolo, V. Briatico-Vangosa, and R. Angelucci, *Eur. J. Med. Chem.*, **1980**, *15*, 157.

670. T. Sekiya, H. Hiranuma, T. Kanayama, and S. Hata, *Eur. J. Med. Chem.*, **1980**, *15*, 317.

671. R. Tomatis, S. Salvadori, and G. P. Sarto, *Eur. J. Med. Chem.*, **1981**, *16*, 229.

672. D. L. Klayman, J. P. Scovill, J. F. Bartosevich, and C. J. Mason, *Eur. J. Med. Chem.*, **1981**, *16*, 317.

673. P.-A. Bonnet, C. Sablayrolles, J.-P. Chapat, B. Soulie, M. Simeon de Bouchberg, G. Dusart, and M. Attisso, *Eur. J. Med. Chem.*, **1983**, *18*, 413.

674. J. H. Barnes, M. Fatome, G. F. Esslemont, and C. E. L. Jones, *Eur. J. Med. Chem.*, **1983**, *18*, 515.

675. E. Abignente, F. Arena, P. de Caprariis, R. Patscot, E. Marmo, E. Lampa, and F. Rossi, *Eur. J. Med. Chem.*, **1985**, *20*, 79.

676. P. Cozzi, A. Pillan, L. Bertone, U. Branzoli, P. P. Lovisolo, and A. Chiari, *Eur. J. Med. Chem.*, **1985**, *20*, 241.
677. E. Raviña, G. Garcia-Mera, L. Santana, F. Orallo, and J. M. Calleja, *Eur. J. Med. Chem.*, **1985**, *20*, 475.
678. K. G. Grozinger, R. J. Sorcek, and J. T. Oliver, *Eur. J. Med. Chem.*, **1985**, *20*, 487.
679. G. L. Regnier, C. G. Guillonneau, J. L. Duhault, F. P. Tisserand, G. Saint-Romas, and S. M. Holstorp, *Eur. J. Med. Chem.*, **1987**, *22*, 243.
680. R. J. Ife, K. W. Catchpole, G. D. Durant, C. R. Ganellin, C. A. Harvey, M. L. Meeson, D. A. A. Owen, M. E. Parsons, B. P. Slingsby, and C. J. Theobald, *Eur. J. Med. Chem.*, **1989**, *24*, 249.
681. P. Barraclough, R. M. Beams, J. W. Black, D. Cambridge, D. Collard, D. A. Demaine, D. Firmin, V. P. Gerskowitch, R. C. Glen, H. Giles, A. P. Hill, R. A. D. Hull, R. Iyer, W. R. King, D. J. Livingstone, M. S. Nobbs, P. Randall, G. Shah, S. J. Vine, and M. V. Whiting, *Eur. J. Med. Chem.*, **1990**, *25*, 467.
682. S. Robert-Piessard, D. Leblois, P. Kumar, J. M. Robert, G. le Baut, L. Sparfel, B. Robert, E. Khettab, R. Y. Sanchez, J. Y. Petit, and L. Welin, *Eur. J. Med. Chem.*, **1990**, *25*, 737.
683. G. Ferrand, H. Dumas, and J. Decerprit, *Eur. J. Med. Chem.*, **1992**, *27*, 309.
684. J. F. Lagorce, F. Comby, J. Buxeraud, and C. Raby, *Eur. J. Med. Chem.*, **1992**, *27*, 359.
685. J. J. Bosc, C. Jarry, A. Carpy, E. Panconi, and P. Descas, *Eur. J. Med. Chem.*, **1992**, *27*, 437.
686. R. Jonas, H. Prücher, and H. Wurziger, *Eur. J. Med. Chem.*, **1993**, *28*, 141.
687. I. Érczi, G. Rablóczky, A. Varró, I. G. Somogy, M. Kürthy, and I. Bódy, *Eur. J. Med. Chem.*, **1993**, *28*, 185.
688. E. Abignente, P. de Caprariis, M. G. Rimoli, L. Avallone, L. Gomez-Paloma, F. Rossi, M. d'Amico, V. Calderaro, and C. Parrillo, *Eur. J. Med. Chem.*, **1993**, *28*, 337.
689. O. G. Todoulou, A. E. Papadaki-Valiraki, E. C. Filippatos, S. Ikeda, and E. de Clercq, *Eur. J. Med. Chem.*, **1994**, *29*, 127.
690. C. Rognon and M. Chastrette, *Eur. J. Med. Chem.*, **1994**, *29*, 595.
691. G. Ferrand, H. Dumas, J. C. Depin, and Y. Quentin, *Eur. J. Med. Chem.*, **1996**, *31*, 273.
692. P. Zlatoidský and T. Maliar, *Eur. J. Med. Chem.*, **1996**, *31*, 669.
693. M. G. Rimoli, L. Avallone, P. de Caprariis, E. Luraschi, E. Abignente, W. Filippelli, L, Berrino, and R. Rossi, *Eur. J. Med. Chem.*, **1997**, *32*, 195.
694. R. Perrone, F. Berardi, N. A. Colabufo, V. Tortorella, M. G. Fornaretto, C. Caccia, and R. A. McArthur, *Eur. J. Med. Chem.*, **1997**, *32*, 739.
695. C. T. Bahner, L. M. Rives, S. W. McGaha, D. Rutledge, D. Ford, E. Gooch, D. Westberry, D. Ziegler, and R. Ziegler, *Arzneim.-Forsch.*, **1981**, *31*, 404.
696. A. Kreutzberger and R. Kochanowski, *Arzneim.-Forsch.*, **1987**, *37*, 999.
697. S. Gubert, M. A. Brasó, A. Sacristán, and J. A. Ortiz, *Arzneim.-Forsch.*, **1987**, *37*, 1103.
698. J. F. Lagorce, T. Moulard, and C. Raby, *Arzneim.-Forsch.*, **1992**, *42*, 314.
699. C. Ochoa, J. Rodriguez, M. López-Garcia, A. Ramón-Martinez, and M. Mercedes-Martinez, *Arzneim.-Forsch.*, **1996**, *46*, 643.
700. K.-H. Ongania, *Arch. Pharm. (Weinheim, Ger.)*, **1979**, *312*, 958.
701. K. Therling and P. Tinapp, *Arch. Pharm. (Weinheim, Ger.)*, **1979**, *312*, 1042.
702. J. Schmidt and G. Zinner, *Arch. Pharm. (Weinheim, Ger.)*, **1980**, *313*, 174.
703. P. Pachaly and H.-J. Pelzer, *Arch. Pharm. (Weinheim, Ger.)*, **1983**, *316*, 653.
704. H. Mertens, R. Troschütz, and H. J. Roth, *Arch. Pharm. (Weinheim, Ger.)*, **1986**, *319*, 161.
705. H. Egg, I. Ganzera, H. Leibetseder, A. Patzak, and U. Sperl, *Arch. Pharm. (Weinheim, Ger.)*, **1986**, *319*, 682.
706. H. Egg, U. Gnauer, and B. Hambrusch, *Arch. Pharm. (Weinheim, Ger.)*, **1987**, *320*, 673.

707. S. Corsano, G. Strappaghetti, and L. Brasili, *Arch. Pharm. (Weinheim, Ger.)*, **1988**, *321*, 171.
708. G. Seitz and H. Wassmuth, *Arch. Pharm. (Weinheim, Ger.)*, **1990**, *323*, 89.
709. P. Barraclough, J. W. Black, D. Cambridge, V. P. Gerskowitch, R. A. D. Hull, R. Lyer, W. R. King, C. O. Kneen, M. S. Nobbs, G. P. Shah, S. Smith, S. J. Vine, and M. V. Whiting, *Arch. Pharm. (Weinheim, Ger.)*, **1990**, *323*, 501.
710. P. Barraclough, J. W. Black, D. Cambridge, D. A. Demaine, V. P. Gerskowitch, H. Giles, A. P. Hill, R. A. D. Hull, R. Lyer, W. R. King, D. J. Livingstone, M. S. Nobbs, P. Randall, G. P. Shah, and M. V. Whiting, *Arch. Pharm. (Weinheim, Ger.)*, **1990**, *323*, 507.
711. M. A. Hassan, S. E. Zayed, W. N. El-Gaziri, and S. A. Metwally, *Arch. Pharm. (Weinheim, Ger.)*, **1991**, *324*, 185.
712. A. Alivert, F. Canals, J.-J. Bonet, V. Gómez-Parra, and F. Sánchez-Alonso, *Arch. Pharm. (Weinheim, Ger.)*, **1991**, *324*, 559.
713. T. Russ, W. Ried, F. Ullrich, and E. Mutschler, *Arch. Pharm. (Weinheim, Ger.)*, **1992**, *325*, 761.
714. K. Hartke, and A. Brutsch, *Arch. Pharm. (Weinheim, Ger.)*, **1993**, *326*, 63.
715. J. J. Bosc, I. Forfar, C. Jarry, M. Laguerre, and A. Carpy, *Arch. Pharm. (Weinheim, Ger.)*, **1994**, *327*, 187.
716. J. Easmon, G. Heinisch, W. Holzer, and B. Matuszczak, *Arch. Pharm. (Weinheim, Ger.)*, **1995**, *328*, 307.
717. K. Kiec-Kononowicz, X. Ligneau, H. Stark, J.-C. Schwartz, and W. Schunack, *Arch. Pharm. (Weinheim, Ger.)*, **1995**, *328*, 445.
718. P. Frohberg, M. Wiese, and P. Nuhn, *Arch. Pharm. (Weinheim, Ger.)*, **1997**, *330*, 47.
719. D. Ranft, G. Lehwark-Yvetot, K.-J. Schaper, and A. Büge, *Arch. Pharm. (Weinheim, Ger.)*, **1997**, *330*, 169.
720. M. W. Majchrzak, A. Kotełko, R. Guryn, J. B. Lambert, A. Szadowska, and K. Kowalczyk, *J. Pharm. Sci.*, **1983**, *72*, 304.
721. M. J. Kornet and J. Y.-R. Chu, *J. Pharm. Sci.*, **1983**, *72*, 1213.
722. P. L. Dutta and W. O. Foye, *J. Pharm. Sci.*, **1990**, *79*, 447.
723. C. Yamagami, N. Takao, and T. Fujita, *J. Pharm. Sci.*, **1991**, *80*, 772.
724. C. Yamagami, N. Takao, and T. Fujita, *J. Pharm. Sci.*, **1993**, *82*, 155.
725. A. W. Cuthbert and J. M. Edwardson, *J. Pharm. Pharmacol.*, **1979**, *31*, 382.
726. H. Rosowsky, R. A. Forsch, S. F. Queener, and J. R. Bertino, *Pteridines*, **1997**, *8*, 173.
727. M. J. Perry, J. F. Makins, M. W. Adlard, and G. Holt, *J. Gen. Microbiol.*, **1984**, *130*, 319.
728. O. Shimomura, B. Musiki, and Y. Kishi, *Biochem. J.*, **1989**, *261*, 913.
729. S. J. Chavan, W. G. Bornmann, C. Flexner, and H. J. Prochaska, *Arch. Biochem. Biophys.*, **1995**, *324*, 143.
730. A. A. Schilt, N. Mohamed, and F. H. Case, *Talanta*, **1979**, *26*, 85.
731. A. A. Schilt, P. C. Quinn, and C. L. Johnson, *Talanta*, **1979**, *26*, 373.
732. H. Lutz and W. Pfleiderer, *Croat. Chem. Acta*, **1986**, *59*, 199.
733. S. W. Schneller, J. L. May, and E. de Clercq, *Croat. Chem. Acta*, **1986**, *59*, 307.
734. J. W. Brown, D. T. Hurst, J. P. O'Donovan, and D. Coates, *Liq. Cryst.*, **1994**, *17*, 689.
735. J. W. Brown, D. T. Hurst, J. P. O'Donovan, D. Coates, and J. D. Bunning, *Liq. Cryst.*, **1995**, *19*, 765.
736. S. Mihara, H. Masuda, O. Nishimura, and H. Tateba, *J. Agric. Food Chem.*, **1990**, *38*, 465.
737. G. B. Barlin, I. L. Brown, L. Golič, and V. Kaučič, *Aust. J. Chem.*, **1982**, *35*, 423.
738. G. B. Barlin, D. J. Brown, Z. Kadunc, A. Petrič, B. Stanovnik, and M. Tišler, *Aust. J. Chem.*, **1983**, *36*, 1215.
739. G. B. Barlin, L. P. Davies, S. J. Ireland, M. M. L. Ngu, and J. Zhang, *Aust. J. Chem.*, **1992**, *45*, 877.

740. M. Devys, M. Barbier, A. Kollmann, and J.-F. Bousquet, *Phytochemistry*, **1992**, *31*, 4393.
741. M. Barbier, M. Devys, J.-F. Bousquet, and A. Kollmann, *Phytochemistry*, **1994**, *35*, 955.
742. H. Kawagishi, A. Tanaka, K. Sugiyama, H. Mori, H. Sakamoto, Y. Ishiguro, K. Kobayashi, and M. Uramoto, *Phytochemistry*, **1996**, *42*, 547.
743. S. Rajappa and M. V. Natekar, *Adv. Heterocycl. Chem.*, **1993**, *57*, 187.
744. G. W. H. Cheeseman and R. A. Goswin, *J. Chem. Soc. (C)*, **1971**, 2977.
745. T. Hino and T. Sato, *Chem. Pharm. Bull.*, **1974**, *22*, 2866.
746. D. L. Evans, D. K. Minster, U. Jordis, S. M. Hecht, A. L. Mazzu, and A. I. Meyers, *J. Org. Chem.*, **1979**, *44*, 497.
747. Y. Ohtsuka, *J. Org. Chem.*, **1979**, *44*, 827.
748. T. Huynh-Dinh, R. S. Sarfati, C. Gouyette, J. Igolen, E. Bisagni, J.-M. Lhoste, and A. Civier, *J. Org. Chem.*, **1979**, *44*, 1028.
749. S. K. Vohra, G. W. Harrington, D. E. Zacharias, and D. Swern, *J. Org. Chem.*, **1979**, *44*, 1128.
750. A. F. Sowinski and G. M. Whitesides, *J. Org. Chem.*, **1979**, *44*, 2369.
751. V. Bhat and M. V. George, *J. Org. Chem.*, **1979**, *44*, 3288.
752. Y. Ohtsuka, E. Tohma, S. Kojima, and N. Tomita, *J. Org. Chem.*, **1979**, *44*, 4871.
753. R. J. Bergeron and P. Hoffman, *J. Org. Chem.*, **1980**, *45*, 161.
754. R. J. Bergeron and P. G. Hoffman, *J. Org. Chem.*, 1980, *45*, 163.
755. Y. Houminer, *J. Org. Chem.*, **1980**, *45*, 999.
756. J. Vansant, G. Smets, J. P. Declercq, G. Germain, and M. van Meerssche, *J. Org. Chem.*, **1980**, *45*, 1557.
757. J. Vansant, S. Toppet, G. Smets, J. P. Declercq, and M. van Meerssche, *J. Org. Chem.*, **1980**, *45*, 1565.
758. S. Fujii, M. Matsumoto, and H. Kobatake, *J. Org. Chem.*, **1980**, *45*, 1693.
759. E. C. Taylor and D. J. Dumas, *J. Org. Chem.*, **1980**, *45*, 2485.
760. R. M. Williams and W. H. Rastetter, *J. Org. Chem.*, **1980**, *45*, 2625.
761. A. J. Elliott and M. S. Gibson, *J. Org. Chem.*, **1980**, *45*, 3677.
762. R. A. Swaringen, J. F. Eaddy, and T. R. Henderson, *J. Org. Chem.*, **1980**, *45*, 3986.
763. S. S. Singer, G. M. Singer, and B. B. Cole, *J. Org. Chem.*, **1980**, *45*, 4931.
764. T. N. Wade and R. Khéribet, *J. Org. Chem.*, **1980**, *45*, 5333.
765. W. W. Paudler and R. M. Sheets, *J. Org. Chem.*, **1980**, *45*, 5421.
766. D. R. Carver, A. P. Komin, J. S. Hubbard, and J. F. Wolfe, *J. Org. Chem.*, **1981**, *46*, 294.
767. E. C. Taylor and D. J. Dumas, *J. Org. Chem.*, **1981**, *46*, 1394.
768. Y. Shvo and E. D. Kaufman, *J. Org. Chem.*, **1981**, *46*, 2148.
769. C. Temple, J. D. Rose, and J. A. Montgomery, *J. Org. Chem.*, **1981**, *46*, 3666.
770. W. C. Lumma and J. P. Springer, *J. Org. Chem.*, **1981**, *46*, 3735.
771. S. Fukuzumi and J. K. Kochi, *J. Org. Chem.*, **1981**, *46*, 4116.
772. P. A. Jacobi, M. Martinelli, and E. C. Taylor, *J. Org. Chem.*, **1981**, *46*, 5416.
773. E. C. Taylor and D. J. Dumas, *J. Org. Chem.*, **1982**, *47*, 116.
774. M. A. Fox, D. M. Lemal, D. W. Johnson, and J. R. Hohman, *J. Org. Chem.*, **1982**, *47*, 398.
775. E. C. Taylor and L. A. Reiter, *J. Org. Chem.*, **1982**, *47*, 528.
776. E. C. Taylor, C.-P. Tseng, and J. B. Rampal, *J. Org. Chem.*, **1982**, *47*, 552.
777. C. O. Okafor, *J. Org. Chem.*, **1982**, *47*, 592.
778. J. A. Grina, M. R. Ratcliffe, and F. R. Stermitz, *J. Org. Chem.*, **1982**, *47*, 2648.
779. D. L. Kleyer and T. H. Koch, *J. Org. Chem.*, **1982**, *47*, 3145.

780. D. L. Kleyer, R. C. Haltiwanger, and T. H. Koch, *J. Org. Chem.*, **1983**, *48*, 147.
781. L. A. Carpino, E. M. E. Mansour, C. H. Cheng, R. W. Williams, R. MacDonald, J. Knapczyk, M. Carman, and A. Lopusiński, *J. Org. Chem.*, **1983**, *48*, 661.
782. W. W. Paudler and M. V. Jovanovic, *J. Org. Chem.*, **1983**, *48*, 1064.
783. D. R. Carver, T. D. Greenwood, J. S. Hubbard, A. P. Komin, Y. P. Sachdeva, and J. F. Wolfe, *J. Org. Chem.*, **1983**, *48*, 1180.
784. R. L. Basfield and Y. Houminer, *J. Org. Chem.*, **1983**, *48*, 2130.
785. J. Armand, C. Bellec, L. Boulares, and J. Pinson, *J. Org. Chem.*, **1983**, *48*, 2847.
786. J. T. Gupton, J. P. Idoux, G. Baker, C. Colon, A. D. Crews, C. D. Jurss, and R. C. Rampi, *J. Org. Chem.*, **1983**, *48*, 2933.
787. J. P. Idoux, J. T. Gupton, C. K. McCurry, A. D. Crews, C. D. Jurss, C. Colon, and R. C. Rampi, *J. Org. Chem.*, **1983**, *48*, 3771.
788. G. D. Hartman, R. D. Hartman, and D. W. Cochran, *J. Org. Chem.*, **1983**, *48*, 4119.
789. T. Fukunaga and R. W. Begland, *J. Org. Chem.*, **1984**, *49*, 813.
790. C. L. Klein, R. J. Majeste, A. E. Luedtke, W. J. Ray, E. D. Stevens, and J. W. Timberlake, *J. Org. Chem.*, **1984**, *49*, 1208.
791. R. A. Olofson, J. T. Martz, J.-P. Senet, M. Piteau, and T. Malfroot, *J. Org. Chem.*, **1984**, *49*, 2081.
792. D. S. Kemp and P. E. McNamara, *J. Org. Chem.*, **1984**, *49*, 2286.
793. Y. Houminer, *J. Org. Chem.*, **1985**, *50*, 786.
794. R. Buchan, M. Fraser, and P. V. S. K. T. Lin, *J. Org. Chem.*, **1985**, *50*, 1324.
795. E. M. Beccalli, A. Manfredi, and A. Marchesini, *J. Org. Chem.*, **1985**, *50*, 2372.
796. H. Aoyama, M. Ohnota, M. Sakamoto, and Y. Omote, *J. Org. Chem.*, **1986**, *51*, 247.
797. B. Podányi, I. Hermecz, and A. Horváth, *J. Org. Chem.*, **1986**, *51*, 2988.
798. P. K. Subramanian and R. W. Woodward, *J. Org. Chem.*, **1987**, *52*, 15.
799. G. Lunn, *J. Org. Chem.*, **1987**, *52*, 1043.
800. E. K. Moltzen, M. P. Kramer, A. Senning, and K. J. Klabunde, *J. Org. Chem.*, **1987**, *52*, 1156.
801. Y. Houminer, R. A. Fenner, H. V. Secor, and J. T. Seeman, *J. Org. Chem.*, **1987**, *52*, 3971.
802. E. C. Taylor and P. S. Ray, *J. Org. Chem.*, 1987, *52*, 3997; **1988**, *53*, 3396.
803. W. Hartwig and L. Born, *J. Org. Chem.*, **1987**, *52*, 4352.
804. T. P. Holler, A. Spaltenstein, E. Turner, R. E. Klevit, B. M. Shapiro, and P. B. Hopkins, *J. Org. Chem.*, **1987**, *52*, 4420.
805. J.-F. Peyronel, O. Samuel, and J.-C. Fiaud, *J. Org. Chem.*, **1987**, *52*, 5320.
806. E. C. Taylor and P. S. Ray, *J. Org. Chem.*, **1988**, *53*, 35.
807. Y. Kamitori, M. Hojo, R. Masuda, T. Fujitani, S. Ohara, and T. Yokoyama, *J. Org. Chem.*, **1988**, *53*, 129.
808. W. J. Thompson, J. H. Jones, P. A. Lyle, and J. E. Thies, *J. Org. Chem.*, **1988**, *53*, 2052.
809. A. Kubo, N. Saito, H. Yamato, K. Masubuchi, and M. Nakamura, *J. Org. Chem.*, **1988**, *53*, 4295.
810. R. J. Chorvat and K. J. Rorig, *J. Org. Chem.*, **1988**, *53*, 5779.
811. E. C. Taylor and A. L. Sabb, *J. Org. Chem.*, **1988**, *53*, 5839.
812. I. R. Green and G. R. Delpierre, *S. Afr. J. Chem.*, **1977**, *30*, 183; *Chem Abstr.*, **1979**, *90*, 6349.
813. P. K. Subramanian, D. M. Kalvin, K. Ramalingam, and R. W. Woodard, *J. Org. Chem.*, **1989**, *54*, 270.
814. S. M. Rida, A. S. Issa, and Y. A. Beltagy, *Pharmazie*, **1978**, *33*, 711; *Chem. Abstr.*, **1979**, *90*, 103920.
815. Y. Houminer, E. W. Southwick, and D. L. Williams, *J. Org. Chem.*, **1989**, *54*, 640.

816. G. V. Shishkin and V. I. Vysochin, *Izv. Sb. Otd. Akad. Nauk SSSR, Ser. Khim. Nauk*, **1978**, 113; *Chem. Abstr.*, **1979**, *90*, 121541.
817. M. J. Chapdelaine, P. J. Warwick, and A. Shaw, *J. Org. Chem.*, **1989**, *54*, 1218.
818. S. Groszkowski and L. Korzycka, *Pol. J. Chem.*, **1978**, *52*, 2229; *Chem. Abstr.*, **1979**, *90*, 137767.
819. T. P. Holler, F. Ruan, A. Spaltenstein, and P. B. Hopkins, *J. Org. Chem.*, **1989**, *54*, 4570.
820. V. Y. Temkina, T. M. Sushitskaya, N. V. Tsirul'nikova, and S. V. Rykov, *Tr. Vses. Nauchno-Issled. Inst. Khim. Reakt. Osobo Chist. Khim. Veshchestv*, **1977**, *39*, 3; *Chem. Abstr.*, **1979**, *90*, 151528.
821. F. Minisci, E. Vismara, and F. Fontana, *J. Org. Chem.*, **1989**, *54*, 5224.
822. P. Garner, F. Arya, and W.-B. Ho, *J. Org. Chem.*, **1990**, *55*, 412.
823. H. Foks and M. Janowiec, *Acta Pol. Pharm.*, **1978**, *35*, 281; *Chem. Abstr.*, **1979**, *90*, 168536.
824. E. A. Castro and C. Ureta, *J. Org. Chem.*, **1990**, *55*, 1676.
825. K. Mitsuhashi, T. Yanigida, A. Murakami, K. Oda, and S. Shiraishi, *Seikei Daigaku Kogakubu Kogaku Hokoku*, **1978**, *26*, 1867; *Chem. Abstr.*, **1979**, *90*, 168545.
826. M. Gorczyca, B. Lucka-Sobstel, A. Zejc, I. Zgorniak-Nowosielska, M. Marcieszewska, and A. Gatkiewitz, *Acta Pharm. Jugosl.*, **1978**, *28*, 143; *Chem. Abstr.*, **1979**, *90*, 186861.
827. B. Alcaide, J. Plumet, and M. A. Sierra, *J. Org. Chem.*, **1990**, *55*, 3143.
828. K.-C. Wang, S.-F. Lin, and T.-S. Wu, *Tai-wan Yao Hsueh Tsa Chih*, **1977**, *29*, 112; *Chem. Abstr.*, **1979**, *90*, 186903.
829. T. Tsuda, T. Kiyoi, and T. Saegusa, *J. Org. Chem.*, **1990**, *55*, 3388.
830. S. Yamashita, *Hoshi Yakka Daigaku Kiyo*, **1978**(20), 45; *Chem. Abstr.*, **1979**, *91*, 5198.
831. T. Izumi and A. Kasahara, *Yamagata Daigaku Kiyo, Kogaku*, **1979**, *15*, 213; *Chem. Abstr.*, **1979**, *91*, 32078.
832. R. J. Mattson and C. P. Sloan, *J. Org. Chem.*, **1990**, *55*, 3410.
833. H. Foks, *Acta Pol. Pharm.*, **1978**, *35*, 525; *Chem. Abstr.*, **1979**, *91*, 107954.
834. F. Freeman and D. S. H. L. Kim, *J. Org. Chem.*, **1991**, *56*, 657.
835. S. Baloniak, H. Blaszczak, E. Linkowska, A. Lukowski, A. Mroczkiewicz, and I. Zyczynska-Baloniak, *Ann. Pharm. (Poznan)*, **1978**, *13*, 69; *Chem. Abstr.*, **1980**, *92*, 41888.
836. E. C. Taylor and P. S. Ray, *J. Org. Chem.*, **1991**, *56*, 1812.
837. R. Tomatis, S. Salvadori, and M. Guarneri, *Farmaco, Ed. Sci.*, **1979**, *34*, 698; *Chem. Abstr.*, **1979**, *91*, 158092.
838. E. C. Taylor and R. Dötzer, *J. Org. Chem.*, **1991**, *56*, 1816.
839. G. Büchi and J. Galindo, *J. Org. Chem.*, **1991**, *56*, 2605.
840. N. F. Tyupalo, L. F. Budennaya, I. M. Nosalevich, V. A. Yakobi, and I. V. Romanov, *Vopr. Khim. Khim. Tekhnol.*, **1979**, *54*, 15; *Chem. Abstr.*, **1980**, *92*, 58731.
841. G. Cignarella, M. Loriga, and G. Paglietti, *Farmaco, Ed. Sci.*, **1979**, *34*, 817; *Chem. Abstr.*, **1980**, *92*, 76450.
842. F. Fontana, F. Minisci, M. C. N. Barbosa, and E. Vismara, *J. Org. Chem.*, **1991**, *56*, 2866.
843. G. Cignarella and G. Pirisano, *Farmaco, Ed. Sci.*, **1979**, *34*, 824; *Chem. Abstr.*, **1980**, *92*, 76451.
844. I. Zycynska-Baloniak, R. Czajka, and E. Linkowska, *Pol. J. Chem.*, **1978**, *52*, 2461; *Chem. Abstr.*, **1980**, *92*, 94345.
845. T. Shono, N. Kise, E. Shirakawa, H. Matsumoto, and E. Okazaki, *J. Org. Chem.*, **1991**, *56*, 3063.
846. H.-C. Chiang and H.-S. Lin, *Hua Hsuch*, **1978**(3), 88; *Chem. Abstr.*, **1980**, *92*, 110959.
847. S.-C. Shim and J.-H. Cho, *Taehan Hwahakhoe Chi*, **1979**, *23*, 325; *Chem. Abstr.*, **1980**, *92*, 128091.
848. Y. Ito, H. Sato, and M. Murakami, *J. Org. Chem.*, **1991**, *56*, 4864.

849. H. Masuda, M. Tanaka, T. Akiyama, and T. Shibamoto, *J. Agric. Food Chem.*, **1980**, *28*, 244; *Chem. Abstr.*, **1980**, *92*, 128857.
850. F. Graviña, A. M. Costero, M. R. Andreu, and M. D. Ayet, *J. Org. Chem.*, **1991**, *56*, 5417.
851. E. Norris, *Adv. Exp. Med. Biol.*, **1978**, 119; *Chem. Abstr.*, **1980**, *92*, 190842.
852. K. Gollnick, S. Koegler, and D. Maurer, *J. Org. Chem.*, **1992**, *57*, 229.
853. L. Thunus, C. L. Lapiere, and A. Ghys, *Ann. Pharm. Fr.*, **1979**, *37*, 451; *Chem. Abstr.*, **1980**, *92*, 215232.
854. F. Piera, E. Seoane, and R. Mestres, *An. Quim.*, **1979**, *75*, 899; *Chem. Abstr.*, **1980**, *93*, 8131.
855. H. Tsukube, H. Minatogawa, M. Munakata, M. Toda, and K. Matsumoto, *J. Org. Chem.*, **1992**, *57*, 542.
856. M. Misra, J. C. Agarwal, V. K. Verma, K. Shanker, J. N. Sinha, K. Kishor, and K. P. Bhargava, *Indian J. Pharm. Sci.*, **1979**, *41*, 215; *Chem. Abstr.*, **1980**, *93*, 26384.
857. F. Freeman and D. S. H. L. Kim, *J. Org. Chem.*, **1992**, *57*, 550.
858. D. Pancechowska-Ksepko, J. Sawlewicz, J. Samulska, and M. Janowicz, *Acta Pol. Pharm.*, **1979**, *36*, 289; *Chem. Abstr.*, **1980**, *93*, 46589.
859. F. Gajewski and Z. Brzozowski, *Acta Pol. Pharm.*, **1979**, *36*, 283; *Chem. Abstr.*, **1980**, *93*, 46590.
860. D. E. Bierer, J. F. O'Connell, J. R. Parquette, C. M. Thompson, and H. Rapoport, *J. Org. Chem.*, **1992**, *57*, 1390.
861. L. S. Petrova, L. R. Davidenkov, and S. S. Medved, *Zh. Prikl. Khim. (Leningrad)*, **1980**, *53*, 199; *Chem. Abstr.*, **1980**, *93*, 46598.
862. G. A. Olah, M. B. Sassaman, M. Zuanic, C. B. Rao, G. K. S. Prakash, R. Gilardi, J. Flippen-Anderson, and C. George, *J. Org. Chem.*, **1992**, *57*, 1585.
863. K. Hirai, T. Ishiba, H. Sugimoto, and T. Fujishita, *Fukusokan Kagaku Toronkai Keon Yoshishu, 12th*, **1979**, 191; *Chem. Abstr.*, **1980**, *93*, 47171.
864. H. Foks and M. Janowiec, *Acta Pol. Pharm.*, **1979**, *36*, 155; *Chem. Abstr.*, **1980**, *93*, 95238.
865. M. G. Tutonda, S. F. Vandenberghe, K. J. van Aken, and G. J. Hoornaert, *J. Org. Chem.*, **1992**, *57*, 2935.
866. C. Miravitlles, X. Solans, G. Germain, and J. P. Declercq, *Cryst. Struct. Commun.*, **1980**, *9*, 621; *Chem. Abstr.*, **1980**, *93*, 141297.
867. J. J. Barlow, M. H. Block, J. A. Hudson, A. Leach, J. L. Longridge, B. G. Main, and S. Nicholson, *J. Org. Chem.*, **1992**, *57*, 5158.
868. A. S. Guram and R. F. Jordan, *J. Org. Chem.*, **1992**, *57*, 5994.
869. H. Kawata, S. Niizuma, and H. Kokubun, *J. Photochem.*, **1980**, *13*, 261; *Chem. Abstr.*, **1980**, *93*, 238247.
870. T.-S. Li and C.-K. Tai, *K'o Hsueh T'ung Pao*, **1980**, *25*, 593; *Chem. Abstr.*, **1981**, *94*, 30609.
871. J. Uenishi, T. Tanaka, K. Nishiwaki, S. Wakabayashi, S. Oae, and H. Tsukube, *J. Org. Chem.*, **1993**, *58*, 4382.
872. S. Zikolova, A. Bashikarova, and G. Sheikova, *Tr. Nauchnoizsled. Khim.-Farm. Inst.*, **1978**, *10*, 47; *Chem. Abstr.*, **1981**, *94*, 30707.
873. S. Zikolova, *Tr. Nauchnoizsled. Khim.-Farm. Inst.*, **1978**, *10*, 33; *Chem. Abstr.*, **1981**, *94*, 30706.
874. B. Alcaide, Y. Martin-Cantalejo, J. Rodriguez-López, and M. A. Sierra, *J. Org. Chem.*, **1993**, *58*, 4767.
875. J.-H. Zhao and M.-H. Wang, *Chung Ts'ao Yao*, **1980**, *11*, 198; *Chem. Abstr.*, **1981**, *94*, 65623.
876. W. ten Hoeve, C. G. Kruse, J. M. Luteyn, J. R. G. Thiecke, and H. Wynberg, *J. Org. Chem.*, **1993**, *58*, 5101.
877. S. C. Shim and S. K. Lee, *Bull. Korean Chem. Soc.*, **1980**, *1*, 68; *Chem. Abstr.*, **1981**, *94*, 102452.

References

878. S. Jung, S.-H. Lin, Y.-P. Che, J.-Y. Wang, and C.-Y. Wu, *Hua Hsueh Tung Pao*, **1980**, 341; *Chem. Abstr.*, **1981**, *94*, 103301.
879. H. L. Macfie, C. L. Colvin, and P. O. Anderson, *Drug Intell. Clin. Pharm.*, **1981**, *15*, 94; *Chem. Abstr.*, **1981**, *94*, 131724.
880. J. L. Gagnon, T. R. Walters, W. W. Zajac, and J. H. Buzby, *J. Org. Chem.*, **1993**, *58*, 6712.
881. J. Zamocka, D. Dvorackova, J. Heger, A. Nagy, and D. Mlynarcik, *Chem. Zvesti*, **1980**, *34*, 550; *Chem. Abstr.*, **1981**, *94*, 139741.
882. N. Desideri, F. Manna, M. L. Stein, F. Arena, E. Luraschi, and E. Cifra, *Farmaco, Ed. Sci.*, **1980**, *35*, 902; *Chem. Abstr.*, **1981**, *94*, 156462.
883. J. J. Voegel, U. von Krosigk, and S. A. Benner, *J. Org. Chem.*, **1993**, *58*, 7542.
884. E. Abignente, F. Arena, P. de Caprariis, R. Nuzzetti, E. Marmo, E. Lampa, F. Rosatti, and R. Ottavo, *Farmaco, Ed. Sci.*, **1981**, *36*, 61; *Chem. Abstr.*, **1981**, *94*, 156866.
885. M. Iovu and E. Ionescu, *Rev. Chim. (Bucharest)*, **1980**, *31*, 957; *Chem. Abstr.*, **1981**, *94*, 174494.
886. A. Mukherjee, S. A. M. Duggan, and W. C. Agosta, *J. Org. Chem.*, **1994**, *59*, 178.
887. R. K. Tiwari, N. Deo, and T. P. Singh, *J. Sci. Res, (Bhopal)*, **1980**, *2*, 161; *Chem. Abstr.*, **1981**, *94*, 183819.
888. F. Gajewski and Z. Brzozowski, *Acta Pol. Pharm.*, **1980**, *37*, 261; *Chem. Abstr.*, **1981**, *94*, 192269.
889. C. J. Rao and W. C. Agosta, *J. Org. Chem.*, **1994**, *59*, 2125.
890. C. Shim, *Kogaku Kenkyusho Shoho (Kanagawa Daigaku)*, **1980**, *3*, 9; *Chem. Abstr.*, **1981**, *94*, 192277.
891. B. Stanovnik, M. Tišler, N. Trček, and B. Verček, *Vestn. Slov. Kem. Drus.*, **1981**, *28*, 45.
892. H. Wild, *J. Org. Chem.*, **1994**, *59*, 2748.
893. R. N. Brogden, R. C. Heel, G. E. Pakes, T. M. Speright, and G. S. Avery, *Drugs*, **1979**, *18*, 329; *Chem. Abstr.*, **1980**, *92*, 15007.
894. Y. V. Subba-Rao, S. J. Kulkarni, M. Subrahmanyam, and A. V. Rama-Rao, *J. Org. Chem.*, **1994**, *59*, 3998.
895. U. T. Mueller-Westerhoff and M. Zhou, *J. Org. Chem.*, **1994**, *59*, 4988.
896. C. Alvarez-Ibarra, R. Cuervo-Rodriguez, M. C. Fernández-Monreal, and M. P. Ruiz, *J. Org. Chem.*, **1994**, *59*, 7284.
897. J. Ohkanda and A. Katoh, *J. Org. Chem.*, **1995**, *60*, 1583.
898. J. A. Zoltewicz and M. P. Cruskie, *J. Org. Chem.*, **1995**, *60*, 3478.
899. N. Plé, A. Turck, K. Couture, and G. Quéguiner, *J. Org. Chem.*, **1995**, *60*, 3781.
900. G. Shapiro, D. Buechler, M. Marzi, K. Schmidt, and B. Gomez-Lor, *J. Org. Chem.*, **1995**, *60*, 4978.
901. T. Chiba, H. Sakagami, M. Murata, and M. Okimoto, *J. Org. Chem.*, **1995**, *60*, 6764.
902. R. Beugelmans, A. Bigot, M. Bois-Choussy, and J. Zhu, *J. Org. Chem.*, **1996**, *61*, 771.
903. D. Ramaiah, M. Muneer, K. R. Gopidas, P. K. Das, N. P. Rath, and M. V. George, *J. Org. Chem.*, **1996**, *61*, 4240.
904. M. Bois-Choussy, N. Neuville, R. Beugelmans, and J. Zhu, *J. Org. Chem.*, **1996**, *61*, 9309.
905. U. Schöllkopf, W. Hartwig, and U. Groth, *Angew. Chem.*, **1980**, *92*, 205.
906. U. Schöllkopf, W. Hatrwig, and U. Groth, *Angew. Chem.*, **1979**, *91*, 922.
907. W. Kaim, *Angew. Chem.*, **1980**, *92*, 940.
908. W. Kaim, *Angew. Chem.*, **1981**, *93*, 620.
909. W. Kaim, *Angew. Chem.*, **1981**, *93*, 621.
910. U. Schöllkopf, U. Groth, and C. Deng, *Angew. Chem.*, **1981**, *93*, 793.
911. U. Schöllkopf and U. Groth, *Angew. Chem.*, **1981**, *93*, 1022.

912. R. Gompper and W. Breitschaft, *Angew. Chem.*, **1983**, *95*, 727.
913. W. Kaim, *Angew. Chem.*, **1984**, *96*, 609.
914. R. Gross and W. Kaim, *Angew. Chem.*, 1984, *96*, 610.
915. G. Heinisch, G. Lötsch, and F. Vieböck, *Angew. Chem.*, **1985**, *97*, 694.
916. U. Schöllkopf, H.-J. Neubauer, and M. Hauptreif, *Angew. Chem.*, **1985**, *97*, 1065.
917. U. Schöllkopf, M. Hauptreif, J. Dippel, M. Nieger, and E. Egert, *Angew Chem.*, **1986**, *98*, 187.
918. U. Schöllkopf, R. Hinrichs, and R. Lonsky, *Angew. Chem.*, **1987**, *99*, 137.
919. U. Schöllkopf, W. Kühnle, Egert, and M. Dyrbusch, *Angew. Chem.*, **1987**, *99*, 480.
920. U. Schöllkopf, S. Grüttner, R. Anderskewitz, E. Egert, and M. Dyrbusch, *Angew. Chem.*, **1987**, *99*, 717.
921. U. Schöllkopf, D. Pettig, E. Schulze, M. Klinge, E. Egert, B. Benecke, and M. Noltemeyer, *Angew. Chem.*, **1988**, *100*, 1238.
922. J. Sundermeyer and H. W. Roesky, *Angew. Chem.*, **1988**, *100*, 1417.
923. U. Schöllkopf and J. Mittendorf, *Angew. Chem.*, **1989**, *101*, 633.
924. H. Wild and L. Born, *Angew. Chem.*, **1991**, *103*, 1729.
925. H. Bock, T. Vaupel, C. Näther, K. Ruppert, and Z. Havlas, *Angew. Chem.*, **1992**, *104*, 348.
926. A. Kiener, *Angew. Chem.*, **1992**, *104*, 748.
927. J. Bödeker and P. Köckritz, *J. Prakt. Chem.*, **1978**, *320*, 1043.
928. M. I. Terekhova, E. S. Petrov, M. A. Mikhaleva, O. P. Shkurko, V. P. Mamaev, and A. I. Shatenshtein, *Zh. Org. Khim.*, **1982**, *18*, 9.
929. A. T. Soldatenkov, M. V. Bagdadi, P. K. Radzhan, O. S. Brindkha, S. L. Edogiaverie, A. A. Fomichev, and N. S. Prostokov, *Zh. Org. Khim.*, **1983**, *19*, 1326.
930. O. P. Shvaika, N. I. Korotkikh, A. Y. Chervinskii, and V. N. Artemov, *Zh. Org. Khim.*, **1983**, *19*, 1728.
931. O. P. Petrenko, V. V. Lapachev, and V. P. Mamaev, *Zh. Org. Khim.*, **1988**, *24*, 1799.
932. O. P. Petrenko and V. V. Lapachev, *Zh. Org. Khim.*, **1988**, *24*, 1806.
933. R. N. Zagidullin, *Zh. Org. Khim.*, **1989**, *25*, 2198.
934. A. A. Bakibaev, A. Y. Yagovkin, and V. D. Filimonov, *Zh. Org. Khim.*, **1991**, *27*, 1512.
935. D. D. Nekrasov, S. V. Kol'tsova, and Y. S. Andreichikov, *Zh. Org. Khim.*, **1995**, *31*, 591.
936. L. V. Saloutina, A. Y. Zapevalov, M. I. Kodess, and V. I. Saloutin, *Zh. Org. Khim.*, **1997**, *33*, 299.
937. A. Inada and H. Heimgartner, *Helv. Chim. Acta*, **1982**, *65*, 1489.
938. C. Petermann and J. L. Fauchère, *Helv. Chim. Acta*, **1983**, *66*, 1513.
939. M. Barbier, *Helv. Chim. Acta*, **1986**, *69*, 152.
940. A. Heckel and W. Pfleiderer, *Helv. Chim. Acta*, **1986**, *69*, 708.
941. M. Lang, J.-P. Schoeni, C. Pont, and J.-P. Fleury, *Helv. Chim. Acta*, **1986**, *69*, 793.
942. M. Lang, A. Lacroix, C. Pont, and J.-P. Fleury, *Helv. Chim. Acta*, **1986**, *69*, 1025.
943. A. Heckel and W. Pfleiderer, *Helv. Chim. Acta*, **1986**, *69*, 1095.
944. M. Hugener and H. Heimgartner, *Helv. Chim. Acta*, **1989**, *72*, 172.
945. G. Bold, T. Allmandinger, P. Herold, L. Moesch, H.-P. Schaer, and R. O. Duthaler, *Helv. Chim. Acta*, **1992**, *75*, 865.
946. U. Urleb, R. Neidlein, and W. Kramer, *Helv. Chim. Acta*, **1993**, *76*, 431.
947. C. A. Obafemi and W. Pfleiderer, *Helv. Chim. Acta*, **1994**, *77*, 1549.
948. M. Hugener and H. Heimgartner, *Helv. Chim. Acta*, **1995**, *78*, 1490.
949. M. Hugener and H. Heimgartner, *Helv. Chim. Acta*, **1995**, *78*, 1823.
950. M. S. Ouali, M. Vaultier, and R. Carrié, *Bull. Soc. Chim. Fr.*, **1979**, II, 633.
951. L. Rondahl, *Acta Pharm. Suec.*, **1980**, *17*, 292; *Chem. Abstr.*, **1981**, *94*, 175044.

952. D. Pitre, R. M. Facino, M. Carini, and A. Carlo, *Pharmacol. Res. Commun.*, **1981**, *13*, 351; *Chem. Abstr.*, **1981**, *95*, 35194.
953. M. Baboulène, J.-L. Torregrosa, V. Spéziale, and A. Lattes, *Bull. Soc. Chim. Fr.*, **1980**, II, 565.
954. S. S. Singer, *IARC Sci. Publ.*, **1980**, *31*, 111; *Chem. Abstr.*, **1981**, *95*, 36813.
955. J. Casado, A. Castro, M. A. López-Quintela, and F. M. Lorenzo-Barral, *Bull. Soc. Chim. Fr.*, **1987**, 401.
956. H. Masuda, M. Yoshida, and T. Shibamoto, *J. Agric. Food. Chem.*, **1981**, *29*, 944; *Chem. Abstr.*, **1980**, *95*, 115454.
957. C.-Y. Yang and X.-M. Huang, *Fu-tan Hsueh Pao, Tzu Jan K'o Hsueh Pan*, **1980**, *19*, 390; *Chem. Abstr.*, **1981**, *95*, 132813.
958. M. Hugener and H. Heimgartner, *Helv. Chim. Acta*, **1995**, *78*, 1863.
959. T. Tanaka, *Ibaraki Daigaku Kogakubu Kinkyi Shuho*, **1980**, *28*, 117; *Chem. Abstr.*, **1981**, *95*, 187199.
960. J. Voegel and S. A. Benner, *Helv. Chim. Acta*, **1996**, *79*, 1863.
961. J. J. Brophy, G. W. K. Cavill, and W. D. Plant, *Insect Biochem.*, **1981**, *11*, 307; *Chem. Abstr.*, **1981**, *95*, 200804.
962. L. Natova, D. Mondeshka, and L. Zhelyazkov, *God. Vissh. Khim.-Tekhnol. Inst. Sofia*, **1978**, *24*, 47; *Chem. Abstr.*, **1981**, *95*, 220040.
963. J. C. Rodriguez-Ubis, R. Sedano, G. Barroso, O. Juanes, and E. Brunet, *Helv. Chim. Acta*, **1997**, *80*, 86.
964. T. G. Skillman, J. M. Feldman, and J. Z. Yetiv, *Recent Adv. Clin. Ther.*, **1981**, *1*, 121; *Chem. Abstr.*, **1982**, *96*, 45718.
965. C. Sablayrolles, A. Contastin, B. Ducourant, A. Fruchier, and J. P. Chapat, *Bull. Soc. Chim. Fr.*, **1989**, 467.
966. C. Drugarin and A. Drugarin, *Pharmazie*, **1981**, *36*, 647; *Chem. Abstr.*, **1982**, *96*, 52268.
967. A. A. Bilgen, *Doga, Seri C*, **1980**, *4*, 26; *Chem. Abstr.*, **1981**, *96*, 52270.
968. C. Drugarin and A. Drugarin, *Pharmazie*, **1981**, *36*, 647; *Chem. Abstr.*, **1982**, *96*, 52269.
969. D. Person and M. Le Corre, *Bull. Soc. Chim. Fr.*, **1989**, 673.
970. D. G. Vidt, *Pharmacotheraph (Carlisle, MA)*, **1981**, *1*, 179; *Chem. Abstr.*, **1982**, *96*, 62406.
971. T. Tsuda, K. Fujishima, and H. Ueda, *Agric. Biol. Chem.*, **1981**, *45*, 2129; *Chem. Abstr.*, **1982**, *96*, 68939.
972. W. Schroth, H. Kluge, R. Frach, W. Hodek, and H. D. Schädler, *J. Prakt. Chem.*, **1983**, *325*, 787.
973. S. L. Pendalwar, D. T. Chaudhari, and M. R. Patel, *Bull. Haffkine Inst.*, **1980**, *8*, 102; *Chem. Abstr.*, **1982**, *96*, 122757.
974. J. Bödeker, A. Köckritz, P. Köckritz, and R. Radeglia, *J. Prakt. Chem.*, **1985**, *327*, 723.
975. Y. Gok and O. Bekaroglu, *Synth. React. Inorg. Met.-Org. Chem.*, **1981**, *11*, 621; *Chem. Abstr.*, **1982**, *96*, 173303.
976. W. Freyer, *J. Prakt. Chem.*, **1994**, *336*, 690.
977. H. Cui and Y. Li, *Shenqwu Huaxue Yu Shengwu Wuli Jinzhan*, **1981**, *37*, 44; *Chem. Abstr.*, **1982**, *96*, 195977.
978. S. Zikolova and R. Konstantinova, *Farmatsiya (Sofia)*, **1981**, *31*, 1; *Chem. Abstr.*, **1982**, *96*, 199633.
979. D. Lindauer, R. Beckert, T. Billert, M. Döring, and H. Görls, *J. Prakt. Chem.*, **1995**, *337*, 508.
980. R. L. Buchanan and W. M. Houston, *J. Food Sci.*, **1982**, *47*, 779; *Chem. Abstr.*, **1982**, *97*, 3252.
981. M. M. Kessels and B. Qualmann, *J. Prakt. Chem.*, **1996**, *338*, 89.
982. B. Leszczynska and K. Niewiadomski, *Acta Pol. Pharm.*, **1981**, *38*, 539; *Chem. Abstr.*, **1982**, *97*, 72327.

983. J. A. Squella and L. J. Nunez-Vergara, *J. Chem. Phys. Phys.-Chim. Biol.*, **1982**, *79*, 295; *Chem. Abstr.*, **1982**, *97*, 81589.
984. E. H. Mørkved and C. Wang, *J. Prakt. Chem.*, **1997**, *339*, 473.
985. X. Zhang, G. Li, Z. Dai, Y. Qian, and L. Chen, *Yaoxue Xuebao*, **1981**, *16*, 415; *Chem. Abstr.*, **1982**, *97*, 109953.
986. J. H. Laragh, *Curr. Ther. Res.*, **1982**, *32*, 173; *Chem. Abstr.*, **1982**, *97*, 155686.
987. D. L. Boger, J. Zhou, R. M. Borzilleri, S. Nukui, and S. L. Castle, *J. Org. Chem.*, **1997**, *62*, 2054.
988. S. Fujii, T. Takagi, and M. Seki, *Agric. Biol. Chem.*, **1982**, *46*, 2169; *Chem. Abstr.*, **1982**, *97*, 163375.
989. S. B. Kartha, *Can. J. Spectrosc.*, **1982**, *27*, 1; *Chem. Abstr.*, **1982**, *97*, 205157.
990. J. A. Zolterwicz, N. M. Maier, and W. M. F. Fabian, *J. Org. Chem.*, **1997**, *62*, 3215.
991. N. H. Ayachit and M. A. Shashidhar, *Indian J. Phys., B*, **1982**, *56*, 187; *Chem. Abstr.*, **1982**, *97*, 205188.
992. S. Zikolova and K. Ninov, *Tr. Nauchnoizsled. Khim.-Farm. Inst.*, **1982**, *12*, 35; *Chem. Abstr.*, **1982**, *98*, 126031.
993. U. M. Fernańdez-Paniagua, B. Illescas, N. Martin, C. Seoane, P. de la Cruz, A. de la Hoz, and F. Langa, *J. Org. Chem.*, **1997**, *62*, 3705.
994. S. Zikolova and R. Konstantinova, *Tr. Nauchnoizsled. Khim.-Farm. Inst.*, **1982**, *12*, 47; *Chem. Abstr.*, **1983**, *98*, 126032.
995. W. E. Acree, J. R. Powell, S. A. Tucker, M. D. M. C. Ribeiro da Silva, M. A. R. Matos, J. M. Goncalves, L. M. N. B. F. Santos, V. M. F. Morais, and G. Pilcher, *J. Org. Chem.*, **1997**, *62*, 3722.
996. M. Y. Khuhawar, R. B. Bozdar, and I. Arain, *J. Chem. Soc. Pak.*, **1982**, *4*, 137; *Chem. Abstr.*, **1983**, *98*, 143373.
997. H. Foks and M. Janowiec, *Acta Pol. Pharm.*, **1982**, *39*, 79; *Chem. Abstr.*, **1983**, *98*, 198158.
998. Y. Gao, P. Lane-Bell, and J. D. Vederas, *J. Org. Chem.*, **1998**, *63*, 2133.
999. N. Ayachit and M. A. Shashidhar, *Indian J. Phys., B*, **1982**, *56*, 313; *Chem. Abstr.*, **1983**, *98*, 206795.
1000. D. J. Bell, I. R. Brown, R. Cocks, R. F. Evans, G. A. Macfarlane, K. N. Mewett, and A. V. Robertson, *Aust. J. Chem.*, **1979**, *32*, 1281.
1001. M. A. Acuna de Molina, M. N. Loncharich, J. I. Giminez de Paez, and Y. P. W. Lobo, *An. Asoc. Quim. Argent*, **1982**, *70*, 1043; *Chem. Abstr.*, **1983**, *98*, 215112.
1002. Y. Hashimoto, H. Aoyagi, M. Waki, T. Kato, and N. Izumiya, *Int. J. Pept. Protein Res.*, **1983**, *21*, 11; *Chem. Abstr.*, **1983**, *98*, 215972.
1003. L. W. Deady and M. S. Stanborough, *Aust. J. Chem.*, **1981**, *34*, 1295.
1004. R. K. Tiwari, T. C. Patel, and T. P. Singh, *Indian J. Phys., A*, **1982**, *56*, 413; *Chem. Abstr.*, **1983**, *98*, 225674.
1005. S. L. Srivastava, ?, Rohitashava, and A. N. Pandey, *Indian J. Pure Appl. Phys.*, **1983**, *21*, 258; *Chem. Abstr.*, **1983**, *99*, 61128.
1006. D. J. Brown and W. B. Cowden, *Aust. J. Chem.*, **1982**, *35*, 1203.
1007. A. Missir, V. Zolta, J. Soare, I. Charita, I. Petrea, and A. Stan, *Farmacia (Bucharest)*, **1982**, *30*, 225; *Chem. Abstr.*, **1982**, *30*, 225.
1008. G. B. Barlin, *Aust. J. Chem.*, **1982**, *35*, 2299.
1009. A. Catto, R. Cappelletti, A. Leonardi, F. Maggi, A. Tajana, and D. Nardi, *Farmaco, Ed. Sci.*, **1983**, *38*, 559; *Chem. Abstr.*, **1983**, *99*, 98817.
1010. D. Pancechowska-Ksepko, H. Foks, and M. Janowiec, *Acta Pol. Pharm.*, **1983**, *40*, 15; *Chem. Abstr.*, **1983**, *99*, 175713.
1011. F. Gajewski and I. Kozakiewicz, *Acta Pol. Pharm.*, **1982**, *39*, 21; *Chem. Abstr.*, **1983**, *99*, 139898.

1012. G. B. Barlin, *Aust. J. Chem.*, **1983**, *36*, 983.
1013. H. Hamazaki and M. Tada, *Rikogaku Kenkyusho Hokoku Waseda Daigaku*, **1983**, *103*, 35; *Chem. Abstr.*, **1984**, *100*, 5477.
1014. S. Zikolova, S. Slavova, and D. Stefanova, *Tr. Nauchnoizsled. Khim.-Farm. Inst.*, **1983**, *13*, 15; *Chem. Abstr.*, **1984**, *100*, 6454.
1015. G. B. Barlin, *Aust. J. Chem.*, **1984**, *37*, 1049.
1016. S. Zikolova, R. Konstantinova, and M. Zhelyazkova, *Tr. Nauchnoizsled. Khim.-Farm. Inst.*, **1983**, *13*, 25; *Chem. Abstr.*, **1984**, *100*, 6455.
1017. G. B. Barlin and S. J. Ireland, *Aust. J. Chem.*, **1984**, *37*, 1057.
1018. A. Kazakov, L. Dashkevich, V. Pechenyuk, and D. Stefanova, *Tr. Nauchnoizsled. Khim-Farm. Inst.*, **1983**, *13*, 61; *Chem. Abstr.*, **1984**, *100*, 6456.
1019. G. B. Barlin, S. J. Ireland, and B. J. Rowland, *Aust. J. Chem.*, **1984**, *37*, 1729.
1020. A. Kazakov, L. Dashkevich, V. Pechenyuk, D. Stefanova, and L. Daleva, *Tr. Nauchnoizsled. Khim-Farm. Inst.*, **1983**, *13*, 71; *Chem. Abstr.*, **1984**, *100*, 6457.
1021. S. M. Marcuccio and J. A. Elix, *Aust. J. Chem.*, **1984**, *37*, 1791.
1022. W. Schwaiger, J. M. Cornelissen, and J. P. Ward, *Food Chem.*, **1984**, *13*, 225; *Chem. Abstr.*, **1984**, *100*, 174781.
1023. Y. Jiang, U. Groth, and U. Schöllkopf, *Huaxue Xuebao*, **1984**, *42*, 86; *Chem. Abstr.*, **1984**, *100*, 210372.
1024. C. P. Gorst-Allman and R. Vleggaar, *Dev. Food Sci.*, **1984**, *8*, 387; *Chem. Abstr.*, **1984**, *101*, 49576.
1025. J. H. Hodgkin, *Aust. J. Chem.*, **1984**, *37*, 2371.
1026. E. Toja, A. Omodei-Sale, and N. Corsico, *Farmaco, Ed. Sci.*, **1984**, *39*, 450; *Chem. Abstr.*, **1984**, *101*, 90876.
1027. A. Nakamura, M. Ono, H. Segawa, and T. Takematsu, *Agric. Biol. Chem.*, **1984**, *48*, 1009; *Chem. Abstr.*, **1984**, *101*, 105679.
1028. S. M. Marcuccio and J. A. Elix, *Aust. J. Chem.*, **1984**, *37*, 2397.
1029. S. Kamiya, *Eisei Shikensho Hokoku*, **1983**, *101*, 119; *Chem. Abstr.*, **1984**, *101*, 110868.
1030. S. M. Marcuccio and J. A. Elix, *Aust. J. Chem.*, **1985**, *38*, 1785.
1031. J. Irurre-Perez, M. Sanchez-Rosell, and R. Herbera-Espinal, *Afinidad*, **1984**, *41*, 161; *Chem. Abstr.*, **1984**, *101*, 171669.
1032. S. Abuzar and S. Sharma, *Indian J. Chem., Sect. B*, **1984**, *23*, 73; *Chem. Abstr.*, **1984**, *101*, 211095.
1033. G. B. Barlin, D. J. Brown, B. J. Cronin, and M. Ngu, *Aust. J. Chem.*, **1986**, *39*, 69.
1034. A. Chimirri, S. Grasso, P. Monforte, and G. Fenech, *Farmaco, Ed. Sci.*, **1984**, *39*, 797; *Chem. Abstr.*, **1984**, *101*, 222101.
1035. C. F. Shey, C. T. Chen, J. M. Horng, and C. H. Wang, *Shih Ta Hsueh Pao (Taipei)*, **1984**, *29*, 631; *Chem. Abstr.*, **1984**, *101*, 230476.
1036. J. A. Elix, G. D. Fallon, S. M. Marcuccio, and I. D. Rae, *Aust. J. Chem.*, **1986**, *39*, 1141.
1037. D. T. Hurst, U. B. Thakrar, C. H. L. Wells, and J. Wyer, *Aust. J. Chem.*, **1989**, *42*, 1313.
1038. A. M. Gazaliev, E. P. Sim, Y. A. Matveev, and A. D. Kagarlitskii, *Izv. Akad. Nauk. Kaz. SSR, Ser. Khim.*, **1984**, 78; *Chem. Abstr.*, **1985**, *102*, 6423.
1039. M. V. Burmistr, I. A. Zanina, and N. V. Kovtun, *Vopr. Khim. Khim. Tekhnol.*, **1983**, *73*, 80; *Chem. Abstr.*, **1985**, *102*, 78243.
1040. D. E. Lynch, G. Smith, K. A. Byriel, C. H. L. Kennard, and A. K. Whittaker, *Aust. J. Chem.*, **1994**, *47*, 309.
1041. Z. Yang, X. Chen, and X. Zhang, *Yiyao Gongye*, **1984**(11), 27; *Chem. Abstr.*, **1985**, *102*, 166699.
1042. G. LaManna and F. Biondi, *J. Mol. Struct.*, **1989**, *188*, 199.

1043. S. Buøen, J. Dale, and J. Krane, *Acta Chem. Scand., Ser. B*, **1984**, *38*, 773.
1044. A. Chimirri, S. Grasso, G. Fenech, P. Monforte, C. Circosta, F. Occhiuto, and S. Ragusa, *Boll. Chim. Farm.*, **1984**, *123*, 416; *Chem. Abstr.*, **1985**, *103*, 6263.
1045. C. H. Görbitz, *Acta Chem. Scand., Ser. B*, **1987**, *41*, 83.
1046. G. C. Papavassiliou, S. Y. Yiannopoulos, and J. S. Zambounis, *Mol. Cryst. Liq. Cryst.*, **1985**, *120*, 333; *Chem. Abstr.*, **1985**, *103*, 104924.
1047. T. Vontor, K. Palat, J. Oswald, and Z. Odlerova, *Česk. Farm.*, **1985**, *34*, 74; *Chem. Abstr.*, **1985**, *103*, 104927.
1048. A. Nakamura, *Shokubutsu no Kagaku Chosetsu*, **1984**, *19*, 132; *Chem. Abstr.*, **1985**, *103*, 136951.
1049. E. H. Mørkved, L. T. Holmaas, H. Kjøsen, and G. Hvistendahl, *Acta Chem. Scand.*, **1996**, *50*, 1153.
1050. S. N. Pandeya and V. Srivastava, *Pharmacol. Res. Commun.*, **1985**, *17*, 699; *Chem. Abstr.*, **1985**, *103*, 205565.
1051. K. Hammer, T. Benneche, H. Hope, and K. Undheim, *Acta Chem. Scand.*, **1997**, *51*, 392.
1052. B. Pilarski and K. Osmialowski, *Int. J. Quantum Chem.*, **1985**, *28*, 239; *Chem. Abstr.*, **1985**, *103*, 214707.
1053. R. J. Cremlyn and K. Patel, *Indian J. Chem., Sect. B*, **1985**, *24*, 273; *Chem. Abstr.*, **1985**, *103*, 215391.
1054. J. Bergman and H. Vallberg, *Acta Chem. Scand.*, **1997**, *51*, 742.
1055. Q. Yao and R. Liu, *Shenyang Yaoxueyuan Xuebao*, **1985**, *2*, 128; *Chem. Abstr.*, **1986**, *104*, 148590.
1056. S. Rødbotten, T. Benneche, and K. Undheim., *Acta Chem. Scand.*, **1997**, *51*, 873.
1057. S. Tsai, Z. Chang, W. Wang, M. Chang, and S. Ji, *Nanjing Daxue Xuebao Kexue*, **1984**, 245; *Chem. Abstr.*, **1986**, *104*, 168437.
1058. J. Rfskind, T. Benneche, and K. Undheim, *Acta Chem. Scand.*, **1997**, *51*, 942.
1059. C. Yang, G. Chen, and G. Xu, *Huaxue Xuebao*, **1986**, *44*, 299; *Chem. Abstr.*, **1986**, *105*, 208828.
1060. T. Vontor, K. Palat, and Z. Odlerova, *Česk. Farm.*, **1985**, *34*, 441; *Chem. Abstr.*, **1986**, *105*, 226486.
1061. A. Lehse, B. V. Ernholt, and M. Bols, *Acta Chem. Scand.*, **1998**, *52*, 499.
1062. L. Forni, *Appl. Catal.*, 1986, *20*, 219; *Chem. Abstr.*, **1986**, *105*, 226487.
1063. B. K. Bhattacharaya and G. Hoornaert, *Bokin Bobai*, **1985**, *13*, 395; *Chem. Abstr.*, **1987**, *106*, 4972.
1064. W. Hammerschmidt, A. Baiker, A. Wokaun, and W. Fluhr, *Appl. Catal.*, **1986**, *20*, 305; *Chem. Abstr.*, **1987**, *106*, 4973.
1065. A. Ohta, M. Inoue, J. Yamada, Y. Yamada, T. Kurihara, and T. Honda, *J. Heterocycl. Chem.*, **1984**, *21*, 103.
1066. Z. Zhou, Y. Ye, Y. Wang, D. Shen, F. Fan, Y. Wang, and Q. Ji, *Hejishu*, **1985**, 31; *Chem. Abstr.*, **1987**, *106*, 4977.
1067. F. Billes and A. Tóth, *J. Mol. Struct.*, **1984**, *114*, 367.
1068. B. Milczarska, H. Foks, and A. Serafin, *Acta Pol. Pharm.*, **1985**, *42*, 534; *Chem. Abstr.*, **1987**, *106*, 138401.
1069. P. K. Subramanian and R. W. Woodard, *Pept. Struct. Funct., Proc. Am. Pept. Symp., 9th*, **1985**, 437; *Chem. Abstr.*, **1987**, *106*, 33438.
1070. J. F. Arenas, J. T. Lopez-Navarrete, J. I. Marcos, and J. C. Otero, *J. Mol. Struct.*, **1986**, *142*, 423.
1071. S. Nakatsuka, K. Sasaki, K. Yamaguchi, and T. Goto, *Chem. Lett.*, **1981**, 695.
1072. M. Tada and K. Tsuzuki, *Chem. Lett.*, **1984**, 415.
1073. T. Nishio, N. Nakajima, M. Kondo, and Y. Omote, *Chem. Lett.*, **1985**, 223.
1074. M. P. Vasquez-Tato, L. Castedo, and R. Riguera, *Chem. Lett.*, **1985**, 623.

1075. C. Shin, T. Nakano, Y. Sato, and H. Kato, *Chem. Lett.*, **1986**, 1453.
1076. G. C. Papavassiliou, S. Y. Yiannopoulis, J. S. Zambounis, K. Kobayashi, and K. Umemoto, *Chem. Lett.*, **1987**, 1279.
1077. M. Nohara, M. Hasegawa, C. Hosokawa, H. Tokailin, and T. Kusumoto, *Chem. Lett.*, **1990**, 189.
1078. P. Lane, J. S. Murray, and P. Politzer, *J. Mol. Struct.*, **1991**, *236*, 283.
1079. L. Carballeira, R. A. Mosquera, M. A. Rios, and C. A. Tovar, *J. Mol. Struct.*, **1989**, *193*, 263.
1080. H. M. Niemeyer, *J. Mol. Struct.*, **1979**, *57*, 241.
1081. H. Lumbroso, J. Curé, T. Konakahara, and Y. Tagaki, *J. Mol. Struct.*, **1980**, *68*, 293.
1082. A. M. Krishnan, L. T. Wolford, and J. H. Boyer, *Chem. Lett.*, **1991**, 569.
1083. T. Tsutsumi, A. Takeuchi, Y. Hashimoto, M. Hasegawa, and Y. Iitaka, *Chem. Lett.*, **1991**, 1533.
1084. Y. Takikawa, S. Hikage, Y. Matsuda, K. Higashiyama, Y. Takeishi, and K. Shimada, *Chem. Lett.*, **1991**, 2043.
1085. A. Katoh, J. Ohkanda, Y. Itoh, and K. Mitsuhashi, *Chem. Lett.*, **1992**, 2009.
1086. T. Fukuhara and N. Yoneda, *Chem. Lett.*, **1993**, 509.
1087. K. Mizuno, G.-I. Konishi, T. Nishiyama, and H. Inoue, *Chem. Lett.*, **1995**, 1077.
1088. H. Lumbroso, J. Curé, T. Konakahara, and K. Sato, *J. Mol. Struct.*, **1983**, *98*, 277.
1089. T. Okawa and S. Eguchi, *Synlett*, **1994**, 555.
1090. K. Čuček and B. Verček, *Synlett*, **1994**, 667.
1091. A. Kiener, J.-P. Roduit, A. Tschech, A. Tinschert, and K. Heinzmann, *Synlett*, **1994**, 814.
1092. K. Jones, M. Keenan, and F. Hibbert, *Synlett*, **1996**, 509.
1093. H. Nakamura, D. Takeuchi, and A. Murai, *Synlett*, **1995**, 1227.
1094. I. Mallik and S. Mallik, *Synlett*, **1996**, 734.
1095. H. Uchida and H. Achiwa, *Synlett*, **1996**, 969.
1096. H. Nakamura, M. Aizawa, and A. Murai, *Synlett*, **1996**, 1015.
1097. S. Kobayashi, M. Matsumura, T. Furuta, T. Hayashi, and S. Iwamoto, *Synlett*, **1997**, 301.
1098. G. Y. Kondrat'eva, M. A. Aitzhanova, V. S. Bogdanov, and Z. N. Ivanova, *Izv. Akad. Nauk SSSR, Ser. Khim.*, **1978**, 1111.
1099. S. I. Zav'yalov and A. G. Zavozin, *Izv. Akad. Nauk SSSR, Ser. Khim.*, **1978**, 2417.
1100. U. M. Dzhemilev, R. N. Fakhretdinov, A. G. Telin, and G. A. Tolstikov, *Izv. Akad. Nauk SSSR, Ser. Khim.*, **1979**, 2158.
1101. S. I. Zav'yalov and A. G. Zavozin, *Izv. Akad. Nauk SSSR, Ser. Khim.*, **1980**, 1067.
1102. T. A. Mastryukova, A. E. Shipov, Z. O. Mndzhoyan, S. A. Roslavtseva, Y. S. Kagan, E. A. Ershova, P. V. Petrovskii, and M. I. Kabachnik, *Izv. Akad. Nauk SSSR, Ser. Khim.*, **1983**, 469.
1103. S. I. Zav'yalov, L. V. Sitkareva, O. V. Dorofeeva, and E. E. Rumyantseva, *Izv. Akad. Nauk SSSR, Ser. Khim.*, **1987**, 1887.
1104. V. K. Brel', M. V. Dodonov, A. N. Chekhlov, and I. V. Martynov, *Izv. Akad. Nauk SSSR, Ser. Khim.*, **1988**, 890.
1105. L. V. Saloutina, A. Y. Zapevalov, M. I. Kodess, and V. I. Saloutin, *J. Fluorine Chem.*, 1998, *87*, 49.
1106. V. N. Berezhnaya, R. P. Shishkina, and E. P. Fokin, *Izv. Akad. Nauk SSSR, Ser. Khim.*, **1988**, 2822.
1107. G. A. Tolstikov, I. V. Kresteleva, A. Y. Spivak, A. A. Fatykhov, and V. R. Sultanmuratova, *Izv. Akad. Nauk, Ser. Khim.*, **1993**, 590.
1108. V. A. Reznikov and L. B. Volodarskii, *Izv. Akad. Nauk, Ser. Khim.*, **1993**, 927.
1109. V. A. Reznikov, L. A. Vishnivetskaya, and L. B. Volodarskii, *Izv. Akad. Nauk, Ser. Khim.*, **1993**, 931.
1110. G. B. Shul'pin, A. N. Druzhinina, and G. V. Nizova, *Izv. Akad. Nauk, Ser. Khim.*, **1993**, 1394.
1111. A. I. Yurtanov, S. K. Baidildaeva, A. N. Chekhlov, and N. S. Zefirov, *Izv. Akad. Nauk, Ser. Khim.*, **1994**, 872.

1112. V. A. Reznikov, I. A. Gutorov, Y. V. Gatilov, T. V. Rybalova, and L. B. Volodarskii, *Izv. Akad. Nauk, Ser. Khim.*, **1996**, 400.
1113. I. M. Lyapkalo, S. L. Ioffe, Y. A. Strelenko, and V. A. Tartakovskii, *Izv. Akad. Nauk, Ser. Khim.*, **1996**, 2363.
1114. A. L. Rusanov, M. L. Keshtov, N. M. Belomoine, A. K. Mikitaev, G. B. Sarkisyan, and S. V. Keshtova, *Izv. Akad. Nauk, Ser. Khim.*, **1997**, 810.
1115. M. Kočevar, B. Verček, B. Stanovnik, and M. Tišler, *Monatsh. Chem.*, **1982**, *113*, 731.
1116. B. Verček, B. Ogorevc, B. Stanovnik, and M. Tišler, *Monatsh. Chem.*, **1983**, *114*, 789.
1117. S. W. Schneller and J. L. May, *J. Heterocycl. Chem.*, **1978**, *15*, 987.
1118. T. Suzuki, N. Katou, and K. Matsuhashi, *J. Heterocycl. Chem.*, **1978**, *15*, 1451.
1119. M. Botta, F. de Angelis, and R. Nicoletti, *J. Heterocycl. Chem.*, **1979**, *16*, 193.
1120. A. Mendel and G. J. Lillquist, *J. Heterocycl. Chem.*, **1979**, *16*, 617.
1121. A. Tomažič, M. Tišler, and B. Stanovnik, *J. Heterocycl. Chem.*, **1979**, *16*, 861.
1122. F. H. Case and A. A. Schilt, *J. Heterocycl. Chem.*, **1979**, *16*, 1135.
1123. J. D. Warren, V. J. Lee, and R. B. Angier, *J. Heterocycl. Chem.*, **1979**, *16*, 1617.
1124. J. T. Shaw, C. E. Brotherton, R. W. Moon, M. D. Winland, M. D. Anderson, and K. S. Kyler, *J. Heterocycl. Chem.*, **1980**, *17*, 11.
1125. N. Sato, *J. Heterocycl. Chem.*, **1980**, *17*, 143.
1126. J. Bourguignon, M. Lemarchand, and G. Quéguiner, *J. Heterocycl. Chem.*, **1980**, *17*, 257.
1127. T. Kojima, F. Nagasaki, and Y. Ohtsuka, *J. Heterocycl. Chem.*, **1980**, *17*, 455.
1128. Y. Houminer and E. B. Sanders, *J. Heterocycl. Chem.*, **1980**, *17*, 647.
1129. J. P. Chupp and K. L. Leschinsky, *J. Heterocycl. Chem.*, **1980**, *17*, 711.
1130. B. Stanovnik, M. Tišler, V. Golob, I. Hvala, and O. Nikolič, *J. Heterocycl. Chem.*, **1980**, *17*, 733.
1131. E. Honkanen, A. Pippuri, P. Kairisalo, H. Thaler, M. Koivisto, and S. Tuomi, *J. Heterocycl. Chem.*, **1980**, *17*, 797.
1132. L. Landriani, D. Barlocco, D. Cignarella, M. M. Curzu, V. Anania, and M. S. Desole, *Farmaco, Ed. Sci.*, **1987**, *42*, 191; *Chem. Abstr.*, **1987**, *107*, 51381.
1133. G. Jenner, G. Bitsi, and E. Schleiffer, *J. Mol. Catal.*, **1987**, *39*, 233; *Chem. Abstr.*, **1987**, *107*, 134169.
1134. J. Bourguignon, M. Lemarchand, and G. Quéguiner, *J. Heterocycl. Chem.*, **1980**, *17*, 1019.
1135. A. Gilbert, G. Krestonosich, C. Martinez, and C. Rivas, *Rev. Latinoam. Quim.*, **1987**, *18*, 40; *Chem. Abstr.*, **1987**, *107*, 154298.
1136. J. Armand, K. Chekir, and J. Pinson, *J. Heterocycl. Chem.*, **1980**, *17*, 1237.
1137. T. Vontor, K. Patel, and Z. Odlerova, *Česk. Farm.*, **1987**, *36*, 277; *Chem. Abstr.*, **1987**, *107*, 190357.
1138. D. Pancechowska-Ksepko, H. Foks, E. Landowska, M. Janowiec, and Z. Zwolska-Kwiek, *Acta Pol. Pharm.*, **1986**, *43*, 116; *Chem. Abstr.*, **1987**, *107*, 198246.
1139. W. O. Lin, J. A.-de-A. Figueira, and H. G. Alt, *Monatsh. Chem.*, **1985**, *116*, 217.
1140. A. R. Katritzky, K. Yannakopoulou, J. Thompson, F. Saczewski, and B. Pilarski, *J. Chem. Eng. Data*, **1987**, *32*, 479; *Chem. Abstr.*, **1987**, *107*, 198253.
1141. W. Wendelin and R. Riedl, *Monatsh. Chem.*, **1985**, *116*, 237.
1142. W. Cai and D. Xu, *Yiyao Gongye*, **1987**, *18*, 62; *Chem. Abstr.*, **1987**, *107*, 236661.
1143. Y. Fan, Y. Ji, Z. Huang, and H. Chen, *Yaoxue Xuebao*, **1987**, *22*, 185; *Chem. Abstr.*, **1988**, *108*, 5971.
1144. B. Koren, B. Stanovnik, and M. Tišler, *Monatsh. Chem.*, **1988**, *119*, 83.
1145. W. Rudnicka, H. Foks, M. Janowiec, and Z. Zwolska-Kwiek, *Acta Pol. Pharm.*, **1986**, *43*, 523; *Chem. Abstr.*, **1988**, *108*, 131695.

1146. L. Avallone, M. G. Rimoli, and E. Abignente, *Monatsh. Chem.*, **1996**, *127*, 947.
1147. S. Zikolova, S. Slavova, and M. Nedkova, *Tr. Nauchnoizsled. Khim.-Farm. Inst.*, **1986**, *16*, 9; *Chem. Abstr.*, **1988**, *108*, 131747.
1148. T. Vontor, K. Palat, and J. Danek, *Česk. Farm.*, **1988**, *37*, 29; *Chem. Abstr.*, **1988**, *108*, 179605.
1149. M. Arimoto, T. Hayano, T. Soga, Y. Yoshioka, H. Tagawa, and M. Furukawa, *J. Antibiot.*, **1986**, *39*, 1243.
1150. P. K. Subramanian and R. W. Woodard, *Int. J. Pept. Protein Res.*, **1986**, *28*, 579; *Chem. Abstr.*, **1988**, *108*, 187243.
1151. D. Pancechowska-Ksepko, H. Foks, M. Janowiec, and Z. Zwolska-Kwiek, *Acta Pol. Pharm.*, **1986**, *43*, 211; *Chem. Abstr.*, **1988**, *108*, 204593.
1152. Y. L. Chen, C.-W. Chang, K. Hedberg, K. Guarino, W. M. Welch, L. Kiessling, J. A. Retsema, S. L. Haskell, M. Anderson, M. Manousos, and J. F. Barrett, *J. Antibiot.*, **1987**, *40*, 803.
1153. F. Maio, X. Liu, S. Zhang, Z. Jiang, and S. Wang, *Wuli Xuaxue Xuebao*, **1988**, *4*, 20; *Chem. Abstr.*, **1988**, *108*, 214378.
1154. L. I. Mastafanova, G. P. Zhikhareva, N. H. Kutina, A. S. Siroko, I. F. Faermark, R. D. Syubaev, G. Y. Shvarts, M. D. Mashkovskii, and L. N. Yakhontov, *Khim.-Farm. Zh.*, **1988**, *22*, 428; *Chem. Abstr.*, **1988**, *109*, 48005.
1155. Z. Winiarski, W. Markowski, and T. Tkaczynaki, *Acta Pol. Pharm.*, **1987**, *44*, 47; *Chem. Abstr.*, **1988**, *109*, 92946.
1156. R.-Y. Wu, L.-M. Yang, T. Yokoi, and K.-H. Lee, *J. Antibiot.*, **1988**, *41*, 481.
1157. K. Nakata and Y. Takaki, *Osaka Kyoiku Daigaku Kiyo, Dai-3-bumon*, **1987**, *36*, 93; *Chem. Abstr.*, **1988**, *109*, 139642.
1158. L.-M. Yang, R.-Y. Wu, A. T. McPhail, T. Yokoi, and K.-H. Lee, *J. Antibiot.*, **1988**, *41*, 488.
1159. T. Nishio, M. Kondo, T. Nishiyama, and Y. Omote, *Stud. Org. Chem. (Amsterdam)*, **1988**, *33*, 145; *Chem. Abstr.*, **1988**, *109*, 210916.
1160. M. Hasegawa, T. Katsumata, Y. Ito, K. Saigo, and Y. Iitaka, *Macromolecules*, **1988**, *21*, 3134; *Chem. Abstr.*, **1988**, *109*, 211567.
1161. T. Yokoi, L.-M. Yang, T. Yokoi, R.-Y. Wu, and K.-H. Lee, *J. Antibiot.*, **1988**, *41*, 494.
1162. G. Agnes, M. G. Felicioli, G. Ribaldone, and C. Santini, *Chim. Ind. (Milan)*, **1988**, *70*, 70; *Chem. Abstr.*, **1988**, *109*, 230945.
1163. N. V. Dulepova, L. B. Volodarskii, A. Y. Tikhonov, and M. M. Shakirov, *Izv. Sib. Otd. Akad. Nauk SSSR, Ser. Khim. Nauk*, **1988**, 103; *Chem. Abstr.*, **1989**, *110*, 23838.
1164. M. Arimoto, S. Yokohama, M. Sudou, Y. Ichikawa, T. Hayano, H. Tagawa, and M. Furukawa, *J. Antibiot.*, **1988**, *41*, 1795.
1165. S. C. Shim and M. S. Kim, *J. Photochem. Photobiol., A*, **1988**, *45*, 29; *Chem. Abstr.*, **1989**, *110*, 31233.
1166. Y. Nakano, T. Kawaguchi, J. Sumitomo, T. Takizawa, S. Uetsuki, M. Sugiwara, and M. Kido, *J. Antibiot.*, **1991**, *44*, 52.
1167. G. Jenner and G. Bitsi, *J. Mol. Catal.*, **1988**, *45*, 165; *Chem. Abstr.*, **1989**, *110*, 95161.
1168. M. E. Alvarez, C. B. White, J. Gregory, G. C. Kydd, A. Harris, H. H. Sun, A. M. Gillum, and R. Cooper, *J. Antibiot.*, **1995**, *48*, 1165.
1169. G. Candiano, G. M. Ghiggeri, R. Gusmano, L. Zetta, E. Benfenati, and G. Icardi, *Carbohydr. Res.*, **1988**, *184*, 67; *Chem. Abstr.*, **1989**, *110*, 154848.
1170. H. M. Fahmy, M. A. F. Sharaf, and M. F. Aboul-Char, *Ann. Chim. (Rome)*, **1988**, *78*, 703; *Chem. Abstr.*, **1989**, *110*, 162386.
1171. S. Ram and L. D. Spicer, *Synth. Commun.*, **1987**, *17*, 415.
1172. M. J. Martin-Delgardo, F. Marquez, M. I. Suero, and J. I. Marcos, *J. Raman Spectrosc.*, **1989**, *20*, 63; *Chem. Abstr.*, **1989**, *110*, 181893.

1173. T. Sambaiah, P. J. Rao, and K. K. Reddy, *Sulfur Lett.*, **1988**, *8*, 131; *Chem. Abstr.*, **1989**, *110*, 212765.

1174. J. Daniel and D. N. Dhar, *Synth. Commun.*, **1991**, *21*, 1649.

1175. Z. Rok and M. Tišler, *Synth. Commun.*, **1992**, *22*, 2245.

1176. A. N. Osman, S. Botros, Z. Isaac, and M. A. Khayyal, *Egypt. J. Pharm. Sci.*, **1988**, *29*, 131; *Chem. Abstr.*, **1989**, *110*, 231580.

1177. M. Ungureanu, C. Radu, and M. Petrovanu, *Rev. Med.-Chir.*, **1988**, *92*, 585; *Chem. Abstr.*, **1989**, *111*, 4092.

1178. J. Daniel and D. N. Dhar, *Synth. Commun.*, **1993**, *23*, 2151.

1179. A. Li, Y. E, Z. Li, and W. Liu, *Yiyao Gongye*, **1988**, *19*, 490 and 501; *Chem. Abstr.*, **1989**, *111*, 23480.

1180. A. E. El-Shafei, A. M. El-Sayed, G. Abdel-Ghany, and A. M. M. El-Saghier, *Synth. Commun.*, **1994**, *24*, 1895.

1181. W. Ried and G. Tsiotis, *Chem.-Ztg.*, **1988**, *112*, 385; *Chem. Abstr.*, **1989**, *111*, 39339.

1182. D. Damour and S. Mignani, *Synth. Commun.*, **1994**, *24*, 2017.

1183. C. Lacroix, T. Phan-Hoang, J. Nouveau, C. Guyonnaud, G. Laine, H. Duwoos, and O. Lafont, *Eur. J. Clin. Pharmacol.*, **1989**, *36*, 395; *Chem. Abstr.*, **1989**, *111*, 49831.

1184. D. Pancechowska-Ksepko, H. Foks, M. Janowiec, and Z. Zwolska-Kwiek, *Acta Pol. Pharm.*, **1988**, *45*, 373; *Chem. Abstr.*, **1989**, *111*, 97185.

1185. J. J. Chen, J. M. Hinkley, D. S. Wise, and L. B. Townsend, *Synth. Commun.*, **1996**, *26*, 617.

1186. B. Milczarska, H. Foks, M. Otfinowski, and M. Janowiec, *Acta Pol. Pharm.*, **1988**, *45*, 201; *Chem. Abstr.*, **1989**, *111*, 153904.

1187. D. Pancechowska-Ksepko, H. Foks, M. Janowiec, and Z. Zwolska-Kwiek, *Acta Pol. Pharm.*, **1988**, *45*, 193; *Chem. Abstr.*, **1989**, *111*, 194714.

1188. J. Lehuede, Y. Mettey, and J.-M. Vierfond, *Synth. Commun.*, **1996**, *26*, 793.

1189. Z. Ryznerski, A. Zejc, P. Chevallet, B. Cebo, and J. Krupinska, *Pol. J. Pharmacol. Pharm.*, **1989**, *41*, 191; *Chem. Abstr.*, **1990**, *112*, 91607.

1190. J. L. Gagnon and W. W. Zajac, *Synth. Commun.*, **1996**, *26*, 837.

1191. G. T. Fedolyak, L. A. Krichevskii, and A. D. Kagarlitskii, *Izv. Akad. Nauk Kaz. SSR, Ser. Khim.*, **1989**(5), 50; *Chem. Abstr.*, **1990**, *112*, 178890.

1192. K. Čuček, I. Mušič, and B. Verček, *Synth. Commun.*, **1996**, *26*, 1135.

1193. A. Hvala, I. Simonic, B. Stanovnik, J. Svete, J. Tihi, and M. Tišler, *Vestn. Slov. Kem. Drus.*, **1989**, *36*, 305; *Chem. Abstr.*, **1990**, *112*, 178893.

1194. E. Vassileva, M. Shopova, C. Fugier, and E. Henig-Basch, *Synth. Commun.*, **1997**, *27*, 1669.

1195. F. S. Babichev, A. I. Grinevich, Y. M. Volovenko, S. V. Litvinenko, E. V. Roshchupkina, and V. Y. D'yachenko, *Farm. Zh. (Kiev)*, **1989**(5), 53; *Chem. Abstr.*, **1990**, *112*, 198312.

1196. T. Vontor, K. Palat, J. Danek, and A. Lycka, *Česk. Farm.*, **1989**, *38*, 393; *Chem. Abstr.*, **1990**, *112*, 210530.

1197. H. G. Jaisinghani, B. R. Choudhury, and B. M. Khadilkar, *Synth. Commun.*, **1998**, *28*, 1175.

1198. K. Wisterowicz, H. Foks, M. Janowiec, and Z. Zwolska-Kwiek, *Acta Pol. Pharm.*, **1989**, *46*, 101; *Chem. Abstr.*, **1990**, *112*, 216860.

1199. H. Masuda and S. Mihara, *Agric. Biol. Chem.*, **1989**, *53*, 3367; *Chem. Abstr.*, **1990**, *112*, 216865.

1200. A. W. M. Braam, J. C. Eikelenboom, G. van Dijk, and A. Vos, *Acta Crystallogr., Sect. B*, **1981**, *37*, 259.

1201. R. Y. Wu, L. M. Yang, T. Yokoi, A. T. McPhail, T. Yokoi, and K. H. Lee, *Chung Yang Yen Chiu Yuan Chih Wu Yen Chiu So Chuan K'an*, **1989**(8), 19; *Chem. Abstr.*, **1990**, *113*, 17408.

1202. R. Belcher, M. Y. Khuhawar, and W. I. Stephen, *J. Chem. Soc. Pak.*, **1989**, *11*, 185; *Chem. Abstr.*, **1990**, *113*, 40625.

References

1203. P. Mekss, A. Andersons, V, Stonkus, and M. V. Shimanskaya, *Latv. PSR Zinat. Akad. Vestnis, Kim. Ser.*, **1990**, 302; *Chem. Abstr.*, **1990**, *113*, 115254.
1204. G. A. Burdock and R. A. Ford, *Acute Toxic. Data*, **1990**, *1*, 4; *Chem. Abstr.*, **1991**, *114*, 1962.
1205. K. Dlabal, K. Palat, M. Machacek, and Z. Odlerova, *Česk. Farm.*, **1990**, *39*, 210; *Chem. Abstr.*, **1991**, *114*, 42731.
1206. Y. S. Kwon, S. E. Park, and Y. K. Lee, *Taehan Hwahakhoe Chi*, **1990**, *34*, 445; *Chem. Abstr.*, **1991**, *114*, 80937.
1207. G. T. Fedolyak, A. V. Morozov, A. D. Kagarlitskii, and L. A. Krichevskii, *Izv. Akad. Nauk Kaz. SSR, Ser. Khim.*, **1990**(6), 85; *Chem. Abstr.*, **1991**, *114*, 101944.
1208. A. W. M. Braam, A. Eshuis, and A. Vos, *Acta Crystallogr., Sect. B*, **1981**, *37*, 730.
1209. Y. Kitano, T. Ashida, A. Ohta, T. Watanabe, and Y. Akita, *Acta Crystallogr., Sect. C*, **1983**, *39*, 136.
1210. K. Sekido, K. Okamoto, and S. Hirokawa, *Acta Crystallogr., Sect. C*, **1985**, *41*, 741.
1211. K. Dlabal, K. Palat, M. Machacek, and Z. Odlerova, *Farm. Obz.*, **1990**, *59*, 249; *Chem. Abstr.*, **1991**, *114*, 114639.
1212. J. L. Flippen-Anderson, R. Gilardi, and C. George, *Acta Crystallogr., Sect. C*, **1987**, *43*, 2022.
1213. M. Kirihata, I. Ichimoto, and U. Schöllkopf, *Chem. Express*, **1991**, *6*, 169; *Chem. Abstr.*, **1991**, *114*, 229322.
1214. N.-T. Huang, E. T. Pennington, and J. T. Petersen, *Acta Crystallogr., Sect. C*, **1991**, *47*, 2011.
1215. R. Andreozzi, V, Caprio, M. G. d'Amore, and A. Insola, *Ozone: Sci. Eng.*, **1990**, *12*, 329; *Chem. Abstr.*, **1991**, *114*, 247235.
1216. D. A. Peters, R. L. Beddoes, P. S. Allway, and J. A. Joule, *Acta Crystallogr., Sect. C*, **1991**, *47*, 2588.
1217. S. A. Kanber, A. H. Ibraheim, L. A. Jamil, and M. M. Barbooti, *Thermochim. Acta*, **1991**, *177*, 329; *Chem. Abstr.*, **1991**, *115*, 29251.
1218. D. T. Witiak and Y. Wei, *Prog. Drug Res.*, **1990**, *35*, 249; *Chem. Abstr.*, **1991**, *115*, 63814.
1219. Y. Mori, A. Hayakawa, and K. Maeda, *Acta Crystallogr., Sect. C*, **1992**, *48*, 123.
1220. A. Shafiee, A. Ebrahimian-Tabrizi, and S. Tajarodi, *J. Sci. Islamic Repub. Iran*, **1990**, *1*, 289.
1221. D. A. Peters, R. L. Beddoes, and J. A. Joule, *Acta Crystallogr., Sect. C*, **1992**, *48*, 307.
1222. R. Takeuchi, K. Suzuki, and N. Sato, *J. Mol. Catal.*, **1991**, *66*, 277; *Chem. Abstr.*, **1991**, *115*, 114463.
1223. K. Okamoto, S. Fujii, K.-I. Tomita, S. Arai, and Y. Tsutsumi, *Acta Crystallogr., Sect. C*, **1992**, *48*, 1518.
1224. M. Liu, R. D. Farrant, J. C. Lindon, and P. Barraclough, *Spectrosc. Lett.*, **1991**, *24*, 665; *Chem. Abstr.*, **1991**, *115*, 183238.
1225. A. R. Tricker, T. Kaelble, and R. Preussmann, *Cancer Lett. (Shannon, Irel.)*, **1991**, *59*, 165; *Chem. Abstr.*, **1991**, *115*, 222680.
1226. K. Matsumoto, S. Hashimoto, M. Toda, M. Hashimoto, and S. Otani, *Chem. Express*, **1991**, *6*, 775; *Chem. Abstr.*, **1991**, *115*, 256118.
1227. R. Wang, L. Jin, X. Wu, Y. Huang, C. Wu, and Y. Wang, *Zhongguo Yaoke Daxue Xuebao*, **1991**, *22*, 233; *Chem. Abstr.*, **1991**, *116*, 6514.
1228. B. Greaves and H. Stoeckli-Evans, *Acta Crystallogr., Sect. C*, **1992**, *48*, 2269.
1229. L. Forni and R. Miglio, *Stud. Surf. Sci. Catal.*, **1991**, *59*, 367; *Chem. Abstr.*, **1992**, *116*, 21021.
1230. M. Ehsan, *Sci. Int. (Lahore)*, **1991**, *3*, 217; *Chem. Abstr.*, **1992**, *116*, 106181.
1231. M. Bobek, P. Tuntiwachwuttikui, I. Pittaya, M. M. Ismail, and T. J. Bardos, *Nucleosides Nucleotides*, **1991**, *10*, 1657; *Chem. Abstr.*, **1992**, *116*, 106677.
1232. N. Rodier, O. Rideau, J.-M. Robert, and G. Le Baut, *Acta Crystallogr., Sect. C*, **1994**, *50*, 1960.
1233. K. Dlabal, K. Palat, M. Machacek, and Z. Odlerova, *Česk. Farm.*, **1991**, *40*, 152; *Chem. Abstr.*, **1992**, *116*, 151724.

1234. Z. Z. Liu, X. D. Guo, L. E. Straub, G. Erdos, R. J. Prankerd, R. J. Gonzalez-Rothi, and H. Schreier, *Drug Des. Discovery*, **1991**, *8*, 57; *Chem. Abstr.*, **1992**, *116*, 181008.
1235. R. D. Bailey and W. T. Pennington, *Acta Crystallogr., Sect. B*, **1995**, *51*, 810.
1236. S. C. Shim, M. S. Kim, K. T. Lee, B. M. Jeong, and B. H. Lee, *J. Photochem. Photobiol. A*, **1992**, *65*, 121; *Chem. Abstr.*, **1992**, *117*, 121275.
1237. S. Cai, T. Zhao, D. Sun, D. Zhang, and Y. Bao, *Gaodeng Xuexiao Huaxue Xuebao*, **1992**, *13*, 70; *Chem. Abstr.*, **1992**, *117*, 171374.
1238. G. Smith, D. E. Lynch, K. A. Byriel, and C. H. L. Kennard, *Acta Crystallogr., Sect. C*, **1995**, *51*, 2629.
1239. X. Zhao, *Gaodeng Xuexiao Huaxue Xuebao*, **1992**, *13*, 485; *Chem. Abstr.*, **1993**, *118*, 38877.
1240. A. J. Dobson and R. E. Gerkin, *Acta Crystallogr., Sect. C*, **1996**, *52*, 1512.
1241. F. Marquez, M. I. Suero, and M. J. Martin-Delgardo, *Spectrosc. Lett.*, **1993**, *26*, 57; *Chem. Abstr.*, **1993**, *118*, 89784.
1242. M. L. Nelson, L. Salganicoff, F. J. Ricciardi, and P. H. Doukas, *Med. Chem. Res.*, **1992**, *2*, 434; *Chem. Abstr.*, **1993**, *118*, 183054.
1243. B. Benecke and M. Bolte, *Acta Crystallogr., Sect. C*, **1996**, *52*, 2586.
1244. I. G. Iovel and M. V. Shimanakaya, *Zh. Prikl. Khim. (S.-Peterburg)*, *Chem. Abstr.*, **1993**, *118*, 236374.
1245. E. J. Cragoe, T. R. Klemam, and L. Simchowitz (Eds), *Amiloride and Its Analogs*, V. C. H., New York, 1992; *Chem. Abstr.*, **1993**, *119*, 8700.
1246. D. Sun, S. Cai, T. Zhao, and Y. Bao, *Huaxue Shiji*, **1993**, *15*, 37; *Chem. Abstr.*, **1993**, *119*, 95473.
1247. M. Graf and H. Stoeckli-Evans, *Acta Crystallogr., Sect. C*, **1996**, *52*, 3073.
1248. E. K. Yu and S. R. Ryu, *J. Korean Chem. Soc.*, **1993**, *37*, 131; *Chem. Abstr.*, **1993**, *119*, 96087.
1249. Y. Houminer, *J. Heterocycl. Chem.*, **1981**, *18*, 15.
1250. A. Ohta, S. Nasano, M. Tsutsui, F. Yamamoto, S. Suzuki, H. Makita, H. Tamamura, and Y. Akita, *J. Heterocycl. Chem.*, **1981**, *18*, 555.
1251. Y. C. Tong, *J. Heterocycl. Chem.*, **1981**, *18*, 751.
1252. X. A. Zang, M. M. Campbell, and D. W. Brown, *Chem. Res. Chin. Univ.*, **1992**, *8*, 377; *Chem. Abstr.*, **1993**, *119*, 96099.
1253. B. Weidmann, *Chimia*, **1992**, *46*, 312; *Chem. Abstr.*, **1993**, *119*, 181185.
1254. A. Neels and H. Stoeckli-Evans, *Chimia*, **1993**, *47*, 198; *Chem. Abstr.*, **1993**, *119*, 261459.
1255. S. Jerumanis and A. Lemieux, *J. Heterocycl. Chem.*, **1981**, *18*, 779.
1256. B. Milczarska, H. Foks, M. Janowiec, and Z. Zwolska-Kwiek, *Acta Pol. Pharm.*, **1992**, *49*, 41; *Chem. Abstr.*, **1994**, *120*, 244968.
1257. H. Foks, C. Orlewska, and M. Janowiec, *Acta Pol. Pharm.*, **1992**, *49*, 37; *Chem. Abstr.*, **1994**, *120*, 270310.
1258. S. Shimizu, *Shokubai*, **1993**, *35*, 22; *Chem. Abstr.*, **1994**, *120*, 273429.
1259. Y. Ito, H. Sato, and M. Murakami, *Tennen Yuki Kagobutsu Toronkai Koen Yoshishi*, **1992**, *34*, 687; *Chem. Abstr.*, **1994**, *120*, 323453.
1260. D. Sun, S. Cai, D. Zhao, D. Zhang, and Y. Bao, *Huaxue Shiji*, **1993**, *15*, 329; *Chem. Abstr.*, **1994**, *121*, 9334.
1261. A. D. Kagarlitsky, L. A. Krichevsky, and B. V. Suvorov, *Khim.-Farm. Zh.*, **1993**, *27*(3), 45; *Chem. Abstr.*, **1994**, *121*, 300854.
1262. H. Hirano and M. Tada, *J. Heterocycl. Chem.*, **1981**, *18*, 905.
1263. A. K. Amirkhanova, L. A. Krichevskii, and A. D. Kagarlitskii, *Kinet. Katal.*, **1994**, *35*, 907; *Chem. Abstr.*, **1995**, *122*, 239638.
1264. K. Takehara, K. Isomura, K. Yamada, S. Ide, and T. Haraguchi, *Kitakyushu Kogyo Koto Senmon Gakko Kenkyu Hokoku*, **1995**, *28*, 85; *Chem. Abstr.*, **1995**, *122*, 314515.

1265. G. M. Shutske, *J. Heterocycl. Chem.*, **1981**, *18*, 1017.
1266. D. Ye, S. Wang, C. Yang, and J. Jin, *Huadong Ligong Daxue Xuebao*, **1995**, *21*, 244; *Chem. Abstr.*, **1995**, *123*, 169038.
1267. S. Yamamoto, I. Toida, N. Watanabe, and T. Ura, *Antimicrob. Agents Chemother.*, **1995**, *39*, 2088; *Chem. Abstr.*, **1995**, *123*, 193434.
1268. C. O. Okafor, *J. Heterocycl. Chem.*, **1981**, *18*, 1445.
1269. Z. E. Lu, B. Zhao, J.-P. Zou, R.-S. Zeng, and K.-Q. Chen, *Youji Huaxue*, **1995**, *15*, 289; *Chem. Abstr.*, **1995**, *123*, 228111.
1270. J. Raap, W. N. E. Wolthuis, J. J. J. Hehenkamp, and J. Lugtenburg, *Amino Acids*, **1995**, *8*, 171; *Chem. Abstr.*, **1995**, *123*, 286593.
1271. N. Sato and S. Arai, *J. Heterocycl. Chem.*, **1982**, *19*, 407.
1272. A. Ohta, S. Masano, S. Iwakura, A. Tamura, H. Watanabe, M. Tsutsui, Y. Akita, T. Watanabe, and T. Kurihara, *J. Heterocycl. Chem.*, **1982**, *19*, 465.
1273. K. Sekido, K. Okamoto, and S. Hirokawa, *Mem. Natl. Def. Acad., Math., Phys., Chem. Eng.*, **1994**, *34*, 15; *Chem. Abstr.*, **1995**, *123*, 339993.
1274. J. Madera and L. Cerveny, *Chem. Listy*, **1995**, *89*, 694; *Chem. Abstr.*, **1996**, *124*, 28241.
1275. K. Takehara, K. Isomura, K. Yamada, S. Ide, T. Haraguchi, M. Yoshizumi, and H. Taniguchi, *Kitakyushi Kogyo Koto Senmon Gakko Kenkyu Hokoku*, **1994**, *27*, 87; *Chem. Abstr.*, **1996**, *124*, 86935.
1276. B. Stanovnik, A. Štimac, M. Tišler, and B. Verček, *J. Heterocycl. Chem.*, **1982**, *19*, 577.
1277. D. J. Yoo, Y. H. Jeon, D. W. Kim, G. S. Han, and S. C. Shim, *Bull. Korean Chem. Soc.*, **1995**, *16*, 1212; *Chem. Abstr.*, **1996**, *124*, 145670.
1278. S. Wang and G. Dai, *Huaxue Shijie*, **1995**, *36*, 471; *Chem. Abstr.*, **1996**, *124*, 242281.
1279. J.-Y. Jaung, M. Matsuoka, and K. Fukunishi, *Dyes Pigm.*, **1996**, *31*, 141; *Chem. Abstr.*, **1996**, *125*, 89144.
1280. N. Sato, *J. Heterocyclic Chem.*, **1982**, *19*, 673.
1281. L. G. Palmer and T. R. Kleyman, *Handb. Exp. Pharmacol.*, **1995**, *117*, 363; *Chem. Abstr.*, **1996**, *125*, 157574.
1282. T. Yamaguchi, N. Kashige, N. Mishiro, F. Miake, and K. Watanabe, *Biol. Pharm. Bull.*, **1996**, *19*, 1261.
1283. A. Ohta, F. Yamamoto, Y. Arimura, and T. Watanabe, *J. Heterocycl. Chem.*, **1982**, *19*, 781.
1284. M. Mittelbach and H. Junek, *J. Heterocycl. Chem.*, **1982**, *19*, 1021.
1285. V. M. Bondareva, T. V. Andrushkevich, L. G. Detusheva, and G. S. Litvak, *Catal. Lett.*, **1996**, *42*, 113; *Chem. Abstr.*, **1997**, *126*, 8076.
1286. J. Xiang and Z. Xie, *Huaxue Shiji*, **1996**, *18*, 279; *Chem. Abstr.*, **1997**, *126*, 31290.
1287. N. Sato, in *Comprehensive Heterocyclic Chemistry II*, Ed. A. J. Boulton, Elsevier, Oxford, 1996, vol. 6, p. 233 and 1177; *Chem. Abstr.*, **1997**, *126*, 144164.
1288. K. Takehara, K. Isomura, K. Yamada, S. Ide, and T. Haraguchi, *Kitakyushi Kogyo Koto Senmon Gakko Kenkyu Hokoku*, **1997**, *30*, 107; *Chem. Abstr.*, **1997**, *126*, 171561.
1289. J.-M. Xiang, Z. Xie, and B.-N. Ying, *Youji Huaxue*, **1997**, *17*, 188; *Chem. Abstr.*, **1997**, *126*, 264079.
1290. A. Ohta, T. Watanabe, Y. Akita, M. Yoshida, S. Toda, T. Akamatsu, H. Ohno, and A. Suzuki, *J. Heterocycl. Chem.*, **1982**, *19*, 1061.
1291. J.-Y. Jaung, M. Matsuoka, and K. Fukunishi, *Dyes Pigm.*, **1997**, *34*, 255; *Chem. Abstr.*, **1997**, *127*, 264191.
1292. C.-H. Shin, T.-S. Chang, D.-H. Cho, D.-K. Lee, and Y.-K. Lee, *Kongop Hwahak*, **1997**, *8*, 749; *Chem. Abstr.*, **1997**, *127*, 293191.
1293. X. Liu, W. Ge, L. Xu, J. Zhang, H. Wang, and S. Pan, *Shandong Yike Daxue Xuebao*, **1997**, *35*, 80; *Chem. Abstr.*, **1997**, *127*, 331374.

1294. V. M. Bondareva, T. V. Andrushkevich, and G. A. Zenkovets, *Kinet. Catal. (Transl. of Kinet. Katal.)*, **1997**, *38*, 657; *Chem. Abstr.*, **1997**, *127*, 333063.
1295. H. Hara and H. C. van der Plas, *J. Heterocycl. Chem.*, **1982**, *19*, 1285.
1296. M. Kočevar, B. Stanovnik, and M. Tišler, *J. Heterocycl. Chem.*, **1982**, *19*, 1397.
1297. V. M. Bondareva, T. V. Andrushkevich, L. M. Plyasova, E. B. Burgina, O. B. Lapina, and A. A. Altynnikov, *Kinet. Catal. (Transl. of Kinet. Katal.)*, **1997**, *38*, 662; *Chem. Abstr.*, **1997**, *127*, 333064.
1298. H. Hirano, R. Lee, and M. Tada, *J. Heterocycl. Chem.*, **1982**, *19*, 1409.
1299. A. K. Amirkhanova, L. A. Krichevskii, and A. D. Kagarlitskii, *Izv. Minist. Nauki—Akad. Nauk Resp. Kaz., Ser. Khim.*, **1997**(2), 84; *Chem. Abstr.*, **1997**, *127*, 346357.
1300. N. Sato, *J. Heterocycl. Chem.*, **1983**, *20*, 169.
1301. J. Xiang, Z. Xie, and B. Ying, *Huaxue Yanjiu Yu Yingyong*, **1997**, *9*, 374; *Chem. Abstr.*, **1998**, *128*, 3670.
1302. J. A. Walker, J. J. Chen, J. M. Hinkley, D. S. Wise, and L. B. Townsend, *Nucleosides Nucleotides*, **1997**, *16*, 1999; *Chem. Abstr.*, **1998**, *128*, 75624.
1303. M. E. Kaiser, A. Cousson, and W. Paulus, *Z. Kristallogr.—New Cryst. Struct.*, **1998**, *213*, 79; *Chem. Abstr.*, **1998**, *128*, 82413.
1304. B. Dhawan and P. L. Southwick, *J. Heterocycl. Chem.*, **1983**, *20*, 243.
1305. J.-Y. Jaung, M. Matsuoka, and K. Fukunishi, *Dyes Pigm.*, **1998**, *36*, 395; *Chem. Abstr.*, **1998**, *128*, 218366.
1306. M. Chastrette, C. El-Aidi, and D. Cretin, *SAR QSAR Environ. Res.*, **1997**, *7*, 233; *Chem. Abstr.*, **1998**, *128*, 282032.
1307. A. Ohta, A. Imazeki, Y. Itoigawa, H. Yamada, C. Suga, C. Takagai, H. Sano, and T. Watanabe, *J. Heterocycl. Chem.*, **1983**, *20*, 311.
1308. Y. C. Tong and H. O. Kerlinger, *J. Heterocycl. Chem.*, **1983**, *20*, 365.
1309. S. Vekemans, C. Pollers-Wieërs, and G. Hoornaert, *J. Heterocycl. Chem.*, **1983**, *20*, 919.
1310. G. D. Hartman and J. E. Schwering, *J. Heterocycl. Chem.*, **1983**, *20*, 947.
1311. A. Ohta, M. Shimazaki, H. Tamamura, Y. Mamiya, and T. Watanabe, *J. Heterocycl. Chem.*, **1983**, *20*, 951.
1312. C. O. Okafor, R. N. Castle, and D. S. Wise, *J. Heterocycl. Chem.*, **1983**, *20*, 1047.
1313. G. D. Hartman and R. D. Hartman, *J. Heterocycl. Chem.*, **1983**, *20*, 1089.
1314. T. Watanabe, J. Nishiyama, R. Hirate, K. Uehara, M. Inoue, K. Matsumoto, and A. Ohta, *J. Heterocycl. Chem.*, **1983**, *20*, 1277.
1315. M. A. E. Khalifa, E. M. Zayed, M. H. Mohamed, and M. H. Elnagdi, *J. Heterocycl. Chem.*, **1983**, *20*, 1571.
1316. M. V. Jaovanovic and E. R. Biehl, *J. Heterocycl. Chem.*, **1983**, *20*, 1677.
1317. K. L. Shepard and W. Halczenko, *J. Heterocycl. Chem.*, **1979**, *16*, 321.
1318. P. R. Buckland, *J. Heterocycl. Chem.*, **1980**, *17*, 397.
1319. R. E. Banks, C. M. Irvin, and A. E. Tipping, *J. Fluorine Chem.*, **1981**, *17*, 99.
1320. R. E. Banks, M. G. Barlow, and M. Mamaghani, *J. Fluorine Chem.*, **1981**, *17*, 197.
1321. D. J. Brauer, H. Bürger, and G. Pawelke, *J. Fluorine Chem.*, **1985**, *27*, 347.
1322. R. E. Banks, M. G. Barlow, and I. M. Madany, *J. Fluorine Chem.*, **1985**, *28*, 413.
1323. H. Grützmacher, H. W. Roesky, M. Noltemeyer, N. Keweloh, and G. M. Sheldrick, *J. Fluorine Chem.*, **1988**, *39*, 357.
1324. W.-H. Lin and R. J. Lagow, *J. Fluorine Chem.*, **1990**, *50*, 15.
1325. B.-N. Huang and J. T. Liu, *J. Fluorine Chem.*, **1993**, *64*, 37.
1326. G. J. Chen and L. S. Chen, *J. Fluorine Chem.*, **1995**, *73*, 113.

1327. T. Tanaka and M. Ohta, *Nippon Kagaku Kaishi*, **1978**, 1421.

1328. T. Tanaka, H. Onuma, and M. Ohta, *Nippon Kagaku Kaishi*, **1978**, 1661.

1329. T. Tanaka, K. Kubota, Y. Watanabe, and A. Kawamura, *Nippon Kagaku Kaishi*, **1980**, 600.

1330. F. Kanetani, K. Negoro, S. Nakano, and R.-J. Lee, *Nippon Kagaku Kaishi*, **1983**, 1783.

1331. T. Okawa and S. Eguchi, *Tetrahedron Lett.*, **1996**, *37*, 81.

1332. S. Tokita, M. Kojima, N. Kai, K. Kurogi, H. Nishi, H. Tomoda, S. Saito, and S. Shiraishi, *Nippon Kagaku Kaishi*, **1990**, 219.

1333. T. Kobayashi and M. Nitta, *Nippon Kagaku Kaishi*, **1985**, 451.

1334. M. Matsumoto, Y. Sano, T. Nagaishi, S. Yoshinaga, K. Isomura, and H. Taniguchi, *Nippon Kagaku Kaishi*, **1992**, 1203.

1335. J. I. DeGraw, V. H. Brown, and I. Uemura, *J. Labelled Compd. Radiopharm.*, **1979**, *16*, 559.

1336. H. U. Shetty, E. M. Hawes, and K. K. Midha, *J. Labelled Compd. Radiopharm.*, **1981**, *18*, 1633.

1337. T. de Paulis, D. A. Davis, H. E. Smith, D. H. Malarek, and A. A. Liebman, *J. Labelled Compd. Radiopharm.*, **1988**, *25*, 1027.

1338. H. R. Howard, K. D. Shenk, T. A. Smolarek, M. H. Marx, J. H. Windels, and R. W. Roth, *J. Labelled Compd. Radiopharm.*, **1994**, *34*, 117.

1339. J. I. DeGraw, K. J. Ryan, M. Tracy, W. T. Colwell, J. R. P. Arnold, and G. C. K. Roberts, *J. Labelled Compd. Radiopharm.*, **1989**, *27*, 1127.

1340. M. Maeda, C. Sakuma, S. Kawachi, K. Tabei, A. Kerim, T. Kurihara, and A. Ohta, *J. Labelled Compd. Radiopharm.*, **1995**, *36*, 85.

1341. W. F. J. Karstens, H. J. F. F. Berger, E. R. van Haren, J. Lugtenburg, and J. Raap, *J. Labelled Compd. Radiopharm.*, **1995**, *36*, 1077.

1342. E. Lukevits, E. Liepin'sh, E. P. Popova, V. D. Shatts, and V. A. Belikov, *Zh. Obshch. Khim.*, **1980**, *50*, 388.

1343. K. V. Chernitskii, V. A. Bobylev, F. Y. Sharikov, and N. Y. Veselkov, *Zh. Obshch. Khim.*, **1990**, *60*, 617.

1344. R. N. Zagudullin and Z. M. Baimetov, *Zh. Obshch. Khim.*, **1991**, *61*, 978.

1345. V. B. Ukraintsev and B. A. Krasnov, *Zh. Obshch. Khim.*, **1993**, *63*, 167.

1346. C. H. Archer, N. R. Thomas, and D. Gani, *Tetrahedron: Asymmetry*, **1993**, *4*, 1141.

1347. N. Sewald, L. C. Seymour, K. Burger, S. N. Osipov, A. F. Kolomiets, and A. V. Fokin, *Tetrahedron: Asymmetry*, **1994**, *5*, 1051.

1348. D. Heerding, P. Bhatnagar, M. Hartmann, P. Kremminger, and P. LoCastro, *Tetrahedron: Asymmetry*, **1996**, *7*, 237.

1349. V. Favero, G. Porzi, and S. Sandri, *Tetrahedron: Asymmetry*, **1997**, *8*, 599.

1350. G. Porzi, S. Sandri, and P. Verrocchio, *Tetrahedron: Asymmetry*, **1998**, *9*, 119.

1351. S. D. Bull, S. G. Davies, and W. O. Moss, *Tetrahedron: Asymmetry*, **1998**, *9*, 321.

1352. M. Nakajima, C. S. Loeschorn, W. E. Cimbrelo, and J. P. Anselme, *Org. Prep. Proced. Int.*, **1980**, *12*, 265.

1353. I. Iovel, Y. Goldberg, and M. Shymanska, *Org. Prep. Proced. Int.*, **1991**, *23*, 188.

1354. M. Devys, M. Barbier, J. F. Bousquet, and A. Kollmann, *Org. Prep. Proced. Int.*, **1993**, *25*, 696.

1355. P. Pevarello, G. Scappi, and M. Varasi, *Org. Prep. Proced. Int.*, **1994**, *26*, 366.

1356. M. Hedayatullah and A. Guy, *Phosphorus Sulfur*, **1979**, *7*, 95.

1357. R. J. Cremlyn and N. Akhtar, *Phosphorus Sulfur*, **1979**, *7*, 247.

1358. W. O. Foye, N. Abood, J. M. Kauffman, Y.-H. Kim, and B. R. Patel, *Phosphorus Sulfur*, **1980**, *8*, 205.

1359. S. J. I. Skorini and A. Senning, *Phosphorus Sulfur*, **1980**, *9*, 193.

1360. S. D. Pastor, H. K. Naraine, and R. Sundar, *Phosphorus Sulfur*, **1988**, *36*, 111.

1361. A. O. Abdelhamid, F. A. Khalifa, and S. S. Ghabrial, *Phosphorus Sulfur*, **1988**, *40*, 41.
1362. F. Boberg, G. Nink, B. Bruchmann, B. Korall, and R. Weber, *Phosphorus, Sulfur Silicon Relat. Elem.*, **1991**, *61*, 145.
1363. P. Frøyen, *Phosphorus, Sulfur Silicon Relat. Elem.*, **1991**, *63*, 283.
1364. M. S. Singh and R. J. Rao, *Phosphorus, Sulfur Silicon Relat. Elem.*, **1992**, *68*, 115.
1365. A. Ohta, M. Inoue, J. Yamada, Y. Yamada, T. Kurihara, and T. Honda, *J. Heterocycl. Chem.*, **1984**, *21*, 103.
1366. J. Matsumoto, T. Miyamoto, A. Minamida, Y. Nishimura, H. Egawa, and H. Nishimura, *J. Heterocycl. Chem.*, **1984**, *21*, 673.
1367. C. Párkányi, A. O. Abdelhamid, J. C. S. Cheng, and A. S. Shawali, *J. Heterocycl. Chem.*, **1984**, *21*, 1029.
1368. J. Barluenga, C. Jiménez, C. Nájera, and M. Yus, *J. Heterocycl. Chem.*, **1984**, *21*, 1733.
1369. R. N. Hanson, S. Hariharan, and R. Astik, *J. Heterocycl. Chem.*, **1985**, *22*, 47.
1370. B. K. Bhattacharya and F. R. Eirich, *J. Heterocycl. Chem.*, **1985**, *22*, 229.
1371. Y. Houminer and D. L. Williams, *J. Heterocycl. Chem.*, **1985**, *22*, 373.
1372. M. Tada, H. Hamazaki, and K. Tsuzuki, *J. Heterocycl. Chem.*, **1985**, *22*, 977.
1373. S. J. Gumbley, T. W. S. Lee, and R. Stewart, *J. Heterocycl. Chem.*, **1985**, *22*, 1143.
1374. N. Sato, *J. Heterocycl. Chem.*, 1985, *22*, 1145.
1375. A. Ohta, Y. Inagawa, M. Inoue, M. Shimazaki, and Y. Mamiya, *J. Heterocycl. Chem.*, **1985**, *22*, 1173.
1376. R. J. Cremlyn, F. J. Swinbourne, and O. Shode, *J. Heterocycl. Chem.*, **1985**, *22*, 1211.
1377. M. Inoue, R. Abe, H. Tamamura, M. Ohta, A. Asami, H. Kitani, H. Kamei, Y. Nakamura, T. Watanabe, and A. Ohta, *J. Heterocycl. Chem.*, **1985**, *22*, 1291.
1378. M. Tada and H. Momose, *J. Heterocycl. Chem.*, **1985**, *22*, 1357.
1379. K. Tsuzuki and M. Tada, *J. Heterocycl. Chem.*, **1985**, *22*, 1365.
1380. A. Ohta, Y. Inagawa, and C. Mitsugi, *J. Heterocycl. Chem.*, **1985**, *22*, 1643.
1381. B. K. Bhattacharya, *J. Heterocycl. Chem.*, **1986**, *23*, 113.
1382. N. Sato, *J. Heterocycl. Chem.*, **1986**, *23*, 149.
1383. Y. Houminer, E. W. Southwick, and D. L. Williams, *J. Heterocycl. Chem.*, **1986**, *23*, 497.
1384. K. F. Podraza, *J. Heterocycl. Chem.*, 1986, *23*, 581.
1385. H. Sladowska, A. van Veldhuizen, and H. C. van der Plas, *J. Heterocycl. Chem.*, **1986**, *23*, 843.
1386. J. Adachi and N. Sato, *J. Heterocycl. Chem.*, **1986**, *23*, 871.
1387. E. Abignente, P. de Caprariis, R. Patscot, and A. Sacchi, *J. Heterocycl. Chem.*, **1986**, *23*, 1031.
1388. V. Mettey and J.-M. Vierfond, *J. Heterocycl. Chem.*, **1986**, *23*, 1051.
1389. K. Tsuzuki and M. Tada, *J. Heterocycl. Chem.*, **1986**, *23*, 1299.
1390. T. Suzuki, Y. Nagae, and K. Mitsuhashi, *J. Heterocycl. Chem.*, **1986**, *23*, 1419.
1391. Y. Akita, T. Noguchi, M. Sugimoto, and A. Ohta, *J. Heterocycl. Chem.*, **1986**, *23*, 1481.
1392. N. Sato and Y. Kato, *J. Heterocycl. Chem.*, **1986**, *23*, 1677.
1393. K. Mitsuhashi, Y. Nagae, and T. Suzuki, *J. Heterocycl. Chem.*, **1986**, *23*, 1741.
1394. J. E. Johnson, J. A. Maia, K. Tan, A. Ghafouripour, A. de Meester, and S. S. C. Chu, *J. Heterocycl. Chem.*, **1986**, *23*, 1861.
1395. M. Tada, T. Ito, and K. Ohshima, *J. Heterocycl. Chem.*, **1986**, *23*, 1893.
1396. S. Mihara and H. Masuda, *J. Agric. Food Chem.*, **1990**, *38*, 1032.
1397. N. Kawahara, K. Nozawa, S. Nakajima, and K.-I. Kawai, *Phytochemistry*, **1988**, *27*, 3022.
1398. L. Lapinski, M. J. Nowak, J. Fulara, A. Leś, and L. Adamowicz, *J. Phys. Chem.*, **1992**, *96*, 6250.
1399. W. Wierenga and H. I. Skulnick, *Org. Synth.*, **1983**, *61*, 5.

1400. M. Ogata, S. Shimizu, and H. Matsumoto, *Chem. Ind. (London)*, **1982**, 200.
1401. N. S. Ibrahim, M. H. Mohamed, and M. H. Elnagdi, *Chem. Ind. (London)*, **1988**, 270.
1402. G. R. Newkome, V. K. Gupta, and F. R. Fronczek, *Organometallics*, **1982**, *1*, 907.
1403. S.-I. Ikeda, N. Chatani, and S. Murai, *Organometallics*, **1992**, *11*, 3494.
1404. Y. Ishii, N. Chatani, F. Kakiuchi, and S. Murai, *Organometallics*, **1997**, *16*, 3615.
1405. C. Sakuma, M. Maeda, K. Tabei, and A. Ohta, *Magn. Reson. Chem.*, **1996**, *34*, 567.
1406. G. Holzmann and H. W. Rothkopf, *Org. Mass Spectrom.*, **1978**, *13*, 636.
1407. J. J. Brophy, C.-M. Sun, B. Tecle, and R. F. Toia, *Org. Mass Spectrom.*, **1989**, *24*, 609.
1408. T. Wansler, J. T. Nielsen, E. J. Pedersen, and K. Schaumburg, *J. Magn. Reson.*, **1981**, *43*, 387.
1409. L. Stefaniak, J. D. Roberts, M. Witanowski, and G. A. Webb, *Org. Magn. Reson.*, **1984**, *22*, 201.
1410. M. Matsuo, S. Matsumoto, T. Kurihara, Y. Akita, T. Watanabe, and A. Ohta, *Org. Magn. Reson.*, **1980**, *13*, 172.
1411. R. D. Chambers, R. S. Matthews, W. K. R. Musgrave, and P. G. Urben, *Org. Magn. Reson.*, **1980**, *13*, 363.
1412. F. Ogura, Y. Hama, Y. Aso, and T. Otsubo, *Synth. Met.*, **1988**, *27*, B295.
1413. H. Neunhoeffer and G. Köhler, *Tetrahedron Lett.*, **1978**, 4879.
1414. A. Inada, H. Heimgartner, and H. Schmid, *Tetrahedron Lett.*, **1979**, 2983.
1415. T. Kanmera, S. Lee, H. Aoyagi, and N. Izumiya, *Tetrahedron Lett.*, **1979**, 4483.
1416. G. Alvernhe, S. Lacombe, and A. Laurent, *Tetrahedron Lett.*, **1980**, *21*, 1437.
1417. T. Nishio, N. Nakajima, and Y. Omote, *Tetrahedron Lett.*, **1980**, *21*, 2529.
1418. J. M. Kane and A. A. Carr, *Tetrahedron Lett.*, **1980**, *21*, 3019.
1419. J.-P. Mayer and J.-P. Fleury, *Tetrahedron Lett.*, **1980**, *21*, 3759.
1420. T. Nishio, N. Nakejima, and Y. Omote, *Tetrahedron Lett.*, **1981**, *22*, 753.
1421. J.-M. Vierfond, Y. Mettey, L. Mascrier-Demagny, and M. Miocque, *Tetrahedron Lett.*, **1981**, *22*, 1219.
1422. T. C. Gallagher and R. C. Storr, *Tetrahedron Lett.*, **1981**, *22*, 2905.
1423. A. McKillop, A. Henderson, P. S. Ray, C. Avendano, and E. G. Molinero, *Tetrahedron Lett.*, **1982**, *23*, 3357.
1424. S. Tobias and H. Gunther, *Tetrahedron Lett.*, **1982**, *23*, 4785.
1425. C.-K. Shu and B. M. Lawrence, *Spec. Publ. -R. Soc. Chem.*, **1994**, *151*, 140.
1426. E. Leete, J. A. Bjorklund, G. A. Reineccius, and T. B. Cheng, *Spec. Publ. -R. Soc. Chem.*, **1992**, *95*, 75.
1427. G. D. Hartman, J. E. Schwering, and R. D. Hartman, *Tetrahedron Lett.*, **1983**, *24*, 1011.
1428. H. P. Erb and T. Bluhm, *Org. Magn. Reson.*, **1980**, *14*, 285.
1429. N. K. Sanyal, S. I. Srivastava, A. Devi, and T. Nath, *J. Mol. Spectrosc.*, **1979**, *78*, 335.
1430. W. M. F. Fabian, *J. Comput. Chem.*, **1991**, *12*, 17.
1431. H. D. Hausen, O. Mundt, and W. Kaim, *J. Organomet. Chem.*, **1985**, *296*, 321.
1432. G. Alvernhe, A. Laurent, A. Masroua, and Y. Diab, *Tetrahedron Lett.*, **1983**, *24*, 1153.
1433. G. Queguiner, F. Marsais, V. Snieckus, and J. Epsztajn, *Adv. Heterocycl. Chem.*, **1991**, *52*, 187.
1434. Y. Wang, J. B. Gloer, J. A. Scott, and D. Malloch, *J. Nat. Prod.*, **1995**, *58*, 93.
1435. J.-C. Depezay, A. Duréault, and T. Prange, *Tetrahedron Lett.*, **1984**, *25*, 1459.
1436. M. Hasebe, K. Kogawa, and T. Tsuchiya, *Tetrahedron Lett.*, **1984**, *25*, 3887.
1437. R. S. Dainter, H. Suschitzky, and B. J. Wakefield, *Tetrahedron Lett.*, **1984**, *25*, 5693.
1438. M. Barbier and M. Devys, *Tetrahedron Lett.*, 1985, *26*, 733.
1439. S. R. Tulyaganov, *Dokl. Akad. Nauk Uzb SSR*, **1981**(11), 44; *Chem. Abstr.*, **1982**, *97*, 5885.
1440. P. R. Bernstein, R. D. Krell, D. W. Snyder, and Y. K. Yee, *Tetrahedron Lett.*, **1985**, *26*, 1951.

1441. R. E. Walkup and J. Linder, *Tetrahedron Lett.*, **1985**, *26*, 2155.
1442. T. Fukuyama, R. K. Frank, and A. A. Laird, *Tetrahedron Lett.*, **1985**, *26*, 2955.
1443. R. S. Handley, A. J. Stern, and A. P. Schaap, *Tetrahedron Lett.*, **1985**, *26*, 3183.
1444. S. Ram and R. E. Ehrenkaufer, *Tetrahedron Lett.*, **1985**, *26*, 5367.
1445. P. J. Steel and E. C. Constable, *J. Chem. Res.*, **1989**, *Synop.* 189, *Minipr.* 1601.
1446. A. J. Boulton, A. McKillop, and P. M. Rowbottom, *J. Chem. Res.*, **1989**, *Synop.* 59, *Minipr.* 559.
1447. A. Nuvola, G. Paglietti, P. Sanna, and R. M. Acheson, *J. Chem. Res.* **1984**, *Synop.* 356, *Minipr.* 3245.
1448. N. Sato, *J. Chem. Res.*, **1984**, *Synop.* 318, *Minipr.* 2860.
1449. P. A. Bonnet, C. Sablayrolles, and J.-P. Chapet, *J. Chem. Res.*, **1984**, *Synop.* 28, *Minipr.* 468.
1450. R. Isaksson, T. Liljefors, and J. Sandström, *J. Chem. Res.*, **1981**, *Synop.* 43, *Minipr.* 664.
1451. N. Sato and H. Mizuno, *J. Chem. Res.*, **1997**, *Synop.* 250.
1452. T. Yokoi, H. Taguchi, Y. Nishiyama, K. Igarashi, F. Kasuya, and Y. Okada, *J. Chem. Res.*, **1997**, *Synop.* 10, *Minipr.* 171.
1453. M. Orena, G. Porzi, and S. Sandri, *J. Chem. Res.*, **1993**, *Synop.* 318, *Minipr.* 2125.
1454. P. Brix and J. Voss, *J. Chem. Res.*, **1993**, *Synop.* 322, *Minipr.* 2218.
1455. A. Turck, D. Trohay, L. Majovic, N. Plé, and G. Quéguiner, *J. Organomet. Chem.*, **1991**, *412*, 301.
1456. A. Ehland, H.D. Hausen, W. Kaim, A. Lichtblau, and W. Schwarz, *J. Organomet. Chem.*, **1995**, *501*, 283.
1457. K. Breuker, H. C. van der Plas, and A. van Veldhuizen, *Isr. J. Chem.*, **1986**, *27*, 67.
1458. I. V. Oleinik and O. Zagulyaeva, *Mendeleev Commun.*, **1994**, 50.
1459. O. V. Shishkin, A. S. Polyakova, Y. T. Struchkov, and S. M. Desenko, *Mendeleev Commun.*, **1994**, 182.
1460. I. L. Yudin, A. B. Sheremetev, O. P. Shitov, and V. A. Tartakovskii, *Mendeleev Commun.*, **1995**, 196.
1461. J.-B. Regnouf de Vains, J.-M. Lehn, N. E. Ghermani, O. Dusausoy, Y. Dusausoy, A.-L. Papet, A. Marsura, P. Friant, and J. L. Rivail, *New J. Chem.*, **1994**, *18*, 701.
1462. L. Désaubry, C. G. Wermuth, A. Boehrer, C. Marescaux, and J.-J. Bourguignon, *Bioorg. Med. Chem. Lett.*, **1995**, *5*, 139.
1463. N. F. Tyupalo, V. A. Belobarodov, and Y. B. Vysotskii, *Dokl. Akad. Nauk SSSR*, **1983**, *269*, 377.
1464. G. Maier and F. Fleischer, *Tetrahedron Lett.*, **1991**, *32*, 57.
1465. Y. Kita, S. Akai, H. Fujioka, Y. Tamura, H. Tone, and Y. Taniguchi, *Tetrahedron Lett.*, **1991**, *32*, 6019.
1466. M. Cushman and E. S. Lee, *Tetrahedron Lett.*, **1992**, *33*, 1193.
1467. F. Coppa, F. Fontana, E. Lazzarini, F. Minisci, G. Pianese, and L. Zhao, *Tetrahedron Lett.*, **1992**, *33*, 3057.
1468. G. A. McCort and J. C. Pascal, *Tetrahedron Lett.*, **1992**, *33*, 4443.
1469. D. Guillerm and G. Guillerm, *Tetrahedron Lett.*, **1992**, *33*, 5047.
1470. D. A. Smith, S. Cramer, S. Sucheck, and E. Skrzypczak-Jankun, *Tetrahedron Lett.*, **1992**, *33*, 7765.
1471. U. T. Mueller-Westerhoff and M. Zhou, *Tetrahedron Lett.*, **1993**, *34*, 571.
1472. V. A. Basyuk, T. Y. Gromovoi, A. A. Chuiko, V. A. Soloshonok, and V. P. Kukhar, *Dokl. Akad. Nauk SSSR*, **1991**, *318*, 905.
1473. J. Zámocká, D. Dvořáčková, and J. Heger, *Z. Chem.*, **1980**, *20*, 57.
1474. A. D. Dunn, K. I. Kinnear, and R. Norrie, *Z. Chem.*, **1986**, *26*, 290.
1475. H. D. Burrows, J. Ige, and S. A. Umoh, *J. Chem. Soc., Faraday Trans. 1*, **1982**, *78*, 947.

1476. M. Tutonda, D. Vanderzande, J. Vekemans, S. Toppet, and G. Hoornaert, *Tetrahedron Lett.*, **1986**, *27*, 2509.
1477. H.-J. Zeiss, *Tetrahedron Lett.*, **1987**, *28*, 1255.
1478. M. Kiss, J. Russell-Maynard, and J. A. Joule, *Tetrahedron Lett.*, **1987**, *28*, 2187.
1479. A. Luedtke, K. Meng, and J. W. Timberlake, *Tetrahedron Lett.*, **1987**, *28*, 4255.
1480. J. E. Francis, L. A. Gorczyca, G. C. Mazzenga, and H. Meckler, *Tetrahedron Lett.*, **1987**, *28*, 5133.
1481. V. Eiermann, C. Krieger, F. A. Neugebauer, and H. A. Staab, *Tetrahedron Lett.*, **1988**, *29*, 3655.
1482. P. A. Allway, J. K. Sutherland, and J. A. Joule, *Tetrahedron Lett.*, **1990**, *31*, 4781.
1483. J. F. Arenas, J. T. Lopez-Navarrete, J. C. Otero, J. I. Marcos, and A. Cardenete, *J. Chem. Soc., Faraday Trans. 2*, **1985**, *81*, 405.
1484. E.-Z. M. Ebeid, R. M. Issa, S. A. El-Daly, and M. M. F. Sabry, *J. Chem. Soc., Faraday Trans. 2*, **1986**, *82*, 1981.
1485. S. Bradamante, A. Facchetti, and G. A. Pagani, *J. Phys. Org. Chem.*, **1997**, *10*, 514.
1486. M. F. Sammelhack and H. Rhee, *Tetrahedron Lett.*, **1993**, *34*, 1395.
1487. T. J. Curphey and H. H. Joyner, *Tetrahedron Lett.*, **1993**, *34*, 3703.
1488. C. L. L. Chi and D. M. Page, *Tetrahedron Lett.*, **1993**, *34*, 4373.
1489. G. Shapiro, D. Buechler, V. Ojea, E. Pombo-Villar, M. Ruiz, and H.-P. Weber, *Tetrahedron Lett.*, **1993**, *34*, 6255.
1490. D. Askin, K. K. Eng, K. Rossen, R. M. Pyrick, K. M. Wells, R. P. Volante, and P. Reider, *Tetrahedron Lett.*, **1994**, *35*, 673.
1491. Y. Okada, Y. Taguchi, Y. Nishiyama, and T. Yokoi, *Tetrahedron Lett.*, **1994**, *35*, 1231.
1492. V. Ojea, M. Ruiz, G. Shapiro, and E. Pombo-Villar, *Tetrahedron Lett.*, **1994**, *35*, 3273.
1493. G. S. Poindexter, M. A. Bruce, K. L. LeBoulluec, and I. Monkovic, *Tetrahedron Lett.*, **1994**, *35*, 7331.
1494. J. A. Gregory, A. J. Jennings, G. F. Joiner, F. D. King, and S. K. Rahman, *Tetrahedron Lett.*, **1995**, *36*, 155.
1495. S. B. Singh, *Tetrahedron Lett.*, **1995**, *36*, 2009.
1496. J. Tulinsky, S. A. Mizsak, W. Watt, L. A. Dolak, T. Judge, and R. B. Gammill, *Tetrahedron Lett.*, **1995**, *36*, 2017.
1497. S. Sano, Y. Kobayashi, T. Kondo, M. Takebayashi, S. Maruyama, T. Fujita, and Y. Nagao, *Tetrahedron Lett.*, **1995**, *36*, 2097.
1498. S. Sano, X.-K. Lin, M. Takebayashi, Y. Kobayashi, K. Tabata, M. Shiro, and Y. Nagao, *Tetrahedron Lett.*, **1995**, *36*, 4101.
1499. K. Rossen, S. A. Weissman, J. Sager, R. A. Reamer, D. Askin, R. P. Volante, and P. J. Reider, *Tetrahedron Lett.*, **1995**, *36*, 6419.
1500. I. Iriepa, B. Gil-Alberdi, E. Galvez, J. Sanz-Aparicio, I. Fonseca, A. Orjales, A. Berisa, and C. Labeaga, *J. Phys. Org. Chem.*, **1998**, *11*, 125.
1501. W. R. Thiel and J. Eppinger, *Chem.–Eur. J.*, **1997**, *3*, 696.
1502. C. Wang, M. R. Bryce, A. S. Batsanov, and J. A. K. Howard, *Chem.–Eur. J.*, **1997**, *3*, 1679.
1503. J. J. Chen, J. A. Walker, W. Liu, D. S. Wise, and L. B. Townsend, *Tetrahedron Lett.*, **1995**, *36*, 8363.
1504. A. Turck, N. Plé, D. Trohay, B. Ndzi, and G. Quéguiner, *J. Heterocycl. Chem.*, **1992**, *29*, 699.
1505. J. H. Hall, J. Y. Chien, J. M. Kauffman, P. T. Litak, J. K. Adams, R. A. Henry, and R. A. Hollins, *J. Heterocycl. Chem.*, **1992**, *29*, 1245.
1506. N. Sato and H. Kadota, *J. Heterocycl. Chem.*, **1992**, *29*, 1685.
1507. N. Sato and N. Matsui, *J. Heterocycl. Chem.*, **1992**, *29*, 1689.
1508. N. Sato and H. Suzuki, *J. Heterocycl. Chem.*, **1993**, *30*, 841.

1509. W. Holzer and G. Seiringer, *J. Heterocycl. Chem.*, **1993**, *30*, 865.
1510. Y. Okada, H. Taguchi, and T. Yokoi, *Tetrahedron Lett.*, **1996**, *37*, 2249.
1511. J. M. Mellor and H. Rataj, *Tetrahedron Lett.*, **1996**, *37*, 2619.
1512. T. J. Guzi and T. L. Macdonald, *Tetrahedron Lett.*, **1996**, *37*, 2939.
1513. C. Z. Ding and A. V. Miller, *Tetrahedron Lett.*, **1996**, *37*, 4447.
1514. C. F. Masaguer and E. Raviña, *Tetrahedron Lett.*, **1996**, *37*, 5171.
1515. Y. Okuwaki, Y. Inagawa, H. Tamamura, T. Suzuki, H. Kuwana, M. Tahara, K. Yuasa, and A. Ohta, *J. Heterocycl. Chem.*, **1987**, *24*, 187.
1516. A. A. Carr, M. W. Dudley, E. W. Huber, J. M. Kane, and F. P. Miller, *J. Heterocycl. Chem.*, **1987**, *24*, 239.
1517. J. W. G. De Meester, H. C. van der Plas, and W. J. Middelhoven, *J. Heterocycl. Chem.*, **1987**, *24*, 441.
1518. C. K. F. Hermann, Y. P. Sachdeva, and J. F. Wolfe, *J. Heterocycl. Chem.*, **1987**, *24*, 1061.
1519. W. Liu, J. A. Walker, J. J. Chen, D. S. Wise, and L. B. Townsend, *Tetrahedron Lett.*, **1996**, *37*, 5324.
1520. M. Ruiz, V. Ojea, and J. M. Quintela, *Tetrahedron Lett.*, **1996**, *37*, 5743.
1521. V. Ojea, M. C. Fernández, M. Ruiz, and J. M. Quintela, *Tetrahedron Lett.*, **1996**, *37*, 5801.
1522. J. W. G. De Meester, W. Kraus, H. C. van der Plas, H. J. Brons, and W. J. Middelhoven, *J. Heterocycl. Chem.*, **1987**, *24*, 1109.
1523. N. Sato and M. Suzuki, *J. Heterocycl. Chem.*, **1987**, *24*, 1371; **1991**, *28*, 2075.
1524. J. B. Neilsen, H. S. Broadbent, and W. J. Hennen, *J. Heterocycl. Chem.*, **1987**, *24*, 1621.
1525. A. R. Kareitzky, W.-Q. Fan, M. Szajda, Q.-L. Li, and K. C. Caster, *J. Heterocycl. Chem.*, **1988**, *25*, 591.
1526. P. Y. Boamah, N. Haider, G. Heinisch, and J. Moshuber, *J. Heterocycl. Chem.*, **1988**, *25*, 879.
1527. Y. Akita, H. Kanekawa, T. Kawasaki, I. Shiratori, and A. Ohta, *J. Heterocycl. Chem.*, **1988**, *25*, 975.
1528. M. Tada and S. Totoki, *J. Heterocycl. Chem.*, **1988**, *25*, 1295.
1529. M. Hashimoto, N. Izuki, and K. Sakata, *J. Heterocycl. Chem.*, **1988**, *25*, 1705.
1530. N. Sato and N. Saito, *J. Heterocycl. Chem.*, **1988**, *25*, 1737.
1531. K. Matsumoto, T. Uchida, K. Aoyama, M. Nishikawa, T. Kuroda, and T. Okamoto, *J. Heterocycl. Chem.*, **1988**, *25*, 1793.
1532. M. J. I. Andrews and A. B. Tabor, *Tetrahedron Lett.*, **1997**, *38*, 3063.
1533. K. Rossen, J. Sager, and L. M. DiMichele, *Tetrahedron Lett.*, **1997**, *38*, 3183.
1534. U. Bhatt, N. Mohamed, G. Just, and E. Roberts, *Tetrahedron Lett.*, **1997**, *38*, 3679.
1535. M. Falorni, G. Giacmelli, F. Nieddu, and M. Taddei, *Tetrahedron Lett.*, **1997**, *38*, 4663.
1536. Y. Ishii, N. Chatani, F. Kakiuchi, and S. Murai, *Tetrahedron Lett.*, **1997**, *38*, 7565.
1537. H. Nakamura, C. Wu, D. Takeuchi, and A. Murai, *Tetrahedron Lett.*, **1998**, *39*, 301.
1538. T. Uno, T. Okuno, N. Taguchi, K. Iuchi, Y. Kawahata, M. Sotomura, and G. Tsukamoto, *J. Heterocycl. Chem.*, **1989**, *26*, 393.
1539. R. C. Bernotas and G. Adams, *Tetrahedron Lett.*, **1996**, *37*, 7339.
1540. T. J. Kress, *Prog. Heterocycl. Chem.*, **1989**, *1*, 255.
1541. T. J. Kress and D. L. Varie, *Prog. Heterocycl. Chem.*, **1990**, *2*, 196.
1542. T. J. Kress and D. L. Varie, *Prog. Heterocycl. Chem.*, **1991**, *3*, 217.
1543. T. J. Kress and D. L. Varie, *Prog. Heterocycl. Chem.*, **1992**, *4*, 197.
1544. D. T. Hurst, *Prog. Heterocycl. Chem.*, **1993**, *5*, 234.
1545. G. Heinisch and B. Matuszczak, *Prog. Heterocycl. Chem.*, **1994**, *6*, 243.

1546. G. Heinisch and B. Matuszczak, *Prog. Heterocycl. Chem.*, **1995**, *7*, 237.
1547. M. P. Groziak, *Prog. Heterocycl. Chem.*, **1996**, *8*, 243.
1548. M. P. Groziak, *Prog. Heterocycl. Chem.*, **1997**, *9*, 257.
1549. M. P. Groziak, *Prog. Heterocycl. Chem.*, **1998**, *10*, 262.
1550. M. P. Groziak, *Prog. Heterocycl. Chem.*, **1999**, *11*, 265.
1551. B. Chen, C.-Y. Yang, and D.-Y. Ye, *Tetrahedron Lett.*, **1996**, *37*, 8205.
1552. J. E. Baldwin, M. R. Spyvee, and R. C. Whitehead, *Tetrahedron Lett.*, **1997**, *38*, 2771.
1553. M. Nishiyama, T. Yamamoto, and Y. Koie, *Tetrahedron Lett.*, **1998**, *39*, 617.
1554. J. J. McNally, M. A. Youngman, and S. L. Dax, *Tetrahedron Lett.*, **1998**, *39*, 967.
1555. J. G. Breitenbucher, C. R. Johnson, M. Haight, and J. C. Phelan, *Tetrahedron Lett.*, **1998**, *39*, 1295.
1556. N. Sato, *J. Heterocycl. Chem.*, **1989**, *26*, 817.
1557. B. Stanovnik, H. van de Bovenkamp, J. Svete, H. Hvala, I. Simonič, and M. Tišler, *J. Heterocycl. Chem.*, **1990**, *27*, 359.
1558. U. Urleb, R. Neidlein, and W. Kramer, *J. Heterocycl. Chem.*, **1990**, *27*, 433.
1559. N. Sato, A. Hayakawa, and R. Takeuchi, *J. Heterocycl. Chem.*, **1990**, *27*, 503.
1560. D. Gopal, D. V. Nadkarni, and L. M. Sayre, *Tetrahedron Lett.*, **1998**, *39*, 1877.
1561. T. Watanabe, I. Ueda, N. Hayakawa, Y. Kondo, H. Adachi, A. Iwasaki, S. Kawamata, F. Mentori, M. Ichikawa, K. Yuasa, A. Ohta, T. Kurihara, and H. Miyamae, *J. Heterocycl. Chem.*, **1990**, *27*, 711.
1562. F. Dennin, D. Blondeau, and H. Sliwa, *J. Heterocycl. Chem.*, **1990**, *27*, 1639.
1563. J. P. Chupp, G. C. Leo, and J. M. Molyneaux, *J. Heterocycl. Chem.*, **1991**, *28*, 613.
1564. J. S. Ward and L. Merritt, *J. Heterocycl. Chem.*, **1991**, *28*, 765.
1565. P. Tuntiwachwuttikul, T. J. Bardos, and M. Bobek, *J. Heterocycl. Chem.*, **1991**, *28*, 1131.
1566. A. R. Howell, W. R. Martin, J. W. Sloan, and W. T. Smith, *J. Heterocycl. Chem.*, **1991**, *28*, 1147.
1567. J. B. Paine, *J. Heterocycl. Chem.*, **1991**, *28*, 1463.
1568. R. Zupet, M. Tišler, and L. Golič, *J. Heterocycl. Chem.*, **1991**, *28*, 1731.
1569. M. MacCoss, L. C. Meurer, K. Hoogsteen, J. P. Springer, G. Koo, L. B. Peterson, R. L. Tolman, and E. Emini, *J. Heterocycl. Chem.*, **1993**, *30*, 1213.
1570. D. Hou, A. Oshida, and M. Matsuoka, *J. Heterocycl. Chem.*, **1993**, *30*, 1571.
1571. A. Čopar, B. Stanovnik, and M. Tišler, *J. Heterocycl. Chem.*, **1993**, *30*, 1577.
1572. A. P. Krapcho, M. J. Maresch, A. L. Helgason, R. E. Rosner, M. P. Hacker, S. Spinelli, E. Menta, and A. Oliva, *J. Heterocycl. Chem.*, **1993**, *30*, 1597.
1573. F. Gatta, M. R. Del Giudice, A. Borioni, and C. Mustazza, *J. Heterocycl. Chem.*, **1994**, *31*, 81.
1574. N. Sato and M. Fujii, *J. Heterocycl. Chem.*, **1994**, *31*, 1177.
1575. N. Sato, N. Miwa, H. Suzuki, and T. Sakakibara, *J. Heterocycl. Chem.*, **1994**, *31*, 1229.
1576. C. R. Shuman, *Am. J. Med.*, **1983**, *75*(Nov. 30), 55.
1577. J. Okada, S. Morita, Y. Miwa, and T. Tashima, *Yakugaku Zasshi*, **1978**, *98*, 1491.
1578. S. Takano, H. Ochiai, J. Nitta, M. Komatsu, H. Taki, M. Tai, T. Yasuda, and I. Saikawa, *Yakugaku Zasshi*, **1979**, *99*, 371.
1579. T. Kamiyama, S. Enomoto, and M. Inoue, *Yakugaku Zasshi*, **1981**, *101*, 20.
1580. J. Yamahara, T. Sawada, H. Fujimura, and M. Okamoto, *Yakugaku Zasshi*, **1985**, *105*, 249.
1581. N. Yokoo, E. Hattori, M. Hirata, K. Watanabe, F. Sato, M. Nagakura, and S. Fujii, *Yakugaku Zasshi*, **1987**, *107*, 732.
1582. S. Konno, Y. Matsuya, M. Kumazawa, M. Amano, T. Kokubo, M. Sagi, and H. Yamanaka, *Yakugaku Zasshi*, **1993**, *113*, 40.
1583. A. Chakma and A. Meisen, *J. Chromatogr.*, **1988**, *457*, 287.

1584. S. Husain, P. N. Sarma, S. M. Sajjad, R. Narsimha, and M. Subrah-Manyam, *J. Chromatogr.*, **1990**, *513*, 83.

1585. P. Mátyus, E. Kasztreiner, E. Diesler, A. Behr, I. Varga, J. Kosáry, G. Rabloczky, and L. Jaszlits, *Arch. Pharm. (Weinheim, Ger.)*, **1994**, *327*, 543.

1586. A. Rinaldi, M. Pelligrini, C. Crifò, and C. De Marco, *Eur. J. Biochem.*, **1981**, *117*, 635.

1587. A. S. Kende, F. A. Ebitina, W. B. Drendel, M. Sundarlingam, E. Glover, and A. Poland, *Mol. Pharmacol.*, **1985**, *28*, 445.

1588. A. Turck, N. Plé, D. Dognon, C. Harmoy, and G. Quéguiner, *J. Heterocycl. Chem.*, **1994**, *31*, 1449.

1589. M. R. Del Giudice, A. Berioni, C. Mustazza, and F. Gatta, *J. Heterocycl. Chem.*, **1994**, *31*, 1503.

1590. R. Martinez, M. F. Rubio, R. A. Toscano, X. Villalobos, and M. A. Brito, *J. Heterocycl. Chem.*, **1994**, *31*, 1521.

1591. G. Heinisch, B. Matuszczak, G. Pürstinger, and D. Rakowitz, *J. Heterocycl. Chem.*, **1995**, *32*, 13.

1592. M. Aljaž-Rožič, J. Svete, and B. Stanovnik, *J. Heterocycl. Chem.*, **1995**, *32*, 1605.

1593. A. Čopar, B. Stanovnik, and M. Tišler, *J. Heterocycl. Chem.*, **1996**, *33*, 465.

1594. N. Sato and T. Matsuura, *J. Heterocycl. Chem.*, **1996**, *33*, 1047.

1595. V. Kepe, M. Kočevar, and S. Polanc, *J. Heterocycl. Chem.*, **1996**, *33*, 1707.

1596. N. Plé, A. Turck, A. Heyndernickx, and G. Quéguiner, *J. Heterocycl. Chem.*, **1997**, *34*, 551.

1597. A. Turck, N. Plé, P. Pollet, L. Mojovic, J. Duflos, and G. Quéguiner, *J. Heterocycl. Chem.*, **1997**, *34*, 621.

1598. J.-Y. Jaung, K. Fukunishi, and M. Matsuoka, *J. Heterocycl. Chem.*, **1997**, *34*, 653.

1599. M. Tada, Y. Asawa, and M. Igarashi, *J. Heterocycl. Chem.*, **1997**, *34*, 973.

1600. A. Ohta and Y. Aoyagi, *Yakugaku Zasshi*, **1997**, *117*, 1; *Chem. Abstr.*, **1997**, *126*, 104024.

1601. A. Ohta and Y. Aoyagi, *Yakugaku Zasshi*, **1997**, *117*, 32; *Chem. Abstr.*, **1997**, *126*, 171394.

1602. A. Turck, N. Plé, P. Pollet, and G. Quéguiner, *J. Heterocycl. Chem.*, **1998**, *35*, 429.

1603. S. V. Ley, M. H. Bolli, B. Hinzen, A.-G. Gervois, and B. J. Hall, *J. Chem. Soc., Perkin Trans. 1*, **1998**, 2239.

1604. T. Okawa, M. Kawase, S. Eguchi, A. Kakehi, and M. Shiro, *J. Chem. Soc., Perkin Trans. 1*, **1998**, 2277.

1605. V. Kepe, F. Pozğan, A. Golobič, S. Polanc, and M. Kočevar, *J. Chem. Soc., Perkin Trans. 1*, **1998**, 2813.

1606. P. Gros and Y. Fort, *J. Chem. Soc., Perkin Trans. 1*, **1998**, 3515.

1607. A. Tahri, K. J. Buysens, E. V. van der Eycken, D. M. Vandenberghe, and G. J. Hoornaert, *Tetrahedron*, **1998**, *54*, 1324.

1608. M. Lange and K. Undheim, *Tetrahedron*, **1998**, *54*, 5337.

1609. M. Lange, A. L. Pettersen, and K. Undheim, *Tetrahedron*, **1998**, *54*, 5745.

1610. B. Møller and K. Undheim, *Tetrahedron*, **1998**, *54*, 5789.

1611. M. Beller and C. Breindl, *Tetrahedron*, **1998**, *54*, 6359.

1612. L. Ghosez, I. George-Koch, L. Pating, M. Houtekie, P. Bovy, P. Nshimyumukiza, and T. Phan, *Tetrahedron*, **1998**, *54*, 9207.

1613. N. Plé, A. Turck, A. Heynderickx, and G. Quéguiner, *Tetrahedron*, **1998**, *54*, 9701.

1614. S. D. Bull, A. N. Chernega, S. G. Davies, W. O. Moss, and R. M. Parkin, *Tetrahedron*, **1998**, *54*, 10379.

1615. K. Hammer, C. Rømming, and K. Undheim, *Tetrahedron*, **1998**, *54*, 10837.

1616. P. Chedera, C. Avendaño, and J. C. Menéndez, *Tetrahedron*, **1998**, *54*, 12349.

1617. M. McCarthy and P. J. Guiry, *Tetrahedron*, **1999**, *55*, 3061.

1618. M. W. Miller, S. F. Vice, and S. W. McCombie, *Tetrahedron Lett.*, **1998**, *39*, 3429.

1619. T. Hirano, Y. Ohmiya, S. Maki, H. Miwa, and M. Ohashi, *Tetrahedron Lett.*, **1998**, *39*, 5541.
1620. A. R. Katritzky, D. Feng, and M. Qi, *Tetrahedron Lett.*, **1998**, *39*, 6835.
1621. W.-R. Li and S.-Z. Peng, *Tetrahedron Lett.*, **1998**, *39*, 7373.
1622. N. Mohamed, U. Bhatt, and G. Just, *Tetrahedron Lett.*, **1998**, *39*, 8213.
1623. A. M. El-Nahas, *J. Chem. Res.*, **1998**, *Synop.* 222, *Minipr.* 1014.
1624. J.-Y. Jaung, M. Matsuoka, and K. Fukunishi, *J. Chem. Res.*, **1998**, *Synop.* 284, *Minipr.* 1301.
1625. S. Masiero, F. Fini, G. Gottarelli, and G. P. Spada, *J. Chem. Res.*, **1998**, *Synop.* 634, *Minipr.* 2736.
1626. J. H. Kim, M. Matsuoka, and K. Fukunishi, *J. Chem. Res.*, **1999**, *Synop.* 132.
1627. G. Jia, Z. Lim, and Y. Zhang, *Heteroat. Chem.*, **1998**, *9*, 341; *Chem. Abstr.*, **1998**, *129*, 4626.
1628. T. Abellán, C. Nájera, and J. M. Sansano, *Tetrahedron: Asymmetry*, **1998**, *9*, 2211.
1629. K. Shirai, A. Yanagisawa, H. Takahashi, K. Fukunishi, and M. Matsuoka, *Dyes Pigm.*, **1998**, *39*, 49; *Chem. Abstr.*, **1998**, *129*, 15007.
1630. A. H. Fauq, C. Ziani-Cherif, and E. Richelson, *Tetrahedron: Asymmetry*, **1998**, *9*, 2333.
1631. T. Wei and S. Gu, *Xibei Shifan Doxue Xuebao, Ziran Kexueban*, **1998**, *34*(3), 93; *Chem. Abstr.*, **1998**, *129*, 216909.
1632. S. Sano, M. Takabayashi, T. Miwa, T. Ishii, and Y. Nagao, *Tetrahedron: Asymmetry*, **1998**, *9*, 3611.
1633. M. A. Hassan, M. T. Youssef, A. S. Alkafahi, H. D. Tabba, and I. M. Labouta, *Acta Pharm. Turc.*, **1998**, *40*(2), 53; *Chem. Abstr.*, **1998**, *129*, 230693.
1634. S. Sano, T. Miwa, X.-K. Liu, T. Ishii, T. Takehisa, M. Shiro, and Y. Nagao, *Tetrahedron: Asymmetry*, **1998**, *9*, 3615.
1635. V. Kepe, S. Polanc, and M. Kočevar, *Heterocycles*, 1998, *48*, 671.
1636. A. Luk'yanov, T. G. Mel'nikova, and M. E. Shagaeva, *Russ. Chem. Bull.*, **1998**, *47*, 1130; *Chem. Abstr.*, **1998**, *129*, 230695.
1637. A. Turck, N. Plé, A. Leprêtre-Gaguère, and G. Quéguiner, *Heterocycles*, **1998**, *49*, 205.
1638. O. A. Zagulyaeva and I. V. Oleinik, *Chem. Heterocycl. Compd. (N.Y.)*, **1998**, *34*, 127; *Chem. Abstr.*, **1998**, *129*, 290074.
1639. J. Xiang, *Huaxue Shiji*, **1998**, *20*, 238; *Chem. Abstr.*, **1998**, *129*, 343466.
1640. V. Kepe, V. Kozjan, S. Polanc, and M. Kočevar, *Heterocycles*, **1999**, *50*, 315.
1641. G. V. Isagulyants and K. M. Giyis, *Chem. Ind. (Dekker)*, **1998**, *75*, 443; *Chem. Abstr.*, **1999**, *130*, 81485.
1642. X. Chen, D. J. Kempf, H. L. Sham, B. E. Green, A. Molla, M. Korneyeva, S. Vasavanonda, N. E. Wideburg, A. Saldivar, K. C. Marsh, E. McDonald, and D. W. Norbeck, *Bioorg. Med. Chem. Lett.*, **1998**, *8*, 3531.
1643. S. Hayden, and J. A. Sowa, *Chem. Ind. (Dekker)*, **1998**, *75*, 627; *Chem. Abstr.*, **1999**, *130*, 81486.
1644. S. Bourrain, I. Collins, J. G. Neduvelil, M. Rowley, P. D. Leeson, S. Patel, S. Patel, F. Emms, R. Marwood, K. L. Chapman, A. E. Fletcher, and G. A. Showell, *Bioorg. Med. Chem.*, **1998**, *6*, 1731.
1645. Z. Gao, *Guangzhou Huagong*, **1998**, *26*, 15; *Chem. Abstr.*, **1999**, *130*, 139315.
1646. J. H. Kim, S. M. Shin, M. Matsuoka, and K. Fukunishi, *Dyes Pigm.*, **1998**, *39*, 341; *Chem. Abstr.*, **1999**, *130*, 140492.
1647. D. Manetti, A. Bartolini, P. A. Borea, C. Bellucci, S. Dei, C. Ghelardini, F. Gualtieri, M. N. Romanelli, S. Scapecchi, E. Teodori, and K. Varani, *Bioorg. Med. Chem.*, **1999**, *7*, 457.
1648. G. Fukata, T. Kanai, and S. Mataka, *Kyushu Daigaku Kino Busshitsu Kagaku Kenkyusho Hokoku*, **1997**, *11*, 125; *Chem. Abstr.*, **1999**, *130*, 168047.
1649. S. Hünig, N. Klaunzer, and H. Wenner, *Chem. Ber.*, **1994**, *127*, 165.
1650. B. Gaede, *Org. Process Res. Dev.*, **1999**, *3*, 92; *Chem. Abstr.*, **1999**, *130*, 182057.

1651. W.-C. Chou, C.-W. Tan, S.-F. Chen, and H. Ku, *J. Org. Chem.*, **1998**, *63*, 10015.
1652. T. Okawa, M. Kawase, and S. Eguchi, *Synthesis*, **1998**, 1185.
1653. K. Adachi, E. Tsuru, E. Banjyo, M. Doe, K. Shibata, and T. Yamashita, *Synthesis*, **1998**, 1623.
1654. J.-Y. Jaung, M. Matsuoka, and K. Fukunishi, *Dyes Pigm.*, **1999**, *40*, 11; *Chem. Abstr.*, **1999**, *130*, 210790.
1655. A. A. Tomashevskii, V. B. Sokolov, and A. A. Potekhin, *Russ. J. Org. Chem.*, **1998**, *34*, 583; *Chem. Abstr.*, **1999**, *130*, 223246.
1656. T. M. Barclay, A. W. Cordes, R. T. Oakley, K. E. Preuss, and H. Zhang, *Acta Crystallogr., Sect. C*, **1998**, *54*, 1018.
1657. K. L. Ziyaev, F. G. Kamaev, N. I. Baram, L. Biktimirov, and A. I. Ismailov, *Khim. Prir. Soedin.*, **1997**, 703.
1658. X. Fu, M. L. G. Ferreira, F. J. Schmitz, and M. Kelly-Borges, *J. Nat. Prod.*, **1998**, *61*, 1226.
1659. J. H. Kim, S. R. Shin, M. Matsuoka, and K. Fukunishi, *Dyes Pigm.*, **1999**, *41*, 183; *Chem. Abstr.*, **1999**, *130*, 339351.
1660. I. Ryu, K. Nagahara, N. Kambe, N. Sonoda, S. Kreimerman, and M. Komatsu, *Chem. Commun. (Cambridge)*, **1998**, 1953.
1661. T. Suzuki, H. Nagaoka, Y. Kondo, T. Takahashi, M. Takeuchi, H. Hara, M. Saito, T. Yamada, K. Tomioka, M. Hamada, and T. Mase, *Chem. Pharm. Bull.*, **1998**, *46*, 1468.
1662. D. P. Sahu, *Indian J. Chem., Sect. B*, **1998**, *37*, 1149.
1663. T. W. Stringfield, Y. Chen, and R. E. Shepherd, *Inorg. Chim. Acta*, **1999**, *285*, 157.
1664. R. Wietzke, M. Mazzanti, J.-M. Latour, J. Pécaut, P.-Y. Cordier, and C. Madic, *Inorg. Chem.*, **1998**, *37*, 6690.
1665. K. N. Robertson, P. K. Bakshi, S. D. Lantos, T. S. Cameron, and O. Knop, *Can. J. Chem.*, **1998**, *76*, 583.
1666. C. Ma, X. Liu, S. Yu, S. Zhao, and J. M. Cook, *Tetrahedron Lett.*, **1999**, *40*, 657.
1667. T. Hofmann, W. Bors, and K. Stettmaier, *J. Agric. Food Chem.*, **1999**, *47*, 379.
1668. Y. Suenaga, T. Kuroda-Sowa, M. Munakata, and M. Maekawa, *Polyhedron*, **1999**, *18*, 191.
1669. J. Spychala, *Tetrahedron Lett.*, **1999**, *40*, 2841.
1670. M. Ruiz, T. M. Ruanova, V. Ojea, and J. M. Quintela, *Tetrahedron Lett.*, **1999**, *40*, 2021.
1671. S. Sunami, T. Sagara, M. Ohkubo, and H. Morishima, *Tetrahedron Lett.*, **1999**, *40*, 1721.
1672. J. Tulinsky, B. V. Cheney, S. A. Mizsak, W. Watt, F. Han, L. A. Dolak, T. Judge, and R. B. Gammill, *J. Org. Chem.*, **1999**, *64*, 93.
1673. R. Kuwano and Y. Ito, *J. Org. Chem.*, **1999**, *64*, 1232.
1674. R.-T. Li and M.-S. Cai, *Synth. Commun.*, **1999**, *29*, 65.
1675. A. M. El-Nahas and K. Hirao, *J. Mol. Struct.*, **1999**, *459*, 229.
1676. K. Hinterding, P. Hagenbuch, J. Rétey, and H. Waldmann, *Chem. — Eur. J.*, **1999**, *5*, 277.
1677. O. Cedar, S. von Augerer, and M. Bohle, in *Methods of Organic Chemistry (Houben-Weyl)*, 4th Edition, Vol. E9b/Part 1, (Ed. E. Schaumann), Thieme, Stuttgart, 1998, pp 250–373; (a) 264, (b) 266, (c) 267, (d) 269, (e) 271, (f) 272, (g) 274, (h) 275, (i) 276, (j) 277, (k) 279, (l) 281, (m) 284, (n) 288, (o) 294, (p) 295, (q) 297, (r) 306, (s) 310, (t) 312, (u) 313, (v) 315, (w) 316, (x) 318, (y) 320, (z) 323, (aa) 325, (bb) 327, (cc) 328, (dd) 329, (ee) 331, (ff) 332, (gg) 334, (hh) 335, (ii) 341, (jj) 342, (ll) 343.
1678. H. Rutner and P. E. Spoerri, *J. Heterocycl. Chem.*, **1966**, *3*, 435.
1679. C. Jeanmart and C. Cotrel, *C. R. Hebd. Seances Acad. Sci., Ser. C*, **1978**, *287*; *Chem. Abstr.*, **1979**, *90*, 137765.
1680. Y. Jiang, U. Schöllkopf, and U. Groth, *Sci. Sin., Ser. B (Engl. Ed.)*, **1984**, *27*, 566; *Chem. Abstr.*, **1985**, *102*, 132431.
1681. G. Palamidessi, A. Vigevani, and F. Zarini, *J. Heterocycl. Chem.*, **1974**, *11*, 607.

1682. A. Nakazato, K. Ohta, Y. Sekiguchi, S. Okuyama, S. Chaki, Y. Kawashima, and K. Hatayama, *J. Med. Chem.*, **1999**, *42*, 1076.
1683. A. Leonardi, G. Motta, C. Boi, R. Testa, E. Poggesi, P. G. de Benedetti, and M. C. Menziani, *J. Med. Chem.*, **1999**, *42*, 427.
1684. Y. Zhang, W. Williams, C. Torrence-Campbell, W. D. Bowen, and K. C. Rice, *J. Med. Chem.*, **1998**, *41*, 4950.
1685. L. Sun, N. Tran, F. Tang, H. App, P. Hirth, G. McMahon, and C. Tang, *J. Med. Chem.*, **1998**, *41*, 2588.
1686. G. B. Barlin, *The Pyrazines*, Wiley-Interscience, New York, 1982.
1687. D. J. Brown, *The Pyridazines: Supplement I*, Wiley, New York, 2000.
1688. D. J. Brown, R. F. Evans, W. B. Cowden, and M. D. Fenn, *The Pyrimidines*, 2nd edition, Wiley, New York, 1994.
1689. D. J. Brown, *Fused Pyrimidines: Pteridines*, Wiley, New York, 1988.
1690. R. D. Chambers and C. R. Sargent, *J. Chem. Soc., Chem. Commun.*, **1979**, 446.
1691. C. W. Bird, *Tetrahedron*, **1985**, *41*, 4109.
1692. R. F. Jordan and A. S. Guram, *Organometallics*, **1990**, *9*, 2116.
1693. U. Schöllkopf, *Top. Curr. Chem.*, **1983**, *109*, 65.
1694. R. M. Williams, *Synthesis of Optically Active α-Amino Acids*, Pergamon, Oxford, **1989**, pp. 1–33.
1695. M. Devys, M. Barbier, A. Kollmanh, and J.-F. Bousquet, *Tetrahedron Lett.*, **1982**, *23*, 5409.
1696. I. K. M. Morton and J. M. Hall, *Concise Dictionary of Pharmacological Agents*, Klewer, Dortrecht, 1999.
1697. P. Helquist, *Tetrahedron Lett.*, **1978**, 1963.
1698. D. Lloyd and H. McNab, Personal communication (July 2000).
1699. T. Konakahara and Y. Tagaki, *Bull. Chem. Soc. Jpn.*, **1977**, *50*, 2734.
1700. D. Fréhel and J.-P. Maffrand, *Heterocycles*, **1983**, *20*, 1731.
1701. O. Lerman, Y. Tor, D. Hebel, and S. Rozen, *J. Org. Chem.*, **1984**, *49*, 806.
1702. S. M. Marcuccio and J. A. Elix, *Tetrahedron Lett.*, **1983**, *24*, 1445.
1703. M. Tada, H. Hamazaki, and H. Hirano, *Chem. Lett.*, **1980**, 921.
1704. S. A. Morris, and R. J. Andersen, *Tetrahedron*, **1990**, *46*, 715.
1705. H. Kamei, M. Oka, Y. Hamagishi, K. Tomita, M. Konishi, and T. Oki, *J. Antibiot.*, **1990**, *43*, 1018.
1706. M. E. Amato, G. Bandoli, A. Grassi, A. Marletta, and B. Perly, *Eur. J. Med. Chem.*, **1991**, *26*, 443.
1707. T. P. Karpetsky and E. H. White, *Tetrahedron*, **1973**, *29*, 3761.
1708. E. F. Kaleta, K. Pressler, and O. Siegmann, *Fortschr. Veterinaermed.*, **1982**, 310; *Chem. Abstr.*, **1982**, *97*, 353.
1709. I. M. Nielsen, A. V. Christensen, and J. Hyttel, *Arzneim.-Forsch.*, **1976**, *26*, 1090.
1710. K. Fukushima, K. Yasawa, and T. Arai, *J. Antibiot.*, **1973**, *26*, 175.
1711. A. K. Bjoerk, K. K. Anders, K. G. Olsson, A. L. Albramo, and E. G. Christensson, US Pat. 4,385,057 (1983); *Chem. Abstr.*, **1983**, *99*, 88232.
1712. M. F. dePompei and W. W. Paudler, *J. Heterocycl. Chem.*, **1975**, *12*, 861.
1713. M. Tišler, *Synthesis*, **1973**, 123.
1714. B. R. Lahue and J. K. Snyder, *Prog. Heterocycl. Chem.*, **2000**, *12*, 282.
1715. G. B. Shul'pin, D. Attanasio, and L. Suber, *Izv. Akad. Nauk, Ser. Khim.*, **1993**, 64.
1716. M. F. Carroll, *J. Chem. Soc.*, **1940**, 704.
1717. F. Arndt, B. Eistet, and W. Partale, *Ber. Dtsch. Chem. Ges.*, **1927**, *60*, 1364.
1718. R. Jonas, M. Klockow, I. Lues, H. Prücher, H. J. Schliep, and H. Wurziger, *Eur. J. Med. Chem.*, **1993**, *28*, 129.

1719. R. Wagner, M. Czerny, J. Bielohradsky, and W. Grosch, *Z. Lebensm.-Unters. Forsch. A*, **1999**, *208*, 308; *Chem. Abstr.*, **1999**, *131*, 115520.

1720. F. Micheli, R. Di Fabio, and C. Marchioro, *Farmaco*, **1999**, *54*, 461; *Chem. Abstr.*, **1999**, *131*, 310815.

1721. Y. Okada, A. Fukumizu, M. Takahashi, T. Yokoi, Y. Tsuda, S. D. Bryant, and L. H. Lazarus, *Chem. Pharm. Bull.*, **1999**, *47*, 1193.

1722. P. Weber and J. R. Reimers, *J. Phys. Chem. A*, **1999**, *103*, 9821.

1723. M. Doležal, J. Hartl, M. Miletin, M. Macháček, and K. Kral'ova, *Chem. Pap.*, **1999**, *53*, 126; *Chem. Abstr.*, **1999**, *131*, 214257.

1724. E. D. Morgan, R. R. Do Nascimento, S. J. Keegans, and J. Billen, *J. Chem. Ecol.*, **1999**, *25*, 1395; *Chem. Abstr.*, **1999**, *131*, 211796.

1725. K. Matoba, H. Tone, K. Shinhama, F. Goto, M. Sakai, and J. Minamikawa, *Yuki Gosei Kagaku Kyokaishi*, **1999**, *57*, 407; *Chem. Abstr.*, **1999**, *131*, 5199.

1726. N. Sato and N. Narita, *J. Heterocycl. Chem.*, **1999**, *36*, 783.

1727. Y. Lee and R. B. Silverman, *J. Am. Chem. Soc.*, **1999**, *121*, 8407.

1728. J. Efskind, C. Rømming, and K. Undheim, *J. Chem. Soc., Perkin Trans. 1*, **1999**, 1677.

1729. C. V. Shabadi, B. A. Shelar, and A. R. Shelar, *Indian J. Chem. Sect. B*, **1999**, *38*, 508.

1730. O. Vitse, F. Laurent, T. M. Pocock, V. Bénézech, L. Zanik, K. R. F. Elliott, G. Subra, K. Portet, J. Bompart, J.-P. Chapat, R. C. Small, A. Michel, and P.-A. Bonnet, *Bioorg. Med. Chem.*, **1999**, *7*, 1059.

1731. B. Löhr, S. Orlich, and H. Kunz, *Synlett*, **1999**, 1139.

1732. M. A. Montañez, I. L. Tocón, J. C. Otero, and J. I. Marcos, *J. Mol. Struct.*, **1999**, *482-483*, 201.

1733. K. O. Klepp, A. S. Cuthbertson, P. M. Fischer, J. Sandosham, M. Hartmann, J. Hiebl, H. Kollmann, P. Kremminger, and F. Rovenszky, *Z. Naturforsch., B*, **1999**, *54*, 1027.

1734. P. Viček, Z. Havlas, and Z. Pavlicek, *Collect. Czech. Chem. Commun.*, **1999**, *64*, 633.

1735. M. Bolte, B. Benecke, and E. Egert, *Acta Crystallogr., Sect. C*, **1999**, *55*, 964.

1736. R. Bartnik, R. Faure, and K. Gebicki, *Acta Crystallogr., Sect. C*, **1999**, *55*, 1034.

1737. M. Bolte, B. Benecke, and E. Egert, *Acta Crystallogr., Sect. C*, **1999**, *55*, 968.

1738. E. Takahashi, Y. Nakamura, and K. Fujimoto, *Tetrahedron Lett.*, **1999**, *40*, 5565.

1739. S. Sano, T. Ishii, T. Miwa, and Y. Nagao, *Tetrahedron Lett.*, **1999**, *40*, 3013.

1740. A. Sápi, J. Fetter, K. Lempert, M. Kajtar-Peredy, and G. Czira, *Collect. Czech. Chem. Commun.*, **1999**, *64*, 190.

1741. R. J. Abdel-Jilil, A. Al-Qawasmeh, W. Voelter, P. Heeg, M. M. El-Abadelah, and S. S. Sabri, *J. Heterocycl. Chem.*, **2000**, *37*, 1273.

1742. K. Shirai, K. Fukunishi, A. Yanagisawa, H. Takahashi, and M. Matsuoka, *J. Heterocycl. Chem.*, **2000**, *37*, 1151.

1743. M. J. Alves, M. A. Carvalho, and F. J. R. P. Proenca, *J. Heterocycl. Chem.*, **2000**, *37*, 1041.

1744. Y. Hatashi, S. Orikasa, K. Tanaka, K. Kanoh, and Y. Kiso, *J. Org. Chem.*, **2000**, *65*, 8402.

1745. K. Shirai, D. Hou, K. Fukunishi, and M. Matsuoka, *J. Heterocycl. Chem.*, **2000**, *37*, 1299.

1746. P. Darkins, M. Groarke, M. A. McKerrey, H. M. Moncrieff, N. McCarthy, and M. Nieuwenhuyzen, *J. Chem. Soc., Perkin Trans. 1*, **2000**, 381.

1747. N. Sato and S. Fukuya, *J. Chem. Soc., Perkin Trans. 1*, **2000**, 89.

1748. J. S. Davies, M. Stelmach-Diddams, R. Fromentin, and R. Cotton, *J. Chem. Soc., Perkin Trans. 1*, **2000**, 239.

1749. P. Y. S. Lam, C. G. Clark, S. Saubern, J. Adams, K. M. Averill, D. M. T. Chan, and A. Combs, *Synlett*, **2000**, 674.

1750. F. Rübsam, R. Mazitschek, and A. Giannis, *Tetrahedron*, **2000**, *56*, 8481.

1751. I. Gómez, E. Alonso, D. J. Ramón, and M. Yus, *Tetrahedron*, **2000**, *56*, 4043.
1752. N. A. Petasis and Z. D. Patel, *Tetrahedron Lett.*, **2000**, *41*, 9607.
1753. K. V. Subba Rao, B. Srinivas, A. R. Prasad, and M. Subrahmanyam, *Chem. Commun.*, **2000**, 1533.
1754. L. Williams, *Chem. Commun.*, **2000**, 435.
1755. B. Vivet, F. Cavelier, and J. Martinez, *Eur. J. Org. Chem.*, 2000, 807.
1756. J. Shangde, P. Wassig, and J. Liebscher, *Eur. J. Org. Chem.*, **2000**, 1993.
1757. D. L. Boger, J. Goldberg, S. Satoh, Y. Ambroise, S. B. Cohen, and P. K. Vogt, *Helv. Chim. Acta*, **2000**, *83*, 1825.
1758. M. Manoharan, F. De Proft, and P. Geerlings, *J. Org. Chem.*, **2000**, *65*, 7971.
1759. P. Cledera, C. Avendaño, and J. C. Menéndez, *J. Org. Chem.*, **2000**, *65*, 1743.
1760. D. C. Beshore and C. J. Dinsmore, *Tetrahedron Lett.*, **2000**, *41*, 8735.
1761. A. Corsico-Coda and G. Tacconi, *Gazz. Chim. Ital.*, **1984**, *114*, 131.
1762. T. Abellán, R. Chinchilla, N. Galindo, C. Nájera, and J. M. Sansano, *J. Heterocycl. Chem.*, **2000**, *37*, 467.
1763. J. Liebscher, S. Jin, A. Otto, and K. Woydowski, *J. Heterocycl. Chem.*, **2000**, *37*, 509.
1764. G. Quéguiner, *J. Heterocycl. Chem.*, **2000**, *37*, 615.
1765. N. Sato and M. Ono, *J. Heterocycl. Chem.*, **2000**, *37*, 419.
1766. V. R. Thalladi, A. Gehrke, and R. Boese, *New J. Chem.*, **2000**, *24*, 463.
1767. F. Berst, A. B. Holmes, M. Ladlow, and P. J. Murray, *Tetrahedron Lett.*, **2000**, *41*, 6649.
1768. C. J. Dunsmore and C. B. Zartman, *Tetrahedron Lett.*, **2000**, *41*, 6309.
1769. A. R. Bassindale, D. J. Parker, P. Patel, and P. G. Taylor, *Tetrahedron Lett.*, **2000**, *41*, 4933.
1770. X. Lin, H. Dorr, and J. M. Nuss, *Tetrahedron Lett.*, **2000**, *41*, 3309.
1771. V. Kepe, V. Kozjan, S. Polanc, and M. Kočevar, *Heterocycles*, **2000**, *52*, 443.
1772. S. Hanessian and R. Sharma, *Heterocycles*, **2000**, *52*, 1231.
1773. A. Corsaro, U. Chiacchio, V. Pistarà, and G. Perrini, *Heterocycles*, **2000**, *53*, 69.
1774. B. Jiang and X.-H. Gu, *Heterocycles*, **2000**, *53*, 1559.
1775. K. J. McCullough, in *Supplements to the 2nd Edition of Rodd's Chemistry of Carbon Compounds*, vol. IV, pts *I/J*, ed. M. F. Ansell, Elsevier, Amsterdam, **1995**, p. 93.

Index

This index covers the text but neither the Appendix (Table of Simple Pyrazines) nor the Glance Indices (appended to Chapters 1 and 2).

The page number(s) following each primary entry refer to synthesis or general information. Although each number indicates that the subject is treated on that (and possibly subsequent pages), the actual word(s) of the primary entry may appear only in an abbreviated form.

Some unusual terms have been employed extensively as succinct secondary entries. For example, the term alkanelysis has been used to indicate the direct replacement of appropriate functional groups by an alkyl substituent, so mimicking conventional terms such as aminolysis, hydrolysis, and so on.

2-Acetamido-3-benzylpyrazine, 81
3-(2-Acetamido-5-bromophenyl)-5,6-dihydro-2(1H)-pyrazinone, 61
2-Acetamido-3,6-diphenylpyrazine, 152
2-Acetamido-5-p-methoxyphenylpyrazine, 274
2-Acetamidomethyl-4-benzyl-1-methylpiperazine, 269
3-Acetamido-N-methyl-2-pyrazinecarbohydrazide, 66
  deacylation, 267
3-o-Acetamidophenyl-5,6-dihydro-2(1H)-pyrazinone, 61
2-o-Acetamidophenyl-5,5-dimethyl-5,6-dihydro-2(1H)-pyrazinone, 62
3-o-Acetamidophenyl-6,6-dimethyl-5,6-dihydro-2(1H)-pyrazinone, 62
p-Acetamidophenylsulfonylpyrazine derivatives, 255
2-Acetamidopyrazine, C-alkylation, 81
3-Acetamido-1H-pyrazolo-[3,4-d]pyrazine, 327
2-Acetoacetylpyrazine, 315
  cyclocondensation, 315
1-Acetonyl-2,3-dimethylpyrazinium bromide, cyclization, 133
2-Acetonyl-5,6-diphenylpyrazine, 99
2-Acetonyl-6-methylpyrazine, 126
2-Acetonyl-3-phenylpyrazine, 81
2-Acetonylpyrazine, 95
  alkylation, 81
2-Acetoxy-6-acetoxymethyl-3-isobutyl-5-methoxypyrazine, deacylation, 211
N-Acetoxy-3-amino-2-pyrazinecarboxamidine, cyclization, 327

2-(α-Acetoxybenzyl)-5-benzyl-3-methoxypyrazine, 236
2-Acetoxy-5-benzyl-6-diacetylamino-3-methylpyrazine, 235
  deacylation, 195, 267
2-p-Acetoxybenzyl-3,6-dichloro-5-methylpyrazine 1,4-dioxide, 228
2-p-Acetoxybenzyl-3,6-dichloro-5-methylpyrazine 1/4-oxide (mixture), 228
2-Acetoxy-6-chloro-3,5-diphenylpyrazine, 234
2-Acetoxy-3,6-dibenzyl-5 methoxypyrazine, 236
2-Acetoxy-3,6-dibenzyl-5-methylpyrazine, hydrolysis, 194
2-Acetoxy-3,6-diethylpyrazine, 203
2-Acetoxy-3,6-diisobutyl-5-methoxypyrazine, 235
3-Acetoxy-1,4-dinitro-2-piperazinol, X-ray analysis, 261
2-Acetoxy-6-isopropenyl-3-isopropylpyrazine, hydrolysis, 194
2-Acetoxy-3-methoxypyrazine, 235
2-Acetoxy-6-methoxypyrazine, 235
3-Acetoxymethyl-5-isobutyl-3-methoxypyrazine 1-oxide, 228
2-Acetoxymethyl-3-methoxy-5-methylpyrazine, 236
  deacylation, 210
2-Acetoxymethyl-3-methylpyrazine, 236
2-Acetoxymethyl-5-methylpyrazine, 118, 184
  hydrolysis, 185
2-Acetoxymethyl-6-methylpyrazine, 236

2-Acetoxy-3-(5-methyl-1,2,4-oxadiazol-3-yl)pyrazine, 63
2-(1-Acetoxy-2-methylpropyl)-3-chloro-5-isobutylpyrazine, deacylation, 211
2-(1-Acetoxy-2-methylpropyl)-5-isobutyl-3-methoxypyrazine, 235
2-(1-Acetoxy-2-methylpropyl)-5-isobutylpyrazine 1-oxide, 215
N-Acetoxy-3-oxo-3,4-dihydro-2-pyrazinecarboxamidine, 337
2-Acetoxy-3-phenylpyrazine, 234
2-Acetoxy-5-phenylpyrazine, 234
2-Acetoxy-6-phenylpyrazine, 234
2-Acetoxypyrazine, 79
6-Acetyl-3-amino-2-pyrazinecarbonitrile, 342
1-Acetyl-3-benzylidene-3,6-dihydro-2,5(1H,4H)-pyrazinedione, 84
2-Acetyl-3,5-dichloropyrazine, 212
2-Acetyl-3,6-diethoxy-5-isopropyl-2-methyl-2,5-dihydropyrazine, 342
oxidation, 302
Acetyl dimethyloxosulfonium 5,6-diphenylpyrazin-2-ylmethylide, 99
desulfurization, 99
2-Acetyl-3,6-dimethylpyrazine, 129
3-Acetylimidazo[1,2-a]pyrazine, 279
X-ray analysis, 279
1-Acetyl-3-m-methoxybenzylidene-3,6-dihydro-2,5(1H,4H)-pyrazinedione, 84
1-Acetyl-3-p-methoxybenzylidene-6-methyl-3,6-dihydro-2,5(1H,4H)-pyrazinedione, 85
2-Acetyl-3-methyl-1,4-di-p-tolyl-1,4-dihydropyrazine, 16
1-Acetyl-4-methylpiperazine, acylation, 343
as a solvent, 116
1-Acetyl-4-methylpiperazine dimethyl acetal, cyclocondensation, 114
1-Acetyl-4-methyl-2-propionyl-1,4,5,6-tetrahydropyrazine, 343
2-(2-Acetyl-1-phenylethyl)-5-isopropyl-3,6-dimethoxy-2,5-dihydropyrazine, 88
2-Acetylpyrazine, 332, 339, 341
hydroxylation, 210
to the semicarbazone, 344
N-Acetyl-2-pyrazinecarboxamide, 326
6-Acetylthio-N-methyl-3-methylamino-2-pyrazinecarboxamide, 247
deacylation, 247
Acipimox, 240
Acylaminopyrazines, 273
cyclization, 273
deacylation, 267

Acyloxypyrazines, 210
as acylating agents, 203, 204
deacylation, 194, 210
from hydroxyalkylpyrazines, 215
from pyrazine N-oxides, 234
from pyrazinones, 203
N-Acylpiperazines, deacylation, 267
reduction, 112
Acylpyrazines, reduction, 103
reduction of oximes or anils, 268
N-Acylpyrazinones, 205
Acylthiopyrazines, as acylating agents, 247, 250
by S-acylation, 249
deacylation, 247
Albonoursin, 240
Alkoxypyrazines, 159
alkanelysis, 92
from alkylsulfonylpyrazines, 217
from alkynylpyrazines, 128
aminolysis, 219
cyclization, 220
deuteration, 219
from halogenopyrazines, 159, 184
from hydroxyalkylpyrazines, 213
to hydroxyalkylpyrazines, 211
oxidation, 219
from pyrazinecarbonitriles, 218
from pyrazinones, 198
to pyrazinones, 193
quaternization, 219
thermolysis, 194
transalkoxylation, 218
Alkylideneaminopyrazines, to pyrazinamines, 267
Alkyl N-piperazinecarboxylates, reduction, 112
C-Alkylpiperazines, see Alkylpyrazines
N-Alkylpiperazines, 105
by alkylation, 106
by miscellaneous routes, 113
nitrosoylsis, 263
by reduction, 112
Alkylpyrazines, 75, 79, 104
ω-acylation, 125
by alkanelysis, 93, 101
by alkylation, 80
ω-alkylidenation, 123
ammoxidation, 128
from ants, 116
carboxylation, 125
cyclization, 126
complexes, 115

fluorescence, 116
ω-halogenation, 120
from heteroarylpyrazines, 104
interconversion, 101, 122
ionization, 77, 116
MS study, 116
NMR study, 115
properties, 114
prototropy, 102, 115
to pyrazinecarbaldehydes, 116
to pyrazinecarboxylic acids, 117
reactions (addition), 128
reactions (minor), 130
reactions (reductive), 119
in Schöllkopf reaction, 86
from (substituted-alkyl)pyrazines, 102, 181, 182
N-Alkylpyraziniumolates, see Pyrazinones (nontautomeric)
N-Alkylpyrazinium salts or ylides, 131
  preparation, 131
  reactions, 132
Alkylsulfinylpyrazines, 255
  to alkylpyrazines, 104
  from alkylthiopyrazines, 252
  to alkylthiopyrazines, 252
  as reagents, 257
  with trifluoroacetic anhydride, 256
Alkylsulfonylpyrazines, 255
  to alkoxypyrazines, 217
  ω-alkylation, 256
  to alkylpyrazines, 104
  from alkylthiopyrazines, 252
  aminolysis, 256
  dipole moments, 257
Alkylthiopyrazines, 166, 251
  from alkylsulfinylpyrazines, 252
  by alkylthiation, 251
  complexation, 254
  desulfurization, 254
  from halogenopyrazines, 166, 185
  oxidation, 251
  from pyrazine N-oxides, 237
  from pyrazinethiols, 248
  from pyrazinethiones, 248
  to pyrazinethiones, 246
  by reactions (passenger), 252
2-Allyl-3,6-diethoxy-2,5-dihydropyrazine, 82
3-Allyl-5-dimethylamino-6,6-dimethyl-3-phenyl-3,6-dihydro-2(1H)-pyrazinone, 51
3-Allyl-5,6-diphenyl-2-pyrazinecarbonitrile, 100

2-Allyl-2-formylmethyl-5-isopropyl-3,6-dimethoxy-2,5-dihydropyrazine, 212
2-Allyl-2-(2-hydroxyethyl)-5-isopropyl-3,6-dimethoxy-2,5-dihydropyrazine, 87
  oxidation, 212
2-Allyl-5-isopropyl-3,6-dimethoxy-2,5-dihydropyrazine, alkylation, 87
2-Allyl-5-isopropyl-3,6-dimethoxy-2-(prop-2-ynyl)-2,5-dihydropyrazine, cyclization, 127
3-Allyl-5-phenyl-2(1H)-pyrazinone, 25
Allyl 2-pyrazinecarboxylate, 309
2-Allylsulfinylmethyl-3,5,6-trimethylpyrazine, 253
2-Allylthiomethyl-3,5,6-trimethylpyrazine, oxidation, 253
2-Allylthio-3,5,6-trimethylpyrazine, 249
Amiloride, 240
3-Amino-5-(α-amino-α-ethoxycarbonylmethyl)-6-chloro-2-pyrazinecarboxylate, 268
3-Amino-5-azido-2,6-pyrazinedicarbonitrile, 294
1-(p-Aminobenzoyl)-4-methylpiperazine, 261
6-Amino-5-benzyl-3-methyl-2(1H)-pyrazinone, 195, 267
3-Amino-1-(p-bromophenacyl)pyrazinium bromide, 132
3-Amino-6-bromo-2-pyrazinecarbonitrile, 142, 173
  alkanelysis, 93
3-Amino-6-bromo-2-pyrazinecarboxamide, acylation, 273
3-Amino-6-bromo-2(1H)-pyrazinethione, alkylation, 248
3-Amino-6-butoxymethyl-2-pyrazinecarbonitrile, 185
3-Amino-N-butyl-5,6-di(thien-2-yl)-2-pyrazinecarboxamide, 64
3-Amino-6-p-carboxyanilinomethyl-2-pyrazinecarboxylic acid, 64
2-(α-Amino-p-chlorobenzylideneamino)pyrazine, 278
  X-ray analysis, 278
3-Amino-6-chloro-N-cyano-5-dimethylamino-2-pyrazinecarboxamidine, 323
3-Amino-6-chloro-5-dimethylamino-2-pyrazinecarbonitrile, to a carboxamidine, 323
3-Amino-6-chloro-5-ethoxy-2-pyrazinecarbonitrile, 261

3-Amino-6-chloromethyl-2-pyrazine-
  carbonitrile, alcoholysis, 185
3-Amino-5-chloro-1-methyl-2(1H)-
  pyrazinone, 154
2-(2-Amino-4-chlorophenylthio)-3-
  chloropyrazine, 176
  cyclization, 176
3-Amino-5-chloro-2-pyrazinecarbonitrile,
  alcoholysis, 163
3-Amino-5-chloro-2,6-pyrazine-
  dicarbonitrile, 9
  aminolysis, 156
  thiolysis, 165
5-Amino-6-chloro-2,3-
  pyrazinedicarbonitrile, 156
  cyclocondensation, 177
5-Amino-6-chloro-2,3-pyrazine-
  dicarboxylic acid, 157
3-Amino-6-cyano-5-thioxo-4,5-
  dihydro-2-pyrazine-
  carboxamide, 37
2-Amino-5,6-dichloro-2-pyrazine-
  carboxylic acid, nitration, 259
3-Amino-5-dimethoxymethyl-2-
  pyrazinecarbonitrile, 14, 232
3-Amino-6-dimethoxymethyl-2-
  pyrazinecarbonitrile 4-oxide, 36, 267
  deoxygenation, 232
3-Amino-5,6-dimethyl-2(1H)-pyrazinone,
  halogenolysis, 138
3-Amino-5,6-diphenyl-2-pyrazine-
  carbonitrile, 231
3-Amino-5,6-diphenyl-2-pyrazine-
  carbonitrile 1-oxide, 37
3-Amino-5,6-diphenyl-2-pyrazinecar-
  bonitrile 4-oxide, deoxygenation, 231
3-Amino-5,6-di(thien-2-yl)-2-
  pyrazinecarboxamide, 64
5-(2-Amino-1-ethoxycarbonylprop-1-
  enyl)-6-chloro-3-nitro-2-
  pyrazinamine, 95
5-Amino-6-ethoxycarbonyl-2-
  pyrazinecarbonitrile oxide, 346
  isolation as a cycloadduct, 346
3-(5-Amino-6-ethoxycarbonylpyrazin-
  2-yl)-3a,4,5,6a-tetrahydrofuro-
  [3,2-d]isoxazole, 346
1-(2-Aminoethyl)-4-benzylpiperazine, 269
  N-acylation, 274
1-(2-Aminoethyl)-4-(2-carboxyethyl)-
  piperazine, 301
1-(2-Aminoethyl)-4-(2-cyanoethyl)-
  piperazine, hydrolysis, 301

3-Amino-6-(furan-2-yl)-2-
  pyrazinecarbonitrile 4-oxide, 36
3-Amino-5-hydrazino-2,6-pyrazine-
  dicarbonitrile, 156
  to the 5-azido analogue, 294
  cyclization, 156
3-Amino-6-hydroxyiminomethyl-2-
  pyrazinecarbonitrile 4-oxide, with a
  Vilsmeier reagent, 330
3-Amino-5-(1-hydroxypropyl)-2-pyrazine-
  carbonitrile, 209
3-Amino-N-hydroxy-2-
  pyrazinecarboxamide, 312
3-Amino-N'-isopropylidene-6-methyl-5-
  phenyl-2-pyrazinecarbohydrazide, 329
3-Amino-N-(methoxycarbonylmethyl)-2-
  pyrazinecarboxamide, 306
3-Amino-5-methoxy-2-pyrazinecar-
  bonitrile, 163
1-(2-Amino-1-methylethyl)-
  piperazine, 109
2-Aminomethyl-4-methylpiperazine, 270
3-Amino-6-methyl-5-phenyl-2-pyrazine-
  carbohydrazide, N'-
  alkylidenation, 329
3-Amino-6-methyl-5-phenyl-2-pyrazine-
  carbonitrile, water addition, 322
3-Amino-N-methyl-6-phenyl-2-pyrazine-
  carboxamide, 312
  cyclocondensation, 327
3-Amino-6-methyl-5-phenyl-2-pyrazine-
  carboxamide, 322
3-Amino-N-methyl-2-pyrazine-
  carbohydrazide, 267
3-Amino-N'-methyl-2-pyrazine-
  carbohydrazide, 313
3-Amino-6-methyl-2-pyrazinecarbonitrile
  1-oxide, 174
3-Amino-N-methyl-2-pyrazinecarboth-
  ioamide, 324
3-Amino-N-methyl-2-pyrazinecarbox-
  amide, thiation, 324
3-Amino-5-methyl-2-pyrazinecarboxylic
  acid, 63
  decarboxylation, 302
3-Amino-1-methyl-2(1H)-pyrazinone, 281
1-Benzyl-4-methyl-6-[C-(pyrazin-2-
  yl)formamido]perhydro-1,4-
  diazepine, 306
1-(1-Amino-2-nitrovinyl)-4-methylpiper-
  azine, 109
1-Amino-3-oxo-4-(β-D-ribofuranosyl)-
  3,4-dihydropyrazinium mesitylenesulfonate, 290

2-(Aminooxymethyl)pyrazine, 219
3-[2-(5-Aminopentanoyl)ethyl]-1-
    benzyloxy-5,6-dimethyl-2(1H)-
    pyrazinone, to a gallium complex, 240
3-o-Aminophenylcarbamoyl-2-pyrazine-
    carboxylic acid, 306
3-Amino-5-phenylethynyl-2-pyrazine-
    carbonitrile, 93
2-(5-Amino-3-phenylisoxazol-4-yl)-
    pyrazine, to 2-phenylethynyl-
    pyrazine, 104
3-Amino-5-phenyl-2-pyrazine-
    carbaldehyde, 65
    oxidation, 65
3-Amino-6-phenyl-2-pyrazinecarbonitrile
    4-oxide, 36
3-Amino-6-phenyl-2-
    pyrazinecarboxamide, 232
3-Amino-6-phenyl-2-pyrazinecarboxamide
    4-oxide, deoxygenation, 232
3-Amino-5-phenyl-2-pyrazinecarboxylic
    acid, 65, 302
3-Amino-6-phenyl-2-pyrazinecarboxylic
    acid, 300
2-(o-Aminophenylseleno)-3-chloro-
    pyrazine, 167
2-(o-Aminophenylthio)pyrazine, 166
    to the iodophenyl analogue, 180
3-Amino-5-propionyl-2-pyrazine-
    carbonitrile, reduction, 209
2-(3-Aminopropyl)-5-isobutyl-6-
    methoxypyrazine, 216
    with a nitroamidine, 284
2-(3-Aminopropyl)-5-isopropyl-6-
    methoxypyrazine, 216
1-(2-Aminopropyl)piperazine, 109
3-Amino-2-pyrazinecarbohydrazide, with
    benzamidine, 329
3-Amino-2-pyrazinecarbonitrile,
    155, 238, 256
    acylation, 342
    alkylidenation, 278
    cyclization, 333
    halogenation, 142
    to the 3-halogeno analogue, 147
    to the 3-oxo analogue, 192
5-Amino-2-pyrazinecarbonitrile, 174
6-Amino-2-pyrazinecarbonitrile, 325
3-Amino-2-pyrazinecarboxamide,
    cyclocondensation, 280
6-Amino-2-pyrazinecarboxamide,
    dehydration, 325
3-Amino-2-pyrazinecarboxylic acid, 271
    to a carboxamide, 306

esterification, 304
fine structure, 265
3-Amino-2(1H)-pyrazinethione, 197, 246
    cyclocondensation, 250
1-Aminopyrazinium
    mesitylenesulfonate, 297
    to the zwitterion, 297
1-Aminopyrazinium nitrate, 267
3-Amino-2(1H)-pyrazinone, thiation, 197
3-Amino-5-(pyridin-4-yl)-2(1H)-
    pyrazinone, 271
2-(β-Aminostyryl)pyrazine, 125
3-Amino-5-thioxo-4,5-dihydro-2,6-
    pyrazinedicarbonitrile, 37, 165
Amperozide, 241
5-Anilino-6-chloro-2,3-pyrazine-
    dicarbonitrile, 156
3-Anilino-5-cyano-2-pyrazine-
    carboxamide, 157
5-Anilinomethyl-5-methyl-3-methylamino-
    2-pyrazinecarbonitrile, 268
3-p-Anisidino-5-ethoxycarbonylmethyl-
    2(1H)-pyrazinone, 59
Arglecin, 241
Argvalin, 241
Arylazopyrazines, 298
    by azo-coupling, 298
    from nitrosopyrazines, 262
    reduction, 298
Arylpyrazines, see Alkylpyrazines
Aspergillic acid, 241
Astechrome, 241
Atevirdine, 241
Azepines, to pyrazines, 47
Azetes, to pyrazines, 48
2-Azido-6-bromopyrazine, 142
2-Azido-6-bromopyrazine 4-oxide, 228
2-(4-Azidobutyl)-3,6-diethoxy-5-
    isopropyl-2-methyl-2,5-
    dihydropyrazine, 186
2-(4-Azidobut-2-ynyl)-5-isopropyl-3,6-
    dimethoxy-2,5-dihydropyrazine, to
    triphenylphosphoranylideneamino
    analogue, 295
2-Azido-3-chloropyrazine, 294
2-Azido-6-(4,5-dimethoxycarbonyl-1,2,3-
    triazol-1-yl)pyrazine, 296
2-Azido-3,6-dimethylpyrazine, 170
    ring contraction, 296
2-Azido-3,5-diphenylpyrazine, 237
    reduction, 272
2-Azido-3,6-diphenylpyrazine, 237
2-Azido-5,6-diphenylpyrazine, 237
    reduction, 272

N-(Azidoformylmethyl)-2-pyrazine-
  carboxamide, 328
2-Azido-3-methoxypyrazine, 294
  to triphenylphosphoranylideneamino
    analogue, 295
2-Azido-6-methoxypyrazine, ring
  expansion, 297
6-(1-Azido-2-methylpropyl)-1-benzyl-5-
  chloro-3-phenyl-2(1H)-pyrazinone, 186
3-Azido-2-pyrazinamine, 237,
  reduction, 272
2-Azidopyrazine, halogenation, 142
2-Azidopyrazine 1-oxide, 171
2-Azidopyrazine 4-oxide, equilibrium with
  tetrazolo[1,5-a]pyrazine 7-oxide, 295
Azidopyrazines, by azidation, 294
  from halogenopyrazines, 170, 186
  from hydrazinopyrazines, 294
  to pyrazinamines, 272
  from pyrazine N-oxides, 237
  reduction, 272
  ring contraction, 296
  ring expansion, 297
  to triazolylpyrazines, 296
  to triphenylphosphoranylideneamino-
    pyrazines, 295
  valence-tautomerism, 295
2-(Aziridin-1-ylformyl)pyrazine, 318
Azirines, to pyrazines, 48
Azocines, to pyrazines, 51

G. B. Barlin, ix, 63
3-Benzamido-6-bromo-2-pyrazine-
  carboxamide, 273
  cyclization, 273
1-(2-Benzamidoethyl)-4-
  benzoylpiperazine, 274
2-(2-Benzamidoethylidene)hydrazino-6-
  chloropyrazine, 292
2-Benzamidopyrazine, 61, 273
3-Benzamido-4H-pyrazino[1,2-a]-
  pyrimidin-4-one, 281
Benzo[f]quinoxaline, 126
2-(Benzo[b]thien-2-yl)-3,6-dimethyl-
  pyrazine, desulfuri
  zation, 104
3-Benzoyl-6-benzylidene-1,4-dimethyl-
  3,6-dihydro-2,5(1H,4H)-
  pyrazinedione, 70
2-Benzoyl-5-bromo-2-pyrazinamine,
  alkanelysis, 96
2-Benzoyl-3-chloropyrazine, 342
  aminolysis, 157
2-Benzoyl-3,5-dichloropyrazine, 212

1-Benzoyl-2,5-dimethyl-6-methylamino-
  1,2,5,6-tetrahydro-2-pyrazinecar-
  boxylic acid, 15
2-Benzoyl-3-methoxypyrazine, 217
1-Benzoyl-4-methylpiperazine,
  acylation, 343
1-Benzoyl-4-methyl-2-propionyl-1,4,5,6-
  tetrahydropyrazine, 343
2-Benzoyl-3-methylsulfonylpyrazine, 254
  alcoholysis, 217
2-Benzoyl-3-methylthiopyrazine,
  oxidation, 254
3-Benzoyl-5-(naphthalen-2-yl)-
  2-pyrazinamine, 96
2-Benzoyloxy-5-chloro-6-hydroxymethyl-
  3-isobutylpyrazine 4-oxide, 147
2-Benzoyloxy-3,6-diethylpyrazine, 203
1-Benzoyloxy-5,6-diisopropyl-2(1H)-
  pyrazinone, 234
5-Benzoyloxy-3-hydroxymethyl-6-
  isobutyl-2-pyrazinamine 1-oxide, to
  the 2-halogeno analogue, 147
3-Benzoyl-5-phenyl-2-pyrazinamine, 96
1-Benzoyl-2,6-piperazinedione, 195
3-Benzoyl-2-pyrazinamine, 157
2-Benzoylpyrazine, 79, 303, 332
  to the oxime, 344
  reduction, 209
5-Benzoyl-2-pyrazinecarboxylic acid, 342
  decarboxylation, 303
3-Benzoyl-5-(thien-2-yl)-
  2-pyrazinamine, 96
2-Benzoylthio-3,6-dimethylpyrazine,
  deacylation, 247
2-Benzylamino-3-benzyloxypyrazine, 161
3-Benzylamino-2-pyrazinecarbonitrile, 256
2-(N-Benzyl-N'-benzylidenehydrazino)-
  3,6-dimethylpyrazine, 291
1-Benzyl-3-(1-bromoethyl)-5-chloro-
  2(1H)-pyrazinone, 121
3-Benzyl-6-(2-bromoethyl)-3-methyl-
  3,6-dihydro-2,5(1H,4H)-
  pyrazinedione, 178
1-Benzyl-6-bromomethyl-5-chloro-
  3-methoxy-2(1H)-pyrazinone,
  aminolysis, 182
1-Benzyl-3-bromomethyl-5-chloro-
  6-phenyl-2(1H)-pyrazinone,
  hydrolysis, 183
1-Benzyl-6-(1-bromo-2-methylpropyl)-
  5-chloro-3-phenyl-2(1H)-pyrazinone,
  azidolysis, 186
4-Benzyl-N-tert-butyl-1-formyl-2-
  piperazinecarboxamide, 19

1-Benzyl-3-(but-3-ynylamino)-5-chloropyrazine, intramolecular Diels-Alder reaction, 288
1-Benzyl-3-carbamoylpyrazinium bromide, reduction, 132
1-Benzyl-3-(2-carboxyethyl)-5,6-dimethyl-2(1H)-pyrazinone, to a carbamoylethyl analogue, 306
1-Benzyl-2-carboxymethyl-4-methylpiperazine, debenzylation, 119
1-Benzyl-5-chloro-3-ethyl-2(1H)-pyrazinone, 98
ω-halogenation, 131
1-Benzyl-5-chloro-3-hydroxymethyl-6-phenyl-2(1H)-pyrazinone, 183
1-Benzyl-5-chloro-3-(o-iodoanilino)-6-phenyl-2(1H)-pyrazinone, 154
1-Benzyl-5-chloro-3-methoxy-6-(prop-2-ynylamino)methyl-2(1H)-pyrazinone, 182
1-Benzyl-5-chloro-3-methyl-2(1H)-pyrazinone, 98
1-Benzyl-5-chloro-3-phenyl-2(1H)-pyrazinone, 99
1-Benzyl-4-cyanomethylpiperazine, 106
reduction, 269
1-Benzyl-4-cyclohexylformyl-3,4,5,6-tetrahydro-2(1H)-pyrazinone, 18
1-Benzyl-3,5-dichloro-6-phenyl-2(1H)-pyrazinone, aminolysis, 154
1-Benzyl-3,5-dichloro-2(1H)-pyrazinone, alkanelysis, 99
1-Benzyl-3,6-dichloro-2(1H)-pyrazinone, alkanelysis, 98
4-Benzyl-3,4-dihydro-2-pyrazinecarboxamide, 132
1-Benzyl-5,6-dihydro-2(1H)-pyrazinone 4-oxide, 227
cyclocondensation, 62
3-Benzyl-5-dimethylamino-6,6-dimethyl-3,6-dihydro-2(1H)-pyrazinone, 50
1-Benzyl-2,4-dimethylpiperazine, to the 1-ethoxycarbonyl analogue, 130
6-Benzyl-1,4-dimethyl-2,3,5-piperazinetrione, 119
2-Benzyl-5,6-dimethylpyrazine, carbamoylation, 322
3-Benzyl-5,6-dimethyl-2-pyrazinecarboxamide, 322
1-Benzyl-2,5-diphenylpiperazine, 110
3-Benzyl-5,6-diphenyl-2-pyrazinecarbonitrile, 100
4-Benzyl-6-hydroxy-1-o-methoxyphenyl-3,4-dihydro-2(1H)-pyrazinone, 6

1-Benzyl-3-(3-hydroxypropyl)-5-methoxy-2(1H)-pyrazinone, cyclization, 217
5-Benzyl-6-hydroxy-2,3(1H,4H)-pyrazinedione, 28
3-Benzylidene-6-(α-bromobenzyl)-6-hydroxy-1,4-dimethyl-3,6-dihydro-2,5(1H,4H)-pyrazinedione, 122
cyclization, 189
6-Benzylidene-4,7-dimethyl-2-phenyl-1-oxa-4,7-diazaspiro[2.5]octane-5,8-dione, 189
2-Benzylidenehydrazino-3,6-dimethylpyrazine, 291
N-benzylation, 291
1-Benzyl-6-isobutyl-3,6-dihydro-2,5(1H,4H)-pyrazinedione, 222
1-Benzyl-6-isobutyl-4-p-methoxybenzyl-3,6-dihydro-2,5(1H,4H)-pyrazinedione, debenzylation, 222
3-Benzyl-6-isobutyl-2(1H)-pyrazinone, 8
1-Benzyl-6-m-methoxybenzyl-2(1H)-pyrazinone, debenzylation, 222
1-Benzoyl-3-{2-[N-(1-methoxycarbonylethyl)carbamoyl]ethyl}-5,6-dimethyl-2(1H)-pyrazinone, 306
3-Benzyl-6-methoxycarbonylmethylene-2,5-piperazinedione, 101
9-Benzyl-8-methoxy-2-oxa-7,9-diazabicyclo[4.2.2]dec-7-en-10-one, 217
3-Benzyl-5-p-methoxyphenyl-2-pivalamidopyrazine, 286
3-Benzyl-5-p-methoxyphenyl-2-pyrazinamine, 232
N-acylation, 274
3-Benzyl-5-p-methoxyphenyl-2-pyrazinamine 1-oxide, 36
deoxygenation, 232
1-Benzyl-3-methyl-5-oxo-4,5-dihydropyrazinium bromide, 199
to the zwitterion, 199
1-Benzyl-4-methyl-2-piperazinecarbonitrile, 330
oxidation, 330
4-Benzyl-1-methyl-2-piperazinecarbonitrile, reduction, 269
1-Benzyl-4-methyl-2-piperazinol, to the 2-carbonitrile, 330
3-Benzyl-5-methyl-2-pyrazinamine 1-oxide, 36
with acetic anhydride, 235
1-Benzyl-5-methylpyrazin-1-ium-3-olate, 199

1-Benzyl-4-methyl-1,4,5,6-tetrahydro-2-pyrazinecarbonitrile, 330
4-Benzyl-3-methyl-3,4,5,6-tetrahydro-2(1H)-pyrazinone, 106
1-Benzyl-4-p-nitrobenzoylpiperazine, thiation, 344
1-Benzyl-4-[p-nitro(thiobenzoyl)]-piperazine, 344
6-Benzyl-7-oxo-2,3,6,7-tetrahydro-1H pyrrolo[2,3-c]pyridine-5-carbonitrile, 288
3-Benzyloxy-5-bromo-2-pyrazinamine, 161
2-[1-(Benzyloxy)butyl]-5-isopropyl-3,6-dimethoxy-2,5-dihydropyrazine, 214
2-[4-(Benzyloxycarbonylamino)but-2-ynyl]-5-isopropyl-3,6-dimethoxy-2,5-dihydropyrazine, 269, 295
2-Benzyloxycarbonylthio-3,6-diisopropylpyrazine, 249
1-Benzyloxy-3-(2-carboxyethyl)-5,6-dimethyl-2(1H)-pyrazinone, 300
2-Benzyloxy-5-chloro-6-hydroxymethyl-3-isobutylpyrazine 4-oxide, alkylation, 214
2-Benzyloxy-5-chloro-3-isobutyl-6-[(tetrahydropyran-2-yloxy)methyl]pyrazine 4-oxide, 214
2-Benzyloxy-6-chloromethyl-3-isobutyl-5-methoxypyrazine, 180
2-Benzyloxy-6-chloromethyl-3-isobutyl-5-methoxypyrazine 4-oxide, transhalogenation, 181
2-Benzyloxy-3,6-diisobutyl-5-methoxypyrazine, 200
2-Benzyloxy-3,6-diisobutyl-5-methoxypyrazine 4-oxide, debenzylation, 193
1-Benzyloxy-5,6-dimethyl-2(1H)-pyrazinone, 26, 234
debenzylation, 226
2-Benzyloxy-6-hydroxymethyl-3-isobutyl-5-methoxypyrazine, halogenolysis, 180
2-Benzyloxy-6-hydroxymethyl-3-isobutyl-5-methoxypyrazine 4-oxide, 210
acylation, 215
5-Benzyloxy-3-hydroxymethyl-6-isobutyl-2-pyrazinamine 1-oxide, 209
2-Benzyloxy-6-iodomethyl-3-isobutyl-5-methoxypyrazine 4-oxide, 178, 181
2-Benzyloxy-3-isobutyl-6-mesyloxymethyl-5-methoxypyrazine 4-oxide, 215
hydrogenolysis, 178

2-Benzyloxy-3-isobutyl-5-methoxy-6-(tetrahydropyran-2-yloxymethyl)-pyrazine 4-oxide, 218
1-Benzyloxy-3-(2-methoxycarbonylethyl)-5,6-dimethyl-2(1H)-pyrazinone, 26
hydrolysis, 300
1-Benzyloxy-5-methyl-2(1H)-pyrazinone, 25
3-Benzyloxy-2-pyrazinamine, 161
1-Benzyloxy-2(1H)-pyrazinone, debenzylation, 226
1-Benzyl-3-phenacyl-3,4,5,6-tetrahydro-2(1H)-pyrazinone, 62
4-Benzyl-1-phenyl-2,6-piperazinedione, debenzylation, 119
3-Benzyl-5-phenyl-2-pyrazinamine 1-oxide, 36
1-Benzylpiperazine, N-alkylation, 106, 109
4-Benzyl-1-piperazinecarbonitrile, 325
4-Benzyl-1-piperazinecarboxamide, dehydration, 325
6-Benzyl-2,3,5-piperazinetrione, alkanelysis, 101
1-Benzyl-2-piperazinone, N-oxidation, 227
2-(4-Benzylpiperazin-1-yl)-4(3H)-quinazolinone, 109
3-Benzyl-2-pyrazinamine, 81
2-Benzylpyrazine, 102,
α-halogenation, 121
Benzyl 2-pyrazinecarboxylate, 309
1-Benzyl-2(1H)-pyrazinone 4-oxide, 201
2-Benzylthio-5-chloropyrazine 1-oxide, 169
5-Benzylthio-1-(2-deoxy-α-D-ribofuranosyl)-2(1H)-pyrazinone, 205
2-(2-Benzylthioethyl)-5-isopropyl-3,5-dimethoxy-2-methyl-2,5-dihydropyrazine, 252
5-Benzylthio-2-pyrazinamine, 168
to the 2-pyrazinone, 192
5-Benzylthio-2(1H)-pyrazinone, 192
debenzylation, 246
silylation, 205
2-Benzylthio-5-trimethylsiloxypyrazine, 205
Hilbert-Johnson reaction, 205
3-Benzyl-5-p-(trifluoromethyl)phenyl-2-pyrazinamine, 232
3-Benzyl-5-p-(trifluoromethyl)phenyl-2-pyrazinamine 1-oxide, deoxygenation, 232
F. Bergmann, v
Biphenyl-4-yl 2-pyrazinecarboxylate, 309
2,5-Bis(acetoxymethyl)-3,6-dichloropyrazine, deacylation, 211

2,3-Bis(4-amino-6-anilino-1,3,5-triazin-2-yl)pyrazine, palladium complex, 289
2,5-Bis(4-aminobutyl)pyrazine, 58
2,5-Bis(6-aminohexyl)pyrazine, 51
3,6-Bis(aminooxymethyl)-3,6-dihydro-2,5(1H,4H)-pyrazinedione, 55
2,5-Bis(5-aminopentyl)pyrazine, 47
2,5-Bis(3-aminopropyl)pyrazine, 58
Bis(5-aminopyrazin-2-yl) sulfide, 168
2,3-Bis[m-(N-aminosulfamoyl)phenyl]pyrazine, 255
2,5-Bis(3-anilinopropyl)-3,6-diphenylpyrazine, 52
2,3-Bis[m-(azidosulfonyl)phenyl]pyrazine, 255
5,6-Bisbenzylthio-2,3-pyrazinedicarbonitrile, 170
2,5-Bisbenzylthiopyrazine 1-oxide, 169
1,4-Bis[bis(cyclohexylamino)phosphinyl]piperazine, 319
1,4-Bis(6-bromohexyl)-3,6-dihydro-2,5(1H,4H)-pyrazinedione, hydrogenolysis, 181
1,4-Bis(2-bromo-2-methylpentyl)-3,6-dihydro2,5(1H,4H)-pyrazinedione, 113
5,6-Bis[p-(bromomethyl)phenyl]-2,3-pyrazinedicarbonitrile, 25
  alkanethiolysis, 186
2,5-Bis(bromomethyl)pyrazine, 120
5,6-Bis(bromomethyl)-2,3-pyrazinedicarbonitrile,
  alcoholysis, 184
  alkanethiolysis, 185
  cyclization, 188
  to the thiocyanatomethyl analogue, 187
2,6-Bis(3-bromomethylpyrazol-1-yl)pyrazine, 179
3,6-Bis(carbamoylmethyl)-3,6-dihydro-2,5(1H,4H)-pyrazinedione, 58
Bis(o-carboxyanilinium) 2,3-pyrazinedicarboxylate, X-ray analysis, 308
2,5-Bis(2-carboxyethyl)-3,6-dihydropyrazine, 31
  oxidation, 31
1,4-Bis(2-carboxyethyl)piperazine, 301
2,5-Bis(2-carboxyethyl)pyrazine, 31
1,4-Bis[P-Chloro-P-(cyclohexylamino)phosphinyl]piperazine, 319
Bis[4-chloro-2-(3,6-dichloropyrazin-2-ylamino)phenyl] diselenide, 69
1,4-Bis(chloromethyl)-3,6-dihdyro-2,5(1H,4H)-pyrazinedione, 179

1,4-Bis(1-chloro-2-methylprop-1-enyl)piperazine, 181
2,3-Bis(chloromethyl)pyrazine, thiolysis, 185
2,3-Bis(p-chlorostyryl)pyrazine, 125
  dimerization, 127
2,3-Bis(p-chlorostyryl)pyrazine (dimer), 127
  X-ray analysis, 127
2,3-Bis[m-(chlorosulfonyl)phenyl]pyrazine, 255
  aminolysis, 255
  azidolysis, 255
1,4-Bis(2-cyanoethyl)piperazine, 51
  hydrolysis, 301
2,3-Bis(dibromomethyl)pyrazine, cyclization, 188
1,4-Bis(dichlorophosphinyl)piperazine, 318
  aminolysis, 319
2,5-Bis(1,1-dicyanopent-4-ynyl)pyrazine, 101
  cyclization, 335
2,6-Bis(4,5-dimethoxycarbonyl-1,2,3-triazol-1-yl)pyrazine, 296
2,5-Bisdimethylamino-3,6-dihydropyrazine, 219
2,3-Bis(2-dimethylaminoethylthio)pyrazine, 167
2,3-Bisdimethylamino-5,5,6,6-tetrakis(trifluoromethyl)-5,6-dihydropyrazine, 38
2,5-Bis(dimethylamino)-3,3,6,6-tetramethyl-3,6-dihydropyrazine, 48
1,4-Bis(dimethylphosphinothioyl)-1,4-dihydropyrazine, 78
2,3-Bis[m-(dimethylsulfamoyl)phenyl]pyrazine, 255
Bis(3,6-dioxopiperazin-2-ylmethyl) disulfide, 6
  reduction, 246
2,5-Bis(2-ethoxycarbonylethyl)-3-isopropylpyrazine, 54
2,5-Bis(2-ethoxycarbonylethyl)pyrazine, 54
2,6-Bis(3-ethoxycarbonylpyrazol-1-yl)pyrazine, 156
  reduction, 210
1,4-Bis(ethylsulfonylformyl)piperazine, 317
5,6-Bisethylthio-2,3-pyrazinedicarbonitrile, 170
3,6-Bis(o-hydroxybenzyl)-3,6-dihydro-2,5(1H,4H)-pyrazinedione, 33
1,4-Bis(2-hydroxyethyl)piperazine, 12, 70
  X-ray analysis, 115
2,3-Bis(hydroxyimino)-1,4-diphenylpiperazine, 28

2,6-Bis(hydroxyimino)piperazine, X-ray analysis, 298
1,4-Bis(hydroxymethyl)-3,6-dihydro-2,5(1H,4H)-pyrazinedione, halogenolysis, 179
2,6-Bis(3-hydroxymethylpyrazol-1-yl)-pyrazine, 210
  halogenolysis, 179
2,3-Bis(isothiouroniomethyl)pyrazine dichloride, 185
  hydrolysis, 185
2,5-Bis(isothiouroniomethyl)pyrazine dichloride, 185
2,6-Bis(isothiouroniomethyl)pyrazine dichloride, 185
2,3-Bis(mercaptomethyl)pyrazine, 185
1,4-Bis(methoxycarbonylmethyl)-3,6-dihydro-2,5(1H,4H)-pyrazinedione, 34
3,6-Bis(methoxycarbonylmethyl)-3,6-dihydro-2,5(1H,4H)-pyrazinedione, 33
2,3-Bis(p-methoxyphenyl)-5,6-dihydropyrazine, 26
  oxidation, 26
1,4-Bis(p-methoxyphenyl)-5,6-dimethyl-2,3(1H,4H)-pyrazinedione, 48
2,3-Bis(p-methoxyphenyl)-5,6-diphenylpyrazine, 56
2,3-Bis(p-methoxyphenyl)pyrazine, 26
2,5-Bis(p-methoxyphenyl)pyrazine, fluorescence, 116
1,4-Bis(p-methoxyphenyl)-2,3(1H,4H)-pyrazinedione, 48
2-(4,5-Bis-p-methoxyphenylthiazol-2-yl)pyrazine, 327
Bis(5-methylamino-6-methylcarbamoylpyrazin-2-yl) disulfide, reduction, 247
Bis(5-methylamino-6-methylpyrazin-2-yl) disulfide, 64
2,5-Bis(5-methylaminopentyl)pyrazine, 47
2,5-Bismethylthio-3,6-dihydropyrazine, cyclization, 276
  thiolysis, 246
5,6-Bis[p-(5-methylthio-2-thioxo-1,3-dithiol-4-ylthiomethyl)phenyl]-2,3-pyrazinedicarbonitrile, 186
1,4-Bis[morpholino(thioformyl)]-piperazine, 319
1,4-Bis(nitroacetyl)piperazine, 261
1,3-Bis(1-oxidopyrazin-2-yl)triazene, 290
2,6-Bis(perfluorooctyl)pyrazine, 96
5,6-Bis(phenylthiomethyl)-2,3-pyrazinedicarbonitrile, 185
5,6-Bis(propoxymethyl)-2,3-pyrazinedicarbonitrile, 184
N,N'-Bis(2-pyrazinecarbonyl)hydrazine, 329
1,2-Bis(pyrazin-2-yl)ethylene quaternary salts, photoisomerization, 135
Bis(pyrazin-2-ylmethyl) disulfide, 248
  toxicity, 245
Bis(pyrazin-2-yl) disulfide, 165
p-Bis[2-(pyrazin-2-yl)vinyl]benzene, as a laser dye, 116
N,N'-Bis[3-(pyrrol-1-yl)pyrazin-2-yl]urea, 330
2,5-Bis(1,2,3,4-tetrahydroxybutyl)-pyrazine, 30
5,6-Bis(thiocyanatomethyl)-2,3-pyrazinedicarbonitrile, 187
1,4-Bis(2,3,3-trichloroallyl)piperazine, 107
Bis(2,2,2-trichloroethyl) 2,3-diallyl-1,2,3,4-tetrahydro-1,4-pyrazinedicarboxylate, 78
2,5-Bis(trichloromethyl)pyrazine, 121
2-Bis(trifluoromethyl)-aminooxypyrazine, 175
2,3-Bis(trifluoromethyl)-1,2,5,6-tetrahydro-2-pyrazinol, 17, 57
1,4-Bis(trimethylgermyl)-1,4-dihydropyrazine, X-ray analysis, 114
1,2-Bis(3,5,6-trimethylpyrazin-2-yl)ethane, 102, 118
1,2-Bis(3,5,6-trimethylpyrazin-2-yl)-propene, 241
1,4-Bis(trimethylsilyl)-1,4-dihydropyrazine, 78
  with carbon dioxide, 79, 311
  with carbon disulfide, 311
  with carbon oxysulfide, 311
  X-ray analysis, 115
Bistrimethylsilyl 1,4-dihydro-1,4-pyrazinedicarboxylate, 79, 311
1,4-Bis(trimethylsilyl)piperazine, to the bischlorosulfonyl analogue, 318
7,8-Bis(trimethylsilyl)pyrrolo[1,2-a]-pyrazine-6-carbonitrile, 134
4-Bromoacetyl-3-ethoxycarbonylmethyl-2-piperazinone, to a phosphonoacetyl analogue, 187
3-(o-Bromoanilino)pyrazine, 150
2-p-Bromobenzyl-5-isopropyl-3,6-dimethoxy-3,6-dihydropyrazine, 86
2-(α-Bromobenzyl)pyrazine, 121
2-(4-Bromobutyl)-3,6-diethoxy-5-isopropyl-2-methyl-2,5-dihydropyrazine, azidolysis, 186

2-Bromo-5,6-dichloro-3-nitropyrazine, 147
  aminolysis, 155
5-Bromo-3,6-diisobutyl-2(1H)-
  pyrazinone, 233
  alkanelysis, 99
5-Bromo-3,6-diisobutyl-2(1H)-pyrazinone
  4-oxide, deoxygenation, 233
1-(3-Bromo-2,5-dimethoxyphenyl)-
  piperazine, 120
3-Bromo-5,6-dimethyl-2-pyrazinamine, 138
2-Bromo-5-dimethylsulfimidopyrazine, 287
2-Bromo-6-(3-ethoxycarbonylpyrazol-
  1-yl)pyrazine, 151
2-(2-Bromoethyl)-3,6-diethoxy-2,5-
  dihydropyrazine, cyclization, 190
3-(2-Bromoethyl)-3,6-dihydro-
  2,5(1H,4H)-pyrazinedione, 178
2-(2-Bromoethyl)-5-isopropyl-3,6-
  dimethoxy-2-methyl-2,5-
  dihydropyrazine, 181
2-Bromo-5-formamidopyrazine,
  alkanelysis, 98
5-Bromo-3-hydrazino-2-pyrazinamine, 153
5-Bromo-1H-imidazo[4,5-b]pyrazine, 279
5-Bromo-3-methylamino-2-pyrazin-
  amine, 153
6-Bromomethyl-5-chloro-3-methoxy-
  1-phenyl-2(1H)-pyrazinone,
  aminolysis, 183
  cyanolysis, 187
2-Bromomethyl-5-isopropyl-3,6-
  dimethoxy-2-methyl-2,5-
  dihydropyrazine, ring expansion, 189
1-(2-Bromo-2-methylpentyl)-3,6-dihydro-
  2, 5(1H,4H)-pyrazinedione, 113
3-Bromo-5-methyl-2-pyrazinamine,
  hydrogenolysis, 172
3-Bromo-5-methyl-2-pyrazinamine 4-
  oxide, 143
  cyanolysis, 174
2-(6-Bromomethylpyridin-2-yl)-
  pyrazine, 180
5-Bromo-3-methylsulfonyl-2-pyrazin-
  amine, 253
5-Bromo-3-methylthio-2-pyrazinamine,
  168, 248
  oxidation, 253
2-Bromomethyl-3,5,6-trimethylpyrazine,
  hydrolysis, 183
  thiolysis, 185
2-Bromo-5-nitropyrazine, 260
  alkanelysis, 101
2-(2-Bromopentyl)-3,6-dimethyl-
  pyrazine, 122

2-(o-Bromophenoxy)pyrazine, 160
  alkanelysis, 182
2-(o-Bromophenylacryloyl)pyrazine,
  cyclocondensation, 346
2-p-Bromophenyl-5-pentyloxypyrazine, 198
5-p-Bromophenyl-1-phenyl-2(1H)-
  pyrazinone, 198
2-(5-o-Bromophenyl-1-phenyl-2-
  pyrazolin-3-yl)pyrazine, 346
6-Bromo-2-phenyl-4(3H)-pteridinone, 273
2-Bromo-5-phenylpyrazine, 149
5-p-Bromophenyl-2(1H)-pyrazinone, 25
  alkylation, 198
7-Bromo-3-(piperazin-1-yl)-1,2-
  benzoisothiazole, 108
3-Bromo-2-pyrazinamine, 138
  aminolysis, 154
5-Bromo-2-pyrazinamine, 143
  alkanethiolysis, 168
  to the dimethylsulfimido analogue, 298
5-Bromo-2,3-pyrazinediamine,
  cyclocondensation, 279
2-(But-3-enyl)-5-isopropyl-3,6-dimethoxy-
  2,5-dihydropyrazine, 86
  alkylation, 86
2-(But-3-enyl)-5-isopropyl-3, 6-
  dimethoxy-2-(prop-2-ynyl)-2,5-
  dihydropyrazine, 86
1-$tert$-Butoxycarbonyl-4-
  methylpiperazine, 275
2-$tert$-Butoxy-3,6-diisopropylpyrazine, 204
2-$tert$-Butoxypyrazine, 160
3-Butylamino-5-(3,4-dimethoxyphenyl)-2-
  pyrazinecarbonitrile, 270
3-Butylamino-6-(3,4-dimethoxyphenyl)-2-
  pyrazinecarbonitrile, 270
  water addition, 323
3-Butylamino-6-(3,4-dimethoxyphenyl)-
  2-pyrazinecarboxamide, 323
3-(3-$tert$-Butylamino-2-hydroxypropoxy)-
  2-pyrazinecarbonitrile, 163
$tert$-Butyl 4-benzyl-2,5-diphenyl-1-
  piperazinecarboxylate, 110
  debutoxycarbonylation, 110
$tert$-Butyl 2-$tert$-butoxycarbamoyl-4-
  phenoxycarbonyl-1,4,5,6-tetrahydro-
  1-pyrazinecarboxylate, 310
$tert$-Butyl 2-$tert$-butoxycarbamoyl-
  1,4,5,6-tetrahydro-
  1-pyrazinecarboxylate,
  alkoxycarbonylation, 310
$tert$-Butyl 4-p-chlorobenzyl-1-
  piperazinecarboxylate, 106
  dealkoxycarbonylation, 106

2-sec-Butyl-3-chloro-5-
isobutylpyrazine, 139
2-sec-Butyl-6-chloro-5-
isobutylpyrazine, 139
5-tert-Butyl-6-chloro-2,3-
pyrazinedicarbonitrile, 95
2-sec-Butyl-3,6-dichloro-5-
isobutylpyrazine, 139
2-Butyl-3,6-diethoxy-2,5-
dihydropyrazine, 92
2-Butyl-3,6-diisobutylpyrazine, 105
2-sec-Butyl-5,6-dimethylpyrazine, 84
2-[7-(tert-Butyldimethylsiloxycarbonyl)-
heptyl]-3,6-diethoxy-5-isopropyl-2,5-
dihydropyrazine, 87
desilylation, 87
3-[2-(tert-Butyldimethylsiloxy)ethyl]-1,
4-dimethyl-3,6-dihydro-2,5(1H,4H)-
pyrazinedione, 215
3-[3-(tert-Butyldimethylsiloxy)propyl]-
1,4-dimethyl-3,6-dihydro-
2,5(1H,4H)-pyrazinedione, 82
tert-Butyl 2,5-diphenyl-1-
piperazinecarboxylate,
4-alkylation, 110
3-sec-Butyl-6-isobutyl-3,6-dihydro-
2,5(1H,4H)-pyrazinedione,
halogenolysis and halogenation, 139
2-sec-Butyl-6-methoxy-5-
methylpyrazine, 231
oxidation, 117
2-sec-Butyl-6-methoxy-5-methylpyrazine
4-oxide, deoxygenation, 231
5-sec-Butyl-3-methoxy-2-
pyrazinecarbaldehyde, 117
2-sec-Butyl-3-methoxypyrazine 1-
oxide, 228
3-sec-Butyl-6-methyl-3,6-dihydro-
2,5(1H,4H)-pyrazinedione, 12
1-Butyl-4-methylpiperazine, 310
1-tert-Butyl-4-methylpiperazine,
nitrosolysis, 263
Butyl 4-methyl-1-
piperazinecarboxylate, 310
2-Butyl-3-methylpyrazine, 67
tert-Butyl 1-piperazinecarboxylate,
N-alkylation, 106
2-Butylpyrazine, 78
2-tert-Butylpyrazine, 104
5-tert-Butyl-2-pyrazinecarbonitrile, 81
5-tert-Butyl-2-pyrazinecarboxamide, 81
N-tert-Butyl-N'-(pyrazin-2-yl)-
carbodiimide, 283
2-tert-Butylsulfinylpyrazine, 252

2-tert-Butylsulfonyl-3-iodopyrazine, 144
2-tert-Butylsulfonylpyrazine, 252
halogenation, 144
pyrolysis to pyrazine, 76, 104
2-tert-Butylthiopyrazine, oxidation, 252
2-N'-tert-Butyl(thioureido)pyrazine, 283
to a carbodiimide, 283
2-(But-3-ynylamino)pyrazine, 150
2-[(But-3-ynyl)oxymethyl]pyrazine, 184
cyclization, 220
ω-silylation, 130
2-(But-3-ynyloxy)pyrazine, 160
2-(But-3-ynylsulfinyl)pyrazine, 253
2-(But-3-ynylsulfonyl)pyrazine, 252
2-(But-3-ynylthio)pyrazine, 248
oxidation, 252, 253

Cairomycin A, 241
3-Carbamoyl-1-(4-carboxybutyl)-
pyrazinium iodide, 132
N-Carbamoylmethyl-2-
pyrazinecarboxamide, 312
3-Carbamoyl-1-methylpyrazinium
iodide, 132
3-Carbamoyl-6-oxo-1,6-dihydro-2-
pyrazinecarboxylic acid, 322
3-Carbamoyl-2-pyrazinecarboxylic
acid, 306
Hofmann degradation, 271
p-Carboxyanilinium hydrogen 2,3-
pyrazinedicarboxylate, X-ray
analysis, 308
m-Carboxyanilinium hydrogen 2,3-
pyrazinedicarboxylate dihydrate,
X-ray analysis, 308
3-(4-Carboxy-5,6-dimethyl-1,3-thiazolidin-
2-yl)-6-phenyl-3,6-dihydro-
2,5(1H,4H)-pyrazinedione, 68
2-(7-Carboxyheptyl)-3,6-diethoxy-5-
isopropyl-2,5-dihydropyrazine, 87
3-Carboxymethyl-6-methyl-3,6-dihydro-
2,5(1H, 4H)-pyrazinedione, X-ray
analysis, 191
2-Carboxymethyl-4-methylpiperazine, 119
1-(1-Carboxy-2-methylpropyl)-3,6-dihydro-
2,5(1H,4H)-pyrazinedione, 68
N-Carboxymethyl-2-pyrazinecarboxamide,
cyclocondensation, 307
esterification, 305
4-Carboxymethyl-3,4,5,6-tetrahydro-
2(1H)-pyrazinone, 6
2-Carboxymethyl-3,5,6-
trimethylpyrazine, 126
esterification, 305

1-Chloroacetyl-4-methylpiperazine, 275
2-Chloroacetyl-6-phenylpyrazine, 320
2-(Chloroacetyl)pyrazine, 320
  cyclocondensation, 189
1-*p*-Chlorobenzylpiperazine, 106
2-(α-Chlorobenzyl)pyrazine, 179
2-Chloro-5,6-bis(4,6-diaminopyrimidin-5-ylthio)pyrazine, 167
2-Chloro-3,5-bis(2-hydroxyethylamino)-6-nitropyrazine, 155
2-(4-Chlorobut-2-enyl)-5-isopropyl-3,6-dimethoxy-2,5-dihydropyrazine, cyclization, 189
5-Chloro-1-(*p*-chlorobenzoyloxy)-6-ethyl-2(1*H*)-pyrazinone, 234
2-Chloro-6-chloromethyl-5-methoxy-3-methylpyrazine 1-oxide, 142
2-Chloro-5-chloromethyl-6-methylpyrazine, 146
6-Chloro-5-cyanomethyl-3-methoxy-1-phenyl-2(1*H*)-pyrazinone, 187
3-Chloro-5-cyano-2-pyrazinecarboxamide, alkanethiolysis, 169
  aminolysis, 157
2-Chloro-3-(α-cyano-α-tosylmethyl)-pyrazine, 95
3-[α-Chloro-α-(cyclohexylimino)acetyl]-2-pyrazinecarbonyl chloride, 320
1-(8-Chlorodibenzo[*b,f*]thiepin-10-yl)-4-(2-hydroxybutyl)piperazine, 109
1-(8-Chlorodibenzo[*b,f*]thiepin-10-yl)piperazine,4-alkylation, 109
5-Chloro-6-(diethylamino)methyl-3-methoxy-1-phenyl-2(1*H*)-pyrazinone, 183
5-Chloro-3-diethylamino-1-methyl-2(1*H*)-pyrazinone, 154
5-Chloro-3-diethylamino-2(1*H*)-pyrazinone, to a pyridine, 288
2-Chloro-3,6-diethylpyrazine, alkanelysis, 93, 97
2-Chloro-5,6-diethylpyrazine 1-oxide, 226
1-Chloro-3,6-diisobutylpyrazine, alkanelysis, 93
  cyanolysis, 174
  hydrogenolysis, 172
2-Chloro-3,6-diisobutylpyrazine 1-oxide, hydrogenolysis, 173
2-Chloro-3,6-diisobutylpyrazine 4-oxide, hydrogenolysis, 173
5-Chloro-3,6-diisobutyl-2(1*H*)-pyrazinone, alkanelysis, 99
2-Chloro-3,6-diisopropylpyrazine, alcoholysis, 159

  alkanelysis, 97
  hydrolysis, 159
2-Chloro-5-dimethylaminomethyleneamino-2,6-pyrazinedicarbonitrile, 331
  alkanethiolysis, 170
2-Chloro-3-dimethylamino-6-nitropyrazine, cyanolysis, 173
2-Chloro-3,6-dimethylpyrazine, alcoholysis, 161
  alkanelysis, 94, 98
  alkanethiolysis, 168
  azidolysis, 170
  to the 2-carboxy analogue, 175
  hydrogenolysis, 98
  hydrolysis, 158
5-Chloro-1,4-dimethyl-2,3(1*H*,4*H*)-pyrazinedione, 200
2-Chloro-3,6-dimethylpyrazine 1,4-dioxide, 227
2-Chloro-3,6-dimethylpyrazine 4-oxide, 227, 229
  alkylation, 82
  aminolysis, 152
2-Chloro-5,6-dimethylpyrazine 4-oxide, deoxidative halogenation, 146
2-Chloro-3-dimethylsulfimidopyrazine, 287
2-Chloro-5-dimethylsulfimidopyrazine, 287
  to the 5-nitro analogue, 259
2-Chloro-3,5-diphenylpyrazine, alcoholysis, 160
2-Chloro-3,6-diphenylpyrazine, alcoholysis, 160
  alkanelysis, 94
  aminolysis, 152
2-Chloro-5,6-diphenylpyrazine, alkanelysis, 99
  aminolysis, 153
2-Chloro-5,6-diphenylpyrazine 1-oxide, 146
  with acetic anhydride, 234
2-Chloro-3,6-dipropylpyrazine, hydrolysis, 158
2-Chloro-3-[4-(ethoxycarbonylmethyl)-(thiosemicarbazido)]pyrazine, 293
  cyclization, 293
5-Chloro-3-ethoxy-1-methyl-2(1*H*)-pyrazinone, 162
2-(2-Chloroethyl)-5-isopropyl-3,6-dimethoxy-2-methyl-2,5-dihydropyrazine, transhalogenation, 181
2-(2-Chloroethylthio)-3,3,6,6-tetramethyl-2,5-diphenyl-1,2,3,6-tetrahydropyrazine, 49

5-Chloro-6-(*N*-formylanilino)methyl-2,3-
pyrazinedicarbonitrile, 95
2-Chloro-5-(furan-2-yl)pyrazine, 138
3-Chloro-5-heptanoyl-2,6-
pyrazinediamine, 134
3-Chloro-5-(hept-1-ynyl)-2,6-
pyrazinediamine, to the heptanoyl
analogue, 129
5-Chloro-3-hydrazino-6-methyl-2(1*H*)-
pyrazinone, 154
2-Chloro-3-hydrazinopyrazine, to the
azido analogue, 294
to a semicarbazido analogue, 293
2-Chloro-6-hydrazinopyrazine,
alkylidenation, 292
2-Chloro-6-hydrazinopyrazine 4-oxide, 155
2-Chloro-6-hydroxyaminopyrazine, 151
1-(3-Chloro-6-hydroxybenzyl)-
4-methylpiperazine, 111
2-Chloro-3-(α-hydroxydiphenylmethyl)-
pyrazine, 83
2-Chloro-3-(1-hydroxyethyl)pyrzzine, 83
2-(2-Chloro-1-hydroxy-1-methylethyl)-
5-isopropyl-3,6-dimethoxy-
2,5-dihydropyrazine,
cyclization, 190
2-Chloro-3-(1-hydroxy-2-methylpropyl)-
6-isobutylpyrazine, 211
2-Chloro-3-isobutyl-6-isopropylpyrazine
1-oxide, hydrolysis, 158
2-Chloro-3-isobutyl-6-methylpyrazine, 139
2-Chloro-6-isobutyl-3-methylpyrazine, 139
2-Chloro-3-isobutyl-6-methylpyrazine 1-
oxide, 226
2-Chloro-3-isobutylpyrazine 4-oxide,
hydrolysis, 158
2-Chloro-5-isopentyl-3,6-
dimethylpyrazine, 82
2-Chloro-5-isopropyl-3,6-dimethoxy-2,5-
dihydropyrazine, 91
alkanelysis, 91
tin complex, 91
5-Chloro-3-isothiouronio-1-methyl-2(1*H*)-
pyrazinone (salt), 165
hydrolysis, 165
5-Chloro-3-methoxy-1-methyl-2(1*H*)-
pyrazinone, 162, 200
5-Chloro-3-methoxy-1-phenyl-2(1*H*)-
pyrazinone, hydrogenolysis, 172
2-Chloro-6-[*m*-methoxy-α,α-
(trimethylenedithio)benzyl]-
pyrazine, 175
5-Chloro-6-methylamino-2,3-
pyrazinedicarbonitrile, 156

2-Chloromethyl-3-methoxy-5-methyl-
pyrazine 1-oxide,
alkanelysis, 182
halogenation, 142
2-Chloromethyl-5-methylpyrazine, 121
alcoholysis, 184
aminolysis, 183
dehydrohalogenation, 103
hydrolysis, 184
oxidation, 190
to the triphenylphosphoniomethyl
analogue, 103
6-Chloro-4-methyl-3-oxo-3,4-dihydro-2-
pyrazinecarbonitrile, 174
5-Chloro-3-methyl-1-phenethyl-2(1*H*)-
pyrazinone, 99
2-Chloromethyl-3-phenylpyrazine,
cyanolysis, 186
2-Chloro-3-methyl-5-phenylpyrazine, 138
2-Chloro-3-methyl-5-phenylpyrazine 1-
oxide, deoxidative halogenation, 145
5-Chloro-1-methyl-3-{*N*-[*N*-phenyl-
(thiocarbamoyl)]carbamoyl-
methylthio}-2(1*H*)-pyrazinone, 249
6-Chloro-5-(4-methylpiperazin-1-yl)-2-
pyrazinecarboxylic acid, 300
2-Chloromethylpyrazine, 121
alcoholysis, 184
to a phosphorothioate, 187
thiolysis, 185
2-Chloro-3-methylpyrazine, 54
alkanethiolysis, 167
5-Chloro-1-methyl-2,3(1*H*,4*H*)-
pyrazinedione, alkylation, 200
2-Chloro-3-(2-methylthioethyl)-5-
phenylpyrazine, 140
aminolysis, 152
5-Chloro-1-methyl-3-thioxo-3,4-
dihydro-2(1*H*)-pyrazinone, 165
S-alkylation, 249
3-Chloromethyl-1,5,5-trimethyl-5,6-
dihydro-2(1*H*)-pyrazinone, 121
self condensation, 188
2-Chloro-3-nitropyrazine, 260
aminolysis, 155
2-Chloro-5-nitropyrazine, 260
aminolysis, 155
5-Chloro-3-oxo-3,4-dihydro-2-
pyrazinecarboxylic acid, 195
2-*p*-Chlorophenylazopyrazine, 262
2-Chloro-3-phenylpyrazine, 82, 146
thiolysis, 166
2-Chloro-5-phenylpyrazine, 146, 149
2-Chloro-6-phenylpyrazine, 146

2-Chloro-3-phenylpyrazine 4-oxide,
  hydrolysis, 158
2-Chloro-6-phenylpyrazine 4-oxide,
  alcoholysis, 162
3-Chloro-1-phenyl-2(1H)-
  pyrazinone, 141
5-Chloro-3-phenyl-2(1H)-pyrazinone,
  halogenolysis, 138
2-Chloro-3-propionylpyrazine,
  alkanethiolysis, 169
6-Chloro-5-propyl-2-
  pyrazinecarbothioamide, 324
6-Chloro-5-propyl-2-pyrazinecar-
  boxamide, thiation, 324
3-Chloro-2-pyrazinamine, 271
  alcoholysis, 161
  to the dimethylsulfimido analogue, 287
5-Chloro-2-pyrazinamine, 142
  cyanolysis, 174
2-Chloropyrazine, 138, 145, 237
  acylation, 342
  alcoholysis, 160
  alkanelysis, 95, 96, 97, 98
  alkanethiolysis, 166
  alkylation, 82, 83
  aminolysis, 150, 151, 175
  to an aminooxy analogue, 175
  to the 2-carbamoyl analogue, 175
  carboxylation, 299
  complexation, 175
  formylation, 337
  hydrogenolysis, 173
  thiolysis, 164, 165
  transhalogenation, 148, 149
3-Chloro-2-pyrazinecarbaldehyde, 337
3-Chloro-2-pyrazinecarbonitrile, 147, 238
  alcoholysis, 155, 163
  aminolysis, 155
5-Chloro-2-pyrazinecarbonitrile, 325
  cyclization, 334
3-Chloro-2-pyrazinecarbonyl chloride, to a
  ketone, 320
6-Chloro-2-pyrazinecarbonyl chloride, 304
  to an amide, 318
3-Chloro-2-pyrazinecarboxamide, 139
  Hofmann degradation, 271
  thiolysis, 164
5-Chloro-2-pyrazinecarboxamide,
  alcoholysis, 164
6-Chloro-2-pyrazinecarboxamide 4-oxide,
  hydrolysis, 301
3-Chloro-2-pyrazinecarboxylic acid,
  139, 299
  hydrolysis, 159

6-Chloro-2-pyrazinecarboxylic acid, to the
  acid chloride, 304
6-Chloro-2-pyrazinecarboxylic acid
  4-oxide, 301
5-Chloro-2,3-pyrazinedicarboxylic acid, 67
2-Chloropyrazine 1-oxide, alcoholysis, 162
  alkanethiolysis, 168
  azidolysis, 171
  thiolysis, 165
  transhalogenation, 149
2-Chloropyrazine 4-oxide, aminolysis, 154
8-Chloro-1OH-pyrazino[2,3-b][1,4]-
  benzothiazine, 176
6-Chloro-N-(pyrazin-2-yl)-2-
  pyrazinecarboxamide, 318
2-Chloro-3-[2-(pyrrolidin-1-yl)cyclopent-
  1-en-1-ylcarbonyl]pyrazine, 320
2-Chloro-3-trifluoromethylpyrazine, 96
2-Chloro-3,5,6-trimethylpyrazine 4-
  oxide, 228
Cinepazet, 241
1-Cinnamyl-4-[2-(2,5-dimethoxyphe-
  noxy)ethyl]piperazine, 107
1-Cinnamylpiperazine, 107
  4-alkylation, 107
1-Cinnamyl-4-piperazinecarbaldehyde, 107
  deacylation, 107
Coelenteramide, 241
Contents tables, xi
Cryptoechinulin A (also C, G), 241
2-Cyanoaminopyrazine, hydroxylamine
  addition, 335
2-(α-Cyanobenzyl)pyrazine, 95, 100
  to 2-benzoylpyrazine, 332
  hydrogenolysis (indirect), 331
5-Cyano-3-cycloheptylamino-2-
  pyrazinecarboxamide, 157
5-Cyano-3-diethylamino-2-
  pyrazinecarboxamide, 157
  hydrogen sulfide addition, 323
3-Cyano-5-(3,4-dimethoxyphenyl)-
  1-methylpyrazinium iodide,
  reduction, 132
2-Cyano-5,6-diphenyl-1,6-dihydro-
  2-pyrazinecarboxamide, 9
  oxidation, 10
3-Cyano-5,6-diphenyl-4,5-dihydro-
  2-pyrazinecarboxamide, 9
  oxidation, 10
3-Cyano-5,6-diphenyl-2-
  pyrazinecarboxamide, 10,
2-[N-(2-Cyanoethyl)hydrazino]-
  pyrazine, 292
1-(2-Cyanoethyl)-4-phenylpiperazine, 108

5-Cyano-3-ethylthio-2-
pyrazinecarboxamide, 169
2-Cyanoimino-1-methyl-1,2-
dihydropyrazine, 297
Cyanomethyl 3,5-diamino-6-chloro-2-
pyrazinecarboxylate, 304
2-Cyanomethyl-3-phenylpyrazine, 186
hydrolysis and decarboxylation, 302
2-Cyanomethylsulfinyl-3,6-
diethylpyrazine, 253
2-Cyanomethylsulfinyl-3,6-
diisopropylpyrazine, 253
as a reagent, 257
2-Cyanomethylthio-3,6-diethylpyrazine,
oxidation, 253
5-Cyano-3-phenylthio-2-
pyrazinecarboxamide, 169
4-(3-Cyanopropyl)-2-
pyrazinecarboxamide, 106
3-Cyano-2-pyrazinecarboxamide, 325
2-(p-Cyanostyryl)-3-(p-methoxystyryl)-
pyrazine, 125
2-(2-Cyanovinyl)-3,6-diethylpyrazine, 93
Cyclizine, 241
2-(Cyclohex-1-enylthio)-3,6-
dimethylpyrazine, 257
2-(Cyclohex-1-enylthio)pyrazine, 252, 257
1-Cyclohexylcarbonyl-3,5-
bis(hydroxyimino)piperazine,
hydrolysis, 195
4-Cyclohexylcarbonyl-2,6-
piperazinedione, 195
2-Cyclohexyl-5-isopropyl-3,6-dimethoxy-
2,5-dihydropyrazine, 91
2-Cyclohexylsulfinyl-3,6-
dimethylpyrazine, dehydration, 257
rearrangement, 257
2-Cyclohexylsulfinylpyrazine, 253
dehydration, 252, 257
rearrangement, 257
2-Cyclohexylthiopyrazine, 166
oxidation, 253
5-Cyclohexylthio-3,6-dimethyl-2(1H)-
pyrazinone, 257
5-Cyclohexylthio-2(1H)-pyrazinone, 257
2-Cyclopropylformylpyrazine, 332
cyclocondensation, 345

Deoxyaspergillic acid, 241
Deoxymutaaspergillic acid, 241
Dexrazoxane, 241
2,5-Diacetoxy-3,6-dimethylpyrazine,
hydrolysis, 194
2,5-Diacetoxy-3,6-diphenylpyrazine, 204

2-(1,2-Diacetoxyethyl)-5-methylpyrazine,
215
1,4-Diacetyl-2,3-bis(indol-3-yl)-1,2,3,4-
tetrahydropyrazine, to a 1,4-
diacetylpyrazinediium salt, 131
1,4-Diacetyl-2,5-bismethylthio-1,4-
dihydropyrazine, 276
1,4-Diacetyl-3,6-dibenzyl-3,6-dihydro-
2,5(1H,4H)-pyrazinedione, 205
1,4-Diacetyl-1,4-dihydropyrazine, 276
to a radical cation, 341
1,4-Diacetyl-3,6-dihydro-2,5(1H,4H)-
pyrazinedione, alkylation, 84
1,4-Diacetyl-2,3-di(indol-3-yl)-1,2,3,4-
tetrahydropyrazine, ring fission, 289
1,4-Diacetyl-5,N-dimethyl-2-
piperazinecarboxamide, 277
1,4-Diacetyl-2,3-diphenylpiperazine, fine
structure, 265
1,4-Diacetyl-3-methyl-3,6-dihydro-
2,5(1H,4H)-pyrazinedione,
alkylation, 85
1,4-Diacetylpyrazinediium
diperchlorate, 131
1,4-Diallylpiperazine, 107
3,5-Diamino-6-chloro-N-cyano-
2-pyrazinecarboxamidine, 313
3,5-Diamino-6-chloro-N-phenyl-
2-pyrazinecarboxamide, 306
3,5-Diamino-6-chloro-2-
pyrazinecarbonitrile, to a
carboximidic ester, 309
3,5-Diamino-6-chloro-2-
pyrazinecarboxylic acid, to an
anhydride (mixed), 303
to a carboxamide, 306
esterification, 304
3,5-Diamino-6-chloro-2-
pyrazinecarboxylic N,N-
diphenylcarbamic anhydride, 303
3,6-Diamino-2,5-pyrazinedicarbonitrile, 30
3,6-Diamino-2,5-pyrazinedicarboxylic
acid, fluorescence of
derivatives, 275
3,6-Diamino-1H-pyrazolo[3,4-b]pyrazine-
5-carbonitrile, 156
1,2-Diazabicyclo[2.2.0]hexanes, to
pyrazines, 60
2,4-Diazabicyclo[3.1.0]hexanes, to
pyrazines, 60
1,2-Diazepines, to pyrazines, 52
1,4-Diazepines, to pyrazines, 52
2,3-Diazido-5,6-diphenylpyrazine, 171
2,3-Diazidopyrazine, reduction, 272

2,6-Diazidopyrazine, 177
  to triazolylpyrazines, 296
2,5-Dibenzoyl-3,6-diphenylpyrazine, 50
1,4-Dibenzoyloxypiperazine, 230
  to 1,4-dimethylpiperazine 1,4-
    dioxide, 230
N-(Dibenzylaminomethyl)-2-
  pyrazinecarboxamide, 326
2,5-Dibenzyl-3-benzyloxy-6-
  methoxypyrazine, 199
3,6-Dibenzyl-3,6-dihydro-2,5(1H,4H)-
  pyrazinedione, 33
  acylation, 205
3,6-Dibenzyl-3,6-dihydroxy-3,6-dihydro-
  2,5(1H,4H)-pyrazinedione, 60
  dehydration, 60
2,5-Dibenzyl-1,4-dimethylpiperazine, 241
3,6-Dibenzyl-1,4-dimethyl-2,5-
  piperazinedione, oxidation, 119
1,4-Dibenzyl-2,3-dioxa-5,7-
  diazabicyclo[2.2.2]octane-6,8-
  dione, 207
1,4-Dibenzyl-2-
  fluoromethylpiperazine, 180
3,6-Dibenzyl-5-hydroxy-2(1H)-
  pyrazinone, endoperoxidation, 207
3,6-Dibenzylidene-3,6-dihydro-
  2,5(1H,4H)-pyrazinedione, 60, 84
  alkylation, 202
2,5-Dibenzylidene-3,6-dimethoxy-2,5-
  dihydropyrazine, 202
3,6-Dibenzylidene-1,4-dimethyl-3,6-
  dihydro-2,5(1H,4H)-
  pyrazinedione, 202
  ω-halogenation, 122
3,6-Dibenzylidene-5-methoxy-1-methyl-
  3,6-dihydro-2(1H)-pyrazinone, 202
2,5-Dibenzyl-3-methoxypyrazine 1-
  oxide, 228
  with acetic anhydride, 244
3,6-Dibenzyl-5-methoxy-2(1H)-
  pyrazinone, 194, 241
  alkylation, 199
2,5-Dibenzyloxy-3,6-dimethylpyrazine, 161
2,5-Dibenzyloxy-3,6-diphenylpyrazine,
  debenzylation, 193
2,5-Dibenzyloxy-3-isobutyl-6-
  (tetrahydropyran-2-
  yloxymethyl)pyrazine 4-oxide,
  transalkoxylation, 218
2,5-Dibenzylpiperazine, 119
2,5-Dibenzylpyrazine, reduction, 119
2,3-Dibenzyl-5,6-di-p-tolylpyrazine, 39
1,4-Dibenzylpiperazine, 38, 70

7,8-Dibromo-2,5-diazabicyclo[4.2.0]octa-
  1,3,5-triene, 188
1,4-Dibromo-3,6-dihydro-2,5(1H,4H)-
  pyrazinedione, 143
  addition to alkenes, 113
  rearrangement, 176
  use as a bromination reagent, 143
3,6-Dibromo-3,6-dihydro-2,5(1H,4H)-
  pyrazinedione, 176
  alcoholysis, 165
3,6-Dibromo-1,4-dimethyl-3,6-dihydro-
  2,5(1H,4H)-pyrazinedione,
  alcoholysis, 162
2,3-Dibromo-5,6-diphenylpyrazine,
  aminolysis, 153
2-(1,2-Dibromo-2-ethoxycarbonylethyl)-3-
  methylthiopyrazine, 121
3,5-Dibromo-1-methyl-2(1H)-
  pyrazinone, 20
2-(1,2-Dibromopentyl)-3,6-
  dimethylpyrazine, 122
3,5-Dibromo-2-pyrazinamine, 143
  alcoholysis, 161
  alkanethiolysis, 168
  aminolysis, 153
  cyanolysis, 173
  cyclocondensation, 177
2,6-Dibromopyrazine, aminolysis, 151
2-(2,2-Dibromovinyl)-5-isopropyl-3,6-
  dimethoxy-2-methyl-2,5-
  dihydropyrazine, 340
  dehydrohalogenation etc., 103
1,4-Di-tert-butyl-5,6-dihydro-2,3(1H,4H)-
  pyrazinedione, radical
  formation, 225
1,4-Di-tert-butyl-5,6-dihydro-
  2,3,5,6(1H,4H)-pyrazinetetrone,
  radical formation, 225
2,5-Di-sec-butyl-3-(1-hydroxypropyl)-
  pyrazine 1-oxide, 83
2,5-Di-tert-butylpyrazine, 33
2,5-Di-sec-butylpyrazine 1-oxide,
  acylation, 342
  alkylation, 83
3,6-Di-sec-butyl-2(1H)-pyrazinone, 241
2,5-Di-sec-butyl-3-p-toluoylpyrazine, 231
2,5-Di-sec-butyl-3-p-toluoylpyrazine 4-
  oxide, 342
  deoxygenation, 231
2,5-Dichloro-3,6-bis(hydroxymethyl)-
  pyrazine, 211
2,5-Dichloro-3-[3-chloro-6-(chloroseleno)-
  anilino]pyrazine, 69
  to a diselenide, 69

2,6-Dichloro-3-(3,4-dibenzyloxy-5-
   benzyloxymethyltetrahydrofuran-2-
   yl)pyrazine, alkoxycarbonylation, 310
2,5-Dichloro-3,6-diethylpyrazine,
   alkanelysis, 97
2,5-Dichloro-3,6-diethylpyrazine 1,4-
   dioxide, hydrolysis, 159
2,6-Dichloro-3,5-diiodopyrazine, 144
2,3-Dichloro-5,6-dimethylpyrazine, 146
2,5-Dichloro-3,6-dimethylpyrazine,
   alcoholysis, 161
5,6-Dichloro-1,4-dimethyl-2,3(1H,4H)-
   pyrazinedione, 140
2,3-Dichloro-5,6-diphenylpyrazine, 146
   azidolysis, 171
2,5-Dichloro-3,6-
   diphthalimidopyrazine, 151
   deacylation, 151
5,6-Dichloro-3-ethoxycarbonylmethyl-
   2(1H)-pyrazinone, 61
2,6-Dichloro-3-(α-hydroxybenzyl)-
   pyrazine, oxidation, 212
2,6-Dichloro-3-(1-hydroxyethyl)pyrazine,
   oxidation, 212
2,6-Dichloro-3-iodopyrazine, 144
   alkanelysis, 93
2,5-Dichloro-3-isobutyl-6-
   methylpyrazine, 139
2,6-Dichloro-3-methyl-5-
   phenylpyrazine, 145
2-(Dichloromethyl)pyrazine,
   ω-halogenation, 121
3,6-Dichloro-5-methyl-2-
   pyrazinecarboxylic acid,
   esterification, 304
5,6-Dichloro-N-methyl-2,3-
   pyrazinedicarboximide, 306
3,5-Dichloro-1-methyl-2(1H)-
   pyrazinone, 20
   alcoholysis, 162
   aminolysis, 154
   cyanolysis, 174
   thiolysis, 165
   with thiourea, 165
5,6-Dichloro-3-nitro-2-pyrazinamine, 259
   alcoholysis, 261
   alkanelysis, 95
   cyanolysis, 261
   to the trihalogeno analogue, 147
3,5-Dichloro-1-phenethyl-2(1H)-
   pyrazinone, alkanelysis, 99
4,6-Dichloro-2-phenyl-2,5-
   diazabicyclo[2.2.2]oct-5-en-3-one, 86
2,6-Dichloro-3-phenylethynylpyrazine, 93

2,5-Dichloro-3-phenylpyrazine, 138
3,5-Dichloro-1-phenyl-2(1H)-pyrazinone,
   3,6-bridging alkylation, 86
Diels-Alder reactions, 224
2,3-Dichloropyrazine, 140
   alkanelysis, 95
   alkanethiolysis, 167
   aminolysis, 151
   cyclocondensation, 176
2,6-Dichloropyrazine, alkanelysis, 96
   aminolysis, 151
   azidolysis, 171
   cyclization, 175
   transhalogenation, 148, 149
3,5-Dichloro-2,6-pyrazinediamine, 152
3,6-Dichloro-2,5-pyrazinediamine, 151
   X-ray analysis, 151
5,6-Dichloro-2,3-pyrazinediamine, 152
5,6-Dichloro-2,3-pyrazinedicarbonitrile, 141
   alkanelysis, 95
   alkanethiolysis, 170
   aminolysis, 156
   cyclocondensation, 177
5,6-Dichloro-2,3-pyrazinedicarboxylic
   acid, 67
   aminolysis, 157
   to the anhydride, 303
5,6-Dichloro-2,3-pyrazinedicarboxylic
   anhydride, 303
   to a dicarboximide, 306
2,5-Dichloropyrazine 1-oxide,
   alkanethiolysis, 169
2,6-Dichloropyrazine 4-oxide,
   aminolysis, 155
5,6-Dicyano-3-methyl-2-
   pyrazinecarbaldehyde, 212
   to a Schiff base, 338
3-(1,1-Dicyanopent-4-ynyl)-5,6-dihydro-
   7H-cyclopenta[b]pyridine-7,7-
   dicarbonitrile, 335
3-(1,1-Dicyanopent-4-ynyl)-5,6-dihydro-
   7H-cyclopenta[c]pyridine-7,7-
   dicarbonitrile, 335
2-(2,2-Dicyanovinylamino)pyrazine, 280
Didehydropyrazine, fine structure, 71
5,5-Dideutero-2-isopropyl-3,6-dimethoxy-
   2,5-dihydropyrazine, 219
2-(2,2-Diethoxycarbonylvinyl)amino-3-
   methoxypyrazine, 280
   cyclization, 280
3,6-Diethoxy-2,5-diazabicyclo[2.2.2]octa-
   2,5-diene, 190
2,5-Diethoxy-3,6-dihydropyrazine, 201
   alkylation, 82, 83

aminolysis, 219
cyclocondensation, 221
nitration, 259
oxidation, 201
3,6-Diethoxy-3,6-dihydro-2,5(1*H*,4*H*)-
pyrazinedione, 176
2,5-Diethoxy-3,6-dinitropyrazine, 251
2,5-Diethoxy-3-(1-hydroxy-1-
methylethyl)-3,6-dihydropyrazine, 83
oxidation, 83
2,5-Diethoxy-3-(1-hydroxy-1-
methylethyl)pyrazine, 83
dehydration, 102
2,5-Diethoxy-3-isopropenylpyrazine, 102
2,5-Diethoxy-3-isopropyl-3,6-
dihydropyrazine, alkylation, 87, 89, 91
2,5-Diethoxy-3-isopropyl-6-methyl-3,6-
dihydropyrazine, acylation, 342
3,6-Diethoxy-5-isopropyl-2-methyl-2,5-
dihydro-2-pyrazinecarboxylic acid, 198
esterification, 302
2,5-Diethoxy-3-isopropyl-6-(2,3,4,5-
tetraacetoxy-1-hydroxypentyl)-3,6-
dihydropyrazine, 91
2,5-Diethoxy-3-isopropyl-6-(3-
trimethylsilylprop-2-ynyl)-3,6-
dihydropyrazine, 89
2-(2,5-Diethoxyphenyl)-5-isopropyl-3,6-
dimethoxy-2,5-dihydropyrazine, 91
4-[3-(Diethoxyphosphinyl)propyl]-
2-piperazinecarboxamide, 106
2-(3,3-Diethoxypropyl)-3-
ethoxycarbonylmethylpyrazine, to the
free aldehyde, 336
2-(3,3-Diethoxypropyl)-3-
methylpyrazine, 122
2,5-Diethoxypyrazine, 201
alkylation, 92
2-Diethylamino-7-methoxy-1,3,5-
triazepine, 297
5-Diethylamino-6-methyl-2,3-
pyrazinedicarbonitrile, 21
2-Diethylaminopyrazine, 175
3-Diethylamino-5-thiocarbamoyl-
2-pyrazinecarboxamide, 323
2,3-Diethyl-5,6-bis(tetrazol-5-yl)-
pyrazine, 333
Diethylcarbamazine, 241
7,16-Diethyl-5,14-dihydrodipyrazino[2,3-
b:2′,3′-*i*][1,4,8,11]tetraazacy-
clodecine, 279
1,4-Diethyl-5,6-dihydro-2,3,5,6(1*H*,4*H*)-
pyrazinetetrone, 18
cyclization, 223

3,6-Diethyl-1,4-dihydroxy-3,6-dihydro-
2,5(1*H*,4*H*)-pyrazinedione, 159
Diethyl 2,5-dimethyl-1,4-
piperazinedicarboxylate, 29
2,3-Diethyl-5,6-dimethylpyrazine,
oxidation, 117
2,5-Diethyl-3,6-dimethylpyrazine, 97
Diethyl 3,6-dimethyl-2,5-
pyrazinedicarboxylate, 30
3,6-Diethyl-5-iodo-2(1*H*)-pyrzzinone, 144
6,6-Diethyl-5-methyl-3,6-dihydro-2(1*H*)-
pyrazinone 4-oxide,
cyclocondensation, 238
2,5-Diethyl-3-methylpyrazine, 97
N,*N*-Diethyl-5-methyl-2-
pyrazinecarboxamide, 306
Diethyl 1,4-pioerazinebis-
(carbodithioate), 275
N,*N*-Diethyl-2-pyrazinecarboxamide, 175
5,6-Diethyl-2,3-pyrazinedicarbonitrile, 81
cyclization, 333
S,*S*′-Diethyl 1,4-piperazine-
dicarbothioate, 309
oxidation, 317
1,4-Diethylpyrazinediium
bistetrafluoroborate, 77, 135
to a radical cation, 135
1,4-Diethylpyrazine radical cation
(tetraphenylborate), 135
X-ray analysis, 135
1,4-Diethylpyrazine radical cation
(iodide), 135
to a stable tetraphenylborate, 135
N,*N*-Diethyl-2-pyrazinesulfonamide, 248
3,6-Diethyl-2(1*H*)-pyrazinethione, 197, 247
3,6-Diethyl-2(1*H*)-pyrazinone,
acylation, 203
halogenation, 144
thiation, 197
2,5-Diethyl-3-styrylpyrazine, 93
3-(2,5-Difluorobenzoyl)-2-
pyrazinecarboxylic acid, 307
1,2-Difluoro-1,2-bis(3,5,6-trifluoropyrazin-
2-yl)ethylene, 57
2-(Difluoromethyl)pyrazine, 181
1-Difluoronitroacetyl-4-*p*-
fluorophenylpiperazine, 276
X-ray analysis, 276
1-Difluoronitroacetyl-4-
phenylpiperazine, 276
2,6-Difluoropyrazine, 149
1,4-Dihexyl-3,6-dihydro-2,5(1*H*,4*H*)-
pyrazinedione, 181
2,3-Dihydrazinopyrazine, 151

1-(2,3-Dihydro-1,4-benzodioxin-5-yl)-
   piperazine, conformation, 115
5,10-Dihydrodipyrazino[2,3-*b*:2′,3′-*e*]-
   pyrazine, 177
1-(1,2-Dihydrophenyl)-4-
   methylpiperazine, 112
1-(1,4-Dihydrophenyl)-4-
   methylpiperazine, 112
3,4-Dihydro-1*H*-pyrano[3,4-*c*]pyridine, 220
1,4-Dihydropyrazine, conformation, 76, 115
3,6-Dihydro-2,5(1*H*,4*H*)-pyrazinedione, 34
   acylation, 205
   alkylation, 201
   halogenation, 143
3,6-Dihydro-2,5(1*H*,4*H*)-
   pyrazinedithione, 246
5,6-Dihydro-2,3,5,6(1*H*,4*H*)-
   pyrazinetetrone, 67
1,4-Dihydroxy-3,6-dimethyl-2,5-
   piperazinedione, 239
1,5-Dihydroxy-3,6-dimethyl-2(1*H*)-
   pyrazinone 4-oxide, reduction, 239
2-(1,2-Dihydroxyethyl)-5-
   methylpyrazine, 129
   acylation, 215
2-(2,3-Dihydroxypropylamino)-3-
   nitropyrazine, 155
2-(2,3-Dihydroxypropylamino)-5-
   nitropyrazine, 155
2,3-Diiodo-2-pyrazinamine 4-oxide, 143
2,6-Diiodopyrazine, 148
   alcoholysis, 160
   aminolysis, 151
2,5-Diisobutyl-3-methoxypyrazine 1-
   oxide, with acetic anhydride, 235
3,6-Diisobutyl-5-methoxy-2(1*H*)-
   pyrazinone, alkylation, 200
3,6-Diisobutyl-5-methoxy-2(1*H*)-
   pyrazinone 4-oxide, 193
   X-ray analysis, 193
3,6-Diisobutyl-5-phenyl-2(1*H*)-
   pyrazinone, 99
2,5-Diisobutylpyrazine, 172
3,6-Diisobutyl-2-pyrazinecarbonitrile, 174
2,5-Diisobutylpyrazine 1-oxide, 173
2,5-Diisobutyl-3-(thien-2-yl)pyrazine,
   desulfurization, 105
2,5-Diisobutyl-3-trimethylsilylethynylp-
   yrazine, 93
1,4-Diisobutyrylpiperazine, 275
   to the bis(chloromethylpropenyl)
   analogue, 181
2,5-Diisopropyl-3-methoxycar-
   bonylthiopyrazine, 249

3,6-Diisopropyl-2-methoxypyrazine, 159
   hydrolysis, 159
2,5-Diisopropyl-3-phenylpyrazine, 97
2,5-Diisopropylpyrazine 1,4-dioxide, 227
2,5-diisopropylpyrazine 1-oxide, 227
3,6-Diisopropyl-2(1*H*)-pyrazinethione, 197
   acylation, 249
   alkylation, 248
3,6-Diisopropyl-2(1*H*)-pyrazinone, 159, 193
   acylation, 204
1-(3,5-Dimethoxybenzoyl)piperazine,
   reduction, 113
3-(3,4-Dimethoxybenzyl)-3-methyl-3,6-
   dihydro-2,5(1*H*,4*H*)-pyrazinedione, 6
1-(3,5-Dimethoxybenzyl)piperazine, 113
2-(Dimethoxycarbonylmethyl)-5-
   isopropyl-3,6-dimethoxy-2,5-
   dihydropyrazine, 91
2,5-Dimethoxy-3,6-dihydropyrazine,
   oxidation, 219
3,6-Dimethoxy-1,4-dimethyl-3,6-dihydro-
   2,5(1*H*,4*H*)-pyrazinedione, 162
6,8-Dimethoxy-1,4-dimethyl-2,3-dioxo-5,7-
   diazabicyclo[2.2.2]octa-
   5,7-diene, 220
   to an imidazole, 220
2,5-Dimethoxy-3,6-dimethylpyrazine, 161
   endoperoxidation, 220
   hydrolysis, 193
2,5-Dimethoxy-3,6-diphenyl-3,6-
   dihydropyrazine, X-ray analysis, 217
2-(2,2-Dimethoxyethyl)-3,6-
   dimethylpyrazine, 129
6-Dimethoxymethyl-3-
   dimethylaminomethyleneamino-2-
   pyrazinecarbonitrile 4-oxide,
   dealkylidenation, 267
2,6-Dimethoxy-3-methylpyrazine, 82
6-(3,4-Dimethoxyphenyl)-4-methyl-4,5-
   dihydro-2-pyrazinecarbonitrile, 133
   reduction, 133
6-(3,4-Dimethoxyphenyl)-4-methyl-
   1,4,5,6-tetrahydro-2-
   pyrazinecarbonitrile, 133
1-(2,5-Dimethoxyphenyl)piperazine, 11
   ω-halogenation, 120
5-(3,4-Dimethoxyphenyl)-2-
   pyrazinecarbonitrile, 332
6-(3,4-Dimethoxyphenyl)-2-
   pyrazinecarbonitrile, 332
5-(3,4-Dimethoxyphenyl)-2,3-
   pyrazinedicarbonitrile, alcoholysis, 218
   aminolysis, 270
   hydrogenolysis, 332

2,5-Dimethoxypyrazine, 219
2,6-Dimethoxypyrazine, alkylation, 82
5,6-Dimethoxy-1,4,5,6-tetrahydro-2,3-pyrazinedicarbonitrile, 21
  to 2,3-pyrazinedicarbonitrile, 21
2,7-Dimethoxy-1,3,5-triazepine, 297
2,5-Dimethoxy-3-(2,2,2-trifluoroethoxy)pyrazine, 161
2-Dimethylamino-3,6-dimethylpyrazine, 152
2-Dimethylamino-5,6-diphenylpyrazine, 153
2-Dimethylamino-5-iodopyrazine, 233
2-Dimethylamino-6-iodopyrazine, 151
5-Dimethylamino-3-isopropyl-6,6-dimethyl-3,6-dihydro-2(1H)-pyrazinone, 51
3-Dimethylaminomethyleneamino-5-ethoxycarbonylmethylthio-2,6-pyrazinedicarbonitrile, 170
2-Dimethylaminomethyleneaminopyrazine, a displacement reaction, 287
3-Dimethylaminomethyleneamino-2-pyrazinecarbonitrile, 278
  cyclization, 278
3-Dimethylamino-6-nitro-2-pyrazinecarbonitrile, 173
2-Dimethylaminopyrazine, 233
2-Dimethylaminopyrazine 1-oxide, deoxygenation, 233
2-(2-Dimethylaminovinyl)pyrazine, transamination, 287
6,6′-Dimethyl-2,2′-bipyrazine, 104
2,5-Dimethyl-1,4-bis(triisopropylsilyl)-1,4-dihydropyrazine, 285
  X-ray analysis, 285
3,5-Dimethyl-N,N′-bis(6-methylpyridin-2-yl)-2,5-pyrazinedicarboxamide, 32
2,5-Dimethyl-3,6-bis[1-methyl-2-(trimethylsilyl)vinyl]pyrazine, 85
1,4-Dimethyl-2,5-bistosylimino-piperazine, 250
6-(2,3-Dimethylbut-2-enyl)-6-hydroxy-1,4-dimethyl-5,6-dihydro-2,3,5(1H,4H)-pyrazinetrione, 208
Dimethyl 5-chloro-6-oxo-1-phenyl-1,6-dihydro-2,3-pyridinedicarboxylate, 224
Dimethyl 2-cyano-5-dimethylamino-6-oxo-1-phenyl-1,6-dihydro-3,4-pyridinedicarboxylate, 288
2-[(2,3-Dimethylcycloprop-1-yl)-hydroxymethyl]-5-isopropyl-3,6-dimethoxy-2,5-dihydropyrazine, 123
Dimethyl 2,6-dichloro-3,4-pyridinedicarboxylate, 224

Dimethyl 4,4-diethyl-3a-methyl-6-oxo-4,5,6,7-tetrahydro-3aH-isoxazolo[2,3-a]pyrazine-2,3-dicarboxylate, 238
2,3-Dimethyl-5,6-dihydropyrazine, 16, 26
  alkylation, 84
1,4-Dimethyl-3,6-dihydro-2,5(1H,4H)-pyrazinedione, alkylation, 82, 83
  formylation, 337
  halogenolysis and halogenation, 140
  radical formation, 225
1,4-Dimethyl-5,6-dihydro-2,3(1H,4H)-pyrazinedione, 28
1,4-Dimethyl-3,6-dihydro-2,5(1H,4H)-pyrazinedithione, aminolysis, 250
1,4-Dimethyl-5,5-dihydro-2,3,5,6(1H,4H)-pyrazinetetrone, with tetramethylethylene, 208
3,3-Dimethyl-2,3-dihydro-2-pyrazinol 1,4-dioxide, rearrangement, 239
Dimethyl 3,6-dimethyl-2,5-pyrazinedicarboxylate, 32
2,6-Dimethyl-1,4-dinitrosopiperazine, as a nitrosating agent, 264
Dimethyl 2,4-dioxo-1,5-diphenyl-3,8-diazabicyclo[3.2.1]oct-6-ene-6,7-dicarboxylate, 207
Dimethyl 2,5-dioxo-1,4-piperazinebiscarbodithioate, 205
1,4-Dimethyl-3,6-dioxo-2-piperazinecarbaldehyde, 337
Dimethyl 2,3-diphenyl-1,4-dihydro-1,4-pyrazinedicarboxylate, 310
1,4-Dimethyl-2,3-diphenylpiperazine, photoisomerization, 115
2,5-Dimethyl-3,6-diphenylpyrazine, 49
Dimethyl 5,6-diphenyl-2,3-pyrazinedicarboxylate, 58
2,3-Dimethyl-6,7-diphenylpyrazino[2,3-b]pyrazine, 279
1,4-Dimethyl-2,3-diphenyl-1,4,5,6-tetrahydropyrazine, 10
2,5-Dimethylimidazole, 296
2,5-Dimethyl-1-imidazolecarbonitrile, 296
3,5-Dimethylimidazolidin-4-one, 223
8,8-Dimethyl-7-methylene-7,8-dihydro-10H-thiazolo[2,3-b]pteridin-10-one, 316
2,5-Dimethyl-3-(N-methylhydrazino)-pyrazine, 152
  to a thiosemicarbazido analogue, 293
2,5-Dimethyl-3-[1-methyl-4-phenyl-(thiosemicarbazido)]pyrazine, 293
  cyclization, 293

5,6-Dimethyl-3-methylsulfonyl-2-
    pyrazinamine, alcoholysis, 217
1,4-Dimethyl-2-methylthio-3,6-dioxo-2-
    piperazinecarbaldehyde,
    reduction, 208
2,6-Dimethyl-4-nitrosopiperazine, 264
2,5-Dimethyl-3-(oxazol-5-yl)pyrazine, 94
N-(4, 6-Dimethyl-2-oxo-2H-pyran-3-yl)-2-
    pyrazinecarboxamide, 307
Dimethyloxosulfonium 5,6-
    diphenylpyrazin-2-ylmethylide, 99
    cyclization, 99
2,5-Dimethyl-3-(pent-1-enyl)pyrazine, 85
    halogen addition, 122
    oxidation, 119
2-(α,α-Dimethylphenacyl)pyrazine, 213
2,5-Dimethyl-3-phenacylpyrazine, 104
2,3-Dimethyl-1-phenacylpyrazinium
    bromide, 131
2,3-Dimethyl-5-phenethylpyrazine, 81
Dimethyl 1-phenyl-1,4-dihydro-2,6-
    pyrazinedicarboxylate, 2
2,5-Dimethyl-3-phenylethynylpyrazine,
    reduction, 101
1,4-Dimethyl-2-phenyl-3-(pyridin-4-
    yl)piperazine, rhenium complex, 289
1,4-Dimethyl-2-phenyl-1,4,5,6-
    tetrahydropyrazine, 54
2,5-Dimethyl-3-phenylthiopyrazine, 168
1,3-Dimethylpiperazine, 130
1,4-Dimethylpiperazine, 12, 109
    demethylation, 130
    halogenation, 145
    ionization, 116
    nitrosolysis, 263
5,N-Dimethyl-2-piperazinecarboxamide,
    acylation, 277
1,4-Dimethylpiperazine 1,4-dioxide, 230
2,3-Dimethyl-5-propylidene-5,6-
    dihydropyrazine, 84
2,3-Dimethyl-5-propylpyrazine, 84
2,3-Dimethylpyrazine, 67
    ω-acylation, 125
    alkylation, 81, 122
    ω-alkylidenation, 125
    conformation, 115
    quaternization, 131
    X-ray analysis, 114
2,5-Dimethylpyrazine, 32, 98
    alkylation, 85
    alkylidenation, 102
    ammoxidation, 128
    conformation, 115
    ω-halogenation, 120, 121

IR study, 116
oxidation, 118
reductive silylation, 285
UV study, 115
X-ray analysis, 114
2,6-Dimethylpyrazine, ω-acylation, 126
    conformation, 115
    IR study, 116
    ω-silylation, 130
    X-ray analysis, 114
3,6-Dimethyl-2-pyrazine-
    carboxylic acid, 175
Dimethyl 2,3-pyrazinedicar-
    boximidate, 218, 309
    hydrolysis, 313
Dimethyl 2,3-pyrazinedicarboxylate,
    quaternization, 131
5,6-Dimethyl-2,3-pyrazinedicarboxylic
    acid, 67
    decarboxylation, 67
2,3-Dimethylpyrazine 1,4-dioxide, 228, 239
2,3-Dimethylpyrazine 1-oxide, 228
    with acetic anhydride, 236
2,5-Dimethylpyrazine 1-oxide, 118
2,6-Dimethylpyrazine 1-oxide, with acetic
    anhydride, 236
2,3-Dimethylpyrazinium chloride,
    deuteration, 135
1,3-Dimethylpyrazinium iodide 4-
    oxide, 132
1,5-Dimethylpyrazin-1-ium-3-olate, 199
    Diels-Alder reaction, 225
3,6-Dimethyl-2(1H)-pyrazinone, 158
2-(3,6-Dimethylpyrazin-2-yl)-
    benzothiazole, 94
4,5-Dimethyl-2-(pyrazin-2-yl)-3,6-
    dihydro-1,2-oxazine, 262
1-(3,6-Dimethylpyrazin-2-yl)indole, 152
2-(3,6-Dimethylpyrazin-2-yl)indole, 94
3-(3,6-Dimethylpyrazin-2-yl)-
    1-tosylindole, 94
1,8-Dimethylpyrrolo[1,2-a]pyrazine, 133
2,5-Dimethyl-3-(pyrrol-2-yl)pyrazine, 94
2,5-Dimethyl-3-styrylpyrazine, 101
Dimethylsulfiliminopyrazines, *see*
    Dimethylsulfimidopyrazines
2-Dimethylsulfimidopyrazine, to the 2-
    nitro analogue, 260
Dimethylsulfimidopyrazines, 286
    to nitropyrazines, 260
    to nitrosopyrazines, 262
Dimethyl 3,3,6,6-tetraethoxycarbonyl-1,4-
    dimethyl-2,5-piperazinedicar-
    boxylate, 48

1,2-Dimethyl-2,3,5,6-tetraphenyl-1,2-
  dihydropyrazine, 114
9,9-Dimethyl-9H,11H-[1, 3]thiazino-
  [2,3-b]pteridin-11-one, 316
2,5-Dimethyl-3-(thiazol-5-yl)pyrazine, 94
2,5-Dimethyl-3-(thien-2-yl)pyrazine, 94
1,4-Dimethyl-5-tosylimino-3,4,5,6-
  tetrahydro-2(1H)-pyrazinethione, 250
2,5-Dimethyl-3-(trimethylsilylethynyl)-
  pyrazine, desilylation, 104
5,6-Dimorpholino-2,3-
  pyrazinedicarbonitrile, 156
2,5-Di(naphthalen-1-yl)pyrazine,
  fluorescence, 116
2,5-Di(naphthalen-2-yl)pyrazine,
  fluorescence, 116
1,4-Dineopentylpiperazine, 41
1,4-Dinitrosopiperazine, 263
  metabolism, 264
  X-ray analysis, 263
1,4-Dinitroso-2-piperazinecarboxylic
  acid, 262
2,3-Dioxa-5,7-diazabicyclo[2.2.2]octanes,
  to pyrazines, 60
2-(1,4-Dioxaspiro[4.5]dec-2-yl)-
  hydroxymethyl-5-isopropyl-3,6-
  dimethoxy-2-5-dihydropyrazine, 90
5,6-Dioxa-1,4-di-p-tolyl-1,4,5,6-
  tetrahydro-2-pyrazinecarbo-
  nitrile, 18
2-(1,3-Dioxoindan-2-yl)pyrazine, 127
5,6-Dioxo-1,4,5,6-tetrahydro-2,3-
  pyrazinedicarbonitrile, 18
  halogenolysis, 141
1-(Diphenylacetyl)piperazine, 4-
  alkylation, 111
1-(Diphenylacetyl)-4-[1-(pyridin-3-yl)-
  ethyl]piperazine, 111
2,3-Diphenyl-5,6-dihydropyrazine,
  cyclocondensation, 127
  oxidation, 85, 119
  silver nitrate complex, 114
  X-ray analysis, 114
2,3-Diphenyl-5,6-di-p-toluidino-2,3-
  dihydropyrazine, 17
2,5-Diphenyl-1,4-di-p-tolyl-1,4-
  dihydropyrazine, 31
  rearrangement, 31
2,5-Diphenyl-1,6-di-p-tolyl-1,2-
  dihydropyrazine, 31
2,6-Diphenyl-1,4-di-p-tolyl-1,4-
  dihydropyrazine, 13
3-[N-(Diphenylmethyl)amidino]-6-phenyl-
  2(1H)-pyrazinone, 53

4,6-Diphenyl-2-(4-phenylpiperazin-1-
  yl)methyl-3(2H)-pyridazinone, 111
1,4-Diphenylpiperazine, 70
2,3-Diphenylpiperazine, 10
  photoisomerization, 115
3,6-Diphenyl-2,2,5,5-
  piperazinetetracarbonitrile, 42
3,5-Diphenyl-2-pyrazinamine, 272
3,6-Diphenyl-2-pyrazinamine, 152
5,6-Diphenyl-2-pyrazinamine, 272
2,3-Diphenylpyrazine, 85
  alkoxycarbonylation, 310
  chlorosulfonation, 255
  X-ray analysis, 114
2,5-Diphenylpyrazine, 33, 40, 41, 49, 50, 55
2,6-Diphenylpyrazine, 40
5,6-Diphenyl-2,3-pyrazinediamine, 1139
  cyclocondensation, 279
5,6-Diphenyl-2,3-pyrazinedicarbonitrile,
  alkanelysis, 100
  to a dihydrotetramer, 334
  mass spectral study, 330
  to a pyrazinedicarboximidic ester, 309
  water addition, 322
2,3-Diphenylpyrazine 1,4-dioxide, 229
  deoxidative halogenation, 146
2,3-Diphenylpyrazine 1-oxide, 229
1,5-Diphenyl-2(1H)-pyrazinone, 5
3,6-Diphenyl-2(1H)-pyrazinone, 193
5,6-Diphenyl-2(1H)-pyrazinone, 50
  alkylation, 199
1,3-Diphenyl-1H-pyrazino[2,3-e]-
  [1,3,4]oxadiazine-6,7-
  dicarbonitrile, 177
2-(3,6-Diphenylpyrazin-2-yl)indole, 94
6,7-Diphenyl-2,3-quinoxalinedicar-
  bonitrile, 188
5,6-Diphenyl-3-p-tolylamino-2-
  pyrazinecarbonitrile, 256
2-[Diphenyl(trimethylsiloxy)methyl]-3-
  fluoropyrazine, 215
3,6-Dipropyl-2(1H)-pyrazinethione, 197
3,6-Dipropyl-2(1H)-pyrazinone, 158
Dipyrazinyl disulfides, 255
  from thiols or thiones, 248
1,2-Di(pyrazin-2-yl)ethylene,
  cyclization, 126
1,4-Di(pyrazin-2-yl)piperazine, 151
Dipyrazinyl sulfides, see
  Alkylthiopyrazines
2,3-Di(pyridin-2-yl)pyrazine, X-ray
  analysis, 114
2,5-Di(pyridin-2-yl)pyrazine, complexes, 114
  X-ray analysis, 114

1,3-Diselenolo[4,5-*b*]pyrazine-2-thione, 250
2,3-Distyrylpyrazine, 125
2,5-Distyrylpyrazine, 102, 231
2,5-Distyrylpyrazine 1,4-dioxide, deoxygenation, 231
2-[2-(Dithiocarboxy)propionyl]pyrazine, 300
1,3-Dithiolo[4,5-*b*]pyrazine-2-thione, 176, 250
1,4-Ditosyl-2-vinylpiperazine, 21
1-Dodecylpyrazinium iodide, 77
Draflazine, 241
Dragmacidine, 241
Dragmacidon, 241
Dysamide (A-T), 242

Echinulin, 242
Emeheterone, 242
Emimycin, 242
2-(1,2-Epoxypentyl)-3,6-dimethylpyrazine, 119
Esaprazole, 242
2-Ethoxalylmethylpyrazine, 126
2-Ethoxy-5,8-bis(trifluoromethyl)-3,4-dihydropyrazino[2,3-*d*]pyridazine, 221
2-[*N*′-(Ethoxycarbonylacetyl)hydrazino]-3-(2-methylthioethyl)-5-phenylpyrazine, 290
  cyclization, 290
2-(Ethoxycarbonylacetyl)pyrazine, 320
4-(2-Ethoxycarbonylethyl)-1-piperazinecarbaldehyde, 108
1-[β-(Ethoxycarbonylmethoxy-*p*-nitrophenethyl]-4-methylpyrazine, 214
3-Ethoxycarbonylmethylamino-1*H*-pyrazino[2,3-*e*]-1,3,4-thiadiazine, 293
2-(4-Ethoxycarbonyl-1-methylbut-2-enyl)-5-isopropyl-3,6-dimethoxy-2,5-dihydropyrazine, 88
2-Ethoxycarbonylmethyl-6,6-dimethyl-3,4,5,6-tetrahydro-2(1*H*)-pyrazinone, 16
2-Ethoxycarbonylmethyl-3-(2-formylethyl)pyrazine, 336
3-Ethoxycarbonylmethyl-4-phosphonoacetyl-2-piperazinone, 187
2-Ethoxycarbonylmethylthio-3,6-diisopropylpyrazine, 248
2-Ethoxycarbonylmethylthio-3-methylpyrazine, 167
3-Ethoxycarbonylmethylthio-2-pyrazinecarbaldehyde, cyclization, 340

2-(4-Ethoxycarbonylpyrazol-1-yl)pyrazine, 292
3-(4-Ethoxycarbonylsemicarbazido)-2(1*H*)-pyrazinethione, 66
2-(2-Ethoxycarbonylvinyl)-3,6-diethylpyrazine, 93
2-(2-Ethoxycarbonylvinyl)-3-methylthiopyrazine, 103
  halogen addition, 121
2-Ethoxy-3,6-diphenylpyrazine, 160
2-Ethoxy-5,6-diphenylpyrazine, 199
5-Ethoxy-3-methoxy-5-methyl-6-phenyl-4,5-dihydro-2-pyrazinecarbonitrile, 15
  oxidation, 15
2-Ethoxymethyl-4(3*H*)-pteridinone, 280
8-Ethoxy-2-phenylimidazo[1,2-*a*]pyrazine, 279
3-Ethoxy-2-pyrazinamine, cyclocondensation, 279
2-Ethoxypyrazine, thermolysis, 194
Ethyl 3-amino-6-benzyloxy-5-isobutyl-2-pyrazinecarboxylate 4-oxide, reduction, 209
Ethyl 6-amino-3-chloromethyl-5-cyano-2-pyrazinecarboxylate, 232
Ethyl 6-amino-3-chloromethyl-5-cyano-2-pyrazinecarboxylate 1-oxide, 37
  deoxygenation, 232
Ethyl 3-amino-5,6-dimethyl-2-pyrazinecarboxylate, 26
2-[2-(Ethylamino)ethyl]pyrazine, 129
Ethyl 3-amino-6-hydroxyiminomethyl-2-pyrazinecarboxylate, to a carbonitrile oxide, 346
Ethyl 3-amino-6-hydroxyiminomethyl-2-pyrazinecarboxylate 4-oxide, to a carbonitrile oxide derivative, 347
Ethyl 3-amino-5-isobutyl-6-oxo-1,6-dihydro-2-pyrazinecarboxylate 4-oxide, 8, 37
Ethyl 3-amino-6-(5-phenylisoxazol-3-yl)-2-pyrazinecarboxylate 4-oxide, 347
Ethyl 3-amino-6-phenyl-2-pyrazinecarboxylate, 231
  aminolysis, 312
Ethyl 3-amino-6-phenyl-2-pyrazinecarboxylate 4-oxide, deoxygenation, 231
2-Ethylaminopyrazine, 150
Ethyl 3-amino-2-pyrazinecarboxylate, 310
Ethyl 5-amino-2-pyrazinecarboxylate, to the 5-oxo analogue, 192

Ethyl 1-benzyl-5-ethoxy-2-
piperazinecarboxylate, aminolysis
and cyclization, 220
Ethyl 1-benzyl-5-ethoxy-1,2,3,6-
tetrahydro-2-pyrazinecarboxylate, 7
Ethyl 2-benzyl-4-methyl-3-oxo-1,2,3,4-
tetrahydropyrazinecarboxylate, 4
Ethyl 7-benzyl-3-methyl-5,6,7,8-
tetrahydroimidazo[1,2-a]pyrazine-6-
carboxylate, 220
1-Ethyl-3,5-bis(methoxycarbonylmethyl)-
4-methylpiperazine, 11
cyclization, 317
Ethyl 2-bromo-6-methyl-5H-pyrrolo-
[2,3-b]pyrazine-7-carboxylate, 199
Ethyl 2-[α-(t-butyldimethylsiloxy)benzyl]-
3,6-diethoxy-5-isopropyl-2,5-
dihydro-2-pyrazinecarboxylate, 92
Ethyl 5-chloro-2-pyrazinecarboxylate, 138
alcoholysis, 163
Ethyl 6-cyano-3-(α-cyano-
α-ethoxycarbonylmethyl)-
5-oxo-4,5-dihydro-2-
pyrazinecarboxylate, 35
Ethyl 3,5-diamino-6-chloro-2-
pyrazinecarboximidate, 309
aminolysis, 313
Ethyl 1,4-dibenzyl-3-oxo-2-
piperazinecarboxylate, 20
Ethyl 3,5-dichloro-6-(3,4-dibenzyloxy-5-
benzyloxymethyltetrahydrofuran-2-
yl)-2-pyrazinecarboxylate, 310
Ethyl 3,6-diethoxy-5-isopropyl-2,5-
dihydro-2-pyrazinecarboxylate, 203
alkylation, 92
2-Ethyl-3,6-diisopropylpyrazine, 97
7-Ethyl-5,6-dimethoxycarbonyl-3-
phenyl-3a,4,7,7a-tetrahydro-1H-
imidazo[4,5-b]pyrazine-2(3H)-
thione, 134, 316
1-Ethyl-2,3-dimethoxycarbonylpyrazinium
tetrafluoroborate, 131
cyclocondensation, 134, 316
Ethyl 2,4-dimethyl-1-
piperazinecarboxylate, 130
dealkoxycarbonylation, 130
2-Ethyl-3,6-dimethylpyrazine, 98
2-Ethyl-3,6-dimethylpyrazine 1-oxide, 98
1-Ethyl-2,3-dimethylpyrazinium iodide, 131
1-Ethyl-5,6-diphenyl-2(1H)-pyrzzinone, 199
Ethyl 1,4-diphenyl-1,4,5,6-tetrahydro-2-
pyrazinecarboxylate, 53
Ethyl 2-ethoxycarbonylmethyl-4-methyl-
3-oxo-1-piperazinecarboxylate, 201

Ethyl 2-ethoxycarbonylmethyl-3-oxo-1-
piperazinecarboxylate, alkylation, 201
3-Ethylidene-6-isobutyl-1-methyl-3,6-
dihydro-2,5(1H,4H)-pyrazinedione, 13
3-Ethyliminomethyl-6-phenyl-2-
pyrazinamine, 65
3-Ethyl-6-isobutyl-5-methyl-2(1H)-
pyrazinone, 5
1-Ethyl-5-isobutyl-3,4,5,6-tetrahydro-
2(1H)-pyrazinone, 50
Ethyl 5-isopropyl-3,6-dioxo-2-
piperazinecarboxylate, alkylation, 203
Ethyl 9-methoxy-4-oxo-4H-pyrazino-
[1,2-a]pyrimidine-3-carboxylate, 280
Ethyl 5-methoxy-2-pyrazinecarboxylate, 163
to the carboxamide, 312
3-Ethyl-9-methyl-3,9-
diazabicyclo[3.3.1]nonan-
7-one, 317
Ethyl 5-methyl-3-oxo-3,4-dihydro-2-
pyrazinecarboxylate, 304
1-Ethyl-4-methylpiperazine,
nitrosolysis, 263
Ethyl 4-methyl-2-piperazinecarboxylate,
aminolysis, 312
Ethyl 5-methyl-2-pyrazinecarboxylate 4-
oxide, 35
Ethyl 8-(2-methylthioethyl)-6-phenyl-
1,2,4-triazolo[4,3-a]pyrazine-3-
carboxylate, 290
2-[1-Ethyl-1-(methylthio)propyl]-5-
isopropyl-3,6-dimethoxy-2,5-
dihydropyrazine, 90
Ethyl 5-oxo-4,5-dihydro-2-
pyrazinecarboxylate, 192
halogenolysis, 138
to the carboxamide, 312
Ethyl 2-pyrazinecarboxylate, 304, 310
Claisen reaction, 315
with dimethyl sulfoxide, 255
hydrolysis, 300
5-Ethyl-2,3-pyrazinedicarbonitrile, 81
3-Ethyl-2(1H)-pyrazinone, alkylation, 199
Ethyl 1-pyrazolecarboxylate, 298
3-Ethyl-1-(pyridin-2-ylmethyl)-2(1H)-
pyrazinone, 199
3-Ethylsulfonyl-2-pyrazinecarbonitrile, 254
7-Ethyl-2,3,8,8a-tetrahydro-5H-
oxazolo[3,2-a]pyrazine-5,6,8(7H)-
trione, 223
Ethyl 5,5,6,6-tetramethyl-3-oxo-3,4,5,6-
tetrahydro-2-pyrazinecarboxylate, 27
Ethyl thieno[2,3-b]pyrazine-6-
carboxylate, 340

Ethyl 3-(thien-2-yl)-1-piperazinecarboxylate, reduction, 113
5-Ethylthio-1-methyl-3(2,4,5-trimethoxy-3-methylbrnzyl)-3,6-dihydro-2(1H)-pyrazinone, desulfurization, 254
2-Ethylthio-3-propionylpyrazine, 169
3-Ethylthio-2-pyrazinecarbonitrile, oxidation, 254
2-Ethylthiopyrazine 1-oxide, 168
2-Ethynyl-3,6-dimethylpyrazine, 104
  to the 2-acetyl analogue, 134
2-Ethynyl-5-isopropyl-3,6-dimethoxy-2-methyl-2,5-dihydropyrazine, 103
Etioluciferamine, 242

Flavicol, 242
Flunarizine, 242
2-Fluoro-3-(hydroxydiphenylmethyl)pyrazine, silylation, 215
2-(1-Fluoro-2-methylethyl)-5-isopropyl-3,6-dimethoxy-2,5-dihydropyrazine, 180
1-(p-Fluorophenyl)-4-phenethylpiperazine, 108
1-(p-Fluorophenyl)piperazine, 4-alkylation, 108
2-Fluoro-5-phenylpyrazine, 148
2-Fluoropyrazine, 149
  formylation, 337
3-Fluoro-2-pyrazinecarbaldehyde, 337
2-Fluoropyrazine 1-oxide, 149
  alcoholysis, 162
  alkanethiolysis, 168
  azidolysis, 171
3-Fluoro-2-(trifluoromethyl)imidazo-[1,2-a]pyrazine, 278
Flutamide, 242
2-Formamido-5-phenylpyrazine, 98
2-Formamidopyrazine, 273
2-Formamido-5-(thien-2-yl)pyrazine, 98
2-(N'-Formylhydrazino)pyrazine 4-oxide, 290
  cyclization, 290
4-Formyl-6-hydroxy-3,4-dihydro-2(1H)-pyrazinyne, 13
  deacylation, 13
2-Formylmethylpyrazine oxime, 287
  to a cyanoiminopyrazine, 297
1-Formylpiperazine, see 1-Piperazinecarbaldehyde
2-(2-Formylpyrrol-1-yl)pyrazine, 338
Furans, to pyrazines, 52
2-(Furan-2-yl)-3,6-dimethylpyrazine, 94

5-(Furan-2-yl)-2(1H)-pyrazinone, 25
  halogenolysis, 134
Furo[2,3-b]pyrazines, to pyrazines, 60

Glance index, pyrazines from aliphatic or carbocyclic synthons, 42
  pyrazines from heterocyclic synthons, 71
Glipizide, 242
  analogues, 321
  antihyperglycemic activity, 321
3-Guanidinocarbonyl-5-methyl-6-phenyl-2-pyrazinamine, 314
3-Guanidinocarbonyl-5-phenoxy-2-pyrazinamine, 314
Guanidinocarbonylpyrazines, from pyrazinecarboxylic esters, 314
Guanidinoformylpyrazines, see Guanidinocarbonylpyrazines

Halogenopyrazines (extranuclear), 120, 137, 178
  alcoholysis, 184
  alkanelysis, 182
  alkanethiolysis, 239
  from alkylpyrazines, 120
  aminolysis, 182
  from ω-aminopyrazines, 180
  azidolysis, 186
  cyanolysis, 186
  cyclization, 188
  dehydrohalogenation, 103
  hydrogenolysis, 181
  hydrolysis, 183
  from ω-hydroxypyrazines, 178
  oxidation, 190
  from pyrazine aldehydes or ketones, 181, 340
  from pyrazine N-oxides, 145
  reactivity, 137, 181
  to thiocyanato analogues, 187
  thiolysis, 185
  transhalogenation, 181
Halogenopyrazines (nuclear), 137
  alcoholysis, 159
  alkanelysis, 93
  alkanethiolysis, 166
  aminolysis, 150
  azidolysis, 170
  cyanolysis, 173
  cyclocondensations, 176
  displacements (minor), 174
  fission, 176
  by halogenation, 141
  hydrogenolysis, 98, 171

hydrolysis, 158
  from pyrazinamines, 146
  from pyrazine *N*-oxides, 145
  from pyrazinones, 137
  reactions, 149
  reactivity, 137
  rearrangement, 176
  to sulfonylpyrazines, 255
  thiolysis, 164
  transhalogenation, 148
  from trialkylsiloxypyrazines, 149
2-(Hept-1-enyl)-3-methylpyrazine, 103
Hexadecylthiopyrazine, 166
2-(Hexafluoroisopropylide-
    neamino)pyrazine, 278
  cyclization, 278
1,2,3,5,6,7-Hexahydro-*s*-indacene-1,1,5,5-
    tetracarbonitrile, 335
2,2,3,3,5,6-Hexamethyl-2,3-
    dihydropyrazine 1,4-dioxide, ring
    fission, 238
2,2,3,5,5,6-Hexamethyl-2,5-
    dihydropyrazine, 29, 60
  X-ray analysis, 29
2,2′,6,6,6′,6′-Hexamethyl-
    1′,2,2′,5,5′,6,6′-octahydrobipyrazine-
    3,3′(4*H*,4′*H*)-dione, 206
1,2,3,4,5,6-Hexamethylpyrazine radical
    cation, 134
2,4,4,8,10,10-Hexamethyl-3,4,9,10-
    tetrahydropyrazino[1,2-*a*,1′,2′-*d*]-
    pyrazine-1,7(2*H*,8*H*)-dione, 188
  X-ray analysis, 188
2-Hexanoylmethyl-3-methylpyrazine, 125
2,2,3,3,5,6-Hexaphenyl-2,3-
    dihydropyrazine, 38
N-(Hydrazinocarbonylmethyl)-2-
    pyrazinecarboxamide, to the azido
    analogue, 328
2-Hydrazino-3,6-dimethylpyrazine,
    alkylidenation, 291
2-Hydrazino-6-methyl-3-phenylpyrazine 4-
    oxide, oxidative
    dehydrazination, 294
2-Hydrazino-3-(2-methylthioethyl)-5-
    phenylpyrazine, 152
  acylation, 290
3-Hydrazino-2-pyrazinamine, 154
2-Hydrazinopyrazine, 150
  alkylation, 292
  alkylidenation, 292, 344
2-Hydrazinopyrazine 4-oxide, 154
  acylation, 290
  alkylidenation, 291

Hydrazinopyrazines, 290. *See also*
    Pyrazinamines
  acylation and cyclization, 290
  alkylation, 292
  alkylidenation and cyclization, 291
  to azidopyrazines, 294
  dehydrazination, 294
  preparative routes, 290
  to semicarbazidopyrazines etc., 293
3-(α-Hydrazonobenzyl)amino-2-
    pyrazinecarboxamide oxime, 65
3-(Hydrazonomethyl)amino-2-
    pyrazinecarboxamide oxime, 65
2-Hydrazonomethylpyrazine, 339
Hydroechinulin, 242
3-(*N*-Hydroxyamidino)-2(1*H*)-pyrazinone,
    cyclization, 63
Hydroxyaspergillic acid, 242
2-(α-Hydroxybenzyl)-5-isopropyl-3,6-
    dimethoxy-2,5-dihydropyrazine, 91
2-(α-Hydroxybenzyl)pyrazine, 209
  hydrogenolysis, 179
2-(1-Hydroxybut-2-enyl)-5-isopropyl-3,6-
    dimethoxy-2,5-dihydropyrazine, 91
  ω-alkylation, 123
  oxidation, 118
2-(1-Hydroxybutyl)-5-isopropyl-3,6-
    dimethoxy-2,5-dihydropyrazine, 91
  alkylation, 214
6-(1-Hydroxybutyl)-3-isopropyl-3,4,5,6-
    tetrahydro-2(1*H*)-pyrazinone, 7
1-(3-Hydroxybutyryl)piperazine, 275
2-(1-Hydroxycyclopropyl)pyrazine, 345
6-Hydroxy-3,4-dihydro-2(1*H*)-
    pyrazinone, 14
1-Hydroxy-5,6-diisopropyl-2(1*H*)-
    pyrazinone, acylation, 234
2-(2-Hydroxy-1,1-dimethoxyethyl)-
    pyrazine, 210
2-(1-Hydroxy-2,2-dimethylcyclopropyl)-
    pyrazine, 345
6-Hydroxy-3,5-dimethyl-3,4-dihydro-
    2(1*H*)-pyrazinone, 9
2-(β-Hydroxy-α,α-dimethylphenethyl)-
    pyrazine, 124
  oxidation, 213
1-Hydroxy-5,6-dimethyl-2(1*H*)-
    pyrazinone, 226
  alkylation, 234
5-Hydroxy-3,6-dimethyl-2(1*H*)-
    pyrazinone, 193, 194
5-Hydroxy-3,6-diphenyl-2(1*H*)-
    pyrazinone, 27, 193
  acylation, 204

6-Hydroxy-3,5-diphenyl-2(1*H*)-
  pyrazinone, with acetylenes, 207
2-(1-Hydroxy-2,3-epoxybutyl)-5-
  isopropyl-3,6-dimethoxy-2,5-
  dihydropyrazine, 118
3-(2-Hydroxyethyl)-3,6-dihydro-
  2,5(1*H*,4*H*)-pyrazinedione,
  halogenolysis, 178
3-(2-Hydroxyethyl)-1,4-dimethyl-3,6-
  dihydro-2,5(1*H*,4*H*)-
  pyrazinedione, 83
  trialkylsilylation, 215
3-(1-Hydroxyethyl)imidazo[1,2-*a*]-
  pyrazine, 278
  oxidation, 278
2-(1-Hydroxyethyl)-5-isopropyl-3,6-
  dimethoxy-2,5-dihydropyrazine, 91
6-(2-Hydroxyethyl)-*N*-methyl-3-
  methylamino-2-
  pyrazinecarboxamide, 66
1-(2-Hydroxyethyl)-4-methylpiperazine, 12
4-(2-Hydroxyethyl)-*N*-phenyl-1-piper-
  azinecarboxamidrazone, 336
1-(2-Hydroxyethyl)piperazine, 109
4-(2-Hydroxyethyl)-1-
  piperazinecarbonitrile, to a
  carboxamidrazone, 336
2-(1-Hydroxyethyl)pyrazine, 78
2-(2-Hydroxyethyl)pyrazine, alkylation, 214
2-(2-Hydroxyguanidino)pyrazine, 335
2-(2-Hydroxyheptyl)-3-methylpyrazine,
  dehydration, 103
2-(α-Hydroxyiminobenzyl)pyrazine, 344
1-Hydroxy-3-isobutyl-6-isopropyl-2(1*H*)-
  pyrazinone, 158
2-(β-Hydroxy-*p*-methoxyphenethyl)-
  pyrazine, 123
  dehydration, 123
6-Hydroxy-4-methyl-3,4-dihydro-2(1*H*)-
  pyrazinone, deoxygenation, 206
3-Hydroxymethyl-1,4-dimethyl-3-
  methylthio-3,6-dihydro-2,5(1*H*,4*H*)-
  pyrazinedione, 208
2-(1-Hydroxy-2-methylethyl)-5-isopropyl-
  3,6-dimethoxy-2,5-dihydropyrazine, 90
  halogenolysis, 180
2-(1-Hydroxy-1-methylethyl)-5-isopropyl-
  3,6-dimethoxy-2-methyl-2,5-
  dihydropyrazine, 90
2-Hydroxymethyl-6-isobutyl-3,6-dihydro-
  2,5(1*H*,4*H*)-pyrazinedione, reductive
  deoxygenation, 207
6-Hydroxymethyl-3-isobutyl-6-methoxy-
  2(1*H*)-pyrazinone, 211

2-Hydroxymethyl-5-isobutylpiperazine, 207
2-Hydroxymethyl-3-methoxy-5-
  methylpyrazine, 210
6-Hydroxy-1-methyl-4-
  (methylcarbamoyl)methyl-3,4-
  dihydro-2(1*H*)-pyrazinone, 14
2-Hydroxymethyl-5-methylpyrazine,
  118, 184
  oxidation, 213
2-Hydroxymethyl-6-methylpyrazine, 236
5-Hydroxymethyl-6-methyl-2,3-
  pyrazinedicarbonitrile, 81
  oxidation, 212
2-Hydroxymethyl-5-methylpyrazine 4-
  oxide, 209
  alkylation, 213
1-Hydroxy-6-methyl-3-phenyl-2(1*H*)-
  pyrazinone, 233
1-Hydroxy-6-methyl-3-phenyl-2(1*H*)-
  pyrazinone 4-oxide,
  deoxygenation, 233
2-(1-Hydroxy-2-methylpropyl)-6-iodo-3-
  methoxypyrazine, dehydration, 102
2-(1-Hydroxy-2-methylpropyl)-5-
  isobutylpyrazine 1-oxide, acylation, 215
2-(1-Hydroxy-2-methylpropyl)-3-
  methoxypyrazine, 209, 210
2-Hydroxymethylpyrazine, with *N*-
  hydroxyphthalimide, 216
6-Hydroxymethyl-2(1*H*)-pyrazinone 4-
  oxide, oxidation, 213
2-(6-Hydroxymethylpyridin-2-yl)pyrazine,
  halogenolysis, 180
6-Hydroxymethyl-3,4,5,6-tetrahydro-
  2(1*H*)-pyrazinone, 3
2-Hydroxymethyl-3,5,6-
  trimethylpyrazine, 118
1-(β-Hydroxy-*p*-nitrophenethyl)-4-
  methylpiperazine, alkylation, 214
5-Hydroxy-6-phenyl-2,3(1*H*,4*H*)-
  pyrazinedione, 28
2-(3-Hydroxypropyl)-5-isobutyl-6-
  methoxypyrazine, 211
  acylaminolysis, 216
2-(2-Hydroxypropylsulfonyl)pyrazine, 256
Hydroxypyrazines (extranuclear), 208
  from acetoxy analogs, 210
  acylation, 215
  from alkoxypyrazines, 211
  alkylation, 213
  aminolysis (indirect), 216
  cyclization, 217
  dehydration, 102
  from halogeno analogues, 183

to halogeno analogues, 178
oxidation, 212, 213
by oxidative hydroxylation, 210
from pyrazinecarbaldehydes, 208
from pyrazinecarboxylic acids, 209
from pyrazine ketones, 208
silylation, 215
1-Hydroxy-2(1*H*)-pyrazinethione, 165
1-Hydroxy-2(1*H*)-pyrazinone, 23, 226
5-Hydroxy-2(1*H*)-pyrazinone, 196
structure, 191
2-(*p*-Hydroxystyryl)pyrazine, 212
1-Hydroxy-5,6,6-trimethyl-3,6-dihydro-2(1*H*)-pyrazinone, 5, 11

Imidazoles, to pyrazines, 53
1*H*-Imidazo[3,4-*b*]pyrazin-3-amine, 334
Imidazo[1,2-*a*]pyrazine, 278
Imidazo[1,2-*a*]pyrazines, to pyrazines, 61
4-Imino-1,3-dimethyl-3,4-dihydro-2(1*H*)-pteridinone, 283
3-Imino-4,6-dimethyl-5-phenyl-3,4-dihydro-2-pyrazinecarbonitrile, 14
3-Imino-4-methyl-3,4-dihydro-2-pyrazinamine, 221, 281
hydrolysis, 221, 281
Impacarzine, 242
Indoles, to pyrazines, 61
1-*o*-Iodobenzoyl-4-methylpiperazine, 275
5-Iodo-3,6-diisobutyl-2(1*H*)-pyrazinone,
alkanelysis, 99
2-(2-Iodoethyl)-5-isopropyl-3,6-dimethoxy-2-methyl-2,5-dihydropyrazine, 181
2-(2-Iodoethyl)-5-isopropyl-3,6-dimethoxy-2,5-dihydropyrazine, 179
2-Iodo-5-methoxy-6-(2-methylprop-1-enyl)pyrazine, 102
2-Iodo-6-methoxypyrazine, 160
4-*p*-Iodophenylpiperazine, 121
with methylthioformamidine, 284
4-*p*-Iodophenyl-1-piperazinecarboxamidine, 284
2-Iodo-5-phenylpyrazine, 149
2-(*o*-Iodophenylthio)pyrazine, 180
2-Iodo-3-phenylthiopyrazine, 251
alkanelysis, 96
2-Iodopyrazine, 79
alkylthiation, 251
carboxylation, 299
formylation, 337
3-Iodo-2-pyrazinecarbaldehyde, 337
3-Iodo-2-pyrazinecarboxylic acid, 299
1-Isobutoxycarbonylmethyl-6-isopropyl-3,6-dihydro-2,5(1*H*,4*H*)-pyrazinedione, 69
2-Isobutoxycarbonyloxy-3,6-diisopropylpyrazine, 204
2-Isobutoxycarbonylthio-3,6-diisopropylpyrazine, 249
3-Isobutyl-3,6-dihydro-2,5(1*H*,4*H*)-pyrazinedione, 6, 36
2-Isobutyl-3-methoxy-5-[3-(nitroguanidino)propyl]pyrazine, 284
2-Isobutyl-3-methoxy-5-(phthalimidopropyl)pyrazine, 216
deacylation, 216
2-Isobutyl-3-methoxypyrazine,
hydroxylation, 210
2-Isobutyl-3-methoxy-5-[3-(tetrahydropyran-2-yloxy)-propyl]pyrazine, to the hydroxypropyl analogue, 211
3-Isobutyl-6-methyl-3,6-dihydro-2,5(1*H*,4*H*)-pyrazinedione,
halogenolysis and halogenation, 139
2-Isobutyl-3-methylpyrazine, 24
2-Isobutyl-5-methylpyrazine, 231
2-Isobutyl-5-methylpyrazine 4-oxide,
deoxygenation, 231
3-Isobutyl-5-phenyl-2(1*H*)-pyrazinone, 13
3-Isobutyl-2(1*H*)-pyrazinone 4-oxide, 158
2-Isobutyryl-3-methoxypyrazine,
reduction, 209
Isoechinulin (A-C), 242
6-Isopropenyl-3-isopropyl-2(1*H*)-pyrazinone, 194
Isopropyl 4-benzyl-2,5-dioxo-6-(2,4,5-trimethoxy-3-methylbenzyl)-3-(2,4,5-trimethoxy-3-methylbenzylidene)-1-piperazinecarboxylate,
reduction, 222
Isopropyl 4-benzyl-2-hydroxy-5-oxo-6-(2,4,5-trimethoxy-3-methylbenzyl)-3-(2,4,5-trimethoxy-3-methylbenzylidene)-1-piperazinecarboxylate, 222
3-Isopropyl-3,6-dihydro-2,5(1*H*,4*H*)-pyrazinedione, 6, 7
alkylation, 202
2-Isopropyl-3,6-dimethoxy-2,5-dihydropyrazine, 202
alkylation, 83, 86, 88, 89, 90, 91
chlorination, 91
deuteration, 219
8-Isopropyl-7,10-dimethoxy-2,3-dimethylene-6,9-diazaspiro[4.5]deca-6,9-diene, 127

2-Isopropyl-3,6-dimethoxy-5-(2-
methoxycarbonyl-1-methylethyl)-2,5-
dihydropyrazine, 88
2-Isopropyl-3,6-dimethoxy-5-(2-
methoxycarbonyl-1-phenylethyl)-2,5-
dihydropyrazine, 83
2-Isopropyl-3,7-dimethoxy-6-methyl-2*H*-
diazepine, 189
2-Isopropyl-3,6-dimethoxy-5-methyl-2,5-
dihydropyrazine, alkylation, 252
5-Isopropyl-3,6-dimethoxy-2-methyl-2,5-
dihydro-2-pyrazinecarbaldehyde, to
the dibromovinyl analogue, 340
2-Isopropyl-3,6-dimethoxy-5-
methylenecyclopropylmethyl-2,5-
dihydropyrazine, 89
3-Isopropyl-2,5-dimethoxy-10-methylene-
1,4-diazaspiro[5.5]undeca-1,4,8-
triene, 127
2-Isopropyl-3,6-dimethoxy-5-(1-methyl-1,2-
epoxyethyl)-2,5-dihydropyrazine, 190
2-Isopropyl-3,6-dimethoxy-5-(1-methyl-2-
nitroethyl)-2,5-dihydropyrazine, 88
2-Isopropyl-3,6-dimethoxy-5-[4-
(oxocyclohex-1-enyl)methyl]-2,5-
dihydropyrazine, 88
2-Isopropyl-3,6-dimethoxy-5-phenyl-2,5-
dihydropyrazine, 88
2-Isopropyl-3,6-dimethoxy-5-(2-
tosyloxyethyl)-2,5-dihydropyrazine,
halogenolysis, 179
2-Isopropyl-3,6-dimethoxy-5-[4-
(triphenylphosphoranylideneamino)-
but-2-ynyl]-2,5-dihydropyrazine, 295
hydrolysis, 166, 295
6-Isopropyl-5,8-dimethoxy-1-vinyl-4,7-
diazaspiro[2.5]octa-4,7-diene, 180
6-Isopropyl-3,5-dimethyl-2(1*H*)-
pyrazinone, 55
2-Isopropylidene-3,7-dimethoxy-6-methyl-
5,6-dihydro-2*H*-diazepine, 189
3-Isopropyl-5-methoxy-3,6-dihydro-
2(1*H*)-pyrazinone, 202
6-Isopropyl-5-methoxy-3,6-dihydro-
2(1*H*)-pyrazinone, 202
2-Isopropyl-3-methoxy-5-methylpyrazine,
ω-alkylation, 123
2-Isopropyl-3-methoxy-5-[3-(pyran-2-
yloxy)propyl]pyrazine, 123
1-Isopropyl-4-methylpiperazine,
nitrosolysis, 263
2-Isopropylpyrazine, ω-alkylation, 124
2-(Isothiouroniomethyl)pyrazine salt, 185
hydrolysis, 185

Isoxazoles, to pyrazines, 55
Isoxazolo[2,3-*a*]pyrazines, to pyrazines, 62
Isoxazolo[4,5-*b*]pyrazines, to pyrazines, 63

Lifarizine, 242
Ligustrazine, 242

2-Mercaptomethyl-3,6-dihydro-
2,5(1*H*,4*H*)-pyrazinedione, 246
2-Mercaptomethyl-1,4-
dimethylpiperazine, 59
2-Mercaptomethylpyrazine, 185
oxidation, 248
toxicity, 245
2-Mercaptomethyl-3,5,6-
trimethylpyrazine, 185
alkylation, 249
Mercaptopyrazines (extranuclear), *see also*
Pyrazinethiones
acylation, 249
alkylation, 248
cyclization, 250
desulfurization, 248
from disulfides, 246
from halogeno analogues, 185
hydrolysis, 248
oxidation, 248
5-Mercapto-2(1*H*)-pyrazinone, 246
6-*m*-Methoxybenzyl-2(1*H*)-
pyrazinone, 222
2-*p*-Methoxybenzylthio-3-
phenylpyrazine, 238
2-*p*-Methoxybenzylthio-5-
phenylpyrazine, 238
2-*p*-Methoxybenzylthio-6-
phenylpyrazine, 238
3-(*p*-Methoxybenzylthio)-2-pyrazinamine,
dealkylation, 246
2-(2-Methoxycarbonylacetyl)pyrazine, 315
tautomerism, 341
1-(α-Methoxycarbonylbenzyl)-3-methyl-4-
o-nitrobenzenesulfonyl-3,4,5,6-
terrahydro-2(1*H*)-pyrazinone, 2
3-Methoxycarbonylmethylamino-1*H*-
pyrazino[2,3-*e*]-1,3,4-thiadiazine, 294
N-Methoxycarbonylmethyl-2-
pyrazinecarboxamide, 305
aminolysis, 312
3-Methoxycarbonyl-1-methylpyrazinium
iodide, 131
3-Methoxycarbonyl-2-pyrazinecarboxylic
acid, 305
3-Methoxy-5,5-dimethyl-6-phenyl-4,5-
dihydro-2-pyrazinecarbonitrile, 14

3-Methoxy-5,6-dimethyl-2-
pyrazinamine, 217
2-Methoxy-3,6-dimethylpyrazine 4-oxide,
with acetic anhydride, 236
2-Methoxy-3,5-diphenylpyrazine, 160
2-Methoxy-3-(*p*-methoxybenzylthio)-
pyrazine, S-dealkylation, 246
8-Methoxy-5-methyl-4,8-diphenyl-2,3-
dioxa-5,7-diazabicyclo[2.2.2]octan-
6-one, 224
catabolism, 224
3-Methoxy-2-methylimidazo[1,2-
a]pyrazine, 278
2-Methoxymethyl-5-methylpyrazine, 184
N-oxidation, 230
2-Methoxymethyl-5-methylpyrazine 1,4-
dioxide, 230
2-Methoxymethyl-5-methylpyrazine
1-oxide, 230
2-Methoxymethyl-5-methylpyrazine
4-oxide, 213, 230
3-(3-Methoxy-5-methyl-1-oxidopyrazin-2-
ylmethyl)indole, 182
2-Methoxy-3-methyl-5-phenylpyrazine,
hydrolysis, 193
3-Methoxy-5-methyl-6-phenyl-2-
pyrazinecarbonitrile, 15
2-Methoxy-6-methylpyrazine 4-oxide, 229
X-ray analysis, 229
3-Methoxy-1-methylpyrazinium iodide, 219
2-(2-Methoxy-6-methylthiophenyl)-1*H*-
imidazo[4,5-*b*]pyrazine, 274
2-*p*-Methoxyphenylazopyrazine, 262
3-*p*-Methoxyphenylazo-2,6-
pyrazinediamine, 298
8-Methoxy-2-phenylimidazo[1,2-*a*]-
pyrazin-3-ol, 279
1-*o*-Methoxyphenyl-4-
methylpiperazine, 109
2-Methoxy-3-phenyl-4(3*H*)-pteridinone, 286
5-*p*-Methoxyphenyl-2-pyrazinamine,
acylation, 274
3-Methoxy-6-phenyl-2-
pyrazinecarbonitrile, 15
2-Methoxy-6-phenylpyrazine 4-oxide, 162
3-Methoxy-1-phenyl-2(1*H*)-pyrazinone, 172
halogenolysis, 141
3-Methoxy-2-pyrazinamine, 268
alkylation, 280
cyclocondensation, 279
2-Methoxypyrazine, 160
alkanelysis, 100
aromaticity, 225
C-azidation, 294

formylation, 337
quaternization, 219
3-Methoxy-2-pyrazinecarbaldehyde, 337
3-Methoxy-2-pyrazinecarbaldehyde 2,4-
dinitrophenylhydrazone, X-ray
analysis, 337
3-Methoxy-2-pyrazinecarbonitrile, 218
5-Methoxy-2-pyrazinecarboxamide, 164, 312
2-Methoxypyrazine 1-oxide, 162
2-Methoxypyrazine 4-oxide, 229
with acetic anhydride, 235
aromaticity, 225
X-ray analysis, 229
3-Methoxy-2(1*H*)-pyrazinethione, 246
9-Methoxypyrazino[2,3-*b*]quinolin-9(5*H*)-
one, 285
N-Methoxyseptorine, 242
N-Methoxyseptorinol, 242
2-(*p*-Methoxystyryl)-3-methylpyrazine, 125
ω-alkylidenation, 125
2-(*p*-Methoxystyryl)pyrazine, 123
to the hydroxystyryl analogue, 212
2-Methoxy-3-(triphenylphosphoranylideneamino)pyrazine, 295
hydrolysis, 268
Methyl 3-amino-6-benzyloxy-5-isobutyl-2-
pyrazinecarboxylate 4-oxide, 200
to the 3-halogeno analogue, 147
Methyl 3-amino-6-bromo-5-chloro-2-
pyrazinecarboxylate, aminolysis, 157
Methyl 3-amino-6-bromo-5-(2-
dimethylaminoethylamino)-2-
pyrazinecarboxylate, 157
Methyl 3-amino-6-chloro-5-ethoxalyl-2-
pyrazinecarboxylate oxime,
reduction, 268
Methyl 3-amino-6-chloro-5-(4-
methylpiperazin-1-yl)-2-
pyrazinecarboxylate, to the 3-
halogeno analogue, 147
Methyl 6-amino-5-cyano-3-
diethoxymethyl-2-
pyrazinecarboxylate, to the 3-formyl
analogue, 336
Methyl 6-amino-5-cyano-3-(*p*-
ethoxycarbonylphenyliminomethyl)-
2-pyrazinecarboxylate 1-
oxide, 338
Methyl 6-amino-5-cyano-3-formyl-2-
pyrazinecarboxylate, 336
Methyl 6-amino-5-cyano-3-phenyl-2-
pyrazinecarboxylate 1-oxide, to a
Schiff base, 338
2-Methylamino-5,6-diphenylpyrazine, 153

Methyl 3-amino-5-isobutyl-6-oxo-1,6-
dihydro-2-pyrazinecarboxylate
4-oxide, 8
   alkylation, 200
Methyl 3-amino-6-methyl-5-phenyl-2-
pyrazinecarboxylate, with
guanidine, 314
Methyl 2-amino-6-phenoxy-2-
pyrazinecarboxylate, with
guanidine, 314
2-Methylamino-5-phenylpyrazine, 266
Methyl 3-amino-5-phenyl-2-
pyrazinecarboxylate, 8
Methyl 3-amino-6-phenyl-2-
pyrazinecarboxylate, hydrolysis, 300
3-Methylamino-2-pyrazinamine, 154, 282
   alkylation, 282
3-Methylamino-2-pyrazinecarbonitrile,
256, 270
   with methyl isocyanate, 283
Methyl 3-amino-2-pyrazinecarboxylate,
272, 304, 310
   aminolysis, 312
   to the 3-isothiocyanato analogue, 283
   silylation, 285
   to the triphenylphosphoranylideneamino
analogue, 286
Methyl 3-azidoformyl-2-
pyrazinecarboxylate, 272
   Curtius reaction, 272
Methyl 3-azido-2-pyrazinecarboxylate, 171
Methyl 6-benzyloxy-3-chloro-5-isobutyl-
2-pyrazinecarboxylate 4-oxide, 147
   alcoholysis, 164
Methyl 6-benzyloxy-5-isobutyl-3-methoxy-
2-pyrazinecarboxylate 4-oxide, 164
   reduction, 210
Methyl 1,4-bis(trifluoroacetyl)-2-
piperazinecarboxylate, 17
Methyl 3-bromo-6-chloro-5-(4-
methylpiperazin-1-yl)-2-
pyrazinecarboxylate, 147
   hydrogenolysis, 172
2-(3-Methylbutyryl)pyrazine,
   isomerization, 345
Methyl 3-carbamoyl-2-
pyrazinecarboxylate, 313, 319
Methyl 3-chloroformyl-2-
pyrazinecarboxylate, azidolysis, 272
   to the 3-carbamoyl analogue, 319
   to a ketone, 320
Methyl 6-chloro-5-(4-methylpiperazin-
1-yl)-2-pyrazinecarboxylate, 172
   hydrolysis, 300

Methyl 5-chloro-6-methyl-2-
pyrazinecarboxylate, 141
Methyl 6-chloro-3-nitro-2-
pyrazinecarboxylate, 260
Methyl 3-chloro-2-pyrazinecarboxylate, 141
   azidolysis, 171
Methyl 5-chloro-2-pyrazinecarboxylate, 141
Methyl 6-chloro-2-pyrazinecarboxylate
4-oxide, thiolysis, 165
Methyl 3-cyano-5,6-diphenylcar-2-
pyrazineboximidate, 309
Methyl 3,5-diamino-6-iodo-2-
pyrazinecarboxylate, alkanelysis, 99
Methyl 3,5-diamino-6-phenylethynyl-2-
pyrazinecarboxylate, 99
Methyl 3,6-dichloro-5-methyl-2-
pyrazinecarboxylate, 304
Methyl 3,6-diethoxy-5-isopropyl-2-
methyl-2,5-dihydro-2-
pyrazinecarboxylate, 302
3-Methyl-3,6-dihydro-2,5(1H,4H)-
pyrazinedione, 7
Methyl 3-(2,5-dimethoxybenzoyl)-2-
pyrazinecarboxylate, 320
Methyl 1,4-dinitroso-2-
piperazinecarboxylate, 262
Methyl 2,5-dioxo-1-
piperazinecarbodithioate, 205
5-Methyl-4,8-diphenyl-2,3-dioxa-5,7-
diazabicyclo[2.2.2]octa-
7-en-6-one, 224
   catabolism, 224
   methanol addition, 224
1-Methyl-5,6-diphenyl-2(1H)-
pyrazinethione, 223
1-Methyl-5,6-diphenyl-2(1H)-pyrazinone,
   endoperoxidation, 224
   photodimerization, 223
   thiation, 223
1-Methyl-5,6-diphenyl-2(1H)-pyrazinone
cyclodimer, 223
   X-ray analysis, 223
Methyl 1,4-diphenyl-1,4,5,6-tetrahydro-2-
pyrazinecarboxylate, 53
Methyl 3-isothiocyanato-2-
pyrazinecarboxylate, 283
   cyclocondensation, 316
   to a thioureido derivative, 283
Methyl 5-methoxy-2,4-dimethyl-1-
imidazolecarboxylate, 220
5-Methyl-3-methylamino-6-
phenyliminomethyl-2-
pyrazinecarbonitrile, 270
   reduction, 268

1-Methyl-3-methylamino-2(1*H*)-
  pyrazinimine, 282
  hydrolysis, 221, 282
1-Methyl-3-methylamino-2(1*H*)-
  pyrazinone, 221, 282
N-Methyl-3-methylamino-6-thioxo-1,6-
  dihydro-2-pyrazinecarboxamide, 247
Methyl 8-methyl-4-methylene-2-oxa-3,8-
  diazabicyclo[3.2.1]octane-6-
  carboxylate, 225
Methyl 8-methyl-4-methylene-2-oxa-3,8-
  diazabicyclo[3.2.1]octane-7-
  carboxylate, 225
1-Methyl-*N*-*p*-nitrophenyl-4-
  piperazinecarbothioamide, 284
Methyl 5-methyl-2-pyrazinecarboxylate 4-
  oxide, 305
  reduction, 209
1-Methyl-4-(4-methylthio-1,6-
  diphenylsilolan-3-yl)piperazine, 113
2-Methyl-3-methylthiopyrazine, 167
  oxidation, 117
1-Methyl-4-neopentylpiperazine, 112
1-Methyl-4-(*p*-nitrobenzoyl)piperazine,
  reduction, 261
Methyl 3-nitro-2-pyrazinecarboxylate, 260
1-Methyl-4-nitrosopiperazine, reduction, 264
3-(5-Methyl-1,2,4-oxadiazol-3-yl)-2-
  pyrazinamine, 327
  isomerization, 327
4-Methyl-3-oxo-3,4-dihydro-2-
  pyrazinecarbonitrile, 201
Methyl 3-oxo-3,4-dihydro-2-
  pyrazinecarboxylate,
  halogenolysis, 141
Methyl 5-oxo-4,5-dihydro-2-
  pyrazinecarboxylate,
  halogenolysis, 141
5-Methyl-3-oxo-3,4-dihydro-2-
  pyrazinecarboxylic acid,
  esterification, 304
4-Methyl-3-oxo-2-phenylhydrazono-
  1,2,3,4-tetrahydro-1-
  pyrazinecarbaldehyde, 53
4-(4-Methyl-6-oxo-1,4,5,6-
  tetrahydropyridazin-3-yl)-2-
  (pyrazin-2-yl)benzimidazole, 340
Methyl 5-pentyl-2-pyrazinecarboxylate, 101
2-Methyl-3-pentyl-1,4,5,6-
  tetrahydropyrazine, 19
Methyl 5-(pent-1-ynyl)-2-
  pyrazinecarboxylate, reduction, 101
3-Methyl-4-(1-phenylethyl)-3,6-dihydro-
  2,5(1*H*,4*H*)-pyrazinedione, 12

5-Methyl-6-phenyliminomethyl-2,3-
  pyrazinedicarbonitrile, 338
  aminolysis, 270
1-Methyl-4-phenylpiperazine, 110
3-Methyl-6-phenyl-4(3*H*)-pteridinone, 327
2-Methyl-3-phenylpyrazine, 302
2-Methyl-5-phenylpyrazine, 23
2-Methyl-6-phenylpyrazine, 23
5-Methyl-6-phenyl-2,3-
  pyrazinediamine, 68
2-Methyl-5-phenylpyrazine 4-oxide, 294
3-Methyl-5-phenyl-2(1*H*)-pyrazinone, 193
  halogenolysis, 138
5-Methyl-6-phenyl-2(1*H*)-pyrazinone, 2
6-Methyl-3-phenyl-2(1*H*)-pyrazinone,
  reduction, 207
6-Methyl-5-phenyl-2(1*H*)-pyrazinone, 50
Methyl 3-[*N*′-phenyl(thioureido)]-2-
  pyrazinecarboxylate, 283
4-Methyl-1-piperazinamine, 264
  oxidation (failure), 263
1-Methylpiperazine, 109, 206
  4-acylation, 275, 277
  alkoxycarbonylation, 310
  4-alkylation, 109, 110, 111, 112, 310
  chloroformylation, 317
  with cyanate ion, 324
  with an isothiocyanate, 284
  silylation, 286
4-Methyl-1-piperazinecarbaldehyde,
  selenation and telluration, 339
4-Methyl-1-piperazinecarbonyl
  chloride, 317
4-Methyl-1-piperazinecarboselenal-
  dehyde, 339
4-Methyl-1-piperazinecarbotellural-
  dehyde, 339
4-Methyl-1-piperazinecarboxamide, 322
4-Methyl-2-piperazinecarboxamide, 312
  reduction, 271
Methyl 2-piperazinecarboxylate,
  nitrosation, 262
4-Methylpiperazin-1-yl magnesium
  bromide, to the 1-alkyl analogue, 113
2-(4-Methylpiperazin-1-yl)-4-
  phenylpyrido[2,3-*d*]pyridazine, 114
5-(4-Methylpiperazin-1-ylsulfonyl)-
  isoquinoline, 275
2-(4-Methylpiperazin-1-yl)-5,6,7,8-
  tetrahydroquinoline, 110
1-Methyl-4-pivaloylpiperazine,
  reduction, 112
1-Methyl-3-propionyl-4-(pyridin-2-yl)-
  1,4,5,6-tetrahydropyrazine, 343

5-Methyl-2-pyrazinamine, 172
6-Methyl-2-pyrazinamine, 302
5-Methyl-2-pyrazinamine 4-oxide, 271
  halogenation, 143
2-Methylpyrazine, 20, 67, 104
  ω-acylation, 126
  ω-alkylation, 102
  ω-alkylidenation, 123, 124, 125
  ammoxidation, 128
  conformation, 115
  cyclocondensation, 127
  ω-halogenation, 121
  hydroxylation, 196
  IR spectral study, 116
  UV spectral study, 115
  X-ray analysis, 114
N-Methyl-2-pyrazinecarbohydrazide, 313, 319
N'-Methyl-2-pyrazinecarbohydrazide, 313, 319
5-Methyl-2-pyrazinecarboxamide 4-oxide, 227
  hydrolysis, 301
Methyl 2-pyrazinecarboximidate, 333
  aminolysis, 314
  cyclocondensation, 333
Methyl 2-pyrazinecarboxylate, 304, 305, 310
  aminolysis, 313, 319
  Claisen reaction, 315
  cyclocondensation, 316
  hydrolysis, 300
  quaternization, 131
  reduction, 315
  with urea, 314
Methyl 2-pyrazinecarboxylate 1-oxide, 227
Methyl 2-pyrazinecarboxylate 4-oxide, 227
5-Methyl-2-pyrazinecarboxylic acid, 118, 190, 213, 303
  to a carboxamide, 306
6-Methyl-2-pyrazinecarboxylic acid, 303
5-Methyl-2-pyrazinecarboxylic acid 4-oxide, 301
  esterification, 305
  reduction, 209
5-Methyl-2,3-pyrazinedicarbonitrile, 3, 23
  alkylation, 81
  hydrolysis, 301
5-Methyl-2,3-pyrazinedicarboxylic acid, 301
  decarboxylation, 303
5-Methyl-2,3(1H,4H)-pyrazinedione, 4
2-Methylpyrazine 1,4-dioxide, ω-alkylation, 124

2-Methylpyrazine 1-oxide,
  ω-alkylidenation, 102
  quaternization, 132
1-Methylpyrazinium halide, 77, 132
1-Methylpyrazinium iodide 4-oxide, 132
3-Methyl-2(1H)-pyrazinone, 196
  alkylation, 198
6-Methyl-2(1H)-pyrazinone, 25
  acylation, 204
  alkylation, 199
6-Methylpyrazino[2,3-d]pyrazine-5,8(6H,7H)-dione, 307
3-[(5-Methylpyrazin-2-yl)methyl]-indole, 104
6-Methyl-2-(pyrazin-2-yl)-4(3H)-pyrimidinone, 316
2-(5-Methylpyrazol-3-yl)pyrazine, 315
1-Methyl-4-(pyridin-2-yl)piperazine, acylation, 343
2-(6-Methylpyridin-2-yl)pyrazine, 104
2-(6-Methylpyridin-2-ylsulfinyl)pyrazine, with a Grignard, 104
2-(6-Methylpyridin-2-ylsulfonyl)-pyrazine, 254
1-Methyl-4-(pyridin-2-yl)-1,2,3,4-tetrahydropyrazine, 4
2-(6-Methylpyridin-2-ylthio)pyrazine, oxidation, 254
2-(1-Methylpyrroliden-2-yl)pyrazine, 345
Methyl 3-(pyrrol-1-yl)-2-pyrazinecarboxylate, aminolysis, 313
2-[2-(1-Methylpyrrol-2-yl)vinyl]-pyrazine, 124
1-Methyl-4-[spiro(1,3-benzodioxole-2,1'-cyclohexan)-4-yl]piperazine, 112
2-(Methylsulfinylacetyl)pyrazine, 255
2-(Methylsulfonylacetyl)pyrazine, 315
2-Methylsulfonylpyrazine, ω-alkylation, 256
  pyrolysis to methylpyrazine, 104
2-Methyl-3-(tetrahydrofuran-2-yloxy)pyrazine, 198
3-Methyl-1-(tetrahydrofuran-2-yl)-2(1H)-pyrazinone, 198
3-Methyl-3,4,5,6-tetrahydro-2(1H)-pyrazinone, 4-alkylation, 106
2-Methyl-2,3,5,6-tetraphenyl-1,2-dihydropyrazine, 114
2-Methylthiazolo[4,5-b]pyrazine, 250
1-Methyl-3-(thien-2-yl)piperazine, 113
3-(2-Methylthioethyl)-5-phenyl-2(1H)-pyrazinone, 25
  halogenolysis, 140
3-Methylthio-2-pyrazinecarbaldehyde, 117
  with a Wittig reagent, 103

Methyl 6-thioxo-1,6-dihydro-2-pyrazinecarboxylate 4-oxide, 165
2-Methyl-5-tosyloxymethylpyrazine, with a Grignard, 104
2-Methyl-6-tosyloxypyrazine, 204
  to a dimethylbipyrazine, 104
1-Methyl-3-(2,4,5-trimethoxy-3-methylbenzyl)-3,6-dihydro-2,5(1H,4H)-pyrazinedione, thiation, 197
1-Methyl-3-(2,3,4,5-trimethoxy-3-methylbenzyl)-2-piperazinone, 254
1-Methyl-3-(2,4,5-trimethoxy-3-methylbenzyl)-5-thioxo-3,4,5,6-tetrahydro-2(1H)-pyrazinone, 197
2-Methyl-5-(trimethylammoniomethyl)pyrazine chloride, 183
  to the hydroxide, 288
2-Methyl-5-(trimethylammoniomethyl)pyrazine hydroxide, from the chloride, 288
  to dimers, 288
Methyl 3-trimethylsilylamino-2-pyrazinecarboxylate, 285
  cyclocondensation, 285
2-Methyl-5-trimethylsilylmethylpyrazine, 130
2-Methyl-5-triphenylphosphoniomethylpyrazine chloride, 103
  to the 5-vinyl analogue, 103
Methyl 3-triphenylphosphoranylideneamino-2-pyrazinecarboxylate, 286
  cyclocondensation, 286
Methyltris(4-methylpyrazin-2-yl)silane, 286
2-Methyl-5-vinylpyrazine, 103
  ω-hydroxylation, 129
Mutaaspergillic acid, 242

2-[2-(Naphthalen-2-yl)vinyl]pyrazine, photoisomerization, 115
Neihumicin, 243
Neoaspergillic acid, 243
Neoechinulin (also A-D), 243
Neohydroxyaspergillic acid, 243
1-(p-Nitrophenyl)piperazine, 107
2-Nitropyrazine, 260
Nitropyrazines, 259
  alkanelysis, 100
  cyanolysis, 261
  from dimethylsulfimidopyrazines, 260
  by nitration, 259
  from nitrosopyrazines, 262
  by passenger reactions, 261
  reactions, 261
  reduction, 261
1-Nitrosopiperazine, 263
N-Nitrosopiperazines, 262
  from N-alkylpiperazines, 263
  from N-aminopiperazines (failure), 263
  metabolism, 264
  as nitrosation agents, 264
  by nitrosation, 262, 263
  reduction, 264
2-Nitrosopyrazine, cyclocondensation, 262
  to phenylazopyrazines, 262
C-Nitrosopyrazines, 262
  to arylazopyrazines, 262
  from dimethylsulfimidopyrazines, 262
  oxidation, 262
2-(4-Nitrothien-2-yl)pyrazine, 259
2-(5-Nitrothien-2-yl)pyrazine, 259

OPC-15161, 243
1-Oxa-4-azaspiro[4.5]decanes, to pyrazines, 70
1-Oxa-4,7-diazaspiro[2.5]octanes, to pyrazines, 70
3-(1,2,4-Oxadiazol-3-yl)-2(1H)-pyrazinone, 63
Oxazoles, to pyrazines, 56
4-Oxidopyrazinium chlorochromate, 240
  as an oxidizing agent, 240
2-(1-Oxidopyridin-3-yl)pyrazine, 98
Oxirenes, to pyrazines, 56
2-(2-Oxocyclopentyl)pyrazine, 95
3-Oxo-3,4-dihydro-2-pyrazinecarbonitrile, 63, 192
  alkylation, 201
  hydroxylamine addition, 323
5-Oxo-4,5-dihydro-2-pyrazinecarbonitrile, 195
3-Oxo-3,4-dihydro-2-pyrazinecarboxamide, 22
  halogenolysis, 139
5-Oxo-4,5-dihydro-2-pyrazinecarboxamide, 196, 312
  catabolism, 196
  dehydration, 325
3-Oxo-3,4-dihydro-2-pyrazinecarboxamide oxime, 323
  acylation, 326
3-Oxo-3,4-dihydro-2-pyrazinecarboxylic acid, 159, 195
5-Oxo-4,5-dihydro-2-pyrazinecarboxylic acid, 195
6-Oxo-1,5-dihydro-2-pyrazinecarboxylic acid, 195

6-Oxo-1,6-dihydro-2-pyrazinecarboxylic acid 4-oxide, 213
5-Oxo-4,5-dihydro-2,3-pyrazinedicarbonitrile, water addition, 322
5-Oxo-4,5-dihydro-2,3-pyrazinedicarboxamide, 322
2-Oxo-1,2-dihydro-1-pyrazinesulfinyl chloride, 255
5-Oxo-4,5-dihydro-2-pyrazinesulfinyl chloride, 255
5-Oxo-6-phenacyl-4,5-dihydro-2,3-pyrazinedicarbonitrile, 52
3-Oxo-6-(pyridin-4-yl)-3,4-dihydro-2-pyrazinecarboxamide, Hofman degradation, 271
Oxypyrazines, 191
  reviews, 191

Perfenazine (Perphenazine), 243
Perfluoro(2,5-diisopropyl-3,6-dihydropyrazine), 144
  fission, 176
Perfluoro(2,5-diisopropylpyrazine), halogenation (additive), 144
Perfluoro(1,4-dimethylpiperazine), 145
Perfluoropiperazine, 145
Phenazines, to pyrazines, 69
2-Phenoxy-3,6-diphenylpyrazine, 160
3-Phenylazo-2,6-pyrazinediamine, 298
2-Phenylethynylpyrazine, 104
3-Phenylethynyl-2(1H)-pyrazinone, 61
  cyclization, 126
5-Phenylethynyl-6-(triisopropylsilyl)-ethynyl-2,3-pyrazinedicarbonitrile, 25
6-Phenylfuro[2,3-b]pyrazine, 126
2-[1-(Phenylhydrazono)-acetonylamino]pyrazine, 280
3-Phenylimino-3H-[1,2,4]thiadiazolo[4,3-a]pyrazine, 282
1-Phenylpiperazine, 12, 56
  4-acylation, 276
  4-alkylation, 108, 110, 111
  conformation, 115
  ω-halogenation, 121
  with nitrourea, 284
4-Phenyl-1-piperazinecarboxamide, 284
1-Phenyl-2,6-piperazinedione, 119
6-Phenyl-5-(piperazin-1-yl)-3(2H)-pyridazinone, 108
3-Phenyl-2-pyrazinamine, 27, 266
5-Phenyl-2-pyrazinamine, 266
  to the 5-halogeno analogue, 148
3-Phenyl-2-pyrazinamine 1-oxide, 229

2-Phenylpyrazine, 24, 52, 96, 321
  amination, 266
3-Phenyl-2-pyrazinecarbonitrile, 238
6-Phenyl-2-pyrazinecarbonyl chloride, 304
  to a ketone, 320
6-Phenyl-2-pyrazinecarboxylic acid, to the carbonyl chloride, 304
2-Phenylpyrazine 4-oxide, with acetic anhydride, 234
  deoxidative alkylation, 238
  deoxidative halogenation, 146
3-Phenyl-2(1H)-pyrazinethione, 166, 197
5-Phenyl-2(1H)-pyrazinethione, 197
3-Phenyl-2(1H)-pyrazinone, thiation, 197
5-Phenyl-2(1H)-pyrazinone, 24
  O-trialkylsilylation, 149
6-Phenyl-2(1H)-pyrazinone, 232
3-Phenyl-2(1H)-pyrazinone 4-oxide, 158
6-Phenyl-2(1H)-pyrazinone 4-oxide, deoxygenation, 232
2-Phenyl-4-[N-(pyrazin-2-yl)aminomethylene]-Δ^2-oxazolin-5-one, 287
2-Phenylsulfinylpyrazine, 253
3-Phenylsulfonyl-2-pyrazinecarbonitrile, 253
  aminolysis, 256
N'-[N-Phenyl(thiocarbamoyl)]-2-pyrazinecarbohydrazide, 329
3-Phenylthio-2-pyrazinecarbonitrile, 22
  oxidation, 253
2-Phenylthio-3-trifluoromethylpyrazine, 96
2-Phenyl[1,2,4]triazolo[1,5-c]pteridin-5(6H)-one, 333
3-(5-Phenyl-2H-1,2,4-triazol-3-yl)-2-pyrazinamine, 333
  cyclization, 333
2-[α-Phenyl-α-(trimethylsiloxy)-benzyl]pyrazine, 105
2-Phenyl-5-trimethylsiloxypyrazine, 149
  to 5-halogeno analogue, 149
Phevalin, 243
2-(Phthalimidooxymethyl)pyrazine, 216
  deacylation, 216
Picroroccellin, 243
Piperafizine, 243
Piperazine, 3, 21, 76, 130, 173, 243
  N-acyloxylation, 230, 275
  N-alkylation, 107, 108, 109
  carboxylation, 300
  conformations, 76
  halogenation, 145
  nitroacylation, 261
  nitrosation, 263
  oxidation, 21
  with phosphoryl chloride, 318

Index 551

1,4-Piperazinebis(carbodithioic acid), 300
1-Piperazinecarbaldehyde, N-alkylation, 107, 108
1-Piperazinecarbothioaldehyde, 275
2-Piperazinecarboxamide, 326
  4-alkylation, 106
2-Piperazinecarboxylic acid, nitrosation, 262
1,4-Piperazinedicarbaldehyde, 275
1,4-Piperazinedicarbonyl dichloride, alkanethiolysis, 309
1,4-Piperazinedicarbothioaldehyde, 275
1,4-Piperazinedi(thiocarbonyl) dichloride, 301
  with morpholine, 319
Piperazines, N-acylation, 273, 275
Prazosin, 243
Preechinulin, 243
2-Propionylpyrazine, 341
  carboxylation, 300
  isomerization, 345
5-Propyl-2-pyrazinecarbohydrazide, 326
5-Propyl-2-pyrazinecarboxamide, to the carbohydrazide, 326
Propyl 2-pyrazinecarboxylate, 309
2-[2-(Prop-2-ynyloxy)ethyl]pyrazine, 214
2-(Prop-2-ynyloxymethyl)pyrazine, 184
4-Pteridinamine, 278
Pteridines, to pyrazines, 63
Pulcherriminic acid, 243
Pyrazinamide (Zinamide), 128, 243
  as an antibacterial, 128
2-Pyrazinamine, 237, 266
  N-acylation, 273
  alkoxycarbonylation, 310
  C-alkylation, 81
  N-alkylation, 280
  N-alkylidenation, 278
  cyclocondensation, 278, 281, 282
  halogenation, 142, 143
  with isocyanates etc., 283
  quaternization, 132
  spectra, 265
  to the triphenylphosphoranylideneamino analogue, 286
2-Pyrazinamine 1-oxide, 229, 271
  diazotization, 290
2-Pyrazinamine 4-oxide, deoxidative azidation, 237
  deoxidative cyanation, 238
  halogenation, 143
Pyrazinamines, 265
  from acylaminopyrazines, 267
  acylation, 273
  from alkoxypyrazines, 219
  alkylation and cyclization, 280
  alkylidenation and cyclization, 277
  from alkylideneaminopyrazines, 267
  from alkylsulfonylpyrazines, 256
  by C-amination, 266
  by N-amination, 266
  from anils or oximes, 268
  from azidopyrazines, 272
  basicities, 265
  complexation, 289
  diazotization, 289
  with dienophiles, 288
  to dimethylsulfimidopyrazines, 286
  displacements (minor), 287
  from halogenopyrazines, 150, 180, 182
  to halogenopyrazines, 146
  from hydroxypyrazines, 216
  from nitropyrazines, 261
  from nitrosopyrazines, 264
  from pyrazinecarbonitriles, 269, 270
  from pyrazinecarbonyl azides, 272
  from pyrazinecarboxamides, 270, 271
  from pyrazine N-oxides, 237
  to pyrazinones, 192
  ring fission, 289
  transamination, 287
  trialkylsilylation, 285
  from triphenylphosphoranylideneaminopyrazines, 268
  to triphenylphosphoranylidene derivatives, 286
  to ureidopyrazines etc., 282
Pyrazine, 20, 21, 30, 52, 75, 76, 104
  acylation, 79, 341
  acyloxylation, 79
  additions, 78
  alkoxycarbonylation, 310
  alkylation, 78
  amination, 266
  aromaticity, 76
  carbamoylation, 322
  chromates, 240
  complexes, 77, 79
  crystal phases, 76
  electron distribution, 76
  halogenation, 79
  ionization, 77
  monograph, 76
  NMR spectra, 77
  N-oxidation, 79
  quaternization, 77, 297
  to a radical cation, 135
  reactions, 77
  reduction, 76

reductive cyclization, 276
spectra (electronic), 77
2-Pyrazinecarbaldehyde, 315
  ω-alkylation, 339
  cyclocondensation, 340
  to difluoroacetylpyrazine, 181
  to the hydrazone, 339
  to the thiosemicarbazone, 312
Pyrazinecarbaldehydes, 336. *See also*
    Acylpyrazines
  ω-alkylation, 339
  from alkylpyrazines, 117
  Cannizzaro reactions, 338
  cyclization, 340
  to dibromovinyl analogues, 340
  by C-formylation, 336
  to functional derivatives, 338
  to halogenoalkylpyrazines, 181
  from hydroxymethylpyrazines, 212
  oxidation, 302
  from pyrazinecarboxylic esters, 315
  recovery from derivatives, 336
  reduction, 208
  selenation and telluration, 339
  with Wittig reagents, 103
2-Pyrazinecarbohydrazide, to the carbonyl
    azide, 328
  to a di(pyrazinylcarbonyl)azine, 329
  with phenyl isothiocyanate, 329
Pyrazinecarbohydrazides, 328. *See also*
    Pyrazinecarboxamides
  N'-alkylidenation, 328
  cyclization, 328
  to pyrazinecarbonyl azides, 328
  from pyrazinecarbonyl halides, 318
  from pyrazinecarboxamides, 326
  from pyrazinecarboxylic esters, 313
  reactions (minor), 328
2-Pyrazinecarbonitrile, 128, 325
  to 2-acylpyrazines, 332
  alkylation, 81
  to the carboximidate, 333
  hydration, 128
  NMR study, 330
  vibration spectra, 330
Pyrazinecarbonitrile oxides, 346
  generation, 346
  cycloadduct formation, 346
Pyrazimecarbonitriles, 330
  alcohol addition, 218
  alcoholysis, 218
  alkanelysis, 100
  aminolysis, 270
  complex formation, 333

cyclization, 333
  from halogenopyrazines, 173, 186
  as herbicides, 330
  hydrogenolysis (indirect), 331
  hydrolysis, 301
  from methylpyrazines, 128
  from nitropyrazines, 261
  preparative routes (minor), 330
  properties, 330
  from pyrazinecarboxamides, 24
  to pyrazinecarboxamides, 322
  to pyrazinecarboxamidines, 322
  to pyrazinecarboximidic esters, 309
  to pyrazine ketones, 332
  from pyrazine *N*-oxides, 237
  reactions (minor), 332
  reduction, 269
2-Pyrazinecarbonyl azide, 328
  to the carboxanilide, 324
Pyrazinecarbonyl azides, 328
  Curtius reaction, 272
  from pyrazinecarbohydrazides, 328
  from pyrazinecarbonyl chlorides, 321
  to pyrazinecarboxamides, 324
  reactions (minor), 330
2-Pyrazinecarbonyl chloride, 304
  alcoholysis, 309
  aminolysis, 313, 318, 319
  to arylpyrazines, 321
  to a ketone, 320
Pyrazinecarbonyl halides, 317
  azidolysis, 321
  by halogenoformylation, 317
  to pyrazinecarbohydrazides, 318
  to pyrazinecarboxamides, 318
  from pyrazinecarboxylic acids, 303
  to pyrazinecarboxylic esters, 309
  to pyrazine ketones, 320
  reactions (minor), 321
  from trialkylsilylpyrazines, 317
2-Pyrazinecarbothioamide,
    cyclocondensation, 327
2-Pyrazinecarboxamide, 128, 322
  acylation, 326
  alkylation, 81, 326
  antitubercular activity, 321
  dehydration, 325
  hydroxylation (biological), 196
  quaternization, 132
  reduction (nuclear), 326
  X-ray analysis, 321
2-Pyrazinecarboxamide 1-oxide, Hofmann
    degradation, 271
2-Pyrazinecarboxamide 4-oxide, 227

Pyrazinecarboxamides, 321
  N-acylation, 326
  N-alkylation, 326
  by carbamoylation, 322
  cyclization, 327
  dehydration, 324
  from halogenopyrazines, 174
  Hofmann degradation, 270
  hydrolysis, 301
  preparative routes (minor), 324
  to pyrazinecarbohydrazides, 326
  from pyrazinecarbonitriles, 322
  from pyrazinecarbonyl azides, 324
  from pyrazinecarbonyl halides, 318
  from pyrazinecarboxylic acids, 305
  from pyrazinecarboxylic esters, 312
  reactions (minor), 326
  reduction, 270
  thiation, 324
Pyrazinecarboxamidines, 321
  cyclization, 327
  from pyrazinecarbonitriles, 322
  from pyrazinecarboximidic esters, 312
Pyrazinecarboxamidrazones, from pyrazinecarboximidic esters, 313
2-Pyrazinecarboxanilide, 324
Pyrazinecarboximidic esters, from pyrazinecarbonitriles, 218, 309
  to pyrazinecarboxamidines, 312
  to pyrazinecarboxamidrazones, 313
  to pyrazinecarboxylic esters, 309
2-Pyrazinecarboxylic acid, 66, 302
  acylation, 342
  to the carbonyl chloride, 304
  to a carboxamide, 306
  esterification, 304, 305
  hydroxylation (microbiological), 195
  vanadium complex as an oxidizing agent, 308
2-Pyrazinecarboxylic acid 1-oxide, 117
Pyrazinecarboxylic acids, 299
  from alkylpyrazines, 117
  to anhydrides, 303
  by carboxylation, 299
  cyclization, 307
  decarboxylation, 302
  esterification, 304
  family of derivatives, 299
  from halogenoalkylpyrazines, 190
  from hydroxyalkylpyrazines, 213
  ionization and spectra, 299
  from pyrazinecarbaldehydes, 302
  from pyrazinecarbonitriles, 301

  to pyrazinecarbonyl halides, 303
  from pyrazine carboxamides, 301
  to pyrazinecarboxamides, 305
  from pyrazinecarboxylic esters, 300
  from pyrazine ketones, 302
  to pyrazine ketones, 307
  reduction, 209
  salt or complex formation, 308
Pyrazinecarboxylic esters, 308
  by alkoxycarbonylation, 310
  as antimycobacterials, 308
  by carbon dioxide insertion, 311
  Carrol rearrangement, 316
  cyclization, 317
  cyclocondensation, 316
  with dimethyl sulfoxide, 255
  to guanidinocarbonylpyrazines, 314
  from halogenopyrazines, 174
  hydrolysis, 300
  oxidation, 316
  to pyrazinecarbohydrazides, 313
  from pyrazinecarbonitriles, 309
  from pyrazinecarbonyl halides, 309
  to pyrazinecarboxamides, 312
  from pyrazinecarboxylic acids, 304
  to pyrazine ketones, 315
  reduction, 209
Pyrazine cyanates, 346
2,3-Pyrazinediamine, 68, 154, 272
  acylation and cyclization, 274
  alkylation, 281
  cyclocondensation, 279
2,6-Pyrazinediamine, with diazotized amines, 298
2,3-Pyrazinedicarbonitrile, 21, 324
  alcoholysis, 218
  alkylation, 81
  aminolysis, 270
  to a carboximidic ester, 309
  cyclization, 334
2,5-Pyrazinedicarbonitrile, 128
  mass spectral study, 330
2,3-Pyrazinedicarbonyl dichloride, to a ketone, 320
2,3-Pyrazinedicarboxamide, 313
  dehydration, 325
  to the dicarboximide, 326
2,3-Pyrazinedicarboximide, 326
2,3-Pyrazinedicarboxylic acid, 22, 66
  to the anhydride, 303
  decarboxylation, 66, 302
2,6-Pyrazinedicarboxylic acid, 35
2,3-Pyrazinedicarboxylic anhydride, 303
  cyclization, 307

esterification, 305
  to a ketone, 307
  to monocarboxamides, 306
1,4-Pyrazinediium bis(dicyano-
    methylide), 78
2,3-(1*H*,4*H*)-pyrazinedione, 4
  halogenolysis, 140
  structure, 191
Pyrazine 1,4-dioxide, 79, 227
  quaternization, 132
  rearrangement, 196
2,3(1*H*,4*H*)-pyrazinediselone,
    cyclocondensation, 250
Pyrazine 1-ethoxycarbonylimide, *see*
    Pyrazinium 1-ethoxycarbonylimide
Pyrazine isocyanates, 346
Pyrazine isothiocyanates, 346
Pyrazine ketones, 341. *See also*
    Acylpyrazines
  by acylation, 341
  from alkylpyrazines, 125
  cyclocondensation, 345
  to functional derivatives, 344
  to halogenoalkylpyrazines, 181
  from hydroxyalkylpyrazines, 212
  isomerization, 345
  oxidation, 302
  from pyrazinecarbaldehydes, 339
  from pyrazinecarbonitriles, 332
  from pyrazinecarbonyl halides, 320
  from pyrazinecarboxylic acids, 307
  from pyrazinecarboxylic esters, 315
  thiation, 344
Pyrazine 1-oxide, deoxidative
    amination, 237
  deoxidative halogenation, 145, 237
  metal complexation, 240
Pyrazine *N*-oxides, 225
  activity to electrophiles, 225
  O-acylation or alkylation, 233
  to *C*-acyloxypyrazines, 234
  from *N*-alkoxypyrazinones, 226
  cyclocondensation, 238
  deoxidative alkylthiation, 237
  deoxidative amination, 237
  deoxidative azidation, 237
  deoxidative cyanation, 237
  deoxidative halogenation, 145
  deoxygenation, 231
  by N-oxidation, 226
  rearrangement, 239
  reduction, 239
  ring fission, 238
Pyrazines, aromaticity, 76

conformations, 76
dipole moments, 75
NMR spectra, 77
nomenclature, ix
partition coefficients, 75
primary syntheses, 1, 47
trivial names, 240
reviews, 1, 47, 75
Pyrazine sulfones, *see*
    Alkylsulfonylpyrazines
Pyrazinesulfonic acid derivatives, 255
Pyrazine sulfoxides, *see*
    Alkylsulfinylpyrazines
2,3,5,6-Pyrazinetetracarbonitrile, charge
    transfer complexes with benzene
    derivatives, 333
  complexes with crown ethers, 333
  mass spectral study, 330
2,3,5,6-Pyrazinetetracarboxylic acid,
    69, 117
Pyrazine thiocyanates, 346
Pyrazinethiols (extranuclear), *see*
    Pyrazinethiones
2(1*H*)-Pyrazinethione, 164, 165
  alkylation, 248
  oxidation, 248
Pyrazinethiones, 245
  acylation, 249
  from acylthiopyrazines, 247
  alkylation, 248
  from alkylthiopyrazines, 246
  aminolysis, 250
  cyclization, 250
  desulfurization, 248
  from disulfides, 246
  from halogenopyrazines, 164
  hydrolysis, 248
  oxidation, 248
  from pyrazinones, 196, 222
  tautomerism, 245
Pyrazinimines (nontautomeric), 297
  hydrolysis, 221
  preparative routes, 297
Pyrazinium-1-dicyanomethylide,
    cyclocondensation, 134, 334
Pyrazinium-1-ethoxycarbonylimide, ring
    contraction, 297
Pyrazino[2,3-*b*][1,4]benzoselenazines, to
    pyrazines, 69
Pyrazinoic acid, 243
Pyrazino[2,1-*a*]isoindole-6-carbonitrile, 315
2(1*H*)-pyrazinone, 194
  halogenation, 138
  with thionyl chloride, 255

2(1H)-Pyrazinone 4-oxide, 23
  alkylation, 201
Pyrazinones (nontautomeric), 221
  cyclization, 223
  N-debenzylation, 222
  Diels-Alder reactions, 224
  dimerization, 223
  endoperoxidation, 224
  from pyrazinimines, 221
  from pyrazinones, 198
  radical formation, 225
  reduction, 222
  ring contraction, 223
  thiation, 222
Pyrazinones (tautomeric), 158, 191
  acylation, 203
  from acyloxypyrazines, 194
  addition reactions, 207
  alkanelysis, 100
  from alkoxypyrazines, 193
  alkylation, 198
  deoxygenation, 206
  halogenolysis, 137
  from halogenopyrazines, 158
  irradiation products, 206
  from minor substrates, 195
  from pyrazinamines, 192
  silylation, 205
  tautomerism, 191
  thiation, 196
Pyrazino[2,3-d]oxazines, to pyrazines, 66
Pyrazino[2,3-d]pyrazine-5,8(6H,7H)-dione, 307
Pyrazino[2,3-b]pyrazine-2,3,6,7-tetracarbonitrile, 177
Pyrazino[2,3-d]pyridazine-5,8-diamine, 334
Pyrazino[2,3-f]quinoxaline, 126
Pyrazino[2,3-e][1,3,4]thiadiazines, to pyrazines, 66
Pyrazino[1,2-b][1,2,4,6]thiatriazin-3(2H)-one S,S-dioxide, 272
2-[2-(Pyrazin-2-yl)acetyl]pyrazine, to a hydrazone, 344
2-(Pyrazin-2-yl)imidazo[4,5-c]pyridine, 333
S-Pyrazin-2-ylmethyl disodium phosphorothioate, 187
5-(Pyrazin-2-yl)indole, 97
10-(Pyrazin-2-yl)phenothiazine, 151
1-(Pyrazin-2-yl)pyrazinium salt, 237
  hydrolysis, 237
2-[2-(Pyrazin-2-yl)-1-(pyrazin-2-ylhydrazono)ethyl]pyrazine, 344
Pyridazines, to pyrazines, 57
Pyridines, to pyrazines, 57

1-(Pyridin-4-yl)piperazine, conformation, 115
2-(Pyridin-2-yl)pyrazine, 321
2-(Pyridin-3-yl)pyrazine, 321
2-(Pyridin-4-yl)pyrazine, 321
N-(Pyridin-2-yl)-2-pyrazinecarboxamidrazone, 314
2-(Pyridin-2-ylthio)pyrazine, 166
2-[2-(Pyridin-2-yl)vinyl]pyrazine, 125
2-[2-(Pyridin-2-yl)vinyl]pyrazine 1,4-dioxide, 124
Pyrido[1′,2′:1,2]imidazo[4,5-b]pyrazine-2,3-dicarbonitrile, 177
Pyrroles, to pyrazines, 58
2-(Pyrrol-1-yl)pyrazine, formylation, 338
3-(Pyrrol-1-yl)-2-pyrazinecarbohydrazide, 313
  to the carbonyl azide, 328
3-(Pyrrol-1-yl)-2-pyrazinecarbonylazide, 321, 328
  to a urea derivative, 330
3-(Pyrrol-1-yl)-2-pyrazinecarbonyl chloride, azidolysis, 321

Quinoxalines, to pyrazines, 66

Radical cations, generation from pyrazines, 134
Razoxane, 243
1-(β-D-Ribofuranosyl)-2(1H)-pyrazinone, N-amination, 267

Schöllkopf synthesis, 80
  C-alkylation step, 86
1,2,5-Selenadiazoles, to pyrazines, 58
2-(1-Semicarbazonoethyl)pyrazine, 344
Septorine, 243
Sildenafil, 244
2-Styrylpyrazine, cyclization, 126
2-Styrylpyrazine 1-oxide, 102
  NMR spectral study, 115
  oxidation, 117
Suriclone, 244

Teflutixol, 244
Tenilsetam, 244
Terazosin, 244
Terazine (A-D), 244
2,3,5,6-Tetrabenzylpyrazine, 41
2,3,5,6-Tetrabromopyrazine, 28
2,3,5,6-Tetra-tert-butylpyrazine, 57, 60
2,3,5,6-Tetrachloropyrazine, alkanelysis, 95
  aminolysis, 151, 152
Tetradehydropyrazine, fine structure, 77

2,3,5,6-Tetraethylpyrazine, 32, 40, 41
2,2,5,5-Tetrafluoro-3,6-(heptafluoroisopropyl)-2,5-dihydropyrazine, *see* Perfluoro(2,5-diisopropyl-3,6-dihydropyrazine)
2,3,5,6-Tetrafluoropyrazine, 57
1,2,3,4-Tetrahydropyrazine, conformations, 76
2,3,5,6-Tetraisopropylpyrazine, 40
2,3,5,6-Tetrakis(benzofuran-2-yl)pyrazine, 40
2,3,5,6-Tetrakis(2,2′-bipyridin-6-yl)pyrazine, 40
  X-ray analysis, 40
2,3,5,6-Tetrakis[bis(trifluoromethyl)amino]pyrazine, 38
2,3,5,6-Tetrakis(dibromomethyl)pyrazine, 121
2,2,3,3-Tetramethyl-1,4-bis(phenylcarbamoyloxy)piperazine, 324
2,2,3,3-Tetramethyl-2,3-dihydropyrazine 1,4-dioxide, 23
  reduction, 239
1,3,5,5-Tetramethyl-5,6-dihydro-2(1*H*)-pyrazinone, 199
  ω-halogenation, 121
  ring contraction, 223
2,3,5,6-Tetramethyl-1,4-dinitrosopiperazine, 119
2,2,5,5-Tetramethyl-3,5-diphenyl-2,5-dihydropyrazine, 49
2,3,6,6-Tetramethyl-2,5-diphenyl-1,2,3,6-tetrahydro-2-pyrazinamine, 49
1,2,3,4-Tetramethyl-3-imidazolin-5-one, 206
2,3,5,6-Tetramethylpiperazine, 119
  N-nitrosation, 119
2,2,3,3-Tetramethyl-1,4-piperazinediol, 239
  with phenyl isocyanate, 324
3,3,5,5-Tetramethyl-1-propyl-3,4,5,6-tetrahydro-2(1*H*)-pyrazinone, 22
2,3,5,6-Tetramethylpyrazine, 30, 39, 41
  ω-alkylation, 102
  ω-carboxylation, 126
  ω-halogenation, 121
  oxidation, 118
  to a radical cation, 134
  reduction, 119
  X-ray analysis, 114
2,3,5,6-Tetramethylpyrazine 1,4-dioxide, 26
2,3,5,6-Tetramethylpyrazine polyiodides,
  X-ray analyses, 114
1,2,4,5-Tetramethyl-2,3,5,6-tetraphenylpiperazine, 114

1,5,6,7-Tetraphenyl-3,8-diazabicyclo[3.2.1]oct-6-ene-2,4-dione, 207
2,3,5,6-Tetraphenylpyrazine, 9, 39, 40, 49, 54, 58
  reductive methylation, 114
  X-ray analysis, 114
1,6,7,8a-Tetraphenyl-3,4,8,8a-tetrahydropyrrolo[1,2-*a*]pyrazin-8-one, 127
2,3,5,6-Tetra(pyridin-2-yl)pyrazine, 41
  as a proton sponge, 265
  X-ray analysis, 114
Tetrazolo[1,5-*a*]pyrazines, *see* Azidopyrazines
4-Thia-1-azabicyclo[3.2.0]heptanes, to pyrazines, 67
1,2,5-Thiadiazoles, to pyrazines, 59
[1,2,5]Thiadiazolo[3,4-*b*]pyrazines, to pyrazines, 68
Thiazolo[4,5-*b*]pyrazine, 250
Thiazolo[3,2-*a*]pyrazines, to pyrazines, 68
Thiazolo[3,4-*a*]pyrazines, to pyrazines, 69
Thiazolo[4,5-*b*]pyrazine-2(3*H*)-thione, 250
2-(Thien-2-yl)piperazine, 24
2-(Thien-2-yl)pyrazine, nitration, 259
Thiirenes, to pyrazines, 59
Thiocyanatopyrazines, from halogenopyrazines, 187
Thiopyrazines, 245
2-Thiosemicarbazonomethylpyrazine, 339
3-Thioxo-3,4-dihydro-2-pyrazinecarboxamide, 164
6-Thioxo-1,6-dihydro-2-pyrazinecarboxamide, 164
2-(2-Thioxo-2,3-dihydrothiazol-4-yl)pyrazine, 189
3-Thioxo-2,3-dihydro-1,2,4-triazolo-[4,3-*a*]pyrazin-8(7*H*)-one, 294
5-Thioxo-3,4,5,6-tetrahydro-2(1*H*)-pyrazinone, 246
Tiaramide, 244
3-*p*-Tolylazo-2,6-pyrazinediamine, 298
2-*o*-Tolylpyrazine, 78
5-*p*-Tolyl-6-trifluoromethyl-2,3-pyrazinedicarbonitrile, 25
Tosyloxypyrazines, to alkylpyrazines, 104
Trialkylsiloxycarbonylpyrazines,
  ω-alkylation, 105
Trialkylsiloxypyrazines, to halogenopyrazines, 149
  from hydroxyalkylpyrazines, 215
  from pyrazinones, 149, 205
Trialkylsilylaminopyrazines, 285

Trialkylsilylpyrazines, to the chloroformyl
  analogues, 317
 desilylation, 104
1,2,4-Triazolo[4,3-*a*]pyrazine 7-oxide,
  290, 291
3-(1,2,4-Triazol-3-yl)-2-pyrazinamine, 329
2,3,5-Trichloro-6-dicyanomethyl-
  pyrazine, 95
2-(Trichloromethyl)pyrazine, 121
3,5,6-Trichloro-1-methyl-2(1*H*)-
  pyrazinone, 140
2,3,5-Trichloropyrazine,
  alkanethiolysis, 167
2,2,2-Trifluoroethyl 2-pyrazinecar-
  boxylate, 309
2-(*m*-Trifluoromethylbenzoyl)pyrazine, 315
2-Trifluoromethylimidazo[1,2-*a*]-
  pyrazine, 278
1-[*m*-(Trifluoromethylthio)-
  phenyl]piperazine, 12
Trimazosin, 244
Trimetazidine, 244
3,5,5-Trimethyl-5,6-dihydro-2(1*H*)-
  pyrazinone, 27
 alkylation, 199
 irradiation products, 206
3,6,6-Trimethyl-5,6-dihydro-2(1*H*)-
  pyrazinone, 27
5,6,6-Trimethyl-3,6-dihydro-2(1*H*)-
  pyrazinone, 35
2,3,5-Trimethyl-6-[(1-methylallyloxy)-
  carbonylmethyl]pyrazine, 305
 rearrangement etc., 316
2,3,5-Trimethyl-6-(pent-3-enyl)-
  pyrazine, 316
2,3,5-Trimethylpiperazine, 85
2,3,5-Trimethylpyrazine, 1
 reduction, 85
 X-ray analysis, 114

1,2,3-Trimethylpyrazinium chloride,
  deuteration of 2-methyl group, 135
1,2,3-Trimethylpyrazinium iodide, 131
2,5,6-Trimethyl-2(1*H*)-pyrazinone, 4
2-[α-(Trimethylsiloxy)benzyl]pyrazine, 105
2-[(4-Trimethylsilylbut-3-
  ynyl)oxymethyl]pyrazine, 130
2-[*o*-(Trimethylsilylethynyl)-
  phenoxy]pyrazine, 182
Trimethylsilyl 2-pyrazinecarboxylate, 305
 with aldehydes or ketones, 105
Trimethylsilyl 4-trimethylsilyl-1,4-dihydro-
  1-pyrazinecarbodithioate, 311
O-Trimethylsilyl 4-trimethylsilyl-1,4-
  dihydro-1-pyrazinecarbothioate, 311
Trimethylsilyl 4-trimethylsilyl-1,4-
  dihydro-1-pyrazinecarboxylate, 311
1,5,8-Trimethyl-1,2,4-triazolo[4,3-*a*]-
  pyrazinium-3-phenylaminide, 293
2,3,6-Trimethyl-5-(trimethylammoniomethyl)pyrazine chloride, 183
1,5,6-Triphenyl-3,8-diazabicyclo[3.2.1]-
  oct-6-ene-2,4-dione, 207
2-Triphenylphosphoranylideneaminopy-
  razine, 286
Triphenylphosphoranylideneaminopyrazines, 268, 286, 295
 from azidopyrazines, 295
 hydrolysis, 268
1,2,4-Triphenyl-1,4,5-tetrahydropyrazine, 21
Tris(4-methylpiperazin-1-yl)methane, 277

2-Ureidocarbonylpyrazine, 314
Ureidopyrazines (and the like), 282

2-Vinylpyrazine, amine addition, 129

Zopiclone, 244
Zuclopenthixol, 244